U0276487

飞机设计技术丛书

飞机起落架设计

（上册）

The Design of Aircraft Landing Gear
（Vol. 1）

［美］R. 凯尔·施密特（R. Kyle Schmidt） 著

程普强 等 译

航空工业出版社

北京

内 容 提 要

本书共分为上、下两册，全面地介绍了飞机起落装置的相关内容：主要研究了起落架与机场的兼容性，确保选择适宜的起落架布局以及合适的轮胎类型和数量；介绍了刹车装置、机轮和刹车控制系统的设计方法及相关问题；详述了飞机地面稳定性和操纵性评估方法；讨论了各种起落架的结构及布置形式；总结了各种类型的缓冲器及其设计考虑细节。同时，本书还讨论了起落架及其舱门的收放和锁定机构；综述了飞机起落架上常见的各种液压和电气系统的常用信息；论述了起落装置能够提供和实现的其他特殊功能。此外，本书内容还包含了起落架细节设计、载荷分析及试验验证、典型案例，以及起落装置相关要求和规章。

本书可供从事起落架系统设计、研发、运营及维护的专业人员参考使用，也可以供高等院校相关专业师生借鉴参考。

图书在版编目（CIP）数据

飞机起落架设计 /（美）R.凯尔·施密特
（R. Kyle Schmidt）著；程普强等译. -- 北京：航空
工业出版社，2024.10
（飞机设计技术丛书）
书名原文：The Design of Aircraft Landing Gear
ISBN 978-7-5165-3639-1

Ⅰ.①飞… Ⅱ.①R… ②程… Ⅲ.①起落架 – 系统设
计 Ⅳ.①V226

中国国家版本馆 CIP 数据核字（2024）第 024487 号

北京市版权局著作权合同登记
图字：01-2023-1496

Originally published in the English language by SAE International, Warrendale, Pennsylvania, USA, as *The Design of Aircraft Landing Gear*, Copyright © 2021 SAE International.

飞机起落架设计
Feiji Qiluojia Sheji

航空工业出版社出版发行
（北京市朝阳区京顺路 5 号曙光大厦 C 座四层　100028）
发行部电话：010-85672666　010-85672683

北京天恒嘉业印刷有限公司印刷	全国各地新华书店经售
2024 年 10 月第 1 版	2024 年 10 月第 1 次印刷
开本：787×1092　1/16	字数：1649 千字
印张：64.5	定价：498.00 元（全二册）

《飞机起落架设计》译审人员名单

章　节	章节名称	翻译人员	译审人员
第1章	引言	程普强	周小丹
第2章	道面适应性	陶小将	陈　云
第3章	轮胎	孙　琳 郭凯帆	程普强
第4章	机轮、刹车和刹车系统	鱼海涛 刘泽华	李红军
第5章	布局、稳定性和机动性	程梦鸽	程普强
第6章	总体布置	张立军 李兆瑞	程普强
第7章	缓冲器	陈　云	程普强
第8章	收放、运动学和机构	柳　刚	毛艳梅
第9章	作动	程梦鸽	毛艳梅
第10章	系统	刘泽华 柳玉泉	谢　彦
第11章	特殊功能	赵英健	鱼海涛
第12章	细节设计	毛艳梅	李红军
第13章	载荷、结构分析和试验	陆　冠 宋亚丽	程普强
第14章	要求和规章	陆　冠	周小丹
附录A	100个最繁忙的机场跑道尺寸和强度	柳　刚	程普强
附录B	各种飞机的ACN（飞机等级数值）的示例	柳　刚	程普强
附录C	跑道粗糙度剖面图	柳　刚	程普强
附录D	氮气比容	柳　刚	程普强
附录E	密封圈及防尘圈密封槽的标准尺寸	柳　刚	程普强
附录F	具有多个主起落架的25部飞机载荷工况建议修正案	陆　冠	周小丹

译 者 序

"飞机起落架的设计，与其说是技术，倒不如说是艺术。"伴随有动力飞行的飞行器诞生和发展，如何配套一副既能高效承受地面各类动态和静态载荷，又能与飞机几何结构匹配、空间协调、性能相宜的起落架系统，以实现飞机安全起降的基本功能，始终是飞机设计师需直面的实际问题。正如从来没有两片完全相同的叶子，人类航空百年，无论林林总总飞机是否逐渐趋于大同，但却没有出现过完全相同的飞机起落架。飞机起落架技术的发展，从最初仅仅给飞机配置简单的马车轮胎用于滑行，到具有防滑刹车控制功能的碳刹车、高强高韧铝机轮、子午线轮胎滚动部件；从没有缓冲，仅仅只能借助机体结构变形吸收着陆冲击能量，到橡胶、空气弹簧等缓冲器再到载荷可设计的高效率油–气式缓冲器；从需要飞行员具有较高侧风着陆操纵技巧的"经典型"后三点式起落架，到极易实现具有良好驾驶舱视线、地板水平、滑行动态稳定的前三点式起落架；从低速飞机的固定式起落架到极大减小阻力、有限收藏空间里实现高效、可靠收起和放下的起落架；从中等强度耐蚀性不佳的结构材料到超高强高韧的起落架专用材料；从最初解决起落架与飞机的协调性问题，到面对飞机重量显著增加的挑战，设计师们不得不考虑如何通过多轮多支柱轮胎设计，将载荷在跑道上分散，以解决跑道长期使用、反复承载的道面适应性问题。这导致了如今常见的复杂的起落架构型：支柱越来越多，机轮越来越多。诸如波音747飞机配备了4个主起落架和18个机轮，而安–225飞机的每侧机身有7对轮胎，以及两个并列的双轮前起落架。虽然起落架仅仅在飞机起降、停放期间发挥重要的作用，在飞行阶段成为一种累赘；虽然起落架系统依然是飞机中可靠性、故障率较高的系统之一；虽然起落架在飞机整个生命周期中，依然占据着不菲的经济成本，但人们普遍认为，起落架系统的研发技术通过一个又一个项目的日积月累，积累了丰富的设计经验，取得了显著的进步，起落架系统的技术已经相对成熟，相关的设计手段和方法也已经基本确立。

随着起落架的数量越来越多，轮胎越来越大，结构效率要求越来越高，构型越来越复杂，其与飞控、航电等系统相比，用于起落架的新材料、新工艺、新技术开发难度越来越大。几乎所有的飞机研制单位和项目团队都认识到，起落架系统作为飞机最为重要的系统之一，既是重要的结构件，也是重要的功能件。它不仅要承受各种极端的地面载荷，还要实现多种功能。起落架设计的优劣直接影响到飞机的整体性能，甚至可能危及飞行安全。因此，在当下及未来相当一段时间内，仍会倾注力量发展起落架新技术、新能力，也会不断延续和培养起落架设计研发队伍。今天的起落架研制技术已经发展到一个极高的水平，有大量可供重用的技术和手段，某些典型的案例可以很好地借鉴，但每型飞机依然存在着这样那样特殊性的问题，需要起落架设计和飞机设计很好地相互促进和协同。历史上，好的飞机设计一定是诸多设计要求、诸多系统相互权衡和寻优的结果，起落架既驱动飞机的设计，又由飞机设计驱动。比如商用喷气式飞机一般采取下单翼布置，较低机翼为布置较短长度、较小收藏空间、最小重量的起落架提供了一种可能。又比如军用运输机为便于装载，保持货舱地板与地面高度较小，一般均采用上单翼配置，且机身后部急剧上翘，以避免在起飞或着陆时撞到跑道。为避免由于机翼过高而导致过长的起落架，设计人员通常将军用运输机的主机轮放在机身两侧的整流罩中，这节省了相当大的重量和机身空间，收藏起落架增加的整流罩引起的气动阻力是轻微和可接受的。又比如，B-47后掠薄机翼不能同时满足燃油装载和提供有效的主起落架收藏空间的要求，这型飞机后来采取了自行车式起落架构型。正是由于飞机设计和起落架设计之间如此紧密的相互作用和影响，相较于飞机设计的其他领域，起落架系统包含更多的工程专业，要求从事这个系统研发的工程师，不仅要在其从事的起落装置结构、强度、系统控制等专门领域有深厚的专业积累和沉淀，而且要对诸如材料科学、机械设计、力学、机构学、电气系统、液压系统，以及制造工艺等方面有一定深度的了解。单就起落架采用的材料而言，经过一代又一代轻质高效、高强高韧的持续发展，在满足强度、刚度、重量、收藏空间、环境适应性和经济性等要求下，如何把合适的材料正确地用在合适的地方，仍是一个需要开展大量深入分析权衡的过程。作为一个和飞机总体、飞机机体结构密切关联的系统，起落架总体布置过程中，其载荷传递方式的选择、收藏空间的协调、地面操纵性能评估、道面飘浮性分析等这些早期起落架设计师并不特别关注的事项，在如今复杂系统工程方法实践中，需要投入越来越多的力量，并不断在需求和需求验证之间反复迭代。

所有这些挑战，已经不是培养和训练单单擅长起落架技术的工程师，而更需要有顶层设计能力、能系统思维的综合性的工程技术团队，这需要这一领域的指路明灯去发挥作用。但总体而言，起落架设计似乎是航空工程中特别缺乏专业书籍指导的一个领域。1958年，著名的英国航空工程师 H.G. 康威编著的《起落架设计》（*Landing Gear Design*）一书，基本上代表了当时的起落架设计理论和技术水平。1988年，在美国航空航天学会（AIAA）的支持下，就职于洛克希德-乔治亚公司的诺曼·斯·柯里出版了《飞机起落架设计原理和实践》（*Aircraft Landing Gear Design: Principles and Practices*），其中包含了作者担任设计师和工程师的专业经验，提供了许多设计实践和趋势的详尽文件。2001年，国内诸多起落装置领域专家在上述两本书的基础上，结合国内型号和技术发展，编写了《飞机设计手册》第14册《起飞着陆系统设计》，给出了大量设计数据和范例，用以指导国内起落装置专业设计。今天大多数起落架设计师均是在这几本经典图书的基础上，不断通过工程实践，研发不同类型的飞机及起落系统。以航空工业第一飞机设计研究院（简称一飞院）为例，60多年来，起落架系统专业研发人员队伍不断壮大，研制技术不断成熟，先后研制过"小鹰"700（1.5t级）固定式板簧起落架，研制过中国"飞豹"外八字转轮收放式主起落架，也成功研制了可在土跑道上起降的大型军用运输机多轮多支柱式起落架，在双撑杆车架式起落架研制技术上也开展了有益的探索。

每型飞机起落装置结构和系统研制过程中，都会面临一系列的困难和障碍，也会暴露这样那样的问题，本书译者团队在2019—2020年期间，研制某型大下沉速度、多机构综合集成的飞机起落架过程中，先后暴露了起落架收放能力不足、撑杆锁大冲击加速度、开锁行程与作动筒衔接不匹配、缓冲支柱轴套刚度不足、密封泄漏及摩擦力大等问题。在自主开展的双撑杆、车架式主起落架研究项目中，车架俯仰控制、双撑杆运动协调与载荷分配等难题，在一段时间，均成为项目需要迫切解决的问题。正是在这一特殊阶段，今天我们看到的这本《飞机起落架设计》（*The Design of Aircraft Landing Gear*），由在道蒂公司长期工作的施密特先生，在 SAE 的支持下于 2019 年出版了。这是一本体现目前起落架系统最新技术发展的专著，书中每一章节均述及了该项技术的工程发展过程以及最新的技术研究方向。该书向起落架系统设计师提供了丰富的信息，起落架设计中的诸多问题，均有可能在这本书中找到较为明晰的推荐和指导。例如，撑杆锁开锁作动筒开锁压力设计要求、双撑杆锁设计匹配方法、缓冲支柱轴套材料选择、缓冲器内真实气体模型、缓冲器油气融合现象的分析解释、未铺砌道面评估分析方法、起落架重量评估方法、起落架润滑周期、子午线轮胎与飞机结构之间的间隙要求、起落架车架疲劳关注部位、车架俯仰控制器的构型和设计要求等。基于此，在一飞院科信部组织策划下，在信息情报档案研究所的支持下，在起落架系统长期工作的同仁们着手编译这本书。翻译这本书的同时，译者所在的部门均同时承担着繁重的多项目研制任务，翻译工作均是利用难得的节假日完成的。拿出一本可供全国科研院所专业人员、高等院校师生使用的专业书籍，是译者们的初衷，虽然整个书籍编译过程中，经过了反复的推敲和技术研讨，但由于某些领域国内工程实践尚未深入，难免会有不准确甚至错误之处，敬请读者批评与指正。在此，也向一飞院信息情报档案研究所的楚涛所长、潘睿主任、黄子洵主管等同志，向精心组织本书出版的航空工业出版社表示衷心的谢忱。

衷心地期待在本书的帮助下，我国航空工业起落架的研制水平能上一个新的台阶，研制出的起落架不仅是精品，更是大师们精心打造出的艺术品！

本书献给我的妻子娜塔莉和我的孩子们：雅各布、迪伦和亨特。

致　谢

　　衷心感谢我的家人：娜塔莉、雅各布、迪伦和亨特，他们的耐心、支持和鼓励，使我集中精力，专注于本书的撰写。感谢我的父亲鲍勃·施密特，在本书撰写过程中，他是各章的第一位读者，提出了很多建议。感谢加拿大、法国、美国和英国的同事，他们阅读了本书的许多章节，给予了宝贵的建议、修改意见和鼓励。 特别感谢以下拨冗审阅本书的人：布鲁诺·阿尔德伯特、史蒂夫·安伯格、罗德·范·戴克、安德鲁·埃利斯、杰克·哈格林、丹·赫思顿、玛丽安娜·拉克达斯、格兰特·明尼斯、安迪·帕多克、迈克尔·萨科西亚、乔恩·史密斯和彼得·泰勒。感谢SAE的莫妮卡·诺盖拉对本书的全力支持，她的努力促成了本书的顺利完成！同时，向代表SAE审阅了本书的部分业内专家——阿尔索布鲁克、格雷格·巴特菲尔德、大卫·布里尔、鲍勃·克尼瓦和亨利斯·蒂尔致以诚挚的谢意。最后，感谢伊恩·班尼特和马克·谢对全书的细致审校和宝贵建议。

前　言

作者有幸在飞机起落架领域工作了 25 年，曾在加拿大、法国和英国三个国家工作，并在新起落架的研发和现有起落架的使用、维护方面担任过各种工程职务。起落架研制是一个有趣和引人注目的挑战，结合了科学和工程的许多领域。这本书的诞生是出于作者希望更多地学习起落架的心愿，包括起落架的发展历史以及其他人解决起落架问题的方法和面对挑战的方式；在不断了解和学习更多关于这个领域知识的过程中，认识到将这些知识出版是有用的，希望它们也能够帮助到他人。这本书主要面向两类读者：对于有经验的飞机和起落架设计工程师，希望这本书能是一本理想的、有使用价值的参考资料；而对于那些刚进入这个领域的人来说，也许正在开展他们的第一个起落架设计（也可能是学习的一部分）。对于后者，希望这本书能提供所有需要的信息，以帮助他们的设计和研究，以便他们怀着对精巧复杂的起落架的好奇和求知欲，考虑将起落架这个具有挑战性的领域作为他们未来的事业。

没有一本教科书可以提供所有的答案；在每个章节中，额外列出一些参考文献可以帮助设计、开发和支持起落架及其相关系统。特别是，SAE A-5 委员会关于飞机起落架的文件被广泛引用，强烈建议本书的读者和起落架系统工程的从业者参加这些委员会。

本书中罗列的观点和方法是作者本人的，不一定代表其雇主（赛峰起落架系统）的观点和方法。虽然在准备和审查过程中已经非常谨慎，以确保所提供的技术路线、方法和数据是准确的。因使用本书，印刷错误或任何误解造成的损失，作者和出版商将不承担责任。

单 位 注 释

本书中的单位尽可能遵循国际单位制（SI，又称公制）。然而，飞机和起落架在本质上是国际性的，许多部件和分析方法都是在美制单位（US）中进行的。特别是，一些经验公式是基于美制单位，不适合转换为另一种单位制。通常，大多数计算中都可以使用 SI 或 US 制单位，只要两个不同的测量系统在同一计算中不混用，并且所使用的单位应一致。需要注意的一种情况是重量和力的美制单位：英磅（lb），它通常被口语化地用作质量单位（带有地球重力的隐含假设）；以美制单位进行的计算所需的质量单位，可以使用"slug"（斯勒格）——其定义为当 1lbf（磅力）施加在它上面时，每秒加速 1ft（英尺）的质量。由于飞机业务的国际性，建议熟悉这两种单位制。

目　录

（上　册）

1

（下　册）

第1章 引 言

　　飞机起落架及其相关系统的设计对于设计师来说极具挑战性：可收放式起落架既是系统，又是结构，还是机构；起落架功能需求是多样化的，在地面上需要支撑飞机，需要吸收着陆撞击和刹车产生的能量，还要允许飞机地面操纵，而且在空中要收起起落架以减小飞机气动阻力。因为起落架系统在飞机实际飞行中并不需要，显得是飞机多余的"死重"，所以必须穷其所能地减轻起落架的总重量①。飞机起落架是飞机上最复杂和最具特殊性的装置之一。《飞行》（*Flight*）杂志[1]1940年的一篇文献中是这样描写的："飞机上再也没有哪个装置像起落架那样体现设计师的独创性，也没有哪个装置像起落架一样可以有这样或那样变化莫测的实现目标的途径。"直至如今，几十年过去了，依然如此。一个起落架领域的专家必须精通一系列广泛工程领域，包括材料、机构、结构、热传导、气动、摩擦学等。一切取决于所设计的飞机需求，起落架系统可以简单到只在机体结构上安装机轮、轮胎；或者是一套复杂的系统来使飞机能够满足在未铺砌的跑道上使用，且具有转弯、下蹲、收放或更进一步的使用功能。很少有哪个飞机设计的唯一目标是仅仅供装上起落架，作为起落架试验平台，或许仅仅只有米西尔道蒂实验室（Messier Laboratory）这样做；相反，飞机设计的目的是实现某种功能，起落架设计必须以小重量、高可靠性满足飞机的需求。

　　飞机起落架和系统提供下列功能：

　　（1）起落架、轮胎、机轮将飞机支撑和保持停放在地面上。

　　（2）轮胎和缓冲器有效吸收着陆过程中的垂直方向的能量，延缓和减弱地面机动过程中的冲击。

　　（3）刹车装置吸收前进方向的能量，静止或停放时刹住飞机。

　　（4）差动刹车和转弯使飞机在地面转弯和机动。

　　（5）特定的结构和附着点允许牵引、顶起、系留飞机。

　　（6）起落架能够收放到最小的空间内，以最小程度影响飞行阻力；通常包括联动或独立驱动的舱门，确保干净的气动外形。

　　（7）起落架可以通过机构变化变换飞机的几何形貌，比如辅助起飞或装载时下蹲飞机。

　　（8）无须依赖主发动机的推力，起落架可以使用驱动机轮实现地面自主机动。

　　（9）对舰载机而言，起落架上相匹配的连接装置允许舰载弹射装置弹射起飞飞机，同时也允许安装在机体上的拦阻钩装置拦阻飞机。

　　（10）起落架也可以实现尾部缓冲器功能，保护后段机体结构。

　　本书编写的目的是给感兴趣的读者提供起落架主要设计原则，提供可供参考的信息。对起落架任何一部分感兴趣的话题都可以写一整部书，无论这些话题是磨损道面的摩擦学问题还是缓冲器内部油气相互作用问题，亦或是运动机构布置问题或机械分析问题。所以说，对每一个起落架系统工程师面临的问题都提供具体的细节是不太现实的，但作者仍努力地期待

---

　　① 本书"重量"均为"质量"（mass）概念，单位为磅（1b，1lb≈0.454kg）或千克（kg）。——编辑注

1

对一些大的方面提供线索，以支持设计新的产品或支撑解决系统服役中的问题。作者认为，过去出版的著作已经能够很好地解决大多数的问题，只不过这些知识没有很好地被共享或获取，这其实并不是新问题多，而是新人太多。本书打算共享更多的信息，提供更多的途径，用于未来的产品开发。从事起落架系统设计、研发、运营的专业人士需要花费点时间，持续不断地面对新问题，迎接新挑战。没有两架完全一模一样的飞机，监管机构和客户的需求和期待是不断提升的，设计挑战越大，越能使起落架学科成为一个经久不衰、不断创新与超越的学科。

1.1 飞机起落架简史

莱特兄弟的滑翔机或者说是最早成功完成动力飞行的飞机上，没有安装机轮的起落架，采用的是一种较轻重量的滑橇（见图 1-1）。然而，不久之后，在莱特兄弟后续的飞机和其他人的飞机上就开始实际使用机轮了。布莱里奥使用装有弹性支撑的机轮的飞机（见图 1-2）首次飞越了英吉利海峡。许多早期的飞机用橡皮筋把主机轮绑在刚性飞机结构上，如福克 Dr.1 飞机（见图 1-3）和索普威斯"狙击手"飞机（见图 1-4）。

图 1-1　1903 年 12 月，莱特首次飞行的起飞瞬间

图 1-2　仿布莱里奥 XI 飞机的减振索布置图

图 1-3　福克 Dr.1 三翼飞机的布置图

图 1-4　索普威斯"狙击手"飞机的布置图

上述图例的起落架形式，是用一个通轴把两个主轮贯通连接，这样就导致通轴和地面之间的间隙过小，当通轴和不平的地面或草木接触后，有可能发生事故。1927 年，一条来自波音飞机公司总工程师的建议是"连接两个轮子的十字轴必须去掉"[2]，以避免因此出现事故。后来，固定式起落架解决这一问题的方法通常是采用三角支撑机轮的构型，三角支撑构型中，平面内两个连杆和铰接到机体结构上的侧撑杆确定了机轮的位置和确保承受载荷，通常侧撑杆连接到机身一端布置有弹簧或缓冲器，图 1-5 派珀 J-3 Cub 飞机就采用了这种构型，图示撑杆上部黑色套管内包含有许多弹性减振片起到弹簧作用。着陆时垂直机轮载荷引起这些弹性圈的拉伸从而起到减振作用。安东诺夫的安 -2 飞机（见图 1-6）使用了类似的构型，不过是倒置式的。其在机轮和机翼之间的第三个杆受压并安装了油 - 气式缓冲器。后三点式起落架飞机的主起落架（简称主起）上广泛采用了类似的结构形式。

20 世纪 30 年代，飞机的飞行速度持续提高，导致起落架产生的飞行阻力占比增大，不得不采取复杂且增重的收放式起落架，也有一些飞机为固定式起落架设置了流线型整流罩。

图 1-5　派珀 J-3 Cub 飞机

图 1-6　安东诺夫的安 -2 飞机

　　在威斯兰特莱桑德通信联络机上（见图 1-7（a））的固定式起落架上配置了道蒂公司的弹性机轮（见图 1-7（b）），使用了更流线型整流罩。内部弹性机轮安装有一个油 - 气式缓冲器，其为使用固定式流线整流罩提供了帮助。机轮为刹车预留了小的安装空间。轻型飞机更广泛、更通常使用的固定式起落架形式为板簧式构型，如图 1-8 所示。板簧可以是复合材料、铝合金，钢管或钢板，多数情况下，板簧会有一定的气动外形，机轮和轮胎则有整流罩以减小阻力。

（a） （b）

图 1-7 威斯兰特莱桑德飞机（a）和弹性机轮轮胎组件（b）

图 1-8 "卷云" SR22 飞机

最初的可收放式起落架的设计在 1876 年阿方斯和 Paul Gauchot 的专利申请中[3]可以见到，如图 1-9 所示。那个飞机有诸多先进特征，因为飞机打算是水陆两栖型的，或许使用收放式起落架是为了避免水面飞行过程中稳定性产生问题，此飞机并未真正建造。

一部分水陆两栖型飞机使用了可收放式起落架，主要是固定式起落架的阻力问题更显著。如前所述，更多早期飞机使用固定式起落架。早期的飞行多是试验性质的，那个时候的记录也多不完整，但已知最早的可部分收放的起落架出现在 1911—1912 年，沃伊津 Canard[4]水陆两栖，一种由 Eugen Wiencziers 和 Olmsted Pusher[5]设计的德国陆基单翼竞赛飞机（虽然这型飞机从来没有飞过）。1919 年，J.V.Martin K.III Kitten（Scout）安装了部分可收放式起落架。通过曲柄和涡轮实现收放[6]，第一次世界大战（简称一战）后随着飞机速度和复杂程度的进一步增加，可收放式起落架的需求增加了，或许第一型采用完整可收放起落架提高气动性能的飞机是代顿 – 莱特 RB–1 飞机，该飞机的设计目标是参加 1920 年的戈登 – 班尼特 – 雷斯[7] 比赛，图 1–10 表示了飞机及其截面图（取自飞机设计者专利）[8]，通过位于驾驶舱的手摇曲柄和丝杠实现收放，弹簧片提供起落架缓冲功能。

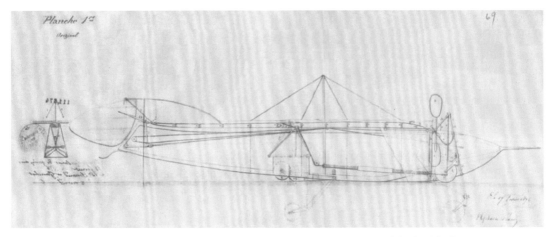

图 1–9　1876 年阿方斯和 Paul Gauchot 的飞机可收放式起落架专利申请

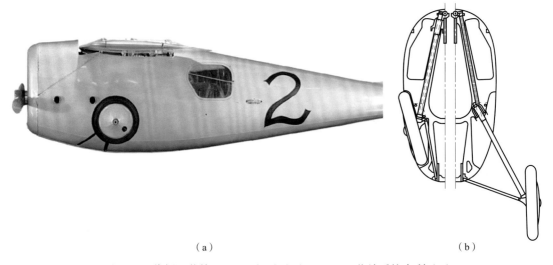

（a）　　　　　　　　　　　　　　　　　　（b）

图 1–10　代顿 – 莱特 RB–1 飞机（a）和 Baumann 收放系统专利（b）

从 1923 年洛宁 OL 双栖飞机概念上使用了收放起落架侧向收进机身，自 1931 年格鲁门 FF 开始到诸多格鲁门飞机，格鲁门系列（见图 1–11）使用钢索进行收起和放下起落架。

从 1927 年到 20 世纪 30 年代早期，机械侧收起落架出现在一系列飞机上，这些飞机有洛克希德的 Altair、亚历山大"鹰石'子弹头'"和伯内尔 CB–16（见图 1–12），驾驶舱手柄或杠杆驱动绞车抬升和放下起落架；放下过程中，重力会有帮助。20 世纪 30 年代，液压作动成为可能也较为可靠。到第二次世界大战（简称二战）时，几乎所有飞机都采用可收放式起落架，大多数使用了直线液压作动筒，同时，有部分使用电驱动丝杠形式。1935—1940 年期间，产生了很多飞机，包括霍克公司的"飓风"飞机，北美公司的 P–51"野马"，其特征是机翼安装、向内收放、液压作动式起落架，这种布置形式在今天依然是一种典型特征。

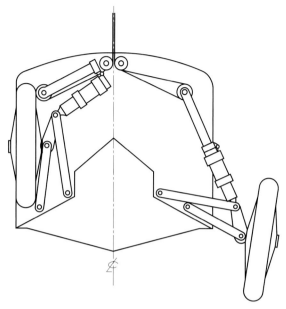

图 1-11　格鲁门系列起落装置专利

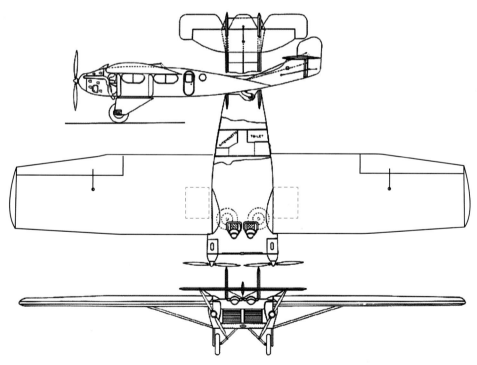

图 1-12　伯内尔 CB-16 飞机

　　二战期间，飞机尺寸和重量明显增长，几乎所有的飞机都使用单轮主起落架支撑飞机，一个明显的例外则是梅塞施米特的 Me-323 战斗机，其机身每侧均串列布置了 5 个机轮，使得飞机能够在不平坦的地面上使用[9]。1936 年首飞的康维尔 XB-36 飞机是单轮载荷最大的飞机，飞机最大重量约 280000lb（127000kg），使用的单轮主轮胎直径尺寸达到 110in[①]（2.8m）（见图 1-13（a）），仅能用于高强度的混凝土跑道。后续改型的飞机首次使用了多轮起落架。这型飞机上也安装了履带式系统（见图 1-13（b））进行了试验，飞机上使用的液压压力是 3000psi[②]（207bar[③]），这也是随后很多年飞机标准压力。

（a）

（b）

图 1-13　康维尔 XB-36 飞机主机轮（a）和 XB-36 带履带式起落架（b）

使用多个较小尺寸的机轮这种构型一方面能够提高大承载情况时地面的支撑能力；另一方面，在大多数情况下也更易于起落架舱的布置。康维尔 B-36、"帆船"和德·哈维兰"彗星"均使用了四轮主起落架，这种构型中，每对机轮都安装到一个摇臂上，摇臂通过机构连接到缓冲支柱上，对这种构型的改进，大多数多轮（多于 2 个）起落架使用车架，将机轮通过轮轴和车架连接，车架则和缓冲支柱铰接。早期高速飞机如康维尔 B-58、图波列夫的图-144 和阿夫罗伏尔甘使用 8 个小直径的轮胎安装到 4 对机轮上，最终安装到车架上。图 1-14 给出了 B-58 飞机的构型。得益于轮胎技术的进步（改变了需要的收藏空间限制），使得减小整个收藏空间成为可能，今天的大飞机使用车架多轮起落架成为一种必然选择，仅有个别军用飞机例外。图 1-15 所示波音 777 飞机使用六轮车架式起落架，为这种双发民用航线飞机在合适的机场使用。

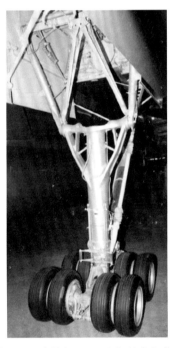

图 1-14　康维尔 B-58 飞机的主起落架

---

①　1in=25.4mm。

②　1psi=1lbf/in² ≈ 6.895kPa；1lbf ≈ 4.45N。

③　1bar=100kPa。——编辑注

图 1–15　波音 777 飞机的主起落架

1.2　设计流程

飞机及其系统（包括起落架系统）的设计不是一个简单的直线流程化的过程，相反，其过程牵扯到许多的迭代循环，系统或部件的任何变动都影响到全局的性能。很少会有在局部最优的同时，整体也最优。换句话说，很少发现最轻的起落架对飞机的整体性能最佳（最轻的起落架可能需要不同寻常的附件结构，这种附件结构将需要在机身结构设计方面做出巨大的重量妥协），因此必须通过迭代和妥协来寻求全局的最优解，而不能是局部最优。在从概念提出到设计完成的整个过程中，设计师会使用不同的方法和概念来评估重量、成本、可靠性和性能，以确定哪一个方案是最好的整体最优解。大型民用飞机（以及许多其他飞机）的开发都遵循一个系统的开发过程，该过程包含在 ARP4754 推荐实践[10]中。在确定并验证每个层次的需求、核实最终产品是否满足设计要求的飞机设计过程中，设计师需要基于一个系统的方法。这个"验证和确认"过程及其与系统安全过程的迭代如图 1–16 所示。

起落架的概念设计需要考虑飞机的尺寸和飞机其他相关部件的配置情况、飞机的质量和重心范围、飞机结构的概念设计、可用的收藏空间、起落架相关部件的接口和飞机相关部件所能提供的功能、预设的机场类型和规则。最初，适当的布局配置（起落架和轮胎与地面的接触位置点在飞机上的分布）是飞机总体设计时考虑的。基于这个布局，每个接触位置点的静载可以通过力的静平衡来确定。根据这些负载，可以选择所需的轮胎数量和尺寸。轮胎的数量、位置和充气压力是确定的，以确保与预定类型的跑道和滑行道兼容。机轮的大小与轮胎的大小密切相关（选择的轮胎必须适合选择的机轮），但是选择合适的机轮大小是由选择的刹车类型和所需的刹车能量来决定的。随着轮胎、机轮和刹车尺寸的确定，需要考虑飞机有多少垂直能量要被吸收，以考虑缓冲器所需的行程，来满足所

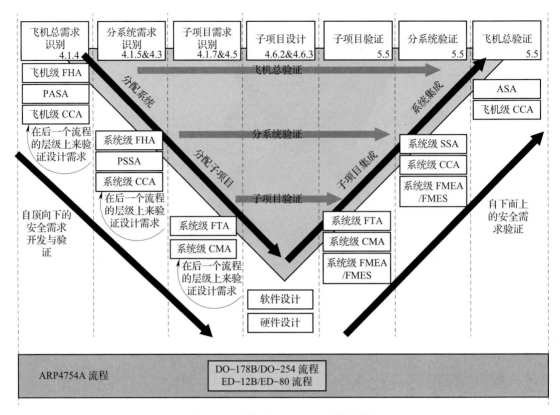

图 1-16　系统的 ARP4754 开发过程

需的飞机过载。较长的机轮行程可以降低过载（降低飞机结构的负载），但重量更大，还需要飞机更多的空间来收藏起落架。起落架的结构设计和运动学设计是一个迭代过程，以试图在飞机结构上所需的位置找到所需的轮胎、机轮、刹车和缓冲器。反映结构在机体内的位置以及相关的机载容积，会决定起落架结构的配置和收回与锁定的机制。每次迭代产生新的几何形状时，起落架的结构必须进行调整，以确保它能够承受所施加的载荷——在某些情况下，新设计的部件尺寸可能不适合于原预定的空间，这将需要进行进一步的迭代。设计师通过合理的运动机构布置和结构布置来设计起落架系统所需的控制和指示系统。起落架系统通常需要具备一些特殊的功能和能力，在设计过程中必须尽可能早地考虑这些功能，以确保得到最优解。由于起落架系统的每一个因素都取决于其他因素，因此在设计过程中一是需要考虑备选方案，二是需要在一系列的迭代中进行影响评估，在理想情况下，每一后续迭代都变得更加精确。在 ARP1598[11] 中可以找到一些关于起落架系统开发的指导性内容（本文之外的指导）。

1.3　名词与术语

　　起落架各部件的具体名称因地理位置和公司历史的不同而不同。本书使用一套连贯的名词与术语，也辨识了各组、部件的常用名称，作为辅助理解的手段以帮助读者。进一步的术语在 AIR1489[12] 号文件中解释。各种组件的常用名称如图 1-17～图 1-20 所示。

图 1-17　C-160 飞机主起落架（含剖面）

摇臂（Trailing Arm、lever Arm、Hinge Arm）
轮胎（Tire、Tyre）
缓冲器
刹车
机轮

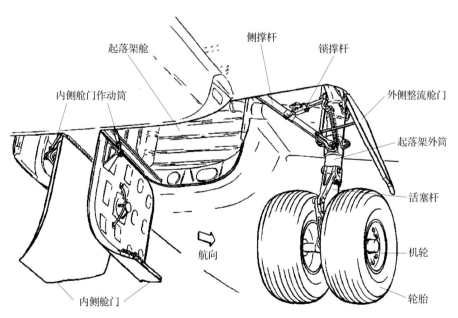

图 1-18　典型的两轮主起落架装置（1）

起落架舱
侧撑杆
锁撑杆
内侧舱门作动筒
外侧整流舱门
起落架外筒
活塞杆
机轮
轮胎
内侧舱门
航向

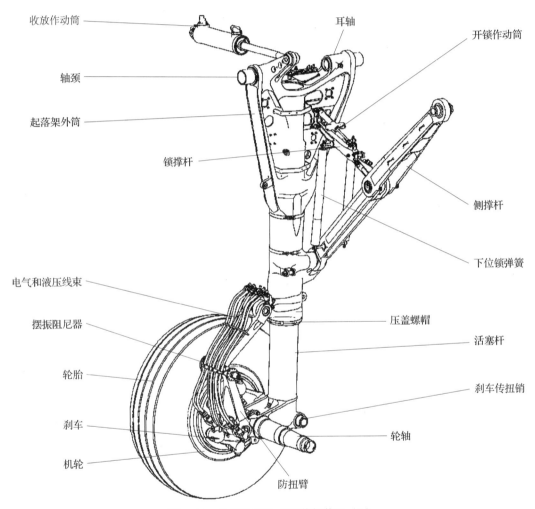

收放作动筒

耳轴

开锁作动筒

轴颈

起落架外筒

锁撑杆

侧撑杆

下位锁弹簧

电气和液压线束

摆振阻尼器

压盖螺帽

活塞杆

轮胎

刹车传扭销

刹车

轮轴

机轮

防扭臂

图 1-19　典型的两轮主起落架装置（2）

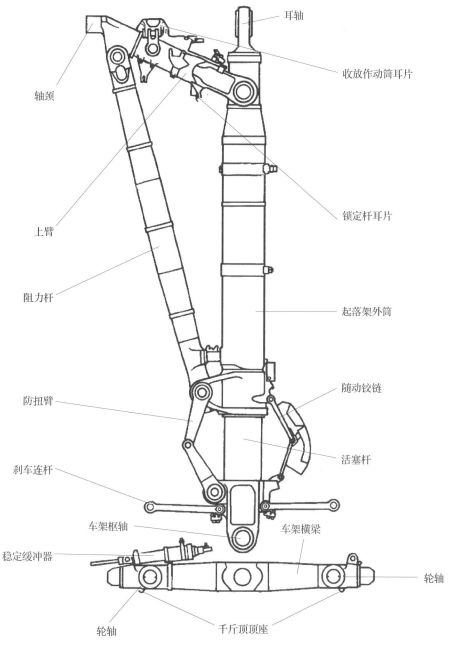

耳轴

收放作动筒耳片

轴颈

锁定杆耳片

上臂

阻力杆

起落架外筒

随动铰链

防扭臂

活塞杆

刹车连杆

车架枢轴

车架横梁

稳定缓冲器

轮轴

轮轴

千斤顶顶座

图 1-20 多轮（独立旋转）起落架

1.4 本书梗概

编写一本与设计过程完全相呼应的书是不可能的，事实上，许多设计师可能会选择在不同的时间节点开始设计过程。这本书首先研究了机场的兼容性——确保选择合适数量和类型的轮胎，以避免在每次通过道面时陷进未铺砌道面或对铺砌道面造成不应有的损坏。检查轮胎选择合适后，讨论了刹车、机轮和刹车控制系统。第 5 章讨论了飞机地面稳定性与轮胎接触点位置有关的问题。大多数初始设计将从飞机概念开始，布局和稳定性往往是一个新设计的切入点。第6章讨论了各种起落架机械结构。第7章概述了缓冲器的设计细节。在对驱动方法进行研究之前，本书讨论收放、运动学和运动机构。第10章综述了飞机上常见的各种液压和电气系统的详细信息，诸如线束、照明和转向等。第11章论述了起落装置提供的其他特殊功能。本书内容还包含细节设计、分析过程，以及相关要求和规章。

参 考 文 献 ①

［1］ Foster，B.，"Undercarriages，"*Flight*，February 8，1940，131.

［2］ Monteith，C.N.，"Problems in Transport-Airplane Design，"SAE Technical Paper 270069，1927，https://doi.org/10.4271/270069.

［3］ Pénaud and Gauchot，"Un aéro-plane ou appareil aérien volant，"French patent number 111.574，February 16，1876.

［4］ King，H.F.，"The First Fifty Years，"*Flight*，December 11，1953，755.

［5］ Maksel，R.，"One of a Kind-Times Two，"*Air & Space/Smithsonian*，March 2019，20-21.

［6］ McRae，J.，"The J.V. Martin K-Ⅲ Scout，"*Sport Aviation*，March 1958，17.

［7］ King，H.F.，"The First Fifty Years，"*Flight*，December 11，1953，762.

［8］ Baumann，M.C.，"Retractable Landing Gear，"US Patent 1，718，189，August 1920.

［9］ Sengfelder，G.，*German Aircraft Landing Gear*（Atglen，PA:Schiffer，1993）.

［10］ Aerospace Recommended Practice，"Guidelines for Development of Civil Aircraft and Systems，"ARP4754，Revision A，SAE International，December 2010.

［11］ Aerospace Recommended Practice，"Landing Gear System Development Plan，"ARP1598，Revision B，SAE International，April 2013.

［12］ Aerospace Information Report，"Aerospace Landing Gear Systems Terminology，"AIR1489，Revision C，SAE International，May 2017.

---

① 本书参考文献按原版书排版，不做改动。——译者注

第 2 章 道面适应性

为了更好地开展飞行活动，飞机必须能够在预期的各种道面上，合适、安全地起飞、降落和操纵，包括大型国际机场、小型区域机场，以及具有草地表面的通用航空机场（见图 2-1）。许多飞机服务于偏远地区，出于经济、环境或运营等方面的考虑，需要在未经修缮或修缮改善的道面（泥土、沙子或砾石）上开展起降活动。有一些飞机甚至要飞往极地地区，在冰雪道面上进行着陆和起飞。还有一些飞机在海上船舶、石油或风力发电的设备平台上作业，则需要从金属平台上着陆和起飞。在飞机或起落架刚设计的早期阶段，就要考虑场景适应性方面的需求，以满足未来操作环境及场地空间的要求。

图 2-1 显示跑道和滑行道的机场

对于飞机设计师而言，一方面需要考虑道面对飞机的支撑能力，以及飞机机动性能等要求，如执行转弯操作时，要考虑跑道宽度尺寸和道面摩擦力的大小，以便评估飞机转弯和刹车操作的性能；另一方面，道面在其长度尺寸上的高度变化（粗糙度）也会影响起落架缓冲器的缓冲性能设计和飞机乘坐舒适性品质，以及飞机机体及起落架结构的疲劳寿命等。一个成功的起落架设计，首先要考虑道面适应性问题。

2.1 飘浮性／道面适应性

在飞机及起落架概念设计阶段，要重点考虑飞机与道面之间合适且可接受的相互作用关系，这种关系在历史上被称为飘浮性，源于早期分析方法中，将底层土壤假定为稠密液体的缘故。当前研究一般采用"道面适应性"，因为不仅要保证飞机在道面上能够重复通行，而且要求飞机对道面的作用及损伤累计是可控的。飞机在适应性好的道面上通行，几乎不会留下任何痕迹；相反，在适应性差的道面上通行，则可能会导致预先处理过的道面性能过早退化，甚至直接破坏（见图 2-2）。

图 2-2　适应性不好的道面表面损伤破坏情况

　　道面适应性是飞机重量以及道面支撑方式的函数，还有同样重要的因素，包括道面最上层接触表面的类型（如混凝土（刚性）路面、沥青（柔性）路面、集料、土壤、草地等），以及底层土壤强度（路基强度）等。历史上，不同类型的道面都有对应的独特的分析方法，这些分析方法一般有着丰富的发展过程。鉴于此，对于特定飞机或应用案例，在选择合适的分析方法时，往往容易引起混淆。为了方便选择，表 2-1 列出了目前推荐的方法。

表 2-1　道面通过性分析方法

应用范围	发布机构	道面类型	分析方法	评估工具	备注
民用	ICAO	刚性	分层弹性理论 /FEA	ACR/PCR	预计在 2024 年生效
		柔性	分层弹性理论		
		刚性	PDILB	ACN	ACR/PCR 采用前的标准评估方法
		柔性	S-77-1		
	FAA	刚性	分层弹性理论 /FEA	PCN	FAA 咨询通告 AC150/5320-6 F 详细路面设计规范；FAARFIELD 和 COMFAA 用于 PCN 分析
		柔性	分层弹性理论		
	加拿大交通部	未铺砌	—	—	加拿大运输咨询通告 AC300-004 和 AC 700-011；波音 D6-45222-1 通用跑道；加拿大运输咨询通告 AC301-003
		集料	波音方法	—	
		冰面	AC 301-003	—	

表 2-1（续）

应用范围	发布机构	道面类型	分析方法	评估工具	备注
军用	美国军方	刚性	UFC 3-260-02	ACN/PCN	UFC 3-260-02 为路面设计提供了多种方法； PCASE 分析工具 CBR-Beta 系统被推荐用来替代 S-70-5
		柔性			
		未铺砌	ASD-TR-68-34	—	
		集料	S-70-5	—	
		加垫	FM 5-430-00-2	—	
		隔膜	AFJPAM 32-8013	—	
	英国军方	刚性	DEF STAN 00-970	LCN/LCG	ACN/PCN 系统是用于现有飞机的采购评估和军用飞机的规范
		柔性			

以下各节将概述目前流行的机场道面适应性分析方法及其发展过程，如果要获取有关分析方法的更多信息，可以参考行业相关文件 AIR1780[1] 和 ARP1821[2]。

飘浮性 / 道面适应性分析过程中，一般重点关注的是，飞机在所述类型的道面上通过时，要确保能够达到可接受的通行次数。换言之，道面在飞机机轮滚动作用下，具有适当的疲劳或耐久性能。随着时间的推移和通过次数的增加，路面可能会出现开裂和碎裂（如有），甚至出现车辙或其他破坏模式，也就意味着该道面将无法继续使用。一般而言，道面适应性与其表面静强度性能关系不大，在许多情况下，道面的静强度性能明显大于所承受的重复通行载荷。更为特别的是，对于一些特殊道面（如冰、平台和一些垫子），由飞机和道面相互作用产生的动力学载荷，引起的弯曲应力和其他放大载荷，可能比重复通行载荷更为关键。

针对行业内评估道面承载能力的众多需求，随之而来出现了一系列道面承载能力的标准化评估方法，这些方法有些与已有的确定飞机道面适应性的计算方法相同，有些不同。

鉴于道面适应性问题的复杂性，以下各章节将对该问题相关方面进行分步解读，以便更好更完整地理解相关分析方法。首先介绍各种分析和评估方法中一些共性的问题，然后逐个介绍适用于未铺砌、集料、铺砌（刚性和柔性）、垫和膜、雪地、冰面和甲板等特殊道面的分析方法。

2.1.1　道面适应性的一般概念

2.1.1.1　概述

对于依靠地面支撑的各种道面类型（除船舶甲板和直升机停机坪外），需要对道面基层土壤力学有一定程度上的了解，以便于理解土壤在飞机 / 道面适应性关系中的作用。自然界中的土壤，其组成和承载性能方面有很大差异，对于黏性土（如黏土和壤土），在没有夯实压紧的情况下，土壤颗粒在分子层面上相互结合。而对于无黏性土壤，如沙子和砾石，则需要通过黏结工艺来提高承载能力。在适当的条件下，黏性土和无黏性土均可承受较大的载荷。在道面适应性和机场设计术语中，铺砌道面下的土壤（或未铺砌的土壤）称为路基。路基强度通常通过将杆或锥体插入土壤，测量出土壤弯曲或压缩预定值所需的力来评估（类似于金属材料的硬度测量）。如"锥体指数"方法，该方法将锥体压入土壤中来测量路基强度，这些方法可以做到快速使用、现场部署，但应用更广的路基强度测量方法是加利福尼亚承载比方法（CBR）。CBR 是一种经验性的测量方法，已成为大量机场工程测量方法的基础，飞机 / 道面适应性方面，该方法是不可或缺的。

路基强度非常重要。由于并不存在无限坚硬的材料来建造道面，因此路基上的道面在施加载荷下都会发生弯曲变形，并且这种变形最终由路基来支撑。对于施加相同的载荷，强的路基（具有更高的 CBR 和更高的模量）则意味着需要较小厚度的道面层来保护它。

尽管世界各地都有飞机在裸露的土壤或草地跑道上起降，但通常情况需要在土壤上铺筑道面，以提高其承载能力，并改善跑道上飞机的刹车和操纵性能。铺砌道面分为两种类型：柔性道面和刚性道面。刚性道面，由混凝土板承受载荷，而柔性路面，则是由一系列逐渐增强的材料（黏结或未黏结）构成，每种材料都在保护其下一层材料。从技术上讲，除了一些由集料（砾石）铺层构筑的道面归属于柔性道面外，大部分柔性道面都是由较硬的沥青面层铺砌。典型的柔性道面剖面构型是由压实的碎石基层和铺在基层上的热拌沥青面层组成，碎石基层又铺砌在较好的集料底基层上。路面层厚度定义为从道面表面到路基的下沿的厚度尺寸，一般范围为 0.2 ~ 1.5m。

刚性道面机场是用硅酸盐水泥混凝土（PCC）铺砌的机场。采用多种混凝土施工技术（钢筋、非钢筋、连接、预应力等），当路基和混凝土层之间采用合适的集料层时，该道面厚度仅被视为混凝土层的厚度；典型厚度范围为 0.2 ~ 0.36m。

存在其他不太常见的道面类型，如用作机场道面的互锁垫板、压实的冰雪、海珊瑚和其他创新设计材料。多年来，纽约和新泽西港务局在纽瓦克和肯尼迪机场建造过程中，使用了一种独特的建筑材料，其由石灰、水泥、煤灰（LCF）与沙子混合组成。港务局同时还开发了一个道面综合分析程序，以便配合评估 LCF 材料的施工方法。

在机场道面设计时，针对道面的不同位置，一般采取不同的道面设计厚度，来承受不同程度的道面载荷，在载荷严酷的部位采取更厚的尺寸。如美国军用机场设计标准规定，在飞机停机区域增加额外的道面厚度，而在跑道端部、滑行道和匝道等关键的区域，则铺设了更厚的道面厚度。相反，动态滑行区域（如跑道中心区域）的厚度比相邻关键区域要小 10% ~ 20%。对于大多数民用机场，在整个跑道修建过程中，为便于方便施工，一般选取一个恒定的道面横截面厚度来施工，即使这有可能降低了转弯滑行区域或道面承载变形接近门槛值区域的强度性能，虽然美国联邦航空局（FAA）允许减少关键区域主要道面以外交通量较少区域的厚度，但从实际施工角度来看，保持一个恒定的道面厚度横截面更有经济性。

随着机场扩建与发展，即使在同一机场，也会出现不同的跑道和滑行道具有不同的承载能力的情况，以便给总重大于 12500lb 的飞机提供机场服务，这就需要对道面的强度进行评估，一般采用飞机分类号（ACN）/ 道面分类号（PCN）或飞机分类等级（ACR）/ 道面分类等级（PCR）评价方法来评估道面强度，在后续章节中这些评价方法将详细说明。对规划的交通通行需求来说，较低的 PCN 或 PCR 值强度将不足以支撑飞机起降，这就需要通过加铺道面铺层来增强道面强度或改善道面表面特性，提升道面通行能力。大多数加铺的覆盖层为柔性沥青铺层，也有部分刚性和柔性路面，加铺的是刚性混凝土覆盖层。

2.1.1.2 加利福尼亚承载比

加利福尼亚承载比（通常简称 CBR）是一项测试道面强度的方法，用于确定未铺砌道面的强度（包括自然的土壤、夯实的路基以及道路、跑道和滑行道下夯实的基层），该技术由加利福尼亚州交通部在 20 世纪 30 年代开发。CBR 值表示为，在 0.1in 或 0.2in 的贯入深度下，将直径为 2in（标称面积为 3in²）的杆压入土壤所需的载荷（或压力），与粉碎压紧的加利福尼亚石灰岩参考样品（该参考样品的 CBR 为 100）压入时获得的载荷的百分比。标准曲线（CBR=100）是在 1000psi 的施加压力下，产生 0.1in 的穿透深度，在 1500psi 的施加压力下产生 0.2in 的穿透深度；如果 CBR 值是 50，意思就是在该基层上，通过施加 500psi 的压力，达到了 0.1in 的穿透深度。ASTM D1883–05[3]（实验室样品）和 D4429[4]（现场试验）两个程序文件对测试程序进行了标准化。图 2–3 所示为实验室 CBR 测试试验，以及部分材料的典型性能数据。CBR 值越高，道面承载力越高。根据统一土壤分类系统[56]，表 2–2 给出了一系列典型值；耕地的 CBR 为 3，湿沙的 CBR 可能达到 10。某些土壤数值也有可能高于 100。

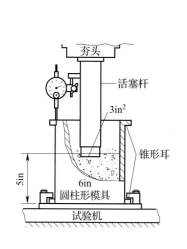
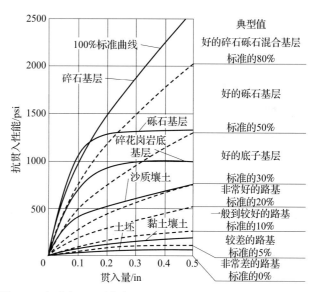

图 2–3　实验室 CBR 试验

根据 ASTM D4429 测试确定的 CBR 值为基准值。然而，在偏远地区或未经改造的跑道上进行这项测试，通常比较困难（需要携带相关设备以及相当长的准备时间）。由此开发了许多替代测试方法，用于获得 CBR 值的估计值。

有许多不同类型的现场测试试验用来估算 CBR 值，这些方法由不同的供应商提供，并得到了不同的飞机制造商的认可。因为不同的试验类型与 ASTM CBR 值之间有不同的转化关系，因此处理这些不同方法产生的数据时，必须要结合对应的试验类型。下面列举了一些常见的测试方法。与 D4429 方法不同的是，这些简化测试程序中一般没有考虑土壤含水量，因此需要注意是，在含水量较高状态下开展测试，例如，对于冻融循环区域，要在其预期使用状态下进行测量，一般选择在春季解冻后进行测量，能获得较为合理的有效值（CBR 将随着夏季时水分的流失 / 蒸发而增加）。

（1）波音"高载荷贯入仪"试验方法（波音参考文献 D6–24555[57]）使用液压缸，将直径为 50.8mm（2in）的锥形探头安装在杆端，液压缸安装在重型车辆的车架上，以提供一个稳定坚实的测试平台。根据测试程序，使用液压手动泵以稳定速率将探头打入至 100mm

表 2-2 统一土壤分类系统

土壤类型	描述	代码	作为底基层或者路基的优劣	作为基层的优劣	可能的冻涨影响	压缩与膨胀特性	排水特性	CBR 值范围	路基 K 值范围 (pci)[1]
粗颗粒土壤 — 砾石和粗糙的沙粒 — 砾石 <5%细粒	优等砾石	GW	非常好	好	轻微或不影响	几乎无	出色	60~80	≥300
	劣等砾石	GP	良好	较差	轻微或不影响	几乎无	出色	25~60	≥300
砾石 >12%细粒	砾石细粒沙组合（水含量<28）	GMd	良好	次好	轻微或中等影响	较轻微	一般较差	40~80	≥300
	砾石细粒沙组合（水含量>28）	GMu	好	差	轻微或中等影响	轻微	差或者不透水	20~40	200~300
	砾质黏土	GC	次好	差	轻微或不影响	轻微	差或者不透水	20~40	200~300
沙粒和沙质沙粒 — 沙粒 <5%细粒	优等沙粒	SW	好	差	轻微或不影响	几乎无	出色	20~40	200~300
	劣等沙粒	SP	次好	差或者不适用	轻微或不影响	几乎无	出色	10~25	200~300
沙粒 >12%细粒	沙质细沙组合（水含量<28）	SMd	好	差	轻微或中等影响	较轻微	一般较差	20~40	200~300
	沙质细沙组合（水含量>28）	SMu	次好	不适用	轻微或中等影响	轻微或中等	差或者不透水	10~20	200~300
	沙质黏土	SC	次好	不适用	轻微或中等影响	轻微或中等	差或者不透水	10~20	200~300
细颗粒土壤 — 粉沙和黏土（水含量<50）	低收缩率的沙粒	ML	次好	不适用	中等或非常高影响	轻微或中等	一般较差	5~15	100~200
	低收缩率的黏土	CL	次好	不适用	中等或较高影响	中等	不透水	5~15	100~200
	低收缩率的有机物	OL	差	不适用	中等或较高影响	中高	差	4~8	100~200
粉沙和黏土（水含量>50）	高收缩率的沙粒	MH	差	不适用	中等或非常高影响	高	一般较差	4~8	100~200
	高收缩率的黏土	CH	更差	不适用	中等影响	高	不透水	3~5	50~100
	高收缩率的有机物	OH	更差	不适用	中等影响	高	不透水	3~5	50~100
高有机质土壤	煤炭	Pt	不适用	不适用	轻微影响	非常高	一般较差	—	—

① 1pci=1lbf/in³。——编辑注

深度。贯入仪打入 100mm 后停止移动的 30s 内读取液压读数。土壤破坏的压力（压强）值为贯入仪载荷（液压压力乘以液压缸的工作面积）除以 50.8mm 直径圆锥尖端的投影面积。然后根据经验公式，将获得的土壤破坏压力转换成 CBR 值。为了获得有效读数，测试土壤必须在 100mm 测量深度范围内均匀分布。如果存在大石块，则需要由测试设备操作员现场确认故障（一般该情况测量压力会迅速增加），重新更换测试位置。一般建议在较大范围内不同位置点分布开展该试验。

（2）一些飞机制造商在一些地区使用滑块冲击贯入仪。该装置使用一个带有锥形尖点和滑动重量（通常为 3kg）的长杆。通过多次升降滑块，将滑杆和锥体打入土壤中。根据将杆打入土壤 100mm 深度所需冲击次数来确定 CBR 的估算值。由于该方法同 D4429 试验方法或波音方法所用的重量相比，落锤重量较小，因此这种类型的贯入仪通常仅用于相对较软的道面测试。根据加拿大交通部的测试结果[5]，在相同道面上测试时，使用该方法获得的 CBR 估算值与波音方法的 CBR 值之间存在显著差异。

（3）美国军方推荐使用的是一种运动锥贯入仪方法。ASTM D6951[6] 描述了该贯入仪的试验方法。与滑块冲击贯入仪类似，该装置具有一根带有锥形尖端的杆和一个 8kg 的重量滑块，该滑块从 575mm 的高度反复下落。基于每次冲击的贯入增量 DCP 来估算 CBR。DCP 指数和 CBR 之间的关系[7]，由以下表达式确定

$$CBR = \frac{292}{DCP^{1.12}}$$

（4）标准 ASTM D6758[58] 中所述的方法是一种机电测量方法，通过测量同 CBR 值密切相关的土壤表面刚度值，来提供 CBR 的估算值。"GeoGauge"是其中一种应用较广的商业化程序，其原理是振动土壤并测量其变形挠度。该方法能提供土壤刚度的测量值，单位为 MN/m，然后通过经验公式及其拟合曲线将土壤刚度值转换为 CBR 值，同样还有其他类似的方法。

（5）机场圆锥贯入仪是一种探针式仪器，当向下推动穿过土壤时，会给出土壤强度的"机场指数"，推动探针所需的载荷由集成在仪器上的弹簧装置提供。然后，通过机场指数来推导出 CBR 值。由于该仪器具有便携性和操作简单，通常用于土壤强度的快速评估。但是其仅能在 CBR 0～18 的范围内限制使用，不能够穿透甲壳、薄的基层或砾石材料等，如果是上述这些工况，则推荐使用运动锥贯入仪。由于影响贯入效率的土壤强度存在随机变化，因此一批次试验中，想要获得一致性的试验结果比较困难。机场指数和 CBR 之间的关系同土壤类型也有关系，一般可按图 2-4 中的曲线，给出较为保守的 CBR 值。

无论选择何种测量方法，机场监管机构一般要求沿跑道或者主起落架的运动轨迹方向上，固定间隔开展 CBR 测量。其中，加拿大交通部建议，沿跑道方向至少采集 20 个样本，并计算样本的平均值和标准偏差。此外，他们还和美国联邦航空局（FAA）共同建议（飞机运营商），CBR 评估值为测量平均值减去一个标准偏差。

道面的表面浅层材料，似乎并未对土壤承载能力产生使其超过 CBR 值相应描述范围的直接影响。例如，草跑道表面浅层草体本身，并不比下层土壤有更大的支撑能力（尽管它们可能更稳定、更耐侵蚀）。类似地，经过表面处理的跑道表面（使用黏结材料黏合的表面，如轻沥青或柏油路面），其抗剪强度并不比集料基层高，然而，另一方面，黏合剂有助于灰尘控制，减少材料颗粒物的流失，这样有助于表面的长期稳定和维护。

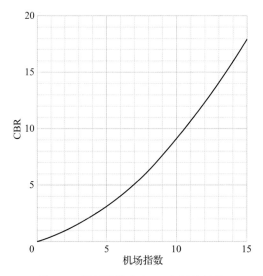

图 2-4　机场指数和 CBR 之间的转换

2.1.1.3　地基模量 k

对于刚性路面的设计，过去使用的是地基模量 k，而不是 CBR。该值在不同的出版物中有不同的名称，包括路基反力、路基模量、土壤反应模量、温克勒地基、温克勒路基和 k 值。该测量值是土壤刚度的表达式，由以下表达式给出

$$k = \frac{压力}{变形量} = \frac{\sigma}{\Delta}$$

该值取决于路基强度和加载区域面积的大小，试验采用的美制单位，压力单位为 lbf/in^2，挠度单位为 in，k 的单位为 lbf/in^2/in 或 lbf/in^3（通常写为 pci）。公制单位为 MN/m^3。标准试验规范为 ASTM D1196[8]，该试验规定使用直径为 30in（762mm）的面板进行试验，如图 2-5 所示。使用直径小于 30in 的板进行的试验可能会得到更高的 k 评估值。

图 2-5　按 ASTM D1196 测试地基模量 k 的试验

CBR 和地基模量 k 之间的关系[9]由以下表达式给出

$$k=28.6926\times\mathrm{CBR}^{0.7788}\ (\ k\ \text{的单位为}\ \mathrm{lbf/in^3}\ )$$

2.1.1.4　道面适应性术语

道面适应性分析引入了许多在其他地方不常用的特定术语。理解这些术语对于正确进行道面适应性分析非常重要。

集料：矿物碎渣或颗粒的总称；砾石是其中一种集料。

飞机分类号（ACN）：表示飞机在规定标准路基强度下对路面的相对影响的数值。

飞机分级等级（ACR）：使用分层弹性理论表示的特定标准路基强度下，飞机对路面的相对影响的数值。

基层（也称为基础）：在底基层或路基上铺设的一层或几层材料，用于支撑面层，具有指定或选定的设计厚度。

承载力（也指承载力或路面强度）：衡量路面承受施加载荷的能力。

复合路面：由柔性层和刚性层组成的路面，包含或不包含两者之间的分离颗粒层。

覆盖遍数：这个术语可能会造成大量的混淆，因为它可能表示很多具体的内容，具体取决于上下文。当应用于某个点时，表示机轮/轮胎在该点上运动一次。当应用于某个区域时，则意味着机轮/轮胎在该区域的每个点上运动过。当飞机沿着跑道前进时，它很少以完全直线的方式或像前一次那样完全相同的印辙路径通过。当飞机起落架的一个轮子滑过跑道的一个单位面积时，就会发生一次覆盖。由于飞机滑跑路径的随机性，飞机在跑道上滑行时，该单位区域可能不会每次都被机轮覆盖到。举一个例子，假定以下情形，一个道面在承受一个单轮通行情况时，轮胎宽度为 W_{t}，假设路面被分为宽度为 W_{t} 的多条条幅，一个条幅上的一次轮胎通过就是该条幅的一次覆盖。如果飞机 100 次通过的交通分布如图 2-6 所示，则在这 100 次通过中，轮胎在中心条幅上运行了 16 次。出于分析的需要，覆盖遍数被认为是其中具有最大累积通过次数的条幅对应的覆盖遍数，在这里也就是 16。

覆盖遍数与通过次数比：根据机轮数量、间距和飘移量，一个道面覆盖遍数与通过次数具有相关性。对于图 2-6 中的流量分布，覆盖遍数与通过次数比为

$$\frac{C}{P}=\frac{16}{100}=0.16$$

等效单轮载荷：将多轮配置构型飞机起落架对路面的影响，表示为具有相同影响程度的单轮构型虚拟载荷。

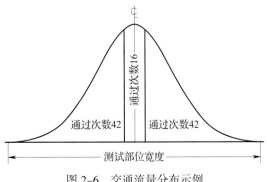

图 2-6　交通流量分布示例

柔性道面：与路基保持紧密接触并向路基分配载荷的道面结构，其稳定性取决于集料黏结力、颗粒摩擦力和内聚力。

热拌沥青混凝土（HMA；也称为沥青混凝土）：高等级集料和沥青水泥（沥青）的混合物；混合料在高温条件下加热和涂抹，并就地压实，形成柔性铺面。

弹性模量 E：土壤或路面层的刚度，为应力应变的比值。在分层弹性分析中，每一层都用具有不同的弹性模量来建模。

加铺层：在现有路面上铺设的附加铺层，包括或不包括中间基层或底基层，通常用于加固路面或恢复表面轮廓。

通过：飞机经过一个固定点的运动被认为是一次通过。有些方法对一次通过和一次飞机通过进行区分；这些方法认为，起飞和着陆代表一次通过（假设起飞重量比着陆高，所以着陆不如起飞那么重要）。

道面分类号（PCN）：表示某道面可以无限制通行所能承载的载荷强度数值。

道面分类等级（PCR）：表示某道面可以无限制通行所能承载的载荷强度数值，并使用分层弹性理论分析确定。

道面结构（也称为路面）：路基上铺设的底基层、基层和面层的组合，用于支撑通行载荷并将载荷传递至路基。

泊松比：土壤或路面层中横向应变与纵向应变的比率。

硅酸盐水泥混凝土（也称混凝土）：等级集料与硅酸盐水泥和水的混合物。

刚性路面：将载荷传递至路基的路面结构，其面层为具有较高抗弯性的硅酸盐水泥混凝土板。

单轮载荷：由一个机轮承载的载荷，无论它是起落架上的唯一机轮还是多轮起落装置中的一个。

底基铺层（也称为底基层）：铺设在路基上的一层或几层指定厚度的选定材料，用于支撑基层。

路基：土壤的上部，天然或建造的，支撑道面传递来的载荷。

面层（也称为磨耗层）：路面结构的顶层。

轮胎压缩量：空载轮胎半径与负载轮胎半径之间的差值。

飘移：飞机在不同的起降通行中，在跑道横向方向上的变化，其结果就是每次机轮不会在完全相同的位置上滚动。飘移位置通常呈现正态分布。对于路面分析，飘移宽度为飞机通行中心线两侧，分布占比超过 75% 的道面宽度。

2.1.1.5 触地压力

大量飘浮性分析中使用飞机轮胎的使用压力，因为该轮胎压力值与地面触地压力值接近。这两个值不一定相等，这取决于轮胎的结构。如果轮胎没有加强件，并被简化为球形气球模型，那么地面接触压力将完全等于轮胎内的压力。图 2-7 所示为一个球形气球在空载状态下，以及加载（质量）M 状态下的压缩变形。加载时，平板上的接触印痕为圆形，面积为 A。由于气球内的压力在整个过程中是均匀的，并且没有其他承载方式，因此加载质量由作用在区域 A 上的压力 p 支撑。p 和 A 的乘积必然等于该质量 M 乘以重力加速度的乘积。

飞机轮胎的胎面区域和侧壁都有加强件，并且它们不是球形的，因此接触区域趋向于

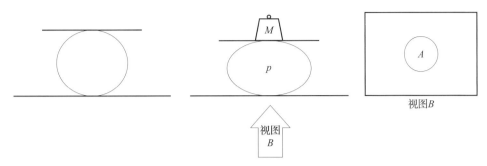

图 2-7　球形气球接触面积

椭圆形（对于斜交轮胎）和带圆角的方形（对于子午线轮胎），整个接触区域的压力分布不同。图 2-8 显示了在相同充气压力（310psi）和施加载荷（14000lbf）下，斜交轮胎和子午线轮胎（相同轮胎尺寸：25.5×8.0-14 PR20 和 25.5×8.0R14 PR20）的接触印痕之间的比较。斜交帘布层和子午线帘布层是指轮胎加强件的不同构造技术，第 3 章将会对此进行详细描述。

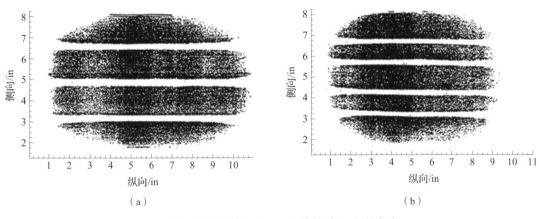

图 2-8　斜交轮胎（a）和子午线轮胎（b）的印痕

　　斜交轮胎的触地面积约为 42in^2，而子午线轮胎的触地面积约为 37in^2。斜交轮胎的平均触地压力为 333psi，而子午线轮胎的平均触地压力为 378psi；这两个值都略高于 310psi 的充气压力。

　　测量的触地压力在整个轮胎印痕中分布并不均匀，斜交轮胎的峰值接触压力为 592psi，子午线轮胎的峰值接触压力为 543psi。从经验上看，平均接地压力通常等于轮胎充气压力，如图 2-9 所示。该图中的曲线斜率为 1，其数据来自多个测试试验。

　　根据上述关系，任何给定轮胎的接触面积可以估计为该轮胎承受的载荷除以其充气压力。通常，根据斜交轮胎的经验印痕数据统计，假定为长轴和短轴之比为 1.6 的椭圆。印痕宽度 W（椭圆的短轴）由以下表达式给出，其中 A 是接触面积

$$W=0.892\sqrt{A}$$

　　在某些特殊情况下，也会有其他印痕外形或椭圆纵横比假设，从而该公式也会有相应的修正。

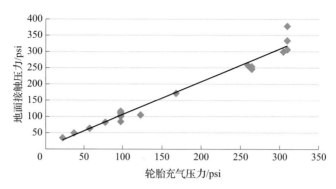

图 2-9 地面触地压力对轮胎充气压力的影响

2.1.1.6 起落架布置术语

为避免混淆，各研究机构已尝试将主起落架组件的命名标准化，这些名称通常在道面适应性工作中被引用。除通用名称外，美国联邦航空局（FAA）还制定了编码命名规定[10]，用于识别主起落架组件，其中每组可由单（S）轮、双（D）轮、三（T）轮和四（Q）轮组成。可为每种飞机编制一个合适的编码，具体描述见图 2-10。

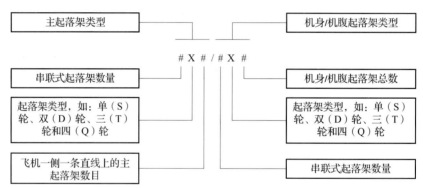

从飞机起落架构型的标准命名规范转载，订单号 5300.7，美国联邦航空局，2005年10月6日

图 2-10 FAA 命名规范

在 FAA 命名系统中，最外侧的起落架对被称为"主起落架"，而内侧的起落架被称为"机身 / 机腹起落架"，这些起落架可以是单个起落架或成对起落架。当主起落架在飞机纵向排列成一条直线时，该构型为串联主起落架构型。表 2-3 显示了各种常见起落架布置。

表 2-3 典型起落架构型的命名

FAA 代码：S 通用名称：单轮 示例飞机：赛斯纳 150，PA28，F-15	FAA 代码：S 通用名称：单轮 示例飞机：F/A-18	FAA 代码：D 通用名称：双轮 示例飞机：达索 F10	FAA 代码：D 通用名称：双轮 示例飞机：波音737，A320

表 2–3（续）

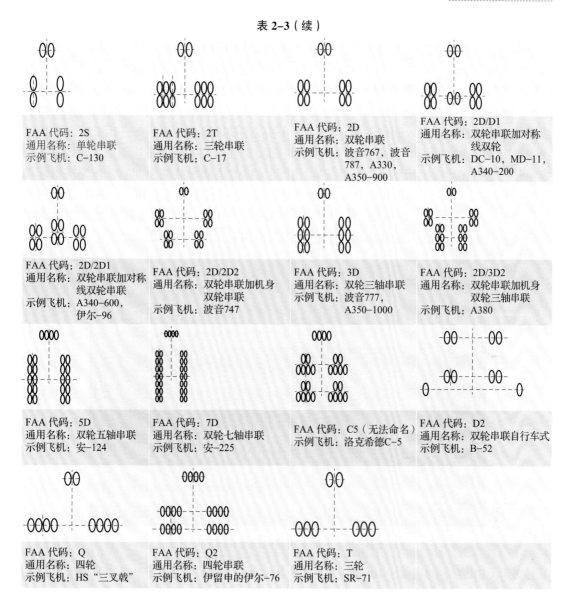

2.1.2　道面适应性（飘浮性）分析

道面适应性分析在很大程度上取决于飞机通行的道面类型。然而，无论道面类型和相关评估方法如何，需要特别强调的是，所有飘浮性分析方法都是估算的。即使方法准确，实际道面的表面质量也可能与分析中使用的表面质量存在显著差异。土壤不是一种特性统一的材料，因此它们没有统一的行为或性能。相同 CBR 评估值的土壤可能有不同的类型的道面，一种土壤在压实后，使用时会变得更坚固，而另一种土壤在压实过程中可能会破碎，使用时变得更脆弱。在应用飘浮性分析方法时，尤其是对未经改造和未铺砌的道面，必须要保留一定比例的裕度。飘浮性分析通常在飞机的最大停机重量或最大起飞重量下进行评估，似乎未考虑飞机着陆冲击载荷，与着陆冲击对道面损伤更大的感官判断似乎不一致，而实际情况是，由于飞机着陆时重量一般以比起飞时更轻（由于燃油消耗），并且着陆时机翼会产生升力、升力几乎和重力平衡，此时地面承受的冲击载荷实际上小于起飞时或起飞前在道面上滑跑时的载荷。

2.1.2.1　未铺砌道面

世界各地的飞机定期在未提前准备道面或准备但未铺砌的道面上通行（见图 2-11）。这些道面包括沙滩、泥土、砾石以及草地等，通常用于轻型飞机和滑翔机。虽然路基承载强度对未铺砌道面跑道很重要，但能否在这些道面上通行的决定性因素，是飞机施加在道面上的压力是否会超过了道面材料的剪切强度。该道面剪切强度可通过 CBR 方法测量，这里要注意的是，对于未铺砌道面，表面剪切强度往往取决于含水量——因此，湿跑道的表面剪切强度一般低于干跑道。虽然大多数道面适应性研究的重点是场地上允许通过的次数（假设轮胎在地面上滚动），但还有另一类型飞机的道面承载能力问题，该类飞机起飞降落时不需滚动机轮（如旋翼机），针对这种情况，也可直接通过 CBR 值来估计道面的性能，根据 CBR 值测定原理可知，其代表着使表面下沉 0.1in 所需的接触压力（1000psi 的百分比），因此可以基于道面 CBR 值，估计出道面的最大允许接触压力。

图 2-11　轻型飞机降落在土质跑道上

对于 CBR 为 3 的表面，30psi（1000psi 的 3%）的接地压力可能导致约 0.1in 的下沉量，对于轮胎而言，其地面接触压力可以估计为轮胎压力，而对于雪橇和滑橇而言，可通过将飞机重力除以接触面积直接计算出地面接触压力。

（1）土壤和草地

对于单轮载荷小于 2268kgf[①]（5000lbf）的轻型飞机，在土壤和草地上起降的话，建议设计足够大的轮胎，确保轮胎压力不大于 0.35MPa（51psi），接近汽车的轮胎压力[11]。表 2-4 给出了各种未铺砌道面容许的典型轮胎充气压力。图 2-12 显示了一架使用"冻土轮胎"的轻型飞机——大型低压轮胎，可显著改善飘浮性能，并能够翻越岩石和原木等较大障碍物。表 2-5 列出了各种通用航空飞机及其轮胎压力。

①未铺砌道面的分析方法 ASD-TR-68-34

对于单轮载荷大于 2268kgf（5000lbf）的飞机，计算未铺砌道面飘浮性的方法记录在

---

①　1kgf≈9.8N。——编辑注

表 2-4　未铺砌表面的典型允许胎压

表面	典型允许轮胎压力 /psi
疏松沙地	30
硬沙地	60
湿地	40
硬土	60~70

图 2-12　配备大型低压（冻土带）轮胎的轻型飞机

表 2-5　典型的一般航空轮胎压力

飞机类型	前轮胎压力	主轮胎压力
派珀 "超级幼兽"	—	0.12MPa（18psi）
派珀 "超级幼兽"（31in 高寒轮胎）	—	0.06MPa（8psi）
派珀 PA28-180E 切诺基	0.17MPa（24psi）	0.17MPa（24psi）
赛斯纳 C150M	0.21MPa（30psi）	0.15MPa（21psi）
赛斯纳 C172M	0.18MPa（26psi）	0.21MPa（30psi）
德·哈维兰 "双水獭"	0.22MPa（32psi）	0.26MPa（38psi）
德·哈维兰 "双水獭"（中等飘浮性）（图 2-13）	0.17MPa（24psi）	0.24MPa（35psi）
派珀 PA44-180：森密诺尔（双轮）	0.34MPa（50psi）	0.38MPa（55psi）
穆尼 M20	0.21MPa（30psi）	0.21MPa（30psi）
比奇飞机 "富源" V35B	0.28MPa（40psi）	0.23MPa（33psi）
DG Flugzeugbau DG-1000S（滑翔机）	0.25MPa（36psi）	0.25MPa（36psi）

图 2-13　德·哈维兰"双水獭"飞机在沙滩上运营

ASD-TR-68-34[12] 中，该方法于 1968 年开发，至今仍被较大程度地借鉴引用，用于计算在形成 76mm 深的车辙之前，允许的通行次数。该方法适用于单轮载荷在 2268kgf(5000lbf)~34000kgf（74960lbf）范围内的飞机。

首先，计算每个起落架上的载荷。对于主起落架，飞机重心最靠后时，其承受最大的飞机载荷。通过静平衡方程，计算出每个起落架上的载荷。然后，通过将起落架载荷除以起落架上的机轮数来计算单轮载荷。对于前起落架（简称前起），采用准静态计算方法，采用最大飞机重量、最前重心位置和实现 0.31g 减速度的刹车载荷，前起落架单轮载荷是前起落架载荷除以前起落架机轮数。该方法如图 2-14 所示。

主起落架单轮载荷公式：$\mathrm{SWL_M} = \dfrac{W(F-M)}{F \times N_M}$

前起落架单轮动载荷公式：$\mathrm{SWL_N} = \dfrac{W(F-L)}{F \times N_N} + \dfrac{10 \times W \times J}{32.2 \times F \times N_N}$

式中：W——飞机总重，lb；

　　　N_M——飞机上主轮的数量；

　　　N_N——飞机前轮的数量。

所有其他尺寸均以 in 为单位。

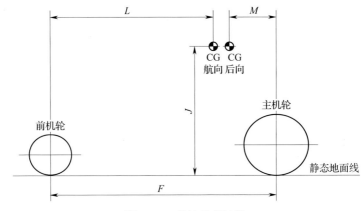

图 2-14　单轮载荷计算

根据单轮载荷，可以计算轮胎与地面之间的接触压力。该接触压力是单轮载荷除以轮胎接触面积。轮胎接触面积（A）可根据以下表达式计算。注意，由于所有轮胎制造商往往提供以 in 为单位的数据，因此本计算中均以 in 为单位。

$$A = 2.36d \sqrt{(D_o - d)(w - d)}$$

$$d = \frac{b(D_o - D_F)}{200}$$

式中：A——轮胎接触面积，in^2；

   d——轮胎径向压缩量，in；

   D_o——轮胎外径，in；

   w——轮胎截面宽度，in；

   b——轮胎压缩量百分比，%；

   D_F——机轮轮辋直径，in。

  轮胎一般正常工作时的压缩量为 32% ~ 35%。对于特殊操作（这将导致轮胎寿命降低），可以在压力较低、轮胎压缩量达 50% 的情况下使用，在大压缩量使用之前，强烈建议咨询轮胎制造商。过去的研究表明，如果飞机的起飞速度不是特别高和起飞距离不是特别长，Ⅲ 型轮胎可以在 50% 而不是 35% 的压缩量下运行，从而增加约 35% 轮胎印痕面积，而缺点是将会导致轮胎寿命缩短和跨过障碍物的高度的能力降低，其中，轮胎寿命[13] 将会降低到正常轮胎寿命的三分之一。

对于单轮起落架，"等效单轮载荷"就是该机轮自身的载荷。对于多轮起落架，需要对相邻机轮之间的影响进行修正，获得"等效单轮载荷"，用于计算等效轮胎接触面积的圆半径公式为

$$r = \sqrt{\frac{A}{\pi}}$$

然后，将相邻轮胎之间的横向间距除以该半径 r，以等效轮胎接触半径 r 的倍数来表示轮间距。根据图 2-15，可通过使用等效轮胎接触半径倍数确定载荷增加系数。需要注意，对于轮间距大于等效轮胎接触半径 5.5 倍的距离，该机轮被视为单轮构型（无载荷增

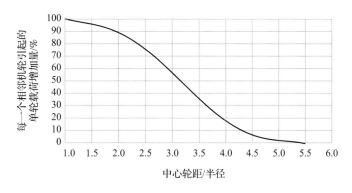

图 2-15 等效单轮载荷修正曲线

加）。针对具体起落架布局形式，可能不容易判断哪个是关键机轮，在这种情况下，应计算所有可能的组合，并找出最临界的情况。

除了图 2-15 所示的方法外，作为另一种替代方案，也可使用下列多项表达式来计算载荷增加值，其中 R 表示半径倍数，P 表示载荷增加百分比

$$P=-0.5515R^5+8.861R^4-50.242R^3+118.85R^2-131.82R+155.15$$

该多项式可应用自动化程序来优化机轮间距。注意，R 的范围只有在 1～5.4 内，该多项式才生成有效载荷值。

通过计算等效单轮载荷和地面接触压力，可以计算出允许通过一次的机场强度（CBR_1）。

这个值可以从图 2-16 中图形来确定，也可以使用以下的多项式关系来确定

$$CBR_1=(0.00062645C+0.0112689)E+0.00002585C^2+0.0199111C+0.1449631$$

式中：E——等效单轮载荷，klbf；

C——地面接触压力，lbf/in^2。

图 2-16 所示是在同一单位体系中，作为一个经验性的公式，务必使用正确的单位。根据 CBR_1 的数据，结合机场的 CBR 等级，可以计算出某飞机在该机场道面失效覆盖遍数。关系式为目标机场的 CBR 等级与 CBR_1 的比的六次方

$$道面失效覆盖遍数 =\left(\frac{CBR}{CBR_1}\right)^6$$

在这些计算中，要分别考虑前起落架和主起落架，因为任何一个都可能是临界的。

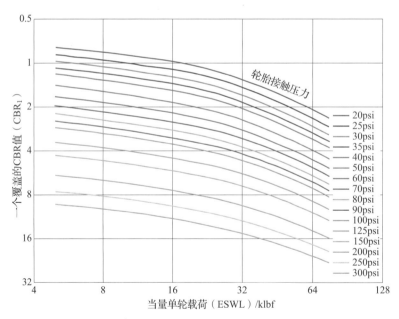

图 2-16　对应于 ESWL 和接触压力关系的一次通过次数的 CBR 值

CBR_1 实例计算：

　　图 2-17 所示的例子是双轮构型前起落架，它的支柱载荷为 23460lbf，结合下述轮胎特性数据（以 9.50-16 Ⅲ 型轮胎为例），计算 CBR_1 值。

D_o=33.25in；

w=9.7in；

b=35%；

D_F=18in。

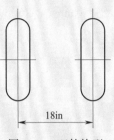

18in

图 2-17　双轮构型

解答：

计算轮胎压缩量（单位 in）

$$d = \frac{35(33.25 - 18)}{200} = 2.67\text{in}$$

计算轮胎触地面积

$$A = 2.36(2.67)\sqrt{(33.25 - 2.67)(9.7 - 2.67)} = 92.4\text{in}^2$$

轮胎有效半径

$$r = \sqrt{\frac{A}{\pi}} = \sqrt{\frac{92.4}{\pi}} = 5.4\text{in}$$

轮间距 D 是 18in，或 3.3 倍有效半径（18 除以 5.4）。根据图 2-15 或对应的多项式来计算单轮载荷增量，对于 3.3 倍半径的轮间距，增量系数为 43.9%。

单轮载荷为

$$\text{单轮载荷} = \frac{23460}{2} = 11730\text{lbf}$$

地面触地压力为

$$\text{地面触地压力} = \frac{11730}{104.7} = 112\text{psi}$$

等效单轮载荷为

$$\text{等效单轮载荷} = 11730\text{lbf} + 11730\left(\frac{43.9}{100}\right)\text{lbf} = 16880\text{lbf}$$

这些值中，CBR_1 可以从图 2-16 中插值，也可以从相关的多项式中计算获得，值是 4.1。

对于图 2-18 所示的车架构型，每个主起落架的支柱载荷为 153500lbf。轮

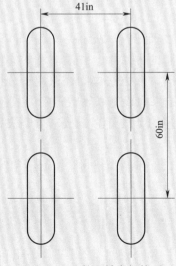

41in

60in

图 2-18　四轮双轴车架构型

胎接触面积为 260in^2，计算 CBR_1 值。

解答：

单轮载荷为

$$单轮载荷 = \frac{153500}{4} = 38375\text{lbf}$$

地面触地压力为

$$地面触地压力 = \frac{38375}{260} = 148\text{psi}$$

有效半径为

$$r = \sqrt{\frac{A}{\pi}} = \sqrt{\frac{260}{\pi}} = 9.1\text{in}$$

双轮间距和前后轮距已经提供，但是对角线轮间距需要计算

$$对角线轮间距 = \sqrt{41^2 + 60^2} = 72.7\text{in}$$

在此构型中，起落架是中心对称的，因此，没有最严酷的机轮（它们之间都有相同的关系），将轮胎间距值转换为有效轮胎半径的倍数：

双轮间距 $=41\text{in} \div 9.1\text{in} = 4.5$ 倍半径

前后轴距 $=60\text{in} \div 9.1\text{in} = 6.6$ 倍半径

对角轮距 $=72.7\text{in} \div 9.1\text{in} = 8$ 倍半径

根据图 2-15 或相关的多项式计算轮胎的载荷增量关系可得，对于双轮间距，4.5 倍半径的增量系数为 6.3%，其他间距值，由于大于 5.5 倍半径，不会增加等效单轮载荷。

等效单轮载荷为

$$等效单轮载荷 = 38375\text{lbf} + 38375\left(\frac{6.3}{100}\right)\text{lbf} = 40793\text{lbf}$$

这些值中，CBR_1 可以从图 2-16 中插值，也可以从相关的多项式中计算，结果为 7.9。在 ASD-TR-68-34 计算方法中，没有明确考虑多个机轮串联的构型的情况。在这个例子中，后一副机轮没有增加等效单轮载荷值，因此，在目前已公布的方法中，并没有考虑它们对前轮的影响。而在计算机场失效覆盖遍数时，该方法也同样适用于分析后一副机轮对道面的影响（将该方法的计算结果除以串联轴数得到失效覆盖遍数）。除了上述计算方法外，又发展了更多的新的计算方法，来解决串联轴系互相影响的问题。

对于如图 2-19 所示的同轴构型，每个主起落架的载荷为 83000lbf，轮胎接触面积为 260in^2，计算 CBR_1 值。

解答：

单轮载荷为

$$单轮载荷 = \frac{83000}{4} = 20750\text{lbf}$$

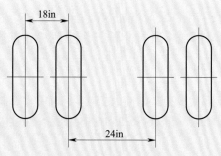

图 2-19　四轮同轴构型

地面触地压力为

$$地面触地压力 = \frac{20750}{260} = 80\text{psi}$$

有效轮胎半径为

$$r = \sqrt{\frac{A}{\pi}} = \sqrt{\frac{260}{\pi}} = 9.1\text{in}$$

虽然此机轮构型有一些对称性，与内侧机轮相比，外侧机轮将有不同的影响。因此，内侧机轮和外侧机轮都需要分别计算，以确定哪一个是关键的：

外侧机轮与邻近内侧机轮距离：18in；

外侧机轮与较远内侧机轮距离：42in；

外侧机轮与较远外侧机轮距离：60in。

此外：

内侧机轮与邻近内侧机轮距离：18in；

内侧机轮与邻近外侧机轮距离：24in；

内侧机轮与较远外侧机轮距离：42in。

然后将间隔值转换为有效轮胎半径：

18in 间距：18in ÷ 9.1in=2 倍半径；

24in 间距：24in ÷ 9.1in=2.6 倍半径；

42in 间距：42in ÷ 9.1in=4.6 倍半径；

60in 间距：60in ÷ 9.1in=6.6 倍半径。

然后根据图 2-15 或相关的多项式计算等效单轮载荷增量系数。

外侧机轮：

18in 间距，2 倍半径，载荷增加 89%；

42in 间距，4.6 倍半径，载荷增加 5%；

60in 间距，6.6 倍半径，载荷增加 0%。

总共 94% 的增量系数（用每个增量系数之和来确定等效单轮载荷）。

内侧机轮：

18in 间距，2 倍半径，载荷增加 89%；

24in 间距，2.6 倍半径，载荷增加 72%；

42in 间距，4.6 倍半径，载荷增加 5%。

总共 166% 的增量系数（所有其他三个位置机轮都影响这个轮子）；内侧机轮显然是关键位置。

等效单轮载荷为

等效单轮载荷 =20750lbf+20750（166/100）lbf=55195lbf

基于以上数据，CBR_1 可以从图 2-16 中插值，也可以从相关的多项式中计算，其结果是 5.3。

一旦计算出适当的 CBR_1 值，就可以基于道面实际 CBR 值的计算方法给出该道面失效覆盖遍数（76mm 车辙）。

对于前面双轮例子，CBR_1 值是 4.1。如果目标机场的 CBR 值为 8，则道面失效覆盖遍数是

$$道面失效覆盖遍数 = \left(\frac{8}{4.1}\right)^6 = 55$$

由于一架飞机在一次通过中达不到一次覆盖遍数，因此需要确定每一覆盖遍数的通过次数。这是基于起落架最外侧机轮轮距宽度和轮胎印痕宽度来决定的（见图 2-20）。下面给出了计算此通过次数与覆盖遍数比率的经验关系。需要对前起落架和主起落架分别计算

$$\frac{通过次数(P_N 或 P_M)}{覆盖遍数} = \frac{B+80+W}{(0.75)NW}$$

$$W = 0.847 \sqrt{A} \text{[①]}$$

式中：B，W——起落架最外侧机轮轮距宽度和轮胎印痕宽度，in；

N——装配中的机轮数。

轮胎印痕宽度 W 是轮胎接触面积 A 的函数，单位为 in^2。

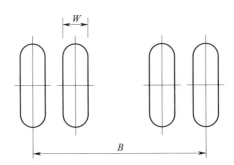

图 2-20　机轮轮距宽度和轮胎印痕宽度

① 这是 ASD-TR-68-34 中提供的公式，它与本章早些时候提供的公式不同，该公式是基于 1.6 的轮胎印痕长宽比获得的。由于 ASD-TR-68-34 是一种经验方法，一般建议使用该方法中提供的公式计算通过次数，除非对改变该公式带来的影响有充分的认识。

每组起落架的通过次数，等于起落架的通过次数与覆盖遍数之比乘以先前确定的覆盖遍数。对于主起落架和前起落架，需要分别计算。

综合考虑飞机前、主起落架的结果，来确定飞机在机场道面失效前的允许通过次数。此计算方法所需的尺寸参数见图 2-21。

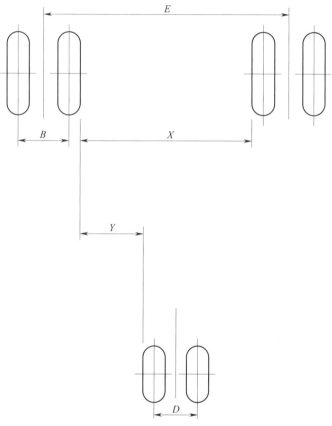

图 2-21　用于飞机通过次数计算的起落架布局

基于尺寸 X（in），使用图 2-22 中的图形计算 H 的值。同样，基于尺寸 Y（in），使用图 2-22 中的图形计算 K 的值。然后，用下列方程计算主起落架和前起落架的允许通过次数。注意，下标 N 表示前起落架的值，下标 M 表示主起落架的值。P 的值是在前面步骤中计算的各组起落架的通过次数。

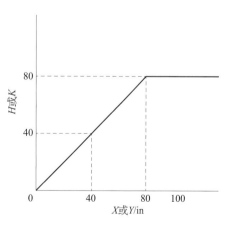

图 2-22　飞机通过次数修正图

$$AP_M = \frac{80P_M P_N}{80P_N + (80 - H)P_N + (80 - K)P_M}$$

$$AP_N = \frac{80P_M P_N}{80P_M + (80 - H)P_N + (80 - K)P_N}$$

飞机允许的通过次数等于 AP_M 和 AP_N 这两个值中较小的一个。

飞机许可通过次数实例计算：

按图 2-23 所示布局的飞机，前起落架是按图 2-17 布置双轮构型，主起落架是按图 2-18 布置的四轮车架式构型，在 CBR 值为 8 的土跑道上起降，计算飞机许可的通过次数。

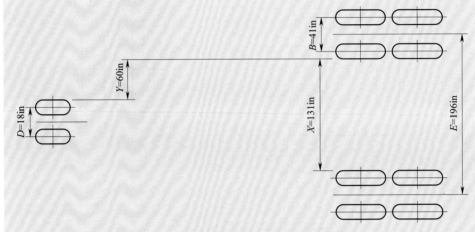

图 2-23 用于未铺砌道面分析的飞机几何示例

该前起机轮构型布置已经确定的 CBR_1 值为 4.1，道面失效覆盖遍数为 55。四轮主起落架已确定 CBR_1 的值为 7.9，由于目标机场的 CBR 值为 8，因此基于 ASD-TR-68-34 方法的道面失效覆盖遍数为

$$道面失效覆盖遍数 = \left(\frac{8}{7.9}\right)^6 = 1.1$$

然而，应该考虑到主起双轴的影响，一个保守的方法是将由此产生的覆盖遍数除以串联轴数，在这种情况下，轴的数量是 2。由此得到的道面失效覆盖遍数为 0.55。通过次数与覆盖遍数比计算如下。对于前起落架

$$W = 0.847\sqrt{A} = 0.847\sqrt{104.7} = 8.9$$

$$\frac{通过次数}{覆盖遍数} = \frac{D+80+W}{(0.75)NW} = \frac{18+80+8.9}{(0.75)(2)(8.9)} = \frac{106.9}{13.4} = 8$$

前起落架的每覆盖通过次数是 8。对于主起落架

$$W = 0.847\sqrt{A} = 0.847\sqrt{260} = 14.1$$

$$\frac{通过次数}{覆盖遍数} = \frac{D+80+W}{(0.75)NW} = \frac{41+80+14.1}{(0.75)(2)(14.1)} = \frac{135.1}{21.2} = 6.4$$

注意，车架中机轮数量 N 为 2，因为后轴的影响已经被单独计算在道面失效覆盖遍数的步骤里。对于所有机轮都在同一轴上的同轴布置，那么轮子的数目 N，应该等于一个轮轴上轮子的总数。此处，主起落架的通过次数覆盖遍数比是 6.4。

每组起落架的通过次数是由该起落架的通过次数与覆盖遍数比乘以先前确定的道面失效覆盖遍数的值来决定的。

前起落架通过次数

$$P_N=8 \times 55=440$$

主起落架通过次数

$$P_M=6.4 \times 0.55=3.5$$

根据图 2-21 和图 2-22，结合计算出的起落架通过次数，可以确定飞机的通过次数。

给定飞机的 X 尺寸是 131in，根据图 2-22 中的图形，获得 $H=80$。给定飞机的 Y 尺寸为 60in，$K=60$。主起落架的允许通过次数计算如下

$$AP_M = \frac{80P_M P_N}{80P_N + (80-H)P_N + (80-K)P_M} =$$

$$\frac{80(3.5)(440)}{80(440) + (80-80)(440) + (80-60)(3.5)}$$

$$AP_M = \frac{123200}{35270} = 3.5$$

飞机前起落架允许通过次数计算如下

$$AP_N = \frac{80P_M P_N}{80P_M + (80-H)P_N + (80-K)P_N} =$$

$$\frac{80(3.5)(440)}{80(3.5) + (80-80)(440) + (80-60)(440)}$$

$$AP_N = \frac{123200}{9080} = 13.6$$

飞机允许通过数量取两者较小的值，因此，飞机的允许通过次数是 3（3.5 取整为 3）。

上面所给出的计算是以单位为 in 的形式进行的，这就是该方法的推导过程，作为一种经验方法，它不适合转换为 SI 单位。特别注意的是，该方法考虑的道面失效标准是一个 76mm（3in）车辙。对于轮胎较小的小型飞机来说，这种程度的损坏可能是不可接受的，而对于轮胎大、动力较大的大型飞机来说，这种程度的损坏又是可接受的。此外，这种方法并没有考虑到前起落架的操纵转弯；前轮的转弯可能导致轮胎在集料跑道上"犁"道面，如图 2-24 所示。因此，使用此方法时要谨慎，建议在典型工况下进行相关的测试试验。

②其他可供选择的未铺砌道面分析方法

对于多组机轮沿着同一路径滑跑的飞机，虽然前面的分析方法有涉及，但该分析方法并没有直接计算出通过次数。有一系列的飞机构型，采用了此类型的串联机轮布置，且要求在未铺砌道面上通行，其中之一便是空中客车 A400M 飞机。

为了解决此类问题，又发展出了一种多体动力学仿真方法[14]，结合土壤模型，用来分析飞机对道面的影响。如美国陆军的 PCASE 应用程序，可以更快速、更方便地分析任何机轮布置构型的飞机，在未铺砌和半铺砌道面上的通过能力。然而，PCASE 应用程序主要关注的是主起落架，在分析中并未考虑前起落架的通过性能，这是因为前起落架轮胎的地面接触压力远低于主轮胎。同上节的手动计算方法相比，PCASE 往往会给出一个相对保守的允许通过次数（如德·哈维兰"冲锋"7、多尼尔 DO.328 和波音 737-200 的分析结果

图 2-24　集料跑道上发生的前起落架危险工况

显示，手动计算方法的允许通过次数是 PCASE 的 1.7～2.3 倍）。相反，对于具有较高前起轮胎接触压力（如贝尔－波音 V-22）的倾转旋翼机，使用 PCASE 程序比手动计算方法得到的允许通过次数又高得多。因此，建议在确定最终的允许通过次数之前，要同时考虑并比较这两种分析方法的计算结果。

（2）碎石 / 集料机场

集料机场是一种低成本铺砌道面的方法，通常应用于多年冻土环境或者较突出的结冰 /融化和发生冻结循环的地区。按平整度要求进行分级。目前已经有了一些经验方法，用于对这些道面进行适应性评级。在这种跑道上，前起落架的性能通常是至关重要的。如图 2-24 所示，在转弯过程中，前轮胎有"犁"地倾向，产生车辙。

波音方法[15]将轮胎压力与机场的 CBR 值联系起来。图 2-25 所示为波音开发的曲线，显示了它们之间的关系。该方法表明，如果轮胎压力值（单位：lbf/in²）小于或等于 CBR 值的 5 倍（用波音高载荷渗透计测量），则该集料机场具有足够的道面强度保障飞机运行。

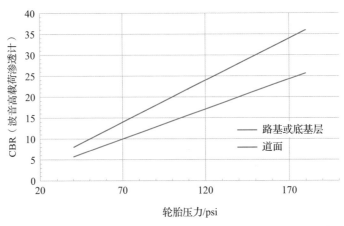

图 2-25　集料机场的波音方法

这种根据跑道道面 CBR 值来确定最大轮胎压力的方法被大量采用，许多案例已证明该方法是相当可靠的。应用程序 PCASE 软件也可以用来分析冻土道面的跑道，给出允许的覆盖遍数。上述的波音方法适合道面连续通行的工况，但如果容许道面损坏的话，则也适用于更高的机轮载荷和轮胎压力。典型的轮胎压力和可接受的冻土跑道 CBR 值的例子见表 2-6。

表 2-6　典型的轮胎压力和可接受的 CBR 值

飞机种类	前起最小轮胎压力	前起最大轮胎压力	主起最小轮胎压力	主起最大轮胎压力	最高轮胎压力下的最小道面 CBR
波音 737-200（低压轮胎）	64psi	108psi	62psi	115psi	23
波音 737-200（标准轮胎）	140psi	140psi	100psi	177psi	35
"冲锋" 8-Q400（低压轮胎）	—	89psi	—	141psi	28
"冲锋" 8-Q400（标准轮胎）	—	89psi	—	227psi	45
BAe.146-300（低压轮胎）	—	111psi	—	121psi	24
BAe.146-300（标准轮胎）	—	128psi	—	160psi	32

在集料跑道上通行时，轮胎卷起来的碎石会冲击和侵蚀飞机表面。波音 737-200 飞机有一个可选的防砟石冲击装置，其在前起落架上安装一个砟石导流板（见图 2-26），或者在发动机前端，安装有涡流发生器，以阻止灰尘和碎片的吸入。受益于这些装置，起落架的外露部件能得到进一步保护。一些飞机采用特殊的砟石防护层，例如，由聚硫或聚硫醚密封剂形成的涂料防护系统，也已被证明具备较好的防砟石和轻微撞击侵蚀的能力，也可以采用一种可喷涂的密封剂，如 PR-1436-G（符合 MIL-PRF-81733[16]），喷涂后能够形成一层粗糙的颗粒状表面（见图 2-27）。一般建议在起落架上使用相同牌号的密封剂保护涂料系统——应注意的是，如果飞机使用的是磷酸盐酯液压油（密封剂对这些液体不具有抵抗性），则考虑使用聚氨酯保护膜，类似的应用部位还有机翼和螺旋桨前缘等部件。

图 2-26　波音 737-200 上的砟石导流板

图 2-27　为防止侵蚀而喷涂的颗粒状密封剂

几款赛斯纳商务喷气机在前轮装有预旋转系统，以减少在集料铺面跑道上卷起的沙石量。发动机引气吹向位于前起落架机轮罩内的涡轮装置，用于驱动机轮旋转，飞行员依靠机轮速度指示系统和流量调节阀，来调整机轮接地的切向速度以匹配预计的飞机着陆速度，以减少前轮接地时的相对速度，避免卷起过多沙石。更多关于轮胎卷起碎片的内容见第 3 章，有关预旋转系统的内容见第 11 章。

2.1.2.2　铺砌道面

目前在使用的铺砌道面有两种基本类型，分别是刚性道面和柔性道面。刚性道面是由混凝土、钢筋混凝土或类似材料制成的道面，可以抵抗弯曲时施加的载荷。刚性道面可以直接应用在等级土壤上，只要材料具有适当的阻抗力。由于一些土壤材料具有"泵动效应"，在这种情况下，反复的动态载荷会使道面下的材料产生变形和移位，所以通常采用压实的集料路基来支撑道面。柔性道面不像刚性道面，在弯曲方面没有显著的强度。施加在道面上的载荷传递到下面的基层，道面承受接触压力所产生的剪切力，并将压力以不超过道面层或基层的强度的方式传递到下层。

铺砌道面的研究是一个与时俱进的民用工程课题。通过不断开发新的材料和工艺，以提高跑道、滑行道和停机坪的承载能力。由于每一种新的材料和技术需要独特的设计分析方法，因此确定道面和飞机的兼容性的工作显得较为复杂。为了避免每个机场运营商都制定不同的跑道限制规则造成的混乱，飞机工业部门采用了一系列标准化的评级系统，以提供一种通用的评估飞机和道面兼容性的方法。已经发展的 LCN、ACN 和 ACR 等评估方法，会定期进行持续改进与优化，并用作国际协议以评估飞机和起落架的道面兼容性能；另外，针对道面的开发和评估程序也是同期并行发展的。道面标准化评估程序依赖于公认的道面设计方法（即使一些特殊跑道采用不同的设计方法），现代道面设计方法大多采用分层弹性理论和有限元分析，而较早前的程序则采用 CBR 方法进行柔性道面设计，采用韦斯特加德（Westergaard）设计理论用于刚性道面设计。为了便于理解，在详细介绍评估方法之前，首先阐述主要道面的设计原理。传统的道面设计方法（尤其是柔性道面设计）大多是基于经验，参考带有修正系数的试验结果，以确保获得适当的设计寿命。而现代分析方法则遵循一种更为合理的类似于金属设计和分析的方法：对道面进行应力分析，并根据材料疲劳曲线获取的数据来计算道面寿命，将分析过程分成一个完整的应力计算阶段和一个完整的疲劳寿命计算阶段，实现对多个机轮并联或多个机轮串联产生的应力进行直接和更准确的评估。这种分析过程被称为"机械–经验"方法。该方法为确定道面性能提供了一个更为合理的途径，使得道面工程师不必为每一种新的道面创新结构，重复开展许多基于经验的寿命试验[17]，而是基于所使用材料的强度性能来预测该道面通过能力。

（1）道面设计分析

①分层弹性和有限元分析

目前针对刚性和柔性道面的设计程序，使用铺面层和支撑道面的分层弹性模型表示，如图 2-28 所示。认为每一层都是具有自身厚度、弹性模量和泊松比的均匀弹性固体。

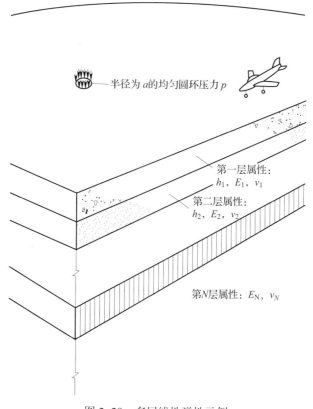

半径为 a 的均匀圆环压力 p

第一层属性：
h_1，E_1，v_1

第二层属性：
h_2，E_2，v_2

第 N 层属性：E_N，v_N

图 2-28　多层线性弹性示例

Burmister 针对两层[18]和三层[19]模型的多层弹性问题提出了闭环表格方法。现代的方法利用计算机仿真来解决超多层铺层的分析问题。这些方法可以是 Burmister 方法的一个演变，通常适用于柔性道面，也可以是有限元方法（通常适用于刚性道面）提供的解决方案。有限元方法的两个例子如图 2-29 所示。图 2-29（a）显示了由六轮车架式主起落架加载的刚性道面的弯曲应力分布，由图可见起落架六个轮胎对应的六个区域的应力峰值清晰明显。

为了更好地展示承载层的边缘，因此未显示紧贴轮胎道面层，可以清晰地看到板底部的拉应力和顶部的压应力。图 2-29（b）显示的是四轮主起落架的变形分布，其中轮胎的印痕是位于混凝土板的边缘。在这个仿真分析模型中，单元的底层有一个无限的网格，来模拟一个无限深的弹性地基的响应。

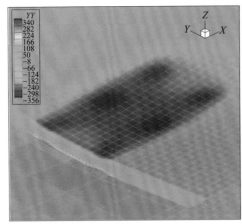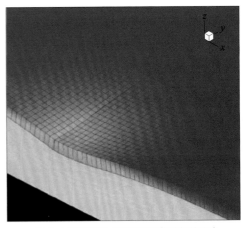

（a）由六轮车架式起落架加载的板中的应力　　　　（b）由四轮车架式起落架加载的板的挠度

图 2-29　刚性路面的有限元分析

对于柔性道面，路基模量（如果不知道）可以用下列表达式估算

$$E_{SG}=1500CBR$$

此处弹性模量单位是 lbf/in^2。在刚性道面设计中，可以根据地基模量 k 来估计地基弹性模量（如果不知道的话）

$$E_{SG}=20.15k^{1.284}$$

此处 E_{SG} 的单位是 lbf/in^2，而 k 的单位是 lbf/in^3[20]。

应用分层弹性 / 有限元分析方法，来计算道面铺砌层和路基层的应力，确定合适的道面厚度，形成一个完整的分析流程。对于某个待评估的飞机，根据预期的道面情况、起落架的布置、通行分布的假设，可以计算出一个推荐的（或实际）道面应力情况。该应力情况能够覆盖由多个轮胎连续通过相同点而产生的直接载荷脉冲的工况，从而避免了采用修正系数估算带来的影响。接下来，将计算的应力带入由经验推导的失效模型，从而确定道面的预期寿命。需要进一步考虑的是，道面温度和抗冻能力等因素也是道面设计流程完整性的一部分。

道面的使用寿命用"累积损伤系数"（CDF）来表示。它表示为道面结构疲劳寿命已消耗部分的占比，并表达为实际的载荷重复次数与失效截止允许的载荷重复次数的比值，或表示为一架飞机实际离地次数和每年固定离地次数的比率

$$CDF = \frac{已承载通过次数}{许用承载通过次数} = \frac{年出站数 \times 寿命(年)}{\left(\frac{通过次数}{覆盖遍数}\right) \times (许用覆盖遍数)} = \frac{已通过遍数}{许用覆盖遍数}$$

当 CDF=1 时，道面已经耗尽其疲劳寿命。

当 CDF < 1 时，道面仍有一些剩余的寿命，CDF 值将给出已使用寿命的比值。

当 CDF > 1 时，所有的疲劳寿命都已耗尽，道面将会失效。

此处所定义的失效模型是一种特殊的结构失效模型，该模型同样依赖于最初道面设计程序所采用的相关假设和定义。CDF 值大于 1 并不意味着道面将不再能支持飞机通过，

而是根据道面设计程序中使用的失效定义（以及在材料性能估计值具有不确定性的限制下），它已失效。尽管破坏模式和类型可能不同，但道面厚度设计的基础假设是，当 CDF 等于 1 时，道面将发生破坏。针对飞机对道面造成的不同类型损伤，一般采用 Miner 的线性损伤累积法则来计算，其中

$$\mathrm{CDF} = \mathrm{CDF}_1 + \mathrm{CDF}_2 + \cdots + \mathrm{CDF}_{n-1} + \mathrm{CDF}_n$$

许多分析工具在设计程序中为每个故障模式单独计算了 CDF 值。例如，在柔性道面设计中，分别计算出沥青面层和路基的 CDF 值，道面是否达到破坏程度由道面结构中最高的 CDF 值来确定。

在线性弹性和有限元方法中，准确地分析了飞机滑行位置横向随机性偏移的影响。在 FAA 道面设计软件 FAARFIELD 中，在总宽度为 20.8m（820in）的道面上，分别计算了每 254mm（10in）宽度的长条幅的 CDF 值。针对每块长条幅道面的通过次数与覆盖遍数比，按飞机滑跑路径的横向位置正态分布来计算的，其标准偏差为 775mm（30.5in），该偏差与飞机在滑行道上的实际操纵情况一致。对于所有 82 个长条幅板块的计算结果，将其中 CDF 最大值，作为设计考虑的值。即使具有相同的起落架布置形式，对于不同的主起落架印痕宽度的飞机来说，在每 254mm 长条幅中都会有不同的通过覆盖率，并且对最大 CDF 值也有一定程度的累积影响。

道面设计采用的损伤模型取决于不同的国家和不同的设计程序。对于美国道面，咨询通告 AC150/5320–6F[9] 规定了使用 FAARFIELD 工具。其他国家也有相似但又似乎不同的方法和工具。法国要求使用 ALIZE 工具，而澳大利亚则指定使用 ASPDS 代码。FAARFIELD 程序中使用的失效模型的说明文件，给出了其他大多数代码中同样采用的分析原理。

在 FAARFIELD 柔性道面设计中，沥青道面层底部的路基层垂向应变和水平应变是设计临界基准。在给定的路基顶部垂直应变情况下，确定路基失效前覆盖遍数的失效模型是

$$\log C = \left(\frac{1}{-0.1638 + 185.19 \varepsilon_v} \right)^{0.60586}, \quad C > 1000 \text{ 覆盖遍数}$$

$$C = \left(\frac{10.004141}{\varepsilon_v} \right)^{8.1}, \quad C \leqslant 1000 \text{ 覆盖遍数}$$

式中：C——失效前覆盖遍数；

　　　ε_v——路基顶部的垂向应变。

对于沥青铺层的疲劳问题，失效模型建立在这样一个概念上，即失效覆盖遍数决定于耗散能变化率（RDEC）[21] 的值。在大量的沥青梁单元的疲劳试验中发现，RDEC 的稳定值（PV）是疲劳破坏周期数（N_f）的一个可靠预测值。对于大部分的沥青混合料，这种关系是由以下的公式给出

$$N_f = 0.4801 \, (\mathrm{PV})^{-0.9007}$$

对于给定的沥青层底部水平应变，RDEC 值可以通过以下公式估算

$$\mathrm{PV} = 44.422 \varepsilon_h^{5.14} S^{2.993} \, (\mathrm{GP})^{-0.4063}$$

式中：PV——RDEC 稳定值（量纲一）的估计值；

　　　S——热混合沥青初始弯曲刚度，psi（与模量 E 不同，E 在分层弹性分析中被用于计算应变）；

ε_{h}——沥青层底部水平应变；

VP——体积参数：$\text{VP} = \dfrac{V_{\text{a}}}{V_{\text{a}} + V_{\text{b}}}$；

V_{a}——空隙体积；

V_{b}——沥青体积容量；

GP——等级参数：$\text{GP} = \dfrac{P_{\text{NMS}} + P_{\text{PCS}}}{P_{200}}$；

P_{NMS}——集料通过标称最大粒径筛网的百分比；

P_{PCS}——集料通过初级筛网的百分比；

P_{200}——集料通过 #200（0.075mm）筛网的百分比。

在 FAARFIELD 程序中，为了表述典型的热沥青（P–401）混合物的状态，这些参数的默认值为：S=600000psi；V_{a}=3.5%；V_{b}=12.0%；P_{NMS}=95%；P_{PCS}=58%；P_{200}=4.5%。

在 FAARFIELD 刚性道面设计中，混凝土层底部自由边沿的水平应力或板内部的水平内应力的较大者来计算混凝土道面的 CDF。考虑到载荷传递到相邻板的影响，减去 25% 的起落架载荷，来计算面板自由边缘应力。对于沿面板边缘加载的工况，需要考虑起落架的方位。一般的处理方法是，选取起落架平行于板边的边应力及起落架垂直于板边的边应力中较高的一个。采用三维有限元模型来计算刚性道面的面板边缘应力。内部应力则采用分层弹性模型来计算。

内部应力假定为分层弹性算法得到的最大水平应力的 95%。FAARFIELD 中使用的刚性道面失效模型的一般形式为

$$\frac{\text{DF}}{F_{\text{CAL}}} = \left[\frac{F'_{\text{s}} bd}{\left(1 - \dfrac{\text{SCI}}{100}\right)(d - b) + F'_{\text{s}} b} \right] \log C + \left[\frac{\left(1 - \dfrac{\text{SCI}}{100}\right)(ad - bc) + F'_{\text{s}} bc}{\left(1 - \dfrac{\text{SCI}}{100}\right)(d - b) + F'_{\text{s}} b} \right]$$

其中：

SCI 是道面结构状况指数，是道面结构完好的指标，其中，结构完好是 100。SCI 指标 80 是 FAA 定义的刚性道面结构失效标准，与滑跑通过区域的 50% 平板出现结构裂缝的失效程度是一致的。

DF 是设计系数，定义为 R/σ，其中 R 为混凝土抗弯强度，σ 为计算出的混凝土拉应力。

F_{CAL} 是应力校准系数，在 FAARFIELD 程序中，F_{CAL}=1.0。

F'_{s} 是稳定基础补偿系数；上面的失效模型的假设为：在飞机滑跑通行作用下，SCI 值按覆盖遍数对数的线性函数迅速减小（在第一次到达第一个结构裂纹后）。当结构包含较高质量的（稳定的）基础时，F'_{s} 用于调整上述线性函数的斜率。当混凝土板被放置在 8in 厚的碎石料（P–209）层，或在 4in 厚稳定层（500000psi），则 F'_{s} 的值等于 1，恢复为基本（无补偿）失效模型。但如果基层 / 底基结构的厚度或质量大于这两种条件中的任何一种，则 F'_{s} 值减小，失效覆盖遍数值则增加。通过这种方式调整线性函数的曲率，能够获得修砌在稳定基层上的混凝土板，在出现第一次裂缝后，不会像修砌在常规（碎石）基层上的混凝土板那样迅速恶化。

a、b、c 和 d 值取决于路基模量的参数。通过在国家机场道面试验场所（NAPTF）开

展的全尺寸刚性道面失效试验，以及以往的全尺寸试验的失效分析，来提取 FAARFIELD 程序中使用的参数值。不可避免的是，这些失效试验数据具有相当程度的分散性，分别绘制了含有 50% 和 85% 的失效点的包络线，从中获得参数值如下：

参数	50% 失效包络线	85% 失效包络线
a	0.760	1.027
b	0.160	0.160
c	0.857	1.100
d	0.160	0.160

a 和 c 值从 E=4500psi（约 CBR 3）的低强度地基的 50% 值线性过渡到 E=15000psi（约 CBR 10）的高强度地基 85% 值。这种转变反映出这样一个事实：同较弱的地基上的道面相比，在坚固地基上较薄的混凝土道面更容易发生自上而下的开裂（如角裂）。由于在 FAARFIELD 程序设计中不考虑自顶向下开裂破坏模式，因此采用较为保守的 85% 失效曲线对于较高路基强度是合理的。

在 FAARFIELD 中，刚性道面的失效定义为 SCI=80。对于新设计的刚性道面，道面厚度由该程序失效模型预测，在设计寿命结束（标准设计为 20 年），同时 SCI=80 时，由程序迭代计算出的混凝土层（设计层）厚度为设计厚度。因此，在给定的 R/σ 值下，SCI=80 的覆盖遍数就是失效覆盖遍数（C）。

②柔性道面——历史方法

如何设计柔性道面，最初的方法来自于加利福尼亚州公路设计方法的外推，该方法是通过对机轮载荷、道面厚度和路基强度等开展大量试验数据，结合经验的基础上总结发展的。柔性道面设计方法已经经过多年的发展（美国陆军工程兵部队报告 TR–12–16[22]对柔性道面设计方法的发展过程提供了详细的描述）。而现代柔性道面设计方法，如 FAA 的 FAARFIELD 计算机程序，其使用分层弹性理论。而过去的方法采用基于路基 CBR 的经验关系式，目前对该方法的更新版本，是美国陆军工程兵部队推荐的 CBR–beta 方法[22]。

美国陆军工程兵部队在他们的 S–77–1[23]文件中，发表了供起落架设计师使用的相关的公式和方法，其以路基 CBR 为基础，与国际民航组织（ICAO）将其标准化为计算飞机分类编号的方法有关。与分层弹性方法不同，CBR 方法是纯经验性的，不直接进行应力计算。在覆盖遍数值为 1000 时：文件 S–77–1 给出了确定道面厚度 T 的方程

$$T = \sqrt{A_c}\left[-0.0481 - 1.562\left(\log\frac{\text{CBR}}{P}\right) - 0.6414\left(\log\frac{\text{CBR}}{P}\right)^2 - 0.473\left(\log\frac{\text{CBR}}{P}\right)^3\right]$$

式中：T——道面的厚度，in；

A_c——轮胎接触面积，in^2；

P——单轮起落架的轮胎载荷，lbf；

ESWL——多轮起落架的当量载荷，lbf；

CBR——路基强度的加利福尼亚承载比。

该公式可直接用于单轮起落架的设计。但是对于多轮起落架，还需要一种计算附加机轮影响的方法。附加机轮对道面性能的影响主要体现在两个方面：机轮组之间施加的载荷的相互作用，以及覆盖遍数之间的相互影响关系。处理机轮之间载荷相互作用的方法是计算等效的单轮载荷（ESWL），一个假想的由一个机轮施加（与单轮起落架具有相同的接触面积）的载荷，它与多轮组引起的挠度（在给定的深度）相同。应用 Boussinesq 的单层理论来构建确定道面挠度的模型。该模型中，道面与路基组合被认为是半无限、均匀、各向同性和弹性的介质。通过以下公式给出路基土壤的挠度

$$\Delta_z = \frac{pr}{E}F$$

式中：Δ_z——路基在深度上的垂直挠度，in；

    p——每平方英寸的地面接触压力，假定等于轮胎压力；

    r——轮胎接触面积的半径，in，轮胎接触印痕假定为圆形；

    E——路基材料的弹性模量，lbf/in²；

    F——挠度系数（是深度与载荷中心线的径向距离两者的函数），由 S–77–1 中列出或绘制的值来确定。

采用了叠加原理来确定 ESWL（见图 2–30），该原理认为，在路基的任意一点上，多轮组合的作用等于每个轮胎在这一点上的作用的总和。当已知路基某一点的总挠度，就可以计算出同一接触面积的单轮或多轮组合中的一个轮胎达到相同挠度所需的载荷。这个载荷即 ESWL。ESWL 不是一个常数值，而是随着深度的变化而变化

$$ESWL = P\frac{F_M}{F_E}$$

式中：P——多轮组合中一个轮胎上的载荷；

    F_M——多轮起落架在任何深度达到的最大挠度系数；

    F_E——ESWL 引起的最大挠度系数。

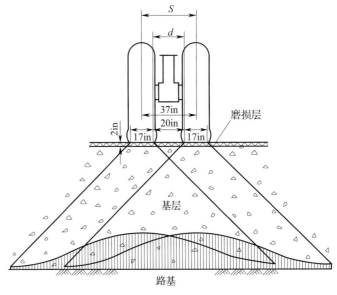

图 2–30　单轮载荷的叠加

F_M 的确定需要计算一个机轮在不同深度下的最大挠度系数，并叠加其他机轮在同一深度上的挠度系数（考虑到它们与该机轮的偏移距离）。由此，可以得到该机轮的挠度系数与地基深度之间的关系。最不利的工况下，挠度可能不在机轮下方的一个位置，如双轮构型，临界点是在两个机轮的中间，对于双轮串联构型，最大挠度随深度而变化——从道面表面的机轮一个点到一定深度下的机轮组中心的一个位置。因此，除了机轮位置外，还必须对其他关键位置进行最大挠度系数与深度关系的计算。典型的流程是绘制每个机轮位置和耦合临界位置的挠度系数与深度之间的关系，然后将两者结合在一起，形成一个平滑的曲线。利用该曲线，按起落架轮组载荷的百分比，产生一个附加的等效单轮载荷曲线，作为深度的函数。该曲线，连同 CBR 方程，可用于计算出给定厚度所需的 CBR，或可用于迭代求解道面厚度。

根据 CBR 方程计算的道面厚度，需要进一步修正，以解决载荷重复的影响，这些影响来自于所需的覆盖遍数以及多轮起落架构型的影响。修正系数 α 介绍如下

$$t=\alpha T$$

式中：t——调整后的道面厚度；

　　α——根据道面通过性试验，按经验确定的修正系数；

　　T——由 CBR 方程得出的道面厚度。

α 系数取决于所需的覆盖遍数以及起落架组件中的机轮数量。研究结果发现，机轮组中机轮按顺序一个一个施加独立的脉冲载荷进入道面，比相同机轮通过次数的独立机轮组带来的破坏效果要小。α 的建议值一直在修正完善，并得到进一步测试试验结果的修正，文件 S–77–1 中的 α 值目前已被 COMFAA 软件中定义的值所替代，如图 2–31 所示。从表 2–7 可以看到，对于单个机轮，10000 次覆盖遍数（ACN 计算是基于 10000 次覆盖遍数）的修正系数接近于 1。由于 α 系数的修正，在比较 ACN 的新旧计算方法时要注意不要混淆（或者使用新的值重新计算以验证）。

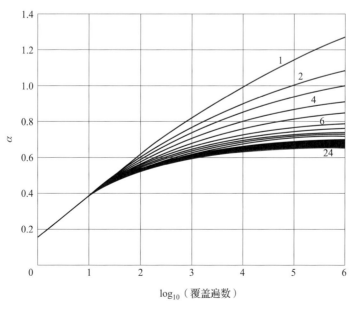

图 2–31　α 值

表 2-7　10000 覆盖遍数时的 α 值

机轮数目	1	2	4	6	8	12	18	24
α 值	0.995	0.900	0.800	0.720	0.690	0.660	0.640	0.630

这里要考虑的机轮数目指的是一个主起落架组的机轮数目。例如，波音 777 有一个双轮三轴串联车架式起落架布置，每个主起落架上有六个机轮。安 -124 飞机在每个主起落架中有双轮五轴串联起落架，共 10 个机轮。

分析的最后一个要素是了解飞机通过次数与道面覆盖遍数之间的关系。分析认为，飞机机轮在道面上一次次地通过时，机轮轨迹在横向方向上，存在一个变量：飘移，这种飘移在轮胎中心线附近呈现正态分布。美国空军通过对飞机运行情况的分析[24]后认为，飞机通过中线附近的 75% 概率的飘移宽度为 1.8m（70in），该宽度适用于整个滑行道以及跑道的端头 305m 的长度范围内（1000ft①）。这个 1.8m 飘移宽度的标准偏差是 0.773m（30.43in）。在评估跑道中间部分的飘移宽度时，一般取上述宽度值的两倍。为了了解飞机通过次数与道面覆盖次数之间的关系，需要对每个机轮轨迹中心线的分布进行叠加求和，得到叠加分布频率，然后计算机轮轮胎宽度乘以叠加分布频率。图 2-32 给出了机轮位置叠加分布频率的求和原理。考虑到飞机滑跑横向位置的正态分布，可以计算出飞机的通过覆盖比

$$\frac{通过次数}{覆盖遍数} = \frac{1}{f(x_{oc})W_t}$$

式中：W_t——轮胎宽度；

$f(x_{oc})$——机轮位置叠加分布频率的最大纵坐标。

对于飘移宽度为 1.8m 时，则内侧机轮中心线之间的距离大于等于 2.54m（100in）时，左右两边的机轮分布不考虑叠加。

频率分布定义如下

$$f(x) = \frac{1}{\sigma_x}f(z)$$

式中：σ_x——标准偏差（70in 的飘移宽度为 30.43in）。

$f(z)$——正态标准偏差的频率分布函数；过去，这个函数的值以表单的形式列出，但现在更方便的方法是，用 Excel 工具函数 NORM.S.DIST（z, False）自动生成。

实际操作中，在每个机轮中心线下方建立一个局部坐标系，使每个机轮位于 0 处，将横向轴的轮距坐标转换为 "z" 局部坐标系。然后用标准偏差作为单元来分割局部坐标系，使局部坐标系的距离以标准偏差的倍数表示。参照图 2-32，对于前主轮距 265in，轮间距 S 为 34in 的飞机，其横向飘移宽度为 70in（标准偏差为 30.43in）。在这种情况下，$f(x_{oc})$ 的值是 0.0224。

---

① 1ft ≈ 0.3048m。——编辑注

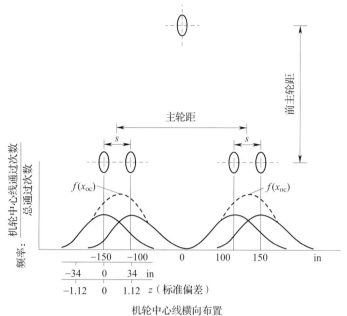

图 2-32　交通分布的总和

如果起落架布局为双轴串联（四轮）车架式起落架，由于后一组机轮的重复作用，该 $f(x_{\rm oc})$ 值需要加倍。对于以上两轮的情况，若轮胎宽度是 13.5in，那么通过覆盖比是

$$\frac{通过次数}{覆盖遍数} = \frac{1}{f(x_{\rm oc})W_{\rm t}} = \frac{1}{0.0224(13.5)} = 3.3$$

尽管理解以上这种飘浮性计算流程的推导过程很重要，但当前一般是采用自动执行的应用程序，如 COMFAA、ICAO-ACN，或 PCASE，来减少起落架设计人员的工作量，提高评估效率。

③刚性道面——历史方法

对于刚性道面，由 Westergaard 基于薄板理论首先提出了确定道面板厚度的分析方法。刚性道面板被认为是由致密、无黏性液体支撑的，如图 2-33 所示。此外，道面板假定为均匀、各向同性、厚度均匀的弹性材料；道面板顶部和底部的载荷被认为正态分布施加在其表面。板的挠度遵循微分方程

$$D\sigma^2\omega = q - p$$

式中：σ^2——极坐标中的拉普拉斯微分算子：$\dfrac{\delta^2}{\delta r^2} + \dfrac{1}{r}\dfrac{\delta}{\delta r} + \dfrac{1}{r^2}\dfrac{\delta^2}{\delta\theta^2} + \dfrac{\delta^2}{\delta z^2}$；

　　　　D——抗弯刚度：$D = \dfrac{Eh^3}{12(1-\nu^2)}$；

　　　　E——道面板的弹性模量，可以假定为 27580MPa（4000000psi）；

　　　　ν——道面板的泊松比，可以假定为 0.15；

　　　　h——道面板的厚度；

　　　　ω——道面板的挠度；

　　　　q——道面板的承载强度；

　　　　p——道面板与路基之间的反作用压力的强度。

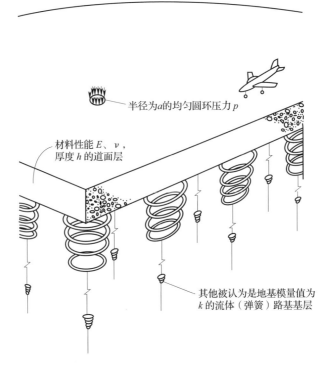

半径为a的均匀圆环压力p

材料性能E、ν，厚度h的道面层

其他被认为是地基模量值为k的流体（弹簧）路基基层

图 2-33　刚性道面的 Westergaard 假定

假设路基是具有高密度的流体特性，那么

$$p=k\omega$$

其中，k 是地基模量。

解决这一问题的方法是在 1951 年[25]针对集中载荷和均匀加载扇区提出的。均匀加载扇区的尺寸如图 2-34 所示。

在道面板上的弯矩 M 是通过使用汉克尔函数给出的

$$M = \frac{ql^2}{8}\text{Re}\left[(1+\nu)(\theta_2 - \theta_1)\frac{a\sqrt{i}}{l}H_1^l\left(\frac{a\sqrt{i}}{l}\right) + \right.$$

$$(1+\nu)(\sin2\theta_2 - \sin2\theta_1)\frac{a\sqrt{i}}{2l}H_1^l\left(\frac{a\sqrt{i}}{l}\right) +$$

$$\left. H_s^l\left(\frac{a\sqrt{i}}{l}\right) - 0.5 \right]$$

与此力矩有关的道面板底部的拉应力是

$$f_c = \frac{6M}{h^2}$$

式中：l——相对刚度半径，$l = \sqrt[4]{\dfrac{D}{k}} = \sqrt[4]{\dfrac{Eh^3}{12(1-\nu^2)k}}$

Re——表达式的实数部分；

i——虚数 $\sqrt{-1}$；

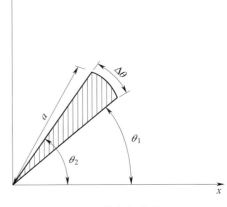

图 2-34　均匀加载扇区

H_s^l，H_1^l——汉克尔方程的 0 阶和 1 阶；

　　Q——作用在这一区域的均值载荷。

相对刚度半径 l 的物理意义如图 2-35 所示。

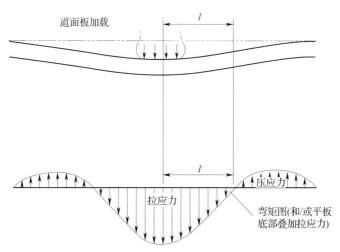

图 2-35　韦斯特加德相对刚度半径的物理意义

轮胎接触面表示为虚线，所有轮胎接触力矩都要被计算出来，典型的情况是，轮组中的一个轮胎设置为原点，为了确定最大力矩，则需要围绕原点旋转轮胎印痕。多轮起落架的最大力矩通常发生在最接近轮组接触中心的轮胎的质心，一般视其为轮组关键轮胎的接触中心。

过去，采用图形化的解决方案，使用如图 2-36 所示影响图来解决这个问题。为了使用影响图，起落架的布置被描绘到图上（或在图上的透明纸上）。轮胎印痕以倒圆的矩形表示，宽高比 0.6

$$L = \sqrt{\frac{面积}{0.5227}}; 宽度 = 0.6L$$

影响图的尺寸是根据相对刚度半径 l 来缩放的，在图中显示的比例为

$$\frac{轨迹尺寸}{实际尺寸} = \frac{图中 l 的范围}{道面 l 的计算值}$$

先计算所有完整的整体格子，然后计算其他非完整的部分格子（N 值），来确定轮胎印痕所覆盖的总面积。用图上的公式计算力矩

$$M_N = \frac{ql^2 N}{10000}$$

接着可以计算道面板的应力

$$f_c = \frac{6M_N}{h^2}$$

对于给定道面的允许应力值（包括安全系数），计算出道面的设计厚度。影响图方法目前已经被计算机程序所取代，用户可以通过使用 COMFAA 或 PCASE 等软件输入起落架设计参数来快速获得结果。

（2）道面强度评估方法

飘浮性分析是一个不断发展的过程。目前存在着各种各样的过去的分析方法，随着时间的推移，有时还会用到这些方法。包括载荷分类编号（LCN）和 ALR 方法等。其详

细信息可以在 SAE AIR1780[1] 文件中找到。这些方法虽然提供了不同的分析方法和工具，但是大多数仍采用了前面所述的柔性和刚性道面的分析理论。

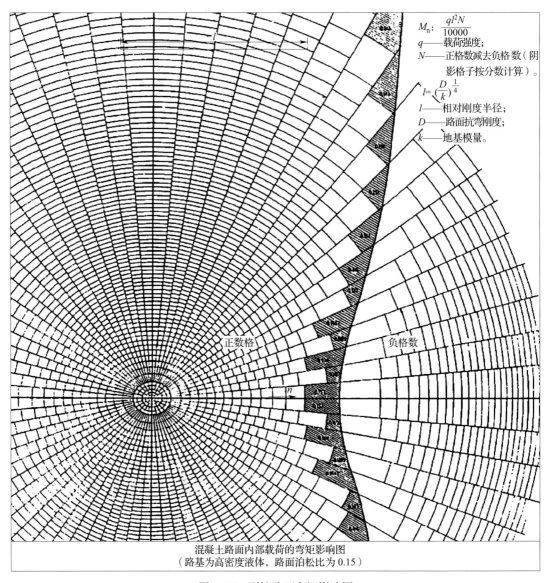

$$M_{\mathrm{n}}: \frac{ql^2N}{10000}$$

q——载荷强度；

N——正格数减去负格数（阴影格子按分数计算）。

$$l=\left(\frac{D}{k}\right)^{\frac{1}{4}}$$

l——相对刚度半径；

D——路面抗弯刚度；

k——地基模量。

正数格　　　　　　　　负格数

混凝土路面内部载荷的弯矩影响图
（路基为高密度液体，路面泊松比为 0.15）

图 2-36　刚性路面弯矩影响图

①载荷分类号 / 载荷分类组方法（LCN/LCG）

该方法曾一度在世界范围内得到广泛的应用，但现在已被 ACN/PCN 方法所取代。

有一些司法管辖区仍然提到这种方法，包括英国国防部，英国国防部在 DEF STAN00-970[26] 中对其进行编码。LCN/LCG 方法与 LCN 方法相似，但又不同于 LCN 方法，LCN 是更早的方法。LCN/LCG 方法不能区分刚性道面和柔性道面，它基于假定的刚性道面，其相对刚度半径为 40in，地基模量为 400lbf/in³。分类编号是用来表示道面强度（皆是飞机方要求的，也是道面方提供的）。分类组是一个罗马数字指示符，它将一系列的分类号码分组，如表 2-8 所示。

表 2-8　载荷分类号 / 载荷分类组

LCG	跑道类型	LCN
I	高质路面	101 ~ 120
II	优质路面	76 ~ 100
III	中等质量路面	51 ~ 75
IV	低级沥青	31 ~ 50
V	加筋土	16 ~ 30
VI	优质土壤	11 ~ 15
VII	沼泽土 / 疏松沙石	≤10

需要计算特定的等效单轮载荷

$$ESWL = \frac{所有单轮载荷}{缩减系数}$$

双轮起落架的缩减系数由图 2-37 确定，双轮串联起落架的缩减系数由图 2-38 确定。假设机轮的布置是对称的，每个机轮组中载荷都是相等的；另还假定机轮组中所有机轮至少离其他任一组起落架上最近的机轮 1.5m 以上。图 2-37 的缩减系数适用于双轮（并排轮）和串联（直线上的两个机轮）配置。双轮配置的轮距是两个轮胎中心之间的距离。串联配置的机轮间距是轮轴到轮轴的距离。

通过定义的 ESWL、LCN（和 LCG）的值可以从图 2-39 或下列近似表达式中确定

$$LCN=5.7 \times 10^{-4}（ESWL）^{0.91} p^{0.34}$$

式中：ESWL——等效单轮载荷，lbf；

　　　p——轮胎的压力，lbf/in^2

②铺砌跑道的现代方法——ACN/PCN 和 ACR/PCR

目前几乎所有的司法管辖区都已采纳国际民航组织（ICAO）的主张，改用 ACN/PCN 评价体系。根据 ICAO 的协议，ACR/PCR 系统将取代 ACN/PCN 方法，时间从 2020 年开始，到 2024 年完全生效。

a. ACN/PCN 方法

现代铺设跑道的分析方法是 ACN/PCN 方法。自 1983 年[59]起，国际民航组织在《机场设计手册》第 3 部分中对该方法进行了标准化。作为飞机和道面分类统一的方法，被大多数国家采用。该方法采用标准化流程确定飞机分类编号，而道面分类编号是指道面不受限制的支撑的典型飞机的载荷等级。道面等级可以通过技术评价或飞机在道面上操纵的经验来获得。确定 PCN 值的技术和方法一直在发展，包括 COMFAA 和 PCASE 等软件程序。

ACN/PCN 方法适用于飞机重量 5700kg（12500lb）以上的飞机。低于这个值的飞机对道面施加的载荷比普通公路还要小，一般来说，对这类飞机的任何报告或限制都是基于其总的重量和轮胎压力。一些直升机和军事训练飞机的质量虽然低于 5700kg，但轮胎压力非常大，其在某些限制强度的柔性道面上起降时，可能会出现问题。

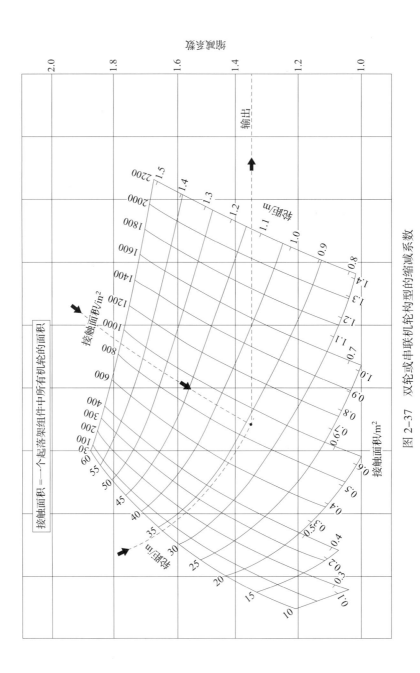

图 2-37 双轮或串联机轮机构构型的缩减系数

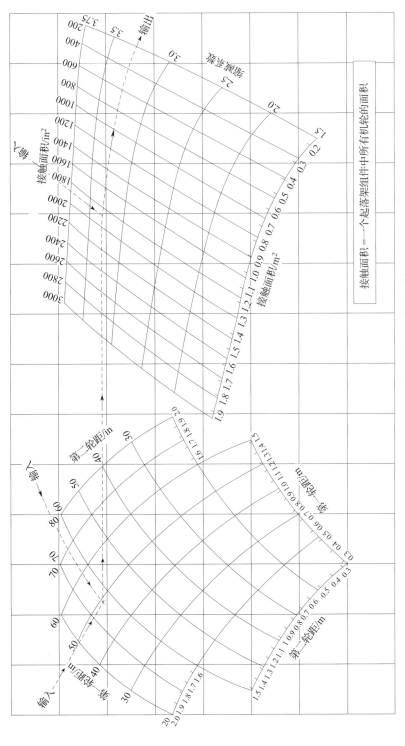

图 2-38　四轮车架式构型的缩减系数

57

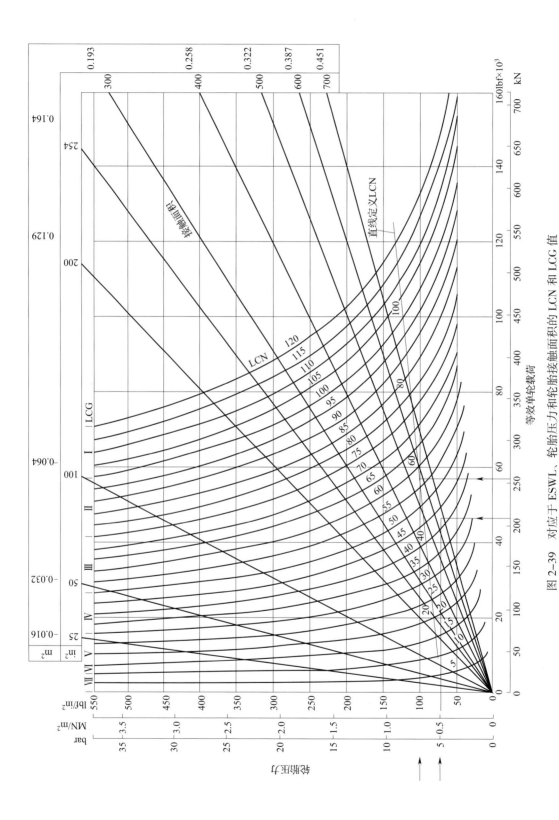

图 2-39　对应于 ESWL、轮胎压力和轮胎轮胎接触面积的 LCN 和 LCG 值

ACN/PCN 方法将路基等级划分为 8 个标准范围（4 个刚性道面路基值和 4 个柔性道面路基值）。表 2-9 显示了所采用的值及其相关代码。对于柔性道面，用 CBR 法测量路基强度。对于刚性道面，考虑路基强度的因素是地基模量 k（MN/m^3）。

表 2-9　ACN/PCN 路基值

路基代码	路基强度水平	柔性道面	刚性道面
A	高强度	中间值 CBR 为 15；所有 CBR 值大于 13	中间值 $k=150MN/m^3$；所有 $k>120MN/m^3$
B	中等强度	中间值 CBR 为 10；所有 CBR 值在 8～13 之间	中间值 $k=80MN/m^3$；所有 $60MN/m^3<k<120MN/m^3$
C	低强度	中间值 CBR 为 6；所有 CBR 值在 4～8 之间	中间值 $k=40MN/m^3$；所有 $25MN/m^3<k<60MN/m^3$
D	超低强度	中间值 CBR 为 3；所有 CBR 值小于 4	中间值 $k=20MN/m^3$；所有 $k<25MN/m^3$

该方法认为轮胎压力影响，同外加载荷和机轮间距相比是次要的。在薄沥青混凝土道面或较弱的表层柔性道面上，轮胎压力的影响会有所增加。ACN/PCN 方法将轮胎压力分为四组，如表 2-10 所示。

表 2-10　ACN/PCN 轮胎压力范围

最大轮胎压力	代码字母	注释
无胎压限制	W	无限制
1.75MPa（254psi）	X	高压
1.25MPa（181psi）	Y	中等
0.5MPa（72psi）	Z	低压

ACN/PCN 方法采用了"数学推导"的单轮载荷概念——单轮起落架上一个或多个轮子的载荷组合在一起，并将其表示为一个推导单轮载荷。该方法首先根据起落架布置来计算所需的道面厚度，然后在标准轮胎压力为 1.25MPa 的单轮加载下，确定达到等效厚度所需的载荷。

飞机的 ACN 定义为推导单轮载荷的 2 倍，以数千千克表示。推导单轮载荷是地基强度的函数（如表 2-9 所示）；最终，对于任何给定的飞机，该方法需要计算 8 个不同的 ACN 值（4 个柔性道面，4 个刚性道面）。乘以系数 2 来确定一个合适的 ACN 值来匹配对应的飞机的重量，以便该组 ACN 数据具有合适的精度。

刚性道面计算是基于波特兰水泥协会[27]开发的计算机程序 PDILB，并使用 2.75MPa 的标准道面应力用来评估。柔性道面计算是基于美国陆军工程兵部队 CBR 柔性道面设计方法编制的计算机程序[23]，和前面所概述的 S-77-1 文件一致。

由于前起落架通常只支撑飞机重量的一小部分，所以它们不像主起落架那么重要，因此，ACN/PCN 方法一般只考虑主起落架的影响。

美国联邦航空局（FAA）采用了国际民航组织（ICAO）提供的 FORTRAN 代码，并将它们转换为一个在 Windows 操作系统下运行的交互式应用程序（用 Visual Basic 编写）。这个 COMFAA 应用程序能够快速计算，并为给定的起落架构型生成一组 8 个 ACN 值。除了执行 ACN 计算外，COMFAA 程序也可根据 FAA 标准，计算 PCN 值，并可以执行各种额外的道面设计所需的计算。飞机和起落架设计人员主要对 ACN 的计算程序感兴趣。该程序（和源代码，如果需要）可以从 FAA 网站下载[①]；FAA 咨询通告 AC150/5335-5C[60] 提供了有关该工具的背景和使用的全面细节。FAA 还提供了 COMFAA 的修改版本，称为 ICAO-ACN，用于生成 ACN 值（它与 COMFAA 具有相同的接口，但省略了 PCN 计算组件）。

COMFAA 和 ICAO-ACN 都包含了一个可以修改的现有飞机的数据库，可以作为用户定义起落架布局的基础。该程序的用户界面如图 2-40 所示，并选择了数据库中一架飞机作为样例（在本例中，为空客 A350 飞机）。

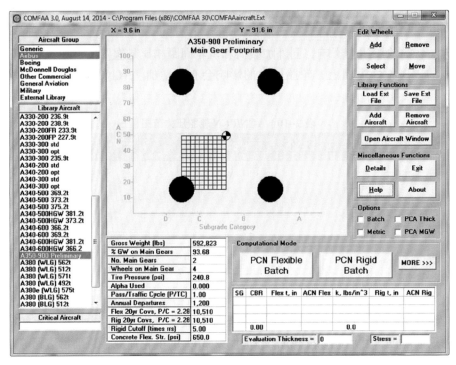

图 2-40　COMFAA 用户界面

ACN 程序中，计算模式是通过单击"MORE >>>"按钮来选择的。这提供了选择计算柔性和刚性道面 ACN 值的功能（见图 2-41）。选择"ACN"单选按钮，然后按下"柔性"和"刚性"按钮，程序将给出计算结果。

---

① 在撰写文本时，COMFAA 可在 http://www.faa.gov/airports/engineering/design-software/ 获得。

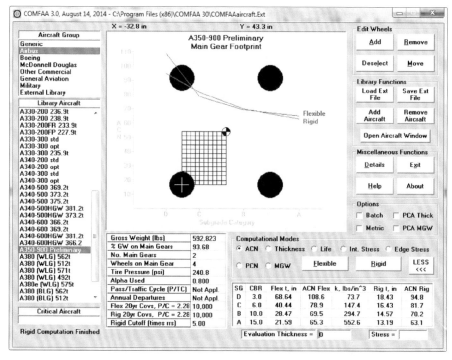

图 2-41 A350-900 飞机的 COMFAA ACN 结果

飞机总重、主起落架承受载荷百分比以及飞机上主起落架的数目等，可以从图 2-41 所示的屏幕上直接修改。然而，最好将轮胎压力修改到适当的值，以匹配所选择的重量。如果要修改轮胎压力，则需要重新定义飞机参数——这是通过"外部数据库"（external libary）模块中的添加飞机构型来实现——对于 A350-900 的例子，可以点击"添加飞机"（Add Aircarft）按钮，该程序将提示给出一个新的飞机名称，并将原飞机默认参数复制到外部数据库中。外部数据库内的飞机可以完全编辑。图 2-42 显示了基于 A350 构型并修改重量参数后计算出的 ACN 值，其最大起飞重量更改为 275900kg。与默认飞机相比，主起落架组的总重量、重量百分比以及轮胎压力都进行了调整。

ACN 和 PCN 都是评估工具：PCN 值由机场给出，ACN 值由飞机制造商给出。道面等级数据通常由机场（或机场管理当局）通过机场数据发布提供。例如，一般跑道信息如下：RWY 08L-26R：PCN 62 R/A/W/T，表示对于跑道 08 左（也是 26 右），在刚性（R）道面上其 PCN 值是 62，具有高强度路基（A）。没有轮胎压力限制（W），分类是根据技术（T）评估确定的。代替技术评估的另一种选择的代码 U，它表示 PCN 值是根据使用情况确定的。

ACN 值由飞机制造商在机场兼容性文件中给出。该文件（由标准 NAS 3601[28] 管理）提供了有关飞机服务和餐饮的各种信息，但也包括起落架的印痕和飘浮性信息。ACN 值是以图形的形式提供的，如图 2-43 所示的 A330 飞机的相关信息。

将图 2-42 中的 A350-900 示例与前面提供的跑道示例数据进行比较，该飞机在"刚性 A"跑道上的 ACN 为 65.4，而跑道的 PCN 为 62，因此该飞机一般不能在该跑道上运行。然而，如果这种使用情况占比少于每年总使用量的 5% 的话，则机场方面一般也会接

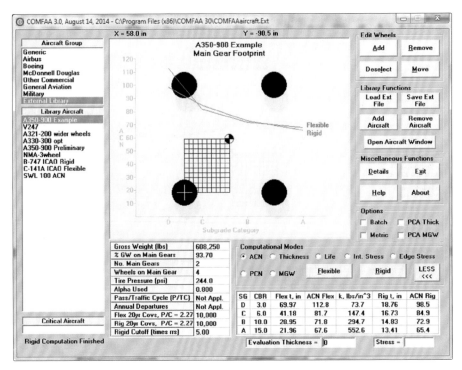

图 2-42　空中客车公司 A350 的 ACN 结果，重量为 275900kg

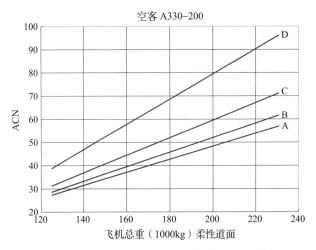

图 2-43　A330-200 飞机的柔性路面 ACN 值

受 ACN 大于 PCN 的飞机一定量的限制使用跑道。在这种情况下，ACN 大于 PCN 10% 的飞机可以在柔性道面上运行，而 ACN 大于 PCN 5% 的飞机可以在刚性或复合道面上运行 ①。根据 FAA 最近的研究表明，刚性道面可以承受比 PCN 大 10% 的 ACN 值。预计国际民航组织将正式实施这一计划。比如在 A350 的例子中，飞机不太可能一直以最大的停机重量（产生 65.4 的 ACN）在跑道上滑跑。使用 COMFAA（或从图中插值）表示 A350-

① ICAO 附录 14，附件 28。

900 的 PCN（刚性 A）为 65.1，其最大起飞重量为 275000kg，这正好等于 PCN 62 的重量的 1.05 倍，因此 A350–900 将被允许定期运行在该跑道上。如果进一步超过这些系数所允许的额定值，还可以同机场管理局谈判，因为超载将可能导致累积损坏和减少道面的使用寿命。美国军方目前的策略是，如果 ACN/PCN 比率小于或等于 1.1，就允许全面运行，在 1.1 到 1.4 之间的比率下，最多 10 个飞机通行次数的限制操作是可以接受的，前提是每次通行后对道面进行检查，对于大于 1.4 的比值，除紧急情况外，一般不允许进行任何运行。

本书附录 A 提供了世界上 100 个最繁忙机场的清单，包括跑道长度和跑道强度。

本书附录 B 提供了具有代表性飞机 ACN 值的列表（注意，ACN 值可以随着飞机的改型而变化，以增加飞机的最大起飞和停机重量）。除了列表之外，还可以在：https://transportation.erdc.dren.mil/ 上，使用的 web 应用程序 acnpcn，为多种现有飞机生成 ACN 值和曲线图。

b. ACR/PCR 方法

ACN/PCN 方法的新一轮更新，预计会在 2020 年由国际民航标准化组织实施，并于 2024 年在国际上完全采用。主要变化有：一是应用了当前的结构道面分析方法，二是取消在 ACN/PCN 方法中采用的各种经验系数（如 α 系数），这些系数是 ACN/PCN 方法重要基础的一部分。替换方法被称为 ACR/PCR（飞机分类等级 / 道面分类等级）系统。该系统采用了与 ACN/PCN 方法相同的概念（即 ACR/PCR 方法中 ACR 小于已声明 PCR 值，则可以在该表面上无限制地工作）和类似的报告格式。对于柔性道面和刚性道面，采用分层弹性分析的方法计算路基强度，其特征是弹性模量 E（而不是 CBR 或 k）。因此，ACR/PCR 方法基于 E 定义了一个单一的、统一的四个标准路基类别，适用于这两种类型的道面（见表 2–11）。与 ACN 系统不同的是，计算柔性道面的 ACR 的标准覆盖遍数从 10000 增加到 36500。道面对主起落架的响应仍然与数学推导的单轮载荷有关，但标准轮胎压力增加到 1.5MPa（218psi）。虽然 ACN 是在所有情况下都是通过一个主起落架组来确定 DSWL（如双轴串联起落架的四轮小车），而柔性道面的 ACR 计算方法则考虑了主起落架所有轮胎的相互影响（刚性道面 ACR 计算仍然基于一个主起落架组）。

表 2–11　ACR/PCR 路基值

路基代码	路基强度等级	路基弹性模量 E
A	高强度	200MPa（29008psi）；所有 $E \geqslant 150MPa$
B	中等强度	120MPa（17405psi）；所有 E 值在 $100MPa \leqslant E < 150MPa$ 之间
C	低强度	80MPa（11603psi）；所有 E 值在 $60MPa \leqslant E < 100MPa$ 之间
D	超低强度	50MPa（7252psi）；所有 $E < 60MPa$

表 2–12 列出了用于计算刚性和柔性 ACR 的标准道面层的弹性特性。除列出的参数外，还必须定义其他计算参数，包括将变弹性特性分配到集料基层的方法，计算应变与允许覆盖遍数之间的函数关系（失效模型）以及分层弹性应变评估点的准确位置。由于计算的复杂性，它必须由一个标准的计算机程序来执行。ICAO 因此采用的标准程序是 ICAO-

ACR，它由 FAA 支持，可以作为一个独立的程序或动态链接库（DLL）连接到其他程序（如用于 PCR 计算）。FAA 的道面设计软件 FAARFIELD（从 FAARFIELD 2.0 版开始）将 ICAO-ACR 作为其 PCR 计算功能的一部分。用于柔性道面 ACR 计算和刚性道面 ACR 计算的 ICAO-ACR 样本输出分别如图 2-44 和图 2-45 所示。

ACR 的数值定义为 DSWL 的两倍，以百千克的倍数表示。那些已经熟悉 ACN/PCN 系统的人可能会注意到，由此产生的 ACR 值是相应 ACN 值的 10 倍。这种改变的目的是为了便于比较这两种方法，同时又避免在过渡到新系统时出现混乱。

表 2-12　ACR 计算的标准道面结构

起落架类型	刚性道面	柔性道面	
	所有主起落架构型	拥有 1 ~ 2 个机轮的主起落架	所有大于 2 个机轮的飞机主起落架
道面层	E_1=27579MPa，ν_1=0.15，t_1 是设计变量	热拌沥青；E_1=1379MPa，ν_1=0.35，t_1=76mm	热拌沥青；E_1=1379MPa，ν_1=0.35，t_1=127mm
基层	E_2=500MPa，ν_1=0.2，t_2=200mm	碎石料；E_2=$f(t)$，ν_2=0.35，t_2 是设计变量	碎石料；E_2=$f(t)$，ν_2=0.35，t_2 是设计变量
底基层	底基层 A，B，C 和 D（无限深度）	底基层 A，B，C 和 D（无限深度）	底基层 A，B，C 和 D（无限深度）

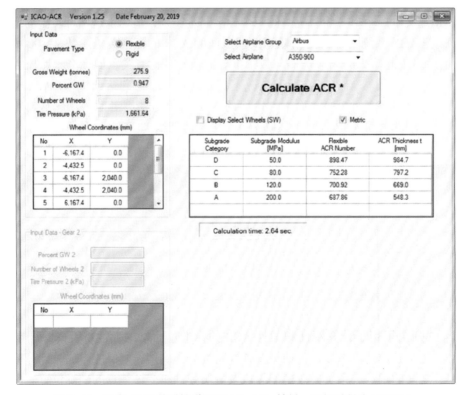

图 2-44　空客 A350 的柔性道面 ICAO-ACR 结果，飞机重量为 275900kg

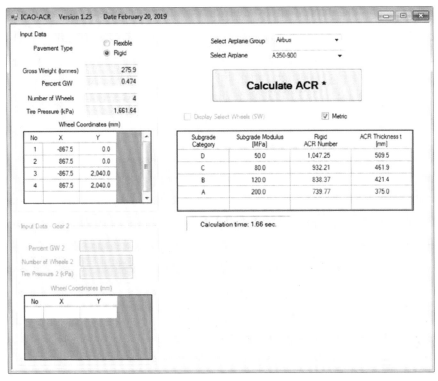

图 2-45　空客 A350 的刚性道面 ICAO-ACR 结果，飞机重量为 275900kg

对于飞机 ACR 大于 PCR 的定量使用跑道的情况，在刚性道面和柔性道面上，通常接受 ACR 值比 PCR 高出 10% 的情况。

2.1.2.3　隔膜和加垫道面

在二战期间，为了提高承重能力，开发了一种可直接在土壤上使用的临时加垫。这种联锁钢垫板（见图 2-46）被命名为穿孔钢垫板（也称为马斯顿钢垫板，名称来自第一次

图 2-46　停在穿孔钢板道面上的 F-86 "佩刀" 飞机

试验的地点），在 20 世纪四五十年代，提供了有效的道面性能。然而，进一步研究发现，这种垫板有一定缺陷，如植被可通过铺板孔往上生长，或者高速喷射出的气体会震碎道面，产生碎片。后来又开发出铝挤压垫板，来更好地解决这些问题，铝垫板不仅提供了一个坚实的表面，同时保留联锁功能，相比于穿孔钢垫板重量轻。表 2-13 所示，一些应用于前线机场垫板如用 AM-2 垫板（见图 2-47），在军队中很受欢迎。在许多情况下，用 AM-2 垫板来制造半永久机场，也可以用来修理因炸弹损坏的常规跑道。

表 2-13　跑道垫板类型和性能[①]

垫板类型	M8A1	XM18	M19	AM-2	Truss Web
用户	美国陆军	美国陆军	美国陆军	美国空军、海军和海军陆战队	美国陆军
类别	轻型	中型	中型	中型	重型
承载能力	1000lbf 单轮载荷在 100psi 轮胎压力下，在 CBR4 路基上覆盖遍数 1000 次	250psi 轮胎压力下，在 CBR 4 路基上承受 25000lbf 单轮载荷，实现 1000 个覆盖遍数	在 250psi 轮胎压力下，在 CBR 4 路基上承受 25000lbf 单轮载荷，实现 1000 次覆盖遍数	在 250psi 轮胎压力下，在 CBR 4 路基上承受 25000lbf 单轮载荷，实现 1000 次覆盖遍数	CBR 4 型路基上，在 250psi 轮胎压力下，50000lbf 单轮载荷，实现 1000 次覆盖遍数
垫板	7.5lbf/ft²	4.7lbf/ft²	4.25lbf/ft²	5.8lbf/ft²	6.3lbf/ft²

①附录 N 的 FM 5-430-00-2/AFJPAM 32-8013，卷 ll。

图 2-47　AM-2 叠板的安装

也可使用柔性隔膜来代替垫板，控制垫层下面植被生长和保护路基表面。柔性隔膜不能提高路基的承载能力，但能起到防尘和防水的作用。WX-18 和 T-17 等柔性隔膜具有防滑复合涂层，在恶劣天气下提供有效的刹车性能。WX-18 重型薄膜能承受 C-130 "大力士"飞机的刹车作用。与柔性隔膜相比，加垫对地基的承载能力有了显著的提高。应用程序 PCASE 可以用来分析对于给定飞机在三种类型垫板上的操作性能，加垫类型见表 2-13。

2.1.2.4　PCASE 飘浮性分析软件

PCASE 道面计算机辅助结构工程软件[①]，是一个公共领域的应用程序，由美国陆军工程兵运输系统中心和工程研究发展中心编写和维护。该程序可用于道面设计和评估，也可用于在柔性、刚性、集料、未铺砌和膜 / 垫等道面起降的起落架进行评估。通过给定起落架的几何布局和载荷，使用 PCASE 程序可以计算飞机的 ACN 值和图表，并给出所使用道面类型的允许通过次数。

PCASE 软件同时提供了一个包含现有飞机的大型数据库，并允许开发新的飞机布局设计。该功能通过"飞机定义"模块实现（见图 2-48），在给出飞机几何构型、载荷和轮胎压力等参数后，该模块的"ACN 曲线"选项卡将提供 ACN 的计算功能（见图 2-49）。

给定飞机构型可以应用"评估"模块，来确定在各种道面的通行次数。在进行评估之前，需要在"通行"模块中预设预期的通行流量。可以创建新的通行模式，也可以选择或修改现有的模式。图 2-50 为适用于未铺砌道面特殊操纵模式的通行模块。选择合适的模

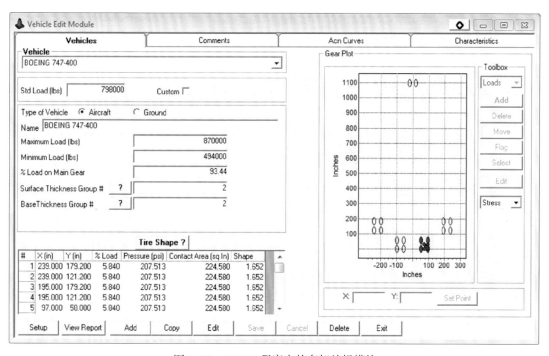

图 2-48　PCASE 程序中的车架编辑模块

---

① 见 https://transportation.erdc.dren.mil/pcase/。

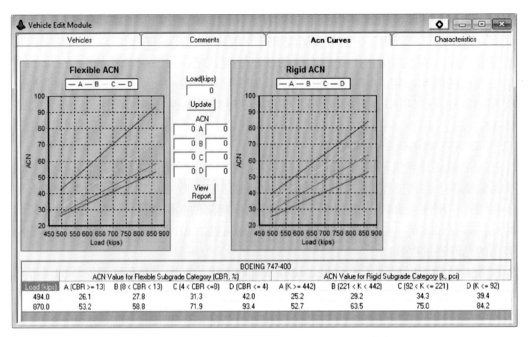

图 2-49　PCASE 程序中波音 747 飞机的 ACN 曲线

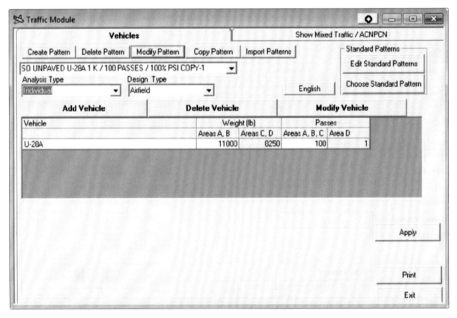

图 2-50　PCASE 程序中的通行流量模块

式后，可以点击评估模块，选择特定的土壤或道面类型。图 2-51 显示了分析人员可选择的各种道面铺层。对于每个道面层，存在诸多选项，可以在道面和路基的模型中适当地添加一些铺层。

图 2-52 是多尼尔 Do.328（C-146A）涡轮螺旋桨构型飞机在 CBR 5 自然未铺砌道面上的分析结果。分析表明，飞机在设计载荷下可以通过 64 次，如果飞机重量减少到 26700lb，可以通过 100 次。

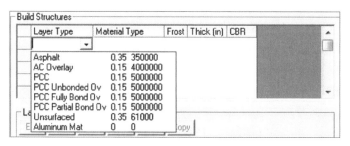

图 2–51　PCASE 道面层选项

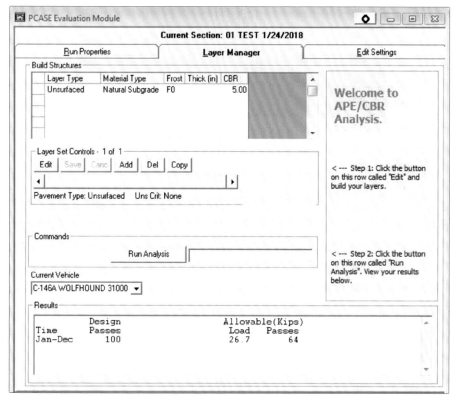

图 2–52　PCASE 评估模块——结果

　　PCASE 软件是飞机和起落架设计人员最适合的工具，因为它可以模拟大多数土壤、集料和道面。

2.1.2.5　机场特种材料拦阻系统

　　虽然与飘浮性研究无关，但起落架设计人员应该关注有关特种材料拦阻系统（EMAS），这种系统在世界各地的机场的应用越来越普遍。EMAS 是一个由可溃缩的混凝土或其他材料组成的系统，放置在跑道末端，特别是那些边界或者障碍物离跑道末端很近的机场。飞机一旦冲出跑道，进入逐渐溃缩的 EMAS，则该系统吸收了飞机的动能并使其停止。图 2–53 显示了由 EMAS 减速的飞机的主起落架。美国联邦航空局（FAA）EMAS 安装指南[29]规定，该系统用于飞机以 130km/h（进入 EMAS）冲出跑道，设计目的是通过在起落架上施加可预测的减速力，尽量减少飞机结构性破坏。对大小不同的飞机，EMAS

会产生不同的响应，对于小于 11300kg（25000lb）的飞机，很难预测 EMAS 的阻拦性能及效果。

图 2-53　EMAS 中的主起落架

2.1.2.6　冰雪跑道

在某些地区，冰上起降是为飞机提供着陆和操纵功能的唯一有效方法，典型的如在北极或南极开展起降活动。传统上只有军用或经过适当改装加强的飞机（如德·哈维兰"双水獭"）才会在这种环境中执行任务，历史上，曾经有一架空客 A319 飞机着陆于南极洲麦克默多和威尔金斯的蓝冰跑道上，图 2-54 显示了在浮冰上的安东诺夫的安 -74飞机。

（1）提前准备的雪地跑道

雪的强度变化很大，取决于压实程度（密度）、时效硬化（冻结）和温度。

图 2-54　安东诺夫的安 -74P 飞机位于北极附近的北极浮冰上

一个提前准备的、压实的雪跑道可认为类似于一个压实的集料跑道。一般不采用 CBR 来衡量雪的强度（CBR 测量在极地环境下很难进行，不适合于软雪），而是采用了圆锥贯入仪。

将雪地朗姆硬度（使用 Rammsonde 圆锥测量仪产生的单位）与机轮载荷、接触压力和覆盖遍数等关联起来，建立了经验关系式如下[30]

$$R = \left[e^{(4.94 + apW^{0.146})} \right] e^{0.7(\log n)^{0.5}}$$

式中：R——所需的平均雪地朗姆硬度（对于雪地道面厚度从表面到深度 r 的范围）。

  r——接触印痕的当量圆半径。

  p——轮胎平均接触压力。

  W——机轮载荷：

    当 p 单位为 kgf/cm^2、W 单位为 kgf 时，$a=0.044$；

    当 p 单位为 lbf/in^2、W 单位为 lbf 时，$a=0.00281$。

  n——机轮重复覆盖遍数（在很短的时间内）。

轮胎接触面积可按前文所述，针对未铺砌道面的计算公式为

$$A = 2.36d \sqrt{(D_O - d)(w - d)}$$

$$d = \frac{b(D_O - D_F)}{200}$$

式中：A——轮胎接触面积，in^2；

  d——轮胎的径向压缩量，in；

  D_o——轮胎外径，in；

  w——轮胎截面宽度，in；

  b——轮胎压缩量百分比，%；

  D_F——轮胎法兰直径，in。

上述 R 表达式给出了雪地道面顶层的压实朗姆硬度要求（距离表面深度 r 处），通常在 0.2 ~ 0.3m 之间。为了方便起见，雪地朗姆硬度与其他硬度测量的关系如图 2-55 所示。机轮覆盖值 n 为机轮轮轴的数量：一个或两个轮子主起落架的 n 值是 1，一个四轮车架式起落架的 n 值是 2，一个 C-5 "银河"起落架构型的 n 值是 4。

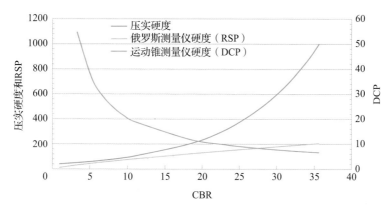

图 2-55　不同雪强度测量值与 CBR 之间的关系

需要注意的是，自然状态的雪不可能有足够的强度来支持轮式飞机；C-130需要的朗姆硬度约为500，DC-3的朗姆硬度约为250。在南极洲的试验工作中一般使用专业的雪碾机对雪地进行滚压分级和测量，朗姆硬度值已经达到并超过300，而更多的滚压可以进一步提高硬度，使得硬度水平超过600。

（2）冰跑道

在冰面上操纵轮式飞机（见图2-57），冰层要确保有足够厚、足够强，来支撑飞机所施加的静载荷，以及飞机起飞、着陆和操纵时，产生的动态载荷。此外，冰的表面需要特殊处理以确保有足够的摩擦力，确保对飞机运动的方向加以控制和刹车，通常是在冰道面的上方，压实冻结一层雪来实现。一旦飞机停靠后，因为冰的蠕变变形，飞机慢慢陷入其中；因此飞机必须定时进行维护和移动，避免长时间停机造成过量下陷。冰的蠕变变形的速率取决于冰的温度。对于C-17和C-130这样的飞机，在-2.5℃的冰温下，1h内能产生25mm变形，在-10℃温度下，则需要约3h[31]。

冰的性能与混凝土相似——在压缩时很强，在拉伸时相对较弱。此外，具有很低的断裂韧性。冰的性能取决于冰的类型、密度和温度。一般来说，在-10℃和-20℃之间，冰的抗拉强度[32]在0.7 ~ 3.1MPa之间，而冰的压缩强度在5 ~ 25MPa之间。如果所研究的冰面具备以上类似的性能，则可以考虑将其作为刚性道面跑道来分析。

已经消失的南极洲帕伽索斯（Pegasus）冰川跑道，弯曲强度为39.2kPa。起降263000kg的C-17飞机，需要2.25m厚（安全系数1）的冰面。在安全系数为3时，建议厚度为6.8m。帕伽索斯冰盖的厚度约为30m，而南极洲的威尔金斯跑道的厚度约为700m。建议在跑道使用前，用校验辊压机预先测试（具有与飞机类似的载荷和轮胎压力的一种滚动装置），以确保冰面能够承受飞机的载荷。冰川跑道表面通常是"白冰"——一种由压实和冰冻的雪制成的道面。这种白色的雪有助于保护冰面免受太阳辐射和融化，并提供更好的摩擦特性来刹车和操纵。被压实的雪覆盖的白色冰层与铺砌的雪跑道相似，必须进行有关测试试验，以确保有足够的强度来承受来自轮胎的接触压力。通常情况下，测试一般使用俄罗斯的雪测仪或运动锥测量仪。这些硬度测量仪比较接近，是朗姆硬度测量仪的增强版本。因为轮胎压力直接影响白雪铺层的局部性能——各种飞机要求的硬度值见表2-14，所需的雪的朗姆硬度和对应的轮胎压力见图2-56，这些数据来自美国空军文件FC 3-260-06F[32]。

表2-14 最小白冰道面强度

飞机	胎压/psi	最小RSP系数	最大DCP系数	最小CBR值	最小朗姆硬度
C-130	95	55	29	6.8	69
C-5A	111	56	28	6.9	70
C-17	155	61	26	7.7	75
波音757-200	180	65	24	8.4	80
P-3	200	69	22	9.1	86
波音767-300ER	205	70	22	9.3	87
A319	210	72	21	9.5	89

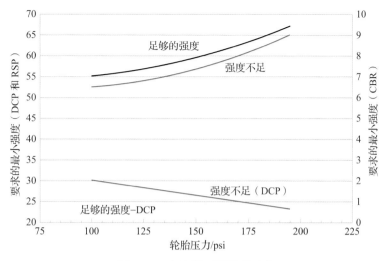

图 2-56　白冰道面的强度要求

图 2-57　空客 A319 和 DC-3 涡桨飞机在南极洲的蓝冰跑道上

对轮式飞机在海上或淡水冰道面上的操纵情况，可以通过冰道面强度专家信息系统进行分析。与冰川冰相比，海洋和淡水冰的弯曲强度要大得多。因此，一层更薄的冰层厚度就可以支撑飞机。然而，此类型冰的强度变化很快，主要取决于多种因素，包括冰的温度和温度历史（冰在温度显著下降后可能变脆）。在浮冰上操作飞机需要考虑三个方面：冰的强度、固定载荷下的冰的蠕变变形、飞机运动过程中的冰和下部支撑水的动力学载荷。对于大型飞机在浮冰跑道上运行情况，例如，C-17 在南极洲的麦克默多浮冰上的起降能力，针对不同温度和季节变化的影响，开展了所需冰层厚度的有限元求解[31]。这些指南还提供了停机的时间限制，以避免冰面的蠕变变形破坏。通常，所接受的蠕变变形量不超过冰盖的干舷（若变形量大于此，水则会渗过冰的裂缝窟窿）。对于麦克默多浮冰的 C-17 飞机，最大飞机重量下的最小允许冰层厚度约为 1.8m，停机时间为 1~3h。

过去用来确定冰层安全工作载荷的公式是[33]

$$P=Ah^2$$

式中：P——工作载荷；

A——经验估计值；

h——冰层的厚度。

加拿大交通部[34]利用这一关系为飞机设定冰道面安全厚度曲线，将这些曲线简化为冰厚度的表达式为

$$h = 2110a^{-0.565}\sqrt{P}$$

式中：h——最小安全冰层厚度，mm；飞机通行时必须始终大于250mm。

$\quad\quad a$——允许的冰层弯曲应力，kPa。

$\quad\quad P$——飞机的总载荷，kN。

最小安全厚度是可接受的有限次数的飞机起降需要的厚度（每天最多3次）。超出这个起降范围则需要专家检查冰层的强度。图2-58给出了冰层的允许弯曲应力。冰温的测量深度为800mm，或前9天的平均气温。

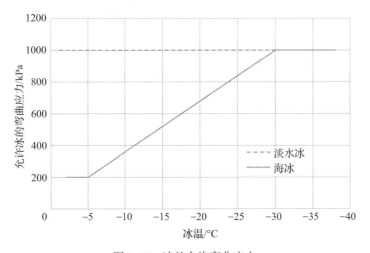

图2-58 冰的允许弯曲应力

加拿大运输公司推荐的飞机停机距离建议是，确保飞机与其他载荷、开口裂纹和自由浮冰边缘等至少有一个"载荷影响半径"的距离，载荷影响半径由下式给出

$$R = 0.41h^{0.75}$$

式中：R——载荷影响半径，m；

$\quad\quad h$——冰层厚度，mm。

当载荷在飘浮的冰层上运动时，冰层会随着载荷而变形，并且其下面的水也随着运动，并在冰盖下产生波浪。当飞机在某"临界速度"下滑行时，冰盖中的各种应力会发生共振放大，这可能会导致冰盖破坏失效。临界速度值取决于冰盖的厚度和冰盖下的水的深度，飞机短暂时间处在临界速度下是可以接受的[35]，但如果以临界速度持续滑行，将导致共振进一步放大，临界滑行速度值如图2-59所示。

考虑海冰的容许弯曲强度为2.35MPa，对伊尔-76[36]飞机进行了分析，得到了最小可接受的厚度为1m。这个分析结果与加拿大运输部方法的结果非常吻合（该方法预测在同等海冰强度下的最小冰厚度为1010mm）。伊尔-76飞机的研究表明，起飞阶段产生的载荷大于着陆载荷，分别对1m、2m和3m厚度的冰面测试结构表面，动态滑行时冰产生的内应力是飞机静止时的1.25倍。

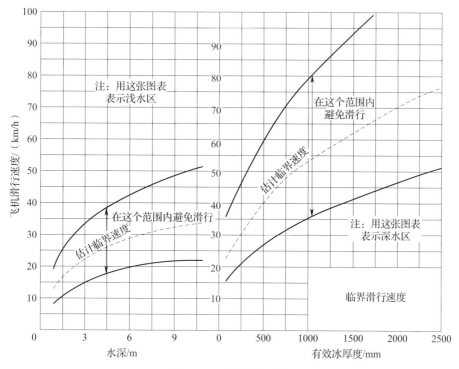

图 2-59　临界滑行速度

2.1.2.7　直升机停机坪和直升机甲板

在高架平台、船舶和离岸设施上降落的旋翼直升机，一般降落在具有动态特性的甲板上，而地面跑道和直升机停机坪没有这些动态特性。这些甲板通常是为特定的旋翼飞行器设计的，但在设计新飞机时，如果要利用现有停机甲板的话，可能会出现新的问题。就海上石油平台而言，许多监管机构都规定了其强度标准，其中英国民用航空局（Civil Aviation Authority，CAA）的文件第 437 章[37]和国际民航组织《直升机手册》[38]提供了完整的指导文件。而 ICAO 标准则要求，设计的甲板既能够满足正常着陆工况，下降速率为 1.8m/s，此时直升机的冲击载荷为最大起飞重量的 1.5 倍，又要满足应急着陆工况，下降速率为 3.6m/s，此时直升机的冲击载荷为最大起飞重量的 2.5 倍，且该标准要求的着陆模式是"两点"着陆，即两组主起落架（或滑雪板）同时接地。此外，该标准要求着陆时产生的考虑平台的共振响应载荷。

如果不考虑直升机、起落架和平台之间的动响应影响，CAA 则建议，在最大起飞重量时的正常和应急着陆两种工况的动态载荷上，增加 1.3 的结构动响应系数。

$$正常着陆载荷（N）= MTOM（kg）\times 1.5 \times 9.81 \left(\frac{m}{s^2}\right) \times 1.3$$

$$应急着陆载荷（N）= MTOM（kg）\times 2.5 \times 9.81 \left(\frac{m}{s^2}\right) \times 1.3$$

许多屋顶平台都是用钢筋混凝土制造的，但海上平台往往是用钢或铝制造的，从图 2-60 中的图像可以看出，平台类似于一个鼓的表面，飞机降落时将会产生振动。当甲板的固有频率为 20Hz 或更低时，着陆时将可能出现共振问题[39]。

图 2-60　直升机在海上平台上着陆

按 CAA 标准设计的平台，最初是将西科斯基 S-61N 作为其支撑的最大直升机（S-61N 最大起飞重量为 9298kg），根据该标准，其相关动态载荷如下

正常着陆载荷（N）=9298（kg）×1.5×9.81（m/s²）×1.3=177866（N）=179[①]（kN）

应急着陆载荷（N）=9298（kg）×2.5×9.81（m/s²）×1.3=296443（N）=296（kN）

每个直升机甲板的动态响应和其构建方法密切相关。可对直升机、起落架和直升机停机坪之间的动态特性进行建模仿真计算。一般情况下，直升机甲板可以按弹簧—质量—阻尼系统建模，如图 2-61 所示（对于任意的直升机甲板）；阻尼来自结构连接交点的摩擦力，可以按库仑阻尼建模。

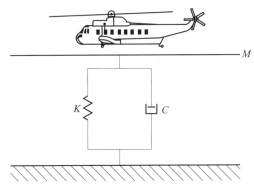

图 2-61　螺旋弹簧质量阻尼器系统

重量（M）、刚度（K）和阻尼系数（C）的具体值需要从设计人员或操作人员处获取。对贝尔 214 直升机（最大起飞重量为 6260kg）进行的仿真计算[40]表明，对于厚度为 0.18m 的钢筋混凝土甲板，面积为 6.1m×7.6m，重量约为 20000kg，其固有频率估计在 5～7Hz。图 2-62 所示为一个假定的大型直升机在 13Hz 固有频率的直升机坪上着陆的动力学仿真的例子。

ICAO 在表 2-15 中给出了标准化的直升机甲板点载荷。需要注意的是，这些是直升机

① 原文为 178，应改为 179。——译者注

停泊时的静态载荷。可见甲板制造商更关注直升机的实际机轮间距和轮胎印痕区域，以便开展一个精确的甲板强度分析。

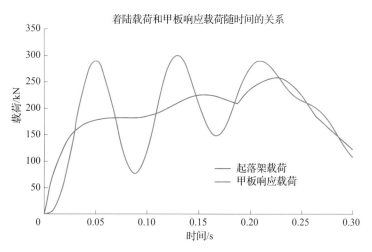

图 2-62　着陆仿真分析的甲板动态响应

表 2-15　ICAO 直升机静态载荷范围

直升机种类	最大起飞重量	单个起落架机轮集中载荷	起落架轮距
	kg	kN	m
1	最大到 2300	12.0	1.75
2	2301 ~ 5000	25.0	2.0
3	5001 ~ 9000	45.0	2.5
4	9001 ~ 13500	67.0	3.0
5	13501 ~ 19500	96.0	3.5
6	19501 ~ 27000	133.0	4.5

2.1.2.8　舰艇 / 航空母舰

美国海军在 MIL-A-8863C[41] 规范中，给出了航母和两栖战舰能够承受的最大机轮载荷。最大允许的甲板承受载荷是舰船的类型、舰船上的停机位置、轮胎的尺寸和压力、轮胎间距的函数。

甲板最大载荷（反作用力）F，是由一个同甲板类型和甲板上特定位置有关的方程给出的值（或规范中的一个诺漠图），单位是 klbf。要确定该值，先要从下列表达式计算中间值 C

$$C = K \frac{P}{p}$$

$$K = \sqrt{0.7 \frac{p}{r} + 0.3}$$

式中：P——轮胎的额定载荷，lbf；

　　　p——轮胎的工作压力，lbf/in^2；

　　　r——轮胎的额定压力，lbf/in^2。

对于双轮起落架，F 值必须根据机轮间距系数进行调整，以确定甲板最大载荷（反作用力）F'。

（1）航空母舰

在弹射区，每个起落架的最大甲板反作用力是

$$F = \frac{14C^3}{100000000} - \frac{175C^2}{1000000} + \frac{1343C}{10000} + 169.5$$

在着陆区，每个起落架的最大甲板反作用力是

$$F = \frac{12C^3}{100000000} - \frac{171C^2}{1000000} + \frac{1379C}{10000} + 169.5$$

注意，这些表达式是通过将 MIL–A–8863C（AS）中的诺谟图数字化而得到的，并且只对 C 值在 15～600 范围内有效，它们生成的 F 值在诺谟图读数误差范围内，如果有任何争议，以诺谟图为准。

在并列双轮起落架的情况下，甲板反作用力 F' 是由以下方程给出

$$F' = \frac{F}{K_e}$$

式中：$K_e = \frac{-6b'}{1000} + 1.01$;

b'——轮间距，in。

（2）两栖战舰

两栖攻击舰的起落架最大甲板反作用力（以数千磅力计算）计算如下

$$F = \frac{4C^3}{100000000} - \frac{475C^2}{1000000} + \frac{58C}{10000} + 49.3$$

注意，这个表达式是通过将 MIL–A–8863C（AS）中的诺谟图数字化而确定的，并且仅对 C 值在 15～600 范围内有效。由该公式计算获得的 F 值，在诺谟图的读数误差范围内，若有争议，以诺谟图为准。

在并列双轮起落架的情况下，甲板反力 F' 是由以下公式给出

$$F' = \frac{F}{K_e}$$

式中：$K_e = \frac{32(b')^3}{1000000} - \frac{1163(b')^2}{1000000} - \frac{112b'}{10000} + 1$;

b'——轮间距，in。

这个公式只适用于 b' 值在 0～25in 之间。

示例： 具有 30×7.7 尺寸轮胎的单轮起落架的飞机

参数为：

P=21300lbf;

p=400lbf/in^2;

r=360lbf/in^2。

计算得到 K

$$K = \sqrt{0.7\frac{400}{360} + 0.3} = 1.04$$

计算得到 C

$$C = 1.04 \times \frac{21300}{400} = 55$$

对于航空母舰的甲板，F 值为

$$F = \frac{12(55)^3}{100000000} - \frac{171(55)^2}{1000000} + \frac{1379(55)}{10000} + 169.5 = 177$$

最大甲板反作用力，对于单轮起落架，30×7.7 轮胎的最大甲板反作用力是 177000lbf。对于双轮起落架，相同规格的轮胎，轮间距 14in，那么 K_e 的值是

$$K_e = \frac{-6(14)}{1000} + 1.01 = 0.93$$

由此产生的最大甲板反作用力是

$$F' = \frac{177}{0.93} = 190$$

拥有 30×7.7 尺寸轮胎的双轮起落架的最大甲板反作用力是 190000lbf。

2.2 操纵

除了起飞和降落，飞机还必须能够在机场道面上操纵及滑跑，如进出跑道、沿着滑行道滑行等。国际民航组织（ICAO）对不同尺寸的飞机所需的跑道和滑行道尺寸进行了标准化定义。此外，飞机必须能够执行某些动作，例如，在跑道上 180°转弯。飞机及起落架的设计必须能够在预期的机场通行，如图 2-63 所示，这是一个由跑道、滑行道和停机坪组成的复杂网络。

飞机在铺砌道面上必须具有足够的机动性，这就要求飞机的主起左右轮宽应在跑道和滑行道的宽度范围内，并提供足够的转弯能力以执行所需的机动动作（转向和驶离跑道等）。前主轮距、主起左右轮距、主起左右轮宽的概念如图 2-64 所示。

图 2-63　机场鸟瞰图

前主轮距

左右轮距

左右轮宽

图 2-64　前主轮距、左右轮距和左右轮宽

2.2.1　ICAO 机场标准

表 2-16 提供了不同尺寸飞机的 ICAO 码：主起落架左右轮宽是主起落架外侧缘之间的距离。飞机参考场长是"平衡场长"——实际上是为起飞加速、在决策速度中止起飞或在最大起飞重量拦阻飞机所需的距离。

表 2-16　ICAO 机场参考代码

代码	飞机参考场长	代码字母	翼展 /m	主轮轮宽 /m
1	不足 800m	A	小于 15	小于 4.5
2	800 ~ 1200m	B	15 ~ 24	4.5 ~ 6
3	1200 ~ 1800m	C	24 ~ 36	6 ~ 9
4	1800m 以上	D	36 ~ 52	9 ~ 14
		E	52 ~ 65	9 ~ 14
		F	65 ~ 80	14 ~ 16

来源：ICAO 附录 14，第 1~12 页。

考虑标准的海平面大气环境。每种类型的飞机样例见表 2-17。

表 2-17　不同国际民航组织（ICAO）代码与其代表性飞机

代码 1A	代码 1B	代码 1C	代码 1D	代码 1E	代码 1F
比奇 23-100	比奇 80	DHC-4 "驯鹿"	DHC-5E		
布雷顿 BN2	比奇 90	DHC-7			
赛斯纳 152-421	比奇 200				
富士 FA200-180	赛斯纳 402				
格鲁门 G164	赛斯纳 414				
日本三菱 MU2	赛斯纳 441				
派珀 PA18-PA60	多尼尔 Do.228				
Pitts 2A	DHC-6"双水獭"				

表 2–17（续）

代码 2A	代码 2B	代码 2C	代码 2D	代码 2E	代码 2F
利尔"喷气"24F 利尔"喷气"28/ 29	比奇 1900 Casa C212 巴西航空工业 公司 EMB110 肖特 SD3–30 Metro Ⅲ	DHC–8 ATR42 赛斯纳 550			

代码 3A	代码 3B	代码 3C	代码 3D	代码 3E	代码 3F
BAe.125–400 达索 DA–10 利尔"喷气"25D 利尔"喷气"36A 利尔"喷气"55 IAI 1124"西风"	BAe.125–800 康纳戴尔 CL600 康纳戴尔 CRJ– 200 赛斯纳 650 达索 DA–20 达索 DA–50 达索 Falcon 900 EMB145 F.28–2000 肖特 SD3–60	BAe.146 BAe.748 BAe"喷气流"31 BAe"喷气流"41 DC–3 DC–9–20 EMB120 EMB170 F.27–500 F.28–3000/4000 F.50 F.100 萨伯 SF340	空客 A300 B2 Q400		

代码 4A	代码 4B	代码 4C	代码 4D	代码 4E	代码 4F
		空客 A320 空客 A321 波音 717 波音 727 波音 737 "协和"号飞机 DC–9/MD–80 EMB190	空客 A300 空客 A310 波音 707 波音 757 波音 767 DC–8 DC–10/MD–11 洛克希德 L100 （C130） 洛克希德 L188 洛克希德 L1011	空客 A330 空客 A340 波音 747 波音 747 SP 波音 777	空客 A380

　　各种类型跑道的最小跑道宽度见表 2–18，最小滑行道宽度见表 2–19。针对给定的跑道和滑行道宽度，飞行员必须能够观察到滑行道边缘的特定间隙（见表 2–20），如图 2–65 所示。国际民航组织正在进一步开展工作，拟将修订这些指标，有望在 2020 年和 2022 年获得批准；这些修正将小幅减小跑道和滑行道的宽度（有利于减少基础设施费用）。

表 2-18　ICAO 最小跑道宽度

代码号	代码字母					
	A	B	C	D	E	F
1[①]	18m	18m	23m	—	—	—
2[①]	23m	23m	30m	—	—	—
3	30m	30m	30m	45m	—	—
4	—	—	45m	45m	45m	60m

来源：ICAO 附录 14，第 3-3 页。

① 对于代码为 1 或 2，精确的进场跑道宽度应不小于 30m。

表 2-19　ICAO 定义的滑行道宽度

代码字母	滑行道宽度（图 2-65 中的尺寸"x"）
A	7.5m
B	10.5m
C	如前主轮距 < 18m 的飞机，则为 15m； 如前主轮距 ≥ 18m 的飞机，则为 18m
D	如主起机轮宽幅 < 9m 的飞机，则为 18m； 如主起机轮宽幅 ≥ 9m 的飞机，则为 23m
E	23m
F	25m

注：前主轮距即是前起轮轴到主起轮轴之间的距离。

表 2-20　ICAO 要求的间隙——机轮到转弯道或滑行道的边缘

代码字母	外主轮到边缘的间隙（图 2-65 和图 2-66 中的尺寸"y"） （座舱中心位于滑行道 / 转弯道的标记处）
A	1.5m
B	2.25m
C	主起机轮宽幅 < 18m 的飞机，则为 3m； 主起机轮宽幅 ≥ 18mm 的飞机，则为 4.5m
D	4.5m
E	4.5m
F	4.5m

　　对于没有滑行道的 D、E 或 F 类型跑道，需提供一个转弯区域，允许飞机在跑道上滑行，并在跑道末端 180°转弯。图 2-66 显示了典型的转弯区布置。每个转弯区的尺寸取决于跑道的大小（代号）。

　　除了典型的 90°跑道转滑行道转弯方式外，跑道上还可以安装快速出口，以提高的交通流量，如图 2-67 所示。对于 3 号和 4 号代码的跑道，转向半径通常大于 550m，对于 1 号和 2 号代码的跑道，转向半径至少为 275m。这些设计半径允许代码 3 和 4 类的跑道在湿滑天气下的出口速度为 93km/h；代码 1 和 2 的跑道，出口速度为 65km/h。交叉角一般设置为 30°，也可以设置在 25°~45°。

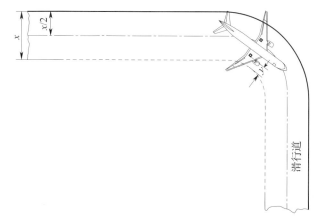

图 2-65　滑行道宽度和机轮到道面边缘图示

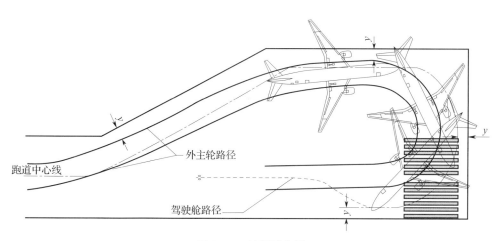

图 2-66　转弯区布局

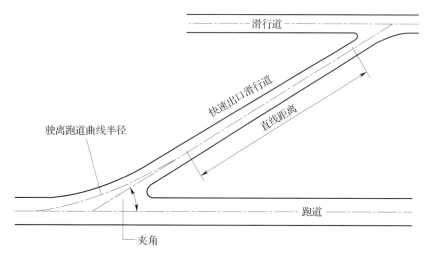

图 2-67　快速出口滑行道

2.2.2　机动要求——NAS3601

对于大型民用飞机制造商来说，按照 NAS3601[28] 的规定，通常要求提供有关飞机在地面的操纵性能数据。这些数据包括各种前轮转向角度对应的飞机转弯半径、飞机扫掠半径：飞机翼展扫过的空间（翼尖、尾锥等）。跑道和滑行道转弯半径（90°、135° 和 180° 转弯），以及跑道停机区空间要求等数据。图 2-68 和图 2-69 展示了几个样例。

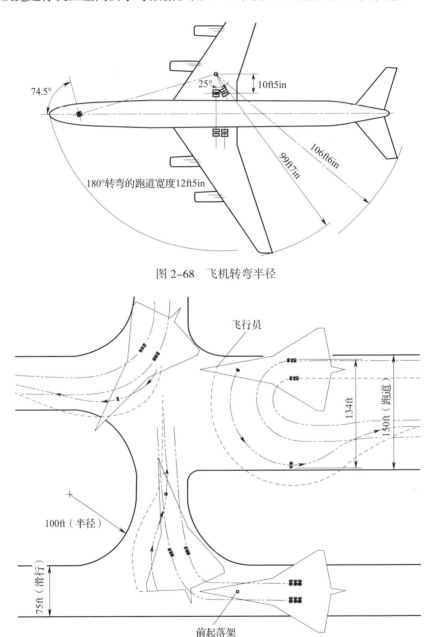

图 2-68　飞机转弯半径

图 2-69　典型转弯动作的示例

2.2.3　机动要求——陆基军用飞机

大型军用飞机不仅要执行与民用飞机相同的机动动作，并且可能还要执行比民用飞机要求更高的转弯机动。这些要求通常来自于特定飞机的任务剖面定义，例如，英国国防部要求军用飞机按照表 2-21 所示的速度执行转弯机动[1]。这是因为全部飞机出动的需要，或者派遣率的要求，在指示航速和恒定半径情况下转弯操纵飞机，主要是评估哪种情况更为严酷。

表 2-21　军用飞机转弯操纵

半径 /m	2	3	4	5	10	15	20	30	50
速度 /kn[2]	5	6	7	8	11	14	16	20	25

2.2.4　舰载军用飞机的机动要求

舰船为飞机操纵和存放提供了一个非常有限的空间，设计用于往返舰船的飞机必须具有很好的操纵性，一般前轮需要实现 360° 转弯。停机时的滑行机动通常是用拖车或其他车辆牵引。飞机和起落架的大小存在着各种各样的限制，其中许多是特种结构，应用于特定类别的船只，所以仔细地核对需求显得尤为重要。例如，舰载机的主起左右轮宽限制在 7.6m 左右，以确保能保持足够的空间来通过弹射系统的障碍物。

2.3　表面纹理和表面轮廓

飞机和起落架必须与地面接触，但是道面很难提供一个统一的表面纹理或轮廓。接触表面的类型和轮廓是确定有效摩擦因数的关键因素；还会随着各种污染物（如雪或水）而改变，具体影响将在第 3 章进一步阐述。

2.3.1　铺砌跑道

铺砌道面，虽然名义上定义为平坦光滑的表面，但实际上存在着不同尺寸维度上的不规则。在大的尺度上，跑道可能是不完全水平的，沿着着陆的方向，存在显著的高度上的变化（见图 2-70）。这些大尺度上的高度变化通常不会给起落架带来问题，只会影响飞机起飞和着陆时所需要的距离。在较小的尺度上，取决于跑道道面的粗糙度——局部的高度变化（凸起和凹坑），这将对飞机和起落架产生大的影响。在更小的尺度上，道面表面层的轮廓影响跑道的排水，其与轮胎相互作用，影响飞机方向的控制和刹车能力。

图 2-70　降落在高度变化的跑道上的飞机

---

① DEF STAN 00-970 42 册，4.5 节。

② 1kn=1n mile/h；1n mile=1852m。——编辑注

微观 / 宏观纹理

微观结构是指构造道面所使用的碎石的纹理（见图 2-71）。

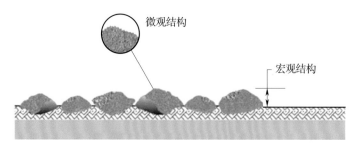

图 2-71 微观结构和宏观结构

这种微观结构是保证干跑道和湿跑道低速防滑的关键因素，因为材料的局部表面细节与橡胶轮胎相互作用产生摩擦，同时这种不均匀性也提供了水膜排水的通道。道面设计人员应该选择耐磨的压碎集料材料，以确保随着时间的推移，所需的微观结构得以保持。覆盖或遮蔽局部的粗糙纹理（通过水膜或堆积的粉末，如轮胎橡胶沫）将极大改变其表面的摩擦性能。

相比之下，宏观纹理是集料之间的纹理，可以用眼睛来分辨，如图 2-72 的跑道表面呈现粗糙的宏观纹理。宏观纹理通常是由选择的集料的大小或采用的表面处理方式形成的。宏观纹理对确定跑道高速摩擦特性具有特别重要的意义。一个通畅的宏观纹理，可以为轮胎排水提供重要的通道。一个封闭的宏观纹理，如用于道路和高速公路的材料表面虽然可用于道路车辆使用，但是飞机轮胎不支持该类型道面，因为飞机速度和轮胎压力相对较高，接触印痕面积也较小，在该类型跑道上就会导致低摩擦问题的产生。

图 2-72 沥青混凝土滑行道的路面结构

沥青混凝土跑道采用的多孔及耐磨的工艺能够获得最佳宏观纹理。对于刚性（波特兰水泥）跑道，采用横向沟槽工艺（如图 2-73 所示的典型沟槽尺寸）是保持适当宏观纹理的最有效方法。这两种方法都提供了良好的排水路径以及良好的轮胎—道面之间的排水性能。表 2-22 列出了可接受的基于深度变化的宏观纹理分类。

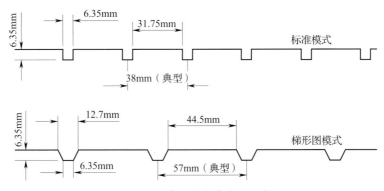

图 2-73　典型的跑道坡口尺寸

表 2-22　宏观纹理分类

ESDU 71026 分类[①]	宏观纹理深度 /mm
A	0.10 ~ 0.14
B	0.15 ~ 0.24
C	0.25 ~ 0.50
D	0.51 ~ 1.00
E	1.01 ~ 2.54

①摩擦和减速力：ESDU 数据第 71026 号，飞机轮胎第二部分，制动力估计，1995 年 6 月。现在被 ESDU 数据第 15002 号代替：跑道污染物的定义和硬跑道表面的分类和分布，2015 年 7 月。

图 2-74 显示了宏观纹理对地面有效排水的重要性[42]，给出了宏观纹理、跑道横向斜坡（冠）以及降雨量等因素同淹没跑道之间的关系。可以看出，在宏观纹理值较低的情况下，即使横向斜坡角度较大，也易淹没跑道。

$$降雨率 = K \left[\frac{宏观纹理深度}{(跑道距离)^{0.43} \left(\frac{1}{横坡}\right)^{0.42}} \right]^{1.695}$$

式中：K=1253（公制单位）；15430（美制常规单位）
从跑道中心线 4.75m（15ft）；静风。

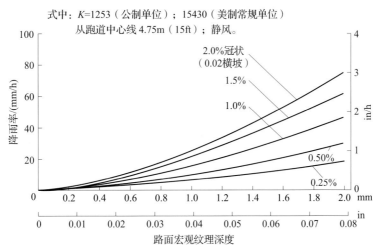

图 2-74　淹没跑道表面的降雨率

2.3.2 跑道粗糙度/轮廓及障碍物

飞机在地面滑跑时，跑道表面的局部凹坑和凸起会引起飞机和机组人员的不适和担忧。一般来说，起落架在设计过程中，必须要考虑可能遇到的最粗糙的道面的情况。通常，起落架是根据已知的粗糙度剖面来设计的——主要依据过去的飞行员报告中给出的跑道粗糙度——同时开展相应的动力学分析，以确保起落架具有合适的缓冲性能，以及机体结构对在这种粗糙度表面滑跑的能力是足够的。ICAO 附件 14 建议，长度 3m（用直尺测量时）的新铺设的跑道高度变化不超过 3mm，当跑道使用后，跑道的磨损和沉降会导致出现更大的不规则。如表 2–23 所示，如果跑道的长度较长，这些较大的不规则也是可以接受的[43]。

当超过表 2–23 中所示暂时可接受的极限时，国际民航组织建议对道面进行修补。典型的修补技术包括在凸起高点的切削和凹陷低点的涂层/填充技术。

表 2–23　ICAO 附件 14 可接受的跑道变化

道面表面不规则性	最小允许长度方向的不规则 /m								
	3	6	9	12	15	20	30	45	60
最大表面不规则（高度或深度）/mm	30	35	40	50	55	60	65	80	100
暂时容许表面不规则 /mm	35	55	65	75	80	90	110	130	150

2.3.2.1　粗糙度测量技术

通过对飞机的刚度以及起落架和轮胎的动态特性进行动态仿真，是确定跑道表面可接受的不规则表面响应的最佳方法，结合仿真分析，调整起落架缓冲器的参数设计，以适应跑道的表面轮廓。一般来说，虽然起落架和飞机结构能承受更大的过载，在飞行员抱怨前，能够接受的驾驶舱内最大过载增量为 ±0.4[44]。目前已发展了多种测量技术，来量化跑道表面的粗糙度水平。

2.3.2.2　功率谱密度法

根据跑道的功率谱密度（PSD）来分析道面剖面高度是比较跑道粗糙度的一种方法，该方法对飞机载荷的计算具有一定的参考价值。PSD[①] 方法通常采用时变信号，但由于跑道轮廓是空间分布而不是时间分布，因此，频率参数 Ω，是以单位长度的弧度来定义的。在采用时变信号时，频率参数被定义为 ω，单位为弧度每秒。对于一个跑道剖面 $y(x)$，其功率谱密度函数定义为

$$\Phi(\Omega) = \lim_{x \to \infty} \frac{1}{2\pi x} \left| \int_{-x}^{x} y(x)\mathrm{e}^{-\Omega x}\mathrm{d}x \right|^2$$

其中，两竖表示该复数矢量的模量。该剖面的标准差，σ（均方根值）是通过以下方法给出的

$$\sigma^2 = \int_{0}^{\infty} \Phi(\Omega)\mathrm{d}\Omega$$

PSD 方法提供了一个跑道的平均粗糙度的指标，但它不能区分该凸起是来自许多小振

---

① 功率谱密度（PSD）的推导来自参考文献［45］。

幅凸起的累加，还是来自一些大振幅凸起（对于相同波长的凸起）。图 2-75 所示，给出了一个以功率谱密度来表示的飞机对铺砌跑道粗糙度要求的例子（来自美国军方）。PSD 方法无法来确定目标跑道是一个粗糙的跑道还是一个光滑的跑道（它对跑道维护人员没有用处），但它可以用于起落架的疲劳分析。由于起落架载荷的非线性响应，建议不要直接从 PSD 分析来获取起落架的设计静载荷，而是基于具体的跑道轮廓开展分析来获取。

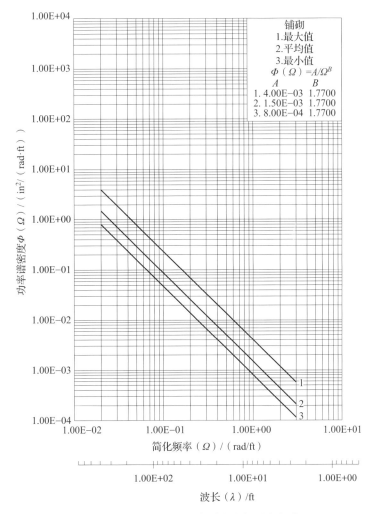

图 2-75　铺砌跑道的功率谱密度粗糙度规范

2.3.2.3　波音凸起评估法

波音凸起评估法是一种用单个凸起来量化跑道粗糙度的方法，它是解决跑道问题的主要工具，也用于指导飞机和起落架的设计。该方法[46]是基于飞机的动态响应开发的，目标是将过载增量保持在 ±0.4 以内，以便于评估及控制跑道的粗糙度水平——该方法也用于波音 737 飞机的疲劳损伤评估（尽管从设计角度看，它是基于单个凸起开发的，并不特别适用于疲劳分析）。

由于其他方法的缺陷和不足，比如 PSD 方法，并不能确定跑道超出公差范围的具体尺寸及位置，因此该方法无法识别并修复有问题道面的具体位置，于是便发展了波音凸起评估法。图 2-76 所示就是应用波音方法的一个例子，这里所示的可接受的区域范围是指国际民航组织（ICAO）报告附件 14 中定义的范围，该范围与 1975—1994 年的波音自身的标准是一致的。从 1995 年起，波音公司修订了其标准，结合实际运营中的经验，删除了"暂时可接受"区域，将"可接受区域"的范围扩大至"过渡"区域线以下。

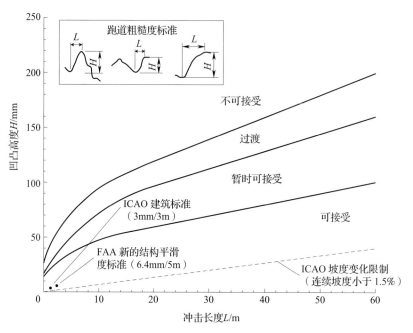

图 2-76　ICAO 可接受的波音凹凸方法

该方法对于评估跑道的具体局部剖面，或者对某些修理结果和修理方法的适用性做出评估是有意义的。在跑道非高峰期修理道面过程中，利用该方法可以快速给出的可接受的临时坡面斜率。例如，50mm 的覆盖层需要 5m 的坡道长度（1：100 坡度）来满足可接受的坡度限制要求；超过 50mm 的覆盖层，则需要 1：200 的坡度。在某些特定的分析中，还可以给出波音的凹凸指数，其定义为：对于特定的凹凸道面，系数值为凹凸高度除以可接受的凹凸长度的比值。

2.3.2.4　国际粗糙度指数

国际粗糙度指数（IRI）是一个典型用于评价道路的粗糙度指数，由 ASTM E1926-08[47]定义。它在世界范围内广泛使用，有时也可以应用于跑道表面。该系数是采用四分之一小车模型来计算的，该模型具有以下属性：弹性轮胎、质量轴、悬挂弹簧和阻尼器，悬挂在车轴上的车身质量。该系数是基于车身质量对输入的道面轮廓参数的一种动态响应。IRI 值与粗糙度成线性比例关系——如果所有剖面高度值某种程度上增加，则 IRI 值也是同比例增加。IRI 值等于零则表示道路表面轮廓是完全平坦的。大多数机场跑道的凹凸范围为 0.25~2m/km，老的道路的凹凸范围可能在 2 ~ 6m/km 范围内，如果粗糙度值大于 8m/km，则须降低车辆行进速度。此处介绍 IRI 的有关信息，仅仅是因为全面性的介绍道面粗糙度的各种方法的缘故，该方法一般不应用于起落架和飞机动态通过性分析。

2.3.2.5　短波长粗糙度

大多数飞机和起落架对跑道粗糙度评估主要关注两个方面，一个是单个凸起（通常是确定起落架的静强度），另一个是影响起落架疲劳载荷的长波长凸起。然而，短波长变量也会对车架式多轮起落架的载荷产生重大影响，因为短波长变量可以使车架转轴产生共振性振荡，驱动车架转轴在高载高转速的工况下工作，从而导致车架转轴快速的热累积导致磨损（且有害）。车架的旋转振荡模量一般在 10 ~ 20Hz 范围内，该频段对 2 ~ 7m 的短波长粗糙度的响应最为明显，上述现象主要在苏联/俄罗斯地区的机场出现，其他地区的一些国际机场，也有类似此类情况发生。

波音公司建议使用 PSD 分析方法来重点评估 2 ~ 7m 的波长的凸起，到目前为止，还没有相关的标准来定义及评价这种短波长粗糙度的影响。在第 12 章中，针对短波长引起的车架转轴问题，给出了有关的详细设计的建议和思路。

2.3.2.6　ProFAA 粗糙度评价工具

美国联邦航空局（FAA）提供了一个软件工具 ProFAA[①]，用于分析和评估跑道轮廓尺寸。该工具具备计算波音凹凸指数、变长度直线度偏差、IRI 等值的功能。图 2-77 显示了 ProFAA 应用程序的界面，图中该程序正在运行并评估一个跑道样例。

美国联邦航空局咨询通告 AC150/5380-9[48] 中有该软件使用的详细说明。该程序可以模拟多款飞机，并分析该飞机对目标跑道轮廓的动态反应。使用"输入/输出"（in/out）按钮，可以更改飞机的有关参数（见图 2-78）。

对于选定的飞机，该程序可以开展动态性能分析，给出飞机重心和座舱处的加速度增量，以及主起落架垂直载荷（见图 2-79）。

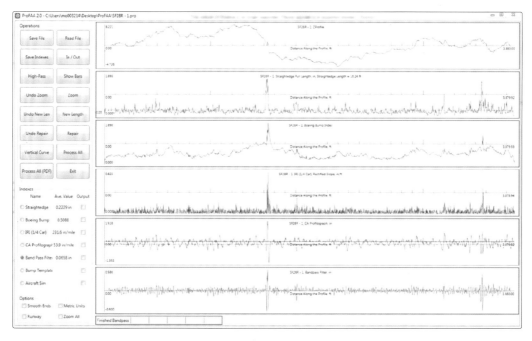

图 2-77　ProFAA 应用程序显示旧金山机场跑道 28R 数值

---

① 见 http://www.airporttech.tc.faa.gov/Download/Airport-Pavement-Software-Programs。

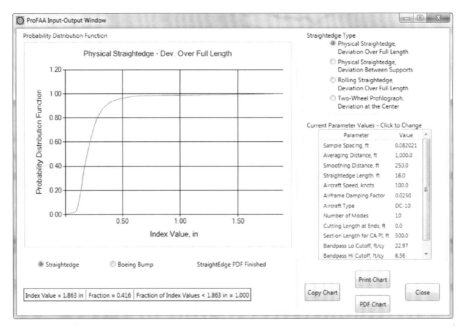

图 2-78　ProFAA 程序修正

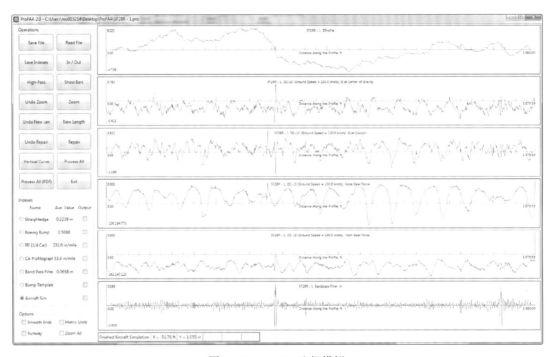

图 2-79　ProFAA 飞机模拟

2.3.2.7　工业标准粗糙度轮廓

目前广泛应用的工业标准跑道剖面图见本书附录 C。旧金山机场 28R（也是 10L）跑道的剖面，作为美国西部运营操纵大型民用飞机的道面一般基准，该跑道的剖面参数可以从咨询通告 AC25.491-1[49] 中获取。NASA 于 1964 年发布了最初的旧金山 28R 跑道外形剖面，所提供的数据，除了对原始数据排版校正外，主要修正一处较为严重的凹凸工况，以满足 ICAO 标准要求。自最早的调查评估以来，该跑道已经翻新铺砌（可能有好几次），但翻新后的剖面轮廓数据仍然作为大型民用飞机认证的"跑道粗糙度"参考基准。除了考虑跑道的粗糙度外，还须考虑飞机通过一个凸起或两个凸起时产生的冲击载荷的影响（具体见 AC25.491-1 以及本书第 13 章）。

对于计划在苏联/俄罗斯地区运营的飞机，需要考虑的跑道剖面类型，被分为 A 型、B 型和 C 型三种。A 型跑道是基于莫斯科多莫杰多沃国际机场的跑道历史数据，而 B 型跑道是基于新西伯利亚机场的历史数据，C 型跑道剖面是布哈拉机场的历史数据（这些机场目前的跑道剖面数据可能不再符合公布的 A、B 和 C 三个类型的历史数据）。也存在的 D 型剖面类型，是基于纯军用跑道的需求，一般不作为民用航空器的认证要求，并且在该跑道上的滑行载荷一般会达到或超过西方认证机构要求的极限载荷。与其他许多跑道相比，俄罗斯跑道剖面呈现出更大的粗糙度和更大的短波长的高度变化量。这是因为，一些跑道（和滑行道）是由预先浇铸的混凝土板建造的，这会导致跑道表面呈现出不连续和显著的局部高度变化（见图 2-80）。铺筑这些道面的预制板材有三种厚度：140mm、180mm 和 200mm，尺寸为 6m×2m。俄罗斯的预制板安装标准[①]是，不超过 2% 占比的粗糙度测量读数（3m 直线长度上的垂直偏差），允许达到 10mm，其余必须小于 5mm。在预制板之间的接缝处，不超过 10% 占比的接缝阶差读数可以达到有 6mm 或 10mm（取决于飞机滑跑移动的方向），其余必须小于 3mm 或 5mm。然而，这些仅仅是安装标准，随着时间的变化，沉降差异和冻融循环会导致高度差和预制板角进一步增大。另外，在俄罗斯和独立国家联合体的其他国家（Commonwealth of Independent States），过去也曾使用预制长板和预制短板以及六角形预制板来铺筑跑道[50]。

图 2-80　纳迪姆机场预制道面

---

① СВОД ПРАВИЛ, АЭРОДРОМЫ, АКТУАЛИЗИРОВАННАЯ РЕДАКЦИЯ, С Н и П 32-03-96, Aerodromes, 30 June 2012. С П 121.13330.2012.

和民用飞机不同，军事规范通常要求军用飞机在较粗糙的跑道上通行。为此，英国国防部[51]为各种道面类型定义了一个基准剖面，收录在本书附录 C 中，将道面分为四类，从 A 到 D，定义了基于基准剖面推荐的高度放大系数，如表 2–24 所示。该剖面数据是根据实际测量得到的；然而，实际上该标准在 20~40m 波长部分的高度变化要求增加了，而在超过 120m 波段坡面角度变化要求削弱了。如果跑道长度超过标准所提供的 1499m 范围，标准以外部分的道面外形的尺寸，可以将高度（h）和距离（x）数据坐标系上的映射的方式来扩展。下面的公式给出了 2800m 跑道的剖面高度的计算方法

$$h(x) = -h(2800 - x); \quad 1499 < x \leqslant 2800$$

此外，满足英国国防部标准 DEF STAN 00-970 要求的飞机必须能够通过台阶、凸起和凹坑，它们的高度值如表 2–25 所示。

表 2–24　DEF STAN 00–970 跑道等级

等级	跑道描述	放大系数
A	稳定的基础上，定期维护的铺砌跑道	1.0
B	质量差的铺砌跑道和已经分级的未铺砌跑道	1.5
C	已部分分级未铺砌跑道	2.5
D	未铺砌跑道	4.0

表 2–25　DEF STAN 00–970 凸起和凹坑

分类	台阶高度 /mm	凸起高度 /mm；凹坑深度 /mm
A	25	30
B	40	45
C	60	75
D	100	120

台阶是指 90° 的直角台阶，凸起和凹坑（见图 2–81，凹坑有相同的剖面，高度取负值）的尺寸按下式给出

$$h_x = \frac{H_s \left(1 - \cos \dfrac{2\pi x}{L}\right)}{2}; \quad L \text{ 值设定在 } 0.25 \sim 1.25\text{m 之间}$$

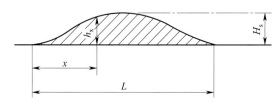

图 2–81　DEF STAN00–970 凹凸剖面图

图 2–82 展示了附录 C 中各种跑道剖面的对比。为了更容易地比较剖面特性，移除了曲线中连续的尖峰。

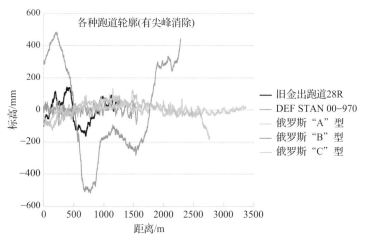

图 2-82　跑道剖面图的比较

美国军方将跑道粗糙度[41]假定为一系列 1-cos 余弦波曲线的凸起剖面（英国军方也有相同的凸起剖面定义，见图 2-83）。本规范最初只适用于美国海军飞机，但美国空军取消了类似的规范，并采用海军规范。凸起的高度取决于跑道的类型和凸起的波长；数值见表 2-26。表中所述表达式，针对不同的跑道类型，其生成的跑道剖面包含了所有相关的高度和长度的组合。

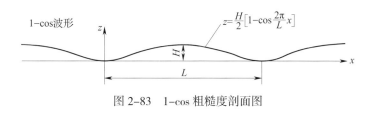

图 2-83　1-cos 粗糙度剖面图

表 2-26　美军跑道粗糙度要求

跑道型	适用飞机	凸起物高度表达式 H/in，按 L（ft）长度
铺砌跑道	舰载机、陆地飞机、 陆地教练机和短距起降飞机	$H_4=0.01L$（$0 \leqslant L \leqslant 1000$）
半铺砌跑道	舰载机，短距起降飞机 和雪地起降飞机	$H_3=0.048L+2$（$0 \leqslant L \leqslant 1000$）
未铺砌跑道	短距起降飞机	$H_1=0.01765L+32.35$（$150 \leqslant L \leqslant 1000$） $H_2=0.2067L+4$（$0 \leqslant L \leqslant 150$）

飞机必须能够在这样一连串的凸起组合的道面上滑跑，且凸起斜坡角度不小于 45°（含）（同轮廓线横轴之间的夹角）。针对离散的凸起剖面，各兵种联合指南[52]按飞机通行速度范围分别给出（滑行和着陆 / 起飞）。对于低速（50kn 以下），凹凸高度与波长的函数关系如图 2-84 所示，对于 50kn 以上的速度，关系如图 2-85 所示。

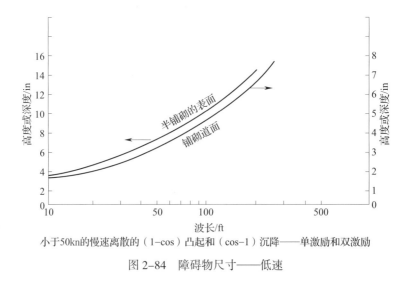

小于50kn的慢速离散的（1-cos）凸起和（cos-1）沉降——单激励和双激励

图 2-84　障碍物尺寸——低速

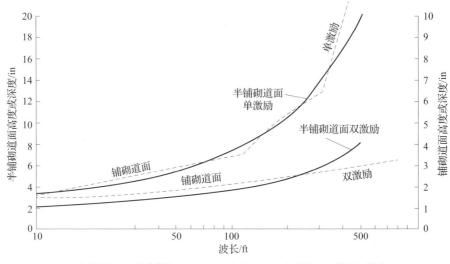

速度超过50kn的离散的（1-cos）凸起和（cos-1）沉降——单和双激励

图 2-85　障碍物尺寸——高速

2.3.2.8　炸弹损坏修理

　　除了军事当局提供的粗糙轮廓道面外，通常还需要军用飞机在快速修复的跑道上起降。如果有足够的时间，被炸坏的跑道可以被很好地修复，修复后的表面与原表面平滑过渡；然而，进行快速修复更有利于使飞机恢复通行能力。虽然跑道维修的指令是要使跑道修理完后，仍处于接近完美的状态[53]，尽管如此，仍有一些其他因素影响跑道的修理。例如一些炸弹可能仅仅会炸掉跑道表面（炸掉少量物料），而另一些炸弹则会炸出一个大的弹坑。一个典型的弹坑（见图 2-86）不仅把大量的物料从跑道和基层炸出，而且还会抬升弹坑周围的物料高度。

　　炸弹周围的抬升区表面仍然可以使用，因此权宜之计是用碎片填充弹坑，并将其压缩到位，然后再用临时铺层，如 AM-2 垫（见图 2-87）或玻璃纤维增强修补垫（见图 2-88和图 2-89）覆盖它。

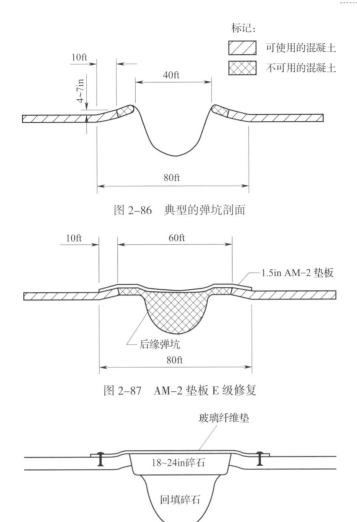

标记：

可使用的混凝土

不可用的混凝土

图 2-86　典型的弹坑剖面

图 2-87　AM-2 垫板 E 级修复

图 2-88　玻璃纤维垫修补截面

图 2-89　折叠玻璃纤维修补垫的安装

应急修复部分通常会随着时间延长而产生沉降，同时在飞机多次通过的作用下，也会需要再一次填充并压实弹坑，如图 2-90 所示。这种情况使得确定一个标准化的剖面修复流程成为一项很难的任务。

为了便于修理分析，提出了若干炸弹弹坑紧急修复的方法。表 2-27 列出了一组剖面及修理等级，对应于图 2-91 所示。建议每个起落架设计师，在对一个合同约定的"修理等级"开展起落架通过性设计之前，为防止出现差错，需要确认修理的具体尺寸细节，因为过去提出了众多修理等级，很容易出现混淆。与修复的高度和坡度一样重要的是，要确认道面修复的数量和它们之间的间距。

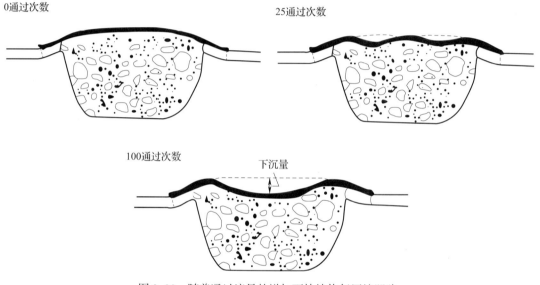

图 2-90　随着通过流量的增加而持续修复压缩凹陷

表 2-27　修理等级和尺寸

修理等级	修理高度 h/mm（in）	最大中值下沉量 Z_n/mm（in）	最大下沉量 Z_p/mm（in）	匝道长度 R/m（ft）
A	38（1.5）	13（0.5）	25（1.0）	1.25（4）
B	64（2.5）	13（0.5）	25（1.0）	1.25（4）
C	64（2.5）	50（2.0）	64（2.5）	1.25（4）
D	76（3.0）	50（2.0）	64（2.5）	1.5（5）
E	114（4.5）	50（2.0）	64（2.5）	2.5（8）

注：
坡道长度是典型的，可能需要 5% 的坡道斜率。
修理长度可能是 6.5m、12.5m 和 22.5m，由 DEF STAN 00-970 指定。
中值下沉量代表凹陷的平均深度，局部深度可能达到 Z_p 值。

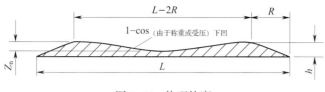

图 2-91　修理轮廓

由于起落架间距、缓冲器动力学和机身频率响应等原因，适应于某架飞机可接受的修理等级很有可能不适应另一架飞机。

英国相关规范[54]建议，推荐使用北大西洋公约组织（NATO）提出的标准化的修理高度值（由航空航天研究和发展咨询组织（AGARD）推荐，用于初步的数学估算，相关剖面参数见图 2-92。修理长度的值 L 分别是 6.5mm、12.5mm 和 22.5m。最小标准高度 h 为 38mm 和 52mm，正常标准高度是 52mm 和 78mm。连续修理点间距 S 将被应用于作为起落架和飞机的动力学分析的函数，来定义飞机的最小修理带（MOS）。MOS 表示修理长度和修理工作量的最小组合，以便该组合区域在修理后，能够实现操纵飞机。

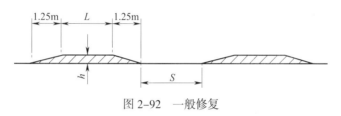

图 2-92　一般修复

2.3.2.9　拦阻索

军用机场通常有拦阻索，一般是由连接到拦阻装置上的钢索实现（从历史上看，这种拦阻装置是沿着跑道横向设置的，可能装有液压刹车装置，或者其他刹车装置），一旦抓住拦阻索，飞机就会减速。所有的轮胎和起落架必须能够从拦阻索上方通过，拦阻索通常由间隔片（橡胶滚轮）或斜撑（确保拦阻钩能够捕获钢索）支撑在跑道表面之上。当轮胎滑过拦阻索时，拦阻索向下和向前受到轮胎的推动作用，激发拦阻索中产生一个波，它从接触点沿着拦阻索向外传播。这种波在遇到另一个轮子通过拦阻索时，形成叠加，如前轮通过之后的主机轮再次通过，或在编队中的另一飞机通过。这种钢索波动可以导致拦阻索反弹升高并与飞机接触；因此有些拦阻索装有固定装置来限制这种运动。英国国防部建议[55]的地面与飞机结构之间的间隙，以避免任何装置可能受到拦阻索接触而受损，间隙值如表 2-28 所示。

表 2-28　推荐拦阻索间隙

飞机挂索区域	未挂索		已挂索	
	拦阻索	支撑滚轮	拦阻索	支撑滚轮
前轮前方	$0.5(D+d)$	D	$0.5(D+d)$	D
前轮后方	$1.25(D+d)$	$2D$	$D+d$	$1.5D$
主轮后方	$1.8(D+d)$	$2.625D$	$D+d$	$1.5D$

注：D 是支撑滚轮的直径，d 是拦阻索的直径。

拦阻索的典型直径 d 是 32mm，间隔装置 D 为 180mm，如图 2-93 所示。飞机通过拦阻索或拦阻索支架时，起落架和机身结构会产生较大载荷。如果期望在跑道上设置这些装置，则应该考虑拦阻索直径，支撑滚轮（甜甜圈）和斜撑形状等带来的动态载荷影响。因为飞机通过拦阻索的速度增加时，起落架受到的激励载荷也会增加，因此商业飞机在通过带有拦阻索的道面时，通常会设置速度限制，以确保受到的激励载荷小于适航认证的撞击载荷。

图 2-93　拦阻索和支撑滚轮

2.3.2.10　未铺砌跑道

前面章节中提到了多种适用于未铺砌跑道的剖面凸起高度假定——通常将铺砌剖面基准值乘以特定系数获得，例如，DEF STAN 00-970 文件所述，与铺砌跑道（见表 2-24）相比，未铺砌道面剖面垂直凸起高度是铺砌道面的 4 倍，半铺砌道面的垂直凸起高度是铺砌道面的 2.5 倍。美国军方给出了半铺砌（分级土壤基层和铺有垫板的跑道）和未铺砌跑道的功率谱密度值，分别如图 2-94 和图 2-95 所示。

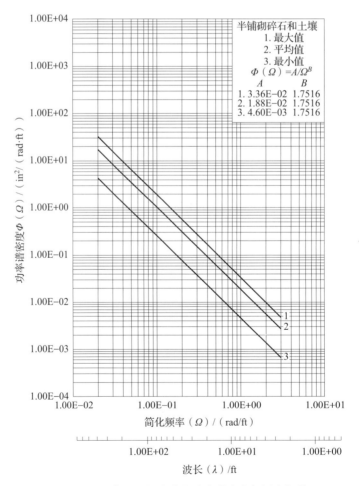

图 2-94　土壤和垫板跑道的功率谱密度粗糙度规范

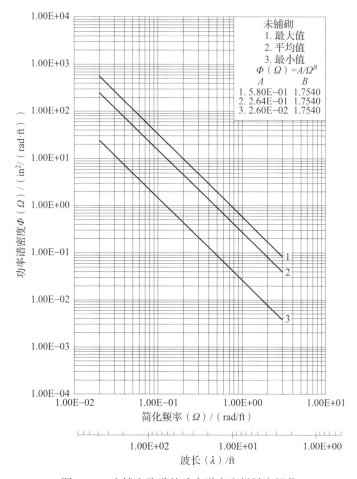

图 2-95　未铺砌跑道的功率谱密度粗糙度规范

2.3.3　甲板 / 直升机甲板

直升机甲板一般呈现平坦且均匀的表面，由于直升机没有明显的滚动动作，因此波动或受载不均匀等问题通常不会出现。北海的甲板和直升机甲板通常采用防滑涂层处理，在英国民用航空局（CAA）的要求下，固定甲板上需要提供摩擦因数不小于 0.6 的表面摩擦力，活动甲板上提供摩擦因数不小于 0.65 的表面摩擦力，并要求使用一个特定设备定期测试这些摩擦力是否满足要求，该设备使用一个刹车机轮，其轮胎的材料与直升机轮胎相同。

虽然航空母舰甲板是平的，但实际上也有各种障碍物，这些障碍物本身为单个的凸起。甲板上设有防滑涂层，表面摩擦因数一般设置为 0.3～0.6，虽然可以实现更高的摩擦因数，数值大于 1 也是可能的。起落架必须能够越过拦阻索进行滑行和着陆，一般索的直径为 41.3mm，以及同样要越过高度为 32mm 的引导灯罩板。

参 考 文 献

［1］Aerospace Information Report，"Aircraft Flotation Analysis," AIR1780，Revision A，SAE International，April 2016.

［2］Aerospace Recommended Practice，"Aircraft Ground Flotation Analysis Methods," ARP1821，

Revision B，SAE International，December 2016.

[3] ASTM D1883，"Standard Test Method for California Bearing Ratio（CBR）of Laboratory-Compacted Soils."

[4] ASTM D4429 REV A，"Standard Test Method for CBR（California Bearing Ratio）of Soils in Place."

[5] "Unpaved Runway Surfaces，" Advisory Circular 300-004，Transport Canada，2016-02-05.

[6] ASTM D6951/D6951M，"Standard Test Method for Use of the Dynamic Cone Penetrometer in Shallow Pavement Applications."

[7] Webster，S.L. et al.，"Description and Application of Dual Mass Dynamic Cone Penetrometer，" Instruction Report GL-92-3，U.S Army Engineer Waterways Experiment Station，Vicksburg，MS.

[8] ASTM D1196/D1196M，"Standard Test Method for Nonrepetitive Static Plate Load Tests of Soils and Flexible Pavement Components，for Use in Evaluation and Design of Airport and Highway Pavements."

[9] "Airport Pavement Design and Evaluation，" Advisory Circular 150/5320-6F，Federal Aviation Administration，October 11，2016.

[10] "Standard Naming Convention for Aircraft Landing Gear Configurations，" Order 5300.7，Federal Aviation Administration，October 6，2005.

[11] "Unpaved Runway Surfaces，" Advisory Circular AC 300-004 Issue 03，Transport Canada，2016.

[12] Gray，D.H. and Williams，D.E.，"Evaluation of Aircraft Landing Gear Ground Flotation Characteristics for Operation from Unsurfaced Soil Airfields，" Technical Report ASD-TR-68-34，Wright-Patterson Air Force Base，OH.

[13] Digges，K.H. and Petersons，A.V.，"Results of Studies to Improve Ground Flotation of Aircraft，" SAE Technical Paper 670560，1967，https://doi.org/10.4271/670560.

[14] Gibbesch，A.，"High-Speed Tyre-Soil Interaction of Aircraft on Soft Runways，" NATO RTO-MP-AVT-110，in *RTO AVT Symposium on* "*Habitability of Combat and Transport Vehicles*: *Noise，Vibration and Motion*"，Prague，Czech Republic，October 4-7，2004.

[15] "Airplane Requirements for Operations on Gravel Runways，" D6-45222-1，Boeing Commercial Airplane Company，1980.

[16] Performance Specification，"Sealing and Coating Compound，Corrosion Inhibitive，" MIL-PRF-81733D，Department of Defense，May 1998.

[17] McLeod，N.W.，"Some Applications of the Elastic Theory Approach to the Structural Design of Flexible Pavements，" Canadian Technical Asphalt Association，1962.

[18] Burmister，D.M.，"The Theory of Stresses and Displacements in Layered Systems and Application to the Design of Airport Runways，" *Proceedings，Highway Research Board* 23（1943）: 126-149.

[19] Burmister，D.M.，"The General Theory of Stresses and Displacements in Layered Soil Systems，" *Journal of Applied Physics* 16，no. 2（1945）: 89-96，16，no. 3: 126-127，

and 16, no. 5: 296–302.

[20] Tuleubekov, K. and Brill, D.R., "Correlation between Subgrade Reaction Modulus and CBR for Airport Pavement Subgrades," in *ASCE*, *Second Transportation & Development Congress 2014*, Orlando, FL, June 8–11, 2014.

[21] Shen, S. and Carpenter, S.H., "Development of an Asphalt Fatigue Model Based on Energy Principles," *Journal of the Association of Asphalt Paving Technologists 76* (2007) : 525–573.

[22] Gonzalez, C.R., Barker, W.R., and Bianchini, A., "Reformulation of the CBR Procedure," EDC/GSL TR–12–16, U.S. Army Engineer Research and Development Center, Vicksburg, MS.

[23] Pereira, A.T., "Procedures for Development of CBR Design Curves," Instruction Report S–77–1, U.S Army Engineer Waterways Experiment Station, Vicksburg, MS.

[24] Brown, D.N. and Thompson, O.O., "Lateral Distribution of Aircraft Traffic," Miscellaneous Paper S–73–56, U.S. Army Engineer Waterways Experiment Station, Vicksburg, MS.

[25] Pickett, G., Raville, M.E., Janes, W.C., and McCormick, F.J., "Deflections, Moments, and Reactive Pressures for Concrete Pavements," Kansas State College Bulletin No.65, October 1951.

[26] DEF STAN 00–970 Part 1, Section 4, Leaflet 40, "Design of Undercarriage–General Requirements, Estimation of Equivalent Single Wheel Load for Multi–Wheel Undercarriage Units on Airfields with Rigid Pavements and Derivation of Load Classification Number and Load Classification Group," Issue 14, 13 July 2015.

[27] Packard, Robert G., *Computer Program for Airport Pavement Design* (SR029.02P), Portland Cement Association, 1967.

[28] "Recommended Standard Data Format of Transport Airplane Characteristics for Airport Planning," NAS3601, Aerospace Industries Association of America, Inc., Revision 6, July 15, 1994.

[29] "Engineered Materials Arresting Systems (EMAS) for Aircraft Overruns," Advisory Circular 150/5220–22B, Federal Aviation Administration, September 27, 2012.

[30] Abele, G., Ramseier, R.O., and Wuori, A.F., "Design Criteria for Snow Runways," Technical Report 212, Cold Regions Research and Engineering Laboratory, US Army Corps of Engineers, Hanover, NH, 1968.

[31] "Air Force Design, Construction, Maintenance, and Evaluation of Snow and Ice Airfields in Antarctica," FC 3–260–06F, United States Department of Defense, 2015.

[32] White, G. and McCallum, A., "Review of Ice and Snow Runway Pavements," *Int. J.Pavement Res. Technol.* 11, no. 3 (2017) : 311–320, https://doi.org/10.1016/j.ijprt.2017.11.002.

[33] "Ice Engineering," EM 1110–2–1612, Department of the Army, US Army Corps of Engineers, Washington, DC, 2002.

[34] "Ice Aerodrome Development–Guidelines and Recommended Practices," Advisory Circular AC301–002, Transport Canada, 2011.

［35］McFadden，T.T. and Bennett，F.L.，*Construction in Cold Regions: A Guide for Planners，Engineers，Contractors，and Managers*（New York，Wiley，1991）.

［36］Pogorelova，A.V.，Kozin，V.M.，and Matyushina，A.A.，"Stress–Strain State of Ice Cover during Aircraft Takeoff and Landing," *Journal of Applied Mechanics and Technical Physics* 56，no. 5（2015）：920–926.

［37］"Standards for Offshore Helicopter Landing Areas," CAP 437，Safety Regulation Group，UK Civil Aviation Authority.

［38］*Heliport Manual*，3rd edn.，Document 9261–AN/903，International Civil Aviation Organization，1995.

［39］"Helideck Structural Requirements," Offshore Technology Report 2001/072，Health & Safety Executive，UK.

［40］Schwartz，C.W.，Witczak，M.W.，and Leahy，R.B.，"Structural Design Guidelines for Heliports," DOT/FAA/PM–84/23，Federal Aviation Administration，1984.

［41］Military Specification，"Airplane Strength and Rigidity Ground Loads for Navy Acquired Airplanes," MIL–A–8863C（AS），July 19，1993.

［42］Yager，T.J.，"Runway Drainage Characteristics Related to Tire Friction Performance," SAE Technical Paper 912156，1991，https://doi.org/10.4271/912156.

［43］Annex 14 to the Convention on International Civil Aviation，Aerodromes，Volume I，Aerodrome Design and Operations，5th edn.，International Civil Aviation Organization，July 2009.

［44］Morris，G.J. and Hall，A.W.，"Recent Studies of Runway Roughness," NASA SP–83，in *Conference on Aircraft Operating Problems*，May 1965.

［45］Walls，J.H.，Houbolt，J.C.，and Press，H.，"Some Measurements and Power Spectra of Runway Roughness," Technical Note 3305，National Advisory Committee for Aeronautics，November 1954.

［46］The Boeing Company，"Runway Roughness Measurement，Quantification，and Application–The Boeing Method," Document D6–81746.

［47］"Standard Practice for Computing International Roughness Index of Roads from Longitudinal Profile Measurements," E1926–08，ASTM International，2015.

［48］"Guidelines and Procedures for Measuring Airfield Pavement Roughness," Advisory Circular 150/5380–9，Federal Aviation Administration，September 30，2009.

［49］"Taxi，Takeoff，and Landing Roll Design Loads," Advisory Circular AC25.491–1，Federal Aviation Administration，October 2000.

［50］Sapozhnikov，N. and Rollings，R.，"Soviet Precast Prestressed Construction for Airfields," in *2007 FAA Worldwide Airport Technology Transfer Conference*，Atlantic City，NJ，April 2007.

［51］DEF STAN 00–970 Part 1，Section 4，Leaflet 49，"Design of Undercarriages–Operation from Surfaces other than Smooth Hard Runways，Specification of Continuous Ground Unevenness," Issue 14，UK Ministry of Defence，July 2015.

［52］JSSG–2006，"Department of Defense Joint Service Specification Guide，Aircraft Structures," October 30，1998.

［53］"Rapid Runway Repair Operations," Air Force Pamphlet 10–219，Volume 4，1 April 1997.

［54］DEF STAN 00–970 Part 1 Section 4，Leaflet 52，Design of Undercarriages–Operation from Surfaces other than Smooth Hard Runways，The Damaged and Repaired Runway.

［55］DEF STAN 00–970 Part 1 issue 14，Section 4，Leaflet 60，Ground Clearance，"Trampling of Aerodrome Arresting Gear Hook Cables."

［56］ASTM D2487–06. 2006，"Standard Practice for Classification of Soils for Engineering Purposes（Unified Soil Classification System），" ASTM International，West Conshohocken，PA，ASTM–American Society for Testing and Materials.

［57］Boeing Document No. D6–24555，1984–04–05—High Load Penetrometer Soil Strength Tester.

［58］ASTM D6758–18，"Standard Test Method for Measuring Stiffness and Apparent Modulus of Soil and Soil–Aggregate In–Place by Electro–Mechanical Method," ASTM International，West Conshohocken，PA，2018，www.astm.org.

［59］Aerodrome Design Manual–Pavements，2nd edn.，Document 9157–AN/901，International Civil Aviation Organization，1983.

［60］"Standardized Method of Reporting Airport Pavement Strength–PCN," Advisory Circular 150/5335–5C，Federal Aviation Administration，August 14，2014.

第3章 轮 胎

几乎所有的陆基飞机均使用充气轮胎（见图3-1）作为飞机与地面的接合点。历史上，飞机设计师们曾尝试采用如雪橇、履带和气垫（见图3-2）等其他形式，但收效甚微。随着轮胎技术的进步，充气轮胎成为几乎适用于所有陆基飞机使用的最合适方案，且重量最轻。举例来说，轮胎相比雪橇，能使飞机在地面上自由滚动。轮胎相比气垫系统，无需飞机动力就能提供机动操纵。履带式起落架系统是在20世纪40年代开发和测试的，旨在显著降低地面接触压力；尽管这是可行的，但是由于履带式起落架系统笨重且噪声大，最终未被采用，而多轮胎起落架成为了替代方案。

图3-1 典型飞机轮胎

| (a) | (b) |

图3-2 XB-36（a）的履带式主起落架和XC-8A（b）的气垫式起落架系统

轮胎具有多种功能：它可以滚动、在地面轮廓的微小变化下变形、与地面的接触面产生适当的摩擦、将施加的载荷分散到接触区域，提供一定的减振功能。一般来说，所有的飞机轮胎都是充气轮胎。实心轮胎（轮胎的橡胶直接与机轮相连，没有任何充气介质的轮胎）通常只用于一些轻型飞机的尾轮。实心轮胎是在压缩状态下工作的，与千斤顶、尾橇或其他支撑装置一样，它能支撑飞机，但与这些实体支撑相比，实心轮胎具有更高的牵引力、减振缓冲和滚动能力（见图3-4（a））。然而，与充气轮胎相比，实心轮胎的减振缓冲能力有限且其较高的触地压力不利于牵引。橡胶并不是一个完美的弹簧：当其恢复到非受力状态时，先前使橡胶块压缩或拉伸的能量并未完全释放，这是橡胶材料的迟滞效应造成的，图3-3给出了几类不同硬度的橡胶发生迟滞现象的示例。由于材料迟滞效应产生的热量不容易消散，实心轮胎的承载能力和速度能力非常有限，尤其是位于橡胶截面中心的部位。如果在高负载下长时间使用，这种类型的轮胎会因热过载而失效。

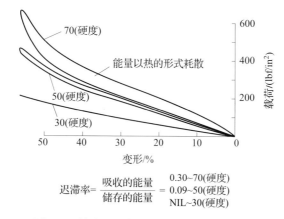

$$迟滞率 = \frac{吸收的能量}{储存的能量} = \begin{matrix} 0.30 \sim 70(硬度) \\ 0.09 \sim 50(硬度) \\ NIL \sim 30(硬度) \end{matrix}$$

图 3-3　橡胶的载荷—变形曲线（橡胶迟滞）

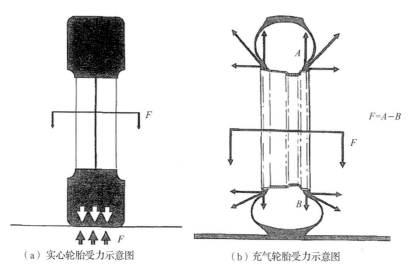

（a）实心轮胎受力示意图　　　　（b）充气轮胎受力示意图

图 3-4　实心轮胎和充气轮胎受力示意图

　　另一方面，充气轮胎主要在张力作用下工作。充气压力使所有的结构部件处于张力状态，而胎体的变形部分相对于轮胎的其余部分处于减小的张力状态。当轮胎变形时（见图 3-4（b）），机轮下方的胎体帘线会经历张力减小和角度变化；这些影响相结合会减少作用在胎圈上张力的垂直分量。机轮是由胎圈支撑的，因为轮胎顶部的胎体作用力在很大程度上不受轮胎变形的影响。如果轮胎是一个气球，这个应力就是充气压力，而载荷将完全由充气介质上所做的功来承担。随着更多的加强件以帘布层和带束层的形式添加，结构单元通过弯曲刚度支撑部分载荷，充气介质承受的载荷就会降低。充气轮胎中的充气压力为支撑载荷提供了至关重要的张力。轮胎设计师在设计轮胎时，通常会考虑到让轮胎在最佳变形下工作，以往飞机轮胎的最佳下沉率为 32% ~ 35%。因此，轮胎的额定充气压力由所承受的载荷和最佳下沉率（即在设计充气压力下轮胎受载达到最佳下沉率）决定（为了保证与道面的适应性，使用的充气压力可能低于这个值，以牺牲轮胎寿命为代价）。充气轮胎的优点之一是它们变形迟滞很小，因为结构的刚度取决于内腔气体且气体体积恒定（恒定负载滚动期间）。迟滞现象发生在胎面和胎圈区域，但整体的生热效果远低于实心轮胎或泡沫填充轮胎。

3.1 轮胎结构和术语

充气轮胎的结构由胎体和胎面（带补强层或不带补强层）构成。胎体是轮胎的结构部件，由帘子线和橡胶复合材料制成。高模量的补强帘线相互平行铺设，形成织物层；各种层之间层层铺设，以构建适当的胎体结构。飞机上使用的充气轮胎有两种结构：斜交轮胎结构和子午线轮胎结构。图 3-5 为斜交轮胎结构示意图，图 3-6 为子午线轮胎结构示意图。

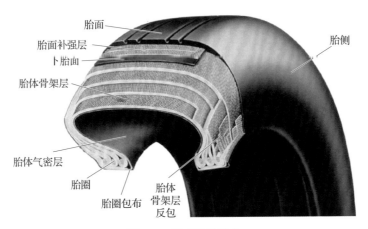

图 3-5 斜交轮胎结构

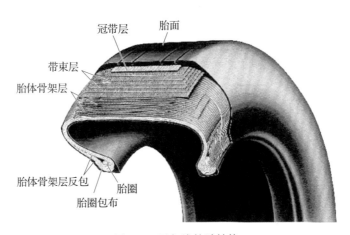

图 3-6 子午线轮胎结构

两者之间根本的区别在于胎体补强层的布置。斜交轮胎的补强层与轮胎胎体周向呈 $\pm 25° \sim \pm 40°$ 的角度。而子午线轮胎的胎体与轮胎周向呈 90° 夹角，如图 3-7 所示。在子午线轮胎中，带束层与轮胎方向角度为 0°，能提高胎面区域的刚度，并防止轮胎在充气时尺寸过度增长。汽车轮胎的带束层材料通常是钢丝，但在飞机轮胎中，通常使用一种重量更轻、模量更低的材料。在早期的飞机轮胎中，曾评估过应用钢丝的可行性，但由于飞机轮胎的极端速度和变形量要求使得钢丝不适合作为带束层（或补强层）材料，只能在一些特殊的领域扮演着特殊的角色。

（a）　　　　　　　　　　　　　　　　　　（b）

图 3-7　斜交轮胎（a）和子午线轮胎（b）铺层方向的比较

3.1.1　构造术语

轮胎的组成部分描述如下：括号内的数字为图 3-8 所示的截面。

胎圈（1）：轮胎与轮辋接触的部分，其形状使轮胎固定在轮辋上。

胎圈座宽（13）：轮胎胎圈部位与轮辋接触的部分。

钢丝圈（15）：由多根细钢丝绕制成的粗钢丝线圈。中心为较粗的单根钢丝，外面包裹了多根细钢丝，可以抵抗充气压力产生的力。

内三角胶（18）：位于钢丝圈上方两侧帘布夹层顶部的橡胶化合物。

胎踵（14）：胎圈座的外侧部分。

胎趾（12）：胎圈座的内侧部分。

带束层（10）：也是补强层。位于胎面下方，但不伸入到胎侧。可以增加轮胎的刚度和强度。对于子午线轮胎结构，带束层还起到约束限制轮胎外直径，提供周向胎面刚度作用，也是侧偏力的来源。

冠带层（21）：子午线轮胎的胎面和带束层之间的一个附加层，其帘线角度与圆周方向约为 0°。可以增加轮胎的周向刚度。

胎体（5）：也称骨架。它是橡胶黏合帘子线的结构，在充气压力下为轮胎提供刚度。可承受因充气产生的预应力。有时，"骨架"也用来形容使用过的或没有胎面的轮胎。

胎体帘线（6）：一种由纺织或非纺织细丝绞合而成的组件，是帘布层的结构加强元件。

胎体帘布层（7）：由一侧钢丝圈延伸到另一侧钢丝圈的帘布。

胎圈包布（16）：包裹在钢丝圈外层的一层或多层橡胶帘布。有或没有织物补强，用于抵抗相对于胎圈座和轮缘的运动所造成的损坏。

导水胶棱：也称导向板。它是轮胎胎侧上方一个喇叭样的凸出部分，能改变轮胎与道面接触时溅起的水或泥浆的喷射模式。使用双前轮布置时，采用有单侧导水胶棱的前轮胎，采用单前轮布置时可以使用带有双侧导水胶棱的前轮胎。图 3-9 为带有双侧导水胶棱的轮胎的截面结构示意图。

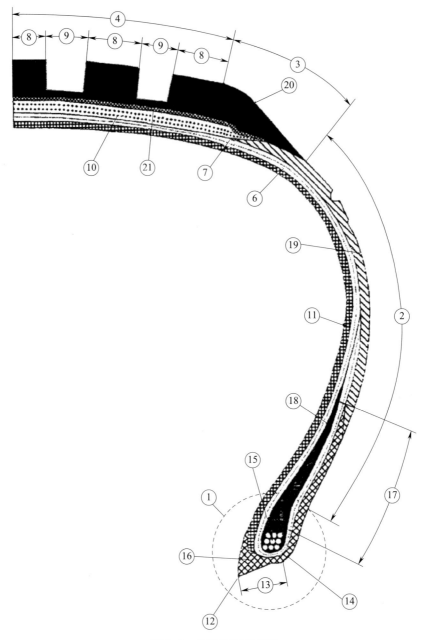

图 3-8　轮胎构造和术语

1—胎圈；2—胎侧；3—胎肩；4—胎面；5—胎体（骨架）*；6—胎体帘线；7—胎体帘布层；8—胎面花纹条；
9—胎面花纹沟；10—带束层（子午线轮胎）；11—胎体气密层；12—胎趾；13—胎圈座宽；
14—胎踵；15—钢丝圈；16—胎圈包布；17—胎圈反包帘布层；18—内三角胶；19—胎侧胶；
20—胎面胶；21—冠带层。*总胎面包括整个胎面（20）和冠带层（21）

图 3-9　双侧带导水胶棱的轮胎截面

织物补强胎面：虽然不是适用于整个轮胎，但在整个胎面有多层，可减少橡胶在负载和高速下的变形，并减少由滞后效应产生的热量。它还能提高轮胎对驻波形成、切割和穿刺的抵抗力。

胎体气密层（11）：也称内衬。一种覆盖无内胎轮胎的胎体内部的低气体扩散层；它通常是由丁基橡胶（由于其低气体扩散性能）和其他橡胶（为了更好的低温灵活性）的混合物配制而成，用以保留了内腔气体——有效地替代了内胎。

帘布层：黏合有橡胶的帘子线。

胎圈反包帘布层（17）：绕过钢丝圈的那部分铺层。

防切割保护层：一种为下层的带束层和胎体骨架层提供抗切割作用的保护层。

胎侧（2）：胎圈和胎面之间的部分。

胎侧胶（19）：胎侧外壁的橡胶化合物；也可能包括胎侧部位标识，如字母和导水胶棱。

胎面（4）：轮胎在正常使用时与地面接触的部分。

胎面胶（20）：轮胎表面用于提供与道面接触和磨损的橡胶化合物。通常，胎面胶主要由天然橡胶、炭黑、硫磺和其他添加剂混炼而成。

胎面花纹沟（9）：胎面橡胶上模压或切割出的空隙，相对于其长度来说比较窄。

胎面补强层：铺在胎面花纹沟和胎体层顶部中间的单层或多层帘布。这些层有助于加强和稳定胎冠区域，可以减少负载下的胎面变形，并增加高速稳定性。它们还能抵抗胎面刺穿和切割，并有助于保护胎体骨架。

胎面花纹条（8）：胎面上周向分布的连续条状凸起。

胎肩（3）：胎面与胎侧之间的部分。

3.1.2　轮胎尺寸和属性

轮胎的相关尺寸（见图 3-10 和图 3-11）如下所述：

C_r：斜交轮胎径向间隙；

C_w：斜交轮胎横向间隙；

D：着合直径；

D_f：轮缘直径；

D_o：新轮胎充气外直径；

D_g：最大膨胀胎外直径；

D_s：新轮胎充气胎肩直径；

D_{sg}：最大膨胀胎肩直径；

F_h：轮缘高度；

A：轮缘间距；

H：新轮胎充气断面高；

H_s：新轮胎充气胎肩高；

R_x：轮轴中心线至相邻结构最小径向距离；

S_x：膨胀胎最小胎肩部间隙；

W：新轮胎充气断面宽；

W_g：最大膨胀胎断面宽；

W_s：新轮胎充气胎肩宽；

W_{sg}：最大膨胀胎胎肩宽；

W_x：轮胎断面中心线至相邻结构最小横向距离；

D_m：名义外直径，$D_m = \dfrac{D_{o\max} + D_{o\min}}{2}$；

W_m：名义断面宽，$W_m = \dfrac{W_{\max} + W_{\min}}{2}$。

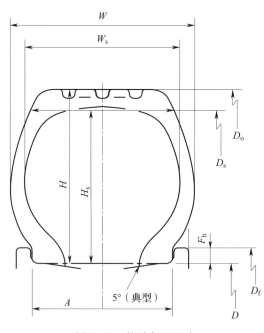

图 3–10 轮胎断面尺寸

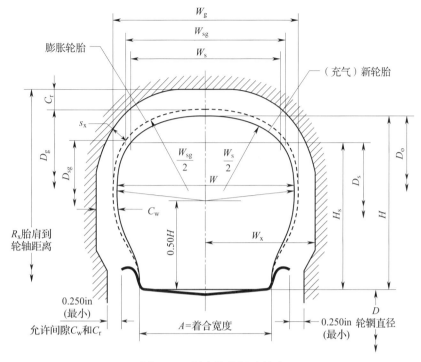

图 3-11 斜交轮胎间隙尺寸

大部分轮胎尺寸和载荷单位采用英制单位，斜交轮胎的滚动半径（公差 ±5%）由下式确定

$$R_g = \frac{D_m}{2.56}$$

子午线轮胎的滚动半径由下式确定

$$R_g = \frac{D_g}{2.56}$$

机轮（带刹车但不包含轮胎）的滚动半径（±20%）由下式确定

$$R_g = 0.4D$$

惯性矩 I 可以通过下式计算

$$I = m(R_g)^2$$

轮胎静载荷半径（SLR）由下沉率 b 确定

$$SRL = \frac{D_m}{2} - b\left[\frac{(D_m - D_f)}{2}\right]$$

式中：b——下沉率（35% 的下沉率，即 $b=0.35$）。

对于 B 型和 H 型斜交轮胎和额定速度低于 160mile[①]/h 的斜交轮胎，b 取值 0.35。对于其他斜交轮胎，b 取值 0.32。对于额定下沉率为 32% 的子午线轮胎，取 $b=0.33$ 时计算其最小静载荷半径 SLR_{min}，取 $b=0.24$ 时计算其最大静载荷半径 SLR_{max}。对于额定下沉率为 35% 的子午线轮胎，取 $b=0.36$ 时计算其最小静载荷半径 SLR_{min}，取 $b=0.27$ 时计算最大载荷半径 SLR_{max}。

① 1 mile=1.609km。——编辑注

高宽比（AR）是指轮胎的断面高与断面宽的名义值的比值

$$AR = \frac{\dfrac{(D_m - D)}{2}}{W_m}$$

轮胎按名义尺寸制造，并有尺寸公差。然而，轮胎并不完全遵循这些尺寸，充气压力使轮胎轻微膨胀，但充气后帘线张紧力加上使用后帘线—橡胶复合物的松弛，导致轮胎尺寸的增长。而且，当旋转时，作用在轮胎上的惯性载荷（离心加速度）进一步导致尺寸增大，结果形成了一个大于静止尺寸时的包络外形。起落架和飞机设计者必须考虑这些尺寸增长因素，以确保胀大后的轮胎与起落架舱和起落架部件之间保持足够的间隙。斜交轮胎的膨胀尺寸和间隙要求见图 3–11。这些尺寸适用于未承载的自由旋转的轮胎或承载的膨胀胎在轮轴以上的部分。

图 3–11 中的断面宽半径 $W_s/2$ 和胎肩宽半径 $W_{sg}/2$ 为各自的肩点起分别与直径 D_o 与 D_g 相切的圆弧半径。肩点以下的半径为自肩点起分别与 W 和 W_g 相切的圆弧半径。计算膨胀值，需要使用下面的表达式：

断面高增长系数 G_h

$$G_h = 1.115 - (0.075AR)$$

断面宽膨胀系数 G_w 增加 4%

$$G_w = 1.04$$

轮胎膨胀尺寸为

$$W_g = WG_w$$

$$D_g = D + 2HG_h$$

$$W_{sg} = W_s G_w$$

$$D_{sg} = D + 2H_s G_h$$

$$H = \frac{D_o - D}{2}$$

$$H_s = \frac{D_s - D}{2}$$

使用膨胀轮胎尺寸，需要满足最小间隙尺寸要求（考虑到轮胎目录表里的最大尺寸、服役引起的尺寸增长、惯性力引起的轮胎直径增加，以及轮轴上方由地面载荷引起的轮胎变形）如下所述。

斜交轮胎的径向间隙 C_r（in）（W_g（in））

$$C_r = \frac{17.02 + 2.61\left(\dfrac{V}{100}\right)^{3.348}}{1000} \times W_g + 0.4$$

式中：V——飞机的速度，mile/h。

斜交轮胎的横向间隙 C_w（in）（W_g（in））

$$C_w = 0.19W_g + 0.23$$

膨胀轮胎包络线和子午线轮胎间隙尺寸如图 3-12 所示。

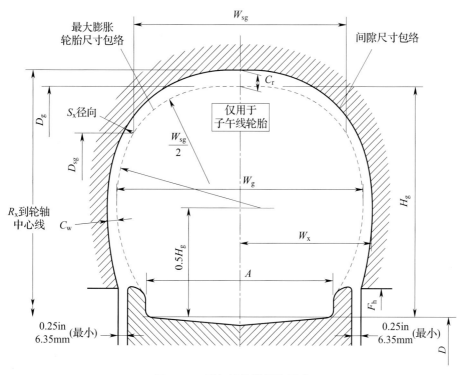

图 3-12　子午线轮胎间隙尺寸

W_g—最大膨胀胎断面宽；W_{sg}—最大膨胀胎胎肩宽；C_r—子午线轮胎径向间隙；C_w—子午线轮胎横向间隙；S_x—膨胀胎最小肩部间隙；W_x—轮胎断面中心线至相邻结构最小横向距离；R_x—轮轴中心线至相邻结构最小径向距离；D—着合直径；F_h—轮缘高度；D_g—最大膨胀胎外直径；D_{sg}—最大膨胀胎肩直径；A—轮缘间距；H_g—最大膨胀胎断面高

图 3-12 中的胎肩点可通过画出半径 $W_{sg}/2$ 与 D_g 相切确定。胎肩点下方的半径穿过肩点，与 W_g 相切。英制轮胎和公制轮胎的膨胀尺寸和间隙值计算如表 3-1 所示，其中 D_t 为理论最大新轮胎外直径，W_t 为理论最大新轮胎断面宽。质数符号用于表示相同的度量，但用于公制轮胎。

子午线轮胎的径向间隙 C_r（in）（W_g(in)）

$$C_r = 0.029 \sqrt{D_g - D} \times \sqrt{W_g - A} \times \sqrt{\frac{V}{D_g}} + 0.15$$

子午线轮胎的横向间隙 C_w(in)（Wg（in））

$$C_w = 0.01W_g，（最小值为 0.1）$$

式中：V——飞机的速度，mile/h。

表 3-1 子午线轮胎膨胀胎尺寸和间隙计算

英制轮胎	公制轮胎
$W_g=1.04W_t$	$W'_g=1.04W_t$
$W_{sg}=0.9W_g$	$W'_{sg}=0.88W_g$
$D_g=(D_t-D)G_h+D$	$D'_g=(D'_t-D)G'_h+D$
$D_{sg}=0.9(D_g-D)+D$	$D'_{sg}=0.9(D'_g-D)+D$
$G_h=1.115-0.075\mathrm{AR}$	$G'_h=1.115-0.075\mathrm{AR}'$
$\mathrm{AR}=\dfrac{D_t-D}{2W_t}$	$\mathrm{AR}'=\dfrac{D'_t-25.4D}{2W'_t}$

$$\mathrm{SLR}_g=\frac{D_m}{2}-b\left[\frac{(D_m-D_f)}{2}\right]$$

对于 32% 设计下沉率的轮胎，$b=(0.24\sim0.33)$；

对于 35% 设计下沉率的轮胎，$b=(0.27\sim0.36)$

轮胎与相邻部分的距离由下列表达式给出（斜交轮胎和子午线轮胎采用适当的 C_w 和 C_r 值）：

轮轴中心线到相邻结构的最小径向距离 R_x

$$R_x=\frac{D_g}{2}+C_r$$

从轮胎断面中心线到相邻部分的最小横向距离 W_x

$$W_x=\frac{W_g}{2}+C_w$$

轮胎胎肩部位与相邻结构之间的允许间隙 S_x

$$S_x=\frac{(C_w+C_r)}{2}$$

如果在直升机上使用子午线轮胎，则适用以下值（当在载荷和充气压力高于所选轮胎的承载能力时）。然而，值得注意的是，子午线轮胎的低侧向刚度可能使其不适合应用于直升机

$$W_{gh}=(1.04^2)W_t$$

$$W_{sgh}=0.9W_{gh}$$

$$D_{gh}=(1.04D_t-1.04D)(1.115-0.075\mathrm{AR})+D$$

$$D_{sgh}=0.9D_{gh}+0.1D$$

式中：W_{gh}——直升机/旋翼机的最大截面宽度，in；

W_t——理论的最大新轮胎断面宽度，in；

W_{sgh}——直升机/旋翼机的最大增肩宽度，in；

D_{gh}——直升机 / 旋翼机的最大外直径，in；

D_{sgh}——直升机 / 旋翼机的最大肩部直径，in；

D_t——理论上的最大新轮胎外直径，in；

D——指定的轮辋直径，in。

3.1.2.1　充气压力

顾名思义，充气轮胎就是指可以填充压缩气体后使用的轮胎。在历史上，填充气体曾经就是压缩空气，目前的大型飞机上使用氮气作为充填介质。压缩空气中含有大气中存在的各种气体，主要是氮，但也发现了大量的氧气和水蒸气——水蒸气占比 1% ~ 4%，其占比高低变化取决于特定的地区和气候。轮胎压缩气体中的水蒸气不仅会导致轮胎压力随温度变化更显著地变化，而且水凝结后会加速机轮的腐蚀。更为关键的因素是，用氮气替代大型飞机轮胎压缩空气以避免高温下爆炸的风险。温度升高主要是由刹车引起的。在高温下，轮胎的内衬材料（通常是丁基橡胶混合物）会产生蒸气，氧气与蒸气充足混合后会自燃。试验确定在 248℃（478 ℉ [①]）至 270℃（518 ℉）之间，轮胎内衬样本在含氮量为 80% ~ 90% 的氮气 / 氧气混合物中发生自燃；当氮气浓度达到 90% ~ 95% 时，燃点温度在 271℃（520 ℉）至 277℃（531 ℉）之间。当氮气浓度达到 95% 以上时，内衬材料没有自燃，此时温度最高到 354℃（670 ℉）。根据以上结果，美国联邦航空局（FAA）规定 [1]，大型飞机刹车机轮上的轮胎必须用惰性气体充填，并且这些轮胎中的氧含量不允许超过 5%。

轮胎额定压力（计算或者轮胎目录提供）是指在环境温度下轮胎无负载状态时的充气压力。如果轮胎在低于额定载荷的负载下使用，充气压力是线性的（如果轮胎最大工作负载是额定载荷的 90%，那么其在无负载下的充气压力应为额定充气压力的 90%）。以这种方式调整充气压力，确保轮胎在设计下沉率下工作。当轮胎承受设计载荷时，其充气压力应比无负载时的充气压力高 4%；当承受全压缩载荷时，轮胎压力比无负载时压力高 20%。当轮胎用氮气或干燥空气充填（在轮胎内部没有水蒸气的情况下）时，那么可以认为，在温度变化很小的情况下，压力—温度关系遵循压力定律（热力学定律等容过程，假设体积不变）

$$\frac{P_1}{T_1} = \frac{P_2}{T_2}$$

上式中所用的温度和压力必须为绝对温度（开氏温标或兰氏温标）。要转换成绝对温度，必须在测量中加入绝对零度的适当偏移量。如将摄氏度（℃）转换成开氏温度 K，需要在测量结果上加 273.15。在华氏温度（℉）和兰氏温度（°R [②]，兰氏温标在科技界已很少使用）之间转换，要在华氏温度上加上 459.67。表压力通过增加大气压力可以转换成绝对压力。海平面的大气压力约为 14.7psi。

---

① t_F（℉）=32+1.8t（℃）；

② 1°R=5/9K。——编辑注

以 52×21.0R22 轮胎为例，额定载荷为 66500 lbf，额定充气压力为 227 psi，若轮胎的最大工作负载为 60000 lbf，则该轮胎无负载下的工作压力为

$$\frac{60000}{66500} \times 227 = 205\text{psi}$$

在有负载情况下，轮胎充气压力应增加 4%，因此有负载情况下充气压力应为

$$205 \times 1.04 = 213\text{psi}$$

如果轮胎在环境温度 60 ℉ 条件下充气，然后环境温度上升至 85 ℉，那么测量的压力约为

$$\frac{P_1}{T_1} = \frac{P_2}{T_2}$$

$$P_2 = \frac{P_1 T_2}{T_1}$$

$$P_2 = \frac{(213+14.7)(85+459.67)}{(60+459.67)} = 238.6\text{psia}^{①} - 14.7 = 224\text{psig}^{①}$$

一般来说，温度每变化 5 ℉（3℃），轮胎压力变化 1%。

新轮胎充气时，会在最初的 24h 内产生压力损失，这个损失不是因充填介质泄漏引起的，而是由轮胎尺寸的增长（帘线伸张）引起的体积增大引起的。在这之后轮胎必须充气至所需的压力。对飞机轮胎来说，在 24h 内 5% 的压力损失是可以接受的。由于轮胎在使用过程中生热且出发地与目的地之间的地表温度有差别，在任何时候都很难确定合适的轮胎压力。SAE 的 ARP5265[2] 提供了检测和调整轮胎工作压力的推荐操作规程。使用过度充气的轮胎一般不会损坏轮胎。然而，使用明显充气不足的轮胎会导致轮胎过热，对胎体造成损害。轮胎在明显充气不足的情况下使用，可能需要报废和更换。具体指导应参考轮胎制造商提供的使用维护手册。

轮胎内腔气体体积只能通过具体的轮胎和对应机轮的详细设计来计算。然而，气体的体积可以通过假设气体体积是由一个椭圆形环面形成的，其长轴等于轮胎的宽度，短轴等于轮胎的高度。环面旋转的直径是轮辋直径加上轮胎高度的一半，如图 3-13 所示。

---

① psia=psi absolute（绝对压力）；
psig=psi gauge（表压）；
1 psia=1 psig+0.101325MPa。——编辑注

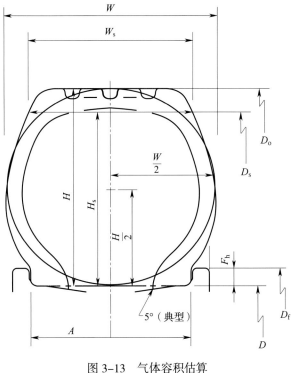

图 3–13　气体容积估算

环面的体积是通过确定其面积，并将面积乘以椭圆中心点为半径的圆的周长来计算的，轮胎体积椭圆的面积为

$$A = \pi\, \frac{W}{2} \times \frac{H}{2} = \pi\, \frac{WH}{4}$$

轮胎的气体体积可以近似为

$$V = 2\pi A\left(\frac{D}{2} + \frac{H}{2}\right) = 2\pi\left(\pi\, \frac{WH}{4}\right)\left(\frac{D}{2} + \frac{H}{2}\right) = 2\pi^2\left(\frac{WH}{4}\right)\left(\frac{D+H}{2}\right)$$

以 $1400 \times 530R23$ 轮胎为例，轮胎（膨胀）外直径 D_g=56.85in，断面（膨胀）宽 W_g=21.7in，轮辋着合径 D=23in。由以上尺寸可计算轮胎气体体积为

$$H = \frac{D_g - D}{2} = \frac{56.85 - 23}{2} = 16.925\text{in}$$

$$V = 2\pi^2\left(\frac{WH}{4}\right)\left(\frac{D+H}{2}\right) = 2\pi^2\left[\frac{(21.7)(16.925)}{4}\right]\left(\frac{23 + 16.925}{2}\right) =$$
$$2\pi^2(91.82)(19.96) = 36177\text{in}^3$$

该型轮胎（用于空客 A330、A340、A380 及 A350–900 飞机）具有相当大的气体容积（36177in^3，156USgal[1]）。

---

① 1 USgal ≈ 3.785L。——编辑注

在已知气体体积和充气压力的情况下，利用理想气体状态方程可以计算充气介质的质量

$$pV=nRT$$

式中：n——充气气体的摩尔数，n 为气体的质量 m 与摩尔质量 M（常量，1mol 物质的质量称为摩尔质量，单位是 kg/mol）的比值。

$$pV = \frac{m}{M}RT$$

则气体的质量 m 等于

$$m = \frac{pVM}{RT}$$

式中：p——气体的绝对压力（额定充气压力加上标准大气压，101.325kPa 或 14.7psi）。

V——气体体积。

M——所充气体的摩尔质量（1 摩尔气体的质量）：28.0134g/mol（氮气）；干燥空气的摩尔质量约为 29g/mol。

R——摩尔气体常数：8.314J/（mol·K）。

T——热力学温度。

计算该轮胎在 15℃的环境温度下充气至 223psi（17.2bar）时的氮气质量，需要将测量的参数值转化为相同的单位：

将 223psi 转化为 Pa（N/m²）

$$223psi = 1.538 \times 10^6 Pa$$

将表压转换为绝对压力

$$1.538 \times 10^6 Pa + 101325Pa = 1.639 \times 10^6 Pa$$

将 36177in³ 转换为 m³

$$36177in^3 = 0.5928m^3$$

将摄氏温度 15℃转换为热力学温度 K：15℃ =288.15K，计算其质量

$$m = \frac{pVM}{RT}$$

$$m = \frac{(1.639 \times 10^6)(0.5928)(28.0134)}{(8.314)(288.15)} = 11363g = 11.4kg$$

当机轮松脱或者轮胎爆破时，轮胎内的大量压缩气体会发生爆炸。在上面的例子中，轮胎内部存储的能量（根据参考文献［3］计算）约为 840000ft·lbf/ 每条轮胎（1.1MJ），相当于引爆一捆炸药。图 3-14[4] 给出了各种轮胎的应用及爆炸的可能性。

考虑到轮胎的能量存储特性，在对新飞机的轮胎和机轮充气时，必须在充气保护箱（见图 3-15）中进行，以保护操作人员在爆炸情况下不受轮胎碎片的影响。

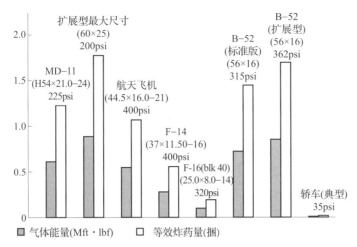

图 3-14　飞机轮胎爆炸的可能性

图 3-15　轮胎装入充气保护箱

3.1.2.2　轮胎温度

在轮胎滚动过程中，轮胎的许多部件伸张和收缩，由于橡胶和帘线复合材料的迟滞作用，并不是所有的能量都被轮胎吸收并释放。轮胎滚动中损失的能量用于克服滚动阻力，而且这种能量被转换成热量。轮胎抵御这种热量的能力有限：这种热量可以通过胎圈传递到机轮上，可以传递到充气介质中，也可以传递到大气中。汽车或卡车轮胎的设计是为了满足持续高速行驶需求。为此，相比飞机轮胎，汽车或卡车轮胎下沉量设计得很小。轮胎旋转一圈所产生的热量小于可以释放的热量。在这种设计下，轮胎从冷却开始升温，在高速运行时将达到一个稳态温度。然而，飞机轮胎的设计下沉量更大，且在更高的负载下运行。飞机轮胎的几何尺寸并不比汽车或卡车轮胎大那么多，但却因尺寸限制，其散热水平与汽车或卡车轮胎散热水平相似；但飞机轮胎每转一圈所产生的热量比公路车辆（轮胎）大得多。因此，飞机轮胎达到热平衡的速度要低得多（通常是在缓慢的滑行速度下）。飞机轮胎不能在高负载和高速度下长时间运行：它们在两次运行间需要一个冷却期，以避免损坏。

确保轮胎满足飞机使用要求的重要组成部分就是载荷—速度—时间曲线：用曲线图显示了轮胎的受载情况。这些曲线是根据飞机的具体使用情况生成的，因为飞机的气动特性决定了其载荷是速度的函数。例如，"协和"号超声速飞机的机翼只有在大迎角时才会产生很大的升力。这导致在整个起飞过程轮胎几乎承受全部的飞机载荷。亚声速飞机的机翼通常是这样布置的，当起飞时，随着速度的增加，升力就会增加，这就减少了轮胎上的载荷。图 3-16 给出了这类轮胎的载荷—速度—时间曲线示例。

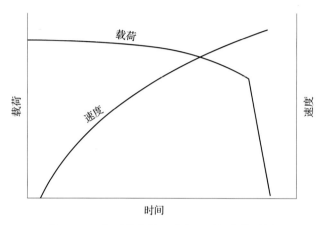

图 3-16 合理的载荷—速度—时间曲线示例

轮胎可承受的温度因制造商（以及所使用的特定橡胶化合物）的不同而略有不同。尽管鉴定通常要求轮胎的温度性能在 −40 ~ 71℃的范围内，但许多轮胎可接受在局部温度为 −55 ~ 110℃时使用。在轮胎与机轮接口区域，温度最高可达 150℃。在高负载和高速条件下滚动时轮胎会产生热量，因此通常建议在长时间或快速滑行（起飞前）后，轮胎冷却 5min 再起飞。ARP5265[2] 将长距离起飞滑行定义为距离超过 6.6mile（10.7km），滑行速度超过 35kn（65km/h）的起飞滑行。如图 3-17 所示，在接近额定载荷、下沉率和充气压力的情况下，轮胎以恒定速度（20mile/h）滚动，温度随滚动而升高。每当使用超出轮胎鉴定限制的工况时，应让轮胎制造商参与进行评估，以确保规划的操作不会导致意想不到的后果。

图 3-18 给出了三个不同下沉率下测试的轮胎，表明了确保轮胎充气压力正确（确保在设计下沉率下运行）的重要性。图上所示的轮胎以 20mile/h 的速度滚动了 150s。在高下沉率时（由于明显的充气不足），轮胎内部温度明显急剧上升。

过量的热量积累将导致轮胎温度超过所使用的橡胶化合物的硫化返原温度。此时，橡胶"恢复"到未固化的状态，失去了它的强度，这将导致轮胎的破坏。轮胎还必须承受刹车产生的温度升高。L-1011 飞机在正常停车时的刹车、机轮和轮胎温度如图 3-19 所示。在中止起飞过程中产生的温度相较其他情况则高得多。通常情况下，轮胎内装有三个易熔塞，可在设定温度下熔化，释放掉由轮胎和机轮温度升高造成的过高的充气压力。随着轮胎的温度升高，其强度降低，充气压力增加，在这种情况下，需要释放内部压力，以避免轮胎爆胎。

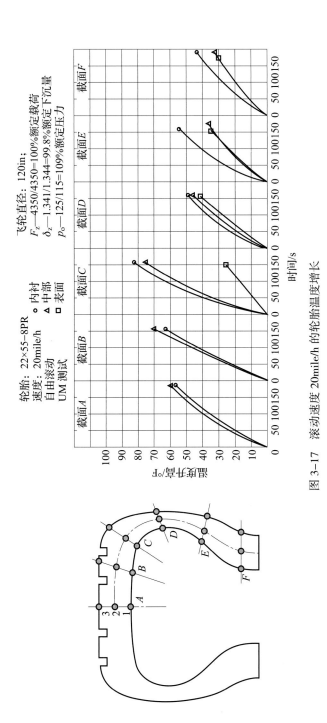

图 3-17 滚动速度 20mile/h 的轮胎温度增长

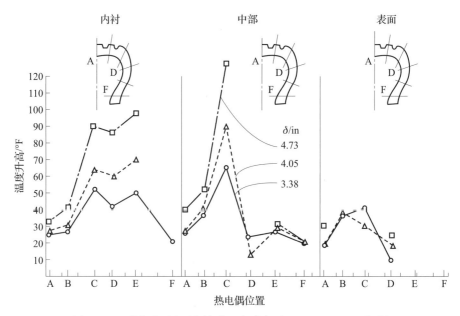

图 3-18 不同下沉量下的轮胎温度升高（20mile/h，150s 滚动）

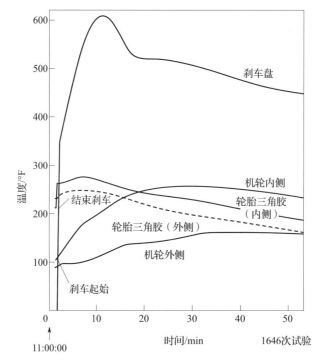

图 3-19 L-1011 飞机正常刹停的刹车装置、机轮和轮胎温度

在非常低的温度下运行可能需要特定的轮胎性能测定（低温会改变轮胎材料的模量，从而改变动态性能）。鉴定试验通常要求民用轮胎能够在 -40℃使用，军用轮胎能够在 -50℃使用，当然客户可能会提出更低的温度要求。根据胎体气密层材料的配方，低温可能使轮胎防止气体扩散的性能降低，因此可能需要更频繁的胎压检查，以确保轮胎可以

正常使用。

3.1.2.3　轮胎分类

自航空工业发展以来，已经开发出了几种类型的飞机轮胎。AIR5487[5]中记载了轮胎分类的历史，随着时间的推移，轮胎术语发生了各种变化。现代轮胎规格命名法是三部分体系，即直径、宽度和轮辋直径，如下所示

$$M \times N\text{–}D（斜交轮胎）$$

$$M \times N\, R\, D（子午线轮胎）$$

其中：

M 为公称直径，单位为 in 或 mm；

N 为公称截面宽度，单位为 in 或 mm；

D 为轮辋直径，单位为 in 或 mm。

例如，波音 787-10 的主起落架轮胎规格是 $54 \times 21.0R23$，英制子午线轮胎。空客 A350-900 的主起落架轮胎规格是 $1400 \times 530R23$，公制子午线轮胎。

对于最大速度超过 160mile/h，且以三部分尺寸命名的轮胎规格（有时也被称为新设计规格），其设计下沉率为 32%。对于设计速度低于 160mile/h 的轮胎，其设计下沉率为 35%。子午线轮胎的设计是为了满足等效于斜交轮胎的静载荷半径，而不是特定的下沉量。

历史上，在采用三部分体系之前，有 8 种轮胎类型的定义。在这 8 种类型中，有三种仍然是相关的：

Ⅰ型：一般用于不可收放起落架，规格名称按公称总直径（in）表示。

Ⅲ型：通常用于低压轮胎，接地面积大（低接触压力），适用于未铺砌的跑道。与其他类型的轮胎相比，Ⅲ型轮胎的轮辋直径更小。这类轮胎的设计下沉率为 35%。规格名称按公称截面宽度，也称断面宽度（in）和轮辋直径（in）表示

$$N\text{–}D$$

其中：

N 为公称截面宽度，单位为 in；

D 为轮辋直径，单位为 in。

Ⅶ型：通常用于喷气式和涡轮螺旋桨飞机；相比于Ⅰ型和Ⅲ型轮胎，这些轮胎断面宽度更窄、压力更高。这些轮胎的设计下沉率为 32%。规格名称按公称总直径和断面宽度（in）表示

$$M \times N$$

其中：

M 为公称总直径，单位为 in；

N 为公称截面宽度，单位为 in。

除了按类型和规格命名外，一些轮胎规格前面有字母（B、C 或 H）。C 型轮胎表示悬臂式轮胎。与轮胎宽度相比，这种型号的轮胎[6]的轮辋宽度较窄，现代飞机上通常不使用这类轮胎。B 型轮胎的轮辋宽度与胎宽比为 60% ~ 70%，胎圈锥度为 15°，设计下沉率

为 35%。H 型轮胎与 B 型轮胎具有相同的截面比和设计下沉率，但胎圈锥度为 5°。

3.1.2.4　子午线轮胎和斜交轮胎的选型

在汽车行业，子午线轮胎已经完全取代了斜交轮胎。然而，这两种结构的轮胎均适用于飞机，各具有其优点和缺点。子午线轮胎通常有较薄的胎侧，单个钢丝圈和更大的强化胎面。子午线轮胎通常还具有较轻的结构（主要是因为取消了多个胎圈钢丝并减少了胎侧厚度）重量，但这种优点在大尺寸高层级的轮胎上最为显著。在小型轮胎上，斜交轮胎和子午线轮胎的重量差别不大。举例来说[7]，设计的最大静载荷为 50000lbf 的斜交轮胎可以由 16 层胎体层包裹在三根胎圈钢丝上。与其相同的设计静载荷的子午线轮胎只需要大约 5 个胎体层包裹在一根钢丝上，外加 8 个带束层。A320 主起落架子午线轮胎的截面（46×17.0R20 轮胎）如图 3–20 所示。能够清晰地看到单个钢丝圈（边缘附近）和带束层（胎面以下）。

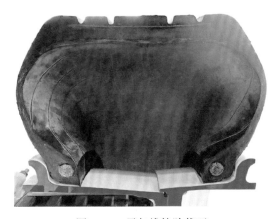

图 3–20　子午线轮胎截面

子午线轮胎在重量和生热方面具有潜在的优势；胎面下方的带束层可减少胎面区域的变形，从而增加胎面寿命。由于减少了胎体层的滑移，胎体在负载下产生的热量较低，使其在抗过载方面具有优势。对于成对的机轮，在一个轮胎失效的情况下，理想的情况是，另一个轮胎继续运行，承载两个机轮位置的总负载。子午线轮胎可以提供比斜交轮胎更大的瞬时过载比（动静比）。典型的轮胎鉴定要求轮胎具有在短时间内承受 1.5 倍额定负载的能力。然而，我们建议[8]对轮胎进行测试，以确保其在一个飞行周期内能够承受由于相邻轮胎失效而产生的总负载。

在抗损伤方面，斜交轮胎和子午线轮胎各有优点。斜交轮胎由于胎体坚固而厚实，通常比子午线轮胎更能抵抗胎侧损伤。这对于在未铺砌的或半铺砌的跑道上使用的飞机来说是一个特别的优势。一些子午线轮胎中设置的钢丝保护层也可以提高这些轮胎的抗切割性能，这有助于在轮胎穿过尖锐物体时（如"协和"号飞机）防止轮胎爆胎。子午线轮胎胎面区域工作应力的降低（由于带束层所承受的应力）可以降低胎面区域损坏后轮胎解体的风险。

斜交轮胎往往比子午线轮胎具有更大的径向刚度和侧向刚度。在飞机或起落架对低刚度敏感的应用中（如旋翼机易受地面共振影响），斜交轮胎可能是首选。

需要评估的最后一个方面是轮胎的可翻新性。大多数斜交轮胎显示了强大的翻新能力，可翻新多达 5 次或更多。早期的子午线轮胎没有足够的证据来验证如此大范围的翻新能力，一些轮胎限制在一个或两个翻新周期。然而，人们对子午线轮胎的认识和信心在不断增长，允许对子午线轮胎进行翻新的次数也在增加。

由于子午线轮胎的重量减轻、磨损寿命增加、胎面抗切割性能好，许多大型现代民用飞机均只使用子午线轮胎。

3.1.2.5 制造、审定和标准化

轮胎的设计、制造和鉴定都是根据相关标准执行的。两个最常见的标准是民用飞机轮胎的技术标准（TSO）–C62e[9]（及其欧洲等效标准 ETSO C62e[10]）和军用轮胎的技术标准 MIL–PRF–5041K[11]。历史上，一些欧洲军用飞机研发的轮胎符合法国标准 AIR8505/A[12]，但该标准在 2009 年已被撤销。

为了鼓励行业内轮胎规格和分类的标准化，新的轮胎规格由轮胎和轮辋协会（TRA）和欧洲轮胎和轮辋技术组织（ETRTO）批准。轮胎制造商将新开发的轮胎规格（包括轮胎尺寸、载荷、压力和层级）提交给这两个组织中的一个或两个。一旦最终确定和批准，新的轮胎参数将随后在该组织的数据手册中公布，每年发布一次。与此同时，向相关标准制定方提出认证申请，并进行认证测试以验证轮胎设计。

轮胎应经过爆破压力试验。对于新的民用轮胎，必须在 4 倍于额定充气压力的情况下保持 3s 而不破坏；对于翻新轮胎，爆破压力要求降低到额定充气压力的 3 倍。军用轮胎的历史要求是，陆基飞机轮胎要承受 3.5 倍的额定充气压力，舰载机轮胎要承受 4 倍的额定充气压力。

飞机轮胎制造通常主要是半自动半手工作业完成，自动化程度有限（因为与汽车或卡车轮胎相比，飞机轮胎的产量相对较少，而汽车或卡车轮胎的制造高度自动化）。轮胎由各部分组成，然后放入模具中，加热并加压进入模具腔内。轮胎各部分在这一过程中硫化（交联反应），从而产生成品。从模具中取出后，必须检查轮胎以确保具有可接受的静平衡性能。平衡片（轮胎修补补丁）经常被添加到轮胎的内衬垫，以使平衡度在可接受的公差范围内。根据 TSO–C62e，在轮胎的胎侧部位胎圈上方的位置标记一个平衡位置指示器（红点，也叫轻点），该指示器（轻点）位于轮胎最轻的位置。当组装机轮轮胎时，通常将轮胎上的红点装于气门嘴的对面。根据 TSO–C62e，对于外径小于 46in 的辅助轮胎（不是主轮胎），新轮胎的最大静平衡差度由以下公式给出

$$M=0.025\,D_o^2$$

主轮胎和任何外径超过 46in 的轮胎的最大静平衡差度略大

$$M=0.035\,D_o^2$$

其中，力矩 M 的单位是 oz[①]f·in，轮胎的外径 D_o 的单位是 in。

对于民用轮胎，其额定速度大于 120mile/h（可选 120mile/h 轮胎），TSO–C62e 要求对单个轮胎样本进行 61 次动态性能试验测试：

（1）50 次正常起飞循环，选择一个标准化的载荷—速度—时间曲线，或选择飞机给定的载荷—速度—时间曲线（轮胎的标准曲线，速度等级超过 160mile/h，如图 3–21 所示）；

---

① 1oz≈28.3495g。——编辑注

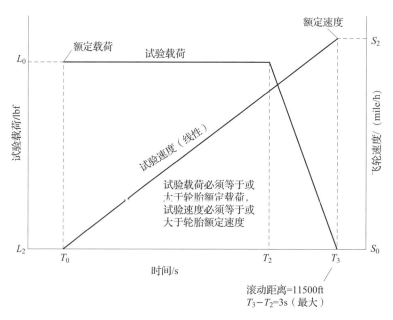

图 3-21　标准载荷—速度—时间曲线

（2）1 次 1.5 倍额定载荷下的超载起飞循环；

（3）8 次正常滑行，速度至少 40mile/h（轮胎额定速度 160mile/h 以下 25000ft 距离，轮胎额定速度 160mile/h 以上 35000ft 距离）；

（4）2 次超载滑行，滑行速度和距离不变，但载荷增加到额定载荷的 1.2 倍。

在试验之后，只允许轮胎胎面出现正常的磨损（除非最后进行超载起飞试验，在这种情况下，轮胎胎面不要求完整，但不应出现其他结构破坏）。在所有试验之后，轮胎需要在 24h 内将充气压力下降保持在 10% 以内。

军用轮胎的鉴定要求与民用轮胎载荷和速度测试的要求类似，但可以更具体一些：具体要求取决于采购规范。军用飞机的最低磨损寿命要求：教练机和战术飞机 50 次起落，其他飞机（运输、战略等）100 次起落。对于舰载机，需要进行拦阻索的损伤试验：在舰基充气压力下，轮胎顶压在直径为 1.625in 的钢缆或钢棒的两个位置上（相对 180°），当垂直载荷达到最大值后卸载，经此试验后轮胎不应出现结构性破坏。

除了民用和军用认证要求外，SAE International 还发布了一系列轮胎标准和相关的推荐做法。特别是关于轮胎超载能力的 ARP6152[8]（它建议在 TSO-C62e 中增加 1.5 倍的过载，以表示在相邻轮胎失效的情况下实际预期的过载）和 AS4833[13]（补充了 TSO-C62e 中的要求）。许多飞机制造商需要额外的特殊试验：外物损伤试验即胎面在带有刀片的表面滚动（轮胎必须完成一个完整的起飞循环），超速着陆，起飞和着陆时侧滑，机轮兼容性测试（特别是如果多个轮胎对于一个给定的机轮），热特性和冷固化平衡的点。

3.1.3　轮胎尺寸定义

一般来说，起落架设计师通常会从制造商的目录中选择轮胎，目录中包含了现有的轮胎规格及其相关属性。根据具体需要，如果没有标准规格，可以设计新的尺寸或改进设计现有的轮胎规格。这种新的设计可以采取额外的加固形式（增加层级）或设计一个全新的尺寸。根据轮胎的外直径、断面宽、轮辋直径、下沉率和层级，TRA 提供了一套公式来估计轮胎的承载能力和充气压力。

3.1.3.1　轮胎尺寸公式

轮胎的承载能力实际上是轮胎充气压力与触地面积的乘积。如前文所述，如果没有加固，轮胎将是一个气球。随着额外的加强元素被添加到轮胎上，除了充气压力外，这些元素也承担了一定比例的载荷。TRA 提供了最大轮胎载荷 L_m 的计算公式，L_m 为压力指数 p 和 p_c 的函数，其中 p_c 为以等效压力为单位表示轮胎胎体的承载能力，触地面积 A_d 为设计下沉量的函数

$$L_m = A_d\,(p + p_c)$$

式中：L_m——最大轮胎载荷，lbf；

$\quad\quad A_d$——设计下沉率下的触地面积，in^2。

$$A_d = 0.77\pi d\,\sqrt{(D_m - d)(W_m - d)}$$

式中：d——轮胎的设计下沉量，in（轮胎的名义半径与静载荷半径的差）。

$$d = \frac{b(D_m - D_f)}{2}$$

式中：b——轮胎下沉率，通常为 0.32（32% 变形量）；

$\quad\quad D_m$——轮胎名义直径；

$\quad\quad D_f$——轮缘直径。

p 为压力指数，由下式给出

$$p = \frac{40R_e \times T_o \times N_e}{S \times F_o}$$

式中：N——轮胎的层级；

$\quad\quad N_e = N - 0.4$；

$\quad\quad R_e$——单位英寸的末端比率（轮胎结构术语），它是 L_r 的函数，当 L_r 的值在 1.5 ~ 2.2 之间，R_e 取

$$R_e = 1.475 - 0.331L_r$$

当 L_r 的值在 2.2 ~ 5 之间，R_e 取

$$R_e = -0.007651\,L_r^5 + 0.14362\,L_r^4 - 1.0668308\,L_r^3 + 3.9519228\,L_r^2 - 7.4168297L_r + 6.3261135$$

L_r 指名义直径与轮辋直径之比

$$L_r = \frac{D_m}{D}$$

T_0 为常量：对于 Ⅲ 型轮胎，$T_0 = 4$；对于所有其他轮胎，$T_0 = 4.4$。

S 为 a 与 Q 的乘积（$S=aQ$）。

其中：

$$a = \frac{D_m - D}{4}$$

$$Q = 2.5 + \frac{D}{2D_m}$$

F_o 为操作系数，为轮辋直径 D 的函数

$$F_o = -1.623104 \times 10^{-7}D^5 + 1.463062 \times 10^{-5}D^4 - 5.607522 \times 10^{-4}D^3 +$$
$$0.01288401D^2 - 0.197904D + 2.567982$$

p_c 为轮胎胎体的当量压力，如果轮胎的平均截面宽度小于 5.5in，则其值与轮胎层级的值 N 相同；如果轮胎的平均截面宽度大于 5.5in，则其值按以下表达式表示

$$p_c = \frac{10.4N^2}{W_m^2}$$

式中：W_m——轮胎的名义断面宽度，in。

TRA 将新轮胎尺寸标准化，对于断面宽度不超过 10in 的轮胎，最大外径 D_o 每增加 0.5in，其最大宽度 W 增加 0.25in；对于断面宽度大于 10in 的轮胎，则增量为 0.5in。

之前的计算都是按 32% 下沉率进行的。对于设计下沉率不同的轮胎，先计算 32% 的额定载荷，再计算新的 p

$$p = \frac{L_m}{(b+0.45)A_d} - p_c$$

这里 A_d 用设计的下沉率 b 计算出的。

由上式确定的压力指数 p 是充气压力指标，而不是实际的充气压力 p_i。实际的充气压力由下列表达式确定

$$p_i = p + Xp_c + 3 （lbf/in^2）$$

式中，对于 $p > 100$，$X=0.5$；对于 $p \leqslant 100$，$X=0.01p-0.5$。

这些公式对起落架设计者是有用的，当一个现有的轮胎不存在的时候，需要探索一个全新尺寸轮胎的可实现性，或者在基于现有规格开发一个新层级的轮胎时，以此来观察载荷等级的变化。通常情况下，起落架设计工作从轮胎制造商提供的轮胎产品目录表开始，或从标准化机构 TRA 或 ETRTO 提供的轮胎参数表开始。这些表中并未包含所有的轮胎参数，有些轮胎也可能不适合正在考虑的飞机和起落架。轮胎尺寸的选择应该始终考虑到轮胎制造商。

3.1.3.2　轮胎尺寸要求

一般来说，起落架设计者正在寻找与飞机载荷、速度和轮胎寿命要求相匹配的最小和最轻的轮胎。然而，明智的做法是，在初始定级时就应该考虑到，飞机的重量和性能往往

会随着时间的推移而增长，现有的轮胎性能可能不满足未来衍生型飞机的需求，但起落架舱内的空间可能不满足一个新的或更大的轮胎的安装需求。历史研究建议，初始轮胎选择时假设飞机重量具有 25% 的增长能力。然而，这可能会导致轮胎在许多应用中明显过大（在一个新飞机项目的初始研制阶段，飞机的重量相当不确定，25% 的值可能是一个很好的指导性参数）。虽然可以通过重新设计层级来获得轮胎所需的额外的承载能力，但明智的做法是，确保所选轮胎有增长潜力。在一些（非常罕见的）飞机上，可能不存在未来重量增加的可能性（例如，一架为满足限制最大重量规则而设计的比赛飞机），在这种情况下，选择轮胎时可以不考虑未来重量增加的情况。

选择轮胎的额定载荷必须考虑到最严重的使用载荷。对于主起落架轮胎，通常考虑飞机最大重量和最严重后重心位置机动和起飞工况。轮胎规格尺寸的选择通常根据静载荷确定，在起飞过程中，轮胎的瞬态动态载荷大于额定载荷通常是可以接受的。对于前起落架来说，最严重的情况通常是在最大重量和前重心状态下刹车工况。由于刹车的瞬态特性，轮胎可以承受 1.5 倍的最大额定载荷（Ⅲ 型轮胎除外，其最大额定动载为 1.45 倍）。

对于在同一轮轴上有多个轮胎的情况，需要考虑由于轮胎磨损、充气压力和跑道弧度的差异而产生的轮胎载荷变化。对于大型运输机，在将载荷与轮胎承载能级进行比较之前，必须将计算出的静载荷乘以 1.07[14]。

对于旋翼机，由于对轮胎的滚动要求降低，选择轮胎时，其所承受的载荷可以不超过额定载荷的 1.5 倍[15]，轮胎的充气压力可按比例增加。如果飞机有明显的滑行距离，则该准则可能不适用。旋翼机轮胎的充气压力可以提高到额定飞机充气压力的 1.8 倍。这样可以提供更大的径向刚度，这可以帮助减少地面共振问题。值得注意的是，增加压力来提高轮胎的刚度并不能使承载能力增加 1.5 倍以上。当应用在旋翼机上时，轮胎的充气压力比额定压力更大，此时新轮胎的最大尺寸应增加 4%，以适应因充气压力增加而导致的尺寸增加。

3.1.3.3　轮胎目录表

TRA 和 ETRTO 出版的年鉴以及各个轮胎制造商的目录中都有可用的轮胎规格，以及额定载荷、充气压力和尺寸等参数。表 3-2~ 表 3-5 给出了不同的轮胎规格。与目录和 TRA 手册中的典型分组不同，轮胎按照额定承载能力进行升序排列。由于起落架设计师通常是寻找满足特定负载能力的轮胎，这种格式有利于确定适当的轮胎尺寸。每个轮胎的重量代表一个名义重量值（通常是平均值）。尺寸相同的轮胎可以有多个规格，它们具有不同的重量以适应不同的寿命。建议咨询轮胎制造商，以确定某一轮胎的实际重量——特别是随着轮胎技术的不断改进，新轮胎的重量会减少。表中给出了每个轮胎的腔体内所充氮气的大约重量（假设在 15℃时充气）。值得注意的是，子午线轮胎的尺寸标注方法与斜交轮胎的尺寸标注方法有所不同；因此，不同的轮胎类型的表格的格式有所不同。斜交轮胎的最大和最小新轮胎尺寸在子午线轮胎上则被一个最大膨胀尺寸取代。这是为了让设计师能够利用子午线轮胎的径向尺寸稳定性（径向增长较低）使其具有合适的静载荷半径，来补偿其较低的径向刚度，同时保持与飞机结构的兼容性。

表 3-2　Ⅲ型轮胎目录

规格 (Size)	层级 (PR)	额定 速度/ (mile/ h)	额定 载荷/ lbf	无载荷 充气 压力/ psi	轮胎 重量/ lb	氮气 重量/ lb	新充气轮胎尺寸							额定静 载荷 半径/ in	机轮 型号	着合 宽/ in	轮辋 直径/ in	轮缘 高度/ in	最小 着合 宽/ in
							最大 外径/ in	最小 外径/ in	胎肩 直径/ in	最大 断面 宽/ in	最小 断面 宽/ in	最大 胎肩 宽/ in	高宽比						
5.00-5	4	120	800	31	5	0.1	14.20	13.70	12.60	4.95	4.65	4.20	0.93	5.65	5.00-5	3.50	5.00	0.75	0.80
8.00-4	4	120	1100	24	10	0.2	18.00	17.15	15.50	8.30	7.70	7.05	0.84	6.65	8.00-4	5.50	4.00	0.69	0.61
6.00-6	4	120	1150	29	8	0.1	17.50	16.80	15.45	6.30	5.90	5.35	0.91	6.90	6.00-6	5.00	6.00	0.75	0.80
5.00-4	6	120	1200	55	4	0.1	13.25	12.70	11.60	5.05	4.75	4.30	0.92	5.20	5.00-4	3.50	4.00	0.75	0.80
7.00-6	4	120	1250	23	10	0.1	18.75	18.00	16.45	7.00	6.45	5.95	0.91	7.30	6.00-6	5.00	6.00	0.75	0.85
5.00-5	6	120	1285	50	5	0.1	14.20	13.70	12.60	4.95	4.65	4.20	0.93	5.65	5.00-5	3.50	5.00	0.75	0.80
8.00-6	4	120	1350	23	10	0.2	19.50	18.75	17.05	7.95	7.35	6.75	0.85	7.50	6.00-6	5.00	6.00	0.75	0.85
6.00-6	6	160	1750	42	8	0.2	17.50	16.80	15.45	6.30	5.90	5.35	0.91	6.90	6.00-6	5.00	6.00	0.75	0.85
5.00-5	8		1800	70		0.1	14.20	13.65	12.55	4.95	4.65	4.19	0.93	5.65	5.00-5	3.50	5.00	0.75	0.80
7.00-6	6	160	1900	38	13	0.2	18.75	18.00	16.45	7.00	6.44	5.94	0.91	7.30	7.00-6	5.00	6.00	0.75	0.85
8.00-6	6	120	2050	35	11	0.2	19.50	18.75	17.05	7.95	7.35	6.75	0.85	7.50	6.00-6	5.00	6.00	0.75	0.85
5.00-5	10	120	2150	88	7	0.2	14.20	13.70	12.60	4.95	4.65	4.20	0.93	5.65	5.00-5	3.50	5.00	0.75	0.80
5.00-4	12	120	2200	95		0.2	13.25	12.70	11.60	5.05	4.75	4.30	0.92	5.20	5.00-4	3.50	4.00	0.75	0.80
8.50-6	6	120	2275	30	14	0.3	22.10	21.15	19.20	8.85	8.30	7.50	0.91	8.40	8.50-6	6.00	6.00	0.88	0.90
6.50-8	6	160	2300	51	14	0.3	19.85	19.15	17.70	6.90	6.35	5.85	0.86	8.00	6.50-8	5.25	8.00	0.81	0.95
6.00-6	8	160	2350	55	8	0.2	17.50	16.80	15.45	6.30	5.90	5.35	0.91	6.90	6.00-6	5.00	6.00	0.75	0.90

表 3-2（续）

新充气轮胎尺寸

规格（Size）	层级（PR）	额定速度/(mile/h)	额定载荷/lbf	无载荷充气压力/psi	轮胎重量/lb	氮气重量/lb	最大外径/in	最小外径/in	胎肩直径/in	最大断面宽/in	最小断面宽/in	最大胎肩宽/in	高宽比	额定静载荷半径/in	机轮型号	着合宽/in	轮辋直径/in	轮缘高度/in	最小着合宽/in
7.00-8	6		2400	46		0.3	20.85	20.10	18.55	7.30	6.85	6.20	0.88	8.30	7.00-8	5.50	8.00	0.81	1.30
5.00-4	14	120	2550	115	7	0.2	13.25	12.70	11.60	5.05	4.75	4.30	0.92	5.20	5.00-4	3.50	4.00	0.75	1.10
7.00-6	8	160	2550	54	13	0.3	18.75	18.00	16.45	7.00	6.44	5.94	0.91	7.30	7.00-6	5.00	6.00	0.75	0.90
6.50-10	8	160	2770	60	11	0.3	22.10	21.35	19.90	6.65	6.25	5.65	0.91	9.10	6.50-10	4.75	10.00	0.81	0.85
8.00-6	8	120	2800	48	11	0.3	19.50	18.75	17.05	7.95	7.35	6.75	0.85	7.50	6.00-6	5.00	6.00	0.75	0.85
5.00-5	14	120	3100	131		0.2	14.20	13.70	12.60	4.95	4.65	4.20	0.93	5.65	5.00-5	3.50	5.00	0.75	0.80
6.50-8	8	120	3150	75	13	0.4	19.85	19.20	17.70	6.90	6.35	5.85	0.86	8.00	6.50-10	5.25	8.00	0.81	0.95
8.50-10	6	160	3250	41	18	0.5	25.65	24.70	22.80	8.70	8.20	7.40	0.90	10.20	8.50-10	6.25	10.00	0.81	1.35
7.00-6	10	160	3600	73	12	0.3	18.75	18.00	16.50	7.00	6.45	5.95	0.91	7.30	6.00-6	5.00	6.00	0.75	0.90
6.50-10	8	160	3750	80	11	0.4	22.10	21.35	19.90	6.65	6.25	5.65	0.91	9.10	6.50-10	4.75	10.00	0.81	1.10
8.90-12.50	6	160	4200	50	27	0.6	27.70	27.30	24.95	9.00	8.65	7.65	0.85	11.35	8.90-12.50	6.75	12.50	0.88	1.20
8.50-10	8	160	4400	55	23	0.6	25.65	24.70	22.80	8.70	8.20	7.40	0.90	10.20	8.50-10	6.25	10.00	0.81	1.35
7.00-8	10	120	4500	84	15	0.5	20.85	20.10	18.55	7.30	6.85	6.20	0.88	8.30	7.00-8	5.50	8.00	0.81	1.30
9.00-6	10	120	4500	58	21	0.6	22.40	21.40	19.45	9.25	8.55	7.85	0.89	8.45	9.00-6	6.75	6.00	0.88	1.45
11.00-12	6	120	4600	35		0.9	32.20	31.00	28.55	11.20	10.50	9.50	0.90	12.70	11.00-12	8.25	12.00	1.00	1.40
6.50-10	10	160	4750	100	15	0.5	22.10	21.35	19.90	6.65	6.25	5.65	0.91	9.10	6.50-10	4.75	10.00	0.81	1.10

表3-2（续）新充气轮胎尺寸

规格 （Size）	层级 （PR）	额定速度/ （mile/h）	额定载荷/ lbf	无载荷充气压力/ psi	轮胎重量/ lb	氮气重量/ lb	最大外径/ in	最小外径/ in	胎肩直径/ in	最大断面宽/ in	最小断面宽/ in	最大胎肩宽/ in	高宽比	额定静载荷半径/ in	机轮型号	着合宽/ in	轮辋直径/ in	轮缘高度/ in	最小着合宽/ in
8.50-10	10	120	5500	70	24	0.7	25.65	24.70	22.80	8.70	8.20	7.40	0.90	10.20	8.50-10	6.25	10.00	0.81	1.35
7.50-14	8	160	5700	87		0.8	27.75	27.00	25.30	7.65	7.20	6.50	0.90	11.60	7.50-14	5.50	14.00	0.81	1.65
6.50-10	12	160	5750	120	22	0.6	22.10	21.35	19.90	6.65	6.25	5.65	0.91	9.10	6.50-10	4.75	10.00	0.81	1.10
11.00-12	8	150	6300	45		1.1	32.20	31.00	28.55	11.20	10.50	9.50	0.90	12.70	11.00-12	8.25	12.00	1.00	1.40
7.00-8	16	200	6650	125	19	0.7	20.85	20.10	18.55	7.30	6.85	6.20	0.88	8.30	7.00-8	5.50	8.00	0.81	1.30
6.50-10	14	160	7738	159	19	0.8	22.10	21.35	19.90	6.65	6.25	5.65	0.91	9.25	6.50-10	4.75	10.00	0.81	1.10
8.50-10	12	160	8000	100	28	1.0	25.65	24.70	22.80	8.70	8.20	7.40	0.90	10.20	8.50-10	6.25	10.00	0.81	1.50
11.00-12	10	160	8200	60	44	1.3	32.20	31.00	28.55	11.20	10.50	9.50	0.90	12.70	11.00-12	8.25	12.00	1.00	1.40
7.50-14	12	120	8700	130	36	1.1	27.75	27.00	25.30	7.65	7.20	6.50	0.90	11.60	7.50-14	5.50	14.00	0.81	1.65
8.50-10	14	160	8700	110	24	1.1	25.65	24.70	22.80	8.70	8.20	7.40	0.90	10.20	8.50-10	6.25	10.00	0.81	1.15
9.50-16	10	120	9250	90	35	1.6	33.35	32.50	30.25	9.70	9.10	8.25	0.89	13.85	9.50-16	7.00	16.00	1.00	1.75
8.50-10	16	160	9900	129		1.3	25.65	24.70	22.80	8.70	8.20	7.40	0.90	10.20	8.50-10	6.25	10.00	1.13	1.80
12.50-16	10	160	10600	60	70	2.1	38.45	37.50	34.40	12.75	12.00	10.85	0.89	15.60	12.50-16	10.00	16.00	1.25	1.75
9.50-16	12	160	11200	110	58	1.9	33.35	32.50	30.25	9.70	9.10	8.25	0.89	13.85	9.50-16	7.00	16.00	1.00	1.75
15.00-16	10	160	12200	53	87	2.9	42.40	41.40	37.65	15.30	14.40	13.00	0.87	16.80	15.00-16	11.25	16.00	1.19	1.75

表 3-2（续）

新充气轮胎尺寸

规格（Size）	层级（PR）	额定速度/(mile/h)	额定载荷/lbf	无载荷充气压力/psi	轮胎重量/lb	氮气重量/lb	最大外径/in	最小外径/in	胎肩直径/in	最大断面宽/in	最小断面宽/in	最大胎肩宽/in	高宽比	额定静载荷半径/in	机轮型号	着合宽/in	轮辋直径/in	轮缘高度/in	最小着合宽/in
15.00-12	14	160	12700	65	60	2.5	36.30	35.35	31.95	14.70	13.95	12.50	0.83	14.10	15.00-12	11.00	12.00	1.00	2.50
12.50-16	12	160	12800	75	75	2.5	38.45	37.50	34.40	12.75	12.00	10.85	0.89	15.60	12.50-16	10.00	16.00	1.25	1.90
12.50-16	14		15000	90		2.9	38.45	37.50	34.40	12.75	12.00	10.85	0.89	15.60	12.50-16	10.00	16.00	1.25	1.90
17.00-16	12	160	16000	60	98	4.1	45.05	43.70	39.80	17.40	16.35	14.80	0.84	17.70	17.00-16	13.25	16.00	1.38	2.00
15.00-16	14		17100	71		3.6	42.40	41.40	37.65	15.30	14.40	13.00	0.87	16.80	15.00-16	11.25	16.00	1.19	1.75
15.00-16	16	160	19700	81	95	4.0	42.40	41.40	37.65	15.30	14.40	13.00	0.87	16.80	15.00-16	11.25	16.00	1.38	1.90
15.50-20	14	160	20800	90	112	4.9	45.25	44.30	40.70	16.00	15.05	13.60	0.80	18.60	17.00-20	13.25	20.00	1.63	2.20
15.50-20	16		24000	106		5.7	45.25	44.30	40.70	16.00	15.05	13.60	0.80	18.60	17.00-20	13.25	20.00	1.63	2.20
19.00-23	16	160	29000	85		8.7	55.10	53.15	49.30	19.38	18.25	16.50	0.83	22.60		14.75	23.00	2.00	
15.50-20	20		29900	135		7.1	45.25	44.30	40.70	16.00	15.05	13.60	0.80	18.60	17.00-20	13.25	20.00	1.63	2.20
17.00-20	22	120	34500	130		8.8	48.75	47.70	43.60	17.25	16.40	14.65	0.84	19.80		13.25	20.00	1.75	2.80
20.00-20	22	200	38500	95		10.8	56.00	54.30	49.50	20.10	19.20	17.10	0.89	22.00	20.00-20	15.50	20.00	2.00	3.50
20.00-20	20	200	46500	125		13.8	56.00	54.30	49.50	20.10	19.20	17.10	0.89	22.00	20.00-20	15.50	20.00	2.00	3.50
20.00-20	26	200	46500	125	265	13.8	56.00	54.30	49.50	20.10	19.20	17.10	0.89	22.10	20.00-20	15.50	20.00	2.00	3.50

表 3-3 VII型轮胎目录

新充气轮胎尺寸

规格 (Size)	层级 (PR)	额定速度 / (mile/h)	额定载荷 / lbf	无载荷充气压力 / psi	轮胎重量 / lb	氮气重量 / lb	最大外径 / in	最小外径 / in	胎肩直径 / in	最大断面宽 / in	最小断面宽 / in	最大胎肩宽 / in	高宽比	额定静载荷半径 / in	机轮型号	着合宽 / in	轮辋直径 / in	轮缘高度 / in	最小着合宽 / in
16×4.4	4	210	1100	55	8	0.1	16.00	15.50	14.55	4.45	4.15	3.90	0.90	6.90	16×4.4	3.50	8.00	0.81	0.80
16×4.4	6	160	1700	85	8	0.2	16.00	15.50	14.55	4.45	4.15	3.90	0.90	6.90	16×4.4	3.50	8.00	0.81	0.80
18×4.4	6	190	2100	100	10	0.2	17.90	17.40	16.50	4.45	4.15	3.90	0.89	7.85	18×4.4	3.50	10.00	0.81	1.05
18×5.5	6	190	2250	75	9	0.2	17.90	17.30	16.20	5.75	5.35	5.00	0.87	7.50	18×5.5	4.25	8.00	0.88	1.50
16×4.4	8	160	2300	120	10	0.2	16.00	15.50	14.55	4.45	4.15	3.90	0.90	6.90	16×4.4	3.50	8.00	0.81	0.80
16×4.4	10	190	2900	155	10	0.3	16.00	15.50	14.55	4.45	4.15	3.90	0.90	6.90	16×4.4	3.50	8.00	0.81	0.90
24×7.7	6	190	2950	55	23	0.5	24.15	23.30	21.50	7.65	7.20	6.75	0.92	9.95	24×7.7	5.50	10.00	0.91	1.25
18×5.5	8	210	3050	105	13	0.3	17.90	17.30	16.20	5.75	5.35	5.00	0.87	7.50	18×5.5	4.25	8.00	0.88	1.25
16×4.4	12	190	3475	185	9	0.3	16.00	15.50	14.55	4.45	4.15	3.90	0.90	6.90	16×4.4	3.50	8.00	0.81	3.50
18×4.4	10	190	3550	185	13	0.4	17.90	17.40	16.50	4.45	4.15	3.90	0.89	7.85	18×4.4	3.50	10.00	0.81	1.25
18×5.5	10	210	4000	140	14	0.4	17.90	17.30	16.20	5.75	5.35	5.00	0.87	7.50	18×5.5	4.25	8.00	0.88	1.25
24×7.7	8	160	4150	75	23	0.6	24.15	23.30	21.50	7.65	7.20	6.75	0.92	9.95	24×7.7	5.50	10.00	0.91	1.25
18×4.4	12	210	4350	225	13	0.4	17.90	17.40	16.50	4.45	4.15	3.90	0.89	7.85	18×4.4	3.50	10.00	0.81	1.25
18×5.5	12	200	5050	170	15	0.5	17.90	17.30	16.20	5.75	5.35	5.00	0.87	7.50	18×5.5	4.25	8.00	0.88	1.25
20×4.4	12	225	5150	225	15	0.5	20.00	19.50	19.45	4.45	4.15	3.95	0.90	8.90	20×4.4	3.50	12.00	0.81	1.25
26×6.6	8		5325	125		0.8	25.75	25.05	23.55	6.65	6.25	5.85	0.88	11.20	26×6.6	5.00	14.00	1.00	1.40

表 3-3（续）

新充气轮胎尺寸

规格（Size）	层级（PR）	额定速度/（mile/h）	额定载荷/lbf	无载荷充气压力/psi	轮胎重量/lb	氮气重量/lb	最大外径/in	最小外径/in	胎肩直径/in	最大断面宽/in	最小断面宽/in	最大胎肩宽/in	高宽比	额定静载荷半径/in	机轮型号	着合宽/in	轮辋直径/in	轮缘高度/in	最小着合宽/in
24×7.7	10	210	5400	90	27	0.7	24.15	23.30	21.50	7.65	7.20	6.75	0.92	9.95	24×7.7	5.50	10.00	0.91	1.25
22×5.5	10	230	5700	185	22	0.7	22.15	21.55	21.30	5.70	5.35	4.95	0.89	9.65	22×5.5	4.25	12.00	0.88	1.25
24.5×8.5	10	210	5700	85	36	0.8	24.50	23.75	21.90	8.50	8.00	7.50	0.86	10.05	24.5×8.5	6.25	10.00	0.81	1.35
20×4.4	14	255	6000	265	15	0.6	20.00	19.50	19.45	4.45	4.15	3.95	0.90	8.90	20×4.4	3.50	12.00	0.81	1.25
18×5.5	14	275	6200	215	16	0.6	17.90	17.30	16.20	5.75	5.35	5.00	0.87	7.50	18×5.5	4.25	8.00	0.88	1.50
24×7.7	12	210	6800	110	30	0.8	24.15	23.30	21.50	7.65	7.20	6.75	0.92	9.95	24×7.7	5.50	10.00	0.91	1.25
26×6.6	10	160	6900	155	27	0.9	25.75	25.05	23.55	6.65	6.25	5.85	0.88	11.20	26×6.6	5.00	14.00	1.00	1.40
24.5×8.5	12	200	6900	90	20	0.8	24.50	23.75	21.90	8.50	8.00	7.50	0.86	9.85	24.5×8.5	6.25	10.00	0.81	1.35
22×5.5	12	200	7100	235	20	0.9	22.15	21.55	21.30	5.70	5.35	4.95	0.89	9.65	22×5.5	4.25	12.00	0.88	1.45
20×5.5	14	190	7200	230	18	0.8	20.15	19.55	19.30	5.70	5.35	4.95	0.89	8.65	20×5.5	4.25	10.00	0.88	1.38
24×7.7	14	190	8200	135	29	1.0	24.15	23.30	21.50	7.65	7.20	6.75	0.92	9.95	24×7.7	5.50	10.00	0.91	1.70
26×6.6	12	225	8600	185	32	1.1	25.75	25.05	23.55	6.65	6.25	5.85	0.88	11.20	26×6.6	5.00	14.00	1.00	1.70
32×8.8	10		9050	115	33	1.5	31.00	30.05	28.05	8.90	8.35	7.90	0.84	13.30	32×8.8	7.00	16.00	1.13	1.75
24×7.7	16	210	9725	165	33	1.2	24.15	23.30	21.50	7.65	7.20	6.75	0.92	9.95	24×7.7	5.50	10.00	0.91	1.70
26×6.6	14	200	10000	225		1.3	25.75	25.05	23.55	6.65	6.25	5.85	0.88	11.20	26×6.6	5.00	14.00	1.00	1.70
30×8.8	12		10200	139		1.7	30.30	29.50	27.35	8.90	8.30	7.85	0.87	12.90	30×8.8	7.00	15.00	1.13	2.25

表3-3（续）

规格 （Size）	层级 （PR）	额定 速度/ （mile/ h）	额定 载荷/ lbf	无载荷 充气 压力/ psi	轮胎 重量/ lb	氮气 重量/ lb	新充气轮胎尺寸												
							最大 外径/ in	最小 外径/ in	胎肩 直径/ in	最大 断面 宽/ in	最小 断面 宽/ in	最大 胎肩 宽/ in	高宽比	额定静 载荷 半径/ in	机轮 型号	着合 宽/in	轮辋 直径/ in	轮缘 高度/ in	最小 着合 宽/ in
28×7.7	14	200	11000	195	35	1.6	27.40	26.60	24.90	7.85	7.40	6.95	0.85	11.75	28×7.7	6.00	14.00	1.00	1.75
32×8.8	12		11000	140		1.7	31.00	30.05	28.05	8.90	8.35	7.90	0.84	13.30	32×8.8	7.00	16.00	1.13	1.75
24×5.5	16	200	11500	355	28	1.5	24.15	23.55	23.30	5.75	5.35	4.95	0.89	10.65	24×5.5	4.25	14.00	0.88	1.38
26×6.6	16		12000	270		1.6	25.75	25.05	23.55	6.65	6.25	5.85	0.88	11.20	26×6.6	5.00	14.00	1.00	1.70
30×7.7	14	200	12000	185	42	1.7	29.40	28.60	26.90	7.85	7.40	6.95	0.85	12.75	30×7.7	6.00	16.00	1.00	1.65
30×8.8	14		12450	177		2.1	30.30	29.50	27.35	8.90	8.30	7.85	0.87	12.90	30×8.8	7.00	15.00	1.13	2.25
32×8.8	14	210	13000	170	46	2.1	31.00	30.05	28.05	8.90	8.35	7.90	0.84	13.30	32×8.8	7.00	16.00	1.13	1.75
29×7.7	16		13800	230		2.0	28.40	27.60	25.90	7.85	7.40	6.95	0.85	12.20	29×7.7	6.00	15.00	1.00	2.00
30×8.8	16	225	14200	200	53	2.4	30.30	29.50	27.35	8.90	8.30	7.85	0.87	12.90	30×8.8	7.00	15.00	1.13	2.25
40×14	14		14900	90		3.5	39.80	38.85	35.10	14.00	13.25	12.00	0.86	16.45	40×14	11.00	16.00	1.63	2.40
39×13	14	210	15000	100	80	3.2	38.25	37.30	34.25	13.00	12.25	11.45	0.86	15.80	39×13	10.00	16.00	1.25	2.20
34×11	18		16100	145		3.0	33.40	32.60	29.90	11.30	10.60	9.95	0.87	13.90	34×11	9.00	14.00	1.50	2.70
30×7.7	18	230	16500	270	49	2.4	29.40	28.60	26.90	7.85	7.40	6.95	0.85	12.75	30×7.7	6.00	16.00	1.00	2.15
32×8.8	16		17025	242		2.9	31.00	30.05	28.05	8.90	8.35	7.90	0.84	13.30	32×8.8	7.00	16.00	1.13	1.75
39×13	16	225	17200	115	89	3.6	38.25	37.30	34.25	13.00	12.25	11.45	0.86	15.80	39×13	10.00	16.00	1.25	2.30
40×14	16	210	17300	105	104	4.0	39.80	38.85	35.10	14.00	13.25	12.00	0.86	16.45	40×14	11.00	16.00	1.63	2.40
34×11	20		18300	165		3.3	33.40	32.60	29.90	11.30	10.60	9.95	0.87	13.90	34×11	9.00	14.00	1.50	2.70

表 3-3（续）

新充气轮胎尺寸

规格（Size）	层级（PR）	额定速度/(mile/h)	额定载荷/lbf	无载荷充气压力/psi	轮胎重量/lb	氮气重量/lb	最大外径/in	最小外径/in	胎肩直径/in	最大断面宽/in	最小断面宽/in	最大胎肩宽/in	高宽比	额定静载荷半径/in	机轮型号	着合宽/in	轮辋直径/in	轮缘高度/in	最小着合宽/in
40×12	16		18500	130		3.9	39.40	38.40	35.50	12.35	11.70	10.90	0.87	16.60	40×12	10.00	18.00	1.50	2.60
39×13	18	210	19400	130	87	4.1	38.25	37.30	34.25	13.00	12.25	11.45	0.86	15.80	39×13	10.00	16.00	1.25	2.30
44×16	18		20350	100		5.1	43.25	42.30	38.20	16.00	15.05	13.70	0.80	17.90	44×16	13.25	18.00	1.63	3.25
34×11	22	225	20500	185	82	3.7	33.40	32.60	29.90	11.30	10.60	9.95	0.87	13.90	34×11	9.00	14.00	1.50	2.70
36×11	20		21000	185		4.0	35.10	34.00	31.65	11.50	10.80	10.10	0.83	14.70	36×11	9.00	16.00	1.38	2.60
40×12	18		21000	150		4.5	39.40	38.40	35.50	12.35	11.70	10.90	0.87	16.60	40×12	10.00	18.00	1.50	2.60
42×15	18		21375	104		5.0	42.40	41.40	37.65	15.30	14.40	13.45	0.87	17.30	42×15	11.50	16.00	1.50	2.75
39×13	20		22300	150		4.6	38.25	37.30	34.25	13.00	12.25	11.45	0.86	15.80	39×13	10.00	16.00	1.25	2.30
40×14	20		22300	135		5.0	39.80	38.85	35.10	14.00	13.25	12.00	0.86	16.45	40×14	11.00	16.00	1.63	2.40
36×11	22	225	23300	200	89	4.3	35.10	34.00	31.65	11.50	10.80	10.10	0.83	14.70	36×11	9.00	16.00	1.38	2.60
42×15	20		23500	120		5.7	42.40	41.40	37.65	15.30	14.40	13.45	0.87	17.30	42×15	11.50	16.00	1.50	2.75
40×12	20		23900	170	113	5.0	39.40	38.40	35.50	12.35	11.70	10.90	0.87	16.60	40×12	10.00	18.00	1.50	2.60
39×13	22		24600	165		5.1	38.25	37.30	34.25	13.00	12.25	11.45	0.86	15.80	39×13	10.00	16.00	1.25	2.30
40×14	22		25000	155		5.7	39.80	38.85	35.10	14.00	13.25	12.00	0.86	16.45	40×14	11.00	16.00	1.63	2.95
42×15	22		26300	135		6.3	42.40	41.40	37.65	15.30	14.40	13.45	0.87	17.30	42×15	11.50	16.00	1.50	2.75
36×11	24	201	26500	235	73	5.0	35.10	34.00	31.65	11.50	10.80	10.10	0.83	14.70	36×11	9.00	16.00	1.38	2.80
40×12	22		26700	190		5.6	39.40	38.40	35.50	12.35	11.70	10.90	0.87	16.60	40×12	10.00	18.00	1.50	2.60
39×13	24	210	27400	188	104	5.7	38.25	37.30	34.25	13.00	12.25	11.45	0.86	15.85	39×13	10.00	16.00	1.38	2.80

表3-3（续）

规格 (Size)	层级 (PR)	额定速度/ (mile/h)	额定载荷/ lbf	无载荷充气压力/ psi	轮胎重量/ lb	氮气重量/ lb	新充气轮胎尺寸						高宽比	额定静载荷半径/ in	机轮型号	着合宽/in	轮辋直径/ in	轮缘高度/ in	最小着合宽/ in
							最大外径/ in	最小外径/ in	胎肩直径/ in	最大断面宽/ in	最小断面宽/ in	最大胎肩宽/ in							
40×14	24	225	27700	170	133	6.2	39.80	38.85	35.10	14.00	13.25	12.00	0.86	16.45	40×14	11.00	16.00	1.63	2.95
42×15	24		29000	150		7.0	42.40	41.40	37.65	15.30	14.40	13.45	0.87	17.30	42×15	11.50	16.00	1.50	2.75
46×16	20		29900	145		7.5	45.25	44.30	40.70	16.00	15.05	14.10	0.80	19.00	46×16	13.25	20.00	1.75	3.25
46×16	22		32525	155		8.0	45.25	44.30	40.70	16.00	15.05	14.10	0.80	19.00	46×16	13.25	20.00	1.75	3.25
40×14	28	200	33100	200	121	7.2	39.80	38.85	35.10	14.00	13.25	12.00	0.86	16.45	40×14	11.00	16.00	1.63	3.10
46×16	24		35725	170		8.7	45.25	44.30	40.70	16.00	15.05	14.10	0.80	19.00	46×16	13.25	20.00	1.75	3.25
46×16	26		38300	185	168	9.4	45.25	44.30	40.70	16.00	15.05	14.10	0.80	19.00	46×16	13.25	20.00	1.75	3.25
44×16	28		38400	185	176	8.9	43.25	42.30	38.20	16.00	15.05	13.70	0.80	17.90	44×16	13.25	18.00	1.63	3.40
49×17	26	225	39600	165	176	11.0	48.75	47.70	43.00	17.25	16.40	14.50	0.84	20.15	49×17	13.25	20.00	1.75	3.25
44×16	30	225	41700	210	176	10.0	43.25	42.30	38.20	16.00	15.05	13.70	0.80	17.90	44×16	13.25	18.00	1.63	3.40
46×16	28	225	41800	210	177	10.6	45.25	44.30	40.70	16.00	15.05	14.10	0.80	19.00	46×16	13.25	20.00	1.75	3.25
49×17	28		43200	180		11.9	48.75	47.70	43.00	17.25	16.40	14.50	0.84	20.15	49×17	13.25	20.00	1.75	3.25
46×16	30	225	44800	225	208	11.3	45.25	44.30	40.70	16.00	15.05	14.10	0.80	19.00	46×16	13.25	20.00	1.88	3.40
44×16	32		45000	225		10.6	43.25	42.30	38.20	16.00	15.05	13.70	0.80	17.90	44×16	13.25	18.00	1.63	3.25
49×17	30	225	46700	195	227	12.8	48.75	47.70	43.00	17.25	16.40	14.50	0.84	20.20	49×17	13.25	20.00	1.88	3.50
46×16	32	225	48000	245	208	12.3	45.25	44.30	40.70	16.00	15.05	14.10	0.80	19.00	46×16	13.25	20.00	1.88	3.40
49×17	32	225	50400	210	227	13.7	48.75	47.70	43.00	17.25	16.40	14.50	0.84	20.20	49×17	13.25	20.00	1.88	3.65
49×17	34		53900	220		14.3	48.75	47.70	43.00	17.25	16.40	14.50	0.84	20.20	49×17	13.25	20.00	1.88	3.65

表3-4　斜交轮胎目录（三位表述法）

规格（Size）	层级（PR）	额定速度/（mile/h）	额定载荷/lbf	无载荷充气压力/psi	轮胎重量/lb	氮气重量/lb	新充气轮胎尺寸								机轮型号	着合宽/in	轮辋直径/in	轮缘高度/in	最小着合宽/in
							最大外径/in	最小外径/in	胎肩径/in	最大断面宽/in	最小断面宽/in	最大胎肩宽/in	高宽比	额定静载荷半径/in					
15×6.0-6	4		1250	45	7	0.1	15.20	14.55	13.55	6.30	5.90	5.55	0.73	6.10	6.00-6	5.00	6.00	0.75	0.85
15×6.0-6	6	160	1950	68	8	0.2	15.20	14.55	13.55	6.30	5.90	5.55	0.73	6.10	6.00-6	5.00	6.00	0.75	0.85
18×4.25-10	6	210	2300	100	12	0.2	18.25	17.75	16.75	4.70	4.45	4.15	0.87	7.90	18×4.25-10	3.63	10.00	0.60	0.85
19.5×6.75-8	6	190	2300	61	13	0.3	19.50	18.90	17.45	6.75	6.20	5.95	0.85	8.05	6.50-8	5.25	8.00	0.81	1.25
22×8.0-8	6	120	2500	40	23	0.3	22.00	21.35	19.50	8.00	7.55	7.05	0.88	8.70	22×8.0-8	6.00	8.00	0.88	1.10
26×10.5-6	6	120	2765	25	14	0.5	26.00	25.10	22.40	10.50	9.95	9.25	0.96	9.65	9.00-6	6.75	6.00	0.88	1.45
22×6.5-10	6	190	2800	68	11	0.4	22.10	21.35	19.90	6.65	6.25	5.65	0.91	9.20	6.50-10	4.75	10.00	0.81	1.20
17.5×6.25-6	8	190	2900	70	14	0.3	17.50	16.85	15.45	6.25	5.90	5.50	0.92	6.90	6.00-6	5.00	6.00	0.75	0.90
14.5×5.5-6	12	180	3000	135	8	0.3	14.50	14.00	13.00	5.50	5.15	4.85	0.78	6.40	14.5×5.5-6	4.25	6.00	0.88	1.50
18×5.75-8	8	160	3000	105	9.5	0.3	18.00	17.40	16.20	5.75	5.40	5.10	0.87	7.60	18×5.5	4.25	8.00	0.88	1.25
13×5.0-4	14	210	3100	143	17	0.2	13.25	12.70	11.60	5.25	4.95	4.60	0.88	5.30	13×5.0-4	4.25	4.00	0.75	0.80
15×6.0-6	10	230	3200	112	7	0.3	15.20	14.55	13.55	6.30	5.90	5.55	0.73	6.10	6.00-6	5.00	6.00	0.75	1.25
19.5×6.75-8	8	120	3300	86	10	0.4	19.50	18.90	17.45	6.75	6.20	5.95	0.85	8.05	6.50-8	5.25	8.00	0.81	0.94
13.5×6.0-4	14	230	3450	135	7	0.3	13.75	13.20	12.00	6.10	5.75	5.40	0.80	5.35	13.5×6.0-4	4.75	4.00	0.55	1.10
22×8.0-8	8	210	3500	55	10	0.4	22.00	21.35	19.50	8.00	7.55	7.05	0.88	8.70	22×8.0-8	6.00	8.00	0.88	1.50
14.5×5.5-6	14	120	3550	155	10	0.3	14.50	14.00	13.00	5.50	5.15	4.85	0.78	6.10	14.5×5.5-6	4.25	6.00	0.88	1.50

表 3-4（续）

新充气轮胎尺寸

规格（Size）	层级（PR）	额定速度/（mile/h）	额定载荷/lbf	无载气充气压力/psi	轮胎重量/lb	氮气重量/lb	最大外径/in	最小外径/in	胎肩径/in	最大断面宽/in	最小断面宽/in	最大胎肩宽/in	高宽比	额定静载荷半径/in	机轮型号	着合宽/in	轮辋直径/in	轮缘高度/in	最小着合宽/in
17.5×6.25-11	8	160	3600	167	13	0.4	17.70	17.30	16.50	6.10	5.70	5.45	0.55	7.95	17.5×6.25-11	5.25	11.00	0.81	1.25
17.5×6.25-6	10	160	3750	90	11	0.3	17.50	16.85	15.45	6.25	5.90	5.50	0.92	6.90	6.00-6	5.00	6.00	0.75	0.95
15×6.0-6	12	160	4000	137	16	0.3	15.20	14.55	13.55	6.30	5.90	5.55	0.73	6.10	6.00-6	5.00	6.00	0.75	0.85
H19.5×6.75-10	8	160	4000	120	16	0.5	19.50	18.90	17.80	6.75	6.35	5.95	0.70	8.25	H19.5×6.75-10	4.25	10.00	0.75	1.50
19.5×6.75-8	10	190	4270	110	17	0.5	19.50	18.90	17.45	6.75	6.20	5.95	0.85	8.05	6.50-8	5.25	8.00	0.81	1.25
22×6.75-10	8	160	4450	95	20	0.5	22.00	21.30	19.85	6.75	6.35	5.95	0.89	9.10	6.50-10	4.75	10.00	0.81	1.10
17.5×5.75-8	12	210	5000	180	15	0.5	17.50	16.95	15.80	5.75	5.40	5.10	0.83	7.40	18×5.5	4.25	8.00	0.88	1.40
18×6.5-8	12	257	5000	150	13	0.5	18.00	17.45	15.95	6.50	6.20	5.70	0.77	7.60	18×6.5-8	5.25	8.00	0.88	1.50
21×7.25-10	10	225	5150	135	20	0.7	21.25	20.60	19.25	7.20	6.80	6.35	0.78	9.05	22×6.6	5.50	10.00	1.00	1.25
22×6.5-10	10	190	5200	125	15	0.6	22.10	21.35	19.90	6.65	6.25	5.65	0.91	9.20	6.50-10	4.75	10.00	0.81	1.20
20.5×6.75-10	10	210	5450	158	20	0.7	20.50	20.00	19.45	6.75	6.35	6.10	0.78	8.80	20.5×6.75-10	5.25	10.00	1.00	1.80
22×7.75-10	10	190	5500	110	21	0.7	22.00	21.30	19.85	7.75	7.30	6.80	0.77	9.05	6.50-10	4.75	10.00	0.81	0.95
22×5.75-12	10	190	5700	180	20	0.7	22.00	21.40	20.20	5.75	5.40	5.05	0.87	9.60	22×5.5	4.25	12.00	0.88	1.35
22×6.75-10	10	190	5900	125	22	0.6	22.00	21.30	19.85	6.75	6.35	5.95	0.89	9.10	6.50-10	4.75	10.00	0.81	1.30
17.5×5.75-8	14	210	6050	220	17	0.6	17.50	16.95	15.80	5.75	5.40	5.10	0.83	7.40	18×5.5	4.25	8.00	0.88	1.40
21×7.25-10	12	225	6400	166	20	0.8	21.25	20.60	19.25	7.20	6.80	6.35	0.78	9.00	22×6.6	5.50	10.00	1.00	1.80

表 3-4（续）

新充气轮胎尺寸

规格（Size）	层级（PR）	额定速度/(mile/h)	额定载荷/lbf	无载荷充气压力/psi	轮胎重量/lb	氮气重量/lb	最大外径/in	最小外径/in	胎肩径/in	最大断面宽/in	最小断面宽/in	最大胎肩宽/in	高宽比	额定静载荷半径/in	机轮型号	着合宽/in	轮辋直径/in	轮缘高度/in	最小着合宽/in
23×7.0-12	10	210	6500	135		0.8	23.20	22.60	21.15	7.20	6.80	6.30	0.78	9.90	23×7.0-12	6.25	12.00	0.65	1.25
22×8.0-10	10	190	6500	110	24	0.7	22.00	21.35	19.85	8.00	7.55	7.05	0.75	9.00	22×8.0-10	5.00	10.00	0.63	1.40
24×7.25-12	10	190	6600	120		0.8	24.50	23.80	22.25	7.50	7.00	6.50	0.84	10.40	24×7.25-12	6.25	12.00	0.70	1.75
21.5×7.0-10	12	160	6700	135	19	0.7	21.76	21.14	18.90	7.05	6.73	6.14	0.83	9.00	175×254×545	5.90	10.00	0.75	0.95
22×7.75-10	12	190	6700	133	26	0.8	22.00	21.30	19.85	7.75	7.30	6.80	0.77	9.05	6.50-10	4.75	10.00	0.81	
H22×8.25-10	12	190	6900	132		0.8	22.00	21.40	20.80	8.25	7.80	7.45	0.73	9.10	H22×8.25-10	5.25	10.00	0.85	2.14
25×7.75-10	12	190	6900	115		0.9	25.00	24.20	23.50	7.75	7.30	7.00	0.97	10.30		6.00	10.00	1.00	1.95
29×11.0-10	10	120	7070	60	39	1.1	29.00	28.10	25.60	11.00	10.40	9.35	0.87	11.40	29×11.0-10	8.50	10.00	1.00	1.40
22×5.75-12	12	210	7100	220	24	0.8	22.00	21.40	20.20	5.75	5.40	5.05	0.87	9.60	22×5.5	4.25	12.00	0.88	1.35
26×7.75-13	10	210	7250	110	31	0.9	26.30	25.50	23.90	7.90	7.45	6.95	0.84	11.00	26×7.75-13	6.62	13.00	0.70	1.50
23×7.0-12	12	210	7800	160	28	0.9	23.20	22.60	21.15	7.20	6.80	6.30	0.78	9.90	23×7.0-12	6.25	12.00	0.65	1.25
22×8.0-10	12	190	7900	135	28	0.8	22.00	21.35	19.85	8.00	7.55	7.05	0.75	9.00	22×8.0-10	5.00	10.00	0.63	1.40
24×7.25-12	12	190	8150	164	27	1.1	24.50	23.80	22.25	7.50	7.00	6.50	0.84	10.40	24×7.25-12	6.25	12.00	0.70	1.75
H22×8.25-10	14	190	8300	156	29	1.0	22.00	21.40	20.80	8.25	7.80	7.45	0.73	9.10	H22×8.25-10	5.25	10.00	0.85	2.14
25.5×8.75-10	14	190	8500	101	34	1.0	25.60	24.70	22.85	8.65	8.25	7.70	0.90	10.25	24×7.7	5.50	10.00	0.91	1.50

表 3-4（续）

新充气轮胎尺寸

规格（Size）	层级（PR）	额定速度/(mile/h)	额定载荷/lbf	无载荷充气压力/psi	轮胎重量/lb	氮气重量/lb	最大外径/in	最小外径/in	胎肩径/in	最大断面宽/in	最小断面宽/in	最大胎肩宽/in	高宽比	额定静载荷半径/in	机轮型号	着合宽/in	轮辋直径/in	轮缘高度/in	最小着合宽/in
18×5.7-8	18	250	8600	300	16	0.8	18.00	17.40	16.20	5.75	5.40	5.10	0.87	7.55	18×5.5	4.25	8.00	0.88	1.50
18×5.7-8	20	250	9000	315	16	0.9	18.00	17.40	16.20	5.75	5.40	5.10	0.87	7.55	18×5.5	4.25	8.00	0.88	1.50
H31×9.75-13	12	190	9350	90	40	1.4	31.00	30.10	27.70	9.75	9.20	8.30	0.93	12.40	26.5×8.0-13	6.50	13.00	1.00	2.05
27×7.75-15	12	225	9650	200	39	1.5	27.00	26.30	24.85	7.75	7.30	6.85	0.77	11.80	29×7.7	6.00	15.00	1.00	1.65
26×10.0-11	12	160	9700	140	30	1.5	26.00	25.50	23.30	10.00	9.45	8.80	0.76	10.85	26×10.0-11	8.00	11.00	1.00	1.95
22×8.5-11	16	250	10000	210	26	1.2	22.00	21.40	19.65	8.50	8.10	7.50	0.65	9.40	22×8.5-11	7.25	11.00	0.88	1.88
32×10.75-14	12	160	10200	85	53	1.7	32.55	31.65	28.55	10.95	10.55	9.50	0.84	13.25	32×10.75-14	9.25	14.00	1.05	2.00
25.75×6.75-14	14	210	10300	199	31	1.2	25.75	25.10	23.65	6.75	6.35	5.95	0.87	11.05	26×6.6	5.00	14.00	1.00	1.70
22×6.75-10	18	200	10600	245	23	1.2	22.00	21.30	19.85	6.75	6.35	5.95	0.89	9.10	6.50-10	4.75	10.00	0.81	1.30
22×6.6-10	18	230	10700	260	25	1.3	22.20	21.60	20.00	6.80	6.40	6.00	0.90	9.45	22×6.6-10	5.50	10.00	1.00	2.05
34×10.75-16	10	190	10870	80	61	1.7	34.45	33.65	31.10	10.45	9.80	8.85	0.88	14.20	34×10.75-16	8.25	16.00	1.05	1.85
31×9.75-14	12	190	11100	115	39	1.7	30.90	30.15	29.30	9.85	9.25	8.85	0.86	12.80	31×9.75-14	8.00	14.00	1.00	2.15
32×11.5-15	12	225	11200	120	61	2.2	32.00	31.10	29.00	11.50	10.80	10.50	0.74	13.50	32×11.5-15	9.00	15.00	1.25	1.90
H25×8.0-12	16	190	11300	187	38	1.4	25.00	24.40	23.70	8.00	7.55	7.20	0.82	10.50	H25×8.0-12	5.25	12.00	0.98	1.80
26×6.75-14	16	190	11900	270	38	1.7	26.00	25.30	23.85	6.75	6.35	5.95	0.89	11.30	26×6.6	5.00	14.00	1.00	1.90

表 3-4（续）

新充气轮胎尺寸

规格 （Size）	层级 （PR）	额定 速度/（mile/ h）	额定 载荷/ lbf	无载荷 充气 压力/ psi	轮胎 重量/ lb	氮气 重量/ lb	最大 外径/ in	最小 外径/ in	胎肩 径/ in	最大 断面 宽/ in	最小 断面 宽/ in	最大 胎肩 宽/ in	高宽比	额定静 载荷 半径/ in	机轮 型号	着合 宽/ in	轮辋 直径/ in	轮缘 高度/ in	最小 着合 宽/ in
22×6.6-10	20	219	12000	270	27	1.4	22.20	21.60	20.00	6.80	6.40	6.00	0.90	9.35	22×6.6-10	5.50	10.00	1.00	2.05
B24×9.5-10.5	18	210	12200	160	40	1.4	24.00	23.30	21.60	9.50	8.95	8.40	0.71	9.80	B24×9.5-10.5	6.00	10.50	0.88	1.90
33.5×10.75-15	12	160	12200	100	48	2.0	33.50	32.65	30.20	10.75	10.15	9.15	0.87	13.70	33.5×10.75-15	8.00	15.00	1.00	1.90
22×7.75-9	26	242	12400	305	23	1.8	22.20	21.50	19.85	7.80	7.35	7.12	0.85	9.20	22×7.75-9	6.25	9.00	1.13	2.15
24×8.0-13	18	265	12500	285	29	1.7	24.00	23.40	22.00	8.00	7.55	7.05	0.69	10.45	24×8.0-13	5.75	13.00	1.00	2.05
26×8.0-14	16	280	12700	235	37	1.7	26.00	25.30	23.85	8.00	7.50	6.00	0.75	11.20	26×8.0-14	6.38	14.00	1.13	2.10
24×6.5-14	18	230	12900	375	32	1.8	24.00	23.40	22.40	6.65	6.25	5.90	0.75	10.60	25×6.0	4.75	14.00	0.88	1.65
34×10.75-16	12	190	13000	95	65	1.9	34.45	33.65	31.10	10.45	9.80	8.85	0.88	14.20	34×10.75-16	8.25	16.00	1.05	1.85
37×11.75-16	12	190	13000	80	70	2.2	37.00	36.10	33.25	11.75	11.15	10.35	0.90	15.05	37×11.75-16	9.25	16.00	1.00	1.63
H27×8.5-14	16	210	13300	207	42	1.8	27.00	26.30	25.70	8.50	8.00	7.65	0.77	11.40	H27×8.5-14	5.50	14.00	0.95	2.15
34×14.0-14	14		13450	108	65	3.0	34.00	33.15	32.00	14.00	13.30	12.60	0.72	14.10	34×14.0-14	10.75	14.00	1.25	2.15
30×9.5-14	16	210	13700	177	48	2.3	30.00	29.20	28.40	9.50	8.95	8.55	0.84	12.65	30×9.5-14	7.00	14.00	1.13	2.25
H29×9.0-15	16	210	14500	197	44	2.1	29.00	28.20	27.70	9.00	8.50	8.55	0.74	12.30	H29×9.0-15	6.00	15.00	0.95	2.15
31×10.75-14	20	264	14615	174	65	3.0	31.42	30.58	28.28	11.05	10.45	9.72	0.79	13.20	31×10.75-14	9.00	14.00	1.25	3.25
34×10.75-16	14	190	15100	110		2.2	34.45	33.65	31.10	10.45	9.80	8.85	0.88	14.20	34×10.75-16	8.25	16.00	1.05	1.85
H30×9.5-16	16	210	15350	202	53	2.4	30.00	29.35	28.60	9.50	8.95	8.55	0.74	12.85	H30×9.5-16	6.25	16.00	1.10	2.20

表 3-4（续）

规格（Size）	层级（PR）	额定速度/(mile/h)	额定载荷/lbf	无载荷充气压力/psi	轮胎重量/lb	氮气重量/lb	新充气轮胎尺寸 最大外径/in	最小外径/in	胎肩径/in	最大断面宽/in	最小断面宽/in	最大胎肩宽/in	高宽比	额定静载荷半径/in	机轮型号	着合宽/in	轮辋直径/in	轮缘高度/in	最小着合宽/in
34×9.25-16	16		15500	155		2.5	34.00	33.15	30.75	9.25	8.75	8.15	0.98	14.30	32×8.8	7.00	16.00	1.13	2.00
25.5×8.0-14	20	250	16200	310	40	2.1	25.50	24.80	23.14	8.00	7.55	6.84	0.72	11.00	25.5×8.0-14	5.75	14.00	1.00	2.10
34×10.75-16	16	210	16500	145		2.8	34.45	33.65	31.10	10.45	9.80	8.85	0.88	14.20	34×10.75-16	8.25	16.00	1.05	1.85
H31×13.0-12	20	225	17200	135	68	2.9	31.00	30.10	27.60	13.00	12.30	11.45	0.73	12.40	H31×13.0-12	8.00	12.00	1.20	2.70
34×14.0-12	24	200	17300	155	88	4.3	34.00	32.60	30.50	14.00	13.20	12.35	0.78	13.70	34×14.0-12	11.00	12.00	1.38	3.00
34×9.25-16	18	210	17800	190	69	3.1	34.00	33.15	30.75	9.25	8.75	8.15	0.98	14.30	32×8.8	7.00	16.00	1.13	2.00
35×9.0-17	16	210	17920	178	65	3.0	34.80	33.95	31.60	9.40	8.90	8.20	0.95	14.75	35×9.0-17	7.25	17.00	1.10	2.25
28×9.0-14	22	213	18100	280	53	2.8	27.85	27.30	25.25	9.10	8.60	8.00	0.77	12.00	28×9.0-14	7.25	14.00	1.13	2.25
H34×9.25-18	18	225	19400	213	60	3.1	34.00	33.20	30.75	9.25	8.75	8.15	0.87	14.50	H34×9.25-18	6.00	18.00	1.20	2.40
H35×11.0-18	18	225	20725	192		3.7	35.00	34.15	33.30	11.00	10.40	9.90	0.77	14.80	H35×11.0-18	7.00	18.00	1.20	2.80
27.75×8.75-14.5	24	260	21500	320	52	2.9	27.75	27.05	24.60	8.75	8.25	7.48	0.76	11.85	27.75×8.75-14.5	6.00	14.50	1.20	2.35
H36×12.0-18	18	225	21525	177	83	4.0	36.00	35.20	34.20	12.00	11.35	10.80	0.75	15.20	H36×12.0-18	7.75	18.00	1.20	2.40
H37×14.0-15	20	225	22000	135		4.3	37.00	36.10	33.05	14.00	13.30	12.30	0.79	15.00	H37×14.0-15	9.00	15.00	1.30	2.80
37×13.0-16	20	225	22200	165		4.7	37.00	36.10	33.20	13.00	12.30	11.45	0.81	15.40	36×11	9.00	16.00	1.63	3.20
H38×13.0-18	18		22250	154		4.4	38.00	37.15	36.00	13.00	12.30	11.70	0.77	15.80	H38×13.0-18	8.50	18.00	1.20	2.40

表 3-4（续）　新充气轮胎尺寸

规格（Size）	层级（PR）	额定速度/(mile/h)	额定载荷/lbf	无载荷充气压力/psi	轮胎重量/lb	氮气重量/lb	最大外径/in	最小外径/in	胎肩径/in	最大断面宽/in	最小断面宽/in	最大胎肩宽/in	高宽比	额定静载荷半径/in	机轮型号	着合宽/in	轮辋直径/in	轮缘高度/in	最小着合宽/in
35×11.5-16	22	255	23000	210	67	4.5	35.00	34.10	31.80	11.50	10.90	10.10	0.83	14.75	36×11	9.00	16.00	1.38	2.80
H35×11.0-18	20	225	23400	216	82	4.1	35.00	34.15	33.30	11.00	10.40	9.90	0.77	14.80	H35×11.0-18	7.00	18.00	1.20	2.80
32×9.75-18	22	250	23700	345	82	4.4	32.00	31.30	29.50	9.75	9.20	8.60	0.72	14.05	34.5×9.75-18	7.50	18.00	1.25	2.55
H37×14.0-15	22	235	24100	145	112	4.6	37.00	36.10	33.05	14.00	13.30	12.30	0.79	15.00	H37×14.0-15	9.00	15.00	1.30	2.80
H40×14.0-19	18		24100	145		5.0	40.00	39.10	36.25	14.00	13.20	12.00	0.76	16.60	H40×14.0-19	9.00	19.00	1.20	2.50
36×11.5-19	20		24925	221	67	4.5	36.00	35.25	34.30	11.50	10.90	10.35	0.74	15.30	H36×11.5-19	7.50	19.00	1.20	2.60
30×11.5-14.5	24	242	25000	243		3.6	29.75	28.75	27.00	11.50	11.00	10.10	0.66	12.50	30×11.5-14.5	9.75	14.50	1.25	2.75
30×11.5-14.5	26	242	25000	245	73	3.6	29.75	28.75	27.00	11.50	11.00	10.10	0.66	12.50	30×11.5-14.5	9.75	14.50	1.25	2.75
37×14.0-14	24	225	25000	160	108	5.1	37.00	36.05	32.85	14.00	13.30	12.30	0.83	15.10	37×14.0-14	11.00	14.00	1.50	3.00
H38×13.0-18	20	225	25075	172		6.3	38.00	37.15	36.00	13.00	12.30	11.70	0.77	15.80	H38×13.0-18				
H38×12.0-19	20	210	25275	192	86	4.8	38.00	37.20	36.10	12.00	11.35	10.80	0.79	16.00	H38×12.0-19	7.75	19.00	1.30	2.73
H37×14.0-15	24	225	26700	160		5.0	37.00	36.10	33.05	14.00	13.30	12.30	0.79	15.00	H37×14.0-15	9.00	15.00	1.30	2.80
H40×14.0-19	20	225	27100	166	126	5.6	40.00	39.10	36.25	14.00	13.20	12.00	0.76	16.60	H40×14.0-19	9.00	19.00	1.20	2.50
43×15.5-17	22		27500	142		6.8	43.00	42.05	40.40	15.50	14.75	13.95	0.84	17.70	43×15.5-17	12.00	17.00	1.63	2.80
32×11.5-15	26	242	27800	290	85	5.0	32.00	31.45	29.00	11.50	10.90	10.50	0.75	12.80	32×11.5-15	9.00	15.00	1.25	3.00

表 3-4（续）

规格 (Size)	层级 (PR)	额定速度/ (mile/h)	额定载荷/ lbf	无载荷充气压力/ psi	轮胎重量/ lb	氮气重量/ lb	新充气轮胎尺寸						高宽比	额定静载荷半径/ in	机轮型号	着合宽/ in	轮辋直径/ in	轮缘高度/ in	最小着合宽/ in
							最大外径/ in	最小外径/ in	胎肩径/ in	最大断面宽/ in	最小断面宽/ in	最大胎肩宽/ in							
41×15.0-18	22	225	28600	170		6.7	41.00	40.05	36.90	15.00	14.25	13.20	0.77	17.20	41×15.0-18	12.75	18.00	1.63	3.00
37×13.0-16	26	225	29300	220	112	6.1	37.00	36.10	33.20	13.00	12.30	11.45	0.81	15.40	36×11	9.00	16.00	1.63	3.20
50×20.0-20	30		29400	175		14.3	50.00	49.00	44.60	20.00	19.10	17.60	0.75	20.60	50×20.0-20	16.25	20.00	1.88	3.95
34.5×9.75-18	26	260	30100	340	79	5.4	34.50	33.70	31.55	9.75	9.15	8.40	0.85	14.85	34.5×9.75-18	7.50	18.00	1.25	2.55
H40×14.5-19	22	225	30100	180	143	6.3	40.00	39.10	36.25	14.50	13.75	12.80	0.73	16.65	H40×14.5-19	9.50	19.00	1.40	2.90
37×11.5-16	28	219	31200	245	86	6.0	37.00	36.10	33.20	11.50	10.90	10.10	0.92	15.45	37×11.5-16	9.00	16.00	1.38	3.15
H42×16.0-19	22	225	31200	160		7.0	42.00	41.10	37.90	16.00	15.20	14.10	0.72	17.30	H40×14.5-19	9.50	19.00	1.40	3.10
41×15.0-18	24	225	31400	190	134	7.5	41.00	40.05	36.90	15.00	14.25	13.20	0.77	17.20	41×15.0-18	12.75	18.00	1.63	3.00
37×13.0-16	28	225	32000	240		6.6	37.00	36.10	33.20	13.00	12.30	11.45	0.81	15.40	36×11	9.00	16.00	1.63	3.20
H40×14.5-19	24	225	33200	200	145	6.9	40.00	39.10	36.25	14.50	13.75	12.80	0.73	16.65	H40×14.5-19	9.50	19.00	1.40	3.10
H41×15.0-19	24	225	33650	187	145	7.2	41.00	40.10	38.80	15.00	14.25	13.50	0.73	17.00	H41×15.0-19	9.75	19.00	1.40	3.10
40.5×15.5-16	28	235	34200	190	138	7.9	40.50	39.50	38.10	15.50	14.70	14.00	0.79	16.70	40.5×15.5-16	11.50	16.00	1.75	3.60
H42×16.0-19	24	225	34400	175		7.6	42.00	41.10	37.90	16.00	15.20	14.10	0.72	17.30	H40×14.5-19	9.50	19.00	1.40	3.10
36×11.0-18	30	261	35800	305	85	5.7	35.80	34.90	34.10	10.40	9.85	9.35	0.86	15.25	36×11.0-18	8.50	18.00	1.75	3.20
H44.5×16.5-20	24	225	36200	165		8.4	44.50	43.50	40.10	16.50	15.70	14.55	0.75	18.30	H44.5×16.5-20	10.50	20.00	1.60	3.50

表 3-4（续）

新充气轮胎尺寸

规格（Size）	层级（PR）	额定速度/（mile/h）	额定载荷/lbf	无载荷充气压力/psi	轮胎重量/lb	氮气重量/lb	最大外径/in	最小外径/in	胎肩径/in	最大断面宽/in	最小断面宽/in	最大胎肩宽/in	高宽比	额定静载荷半径/in	机轮型号	着合宽/in	轮辋直径/in	轮缘高度/in	最小着合宽/in
40×15.5-16	26	235	36300	180		7.3	40.00	39.05	35.70	15.50	14.75	13.65	0.78	16.10	40×15.5-16	10.00	16.00	1.25	3.20
H40×14.5-19	26	225	36800	220	153	7.6	40.00	39.10	36.25	14.50	13.75	12.80	0.73	16.65	H40×14.5-19	9.50	19.00	1.40	3.10
H42×16.0-19	26	225	37800	190	167	8.2	42.00	41.10	37.90	16.00	15.20	14.10	0.72	17.30	H40×14.5-19	9.50	19.00	1.40	3.10
50×20.0-20	24	225	38200	140		11.6	50.00	49.00	44.60	20.00	19.10	17.60	0.75	20.60	50×20.0-20	16.25	20.00	1.88	3.95
56×20.0-20	24	210	38500	110	226	12.2	56.00	54.80	49.50	20.00	19.10	17.60	0.91	22.70	20.00-20	15.50	20.00	2.00	3.40
43×16.0-20	28	200	38600	215	160	9.5	43.00	42.10	38.90	16.00	15.20	14.15	0.72	17.95	43×16.0-20	13.00	20.00	1.75	3.45
40×15.5-16	28	235	39500	195	155	7.8	40.00	39.05	35.70	15.50	14.75	13.65	0.78	16.10	40×15.5-16	10.00	16.00	1.25	3.20
H44.5×16.5-20	26	225	39600	187		9.4	44.50	43.50	40.10	16.50	15.70	14.55	0.75	18.30	H44.5×16.5-20	10.50	20.00	1.60	3.50
H45×17.0-20	26	225	40000	175	200	9.4	45.00	44.00	40.50	17.00	16.20	15.00	0.74	18.50	H45×17.0-20	11.00	20.00	1.60	3.25
H43.5×16.0-21	26	225	40600	210	173	9.4	43.50	42.55	41.25	16.00	15.20	14.40	0.70	18.20	H43.5×16.0-21	10.50	21.00	1.60	1.24
H49×19.0-22	24	225	41000	155	229	11.1	49.00	48.00	46.30	19.00	18.15	17.10	0.71	20.20	H49×19.0-22	12.00	22.00	1.70	3.95
H44.5×16.5-21	26	225	41100	198	186	9.7	44.50	43.50	42.20	16.50	15.70	14.50	0.71	18.50	H44.5×16.5-20	10.50	21.00	1.60	3.30
H46×18.0-20	26	225	41500	170	240	10.2	46.00	45.00	41.30	18.00	17.15	15.85	0.73	18.80	H45×17.0-20	11.00	20.00	1.60	3.35
50×20.0-20	26	225	41800	150		12.4	50.00	49.00	44.60	20.00	19.10	17.60	0.75	20.60	50×20.0-20	16.25	20.00	1.88	3.95
44.5×16.5-18	30	225	42500	195	200	10.3	44.50	43.50	39.70	16.50	15.70	14.50	0.81	18.35	44×16	13.25	18.00	1.63	3.55

表 3-4（续）

新充气轮胎尺寸

规格（Size）	层级（PR）	额定速度/(mile/h)	额定载荷/lbf	无载荷充气压力/psi	轮胎重量/lb	氮气重量/lb	最大外径/in	最小外径/in	胎肩直径/in	最大断面宽/in	最小断面宽/in	最大胎肩宽/in	高宽比	额定静载荷半径/in	机轮型号	着合宽/in	轮辋直径/in	轮缘高度/in	最小着合宽/in
H44.5×16.5-20	28	225	42800	195	179	9.8	44.50	43.50	40.10	16.50	15.70	14.55	0.75	18.30	H44.5×16.5-20	10.50	20.00	1.60	3.50
H46×18.0-20	28	225	44200	180	212	10.8	46.00	45.00	41.30	18.00	17.15	15.85	0.73	18.80	H45×17.0-20	11.00	20.00	1.60	3.55
H44.5×16.5-21	28	225	44700	214	187	10.4	44.50	43.50	42.20	16.50	15.70	14.80	0.71	18.50	H44.5×16.5-21	10.50	21.00	1.60	3.30
44.5×16.5-18	32	225	45800	210		11.0	44.50	43.50	39.70	16.50	15.70	14.50	0.81	18.35	44×16	13.25	18.00	1.63	3.55
50×21.0-20	28		46700	150		13.0	50.00	49.00	44.60	21.00	20.05	18.50	0.72	20.20	49×17	13.25	20.00	1.75	3.60
H44.5×16.5-21	30	225	48400	230	280	11.1	44.50	43.50	42.20	16.50	15.70	14.80	0.71	18.50	H44.5×16.5-21	10.50	21.00	1.60	3.30
50×21.0-20	30	225	49000	160	299	13.8	50.00	49.00	44.60	21.00	20.05	18.50	0.72	20.2	49×17	13.25	20.00	1.75	3.60
49×18.0-22	30	225	50900	219	257	14.5	49.00	48.00	46.30	18.00	17.15	16.20	0.75	20.60	49×18.0-22	13.75	22.00	1.88	3.75
H46×18.0-20	32	235	51100	205	201	12.2	46.00	45.00	41.30	18.00	17.15	15.85	0.73	18.80	H45×17.0-20	11.00	20.00	1.60	3.80
47×15.75-22.1	32	279	51500	223	245	12.4	48.10	47.20	43.40	16.00	15.20	14.05	0.82	19.55	47×15.75-22.1	12.75	22.10	1.75	3.75
49×19.0-20	32	235	51900	195	185	14.3	49.00	48.00	43.80	19.00	18.15	16.70	0.77	20.30	49×17	13.25	20.00	1.88	3.75
B46×16.0-23.5	30	276	53800	260		12.3	46.00	45.10	42.20	16.00	15.20	14.10	0.71	19.55	B46×16.0-23.5	10.50	23.50	1.25	3.15
50×20.0-20	32		53800	190		15.4	50.00	49.00	44.60	20.00	19.10	17.60	0.75	20.50	50×20.0-20	16.25	20.00	1.88	3.95
47×18-18	36	250	54000	215	191	13.8	46.90	46.00	41.60	17.90	17.25	15.75	0.81	19.25	47×18-18	14.75	18.00	1.75	3.90
52×20.5-23	26		55000	165		14.4	52.00	51.00	46.80	20.50	19.60	18.05	0.71	21.30	52×20.5-23	13.00	23.00	1.50	3.25

表 3-4（续）　新充气轮胎尺寸

规格（Size）	层级（PR）	额定速度/(mile/h)	额定载荷/lbf	无载荷充气压力/psi	轮胎重量/lb	氮气重量/lb	最大外径/in	最小外径/in	胎肩径/in	最大断面宽/in	最小断面宽/in	最大胎肩宽/in	高宽比	额定静载荷半径/in	机轮型号	着合宽/in	轮辋直径/in	轮缘高度/in	最小着合宽/in
H46×18.0-20	34	235	55300	220		13.0	46.00	45.00	41.30	18.00	17.15	15.85	0.73	18.80	H45×17.0-20	11.00	20.00	1.60	3.80
49×19.0-20	34	245	55700	215	265	15.7	49.00	48.00	43.80	19.00	18.15	16.70	0.77	20.30	49×17	13.25	20.00	1.88	3.75
H49×19.0-22	32	235	56600	205	259	14.3	49.00	48.00	46.30	19.00	18.15	17.10	0.71	20.20	H49×19.0-22	12.00	22.00	1.70	3.95
50×20.0-20	34	225	57000	205	276	16.5	50.00	49.00	44.60	20.00	19.10	17.60	0.75	20.60	50×20.0-20	16.25	20.00	1.88	3.95
52×20.5-20	34		57800	185		16.9	52.00	51.00	46.25	20.50	19.60	18.05	0.79	21.30	50×20.0-20	16.25	20.00	1.88	4.20
52×20.5-23	28		59500	187	269	16.1	52.00	51.00	46.80	20.50	19.60	18.05	0.71	21.30	52×20.5-23	13.00	23.00	1.50	3.25
50×20.0-20	36	225	60700	215	334	17.3	50.00	49.00	44.60	20.00	19.10	17.60	0.75	20.60	50×20.0-20	16.25	20.00	1.88	3.95
54×21.0-23	32	235	61300	202	294	19.5	54.00	53.00	50.90	21.00	20.10	18.90	0.74	22.50	54×21.0-23	16.25	23.00	2.00	4.20
52×20.5-20	36	225	62500	200		18.2	52.00	51.00	46.25	20.50	19.60	18.05	0.79	21.30	50×20.0-20	16.25	20.00	1.88	4.20
52×20.5-23	30	235	63700	195	294	16.8	52.00	51.00	46.80	20.50	19.60	18.05	0.71	21.30	52×20.5-23	13.00	23.00	1.50	3.25
52×20.5-20	38		65300	210		19.0	52.00	51.00	46.25	20.50	19.60	18.05	0.79	21.30	50×20.0-20	16.25	20.00	1.88	4.20
H54×21.0-24	34	235	68100	200		18.9	54.00	53.00	51.00	21.00	20.10	18.90	0.72	22.20	H54×21.0-24	13.00	24.00	1.80	4.25
54×21.0-23	36	235	68500	223	281	21.4	54.00	53.00	50.90	21.00	20.15	18.90	0.74	22.50	54×21.0-23	16.25	23.00	2.00	4.20
H54×21.0-24	36	235	72200	212	294	20.0	54.00	53.00	51.00	21.00	20.10	18.90	0.72	22.20	H54×21.0-24	13.00	24.00	1.80	4.25

表 3-5　子午线轮胎目录

规格（Size）	层级（PR）	额定速度/(mile/h)	额定载荷/lbf	无载荷充气压力/psi	重量/lb	氮气重量/lb	最大膨胀轮胎尺寸					额定静载荷半径		机轮型号	着合宽/in	轮辋直径/in	轮缘高度/in	最小着合宽/in
							外直径/in	胎圈直径/in	断面宽/in	胎肩宽/in	高宽比	最小/in	最大/in					
16×4.4R8	10	190	2900	155	10	0.3	16.40	14.90	4.65	4.10	0.90	6.80	7.05	16×4.4R8	3.50	8.00	0.81	1.20
18×5.5R8	8	160	3050	105	10	0.4	18.40	16.65	6.00	5.25	0.77	7.55	7.90	18×5.5	4.25	8.00	0.88	1.25
14.5×5.5R6		225	3250	177	8	0.4	15.00	13.40	5.75	5.05	0.83	6.15	6.45		4.25	6.00	0.88	1.50
17.5×5.75R8		225	3375	145	11	0.4	18.00	17.00	6.00	5.26	0.90	7.54	7.88		4.25	8.00	0.88	1.40
16×4.4R8	12	190	3525	207	10	0.4	16.40	14.90	4.65	4.10	0.81	6.90	7.20	16×4.4	3.50	8.00	0.81	1.20
435×190R5	10	190	3600	87	11	0.4	18.20	15.70	8.00	7.15		6.85	7.30		6.30	5.00	0.71	1.25
16×6.0R6	12	225	4375	164	14	0.5	16.55	15.50	6.25	5.65	0.90	6.65	7.00		4.75	6.00	0.88	1.60
20×4.4R12	14	190	6000	265	14	0.6	20.40	19.80	4.65	4.10	0.78	8.75	9.05	20×4.4	3.50	12.00	0.81	1.00
21×7.25R10	12	225	6400	166	27	0.9	21.90	19.75	7.50	6.60	0.78	9.00	9.40	22×6.6	5.50	10.00	1.00	1.95
21×7.25R10	14	225	7600	198	26	1.1	21.90	19.75	7.50	6.60		9.05	9.40	22×6.6	5.50	10.00	1.00	1.95
26×7.75R13	10	230	8100	125	27	1.2	27.36	24.47	8.32	7.54	0.84	10.60	11.39	26×7.75—13	6.50	13.00	0.70	1.60
26×6.6R14	12	190	8600	185	26	1.2	26.32	24.02	6.92	6.08	0.72	11.15	11.60	26×6.6	5.00	14.00	1.00	1.70
32×8.8R16	10	190	9000	115	38	1.6	31.80	28.70	9.25	8.20		13.00	13.60	32×8.8	7.00	16.00	1.13	1.50
23.5×8.0R12	14	190	9425	212	24	1.5	24.25	23.00	8.35	7.50		10.10	10.55	23.5×8.0R12	6.25	12.00	1.00	2.15
27×7.75R15	12	225	9650	200	38	1.7	27.70	25.40	8.10	7.15		11.75	12.20	29×7.7	6.00	15.00	1.00	1.65
24×7.7R10	16	225	9725	165	24	1.3	24.80	22.05	8.00	7.05		9.95	10.50	24×7.7	5.50	10.00	0.91	1.70
26×6.6R14	14	225	10000	225	27	1.5	26.32	24.02	6.92	6.08		11.15	11.60	26×6.6	5.00	14.00	1.00	1.70

表 3-5（续）

规格（Size）	层级（PR）	额定速度/(mile/h)	额定载荷/lbf	无载荷充气压力/psi	重量/lb	氮气重量/lb	最大膨胀轮胎尺寸 外直径/in	胎肩直径/in	断面宽/in	胎肩宽/in	高宽比	额定静载荷半径 最小/in	最大/in	机轮型号	着合宽/in	轮辋直径/in	轮缘高度/in	最小着合宽/in
25.75×6.75R14	14	210	10300	237		1.6	26.35	25.15	7.05	6.35	0.87	11.20	11.60	25.75×6.75R14	5.00	14.00	1.00	1.70
25.75×6.75R14	14	210	10300	199	26	1.3	26.35	25.15	7.05	6.35		11.20	11.60	26×6.6	5.00	14.00	1.00	1.70
32×8.8R16	12	190	11000	140	45	1.9	31.80	28.70	9.25	8.20	0.84	13.00	13.60	32×8.8	7.00	16.00	1.13	1.65
H34×10.0R16	14	190	13400	130	57	2.6	34.85	32.95	10.40	9.35	0.85	14.00	14.75	32×8.8	7.00	16.00	1.13	2.15
29×7.7R15	16	225	13800	230	31	2.2	29.10	26.55	8.20	7.20		12.20	12.70	29×7.7	6.00	15.00	1.00	1.65
30×8.8R15	16	225	14200	199	52	2.6	31.10	29.50	9.30	8.30	0.85	12.90	13.50	30×8.8	7.00	15.00	1.13	2.10
25.5×8.0R14	20	250	16200	310	40	2.4	26.65	23.28	8.04	6.89	0.77	10.94	11.35	25.5×8.0-14	5.75	14.00	1.00	2.10
H32×10.5R16.5	16	225	17450	183	44	3.2	32.95	31.30	10.95	9.85	0.85	13.30	13.90	H32×10.5R16.5	6.75	16.50	1.10	2.11
H33×10.5R17	18	225	19525	201		3.7	33.95	32.25	10.95	9.85	0.84	13.90	14.55	H33×10.5R17	6.75	17.00	1.10	2.28
H34×9.5R18	18	225	19550	221		3.6	34.80	33.15	9.65	8.70		14.45	15.05	H34×9.5R18	6.00	18.00	1.20	2.28
915×300R16	20	225	21000	186		4.9	37.00	34.90	12.30	10.80	0.84	14.70	15.43		9.00	16.00	1.38	2.60
27.75×8.75R14.5	24	260	21500	320	52	3.4	28.68	25.31	9.19	7.85	0.78	11.85	12.30	H27.75×8.75-14.5	6.00	14.50	1.20	2.35
H35×11.0R18	20	225	23400	216		4.6	35.97	34.17	11.44	10.30		14.80	15.40	H35×11.0R18	7.00	18.00	1.20	2.45
30×11.5R14.5	24	236	25000	302	66	5.0	30.75	27.82	11.96	10.50	0.77	12.00	12.65	30×11.5-14.5	9.75	14.50	1.25	2.75
H38×13.0R18	20	225	25075	172		5.5	39.15	37.05	13.55	12.20	0.80	15.75	16.50	H38×13.0R18	8.50	18.00	1.20	2.40
H38×12.0R19	20	225	25275	192		5.4	39.10	37.05	12.50	11.25		15.95	16.65	H38×12.0R18	7.75	19.00	1.30	2.73
H37.5×12.0R19	20	225	25600	212		5.9	39.10	37.05	12.50	11.25	0.77	15.80	16.50	H37.5×12.0R19	7.75	19.00	1.33	2.45

表 3-5（续）

规格（Size）	层级（PR）	额定速度/(mile/h)	额定载荷/lbf	无载荷充气压力/psi	重量/lb	氮气重量/lb	最大膨胀轮胎尺寸					额定静载荷半径		机轮型号	着合宽/in	轮辋直径/in	轮缘高度/in	最小着合宽/in
							外直径/in	胎肩直径/in	断面宽/in	胎肩宽/in	高宽比	最小/in	最大/in					
40×14.0R16	24	225	27700	170	136.4	6.9	41.02	36.08	14.56	12.48	0.86	16.40	17.30	40×14	11.00	16.00	1.63	2.95
H38×13.0R18	22	225	27725	190		6.0	39.15	37.05	13.55	12.20	0.77	15.75	16.50	H38×13.0R18	8.50	18.00	1.20	2.40
H39×12.0R19	22	225	28225	203		6.1	40.05	37.95	12.50	11.25	0.84	16.35	17.15	H39×12.0R19	7.75	19.00	1.33	2.62
40×16.0R16	26	225	31475	180	115	8.5	41.45	38.90	16.65	15.00	0.73	16.50	17.40	40×16.0R16	12.50	16.00	1.75	2.96
H40×14.5R 19	24	225	32200	200	137.1	7.8	41.30	39.05	15.10	13.06	0.71	16.60	17.40		9.50	19.00	1.40	3.10
H41×16.0R20	22	225	32825	187	129	8.4	42.40	40.15	16.65	15.00	0.76	17.10	17.90	H41×16.0R20	10.50	20.00	1.40	2.80
1050×395R16	28	235	34200	190	131	9.3	42.65	40.00	16.15	14.20	0.74	16.60	17.55	40.5×15.5-16	11.50	16.00	1.75	3.50
42×17.0R18	26	235	36100	194		10.4	43.50	40.95	17.70	15.95	0.70	17.42	18.33		14.00	18.00	1.63	3.30
45×16.0R20	28	225	42000	222		11.9	45.65	42.05	16.65	14.65	0.77	18.45	19.45	46×16	13.25	20.00	1.75	3.75
43×17.5R17	32	235	44500	212		12.5	44.55	41.80	18.20	16.40	0.84	17.65	18.65	43×17.5R17	13.25	17.00	1.75	3.89
50×20.0R22	26	235	45200	177		15.7	51.75	48.80	20.80	18.75	0.72	20.83	21.90	50×20.0R22	15.00	22.00	1.88	3.15
46×17.0R20	30	225	46000	222	181	13.9	47.50	44.75	17.70	15.95	0.78	19.20	20.15	46×16	13.25	20.00	1.88	3.70
49×17.0R20	30	225	48145	200		14.7	50.26	44.21	17.94	15.08		20.05	21.15	49×17	13.25	20.00	1.88	3.95
H44.5×16.5R21	30	235	48400	230		12.6	45.95	43.45	17.20	15.45		18.45	19.35	H44.5×16.5R21	10.50	21.00	1.60	3.40
45×18.0R17	36	235	50300	216		14.6	46.60	43.65	18.75	16.85		18.45	19.50	45×18.0R17	14.00	17.00	2.13	4.20

表 3-5（续）

规格（Size）	层级（PR）	额定速度/(mile/h)	额定载荷/lbf	无载荷充气压力/psi	重量/lb	氮气重量/lb	最大膨胀轮胎尺寸					额定静载荷半径		机轮型号	着合宽/in	轮辋直径/in	轮缘高度/in	最小着合宽/in
							外直径/in	胎肩直径/in	断面宽/in	胎面宽/in	高宽比	最小/in	最大/in					
49×17.0R20	32	225	50400	210		15.4	50.26	44.21	17.94	15.08	0.84	20.05	21.15	49×17	13.25	20.00	1.88	3.95
1270×455R22	30	225	50900	219		17.1	51.55	48.60	18.75	15.00	0.78	20.50	21.55	49×18.0-22	13.75	22.00	1.88	3.75
47×15.75R22.1	32	279	51500	223		13.9	49.37	47.64	16.70	11.28	0.82	20.25			12.75	22.10	1.75	3.75
H44.5×16.5R21	32	235	51675	246		13.4	45.95	43.45	17.20	15.45	0.72	18.50	19.35	H44.5×16.5R21	10.50	21.00	1.60	3.40
1270×455R22	32	225	54800	235		18.2	51.55	48.60	18.75	15.00	0.78	20.50	21.55	49×18.0-22	13.75	22.00	1.88	3.95
50×20.0R22	32	235	57100	220	222	19.2	51.75	48.80	20.80	18.75	0.70	20.83	21.90	50×20.0R22	15.00	22.00	1.88	3.15
1400×530R23	32	235	61300	202	266	22.8	56.85	53.45	21.70	19.10	0.76	22.35	23.60	1400×530R23 54×21.0-23	16.25	23.00	2.00	3.80
50×20.0R22	34	235	61525	244		21.2	51.75	48.80	20.80	18.75	0.70	20.83	21.90	50×20.0R22	15.00	22.00	1.88	3.15
52×21.0R22	36	235	66500	227		22.9	53.85	50.70	21.85	19.70	0.71	21.60	22.75	52×21.0R22	16.00	22.00	2.13	3.75
52×21.0R22	38	245	68000	236		23.7	53.85	50.70	21.85	19.70	0.72	21.60	22.75	52×21.0R22	16.00	22.00	2.25	3.75
1400×530R23	36	235	68500	223	281	25.0	56.85	53.45	21.70	19.10	0.76	22.35	23.60	1400×530R23 54×21.0-23	16.25	23.00	2.00	4.20
54×21.0R23	38	235	71200	236	272	25.4	55.85	52.60	21.85	19.70	0.74	22.55	23.70	54×21.0R23	16.25	23.00	2.38	3.98
1400×530R23	40	235	74950	249	302	27.7	56.85	53.45	21.70	19.10	0.76	22.35	23.60	1400×530R23	16.25	23.00	2.50	3.50
1400×530R23	42	235	79300	263	277	29.2	56.85	53.45	21.70	19.10	0.76	22.35	23.60	1400×530R23	16.25	23.00	2.50	3.50

3.2 轮胎性能和建模

3.2.1 充气轮胎的力学性能

本节旨在概述充气轮胎的力学性能。以下部分只是作为简介，因为参考文献［16］整卷都是关于轮胎性能、特性和建模的。为了能够描述轮胎及作用在其上的力矩和力，须要定义一个轴坐标系。图 3-22 所示的轴坐标系是 SAE International[17] 推荐的轮胎坐标系。对于地面车辆，国际标准组织提出了一种替代的轴坐标系（其 Z 轴正向指向上方）。值得注意的是，在对比不同方法时应确保采用相同的坐标系。本图中轴坐标系的原点是轮胎接地面的中心。X 轴沿着机轮平面和道面的交线方向，指向前方（轮胎滚动朝向的方向）为正。Z 轴垂直于道面，指向下方为正。Y 轴在道面内与其他轴相互正交，其正方向遵循右手法则。道面作用在轮胎上共有三个力和三个力矩：纵向力 F_{XT} 是道面沿 X 轴方向作用在轮胎上的分力，侧向力 F_{YT} 是道面沿 Y 轴方向作用在轮胎上的分力，法向力 F_{ZT} 是道面沿 Z 轴方向作用在轮胎上的分力。轮胎与道面接触产生的力矩可类似地分解：倾侧力矩 M_{XT} 是绕 X 轴方向的转矩，滚动阻力矩 M_{YT} 是绕 Y 轴方向的转矩，以及回正力矩 M_{ZT} 是绕 Z 轴方向的转矩。侧偏和倾斜（外倾）角是与滚动轮胎相关的两个关键角度参数。侧偏角 α 是机轮行驶方向（X 轴）与轮胎印痕中心的位移方向之间的夹角。外倾角 ε 是 XZ 平面和机轮平面之间的夹角。轮胎在接地面处产生的侧向力是侧偏角和外倾角的函数。

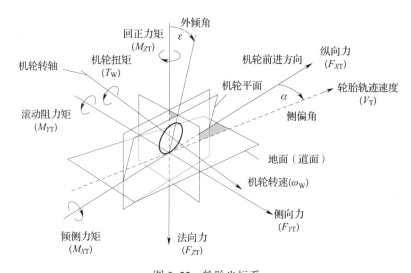

图 3-22　轮胎坐标系

3.2.1.1　滚动特性

当轮胎自由滚动（机轮扭矩 $T_W=0$）例如，飞机起飞或滑行时，轮胎的接地区域产生变形。这种变形导致接触面前部的接触压力高于后部。接触压力的中心向滚动方向移动（见图 3-23）。现实中，总会有一些由轴承摩擦引起的摩擦扭矩，这会轻微改变轮胎自由滚动。

这种偏移会产生一个绕 Y 轴的转矩 M_{YT}（F_{ZT} 和偏移距离的乘积），即滚动阻力矩。由于没有施加扭矩 T_W，为了建立平衡关系，在接触面处必然存在一个水平力。这个水平力称为滚动阻力。经常讨论的滚动阻力系数就是滚动阻力与轮胎法向力的比值。系统中滚动阻力能量损失主要是由轮胎胎体和胎面材料在变形后的迟滞效应引起。在干燥且坚硬的道面上，这种滚动阻力主要是轮胎特性的函数且对道面的摩擦特性不敏感。在潮湿或受污染的道面上，其他阻滞机制可能占主导地位。在柔软的道面上，轮胎可能需要挤出路面材料，这将对轮胎施加滚动阻力。在这些情况下，降低充气压力能够减少道面材料移位并降低滚动阻力。在坚硬的表面上，较高的充气压力会导致轮胎以较小的变形运行，并降低滚动阻力。一项针对干燥、坚硬表面上运行的几种飞机子午线轮胎进行的研究[18]表明平均滚动阻力系数为 0.015，没有随速度或载荷变化的趋势。历史研究表明，斜交轮胎的滚动阻力系数可能随着

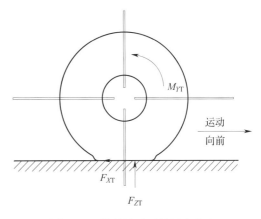

图 3-23　轮胎滚动时的压力中心

速度的增加而增加。ESDU 在其技术文档 10015[19]中提出了一种基于已知轮胎特性对滚动阻力建模方法。这种方法包括速度的影响，虽然基于斜交轮胎，但据说也代表了子午线轮胎的特性。

在砾石或未铺砌道面上，较高的轮胎压力会导致轮胎沉入地面并挤出道面材料。对于给定的轮胎，这会引起其在坚硬路面上滚动阻力增加并超过基线值。图 3-24 显示了对此的估算结果，其中滚动阻力的增加量（从图 3-24 确定的值必须添加到滚动阻力的基线值中）是根据轮胎压力（psi）除以未铺砌表面的加利福尼亚承载比例（CBR）确定。

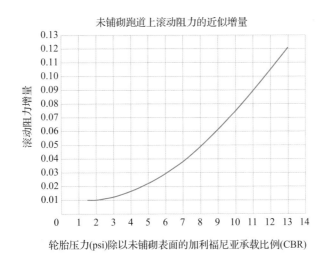

图 3-24　未铺砌跑道上滚动阻力增量[20]

3.2.1.2　转向行为

在无任何垂直于机轮平面的力的情况下，充气轮胎将沿机轮平面运动。然而，如果横向力作用于轮胎，则在接触面处会产生侧向力，轮胎将沿着与机轮平面成一定角度的路径运动，如图 3-25 所示。前进路径与机轮平面之间的角度称为侧偏角。侧偏现象主要是由于轮胎的侧向弹性引起的。在轮胎和地面之间的接触面上产生的横向力为侧偏力。可以认为轮胎是一个可以滚动的复杂弹簧。弹簧必须变形才能产生力，且轮胎必须滚动一段距离

才能产生侧向力。描述这种行为的函数是指数函数，渐近地接近某个最终值，也是另一个轮胎特性参数松弛长度的来源。侧偏力和侧偏角之间的关系决定了轮胎辅助飞机转弯和保持方向稳定性的能力。当轮胎以恒定速度沿前进路径移动时，施加在机轮中心的横向力和侧偏力（在接触面处产生）通常不会共线。在小的侧偏角下，地平面中的侧偏力通常在施加的横向力后面产生，从而产生一个趋向于使机轮平面与运动方向对齐的扭矩。该扭矩被称为回正力矩，是在转弯之后使得轮胎返回其未受干扰位置的主要力矩。横向力与侧偏力之间的距离称为气动稳定距，侧偏力与气动稳定距的乘积为回正力矩。

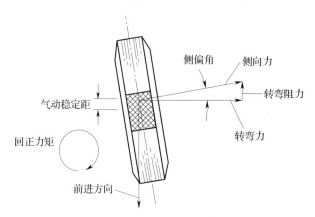

图 3-25 承受侧向力的轮胎行为

40×14 子午线轮胎的试验结果（见图 3-26）分别给出了三种不同速度下的干 / 湿道面条件下，轮胎侧偏力（其除以法向力可表示为"μ 侧"）与偏航角的关系。可以看出，在湿跑道上高速行驶时有效侧偏力会显著减小。为了在更高的速度下产生与低速时同样的侧向力，轮胎必须采取更大的转向角度。

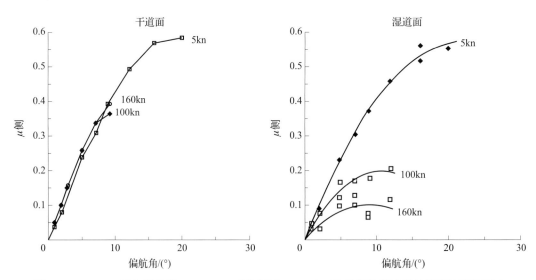

图 3-26 40×14 子午线轮胎，1.17 MPa 充气压力，111 kN 垂直载荷下速度对侧偏性能的影响

3.2.1.3 径向刚度

对起落架设计者来说，轮胎的径向刚度是非常重要的参数。如图 3-27 所示，载荷一

变形曲线的起始阶段通常是非线性的，随后是合理的线性变形阶段。最后，当轮胎开始压在轮辋上时，产生单位变形的载荷开始急剧增加。该图给出了用于确定全压缩载荷的推荐方法[21]，其中全压缩载荷是变形曲线和线 *B—B* 之间的切点值。线 *B—B* 的斜率是下沉率 28%~48% 之间的变形曲线斜率的 2.2 倍。另一种方法是在试验过程中检测轮胎部件之间的内部接触。

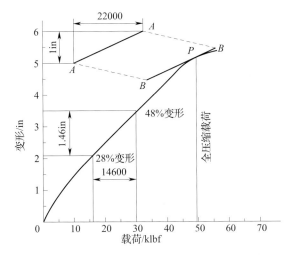

图 3-27　在通用的载荷—变形曲线上确定全压缩载荷的方法

在选择轮胎时，必须确保全压缩载荷足以满足预期的使用需求。在大多数情况下，全压缩载荷约为轮胎额定载荷的 3 倍。每条载荷—变形曲线都与特定的轮胎充气压力相关。图 3-28 给出了三个轮胎的载荷—变形试验曲线：40×14 斜交轮胎、40×14 子午线轮胎和 H40×14 轮胎（两种不同的充气压力）。子午线轮胎由于较薄的胎侧结构技术，其典型特征是径向刚度较低。

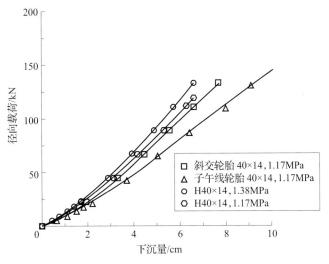

图 3-28　三种轮胎的载荷—变形试验曲线

3.2.1.4　刹车特性

由于航空业才刚刚开始认真考虑在飞机上增加动力轮胎以降低燃油损耗和噪声，当前人们对飞机轮胎的兴趣主要聚焦在刹车性能上，而不是牵引性能上。图 3-29 显示了轮胎在垂直载荷和刹车载荷下变形的原理图。可以看出，与地面接触的胎面单元被拉伸，此外，位于接触处前面的胎面单元也被拉伸。

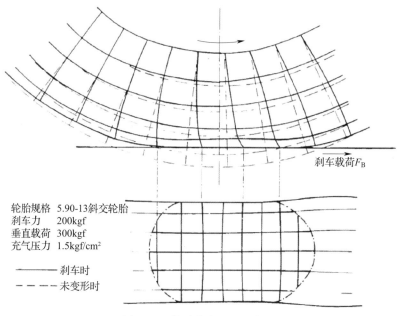

图 3-29　轮胎刹车过程示意图

　　自由滚动轮胎产生的力的分布用图 3-31 中的线 1 表示；由刹车扭矩产生的附加剪切力用线 2 表示，沿接触面的剪切合力分布由线 3 表示。对于任何给定轮胎，这条曲线的具体形状取决于刹车力、施加的垂直载荷、充气压力、摩擦因数和其他变量。图 3-29 给出了对这种分布的解释。受拉伸的胎面单元在第一次进入接触面时黏附在地面上，随着其进一步进入接触面，会产生随距离的增加而线性增加的变形（引起纵向力的增加），直到达到摩擦力的限制值并且胎面单元开始向后滑动，从而再次减少纵向力，如图 3-31 中的三条线所示。对于自由滚动和刹车轮胎，沿接触长度的垂直力分布如图 3-30 所示。可以看出由于轮胎胎面的拉伸，刹车轮胎的接触长度比自由滚动轮胎的接触长度长。

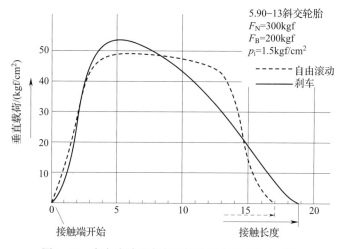

图 3-30　自由滚动和刹车的轮胎垂直载荷分布对比

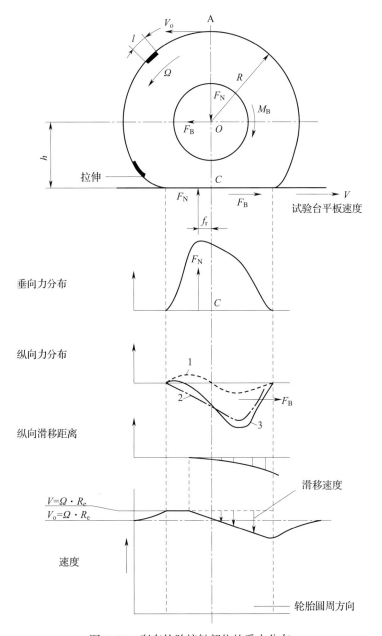

图 3-31　刹车轮胎接触部位的受力分布

在处理轮胎的摩擦行为时，经常会提到"滑移率"。与 AIR1489[22] 一致，应用于飞机的纵向滑移率的典型定义是

$$\frac{\omega_0 - \omega}{\omega_0} \qquad 或 \qquad 1 - \frac{\omega}{\omega_0}$$

式中：ω——刹车机轮的角速度；

　　　ω_0——自由滚动机轮的角速度。

一些情况下也会表示为滑移百分比，这种情况下可用上述公式确定的值乘以 100。

如图 3-31 所示，在刹车过程中受载轮胎半径 h 与自由滚动情况相比，由于施加了刹车扭矩而减小。由于胎面单元在接触前拉伸，使其圆周速度增加。假设接触面的前部没有滑动以获得中等刹车力，与地面接触的胎面单元将开始以地面速度进行移动。朝向接地面后部的增加的纵向剪切力，结合减小的垂直力，会导致接地面后部中的胎面单元向后滑动。这在图 3-32 中以图形方式显示。如图所示，在恒定垂直载荷下增加刹车力会导致接触长度上的滑动增加。随着刹车力的增加，滑移会增加，附着在地面上的区域会减少，直到整个接触面都在滑动。

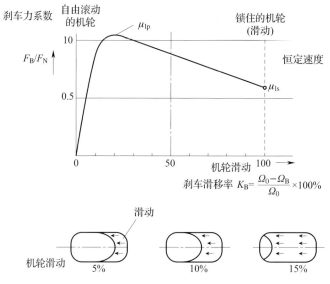

图 3-32　刹车轮胎的滑移率曲线

摩擦因数峰值的位置各不相同，但一般在 10% ~ 20% 滑动之间。受载的轮胎半径 h 和滚动半径随着施加的垂直载荷和阻力载荷的变化而变化。在许多情况下，术语"滚动半径"用于表示从轮轴中心线到接地点的距离，即水平滚动距离与滚动圈数的比值。后者（滚动半径）对于防滑刹车系统非常重要，而前者对于确定起落架结构上的载荷以及刹车力矩转换为轮胎接地面的阻力载荷很重要。必须小心确保使用适当的尺寸，因为这两个值之间存在显著的差异：受载的轮胎半径（载荷半径）考虑了轮胎的垂向变形量（这对于飞机轮胎很重要）而滚动半径类似于轮胎的未变形半径。当轮胎在明显变形的状态下滚动时，轮胎胎面长度基本上保持与充气、未受载状态下相同。轮胎每转一圈，整个胎面长度沿着非圆形轨迹通过地面。NASA TN D-6426[23] 和 ARP4955[21] 中提供了确定刹车过程中滚动半径的方法。ARP4955 还提供了在纵向回弹率测试中确定"垂直下沉量"的经验确定的指导；由此得出的曲线可以用来确定刹车过程中轮胎的载荷半径 h。

3.2.2　轮胎与地面间的摩擦

轮胎与地面的有效摩擦因数是飞机和起落架设计人员研究的重要课题。一般来说，摩擦因数越大，飞机在地面操纵和刹车距离方面的性能越好。然而，侧风着陆时的高摩擦因数可能会导致控制困难，更高的摩擦因数会导致起落架承受更高的载荷。可用的摩擦力在很大程度上取决于地面，也取决于轮胎的设计和组成。水或者其他污染物的存在对有效摩擦力有非常重要的影响。轮胎摩擦的主流模型[24]提出了轮胎橡胶与地面摩擦产生的两个关键机理：附着力和迟滞力，如图 3–33 所示。

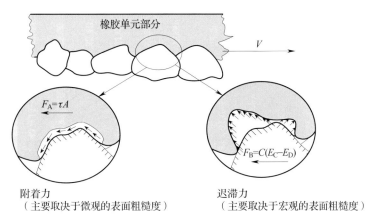

附着力
（主要取决于微观的表面粗糙度）　　迟滞力
（主要取决于宏观的表面粗糙度）

图 3–33　橡胶摩擦行为的模型

附着力是由于轮胎橡胶与路面表面的小规模黏合而产生的摩擦力。迟滞力是由于轮胎在道面上移动的变形过程中因能量损失（因为轮胎表面局部包裹路面宏观纹理并释放）而产生的摩擦力。橡胶与道面接触的总摩擦力（抓地力）是这两个值的和。当道面可以建模为局部刚性并且轮胎没有挤出任何材料（如土壤、雪、雪泥或水）时，此模型是合理的。水的存在以三种方式影响可用摩擦力：

（1）通过减弱水膜或阻止橡胶与路面局部结合，可以降低附着力。

（2）对于少量水的情况下，由于水膜能提供冷却，可以减少迟滞力。

（3）对于较大的水膜厚度，流体不易排出，轮胎与路面凹凸不平之间的水的存在减少或消除了局部轮胎变形。因此，迟滞摩擦力接近于零。

为了保证湿跑道具有足够水平的摩擦力，需要去除水或轮胎穿透水膜以使得轮胎与跑道表面充分接触。

虽然橡胶作为一种黏弹性材料，并不会明确遵循库仑摩擦模型，但轮胎／地面摩擦现象经常被简化为库仑摩擦模型。摩擦因数由下式给出

$$\mu = \frac{F_{\text{friction}}}{F_{\text{normal}}}$$

在干燥道面上，μ 的峰值通常取为 0.8，该值在大型飞机的审定规章中引用。个别轮胎的试验结果可产生大于 0.8 的 μ 峰值；然而，实际的应用值随速度（较高的速度具有较低的 μ 值）和充气压力而变化，范围为 0.65 ~ 0.95。图 3–34 为一块橡胶在混凝土上的滑动摩擦示例。接触压力较低情况下可用摩擦因数较高。可以观察[25]得出橡胶摩擦的黏附部分取决于载荷（或压力），而迟滞项对压力相对不敏感。这会导致在施加的低载荷下产生高摩擦因数。

干燥道面上的摩擦因数最大值取决于（根据图 3–34 和图 3–35）胎面区域中使用的橡胶混合物，以及地面接触压力（充气压力是一个很好的估计值）。表面粗糙度和轮胎胎面花纹会减少与地面的接触面积，从而增加接触压力并降低摩擦因数。

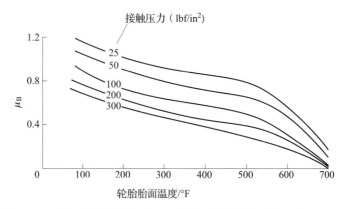

图 3-34　小橡胶块在混凝土道面上的滑动摩擦因数（速度小于 1kn）

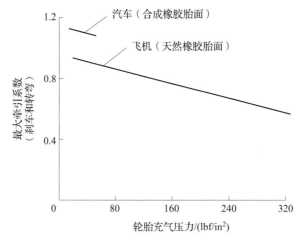

图 3-35　低速干燥跑道的典型最大摩擦因数（速度小于 1kn）

未铺砌道面的摩擦因数会因材料的类型和质地而显著变化。集料道面跑道表面的摩擦因数约为 0.6，干土面的摩擦因数介于 0.6~0.68 之间。干草跑道的摩擦因数显著降低，约为 0.4。地面潮湿时，所有这些因数均会大幅降低。

3.2.2.1　湿跑道和打滑

轮胎产生的总摩擦力（忽略轮胎内部和外部的空气阻力）不仅包括两个橡胶 / 地面力 F_A 和 F_H，还包括滚动阻力 F_R 和材料移位的阻力 F_D。轮胎产生的总摩擦力为

$$F_{total}=F_A+F_H+F_R+F_D$$

在干燥、坚硬的跑道上运行时，F_D 实际上为零。但是，如果在松软的地面上运行，轮胎的材料可能会错位，从而将产生阻力。同样地，对于在有水、泥浆或有雪的跑道上运行的轮胎，轮胎的材料必然会错位从而产生阻力。对于泥浆和水，这种阻力用流体阻力建模[26]

$$F_x = \frac{1}{2} C_D h b V^2$$

式中：F_x——减速力；

C_D——轮胎在水中或泥浆中的阻力系数（量级为 0.7 ~ 0.75）；

h——跑道表面上的液体深度；

V——飞机水平速度；

b——泥浆或水面处轮胎横截面的弦长

$$b = 2W \sqrt{\frac{\delta + h}{W} - \left(\frac{\delta + h}{W}\right)^2}$$

式中：δ——轮胎变形量；

W——轮胎横截面宽度。

对于起飞或着陆期间轮胎载荷相对恒定的飞机，可以使用固定的名义值 b（名义下沉量）。对于在地面操纵过程中垂直载荷发生显著变化的飞机，应使用轮胎的载荷—变形曲线，将 δ 作为载荷的函数变量计算 b 值。

虽然这种估计流体阻力的方法已被证明是合理的，但 ESDU 10015 中提供了一个更为精细的模型。此外，建议考虑由于轮胎飞溅撞击飞机造成的飞机减速。ESDU 98001[27] 中提供了针对这种现象的模型。

在满是水或泥浆的跑道上运行时，可能会发生轮胎开始被污染物的薄膜支撑的现象：打滑。这类似于快艇从水面升起和飞机穿过水面。发生这种情况时，轮胎产生的弓波被抑制，轮胎开始减速并停止旋转，摩擦力（包括 F_D）趋于 0。在 20 世纪 50 年代和 60 年代开展了关于这种现象的大量研究，从而确定了问题的表述[28]：

如果使用光滑的轮胎或水深大于胎面花纹沟的深度，那么随着飞机速度的增加，水会渗入轮胎下方，如图 3-36（a）所示。由于必须存在水（或其他黏性污染物），因此跑道的排水能力和宏观纹理会显著影响打滑现象。由于存在无法沥干或排出的水，随着速度的增加，轮胎会由于产生的流体升力而逐渐上升到水面上，直到在足够的速度下，轮胎与地面之间没有"干"接触区域，如图 3-36（c）所示。这种行为是采用在试验轨道上的轮胎通过玻璃板进行物理验证的——采用高速摄像机图像观察产生的水流模式。随着速度的增加，由轮胎推动的水的弓波（以及相关的流体阻力）增加，直到轮胎完全被水楔支撑，此时阻力项下降到接近零并且弓波消失。

在这种情况下，流体升力等于由轮胎支撑的垂直力。流体升力的计算公式为

$$F = \frac{1}{2} C_L \rho A V^2$$

式中：F——升力；

C_L——流体升力系数；

ρ——水的密度；

A——轮胎的地面接触面积；

V——飞机的水平速度。

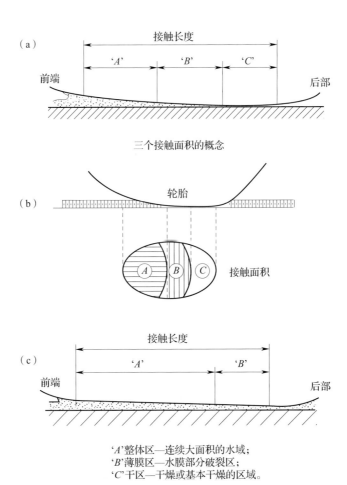

（a）

接触长度

'A'   'B'   'C'

前端   后部

三个接触面积的概念

（b）

轮胎

接触面积

A   B   C

（c）

接触长度

'A'   'B'

前端   后部

'A'整体区—连续大面积的水域；
'B'薄膜区—水膜部分破裂区；
'C'干区—干燥或基本干燥的区域。

图 3-36 动态打滑的发展

NASA 所做的调查工作表明对于自由滚动的轮胎，C_L 约为 0.7，而对于打滑的轮胎（如紧接着触地的瞬间），C_L 约为 0.95。考虑到轮胎充气压力是接地压力的很好的近似值（即轮胎充气压力是轮胎垂直力除以接地面积的很好的估计值），方程可以重新整理

$$V = \left(\frac{2F}{C_L \rho A} \right)^{0.5}$$

$$V = \left(\frac{2}{C_L \rho} \times \frac{F}{A} \right)^{0.5}$$

$$V = \left(\frac{2}{C_L \rho} \times p \right)^{0.5}$$

该方程可以在所有单位一致的情况下求解。用轮胎充气压力 p 确定预期的完全打滑时的速度。通常用下式表示

$$V = 9\sqrt{p}$$

其中，V 以 kn 为单位，p 以 lbf/in^2 为单位。此公式的 C_L 值为 0.65，虽然通常为 0.7。这个公式充其量只是一个估算。对于现代轮胎尤其是 H 型轮胎，该公式估算的滑水速度是偏高的。参考文献［29］提出了一种考虑轮胎印迹纵横比的替代方法。针对大量 H 型轮胎开展的工作[30]表明，这些轮胎的滑水速度可能低至以下预估公式得到的结果

$$V_P = 6.7\sqrt{p}$$

图 3-37 展示了一些试验测试结果。需要注意的是，这些历史和经验方法对总体规划没有通用的定义。通常，这些值是在机轮旋转速度开始降低的时候得到的。部分滑水会导致机轮的可用阻力显著降低，应谨慎使用前面的公式。ESDU 15003[31]提供了考虑水深和宏观纹理的预测滑水综合模型。建议使用此方法对滑水现象进行详细分析。

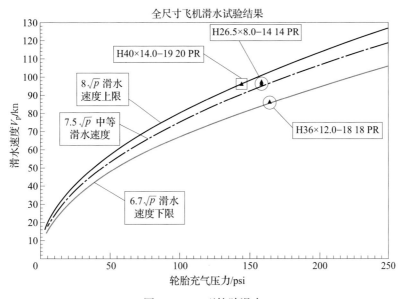

图 3-37　H 型轮胎滑水

如上所述，动态打滑发生在由轮胎驱动的水流速度使得产生的升力将轮胎部分或完全抬离地面时。然而，也在低速下观察到打滑事件——通常发生在光滑（或光秃）的轮胎和非常光滑的跑道表面上。当流体因其黏性而无法从两个光滑表面之间排出时，就会发生这种形式的打滑，即黏性滑水。图 3-38 显示了充气压力为 90lbf/in^2 的 32×8.8 型Ⅶ轮胎通过 1in 深的水时测得的压力。试验是在一块光滑的金属板上进行的，用所产生的压力对比测试速度（V_G）与使用经典公式计算出的滑水速度（V_P）的比率来显示。值得注意的是，在低至 30% 动态滑水速度的速度下，轮胎花纹条（轮胎与光滑板的平滑接触）下产生的压力几乎等于动态滑水压力。避免使用光滑或完全磨损的轮胎以及适当地增加地面局部粗糙度是避免黏性滑水的关键因素。道面微观纹理必须具有足够高的值，使得流体与轮胎不发生直接接触。

当由于机轮在潮湿跑道上锁死而发生打滑时，急速产生的能量会导致轮胎橡胶恢复到其未硫化的状态。这种近乎液态的橡胶与跑道上的水膜相互作用提供了非常低的摩擦表面并出现滑水现象，这种情况会持续降低到低速[32]。如图 3-39 所示，这种橡胶复原型打滑在轮胎上留下了独特的外观。

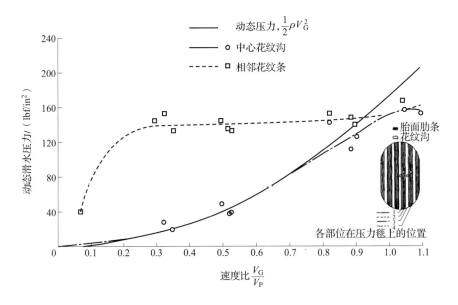

图 3-38 轮胎与光滑平板的流体力学压力

图 3-39 恢复的橡胶轮胎外观

大多数橡胶复原型打滑情况都会在飞机后面留下一条"蒸汽清洁"跑道,如图3-40所示。这种痕迹也发生在没有增加橡胶复原轮胎的事件中,这可能是由于水的沸点温度与复原橡胶所需的较高温度之间存在差异[33]。

选择具有适当高胎压的轮胎以避免在飞机的起飞和着陆速度范围内发生动态滑水是一个重要的考虑因素。此外,避免机轮抱死对于确保轮胎能够继续产生有效的摩擦因数很重要。

对于三种类型打滑的总结见表3-6。

图 3-40　"蒸汽清洁"跑道的打滑

表 3-6　滑水现象总结[34]

	滑水		橡胶复原打滑
	黏性	动态	
原因			锁住轮胎
诱发因子	潮湿的或湿的道面 中高速度 差的道面结构 磨损的胎面	积水的道面 高速 低的轮胎压力 磨损的胎面	湿的或积水的道面 高速 差的道面结构 低效的刹车系统
减轻因子	道面微观结构 道面上带沟槽 良好的胎面	道面宏观结构 道面上带沟槽 增加轮胎压力 良好的胎面	良好的道面结构 道面上带沟槽 改进的防滑系统

3.2.2.2　下雪和结冰

模拟轮胎在雪地上的行为是特别困难的，因为没有"标准雪"模型——雪可以是松散的或压实的，湿的或干的，以及介于两者之间的任何状态。雪可以像水和雪泥一样在轮胎前方错动，从而产生流体阻力。然而，雪也会被轮胎压实。对轮胎在雪中的行为进行建模的最初尝试遵循了先前针对水和泥浆的公式。一般来说，使用该模型应该是保守的（对于相同厚度的材料，会给出比在雪中操作更高的阻力值）。通过开展大量的冬季天气试验尝试改进描述该现象的模型。为了获得合理的模型，需要对雪的特性有广泛的了解，例如，密度、温度和无侧限压缩强度。ESDU 10015 中提供了一个包含这些值和根据冬季环境中的大量飞机试验结果修正的经验模型。该模型规定了在松散雪和压实雪上的运行。

在冰上运行显然仅具有一个很低的可用摩擦因数。为了提高摩擦因数（如在南极洲），许多冰面都是用压实的雪制成的。在 ESDU 05011[35] 中可以找到预测这些环境中可用摩擦因数的公式。在这些环境中，雪和冰的平均摩擦因数的期望值分别为 0.3 和 0.1。

3.2.3　磨损

飞机轮胎具有较长的磨损寿命，轮胎的磨损取决于多种因素：在给定的飞行中轮胎吸收的能量，胎面胶的配方，胎面胶的厚度，跑道的粗糙度等。一些攻击机轮胎的磨损寿命仅有三个起落，航天飞机轨道飞行器能在肯尼迪航天中心的跑道上完成一个侧风着陆。然而，很多商用客机的轮胎在两次翻新之间要飞行 500 次循环。图 3-41 给出了飞行阶段的轮胎磨损细分情况，这是轮胎寿命提升研究项目的部分内容。

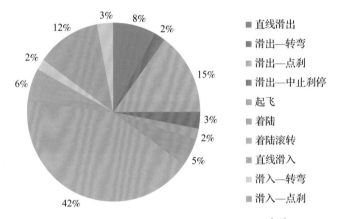

图 3-41　基于飞行阶段的轮胎磨损分解图[36]

在轮胎寿命提升研究项目中还发现了一些会导致轮胎磨损加剧的因素：

（1）轮胎磨损随偏航角和外倾角的增加而增加（侧向力）；

（2）刹车比其他操纵产生更多的磨损（能量累积）；

（3）高充气压力比低充气压力导致更高的磨损（功率/印痕面积）；

（4）高速偏航导致高磨损（摩擦功）。

值得注意的是，预计仅有 5% 的轮胎磨损发生在轮胎接地和轮胎起转阶段。尽管在接地和轮胎起转阶段产生了明显的轮胎烟雾（见图 3-42），但据估计只有 5%～10% 的轮胎磨损发生在该阶段[37]。对于以非常高接地速度着陆的飞机（如航天飞机轨道飞行器），这个百分比可能会更高。虽然起转阶段的磨损率非常高，但轮胎通常会在几分之一秒内加速到飞机速度。

历史上曾经研究过许多使轮胎在着陆前预转的装置，并且进行过许多试验。例如，轮胎胎侧上设置一圈橡胶翼翅（类似于风扇叶片）这样的被动系统（见图 3-43），其在轮胎工艺上是可行的，但会使轮胎增重；而这一部分增加的重量可以用胎面磨损材料来代替（实际上，人们认为这些橡胶翼翅的重量相当于为提高轮胎磨损寿命所需的胎面磨损材料的重量）。早期的研究（从 20 世纪 40 年代开始）表明当时在减少轮胎胎面磨损方面取得了一些成功[38]，需要说明的是，当时使用的飞机着陆速度低许多，为了获得轮胎加速到一定速度所需的时间，起落架通常需要以明显高于接地速度的速度放下。这种方法在后来的波音 727 飞机上尝试，只获得了相当于 25% 的接地速度的轮胎预转速度。此外，在波音 727 的飞行试验中，发现轮胎的橡胶翼翅是易损的，翼翅材料从轮胎上分离并击中发动机，导致此项努力被迫终止。其他关于轮胎预转的介绍将在第 11 章呈现。

图 3-42　空客 A330 触地过程中的轮胎冒烟

图 3-43　带有橡胶翼翅的 17.00-16 轮胎

造成轮胎磨损的主要原因是刹车和转弯操纵。AIR5797[39] 中提供了一个磨损试验和服役磨损之间的相关性的模型。该模型将轮胎的总磨损能量计算为侧向磨损能量（SWE）和阻力磨损能量（DWE）之和。SWE 是一个理论量，由在 y 方向上移动的距离乘以 y 方向上的力（F_y）得出。在 y 方向上移动的距离可近似为滚动距离（d）乘以偏航角的正弦（ψ）

$$SWE = F_y \times d \times \sin\psi$$

同样地，DWE 是滑移率（k）乘以滚转距离（d）再乘以轮胎上的阻力（F_x）

$$DWE = F_x \times d \times k$$

通过分析飞行数据，可以建立描述典型操纵工况的磨损模型。然后可以将该模型简化为适当的动试台测试试谱，同时考虑操纵工况和磨损能量。

近来，使用可以复制预期跑道和滑行道表面轮廓的专业测力计来量化轮胎磨损。开展代表预期飞机任务的试验谱。可根据在一个或多个代表性任务期间观察到的磨损进行外推以确定轮胎的预期磨损寿命。

3.2.4　轮胎特性和行为模型

起落架设计者和分析人员可能会对轮胎的各种属性感兴趣。并非每个轮胎的每个属性都由试验测量得出，因此，设计人员开发了一些轮胎模型既可获得轮胎的静态和动态性能，还可以根据一组标准的测量特性来预测轮胎的性能。具体的模型有很多——这里只列出了几个带有简要说明的模型。

3.2.4.1　NASA 技术报告 R-64

NASA 技术报告 R-64[40]（通常被称为"斯迈利和霍恩"（Smiley and Horne）模型）是

获取飞机斜交轮胎属性的权威文件。该文件提供了用于确定各种属性的半经验方程，包括：载荷—变形曲线，横向、前后和扭转刚度，印痕面积特性，松弛长度，滚动半径，侧偏力，侧偏功率，回正力矩，气动稳定距和轮胎径向增长等。虽然这份文件仍然非常有用，但在将这些方程式应用于子午线轮胎时必须谨慎。参考文献［7］中提到 R-64 中的方程并不能正确地预测子午线轮胎的性能（如图 3-44 所示）。值得注意的是，子午线轮胎的印痕与相同规格的斜交轮胎有很大不同。如前所述，子午线轮胎的刚度往往低于斜交轮胎，因此 R-64 不能很好地预测它们。同样地，R-64 也不能很好地预测子午线轮胎的侧偏参数。在撰写本文时，SAE A-5C 委员会正在开展一项关于飞机轮胎的活动，以生成与 R-64 等效的现代轮胎，从而涵盖子午线轮胎的性能。

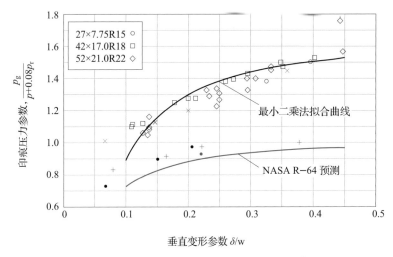

图 3-44　R-64 子午线轮胎数据与 R-64 预测得值对比

3.2.4.2　"刷子"模型和 FIALA 模型

"刷子"模型用于预测轮胎与地面之间的性能。它通过将接触面划分为黏附区和滑动区来描述轮胎力的产生。轮胎和地面之间的胎面橡胶体积被分割成无限小的弹性矩形刀片形式（如同刷子的刷毛），在整个接触区域横向伸展（如图 3-45 所示）。每根刷毛的变形都是独立的，且在纵向和横向方向上变形表现为线弹性。在黏附区中假设刷毛黏附在地面上。在该区域中产生的摩擦力是基于静态摩擦的。在滑动区域中刷毛在地面上滑动，用动

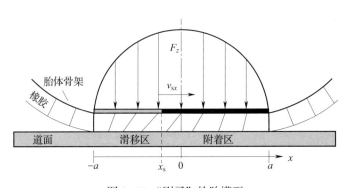

图 3-45　"刷子"轮胎模型

摩擦可以很好地描述这种行为。接触区域中的位置在连接到胎体的参考坐标系中表示，原点位于接触区域的中心。假设胎体是刚性的（刷毛单元的顺应性旨在代表胎面和胎体的完全弹性），并且忽略胎体变形的影响，则认为作用于接触面的压力分布是抛物线型的。

FIALA[41] 模型采用与"刷子"模型类似的方法来表示轮胎结构及其在接触面中的变形，但认为胎体也是变形的。假定矩形接触面上的法向压力分布是抛物线型的。在 MSC Adams 软件工具中就有 FIALA 模型，因此可以很容易地用于起落架模型。

3.2.4.3　梁模型和弦模型

在用于理解轮胎侧偏行为的模型中，梁模型和弦模型代表了轮胎胎面的两种不同模式。弦模型假设轮胎的胎面由受横向弹簧（代表胎侧的）横向弹簧约束的拉伸桁条模拟，而轮辋作为弹簧的基础，如图 3-46（a）所示。在梁元模型中（见图 3-46（b）），胎面由具有连续弹性支撑的弹性梁模拟。这两个模型具有显著区别：弦模型允许赤道线的斜率不连续（未变形的轮胎胎面与机轮平面的交点），这对于梁模型是不可能的。弦模型可以提供对充气轮胎（小滑移角下）横向特性的合理理解。

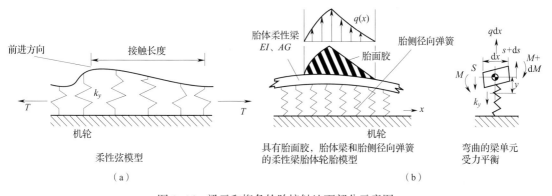

图 3-46　梁元和桁条轮胎接触地面部分示意图

在起落架的摆振分析中，经常会遇到 Pacejka[42] 和 von Schlippe[43] 模型。这两个模型是上述弦模型的近似解。

3.2.4.4　魔术公式模型

魔术公式模型[44] 也称 Pacejka 模型，经过研究和发展可以预测各种轮胎性能。该模型基于三角函数以及大量从实验数据中确定的系数。方程的通用形式是

$$y(x) = D\sin\{C\tan^{-1}[Bx - E(Bx - \tan^{-1}(Bx))]\}$$

$$Y(X) = y(x) + S_v$$

$$x = X + S_h$$

式中：B——刚度系数；

C——形状系数；

D——峰值系数；

E——曲率系数；

S_h——水平偏移量；

S_v——垂直偏移量；

Y——模型输出量（F_x，F_y 或 M_z）；

X——输入变量。

这些系数的物理意义见图 3-47。

虽然该模型广泛应用于地面车辆，但未来经过进一步发展也有望模拟飞机轮胎行为的所有方面[45]。因而，魔术公式模型对于起落架分析还是很有价值的。

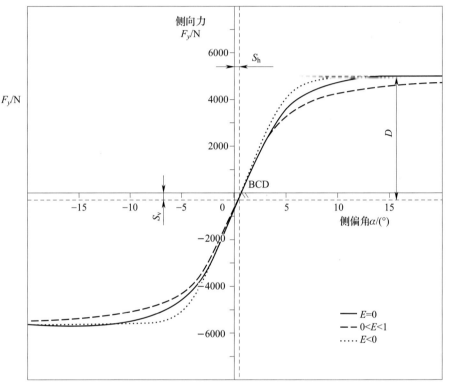

图 3-47　魔术公式系数的描述

3.3　几个需要关注的轮胎特性

尽管轮胎是飞机与地面之间的最佳界面，但仍有一些不期待的轮胎特性必须予以解决，包括在湿跑道条件下产生的轮胎溅水，跑道上的碎片抛射，以及轮胎本身的失效模式。

3.3.1　溅水

轮胎经过积水时会产生水雾，如图 3-48 所示。这种喷雾可被吸入发动机或辅助动力装置（APU）的进气口，减少或消除动力。此外，高速喷射的喷雾会撞击到飞机和起落架的结构上，这可能会损坏管路和天线等小部件；此外，当喷雾冲击结构时，它会对飞机施加一个阻力。

轮胎溅水现象有三种类型：前溅（水向轮胎的前面冲去），侧溅（水向轮胎侧面喷溅，如图 3-48 所示）和尾部羽状喷溅（水随着轮胎的转动向后上方抛出，如图 3-49 所示）。

图 3-48　巴西航空工业公司 KC-390 飞机溅水试验

图 3-49　尾部羽状喷溅

　　NASA[46] 的相关研究表明，前溅喷射中的水含量非常少，而且很快就被雾化了。然而，对于某些飞机构型，这种前溅喷射仍然会引起关注。一个例子是"协和"号飞机，主起落架的位置相对于进气口（见图 3-50）可能导致向前溅的水雾被吸入发动机。"协和"号飞机在主起落架的前部使用了挡水板（见图 3-51）来抑制前溅喷雾（前起落架也使用了挡水板来引导进气口之间的喷流）。虽然前溅喷雾不包含大部分被轮胎排开的液体，但被向前抛出的水已经被加速到一个大于飞机[47] 速度的速度，并在这一过程中对轮胎施加了很大的拖曳力。当轮胎开始打滑时，这种向前喷溅喷雾就会减少，而当轮胎完全打滑时，这种喷溅就会被消除。

　　侧溅的喷雾流可能包含两种元素：一种是直接喷向轮胎侧面的低密度水雾，它已经被加速到与飞机的速度相当；另一种主要的是高密度喷雾流，通常被称为"消防水带"。这些水被轮胎抬升，但没有明显的加速（有一个向外和向上的小速度，但与地面相比，喷流是静止的）。因此，它以相当大的力撞击飞机（撞击速度大约等于飞机的速度）。

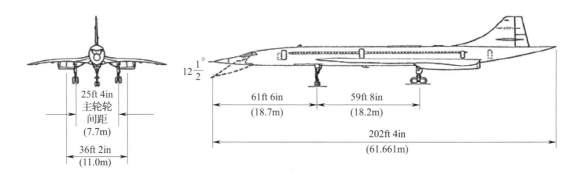

图 3-50 "协和"号飞机起落架及进气道位置

图 3-51 "协和"号飞机主起落架挡水板

　　由单个轮胎产生的尾部羽状喷流一般是一种低密度的水雾,这是由于水暂时附着在轮胎上,然后从胎面花纹沟槽中抛出。这种尾部羽状喷流可以在很宽的角度范围内形成低密度的水雾。单轮尾部羽状喷雾可以在潮湿的条件下形成,不需要在深水中就可以出现(见图 3-49)。当两个轮子在深水中运行时可形成另一种不同类型的尾部羽状喷流。这种尾部羽状喷流是由两个相邻轮胎的侧向喷雾流的撞击造成的,形成一种向后和向上喷射的高密度喷雾流。图 3-52 所示为波音 727 主起落架上的一个用于阻止尾部羽状喷流的挡水板。

图 3-52　波音 727 飞机主起落架尾部挡水板

飞机和起落架滑行通过积水时的设计功能验证是通过全尺寸飞机测试完成的。飞机加速并穿过适当水深的水槽。图 3-48 显示了一架正在进行这种测试的飞机的案例。这项测试的主要目的是确保发动机在吸入轮胎溅出的水时能够继续正常工作。此外，这些测试也用于验证起落架系统附件、维护口盖和天线在受到轮胎溅水影响之后的抗冲击性能。FAA 的咨询通告（AC20-124[48]）中关于这些试验的指南建议适航验证的测试积水深度为 12.7mm（0.5in），而 EASA 的 AMC25.1091[49] 要求平均积水深度为 19mm（0.75in）。

然而，对于设计人员来说，如果有一种估算喷流方向和强度的方法，这样就可以对设计采取分析方法。历史上已经进行了许多次测试，以了解轮胎在不同深度的水中运行的影响。轮胎溅水的喷射角度是轮胎充气压力、水深和飞机速度的函数。图 3-53 显示了 NASA 进行的轮胎溅水试验所测试的流速的量纲一视图，图 3-54 和图 3-55 显示了侧喷角对轮胎压力的函数关系。

SAE 国际文件 AIR1904B[50] 概述了一些历史测试，以及在进行飞机（轮胎溅水）等级测试时需要考虑的因素。ESDU 数据表 83042[51] 提供了一种预测侧喷和双轮尾部羽状喷流的分析方法。这种综合方法生成的喷流包络与污染物浓度、深度、轮胎尺寸、印痕、下沉量以及飞机速度有关。

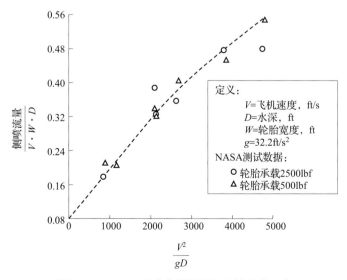

图 3-53　NASA 试验获得的侧向喷射流动速率

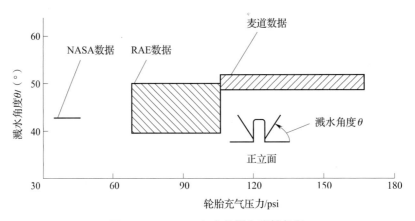

图 3-54　AIR1904B 中的侧向喷射角度

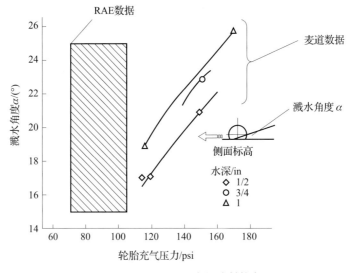

图 3-55　AIR1904B 中的喷射仰角

3.3.2　碎片抛射

　　当轮胎滚动碾过碎石或其他外来物时，它们可能会被抛到空中，进而撞击飞机。这是在集料跑道上的一个众所周知的问题，但除此外，碎片也可能出现在被炸弹损坏后修复的跑道上，甚至出现在名义上清洁的跑道上。在集料跑道或污染跑道定期运行的飞机，其机身、发动机和螺旋桨会受到严重损害。图 3-56 显示了在集料跑道上运行的"仙童"（Fairchild）F.27 飞机受到影响的区域。典型的损伤模式是蒙皮凹陷或穿孔，天线和灯的破坏，漆层和保护涂层的腐蚀。根据位置的不同，主起落架可能会受到前起落架轮胎碎片的冲击。图 3-57 给出了一个碎片抛射造成这种腐蚀破坏的案例。从图上可以看出，主起落架结构上许多部位的保护涂层已经因碎石和细小的碎片的撞击而脱落，但铝合金结构仍处于可接受状态。

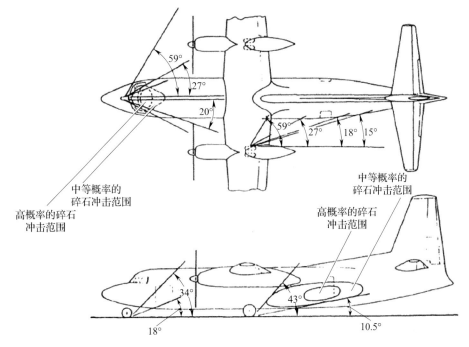

图 3-56　F.27 飞机的石块撞击位置

　　并不是轮胎遇到的每一块碎石或碎片都会被抛起。对于那些被抛起的碎片，抛出角度和速度的分布取决于各种因素，包括碎片的形状和大小。波音公司关于碎片在未铺砌跑道的抛射调查[52]表明，尺寸大于 10mm 的物体大部分被飞机轮胎抛射到相对密集的区域，这个区域是指距轮胎中心线 ±30° 以内和距跑道表面 0°~30° 的范围。而距跑道表面 30°~60° 的范围内存在一个强度下降的区域。碎片抛射的密度在轮胎着陆起转时特别密集。正如在第 2 章中提到的，赛斯纳飞机采用了一种系统，在降落在砾石／集料跑道上之前预旋转前轮轮胎，以对抗这种现象。除了碎片的抛射外，在砾石／集料跑道上的运行显示出轮胎磨损和轮胎切割增加，可能会有轮胎碎片留在跑道上或从轮胎上抛出。

图 3-57　BAe.146 主起落架腐蚀

　　若干对碎石和其他碎片的抛射机理的研究认为，可能存在以下几种抛射机理：挤压抛射（物体从轮胎的侧面被挤出，并向上抛出），花纹沟抛射（物体暂时卡住在轮胎胎面花纹沟里面，然后抛出），旋转抛射（物体接触轮胎后自旋爬上轮胎胎侧），还有锤击抛射（在这种情况下，物体被轮胎击中，然后以类似锤击的方式抛出）。虽然花纹沟抛射是可能的，但一般认为这不是主要的模式：碎片需要与轮胎沟槽的大小相同，并直接卡住在沟槽的直线上，然后抛出。此外，轮胎胎面沟槽的深度并不明显，在轮胎使用中的损坏表明，大多数冲击不直接发生在轮胎印迹的中心线上，而是稍微偏向轮胎印迹的两侧。侧向的抛射机制如图 3-58[53] 所示。

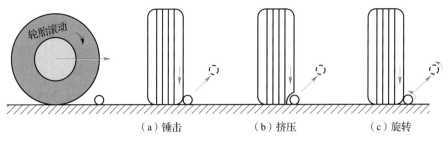

（a）锤击　　　　　　（b）挤压　　　　　　（c）旋转

图 3-58　潜在的侧向抛射机制

锤击抛射与挤压抛射之间的区别在于轮胎与被抛出物之间的有效接触时间。在锤击抛射中，假设轮胎的移动速度足够快，以至于在与被接触的物体相互作用时，轮胎的压缩量可以忽略不计。在此假设下，物体的抛射速度由刚体碰撞动力学决定，被抛出物的动量与接触瞬间的轮胎动量有关。相比之下，挤压抛射认为储存在轮胎压缩中的能量是被抛出物能量的主要来源。当轮胎滚压过物体时，势能储存在轮胎的胎面内，然后转化成物体的动能使之从轮胎中挤出。旋转抛射是一种不同的机制：与轮胎接触会使物体产生向上自旋，旋转会使物体爬上轮胎的胎侧，然后被轮胎的旋转速度所释放的能量抛射出来。迄今为止相关研究工作中，主要的碎片抛射机理是锤击抛射[53]和挤压抛射[52]。一般来说，物体的抛出速度相对于飞机的速度来说是很小的：抛出速度足以将物体升到空中，而撞击速度则来自于飞机的速度。目前的工作是对这些现象进行有限元建模分析。然而，在 Bless 等人[52]的工作说明中定义了一些弹道计算方法，这些方法可能与做出的初始近似假设有关。值得注意的是，Nguyen 等人[53]最近的研究工作明确建议，轮胎并不是对物体抛出的唯一作用，当物体被抛出时，空气动力学效应会极大地提升物体，使其对飞机结构造成冲击损伤。

对于在未铺砌道面和集料道面上运行的飞机，很明显，轮胎会遇到碎石和其他可以被抛起的物体。然而，这个问题也会在铺砌道面上发生（但不太频繁）。一项针对英国一些军用机场的碎片残骸进行的分析[54]发现，从收集到的总计超过 15kg 的材料中，最大的一块碎石是 35g。然而，绝大多数的碎石都明显小于 10g，只有 1% 的碎石的质量大于 10g，3% 的碎石的质量大于 5.3g。这些碎石的平均密度为 2.7g/cm³。研究结果表明，对于起飞速度为 80m/s 的飞机，撞击能量大于 10J 的概率为 1.91%，大于 50J 的概率为 0.23%，大于 100J 的概率为 0.08%。按照 Nguyen 的工作成果，可将冲击分为三个能量等级：低能（2～10J）、中能（10～50J）和高能（大于 50J）。

虽然每架飞机都有可能因轮胎抛射受到碎片撞击，但这个问题具有概率性质：在铺砌很好的、经常使用的跑道上运行，遇到碎片和碎片撞击的概率并不高。在未铺砌的道面上运行，包括集料跑道和炸弹损坏后修复的跑道，将使飞机暴露在高概率的碎片撞击中。基于以上所有情况，建议对一些易损结构进行一定程度的保护。通常情况下，对于邻近轮胎的起落架上的其他部件，可以在部件上涂上聚硫橡胶，然后再涂上一层防护涂层（如第 2 章所示），这样可以充分防止如图 3-57 所示的侵蚀损伤。对于在集料跑道上运行的飞机，已证明使用碎石防护板或前轮胎预旋转装置技术是有效的。设计用于在半铺砌的跑道或快速修复的跑道上操作的作战飞机，通常在前起落架上安装了喷流和碎片防护板，如图 3-59 所示苏霍伊的苏 -34 飞机。由于这类飞机的发动机进气口位置，为了保证运行的可靠性，需要进行喷流抑制。

图 3-59　苏霍伊的苏 -34 飞机的前起落架偏转器

欧洲航空安全局（EASA）研究了是否要明确和规范碎片抛射对大型运输类飞机的威胁，经研究认定轮胎抛射异物导致的损伤对这类飞机的威胁很小，是非常罕见的事件[55]。但是，在任何情况下，都应谨慎地保护起落架的外露部件不受抛射碎片的危害，尤其是在腐蚀防护涂层可能受损的情况下。

3.3.3　轮胎失效模式

尽管现代飞机轮胎能够在高速下承受高负载，而且在一次又一次的飞行中均能承受高负载，但它们也有可能以各种方式失效，所有这些均需要通过起落架和飞机的设计来保护。最常见的失效模式如图 3-60 所示——轮胎泄气。当多个机轮组件中的某一个轮胎泄气，相邻的轮胎将承担全部载荷，起落架结构设计时必须考虑单轮泄气这种情况。在多轮系起落架（四轮或六轮车架）中，可能出现各种类型的轮胎故障（包括所有轮胎泄气或损坏）。应该对这种严酷情况（通常指车架一侧的所有轮胎）进行分析。对于大型民用飞机，这是运输类飞机适航标准 CS-25.511（c）~（f）所要求的。

图 3-60　泄气轮胎

泄气轮胎的长期使用可能会导致轮胎的完全损坏，飞机的载荷会直接作用在轮辋上，就像破碎轮胎的情况一样（见图 3-61）。另外，轮胎故障可能导致局部起火，而轮胎却并未完全粉碎，如图 3-62 所示。

图 3-61　完全损毁的轮胎

图 3-62　KC-135 轮胎失效和着火

图 3-63 显示了由于防滑系统故障、刹车结冰道面导致的机轮抱死，或其他原因导致轮胎平点（如果机轮抱死时间持续很短）。持续的机轮抱死会导致轮胎出现防滑失效（见图 3-64），从而导致轮胎内的充填气体快速释放。斜交轮胎爆破的破口形式是个"×"形状。子午线轮胎爆破的破口形式是一个楔形。在这两种情况下，骨架都沿着胎体补强层的帘线断裂。

图 3-63　轮胎平点

图 3-64　轮胎打滑失效

轮胎爆胎也可以在没有打滑的情况下发生，可能是因为外部物体损坏、轮胎过热（通常是由于充气不足），以及轮胎使用时的局部强度下降引起的。图 3-65 显示了一个"爆胎"的例子。从破裂的轮胎可以看出，轮胎的大部分结构被甩出并击入机身上。在这个典型的案例中，轮胎碎片击中飞机，并在机体上形成了一个 2ft×3ft 的洞，并摧毁了该区域的所有管路和线缆。

另一种破坏性失效模式是胎面脱落或胎面部分脱落。图 3-66 显示了一个部分胎面与胎体分离的轮胎。在某些情况下，一个几乎完整的胎面部分可以从轮胎中甩出（见图 3-67），或者可以几乎完全剥离胎体但仍保留在旋转的胎体上。这种"摇摇欲坠的胎面"会造成严重的伤害：经常损坏主起落架舱内的襟翼扭力管和液压系统设备。

图 3-65　C-130 轮胎失效

图 3-66　脱落的凸条

AIR5699[56] 回顾了美国国家运输安全委员会（NTSB）40 年来的事故数据，发现了 73 起严重的机轮和轮胎事故，其中 15% 的事故导致人员死亡，另有 11% 的事故导致飞机完全报废（没有人员死亡）。这些事件最常见的原因是主起落架轮胎爆破，其次是主起落架轮胎甩胎面。在这份文件中，未导致飞机损坏的轮胎故障没有被 NTSB 统计在内，也不属于本节内容的部分。

3.3.3.1　轮胎失效模型

通常轮胎失效模型的建模方法由飞机制造商开发，目前已经开发了多种建模方法。在欧洲航空安全局（EASA）成立之前，欧洲联合航空局（JAA）在其临时指导文件（TGM）中发布了一种模型。这个模型是基于空客对 A300 斜交轮胎的测试，多年来一直是飞机设计和认证的基准。某行业工作组综合考虑了子午线轮胎的差异、全球各种与轮胎相关的事故，于 2013 年对该模型和方法[55]进行了修正。定义了 4 种机轮轮胎失效模型，包括轮胎碎片冲击甩胎和轮胎爆破气体冲击。

图 3-67　甩掉胎面的轮胎

EASA AMC 25.734[57] 提供了关于起落架收起和放下的 4 种失效模型。值得注意的是，这些轮胎模型使用的是轮胎的额定速度而不是真实的飞机起飞或着陆速度。这是一个慎重的选择，旨在确保充分考虑到轮胎碎片能量。对于模型，胎面厚度和尺寸定义如图 3-68 所示。

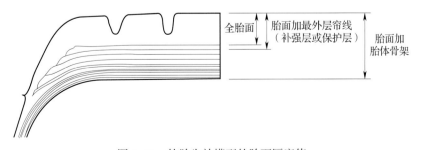

图 3-68　轮胎失效模型的胎面厚度值

胎面的总面积：$A_{tread} = \pi \times D_g \times W_{sg}$。

最低轮胎速度等级：飞机认证的最低轮胎速度等级。

轮胎速度等级：根据 TSO–C62e 技术标准对轮胎进行测试时的最大地面速度。

3.3.3.2 模型 1：轮胎爆破模型

该模型适用起落架放下，轮胎处于接触地面阶段。有两种尺寸的轮胎碎片需要考虑，这两类碎片主要被认为来自于轮胎胎面，并在图 3-69 所示的易损区域内抛射到飞机上。"大碎片"尺寸为 $W_{sg} \times W_{sg}$，厚度为全胎面加最外层（即补强层或保护层）。抛射范围角度 θ 为 15°；"小碎片"重量为轮胎总重量的 1%，其冲击载荷分布在等于总胎面面积 1.5% 的面积上。抛射范围角度 θ 为 30°。这些碎片被认为具有与飞机认证的最低轮胎速度等级相当的速度（飞机轮胎额定速度）（不考虑由于胎体内压力释放而产生的额外速度增量）。

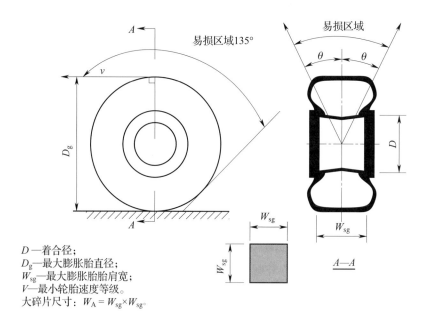

图 3-69　轮胎碎片危害模型

该模型适用于任何处于轮胎碎片危害区域的燃油箱，认为大碎片的抛射是导致燃油泄漏的原因，但不应同时产生火源（如损坏电缆）。小碎片的抛射不应造成危险的燃油泄漏。大碎片和小碎片模型也适用于轮胎爆破影响区域内系统的隔离防护，并在必要时加装系统防护罩。小碎片模型用于对系统隔离或防护的分析。第一个轮胎的故障也可能使相邻的轮胎发生故障（伴随着碎片从两个轮胎弹出）。即使轮胎具有承受两倍过载的能力，这种情况也可能发生。分析与评估系统隔离设计、安装和管/线路布置时，应考虑到在 θ=15°（轮胎中心线两侧）定义的易损区内的相邻轮胎的失效情况，并只考虑两个轮胎只释放大碎片。在 15° <θ ≤ 30° 的易损区域内只考虑单个轮胎释放小碎片。

3.3.3.3 模型 3E：甩胎模型——起落架放下

甩胎模型适用于起落架放下；通常是轮胎的胎面从胎体上剥离造成的，尽管脱落甩出的部分可能包括胎体的大部分。该模型适用于飞机起落架放下时，为保守起见，除非能证明胎体和胎面不会同时失效，否则模型中假定的厚度为全胎面厚度加上胎体厚度，如图 3-68 所示。如果可以证明胎体能够保持完整（就像子午线轮胎的情况一样），那么厚度为全胎面和最外层（补强层或保护层）。甩胎模型认为，在起飞速度下，一个长度为 $2.5W_{sg}$、宽度为 $W_{sg}/2$ 的轮胎胎面剥离带附着在旋转着的轮胎外径上，并且具有与飞机认证的最小轮胎速度额定值相当的速度。该模型的易损区域设为 30°，如图 3-70 所示。

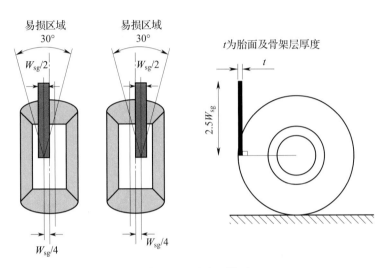

图 3-70　甩胎面模型

3.3.3.4　模型 3R：甩胎模型——起落架收上

这一模型与 3.3.3.3 节失效模型 3E 相同，不同的是起落架处在收上和正在收起的位置。其主要区别是，假设飞机起飞，机轮转速减慢，认为机轮的收上止转系统是可靠的，未受甩胎故障的影响。脱落胎面的初始速度等于飞机经认证的轮胎额定速度。根据系统设计，在起落架收回之前或收回期间，可以认为轮胎部分减速（机轮轴承的摩擦和气动阻力）或完全减速（可靠的、轮胎止转刹车）在收回之前或收回期间。该模型的易损区域角度为 30°。在完全止转刹车的情况下，建议在无转速和所有可能的径向位置，对进入的脱落胎面进行评估。

3.3.3.5　模型 4：轮胎爆破压力效应模型

在起落架舱内，轮胎爆破时释放的内部气体压力可能会导致起落架舱内安装的部件破损和移位。在某些情况下，可以观察到轮舱壁板的永久变形。该模型适用于起落架收起中或完全收上的情况。研究认为这种情况是由于轮胎先前的损伤而产生的，可能发生在轮胎外露表面上的任何一点。欧洲航空安全局（EASA）对已知事故进行的调查表明，这种轮胎爆破只发生在带有刹车的主起落架收起时。虽然该模型适用于所有轮胎，但 EASA 只考虑其在带有刹车装置的机轮轮胎上的影响。

该模型假设轮胎不会释放碎片，而损伤只是由爆胎压力效应即"爆炸效应"造成的。由于斜交轮胎和子午线轮胎结构不同，其爆炸效果存在差异。该模型假设轮胎爆胎压力为最大无负载工作压力的 1.3 倍。对于多轮起落架，其最大无负载工作压力是额定压力的 1/1.07 倍（这是 CS–25.733 要求的运输类飞机的设计安全系数）。

例如：一个 H44.5×16.5-21，26 层级的轮胎，无负载下的轮胎额定压力为 1365kPa（198psig），因此最大无负载工作压力为 1365/1.07=1276kPa（185psig）。在绝对压力下，这个值是 1377kPa（199.7psia）。轮胎爆胎压力为 1377×1.3=1790kPa（259.7psia）。

对于斜交轮胎，应采用如图 3-71 和图 3-72 所示的爆破压力效应模型，爆胎气流锥顶点位于轮胎对称中心面上 $0.7D_g$ 处，其轴线位于轮胎对称中心两侧 ±100° 内（见图 3-71）。爆破压力分布为一组指数衰减函数，如图 3-73 所示，并遵循图 3-72 所示的坐标系。表 3-7 给出了轮胎爆破压力函数，这些函数是由 EASA 提供的资料数字化处理的。

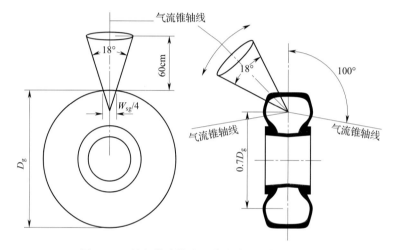

图 3-71　斜交轮胎爆破压力影响——爆破位置

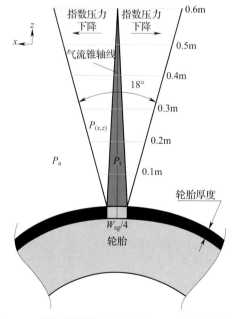

图 3-72　斜交轮胎爆破压力效应——锥内压力分布

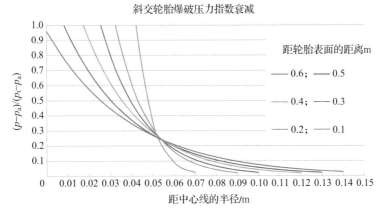

图 3-73　斜交轮胎爆破压力效应——爆破压力指数衰减函数

表 3-7　斜交轮胎爆破压力衰减函数

膨胀轮胎表面的距离 /m	指数衰减函数（$p-p_a$）/（p_t-p_a）作为 x 的函数（距中心线的半径 /m）
0.1	（$p-p_a$）/（p_t-p_a）=325.42$e^{-136.4x}$
0.2	（$p-p_a$）/（p_t-p_a）=9.1038$e^{-67.24x}$
0.3	（$p-p_a$）/（p_t-p_a）=3.6759$e^{-50.47x}$
0.4	（$p-p_a$）/（p_t-p_a）=1.968$e^{-38.44x}$
0.5	（$p-p_a$）/（p_t-p_a）=1.3001$e^{-31.34x}$
0.6	（$p-p_a$）/（p_t-p_a）=0.9621$e^{-25.49x}$

在图表中：

（1）p_a 为环境压力；

（2）$p=p(x,z)$ 为锥内压力，如图 3-72 所示；

（3）p_t 为轮胎爆胎压力。

由于胎体结构的差异，子午线轮胎采用的是楔形爆破压力效应模型，如图 3-74 和图 3-75 所示。距离子午线轮胎任意距离 x 处的压力由下列表达式表示

$$p(x)=0.5283(p_t-p_a)[1.4e^{-\frac{\psi x}{3}}+e^{-\psi x}]+p_a;\ \text{如果}\ p(x)>p_t,\ \text{则}\ p(x)=p_t$$

其中

$$\psi x=\left[\frac{C_1}{(W_g)^{C_2}}+C_3\right]x,\ W_g\ \text{和}\ x\ \text{单位为 in}$$

$$\psi x=\left[\frac{C_1}{\left(\dfrac{W_g}{25.4}\right)^{C_2}}+C_3\right]\frac{x}{25.4},\ W_g\ \text{和}\ x\ \text{单位为 mm}$$

式中：p_t——总压力或爆破压力，psia、bar；

$\quad\quad p_a$——环境压力，psia、bar；

$\quad\quad x$——膨胀轮胎表面的距离，in、mm；

$\quad\quad W_g$——膨胀轮胎最大断面宽，in；

$\quad\quad C$——常数，C_1=12.478；C_2=1.222；C_3=0.024。

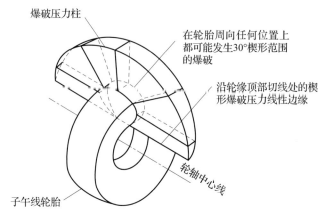

图 3-74　子午线轮胎爆破压力影响

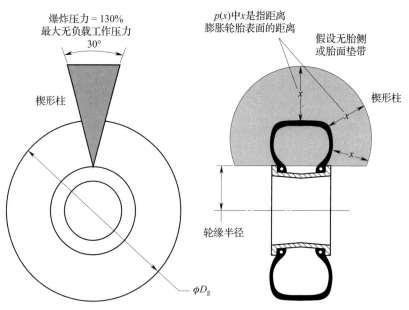

图 3-75　子午线轮胎爆破压力影响——位置

应当考虑轮胎爆破气流冲击对于位于定义的轮胎爆破气流影响范围内的结构和系统组件的影响。作为设计目标，起落架舱内因轮胎爆胎而增加的压力不应损害飞机持续的安全飞行和着陆。在某些情况下，对轮胎进行爆破试验来证实本文提供的模型可能是有指导意义的。在这种情况下，ARP6265[58]中提供了关于如何进行轮胎起爆和如何捕获相关压力分布的指导材料。

3.3.3.6　轮胎爆破影响分析

应对轮胎失效的最佳防护措施是确保在轮胎爆破影响范围内对系统进行适当隔离。经验表明，较大尺寸的飞机起落架主体结构和传统运输类飞机的机体结构对轮胎碎片具有较好的抵抗能力。传统的设计特征指采用轻质合金制造的高展弦比翼盒及其相邻结构。然而，其他的一些设计（复合材料（简称复材）结构或其他几何构型）可能需要进行轮胎碎片冲击分析。在某些情况下，如果不能采取适当的隔离方法，并且通过分析或试验表明起落架上的部件无法承受住轮胎碎片的冲击，则需要对起落架上的部件加防护罩，使其免受轮胎碎片冲击的影响。

试验方法包括使用从轮胎上切割下来的碎片冲击典型部件。此外，已有结果表明，使用有限元分析方法也可以获得较好的轮胎碎片冲击结构的一些典型工况的仿真结果。图 3-76 所示的案例[59]取自一项大型运输类飞机的轮胎碎片对锁撑杆组件的影响的研究。

波音 737 飞机液压管路系统采用了被动防护措施。将易损的液压接头安装在机翼下壁板上，这样，在胎面条带完全收进起落架舱前，甩动的胎条会首先打坏这些接头，一旦发生液压管路系统破损，液体流量就会增加，并流经液压关断保护阀，保护阀关闭，收放系统泄压，随后起落架依靠重力自由放下并锁定。

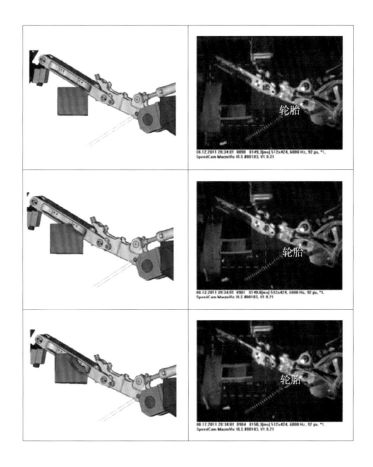

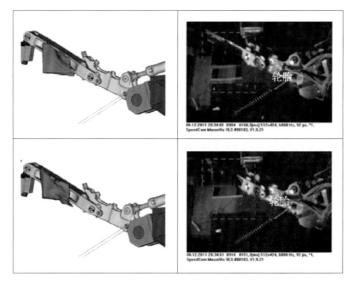

图 3-76　轮胎碎片撞击锁撑杆模型的分析和试验间的修正

参 考 文 献

［1］Federal Register，"Use of Nitrogen or Other Inert Gas for Tire Inflation in Lieu of Air，" 58 FR 11778，Federal Register，February 26，1993.

［2］Aerospace Recommended Practice，"Minimum Operational and Maintenance Responsibilities for Aircraft Tire Usage，" ARP5265，Revision B，SAE International，June 2014.

［3］MIL-STD-1522A，Standard General Requirements for Safe Design and Operation of Pressurized Missile and Space Systems，May 28，1984.

［4］Lay，M.K.，Macy，W.W.，and Baxter，A.J.，"An Investigation of Aircraft Tire Blowouts，" SAE Technical Paper 961312，1996，https：//doi.org/10.4271/961312.

［5］Aerospace Information Report，"Aircraft Tire History，" AIR487B，SAE International，August 2016.

［6］Woodall，W.R.，"Cantilever Aircraft Tires More Than a Break for Brakes，" SAE Technical Paper 720870，1972，https：//doi.org/10.4271/720870.

［7］Tanner，J.A.，Daugherty，R.H.，and Smith，H.C.，"Mechanical Properties of Radial-Ply Aircraft Tires，" SAE Technical Paper 2005-01-3438，2005，https：//doi.org/10.4271/2005-01-3438.

［8］Aerospace Recommended Practice，"Aircraft Tires Service Overload Capability，" ARP 6152，SAE International，December 2013.

［9］Technical Standard Order，Aircraft Tires，TSO-C62e，Federal Aviation Administration，September 29，2006.

［10］European Technical Standard Order，Aircraft Tires，ETSO-C62e，European Aviation Safety Agency，July 5，2012.

［11］Performance Specification，Tires，Ribbed Tread，Pneumatic，Aircraft，MIL-PRF-

5041K, US Department of Defense, April 30, 1998.

[12] Conditions d'homologation des pneumatiques pour aérodynes, AIR 8505/A, Direction Générale d'Armement, May 17, 1971.

[13] Aerospace Standard, "Aircraft New Tire Standard – Bias and Radial," AS4833, SAE International, November 2014.

[14] Airworthiness Standards: Transport Category Airplanes, 14 CFR Part 25, Federal Aviation Administration.

[15] Aerospace Recommended Practice, "Rotorcraft: Application of Existing Aircraft Designed Tires, Wheels and Brakes," ARP5632, SAE International, April 2016.

[16] Such as Clark, S.K., Mechanics of Pneumatic Tires, National Bureau of Standards Monograph 122, November 1971 and Gent, A.N.and Walter, J.D., The Pneumatic Tire, DOT HS 810 561, National Highway Traffic Safety Administration, February 2006.

[17] Surface Vehicle Recommended Practice, "Vehicle Dynamics Terminology," J670, SAE International, January 2008.

[18] Daugherty, R.H., "A Study of the Mechanical Properties of Modern Radial Aircraft Tires," NASA/TM–2003–212415, May 2003.

[19] Model for Performance of a Single Aircraft Tyre Rolling or Braking on Dry and Precipitate Contaminated Runways, ESDU 10015, Revision B, July 2015.

[20] From Marushko, R.A., Gravel Runway Surface Strength Measurements and Aircraft Certification Requirements, Issue 1, Transport Canada, June 30, 1997.

[21] Aerospace Recommended Practice, "Recommended Practice for Measurement of Static and Dynamic Characteristic Properties of Aircraft Tires," ARP4955, Revision A, SAE International, July 2012.

[22] Aerospace Information Report, "Aerospace Landing Gear Systems Terminology," AIR1489, Revision C, SAE International, May 2017.

[23] Tanner, J.A., McCarty, J.L., and Batterson, S.A., "The Elastic Response of Bias–Ply Aircraft Tires to Braking Forces," NASA Technical Note, TN D–6426, National Aeronautics and Space Administration, September 1971.

[24] Kummer, H.W.and Meyer, W.E., "Rubber and Tire Friction," Engineering and Research Bulletin B–80, Pennsylvania State University, December 1960.

[25] Tire–Pavement Friction Coefficients, Technical Report R672, Naval Civil Engineering Laboratory, April 1970.

[26] Horne, W.B.and Joyner, U.T., "Studies of the Retardation Force Developed in an Aircraft Tire Rolling in Slush or Water," NASA Technical Note D–552, National Aeronautics and Space Administration, September 1960.

[27] Estimation of Airframe Skin–Friction Drag Due to Impingement of Tyre Spray, ESDU Data Item No.98001, April 1998.

[28] Horne, W.B.and Dreher, R.C., "Phenomena of Pneumatic Tire Hydroplaning," NASA Technical Note D–2056, National Aeronautics and Space Administration, November 1963.

[29] van Es, G.W.H., "Hydroplaning of Modern Aircraft Tires," NLR-T-2001-242, National Aerospace Laboratory NLR, May 2001.

[30] Cepic, A., "Hydroplaning of H-Type Aircraft Tires," SAE Technical Paper 2004-01-3119, November 2004, https://doi.org/10.4271/2004-01-3119.

[31] Planing of Rib-Tread Aircraft Tyres, Engineering Sciences Data Unit 15003, Amendment A, July 2016.

[32] Nybakken, G.H., Staples, R.J., and Clark, S.K., "Laboratory Experiments of Reverted Rubber Friction," NASA Contractor Report CR-1398, National Aeronautics and Space Administration, August 1969.

[33] Aviation Investigation Report, Runway Overrun, Trans States Airlines LLC, Embraer EMB-145LR N847HK, Ottawa/Macdonald-Cartier International Airport, Ontario, A10H0004, Transportation Safety Board of Canada, June 16, 2010.

[34] Yager, T.J., "Tire and Runway Surface Research," SAE Technical Paper 861618, October 1986, https://doi.org/10.4271/861618.

[35] Summary of the Model for Performance of an Aircraft Tyre Rolling or Braking on Dry or Precipitate Contaminated Runways, ESDU Data Item 05011, Amendment D, July 2015.

[36] Lay, M.K., Macy, W.W., and Wagner, P.M., "Initial Identification of Aircraft Tire Wear," SAE Technical Paper 951394, May 1995, https://doi.org/10.4271/951394.

[37] Aerospace Information Report, "Tire Prerotation at Landing," AIR5800, Revision A, SAE International, August 2015.

[38] Schippel, H.F., "Prerotation of Landing Gear Wheels," SAE Technical Paper 440200, October 1944, https://doi.org/10.4271/440200.

[39] Aerospace Information Report, "Aircraft Tire Wear Profile Development and Execution for Laboratory Testing," AIR5797, SAE International, October 2013.

[40] Smiley, R.F.and Horne, W.B., "Mechanical Properties of Pneumatic Tires with Special Reference to Modern Aircraft Tires," Technical Report R-64, National Aeronautics and Space Administration, 1960.

[41] Fiala, E., Seitenkrafte am rollenden Luftreifen, VDI, Bd, Nr.29, October 1954, 973-979.

[42] Pacejka H.B., "Analysis of the Dynamic Response of a Rolling String-Type Tire Model to Lateral Wheel-Plane Vibrations," *Vehicle System Dynamics* 1 (1972): 37-66.

[43] von Schlippe, B.and Dietrich, R., "Shimmying of a Pneumatic Wheel," Technical Report NACA-TM-1365, National Advisory Committee for Aeronautics, 1954.

[44] Bakker, E., Nyborg, N., and Pacejka, H.B., "Tyre Modelling for Use in Vehicle Dynamics Studies," SAE Technical Paper 870421, February 1987, https://doi.org/10.4271/870421.

[45] Kiébré, R., "Contribution to the Modelling of Aircraft Tyre-Road Interaction," PhD thesis, Université de Haute Alsace, Mulhouse, December 2010.

[46] Daugherty, R.H.and Stubbs, S.M., "Measurements of Flow Rate and Trajectory of Aircraft

Tire-Generated Water Spray," NASA Technical Paper 2718, National Aeronautics and Space Administration, July 1987.

［47］Investigation on the use of Airjets and Chines on Aircraft Undercarriages Using Model Wheels and a Moving Belt and Water Layer, S&T Memo 10/68, UK Ministry of Technology, May 1969.

［48］Water Ingestion Testing for Turbine Powered Airplanes, Advisory Circular AC20-124, Federal Aviation Administration, September 30, 1985.

［49］Precipitation Covered Runways, AMC 25.1091（d）（2）, CS-25 Book 2, Amendment 19, European Aviation Safety Agency, May 12, 2017.

［50］Aerospace Information Report, "Tire Spray Suppression - Airplane Design and Consideration for," AIR1904B, SAE International, May 2017.

［51］Estimation of Spray Patterns Generated from the Sides of Aircraft Tyres Running in Water or Slush, Engineering Sciences Data Unit 83042A, April 1998.

［52］Bless, S.J.et al., "FOD Generation by Aircraft Tires," ESL-TR-82-47, Engineering and Services Laboratory, Air Force Engineering and Services Center, Tyndall Air Force Base, August 1983.

［53］Nguyen, S.et al., "Runway Debris Impact Threat Maps for Transport Aircraft," *The Aeronautical Journal* 118, no.1201（March 2014）: 233.

［54］Greenhalgh, E.S., Chichester, G.A.F., Mew, A., and Slade, M., "Characterisation of the Realistic Impact Threat from Runway Debris," *The Aeronautical Journal* 105, no.1052（2001）: 557-570.

［55］Notice of Proposed Amendment（NPA）2013-02, Protection from Debris Impacts, European Aviation Safety Agency, January 18, 2013.

［56］Aerospace Information Report, "A Guide for the Damaging Effects of Tire and Wheel Failures," AIR5699, October 2013.

［57］European Aviation Safety Agency, "Protection against Wheel and Tyre Failures," AMC 25.734, CS-25 Book 2, Amendment 19, European Aviation Safety Agency, May 12, 2017.

［58］Aerospace Recommended Practice, "Tire Burst Test Methodology," ARP6265, SAE International, December 2014.

［59］Mercier, C., "Bird and Tyre Impact Analysis on Landing Gear," SAE Technical Paper 2013-01-9002, December 2013, https://doi.org/10.4271/2013-01-9002.

附　录 [①]

下列缩略语适用于本章。

AMC——acceptable means of compliance, 可接受的符合性方法

APU——auxiliary power unit, 辅助动力装置

---

① 译者添加。

CBR——California Bearing Ratio，加利福尼亚承载比

DWE——drag wear energy，阻力磨损能量

EASA——European Aviation Safety Agency，欧洲航空安全局

ESDU——Engineering Sciences Data Unit，英国工程科学数据库

FAA——Federal Aiviation Administration，美国联邦航空局

ISO——International Standards Organization，国际标准化组织

JAA——Joint Aviation Authorities，欧洲联合航空局

MPH——miles per hour，英里/［小］时

NASA——National Aeronautics and Space Administration，美国国家航空航天局

NTSB——National Transportation Safety Board，（美国）国家运输安全委员会

SWE——side wear energy，侧向磨损能量

TGM——Temporary Gudiance Material，临时性指导文件

TRA——Tire and Rim Association，轮胎与轮辋协会

TSO——Technical Standard Order，技术标准规定

ETRSO——European Tyre and Rim Technical Organization，欧洲轮胎和轮辋技术组织

第4章 机轮、刹车和刹车系统

飞机机轮、刹车和刹车系统发挥着至关重要乃至关键作用。通过机轮将轮胎和起落架结构联系起来，通过充气轮胎、承载轴承等将地面载荷从轮胎传递到起落架结构，机轮还通过刹车装置将刹车力矩传递到轮胎。虽然飞机有多种方法来进行制动减速，但几乎所有飞机在着陆、中止起飞和地面操纵时，都会由机轮刹车来吸收大量的动能。刹车控制系统确保驾驶员或飞机系统发出的减速指令能恰当地进行刹车制动，辅助控制飞机方向，并且在大多数情况下确保轮胎不会打滑，使轮胎保持在最大可能的摩擦峰值。

4.1 刹车

所有陆基飞机都安装了机轮刹车（见图4-1），以提供以下功能：在着陆和中止起飞过程中吸收飞机的水平动能，在停机或发动机测试时保持飞机静止不动，以及在地面操纵飞机（将飞机刹停或通过差动刹车进行转弯）。在飞机的发展过程中，出现过各种类型的刹车，历史上许多类型刹车的发展与车辆刹车的发展类似。通常机轮刹车的工作原理是使一个固定不转的材料与另一个机械连接在旋转机轮上的材料相互挤压接触，这两种材料接触产生的摩擦力与所施加的挤压力成正比，这个摩擦力作用在正压力的作用半径处，产生一个相对于轮轴的扭矩。机轮刹车是飞机关键安全系统中的主要作用机构——其必须有合适的刹车力矩、吸收能量的能力和响应速度，以正确地与飞机匹配结合。图4-2所示为旧式的胀管式（鼓式）刹车，这类刹车使用液压或者气压使一个管膨胀，径向推动刹车块与刹车鼓摩擦。20世纪40年代的许多飞机都使用胀管式（鼓式）刹车。

近代刹车多采用的是液压驱动的盘式刹车，要么是闸垫夹住一个刹车盘，要么是多个动盘/静盘排列的一组刹车盘。所需的刹车盘直径和数量取决于所需的扭矩大小，而刹车盘的厚度和质量取决于刹车盘所吸收的能量，刹车动盘和静盘表面摩擦所产生的热量主要积累在刹车盘中。图4-3所示的是小型飞机刹车，图4-3（a）是用于单活塞式发动机飞机的刹车，图4-3（b）用于刹车用于比奇"空中王"C90飞机，这是一架最大重量约4400kg的双涡轮螺旋桨飞机。这种刹车使用的是由各种烧结金属和有机材料制成的钢刹车

图4-1　机轮刹车剖视图

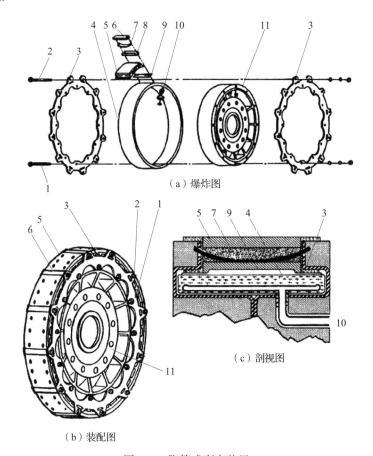

（a）爆炸图

（b）装配图

（c）剖视图

图 4-2　胀管式刹车装置

1—刹车结构连接螺栓；2—扭矩杆连接螺栓；3—刹车结构机体；4—胀管；
5—刹车块；6—扭矩杆；7—复位弹簧；8—复位弹簧罩；9—胀管罩；10—压力入口；11—法兰盘

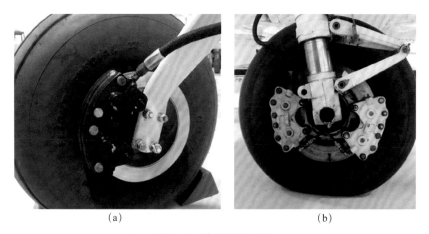

（a）　　　　　　　　　　　（b）

图 4-3　单盘刹车示例

盘衬垫，类似于乘用车用的盘式刹车和刹车块。从图中可以看到，其中一个刹车有一个卡钳和两个活塞，另一个刹车有两个卡钳，每个卡钳都有两个活塞。增加更多的活塞（和更大的活塞直径）可以增加既定液压下夹紧力，这就可以提供更大的可用刹车力矩。

　　多盘式刹车用于大型飞机，这种飞机需要更大的能量和刹车力矩。典型的多盘式刹车的结构和命名如图 4-4 所示。这种形式的刹车在大型飞机上占主导地位，大量的刹车能量可以储存在由动盘和静盘组成的刹车组件"热库"中。静盘在其内径上有开槽或者凸键，它们可以在刹车扭力筒上滑动，但不能旋转。扭力筒通过螺栓连接到汽缸座上，刹车力矩就可以通过多种方式从刹车上输出。图 4-4 所示的刹车装置是通过单耳或扭力臂连接到起落架结构。动盘在其外径上有开槽或凸键，与轮毂上的扭力杆或驱动键啮合。动盘与轮毂一起转动，并将刹车力矩传递到轮毂结构上。多种材料已被用来储存刹车能量同时提供摩擦表面，在单盘刹车装置中，钢材料是常见的选择。钢刹车盘的剖面如图 4-5 所示，在钢刹车装置中，钢材料组成了动盘和静盘结构，单独的垫块被贴在动盘 / 静盘的两侧（通常是铆接的）。通常是由动盘或静盘上的金属 – 陶瓷垫块与相邻盘上的钢衬垫挤压摩擦。图 4-6 显示了这些单独的衬垫是如何排列的。

　　代替钢作为动盘和静盘材料的另一种材料是铍，它能以比钢低很多的重量来储存大量能量。然而由于铍的毒性，未来不太可能使用这种刹车材料。

　　钢刹车的轻量化替代是使用强化碳 – 碳复合材料作为动盘和静盘的结构和摩擦材料。碳刹车比钢刹车有许多优点——更轻的重量实现相同的寿命和能量需求，可以实现动盘和静盘的结构整体统一（吸热材料就是摩擦材料），在非常高的温度下保持功能正常（而钢刹车可能会变形、损坏垫块或熔化），比等效钢刹车盘寿命更长。图 4-7 展示了一个典型的碳刹车装置的截面。动盘和静盘的类似结构形式如图 4-8 所示。

　　飞机机轮刹车的一个相对较新的发展是用电机驱动代替液压驱动。这种刹车设计消除了热刹车附近的液压泄漏风险（降低了刹车起火的风险），可以提高派遣可靠度和刹车动态性能，为无液压系统的飞机提供了一种刹车解决方案。最初应用在军用无人机上，民航方面电刹车应用在波音 787 和空客 A220 客机上。电刹车的示例如图 4-9 所示。

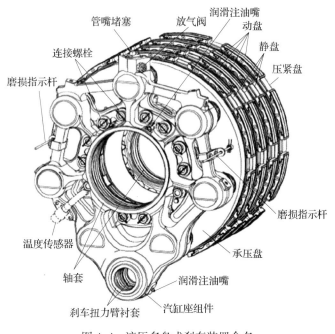

图 4-4　液压多盘式刹车装置命名

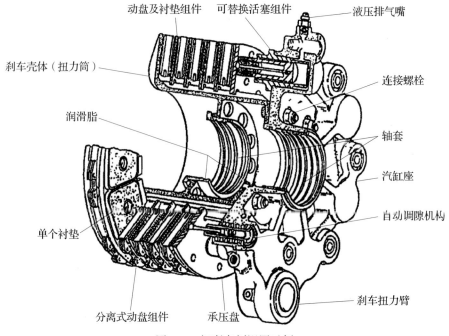

动盘及衬垫组件　可替换活塞组件　液压排气嘴

刹车壳体（扭力筒）

润滑脂

连接螺栓

轴套

汽缸座

自动调隙机构

单个衬垫

分离式动盘组件　承压盘　刹车扭力臂

图 4-5　钢刹车剖视图示例

图 4-6　KC-135 刹车一个静盘上的钢刹车衬垫

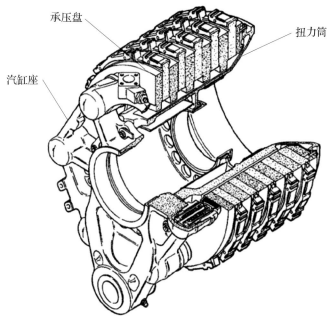

图 4-7　碳刹车装置剖视图

图 4-8　更强的碳 – 碳刹车盘

图 4-9　波音 787 电刹车结构

　　在大多数飞机上，刹车装置只安装在主起落架上。由于主起落架承担了飞机的大部分重量，因此这些机轮在刹车时可以产生更多的刹车力。然而，有些飞机在前起落架上安装了刹车装置。早期的喷气式飞机，降落速度高，跑道长度短（因为跑道是为活塞式飞机或螺旋桨运输机而设计的），其刹车装置安装在前轮上。波音 727、康维尔 CV880 和 CV990 就是典型的例子。一些设计运行在较短和战时损毁跑道上的战术飞机可以在前起落架上配备刹车装置。俄罗斯历史上的许多战术飞机，如米格 –21，都配备了前轮刹车。萨伯"鹰爪"也装有前轮刹车，以确保飞机最大可能的减速率。

4.2 飞机减速率

尽管机轮刹车通常是飞机最有效和最可控的地面减速措施（在着陆速度较大时，空气阻力可能比刹车制动力更有效），但并不是唯一的。机身阻力也是减速来源，图 4-10 展示了 B-1B 飞机在高阻力构型下的着陆和滑行。机翼顶部的扰流板打开（通常是飞机接地信号接通后打开），增加机身阻力，减少机翼升力，确保飞机载荷作用到机轮上，从而使刹车更加有效。

图 4-10　B-1B "枪骑兵" 着陆刹车

大多数喷气式民用客机（以及一些专用的战术飞机）具有反推装置或螺旋桨反桨（见图 4-11），可以在较高的速度下有效地实现减速。大型民用运输机的认证规定限制了在潮湿或污染跑道上着陆或中止起飞时使用反推的情况，这种情形下，虽然按规定反推可以在干跑道上使用，但设计的刹车尺寸必须能够吸收无反推情况下的着陆和中止起飞能量[①]。未来反推系统的可靠性和有效性改进可以为减少干跑道停车距离带来可能。军用飞机在执行任务时可能依赖反推，许多民航机组会权衡使用反推的燃料成本（可以减少刹车磨损）和更换刹车的成本。

图 4-11　伊尔-62 打开反推着陆

---

① 14 CFR 25.125 着陆和 14 CFR 25.109 加速-停止距离。

虽然没有在现代民用飞机上配套，但阻力伞可以用在许多战术和战略军用飞机上（见图 4-12），用于减少刹车距离，特别是在湿跑道和污染跑道上。阻力伞也可以用于其他航空航天飞行器，如航天飞机。民用飞机上，防滑刹车系统和反推系统已经取代了阻力伞系统，因为每次使用后，拾取、重新包装和装载阻力伞需要花费很大成本。然而，在某些特殊应用场景中，阻力伞仍在使用——挪威要求战术飞机上配套阻力伞（如 F-16 和 F-35），以确保在积雪跑道上有适当的停止距离。在某些情况下，阻力伞可以用来减少所需的刹车尺寸，这有利于对机轮尺寸有所限制的小型战术飞机。

图 4-12　图 -160 战略轰炸机阻力伞减速

阻力伞的优点是能在高速下产生较大的减速力，而机轮刹车提供相对稳定的减速力。通过阻力伞降低飞行速度可以显著减少机轮刹车所需吸收的能量。阻力伞的典型布置如图 4-13 所示。驾驶员可以在使用后通过抛伞装置来抛掉阻力伞，通常，还包括断离环，以确保阻力载荷过高（如在飞行中阻力伞意外打开）时自动分离。稳定的阻力伞应具有低开启力和低振动特性。阻力伞通常有带状、环状和十字交叉等设计类型。阻力伞的阻力面积应为飞机机翼面积的 25% ~ 50%（轰炸机的系数较低，战术飞机的系数较高）[1]。阻力伞的阻力面积是阻力伞表面积乘以阻力系数（$C_d S$）。环状和带状阻力伞的典型阻力系数在 0.5 ~ 0.65 之间，这两种阻力伞都具有较低的启动冲击系数，约为稳定状态阻力的 1.05 倍。阻力伞打开后所产生的稳定阻力计算如下

$$F_P = \frac{1}{2} \rho V^2 C_d S$$

式中：F_P——阻力伞打开后的稳定阻力；

　　　ρ——空气密度；

　　　V——飞机或阻力伞速度；

　　　C_d——阻力伞阻力系数；

　　　S——阻力伞表面积。

确定有效的停车距离也需要评估阻力伞的打开时间。ESDU 数据表 09012[2] 提供了所有类型的阻力伞，以及基于阻力伞类型的打开时间计算方法。

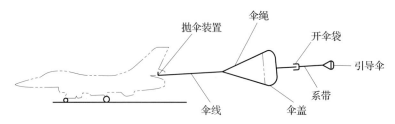

图 4-13　典型阻力伞装置

舰载机配备有拦阻钩，用于每次在航母上着陆。此外，许多陆基战术飞机配备了有限使用的拦阻钩。这些拦阻钩与固定或便携式拦阻装置（一根横跨跑道的钢缆，连接到从制动鼓展开的带子上）啮合。图 4-14 展示了一架 F-16 在拦阻着陆后拖着拦阻索的情形。这些陆基拦阻索通常只用于军用飞机出现系统故障的情况，如刹车系统失效。商用飞机可能必须在安装了这些系统的跑道上运行，在这种情况下，唯一需要考虑的是对地间隙和穿越钢索时产生的撞击载荷。第 2 章已讨论了压索时的钢索尺寸和响应。

图 4-14　F-16 拦阻减速系统

指南 ARP1538[3] 为陆基飞机拦阻钩系统的设计提供了指导，本指南提供了钩子的形状和安装建议。建议在具体拦阻系统性能未知的情况下，采用 BAK-13 系统的性能。最大拦阻载荷与钩索啮合速度和飞机重量的关系如图 4-15 所示。美国海军舰载机的拦阻钩设计遵循 MIL-STD-18717[4] 标准。

曾经尝试过替代轮式刹车，如图 4-16 所示的道蒂飞机拖曳式刹车。这个系统使用了一个由液压驱动的摩擦材料垫抵住跑道表面以提供减速。从有效性原则上讲，此类系统的可用性是有限的，尽管已经开展过 200 多个不同的摩擦材料的试验[5]。就能量消耗而言，拖曳式刹车系统是有利的（能量被转移到地面而不是储存在刹车中），但其有效的刹车力取决于刹车材料的动态摩擦因数。与有限的滑移比下（可达到峰值摩擦因数）的轮胎摩擦因数相比，拖曳式刹车能够产生的摩擦因数更低，使得刹车效率比轮胎式的低。

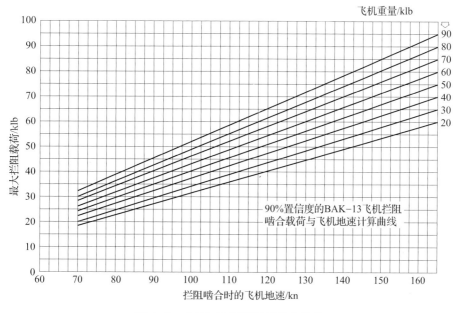

图 4-15 BAK-13 拦阻系统最大钩载

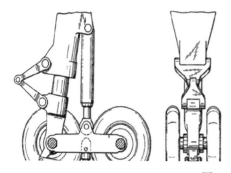

图 4-16 道蒂飞机拖曳式刹车

4.3 刹车尺寸

确定合适的刹车尺寸和数量是一个重要的步骤。大多数情况下，最简单的选择就是使所有主机轮都具有刹车功能。在实际飞机的配置中，并非每个主机轮都具有刹车功能（如 A380），也有一对轮毂安装在同一个的刹车上的情况（如 XB-70），但这些都是例外。在选择刹车时，重要的考虑因素包括所需吸收的最大能量和所产生的刹车力矩。能量需求影响储存动能为热能所需材料的质量，而刹车力矩需求则决定刹车距离、动盘和静盘的数量，以及抵抗发动机推力和斜坡停放的能力。为满足预期刹车盘磨损寿命这个最低需求，可以增加额外的刹车材料。

4.3.1 能量

在飞机着陆停止或中止起飞停止过程中，刹车吸收了飞机的大部分动能。许多刹车尺寸取决于着陆或中止起飞的条件。通常情况下，刹车完全磨损状态的中止起飞（RTO）工况决定了最小刹车材料质量（这是刹车到寿的代表）。而在一些罕见的异常或紧急工况下，飞机动能会高于中止起飞设计基线能量。表 4-1 展示了许多工况下的刹车能量估值与最大中止起飞能量值的比较。

表 4-1　刹车能量[6]

航线着陆	设计着陆	超载着陆	无襟翼着陆	中止起飞
15% ~ 20%	30% ~ 50%	100% ~ 110%	90% ~ 120%	100%

航线着陆是一种典型的着陆情况：尽可能长地使用发动机反推（最大化气动能量耗散）；这种着陆工况，刹车能量要求最低。超载着陆和无襟翼着陆是飞机故障工况。超载工况，飞机起飞后突发故障需要立即降落，机上燃料消耗一般少于 1%；由于襟翼系统故障，无襟翼着陆时飞机接地速度显著高于正常速度。

在许多情况下，飞机需要执行设计着陆、滑入、加油和装载，然后滑出，执行一次 RTO，刹车降温只能在加油和装载的时候。美国海军规范 SD-24[7] 规定了一个周转工况性能要求：停留 15min，滑行 2mile，飞机还能以最大起飞重量下执行 RTO。许多民航飞机可能配置有刹车温度指示系统，以指示驾驶员刹车温度是否足够低，此温度下是否允许飞机出动，飞机是否有能力进行中止起飞。

4.3.1.1　动能计算

最简单的估算是假设飞机的所有动能都转化为刹车的热能。动能为

$$E_k = \frac{1}{2}mV^2$$

式中：E_k——动能；

　　　m——飞机质量；

　　　V——飞机开始刹车时的地速。

国际标准单位下，E_k 单位用 J（相当于 N·m），重量单位用 kg，速度单位用 m/s。在美国常用单位中，E_k 通常用 ft·lbf 来计算；速度用 ft/s 为单位，重量必须以 slug[①] 为单位（每 slug 在重力环境下的重量为 32.174lb）。联邦航空条例（FAR）23 部轻型飞机适航认证曾规定，允许采用一个保守的、理想的能量估计方法或使用上面的动能公式，其中着陆工况下，速度等于无动力的失速速度，或者在中止起飞时速度等于 V_1（决断速度，此时必须选择中止起飞或继续起飞）的最大值。分别使用相关的最大着陆重量和最大起飞重量。

轻型飞机算例

　　德·哈维兰 DHC-6 "双水獭" 是一种双螺旋桨飞机，有一个前轮和两个刹车主机轮。它的最大起飞重量为 11579lb，最大着陆重量为 11400lb。决断速度（V_1）是 72kn，飞机在着陆襟翼构型下，最大着陆重量的失速速度是 54kn。计算两种情况所需的刹车能量为：

---

① slug（斯勒格）——英制单位中的一种质量单位，表示 1lbf 的作用力作用在物体上，并使此物体获得 1ft/s² 的加速度，则此物体的质量是 1 斯勒格；1slug=32.174049llb=14.593904kg。

204

着陆能量：

54kn 转换为 ft/s：54kn × 1.69ft/s/kn=91.3ft/s

11400lb 转换为斯勒格（slug）：11400lb ÷ 32.174ft/s^2=354.4[①] slug

计算动能

$$E_k = \frac{1}{2}mV^2$$

$$E_k = \frac{1}{2} \times 354.4 \times 91.3^2$$

$$E_k = \frac{1}{2} \times 354.4 \times 8335.7^2$$

$$E_k = 1477084\text{ft} \cdot \text{lbf}$$

中止起飞能量：

72kn 转换为 ft/s：72kn × 1.69ft/s/kn=121.7ft/s

11579lb 转换为斯勒格（slug）：11579lb ÷ 32.174ft/s^2=359.9slug

计算动能

$$E_k = \frac{1}{2}mV^2$$

$$E_k = \frac{1}{2} \times 359.9 \times 121.7^2$$

$$E_k = 2665220\text{ft} \cdot \text{lbf}$$

最严酷工况是中止起飞工况（由于质量大和速度高）。由于飞机是双轮刹车，每个刹车能量为

$$E_{brake} = \frac{2665220}{2} = 1327610\text{ft} \cdot \text{lbf}$$

　　有中止起飞要求的飞机（通常是固定翼飞机）通常根据中止起飞时的质量和速度确定刹车能量。这一趋势在大型商用飞机上更为明显，因为其着陆重量明显小于最大起飞重量。

大型飞机算例

　　大型运输客机有一个前起落架（两个前轮无刹车）和两个主起落架，每个主起落架有 4 个带刹车主机轮。飞机最大起飞重量为 275000kg。如在这个质量和"高温高海拔"的严酷工况下起飞决断速度是 180kn，计算每个刹车所需的能量：

　　转换 180kn 为 m/s：180kn × 0.514m/s/kn=92.5m/s

　　计算动能

---

① 原文为 354.3，11400lb ≈ 354.343slug，按进位估算取 354.4。——译者注

$$E_k = \frac{1}{2}mV^2$$

$$E_k = \frac{1}{2} \times 275000 \times 92.5^2$$

$$E_k = 1176484375J$$

因飞机有 8 个刹车轮，每个轮的刹车能量为

$$E_{brake} = \frac{1176484375}{8} = 147060547J$$

飞机的全部动能都被刹车吸收是一个保守的假设。实际飞机一些动能以其他方式消散，因此，可以对刹车能量进行更精细的计算。

4.3.1.2 理想刹车能量计算

相比动能计算，一种合理的刹车能量估算方法需要考虑整个飞机制动过程中所有的能量输入和消耗。这些包括：

（1）飞机在开始刹车时的动能；

（2）推进系统的慢车推力（如果反推可用）；

（3）机身阻力；

（4）轮胎滚动阻力和轮毂轴承滚动阻力；

（5）由于跑道坡度引起的势能变化；

（6）机轮刹车，包括机翼升力可能会减少刹车力的影响；

（7）大气条件（压力、风）；

（8）如果允许，反推力或减速伞的阻力。

由于刹车能量的确定是由这些参数的积分产生的，所以求解通常是由参数的数值积分确定的。ASD-TR-68-56[8]中开发了一种时间间隔为 0.25s 的步进积分方法。Dowden[9]开发了一种考虑更复杂的轮胎和轴承滚动阻力模型的更精细的计算方法。准确估计刹车能量需要了解飞机的升力和阻力性能，以及在制动过程中升力和阻力系数的变化。

以先前给出的大型客机为例进行了简化评估，有 8 个子午线轮胎的情况下滚动阻力大约吸收 4% 的能量。分析认为：

（1）飞机的全部重量由起落架承担（扰流板打开情况下是准确的）；

（2）没有显著的慢车推力，也没有反推的贡献；

（3）没有跑道坡度；

（4）等于 1/3g 减速率的稳定刹车力；

（5）每个主轮轮胎的滚动阻力系数为 0.015；

（6）95% 的飞机重量由主起落架承担；

（7）机身阻力系数为 0.04，阻力面积为 443m^2。

空气阻力与速度的平方成正比，因此从 180kn 开始制动时，空气阻力贡献的初始减速阻力是显著的——占大约 10% 的刹车力。最终结果是停止距离 1210m，刹车能量 135.8MJ。相对于动能计算方法而言，刹车能量需求减少了 8%，这对大型飞机和大型刹车

装置在尺寸和重量方面都有很重要的意义。用同样方法计算"双水獭"中止起飞示例，所需的刹车能量相比用动能方法的计算值少 5%。在这种工况下，差值只有 72460ft·lbf，不足以造成刹车设计的改变。该理想分析技术很大程度上取决于由刹车力矩产生的减速率：刹车力矩越大，刹车距离越短，其他方面贡献的能源耗散就越小（刹车就会吸收更多的能量）。对于大型民用运输飞机的适航认证，设计着陆最低平均减速速率需求为 3.1m/s^2 [10]，中止起飞时需要 1.8m/s^2。飞机设计人员可能会寻求比这些更高的性能。

4.3.2 刹车力矩

一个刹车装置所产生的力矩是变化的，这不仅仅与施加压力相关，还与机轮速度和刹车温度有关。重要的是确保刹车能够提供最小的扭矩以达到期望的飞机性能要求。最小平均刹车力矩可以从减速率需求计算出来（假设轮胎和地面之间有足够的摩擦力）。例如，一架 275000kg 的飞机以平均 3.1m/s^2 的减速率所需的刹车力（假设没有其减速措施和贡献）

$$F=mA$$
$$F=27500 \times 3.1$$
$$F=852500 \text{N}$$

为满足地面的兼容性要求，假设有 8 个 $1400 \times 530 \text{R}23$ 轮胎。各轮胎的承载半径即可近似为静态加载半径（见第 3 章中的轮胎目录），大约为 23.5in（0.6m）。更精确的刹车有效半径应利用轮胎的载荷变形曲线来查询，确保施加垂直载荷（考虑重心偏移到前轮会减少主轮载荷）对应的准确半径，同时计算施加的阻力载荷造成的轮胎变形。假设 8 个轮子都刹车，那么每个轮胎接触点产生的阻力为

$$F = \frac{852500}{8} = 106563 \text{N}$$

产生刹车力所需的刹车力矩

$$\tau=F \cdot r$$
$$\tau=106563 \times 0.6=63938 \text{N} \cdot \text{m}$$

假设大约 95% 的飞机重量都在主起落架上，那么每个轮子的垂直负载是 320225N。单个轮子阻力和垂直载荷的比率

$$\frac{106563}{320225} = 0.33$$

这是为达到减速率要求所需的最小轮胎与地面摩擦因数，不受轮胎摩擦特性的限制。通常认为在干燥的道面上可以达到 0.45 的摩擦因数，因此 8 个刹车有能力产生这个平均力矩，能够满足最低性能需求。在中止起飞过程中，最小平均扭矩的计算也可以用类似方法。对于这架假想的飞机，37125N·m 的平均刹车力矩是满足中止起飞性能标准所需的最小值。

动态刹车力矩值直接影响刹车距离和减速性能，刹车保持静态扭矩的能力也很重要。刹车通常必须能在发动机全推力试验时控制飞机不动。对于前面讨论过的大型客机，两台大涵道比涡扇发动机，每台提供 375000N 推力，飞机上的合力是 750000N——这略小于减速率 3.1m/s^2 所需的减速力要求。8 个刹车共同作用，每个所需的静态制动力矩为

56250N·m，才能在这个试验中保持飞机稳定。一些飞机制造商在进行此类试验时，选择将飞机进行机械约束，而不要求刹车有足够的力矩能力。在某些情况下，发动机推力可能超轮胎与道面的静摩擦力，此时通过设计刹车来满足此工况是没有意义的——轮胎会沿着道面滑动。静刹车力矩要求过大会导致刹车力矩增益过高，这将增加防滑刹车的调整难度。

当飞机停车并关闭电源时，通常会有一个停机刹车来保持刹车作用力（通过保持液压刹车压力或通过锁定电刹车作动器位置）。停机刹车的实际有效压紧力可能随时间而变化（如果能源是液压蓄压器），并且通常在停机刹车工作过程中不是在可用的最大压紧力；此外，为了避免损坏刹车，当刹车盘温度高的时候通常不建议用停机刹车，在刹车温度高时使用停机刹车，会使刹车压紧力随着刹车变冷发生变化，特别是在电刹车装置上。停机刹车必须产生足够的刹车力矩，以抵抗飞机停在斜坡上时飞机滚动的趋势。由于旋翼机的高斜率坡度使用要求，这种情况通常是旋翼机的设计驱动因素。旋翼机的适航认证规定要求刹车必须使飞机保持在10°的坡度；许多旋翼机制造商将这一角度拓展到12°。图4-17展示了一架停在斜坡上的直升机，其所需的刹车力是$F=W\sin\theta$。根据所需的刹车力，可以计算出所需的刹车个数、轮胎半径和所需的刹车力矩。

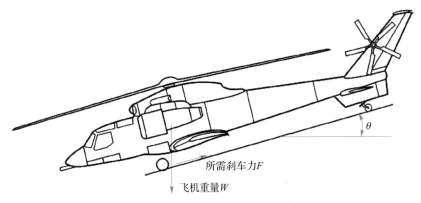

图4-17 直升机所需停机刹车力

在刹车试验和适航认证时，必须演示证明刹车装置的结构力矩。它不是一个施加到刹车材料上的压紧力所必然产生的扭矩，而是一个用来演示刹车装置、刹车组件和相关轮毂强度安全裕度的扭矩。

民用航空器和直升机刹车的认证要求符合 AS5714[11] 或 TSO-C135a[12]，两者都规定了结构扭矩的试验要求。如果是每个支柱上一个轮子，该结构力矩比垂直静载荷与轮胎在该载荷下的额定半径之积高20%；如果是每个支柱上超过一个轮子，该结构力矩比垂直静载荷与轮胎在该载荷下的额定半径之积高44%。轮毂和刹车装置必须在3s内承受这些载荷而不发生失效。

4.4 刹车设计

刹车的主要功能是在轮毂上产生力矩用来使飞机减速，它是在许多临界安全工况下能够实现减速的主要装置。今天在飞机上使用的所有刹车都是通过刹车部件之间的摩擦将飞机的动能转化为热能。在没有故障的情况下，将这些能量存储为热能是刹车的关键设计点。无论是单盘还是多盘，碳刹车都必须有足够的热库质量来吸收能量，不能使温度上升至损坏刹车（或损坏起落架或点燃液压或轮胎起火）。温度增值、热库质量和能量之间的关系取决于刹车材料特性，如果给定材料的比热容 c，那么公式如下

$$E = c \cdot m \cdot \Delta T$$

式中：E——刹车吸收的能量；

　　　c——刹车热库所用材料的比热容；

　　　m——刹车热库所用材料的质量；

　　　ΔT——热库材料的温度增值。

这个公式中假定所有的材料都处于相同的温度，而摩擦表面刹车生热时并非如此。实际上，刹车产生的热量通过部件进行传导，并在刹车后的某个时间（取决于导热系数）各部件达到一个稳定值。这个公式在初步设计和比较评估的时候是合理的。材料的比热容很大程度上取决于材料的温度。因此，使用恒定的比热容值只能对刹车性能进行估计。表 4-2 中展示了常用刹车材料的性能。最佳的材料将能够在高温下保持其强度（这一特性与其熔点近似成正比），同时具有高比热容（可以减轻热库质量）和高密度（可以减少吸收能量的热库空间）。

表 4-2　常用刹车材料特性

材料	比热容/(J/(g·K))	密度 / (g/cm³)	熔点 /℃	热导率 /(W/(m·K))	拉伸强度 /MPa
钢	0.49	8.05	1370 ~ 1540	35 ~ 60	410
铜	0.385	8.96	1083	350 ~ 385	240
铍	1.82	1.85	1283	218	255
碳 - 碳	1.42	1.6 ~ 2	3000 ~ 3700 （升华）	20 ~ 160①	66

①碳 - 碳复合材料具有强烈的各向异性，材料特性取决于纤维结构、方向，以及致密化类型和石墨化程度或基体热处理程度。

表 4-2 中的数值可以很明显地表明，如果每种材料的目标温度相同，吸收给定能量最轻的材料是铍。随着温度的升高，不同材料的反应也不尽相同。图 4-18 展示了在高温下每种材料的强度降低情况。在极高的温度下只有碳 - 碳复合材料能保持其强度，但碳材料会在高温下氧化，因此必须在碳 - 碳热库寿命和重量之间进行权衡交易——热库质量越轻，工作温度越高，会导致刹车盘氧化和寿命降低（此情况不同于磨损导致的寿命降低）。

通常设计钢刹车盘[13]的航线着陆最高温度到 500℃ 左右，设计着陆最高温度 780℃，最大能量中止起飞的最高温度 1100℃。如果按此设计，在中止起飞后，钢刹车就不能继续使用了。设计铍刹车盘[14]的航线服役温度可达到大约 530℃，中止起飞温度到 840℃。碳刹车盘的目标温度与预期的寿命相关，因为高温会导致碳盘氧化、强度降低和质量流失。航线着陆温度 300 ~ 400℃，而设计着陆温度为 600 ~ 700℃，中止起飞目标温度可以达到 1800 ~ 2000℃。碳 - 碳刹车盘最大允许的温度范围可能更多地受到周围机轮、刹车装置和起落架结构的限制，还受到保护周围金属部件不受高温影响的能力的限制。

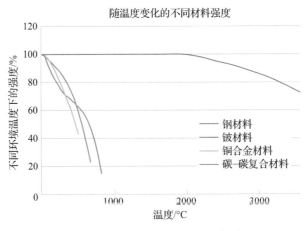

图 4-18　材料强度随温度变化曲线

以前面提到的大型客机的中止起飞能量为例，计算刹车热库质量及体积：

碳刹车材料的最大允许温度为 1800℃

$$E = c \cdot m \cdot \Delta T$$

重新计算质量

$$m = \frac{E}{c \cdot \Delta T}$$

取比热容 1.42J/（g·K），刹车能量 135.8MJ，初始刹车温度为 50℃

$$m = \frac{135800000}{(1.42)(1750)}$$

$$m = 54648g \approx 54.6kg$$

表 4-3 提供了中止起飞刹车能量为 135.8MJ 时，不同刹车材料所需的重量和体积。因为采用了恒定的比热容，表 4-3 中分析数据是有缺陷的。实际上，刹车厂家一般用"质量能载"的经验衍生值来确定给定能量下的刹车质量。每个厂家有不同的目标质量能载，这取决于它们的特殊材料和材料组成。表 4-4 展示了不同材料的质量能载。大多数情况下，为了保持更低的刹车温度、实现飞机更快速的过站，并未用到刹车材料的质量能载极限。在使用碳 – 碳材料时，用质量能载范围的上限可能需要更长的降温时间或使用刹车冷却风扇。

表 4-3　中止起飞能量不同刹车热库材料的质量和体积

材料	最高温度 /℃	重量 /kg	体积 /L
碳	1800	54.6	30.6
钢	1100	263.9	32.8
铍	840	94.5	51.1

表 4-4　典型刹车材料质量能载[15]

	铜刹车盘树脂垫	钢刹车盘陶瓷垫	钢刹车盘粉末冶金垫	碳-碳刹车（完全磨损状态）	碳-碳刹车（新盘）
设计着陆质量能载 / (kJ/kg)	240	450	390	1250	900 ~ 1000
中止起飞质量能载 / (kJ/kg)	540	750	900	2700 ~ 3200	2000 ~ 2400

　　取磨损状态的碳-碳刹车的最高值和钢刹车的最大值，满足中止起飞 135.8MJ 能量的刹车材料质量分别为 42.4kg 碳-碳和 150.9kg 钢材料，体积分别为 23.6L 和 18.7L。这种尺寸机制证实了一种典型趋势，尽管钢刹车更重，但因为具有更高的密度，相比碳-碳刹车占用的体积更小。表中提供的数值仅供参考，需与刹车厂商进一步确认。但是，它们能够用于初始刹车尺寸设计。表 4-4 中提供的质量能载能够用于估算新盘到磨损盘的质量损失。另外，图 4-19 提供了典型的磨损率。

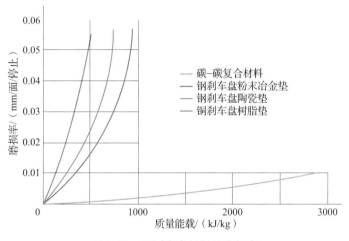

图 4-19　不同刹车材料的磨损率

　　典型的刹车热库尺寸计算方法必须确保在完全磨损状态下还有足够的质量去满足飞机的中止起飞工况和任何其他严重工况。然后，在此基础上，增加额外的刹车材料用于满足所需磨损寿命（通常称为翻修起落数 LPO）。

　　多盘式刹车，设计人员必须在一些约束限制下选择刹车盘的数量、外径尺寸、内径尺寸和厚度。图 4-20 展示了刹车装置中的动盘、静盘在轮毂内的安装关系（实际上，动盘上的键槽必须与轮毂内径上的扭矩导轨相啮合）。通常在机轮内径布置热防护屏以保护机轮材料免受刹车高温。另外，刹车动盘外径小于机轮最大允许直径（如果可能的话），通常对改善刹车热库的自然冷却效果是有利的。动盘内径与刹车壳体之间必须有间隙，静盘内径必须与刹车壳体啮合，刹车壳体应有足够尺寸，确保其与轮毂结构和轴承之间留有间隙。

　　Bailey[6] 在统计了一些机轮刹车样例的基础上，提出了一种估算碳刹车动盘内径、外径和动盘静盘驱动键数量的方法（用于评估初始尺寸）。这个公式是基于期望的轮辋尺寸（单位为 in），计算结果单位也是 in。表 4-5 中的公式适用于军用飞机也适用于民用飞机。为了快速评估，民用飞机的碳盘内径、外径尺寸在图 4-21 中以曲线形式展示。

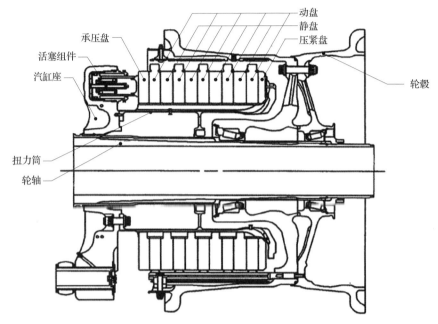

图 4-20　碳刹车装置与机轮

表 **4-5**　碳刹车盘尺寸评估

尺寸	民用飞机	军用飞机
静盘外径 /in	$0.7091D+2.286$	$0.7797D+0.5491$
静盘内径 /in	$0.417D+0.391$	$0.5279D-1.394$
静盘键数	$\lceil 1.442D-11.25 \rceil$	$\lceil 0.9419D-3.105 \rceil$
动盘外径 /in	$0.788D+2.322$	$0.849D+0.6259$
动盘内径 /in	$0.664D-2.361$	$0.6954D-2.704$
动盘键数	$\lceil 0.35D+2.217 \rceil$	$\lceil 0.4706D+0.706 \rceil$

注：D 为轮辋直径，单位为 in；计算结果也是以 in 为单位。

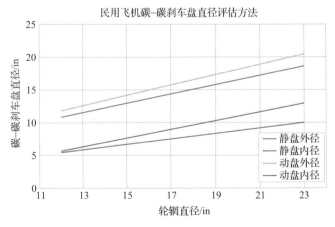

图 4-21　民用飞机碳刹车盘尺寸评估方法

选择刹车材料的直径后，就可以计算刹车的单位面积能载。单位面积能载是刹车的吸收能量除以刹车的总摩擦面积（或总盘面积）。

$$LL = \frac{E}{A_{\text{swept}}}$$

式中：LL——单位面积能载；

　　　E——吸收的刹车能量；

　　　A_{swept}——刹车盘总摩擦面积；对于碳刹车，等于动盘与静盘接触面积乘以 2 倍的动盘与静盘接触面数量。

设计着陆工况，碳刹车的单位面积能载达 3000J/cm^2，中止起飞工况达到 7000J/cm^2。单位面积能载功率（或功率负载）为单面面积能载除以使飞机停止的时间 t

$$LP = \frac{LL}{t}$$

刹车产生的力矩取决于以下几个方面的因素：接触面可用的摩擦因数，施加的刹车压力，使动盘和静盘压紧时的摩擦机械损失，刹车力矩按以下方法计算

$$\tau = 2N \times \mu \times F \times r$$

式中：τ——刹车力矩；

　　　μ——刹车材料摩擦因数；

　　　N——动盘数量；

　　　F——施加的载荷，对液压刹车来说，施加载荷等于有效刹车压力乘以总活塞面积。

$$F = \Delta p \times A$$

式中：Δp——有效压力（对刹车施加的压力减去由摩擦力、复位弹簧和调隙机构导致的压力损失）；

　　　A——刹车的总液压活塞面积；

　　　r——表面组合摩擦的作用半径；通常用内径和外径的平均值进行评估；这通常是布置电作动筒或液压活塞的半径；这个半径公式由作用于刹车盘上的力积分得出（假设摩擦因数不变，作用压力一致）。

$$r = \frac{2(r_e^3 - r_i^3)}{3(r_e^2 - r_i^2)}$$

式中：r_e——摩擦接触面积的外径；

　　　r_i——摩擦接触面积的内径。

从这些公式和预期刹车材料摩擦因数的知识，可以确定作用活塞的尺寸、数量和位置。增加刹车力矩最容易的方法是通过增加作用力和动盘个数。增加动盘个数会增加摩擦面，同时会降低刹车效率（由于当动盘和静盘在机轮内滑动时的摩擦力，压紧力会随着盘子的叠加而逐渐减少，离作用活塞越远的盘子压紧力越小）。增加作用力（通过增加作用活塞个数或增加液压活塞直径）可以增加刹车力矩但同时也会增加刹车增益（每单位压紧力提供的力矩值），这可能会给刹车控制系统带来问题。在进行所有的刹车设计活动时，要选择最合适的方案以平衡所有的需求。

对碳刹车来说，中止起飞的平均刹车摩擦因数大约为 0.2，对于钢刹车盘粉末冶金垫，最低的摩擦因数大约为 0.3。不同厂家的不同材料，设计的结果也不尽相同。刹车摩擦因数在刹车过程中是变化的，图 4-22 展示了典型碳刹车的样例。

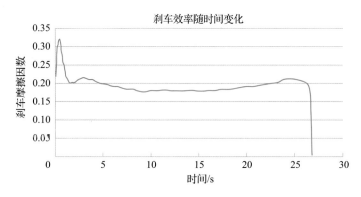

图 4-22　刹车过程中刹车摩擦因数变化情况

为确保产生所需的刹车力矩，设计时必然要使用最小预期刹车摩擦因数。在使用冷刹车、低速刹车、不同湿度环境和新刹车盘的磨合过程中，最小值可能会出现显著变化。这些情况下，可能会出现明显的力矩峰值。

4.4.1　刹车活塞

尽管电作动刹车在快速发展，也在军用和民用领域均有应用，液压作动还是刹车作动的标准形式。最简单的液压驱动方式是通过汽缸座中一个或多个活塞作用，给刹车材料施加压紧力。在大型刹车装置上，汽缸座周围布置有许多活塞。这些活塞可以是单通道布置（见图 4-27），也可以是双通道布置——活塞在汽缸座上成对出现（见图 4-28）。双通道布置中，相邻活塞的液压系统相互独立，两套独立的液压控制系统给每套刹车提供能源（在任何单一液压系统或刹车控制系统失效时提供完全冗余的备份）。

考虑到刹车盘从新状态使用到完全磨损状态，刹车时需要很大活塞行程，使用调隙机构可以确保活塞和刹车盘之间保持较小间隙（较大的间隙会导致不可接受的刹车延迟）。根据刹车装置的大小，调隙机构可以是刹车上的一个独立部件，也可以集成在活塞上。活塞直径大于等于 32mm 的较大刹车装置上，调隙机构通常与活塞集成（更小的活塞很难在其中集成一套调隙机构）。集成了调隙机构的刹车活塞如图 4-23 所示。

自动调隙机构在松刹时保持一个固定的工作间隙。加压时，活塞向刹车运动，压缩调隙弹簧，在运动压到拉杆之前，因为留有间隙，会有一部分空行程存在。活塞继续运动会驱动拉杆沿着套筒运动。只有刹车磨损才会使拉杆沿着套筒运动。只允许向压缩刹车盘的方向运动，缩回方向受到约束。提供这种单向运动的一种方法是将摩擦衬套紧密安装在套筒上，在特定条件下，摩擦衬套会在套管中前进，消除活塞和刹车盘之间的间隙。由于工作原理是基于紧密的公差配合和摩擦，因此它不一定可靠。现阶段广泛使用另一个更可靠的系统是利用胀管的塑性变形来调节长度变化，带有凸台（通常是一种扣环）的杆从胀管中穿出，胀管发生可控的塑性变形并提供可靠的运动。其工作原理类似于空心铆钉在

图 4-23　自动调隙活塞剖面图

拉伸芯棒的作用下变形的方法。当刹车压力释放后，弹簧只驱动活塞返回最初空行程，提供恒定的工作间隙。典型的调隙机构布置剖面图如图 4-24 所示。由于采用金属的塑性变形来实现自动调节，调隙胀管只能使用一次。在刹车装置大修（更换刹车盘）时，使用过的调隙胀管会被报废并换新。

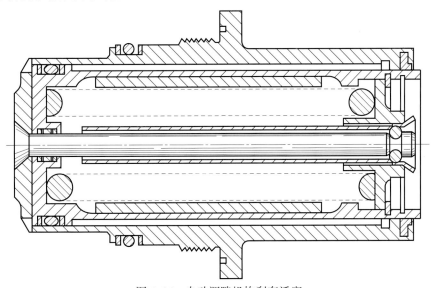

图 4-24　自动调隙机构刹车活塞

施加到刹车上的压力必须克服回位弹簧力和系统中的任何摩擦损失。这部分压力被称为压力损失，它随着刹车装置的具体设计和刹车系统的设计工作压力而变化。对于工作在 206bar（3000psi）下的刹车系统，通常的压力损失在 15～20bar（220～290psi）范围内。活塞所需的行程是由刹车盘的磨损厚度（从新的到完全磨损）加上大能量中止起飞过程中刹车盘磨损和刹车装置部件变形的额外行程所确定。磨损厚度可以根据图 4-19 估算出来，但会因为不同供应商和不同材料而有所变化。必须有一种防止刹车活塞过度伸长的止动结构，以阻止活塞脱出，导致液压泄漏，这会使液压油滴到高温刹车盘而导致起火。活塞设计必须满足足够的压力损失以确保液压系统回油压力不会施加到刹车盘。

确定活塞的数量和大小与所需的压紧力（由所需的力矩和最小刹车摩擦因数计算得出）和最大可用的刹车压力相关。用压紧力除以扣除压力损失后的刹车压力，得出所需的总活塞面积。为了满足这一要求，汽缸座周围通常配置许多活塞。活塞越少，成本就越低，也越简单，除非是卡钳式刹车。一般情况最少需要4个活塞，5个活塞更常见。可用的空间决定了活塞的个数，在汽缸座上布置更多的较小的活塞会通常更容易。

电作动刹车用电动执行机构（EMA）代替液压活塞和调隙机构：通常是无刷直流电机、齿轮减速箱和滚珠丝杠，如图4-25所示。这种结构将马达的旋转驱动转换为直线运动。EMA的尺寸需要特别考虑。为了保证单个EMA不工作时飞机仍具有派遣能力，每个EMA通常会被设计成即使其中一个EMA失效，刹车装置仍能输出全部的压紧力。给定电动机与作动器线性部分之间的大齿轮减速比，作动器可以通过在电机轴上的小制动器（要么是摩擦制动器要么是离合器）有效地锁定。这种轴制动通常是电磁式的，断电时，轴就被锁定。作动器通电时输出需要的压紧力，切断电源后实现停机刹车功能。电机轴上的小制动器使作动器无法退回。

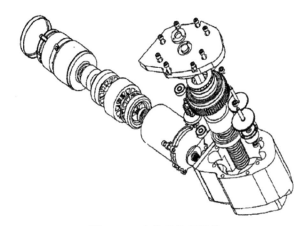

图4-25　电作动执行机构

由于使用无刷直流电动机（因为它们能量密度高），需要控制电机的电子换向。有效的电机控制方案需要充分掌握电机轴的位置或产生的压紧力。位置控制的优点是刹车控制器能够知道作动器的位置（通过计算电机转速然后除以齿轮比）。由于刹车控制器能够精确地控制作动器的位置，因此不需要专用的调隙机构。此外，还可以将刹车磨损状态报告给用户，而不需要任何额外的仪表。电刹车的一个缺点是必须对所输出的压紧力进行评估或直接测量，而刹车环境中的力测量系统很难工作可靠。另一个缺点是刹车的单位成本和重量比液压刹车有所增加。然而，随着技术的进步，当综合评估所有相关的系统部件时，电动刹车系统的重量会和液压刹车系统的重量相当，或更轻。AIR5937[16]有更多电刹车的详细介绍。

4.4.2　与起落架的机械接口

有许多方法可以固定起落架上的刹车装置，并将刹车扭矩传递到起落架结构上。小型刹车装置通常用螺栓将卡钳固定在起落架结构上，如图4-3所示。对于大型刹车装置，有三种主要的方法从刹车中获得扭矩。在多轮起落架上通常用扭力臂安装刹车装置。汽缸座上有一个用于连接销轴的单耳，如图4-26所示。当需要刹车旋转时这种安装形式是有利的，例如，安装在车架横梁上时。它可以直接安装到起落架结构，但需要一个专用的销钉或者合适的结构。采用这种形式时，必须确保轴和结构的偏置不会导致汽缸座产生不可接受的载荷。

一种矩形凹槽单耳形式（见图 4-27）可以为结构连接提供一个更便宜的解决方案，起落架结构上可以直接加工一个凸台或装置，用于承受刹车扭矩。这种布置通常用摇臂式起落架，在摇臂的两侧设有凸台用于承受刹车扭矩。当刹车和结构有相对位移时，矩形凹槽单耳可以像滑动关节一样更好地适应相对位移，与此同时仍承受所需的扭矩。汽缸座与起落架结构所用材料不同，当这些部件的局部温度发生变化就会引起相对位移。

图 4-26　扭力臂形式的电作动刹车装置

图 4-27　矩形凹槽单耳形式的液压刹车装置

另一种传递扭矩的方法是直接从刹车壳体或刹车法兰盘上传走扭矩。这种类型的组件如图 4-28 所示，连接到起落架轴上的法兰盘上（见图 4-29）。这类连接可能是最牢固的刹车与起落架连接方式，同时刹车是最轻的，因为汽缸座不传递扭矩载荷。图示装配中，扭矩是通过一系列的销钉传载，而刹车与汽缸座是由三个螺栓连接。虽然从刹车的角度来看，这是一个很好的装配，但对于起落架结构制造商来说，这是一个昂贵的选项。它也为振动控制提供了最小的衰减阻尼。

图 4-28　带法兰盘的双通道液压刹车装置

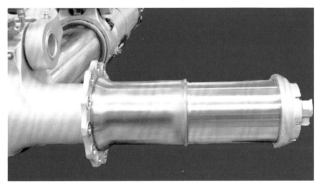

图 4-29　带法兰盘和刹车轴套的起落架轮轴

对于经常拆卸和更换装有刹车的起落架轮轴（如商用运输机），通常在轮轴上装有刹车套筒。刹车套筒用于拆卸和更换刹车时保护轮轴（通常由高强度钢制成）的表面处理不会磨损和损坏。刹车套筒通常由耐蚀钢或钛合金制成，并与刹车装置的设计相匹配；套筒可以桥接轮毂轴承到刹车装置的物理位置。如果刹车壳体上增加一个支座或其他支撑，以防止振动（如涡动），套筒将会非常有用。

4.4.3 重量

最佳刹车重量估算方法是计算预期的热库质量、尺寸和所需的压紧力。由此，可以对刹车部件进行机械设计，并根据所选择的材料确定重量。可以使用图4-30中基于最大吸收能量的曲线进行初始估计，这种方法准确度稍低，具有明显的散差，因为不考虑所需的刹车力矩、刹车结构材料和设计刹车寿命。可以看出，钢刹车的数据很少，因此对钢刹车重量的预测应该谨慎。

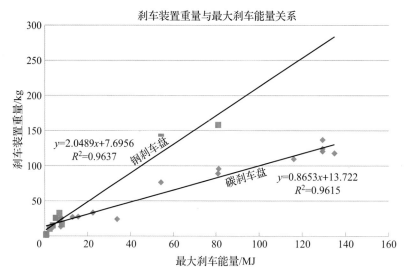

图 4-30　钢刹车和碳刹车重量预估

示例：
　　考虑提供的细节，民航飞机刹车尺寸有：
　　（1）最大起飞重量 32500kg；
　　（2）4 个刹车主机轮；
　　（3）H38×13R18 的轮胎；
　　（4）中止起飞速度 120kn；
　　（5）中止起飞平均减速率最小需要 0.35g；
　　（6）飞机液压系统压力为 3000psi。
　　碳刹车盘磨损寿命为 2000 飞行循环。
　　由于对飞机所知甚少，因此应该使用动能计算方法来确定刹车所需的最大能量。使用这种方法将有一定的裕度以允许在滑出时的刹车预热：

中止起飞速度 120kn ×0.5144=61.7m/s：

计算能量

$$E_k = \frac{1}{2} mV^2$$

$$E_k = \frac{1}{2} (32500)(61.7)^2$$

$$E_k = 61918122J$$

每个刹车的能量

$$E_k = \frac{61918122}{4} = 15479531J = 15479kJ$$

用表 4-4 中的更为保守的 RTO，磨损状态的碳－碳刹车盘质量能载数值，计算最小碳盘质量

$$m = \frac{15479kJ}{2700kJ/kg} = 5.7kg$$

用 2700kJ/kg 的值计算最小热库质量为 5.7kg。

动盘静盘内、外径尺寸计算按照表 4-5 中的公式进行，机轮尺寸选轮胎结合径 18in，结果见表 4-6。

动盘和静盘的摩擦面积是由静盘的外径和动盘的内径组成的环形面积，计算如下

$$A = \frac{\pi}{4}(D_e^2 - D_i^2)$$

$$A = \frac{\pi}{4}(15^2 - 9.6^2)$$

$$A = 104.3in^2$$

$$A = 104.3 \times 6.4516 = 672.9cm^2$$

表 4-6 以 18in 轮毂评估动盘静盘尺寸

尺寸	民机评估公式	18in 轮毂尺寸结果
静盘外径尺寸	0.7091D+2.286	15in
静盘内径尺寸	0.417D+0.391	7.9in
静盘驱动键数	［1.442D-11.25］	15
动盘外径尺寸	0.788D+2.322	16.5in
动盘内径尺寸	0.6645D-2.361	9.6in
动盘驱动键数	［0.35D+2.217］	9

5.7kg 质量，假设动盘、静盘的驱动键材料不是热库的一部分（保守假设），已知环形面积内外径，计算长度：

根据表 4-2 假设碳盘密度为 1.8g/cm³，根据质量计算体积

$$体积（V）=\frac{质量}{密度}$$

$$V=\frac{5.7\times1000}{1.8}=3167cm^3$$

环带面积为 672.9cm²，热库环带长度应为

$$长度（L）=\frac{体积}{面积}$$

$$L=\frac{3167}{672.9}=4.7cm$$

评估完全磨损状态的热库宽度约为 4.7cm。

摩擦力作用半径 r

$$r=\frac{2\left(r_e^3-r_i^3\right)}{3\left(r_e^2-r_i^2\right)}$$

$$r=\frac{2\left[\left(\frac{15}{2}\right)^3-\left(\frac{9.6}{2}\right)^3\right]}{3\left[\left(\frac{15}{2}\right)^2-\left(\frac{9.6}{2}\right)^2\right]}=6.25in$$

$$r=6.25in=0.159m$$

根据第 3 章的相关轮胎数据得出轮胎的额定半径为 15.75in，计算中止起飞减速率为 0.35g 时需要的刹车力矩：

使飞机减速的力

$$F=ma$$

$$F=32500\times0.35\times9.806=111543N$$

4 个刹车主机轮，每个轮胎接地点所产生的力为

$$F=\frac{111543}{4}=27886N$$

由此产生的力矩

$$\tau=F\times r_{rolling}$$

轮胎半径 15.75in×0.254=0.4m

$$\tau=27886\times0.4=11154N\cdot m$$

假设 95% 的飞机重量由主起落架承担，并且确认地面摩擦因数能够满足减速率要求：

（1）主起落架承担重量 =32500×0.95=30875kg；

（2）单轮承载 =30875kg/4=7719kg；

（3）每个轮胎接地点的正常载荷 =7719×9.806=75962.5N。

所需地面摩擦因数

$$\mu = \frac{F}{N} = \frac{27886}{75962.5} = 0.37$$

由于这个值小于干燥道面典型值 0.45，飞机减速率不会受到道面摩擦因数的限制。

确定了最小刹车力矩后，还需计算压紧压力和动盘数量

$$\tau = 2N \times \mu \times F \times r$$

缺少更详细的数据情况下，假定刹车效率系数 μ 为 0.2。因为存在两个未知数，压紧力和动盘数量可以通过迭代过程来确定。为了本次练习，开始先选动盘数量为 2。增加动盘数量会增加刹车力矩，但这样也会降低刹车效率系数，增加刹车磨损面。详细设计时，刹车工程师会权衡重量、动盘数量、活塞个数和液压压力等。两个动盘所需的压紧力为

$$F = \frac{\tau}{2N \times \mu \times r} = \frac{11154}{2 \times 2 \times 0.2 \times 0.159} = 87689N$$

确定液压活塞的个数和尺寸以提供所需压紧力。带有调隙机构的推荐最小活塞直径为 32mm，考虑压力损失为 290psi，剩余有效压力为 2710psi=3000psi–290psi，约为 18.7 MPa。

压紧力除以有效压力得到总活塞面积

$$A = \frac{F}{p} = \frac{87689}{18.7} = 4689.3 \mathrm{mm}^2$$

活塞直径 32mm，单个活塞面积

$$A = \pi \frac{d^2}{4} = 804.2 \mathrm{mm}^2$$

满足总活塞面积需求的活塞个数

$$\frac{4689.3}{804.2} = 5.8$$

因此，5.8 个直径为 32mm 的活塞可以满足需求。可以选用 6 个 32mm 直径活塞的汽缸座。然后，一个有 5 个活塞的汽缸座可以使用一个更大的活塞尺寸：

5 个活塞的目标活塞面积

$$\frac{4689.3}{5} = 937.9 \mathrm{mm}^2$$

需要的活塞直径

$$d = \sqrt{\frac{4A}{\pi}} = 34.56\text{mm}$$

5个直径为34.56mm的活塞可以满足减速率要求。在实际中，活塞直径要与标准O形密封圈尺寸靠拢。考虑到小的直径变化，可以采取一些额外的裕度，确保在所有情况下有足够的刹车力矩。

确定活塞长度需要评估2000个飞行循环目标的碳盘磨损厚度。假设正常着陆工况的刹车能量是RTO能量的30%，即4.6MJ（15.479MJ×0.3=4.6MJ）。此工况下的质量能载为4.6MJ/5.7kg=0.8MJ/kg。从图4-19中查出每面每起落磨损量为0.0014mm。两个动盘的刹车有8个摩擦面（摩擦面上的动盘静盘都磨损）。2000个飞行循环的总磨损长度为

$$l = 2000 \times 0.0014 \times 8 = 22\text{mm}$$

磨损状态热库长度4.7cm延长2.2cm到6.9cm。两个动盘情况下，新刹车盘总厚度为6.9cm，除以5每个新盘厚度为1.38cm。磨损指示杆长度设计为22mm时达到完全磨损状态。

利用图4-30中的重量评估曲线，此刹车装置的重量大约为27kg。

4.5 机轮刹车适航认证和推荐规程

刹车装置和机轮（通常两者一起适航认证）具体的认证要求取决于适用对象。对于小型民用飞机和直升机，适用的标准是TSO-C26d[17]（ETSO-C26d是欧洲的等效标准）。此TSO的更新正在进行中，它将参考AS5714[11]作为最低性能标准。对于民用大型运输机，适用的标准是TSO-135a[12]（ETSO-135 a是欧洲的等效标准）；后续更新将参考AS6410[18]作为最低性能标准。随着许多军队建立了更基于性能的标准规范，军用标准MIL-W-5013[19]，对于新的设计已经无效，并且没有直接替代的新标准。在没有替换MIL-W-5013标准的情况下，ARP1493[20]提供了一套更新要求。军用标准明显比民用技术标准更规范。表4-7提供了三个主要认证体制的比较。并不是每个需求都包含在内，而且为了易读，许多需求文本都被简化了，需要时直接对照最新的标准，而不是用这个表工作。表中没有列入军用标准的大量规定要求，因为这些要求与刹车和机轮的功能没有直接关系。

相较于适航认正，一些工业规范更有助于确保刹车和机轮的性能可靠。大型运输机的补充适航认证在ARP597[21]中有概述，在表4-8中有总结。关于刹车和机轮的维修性的额外推荐规范在ARP813[22]中有概述。

表 4-7　机轮及刹车装置验证准则

要求	轻型飞机、直升机 TSO-C26d（AS5714）ETSO-C26d	大型运输飞机 TSO-C135a ETSO-C135a	军用飞机 MIL-W-5013（历史上的）
密封	用于两栖飞机的机轮和刹车及电动刹车应密封以防止和污染物进入	用于两栖飞机的机轮必须密封以防止机轮轴承或机轮其他部位进水、除非刹车功能及使用寿命不会因进水（海水或淡水）而损坏	—
防爆破	对于使用无内胎轮胎的，必须提供过压减压措施	必须提供措施以防止因过度充气或刹车温度积累可能导致的机轮故障及爆胎	—
轮辋及充气阀	建议使用 TRA 或者 ETRTO 批准的轮辋和阀的尺寸	建议使用 TRA 或者 ETRTO 批准的轮辋和阀的尺寸	轮辋轮廓应符合在 MIL-T-5041 列出的特定胎轮胎的轮辋轮廓标准。若轮辋轮廓未在 MIL-T-5041 列出，则应符合规范控制图或 TRA 推荐的轮辋轮廓
刹车活塞回弹	超过 1 个盘的液压刹车装置应设计止动结构以防止液压流出	刹车必须具备措施以确保刹车活塞到达限制行程时作动系统内油液不流出	当刹车热库使用碳–碳复合材料时，应提供活塞止动台，以限制活塞行程，防止在明显故障或非正常拆卸时液压油泄漏。活塞止动台应允许刹车活塞具有足够的行程，具备最大设计重量（MDGW RTO）。活塞止动台下中止起到能力，满足刹车盘在完全磨损的条件下，具备最大设计的设计应满足未装刹车盘时 1.5 倍最大工作压力的使用
磨损指示器	必须提供一个可见且可靠的磨损指示器	必须提供可靠的方法来确定热库向时磨损到允许的极限	应提供刹车片磨损指示器
刹车释放及磨损调整机构	具备刹车释放及磨损调整机构时，这些机构应维持适当的运行间隙。电动刹车装置应提供一套系统以确保保持适当的运行间隙	刹车机构必须配备适当的调节手段以在额定回弹压力下保持适当的运行间隙	应设置自动调隙机构以补偿刹车盘的磨损，刹车装置的设计应尽可能地保护刹车自动调隙机构

表4-7（续）

要求	轻型飞机，直升机 TSO-C26d（AS5714） ETSO-C26d	大型运输飞机 TSO-C135a ETSO-C135a	军用飞机 MIL-W-5013（历史上的）
机轮轴承	—	应具有相关措施以避免机轮轴承的错误安装	机轮应采用符合 FF-B-187 的圆锥滚子类型轴承
疲劳	—	机轮的设计必须结合相关技术以提高机轮关键区域的疲劳强度，减少可预期的腐蚀、温度环境的影响。机轮必须采取设计措施以尽量降低可能导致机轮载分离或爆裂等其他的疲劳失效的概率	—
镁零件	镁及镁合金不得用于通勤类的刹车装置或带刹车的机轮	镁及镁合金不得用于刹车或带刹车的机轮	不得使用镁和镁合金
钢件	—	—	不得使用易切削碳钢。电极真空熔炼钢用于抗拉极限强度为 220000 psi 及以上的热处理合金钢零件。（提供了选择及采购钢的一些额外规定）
机轮承载	机轮限制载荷，应根据 14 CFR 第 23.471 条至 23.511 条，或 27.471 条至 27.505 条，或 29.471 条至 29.511 条，取适用者确定	确定机轮限制载荷，应根据 14 CFR 第 23.471 条至 23.511 条	飞机上每个着陆机轮或辅助机轮的额定负载能力，应等于或大于最大设计负重下牵引或滑行时总重引或滑行时机轮所承受的最大负载。（提供了动态载荷的其他资料）
机轮试验	对于所有的测试，机轮必须安装合适的轮胎并必须通过轮胎施加机轮载荷（一些极端情况例外）	对于所有测试，机轮必须安装合适的轮胎并必须通过轮胎施加机轮载荷（一些极端情况例外）	最大限制、屈服和极限载荷应按照 MIL-A-8863 的规定确定。应等于工作状态下侧向载荷为零时的最大径向载荷[1]

① 该要求应属于径向载荷试验中的要求，不应放在机轮试验概述要求中。——译者注

表 4-7（续）

要求	轻型飞机，直升机 TSO-C26d（AS5714）ETSO-C26d	大型运输飞机 TSO-C135a ETSO-C135a	军用飞机 MIL-W-5013（历史上的）
径向载荷	屈服载荷：1.15 倍径向限制载荷 极限负载：铸造机轮为 2 倍径向限制载荷，锻造机轮为 1.5 倍径向限制载荷 —	屈服载荷：1.15 倍径向限制载荷 极限负载：铸造机轮为 2 倍径向限制载荷，锻造机轮为 1.5 倍径向限制载荷 —	机轮不得有任何屈曲，如导致轴承座松动、漏气、或任何关键间隙区域（如刹车接口部分）的干涉（如果有刹车）。 机轮承受极限载荷 10s 后任何区域不得出现裂纹。该试验成功后，应重新施加额定径向载荷： 设计着陆径向载荷试验： 最大设计时间不少于 10s，由此产生的永久变形不得产生轴承杯松动、漏气、关键活动区域干涉或使机轮无法继续使用。轮胎充气压力应为所模拟工况的最大设计工作压力。舰载机的机轮应通过 1.5in 直径的线缆或钢条加载此试验条件，静态加载或着陆滚动或着陆载荷加上在 1.5in 直径线缆上滚动完成此上述工作后，用同一套机轮组件在额定静载荷下滚动至少 5000ft
径侧联合载荷	联合屈服载荷：1.15 倍地面限制载荷 联合极限载荷：铸造机轮为 2 倍地面限制载荷，锻造机轮为 1.5 倍地面限制载荷	联合屈服载荷：1.15 倍地面限制载荷 联合极限载荷：铸造机轮为 2 倍地面限制载荷，锻造机轮为 1.5 倍地面限制载荷	联合径向侧向屈服载荷试验： 机轮各部件应能承受在 0°、90°、180° 和 270° 位置依次连续施加联合载荷，然后在 0° 位置再施加两次联合载荷 极限径向侧向联合载荷试验： 极限联合载荷应施加于同一机轮联合侧向屈服载荷试验的同一 0° 位置，之后在任何区域不得出现裂纹。侧向载荷应持续增加，侧向载荷保持恒定或随径向载荷同比例增加，直至出现机轮损坏

表 4-7（续）

要求	轻型飞机、直升机 TSO-C26d（AS5714）ETSO-C26d	大型运输飞机 TSO-C135a ETSO-C135a	军用飞机 MIL-W-5013（历史上的）
机轮滚转试验	在机轮额定载荷，1.1 倍额定充气压力条件下，第 23 部和第 29 部所述飞机滚转 500mile。不允许出现裂纹或泄气	在不小于 1.14 倍额定充气压力，额定静载荷的情况下滚转 2000mile；在额定载荷及 0.15 倍额定载荷作为向外侧向载荷情况滚转 100mile；在额定载荷及 0.15 倍额定载荷作为向内侧向载荷情况滚转 100mile。不允许出现裂纹或泄气	机轮滚转试验包含机轮组件一系列的着陆或滚转的滚转，需在飞轮上完成共计 3000mile 滚转的试验谱。直升机刁轮不受上述滚转试验谱中加载条件的限制，除非在飞机详细规范中有所规定。但是，直升机轮应滚转不小于 250mile，施加内径向载荷不得小于直升机最大滑行重量下的静态载荷
	一	轮辋滚转试验（不适用于前起落架机轮）：未安装轮胎的机轮须在额定静载荷下，以不低于 10mile/h（4.6m/s）的速度进行试验。 试验的滚转距离（ft）必须定为 $0.5V_R^2$，但不超过 15000ft（4572m）。机轮须在上述规定的距离承受额定静载荷。在试验过程中，机轮不允许破碎，但允许出现裂纹	一
过压试验	承受 3.5 倍额定充气压力	承受 4 倍额定充气压力	陆基飞机的机轮应以 3.5 倍额定静载荷下的轮胎额定压力作头爆破压力，或轮胎的爆破强度（以最小者为准）进行试验。舰载机的机轮应以 4.5 倍轮胎额定压力或轮胎的爆破强度（以最小者为准）进行试验。直升机的机轮应在不低于 3 倍的飞机滑行总重下机轮静态载荷所需的轮胎压力下进行试验
泄漏试验	无内胎轮胎和机轮组件必须保持其额定充气压力 24h，压降不超过 5%	无内胎轮胎和机轮组件必须保持其额定充气压力 24h，压降不超过 5%	采用无内胎轮胎的机轮都应保持轮胎的额定压。无内胎轮胎和机轮的组装件应保持正常的充气压力 24h 且压降不大于 5psi

表 4-7（续）

要求	轻型飞机、直升机 TSO-C26d（AS5714） ETSO-C26d	大型运输飞机 TSO-C135a ETSO-C135a	军用飞机 MIL-W-5013（历史上的）
设计着陆停止试验	对于第 23 部适用的飞机，机轮和刹车装置必须在设计着陆能量下完成 100 次刹停试验，每次试验平均减速率（通常由飞机制造商定义）不小于 10ft/s²（3.05m/s²）；对于第 27 部或第 29 部所述飞机，机轮刹车组件必须在设计着陆能量下完成 20 次刹停试验，每次试验平均减速率（通常由飞机制造商定义）不小于 6ft/s²（但不小于 6ft/s²（1.83m/s²））	机轮和刹车装置必须在设计着陆能量下完成 100 次刹停试验，每次试验平均减速率（通常由飞机制造商定义）不小于 10ft/s²（3.05m/s²）	根据飞机类型提供了一种试验谱：陆基和舰载战斗机、轰炸机、攻击机、侦察机、陆基和舰载反潜机、巡逻机、直升机必须在多种条件下满足 45 + 5 次着陆要求。加油机必须满足 20 次着陆要求。运输机、教练机和联络飞机必须满足 100 次着陆要求。给出了一种合理的能量计算方法
峰值力矩	—	—	在飞机的速度和压力范围内的任何刹车工况下，当大于 0.8 倍最大设计总重的垂直静载荷作用于相应的滚动半径时，所产生的峰值刹车力矩应使起落架支柱和轮轴出现弯曲
加速停止试验	适用于 6000lb 以上的通勤类飞机和喷气式飞机。机轮和刹车装置完成加速停止试验的平均减速率（通常由飞机制造商定义）不应小于 6ft/s²（1.83m/s²）；对于加速停止试验，轮胎、机轮及刹车组件必须在相应能量下采用新刹车进行，建议该试验用一个完全磨损的刹车进行。 虽然第 23、第 27 和第 29 部未要求，但正如 TSO-C135a 第 25 部所述飞机所要求的那样，该试验作为安全强化措施，得到了工业部门的大力支持。 在加速停止试验后施加停机刹车压力或或刹车压力紧压 5min 内，不允许有持续的火焰扩散刹轮胎最高点之上；在这段时间内，不得使用灭火措施及施及灭火剂	机轮和刹车装置完成加速停止试验的平均减速率（通常由飞机制造商定义）不应小于 6ft/s²（1.83m/s²）；对于加速停止试验，轮胎、机轮及刹车组件必须在相应能量下采用新刹车进行，建议该试验用一个完全磨损的刹车进行。 在加速停止试验后施加停机刹车压力或或刹车压力紧压 5min 内，不允许有持续的火焰扩散刹轮胎最高点之上；在这段时间内，不得使用灭火措施及施及灭火剂	—

表 4-7（续）

要求	轻型飞机，直升机 TSO-C26d（AS5714） ETSO-C26d	大型运输飞机 TSO-C135a ETSO-C135a	军用飞机 MIL-W-5013（历史上的）
最严酷着陆停止试验	—	机轮和刹车装置必须完成飞机所预期的最严酷着陆刹车工况的试验，该条件通常由飞机制造商定义。如果飞机制造商认为加速停止试验更严酷或该工况甚不可能出现，可不进行该试验	—
结构力矩试验	对于只有一个机轮的起落架，结构力矩试验值为垂直静载荷乘以在该载荷下的轮胎额定半径的20%以上；对于有超过一个机轮的起落架，结构力矩值取44%以上。机轮和刹车必须在上述负载下不发生损坏至少3s	对于只有一个机轮的起落架，结构力矩试验值为垂直静载荷乘以在该载荷下的轮胎额定半径的20%以上；对于有超过一个机轮的起落架，结构力矩值取44%以上。机轮和刹车必须在上述负载下不发生损坏至少3s	以2倍的正常工作压力或机械刹车2倍的操纵力，或以最大安全工作压力，取其中较大者，施加到刹车上。 在轮胎的切向载荷半径处施加切向载荷，直到施加的切向载荷等于机轮最大额定静载荷的1.2倍（直升机为1.0倍）。 刹车的摩擦表面可以用螺栓固定或夹紧在一起，使其能够承受1.2倍（直升机为1.0）机轮最大额定静载荷的切向载荷。 机轮和刹车装置承受结构力矩且不发生故障。 共轴刹车的前后机轮也应进行此试验，以验证共轴旋转部件的结构完整性。这些试验应应在轮胎载荷半径处施加的机轮最大额定载荷1.2倍的切向载荷。试验结果不应出现故障
机轮刹车间隙试验	直到限制载荷条件下，机轮和刹车装置（及附件）的任何关键部位都不允许有干涉	直到限制载荷条件下，机轮和刹车装置（及附件）的任何关键部位都不允许有干涉	—

表 4-7（续）

要求	轻型飞机、直升机 TSO-C26d（AS5714） ETSO-C26d	大型运输飞机 TSO-C135a ETSO-C135a	军用飞机 MIL-W-5013（历史上的）
液压刹车试验	屈服和过压试验： 刹车装置必须承受 1.5 倍刹车额定最大压力至少 5min，结构元件在试验中没有永久变形。 对于旋翼机，刹车必须承受小于 1.5 倍刹车额定最大压力或 1.5 倍刹车额定最小斜坡压力（20°斜坡）至少 5min，结构元件在试验中没有永久变形 耐久试验： 对于固定翼飞机，刹车装置必须进行 100000 次加压和释放，施加的压力为设计着陆停止试验要求的峰值刹车压力的平均刹车压力。刹车活塞必须进行调整，当调整到磨损极限的 25%、50%、75% 和 100% 4 个位置上，刹车活塞在每一处位置均进行 25000 次循环。刹车装置在 100% 磨损极限位置受额定刹车压力下进行 5000 次循环。对于旋翼机，要求相同，但只进行 12500 次循环，分为 4 组，每组 12500 次循环 50000 次循环，然后在 100% 的磨损极限下进行 2500 次循环。液压刹车试验期间总泄漏量不得超过 5mL	刹车装置必须承受 1.5 倍刹车额定最大压力至少 5min，结构元件在试验中没有永久变形。 对于旋翼机，刹车必须承受不小于 1.5 倍刹车额定最大压力至少 5min，然后承受 2.0 倍刹车额定最大刹车压力至少 3s 刹车装置必须进行 100000 次加压和释放循环刹车，施加的压力为设计着陆停止试验要求的峰值刹车压力。刹车活塞必须进行调整，当调整到磨损极限的 25%、50%、75% 和 100% 4 个位置上，刹车活塞在每一处位置均进行 25000 次循环。刹车装置在 100% 磨损极限位置受额定刹车压力下 5000 次循环	在刹车装置上施加 2 倍最大工作压力持续 5min。该试验应使用最大容许磨损厚度的刹车盘。试验过程中不得有泄漏或损坏。然后继续增加压力直到刹车发生故障并记录最终压力值 液压刹车须在正常刹车压力下进行 100000 次加压释放循环（直升机为 50000 次循环）；在最大刹车压力下进行 5000 次循环（直升机为 2500 次循环）。进行该试验时采用最小间隙，相当于调隙机构允许的最大同隙。试验的第一部分可以分成 4 个部分，以便在活塞的 4 个位置分别进行 25%、50%、75% 和 100% 4 个位置行程的 25000 次循环（直升机 12500 次循环）

表 4-7（续）

要求	轻型飞机、直升机 TSO-C26d（AS5714） ETSO-C26d	大型运输飞机 TSO-C135a ETSO-C135a	军用飞机 MIL-W-5013（历史上的）
液压刹车试验	活塞止动试验： 如果在设计了活塞止动措施，则液压活塞必须在拆除热车的情况下，施加 1.5 倍最大刹车压力至少 10s 不泄漏 泄漏试验： 刹车装置在 1.5 倍最大刹车压力下 5min，然后在 5psig 压力下 5min 后，无泄漏；在 25 次最大刹车压力后的允许有极小泄漏	拆除热车，液压活塞必须在 1.5 倍最大刹车压力作用下历时至少 10s 而没有渗漏 泄漏试验： 刹车装置在 1.5 倍最大刹车压力下 5min，然后在 5psig 压力下 5min 后，无泄漏；在 25 次最大刹车压力后的允许有极小泄漏	碳刹车由活塞止动机构和汽缸座应保证在没有刹车盘的情况下承受 1.5 倍的最大工作压力，保持 5min，不应引起变形和性能降低 在刹车装置上施加 1.5 倍最大工作压力（直升机 1.0 倍）的最大工作压力保持 5min，然后施加 5psi 的压力保持 5min。试验中不应有可测量的泄漏（少于一滴）或永久变形。 刹车装置应进行 25 次最大工作压力下的加压释放循环刹车，静态密封处不应有计量的泄漏。动密封的每 3in 圆周密封长度不得超过一滴
脉冲试验	—	—	刹车装置应进行从 250psi 到 1.5 倍正常系统的压力（或刹车压力）再到 250psi 的 200000 次脉冲循环。工作循环时的加压按照加压高速率进行，并确保活塞在每一压力循环后回到初始位置。 该循环可分为 4 个部分，在刹车活塞行程分别达到 25%、50%、75% 和 100% 中的每个位置时，均应进行相同数目的循环。试验全程不得发生变形或结构损坏

表 4-7（续）

要求	轻型飞机，直升机 TSO-C26d（AS5714）ETSO-C26d	大型运输飞机 TSO-C135a ETSO-C135a	军用飞机 MIL-W-5013（历史上的）
极端温度试验	—	在极限温度试验中，液压刹车总泄漏量不得超过 5mL。 设计着陆停止试验中，在没有强制空气冷却的情况下，活塞腔油液温度的最大值作为试验环境温度，将刹车置于该温度下至少 24h。然后随刹车试验必须施加在 100 次设计着陆刹车试验中要求的峰值压力并进行 1000 次循环，紧接着进行最大工作压力下的 25 次加压释放循环。 刹车装置必须从上述温度冷却到 −40°F（−40℃）的温度，然后在该温度保持至少 24h。 在此温度下，刹车装置必须经受从设计着陆试验中所要求的峰值刹车压力的平均值到刹车塞释放回压力的 25 次工作循环；接着进行 5 次循环，压力从最大工作压力到活塞释放返回压力	老化和高温试验： 充入介质的刹车装置应能持续承受 160°F（71℃，适用于 AN 密封），225°F（107℃，适用于 MS 密封）7 天，对有特殊使用要求的但不是超载条件的应承受更高的温度。 在此温度下，刹车装置和液压油液应在正常工作压力下循环 1000 次，然后立即在最大工作压力下循环 25 次。泄漏试验： 低温试验： 老化和高温试验完成后，在大气压力下充满液压油的刹车装置，应能在 −65°F（−54℃）环境下承受 72h，期间应无任何泄漏。 然后温度下，刹车应在正常工作压力下循环 25 次，然后立即在最大工作压力下循环 5 次。应在每个最大工作压力下循环后检查刹车间隙，确保刹车完全释放。
电动刹车试验	限制和极限载荷试验： 刹车装置必须承受至少 5s 的限制载荷而不会永久变形； 电作动活塞伸出到模拟最大磨损状态时，刹车装置必须承受至少 3s 的 1.5 倍限制载荷	限制和极限载荷试验： 刹车装置必须承受至少 5s 的限制载荷而不会永久变形； 电作动活塞伸出到模拟最大磨损状态时，刹车装置必须承受至少 3s 的 1.5 倍限制载荷	—

表 4-7（续）

要求	轻型飞机，直升机 TSO-C26d（AS5714） ETSO-C26d	大型运输飞机 TSO-C135a ETSO-C135a	军用飞机 MIL-W-5013（历史上的）
耐久试验	耐久试验： 对于固定翼飞机，100000 次循环的设计着陆载荷循环试验，分成不同磨损程度的 4 组，每组 25000 次循环，紧跟着进行在 5 个不同磨损位置的 5000 次最大刹车荷载的循环试验。对于旋翼机，50000 次循环的设计着陆载荷循环试验，分成不同磨损程度的 4 组，每组 25000 次循环，紧跟着进行在 5 个不同磨损位置的 2500 次最大刹车荷载的循环试验	100000 次循环的设计着陆载荷试验，平均分配到 5 组或更多等分的磨损程度的位置，包括全新及完全磨损位置。紧跟着在 5 个相同磨损程度位置进行 5000 次最大刹车载荷的循环试验，包括全新及完全磨损位置的循环试验	—
电动刹车试验	—	将刹车装置在设计着陆停止试验 3.3.2 节[①]中经受的最高作动器温度下保持至少 24h，不得进行强制通风冷却。在此温度下，刹车装置必须经受 1000 次使用循环，每次从 100 次设计着陆停止试验所要求的刹车设计着陆次循环释放到刹车切断位置；接着进行 25 次循环，从刹车最大载荷释放到刹车切断位置。 然后，刹车装置必须从上述温度冷却到 -40℃（-40℉）的温度，而且在此温度下保持 24h。在此温度下，刹车装置必须经受从设计着陆停止试验中所要求的刹车设计着陆的 25 次使用循环，接着进行 5 次循环，从刹车最大载荷释放到刹车切断位置。刹车组件试验应为确保持续适航而建立的功能试验要求验收试验）	—

① 应是 TSO-C135a 中的 3.3.2 节。 ——译者注

表 4-8　大型运输机机轮刹车推荐实践

推荐实践	ARP597 大型运输机
机轮耐久性试验	额外的机轮耐久性：应考虑按照一个滚转载荷谱（基于预期的飞机任务包线）进行 50000mile 的滚转试验。用高于预期载荷的加速滚转试验是减少滚转时间的有效方法
	腐蚀试验：去除机轮的敏感部位的腐蚀防护，将机轮暴露在盐雾环境，产生 0.02 ~ 0.03in 深腐蚀坑。在这种情况下，对行机轮滚转进行多寿命试验，以验证机轮的耐腐蚀性公差
	螺栓缺失耐久性试验：螺栓缺失耐久试验的目的是为了验证一个机轮对接螺栓的丢失不应该导致其他螺栓或者机轮在至少一个轮胎寿命期之前失效。试验时拆掉机轮上的一个螺栓，按照与上述耐久性试验中使用的相同载荷谱进行试验。可以使用加速滚转试验方法。试验最好是在已经完成滚转试验的机轮上进行（如腐蚀试验或 TSO-C135 滚转试验）
振动	应该进行振动评估和试验（按需），以确保刹车振动模式不会影响乘客舒适性、防滑性能、起落架动力学和刹车稳定性。在刹车振动试验过程中刹车必须保持结构完整
刹车磨损试验	刹车磨损试验：提供了一个碳刹车盘的补充磨损试验谱和钢刹车盘的不同试验谱。在评估碳刹车寿命时，滑行停止和刹车次数尤其重要。对于钢刹车来说，着陆能量在刹车寿命特性中起着重要的作用。不同的试验谱的重要变量，会影响不同刹车类型的寿命估算
	静力矩：建议在每一个着陆试验谱序列中增加一次静拉试验，以允许摩擦表面的重新调整。在这些试验中施加的压力应为停机刹车压力。这些试验应在新盘的和磨损的条件下，在干燥和高湿、寒冷和高温环境下分别进行
	扩展耐久性试验：经验表明，增加刹车结构耐久性需求对长寿命部件在服役方面是可取的。建议进行从 50psig 到最大刹车压力的 105000 次循环的耐久性试验。从 50psig 到最大刹车压力的 105000 次循环可以满足 TSO-C135 的要求
温度 / 蠕变	机轮和刹车的设计应该包括温度 / 蠕变分析，以证明符合飞机制造商的要求和耐久性目标。需要分析的典型部件包括机轮动盘驱动导轨、刹车壳体（扭力管）和承压盘组件
静力矩	这种试验要求只适用于碳刹车。与钢刹车摩擦副相比，碳刹车具有较低的平均和最小的静摩擦因数。本试验将验证刹车在停机和在发动机试车情况下是否有足够的静力矩，以满足 14 CFR 25.735（d）的要求
动力矩	推荐了对机轮和刹车装置组件结构进行动力试验验证的要求，试验谱考虑了飞机会出现的最高的刹车载荷和循环数。如果在飞机上使用力矩限制系统，建议进行试验时考虑该系统不起作用，并根据飞机制造商确定的故障模式进行评估

4.6　刹车注意事项和相关问题

4.6.1　振动

因为刹车装置是非静态部件，其大部分工作状态处于旋转和承载中，这会成为噪声、振动和激励的重要源头。刹车和起落架可能会出现 5 种主要的不稳定形式：啸叫、涡动振动、颤振、走步和摆振[23]。前三种形式是单纯的刹车和机轮不稳定，后两种形式是起落架不稳定，但它们可由刹车机轮和刹车控制系统激励产生。刹车组件的运动、状态变化和承载变形（见图 4-31 中的夸大展示）与刹车摩擦动态特性一起耦合导致振动。

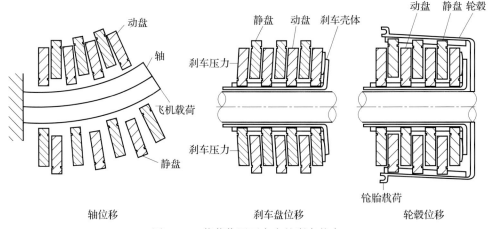

图 4-31　载荷作用下夸大的刹车状态

　　啸叫振动的特点是静盘、刹车壳体和汽缸座的扭转运动（见图 4-32（a））。它通常发生在 100Hz ~ 20kHz 之间的频率范围内。啸叫通常发生在着陆停止阶段，在低速机动阶段也会发生。较高的接触压力和较高的能量增大了这种振动的严重程度。摩擦材料的特性和刹车系统的轴向和切向自由度之间的模态耦合均会激发这种啸叫振动。

　　涡动振动表现为平面外的"摇晃"运动，涉及刹车盘、刹车壳体和汽缸座（见图 4-32(b)）。涡动模式振动的频率范围通常为 100 ~ 300Hz，大致与第一种啸叫模式相同。经常会观察到啸叫和涡动振动模式之间的耦合。涡动振动是一种特别具有破坏性的刹车振动模式。控制它的一种方法是在汽缸座内的汽缸之间引入液压阻尼孔。当刹车装置在涡动振动模式下工作时，会将活塞腔中的液压油泵回，在此过程中，可以通过活塞孔进行液压阻尼。在使用该方法时，必须找到涡动振动稳定性和防滑控制液压响应之间的平衡。另一种方法是在刹车壳体和轴之间增加额外的支撑（称为底座）。该底座不直接承受扭矩，仅对刹车提供额外的径向支持，增加刚度以减少涡动振动影响。

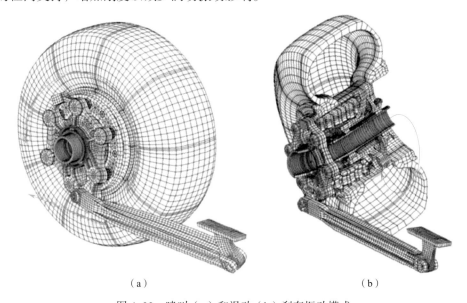

（a）　　　　　　　　　　　　　　　（b）

图 4-32　啸叫（a）和涡动（b）刹车振动模式

图 4-33 中的功率谱展示了啸叫和涡动模式的样例。

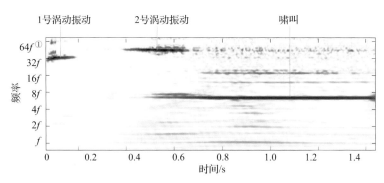

图 4-33　啸叫和涡动功率谱分析

振动模式主要是动盘和轮毂的扭转运动与起落架前后运动的纵向耦合。振动主要受轮胎刚度影响，一般发生在低速停止的末期。振动频率低，通常在 10 ~ 100Hz。

起落架走步的特征是起落架前后运动，典型情况下起落架与刹车动盘和轮毂的扭转运动相耦合产生的一种振动模式。走步振动可以积累到显著水平，造成乘客不适，并导致起落架结构失效。典型的走步振动频率主要是由起落架的结构模态决定的，通常在 10 ~ 50Hz。走步可以由防滑刹车诱发，也可由摩擦材料引起的刹车不稳定引起，避免走步是防滑刹车调整时必须考虑的一个主要因素特性。

摆振涉及机轮、轮胎和起落架的扭转和侧向运动之间的耦合。由于摆振的频率低（10 ~ 50Hz）、能量高，非常具有破坏性。许多情况下刹车不是摆振的主要诱因，但在双轮起落架中不对称刹车的激发摆振。摆振现象主要受起落架刚度、回转体质量和轮胎特性影响。关于摆振的更多信息在第 13 章中有说明。摆振可以被防滑刹车激励，然而一旦开始摆振，刹车和刹车控制系统通常是不具备能力使其停止的。

一旦这些现象在系统试验或飞机试验中出现，可能导致代价沉重的计划延迟和重新设计，建议在飞机研发的早期阶段对这些问题进行分析，尽量减少它们以任何破坏模式在飞机上发生的可能性。

4.6.2　失效和衰退模式

刹车可预料的最明显的衰退模式是磨损。对于钢刹车来说，每次飞行的磨损程度与刹车所吸收的能量高度相关。对于碳刹车，磨损程度与刹车的次数更加有关。然而，碳刹车的磨损和摩擦特性也与大气中水汽的含量密切相关。碳根据温度吸收和释放潮气和其他气体。有大量的研究团体开展了碳的摩擦行为的研究。Tanner 和 Travis[24] 的著作中对飞机刹车有明确建议："如果在露点② 低于 – 7℃ 的环境下持续操作飞机，碳刹车磨损率可能会增加；在露点高于 12℃ 的气候条件下，使用碳制刹车冷滑行，可能会因为过多的水蒸气污染摩擦表面而出现刹车减弱。这种在冷滑行条件下的刹车减弱情况有时被称为早晨病。"

---

① 振动体每振动一次所需的时间，称为周期，记为 T；振动体在单位时间内振动的次数，称为频率，记为 f。周期与频率互为倒数关系，即 $f=1/T$。

对周期性复杂振动，其频率为 f，则按照傅里叶定理，由它所分解的各简单谐振动的频率是 f 的整倍数，即为 f，$2f$，$3f$，$4f$，…。——译者注

② 露点，是指使空气中的水蒸气冷凝为露水或者霜而须将空气冷却到的温度。——译者注

高温会导致碳刹车盘氧化。氧化会导致刹车质量的损失，因为刹车中的固体碳转化为一氧化碳或二氧化碳气体。碳刹车盘氧化可分为热氧化和催化氧化两大类。碳刹车盘的热氧化是在高温下碳盘和氧气之间的化学反应，一般氧化超过 400℃，显著氧化超过 1200℃（在没有其他氧化剂或污染物的情况下）。碳刹车盘在服役过程中刹车温度经常在峰值处反复，这种类型的氧化是最严重的。控制刹车温度（增加刹车的质量）和使用抗氧化涂层来限制部分暴露的碳盘和氧气之间的接触，通过这种设计将碳刹车盘的热氧化率降到最低。催化氧化是由于有催化剂而加速的热氧化。对碳盘有显著氧化加速作用的催化剂包括钾和钠的盐和氧化物，钙、钡和镁的盐和氧化物，以及铜、铁、铬、银、铂和金等过渡和贵金属。虽然黄金并不经常与机轮刹车接触，但许多其他材料（如钾和钠盐）是飞机和跑道除冰液的构成部分。随着对更环保除冰液的要求，该行业已经从尿素基化合物转向醋酸盐和甲酸盐化合物（通常是钠、醋酸钾和甲酸盐），这加速了碳刹车盘的催化氧化。AIR5490[25] 概述了这些问题，AIR5567[26] 提供了一种标准的测试方法，确定各种化学品对碳刹车的影响。不同化学品及其暴露时间对碳刹车的影响程度如图 4-34 所示。

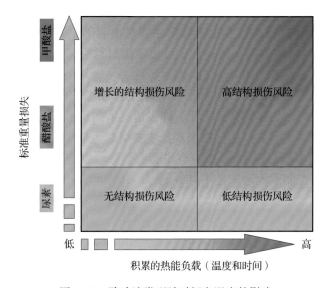

图 4-34　除冰液类型随时间和温度的影响

在刹车调隙机构或控制系统发生故障时，刹车装置会产生非指令刹车力矩。这种拖刹的情况将导致受影响的刹车温度升高和刹车盘磨损增加。如果没有被发现，拖刹可能导致更长的起飞距离，更严重的情况可能导致起飞失败。刹车温度监测系统的使用可以帮助拖刹情况的探测和发现。拖刹产生的力矩值会随故障模式类型而变化。刹车部件的机械故障、刹车控制系统的故障或者刹车盘结冰，会导致刹车出现最严重的抱死情况。刹车抱死将导致相关轮胎滑动，特别是在接地和起转阶段。AIR4762[27] 中概述的刹车结冰现象，通常与在污染跑道上运行相关，积水或泥浆会溅射进刹车盘区域，轮毂腔连通大气，会导致污染物的冻结，阻碍刹车动盘和静盘工作。如预先明确在非常寒冷、受污染的环境中进行操作，则应考虑某些特定的操作程序（如平稳着陆和刹车预热）。一些比奇飞机（如 1900 D）有一个可选装的刹车防冰系统，将热空气引导到刹车，确保其能在冬天运行。

4.7 刹车附件

4.7.1 刹车冷却风扇

刹车冷却风扇一般由电机驱动。飞机上有时会配套刹车冷却风扇，通常是因为空间限制使得刹车热库质量有限，刹车通常在高温情况下运行；或者是经过研究认为，与其增加刹车热库体积和重量，不如利用刹车冷却风扇实现快速过站更为有利。早期刹车冷却风扇的安装剖面图如图 4-35 所示，现今飞机上的风扇装置在原理上与其是相似的。

不是每个飞机制造商都选择在起落架上安装刹车冷却风扇；有些制造商提倡使用地面保障设备的降温风扇，或者更倾向于用更多的刹车质量来维持在较低的刹车温度。较多的刹车质量和较低温度可以帮助减少碳刹车盘的氧化，而在高温下，刹车风扇会给刹车盘带来新鲜的氧气，刹车虽然冷却得更快，但是较高的氧气流量也提高了碳盘的氧化速率，直至温度降低。

图 4-35　TSR.2 上的刹车冷却风扇

4.7.2 刹车温度监测系统

飞机的动能以热形式储存在刹车热库中，因此刹车温度是刹车继续储存能量的一个很好的指示。测量和上报刹车温度对飞机系统和机组是重要的，有很多原因：在放飞飞机之前，必须对最高刹车温度进行限制（以确保有足够的 RTO 能量吸收能力）；可以检测到刹车抱死（抱死的刹车会比邻近刹车的温度更高）；如果刹车超过安全限制温度，起落架会被限制收进轮舱。刹车温度监测系统通常使用 K 型热电偶（铬合金和铝合金结合）插入刹车热库附近。也可以使用其他温度传感器，但 K 型热电偶更简单（只是两个导线焊接在一起，产生一个与焊接点温度成正比的电压），测量范围更宽（-200 ~ 1250℃）。由于热电偶的工作原理是在不同的金属之间产生电压，所以必须在导线中使用特定的合金。当这些导线连接到测量系统时，必须知道连接点的温度，以允许系统进行温度补偿（识别传感器所产生的电压与热电偶导线和测量系统线束接触点所产生的电压之间的电压差）。为了避免在起落架线束上有热电偶丝和特殊触点，许多温度补偿装置被安装在刹车附近。允许使用标准电缆和连接器连接，但这样温度补偿电子设备就处在一个恶劣环境。许多刹车温度测量系统是按照 AS1145[28] 标准设计的。关于刹车温度测量系统的其他建议见 ARP6812[29]。

4.7.3 止转刹车

装有刹车的机轮，通常在起飞后通过刹车控制系统施加一个小的止转压力，用以在飞机起飞离地后，起落架收起之前将旋转的机轮和轮胎减速。如果轮胎有损伤，这样做可以降低轮舱内部件受损的风险。不含刹车的机轮，通常在机轮收起位置安装止转摩擦垫，在起落架收起过程中对机轮轮胎进行制动减速。图4-36展示了两个例子——DC-3飞机上较为传统的方法和KC-135飞机前起落架舱的新方法。止转刹车通常安装在前起落架上，以减少机轮轮胎的噪声和振动。A320飞机用弹簧拉紧皮带，轮胎接触皮带实现减速；早期的A330使用一个横杆安装在阻力索上，起落架收起时轮胎与其接触产生阻力。福克F.100（见图4-37）使用弹簧垫实现止转刹车，类似于KC-135。

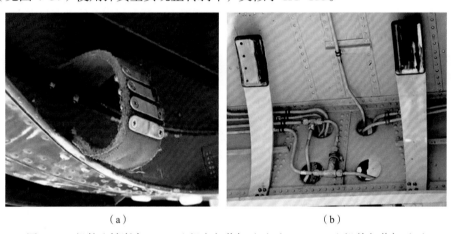

（a）　　　　　　　　　　　　（b）

图4-36　机轮止转刹车DC-3飞机主起落架（a）和KC-135飞机前起落架（b）

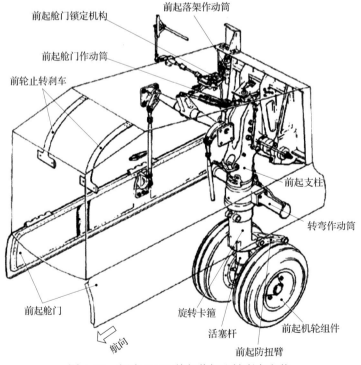

图4-37　福克F.100前起落架止转刹车安装

4.8 机轮

机轮是轮胎、刹车装置和起落架结构之间必不可少的结构。机轮必须和充气轮胎结合，承受轮胎施加的载荷，并通过轴承传递到轮轴上。机轮也必须接受由刹车装置施加的扭矩载荷，并将其传递给轮胎。飞机机轮通常是由紧固螺栓或卡环连接的两半组件。这类型的机轮可以使用相对硬一些的钢丝胎圈轮胎。图 4-38 为螺栓连接的两半对开式机轮的典型组件和术语示意图，图 4-39 为半卡环式机轮组件示意图。

这两个图中都展示了有刹车的机轮。这些机轮的腹板偏离对称中心以形成一个容纳刹车装置的轮腔。没有刹车的机轮，腹板通常以 "A" 字形布置居中放置，这是最对称和最轻的拓扑结构，如图 4-40（a）所示。将在机轮内预留热库腔的刹车机轮通常为偏置布置，如图 4-40（b）所示。大多数机轮由铝合金制成（过去，一些机轮由镁合金制成以减轻重量，但镁合金易燃，所以现在几乎完全禁止使用镁合金机轮——一些小尺寸的镁合金机轮仍可用于轻型飞机）。典型的铝合金包括 2214、2014、2618、7010 和 7050。大多数现代机轮都经过锻造然后机加到最终尺寸，以实现最佳材料性能。存在铸造机轮，但大多数认证规范都采用铸造系数（铸造加工的机轮必须承受的 2 倍于限制载荷的极限载荷，而

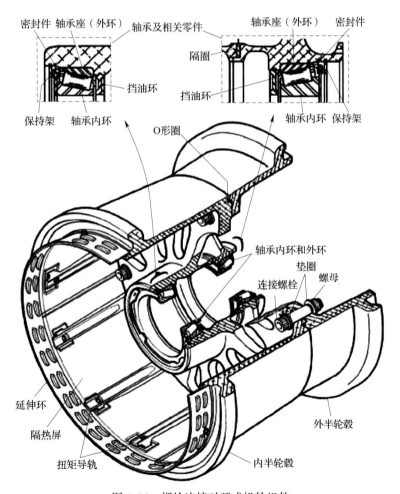

图 4-38　螺栓连接对开式机轮组件

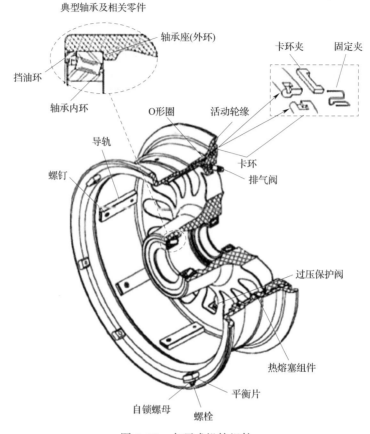

图 4-39　卡环式机轮组件

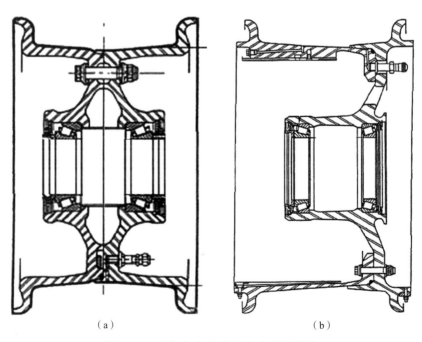

（a）　　　　　　　　　　　（b）

图 4-40　对称（a）和偏置（b）机轮设计

锻造机轮的极限载荷是限制载荷的 1.5 倍）；锻造轮毂提供了一种更轻的解决方案，但付出了锻造的时间和额外的机加代价。腐蚀防护历来是阳极氧化然后是喷漆。虽然铝的阳极氧化提高了其耐腐蚀性，但取决于具体的工艺，它也降低了材料的疲劳寿命。正在开发可替代的腐蚀防护方案，以减少或消除在保护过程中使用六价铬，同时最小化或消除其疲劳影响。认证规范和推荐指南（见表 4-7 和表 4-8）概述了机轮寿命的最低要求。然而，许多大型飞机制造商根据合理的疲劳谱确定了大约 10000 次飞行的机轮寿命。由于机轮存在大量交变应力（机轮每转一圈的应力交变），大多数机轮结构设计以疲劳载荷而非静载荷为主（尽管也进行静载荷检查）。选择的机轮合金在常温和高温时都必须具有良好的疲劳性能，因为机轮在刹车时会出现明显的温度变化。机轮的关键区域往往是轮缘、连接螺栓和螺栓孔区域以及腹板区域。

机轮和轮胎接口的形式由 TRA 和 ETRTO 标准规定。标准形式如图 4-41 所示；图 4-41 为轮辋型面接口图，参数取决于所选轮胎，具体数据详见轮胎参数表。更进一步的信息（包括公差）可在每年出版的《TRA 航空轮胎年鉴》[30]中获得。该 TRA 对飞机机轮轮胎充气嘴阀也进行了标准化规定。

机轮所承受的载荷取决于轮胎，而轮胎结构的类型则影响着轮胎胎圈向机轮传递载荷的方式。斜交轮胎将大部分载荷向外传递到轮缘上，如图 4-42 所示。子午线轮胎则将大

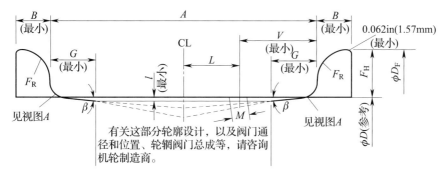

最小轮缘凹陷深度 I_{min} 必须达到或超过胎圈座锥度线下端点两点连线到轮辋直径的距离；

该值取决于轮胎参数表中的 G(最小着合宽度)值。

视图 A—胎踵半径包络

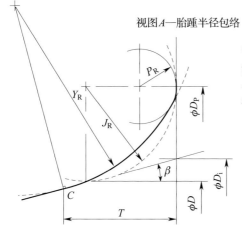

C 点—Y_R 与胎圈座锥度线的切点。

注：Y_R 和 P_R 是最大包络尺寸，基于名义胎圈座角(β)、胎踵半径 J_R 和着合径 D。

图 4-41　飞机轮胎的标准轮辋型面

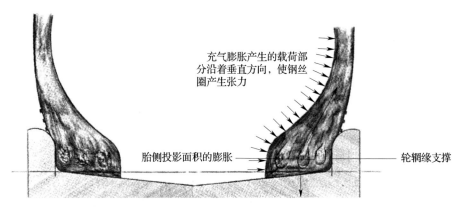

充气膨胀产生的载荷部
分沿着垂直方向，使钢丝
圈产生张力

胎侧投影面积的膨胀

轮辋缘支撑

图 4-42　斜交轮胎轮辋受力情况

部分载荷直接传递给机轮，少量载荷传递到轮缘上。随着轮胎与轮辋接触区域的发展，增加了轮胎和轮辋之间的接触面积。为一种轮胎类型优化设计的机轮可能不能充分适应另一种轮胎类型；相反地，一个机轮在设计方面兼容两种不同类型的轮胎不太可能在重量方面做出优化。

　　机轮的认证程序与刹车装置认证程序相关联（当机轮上带有刹车装置时，可以将机轮和刹车装置当成组件一起认证）。表 4-7 和表 4-8 列出了认证试验条款和建议的做法。大型运输机需要对主起落架机轮进行"轮辋滚动"试验，以模拟机轮在无轮胎情况下在地面上的滚动。建议的试验内容及方法见 ARP1786[31]。轮辋试验要求的目的是防止机轮破碎；这一要求通常使机轮付出一些重量代价，来使其设计具有显著的稳定性。对于单轮、双轮和车架式构型，滚动载荷应为机轮最大静态额定载荷，并且滚动的距离应等于

$$d = \frac{1}{2}V_r^2$$

式中：d——滚动距离（最大为 15000ft（4572m）），ft；

　　　　V_r——飞机最大总重量时的飞机起飞速度，kn。

对于更复杂的起落架构型，其轮胎泄气或丢失情况将导致机轮载荷大于机轮的静态额定载荷，应使用通过对特定起落架构型进行分析确定的合理载荷来代替静态额定载荷。在轮胎泄气或丢失的情况下，机轮应以相对于跑道可能采取的最不利姿态滚动。完成所需的滚动距离时，不能出现碎裂或突然丧失承载能力的情况。机轮上允许出现裂纹。不允许发生机轮的承载部分（包括可拆卸轮缘或轮缘固定装置）与机轮主体分离的情况。此外，应在滚动过程中证明或通过分析验证机轮和刹车装置之间不存在阻碍机轮自由滚动的干扰。

　　由于部件之间的微动几乎不可能消除，在所有多部件的机轮中，必须注意确保零件有良好的防磨损保护。对接螺栓连接的机轮组件中，确保螺栓预紧力正确是至关重要的。ARP5481[32] 中概述了关于对接螺栓预紧力矩的旋合角度的推荐装配程序。该程序推荐将螺栓拧到预定角度而不是测量拧紧力矩。由于螺纹和配合表面的摩擦力不同，测得的扭矩具有很大的可变性，而扭转到固定的预定角度可提供更高的螺栓预紧重复性。螺栓在螺纹和配合表面（见图 4-43）上涂有防咬合剂（通常符合 AMS2518[51] 或 MIL-PRF-83483[52]），并旋扭使其紧贴在配合面上。然后螺栓从紧贴位置旋转到其最终角度。该角度的确定是在机轮开发阶段通过螺栓的检测来确定实现所需预紧力的角度。

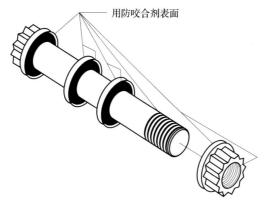

图 4-43　防咬合剂应用部位

　　螺栓需要预紧力，以确保两半轮毂稳固并最大限度地提高螺栓的疲劳性能。对接螺栓通常选高强度钢或铬镍铁合金材料。如表 4-8 中所述，在缺少对接螺栓的情况下设计和测试机轮的安全运行是一种很好的做法。

　　刹车机轮通常有隔热屏，以保护机轮的铝合金免受刹车装置的高温影响。机轮设计所选择的铝合金材料通常在 200℃的温度下仍能保持可用强度，但在最大中止起飞后，刹车的温度可以达到 200℃的近 10 倍。在正常使用中，刹车能量未达到易熔塞熔化能量的情况下，机轮温度不会高于 200℃。隔热屏的安装如图 4-44 所示。隔热屏通常是固定在机轮结构上的耐腐蚀钢板，如图 4-45 所示。

4.8.1　轴承选择和预紧

　　飞机机轮轴承普遍为圆锥滚子轴承类型，其在机轮和轮轴上的安装位置如图 4-46 所示。这种形式的装配被轴承行业称为背对背安装[①]——它要求轴承的工作间隙设在外端。

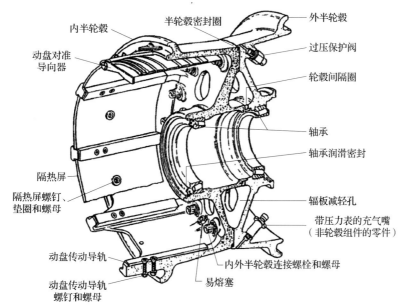

图 4-44　有刹车机轮截面图

① 两个轴承内圈的小端面相对称为背对背安装，两个轴承内圈的大端面相对称为面对面安装。——译者注

图 4-45　C-17 飞机隔热屏和驱动键

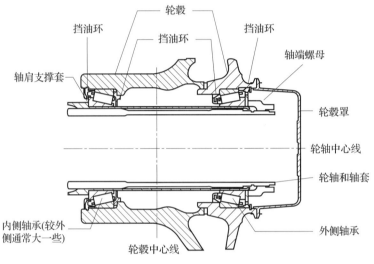

图 4-46　典型的轴承布置

轴承间隙的设置或调整通过一个轮轴的可调螺母实现。选择合适的机轮轴承是一个迭代反复过程；起落架结构设计师通常希望使用较大直径的轮轴，以优化刚度和减轻重量，而刹车机轮设计师可能会寻求较小的刹车内径，最大限度地增加机轮中的刹车盘材料。选择机轮轴承时必须考虑上述两者相互矛盾的要求。通常，机轮轴承从现有轴承零件编号中选择，这些轴承是为飞机机轮而开发的，并且在使用中表现出良好的性能。

　　飞机机轮轴承是根据低摩擦轴承制造商协会（ABMA）标准 / 商业精度 2 级和 ISO 公制 N 或 K 级制造的。许多制造商已经为飞机机轮轴承开发了定制要求，并提供了特定的零件编号代码来命名这些轴承（如 Timken 公司使用代码 629 来表示飞机机轮轴承）。一般来说，轴承是从制造商的目录中选择的，选择时考虑允许的径向和侧向载荷限制，并确保机轮施加的载荷满足飞机服役期的轴承寿命。通常，每次更换轮胎时都会检查机轮轴承并涂上润滑脂。轴承的预期总寿命通常与机轮的预期寿命相同，但在苛刻的使用中这是不可能的，并且可能必须在机轮的使用寿命期间更换轴承。AIR4403[33] 提供了有关飞机机轮轴承的选择和应用信息。

　　可以进行轴承疲劳寿命计算（在轴承制造商目录中有相关介绍）以评估轴承的静态和动态负载能力，这样起落架组件才能够充分发挥作用。类似地，还可以对包括负载、速度、可靠性、环境、温度、校准和润滑影响的载荷谱进行精细的疲劳寿命计算。建议咨询轴承制造商，确保选择了合适的轴承，并在给定的使用谱内确认预期寿命。

Timken 公司提供了一种基于轴承疲劳寿命估计过程（由 Dominik[34] 提出的）的圆锥滚子轴承专用选择方法。轴承行业指的是额定寿命 L_n 即一组明显相同的轴承中的（100 ~ n）% 的轴承将完成或超过的转数。轴承行业的标准额定寿命是 L_{10} 或 90% 的可靠性寿命。对于圆锥滚子轴承，Timken 公司的方法是提供一个基本额定载荷 C_m，它是一组明显相同的轴承理论上可以承受的额定寿命为 $m \times 10^6$ 转而计算出的恒定载荷（径向或侧向）。广泛使用的额定值定义为 $m = 9 \times 10^7$；也就是说，C_{90} 是推荐的额定载荷。轴承目录值提供了每个轴承的径向额定载荷 C_{90} 以及侧向额定载荷 C_{a90}。由于轴承是锥形形状（见图 4-47），径向施加的载荷（垂直于轴表面）会产生推力（侧向）载荷。圆锥滚子轴承设计用于承受径向和侧向联合载荷。制造商目录还将提供一个 K 值，它是单列轴承中基本额定动态径向载荷与基本额定动态推力（侧向）载荷的比率。ESDU 表 81005[35] 中提供了有关滚动元件轴承计算和选择的更多信息，ESDU 表 81037[36] 中提供了与圆锥滚子轴承相关的特定信息。许多大型民用飞机机轮的滚动寿命设计为 50000mile，并且在整个生命周期中通常需要更换两次轴承（一个机轮寿命中会消耗三组轴承）（见图 4-48）。在这种情况下，所需的最低轴承寿命为 16670mile。

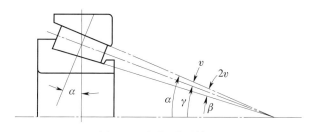

图 4-47　圆锥滚子轴承

建议参考轴承目录和相关制造商的工程手册，以帮助进行选择、载荷计算和寿命估算。如果在使用中润滑不足，任何轴承都无法达到其预期寿命。飞机机轮轴承所用润滑脂通常要符合 MIL-PRF-81322[37] 以及 MIL-PRF-32014[38]。值得注意的是，不同的润滑脂（包括符合相同规格但来自不同制造商的润滑脂）在使用过程中不能混用。根据飞机的用途，应考虑在机轮中设计挡油环或密封件，以保护轴承和油脂[①]。ARP813 中提出了许多关于轴承维修性的良好建议。

为确保轴承性能最佳，安装机轮时应对轴承进行轻微预紧。预紧力通常设置为较小轴承（通常是外侧位置的轴承）的 C_{a90} 额定值的 30% ~ 50%。几乎所有情况下，机轮的固定和预紧力都是通过一个螺母调整到位，然后锁定。通常（在转动机轮时）施加的锁紧扭矩是额定扭矩值的 2 倍。之后松开螺母并将其拧紧至设计值（通常设置为可接受的预紧范围的下限），将螺母旋转到下一个可用的锁定位置并锁定。在设计中必须注意确保足够多的锁定点，以确保预紧力不超过最大值，因为过大的预紧力会迅速降低轴承寿命。在某些飞机上，机轮螺母的锁定点上还会将设备（如机轮速度传感器）安装在轮轴中。图 4-49 显示了许多机轮螺母和锁定点。尽管许多人尽了最大努力，不正确的拧紧力矩和

---

① 挡油环或密封件确保润滑脂在使用中不甩出，或者污染物不进入油脂腔。——译者注

锁紧造成的机轮飞出确实发生过。为了提高飞机安全，应考虑在飞机的左侧轮轴用左旋螺纹，右侧轮轴用右旋螺纹，这样飞机在向前滚转时，轮毂转动趋势是拧紧螺母而不是松动。

图 4-48　C-130 飞机圆锥滚子轴承

（a）开口销　　　　　　　　　　（b）单锁紧螺栓　　　　　　　　（c）双锁紧螺栓

图 4-49　三种机轮螺母固定方案

4.8.2　超温或过压释放

在中止起飞及其他高能量刹车时间当中，刹车产生的热量会使机轮轮胎和轮胎内腔气体温度升高。其结果是增加轮胎压力，同时降低机轮和轮胎的强度，如果不能避免，甚至导致机轮轮胎爆破。避免上述事件发生的方法是在机轮内增加易熔塞，其中包含了能在精确温度下熔化的一种易熔金属混合物。易熔塞的熔点通常接近 200℃。易熔塞的性能设计要符合 AS707[39] 的标准，要求一个易熔塞熔化后，能在 2min 内将轮胎压力释放到初始压力的 50%。一个机轮上通常会安装多个易熔塞。

许多事故都发生在轮胎充气时使用压力不受控的氮气瓶（一种新的氮气瓶通常气体压力为 3000psi（207bar），远超机轮轮胎的爆破压力）。为了防止这类事件发生，现在机轮上都设计安装了满足推荐规范 ARP1322[40] 的过压保护阀。当超过预期的正常压力时，这个阀会释放轮胎压力。这个阀要有足够的流量，确保在使用一个全新的 3000psi 容积的氮气瓶给轮胎充气时，不会发生轮胎压力超出释放压力的情况。

4.8.3　机轮重量

预估机轮重量的最佳方法是对机轮进行初步的设计，然后根据机轮及组成部件的形状、尺寸估算重量，但对于仅有初步尺寸的机轮，仅根据轮辋直径进行初步的重量估算是

可行的

$$\text{Mass} \approx 0.0202D^3 - 0.3936D^2 + 3.1364D - 5.707$$

其中，D 为轮辋直径，单位为 in，机轮重量单位为 kg。

这种关系如图 4-50 所示。不同的机轮载荷、滚转寿命以及认证要求使机轮重量有所不同，图中的预计数据具有分散性。尽管曲线覆盖了飞机机轮的所有尺寸，在尝试外推这一数据（机轮重量）时还是应该谨慎。图中数据包括了前机轮和带刹车的主机轮的重量。对于一个给定的机轮直径，主机轮因为内部需要安装刹车装置，其结构载荷的传力效率不够有效，所以重量大于同尺寸的前机轮。

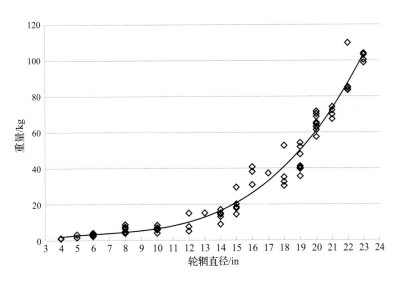

图 4-50　根据轮辋直径确定机轮重量

4.8.4　失效模式

4.8.4.1　轴承失效

需要对机轮轴承进行适当的维护和保护，以避免轴承故障。通过目视检查可以发现一些轴承失效模式（如变形、剥蚀、腐蚀和热损伤）。出现这种状态降级必须拆除和更换轴承。对于尺寸合适、安装正确的轴承，润滑不足通常是轴承失效的根源。这种润滑不足可能是由润滑周期过长、水或污染物的侵入或润滑不当造成的。如果轴承退化没有被发现，就会导致轴承过热和轴承、轮毂轴承座或轮轴失效。轮轴失效是由于轮轴材料过热软化、轮轴镉脆等，致使轮轴快速断裂。许多主起落架轮轴都采用金属陶瓷防腐镀层，从而避免轮轴镉脆问题。

4.8.4.2　轮辋飞出

可能损坏飞机的机轮失效模式是一部分轮缘的断裂和飞出，如图 4-51 所示。轮缘被轮胎载荷和充气压力弹出，高速远离机轮，可能会对它所撞击到的部件造成严重的损坏。大型运输机的适航认证要求在飞机的设计和认证中考虑对轮缘碎片的保护。这种失效模式一般认为发生在起落架放下时。然而，在起落架收起时也发生过一些轮辋飞出和轮缘分离事件——在这种情况下，飞机的地板和压力容器可能会受到损伤。在机轮认证的轮辋滚转试验时加严考核可以在一定程度上提高对这类故障的鲁棒性。

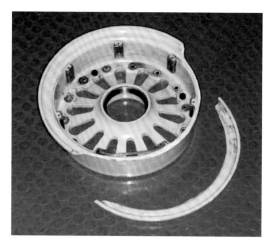

图 4-51　断裂的轮辋

EASA[41] 提供了轮缘碎片尺寸和速度的模型。该模型如图 4-52 所示，要求轮缘 60°圆弧以 100m/s（328ft/s）的速度飞离轮毂。对于一个轮轴上有多个机轮的起落架，只需考虑外侧机轮轮缘的侧向飞出。对于单轮起落架，任何一个轮毂轮缘的飞出都应考虑。碎片方向上的撞击部件会造成最严重的损伤。轮毂碎片在垂直方向的飞出被轮胎模型覆盖（已在第 3 章概述）。

该认证模型有效地考虑了飞机在滚动时的轮辋飞出。一些飞机制造商也虑机轮静止时整个轮辋脱离。这种情况下，通常在起落架放下时，考虑所有机轮；在起落架放下和收起时，只考虑刹车机轮。起落架收起状态考虑整个轮辋飞出的这种逻辑是刹车热量增加了轮胎压力，同时也减弱了机轮的静强度特性。

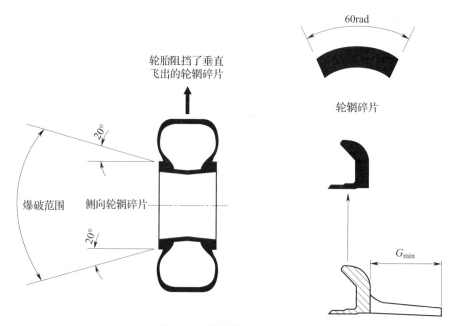

图 4-52　轮辋爆破失效模式

4.9 刹车控制

刹车控制涵盖了由驾驶员直接和手动控制的简单系统以及后来发展的电子控制系统，电子控制系统可以提供全自动控制、防滑和自动刹车，以防止飞机冲出跑道并能将飞机按预先选定的跑道退出。对于飞机地面运动来说，无论刹车控制系统如何工作，必须提供持续的刹车力矩。停机刹车系统用于飞机停放时或者发动机测试时，亦或是旋翼机着陆期间使飞机保持静止状态。在航空技术发展的早期，刹车控制的人机界面是非标准的。20 世纪 30—40 年代，大多数英国飞机均使用手柄连接在控制柱上进行刹车控制（如图 4-53 中控制叉杆后面的银色部件所示）。

图 4-53 英国皇家空军"飓风"飞机驾驶舱

部分现代超轻型飞机仍然使用手动刹车。但是世界上大多数国家已经采用标准化的与踏板相连的脚操纵刹车（脚蹬刹车）。通过方向舵踏板的前后移动控制飞机的航向，方向舵踏板的旋转（踏板的顶部相对于底部移动）用于刹车操纵。左侧刹车踏板控制左侧起落架机轮的刹车，右侧刹车踏板控制右侧起落架机轮的刹车，这样就可以实现飞机的差动刹车，差动刹车是实现飞机航向控制的基本功能。典型战斗机驾驶舱如图 4-54 所示，为带脚蹬刹车的方向舵踏板。虽然个别飞机在实现上存在差异，但在这张图中，可以看到刹车踏板在驾驶舱地板附近有一个枢轴，驾驶员用脚尖按压时可实现刹车踏板的独立旋转。

刹车控制关系到刹车指令如何传递到刹车装置和施加刹车压力的方法。在某些情况下，两者可能是相同的：和许多自行车刹车一样，机械系统可以将刹车力从驾驶舱直接传递到刹车装置。因为传递的力量有限，单纯的机械操纵系统主要在超小型和超轻型的飞机上应用。许多系统采用直接产生液压刹车压力的方法并将液压刹车压力直接传递到刹车装置上——这些系统在轻型飞机上已得到了广泛的应用。从驾驶舱到刹车阀的机械连接，可以驱动刹车阀产生成比例的气压或液压压力，这一控制方式有广泛的应用。气动能源系统主要在一些偏老式飞机如安东诺夫的安 –2 飞机和费尔柴尔德公司生产的 F.27 飞机上有应用，绝大多数刹车系统使用液压能源作为动力。当前刹车系统技术发展主要是电传控制液压作动或者电作动刹车。

图 4-54　战斗机驾驶舱中方向舵踏板

4.9.1　刹车控制系统架构

大部分刹车控制系统架构在下面的图例中有显示，其包括滑翔机简单的单轮刹车（见图 4-55）和典型轻型飞机的主刹车缸作动构型（见图 4-56），到后续含有刹车控制阀和停机刹车阀的更复杂架构。刹车作动系统是一个液压机械系统，其中刹车踏板连接到液压油缸上（见图 4-57），将施加的力转换为液压压力，然后传递至刹车装置。由左侧踏板控制左侧刹车，右侧踏板控制右侧刹车，从而可实现差动刹车。停机刹车功能由刹车踏板踩下控制阀提供（见图 4-57），或由一个钢索或机械装置连接的独立系统驱动刹车缸实现，或由一个在踩下后可以锁定踏板的系统提供。

机械操纵驱动式的刹车布置简单，但通常不具备防滑能力，需要独立防滑控制阀快速释放刹车装置中蓄满的液体，并将其引入液压回油管。动力刹车能源通常由专用液压源或飞机液压系统提供，其架构有多种不同类型。图 4-58 为一个动力刹车系统，它是图 4-56 主刹车机械驱动式的直接扩展。在系统供压失效的情况下，蓄压器提供储备能源进行应急刹车。刹车阀提供与踏板位置成正比的刹车压力到刹车腔。停机刹车阀将液压压力锁定在刹车活塞中。一个选装防滑阀用于飞机机轮出现打滑情况时，将刹车压力释放（在防滑控制系统的控制下），停机刹车阀可以通过多种方式进行控制。

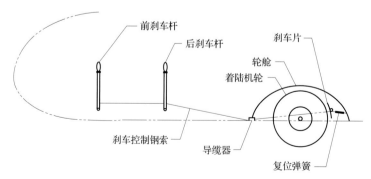

图 4-55　法兰克福 TG-1A 的飞机刹车系统

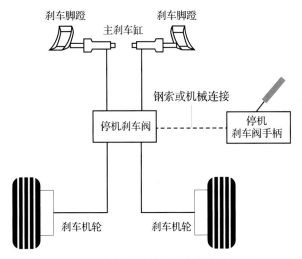

图 4-56　停机刹车的主刹车缸作动系统

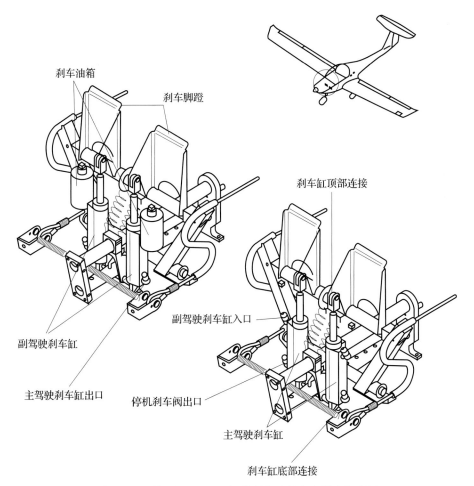

图 4-57　"钻石" DA20 飞机的刹车踏板和主刹车缸配置

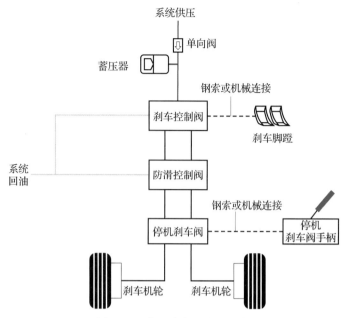

图 4-58　停机刹车的动力系统

更多冗余的系统架构如图 4-59 所示。该系统在刹车装置附近采用转换阀，使刹车由两个不同的液压系统加压。主系统与前面讨论的类似，但停机刹车采用备用能源供压。停机刹车阀可以是开关类型的阀，也可以是比例阀，用于在主系统发生故障时手动调节刹车。

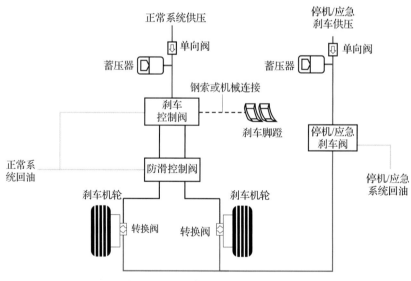

图 4-59　独立停机 / 应急刹车系统

为了使系统发生故障时提高刹车的可用性，可以安装如图 4-60 所示的双独立系统。这种类型的系统大多数功能相同，在靠近刹车装置或在刹车装置上设置转换阀，确保刹车的压力来自于提供更高压力的任何一个系统。波音 767 飞机采用了类似的配置，其刹车系统的液压原理如图 4-61 所示。安装在停机刹车阀下游的蓄压器用于提供停机刹车能源，以作为系统温度变化和少量泄漏的能源补充。

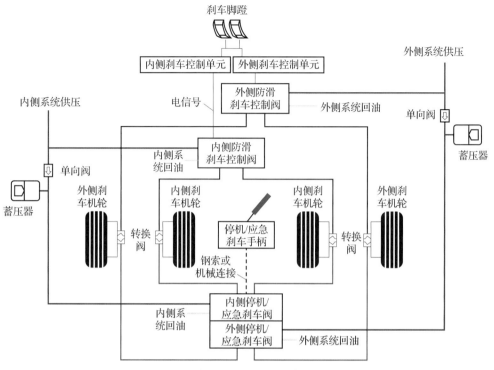

图 4-60　双独立系统

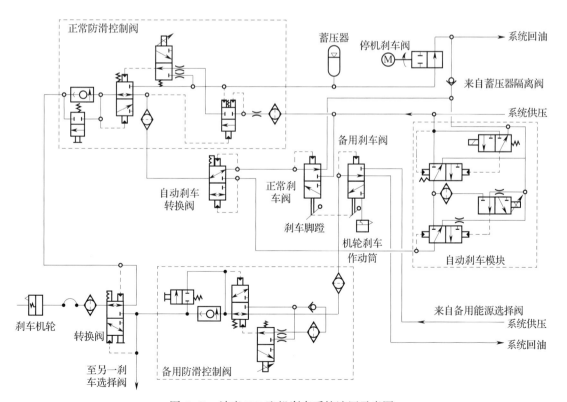

图 4-61　波音 767 飞机刹车系统液压示意图

有些系统在设计之初就应考虑尽可能地防止液压系统出现串油，其实现方法是在刹车装置中设置两套活塞，任何一套都能提供足够的刹车压力。典型系统如图 4-62 和图 4-63 所示，A320 飞机就是双活塞刹车系统的一个例子，具有多种操作和备份模式。

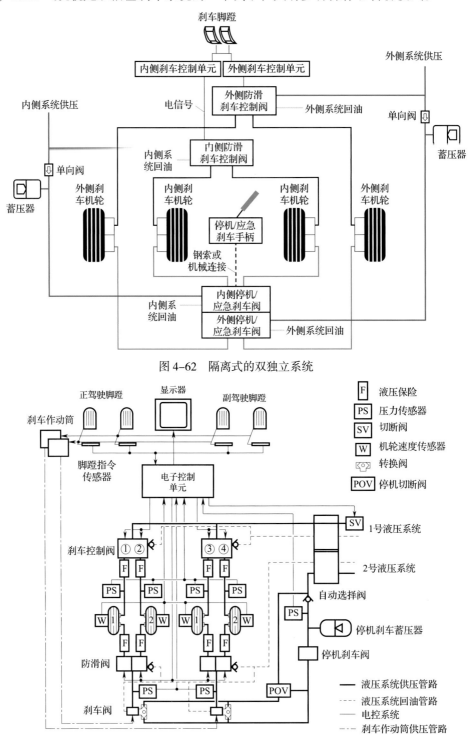

图 4-62　隔离式的双独立系统

图 4-63　电传操纵机械备份双活塞作动刹车

以电子方式传送刹车指令的电传刹车如图 4-64 和图 4-65 所示。电传刹车系统有多种构型，电传刹车系统比机械刹车系统的部件数量有所减少，特别是在实现自动刹车功能时更加明显。

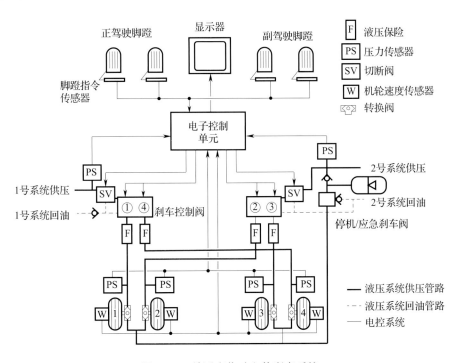

图 4-64　单活塞作动电传刹车系统

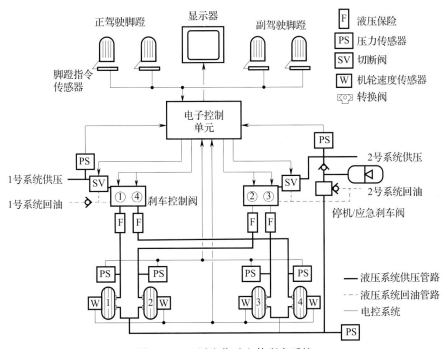

图 4-65　双活塞作动电传刹车系统

关于电传刹车系统的更多信息可以在标准 AIR5372[42] 中获取，关于停机刹车信息可以在标准 AIR6441[43] 中获取。带有电作动器的刹车系统其在概念上类似于双活塞刹车作动器——在一个刹车作动器上有多个独立的执行机构，一组刹车作动器可以通过一套电源和控制系统驱动，而另一组则通过另一套独立的供电和控制系统驱动。为了提高其可用性，每个刹车作动器通常都设计成具备一定超载驱动能力，这样就可以保证在每套电刹车装置上的单个部件发生故障的情况下实现完全刹车能力，从而保证在单个作动器失效的情况下确保飞机减速效果。系统采用 28V 直流供电，保证了系统独立使用蓄电池供电。由于采用 28V 直流电压进行供电将会增加电机的重量和体积，一些系统在设计时将 28V 输入电压提升到高压状态（如 ±270V 直流），以便更加高效地驱动安装在刹车作动器上的无刷直流电动机。

4.9.2 防滑及相关功能

目前已经研发了多种不同类型的防滑系统。在大型飞机上，特别是那些有动力刹车系统的飞机上，驾驶员很难直接探测到一个或多个机轮打滑。当机轮出现打滑时，其可以在极短时间内导致轮胎爆胎失效，早期的系统检测到打滑并通知驾驶员采用手动的方式来释放刹车压力，邓禄普（Dunlop）公司的 Maxaret 装置利用飞轮相对刹车机轮运行，当刹车机轮急剧减速时，Maxaret 装置的内部部件继续旋转并驱动一个阀门来释放刹车压力，从而实现刹车压力的自动调节，其原理如图 4-66 所示。Maxaret 装置的安装如图 4-67 所示。

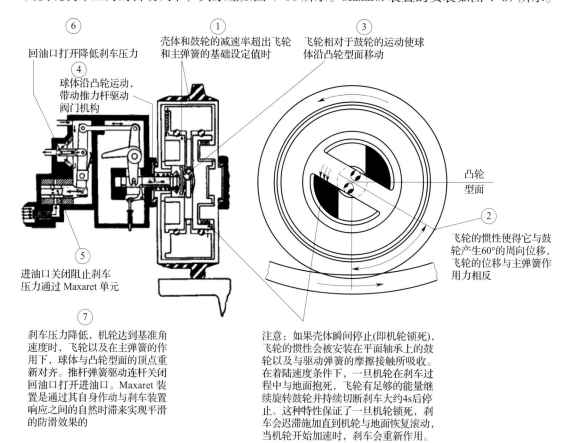

图 4-66 Maxaret 防滑单元

开发了如电液系统和米歇尔迷你制动（Messier Ministop）的机电自适应系统，用电气控制代替了阀门的机械驱动。通过将这一系统放置在机轮轮轴内，用机轮轮毂罩进行机械驱动，这样解决了由于结冰导致的 Maxaret 可靠性低的问题。这些系统都是将开 – 关型控制压力应用于刹车，或在检测到打滑时释放刹车压力。虽然这些系统在潮湿或表面污染的道面上可提高刹车性能有提高，但防滑技术发展的焦点是确保系统始终处于最佳的刹车状态。这样就要求开发调节刹车压力而不是完全释放压力的控制系统，这通常使用转速计驱动来调节释放阀的电信号。这种类型的调制系统比开 – 关系统有了很大的改进，在这之后防滑系统的发展就是不断寻求从轮胎中获得的最大减速力，也就是利用自适应系统的最先进的防滑刹车控制技术。三种不同类型系统的示例如图 4-68 所示。虽然这些结果适用于不同跑道上的不同飞机，但性能上的差异是很明显的：开 – 关系统有更深的滑动（机轮速度的较大变化）和较大的刹车压力的释

图 4-67　CF-100 飞机主轮上的
Maxaret 单元

放，而调制系统改善了滑动和压力释放的程度；自适应系统在压力和机轮速度上达到最小的释压，从而产生最高的刹车效率。

4.9.2.1　刹车效率

刹车效率是防滑刹车系统的一个重要参数。大型运输机的认证规则中明确要求除了规定的轮胎对地面摩擦因数之外，使用刹车效率来计算湿跑道刹车距离。虽然刹车效率的计算是复杂的，但它可以简单地看作轮胎对地面摩擦利用率。一个防滑控制系统在飞机减速过程中，能成功地使轮胎始终保持在最大摩擦点工作，其刹车效率则是 100%。许多自适应防滑系统能达到 90% 以上的刹车效率。在没有通过飞行测试来确定防滑效率的情况下，参考文献［44］规定开 – 关系统的效率为 0.3，调制系统的效率为 0.5，自适应系统的效率为 0.8。AIR1739[45] 中给出了一系列基于飞行试验数据或惯性台试验的刹车效率计算方法。虽然认证条例要求通过飞行测试证明刹车效率，但大多数防滑控制软件的开发都是通过使用硬件在环模拟测试来实现的，这种方法的优点是比在飞机上开发防滑控制软件并试飞所用的周期更短、费用更低。通常需要开发一些自动调优程序使系统达到最优的防滑控制性能。咨询通告 AC25-7C[46] 提供了通过飞行测试确定防滑效率的指南。

4.9.2.2　防滑动力学

自适应防滑系统的目标是快速控制刹车力矩（通过调节刹车压紧压力），以确保轮胎与地面摩擦始终在最佳滑移状态。其最佳量值是 6% ~ 20% 的滑移率，取决于轮胎的具体情况。摩擦因数曲线与轮胎滑移率曲线形状如图 4-69 所示，这是一个名义曲线，因为峰值的形状和位置是未知并且可变的。具体的形状取决于轮胎的类型、构造、速度、跑道特性等。有些轮胎的曲线相对平坦，其峰值不太明确。自适应防滑系统必须不断地寻找峰值，而确定峰值的唯一方法是通过增加机轮滑移量来监测阻力的增加和减小。控制器不断重复这个运算，以尽量减少偏离摩擦因数峰值造成的刹车扰动。

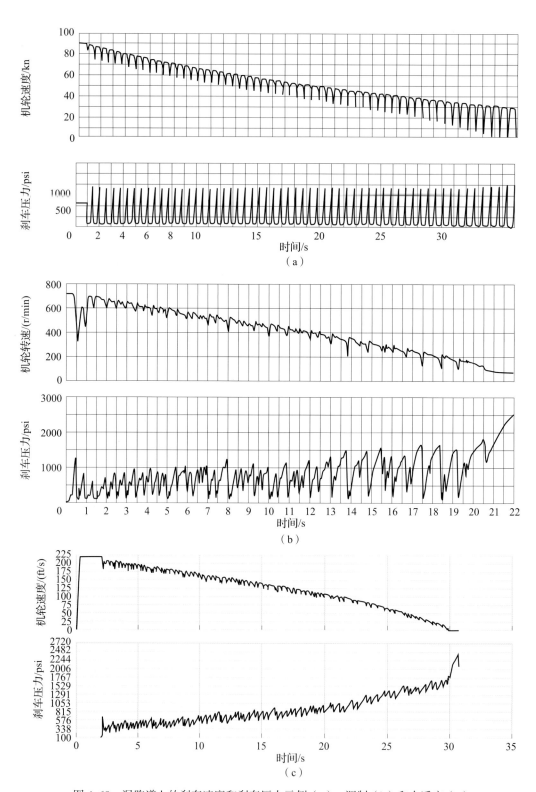

图 4-68　湿跑道上的刹车速度和刹车压力示例（a）、调制（b）和自适应（c）

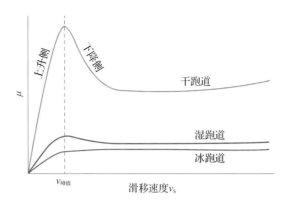

图 4-69　理论摩擦因数 μ—轮胎滑移曲线

　　在曲线的下降侧操作太频繁会导致深打滑、轮胎磨损（甚至可能爆胎）、转弯动力丧失（飞机方向控制）以及乘客不适。然而，在曲线的"上升侧"（允许轮速接近同步速度）操作过远，会造成摩擦因数急剧下降，导致非常低的刹车效率。在这个区间的操作是由于释放过多的刹车压力（在开–关系统中发生的）。为了获得最佳性能，需要刹车控制器和刹车装置具备快速响应特性，现代系统的频率响应范围通常为 6 ~ 12Hz（部分响应频率可达 20Hz）。还应确保系统有适当的阶跃响应。使用液压刹车装置时，液压油必须流入活塞壳腔以推动活塞，填充活塞和刹车盘之间的间隙，然后对刹车盘进行压紧，一个例子如图 4–70 所示（曲线中的拐点是由于自动磨损调隙）。

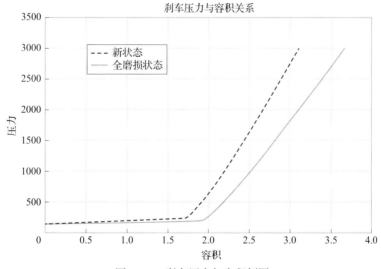

图 4-70　刹车压力与容积例图

　　为了达到最佳的性能，刹车活塞容积应尽可能小，除此之外，控制阀和刹车装置之间的液压管路长度应尽可能最短，因为，在刹车和松刹过程中，进入和流出刹车装置的流体必须经过此段管路，可能会导致压力损失和水锤效应。加快刹车装置的松刹时间是提供良好防滑性能的关键。高效的刹车控制需要小于 40ms 的松刹车时间[47]并对摩擦特性变化提供鲁棒性。为保证系统性能，最低可接受的松刹车时间不应超过 60ms；系统设计时，重点关注在松刹车时间大于 70ms 的情况。一般来说，更长的松刹车时间会导致更深的打滑，从而降低刹车效率。电动刹车系统由于响应速度快，具有更快的松刹和刹车潜力。SAE AIR1739 提供了更多关于防滑刹车的动力学、设计选项和隐患的细节；文件 ARP1070[48] 提供了行业的推荐实践，以确保防滑系统提供所需的功能和与飞机的集成。

要达到最佳的防滑效率通常需要单独的机轮控制，在该体系结构中，每个刹车机轮都有独立的轮速传感器和刹车控制电路。另一种方法是成对的机轮刹车控制，每对机轮由单个阀门或单个控制信号控制。这可以提供更低的成本（更少的阀门），但代价是牺牲刹车效率（因为在打滑过程中，即使其中一个机轮能够提供更多的扭矩，两个机轮的刹车总扭矩也会降低）。在单个机轮控制可能产生显著偏航力矩的情况下，这种类型刹车控制的应用可以确保适当的方向控制，并作为多轮飞机的备用系统，以减少刹车控制系统中所需零组件的数量。

大多数现代的防滑系统都包含了轮间保护功能。安装在机轮上的机轮速度信号被用来产生飞机在地面上滚动的参考速度信号。如果其中一个机轮锁死，对应机轮（成对比较）的机轮速度和参考信号是转速慢的机轮释放刹车压力的基础要素。如果比较组的所有机轮同时锁定，可以提供一个参考存储器来维护参考信号。典型的轮间保护机轮比较组包括：飞机上对应的内侧和外侧机轮，或者同一起落架上的相邻机轮，或者小车式（四轮）的前后对机轮。轮间保护可以防止机轮在出现湿打滑现象时，其摩擦特性的降低会误导刹车控制进入慢速控制状态，使机轮陷入更深、持久的打滑状态。飞机防滑刹车控制中通常包含接地保护，以确保即使驾驶员无意中发出了刹车指令，刹车机轮在接地时也能充分地自由旋转。这种保护通常是利用轮速信号和飞机起落架轮载信号共同来实现的。如果飞机的轮载信号处于空中并且飞机机轮速度低于预先设定值时，系统将完全释放防滑阀。当飞机起落架轮载发生转变时，通常是在一段延迟时间之后（这个时间可以保证飞机在着陆过程中机轮充分旋转），刹车系统可以允许产生刹车压力。当检测到飞机机轮速度高于预定的阈值时，即使显示飞机轮载信号处于空中，此时也将解除接地保护，允许进行刹车。

4.9.2.3 防滑硬件

防滑刹车控制包括电子控制（模拟或数字），机轮速度传感器信号，飞机地速信号（这个信号有时源自于机轮速度信号）和控制刹车力的算法。对于液压刹车来说，通常采用伺服阀提供成比例压力控制。一个刹车阀示例如图 4-71 所示。

图 4-71（a）是一级和二级防滑阀的视图，图 4-71（b）是第一和第二级防滑阀的剖视图。典型的防滑阀是两级阀，第一级是挡板/喷嘴，第二级是阀芯和套筒。第一级为永磁转矩电机，由外加电流驱动，控制挡板。三通阀和四通阀都用于防滑系统。使用三通阀时，刹车控制器向转矩电机发送电信号，使挡板在返回喷嘴（最大压力）下从零指令位置移动。挡板的运动使控制腔的压力不平衡，于是将先导级的控制压力传递到第二级的阀芯。阀芯上的作用力使其产生位移，直到达到反馈刹车端口压力与指令压力相平衡的位置。防滑控制阀的输出端为刹车装置提供控制压力。在经典的防滑系统中，挡板从零指令位置的运动，以减少驾驶员对刹车的控制压力。由于需要保证在防滑系统出现故障时，系统仍具有保持刹车的能力，防滑控制阀通常设计成负增益方式，在没有电流存在的情况下，将驾驶员的指令压力输出到刹车装置上。当电流增加时，防滑控制阀会降低刹车压力。

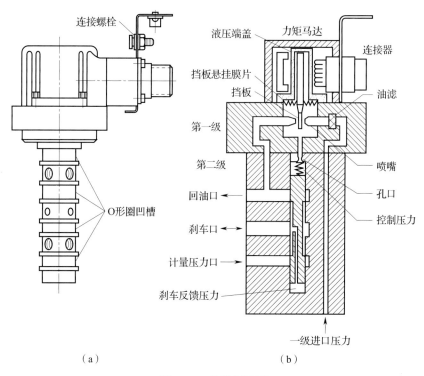

图 4-71 防滑伺服阀

在电传刹车系统中，刹车踏板位置与能够提供自动刹车、防滑或者其他功能的刹车控制器交联。这些系统中刹车或者松刹车的功能通常由同一个阀门提供。在这种情况下，踏板从松弛位置移动通常会增加刹车压力；通过增加阀门电流增加刹车压力。电传刹车系统通常采用一种方式来确保在无刹车指令的情况下不施加刹车压力。包括在刹车管路中的某一点上装有压力传感器，用来检测与实际刹车压力与指令刹车压力的差异。当检测到实际刹车压力大于指令，可以用电磁阀解除系统的压力。还存在一种直接驱动式防滑阀，电动机取代第一级直接驱动第二级阀芯。许多飞机刹车系统同时使用这两种阀，其在主刹车系统上使用传统的伺服阀，在备用刹车系统上使用直接驱动阀。这种架构的好处是刹车控制电路不同，可以避免共模故障。

机轮速度传感器是防滑系统中的一个关键元件。机轮速度传感器用来比较每一个机轮的线速度和飞机的地速差异（以确定轮胎滑移量）。在大多数情况下，机轮速度传感器安装在起落架的空心轴上，传感器的转子轴连接到机轮的轮毂盖上。早期的机轮速度传感器主要采用直流发电机原理，产生与机轮速度成正比的电压。为了解决信号噪声和可靠性问题，这些直流系统被交流传感器所取代，交流传感器产生的信号频率与机轮的速度成正比。传感器轴必须机械地连接到轮毂盖上，其连接方式通常采用花键轴，波纹管连接轴器，或"狗骨"式连接轴形式。无论是直流电传感器还是交流电传感器，都存在一个共同的特征，通常在低于 20kn 左右的速度情况下，传感器输出信号都达不到防滑控制需求。此时，必须注意机轮速度传感器的连接方式，确保不能产生影响防滑控制的虚假信号。在汽车防抱死刹车系统中，常用的非接触式速度传感方法是使用传感器和激励环或带有一系列磁铁的霍尔效应传感器。当前，防滑控制研究的方向之一是在刹车装置附近设置尽可能多的控制电子器件，以减少起落架线缆，提高分布式航空电子系统接口效率。大多数航空电子通信总线的数据传输速率并不够高，达不到防滑伺服闭环控制的运行要求，因此通常需要专用的电子设备。如图 4-72 所示，防滑系统集成了霍尔效应传感器，并安装于机轮轮轴上。该系统是安装在波音 787 飞机上的标志，轴端远程数据集中器（ARDC）能提供机轮速度传感、防滑控制和与飞机数据总线通信的功能。

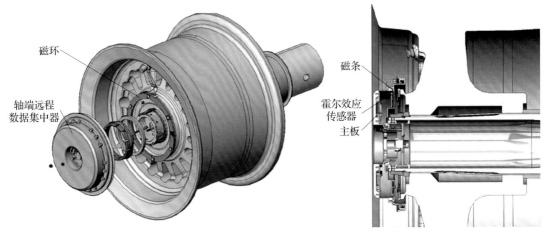

磁环

轴端远程
数据集中器

磁条

霍尔效应
传感器

主板

图 4-72　安装在机轮轮毂上的机轮速度传感和刹车控制电子装置

自适应防滑系统需要一个飞机参考速度信号。早期的自适应系统是通过测量无刹车机轮的轮速来实现的。在"协和"号飞机上，以前起落架机轮速度作为参考。XB-70 超声速轰炸机在 4 个主机轮周围使用了一个专用的感应轮来获取飞机速度信号，如图 4-73 所示。

在现代系统中，参考速度通常是直接由刹车机轮在每次刹车压力释放后的自旋转上升阶段确定的。另一种选择是从飞机惯性导航系统中获取参考速度。

图 4-73　XB-70 飞机主起落架显示参考速度感应轮

4.9.2.4 自动刹车

自动刹车系统的作用是保证飞机在着陆或者中止起飞情况下自动施加刹车。在飞机着陆过程中自动刹车系统提供了一个恒定的（或预定的）飞机减速率进行飞机减速，在飞机中止起飞过程中一旦油门杆收回，自动刹车系统将在最短的时间内提供满刹车进行飞机减速。该系统降低了驾驶员的操纵负担，保证了刹车平稳性。自动刹车系统驾驶舱界面如图4-74所示。ARP4102/2[49]建议低档位减速率水平为（0.1 ~ 0.2）g，中档位减速率水平为（0.2 ~ 0.3）g。最高水平档位为可用的最大刹车扭矩。ARP4102/2提供了自动刹车系统激活和解除的建议条件。

ARP1907[50]还包括了与实施自动刹车有关的进一步推荐做法。飞机上的自动刹车能力已发展出更多的功能，如"刹车脱离"功能，在着陆前，就可以确认飞机退出的跑道位置，飞机上的航空电子设备通过机场信息实时计算到达退出位置所需要的飞机减速率，并通过自动刹车系统来实现。另外能够通过自动刹车系统达到的功能为"跑道超限保护"，通过飞机航空电子系统获取飞机及机场剩余跑道参数等数据库信息，一旦系统探测并计算得到飞机在当前选择的自动刹车档位或者人工刹车状况下存在冲出跑道的风险，系统将施加更强的自动刹车（更高的减速率）以保证飞机在跑道上安全运行。

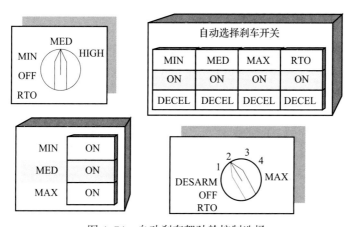

图4-74 自动刹车驾驶舱控制选择

RTO—中止起飞；OFF—关闭；MIN—低；MED—中；HIGH—高；DECEL—减速；DISARM—解除；MAX—最大

4.9.2.5 失效模式

刹车系统可能是复杂的，应该进行一个完整的故障模式和影响分析，以了解故障可能发生的方式及其对飞机的影响。在设计良好的系统中，一些故障可能是由于维护或其他问题引起的。错误的维护或其他问题引起的故障，应最大程度地通过设计手段去避免。一个可能导致刹车失效的问题是机轮速度传感器的线路交叉连接。对于两轮或多轮起落架上的单独机轮控制系统，如果内侧机轮和外侧机轮的速度传感器是交叉连接的，那么防滑系统将会导致非抱死机轮进行松刹车，而对已经抱死的机轮继续施加刹车，导致机轮进入更深的抱死状态或者完全锁死。这种类型的故障之前已经发生过，并导致冲出跑道。由于机轮速度传感器本身在飞机上所有位置都是相同的部件号，很难防止这种情况的发生。针对机轮速度传感器提供不同的电连接器型号来防止接错是一个很好但昂贵的解决方案。机械地限制线束长度是一个解决方案（它依赖于正确的线束安装）。视觉指示（颜色编码等）不能解决该问题，但可以通过增加其他维护程序以减少发生的概率。

一种相关的故障类型是液压管接头交错连接。根据系统交叉连接的位置不同，它可能导致与机轮速度传感器交叉连接带来的相同故障类型。避免这种故障模式通常是通过机械限制液压软管长度和导管的长度来实现。在软管可以交叉连接的地方，应该通过使用不同的接头尺寸来防止软管错误的连接。

刹车系统设计中最重要的准则是确保在起飞过程中，不论是通过正常的刹车控制系统还是通过停机刹车系统，均不应产生非指令刹车。飞机在起飞过程中刹车可能会导致飞机不能升空并以高速冲出跑道——这通常会产生灾难性后果。第13章将介绍系统安全性分析过程，该过程同样可应用于刹车和其他复杂系统的设计。

参 考 文 献

[1] Knacke，T.W.，*Parachute Recovery Systems Design Manual*，AD−A247−666 (China Lake，California: Naval Weapons Center，March 1991).

[2] Aerodynamics of Parachutes，ESDU Data Sheet 09012，Engineering Sciences Data Unit，August 2009.

[3] Aerospace Recommended Practice，"Arresting Hook Installation，Land−Based Aircraft，" ARP1538，Revision B，SAE International，April 2013.

[4] MIL−STD−18717(AS)，Design Criteria for Naval Aircraft Arresting Hook Systems.

[5] Highley，F.H.，"An Analysis and Evaluation of Unconventional Methods of Passenger Car Braking，" SAE Technical Paper 760790，October 1976，https://doi.org/10.4271/760790.

[6] Bailey，D.A.，"Investigation of Improvements in Aircraft Braking Design，" PhD thesis，Cranfield University，October 2004.

[7] Department of the Navy，"General Specification，Performance，Design Characteristics and Construction of Aircraft Weapon Systems，" SD−24M，Naval Air Systems Command，Arlington，VA，February 18，1994.

[8] Creech，D.E.，"Aircraft Brake Energy Analysis Procedures，" Technical Report ASD TR−68−56，Aeronautical Systems Division，US Air Force，October 1968.

[9] Dowden，J.，"Aircraft Braking Energy Model，" MSc thesis，Cranfield University，August 2015.

[10] European Aviation Safety Agency，"Certification Specifications and Acceptable Means of Compliance for Large Aeroplanes，" CS−25，Amendment 19，European Aviation Safety Agency，May 2017.

[11] Aerospace Standard，"Minimum Performance Standard for Parts 23，27，and 29 Aircraft Wheels，Brakes，and Wheel and Brake Assemblies，" AS5714，Revision A，SAE International，August 2017.

[12] Technical Standard Order，"Transport Airplane Wheels and Wheel and Brake Assemblies，" TSO−C135a，Federal Aviation Administration，July 2009.

[13] Sforza，P.M. *Commercial Airplane Design Principles*，Butterworth−Heinemann，Oxford，2014.

［14］Gilson，R.D.，Beryllium Brake Experience on the C–5A Airplane，SAE Technical Paper 710427，1971，https://doi.org/10.4271/710427.

［15］Devi，G.R. and Rao，K.R.，"Carbon–Carbon Composites – An Overview," *Defence Science Journal*，43，no. 4 (October 1993): 369–383.

［16］Aerospace Information Report，"Information on Electric Brakes," AIR5937，SAE International，May 2012.

［17］Technical Standard Order，"Aircraft Wheels，Brakes and Wheel/Brake Assemblies for Parts 23，27 and 29 Aircraft," TSO–C26d，Federal Aviation Administration，October 2004.

［18］Aerospace Standard，"Minimum Performance Standard for Part 25 Transport Aircraft Wheels，Brakes，and Wheel and Brake Assemblies," AS6410，Revision Draft，SAE International，October 2019.

［19］Military Specification，"Wheel and Brake Assemblies," Aircraft General Specification for，MIL–W–5013L，October 1991.

［20］Aerospace Recommended Practice，"Wheel and Hydraulically Actuated Brake Design and Test Requirements for Military Aircraft," ARP1493，Revision C，SAE International，November 2013.

［21］Aerospace Recommended Practice，"Wheels and Brakes，Supplementary Criteria for Design Endurance Civil Transport Aircraft," ARP597，Revision E，SAE International，May 2015.

［22］Aerospace Recommended Practice，"Maintainability Recommendations for Aircraft Wheel and Hydraulically Actuated Brake Design," ARP813，Revision C，SAE International，April 2012.

［23］Hamzeh，O.N，Tworzydlo，W.W.，Chang，H.J，and Fryska，S.T.，"Analysis of Friction–Induced Instabilities in a Simplified Aircraft Brake," SAE Technical Paper 1999–01–3404，September 1999，https://doi.org/10.4271/1999–01–3404.

［24］Tanner，J.A. and Travis，M.，"Adsorption and Desorption Effects on Carbon Brake Material Friction and Wear Characteristics," SAE Technical Paper 2005–01–3436，October 2005，https://doi.org/10.4271/2005–01–3436.

［25］Aerospace Information Report，"Carbon Brake Contamination and Oxidation," AIR5490，Revision A，SAE International，April 2016.

［26］Aerospace Information Report，"Test Method for Catalytic Carbon Brake Disk Oxidation," AIR5567，Revision A，SAE International，August 2015.

［27］Aerospace Information Report，"Compilation of Freezing Brake Experience and Potential Designs and Operating Procedures to Prevent Its Occurrence," AIR4762，Revision A，SAE International，May 2016.

［28］Aerospace Standard，"Aircraft Brake Temperature Monitor Systems (BTMS)," AS1145，Revision C，SAE International，September 2016.

［29］Aerospace Recommended Practice，"Aircraft Brake Temperature Measurement,"

ARP6812, Draft Revision, SAE International, April 2019.

[30] The Tire and Rim Association, *2018 Aircraft Year Book*, The Tire and Rim Association, Inc., Copley, Ohio, 2018.

[31] Aerospace Recommended Practice, "Wheel Roll on Rim Criteria for Aircraft Applications," ARP1786, Revision C, SAE International, September 2013.

[32] Aerospace Recommended Practice, "Recommended Wheel Tie Bolt Preload Procedure," ARP5481, Revision A, SAE International, August 2018.

[33] Aerospace Information Report, "Selection, Testing, Lubrication, and Sealing of Single Row Tapered Roller Bearings for Aerospace Wheel Applications," AIR4403, Revision B, SAE International, May 2017.

[34] Dominik, W.K., "Rating and Life Formulas for Tapered Roller Bearings," SAE Technical Paper 841121, September 1984, https://doi.org/10.4271/841121.

[35] Engineering Sciences Data Unit, "Designing with Rolling Bearings. Part 1: Design Considerations in Rolling Bearing Selection with Particular Reference to Single Row Radial and Cylindrical Roller Bearings," ESDU Item 81005, Amendment A, June 1982.

[36] Engineering Sciences Data Unit, "Designing with Rolling Bearings. Part 2: Selection of Single Row Angular Contact Ball, Tapered Roller and Spherical Roller Bearings," ESDU Item 81037, Amendment A, June 1982.

[37] Performance Specification, "Grease, Aircraft, General Purpose, Wide Temperature Range," NATO Code G-395, MIL-PRF-81322G, Department of Defense, January 2005.

[38] Performance Specification, "Grease, Aircraft and Instrument," MIL-PRF-32014A, Department of Defense, September 2006.

[39] Aerospace Standard, "Thermal Sensitive Inflation Pressure Release Devices for Tubeless Aircraft Wheels," AS707, Revision C, SAE International, November 2011.

[40] Aerospace Recommended Practice, "Overpressurization Release Devices," ARP1322, Revision B, SAE International, August 2014.

[41] AMC25.734, "Protection against Wheel and Tyre Failures," Certification Specifications and Acceptable Means of Compliance for Large Aeroplanes, CS-25, Amendment 19, European Aviation Safety Agency, May 2017.

[42] Aerospace Information Report, "Information on Brake-By-Wire (BBW) Brake Control Systems," AIR5372, Revision A, SAE International, July 2014.

[43] Aerospace Information Report, "Information on Parking Brake Systems," AIR6441, SAE International, July 2015.

[44] CS25.109(c)(2), "Certification Specifications and Acceptable Means of Compliance for Large Aeroplanes," CS-25, European Aviation Safety Agency, Amendment 19, May 2017.

[45] Aerospace Information Report, "Information on Antiskid Systems," AIR1739, Revision B, SAE International, November 2016.

[46] Advisory Circular, "Flight Test Guide for Certification of Transport Category Airplanes," AC25-7C, Federal Aviation Administration, October 2012.

［47］Butterfield，G.，"Scaling a Skid – The Impacts of Tire/Wheel/Brake Size and Hydraulic System Design on Skid Control Performance，" Presentation to the A–5 Committee on Aircraft Landing Gear，September 2017.

［48］Aerospace Recommended Practice，"Design and Testing of Antiskid Brake Control Systems for Total Aircraft Compatibility，" ARP1070，Revision E，SAE International，July 2019.

［49］Aerospace Recommended Practice，"Automatic Braking System (ABS)，" ARP4102/2，Revision A，SAE International，July 2012.

［50］Aerospace Recommended Practice，"Automatic Braking Systems，" ARP1907，Revision C，SAE International，January 2016.

［51］Aerospace Material Specification，*Thread Compound*，*Anti–Seize*，*Graphite– Petrolatum*，AMS2518，Revision D，SAE International，February 3，2012.

［52］MIL–PRF–83483E，Performance Specification:，Thread Compound，Antiseize，Molybdenum Disulfide–Petrolatum，July 25，2014.

第5章 布局、稳定性和机动性

确定起落架的数量和位置是飞机设计的关键之一。尽管设计师有多种选择，但最基本的要求是必须确保飞机在预期的整个重心范围内，在地面运行过程中保持稳定，飞机在地面操纵时不应出现过度翻滚或倾倒的倾向，起落架的位置要与飞机预期的起飞、着陆和转弯性能相适应。通常的布局形式有三种，每种布局形式的机轮轮胎的数量和位置均有很多变化，这三种常见的形式分别是：后三点式、自行车式和前三点式。

后三点式（有时称为传统布局）的特点是主轮位于飞机重心之前，较小尺寸的尾轮布置在接近飞机后部的位置（见图5-1）。自行车式起落架形式的机轮轮胎沿着飞机的对称中心线布置。如图5-2所示的"鹞"式战斗机，这种形式的起落架横向稳定性天生不足，通常需要外侧辅助起落架来保证横向稳定性。"鹞"式飞机的特点是一个前起落架和一个主起落架。许多滑翔机采取自行车式布局，只有一个主起落架和一个尾部起落架（见图5-3）。机翼翼尖部位通常布置和安装有辅助装置用于支撑飞机起飞时对机翼的防护，安装辅助装置的翼尖部位，进行结构加强设计，以承受辅助装置传递的相对应的地面载荷。

大多数现代民用运输机和军用飞机通常采用前三点式起落架形式，即主起落架位于飞机重心之后，前起落架位于飞机重心之前，如图5-4所示。

确定出起落架的具体位置是一个反复迭代的布置和设计过程，也与同步进行的飞机和机翼的布局和设计过程密切相关。为了满足功能和性能，布置时必须遵守一些设计准则。大多数布局都从飞机期望的静态地面停机线开始，飞机静态停机线是指当飞机满载时，飞机相对于地面的位置关系。该位置包括承载后轮胎下沉率和缓冲器的静态压缩行程。图5-5为包括静态停机线的飞机的三视图。

图5-1　后三点式起落架飞机——霍克"海怒"战斗机

图 5-2　自行车式起落架飞机——"鹞"式垂直起降飞机

图 5-3　自行车式起落架飞机——滑翔机

图 5-4　前三点式起落架飞机——比奇"空中国王"

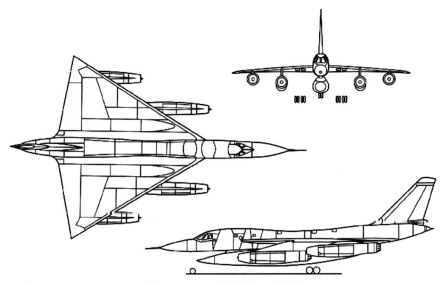

图 5-5　B-58 "盗贼"三视图

　　为了定位起落架，必须知道飞机重心的可能位置。飞机重心通常是一个范围，可以作为测量位置提供，也可以用平均气动弦长（MAC）的百分比表示。平均气动弦长（MAC）是假定机翼剖面的弦长（从前缘到后缘的距离），能表示机翼的总体性能。它通常用于具有复杂形状（非矩形）的机翼。应提供 MAC 前缘和 MAC 后缘的位置。用 25%MAC 表示的重心位置是 MAC 前缘和 MAC 后缘之间距离的四分之一。

5.1　前三点式

　　前三点式起落架布置形式是现代飞机最常见的形式。其显著的优点是：

　　（1）停机时，机身是水平的或接近水平的，这有利于乘客上、下和货物的装、卸；

　　（2）在地面上时，可以给飞行员提供很好的前方视野；

　　（3）刹车时稳定（飞机不会"拿大顶"）；

　　（4）机动时稳定（无地面失控急转倾向）；

　　（5）起飞过程中，较小的机翼迎角会提供给飞机较大的加速度，缩短起飞距离。

　　对于前三点式起落架，布置的前起落架位置，通常使其承受全机静重的 5% ~ 14%。主起落架位于飞机后重心之后，以确保飞机没有后坐的倾向。这一点，还应检查飞机装载和反向刹车时是否也是这样，在反向刹车的情况下，某些机轮上的力可能会受到飞机惯性的影响，虽然反向刹车通常不是持续的过程。对某些飞机，尤其是发动机位于飞机后部的飞机，装卸货物和乘客上下或移动可能会导致飞机重心移动到主起落架之后。在这种情况下，其中一些飞机采用了额外的方式来支撑飞机：波音 727 使用尾部登机梯作为支撑，而伊留申的伊尔 -62 飞机使用了机身尾部可收放的支腿来确保安全。图 5-6 给出了飞机和重心位置示例。

　　在平衡状态下，前起落架和主起落架的载荷通过力和力矩总和为零来确定。力和力矩平衡的方程式如下，两个方程式含有两个未知量，认为方程式中的飞机重量 F_w 以及距离 L 和 M 是已知的

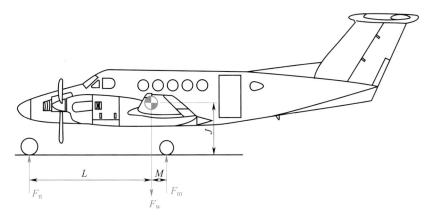

图 5-6 作用在前三点式飞机上的力

$$F_n + F_m - F_w = 0$$

$$L \cdot F_n - M \cdot F_m = 0$$

解：

$$F_n = F_w - F_m$$

替换并解 F_m 为

$$L\,(F_w - F_m) - M \cdot F_m = 0$$

$$L\,(F_w - F_m) = M \cdot F_m$$

$$L \cdot F_w - L \cdot F_m = M \cdot F_m$$

$$L \cdot F_w = M \cdot F_m + L \cdot F_m$$

$$L \cdot F_w = (M + L) \cdot F_m$$

$$F_m = \frac{L \cdot F_w}{M + L}$$

同理，解 F_n 为

$$F_n = \frac{M \cdot F_w}{M + L}$$

主起落架上的最大载荷将出现在大重量和重心靠后情况下，在某些情况下，重心后限位置与飞机最大起飞重量或最大停机坪重量并不同时。重心云图通常会限制（裁剪）前、后重心位置的限制重量；确认飞机哪种重量和重心位置组合产生主起落架最大载荷是很重要的。

前起落架上的最大静载荷通常发生在大重量和重心靠前的情况下。前起落架上的最小载荷将出现在飞机小重量和重心靠后的情况下，除非前起落架设计中有特殊规定，否则应确认前起落架承载水平不低于飞机重量的 5%。前起落架上承载太小可能导致飞机前轮转弯能力不足，也会导致前轮对中装置（如凸轮）脱开不到位。

当主轮刹车时，前起落架的垂直载荷会增大。飞机重心越高，前起落架离重心越近，刹车引起的前起落架上负载增加就越高。前起落架通常位于尽可能靠前的位置，同时在最靠后的重心位置，前起落架承受的载荷占比应至少为飞机重量的 5% 左右。前起落架的位置应能使飞机可以使用牵引杆或无杆牵引车牵引。对大型飞机，牵引车可能需要在飞机前机身下方操作。在牵引车的标准中，将车辆高度限制为 100in（2.54m），实际情况是，许多大型牵引车的最大高度在 70 ~ 80in（1.8 ~ 2.0m）范围内。

在图 5-7 原几何和力的示意基础上，增加了作用在主机轮上的刹车力 F_b 和作用在前轮上的附加反作用力 F_r。作为准静态情况，刹车力产生一个关于重心的力矩

$$M_b = J \cdot F_b$$

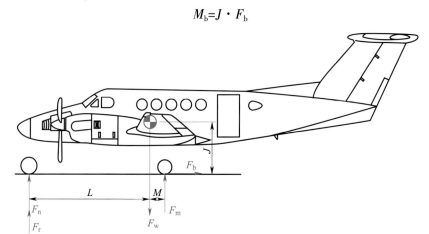

图 5-7　前三点式刹车制动时作用的力

这一时刻受到前起落架的反作用。为了便于计算，这被视为附加垂直力 F_r，它产生一个关于重心的力矩

$$M_r = L \cdot F_r$$

力矩 M_b 和 M_r 之和必须为零

$$M_r - M_b = 0$$

替换为

$$L \cdot F_r = J \cdot F_b$$

$$F_r = \frac{J}{L} \cdot F_b$$

F_b 的最大值可以使用地面静摩擦因数（假设为 0.8）和主轮垂直反作用力 F_m 来估计。前起落架上的载荷为 F_r 加 F_n。这种准静态分析忽略了飞机的动态特性。适航规章[1] 提供了一种计算方法，可用于确定刹车期间的动态前起落架垂直反作用力峰值

$$F_{\text{nose}} = \frac{mg}{L+M}\left(M + \frac{f\mu LJ}{L+M+\mu J}\right)$$

式中：F_{nose}——刹车期间作用在前起落架上的总垂直反作用力；

　　　m——飞机的质量；

　　　g——重力加速度；

　　　μ——轮胎对地摩擦因数，假设为 0.8；

　　L，*M* 和 *J*——图 5-7 所示的尺寸；

　　f——动态响应系数，除非得到证实，否则应视为等于 2。

　　如果已知飞机关于主起落架与地面接触点的刚体俯仰模式的临界阻尼比 ζ，则可使用以下表达式计算

$$f = 1 + e^{\frac{-\pi\zeta}{\sqrt{1-\zeta^2}}}$$

　　最大擦尾角 θ 必须按图 5-8 所示确定。这是基于飞机的空气动力学布局（通常认为是产生 90% 机翼最大升力系数所需的角度），对于正常的飞机设计，其范围为 12°~ 17°。三角翼飞机可能具有更大的擦尾角要求，因为在低速（起飞和降落）下产生升力所需的迎角非常高。在没有确定值的情况下，假设 15° 是一个合理的起点。在最大擦尾角位置，后重心位置应位于主起落架之前；在着陆位置（见图 5-9），后重心位置应正好在主起落架之前或者与主起落架重合。换言之，如图 5-10 所示，后倾角 β 必须大于擦尾角。通常，后倾角要求大于 15°，一些飞机（如那些设计用于航空母舰上运行的飞机）通常要求后倾角大于 20°。将主起落架放置在更靠后的位置（具有更大的后倾角）将增加尾翼所需的力，以旋转飞机起飞，并避免在着陆过程中剧烈旋转；不建议后倾角大于 25°。

　　对于前三点式起落架构型的螺旋桨飞机，适航规章[1] 要求在水平起飞或滑行姿态（轮胎和缓冲器压缩到相应位置）时，螺旋桨桨尖距离地面的间隙 *P*，最小值为 0.18 m（7in）。此外，当最关键的轮胎（或多个轮胎）和相关缓冲器泄气时，螺旋桨不得接触地面。图 5-11

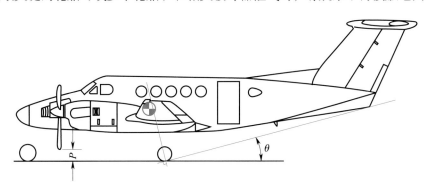

图 5-8　前三点式起落架位置

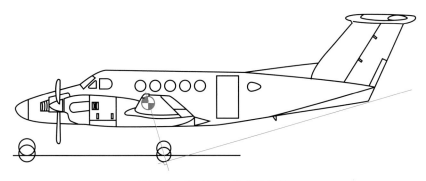

图 5-9　缓冲器伸出着陆位置

---

　　[1]　无论适航规章第 23 部还是第 25 部中，均在 925 条"螺旋桨间隙"中有相同的要求。

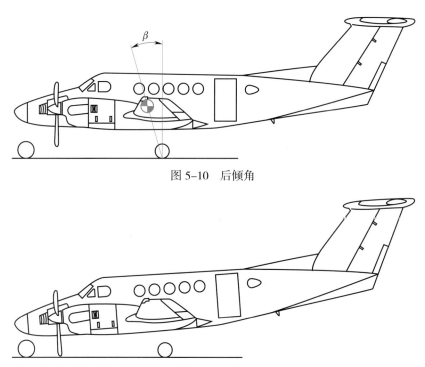

图 5-10　后倾角

图 5-11　轮胎和缓冲器泄气时的螺旋桨间隙

显示了前起落架缓冲器泄漏和轮胎泄气的情况。应检查所有飞机（螺旋桨和喷气式飞机）的轮胎和缓冲器是否泄气，是否有足够的离地间隙，是否有能力打开舱门并维修飞机。

　　对多轮式主起落架，方法和过程是相同的，此时，使用虚拟轮胎（如图 5-12 中的蓝色所示）进行分析计算，该轮胎与实际轮胎具有相同的承载半径，并使用实际轮胎的组合整体刚度（四轮车架轮胎刚度是单个轮胎刚度的 4 倍）建模，虚拟轮胎位于缓冲器和车架横梁之间的铰链点。对于多个主起落架飞机，如果每个主起落架承载相同，过程类似，此时虚拟轮胎位于组合主起落架位置的质心处。对于多个主起落架飞机，如果每个起落架承担不同的载荷分配，必须考虑每个起落架的刚度和载荷分配。

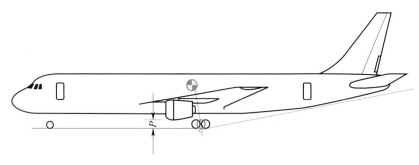

图 5-12　多轮式主起落架布局

　　对于翼下安装的喷气和涡扇发动机，如图 5-12 所示，发动机进气口和地面之间必须有足够的间隙。该间隙应最大限度地减少碎物的吸入和撞击障碍物的可能性。

　　飞机制造商对最佳间隙有不同的计算方法，但一种（可能是保守的）估计方法是最佳

间隙 P 等于 0.23 倍发动机风扇直径。许多飞机（尤其是配备 CFM56 发动机的波音 737 飞机）已经成功地以较小的间隙值营运，但有时需要特定的短舱设计来最大限度地提高可用间隙。确保与障碍物之间间隙，需要了解跑道和滑行道旁可能出现的物体（灯光、标志等）。一般来说，离跑道边缘越远，障碍物可能越高。波音 737 飞机要求发动机间隙至少为 457mm（18in），而波音 757 飞机要求发动机间隙至少为 660mm（26in）。

　　图 5-13 提供了一个进气涡流示例，该涡流将小的碎物吸入到发动机中。这种进气涡流的形成取决于进气速度和自由气流速度之间的比率。在发动机高功率下，出现这种涡流的概率越高，就需要较大的间隙来避免涡流的形成。随着发动机风扇直径的增加，完全避免涡流形成的可能性越来越小。基于经验测试的设计指南[2]表明，为了避免低功率下的进气涡流（进气速度与自由流速度之比约为 5），风扇中心高度与风扇直径之比应大于 0.9；对于大约 20 的高空气速度比，高度与风扇直径的比率应该大于 1.5。这些要求大于前面建议的 0.23 倍风扇直径的 P 距离，这一比率对许多飞机来说，都不好进行布局。

图 5-13　雪下可见的发动机进气涡流模式

　　考虑到前起落架塌陷的情况，一个良好的设计是要确保有足够的间隙使发动机不会损坏。一些飞机制造商的设计目标是发动机短舱在这种情况下不接触地面。图 5-14 展示了这一准则。主起落架停机状态下，轮胎静态压缩和缓冲器静态压缩后的高度要求来自于擦尾角以及螺旋桨和发动机间隙要求。军用和特殊用途飞机的机身和机翼下方可能有外部吊舱，可能会有其他的间隙和高度约束或要求。图 5-5 所示的 B-58"盗贼"飞机具有非常高的起落架，以提供足够的尾部间隙，以及用于满足腹部加挂副油箱和武器的间隙综合要求。

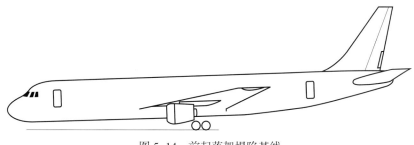

图 5-14　前起落架塌陷基线

主起落架的横向位置决定了飞机的横向稳定性：更宽的轮距能提供更大的防侧倾稳定性。然而，加大主起落架之间的轮距会增加飞机的转弯半径，并会使主起落架舱的设计更加困难。图 5-15 为两型竞争飞机主起落架位置及其主轮距情况，两型飞机有非常相似的目标要求。它们在尺寸和布局上都很相似，但其中一架轮距窄，另一架轮距宽。两架飞机均表现良好。

（a）　　　　　　　　　　　　　　　（b）

图 5-15　ATR72（a）和"冲锋"8Q-400（b）

主起落架的横向间距（主轮距）、主起落架和前起落架之间的距离（轴距），以及重心的高度和位置之间的关系用于确定防侧翻角度的大小，防侧翻角是指飞机在转弯时、停放在斜坡道上或在舰船甲板倾斜时，飞机抵抗侧向倾翻的能力指标。图 5-16 给出了计算方法；采用最不利的重心位置，计算时，飞机处于静态停机状态，即取缓冲器静态压缩量和轮胎静态停机压缩量。对于单轮起落架，用每个轮胎的中心进行计算；对于双轮起落架，使用外侧轮胎中心，对于串列轮胎式布局，使用外侧组件的质心。也可以使用起落装置的中心而不是外侧轮胎中心作为更保守的计算方法（图 5-17 介绍了这种计算方法）。但侧翻角

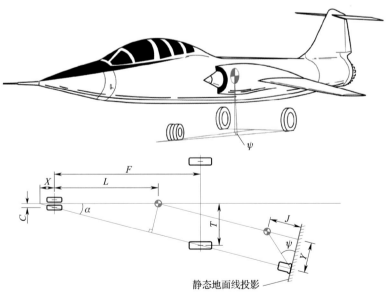

图 5-16　侧翻角 ψ 的计算

的确定和可接受角度的计算方法，通常认为源自美国海军规范 SD–24[3]，该规范使用外侧轮方法。参考图 5–16，侧翻角度的计算如下：

定义角 α

$$\alpha = \tan^{-1}\left(\frac{T-C}{F}\right)$$

定义长度 X

$$X = \frac{C}{\tan\alpha}$$

定义长度 Y

$$Y = (L+X)\sin\alpha$$

侧翻角 ψ 可以计算如下

$$\psi = \tan^{-1}\left(\frac{J}{Y}\right)$$

图 5–17 显示了 C–130 飞机的两种改型（标准 E 型和带有更宽主轮距的任务突击型）的示例。C–130E 标准型飞机的侧翻角为 59°，而标准型基础上加大主轮距的改型飞机的侧翻角改善为 54°。

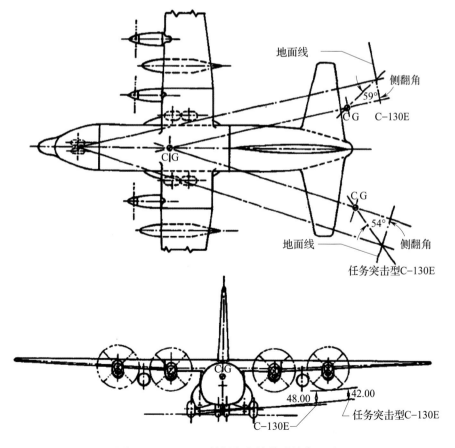

图 5–17　C–130E 的侧翻角计算（单位：in）

《美国联合军种飞行器规范指南》[4] 建议舰载机的最大侧翻角为54°，陆基飞机的最大侧翻角为63°。其他资料则建议最大侧翻角为57°或60°①。从图 5-17 中可以看出，常规 C-130 的侧翻角为59°——这对于上单翼的军用运输机来说是典型的。大多数下单翼布局的商用客机的侧翻角通常为30°～50°。少数飞机（如图 5-18（a）中的 Lesher Teal 和图 5-18（b）中的 Arado AR234）的侧翻角大于63°——这些飞机的侧翻角估计约为67°②。尽管 AR234[5] 和 Teal[6] 的描述表明横向稳定性足够，但此类设计可能需要特殊的驾驶技巧，以确保侧风着陆和高速转弯时的稳定性。

（a）　　　　　　　　　　　　　　　　　（b）

图 5-18　Lesher Teal 自制飞机（a），阿拉多 AR234（b）

设计用于在粗糙的、未铺砌的道面上使用的飞机应有较低的侧翻角，以确保稳定性。具有高侧翻角的飞机可能需要更刚硬的缓冲支柱，以避免飞机左右过度晃动。建议在分析舰上或大坡度斜面上的侧翻角时，考虑飞机滚转的敏感性。上述分析仅仅理想化考虑了飞机处于静态停机状态和飞机是刚性体。然而，将飞机放置在横向斜坡上，会导致下侧的缓冲器和轮胎进一步压缩，上侧轮胎和缓冲器部分或全部伸展，从而使飞机下侧滚翻。如图 5-19 所示，已经提出了舰上作业飞机的侧翻角分析方法[7]，该方法考虑了缓冲器和轮胎从完全压缩到完全未压缩对侧翻角的影响。建议额外增加 20° 作为侧倾稳定性的分析标准。图 5-20 显示了许多飞机及其传统侧翻角的结果值。无论采用何种方法，这些分析

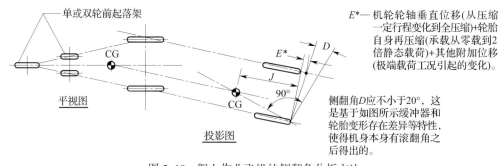

图 5-19　舰上作业飞机的侧翻角分析方法

① 　57° 推荐值来源于 Torenbeek, E. 亚声速飞机设计的综合，代尔夫特大学出版社，1982 年出版，60° 的推荐值却有诸多的来源。

② 　作者给出的估算值与设计值有稍许差异。

未考虑到飞机的所有特征。在地面运动过程中，轮胎会压缩并横向变形；如果翻转稳定性对飞机至关重要，建议对所有部件特性进行更为详细的分析。

最大推荐几何翻转值为 $63°$，来自于侧向加速度为 $0.5g$ 的力矩平衡。图 5-16 中的投影基线，存在侧向加速度时作用在重心上的力如图 5-21 所示。对于给定的力 F_{lat}，可以计算出避免倾覆所需的角度 ψ。

假设 F_w 是飞机的质量，m 乘以重力加速度 g

$$F_w=mg$$

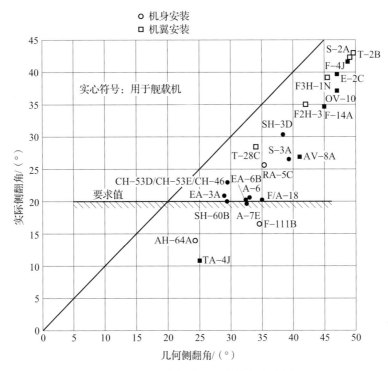

图 5-20　两个标准的侧翻角角度示例

F_{lat} 是加速度 a 乘以飞机质量 m 产生的侧向力

$$F_{lat}=ma$$

要绕轮胎逆时针旋转飞机，F_{lat} 产生的力矩必须大于 F_w 产生的力矩。当 F_{lat} 产生的力矩小于 F_w 产生的力矩时，飞机是稳定的，因为它将由另一个轮胎支撑（未显示）。逆时针倾斜前的最后一个稳定点是两个力矩相等时

$$Y \cdot F_w=J \cdot F_{lat}$$

考虑到 J 和 Y 之间的关系

$$\tan\psi = \frac{J}{Y}$$

$$J = Y\tan\psi$$

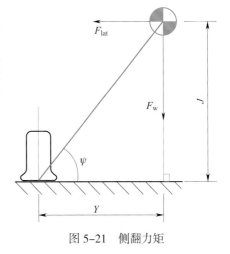

图 5-21　侧翻力矩

然后替换为

$$mg \cdot Y = (Y\tan\psi) \cdot ma$$

质量 m 和尺寸 Y 相互抵消，得到

$$g = a\tan\psi$$

$$\tan\psi = \frac{g}{a}$$

在横向加速度下避免侧翻所需的角度可确定为

$$\psi = \tan^{-1}\frac{g}{a}$$

对于 $a=0.5g$ 的值，则

$$\psi = \tan^{-1}\frac{g}{0.5g} = \tan^{-1}2 \approx 63.4$$

该分析认为轮胎是刚性的。作用在轮胎上的侧向力是轮胎法向力乘以轮胎对地摩擦因数。飞机在地面上时，轮胎法向力的最大值约为 F_w 的一半。轮胎上的侧向力等于轮胎对地摩擦因数 μ 乘以 $1/2F_w$

$$F_{tire} = \frac{1}{2}\mu F_w$$

为了让轮胎充当旋转点，F_{tire} 必须等于或超过 F_{lat}

$$F_{tire} \geq F_{lat}$$

$$\frac{1}{2}\mu F_w \geq F_{lat}$$

$$\frac{1}{2}\mu mg \geq ma$$

两边同时除以 m 重新排列

$$\mu \geq \frac{2a}{g}$$

要充当轴心点，μ 的值必须相当高。对于 $a=0.5g$ 的横向加速度，摩擦因数必须为 1 或更大，即使飞机处于静止状态，这也是不太可能的。如果起落架布局使得 ψ 的值小于或等于 63°，则在飞机翻转之前，轮胎很可能会滑动。

主起落架的长度和间距必须足够，以确保在运行中的预期倾斜角度期间（如侧风着陆期间），翼尖、发动机短舱和螺旋桨桨尖等与地面之间有适当的间隙。图 5-22 和图 5-23 显示了从外侧主起落架到离地面最近的物品的测量方法。这可能需要考虑设置有高升力装置或安装了机下加挂装置的飞机。最小间隙角通常在 8° 左右，但通常需要更大的间隙角。图 5-22 中的飞机在不改变起落架布局的情况下，重新安装了大涵道比涡扇发动机，这导致了较小的间隙角，在使用中，必须设置限制条件。

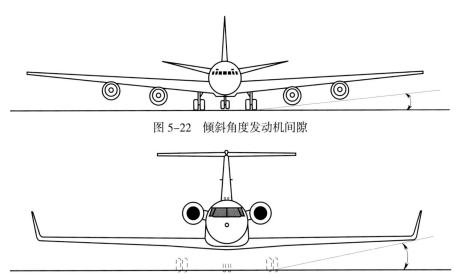

图 5-22 倾斜角度发动机间隙

图 5-23 倾斜角度翼尖间隙

图 5-24 中的照片说明了为什么期望大的间隙值。虽然这类事件相对较少，但在侧向阵风条件下着陆，就有可能会发生。

图 5-24 高侧风着陆

5.2 传统式（后三点式起落架）

在航空业的最初几十年里，主要应用后三点式起落架，而前三点式起落架直到二战后才成为主要布局形式。后三点式起落架也有一些优点：螺旋桨的间隙更大，整个起落架更轻，在非跑道区和粗糙场地更坚固。然而，这种固定翼飞机也有许多缺点：飞机地板不适合装载，飞行员的能见度通常很低（需要在地面进行 S 形转弯机动操作，以确保周期性的前向视野），以及由于布局不动态稳定而有打地转的趋势。这种布局仍然适用于轻型飞机以及用于崎岖和丛林作业的飞机。

　　然而，军用直升机中经常采用后三点式布局。以下关于 YAH-64 攻击直升机（见图 5-25）的评论[8]总结了其优点：

　　　　尾部起落架的存在避免了在极端低尾运行期间需要防撞橇或其他类似装置来保护机身。这节省了成本和重量。当与低安装的尾梁结合时，设计可以非常紧凑，并进一步将尾梁和后机身负载以及尾部起落架重量和成本降至最低。从操作的角度来看，尾部起落架的突出特性是它在飞行过程中用作"探测器"。飞行员能够在非常接近地形的地方自信地操作，而不用担心地面接触会对机身造成重大损坏。另一个好处是，这种起落架的地面姿态使直升机与地面平行。这确保了在起飞和着陆过程中对高度的控制。对于地面处理，包括滑行和地面车辆牵引，前三点式布局中前起落架和主起落架之间的微小纵向分离会导致后倾。另一方面，后三点式布局稳定。

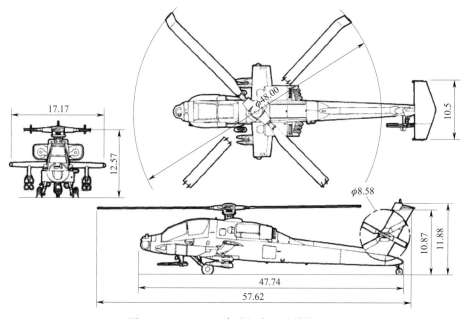

图 5-25　YAH-64 直升机布局（单位：ft）

　　图 5-26 显示了前三点式（a）和后三点式（b）在偏航状态下侧风着陆。主轮轮胎产生的力在前三点式布局中形成稳定力矩。对于后三点式布局，相同的轮胎力在重心之前产生失稳力矩。必须通过方向舵和后轮上的转向输入来主动抵抗力矩。在快速、大偏航地面机动过程中，失稳力矩可能会超出飞行的任何纠正措施，飞机将围绕其重心打地转。早在 1936 年，就已知可以使用前三点式起落架布局来提高飞机安全性[10]。

　　如图 5-27 所示，后三点式起落架的布局，主起落架位于前重心之前。对于前重心位置，角度 β 通常为 13°～17°；对于后重心位置，角度 β 约为 25°。角度 θ 通常为 10°～15°。适航规章①要求在滑行和水平起飞条件下，螺旋桨间隙 P 大于或等于 0.23m

---

① 无论适航规章第 23 部还是第 25 部中，均在 925 条"螺旋桨间隙"中有相同的要求。

（9in），并且在水平起飞位置时，确认影响最严重的轮胎和相应缓冲器泄气时，螺旋桨不得与地面接触。

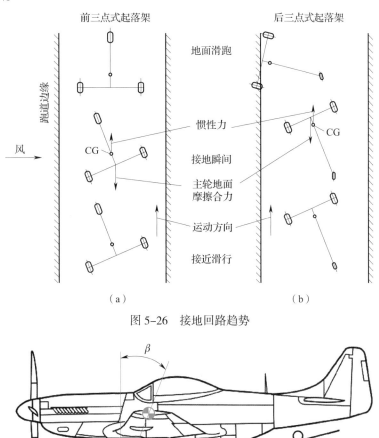

图 5-26 接地回路趋势

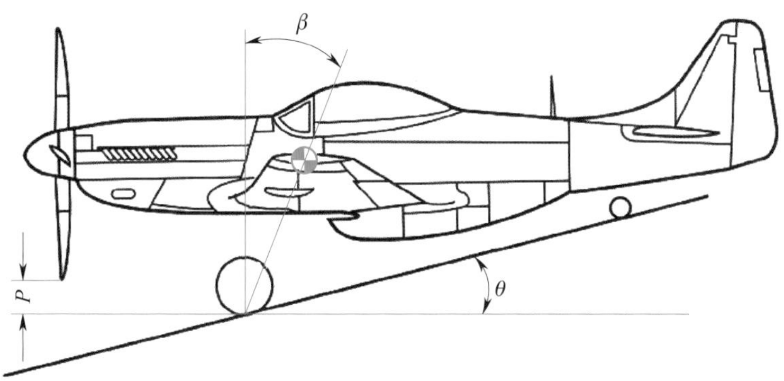

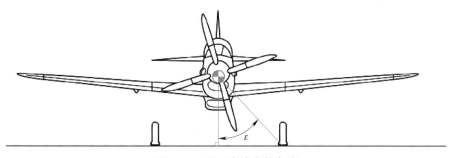

图 5-27 后三点式起落架位置

可通过确保图 5-28 中的角度 ε 大于或等于 25° 来确定主轮的横向间距；此外，应遵守与前三点式布局相同的侧翻角度计算方法和要求。尾轮的位置通常不重要，它尽可能放在机尾，以尽量减少作用在尾轮的载荷。后轮的安装位置需要与结构相协调。

图 5-28 后三点式主轮角度

尾轮是可回转的，主轴（转向轴）应该有一个向后5°的倾角（见图5-29中的角度A），稳定距（见图5-29中的尺寸C），即主轴与地线的交点和后轮的地面接触点之间的距离应为后轮直径的0.1倍。摇臂转动时，后轮的运动应限制在图5-29中的角度B所限定的弧线范围内，垂直线到45°线范围内，优选30°[9]。

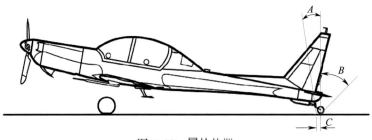

图5-29　尾轮位置

5.3　自行车式布局

当前三点、后三点式构型起落架不可行时，通常采用自行车式布局。如B-47飞机采用了这一种形式，改型飞机布局设计时，不能打断机身上的整体弹舱（见图5-30），另一个例子是"鹞"式垂直起降飞机，其发动机和发动机喷气口必须放置在飞机重心附近。自行车式布局将起落架收藏进机身中，通常需要外侧辅助起落架来提供横向稳定性（因为主起落架固有横向稳定性不足）。前起落架和后起落架的位置应确保它们各自名义上承受飞机重量的一半（也可能从40%到60%不等）。由于后起落架的位置远在机尾，飞机几乎没有旋转

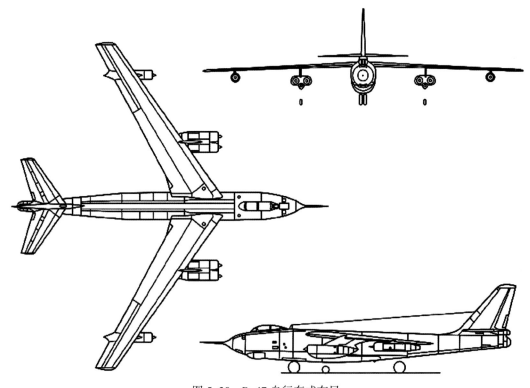

图5-30　B-47自行车式布局

起飞的能力。这就需要机翼有一个较大的安装角，以便在不需要机身转动的情况下为起飞产生足够的升力。

自行车式起落架也存在一些特殊情况：B-52 在许多方面是 B-47 的放大版，有 4 个起落架，可看作带有两对起落架的自行车式布局，如图 5-31 所示。

许多滑翔机都有类似于具有一个尾部起落架布局的自行车式布局，但只有一个主轮和一个小尾轮或滑橇。U-2 及其衍生型飞机具有类似的自行车式布局形式（见图 5-32），带有可拆卸的外翼支腿。虽然可拆卸支腿提供了一种有效的重量解决方案，但通常不建议使用，因为在飞机使用时必须重新连接起落架，这需要一个专门且灵活的地面支持团队（见图 5-33）。大多数滑翔机不使用支腿，因为滑翔机主要设计用于在草地上降落，翼尖磨损很小。

图 5-31　B-52 四轮布局

图 5-32　U-2 自行车式起落架布局

图 5-33　U-2 外翼辅助起落架安装

5.4 操纵

飞机必须具备在地面进行方向控制和提供机动性的能力。通常，这是通过前轮或后轮转动来实现的，这种转动可以是外力驱动的，也可以是自由回转的。对于自由回转系统，转向输入是由方向舵（当空气动力足够时）、多发动机飞机的发动机差动功率和刹车机轮的差动刹车提供。大多数大型飞机都装有动力转向系统，可以将前轮转动到设定的角度。在飞机设计中，规定飞机转弯的能力非常重要。根据国际民航组织（ICAO）的规定和第 2 章的概述，要满足跑道和滑行道的兼容性要求，完成在规定的尺寸内转弯。

飞机的转弯性能由前、主起落架的轴距和前轮转弯角度决定。如图 5-34 所示，对于给定的前轮转弯角 λ，通过将前起落架转动 λ 角度后轮轴的延长线与主起落架轮轴延长线相交来找到转动中心。交点即为转弯中心；对于具有该转向角的所有转弯，飞机上的点将围绕该点旋转。图 5-34 显示了低速转弯时前轮、外侧主轮和外侧翼尖的路径。由于轮胎打滑，无法达到指令要求的转向角 λ。通常，可以通过假设无效转向角为 3°～ 5°来近似轮胎打滑的影响。

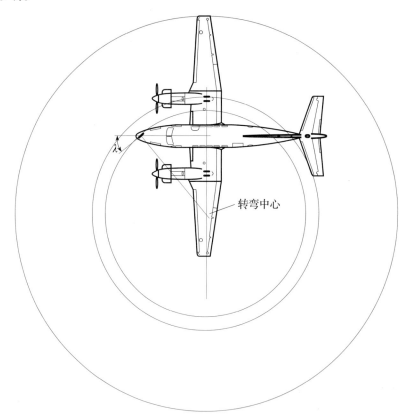

图 5-34　转弯中心和转弯半径的确定

有效转弯角度的实际最大值是使转弯中心与主起落架重合。牵引或舰上操纵（或可能使用自动滑行系统）可能需要更大的转弯角。当转弯中心向主起落架内侧移动时，最近的起落架必须朝着与远起落架相反的方向移动，以跟随所需的转弯半径。如果没有外部牵引，通常都是不可能实现的。

　　实际应用中，在给定起落架位置的情况下，需要确定一个可行的转向角来实现所需要的地面机动。转弯宽度是指在 180° 转弯期间，从外侧主轮到扫过最大半径的机轮之间的距离。对于短轴距飞机，如图 5-34 所示，转弯宽度是外侧主轮画出的圆的直径。然而，对于较大轴距的飞机，前起落架可能具有最大的转弯半径。在这种情况下，转弯宽度如图 5-35 所示。

　　对于图 5-35 所示的转弯情况，可以计算转弯宽度 W：

　　对于给定的有效转向角 λ（指令转向减去因轮胎打滑导致的无效转向），转向中心位于主机轮中点的距离 E 处

$$E = F\tan(90-\lambda)$$

　　转弯中心和前起落架之间的半径 R 为

$$R = \sqrt{E^2 + F^2}$$

　　转弯宽度 W 是主轮宽度 V 的一半（单轮为轮胎宽度的一半）、轮距 $2T$ 的一半、转弯中心距离 E、前起落架转弯半径 R 和前起落架宽度 Q 的一半（单轮为前起落架轮胎宽度的一半）之和

$$W = \frac{V}{2} + T + E + R + \frac{Q}{2}$$

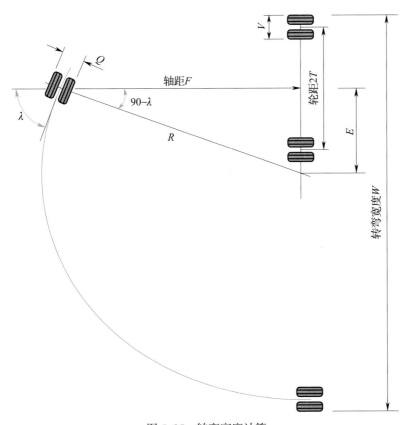

图 5-35　转弯宽度计算

示例：

一架轴距为 532in、轮距为 170in、双轮前起落架轮胎距离为 20in、双轮主起落架轮距为 38in 的飞机需要在 75ft 宽的跑道上掉头。假设由于轮胎滑动导致转向无效值为 5°，计算确定所需的动力转弯角。

已知值

$$W=75\text{ft}=900\text{in}$$

$$V=38\text{in}$$

$$Q=20\text{in}$$

$$T=\frac{1}{2}\times170\text{in}=85\text{in}$$

$$F=532\text{in}$$

所需的未知值是 λ 的值。在转弯宽度的表达式中，R 是 E 和 F 的函数。F 的值已知，E 的值是 λ 和 F 的函数。

使用转弯宽度表达式，确定 $E+R$ 的值

$$W=\frac{V}{2}+T+E+R+\frac{Q}{2}$$

$$900=\frac{38}{2}+85+E+R+\frac{20}{2}$$

$$900=19+85+E+R+10$$

$$E+R=786\text{in}$$

考虑到

$$R=\sqrt{E^2+F^2}$$

那么

$$E+\sqrt{E^2+F^2}=786$$

$$E+\sqrt{E^2+(532)^2}=786$$

$$\sqrt{E^2+(532)^2}=786-E$$

$$E^2+(532)^2=(786-E)^2$$

$$E^2+(532)^2=(786)^2-1572E+E^2$$

$$1572E=334772$$

$$E=213\text{in}$$

已知 E 和 F 的值以及表达式

$$E=F\tan(90-\lambda)$$

λ 的值可以通过以下方式确定

$$\frac{E}{F}=\tan(90-\lambda)$$

$$\tan^{-1}\left(\frac{E}{F}\right)=90-\lambda$$

$$\lambda=90-\tan^{-1}\left(\frac{E}{F}\right)$$

替换已知值

$$\lambda=90-\tan^{-1}\left(\frac{213}{532}\right)=90-\tan^{-1}(0.4)=90-21.8=68.2°$$

计入 5° 无效转向角，则该飞机共需 73.2° 的动力转弯角才能在 75in 宽度的跑道上实现 180° 的掉头。通常，需要一定的裕度，建议采用更大的动力角。前起落架上的几何稳定距会对上述的计算产生轻微影响，因为该方法假设轮胎围绕轮胎质心转动。但这通常是一个很小的误差，可以通过向上舍入计算和假设适当的无效转向角来抵消。

对于多轮（车架）式布局，转弯中心被视为前起落架轴法线和主起落架车轮质心连线的交点。该线通常通过转向架枢轴接头。一些飞机有可转向操纵的主起落架。其目的通常是为了减少四轮车架起落架的轮胎磨损，其也用于其他布局。对于可转向主轮，转向中心通过非转向主轮的质心定位。图 5-36 显示了带有四轮不可转向固定车架的 DC-8 示例，而图 5-37 显示了带有可转向主轮车架 DC-8 示例。

主起落架上的可操纵转向轮或可自由回转轮可用于减少轮胎磨损和减小所需转弯宽度，提高飞机整体转弯能力，如果飞机上有 4 个主起落架，通常需要对内侧主起落架的机轮进行动力转弯，以给飞机提供足够的转向能力，否则，尽管有了前轮转向角，飞机仍有继续保持直线运动的趋势。图 5-38 给出了来自波音 747 的例子，该飞机可以驱动内侧机身主起落架车架转向。

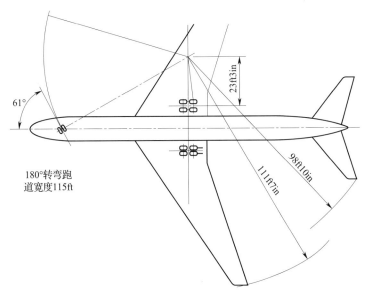

图 5-36　DC-8 主起车架（不可转向）

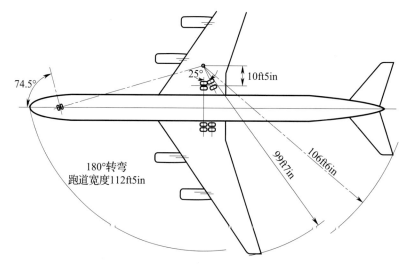

图 5-37 DC-8 四轮主起车架（可转向）

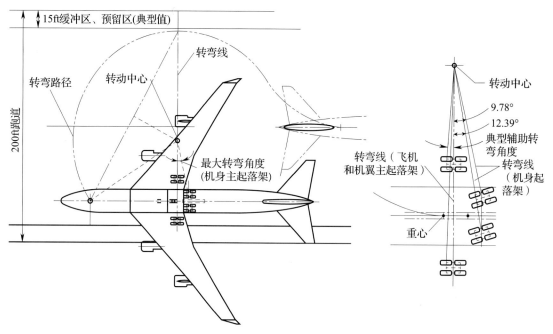

图 5-38 波音 747 机身起落架实现 U 形转弯

参 考 文 献

［1］CS25.493，"Braked Roll Conditions，"Certification Specifications and Acceptable Means of Compliance for Large Aeroplanes，CS-25，European Aviation Safety Agency，Amendment 19，May 2017.

［2］Murphy，J.，"Intake Ground Vortex Aerodynamics，"Ph.D. thesis，Department of Aerospace Sciences，Cranfield University，2008.

［3］Department of the Navy，"General Specification，Performance，Design Characteristics and Construction of Aircraft Weapon Systems," SD–24M, Naval Air Systems Command, Arlington, VA, February 18, 1994.

[4] JSSG–2001B, "Joint Service Specification Guide, Air Vehicle," US Department Of Defense, April 2004.

[5] Sengfelder, *G.*, *German Aircraft Landing Gear—A Detailed Study of German World War II Combat Aircraft* (Atglen: Schiffer, 1993).

[6] Lesher, E.J. "Teal," *Sport Aviation*, March 1968.

[7] Perry, H.H. and Schneider, J.J., "Preliminary Aircraft Design and the Landing Gear Turnover Angle Criterion," AIAA–84–2449, AIAA/AHS/ASEE Aircraft Design Systems and Operations Meeting, San Diego, California, October 31–November 2, 1984.

[8] Dendy, J.A., "YAH–64 Advanced Attack Helicopter Design Tradeoffs," SAE Technical Paper 770950, November 1977, https://doi.org/10.4271/770950.

[9] Pazmany, L., *Landing Gear Design for Light Aircraft* (Pazmany Aircraft Corporation, 1986), Vol. 1.

[10] Weick, F.E., *Everyman's Airplane – A Move Toward Simpler Flying*, SAE Technical Paper 360113, January 1936.

第6章 总体布置

至今，仍没有一个各方面均好的通用起落架布置。每个起落架必须满足其对应飞机的自身需求，起落架必须将机轮确定在合适的位置上，提供足够的缓冲器行程，应与相适应的飞机结构连接。必要时，起落架应该能够收藏至可用的空间内。因此，针对不同的飞机，起落架的布置也千差万别。

本章讨论缓冲器行程的确定、起落架与飞机结构一体化布置，以及不同类型起落架的布置方案。

6.1 能量吸收

最早的飞机没有有效的手段来吸收着陆时垂直方向的动能，仅仅依靠飞行员的技巧来使飞机着陆触地的垂直速度最小。起落架的主要作用之一就是吸收和耗散飞机的垂直动能，其中小部分能量被起落架和飞机结构的弹性变形消耗，大部分通过轮胎和缓冲器吸收。在进行飞机和起落架的初始尺寸确定时，确定缓冲器的行程是一个关键任务，其数值大小是由确定的最大下沉速度和可接受的过载（由起落架使飞机垂直减速而产生的加速度）决定的。

过载 λ 是在着陆时，最大着陆载荷与飞机重量的比值。过载的合理选择由飞机的设计决定：过载越高，意味着在着陆时飞机受到的作用力越大。表 6–1 给出了不同类型飞机的典型过载。直升机的过载通常是由飞机构型要求的适坠性决定的，为了最大限度地保护乘员，一般需要布置较长的起落架。

表 6–1 典型过载

飞机类型	过载（λ）
大型民用飞机	1.1 ~ 1.3
支线飞机	1.5 ~ 1.8
轻型飞机	2 ~ 2.5
军用战术飞机	3
舰载军用飞机	4 ~ 6

固定翼飞机着陆接地时，飞机以名义上固定的下滑角下滑并平飘进近（进场），这样是为了降低飞机的下沉速度。从开始降落到着陆期间，飞机重量由机翼产生的升力托举。对于大型运输机，通常认为着陆过程中机翼升力等于飞机的重量。对于轻型飞机和直升机，通常认为只有三分之二的飞机重量被机翼/旋翼的升力托举。典型的设计下沉速度和升重比见表 6–2。

表 6-2　典型设计下沉速度

飞机类型	工况	下沉速度	升重比	重量	来源参考
民用大型运输机	限制功	3.05m/s（10ft/s）	1	最大着陆重量	CAR25.473
民用大型运输机	限制功	1.83m/s（6ft/s）	1	最大起飞重量	CAR25.473
民用大型运输机	储备功	3.7m/s（12ft/s）	1	最大着陆重量	CAR25.723
轻型飞机	限制功	2.13～3.05m/s（7～10ft/s）	0.667	最大重量	CAR23.473
轻型飞机	储备功	1.2 倍限制下沉速度	1	最大重量	CAR23.723
民用直升机—小	限制功	1.98～2.54m/s（6.5～8.3ft/s）	0.667	最大重量	CAR27.725
民用直升机—小	储备功	2.42～3.11m/s（7.9～10.2ft/s）	1	最大重量	CAR79.727
民用直升机—大	限制功	≥1.98m/s（6.5ft/s）	1	最大重量	CAR29.725
民用直升机—大	储备功	≥2.42m/s（7.9ft/s）	1	最大重量	CAR29.727C
陆军直升机和轻型固定翼飞机	适坠性	6.1m/s（20ft/s）机身不对地接触	1	最大重量	MIL-STD-1290A
陆军直升机和轻型固定翼飞机	适坠性	12.8m/s（42ft/s）起落架可能失效	1	最大重量	MIL-STD-1290A
军用训练机	限制功	4m/s（13ft/s）	1	设计着陆重量	AS8860
军用训练机	储备功	1.25 倍限制下沉速度	1	设计着陆重量	AS8860
军用陆基飞机	限制功	3.05m/s（10ft/s）	1	设计着陆重量	AS8860
军用陆基飞机	储备功	1.25 倍限制下沉速度	1	设计着陆重量	AS8860
舰载机	—	达到 8.5m/s（25ft/s）	1	最大着陆重量	MIL-A-8863C

注：1. 民用直升机下沉速度实际上是根据降落高度来规定的。
　　2. 舰载机的下沉速度依赖于多因素概率分布。
　　3. 军用飞机的其他细节可以在 AS6053[1] 中找到。

如图 6-1 所示为着陆初始瞬间飞机和起落架系统的简化模型，若飞机的下沉速度为 V，总重量为 m，那么在垂直方向上的动能计算为

$$E_k = \frac{1}{2}mV^2$$

势能分布计算为

$$E_p = (1-L)mg(x_s+x_t)$$

式中：L——升重比。对于大型运输类飞机，L 取 1；对于轻型飞机和直升机，L 取 0.667；对于无升力或无支撑情况，L 取 0。

　　m——飞机的重量。

　　g——重力加速度。

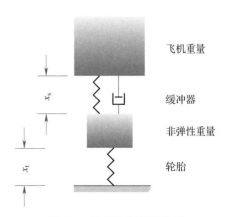

图 6-1　飞机和起落架重量
弹簧阻尼模型

x_a——轮轴的总垂直位移（取决于起落架的布置，轮轴的总垂直位移和缓冲器的行程可能不相等）。

x_t——轮胎的总垂直压缩量。

着陆过程中的能量由轮胎和缓冲器两部分共同吸收，则该能量为垂直作用力乘以轮胎和轮轴的垂直位移

$$E_a = \lambda mg \left(\eta_a x_a + \eta_t x_t \right)$$

式中：λ——过载；

m——飞机的重量；

g——重力加速度；

η_a——缓冲器效率；

x_a——轮轴的总垂直位移；

η_t——轮胎效率；

x_t——轮胎的总垂直压缩量。

通过这些条件，可以建立能量平衡方程，即被吸收的能量等于动能和势能之和

$$E_k + E_p = E_a$$

$$\frac{1}{2}mV^2 + (1-L)mg(x_a + x_t) = \lambda mg(\eta_a x_a + \eta_t x_t)$$

由上述公式可见飞机的重量对过载和尺寸的初始计算没有影响，方程简化为

$$\frac{1}{2}V^2 + (1-L)g(x_a + x_t) = \lambda g(\eta_a x_a + \eta_t x_t)$$

对于给定的下沉速度，需要的轮轴垂直位移取决于升重比、过载、轮胎压缩量、缓冲器和轮胎的效率。如图6-2所示为油－气式缓冲器（a）、轮胎和符合胡克定律的空气弹簧（b）的效率。灰色区域表示装置所吸收的能量，虚线表示所产生的最大载荷。若装置的效率达到100%，则在其变形过程中所施加的力保持恒定。载荷曲线下的面积为吸收的能量。若弹簧力—变形符合胡克定律，则其效率为50%，因为它的载荷曲线是一条从原点到最大载荷的直线，曲线下的面积是峰值载荷与变形量乘积的一半。一般来说，在避免轮胎压到底的情况下，轮胎的效率大约为47%。油－气式缓冲器的效率可达80%以上，但在进行初始评估时，使用80%的效率进行计算是比较合理的。

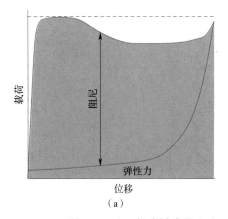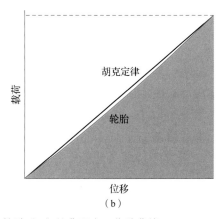

图6-2　油－气式缓冲器（a）、弹簧与轮胎（b）的典型力—位移曲线

对于大型民用飞机，当升重比等于 1 时，势能项为零，方程简化为

$$\frac{1}{2}V^2 = \lambda g(\eta_a x_a + \eta_t x_t)$$

$$\lambda = \frac{V^2}{2g(\eta_a x_a + \eta_t x_t)}$$

当进行项目初始估算时，还未确定轮胎的具体规格，但已知选用的是油 – 气式缓冲器，那么可以通过总行程 x 和综合效率 η（0.65 ~ 0.7）近似进行求解

$$\lambda = \frac{V^2}{2g\eta x}$$

如图 6-3 所示是综合效率为 70% 条件下上式的曲线图。通常情况下，在进行初始尺寸计算时，一般将轮轴垂直位移额外增加 10%，以留出一点附加行程，使起落架在低温环境使用时，避免缓冲器触底，给使用维护留出容差。

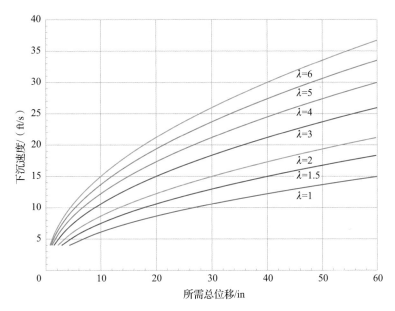

图 6-3　达到各种过载所需的行程（η=70%）

起落架最大垂直载荷计算为

$$F_g = \lambda g m_g$$

式中：F_g——起落架最大垂直载荷。

　　　m_g——起落架当量质量。对于在两点着陆过程中有两个主起落架的飞机，取飞机重量的 50%。对于三点着陆式飞机，根据重心的位置确定其比例。在着陆过程中，前起落架可能受到低头效应的影响。

通过最大垂直载荷，可以在某一选定轮胎的载荷—位移曲线上确定轮胎的压缩量。在没有轮胎载荷—位移曲线的情况下，使用两个已知的轮胎半径（轮胎未承载半径和静态承载半径），通过线性内插法或线性外推法计算值的 90% 来确定轮胎在着陆过程中的压缩量。

前起落架可能需要额外的行程来预防飞机在着陆过程中的俯仰情况。例如，飞机着陆

时在前起落架触地之前进行刹车，或军用飞机的某些特殊情况，如飞机在跑道维修时或飞机仍在空中进行拦阻时发生的俯仰，都会导致前起落架的载荷增大。

示例：

一架大型民用飞机正在研制中，最大着陆重量为 72000kg。飞机有两个主起落架，每个主起落架包含两个 46×18.0-20 PR32 轮胎。如果过载 λ 为 1.5，使用油 - 气式缓冲器，极限着陆下沉速度为 3.05m/s，请计算垂直行程：

在两点着陆过程中，每个主起落架承受的重量 m_g 是飞机重量的一半

$$m_g = \frac{72000}{2} = 36000\text{kg}$$

单个主起落架承受的最大垂直载荷为

$$F_g = \lambda g m_g = 1.5 \times 9.806 \times 36000 = 529524\text{N} = 119042\text{lbf}$$

由于每个起落架有两个轮胎，每个轮胎的最大载荷为 59521lbf。参照 46×18.0-20 PR32 轮胎的轮胎表，最小外径为 45in（半径为 22.5in）。当负载为 51100lbf，轮胎的静态承载半径为 18.8in，此时轮胎的压缩量为：22.5-18.8=3.7in。插值得到动态载荷为 59521lbf 时轮胎的预估压缩量为

$$x_t = 0.9 \times \frac{59521}{51100} \times 3.7 = 3.9\text{in} = 99\text{mm} = 0.099\text{m}$$

考虑到下式

$$\lambda = \frac{V^2}{2g(\eta_a x_a + \eta_t x_t)}$$

替换已知值（确保使用一致的单位）

$$1.5 = \frac{3.05^2}{2 \times 9.806 \times (0.8x_s + 0.47 \times 0.099)}$$

解：

$$1.5 = \frac{0.474}{0.8x_s + 0.0465}$$

$$0.8x_s + 0.0465 = \frac{0.474}{1.5} = 0.316$$

$$0.8x_s = 0.316 - 0.0465 = 0.2695$$

$$x_s = \frac{0.2695}{0.8} = 0.337\text{m}$$

为保证低温性能和维修性，所需行程应增加 10%，即 0.337m×1.1=0.37m。附带说明的是，0.337m+0.099m=0.436m 的综合行程与通过图 6-3 粗略估计得到的 0.45m 很好地吻合。

在上面的例子中，默认轮胎和缓冲器的最大载荷都是在其压缩量最大时达到的。实际上，缓冲器的载荷调整可能使得缓冲器压缩到末端的实际载荷减小，导致轮胎达到最大

压缩时有轻微的反弹。保守预估，可以假定轮胎的可用能量仅来自于其总压缩量的 90%（图 6-2（b）所示理论能量的 81%）。额外的能量可以通过飞机结构的弹性变形吸收，在初始尺寸的计算中通常不考虑这个情况的影响，除非飞机设计了特定的大柔性结构。

6.2　飞机结构布置

为起落架在飞机上找到一个合适的安装结构和布置是与飞机的结构布置密不可分的。不是所有的飞机都有相同类型的内部构造、机翼位置、发动机位置与类型和机翼结构方案，这些均决定（或限制）起落架的安装位置。无论是下单翼、中单翼还是上单翼飞机，大多数飞机的起落架都安装在机翼上。机翼通常由一个或多个翼梁组成，这些悬臂梁将升力传递给飞机机身。机翼通常含有多个工字形的翼梁，以便充分平衡压力中心没有直接作用在主梁上而产生的扭转力矩。如图 6-4 所示为这种机翼结构的案例。如图 6-5 所示为另一种方案，即采用管状梁来平衡机翼的弯扭载荷和剪力（尽管管状梁比较小，但是可以抵抗整体扭转载荷）。在这样的飞机上，起落架的载荷可以通过直接连接（如图 6-6 所示的派珀 PA-28 固定式主起落架）或通过连接结构直接传递给翼梁。

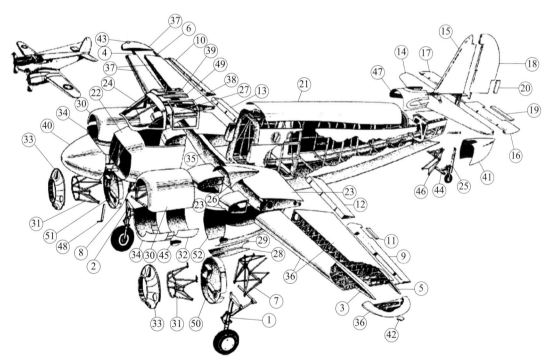

图 6-4　比奇 AT-10 威奇托飞机的双翼梁机翼

1，2—起落架支柱；3，4—机翼前梁；5，6—机翼后梁；7，8—发动机舱框；9，10—副翼；11—副翼翼片；12，13—襟翼；14—平尾；15—垂尾；16，17—升降舵；18—方向舵；19—升降舵翼片；20—方向舵翼片；21—后机身；22—驾驶舱；23—中心剖面；24—风挡；25—尾部缓冲支柱；26，27—上机舱；28—起落架内舱门；29—起落架外舱门；30—上整流罩；31—发动机架；32—下整流罩；33—内整流罩；34—下整流罩前缘；35—主梁；36，37—外翼；38，39—外壳；40—可拆卸的机头；41—尾锥；42，43—航行灯；44—下桁架；45—进气口；46—上桁架；47—尾翼整流罩；48—空速管；49—外壳支架；50，51—前机舱；52—下机舱

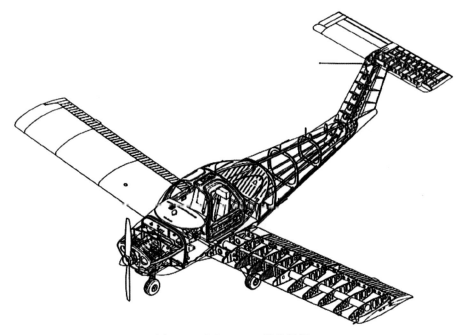

图 6-5 比奇 skipper 管状翼梁

随着机翼尺寸的增加，以及增升装置、后掠翼和其他因素的影响，机翼上的扭转载荷增大。机翼设计人员发现，机翼前梁和后梁通过外部蒙皮形成一个封闭的翼盒，有利于增强机翼的抗扭转性能。如图 6-7 所示为这种构造（维克斯 VC-10）的案例。对于具有这种结构的飞机（绝大多数大型、下单翼、商用飞机），起落架不能安装在翼盒的封闭结构内（因为布置起落架将破坏翼盒结构，降低机翼的扭转刚度）。这些飞机的起落架前接头通常连接到机翼后梁上，并设置了一个辅助梁用于起落架的后接头连接。

如图 6-8 所示的维克斯 VC-10 飞机主起落架是这种类型起落架安装形式的典型案例。在本构型中，收放作动筒的力通过推力杆回到起落架主转轴，减小了作动筒传给飞机结构的载荷。这种安装形式被许多飞机采用，例如，空中客车 A300、A310，维克斯 VC-10 和波音 737。近些年的飞机设计更倾向于通过结构来承受收放作动筒和撑杆的冲击载荷，而不是使用复杂、重量重的推力杆。

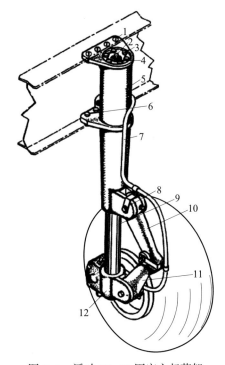

图 6-6 派珀 PA-28 固定主起落架
1—螺钉；2—空气阀盖；3，6—螺栓；4—空气阀；
5—外筒；7—刹车控制线路软管；
8—螺栓、垫圈、螺母和销钉；9—缓冲器组件；
10，11—防扭臂组件；12—轮轴座

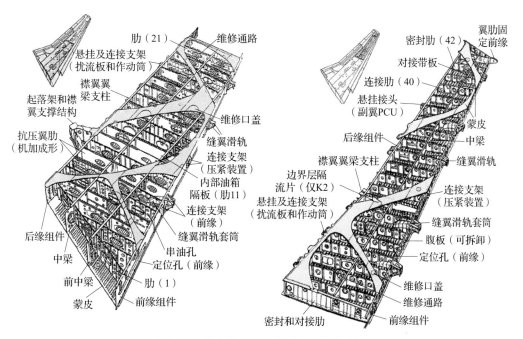

肋（21）　维修通路

悬挂及连接支架
（扰流板和作动筒）

襟翼翼
梁支柱

起落架和襟
翼支撑结构

抗压翼肋
（机加成形）

后缘组件

中梁

前中梁

蒙皮

维修口盖

缝翼滑轨

连接支架
（压紧装置）

内部油箱
隔板（肋11）

连接支架
（前缘）

缝翼滑轨套筒

串油孔

定位孔（前缘）

肋（1）

前缘组件

密封肋（42）

翼肋固
定前缘

对接带板

连接肋（40）

悬挂接头
（副翼PCU）

蒙皮

后缘组件

中梁

襟翼翼梁支柱

边界层隔
流片（仅K2）

悬挂及连接支架
（扰流板和作动筒）

缝翼滑轨

连接支架
（压紧装置）

缝翼滑轨套筒

腹板（可拆卸）

定位孔（前缘）

维修口盖

维修通路

密封和对接肋

前缘组件

图 6-7　维克斯 VC-10 翼盒和机翼布置

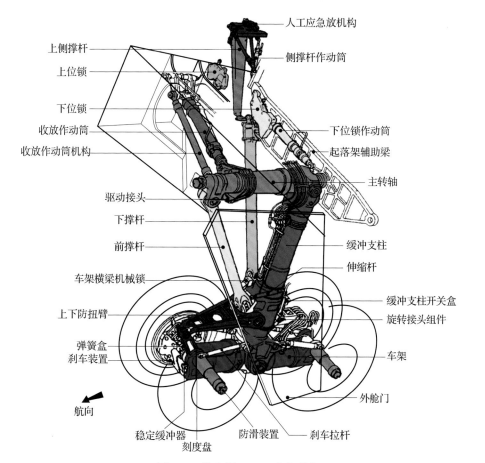

人工应急放机构

上侧撑杆

上位锁

下位锁

收放作动筒

收放作动筒机构

驱动接头

下撑杆

前撑杆

车架横梁机械锁

上下防扭臂

弹簧盒
刹车装置

航向

稳定缓冲器
刻度盘

防滑装置

刹车拉杆

侧撑杆作动筒

下位锁作动筒

起落架辅助梁

主转轴

缓冲支柱

伸缩杆

缓冲支柱开关盒

旋转接头组件

车架

外舱门

图 6-8　维克斯 VC-10 主起落架

如图 6-9 所示为庞巴迪 CRJ700-1000 系列飞机的机翼截面，该飞机主起落架辅助梁连接结构的细节如图 6-10 所示。

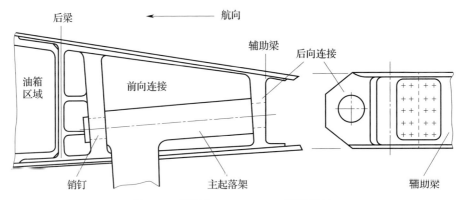

图 6-9　庞巴迪 CRJ700-1000 机翼截面

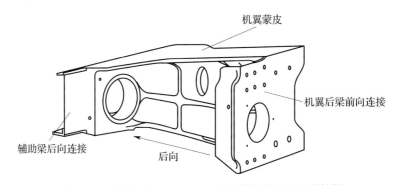

图 6-10　庞巴迪 CRJ700-1000 主起落架辅助梁连接结构

对于图 6-11 所示的这类多梁机翼飞机，在翼梁的合适位置安装主起落架。如图 6-12 所示为主起落架的一种布置方案，它将主起落架的主转轴、侧撑杆和收放作动筒等前部结构连接到机翼后梁上，并提供了一个特定的加强接头供起落架后部结构连接。这种布置在空客 A320 和 A330/A340 上使用。

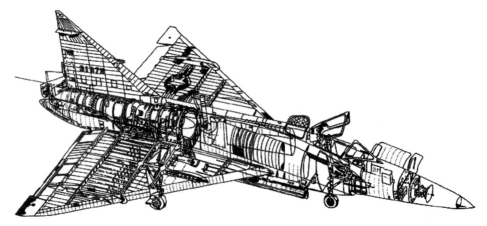

图 6-11　康维尔 F-102 "三角剑" 机翼结构

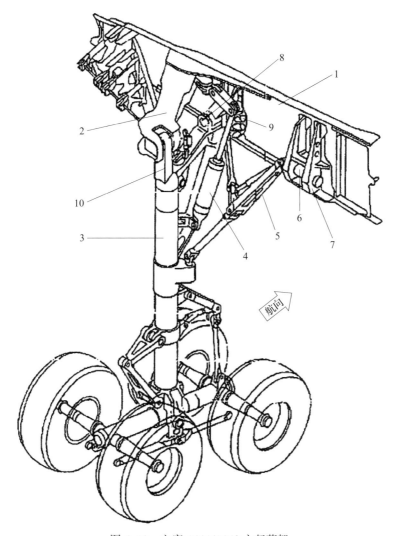

图 6-12　空客 A330/A340 主起落架

1—机翼后梁；2—起落架支撑接头；3—外筒；4—收放作动筒；5—侧撑杆；6—万向轴；
7—侧撑杆安装支座；8—前转轴；9—前转轴安装支座；10—后部连接耳片

　　波音 767、波音 777 和波音 787（以及苏霍伊 SJ100 和空客 A350）对这种后翼梁连接方案进行了进一步迭代。如图 6-13 所示，在这种方案中，机身与机翼后梁之间设置了一个辅助梁。起落架前部结构安装在机翼后梁上，后部结构连接在起落架辅助梁上。不同于大多数起落架布置方案，这种布置使用了两个可折叠的撑杆：一个连接在机翼后梁上，另一个连接在起落架辅助梁上。该方案已成功地应用于铝合金和复合材料机翼上，双撑杆设计使得撑杆数量增加，有利于减小复材机翼结构的冲击载荷。

　　螺旋桨飞机和涡轮螺旋桨飞机通常把发动机安装在机翼上，这样便于主起落架的安装和整流罩的布置。许多二战时期的飞机（如 DC-3 和兰开斯特）在主轮的两侧都采用了细长的缓冲支柱，机轮和轮胎收上至发动机的短舱中。取决于安装的形式，起落架在收上时可能轻微凸出飞机外形。这种设计在 20 世纪 30-40 年代早期被广泛使用，但是现在已经不再使用了。如图 6-14 所示为这种结构的示例。

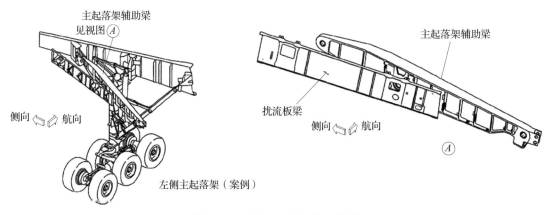

主起落架辅助梁
见视图 $\textcircled{A}$

侧向 航向

左侧主起落架（案例）

主起落架辅助梁

扰流板梁

侧向 航向

$\textcircled{A}$

图 6-13　波音 777 主起落架布置

图 6-14　阿夫罗约克 / 兰开斯特主起落架

　　更现代的涡轮螺旋桨飞机利用发动机短舱和相邻的机翼高强度结构来安装主起落架。如图 6-15 所示为下单翼飞机（伊尔 -18）的案例，如图 6-16 所示为上单翼飞机（"冲锋"8）的案例。

　　单发动机轻型飞机的前起落架通常安装到飞机防火墙或发动机短舱结构上，如图 6-17 所示为派珀 PA-28R 的起落架连接结构。由于前起落架施加在飞机结构上的载荷比较小，并且必须放置在飞机的前部，前起落架的典型安装方式是直接安装在机身结构上。许多客机主要采用矩形的起落架舱收藏前起落架，例如，图 6-18 所示的庞巴迪 CRJ700/900。前起落架通常安装在飞机的对称面上。当然，也有一些特殊的布置：达索 - 多尼尔阿尔法和 AMX 攻击机的前起落架偏移到飞机对称面的右边，费尔柴尔德 A-10 偏移前起落架，为中心布置的 30mm 火炮留出空间（见图 6-19），而德·哈维兰"三叉戟"偏移了前起落架，使其可以侧向收放，减少了起落架舱所需的长度。

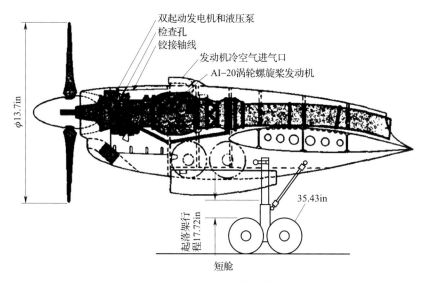

图 6-15 伊尔 -18 主起落架与短舱集成化

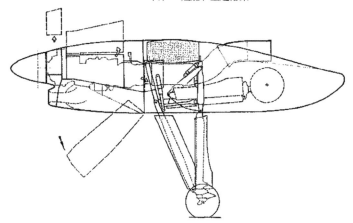

图 6-16 德·哈维兰"冲锋"8 主起落架与短舱集成化

图 6-17 派珀 PA-28 R 机头起落架布置

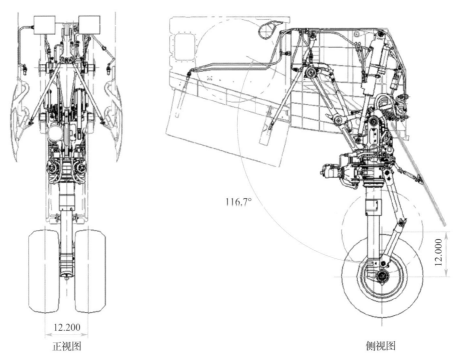

116,7°

12.000

12.200

正视图   侧视图

图 6-18　庞巴迪 CRJ700/900 前起落架（单位：in）

图 6-19　费尔柴尔德 A-10 带有偏置的机头起落架

在某些情况下无法将主起落架安装在机翼上，要么是机翼厚度不够，无法收藏起落架结构，要么是安装在机翼上会影响物资和弹药的携带。在这种情况下，将起落架安装在机身上是首选方式。根据机身可用的空间和起落架所需的主轮距，存在多种机身安装布置方案。大多数情况下，起落架安装在机身结构框上。如图 6-20 所示为洛克希德 S-3 维京的主起落架，起落架侧向铰接在机身框上。如图 6-21 所示为 BAe.146 飞机的起落架机身安装结构，在该机型上，起落架主转轴连接在机身表面附近，并使用小型的整流罩来覆盖加强框和起落架连接轴。

图 6-20　洛克希德 S-3 维京主起落架

图 6-21　BAe.146 主起落架机身集成

6.3　起落架构型

本书第 1 章已经概述了已有的各种起落架构型。虽然在起落架技术发展的每一阶段都有起落架集成化的有效方法，但只有板簧在新飞机设计中经常被使用。整体式制造工艺（复杂的单体加工）在很大程度上取代了过去使用的组装方式。将各种类型的缓冲器集成到起落架中有许多方法。选择合适的起落架构型通常需要权衡必要的机轮数量、可用空间（从飞机到地面的距离以及飞机的收藏空间）、机轮接地位置要求的几何关系、在飞机上的安装和容纳起落架收上的空间等。虽然现代起落架的细节设计有很大差异，但大多数起落架（各有优缺点）都属于表 6-3 所列的 4 种构型之一。以下各节将概述每种构型常见的设计注意事项和特点。

表 6–3　典型起落架构型的优缺点

支柱式起落架	半摇臂式起落架	摇臂式起落架	侧铰摇臂式起落架
撑杆／外筒／活塞杆／防扭臂	撑杆／外筒／连杆／活塞杆／摇臂	缓冲支柱／撑杆／外筒／摇臂	
优点	优点	优点	优点
● 通常重量最轻； ● 通常零件数量最少； ● 适用于多个机轮（车架式起落架）	● 比摇臂式更紧凑； ● 短行程缓冲器可提供较大的轮轴位移； ● 提供较大机械稳定距，对前轮自由定向有利； ● 适用于刚硬缓冲器（如液体弹簧类型缓冲器）	● 结构紧凑，适用于机身需要靠近地面的飞机； ● 摩擦力小； ● 乘员舒适性高；航向载荷会压缩缓冲器； ● 机轮接地点可以布置在安装交点的前面或后面； ● 短行程缓冲器可提供较大的轮轴位移	● 为机身安装的起落架提供较宽的轮距； ● 摩擦力小
缺点	缺点	缺点	缺点
● 高度高； ● 摩擦力大； ● 机轮接地点相对于安装交点向前或向后调整的距离有限	● 重量高于支柱式； ● 零件数量多于支柱式； ● 机轮数量限于一个或两个	● 重量高于支柱式； ● 零件数量多于支柱式； ● 机轮数量限于一个或两个	● 缓冲器压缩的过程中主轮距会变化； ● 起落架收藏舱空间较大； ● 机轮数量限于一个或两个

6.3.1　常见注意事项

6.3.1.1　转向

前轮和尾轮的设计中，要特别关注确保这些机轮具有自由转向的能力。一些轻型飞机的地面操纵性完全依靠机轮的自由转向，大多数动力转弯系统在能源失效或系统故障时默认为自由转向模式。为保证满意自由转向，轮胎接地点必须布置在支柱转轴之后，这个距离被称为稳定距，它由机械稳定距和轮胎滚转时的气动稳定距（见图 6–22）两个部分组成。支柱轴线的倾角称为前倾角。

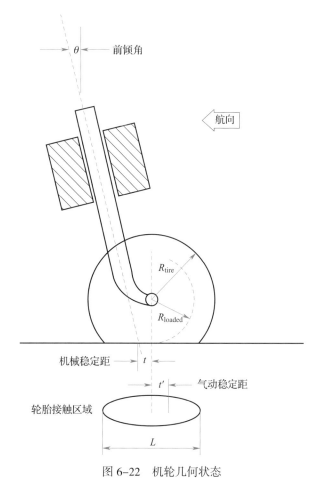

图 6-22　机轮几何状态

参照图 6-22，在没有更好的轮胎模型情况下，轮胎接触面长度可按下式估算

$$L = 2\sqrt{R_{\text{tire}}^2 - R_{\text{rolling}}^2}$$

在没有更好的气动稳定距计算方法的情况下，可按下式估算

$$t' = \frac{L}{6}$$

稳定距包含机械稳定距和气动稳定距。

并不是所有的前倾角和稳定距的组合都能产生稳定的布置，表 6-4 概述了历史上前倾角和稳定距的可接受配置[2]。

虽然表 6-4 列出了自由定向布置的常见参数，但动力操纵和摆振阻尼为起落架设计师提供了多种可选择的方法。对于动力操纵的支柱式前起落架，当机械稳定距约为前轮胎直径的 7%～11% 时工作良好，这可以通过起落架前倾或使轮轴偏离活塞杆实现。表 6-5 列出了部分飞机的前倾角和稳定距。通常来说，前起落架的前倾角有利于抑制起落架的摆振。稳定距从零增加可以改善转向特性。稳定距很小和稳定距很大的起落架（如摇臂式起落架）通常不会摆振。然而，稳定距在一定长度范围内会导致起落架产生剧烈摆振[3]。免于摆振或引起摆振的实际原因取决于其他因素，如惯量和起落架的刚度，因此应该对所有情况都进行摆振分析，以确保所选择的构型不会摆振。

表 6-4　稳定配置组合

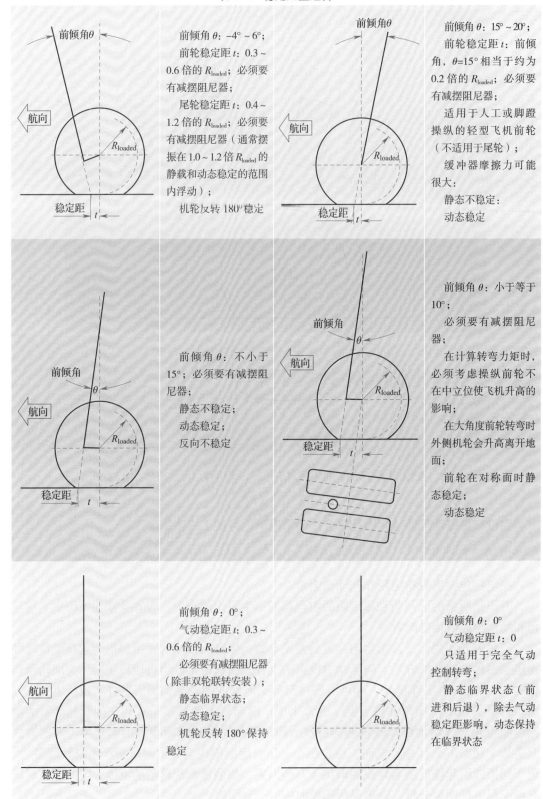

前倾角θ	前倾角 θ：$-4°\sim6°$； 前轮稳定距 t：$0.3\sim0.6$ 倍的 R_{loaded}；必须要有减摆阻尼器； 尾轮稳定距 t：$0.4\sim1.2$ 倍的 R_{loaded}；必须要有减摆阻尼器（通常摆振在 $1.0\sim1.2$ 倍 R_{loaded} 的静载和动态稳定的范围内浮动）； 机轮反转180°稳定
前倾角θ 航向　R_{loaded} 稳定距 t	前倾角 θ：$15°\sim20°$； 前轮稳定距 t：前倾角，$\theta=15°$ 相当于约为 0.2 倍的 R_{loaded}；必须要有减摆阻尼器； 适用于人工或脚蹬操纵的轻型飞机前轮（不适用于尾轮）； 缓冲器摩擦力可能很大； 静态不稳定； 动态稳定
前倾角 θ：不小于 $15°$；必须要有减摆阻尼器； 静态不稳定； 动态稳定； 反向不稳定	前倾角 θ：小于等于 $10°$； 必须要有减摆阻尼器； 在计算转弯力矩时，必须考虑操纵前轮不在中立位使飞机升高的影响； 在大角度前轮转弯时外侧机轮会升高离开地面； 前轮在对称面时静态稳定； 动态稳定
前倾角 θ：$0°$； 气动稳定距 t：$0.3\sim0.6$ 倍的 R_{loaded}； 必须要有减摆阻尼器（除非双轮联转安装）； 静态临界状态； 动态稳定； 机轮反转180°保持稳定	前倾角 θ：$0°$ 气动稳定距 t：0 只适用于完全气动控制转弯； 静态临界状态（前进和后退），除去气动稳定距影响，动态保持在临界状态

表 6-5　常见前倾角和稳定距

飞机型号	前倾角 / (°)	稳定距 / in	轮胎直径 / in	稳定距占轮胎直径的比例 / %	备注
空客 A320 前起	9	2.1	30	7	轮轴 / 活塞无偏置
ATR42/47 前起	10	1.3	17.7	7.1	轮轴 / 活塞无偏置
波音 727 前起	0	3	32	9.4	
波音 737 前起	5	2	24	8.3	
波音 747 前起	0	5	46	10.9	

6.3.1.2　机轮布置

通常情况下，设计目标是使机轮（包含轮胎）在运动时不偏不斜。在一些飞机上，轮胎与地面的夹角是与缓冲器位置相关的函数。此时，应选择最大停机重量情况为严酷载荷工况，确保此时轮胎不偏不斜。以往，如德瓦蒂纳 D.520（见图 6-23）的一些飞机以一定的角度倾斜轮胎，使轮胎的印痕与缓冲器轴线对正，从而降低传给结构的力矩。但是这种方法应该避免，它使得轮胎胎肩受载（因为一侧轮辋比另一侧轮辋更接近地面），轮胎的磨损不均匀。轮胎接触面产生了一个侧倾的作用力，抵消了作用在缓冲支柱上的大部分力矩，侧倾角使轮胎倾向于做圆周滚动（见图 6-24）。在某些情况下，轮轴导致的侧倾角度会使轮胎产生不均匀磨损，这会使得胎体发生磨损而不是胎面发生磨损，轮胎的磨损增大，降低了轮胎的翻新能力。

图 6-23　德瓦蒂纳 D.520 主起落架

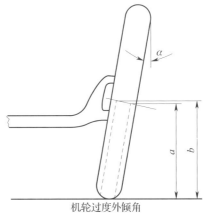

机轮过度外倾角
由于半径 a 小于半径 b，相应的圆周
较小，车轮倾向于圆周滚动

图 6-24　机轮过度外倾角

如图 6-25 所示，轮胎内偏、外偏或轮胎平面与运动方向不一致都会增加轮胎的磨损，最佳方案是侧偏角为零。AIR5556[4] 中涵盖了轮胎平面与运动方向不重合对轮胎磨损影响的相关信息。轮胎试验表明，随着侧倾角的增加，胎面磨损显著增加，特别是斜交轮胎。因此，在进行设计时，非承载状态最好预留一定的倾角，使得轮胎在承载状态下倾角为零，这通常只适用于不对称受载的起落架（单轮起落架或侧偏安装的多轮起落架）。

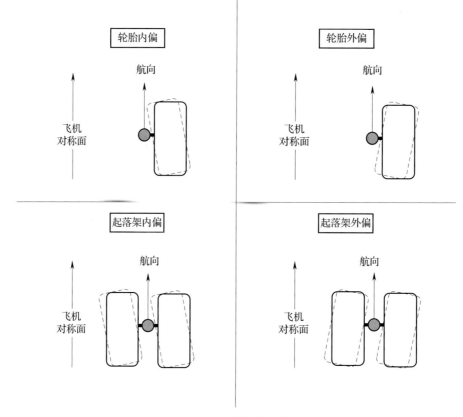

图 6-25　外偏或内偏

除起落架位置和变形外，还应考虑飞机结构变形对轮胎位置的影响。对于安装在机翼上的起落架，机轮与地面能否平齐取决于机翼的变形。如图 6-26 所示为型架装配阶段、地面运行阶段和空中飞行阶段的三种情况。针对此情况，在进行起落架的设计时，可使起落架的侧撑杆比飞机在非受力（设计）情况下的长度略短，从而保证飞机在地面运行期间轮胎与地面大致保持不偏不倚。根据起落架安装方式的不同，飞机的变形程度可能不同。

确保起落架组件不应成为飞机结构部件的过渡件是非常重要的。不然，飞机结构变形的不一致可能会导致起落架部件产生附加应力，或导致起落架部件发生非预期的错位和锁定装置的解锁。

6.3.2　支柱式起落架

支柱式起落架得名于机轮直接安装在缓冲器底部，缓冲器作为悬臂梁承受侧向载荷和航向载荷。图 6-27 为一个简单的支柱式起落架剖面图，该设计的特点是将机轮直接安装在缓冲器活塞杆底部，缓冲器一般都选用油–气式缓冲器。通常会布置一个可折叠或可伸缩的撑杆来承受侧向或航向载荷。与摇臂式或半摇臂式起落架相比，支柱式起落架重量轻且成本低，但是轮胎的侧向和航向载荷会传递到缓冲器支撑处，同时也会产生很大的摩擦。严重情况下摩擦力会导致缓冲器卡死。缓冲支柱的支撑作用力分析如图 6-28 所示。支柱式起落架通常比较长以确保需要的行程，支撑长度足够长以确保能够承受侧向载荷、航向载荷以及机轮非对称载荷引起的力矩。

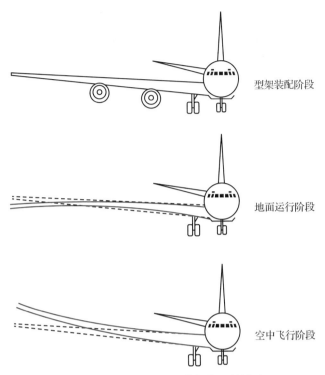

图 6-26　机翼挠度对起落架位置的影响

型架装配阶段

地面运行阶段

空中飞行阶段

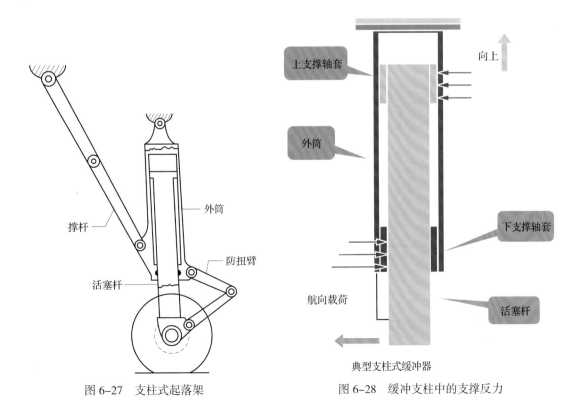

撑杆

外筒

防扭臂

活塞杆

上支撑轴套

外筒

下支撑轴套

活塞杆

向上

航向载荷

典型支柱式缓冲器

图 6-27　支柱式起落架

图 6-28　缓冲支柱中的支撑反力

311

　　通常情况下主支柱在飞机结构上沿航向的安装位置，与轮胎接地点会有一定的偏离，这个可以通过机械稳定距（轮轴相对于缓冲支柱轴线的偏移量）和前倾角（缓冲支柱轴线相对于垂直方向的角度）进行调整。虽然有些飞机成功地将主起落架向后倾斜了 10°，但是常见的倾角限制为 7°。维克斯 VC-10 飞机主起落架倾角为 10°，而空客 A330/A340 飞机后倾角为 9°，这两架飞机采用了较长的上下支撑距离和自润滑轴套来降低支撑摩擦力。对前起落架而言，前倾角可达 10°，前倾角小于 7° 更为常见。大前倾角起落架操纵前轮转弯时，外侧机轮会抬离地面，会使转向机构有自动回中趋势（飞机重量作用使机轮回中），但也增加了轮轴的弯曲载荷，减小了可用的轮胎转弯力。

　　飞机的着陆姿态、支柱倾角和机械稳定距的综合影响不应忽视。在着陆过程中，轮轴的有效行程随飞机的迎角、机械稳定距和倾角的变化而变化。比如，一架飞机主起落架后倾 7°，只有当飞机以 7° 的迎角着陆时，轮轴的行程才等于缓冲器的行程。在其他角度（较大或较小时），轮轴位移都会减小（相对于同样的缓冲器行程）。如图 6-29 所示为一架飞机的两个视图，一个为水平姿态着陆，另一个以尾沉姿态着陆，当缓冲器压缩时，前、主起落架倾角的存在会使轮胎接地点相对飞机重心的位置发生变化。进行任何静态或动态的计算时，都必须考虑这方面的因素。

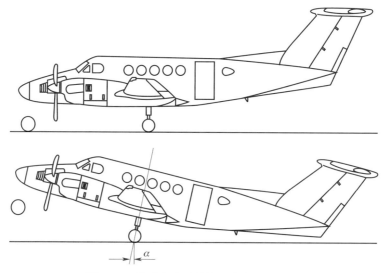

图 6-29　着陆角度对轮轴垂直位移的影响

　　在图 6-29 中，将主起落架倾角设置为零。在水平着陆时，垂直轴的可用行程等于缓冲器的行程。在尾沉姿态着陆时，实际的轮轴垂直位移 x 将是缓冲器行程 h 的几何函数

$$x = h\cos\alpha$$

式中，α 是缓冲器与垂直方向的夹角。无论倾角选择多大，最重要的是要保证整个着陆包线均有足够的轮轴位移。

　　机轮与缓冲器的连接有多种方式，如图 6-30 所示，用轮叉（或半轮叉，见图 6-30（a））连接机轮，减少了作用在缓冲器上的力矩，但增加了支柱的长度。偏置

安装（见图 6-30（b））给支柱增加了一个力矩，因此必须增大上下支撑距离。轮叉和偏置的安装方式的起落架总长度差异较小，对于飞机的最佳选择主要取决于收藏空间和制造费用。双轮排列（见图 6-30（c））是非常常用的布置，机轮传递给缓冲器的载荷是对称的，虽需考虑单轮泄气工况。相比于较大规格的单轮，双轮方案的轮胎尺寸更小，重量更轻且惯量更小。大型民用运输机通常采用双轮配置（作为最低要求），以便在一个轮胎受损或泄气时飞机继续运转。

（a）轮叉　　　　　　　　（b）偏置　　　　　　　　（c）双轮

图 6-30　机轮布局

支柱式起落架可通过增加车架排布任意数量的机轮。

6.3.2.1　支柱式起落架支撑长度

如前所述，支柱式起落架的缓冲器需要有足够的上下支撑长度，以确保能够运行流畅不会发生卡滞。根据以往经验，参照 MIL-L-8552[5]，在缓冲器全伸长状态，上支撑轴套上端与下支撑轴套下端的距离不小于活塞直径的 2.75 倍（见图 6-31（a））。另一种方法是确保上下支撑中心距离与上支撑中心到轮轴中心距离的比值（支撑比）大于 0.4（见图 6-31（b））。0.4 为保守设计的有效值，它不是绝对的最小值，性能良好的起落架支撑比可以降低到 0.28。对于支撑比小于 0.4 的情况，要对使用过程中的摩擦力进行综合评估。

另一种摩擦矢量法综合考虑了倾角、机轮偏置和机械稳定距等因素。如图 6-32 所示，这种图形化的方法考虑了垂直载荷、航向载荷以及支撑面的挤压力和摩擦力（由黑色箭头表示）。每个支撑合力的矢量为蓝色线，作用在轮轴处合力的矢量为橙色线。如果轮轴处作用力矢量方向在缓冲器与支撑合力矢量方向构成的三角形中，缓冲器就不会发生卡滞。在图 6-32 的示例中，假设支撑的摩擦因数 μ 为 0.25。支撑力的矢量角为

$$\alpha = \tan^{-1}\mu_b$$
$$\alpha = \tan^{-1}0.25 = 14°$$

地面摩擦因数设定为 0.8（通常情况下最严重的摩擦因数）。θ 角可计算为

$$\theta = \tan^{-1}\mu_g$$
$$\alpha = \tan^{-1}0.8 = 38.7°$$

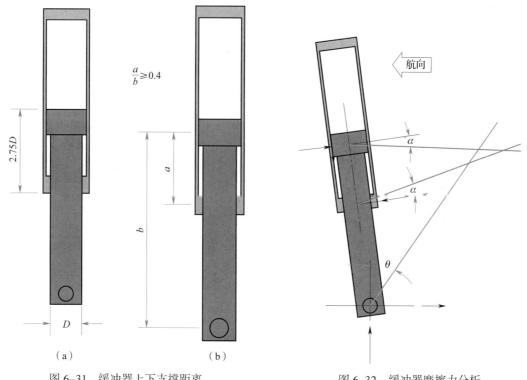

图 6-31 缓冲器上下支撑距离 　　图 6-32 缓冲器摩擦力分析

地面载荷矢量通过考虑摩擦的支撑合力矢量的三角区域内，这种缓冲器布置不受摩擦力的影响。使用这种方法进行计算时，选择合适的支撑摩擦因数是至关重要的。许多自润滑轴套制造商声称摩擦因数可接近或小于 0.1，但是必须考虑温度、零件受载以后的接触面椭圆化、表面粗糙度降低等因素的影响。对于浸在油内的上支撑，采用青铜和自润滑的下支撑，保守估计摩擦因数为 0.25。在选择摩擦因数时最好保守一些，不然，实际试验得到的摩擦因数可能大于产品手册的设计值。凭借自润滑轴套的使用经验和信心，一些设计师已经在设计中成功使用了 0.15 的摩擦因数。

在示例中上下支撑的摩擦力矢量作用于缓冲器轴线，但实际应该作用在接触表面。这两种计算方法都是有效的（实际计算结果介于两者之间），结果差异微乎其微。在这个示例中，双轮起落架接地点载荷矢量作用于活塞杆与轮轴的交点，如果起落架有机械稳定距，则该方法同样适用，地面载荷矢量作用在轮轴中心线（与活塞中心线有偏移）。对于车架式起落架，地面载荷作用在车架转轴上。

矢量法分析适用于任何压缩量的缓冲器，在缓冲器全伸长状态下，进行所有道面的摩擦力分析是合适的。对于油－气式缓冲器，可能发生在小下沉速度着陆或回跳后二次触地的过程中。正常下沉速度着陆情况下，机轮起转过程中缓冲器在摩擦力峰值之前已经开始压缩了，在压缩量大约为 15% 时，通常可以很好地计算着陆最大摩擦力。通常情况下，摩擦矢量法使用缓冲器压缩 15% 时的支撑长度来计算最大摩擦载荷，由于轮胎的弹性能够适应瞬间的支撑卡顿，因此可以接受缓冲器伸长更多时产生的载荷增大情况。

图 6-32 为平面计算方法，该方法可以扩展到三维空间，以解决机轮偏置产生的力

矩。空间情况下，地面载荷矢量作用在机轮中心，支撑力矢量方向绕缓冲支柱轴旋转形成锥体。判定准则与平面矢量法一致，即地面载荷矢量方向必须穿过支撑力形成的锥体。

6.3.2.2 弹跳器式设计

当传统的支柱式起落架太长时，可以使用一种特殊的支柱式起落架——弹跳器式起落架。这种类型的缓冲器允许活塞杆突出外筒顶部。上支撑固定在外筒顶部，允许减少所需的上下支撑长度。这种布置的示意如图 6-33 所示。由于缓冲器有效的作用面积是阶梯环形区域，因此这种缓冲器外径大于同等普通的支柱式缓冲器。这种类型的缓冲器结构更紧凑，与同等的支柱式起落架相比重量更大，对密封的要求更高。

弹跳器式起落架缓冲器压缩时，需要为活塞杆预留空间。另外，全压缩时活塞杆的一部分将伸出外筒。如图 6-34 所示为这种类型起落架在直升机上的典型应用。

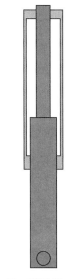

图 6-33 弹跳器式缓冲器

（a）

（b）

图 6-34 韦斯特兰"超级山猫"；主起落架活塞延伸在外部（（b）为详图）

6.3.2.3 防扭臂与花键

通常需要采用一定的方法防止活塞杆在外筒内旋转，除非希望活塞杆自由旋动。目前，有两种活塞杆和外筒之间止转的方式：防扭臂和花键连接。使用花键连接的缓冲器寥寥无几，图 6-35 为一种花键连接示意图[6]。

花键滑动时必须传递支柱承受的扭矩。最内层柱塞（24）上提供了外部花键（37）。活塞杆（12）可以垂直滑动，旋转自由度被固定在活塞上的花键块（34）限制；花键块通过内部花键（36）连接在柱塞的外部花键（37）上。除去花键连接，其余均是传统的布局。如图 6-35 所示，活塞杆的旋转可以通过外筒顶部作用在柱塞（24）上的约束装置来控制。洛克希德 C-5 的主起落架采用了类似的结构形式，通过活塞杆（包含车架

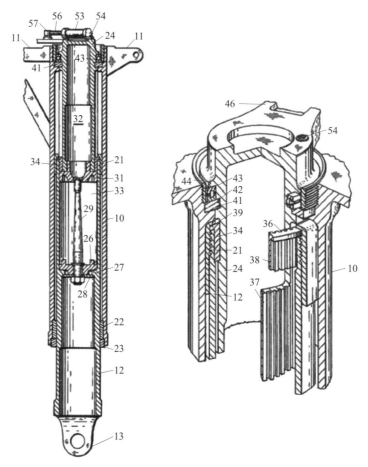

图 6-35　花键连接式缓冲器，美国专利 3027122

组件）进行地面操纵转向，同时实现收放过程中机轮的旋转功能。北美 XB-70 主起落架（见图 6-36）使用了类似的结构形式，能够在收回过程中使得活塞杆（包含车架）旋转 90°。

　　1951 年的一篇论文[7] 比较了超级马林公司的喷火式战斗机的起落架的性能：一部分使用花键连接，另一部分使用防扭臂。文章指出，由于花键滑动摩擦力较大，已不再适用。对装有防扭臂的缓冲器进行了若干次落震试验，结果表明缓冲器的摩擦因数在 7%~8% 的范围内。对类似的花键缓冲器也进行了落震试验，摩擦因数超过 18%。在斜面上进行起落架静态压缩，花键式缓冲器由于内部摩擦完全无法压缩，而防扭臂式缓冲器伸缩顺畅。因此，除非特别需要从起落架顶部操纵转向或定位活塞杆，否则应选择防扭臂式缓冲器。

　　防扭臂是满足摩擦力最小、成本最低的方法，它既可以限制活塞杆的转动，又可以保证其自由伸缩，如图 6-37 所示为防扭臂结构形式。防扭臂在起落架上的安装要满足使用过程中的空间要求。防扭臂通常放在缓冲支柱的前面或后面，也可以放置在侧面或者满足间隙要求的任意角度。

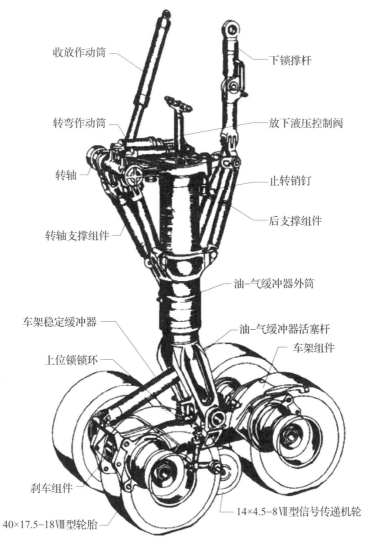

收放作动筒

下锁撑杆

转弯作动筒

放下液压控制阀

转轴

止转销钉

后支撑组件

转轴支撑组件

油-气缓冲器外筒

车架稳定缓冲器

油-气缓冲器活塞杆

上位锁锁环

车架组件

刹车组件

14×4.5-8Ⅶ型信号传递机轮

40×17.5-18Ⅷ型轮胎

图 6-36　北美 XB-70 主起落架

　　防扭臂有多种结构形式，图 6-37 所示为一种非对称的防扭臂结构形式，上防扭臂比下防扭臂短，这对限制防扭臂中间点到活塞杆中心线之间距离的变化有利。在这种情况下，转向操纵力矩通过上防扭臂传递。上下防扭臂中间可以使用类似于波音 777 飞机前起落架的单双耳连接形式，但需要上、下防扭臂两个零件（即使它们长度相同）。另一种方法（降低成本和复杂性）是采用对称的防扭臂设计，上下防扭臂采用相同的零件，只需要一个反过来安装。如图 6-38 所示为对称防扭臂设计的常规布置。

图 6-37　波音 777 前起落架防扭臂

　　曾经有一些飞机（如"协和"号）使用了两套防扭臂，这是由于在限制的空间内一套防扭臂的强度不够。单套防扭臂是现代设计的标准方法。为了确保防扭臂不卡滞，在缓冲支柱全伸长时，上、下防扭臂的最大夹角不能超过 135°（见图 6-39）。

6.3.3　半摇臂式起落架

　　半摇臂式起落架（见图 6-40）是将单个或多个机轮固定在摇臂上，摇臂中间连接在缓冲器活塞

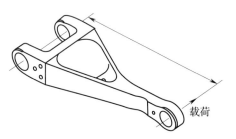

图 6-38　对称式防扭臂

杆上，远端连接在前连杆上。前连杆连接到缓冲器外筒上。这种结构形式在给定的缓冲器行程下可以增加轮轴垂直位移。该构型可用于非常短的起落架或需要适应粗糙跑道的情况。

　　半摇臂式结构已被广泛应用于直升机和米高扬－格列维奇设计的军用飞机前起落架上，这种布置增加的额外行程有利于适应粗糙的机场道面（见图 6-41）。

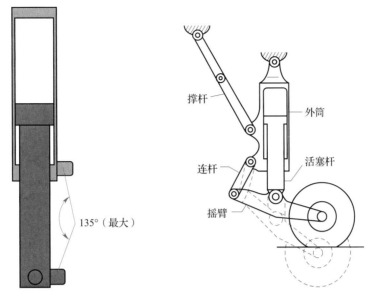

图 6-39　防扭臂最大连接角度　　　图 6-40　半摇臂式起落架

图 6-41　韦斯特兰"蜻蜓"前起落架（a）；米格 -21 前起落架（b）

　　半摇臂式起落架有许多构型，如图 6-42 所示[8]。在这些构型中，只有上文描述过的构型（c）以及构型（a）是常用的。构型（a）被用于一些小型支线飞机的前起落架（如庞巴迪 Q400），且被伊留申设计局广泛应用以满足粗糙道面的要求，两者的案例如图 6-43 所示。构型（b）被用于哈利法克斯轰炸机的主起落架；半摇臂式起落架是该飞机研制后期采用的。

　　缓冲器是否承受由于地面载荷产生的弯矩是由半摇臂式起落架的构型决定的。按照构型（c）设计的缓冲器会承受航向载荷，需要按支柱式缓冲器设计支撑长度。按照构型（a）设计，航向载荷不会传递到缓冲器活塞杆上，如果连杆接头使用关节轴承，也不会传递侧向载荷。在这种情况下，缓冲器支撑长度（从上支撑上部到下支撑下部）等于活塞杆直径的 1.25 倍就足够了（参考 MIL-L-8552）。

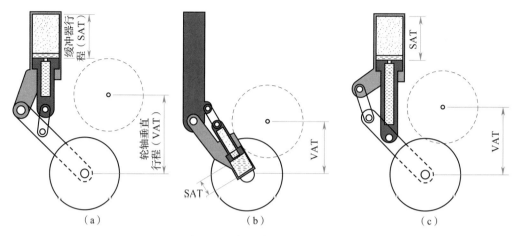

图 6-42　半摇臂式起落架布置

图 6-43　庞巴迪 Q400 前起落架（a）；伊尔 -76 前起落架（b）

6.3.4　摇臂式起落架

摇臂式起落架，也被称为托臂式起落架，经常用于主起落架，尤其是机身安装发动机的下单翼飞机，例如，公务机。摇臂式起落架（见图 6-44）的特点是有一个主支柱，其上端连接到飞机上，下端为摇臂提供转轴。单个或多个机轮连接在摇臂的远端。缓冲器安装在摇臂和主支柱之间。这种构型的起落架结构紧凑，又能保证较大的垂直行程，优势显著。

虽然摇臂式构型通常比等效的支柱式布置更重，但摇臂式起落架允许将轮胎接地点显著地布置在主支柱机身安装点的后面。当飞机起飞、起落架伸长时，摇臂式起落架的尺寸类似于支柱式起落架，这有利于解决许多关于起落架安装位置和收藏空间的问题。如图 6-45 所示为波音 YC-14 摇臂式主起落架。

图 6-44　摇臂式起落架

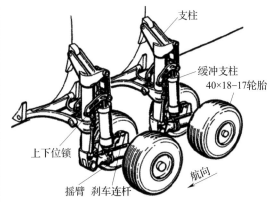

图 6-45　波音 YC-14 主起落架

图 6-46 所示为摇臂式起落架可选的构型。构型（a）用于格洛斯特"流星"战斗机的主起落架上。构型（b）采用了拉力缓冲器，用于前起落架上。

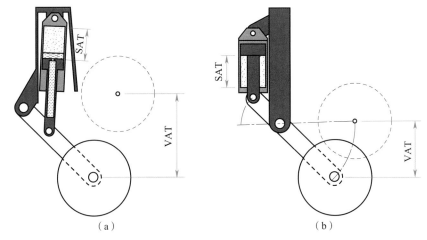

图 6-46　可供选择的摇臂式起落架构型
SAT—缓冲器行程；VAT—轮轴垂直行程

　　依据 MIL-L-8552 的规定，缓冲器的支撑长度（缓冲器全伸长状态从上支撑上部到下支撑下部的长度）等于活塞杆直径的 1.25 倍就足够了。这使得缓冲器结构可以设计得足够紧凑。由于缓冲器是通过销轴连接到机体上的，可以原位进行拆卸和更换，不需要将飞机顶起到一定的高度。缓冲器两端推荐使用关节轴承，以避免其传递侧向载荷。当摇臂与主支柱的安装点不在一条线上时，需要在缓冲器的一端采用十字接头，如图 6-47 所示。

　　当缓冲器与摇臂和主支柱安装点不在同一平面时（如阿尔法喷气式飞机、ATR 系列和 BAe.146 飞机），在外侧推力作用下，轮胎就会内倾，会导致轮胎的磨损增加。在设计阶段，建议计算最大载荷条件下的变形量，在未承载状态将轮胎外倾，使得承载时轮胎不偏不倚。ATR 系列飞机和 BAe.146 系列飞机都通过这种方式提高了轮胎的寿命。

图 6-47　达索 – 多尼尔阿尔法喷气式飞机主起落架

摇臂式布置的一个重要优点是其能够传递航向载荷，在着陆过程中机轮达到一定速度前，作用在结构上的起转和回弹载荷被缓冲器吸收了一部分。这个特征结合充足的重心位移使得布置了摇臂式起落架的飞机乘坐非常舒适。许多飞行员在评价布置了摇臂式起落架的飞机时，都对其柔和的着陆特性大加赞赏。

大多数摇臂式起落架将摇臂放置在活塞杆后方，当需要机轮位置必须布置在飞机结构的前面时，也可以将摇臂放置在活塞杆前方。这种类型起落架包括瑞安 PT–22 和卡曼"海妖"（见图 6–48）。

图 6-48　卡曼 SH–2 "海妖"直升机

摇臂式起落架通常用于不进行转向的主起落架，若缓冲器安装在一个旋转的套筒中并可自由运动，也可进行转向操纵（见图 6–42 中的构型（b））。尾轮起落架（后三点式布置）如果需要在摇臂上操纵，就可以用这种摇臂式结构，就像"阿帕奇"AH–64 攻击直升机上的尾轮（见图 6–49）。

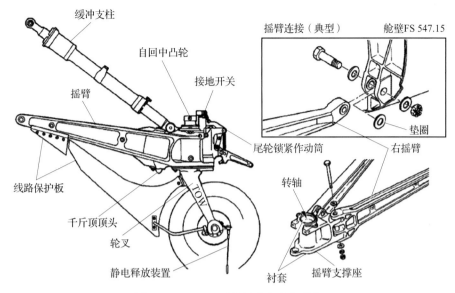

图 6-49　AH-64 "阿帕奇" 主起落架

在计算所需的轮轴垂直位移时，应注意尾沉姿态会导致缓冲器行程对应的轮轴垂直位移减少。这与图 6-29 所示的支柱式起落架布置的分析相似。如图 6-50 所示为 OV-10 主起落架随压缩和机身姿态角的结构传递系数变化。

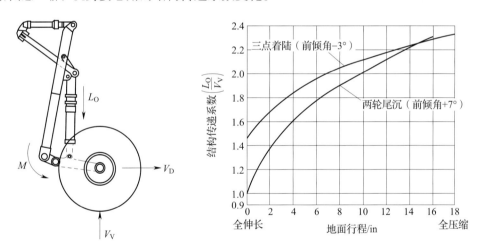

图 6-50　北美 OV-10 "野马" 主起落架

6.3.5　侧铰摇臂式起落架

侧铰摇臂式起落架（见图 6-51）是摇臂式起落架的变体，特别适合机身安装。这种构型通常使用在军用飞机上，如 F-16（见图 6-52）。起落架可以向前或向后收放，主要取决于飞机的可用空间。在某些布置中，轮轴与下摇臂是一体的（见图 6-53），而在另一些布置中，在收回过程中通过连杆可以调整机轮的位置。虽然这种机身起落架的布置保证了较宽的主轮距，但在缓冲器压缩过程中，机轮呈弧线运动，这会导致主轮距和轮胎侧倾角随着承受的载荷变化。在考虑偏航着陆或者前轮操纵转弯过程的传统起落架设计中，通常认为轮胎侧倾导致的轮胎触地面偏航滚转是导致轮胎过度磨损的原因。然而起转过程中的

323

轮胎磨损也可能是不均匀的，这是由于起转过程中有明显的侧倾角。逸闻表明，诸如洛克希德 S–3 和沃特 A–7 等美国海军舰载机的侧铰摇臂式起落架的轮胎磨损情况，并不比支柱式起落架飞机的轮胎磨损程度更严重。

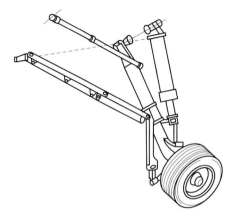

图 6–51　侧铰摇臂式起落架

图 6–52　洛克希德 F–16 主起落架

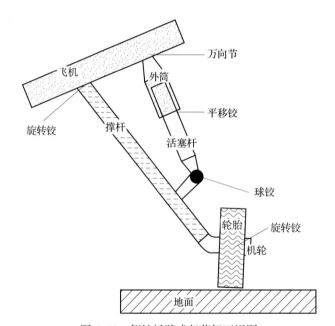

图 6–53　侧铰摇臂式起落架正视图

6.3.6　多轮车架式布置

本章行文至此讨论的结构都是单轮轴，一般限制在一个或两个机轮。（虽然也有少数情况是单轴三个或四个机轮，如图 6–43 所示的伊尔 –76 前起落架，以及 SR–71 主起落架和"三叉戟"的主起落架）。早期的多轮布局，有康维尔 B–36 轰炸机（见图 6–54（a））、（原）法国南方航空公司"快帆"（见图 6–54（b））。如图 6–55 所示的德·哈维兰"彗星"的四轮布置，实际上是一个摇臂式起落架布置，它带一个有前摇臂和一个后摇臂，两个摇臂共用一个缓冲器。这种布置提供了一种紧凑的四轮方案，然而与支柱 / 车架式布置相比，它明显的重量劣势使其相形见绌。

（a）　　　　　　　　　　　　（b）

图 6-54　B-36 主起落架（a）；"快帆"主起落架（b）

车架式起落架是将车架（有时称作车架横梁）安装在支柱式起落架底部（见图 6-56）。两轮（串列式）、四轮和六轮车架式起落架在使用中都表现出了良好的性能。

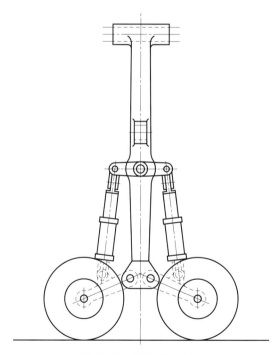

图 6-55　前后摇臂结构

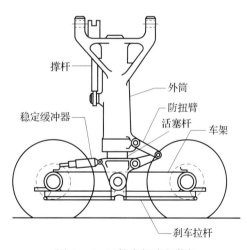

撑杆

外筒

防扭臂

活塞杆

稳定缓冲器

车架

刹车拉杆

图 6-56　四轮车架式起落架

双轮车架式起落架的应用有限，相比于传统的两轮布置，由于其引入了车架、刹车拉杆和相关部件，增加了重量和复杂性。前后排列的双轮车架式起落架，具有收藏空间小的优势，尤其对于薄翼型飞机。已经服役的成功案例包括萨伯"雷"战斗机（见图 6-57）和苏霍伊的苏 -34。

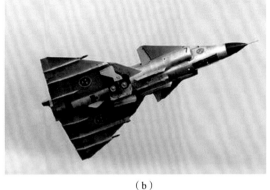

（a）
（b）

图 6-57　萨伯"雷"战斗机起落架：完全展开（a）和几乎完全收起（b）

几乎所有的大型商用飞机均使用了四轮车架式起落架布置，有些飞机还采用了六轮车架式起落架（波音 777、图 -154、空客 A380 和 A350-1000）。

进行车架式起落架布置时，应确保轮轴轴线不能明显低于车架转轴，在起转载荷作用下，太大的高度差会使得车架转动，导致只有前排机轮承载。确保轮胎触地中心到车架转轴中心与地面之间的夹角小于 45° 可以避免这种情况。大多数车架式起落架布置时使轮轴中心与车架转轴中心平齐。在使用具有高柔性的车架时，在未承载状态下，允许轮轴中心略微低于车架转轴，使其在承载时与车架转轴平齐。

不同于其他起落架布置将刹车装置直接连接到邻近的起落架结构上，车架式起落架是将刹车装置连接到一个补偿机构上，而不是直接连接到车架上。如果刹车装置直接连接到车架上，那么刹车产生的航向载荷会在车架转轴上产生一个力矩，导致前排机轮的垂直载荷增大（同时后排机轮的垂直载荷会减小）。该原理如图 6-58 所示。由于车架转轴位于轮轴间中心，在静载荷作用下或未刹车滚动时垂直载荷平均分布。在施加刹车作用力时，所有刹车的总制动力乘以转轴中心的高度产生的力矩使车架向前倾斜。这种载荷将使前排轮

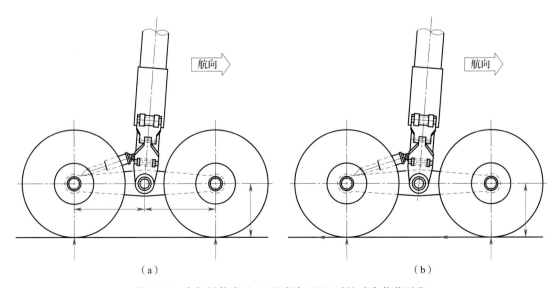

（a）
（b）

图 6-58　车架梁静态（a）和刹车（b）时的垂直载荷平衡

胎和刹车超载，并导致后排防滑刹车出现明显的问题。一个可能的解决办法是把车架转轴向后移动，当飞机停机时，后排轮胎承受更大的载荷，在刹车时垂直载荷接近。很少有飞机会采用这种方案，这意味着要接受加强轮胎产生的大量增重和刹车效率低下的问题。

实际的解决方案是用刹车拉杆（又称刹车补偿杆）将刹车连接在缓冲器活塞上。如图 6-59 所示为波音 747 飞机的机腹，可以看到刹车拉杆将每一个刹车连接在活塞杆端头上。如图 6-60 为空客 A330 飞机刹车拉杆的详细连接，请注意，尽管 A330 缓冲支柱有前倾角，但刹车拉杆与活塞杆的连接还是放在车架转轴的正下方，以确保每个刹车拉杆长度一样。虽然这对刹车协调一定的好处（使每个刹车的刚度相同），但主要作用是每个不同位置的机轮可以使用相同的刹车拉杆。

图 6-59　波音 747 主起落架机轮组

图 6-60　空客 A330 刹车连杆连接细节

为了通过刹车拉杆获得适当的补偿，确保车架没有附加力矩，通过刹车拉杆的轴线必须与通过车架转轴和轮轴中心的直线相交。这一共有 6 种可能的布置，包括刹车拉杆和车架平行的特殊情况。刹车拉杆和车架平行的布置补偿了轮胎所有负载下的半径变化。刹车拉杆倾斜的方案只满足特定负载下的轮胎半径。各种配置如图 6-61 所示。各种方案可以混合布置，伊尔 -62 的前刹车拉杆在车架上方，后刹车拉杆在车架下方，这样在正常刹车时刹车拉杆始终处于受拉状态。

在车架和活塞杆之间通常会安装一个稳定缓冲器（或车架位置作动筒）。理想情况下，它在着陆和在地面滚动时为车架旋转提供一定的阻尼。稳定缓冲器也用于将车架转动到适当的位置以便收藏。稳定缓冲器可以是被动的，在这种情况下当机轮没有负载时，通过稳定缓冲器回到中立位置将车架转动到位。稳定缓冲器也可以是主动的，它可以为车架转动提供动力，将车架转动到不同的位置帮助收藏。如图 6-62 所示为 A340-600 的机身中间起落架，它有一个着陆 / 地面位置和一个收上位置。

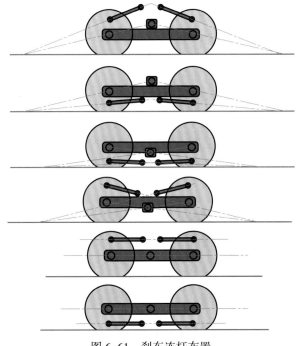

图 6-61　刹车连杆布置

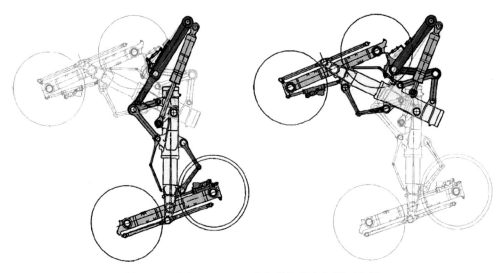

图 6-62　空客 A340-600 主起落架收上和放下位置

　　若要满足收藏空间更加紧凑的要求，车架可以在活塞杆轴线偏移的地方连接（曲棍球棒布置），以便使车架折叠时几乎与活塞杆轴线平行。如图 6-63 所示的康维尔 B-58 采用了这种布置，诺斯罗普 B-2 飞机也采用了类似的布置。作为一种变化，另一种方案是将车架转轴放置在车架轴线的上方，或者采用两种方案组合使车架转动角度更大。

6.3.7　其他布置

　　虽然大部分常用起落架的布置在上文中已经讨论过了，但是一些变化形式仍值得讨论。水陆两栖飞机通常会有特殊起落架的集成化挑战，通常的方法是采用摇臂式构型，在

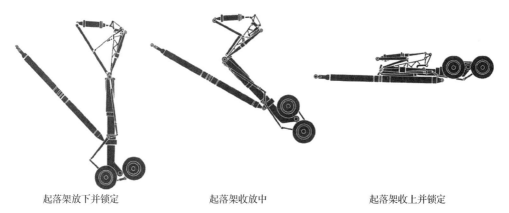

| 起落架放下并锁定 | 起落架收放中 | 起落架收上并锁定 |

图 6-63　康维尔 B-58 主起落架

其中较低的摇臂（Y 形臂）上安装机轮并为缓冲器提供安装接头，机轮可收回到机身中。如图 6-64 所示为格鲁门 HU-16"信天翁"的起落架布置，它的缓冲器安装设计非常独特。通用动力公司的 F-111（见图 6-65）同样使用了一个较低的 Y 形臂，但采用了一个不常用的收回方案。

图 6-64　格鲁门 HU-16"信天翁"

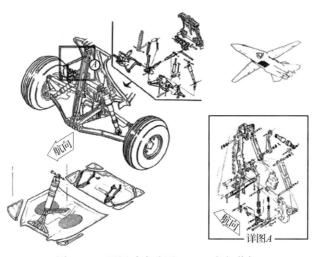

图 6-65　通用动力公司 F-111 主起落架

　　如图 6-66 所示为一种更常见的双摇臂式布置，类似于一些汽车悬架系统。在加拿大 CL-415 灭火机（见图 6-67）上使用了这种布置的变体，缓冲器安装在上摇臂上方。该布置也用于一些英国飞机，如图 6-68 所示的韦斯特兰"飞龙"战斗机。后一种布置通常被称为"胡桃夹子"布置。

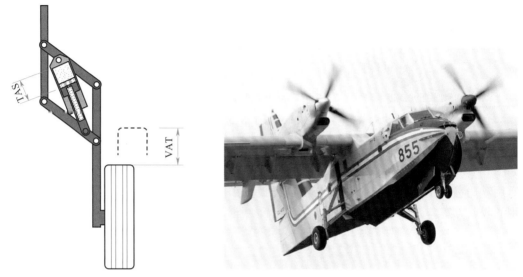

图 6-66　双横臂或"胡桃夹子"式起落架　　　　　　图 6-67　加拿大 CL-415 灭火机

图 6-68　韦斯特兰"飞龙"战斗机主起落架

双 Y 形摇臂布置也可以用在支柱式起落架的收放机构中，如阿古斯特 A109 直升机（见图 6-69）机身侧下方的远端缓冲支柱。

图 6-69　阿古斯特 A109 主起落架

6.4　无轮式布局

一些飞机布置不需要机轮或缓冲器。许多轻型直升机使用固定式滑橇，滑橇通过橡胶垫卡箍安装在机身上（依靠滑橇的变形来吸收着陆冲击能量），也可以使用装有缓冲器的滑橇。关于直升机安装固定滑橇的详细讨论不在本书讨论的范围之内。

6.4.1　滑橇和滑板

飞机设计师们一直在寻求轮式起落架的替代方案，用于雪地上着陆的滑雪板系统通常是可选装设备，可在冬季环境下替代轮式起落架（沿用原本轮式起落架的布置和安装）。有关滑橇/滑板布置和尺寸的细节见第 11 章。一部分飞机使用水橇来提供水上着陆能力或为两栖飞机提供抗浪能力；康维尔 XF2Y "海镖"（见图 6-70）是一个超声速拦截机，可以使用水橇起飞和降落。虽然这些案例表示水上机动是能够实现的，但该类飞机从来没有实际投入生产和使用过。

大量的研究文件提供了各种水橇试验的详细信息。由江户公司制作，并由美国海军出版的两份文件对最新技术进行了精彩的概述[9]。在某些情况下，水翼技术也是减少水上飞机阻力的一种手段，此时飞机的稳定是由水橇实现的。

基于滑橇的起落装置（带缓冲器）历史上用在许多飞机上。Me.163 型火箭推进截击机利用台架辅助滑跑，着陆依靠带有缓冲器的可伸缩滑橇。整个滑橇系统重量为218lb，约为飞机起飞重量的 2.4%。由于地面操作太过复杂，相比于轮式起落架系统，

图 6-70　康维尔 XF2Y "海镖"

这种滑橇起落装置并无重量优势。阿拉多 AR-234 轰炸机最初使用了一个基于滑橇的系统，但在后来的研发中改变为可完全收放的轮式起落架。康维设计的一种轻型拦截概念机[10]使用了一套滑橇系统（见图 6-71），其重量为飞机起飞重量的 3%。虽然结构的重量可以通过新型材料加以优化，但相比于其显著的缺点，滑橇的重量优势并不明显。

苏霍伊在松软的、未修整的跑道上进行了滑橇试验。通过苏-7 飞机（见图 6-72）的研发，使苏-7BM 和苏-17 飞机使用了机轮和滑橇的组合。值得注意的是，X-15 飞机的主起落架采用滑橇式，但是其前起落架使用了传统的轮式起落架。X-15 飞机主起落架如图 6-73 所示，该起落架将 Inconel X 高温合金的支柱连接在机身上，并通过曲柄机构驱动缓冲器。苏霍伊针对 4130 钢、金属陶瓷涂层和 Inconel X 高温合金等材料开展了滑橇的磨损特性试验，结果表明摩擦因数在 0.25～0.35 之间。在软质干燥的湖床表面上，当滑橇沉入地面并耕犁时，其产生的摩擦因数高达 0.46[11]。滑橇的优点之一是它们能够承受高速飞行时的空气摩擦产生的热量，对 X-15 来说是一个显著的优势，其飞行速度可达 $Ma6.7$。

滑橇系统已经被用于其他的飞机，如 X-20 和高机动性技术遥控研究机（HiMat）。HiMat 和 F-15 RPRV（F-15 的 3/8 比例无人机版本，见图 6-74）使用了底部有小鳍片的滑橇结构来增加方向稳定性[12]。有关滑橇在各种表面上的摩擦和磨损的特性可以在 NASA TN-D-999[13] 中找到。

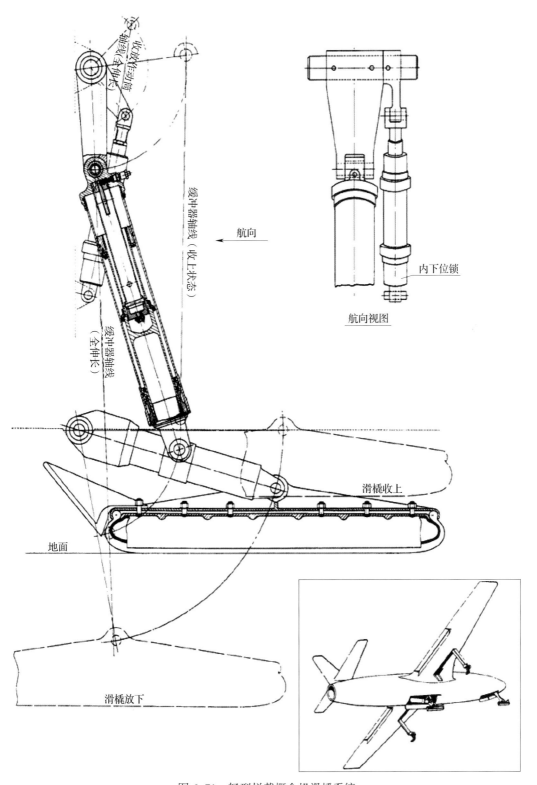

收作动筒轴线（全伸长）

收作动筒

缓冲器轴线（收上状态）

航向

缓冲器轴线
（全伸长）

内下位锁

航向视图

滑橇收上

地面

滑橇放下

图 6-71　轻型拦截概念机滑橇系统

图 6-72　苏 -7（S-26）滑橇起落架

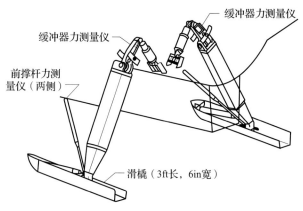

图 6-73　X-15 滑橇主起落架布置

图 6-74　F-15 无人机

6.4.2　自适应起落装置

自适应起落装置是近年来由机器人技术衍生出来的系统，可能对垂直起降飞行器有一定的应用前景[14]，它取代了传统的固定滑橇起落装置或其他带有独立关节支架的起落架，如图 6-75 所示。每个腿部关节都是独立控制的，可以在高度倾斜的表面着陆和操作。此外，由于其可用行程很大，该起落装置可以降低飞机的过载（与固定滑橇式相比）。一架小型原型机已经试飞并进行了测试。

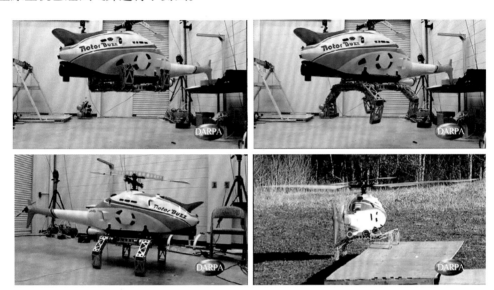

图 6-75　机器人自适应起落装置

6.4.3　水上飞机、浮筒和水翼

在美国国家航空咨询委员会（National Advisory Committee for Aeronautics，NACA，NASA 的前身）的文献中涵盖了船身式水上飞机的各种历史信息，对于那些希望研制新的水上飞机的设计师而言，这些文献中关于各种水上飞机的气动和水动力的大量试验数据是非常有用的。如图 6-76 所示为典型的船身式水上飞机，其中列出了一些关键术语。SAE论文 740395 在 NACA 研究的基础上，为船身式水上飞机提供了一些设计说明[15]：

图 6-76 所示为船身式水上飞机的典型结构。船身上只有一个断阶，由断阶前的前体和断阶后的后体组成。前体和后体均有 V 形的底部表面，以减少水的冲击载荷。安装在机翼上的浮筒在水面上提供横向稳定性。NACA TN-2503[16]对小型船身式水上飞机常规的外形和性能特性进行了全面的评估和说明。从模型1057-04 所提供的 TN-2503 数据来看，前体龙骨略微倾斜（1° 或 2°）的优势是显而易见的。对于最小的船身和总重，前体船底底角应不小于 15°；对于较大的水上飞机，该角度应增加到 25° 以减少水动过载。然而对于绝大多数布局，超过20° 的底角会造成离地间隙的问题。在船艉位置，只需将小型船体的底板翘曲，就可以将底角提高到 40°。较大的水上飞机将受益于船艉的反向张角，但蒙皮需承受拉载，代价较高。在任何一种情况下，对于给定前体长度和船宽，船艉底角的增大都会减少波浪冲击载荷，并增强海况适应能力。

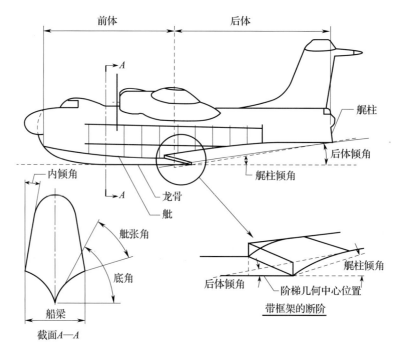

图 6-76　水上飞机船体术语

"航空运动"系列文章[17]和《美国海军流体力学手册》[18]中提供了额外的设计指南。对于所有浮体，浮力中心位置的设计必须小心，以确保飞机的静态稳定性。NACA TN-183[19]为海上飞机和水上飞机的静态稳定性提供了额外的指导。

大多数在浮筒上运行的飞机都使用由专业公司生产的浮筒设备。关于水上飞机船体形状、浮筒的详细设计超出了这本书的范围。但是，水上飞机的相关信息可以在 NACA 文件和皇家飞机机构的文件中找到[20]。在进行全面设计研发之前，强烈建议对所有新型水上飞机进行强度测试。

装有浮筒的飞机通常是用拖车或其他设备从水中移出。然而，船身式水上飞机通常为可拆卸式起落架预留了安装接口：登陆装置。在将飞机拖出水面之后或在斜坡上为飞机提供动力之前，这些登陆装置可以连接在飞机上。在许多方面，登陆装置类似于普通的轮式起落架，但它们必须具备在海水环境中操作、与飞机快速连接和分离的能力，且最好避免使用专用工具。登陆装置应具备浮力，以方便安装和拆卸。如图 6-77 所示为登陆装置的安装示例。

为了减少与船体相关的阻力，并改善恶劣天气下的水上操纵性，少量飞机使用了水翼。由于飞机必须以足够的速度飞行，才能使机翼获得足够的升力，水翼并不代表一个完整的解决方案：它必须与浮动船体或浮筒配合，使飞机在低速或停止时保持稳定。Vagianos 和 Thurston 的一份报告对飞机水翼技术进行了精彩的概述[21]。一个典型的历史案例是 Piaggio-Pegna PC7（见图 6-78），而水翼飞机的最新实施案例是 LISA Akoya 轻型运动飞机。

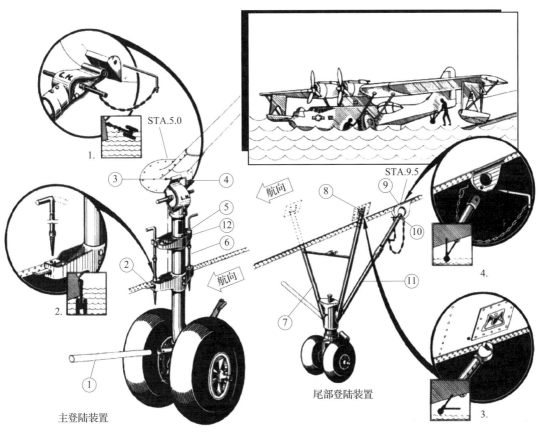

图 6-77　美国联合飞机公司 PBY 水上飞机的登陆装置

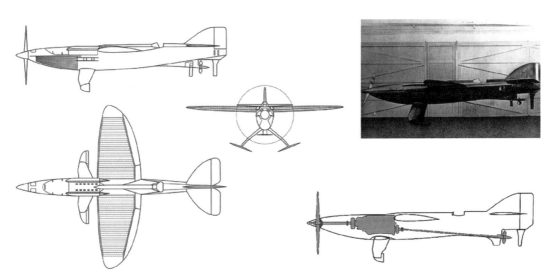

图 6-78　Piaggio-Pegna PC7 水翼飞机

6.4.4 气垫起落装置

历史上开展过使用气垫装置取代传统起落装置的研究，实际上是将飞机与气垫船相结合的一种构型。在飞机机体底部安装了一个弹性气垫装置，通过风扇将空气泵入气垫腔体，额外的空气通过接地区域周围的许多小孔排出，形成一个支撑飞机的空气压力垫，其基本原理如图6-79所示。原型系统在一架改装的 Lake LA-4 活塞式发动机两栖飞机和 CC-115 "水牛" 涡轮螺旋桨飞机上进行了测试（测试飞机代号为 XC-8A）。该系统的最大优点是能够在任何类型的地形上运行，包括非常软的土壤和水面。该系统还包括能够减少飞机的迎风面积（与可收放的轮式起落装置相比，气垫可排气缩回）以及减少着陆系统重量的优点[22]。图6-80 展示了传统起落装置（轮式、浮筒式）和气垫起落装置的着陆系统重量与地面类型之间的关系。

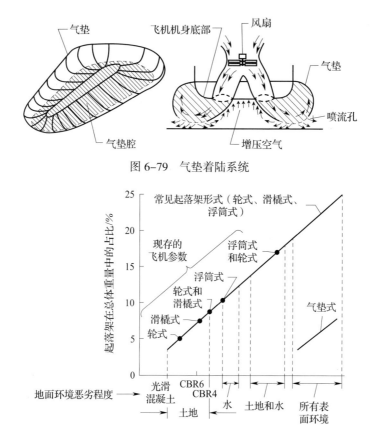

图 6-79　气垫着陆系统

图 6-80　不同表面和着陆系统类型的相对着陆系统重量

图6-81和图6-82所示为研究中规划的气垫系统的战术运输机的两个视图，Perez 的一篇论文概述了关于 "水牛" 飞机上的气垫着陆系统的开发和测试所做的工作[23]。Earl 的一篇论文全面概述了气垫起落装置的研究和未来发展的可能性[24]。通常遇到的难题主要是保持方向控制（飞机总是倾向于在地面的倾斜方向飘移）、气垫材料磨损和刹车问题。该系统不提供刹车的方法（必须增加一些额外的功能，以便发动机不运行时保障飞机刹车停机）或发动机关闭时飞机的操纵功能。

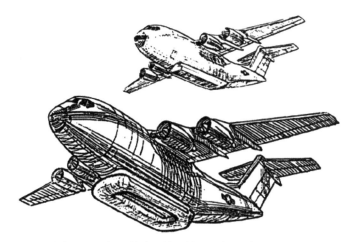

图 6-81　气垫着陆系统运输飞机气垫放下和收起

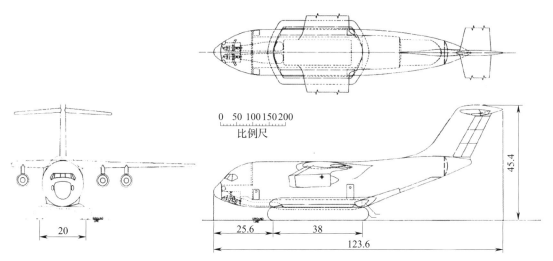

图 6-82　气垫着陆系统运输飞机三视图

参 考 文 献

［1］Aerospace Standard, "Tests, Impact, Shock Absorber, Landing Gear, Aircraft," AS6053, Revision A, SAE International, October 2012.

［2］Pazmany, L.; *Landing Gear Design for Light Aircraft*（San Diego: Pazmany Aircraft Corporation, 1986）, Volume I; Conway, H.G., *Landing Gear Design*（London: Chapman & Hall, 1958）.

［3］Moreland, W.J., "The Story of Shimmy," *Journal of the Aeronautical Sciences*, 21, no.12（December 1954）: 793–808.

［4］Aerospace Information Report, "Landing Gear Alignment," AIR5556, SAE International, April 2016.

［5］Military Specification, "Landing Gear, Aircraft Shock Absorber（Air-Oil Type）," MIL-L-8552C, Department of Defense, November 1965.

［6］Wescott，W.B.，"Aircraft Landing Gear，" US Patent 3，027，122，March 1962.

［7］Spurr，H.G.，"The Variation in Performance of Undercarriage Shock Absorbers，" Technical Note Structures 77，Royal Aircraft Establishment，October 1951.

［8］Image from page 113 of: Conway，H.G.，*Landing Gear Design*（London: Chapman & Hall，1958）.

［9］Pepper，P.A. and Kaplan，L.，"Survey on Seaplane Hydro-Ski Design Technology，Phase 1: Qualitative Study，" Report 7489-1，Department of the Navy，December 1966;Pepper，P.A. and Kaplan，L.，"Survey on Seaplane Hydro-Ski Design Technology，Phase 2: Quantitative Study，" Report 7489-2，Department of the Navy，March 1968.

［10］Conway，H.G.，"European Landing Gear Developments，" SAE Technical Paper 480039，April 1948，https: //doi.org/10.4271/480039.

［11］Wilson，R.J.，"Drag and Wear Characteristics of Various Skids Materials on Dissimilar Lakebed Surfaces during the Slideout of the X-15 Airplane，" NASA TN D-3331，National Aeronautics and Space Administration，March 1966.

［12］Sefic，W.J.，"Friction Characteristics of Steel Skids Equipped with Skegs on a Lakebed Surface，" NASA TM 81347，National Aeronautics and Space Administration，December 1979.

［13］Dreher，R.C. and Batterson，S.A.，"Coefficients of Friction and Wear Characteristics for Skids Made of Various Metals on Concrete，Asphalt，and Lakebed Surfaces，" NASA Technical Note D-999，National Aeronautics and Space Administration，January 1962.

［14］Kiefer，J.，Ward，M.，and Costello，M.，"Rotorcraft Hard Landing Mitigation using Robotic Landing Gear，" *Journal of Dynamic Systems，Measurement，and Control*，138（March 2016）. 10.1115/1.4032286.

［15］Thurston，D.B.，"Amphibian Aircraft Design，" SAE Technical Paper 740395，April 1974，https: //doi.org/10.4271/740395.

［16］Hugli，W.C.，Jr. and Axt，W.C.，"Hydrodynamic Investigation of a Series of Hull Models Suitable for Small Flying Boats and Amphibians，" NACA TN-2503，National Advisory Committee on Aeronautics，November 1951.

［17］Becar，N.J.，"Flying Floats and Heavenly Hulls，" *Sport Aviation*，Parts 1 through 4，November 1958 through December 1965.

［18］deCallies，R.N.，Naval Air Test Center，Flight Test Division，Hydrodynamics Manual，US Navy，May 1958.

［19］Diehl，W.S.，"Static Stability of Seaplane Floats and Hulls，" NACA TN-183，National Advisory Committee on Aeronautics，March 1924.

［20］Tomaszewski，K.M.，"Hydrodynamic Design of Seaplane Floats，" Aeronautical Research Council Current Paper No. 15，Report No. Aero 2154，Royal Aircraft Establishment，November 1946.

［21］Vagianos，N.J. and Thurston，D.B.，"Hydrofoil Seaplane Design，" Report No. 6912，Air Systems Command，Department of the Navy，May 1970.

［22］Gardner，L.H.，Pizzichemi，C.J.，and Milns，P.，"STOL Tactical Aircraft Investigation，Volume VI，Air Cushion Landing System Study，" AFFDL–TR–73–19–Volume VI，Air Force Flight Dynamics Laboratory，US Air Force，May 1973.

［23］Perez，D.J.，"The Development and Flight Testing of the XC–8A Air Cushion Landing System（ACLS），" SAE Technical Paper 760920，November 1976，https：//doi.org/10.4271/760920.

［24］Earl，T.D.，"The Potential of and Air Cushion Landing Gear in Civil Air Transport，" *Canadian Aeronautics and Space Journal*（November 1968）：355–364.

第7章 缓 冲 器

缓冲器为飞机起落架提供了两个关键功能：（1）减振弹簧；（2）正反行程阻尼。在飞机上使用的各类缓冲器中，油–气式缓冲器是最主要的一种类型，其氮气弹簧与油液阻尼的组合提供的效率和效率比（单位重量的效率）是无与伦比的。许多飞机使用简易缓冲器，它们以减少使用过程中的维护需求作为主要设计目的。主动控制缓冲器与半主动控制缓冲器已进入研制和试验阶段，尽管这类缓冲器可提供更高的减振效率，但未开始正式生产和服役。各类缓冲器结构的对比如表7–1所示。

表7–1 缓冲器对比

类型	阻尼类型	效率/%	结构简易性[①]	重量[①]	可靠性[①]	反弹阻尼[①]
机械弹簧	没有	50	2	7	1	6
机械弹簧–油液（固定油孔）	油液	70	3	7	3	4
橡胶弹簧	摩擦	60	2	6	1	5
橡胶弹簧–油液（固定油孔）	油液	70	3	6	3	4
气体弹簧（固定油孔）	空气	65	4	3	5	6
液体弹簧	油液	75～90	4	2	3	1
油–气式—固定油孔	油液	75	4	1	3	1
油–气式—油针式变油孔	油液	85～90	4	1	3	1
油–气式—半主动控制式	油液	90～95	5	2	4	1
液压主动控制式	主动控制式	接近100	6	5	5	1

注：上述数据取自参考文献[1]，增加了带油针的油–气式缓冲器和主动控制缓冲器。
①等级：1—最好，7—最差。

缓冲器初始尺寸的确定方法见本书第6章。所需缓冲器行程是根据可接受的过载和预期的下沉速度计算得到的，然后考虑所需的支撑长度来预计缓冲器全伸长尺寸。在缓冲器详细设计过程中，应考虑着陆产生的冲击载荷。通常缓冲器的效率越高，所需行程越小，但同时会导致着陆起转和回弹阶段对应的垂直载荷更大，这种起转和回弹阶段的组合载荷会是某些结构件的设计载荷。因此，一个综合优化的起落架设计可能需要一个较低效率的缓冲器，这种缓冲器通过控制不同行程的阻尼来降低着陆起转回弹阶段的垂直载荷，从而降低该阶段的设计载荷。

7.1 阻尼

阻尼是缓冲器将动能不可逆地转化为热量的术语。在大多数情况下，阻尼是缓冲器最重要的特性，并已有若干方法用于优化缓冲器的阻尼性能。在压缩过程中通过阻尼提高缓冲器能量吸收能力，而反弹阻尼则用来耗散缓冲器弹簧储存的能量，以使飞机在着陆冲击后不会反弹离开地面。

7.1.1 摩擦阻尼

一些简单的缓冲器除了零部件之间的摩擦之外，没有其他的阻尼方式。然而，除非是特殊设计的摩擦表面（类似于刹车装置中的摩擦表面），否则很难依赖摩擦作为阻尼的主要手段。对摩擦阻尼缓冲器进行了大量的研究，但几乎没有仅依靠摩擦作为阻尼手段的高性能缓冲器进入服役阶段。Fricker 在一份报告[2]中概述了一些起落架使用摩擦阻尼的有趣研究。

所有的缓冲器都会有一些固有的摩擦（来自支撑、密封或其他接触），这有助于能量耗散。虽然这种摩擦在缓冲器压缩过程中会带来一些有限的收益，但如果摩擦力太大会导致缓冲器出现诸多问题，比如起飞后无法伸展、黏结滑动或"棘轮形"压缩等问题，这会使缓冲器在每次撞击后都不会伸展，从而导致滑行期间可用行程被逐渐消耗占用。一般来说，对于有其他阻尼形式的滑动式缓冲器，将滑动部件的摩擦最小化是一个合适的设计目标。

7.1.2 液体阻尼

到目前为止，最常见的（也可以说是最有效的）缓冲器阻尼方法是通过迫使黏性液体（通常是油液）通过一个阻尼油孔来实现。表 7-1 中的每一种缓冲器在阻尼类型上均用"油液"或"空气"进行标识，表示使用的能量转换方法。如图 7-1 所示，油液阻尼力来源于油液流经一个受限的阻尼孔，其取决于油液的流速、密度和油孔的特性。

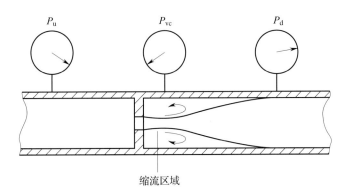

图 7-1 油液流经阻尼孔示意图

在图 7-1 所示的典型油液流经阻尼孔的示例中，可以观察到上游压力（p_u）大于下游压力（p_d）。当油液流过阻尼孔，会形成一个进一步收缩的区域（缩流区域），然后逐渐扩张。通常应在足够远的下游测量关注的压力，这样就不会受到该缩流区域的影响。依据伯努利方程（这种情况一般不考虑液体的压缩，不适用气体阻尼缓冲器），流过阻尼孔的油液流量为

$$Q = A_{\text{effective}} \sqrt{\frac{2(p_u - p_d)}{\rho}}$$

式中：Q——流过阻尼孔的油液流量；

　　　$A_{effective}$——阻尼孔的有效面积；

　　　p_u——阻尼孔上游的压力；

　　　p_d——阻尼孔下游的压力；

　　　ρ——流体的密度。

由于流体的黏性，油液通过阻尼孔时其有效面积比真实的油孔面积小，而有效面积通常是通过对各种油孔的试验来确定的。油孔实际面积 A 与有效面积 $A_{effective}$ 之间由经验系数修正，经验系数在此处为缩流系数 C_d

$$A_{effective} = C_d A$$

在缓冲器设计中，活塞杆在外筒内的运动迫使油液流过阻尼孔，而阻尼力就是压差（$\Delta p = p_u - p_d$）作用于缓冲器相关面积形成的，因此流经阻尼孔的流量又可表示为

$$Q = C_d A \sqrt{\frac{2\Delta p}{\rho}}$$

对于图 7-2 中所示的缓冲器，当活塞杆处于静止状态（$V=0$）时，p_u 和 p_d 是相等的。当活塞杆以速度 V 向右移动时，压力 p_u 就会大于 p_d，这一压力差作用于活塞杆端头，阻碍活塞杆运动。通过阻尼孔的流量 Q 是活塞杆速度 V 与活塞面积 A_{piston} 的乘积

$$Q = V A_{piston}$$

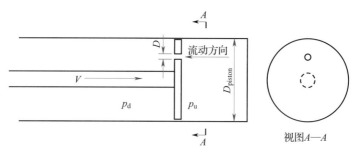

图 7-2　缓冲器阻尼

阻尼孔面积 A 可由阻尼孔直径 D 计算得到，而阻尼力 F 是活塞两端压差与活塞面积的乘积

$$F = \Delta p A_{piston}$$

通过代换

$$V A_{piston} = C_d A \sqrt{\frac{2\Delta p}{\rho}}$$

$$\frac{\rho}{2}\left(\frac{V A_{piston}}{C_d A}\right)^2 = \Delta p$$

则阻尼力 F 为

$$F = \frac{\rho}{2}\left(\frac{V A_{piston}}{C_d A}\right)^2 A_{piston}$$

在进行这些（或其他）计算时，必须使用一致的单位。如果通过试验来确定缩流

系数，阻尼孔可以是任意形状的。锐边圆形孔的缩流系数通常为 0.65，圆形孔锐边倒圆后的缩流系数可能高达 0.97[3]。当制造一个锐边阻尼孔时，边缘可以去除毛刺但不得倒角。ESDU 数据表 81039[4] 提供了关于油孔设计的详细信息；在缺少油孔特性数据的情况下，通常最好设计为锐边油孔。缩流系数随雷诺数（Re）的变化而变化，由于油液从阻尼孔流过时由层流向湍流变化。研究表明，当雷诺数大于 10000 时（湍流状态），随着雷诺数的进一步增加，缩流系数保持相对恒定。建议在完全湍流状态下进行设计，以确保性能的一致性，并应在预期的运行温度范围内检查油液通过油孔的雷诺数。

　　流体的密度是决定阻尼值的一个重要变量。图 7-3 给出了两种缓冲器常用的 MIL-PRF-5606 油液和 MIL-PRF-87257 油液密度随温度—压力的变化曲线。石油基油液 5606 是目前使用最广泛的缓冲器油液，由其取代 87257 油液越来越受欢迎，其提供了相近的性能并显著降低可燃性。密度曲线取自 AIR1362[5]，在该文中还有这些缓冲器油液的其他特性数据，以及飞机上其他常用油液的特性数据。在飞机上广泛使用的油液信息还可查询 AIR1116[6] 号文件，包括一些硅基缓冲器油。用于某些液体弹簧的 Dow Corning 200 油液，在 25℃时密度为 960kg/m³。

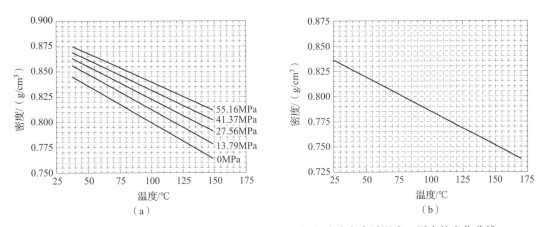

图 7-3　MIL-PRF-5606（a）和 MIL-PRF-87257（b）油液密度随温度—压力的变化曲线

　　虽然定油孔是一种低成本的阻尼方式，但它并不是最好的高效率设计方法。当缓冲器压缩并耗散飞机的动能时，缓冲器压缩速度会降低，速度的降低减少了油孔产生的阻尼力（因为阻尼力与速度的平方成正比）。图 7-4 所示的一个例子是用于某直升机原型机起落架坠撞保护的固定油孔结构。

　　分别安装两种不同直径油孔的缓冲器动态试验结果如图 7-5 所示。结果表明，飞机着陆后（在缓冲器最大压缩速度下）迅速产生最大阻尼力，随着着陆能量吸收和缓冲器速度降低，阻尼力就会明显下降。虽然这是一个极端的示例，但对于常规缓冲器在整个速度变化范围内趋势是相同的。

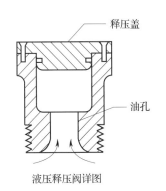

图 7-4　YAH-63 缓冲器释压阀，
其固定油孔缩流系数为 0.8

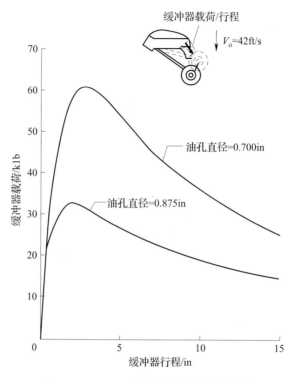

图 7-5　YAH-63 缓冲器载荷（固定油孔）

　　为实现更高的缓冲器效率（更连续的阻尼力），应随压缩速度降低减小有效油孔面积。在着陆过程中，随着缓冲器压缩，活塞杆速度降低，阻尼应随着缓冲器行程而变化。实现变阻尼的常见方法有两种：一种是皮科洛管，其管壁上设计有可逐渐覆盖的阻尼孔；另一种是油针（将一个锥形油针插入油孔中，随着油针位置变化阻尼油孔环形面积不断改变），如图 7-6 所示。在实际设计中，皮科洛管可以有大量的阻尼孔或也可以只有少数阻尼孔，如 A320 主起落架（见图 7-7）。

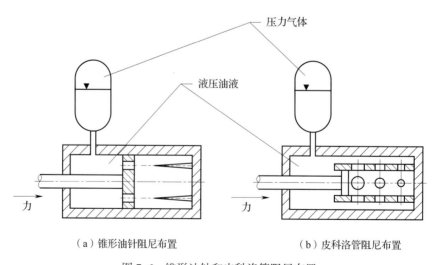

（a）锥形油针阻尼布置　　　　　　　（b）皮科洛管阻尼布置

图 7-6　锥形油针和皮科洛管阻尼布置

由于油针的截面可连续光滑过渡变化，这提供了一种重要的手段来调节整个行程范围内的缓冲器性能。与皮科洛管相比，油针允许阻尼沿行程可以增加或减少，而皮科洛管只允许阻尼随行程的增加而增大。此外，由于油针剖面可以快速改变且在不需要对起落架其他部件作重大更改的情况下进行试验，在飞机研制时选择油针可以控制风险。油针剖面最常采用的为圆形截面，也可在其上加工凹槽（见图 7-8）。虽然带有凹槽的油针给估算缩流系数带来了挑战，但它们提供了更好的油孔面积调节能力和在整个行程范围内一致的缩流系数。圆形截面油针和油孔的示例如图 7-9 所示，这个油针图展示出油针截面的显著变化，在这个示例中，油孔边缘倒圆角而不是锐边。尽管油孔边缘倒圆角会导致缩流系数存在些许不确定性，但为了防止油针与油孔在大变形条件下可能发生的干涉，仍建议在高度柔性的起落架上采用这一设计。在某些情况下，最好引导油针通过油孔，以确保它保持在中心位置（特别是带有凹槽的油针）。引起油针在油孔内偏移的变形将导致流量特性的改变，并在缓冲器行程范围内产生不利的缩流系数变化。

有时，使用组合阻尼方案是很有必要的。在通过凹凸不平道面时如果希望过载增量小则需要缓冲器具备较低的阻尼。在低速运行中，凹凸道面撞击载荷主要由空气弹簧刚度决定，但对于需要在未铺砌道面上着陆的飞机来说，需要应对着陆时又刚好撞击在跑道凸起

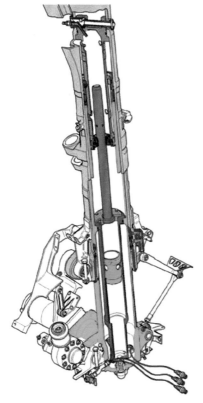

图 7-7　空客 A320 主起缓冲器剖视图
（标示出油孔片上方皮科洛管上的单套阻尼孔）

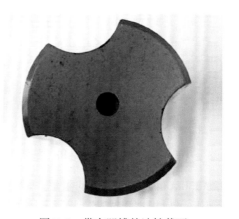

图 7-8　带有凹槽的油针截面

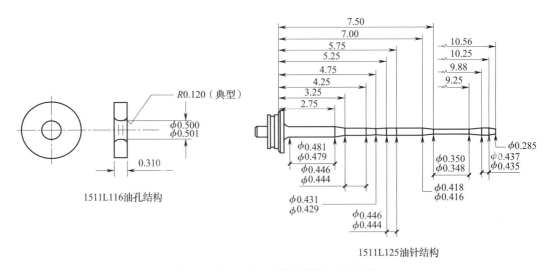

图 7-9　Ryan XV-5 前起落架油孔和油针

上的情况，在 OV-10 上使用了如图 7-10 所示的一个解决方案，其采用传统的油针来优化着陆能量吸收能力，此外还增加了一个卸荷阀，可在着陆或滑行过程中遇到台阶、凸起或凹陷时开启。通过这种方式，缓冲器可以在最大正常着陆下沉速度下工作，当遇到会显著提高接地速度的障碍物时，卸荷阀会开启并提供另一条（减少阻尼力）油液阻尼通道。这种布置能在低压缩速度时提供较高的阻尼（如正常着陆和小撞击），同时在大下沉速度着陆和大凸起撞击情况下还不会增加过多的载荷。

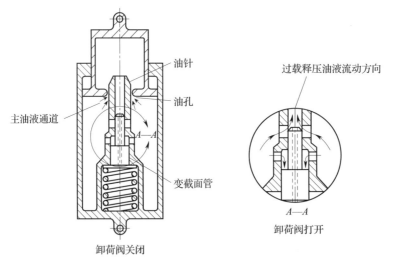

图 7-10　带有卸荷阀的 OV-10 油针

　　空客 A330/A340 主起落架的阻尼布置如图 7-11 和图 7-12 所示。该缓冲器采用双向阻尼调节阀，可以根据压缩速度提供不同的阻尼水平。对于较小的活塞杆压缩速度，使用图 7-12（a）所示的较高的阻尼通路。大压缩速度（如着陆）会增加阀门两侧的压差，驱动阀使其改变为一个较低的阻尼位置（见图 7-12（b））。前起落架通常安装有类似原理的滑行阀。这类阀门的压力与流量特性关系的示例如图 7-13 所示。

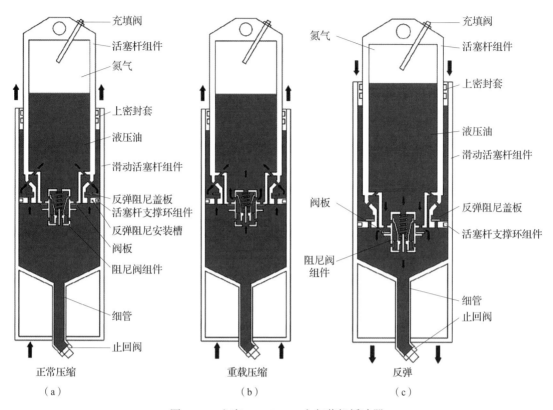

图 7-11 空客 A330/A340 主起落架缓冲器

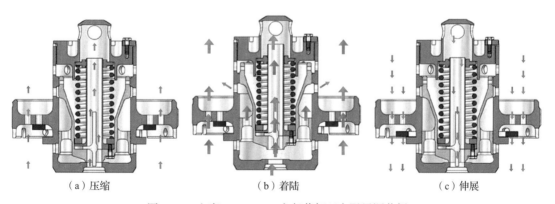

图 7-12 空客 A330/A340 主起落架双向阻尼调节阀

定油孔和机械变油孔的替代方案是通过电控可变阀来提供液压阻尼。这种设计虽然在实验室里进行了大量测试，甚至应用于山地自行车的悬挂上，但目前在起落架上并未使用。主动控制阻尼孔或阀门提供了将缓冲器效率提高到接近 100% 的可能性，但却付出高度复杂性和更严酷的失效模式的代价（失效会导致在着陆过程中没有阻尼）。

7.1.3 其他阻尼形式

在某些起落架上使用了一些特殊的能量耗散方式，主要用于直升机抗坠撞保护和一些固定翼飞机的尾部缓冲器。这些能量耗散技术通常涉及金属的塑性变形。典型的控制能量吸收的方法是使用压碎蜂窝材料，在制造过程中轻微预压缩的蜂窝材料能提供将近 100%

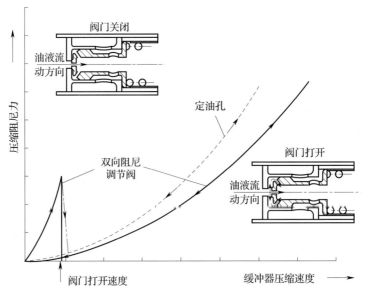

图 7-13　双向阻尼调节阀和定油孔的压力与流量特性曲线对比

的有效能量吸收效率。蜂窝结构缓冲器在起落架上使用的主要困难是需要找到足够的空间来储存材料。其他技术（如截管、局部失稳管、扩张管等方法）可以用于一次性吸收大能量，同时能够在现有起落架典型布置下解决安装空间的需求。Faulkner 发表的相关文献[7]中，研究了各种可能在起落架上应用的吸能装置，关于单次使用缓冲器的更多信息将在本章的最后部分提供。

7.1.4　反弹阻尼

应提供反弹阻尼使活塞杆伸展速度尽量降低——目标是使缓冲器末端冲击过载小于 $20g$，同时将反弹阻尼腔压力限制为一个与结构和密封能力相匹配的值。在自由伸展后典型的缓冲器冲击速度大约为 1ft/s（300mm/s）量级。除非缓冲器的伸展速度比压缩速度要低得多，否则就应采用如上所述的阻尼案例方式。因此反弹所需的阻尼孔尺寸应明显小于压缩阻尼孔尺寸。通常，有一种被称为止回阀的阀门，由油孔和放置在油孔上的盖板组成，用于在压缩阻尼和反弹阻尼之间进行切换。盖板能够移动一定的距离，在压缩过程中，油液的流动推动盖板远离阻尼孔，使油液充分流过阻尼孔。在反弹过程中，油液的流动推动盖板盖住油孔，并阻止油液流过油孔。整套的阻尼孔一部分被盖板覆盖、而另一部分未被覆盖，所述原理如图 7-14 和图 7-15[①] 所示。

安装在油-气式缓冲器环形腔的止回阀通常采用两种形式：挡油环或板式阀。图 7-15 示意图中的挡油环采用了一个带切口的弹性环（如同往复式发动机中的活塞环），它可以在上轴套的凹槽内自由滑动（图中黄色零件为挡油环）。挡油环与外筒筒壁的摩擦有助于其在上轴套内相对运动。压缩过程中，挡油环允许油液在上轴套和外筒筒壁之间的环形缝隙中自由流动。反弹过程中，挡油环封住环形缝隙，迫使油液通过上轴套上一系列沿圆周均布的油孔流动。必须特别关注挡油环的设计和制造确保遮挡的连续性。挡油环切口的油液泄漏是不可避免的，但若在最初的动态设计中提前考虑的话，一般是可接受的。

_____

① 原文为图 7-35，应改为图 7-15。——译者注

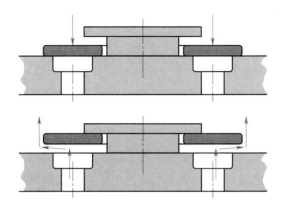

图 7-14 止回阀，红色箭头表示油液流向

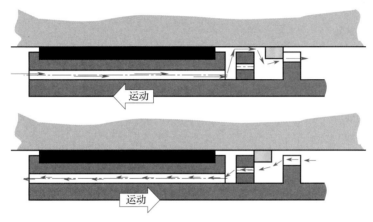

图 7-15 挡油环止回阀，压缩（上），反弹（下）

板式阀（见图 7-16）类似于止回阀的原理。与挡油环不同的是，它是单个零件：阻尼孔是直接制在板式阀体上。阀门安装在上轴套中。由于没有切口，这种阀门布置仅有很少的泄漏。但是由于没有与外筒筒壁接触，阀门的运动不受摩擦力的影响，而关闭完全由压差驱动，因此它的关闭比挡油环要慢。在设计良好的条件下，这两个阀门可以以同等性能工作。

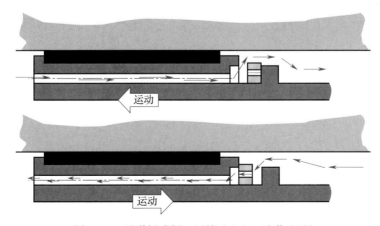

图 7-16 反弹板式阀，压缩（上），反弹（下）

应当注意上述阀门布置只是原理示意图，细节设计可能更加重要，比如孔的朝向与制孔方向，以及油液流动流向的调整。此外在缓冲器的充油过程中，可能会有额外的制孔需求以确保气体可以排出。

在布置反弹阻尼时，还必须考虑其他因素：选定的反弹阻尼孔与正行程阻尼孔的相互影响，以及反弹腔中的高压对缓冲器活塞的影响（长距离上的高压可能会导致活塞杆的屈曲破坏）。许多飞机通常都要求缓冲器能够从任何压缩位置自由伸长，但对于某些飞机，应通过合理仿真模拟飞机起飞和着陆反弹工况，证明其可从中间位置自由伸长。当以全压缩位置或中间压缩位置自由伸展作为设计关注点时，小压缩量的反弹或自由伸展反而可能会导致更大的止动冲击速度，因为反弹阀的运动有一定的时间间隔，这可能会导致反弹阻尼设计的改变。对于所有的缓冲器，建议通过试验来确认其反弹阻尼性能。

7.2 结构弹簧形式

7.2.1 钢质螺旋弹簧

历史上许多飞机使用了带有油液阻尼的钢制螺旋压缩弹簧缓冲器，如贝兰卡维京和"巡游者"轻型飞机以及比奇双翼机（见图 7-17）。由于钢弹簧的重量比气体弹簧大，这种缓冲器的使用仅限于轻型飞机，其重量代价相对小，可接受。虽然钢制螺旋弹簧在使用中是一个免维护的部件，但在压缩和反弹时的油液阻尼拉高了它的维修要求，达到与油-气式缓冲器相当的维护水平。

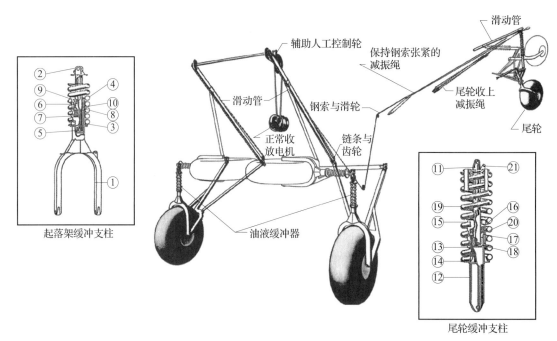

图 7-17　比奇双翼机起落架布置

1—缓冲器轮叉组件；2—支柱组件–缓冲器上部；3—缓冲器隔板；4—缓冲器弹簧；5—缓冲器活塞杆；
6—压紧螺母；7—压紧环；8—下压盖套管；9—上压盖套管；10, 20—缓冲器压紧垫圈；11—尾轮缓冲器；
12—尾轮缓冲器外筒；13, 14, 15—尾轮缓冲器压紧盖；16, 17—尾轮缓冲器压环；
18—尾轮缓冲器活塞杆组件；19—尾轮缓冲器弹簧；21—管接头

7.2.2　环形弹簧

环形弹簧（又称摩擦弹簧）具有相对较大的重量，在起落架上的应用有限。不过在二战期间容克 Ju–88 和最近的波音 727 尾部缓冲器上也曾使用过。另外在工业阻尼器和火炮反弹系统中环形弹簧得到了更多的应用。与其他机械弹簧系统相比，环形弹簧具有更高的能量密度。图 7–18 为一个环形弹簧的示例以及与其他弹簧类型的对比。

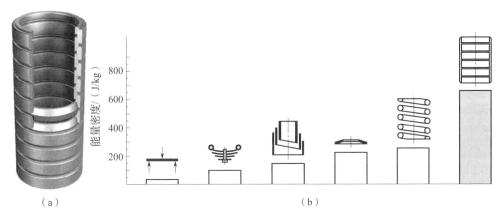

图 7–18　环形弹簧剖面（a），能量密度对比（b）

环形弹簧组件主要由许多沿着锥形表面相互接触的内、外闭合环形弹簧组成（见图 7–19）。在施加轴向力时，每个环形弹簧会嵌入其他环形弹簧中。内环和外环的周向应力分布几乎一致，外环在拉伸受力，内环在压缩受力。环形弹簧是高度弹性的，当弹簧组件被压缩时，外环膨胀、内环收缩，同时每个圆锥形表面嵌套进入相邻的圆锥形表面。每一对嵌套锥面被认为是弹簧元件。弹簧组件的总行程是各独立元件行程的总和。图 7–19 为单个弹簧元件的横截面。典型的锥角 α 为 14°～15°。

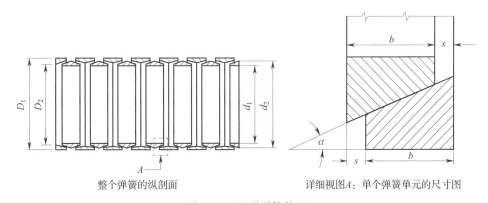

整个弹簧的纵剖面　　　　　详细视图A：单个弹簧单元的尺寸图

图 7–19　环形弹簧截面

圆锥形面之间的摩擦提供了一些阻尼，如图 7–20 所示，以致系统能够吸收的能量会大于反弹过程中所释放的能量。环形弹簧的详细设计可以参考 AMCP 706–342[8] 或供应商目录。通常情况下，环形弹簧会预加载以获得最佳性能。Ju–88 环形弹簧的行程为370mm，并预加载至 14.7kN[9]。通常只在制造过程中给环形弹簧加注润滑脂，而二战期间一些德国飞机原型机也将带润滑的环形弹簧和油液阻尼器组合在一起。

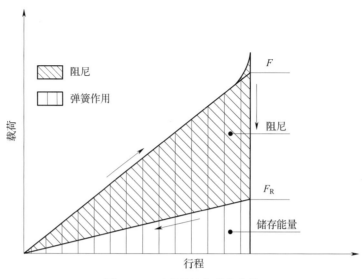

图 7-20　环形弹簧的弹簧曲线

7.2.3　板簧

　　对于采用固定式起落架的轻型飞机而言，板簧起落架是一个巧妙的起落架设计方案。这种方法已经在赛斯纳公司的轻型飞机上应用了许多年，如图 7-21 所示。板簧提供一个将轮轴连接到飞机机体上的整体结构，并具有足够的弹簧变形以吸收着陆冲击能量。板簧不具有阻尼能力，该系统依靠轮胎的压缩和摩擦来耗散能量。板簧起落架的设计是一个反复迭代的过程，目标是寻求一个具有足够强度和恰当变形的悬臂梁。历史上，为了更好地调整板簧变化的截面特性，对板簧进行作图法分析（见图 7-22）。因为从地面接触点到飞机安装点的弯矩是线性增加的，板簧起落架平板从根部到轮轴也是逐渐收窄的，以使材料得到最佳利用。

图 7-21　赛斯纳 140

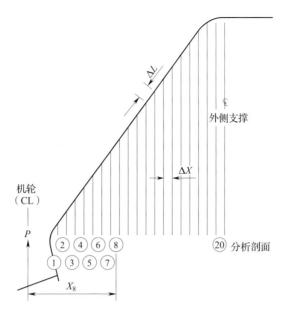

图 7-22　板簧起落架的分析示意图

现代飞机设计中将采用有限元分析方法（将图 7-22 的思想发挥到极致）。板簧可以是平板状或管状的（图 7-23 为赛斯纳 177 的两个实际案例），目前已经生产出钢质、铝质和复合材料板簧。赛斯纳生产的钢质弹簧采用 E6150H[10] 钢，热处理至 1650 ~ 1790MPa（240 ~ 260ksi），近来许多轻型飞机使用了复合材料。

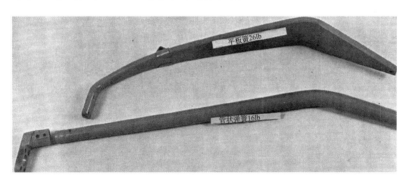

图 7-23　赛斯纳飞机板簧起落架

作为设计目标，在静载荷作用下轮胎应垂直于地面。在板簧与飞机结构连接处必须提供合适的夹紧结构，以应对航向载荷和产生的任何扭转载荷。可以通过调整垫片弥补制造公差和热处理变形引起的误差，以确保合适的机轮位置。

7.3　橡胶弹簧缓冲器

橡胶弹簧（减振绳或橡皮带）是早期飞机的主流特征，目前仍在早先研制的飞机上使用，如派珀 Cub.Ryan NYP（用于林德伯格破纪录的跨大西洋飞行），在起落架滑管之间使用了鱼骨形的橡胶弹簧缓冲器（见图 7-24）。当暴露在阳光、灰尘、油和其他污染物中时，橡胶绳索会迅速老化。大多数飞机都用一个保护罩来保护橡胶弹性绳索免受这些因素的损害。由于橡胶弹性绳索承载能力和寿命有限（建议每5年更换一次[11]），因而现代飞机上已不再使用。飞机上使用的橡胶减振索的强度和延伸率由 MIL-C-5651[12] 规定。

图 7-24　Ryan NYP（spirit of St.Louis）剖面模型

　　在压缩状态使用的橡胶盘为历史上许多飞机提供了一个有效且免维护的缓冲器方案。为了实现有效的硫化，每个橡胶盘的厚度通常不超过 38mm（1.5in）。使用时，由数个橡胶盘堆砌以满足行程要求（见图 7-25 中静态和动态载荷—变形曲线）。负载下橡胶盘的变形限制为初始高度的 50%，以避免橡胶的过度永久变形和过早退化[13]。

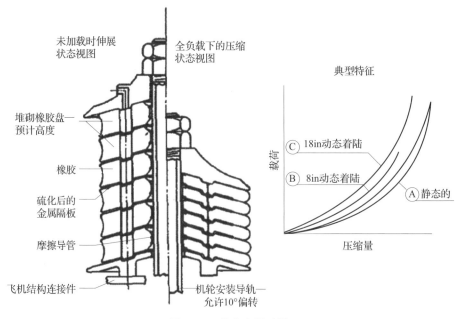

图 7-25　橡胶盘缓冲器

橡胶盘缓冲器设计最好在专业橡胶制造商的帮助下进行。隔振产品公司（历史上为凡士通模具公司的拥有者）的两个不同尺寸的橡胶减振产品示例如图 7-26 所示。使用时，可以用一个内部导杆串联一叠橡胶盘来实现所需的行程。

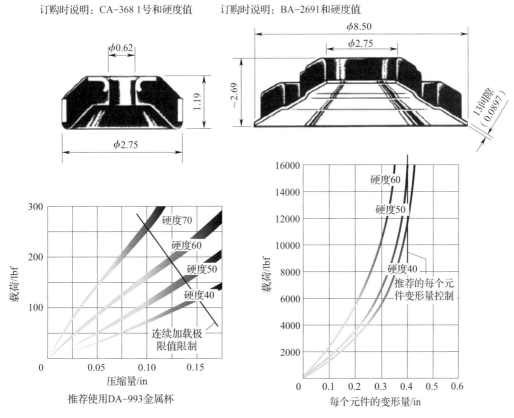

图 7-26　橡胶减振盘

许多飞机都使用了堆砌式橡胶盘缓冲器，通常在摇臂式起落架上应用比较多。例如，比奇 "火枪手"、穆尼 M20 和 Mite（见图 7-27），以及一些德·哈维兰飞机，如 "鸽" 式、"蚊" 式和 "鼠" 式飞机（见图 7-28）。

也可以使用聚氨酯材料块代替橡胶，在德·哈维兰 DHC-6 "双水獭" 飞机中（见图 7-29）已经成功使用多年。缓冲器由两个压缩块和一个反弹块组成。在着陆过程中，支柱将压缩块挤压到上固定板。在反弹过程中，反弹块被压缩紧靠在底板上来吸收能量。通过连接螺栓和螺母将预压缩载荷施加在整个组件上。该方法非常适合于 "双水獭" 在简易地区使用，不需要检查或维护。

在橡胶缓冲器中，阻尼的主要来源是材料的滞后损耗以及橡胶与导杆之间的滑动摩擦。通过额外的阻尼方式（如油液阻尼）可以提高橡胶缓冲器的效率。图 7-30 表示出这种可能性，橡胶缓冲器预计可以达到约 70% 的效率，但是由于橡胶和氮气的密度差异很大，其重量总是高于同等效率的油 - 气式缓冲器。

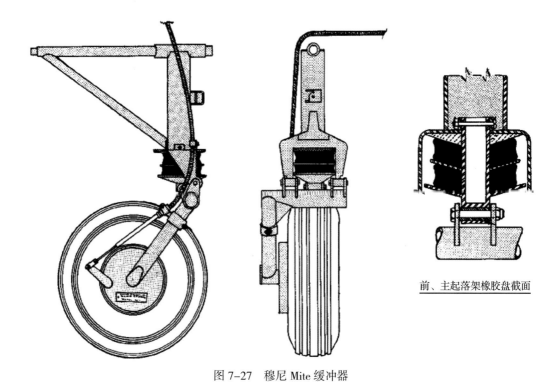

前、主起落架橡胶盘截面

图 7-27　穆尼 Mite 缓冲器

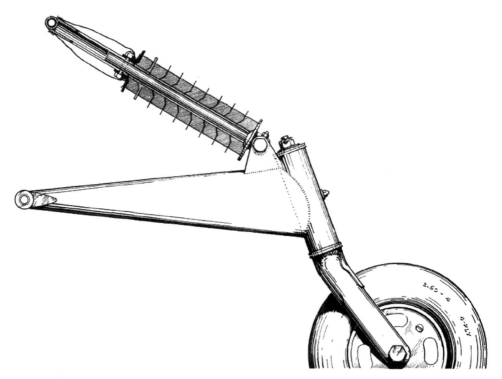

图 7-28　德·哈维兰 DHC-1 "鼠" 式飞机尾轮

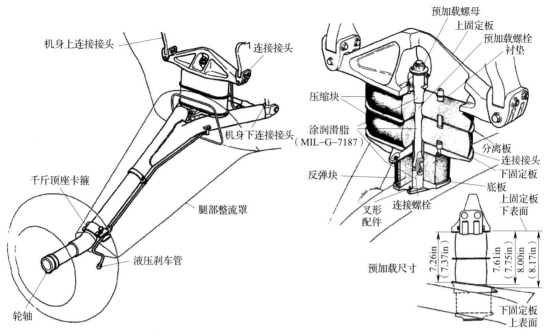

图 7-29 "双水獭"主起落架

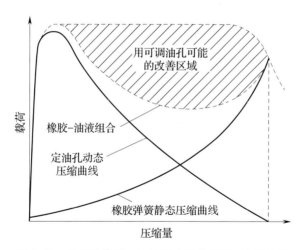

图 7-30 理想的橡胶 - 油液缓冲器的载荷—变形曲线

7.4 气体弹簧缓冲器

纯气体弹簧缓冲器的使用似乎是一个历史上的错误。二战期间，有几型飞机使用了这种缓冲器，但这项技术并没有持续下去。任何人把他的拇指放在自行车打气筒上，压缩打气筒手柄，都能认识到压缩气体能够当作弹簧和阻尼器使用。然而，由于纯气体设备没有固有的润滑，这些部件在使用中的性能和寿命似乎并不理想。图 7-31 中为二战期间许多德国飞机上使用的 VDM-Faudi 气体弹簧的布置。一些飞机配置了气体弹簧，包括容克 Ju-52，在其缓冲器内部充填了少量用于润滑的油液[9]。

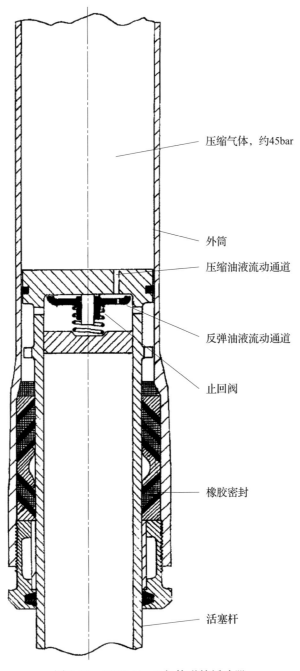

压缩气体，约45bar

外筒

压缩油液流动通道

反弹油液流动通道

止回阀

橡胶密封

活塞杆

图 7-31 VDM-Faudi 气体弹簧缓冲器

图 7-32（a）为 Avro Anson 上使用的气体弹簧缓冲器，图 7-32（b）为由奥莱尔制造的用于法国德瓦蒂纳 520 战斗机上的气体弹簧缓冲器。康威[1]关于奥莱尔缓冲器的表述如下：

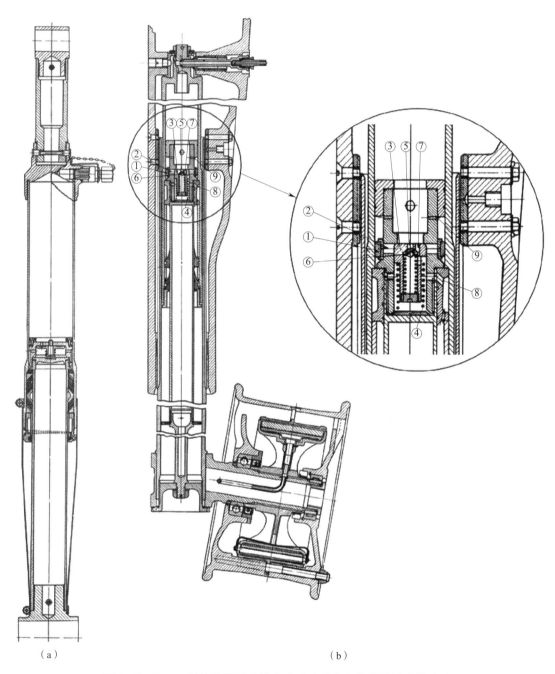

（a）　　　　　　　　　　　　　　　　　　（b）

图 7-32　Turner 气体弹簧缓冲器（a）和奥莱尔气体弹簧缓冲器（b）

外筒内装有轻质合金活塞杆，其上安装了钢制活塞头。外筒由密封组件封闭，在行程末端，活塞与密封组件相触。密封组件的设计较为特殊，其密封没有采用橡胶，由金属对金属接触实现。青铜密封环组件精密机械加工出一个薄边，该密封环薄边与滑动杆为过盈配合。这使得它能够在低压条件下密封，随后作用在锥形密封环外表面的压应力使它能够在极高的压力下也能密封。在制造金属配合件时，为了能满意地使用，要求有很高的金属零件制造精度和油液清洁度。如果说没有采用这种设计，则表明这些极高的要求可能无法在实际中得到保证，但在有利的条件下，当这些要求能顺利得到满足时，这种设计值得在生产型飞机上采用。

这种缓冲器的阻尼控制是复杂的，装在活塞头上的浮动环（1）与外筒之间是摩擦配合，当缓冲器压缩时，浮动环被摩擦力向下驱动到图示的位置，关闭孔（2）。由弹簧（4）作用的阀组件（3）可以盖住相同的孔（2）。阀组件上有阻尼孔（5），由弹簧加载的球阀（6）关闭。当起落架伸展时，浮动环（1）处于行程的顶点。当起落架着陆压缩时，阀（3）由于压力和惯性而抬起并打开孔（2），直到大约3/8in行程后浮动环（1）再次将它们关闭。此时气体通过主孔（7）和孔（8），流入到活塞下面的环形腔内；当压力达到适当值，球阀（6）也抬起以限制压力继续升高。反行程时，阀门在弹簧的作用下关闭，反行程阻尼仅通过主孔（7）起作用。由于孔（9）的限制，浮动环（1）的上升延迟。在滑行过程中，浮动环允许活塞杆有一定量的相对自由的运动，在压缩方向气体通过大孔（2）流动。

7.5 液体弹簧缓冲器

液体弹簧缓冲器正是利用了所有液体并不是完全不可压缩的这一特性（每一种液体均具有某种程度的可压缩性）。大多数液压系统的分析都要考虑流体的体积弹性模量，而体积弹性模量与可压缩性相关联。在查阅液压油数据时必须注意有不同类型的体积弹性模量，需要选择合适的体积弹性模量[5]来确保尺寸和预测方程的准确性。快速压缩时（如缓冲器的着陆压缩），热量几乎没有机会传入或离开系统，这时需要使用绝热弹性模量。而缓慢压缩或流体温度恒定时需要使用等温弹性模量，这只适用于弹簧曲线的低速压缩测试。压力变化幅度也是模量选择的一个影响因素。例如，在着陆过程中，大压力变化需要使用割线模量；在静态水平附近的小压力波动，如滑行情况，则需要使用切线模量。体积弹性模量通常用lbf/in²（psi）或N/m²（Pa）表示。它有效地表明了流体的抗压缩特性

$$\beta = -V \frac{\partial p}{\partial V}$$

式中：β——体积弹性模量；

    p——压力；

    V——压力p条件下的油液体积。

大多数可供使用的液压油体积弹性模量数据限于8000psi压力条件下（通常是液压系统的压力上限）。图7-33中为历史上液体弹簧中使用过的两种油液的曲线，可供设计者采用。目前的飞机液压油标准只规定性能参数，缺乏对体积弹性模量严格的控制要求；实际上，当油液用于液体弹簧缓冲器时，应该说明油液允许的体积弹性模量范围。

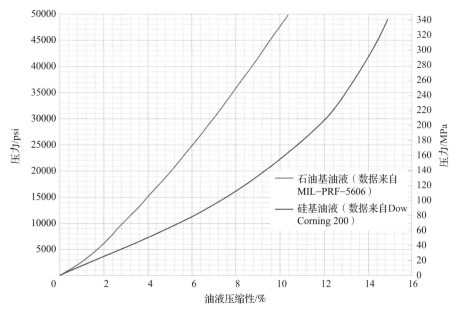

图 7-33　硅基和石油基缓冲器油液的压缩性（MIL-PRF-5606 的数据取自
SAE 报告 710536 和 SAE AIR 1362C；Dow Corning 200 的数据取自 SAE
报告 710536 和 Dow Corning 200 数据表）

　　液体弹簧缓冲器的构造方式类似于单级双向作用的液压作动筒（见第 9 章）。然而，当液体弹簧静止时，活塞两侧的压力相同，压力只作用于活塞杆区域（见图 7-34）；当液体弹簧被压缩时，活塞杆头部两侧的压差产生阻尼力。在液体弹簧缓冲器的压缩过程中，作用在活塞杆上的外力迫使它进入充满液体的外筒中。从而减少了外筒中的可用体积，使油液压缩并增加油液压力，直至外力与作用于活塞杆的内压产生的作用力之间达到平衡。设计液体弹簧缓冲器时，根据选定工作压力下活塞杆的预计行程和选定油液的可压缩性，可计算出满足要求的油液体积。

　　可见，活塞杆单向行程（以及由此产生的负载）决定了压力大小。可以达到的实际压力值是所选油液压缩性的函数。最大允许压力取决于外筒的强度和有效运行时的密封能力。道蒂公司过去的设计采用了石油基液压油，最大压力为 50000psi。康威[1] 认为，该值为最佳压力水平，因为在更高的压力下缓冲器的重量增加开始抵消压力增加所带来的收益。然而，这些计算是对强度明显低于现有钢材的钢进行的。无论如何，50000psi 对于有效密封来说已是一个重大的挑战。几种硅基油液体弹簧的工作压力接近 20000psi。从图 7-33

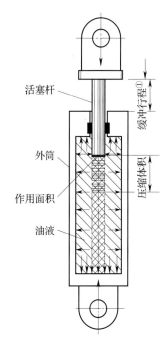

图 7-34　液体弹簧缓冲器原理布置图

————————————

　　① 原图标错位置。——译者注

可以看出，在 20000psi 下硅基油液压缩性与石油基油液在 50000psi 下的压缩性大致相当。采用硅基油液液体弹簧缓冲器的越野汽车已经成功在 18000psi 的最大压力下运行[14]。设计液体弹簧时，如果发现压力水平过高，就必须减少活塞杆的行程，或者增加油液的体积。全伸长状态应该至少取约 2000psi 压力，以避免活塞杆自由运动，并为低温下液体收缩留有一定的余量。

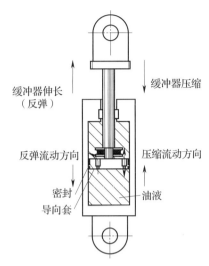

图 7-35　实际液体弹簧缓冲器

　　实际设计中，在活塞杆上会增加一个带有孔的活塞头，以控制压缩和反弹阻尼。图 7-35 为一个具有压缩阻尼和反弹阻尼且带有止回阀的简单液体弹簧缓冲器（止回阀的原理见图 7-14）。活塞头的增加减少了可用的总油液体积，但由于活塞头体积在运行过程中没有变化，弹簧行为仍然完全取决于活塞杆的体积。

7.5.1　液体弹簧缓冲器尺寸

　　通过要求的下沉速度和过载分析，可以确定所需的缓冲器行程（见第 6 章）。初始假定液体弹簧的设计效率为 75%（实际效率将很大程度取决于所选阻尼结构）。根据所选过载和轮轴垂直位移，必须对起落架的所有几何变化进行修正。液体弹簧常用于摇臂式起落架；所需的缓冲器行程根据选定的布置和飞机姿态等几何影响（如尾沉着陆）来计算。同样地，所需的缓冲器最大载荷也需要根据几何变化来确定。通常，缓冲器的弹簧力应避免在 2g 滑行时缓冲器压到底。在这种情况下，假定撞击产生的缓冲器速度不足以产生明显的阻尼力，载荷必须由弹簧单独承担。选用这样的最大弹簧力设计准则，会使得缓冲器的静态行程约占总行程的 50%。

　　根据缓冲器所选油液和密封系统的类型，选择一个目标最大压力（石油基油液的最大压力为 40000 ~ 50000psi，硅基油液的最大压力为 18000 ~ 20000psi）。建议保留一定的余量，以便后期允许飞机能力增长或研发阶段的起落架设计改进。选择 1500 ~ 2000psi 作为全伸长压力，保留一定余量以抵御温度变化。活塞杆直径决定了给定压力下的输出载荷；根据选定的最大压力和所需的最大弹簧力来计算活塞杆面积。

　　产生的最大阻尼力由所选过载和缓冲器所承担的飞机重量决定。根据起落架上的飞机重量 m 和过载 λ，可以计算出阻尼力 F

$$F=\lambda mg$$

　　g 是重力加速度，m 是由起落架支撑的飞机重量。值得注意的是，有些飞机的着陆重量小于起飞重量，而有些飞机着陆重量和起飞重量相同。为了确定缓冲器产生的最大阻尼力，F 值需要依据起落架的结构特点和飞机姿态来调整。在活塞杆直径和最大阻尼力已知的情况下，必须检查以确保活塞杆不会弯曲，约翰逊载荷公式是一个典型的方法。如果所选的活塞杆直径不足以承受载荷，则应改变起落架的几何构型以减少所需的载荷。或者也可以设计一个空心活塞杆（增加给定活塞杆面积下的活塞杆直径），但需要一个额外的密封，所以并不是一个理想的方案。

　　根据全压缩压力、全伸长压力、活塞杆直径、所需行程，以及油液压力与压缩特性曲线，计算出缓冲器弹簧所需的油量。根据油液体积和缓冲器行程，确定外筒内径。外筒壁厚通常采用 Lame 壁厚理论计算。下文示例描述该过程。

液体弹簧缓冲器尺寸计算案例

根据 OV-10 的摇臂式主起落架几何布置（见第 6 章，图 6-50），基于轮轴垂直位移和缓冲器行程之间的关系，缓冲器的最大行程为 7.7in（水平姿态条件下，最大轮轴垂直位移 18in 处的机械传力系数为 2.35，缓冲器行程需要 7.7in）。假设飞机重量为 8441lb，其中 90% 的重量由主起落架承担，那么每个主起落架的静态垂直载荷为 3800lbf。一个 2g 的滑行将产生 7600lbf 垂直载荷。由于完全压缩的机械传力系数是 2.35，则 2g 滑行过程中缓冲器的载荷为 17860lbf。

如果液体弹簧使用图 7-33 中的 Dow Corning200 油液，弹簧最大压力取为 20000psi，全伸长压力取为 2000psi，那么可以承受 17860lbf 的实心活塞杆的直径为

$$压力 = \frac{力}{面积}$$

$$面积 = \frac{力}{压力}$$

$$活塞杆面积 = \frac{17860}{20000} = 0.893\text{in}^2$$

由此可知，对应 0.893in^2 的活塞杆直径为 1.07in。如果设计过载为 5，那么主起落架的最大垂直载荷为 19000lbf。如果使用固定油孔，最大载荷多半出现在缓冲器压缩的早期，但如果对活塞杆强度进行保守的检查，则可以认为最大载荷发生在最大传力系数处，则最大的缓冲器载荷为 19000 × 2.35=44650lbf。通过对缓冲器性能进行动态分析，可以更精确地计算最大载荷的真实位置。

必须检查具有 7.7in 行程长度和该直径的活塞杆是否具有承受 44650lbf 最大阻尼载荷的能力。采用 300M 超高强度钢和约翰逊载荷公式[15]

$$\frac{F_{cr}}{A} = a - b\left(\frac{l}{k}\right)^2$$

式中：F_{cr}——筒体即将失效的临界载荷；

A——筒体面积；

l——筒体长度；

k——筒体的回转半径（对于实心筒体，为筒体直径的四分之一）；

a——一般取材料的屈服强度 S_y。

其中

$$b = \left(\frac{S_y}{2\pi}\right)^2 \frac{1}{CE}$$

式中：E——筒体材料的弹性模量；

C——末端拟合常数，对于具有旋转终端的组件取 1。

对于 300 M 钢，其屈服强度 S_y 为 230000psi，弹性模量 E 为 29000000psi[16]。

此时临界载荷 F_{cr} 为

$$\frac{F_{cr}}{A} = S_y - \left(\frac{S_y}{2\pi}\right)^2 \frac{1}{CE}\left(\frac{l}{k}\right)^2$$

$$F_{cr} = AS_y - A\left(\frac{S_y}{2\pi}\right)^2 \frac{1}{CE}\left(\frac{l}{k}\right)^2$$

$$F_{cr} = (0.893)(230000) - (0.893)\left(\frac{230000}{2\pi}\right)^2 \frac{1}{(1)(29000000)}\left(\frac{7.7}{\frac{1.07}{4}}\right)^2$$

$$F_{cr} = 171200\text{lbf}$$

实际上，活塞杆的长度会比 7.7in 的行程略长，但该计算表明在 171200lbf 临界载荷和 44650lbf 最大阻尼载荷间有很大的余量。可以选择代价较低的钢材。

进而计算所需油量和外筒尺寸：

2000psi 条件下油液压缩系数为 1.156%（由图 7-33 多项式拟合）；

20000psi 条件下油液压缩系数是 9.345%（由图 7-33 多项式拟合）。

活塞杆全行程产生的缓冲器内部体积的减小量是活塞杆面积乘以行程

$$体积减少量 = 7.7 \times 0.893 = 6.88\text{in}^3$$

从全伸长状态（1.156%）到全压缩状态（9.345%）之间的油液压缩变化量必须能够使缓冲器中的油液体积减少 6.88in³，则

$$油液体积 = \frac{体积减少量}{油液净压缩量} = \frac{6.88}{0.09345 - 0.01156} = 84.02\text{in}^3$$

由于在缓冲器全伸长状态下，充填油液至 2000psi 会产生少量的预压缩，在 2000psi 压力下缓冲器外筒中的几何体积为

$$几何体积 = \frac{油液体积}{1 + 预压缩} = \frac{84.02}{1 + 0.01156} = 83.06\text{in}^3$$

进而可计算出外筒的直径和长度。受起落架上安装时的可用空间限制，缓冲器有可能是一个或长或短的布置，直径和长度设计通常不是独立开展的。在活塞杆行程中不考虑"富裕行程"的条件下，可以得到最短的缓冲器，但全行程将使活塞杆头部与外筒接触。实际设计中，为了避免活塞杆压缩到底或减小外筒直径，需要一定的（或应当考虑）富裕行程。如果总长度按 7.7in，则外筒直径可确定如下

$$外筒内孔面积 = \frac{几何体积}{长度} = \frac{83.06}{7.7} = 10.79\text{in}^2$$

由此可知，实现内孔面积 10.79in² 的外筒内径为 3.71in。然后这个直径被减少到最接近的标准密封尺寸（见本书附录 E），缓冲器长度略增加以达到所需液体体积。

已知外筒内孔面积，可以计算达到所需的缓冲器最大阻尼压力

$$最大阻尼压力 = \frac{最大载荷}{外筒内壁面积} = \frac{44650}{10.79} = 4138\text{psi}$$

由于阻尼压力作用在活塞头部的整个区域，而弹簧压力只作用于活塞杆区域，所以所需的阻尼压力低于弹簧压力。为了计算预期的最大组合压力，通常采用动态模型。确定最大预期压力的保守方法是将阻尼压力与最大弹簧压力相加。通常用 Lame 厚壁压力容器计算公式来确定所需的壁厚。对预期压力的估计还应该包括温度的影响——在室温或正常环境温度下使用的液体弹簧，在高温下操作时，将产生与设计条件相比更高的压力——外筒筒壁设计必须适应这种情况。

所需油孔直径需考虑轮胎性能、起落架几何构型和缓冲器性能的动态模型计算获得。不过可以假设在触地后不久缓冲器压缩速率接近飞机初始下降速率（当修正了几何效应时），由此估算所需的油孔面积。假设起落架最大压缩速率为飞机下降速度，即 10ft/s，而 OV–10 飞机尾沉着陆状态的初始接触瞬间，主起落架的传力系数接近 1，则缓冲器最大压缩速率将接近 10ft/s。

根据前文中的阻尼方程，阻尼力为

$$F = \frac{\rho}{2}\left(\frac{VA_{\text{piston}}}{C_d A}\right)^2 A_{\text{piston}}$$

式中参数值如下：

所需的阻尼力 F 为 44650lbf；

$A_{\text{piston}}=$ 外筒内壁面积 $=10.79\text{in}^2 = 0.0749\text{ft}^2$；

$C_d = 0.65$（假设为锐边孔板，参见液体阻尼部分）；

$V = 10\text{ft/s}$；

ρ 为 Dow Corning 200 的密度，是 1.94slug/ft^3（水密度）的 0.96 倍 $= 1.8624\text{slug/ft}^3$；

A 为油孔的面积。

油孔面积的计算方程

$$A = \sqrt{\frac{\rho V^2 A_{\text{piston}}^3}{2FC_d^2}}$$

计算求解

$$A = \sqrt{\frac{(1.8624)(10)^2(0.0749)^3}{2(44650)(0.65)^2}} = 0.001441\text{ft}^2$$

阻尼可用一个面积为 0.001441ft^2 的油孔提供，通常由多个油孔提供对称载荷，如果使用 4 个油孔，那么每个油孔的直径为 0.257in，就能够提供所需的油孔面积。反弹阻尼通过止回阀遮盖一半的油孔来提供。

该缓冲器产生的弹簧曲线（无阻尼）如图 7-36 所示。

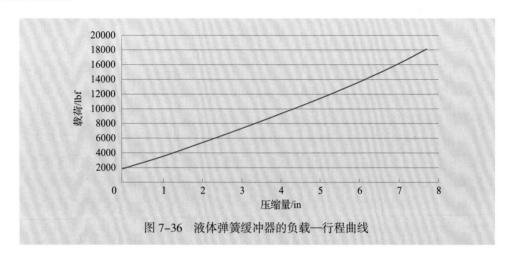

图7-36 液体弹簧缓冲器的负载—行程曲线

7.5.2 液体弹簧缓冲器的案例和问题

考虑到液体弹簧缓冲器的巨大工作压力，确保有效的密封是一个挑战。据报道，大型越野自卸卡车上应用的传统密封装置如图7-37所示。这些液体弹簧的最大压力约为15000psi。泰勒公司已经成功在阻尼器上应用塑料（尼龙和聚四氟乙烯）密封，其最大压力达到20000psi。另外，泰勒公司的专利3256005[17]中列出多种塑料密封方案。

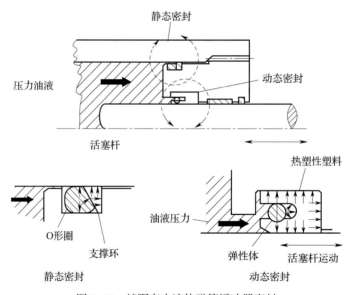

图7-37 越野车中液体弹簧缓冲器密封

然而，工作压力高达50000psi的液体弹簧密封需要不寻常的方式。道蒂公司开发了如图7-38所示的密封，可确保密封压力高于油液压力。使用了两层金属网垫（通常是青铜）以确保压力不被封闭在带有定位销钉的钢垫片和密封之间。类似地，凹槽（在图片中可见）被用来确保压力不被封闭在销钉下面。宾汉姆（Bingham）的文章[18]中提供了该密封的设计细节，该密封的使用压力可达50000～55000psi。密封橡胶是一种织物增强合成橡胶；橡胶密封圈的面积是减去销钉面积后的组件环形面积——确定合适的面积（通过改变销钉的尺寸）是至关重要的，以确保密封性能和活塞杆摩擦之间取得平衡。

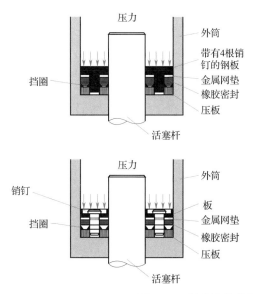

图 7-38　道蒂液体弹簧缓冲器密封

在液体弹簧的尺寸设计中，应考虑外筒的膨胀和密封结构压缩引起的任何容积变化。宾汉姆报告了一个近似线性的综合外筒和密封引起的体积变化量，在 20000psi 压力下体积增加约 1%，在 50000psi 压力下体积增加约 2.3%。这应该通过分析或测试来确认，因其与道蒂设计方法有所区别。为了减小所需的壁厚，应考虑预压应力（在外筒内部产生的残余压应力）。实际上，这是通过在生产过程中对外筒进行预压来实现的；一旦卸除压力，材料（外筒内壁）的局部屈服区域就会产生显著的残余压应力。这非常有利于确保外筒重量具有竞争力。道蒂公司遵循的流程细节在宾汉姆的文章附录中提供。典型液体弹簧缓冲器的横截面如图 7-39 所示。

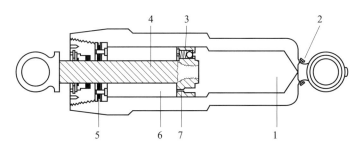

图 7-39　典型液体弹簧缓冲器截面

1—上腔；2—充填阀；3—油孔止回阀；4—活塞杆；5—高压密封；6—下腔；7—油孔

除了高压密封带来的挑战外，由于油液的热膨胀系数比外筒使用的钢材的热膨胀系数大，液体弹簧的压力随温度的变化也很大。图 7-40 展示出液体弹簧压力随温度变化的曲线，温度相对使用温度变化量为 15℃（27℉）。在前文中的 OV-10 示例中，设计有温度敏感性的指示器，可显示热膨胀系数的设定极限值。在实际系统中，温度影响系数随工作压力的增大而减小，从而降低温度引起的变化。如果预期使用温度有较大的变化区间，则设计更高压力会比较有利。

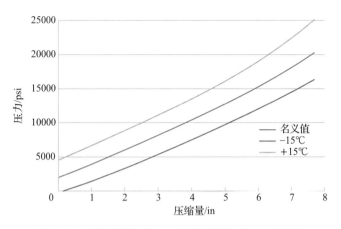

图 7-40 液体弹簧案例——温度对缓冲器压力的影响

有许多办法可以解决温度变化和泄漏引起的油液损失问题。当起落架离地后，使用仅与缓冲支柱连接的充氮复位装置是一种方法。图 7-41 为一个将起落架的刹车拉杆用作氮气储存装置的系统。在缓冲器全伸长时，一个基于防扭臂位置的机械驱动阀将液体弹簧缓冲器连接到所述复位器上。另一种替代布置是利用飞机液压系统直接给液体弹簧充油。这种方法特别适用于液压系统的油液与液体弹簧相同的飞机（否则需要使用独立系统）。

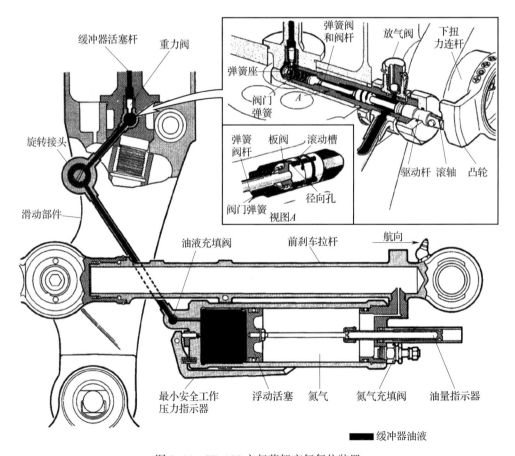

图 7-41 CF-105 主起落架充氮复位装置

　　道蒂公司开发的另一个解决方案是氮气辅助液体弹簧，如美国专利 3747913[19] 所述。这种缓冲器是液体弹簧和油 – 气式缓冲器的混合体。在液体弹簧缓冲器中加入少量氮气，有助于克服温度限制并可增加液体的综合压缩性。图 7–42 为缓冲器剖面和不同量气体的压缩曲线。专利申请中的描述如下：

　　曲线 A 表示在仅充填矿物油作为液体弹簧时的压缩特性关系曲线，30000psi 对应的压缩率为 8.3%。曲线 B 表示液体填充量 94%，且充填 6% 的气体并在 1500psi 压力下达到气体溶解平衡时的关系曲线，然后让飞机处于停机状态，起落架上的静载荷会让缓冲器压力增大而超过初始压力，在一段时间后所有的自由气体会进入新的溶解状态，此时压缩特性关系曲线遵循曲线 B_s。曲线 C 和 D 分别表示充填 10% 和 15% 自由气体的关系曲线，而曲线 C_s[①] 和 D_s 则表示地面停机状态下，所有气体都进入溶解状态时的关系曲线。例如，在压力 1500psi 下含有 15% 气体的缓冲器中，当飞机静止在地面时气体会进入溶解状态。在飞机滑行和起飞前，如果忽略孔 26 和孔 27 的阻尼效应，压缩特性关系曲线将基本上遵循曲线 D_s。

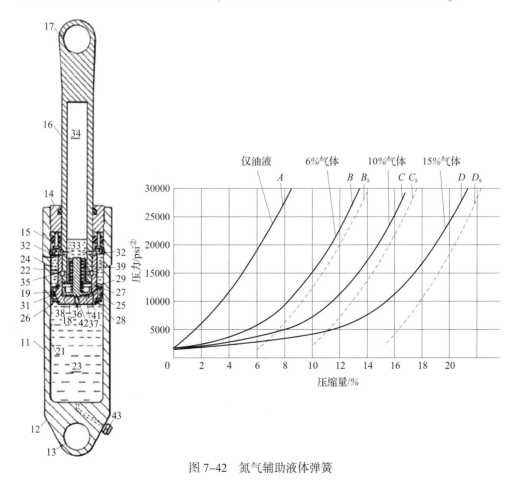

图 7–42　氮气辅助液体弹簧

① 原文为 B_s，应改为 C_s；
② 单位 "psi" 为译者添加。——译者注

与传统液体弹簧缓冲器相比，氮气辅助液体弹簧可以在较小直径的外筒内实现相应弹簧行为。此外，它可以使用矿物油，而不是特定的硅基油液，这将提高维修性。一个典型的成功案例是 AV-8B 前起落架。

7.6 油 – 气式缓冲器

油 – 气式缓冲器使用压缩气体作为弹簧并且用油液来产生阻尼，为设计者提供了极具灵活性与可能性的构造方案，从而广泛应用于现代飞机中。图 7-43 所示为单腔（一个空气弹簧腔）油 – 气式缓冲器的示意图。该设计用一个油针优化阻尼特性，但原理与定油孔相同。油 – 气式缓冲器特点是用油液产生压缩和反弹阻尼，并以一个或多个气室提供气体弹簧。

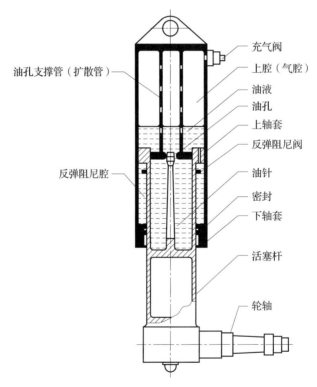

图 7-43　单腔油 – 气式缓冲器示意图

图 7-43 为活塞杆在全伸长位置的油 – 气式缓冲器。当活塞杆被压缩进外筒时，缓冲器中的可用总体积减少，引起气体压力增大。气体压力的变化关系建立在常用气体方程的基础上

$$p_1 V_1^\gamma = p_2 V_2^\gamma$$

式中：p_1 和 V_1——指在第一状态下气体的压力（绝对值）和体积；

p_2 和 V_2——指在第二状态下气体的压力（绝对值）和体积；

γ——多变指数或热容比。

当气体被等温压缩时（压缩速度缓慢使产生的热量有足够的时间消散），γ 值取 1（试验时需要确定缓冲器压缩速度，以确保等温条件：小压缩比时，25mm/min 通常是合

适的；而对于大压缩比，压缩速度尽量慢或不大于 4mm/min）。当快速压缩或伸长时，缓冲器接近等熵过程（可逆绝热过程），空气和氮气（缓冲器典型的充填气体）的理论 γ 值为 1.4。在实际系统中，γ 的实际值不同于理论值：在油–气分离式缓冲器中，γ 值通常接近 1.4（1.3~1.5）；油–气未分离的缓冲器中，油与气体的接触导致气体在压缩过程中冷却，γ 值降低。在缓冲器设计中，如果油液直接喷入气体时，γ 值可能会接近 1（从 0.85[①] 到刚刚大于 1）；当油液被挡板阻挡而不直接喷入气体时，冷却较少，γ 值接近 1.1。

气体弹簧行为可参照图 7-44 中的活塞和外筒示意图。该几何构型（非典型缓冲器的代表）中，外筒内壁面积乘以活塞杆的行程 x 为气体的体积。总压缩比是全伸长的体积除以全压缩的体积。图 7-45（a）显示了不同全伸长位置压力（充填压力）带来的影响：在等温条件下，双倍的充填压力会使压缩过程中的压力始终加倍。

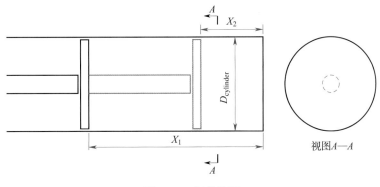

图 7-44　气体体积

图 7-45（b）显示了不同压缩比的影响：直到大部分行程被压缩之前，压缩比对压力曲线影响较小。而大压缩比只是在接近全压缩状态时使压力迅速增加。动态压缩的影响如图 7-46 所示（给出的示例为油–气分离式缓冲器）。

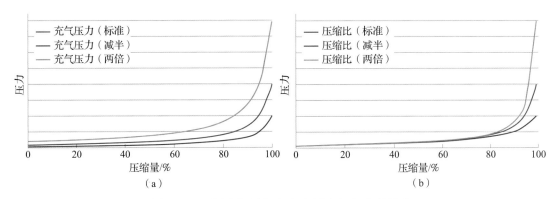

图 7-45　不同充气压力（a）和压缩比（b）的影响

① 只有在另一个过程工作时，小于统一的值才可能存在。在油–气未分离式缓冲器的动态压缩过程中，一些气体分子被吸收到油中，并从弹簧功能中"丢失"。更多的细节可在本书 7.6.2.2 节充气气体在油液中的溶解度中找到。

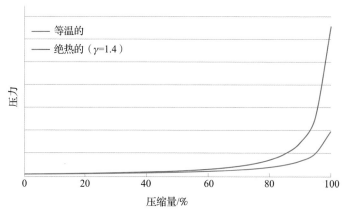

图 7-46　等温压缩与等熵（绝热）压缩曲线

通常需要通过一个迭代的过程为给定起落架寻求正确的气体弹簧曲线。有几个相互矛盾因素需要平衡：全伸长压力必须足够高，以迫使缓冲器克服密封和轴套摩擦力达到全伸长，但增加充气压力会增加缓冲器的启动载荷——初始压缩所需的力。虽然没有强制性的启动载荷要求，但它与飞行员和乘客对舒适度的感知有关，而且它通常与飞机的空/地检测系统关联（这些系统根据起落架的机械压缩量来切换状态）。此外，工业界历来推荐 190~250psi 作为最小充气压力，以尽量减小氮气溶于缓冲器油液带来的显著影响[20]。经验表明，起落架的启动载荷（压力产生的载荷和轴套摩擦力组合）应小于最大着陆重量下静载荷的 17% 以优化乘客的舒适性，且大约 7% 时对空地检测系统来说是最优的。但许多飞机在启动载荷超过或低于 17% 的情况下仍成功地运行。在安装回中凸轮的前起落架上，充气压力必须足以克服旋转阻力矩，使起落架在起飞后处于对中位置，但充气压力又必须足够小，以使飞机最小重量状态下前起落架（典型的小重量、后重心工况）凸轮脱离。

等温压缩过程中获得的最大压力应足以在无阻尼条件下应对起落架的滑行碰撞问题。对主起落架而言，通常取 2g 滑行，而对于大型飞机，则可以减少为 1.7g[21]；对于前起落架，应该采取更高的过载假设以覆盖在滑行颠簸过程中同时刹车。前起落架的最大压力也可能是由动态刹车引起的。在动态压缩过程中所能达到的最大压力应足以承受在限制着陆条件下的静态载荷乘以过载。在极限或"储备能量"工况中，允许缓冲器或轮胎触底是合理的（尽管在名义温度下避免触底的设计有助于提供低温操作余量以及飞机发展型的余量，并可使衍生飞机的认证更容易）。一些飞机制造商试图确保在低温条件下的滑行撞击中也不会发生触底现象，这会使名义压力下产生更高的末端载荷。

在小型飞机上，活塞杆的直径通常根据强度确定（特别是支柱式起落架）。而大型飞机中，缓冲器直径通常由飞机在最大重量下的停机压力决定。无论飞机大小，ARP1311[3] 建议支柱式起落架初始最大停机压力为 1500~1700psi，这允许飞机进一步发展。但具有 2200psi 及更高压力的支柱式起落架也在成功服役。对于摇臂式和半摇臂式起落架，可以使用更高的静态压力。一般情况下，推荐缓冲支柱的最大静态压力不超过 2500psi，这是停机状态允许通过标准氮气瓶为支柱充气的压力，标准氮气瓶的充填压力为 3000psi，在设计更高压力下的缓冲器时，要求只有飞机在千斤顶上时才能维护起落架，或者使用压力泵增加有效充气压力。缓冲器在静止状态的压缩量一般不超过 80%~85%。对于野战机场，需要减少静态压缩（为撞击压缩提供更多可用行程），主起落架目标为 70%~75% 压缩，前起落架目标为 60% ~ 65%。这些位置均是典型值，根据气体弹簧曲线的形状，越大的静态压缩量会导致在地面操作中更硬的弹簧曲线，使滑行严苛但侧向（滚转）稳定性更好。对于前起落架，即使飞机处于最小质量和后重心状态时，静态压缩量必须足够使前起落架凸轮脱开。此外，在确定前起落架的弹簧曲线时，必须考虑动态刹车载荷和发动机推力的潜在影响。一旦根据所选静态压力确定了活塞杆直径，通常四舍五入到最接近的标准密封尺寸；本书附录 E 中列出了工业标准密封槽尺寸。

根据选定的活塞杆尺寸，为反弹阻尼选择一个合适的环形腔面积然后可以确定外筒直径。反弹油孔的尺寸设计通常需要将活塞杆从静态位置的"自由伸展"降速，当活塞杆与外止动接触时速度减少到大约 1ft/s 或 300mm/s。为确定反弹油孔尺寸，必须考虑动态弹簧曲线储存的能量和下部质量。反弹腔压力应不超过 8000psi 以保证密封的有效性，计算反弹腔压力应考虑从静止位置的反弹，以及极限着陆时来自缓冲器最大行程的反弹。一旦确定适当的反弹面积，外筒内径应四舍五入达到标准密封尺寸（如果该直径也用于静态密封），或者如果不使用标准密封，则使用其他方便的值。

传统的油–气式缓冲器压缩比设计：从全伸长到停机的压缩比约为 4，再从停机到全压缩的压缩比为 3（共 12）。飞机的最大压缩比通常取 20 ~ 25，当然，许多飞机在压缩比为单数或到接近 40 的状态下成功运行。在高压缩比（大于 15）情况下，缓冲器的充填气体只能用惰性气体（通常是氮气），以避免缓冲器液体自燃。MIL–H–5606 油液避免自燃的理论极限压缩比约为 3[22]；实际上，在压缩比明显大于该值的情况下，也并未着火。轻型飞机和小型军用飞机的压缩比在 6 左右，而有低温操作要求的大型飞机的压缩比为 20 ~ 25。极高的理论压缩比常用于确保缓冲器的低温性能。在低温条件下，油液体积减小，真实压缩比低于理论最大值。其结果是，高压缩比在服役过程中通常是无法达到的，缓冲器一般以较低压缩比工作。缓冲器的最大压力受密封能力的限制。AS4716[23] 建议限制为 8000psi。

选择油–气分离式缓冲器还是油–气混合式缓冲器需要考虑多种因素。油–气分离式缓冲器具有油气没有混合的优势，这将使多变指数更好预测，且在任何压缩位置伸长后或从收上位置放下后均能随时立即使用（不需要等待油液回流）。此外，不会在滑行过程中产生气泡以及发生增加溶解度等问题，也不需考虑气体最小压力（只要有足够的压力来克服摩擦）或系统中的油气比。油–气分离式缓冲器需要增加额外的部件：一个分离活塞（浮动活塞）及其相关的密封，意味着需要为各个腔提供维护，并在浮动活塞运行的地方进行精加工。浮动活塞的存在意味着在填充缓冲器时必须小心，以确保油液填充至正确的腔中，并消除所有滞留的气穴。此外，浮动活塞上的密封失效故障很难发现；根据飞机的类型和认证制度，在一些载荷工况下必须考虑密封失效状态下的缓冲器性能。对于执行大量重复着陆的飞机（教练机）、在粗糙和未铺砌道面工作的飞机，以及那些在起落架放下和着陆之间时间极短的战术飞机，油–气分离式缓冲器是一个优良选择。

油–气混合式缓冲器具有结构简单的优点；只需要一个填充端口（尽管在实际中，许多缓冲器保留两个）。油–气混合式缓冲器的填充过程通常比较简单，因为油液或气体可以通过一个充填口注入，且较少关注滞留空气。当起落架收上时，油–气混合式缓冲器中的油液不会保持在一个固定的位置，因此起落架放下后必须要留有一定的时间以确保油液回流到它的正常位置，通常规定为 2min 或更少时间。气体和油液的接触会产生泡沫（这会损害阻尼性能），也会导致气体溶解在油液中。为了最大限度地减少氮气溶解于缓冲器油液的影响，在油－气混合式缓冲器中气体与油的比例应大于 0.8 并应努力使比例保持在 0.5 以上（全伸长时气体体积比油液体积）。

图 7-47 展示了多种缓冲器的布局。大多数单腔油－气式缓冲器都采用了其中的形式之一，其特征可以组合，阻尼布置也可以在图示的定油孔的基础上进行改进。图 7-47 布置 A 展示了一个简单的油－气分离式布局，每个滑动部件由两个支撑点支撑，该布局中，活塞杆由安装在外筒中的下轴套和安装在活塞杆顶部的上轴套支撑。活塞杆顶部设计有反弹阻尼（未显示），反弹阻尼腔为活塞杆顶部和外筒密封之间的环形区域。布置 A′ 为 A 的倒置状态。布置 B 为 A′ 的油－气混合版，缓冲器作为一个组件安装在主支柱中，其上轴套可以在主支柱内自由运动。布置 C 和 C′ 中引入扩散管。在布置 C′ 中，通过在活塞杆底部引入隔板来限制油液的体积（降低了重量，减小了氮气溶解敏感性）。不同于 C 和 C′ 中的滑动上轴套，布置 D 中引入一个带有密封的固定上轴套，对于布置 C 中的滑动上轴套，当缓冲器压缩时支撑长度会增加，这样作用在上下轴套上的总摩擦力会降低，然而某些情况下，外筒材料的摩擦特性不符合要求，可运用固定上轴套解决该问题。布置 E 给出了一种特殊布局，其活塞杆不能用于储存气体或油液（它甚至可以与大气连通），而外筒中同时容纳气体和油液。这种布局可用于主支柱中有大量可用体积的大型支柱式起落架，这种布置中油液体积比较大，可能导致氮溶解问题。

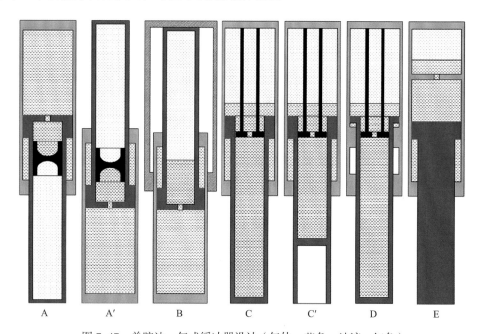

图 7-47　单腔油－气式缓冲器设计（气体：蓝色；油液：红色）

示意图中一般未示出伸长止动，必须提供一定支撑以保持活塞杆在正确的伸长位置。通常在活塞杆头部与和外筒密封套之间插入一个支撑管来限位，或者活塞杆头部也可以用扩散管来止动。该结构必须足够坚固，除了承受气体压力外，还能抵抗 $20g$ 的下部质量载荷（极限载荷为 $30g$）。MIL-L-8552 要求止动结构承受大于 $20g$ 负载或 3 倍的全伸长充气压力，以较大者为准。在前起落架上对中凸轮通常设置成止动结构。缓冲器也应该能够压缩到底而不损坏；可以在缓冲器的外部（也可以用作维护的测量位置）或在内部构件上设置止动，提供的接触面积应能承受预期的载荷，作为最小要求，接触面积应该能在不造成损坏的前提下支撑飞机的最大重量，触底现象发生在不顶起飞机的缓冲器维护过程中。

7.6.1　油 - 气式缓冲器尺寸设计

确定一个可行的弹簧曲线，需要明确三种关键的气体体积：

（1）V_0 为缓冲器全伸长状态气体体积；

（2）V_1 为缓冲器停机状态气体体积；

（3）V_2 为缓冲器全压缩状态气体体积。

对于大型缓冲器，活塞杆面积通常是由最大可接受的停机压力决定（小型飞机中，压力不是关键因素）。通过已知的活塞杆面积和已知的行程，可以计算出排油体积。当活塞杆压入外筒时，缓冲器中气体体积的减少量等于活塞杆的排油体积（假设缓冲器油液是不可压缩的）。通过活塞杆面积和总行程可以计算出 V_2 和 V_0 之差。所需初始气体体积的确定必须通过反复迭代来确定，以便找到一条可以满足所有设计需求的最佳弹簧曲线（所有的运行需求和温度需求）：

（1）启动载荷（压力）；

（2）静停机位置；

（3）在等温曲线上，全压缩位置应能应对预定的滑行载荷（或者对于前起落架为动态刹车载荷，以最严重者为准）；

（4）在动态曲线上，全压缩位置应至少达到着陆最大反作用载荷。

有了这些值，就可以知道曲线上的三个点所需的压力。选择两个点（如在等温曲线上的全伸长和全压缩位置），这个问题就可以分解成两个方程和两个未知量

$$p_0 V_0 = p_2 V_2$$

$$V_0 - V_2 = 活塞杆面积 \times 缓冲器行程$$

将 V_2 代入气体方程中，可以确定 V_0

$$V_0 = \frac{-（活塞杆面积 \times 缓冲器行程）P_2}{p_0 - P_2}$$

由此得到 V_0，进而得到 V_2，进一步确定 V_1 以验证结果符合性（以及由此产生的停机行程）。如果该压缩值不适合缓冲器停机状态，那么可以调整全伸长压力以确定一个合适的值。或者，可以预先选定缓冲器的静态位置，并根据 V_1 和 V_2 进行计算。

应使用绝对压力而不是测量压力。如果选择位置是全伸长位置（在等温曲线上）和着陆过程中的最大压缩位置（在动态曲线上），计算会更加复杂。

油 - 气式缓冲器尺寸设计案例

以大型商用飞机为例，其最大滑行重量为 270000kg，最大着陆重量为 200000kg。如果在最大后重心处，有 95% 的重量由两个车架式主起落架承担，那么：

在最大滑行重量下，每个主起落架所承担的载荷为 1258kN；

在最大着陆重量下，每个主起落架所承担的载荷为 932kN。

为了乘客的舒适度和飞机结构的优化，在 3.05m/s 着陆下沉速度下，飞机制造商要求最大过载为 1.1。为了达到这一目标并留有一定的余量，选择

700mm 的总缓冲器行程。为了有效的接地信号和乘客的舒适度，要求最大的初始启动载荷为 10% 的着陆重量下的静载荷。然后，启动载荷目标是：

最大启动载荷：93.2kN

选择与图 7-47 中与布置 C 相似的油 – 气混合式缓冲器作为设计目标。考虑飞机的重量与预期的有限的飞机增长。

确定活塞杆直径：

由于起落架是支柱式的，且飞机的未来重量增长有限，停机位置压力为 2200psi（15.17MPa）是可接受的。为了支撑飞机最大滑行重量，在 15.17MPa 压力条件下缓冲器需要产生 1258kN 的力，则所需活塞杆面积如下

$$活塞杆面积 = \frac{静态载荷}{静态压力} = \frac{1258000N}{15170000Pa} = 0.08293m^2 = 82930mm^2$$

活塞杆面积为 82930mm²，直径为 324.95mm。由于这是一个大直径缓冲器，其密封尺寸按 AS4832[45]①，参考本书附录 E，该尺寸向上最接近编号 648 的胶圈槽，则活塞杆直径为 12.997in（330.1mm）。选择尺寸后通常会对活塞杆进行强度评估，以便在缓冲器压力和活塞杆重量之间达到最佳平衡。

新活塞杆面积为 85581.7mm²。新密封槽尺寸下的静停机压力为

$$静停机压力 = \frac{静载荷}{活塞杆面积} = \frac{1258000N}{0.08558m^2} = 14699696Pa = 14.7MPa$$

根据该值，可计算下列参数

$$p_0 = \frac{93200N}{85581.7mm^2} = 1.09MPa(158psi)$$

$$p_1 = 14.7MPa（2132psi）$$

末端载荷取等温曲线上的 1.7g 滑行载荷与动态曲线上的最大着陆载荷二者之间的更大值。根据图 7-47 中布置 C 选择一个油 – 气混合式缓冲器，预计多变指数接近 1（因为油液通过油孔喷出将使氮气在压缩过程中冷却）。更大的末端载荷预计为 1.7g 滑行载荷。缓冲器全压缩压力为

$$p_2 = \frac{1.7 \times 1258000N}{85581.7mm^2} = 25MPa(3626psi)$$

通过 p_0 和 p_2 可以得到全伸长体积

$$V_0 = \frac{（活塞杆面积 \times 缓冲器行程）p_2}{p_2 - p_0}$$

$$V_0 = \frac{（85581.7 \times 700）（25 + 0.101325）}{（25 + 0.101325）-（1.09 + 0.101325）}$$

$$V_0 = 62892089mm^3 = 0.0629m^3$$

$$V_2 = V_0 - （活塞杆面积 \times 缓冲器行程）= 0.0030m^3$$

---

① 原文为参考文献［53］，似应改为参考文献［45］。——译者注

值得注意的是，这种体积计算忽略了压力下外筒的膨胀和油液可压缩性等影响，在实际中应该考虑这些影响。

压缩比是

$$压缩比 = \frac{V_0}{V_2} = \frac{0.0629\text{m}^3}{0.0030\text{m}^3} = 21$$

由此可以绘制出等温弹簧曲线如图 7-48 中的蓝线所示。检查发现，该曲线上的静态位置对应 676mm 的压缩量，即 97% 的压缩，这只有很小的行程余量。此外，全伸长时 1.09MPa 绝对压力（158psi）远低于行业指导。该结果突出了缓冲器弹簧曲线设计的迭代性质——第一次尝试可能无法达到预期的目标。在这种特殊情况下，最好是突破启动载荷需求，通过增加全伸长压力来减少静态位置的压缩量，并使全伸长位置的压力与工业指导保持一致。如果全伸长压力增加到最大着陆重量的 17%（1.85MPa 或 268psi 绝对压力，253psi 表压），则最大滑行重量下的停机压缩量将变为 659mm，即 94% 压缩。由此产生的弹簧曲线如图 7-48 中的红线表示，如果飞机能够承受更高的启动载荷，那么该弹簧曲线可能更合适这个飞机。

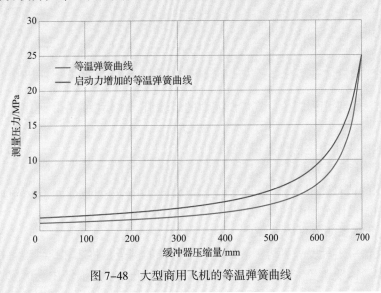

图 7-48　大型商用飞机的等温弹簧曲线

7.6.2　精细化设计

正如所提供的例子，设计中认为气体体积变化量是行程和活塞杆面积的乘积。实际上应考虑其他因素以细化缓冲器每个位置的真实气体体积，如由于施加的压力，外筒和活塞杆产生的膨胀，以及由于其体积弹性模量而减少的油液体积。通常需要建立一个考虑所有这些变量的动态模型。

7.6.2.1　真实气体模型

迄今为止，缓冲器内的气体一直被视为一种理想气体。然而，氮气（和其他气体）的行为会偏离理想气体行为。理想气体方程认为单个气体分子不会占据任何物理空间。对于压力较低的情况，这是一个合理的假设；一般来说，理想气体状态方程可以预测气体的性

能，偏差在 5% 以内。理想气体状态方程由以下公式给出

$$pV=nRT$$

为了更好地模拟真实缓冲器性能，在动态分析中应该使用真实气体状态方程。两种常用的方法是使用范德瓦尔斯提出的方程和经验常数或者使用表格中的经验数据。范德瓦尔斯引入常数 a 和 b 对理想气体方程进行经验修正，不同气体使用的常数不同。常数 a 是度量分子间引力的参数，常数 b 是每个分子平均占有的空间大小[24]。范德瓦尔斯方程表示为

$$\left(p+\frac{an^2}{V^2}\right)(V-nb)=nRT$$

范德瓦尔斯方程中两个常数取值见表 7-2，包括氮气在内的多种气体。利用该方程，可以预测大部分正常压力范围内的缓冲器内部实际气体行为。然而，在高压下（接近和超过 10000psi）的气体行为预测并不是特别准确。

表 7-2　各类气体的范德瓦尔斯常数值[25-26]

气体	$a/$（$L^2 \cdot atm/mol^2$）	$b/$（L/mol）
氮气（N_2）	1.390	0.03913
空气	1.381	0.03704
氦气（He）	0.03412	0.02370
氩气（Ar）	1.345	0.03219
氧气（O_2）	1.360	0.03183
二氧化碳（CO_2）	3.592	0.04267

另一种方法是使用列表值，气体压缩性的经验值。该模型修正了理想气体公式

$$pv=zRT$$

式中：v——比体积（单位质量体积，V/m）；

　　　z——压缩因子。

具体体积的值被制成表格，可以在网上查到（http://webbook.nist.gov/chemistry/fluid）。对于常规缓冲器操作范围内的氮气，其数值见本书附录 D。

7.6.2.2　充气气体在油液中的溶解度

大多数气体一定程度上可溶于液体。一个常见的例子是将二氧化碳溶解在水中制造碳酸饮料。潜水者需要避免"减压病"：如果潜水者上升太快，血液中会形成氮气泡。在这两个案例中，当压力增大时，液体显然会含有更多的溶解气体。打开碳酸饮料后，容器内的压力迅速降低到大气压力，饮料中形成二氧化碳气泡。同样地，潜水时，潜水者和呼吸的气体在水面下的压力比水面上的大，如果潜水员到达水面的速度太快，那么血液中能够容纳的氮含量低于潜水过程中溶解的氮含量，那么就会形成氮气气泡。压力和特定液体中气体溶解度间的关系遵循亨利定律。亨利定律规定，在任何给定温度下，气体在液体中的浓度与溶液上方气体分压成正比

$$C=kp$$

式中：C——气体的浓度；

　　　k——比例系数（常被称为亨利定律常数）；

　　　p——气体在溶液上方的分压。

亨利定律描述了当气体 / 液体系统达到平衡时溶液中的气体量。当然在液体中溶解的气体可能会比亨利定律描述的要少，也有可能有（至少是短暂的）超饱和状态。

一般认为，溶解在液体中的气体填补了液体分子间的空隙，不会改变液体体积，也不会明显地改变液体的体积弹性模量（至少对于常规的油 - 气式缓冲器压力范围内适用）。在一个封闭的系统中，气体进入溶液的过程如图 7-49 所示。在没有混合或搅拌的情况下，当气体分子扩散到液体中时，一般在气液分界面附近浓度高而远离气体区域浓度低。在此条件下，扩散速率受气压和油 / 气表面积决定。表面积越大，扩散的可能性越强。经过足够的时间，液体将达到饱和状态，液体和气体将达到平衡状态。任何条件（压力、温度等）改变，平衡都会被打破，系统将朝着一个新的平衡前进。在一个封闭系统中，如充满气体和油液的压力容器，当气体分子溶到液体中后，溶解后的气体分子不再贡献能量来产生液面上的气体压力，系统压力将降低。平衡压力将低于初始充填压力（如果所有其他条件保持不变）。停在地面上的缓冲器中，随着气体溶于油液，缓冲器将会压缩以减少可用气体体积，以维持缓冲器内压力保持恒定（飞机重量不变）。

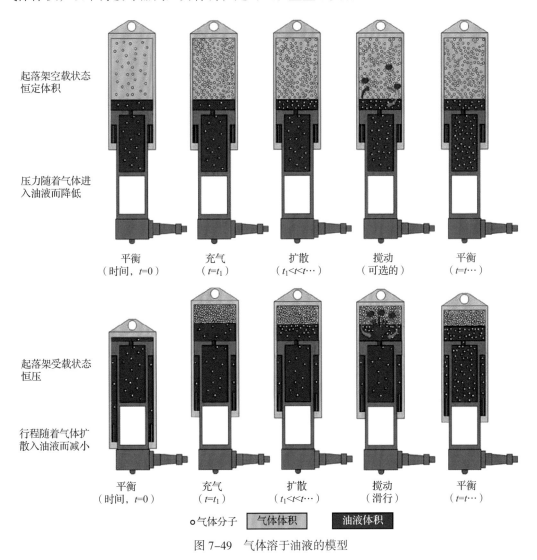

图 7-49　气体溶于油液的模型

图 7-50 为逆向过程的模型。当系统的压力降低（当缓冲器从静态位置伸长，或当充气阀排气时），溶解在液体中的气体将处于过饱和状态（如果它在较高压力下接近或处于饱和状态）。气体会从液体中释放出来，如果压力下降得比较快，就会产生气泡。气泡的形成可以起到搅拌的作用，导致更多的气泡形成并从液体中快速释放溶解气体。并不是所有的气体都会立即离开油液，达到一个新的平衡的过程可能需要相当长的时间（如碳酸饮料在容器打开很久之后仍然以很低的速度产生气泡）。

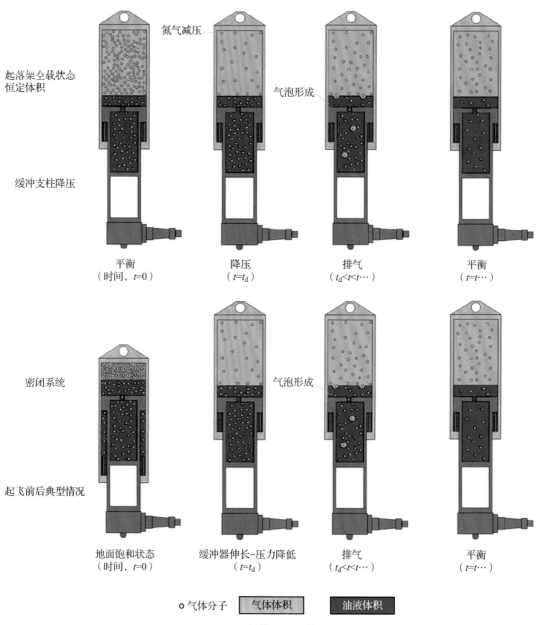

图 7-50 气体溢出液体模型

对于油 – 气混合式缓冲器，这种特性会产生各种各样的影响。在用氮气为缓冲器充气的初始过程中，一定量的气体会迅速溶解到油液中。当缓冲器被压缩至较高的压力下（如飞机的重量施加在起落架上时），更多的气体会溶解。在着陆过程中，系统中产生高压同时伴随强烈的油液和气体的搅拌混合，从而导致大量的氮气可以溶解（尽管可能还未达到饱和状态）。这种混合可以在滑行过程中继续进行，特别是当飞机在粗糙道面运行时会有明显的缓冲器运动。影响的重要程度取决于许多因素：气体与油液的比例（越多油液可以吸收越多气体），阻尼设计（油针和平板油孔可以产生比挡油板和皮科罗管更大的混合），以及操作的严苛程度。图 7-51 说明了这种特性的最终效果。基于着陆过程中缓冲器的混合量，实际缓冲器的压缩比等温曲线所预测的要大（见图 7-51（a））（因为进入油液的气体不能再参与气体弹簧作用）。如果此时对缓冲器重新充气以符合等温曲线（一个常见的现象），那么一旦飞机起飞，全伸长的压力将会超出设计值（因为气体由于减压而从油液中释放出来）。效果如图 7-51（b）所示。

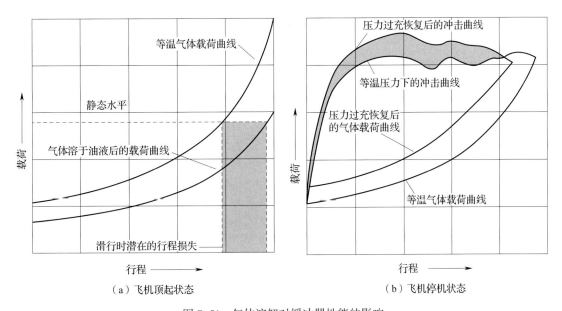

图 7-51　气体溶解对缓冲器性能的影响

解决这个问题的一个方法是基于落震试验的经验或数据，在维护规程中使用经验弹簧曲线。另一种方法是使用两种弹簧曲线：着陆曲线和滑行曲线，着陆曲线基于最小溶解度，滑行曲线基于预期的地面气体溶解度。目前仍在发展的另一个办法是，基于气体和油液特性的物理研究的维护。可以将初始充气压力作为目标，这将获得正确的全伸长压力（一旦缓冲器循环使用）；然而当飞机重量由缓冲器承担时，大多数缓冲器没有达到气体溶解的平衡点，仍需通过经验假设来确定目标溶解度作为设计点。为了促进物理研究，空客公司进行了一系列测试，以描述氮气和缓冲器油液的行为特性。

该试验使用装有油液和氮气的压力容器（代表大型商用飞机缓冲器），并对其进行监控，得到了许多有意义的结果。图 7-52 中为一个具有代表性的缓冲器被充气 2 周的测试结果。随着气体溶解到油液中，系统内的压力从 5.3MPa 降低到 4.9MPa。在 2 周结束后，系统被搅拌以确保封闭系统达到平衡，压力迅速从 4.9MPa 降到 3.3MPa 左右。试验表明，如果不进行机械搅拌，气体分子向油液扩散的速度非常缓慢。该缓冲器的溶解速度可能与油液体积与氮气 / 油液界面面积之比成正比（一个宽而浅油液容器会比一个窄而深的油液容器更快地达到平衡）。

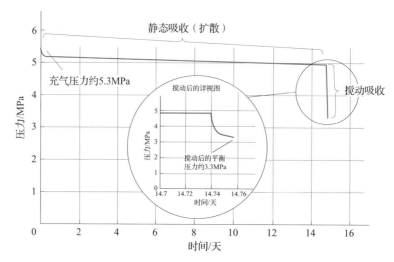

图 7-52 恒定容积的压力容器中恒定温度下的压力与时间关系曲线

为了确定缓冲器中油液的亨利定律系数，开展了进一步的试验。图 7-53 显示了不同油液中氮气的测试结果。在高压下，曲线偏离亨利定律预测的线性关系。在线性区域曲线的斜率为亨利定律系数，MIL-PRF-5606 油液为 0.0376mol/L/MPa。MIL-PRF-87257 油液的测试数据表明，会以一个更大的曲率从线性区更早地偏离，并趋向于约 0.34mol/L 气体溶解度，曲线线性部分的亨利系数约为 0.043mol/L/MPa，这些值均是在室温（大约 20℃）条件下测得的。图 7-53 中 MIL-PRF-5606 的相关数值与 12MPa 下氮气在油液中的历史数据[27]吻合良好。

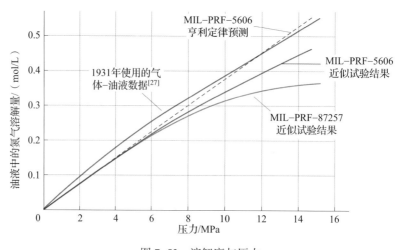

图 7-53 溶解度与压力

图 7-53 显示，含有 50L 油液的大型缓冲器中，当压力接近 14MPa（2030psi，一个大型起落架典型的静态充气压力）时，平衡状态下可以溶解 22.5mol 的氮气。假设缓冲器压缩到静态位置，并且含有 14MPa 下 10L 气体体积，20℃时，溶入油液前的气体体积为 57.5mol。如果达到平衡，那么只有 61% 的预定气体可以用于弹簧。如果保持体积不变，充气压力将降为 8.5MPa。然而，由于施加在缓冲器上的飞机重量保持不变，压力将保持不变则有效容积会减少，导致缓冲器会明显地进一步压缩。在任何给定时间内，关于油液中真实气体含量的数据很少，但基于有限的飞行试验数据和经验，认为缓冲器除了在全伸长条件下，一般不会接近完全平衡状态（完全饱和）；在高度混合 / 搅拌的情况下（例如，在非常粗糙的表面上长时间滑行），可能会在地面上达到完全平衡状态。

目前还没有一个运动学模型来描述缓冲器每一个动作如何引起油气混合和促进气体溶于油液（接近平衡），这也是一个有趣的研究领域。在实际工作中，当缓冲器压缩到静态位置下的指定工作压力时，假设在平衡状态下会达到 40% ~ 60% 的溶解度。有关这一现象的更多行业信息将在 AIR6942[28] 号文件中发布，AIR6942 正在形成中。

7.6.2.3　面向实际运营的设计

除了解决气体溶解度对油 – 气混合式缓冲器的影响外，所有缓冲器的设计都应能够应对不当维修、油液泄漏和温度范围等问题。应着重注意运营温度范围，尤其是低温条件。低温下油液体积收缩，给定质量的气体产生的压力更小，从而降低了缓冲器的压力。根据飞机的工作需求，需要研究飞机的低温性能。一些商用飞机制造商的设计理念是，在温度低至 –30℃时，当以最大起飞重量对应垂直过载为 1.2 的条件下跨越障碍物时缓冲器不会触底。在温度低至 –55℃时允许触底，但不应对起落架或飞机产生损坏。也有部分制造商按在 –40℃条件下取 1.25 的过载进行设计。在这些条件下也必须注意前起落架的刹车载荷。某些条件下可以在缓冲器中添加额外的油液以保证冬季 / 寒冷天气的正常运行。A320 系列飞机在加拿大和俄罗斯使用时提供了前起落架寒冷天气维护方法。关于低温天气起落架特性的信息见 AIR6411[29]。

缓冲器的设计应能容错一定的维护不当。MIL-L-8552[30] 要求进行抽油量为 12.7mm（0.5in）缓冲器行程的缓冲器性能验证。如果正常油液面在油孔上方至少 125% 的活塞杆直径处或 127mm（5in）处，以较小值为准，则可以免去试验。ARP1311 建议总油量减少 10% 不应使常规运行出现严重偏差。美国海军飞机[31] 要求在全伸长气体压力和油液容差 ±15% 条件下缓冲器和起落架性能要求可以接受。

7.6.3　单腔油 – 气式缓冲器设计案例

单腔油 – 气式缓冲器设计的几个例子如图 7-54 ~ 图 7-58 所示。图 7-54 ~ 图 7-56 的缓冲器采用定油孔，而图 7-57 和图 7-58 的缓冲器则使用油针。

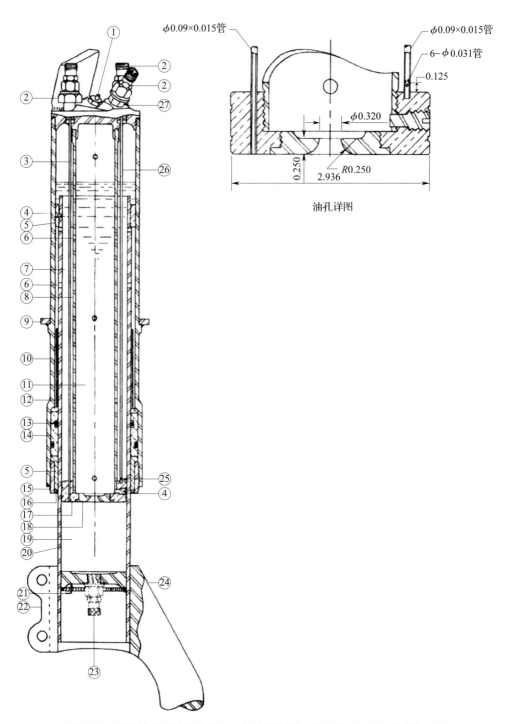

图 7-54　用于特性试验的单腔油–气式缓冲器；阻尼孔 C_d=0.89（单位：in）

1—充气阀；2—压力表；3—油孔下游压力管；4—锁紧螺钉；5—铜衬套；6—计量孔；7—外环型腔；

8—活塞杆支撑管；9—安装法兰；10—外筒；11—内腔；12—缓冲器支撑圈；13—密封圈；

14—密封套；15—支撑螺母；16—刮尘环；17—活塞；18—油孔片；19—下腔；20—内筒；

21—盖板；22—下端头；23—下腔压力表；24—叉耳；25—油孔上游压力口；

26—油孔上游压力管；27—充填塞部位

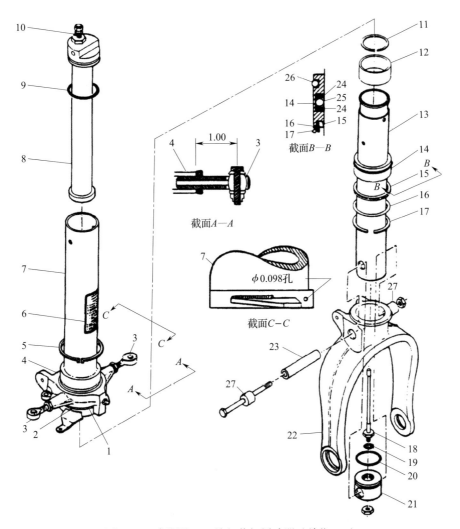

图 7-55　赛斯纳 172 前起落架缓冲器（单位：in）

1—垫圈；2—垫片（按需）；3—杆接头；4—转弯卡箍；5—保持环；6—标牌；7—上支柱；8—扩散管；
9，19，20，25，26—O 形圈；10—充填阀；11，17—锁定环；12—轴套；13—下支柱；
14，24—支撑圈；15—刮尘环；16—挡圈；18—油针；21—底塞；22—轮叉；
23—固定轴；27—牵引杆垫圈

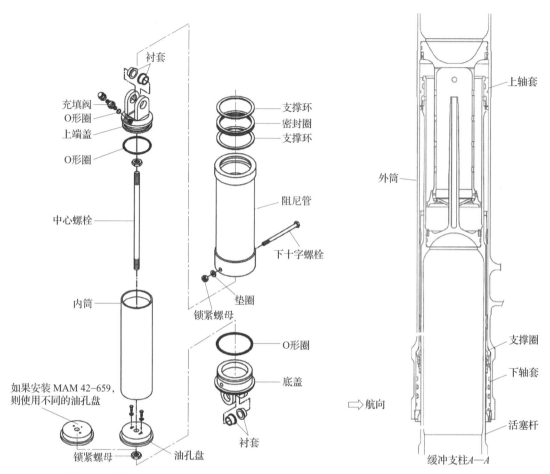

图 7-56　"钻石"DA-42 主起落架缓冲器　　　　图 7-57　波音 777 主起落架缓冲支柱

7.6.4　多腔油 - 气式缓冲器

　　缓冲器设计过程中，单腔缓冲器弹簧设计可能无法同时满足启动载荷、停机载荷和最大载荷的要求，此时双腔缓冲器弹簧可能是适合的解决方法。双腔缓冲器有两个气量不同的气腔，其中一个气腔通过浮动活塞与其他腔室物理隔离（见图 7-59）。通常是高压气腔被隔离，但实际的选择取决于缓冲器的设计意图。尽管还可以设计额外的分离活塞，但另一气腔通常是油 - 气混合式的。图 7-60 示意图给出了一个双腔缓冲器布置。图 7-60 中布置 F 中，在缓冲器顶部设置第一气室（低压腔），活塞杆中设置第二气室（高压腔）。实际上它是在图 7-47 布置 C 的基础上增加一个额外的气室来实现的。该类缓冲器应用于A320 主起落架（见图 7-63）。图 7-60 布置 G 将第一个气室完全放置于扩散管内。然而该构型并不实用，因为当起落架被收起时气体会跑到其他位置。图 7-60 布置 H 增加额外的浮动活塞来解决这个问题，BAe.146（见图 7-62）是应用该布置的一个案例。图 7-60 布置 J 具有与布置 H 类似的布局，但第一气室在活塞杆中而第二气室在扩散管内。图 7-60布置 K 是与布置 F 类似的另一种缓冲器布置方法。最后一类图 7-60 布置 L，把两个气室同时放在活塞杆内，为了确保功能的实现在气室内放入少量的油液提供润滑作用。这种布置的一个应用案例是"美洲虎"主起落架（见图 7-61）。

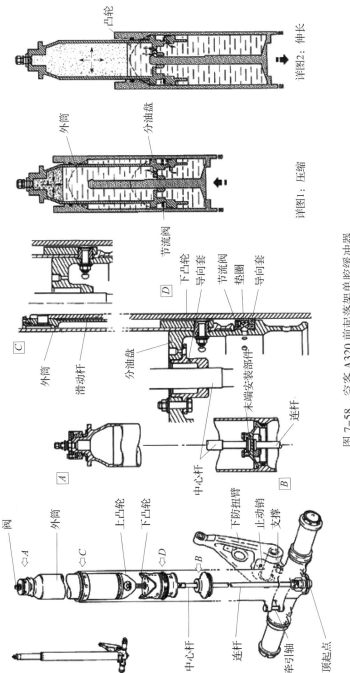

图 7-58　空客 A320 前起落架单腔缓冲器

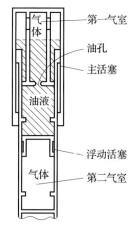

图 7-59　双腔缓冲器示意图

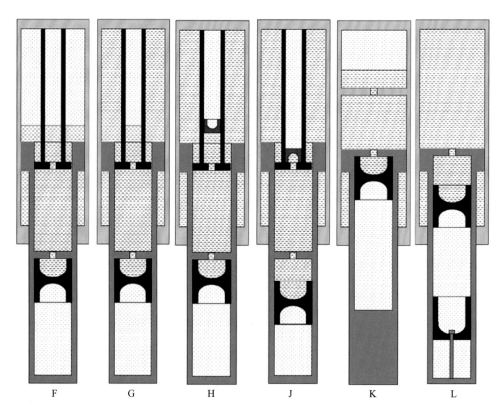

图 7-60　双腔油-气式缓冲器布置（气体：蓝色；油液：红色）

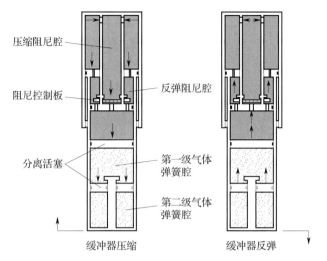

图 7-61　SEPECAT "美洲虎" 攻击机主起落架缓冲器工作过程

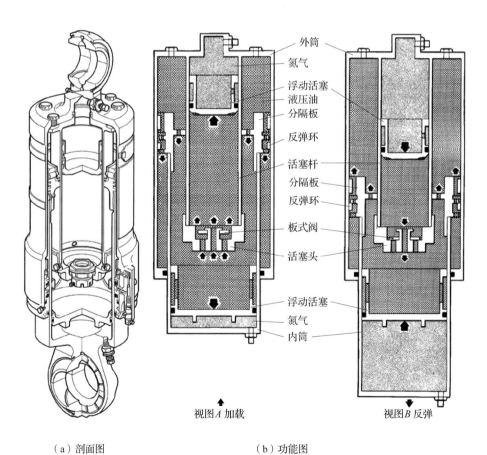

（a）剖面图　　　　　　　　　　（b）功能图

图 7-62　BAe.146 主起落架缓冲器

391

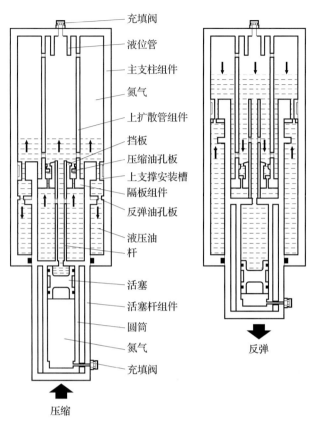

充填阀
液位管
主支柱组件
氮气
上扩散管组件
挡板
压缩油孔板
上支撑安装槽
隔板组件
反弹油孔板
液压油
杆
活塞
活塞杆组件
圆筒
氮气
充填阀

压缩

反弹

图 7-63　空客 A320 主起落架双腔缓冲器原理图

双腔缓冲器解决了许多问题，对于有粗糙道面使用需求的飞机，静载荷应由第二气室（高压腔）承担，这使得缓冲器整体刚度降低，从而使结构的负载最小化。在某些情况下需要较高的缓冲器刚度，例如在机身安装的起落架，高刚度使其具有更好的侧向稳定性。在这种情况下，静载荷应该由第一个气室（低压腔）承担。BAe.146 飞机上使用了该类配置，在第二级弹簧开始工作前第一级弹簧就已压缩到底（浮动活塞到达内部止动台）。对于像 A340 这样具有中主起落架的飞机，最好避免由缓冲器压缩引起显著的静载荷变化（在拱形跑道滑跑引起的），在这种情况下，静载应该落在双腔缓冲器的第二气室（高压腔），该缓冲器采用非常低的压缩比。A340 中主起落架示例如图 7-66 ~ 图7-68 所示。

双腔缓冲器串联了两个弹簧，一般单独进行分析，缓冲器总压缩是给定载荷下两个弹簧压缩的总和。大多数双腔缓冲器设计都是这样的：第一阶段的最大压缩载荷与第二阶段的启动载荷一致或部分重叠（尽管这将随着温度的变化而变化，而且如果缓冲器的维护不当，两个弹簧之间可能会多出一个台阶）。一些舰载机起落架在两级弹簧间有一个大台阶，这导致在所有地面静载荷下，缓冲器压缩很少甚至没有变化。AV-8B 主起落架缓冲器采用非常规设计，第一气室连接一个蓄压器，缓冲器在第一阶段 7in 的压缩行程内几乎没有弹簧作用仅有阻尼作用（见图 7-64 和图 7-65）。因主起落架布置在飞机中心线上时，在翼尖起落架接地之前无滚转稳定性。在进行正常着陆时，机翼升力使对称面上的主起缓冲器长期处在伸长状态，特别是在下沉速度较低时。在这种情况下，飞机将产生向翼尖起落架滚转的趋势，操纵性能下降。为了避免这个问题，前 7in 的行程中只提供阻尼；在低下沉速度、高升力降落时，缓冲器会迅速压缩以确保飞机稳定性。在高下沉速度下，阻尼力吸收所需的能量。飞机起飞后，由发动机引气（进入蓄压器）确保缓冲器低压腔的正常伸长。

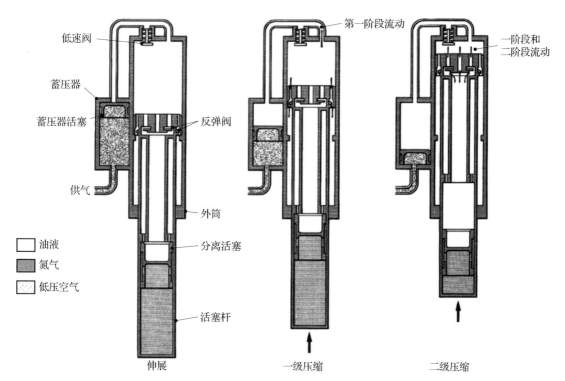

图 7-64　AV-8B 主起落架双腔缓冲器

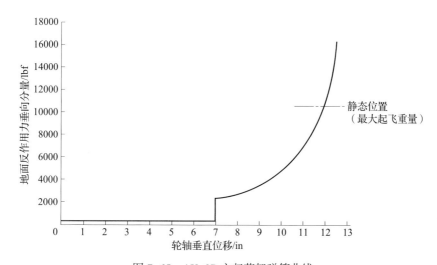

图 7-65　AV-8B 主起落架弹簧曲线

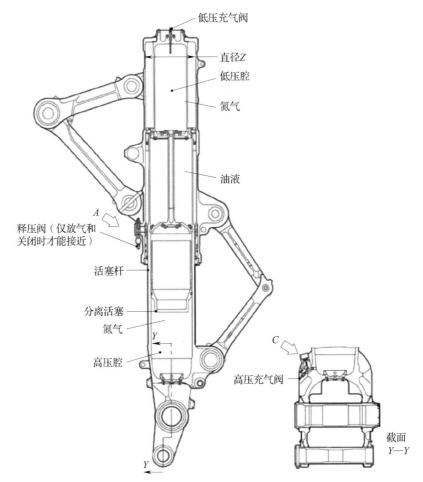

图 7-66　空客 A340-600 中主起落架缓冲器

下文描述 A340-600 中主起落架的工作过程，如图 7-67 所示。随着缓冲器压缩，C 腔的体积减小，同时 B 腔和 F 腔体积增大，并压缩氮气腔 A 腔和 G 腔，油液通过打开的 E 通道与圆管上的油路从 C 腔流向 A 腔。从 C 腔排出的油液流入 A 腔，增加 A 腔的氮气压力。油液通过阀门 D 从 A 腔流向 B 腔，通过阀门从 C 腔流向 F 腔。C 腔排出的油液流入 F 腔，压缩浮动活塞，增加了 G 腔氮气压力。

在活塞杆伸出过程中，A 腔和 G 腔中氮气在膨胀，使缓冲器伸长。活塞杆伸长增加了 C 腔的体积，减小 B 腔和 F 腔的体积。油液从 A 腔流向 C 腔，从 B 腔流向 A 腔，通过阀门上小阻尼孔 D 提供反弹阻尼。G 腔氮气膨胀推动浮动活塞上升，油液从 F 腔通过阀门流向 C 腔。当缓冲器全伸长时，活塞杆到达止动位置。缓冲器提供了非常低的总压缩比，如图 7-68 所示。

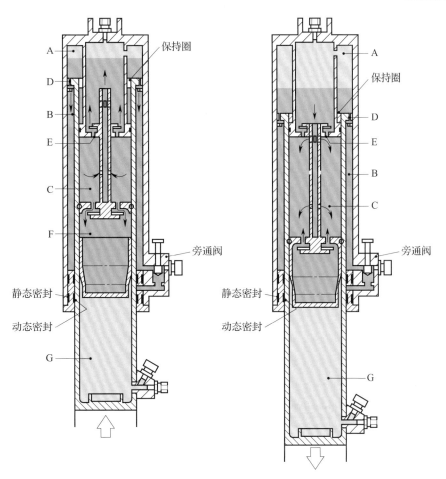

图 7-67　空客 A340-600 中主起落架缓冲器功能图

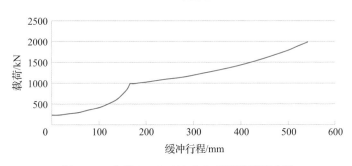

图 7-68　空客 A340-600 中主起落架弹簧曲线

一些飞机中（特别是军用飞机）采用改进的双腔缓冲器（称为三级弹簧），能够在静态位置提供低弹簧刚度，并防止缓冲器触底。这对于为粗糙或简易道面设计的飞机具有重要意义。该设计中，第一级为油 – 气混合式弹簧，第二级为油 – 气分离式弹簧。浮动活塞设有两个止动位置，以便在缓冲器全压缩之前第二阶段浮动活塞就与止动结构接触，结果表明在缓冲器行程的末端，弹簧曲线再次由第一级弹簧定义，这确保了在第二级行程以外的负载条件下，仍然存在弹簧力，而不是让缓冲器粗暴地撞击到内部止动结构上，从而产生高的结构载荷。为未铺砌机场设计的运输机 YC-14 的主起落架（见图 7-69）使用了该布置的弹簧曲线。图 7-70 为波音 737（军用 T-43）主起落架的一个改进方案[32]，能够在粗糙跑道上降低飞机重心加速度，其与标准单腔缓冲器弹簧曲线的对比如图 7-71 所示。

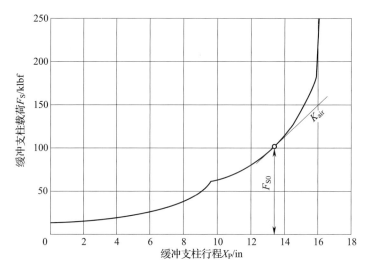

图 7-69　YC-14　主起落架三级弹簧缓冲器曲线

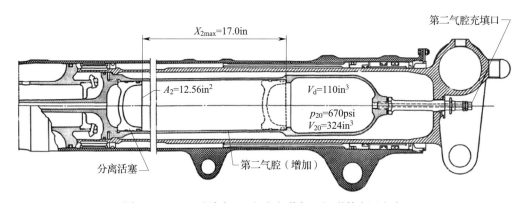

图 7-70　T-43（波音 737）主起落架三级弹簧布置方案

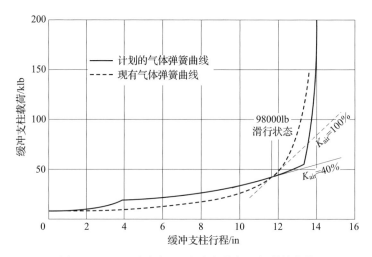

图 7-71　T-43（波音 737）主起落架三级弹簧曲线

7.7　主动控制缓冲器

多年来（至少从 20 世纪 70 年代开始），研究人员一直致力于研究主动控制缓冲器载荷以应对飞机各种状况。虽然目前还没有服役，但已经在实验室环境中对各种飞机缓冲器技术进行了试验和测试。主动控制的最大优势是将缓冲器的效率提高到接近 100%。虽然近乎完美的缓冲器效率在技术上是可能的，但它不一定是可取的。具有完美效率的缓冲器会在整个着陆过程中对机轮施加一个恒定的垂直载荷；这意味着起转和回弹载荷将与最大垂直载荷一起出现，而不是像大多数传统缓冲器那样在低于最大载荷时发生。结果是，由于该类载荷组合的存在完美效率的缓冲器反而可能会增加起落架的重量。然而，主动控制还有其他优势：在保持着陆能量吸收的同时能够减小在粗糙（或炸弹损坏）跑道上的重心加速度；或者能够控制高柔性飞机的驾驶舱加速度和机身弯曲力矩。

主动控制缓冲器将取代那些带有作动器（电动或液压）的被动执行装置，该执行装置被命令或驱使以产生所需负载—位移曲线。由于这种液压装置对流量的要求特别高，所以这方面的研究很少。对战术飞机的计算表明，控制着陆行程需要的液压流量接近 300USgal/min。更多的努力集中在保持气体弹簧的基础上，改变气压、油液体积或者阻尼力。

自适应起落架的研究[32]寻求减小飞机重心处的加速度，同时在粗糙跑道上进行机动时说明软弹簧刚度的重要性。虽然三级弹簧缓冲器可以实现合理的软弹簧刚度，图 7-72 和图 7-73 展示了进一步降低弹簧刚度的方案，缓冲器的气室根据需要从高压源切换到低压源。尽管没有制造和测试，分析显示加速度下降了 60%。从弹簧曲线可以看出，自适应给出了一个平滑的弹簧曲线，但失去了触底保护。

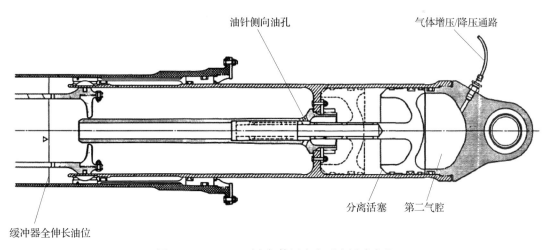

油针侧向油孔　气体增压/降压通路

分离活塞　第二气腔

缓冲器全伸长油位

图 7-72　YC-14 可变气体压力自适应缓冲支柱

另一种方法称为串联液压主动控制法（见图 7-74），美国国家航空航天局（NASA）已对该方法展开探究。用闭环控制器快速为缓冲器排出和供给油液，以保持起落架给飞机的作用力为恒定值。当主动控制伺服阀在关闭位置失效时，气体弹簧和常规油孔提供被动减振（尽管没有为阀门开启失效提供保护）。该系统在小型飞机起落架上进行滚转落震试验（类似于图7-54所示），根据不同试验条件[33]所产生的载荷降低了9%~31%。该方案的改进版本（见图7-75）在F-106 B前起落架上进行了落震试验，该改进版为保证缓冲器内的油量用"二级活塞"隔离了伺服控制油液和缓冲器油液，与传统被动能量吸收模式[34]相比（模拟控制系统关闭或失效），该改进方案作用载荷降低了高达47%。

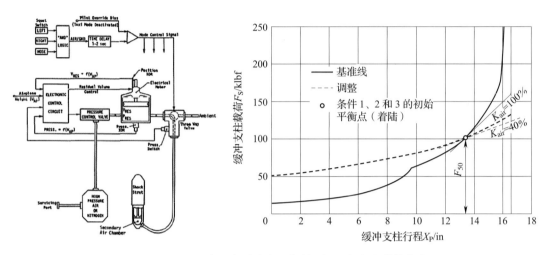

图7-73　YC-14自适应缓冲支柱控制逻辑和相应的弹簧曲线

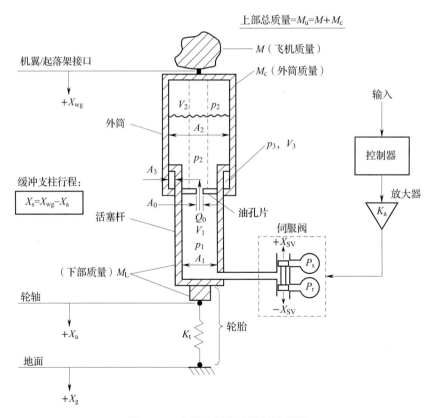

图7-74　串联液压主动控制示意图

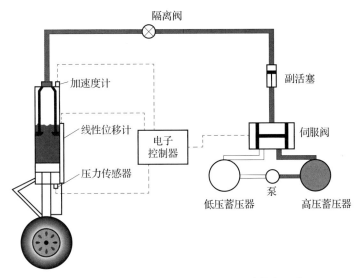

图 7-75　带有隔离活塞的串联液压主动控制系统

大多数其他模式为"半主动控制"，涉及阻尼力控制，通过电流变（ER）流体、磁流变（MR）流体或快速作动阀和常规流体来完成。

电流变（ER）流体是具有细电活性颗粒悬浮液的流体，它允许流体根据施加电场的强度成比例地改变其流变特性。虽然流体可以从液体转变为接近固体，但所利用的主要特性是在剪切作用下的表观黏度特性。考虑一个稳定的剪切条件，等效黏度值可以增加一个大的倍数。这些类型的流体通常被称为宾汉姆塑料流体。目前已有两种类型的 ER 缓冲器研发成功[35]①：一种是通过推动平板或圆筒经过流体来实现阻尼，另一种是旋转盘穿过流体来实现阻尼。阻尼力是通过剪切不同平板之间的流体而产生的。图 7-76 为旋转型的一个例子（该设计是为了满足 F-106 前起落架的要求，以便与已经讨论过的串联液压主动控制系统进行比较）；缓冲器的压缩驱动螺母在固定的滚珠丝杠上旋转。一系列转子随螺母旋转；ER 流体介于转子和固定在活塞杆上的一组定子之间。在与转子和定子相间的电极上施加高电压会增加流体的黏度，增加旋转转子的载荷从而阻碍活塞杆压缩。

图 7-76 中的 ER 缓冲器仿真结果表明，对于不同下沉速度缓冲器效率几乎达到 100%[36]，同时与 F-106B 系列在被动能量吸收模式相比，降低了机身连接载荷而且减少了缓冲器行程。与主动控制缓冲器相比，该系统的机身连接载荷略高，但所需的行程不到串联液压主动控制缓冲器的一半。然而，由于所需的电压较高，该系统很难投入实际使用：在设计中使用 2500V 电压，如果要避免产生电弧，则需要更高的电压，以及较小的工作温度区间。这些流体的长周期稳定性以及抗沉积能力至今仍未知。

另一种可变黏性流体是磁流变（MR）流体。MR 流体类似于 ER 流体，但是悬浮在流体中的微粒会对外加的磁场产生反应，通常在 5ms 内。由于 MR 流体所需的磁场可以用永磁体或相对低压的电磁铁产生，故而被更广泛地应用。MR 阻尼器已被用于汽车减振器、发动机安装以及卡车座椅。虽然在起落架缓冲器中暂未使用，但众多研究人员已经制造并测试了带有 MR 阻尼器的飞机缓冲器。

---

①　原文为参考文献［25］，似应改为参考文献［35］。——译者注

欧洲研究项目 ADLAND，基于 PZL-Swidnik I-23"管理者"轻型飞机的前起落架研发出一款 MR 缓冲器原理样件（见图 7-77）。为阐明阻尼变化情况，在起落架上进行了两次落震试验，一次电磁铁上没有电流，另一次电磁铁上有 2A 电流。阻尼差异如图 7-78 所示。该应用中使用的 MR 流体是 LORD MRF-336 AG，这是一种硅基油液，含占总体积 36% 的铁颗粒，密度为 3.47g/mL[37]。另外，采用烃基油的 MR 流体也可以使用。

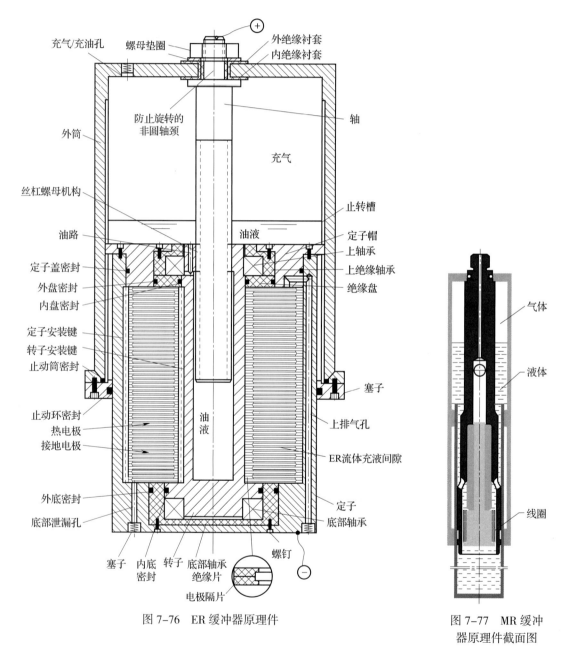

图 7-76　ER 缓冲器原理件

图 7-77　MR 缓冲器原理件截面图

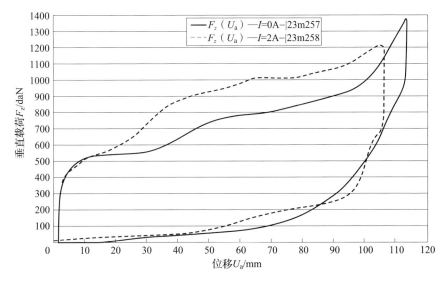

图 7-78 固定电流对 MR 缓冲器性能的影响

MR 流体阻尼器的优点是可以使用传统油孔，但它通常被电磁铁包围；在孔口产生的磁场使流体变稠，从而减小了油孔的尺寸。巴特比等人发表了用于 I-23 前起落架确定 MR 缓冲器尺寸的方法[38]。CESA 为小型无人机开发的 MR 缓冲器能够产生较大阻尼区间，达到基础的两倍，而缓冲器的重量代价是 15%[39]。

MR 缓冲器设计中，"无电流"时的阻尼（代表系统故障情况）可能不足以满足着陆性能。解决这个问题的一个方法是使用永磁体和电磁铁组合，这样在缺乏线圈驱动电流时，阻尼被设置为平均值。电磁铁可以被用来增加或减少由永磁体产生的磁场。与 ER 流体类似，MR 流体会受悬浮液中物质沉积的影响。定期使用的飞机中，流体得到充分搅拌保持悬浮状态，能够提供所需的性能，但当飞机停下一段时间时，沉积行为影响还无法量化。为了确保可靠的性能，需要设计缓冲器使其能够搅拌以使静止的液体混合。磁性油孔的设计必须能够避免高磁场完全堵塞孔口，防止引发起落架上的高负荷。至少有一项针对 MR 缓冲器的研究表明，带有高响应阀的传统石油基系统被优先于 MR 方式使用[40]。

设计人员在只改变有效油孔面积的半主动缓冲器上进行了大量的工作，使缓冲器的剩余部分保持不变。这些方案具有使用传统缓冲器结构和油液的优点，可变油孔的失效模式和控制策略是可以接受的。图 7-79 为 2/3 缩比主起落架上测试的控制装置示例，该装置是为了测试滑行和颠簸控制能力而开发的。

改进主起落架的试验结果显示，在最小能耗的情况下，几乎可以达到最佳阻尼[41]。在轻型飞机起落架上的类似布置中对几种下沉速度的测试显示，效率约为 90%[42]。高频响应压电阀应用的更多研发工作显示了这项技术的良好效果，包括在 PZL M-28 运输机上进行压电阀缓冲器的飞行试验（见图 7-80），尽管响应时间需要减少至 5 ~ 6ms 以下。在实验室中也进行了纯气缓冲器中高响应速度压电阀的阻尼测试[43]，它具有重量轻、性能好的特点，至少对小型飞机来说是这样。

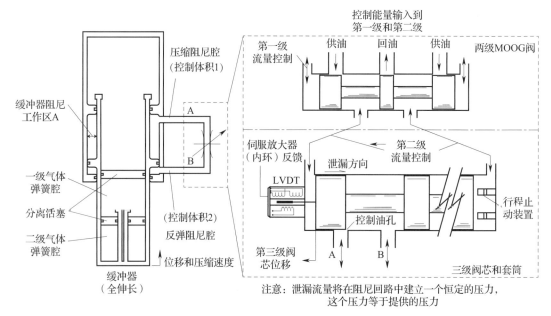

图 7-79 SEPECAT "捷豹" 主起落架缓冲器伺服阀半主动控制样件

　　虽然为提高缓冲器效率而追求半主动控制缓冲器并不会显著降低起落架或飞机的重量，但它可能是减小机身在受损跑道上的加速度、控制大型柔性飞机机身弯曲模式的有效方案。在后一种情况下，可能只需要控制前起落架[44]。大多数主动起落架控制策略依赖于对飞机质量和垂直下降速率的经验知识。在大型飞机上，可以从飞行管理系统中得到合理预估的飞机质量；但是，从现有系统中可能不容易得到垂直下降率的准确估计值。通过雷达来确定瞬时速度可能会出现明显的误差。来自飞机惯

图 7-80 PZL 运输机压电阀缓冲器组件

性数据的输入可能是足够的，但是实际速度取决于飞机的瞬时行为，可能会受阵风影响，因此需要一个专用传感器来确保对着陆的高保真控制。在任何情况下，在起落架的缓冲器中使用主动控制部件，都需要通过设计以适应主动控制部件和相关控制系统的失效模式。

7.8 缓冲器设计考虑

7.8.1 密封

　　直径直到 8in 的缓冲器密封通常使用由 AS4716[23] 定义的凹槽中的密封件。该标准的相关活塞杆和孔直径可在本书附录 E 中查看。现已开发出更大公称截面的大直径缓冲器（特别是大直径支柱式缓冲器）的密封，它们有更大的能力应对椭圆化和固有变形。这些密封的尺寸定义见 AS4832[45]，相关的活塞杆和孔直径在本书附录 E 中也可以找到。当滑动部件暴露在外部大气中，污染物进入的可能性很高。为了尽量减少污染，密封套上通常设置刮尘环（或防尘圈）进行保护。常规的刮尘环按 MS28776[46]，安装定义见 MS33675[47]。

然而，铜刮尘环是带缺口的，使得污染可以进入。此外密封槽的深度比较小，导致一些刮尘环在支柱式起落架变形的过程中被弹出。推荐使用 AS4052[48] 刮尘环安装槽。这个安装槽采用和 AS4716 相同的杆和内径，但修正过槽的深度。经典的现代刮尘环采用金属弹簧给聚四氟乙烯（PTFE）提供压缩力，可提供抵抗污染物的预期能力。

在小型飞机上，密封槽在某些情况下可以与缓冲器组件集成设计。然而，在大型起落架上，通常设计一个密封套，可以安装刮尘环、动态密封和静态密封，一般也是下支撑（或者增加凹槽安装下支撑）。密封套通常由销钉固定，如 A320 主起落架；或由螺母固定，如波音 777 主起落架（见图 7-82）。

图 7-81 和图 7-82 展示了两种不同方式的缓冲器备用密封方案。在商用飞机上，如果主密封出现泄漏，通常需要安装备用密封，以减轻飞机的维护负担。图 7-81 中，备用的动态和静态密封安装在其操作位置受固有的密封挤压，但处在压力平衡状态（密封无压力加压）。当备用密封切换阀从初始位置移到第二位置时，备用密封才会承受液压压力。该设计在切换阀拧几圈后就可以迅速解决密封泄漏问题。一般情况下，备用密封仅允许使用有限的飞行循环次数，或者发生任何新的泄漏时更换。图 7-82 所示的结构中将备用密封储存在密封套上的备用密封槽中。在主密封泄漏时，缓冲器被泄压，密封套向下拉出从而露出密封，将坏的密封圈剪断并丢弃，把备用密封安装至原密封槽中。该方案需要使用分离的密封套，以便用于动密封安装。该类密封件的选择见 ARP4912[49]。

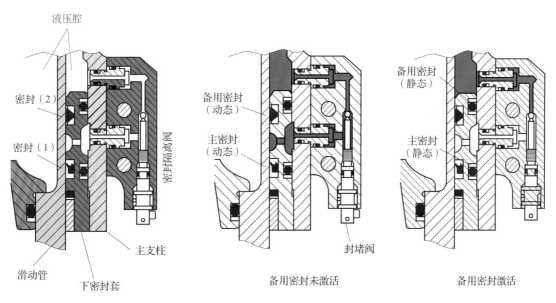

图 7-81　空客 A320 主起落架备用密封装置

7.8.2　充气和充气阀

大多数缓冲器上使用的标准充气阀如图 7-83 所示。尽管该阀门并没有物理上的变化，原本编号为 MS28889-2，后来被 AS28889-2 取代，该阀门现为 M6164-2，需要符合 MIL-PRF-6164[50] 要求，这三个部件号是可互换的。如果缓冲器使用的油液不是矿物油或合成油，那么必须注意充油阀密封的选择。MIL-PRF-6164 定义了不同的阀门件号，其中包含适用不同油液的密封。

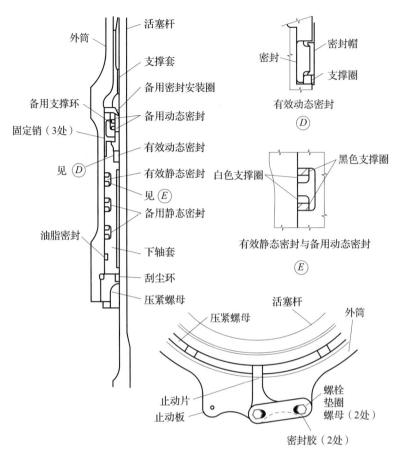

图 7-82　波音 777 主起落架密封

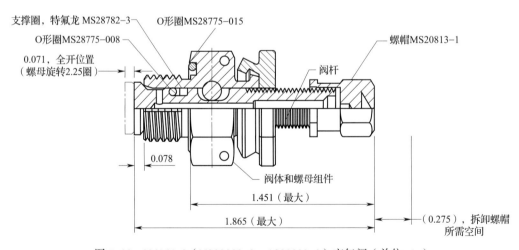

图 7-83　M6164-2（MS28889-2，AS28889-2）充气阀（单位：in）

　　图 7-84 中为 M6164 充气阀的推荐接口，接口要求见 MS33651[51]。该图是在标准图像的基础上重新绘制的，所有尺寸和注释都与标准一致。为了实现良好的密封性能，孔口平面应与圆周尺寸在同一次装夹中加工。已有报道显示，当没有按惯例加工孔口平面，而是通过小刀具加工时，就会在钻孔周围留下一个不同心的切割形貌，从而发生泄漏。

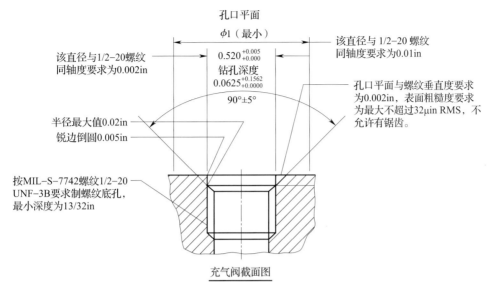

图 7-84　MS33651 安装接口（单位：in）

一些缓冲器通过相同的接口充油和充氮。然而，在油液腔底部附近设置一个充油口通常来说更方便（使从缓冲器中排出滞留空气更加简易）。充油直至油液从充氮口流出为止。然后充填氮气。充油端口通常包含一个完整的单向阀；图 7-85 为 Crissair 公司的充油单向阀示例。

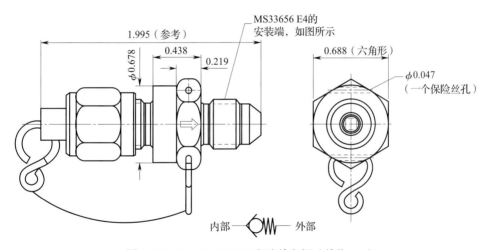

图 7-85　Crissair 1C2224 充油单向阀（单位：in）

7.8.3　维修

缓冲器设计时必须允许充填适量的油液和气体。由于预先测量油液量再充填的方式不实用也不可靠，因而应该设计一种通过几何布置来确保油量的适当充填方法。通常这涉及充填阀位置设计，这样当缓冲器处于全压缩位置（通常通过缓冲器底部的单向充填阀）时充注油液，直到缓冲器油液从顶部的充气接口流出。然后，进行充气直到达到设计的全伸长压力（在混合油-气式缓冲器中，由于气体溶解度的影响，该压力会随着时间的推移略有降低）。在某些设计中，可能无法将充气阀精确地定位在充油的正确几何位置。在这种情况下，通常提供一个引释管或其他管道布置，将充气阀端口连通到正确的油液位置。在设计充气阀口或引释管的位置时，必须考虑缓冲器在飞机上的安装姿态。这特别适用于将缓冲器安装成一定角度的摇臂式起落架。应该允许在飞机安装姿态下对缓冲器的油液进行补充或调整。对新生产的缓冲器或大修后重新充填都必须小心，因为缓冲器可能是安装在垂直固定工装中而不是安装在起落架和飞机上。引释管的使用允许充填位置与缓冲器中心线对齐，避免在维修时考虑缓冲器的角度，引释管同样允许在设计阶段很容易就改变油液位置。在某些情况下，可能需要提供与原始设计不同的充油位置（例如，为抵御寒冷天气的操作提供额外的鲁棒性）。如果不使用引释管，可以设计一个垫圈以避免缓冲器压缩到底；垫圈高度是计算过的可以提供所需的额外油量，然后在垫圈安装到位的情况下完成注油。使用该技术的缓冲器上应附上标签，或使用替代性措施以避免地面维修人员混淆。

大多数缓冲器都有一个标牌用以指示维修程序，如图 7-86 所示。标牌可以直接安装在缓冲器上，也可以安装在缓冲器附近任何合适的可见位置（有时使用起落架舱门的内表面）。ARP5908[52]号文件为缓冲器的顺利维修提供了指南。维修标牌上提供的数据应该考虑由气体溶解度引起的变化。如果提供等温弹簧曲线数据，可能会导致地面人员对缓冲器压力做不必要的调整（除了花费时间和精力外，还可能会导致缓冲器压力大于设计值）。近年来，一些缓冲器省略了维修数据，需要参考飞机维修手册来获得完整信息。在这种情况下，提供了一个可参考的放飞标准图表，指示缓冲器行程的最小可接受量（对于不同温度），以提供触底保护。计算这些数值，应考虑缓冲器的维修误差以及使用中的预估气体溶解度。

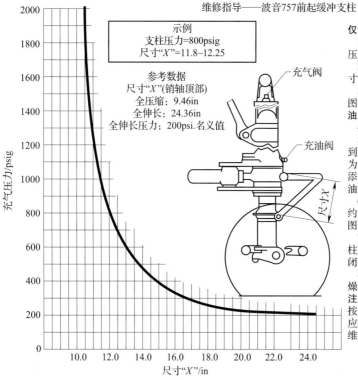

维修指导——波音757前起缓冲支柱

示例
支柱压力=800psig
尺寸"X"=11.8~12.25

参考数据
尺寸"X"(销轴顶部)
全压缩：9.46in
全伸长：24.36in
全伸长压力：200psi.名义值

充气阀

充油阀

尺寸X

维修指导

仅气体充填：
1. 在飞机停机状态，用压力表测量支柱压力；
2. 从维修曲线图上查出该压力对应的尺寸"X"；
3. 通过增加或释放氮气来 得到维修曲线图范围内的正确"X"值。
油液和氮气充填：
4. 打开充气阀，缓冲支柱完全泄压；
5. 通过充油阀充填ML-H-5606油液，直到从充气阀安装孔流出没有气泡的油液为止，对于每个完全重新充油的缓冲器，添加9USfloz[①] LUBRIZOL1935，关闭充油阀；
6. 在飞机停机状态将缓冲支柱充气至大约1in，用压力表检查支柱压力和维修曲线图上对应的尺寸"X"；
7. 重要提示，对于首次充填氮气，将支柱充填至由第6步确定的尺寸"X"加1in，关闭充气阀，在数次降落后按步骤8执行；
8. 在数次降落后，按步骤1、2、3用干燥氮气重新维修。
注意： 如缓冲支柱因为任何原因完全泄气，按照步骤4到步骤8进行油液和氮气充填，应按波音维修手册第12章进行定期的油液维护。

充气压力/psig （纵轴：2000, 1800, 1600, 1400, 1200, 1000, 800, 600, 400, 200, 0）

尺寸"X"/in （横轴：10.0, 12.0, 14.0, 16.0, 18.0, 20.0, 22.0, 24.0）

图 7-86　波音 757 前起落架维修标牌

① 1USfloz=29.574mL。——编辑注

7.8.4　缓冲器油液

绝大多数飞机缓冲器使用符合 MIL-PRF-5606 的油液，还有一些最新缓冲器使用减少可燃性的合成油 MIL-PRF-87257。少数飞机在缓冲器支柱中使用磷酸酯油液，主要用以与飞机液压系统兼容。事实表明磷酸酯油液缓冲器比石油基或合成基油液的缓冲器具有更高的静摩擦[53]。材料相容性需求可能会限制轴套材料的选择，选择的轴套应能够在磷酸酯油液中成功使用。在某些情况下，极压润滑添加剂与石油基缓冲器油液混合，能够提高整体润滑性。优先使用预先混合的油液而不是直接在缓冲器中增加添加剂。文件 AIR5358[54]① 提供了一些已成功使用的油液和添加剂组合。

7.9　一次性缓冲器：抗坠撞和空间飞行器

在一些飞行器中，缓冲器不必重复使用：空间飞行器着陆和提供二次坠撞性保护（尤其是直升机）。AIR4566[55] 中有许多关于抗坠撞起落架的技术论述。挤压金属蜂窝材料是一种性能优良、可提供近 100% 效率的单次能量吸收方法。阿波罗月球着陆器（见图 7-87）使用了该方法，取得很好的效果。在空间飞行器上，需要注意温度范围，因为蜂窝材料在高温下的抗压强度降低。在"阿波罗"号上通过保温设施来控制[56]。蜂窝材料能量吸收方法也被用于直升机的坠撞保护，如图 7-88 所示，用于西科斯基 S-61 直升机。该机中，传统的油-气式缓冲器为常规操作提供了减振功能。当下沉速度超过设计值时，二级能量吸收器（见图 7-89）中的应急断离销断裂，封闭的蜂窝材料被挤压吸收撞击的能量。

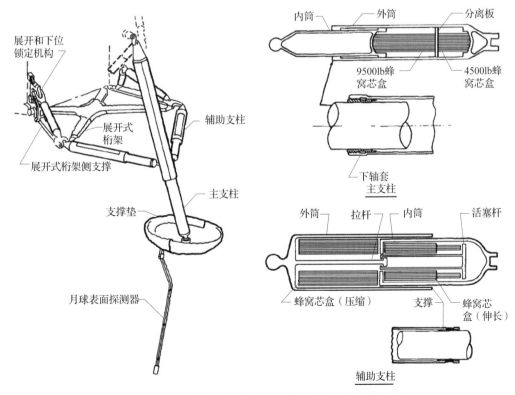

图 7-87　"阿波罗"号月球着陆器中的蜂窝缓冲器布置

① 原文为参考文献［62］，应改为参考文献［54］。——译者注

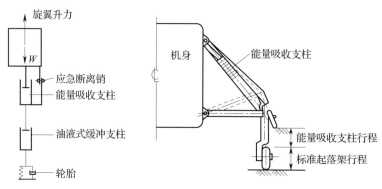

图 7-88　西科斯基 S-61 中的油 – 气式缓冲器支柱和蜂窝能量吸收器

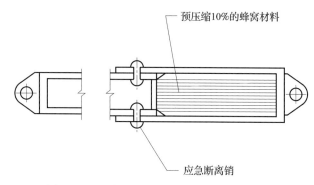

图 7-89　西科斯基 S-61 中的蜂窝能量吸收器

　　蜂窝结构具有许多优点：重量轻，无维护需求，变形过程中力与变形关系相对恒定（见图 7-90）。当开始挤压时，有一个力的峰值；可以通过安装在缓冲器中的材料预挤压来消除。一旦结构发生弯曲和变形，以致几乎没有进一步变形的能力，载荷就会随着进一步的变形而迅速增加，最终接近材料的弹性模量。需要使用适当的蜂窝材料厚度来保证在完全压实之前达到所需位移。

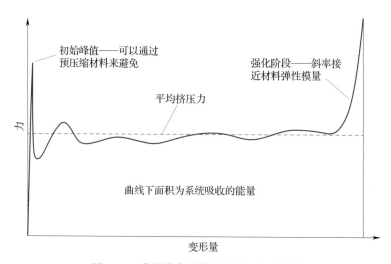

图 7-90　常规蜂窝材料挤压力—变形曲线

虽然迫使油液流过油孔也可以吸收碰撞能量，但这并不能提供高效的阻尼形式（除非使用油针）。另一种已探索的方法是利用圆管挤压减振器的圆管塑性变形来耗散能量。图 7-91 给出了两种方法间的负载和行程关系的差异。

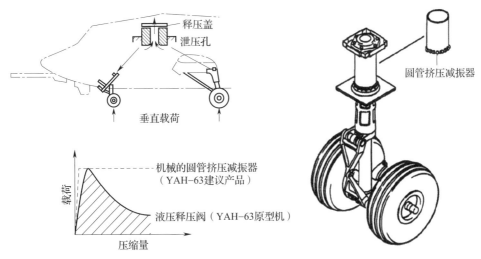

图 7-91　YAH-63 圆管挤压减振器和减压阀对比

圆管挤压减振器的工作原理是：将一个可塑性变形的圆管放在一个硬板上挤压，使材料变形或撕裂而产生较大位移，并产生一个恒定载荷。图 7-92 中为落震试验中两个圆管挤压减振器的载荷—位移曲线。

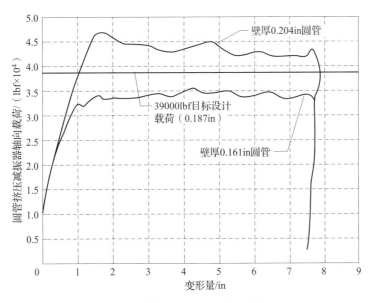

图 7-92　圆管挤压减振器落震试验结果

圆管挤压减振器改进版见图 7-93，采用了扩管方式。利用扩管装置产生的平均载荷与位移关系的经验估算公式[57]是（也可能是圆管挤压减振器平均力的合理估算方法）

$$F_{average}=8(\sigma_y+0.25H)t^{1.5}\sqrt{D}$$

式中：$F_{average}$——压缩过程中产生的平均力，lbf；

σ_y——材料屈服强度，psi；

H——塑性区应力—应变曲线塑性区斜坡均值，psi；

t——管壁厚度，in；

D——管的外径，in。

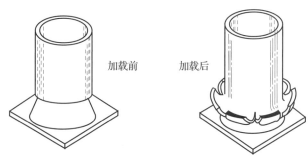

加载前　　　　加载后

图 7-93　扩管减振器

这些圆管材料的相关数据见表 7-3。根据公式提供的经验数据，平均力往往比估计的小 10% 左右。试验数据还表明，峰值载荷是均值载荷的 3 倍，所有结果的平均力峰值是测量平均值的 1.8 倍。

表 7-3　扩张管材料数据

材料	σ_y/psi	H/psi
铝 2024-0	11000	70000
铝 3003-H14	21000	7000
铝 5050	31000	60000
铝 5052-0	13000	50000
铝 6061-0	8000	33000
铝 6061-T4	21000	55000
铝 66061-T6	40000	30000
钢 1015	45000	60000
钢 4130	75000	80000

圆管挤压减振器改进版的一个优点是避免在初始压缩时出现力峰值；倾斜管边也有助于减少初始的力峰值。扩张管和锥形顶的设计允许在几乎整个管长上消耗吸收能量，因此它们是提供坠撞保护的有效手段。任何圆管挤压减振器都应进行大量的测试，以确保载荷预测的准确性。

蜂窝材料、扩管减振器和圆管挤压减振器是基于塑性变形的几种能量吸收方案。在《飞机坠撞生存性设计指南》第 IV 卷[58]中概述了相关的一些内容。可压缩管（金属和复合材料）是一个有前景，但不一定能在现有起落架上实现的方案。对复合材料圆筒的历史研究表明当逐步压缩时表现出了相对重量的高能量吸收能力，试验表明[59]，碳纤维圆筒拥有 40000ft·lbf/lb 的比能量吸收值。相比之下，金属蜂窝的比能量吸收值为 5000～12000ft·lbf/lb，而挤压管（如上所述）的比能量吸收值约为 30000ft·lbf/lb。对复合材料结构进行详细设计能够进一步提高比能量吸收能力。金属管材挤压已用于提高汽车的耐撞性，在飞机上也有一定的应用价值，圆管按指定的方式连接。此外，在圆管内填充金属泡沫可以提高能量吸收能力。图 7-94 显示了圆管的横截面，其载荷与位移曲线如图 7-95 所示。泡沫能够抵抗屈曲变形，增加折叠载荷和总吸收能量。该装置的特征是力的峰值在平均值附近（有或没有泡沫增强），每个局部屈曲都伴随着一个峰值。Airoldi 和 Janszen[60] 提出了一种将挤压管与起落架结合起来的方案，包括触发圆管屈曲变形的方法。

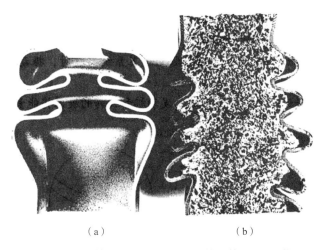

（a）　　　　　　　　　（b）

图 7-94　挤压管（a）和含金属泡沫挤压管（b）的截面

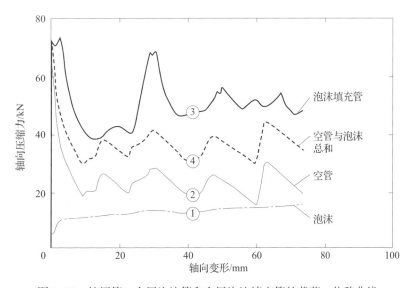

图 7-95　挤压管、金属泡沫管和金属泡沫填充管的载荷—位移曲线

7.10　旋翼机地面共振

带有铰接式旋翼系统的旋翼机会产生与起落架耦合的振动，从而引发振荡摧毁直升机，这种现象被称为地面共振。以下描述取自 Cardinale[61] 的一篇文章：

地面共振涉及任何的机体振动模式，包括平面内轴线运动和平面内一阶旋转运动。它发生在"旋翼转速减去一阶面内频率"（$\Omega-\omega_{ip}$）等于或接近机体固有频率时。不稳定性基本上是机械的。它从旋转的旋翼和驱动旋翼的动力（轴向扭矩）获得驱动能量。它不是由空气动力产生的。以非旋转四桨叶旋翼的平面内振荡模式为例，如图 7-96 所示。如果该振动模式的频率为 ω_{ip}，那么

$$\omega_{ip}=\frac{2\pi}{\tau}\ \mathrm{rad/s}$$

旋翼的重心以 ω_{ip} 的角速度绕旋转中心旋转。对比振动模态频率与旋翼转速，并与非旋翼直升机机体进行比较，观察到：

（1）在旋翼转速 $\Omega<\omega_{ip}$ 时，振动驱动旋翼系统，此时，振动能量被旋翼/发动机系统吸收；

（2）当旋翼转速增加到 $\Omega>\omega_{ip}$ 时，发动机和旋转的旋翼将能量送入振动系统。

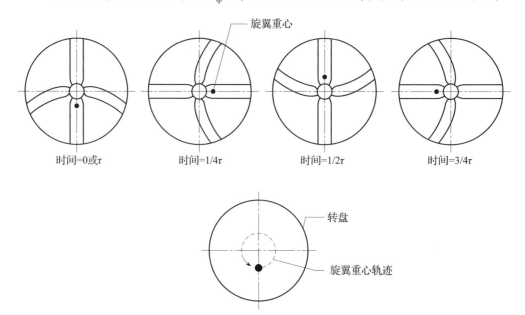

图 7-96　非旋转旋翼叶片平面内振动模式

振动旋翼可以激发机体的固有模态。图 7-97（a）说明了振动旋翼产生的水平振动力是如何产生俯仰振动和滚转力矩的。这些力矩的频率是 $\Omega-\omega_{ip}$。图 7-97（b）为地面上的直升机，是一个弹簧支撑的质量体，具有俯仰与滚转的固有频率，该频率与机体惯性矩和起落架的弹簧特性有关。在振动水平力作用下，弹簧-质量系统发生受迫振动。如果 $\Omega-\omega_{ip}$ 值使振动发生在固有频率附近，就会产生严重的灾难性共振。

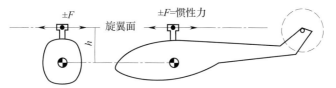

（a）水平振动惯性力在直升机重心产生振动俯仰和滚转力矩

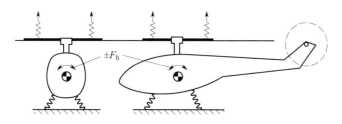

（b）在地面上，用弹簧表征起落架和旋翼振动刚度

图 7-97　旋翼机振动模式示意图

NACA 报告 1351[62] 中进一步分析了这一现象。目前有几种方法可以避免或最小化地面共振。提高起落架系统的刚度是一种方法，旋翼机轮胎经常被充气到高压以提高刚度。缓冲器设计时可以从两个方面入手：（1）在地面上提供高刚度；（2）通过阻尼避开地面共振频率。带滑橇式起落架的旋翼机可能需要在机身结构和滑橇结构之间设置阻尼器，以耗散共振区能量。

为增强对抗地面共振的鲁棒性，旋翼机缓冲器上安装阻尼装置，在共振范围内消耗能量。这种阀门类似于滑行阀或双向阻尼调节阀，它提供了两级阻尼——在地面时的高阻尼，在大下沉速度着陆时的增大流量。旋翼机缓冲器的设计必须考虑旋翼的类型和可能产生共振的频率，然后设计适当的刚度、阻尼或两者兼顾来对抗它们。

参 考 文 献

［1］Conway，H.G.，*Landing Gear Design*（London：Chapman & Hall，1958）.

［2］Fricker，W.W.，"Development of Aircraft Shock Absorbers Using Friction as the Energy Dissipator," Technical Report AFFDL–TR–65–98，Air Force Flight Dynamics Laboratory，October 1965.

［3］Aerospace Recommended Practice，"Landing Gear Structures and Mechanisms," ARP1311，Revision C，SAE International，April 2015.

［4］ESDU Data Sheet，"Flow of Liquids. Pressure Losses across Orifice Plates，Perforated Plates and Thick Orifice Plates in Ducts," ESDU 81039，Amendment C，Engineering Sciences Data Unit，March 2007.

［5］Aerospace Information Report，"Aerospace Hydraulic Fluids Physical Properties," AIR1362，Revision C，SAE International，November 2016.

［6］Aerospace Information Report，"Fluid Properties," AIR1116，Revision A，SAE International，June 2013.

［7］Faulkner，L.L.，"Energy Absorption and Dissipation Devices," AD–782565，Ohio State

University, March 1974.

[8] Engineering Design Handbook, "Carriages and Mounts Series-Recoil Systems," AMCP 706-342, US Army Materiel Command, September 1963.

[9] Sengfelder, G. *German Aircraft Landing Gear*, *A Detailed Study of German World War II Combat Aircraft* (Atglen, PA: Schiffer Publishing, 1993).

[10] Shearer, R.M., "Material and Processing Requirements for Tubular Landing Gear Spring," SAE Technical Paper 680232, 1968, https://doi.org/10.4271/680232; McCosh, D., "Structural Considerations of Steel Landing Gear Springs," SAE Technical Paper 710400, 1971, https://doi.org/10.4271/710400.

[11] Advisory Circular, "Acceptable Methods, Techniques, and Practices-Aircraft Inspection and Repair," AC43.13-1B Change 1, Federal Aviation Administration, September 1998.

[12] Military Specification, "Cord, Elastic, Exerciser and Shock Absorber, for Aeronautical Use," MIL-C-5651D, Department of Defense, September 1985.

[13] Brown, R.W., "Research and Tomorrow's Aircraft Undercarriage," SAE Technical Paper 450174, 1945, https://doi.org/10.4271/450174.

[14] Naft, M.H. and Seabase, P.P., "Applying the 'Pressure' to a Liquid Spring Off-Highway Truck Suspension," SAE Technical Paper 770768, 1977, https://doi.org/10.4271/770768.

[15] Shigley, J.E. and Mischke, C.R., *Mechanical Engineering Design*, 5th edn. (New York: McGraw-Hill, 1989).

[16] "Metallic Materials Properties Development and Standardization," MMPDS-06, Federal Aviation Administration, April 2011.

[17] Taylor, P.H., "Low-cost liquid spring," U.S. Patent 3, 256, 005, May 1963.

[18] Bingham, A.E. "Liquid Springs: Progress in Design and Application," *Proceedings of the Institution of Mechanical Engineers* 169, no. 1 (1955): 881-896.

[19] Savery, R., "Fluid spring shock absorbers," U.S. Patent 3, 747, 913, August 1971.

[20] Wahi, M.K., "Oil Compressibility and Polytropic Air Compression Analysis for Oleopneumatic Shock Struts," *Journal of Aircraft* 13, no. 7 (July 1976): 527-530.

[21] AMC25.491, "Taxi, Take-Off and Landing Roll," Certification Specifications and Acceptable Means of Compliance for Large Aeroplanes, CS-25, European Aviation Safety Agency, Amendment 21, March 2018.

[22] Smith, M., "Oleodieseling," *Shell Aviation News*, Number 183, September 1953.

[23] Aerospace Standard, "Gland Design, O-Ring and Other Elastomeric Seals," AS4716, Revision C, SAE International, December 2017.

[24] Radel, S.R. and Navidi, M.H., *Chemistry* (St. Paul, MN: West Publishing Company, 1990).

[25] Brady, J.E. and Holum, J.R., *Fundamentals of Chemistry* (New York: John Wiley & Sons, 1988), 339.

[26] Reynolds, W.C. and Perkins, H.C., *Engineering Thermodynamics*, 2nd edn. (New York:

McGraw–Hill, 1977）, 655.

[27] Frolich, P.K., Tauch, E.J., Hogan, J.J., and Peer, A.A., "Solubilities of Gases in Liquids at High Pressure," *Industrial and Engineering Chemistry* 23, no. 5（1931）: 548–550.

[28] Aerospace Information Report, "Nitrogen Absorption/Desorption（Gas Dissolution）in Aircraft Shock Absorbers," AIR6942, Draft Revision, SAE International, May 2019.

[29] Aerospace Information Report, "Effects of Extremely Cold Temperature on Landing Gear Operation," AIR6411, Draft Revision, SAE International, September 2019.

[30] Military Specification, "Landing Gear, Aircraft Shock Absorber（Air–Oil Type）," MIL–L–8552C, Department of Defense, November 1965.

[31] Military Specification, "Airplane Ground Strength and Rigidity Ground Loads for Navy Acquired Airplanes," MIL–A–8863C（AS）, Department of Defense, July 1993.

[32] Somm, P.T., Straub, H.H., and Kilner, J.R., "Adaptive Landing Gear for Improved Taxi Performance," Technical Report AFFDL–TR–77–119, Air Force Flight Dynamics Laboratory, October 1977.

[33] Ross, I. and Edson, R., "An Electronic Control for an Electrohydraulic Active Control Aircraft Landing Gear," NASA Contractor Report CR–3113, National Aeronautics and Space Administration, 1979.

[34] Howell, W.E., McGehee, J.R., Daugherty, R.H., and Vogler, W.A., "F–106B Airplane Active Control Landing Gear Drop Test Performance," SAE Technical Paper 901911, 1990, https://doi.org/10.4271/901911.

[35] Ervin, R.D., Lou, Z., Filisko, F.E., and Winkler, C.B., "Electrorheology for Smart Landing Gear," UMTRI–96–16, The University of Michigan, April 1996.

[36] Lou, Z., Ervin, R.D., Filisko, F.E., and Winkler, C.B., "An Electrorheologically Controlled Semi–Active Landing Gear," SAE Technical Paper 931403, 1993, https://doi.org/10.4271/931403.

[37] Jolly, M.R., Bender, J.W., and Carlson, J.D., "Properties and Applications of Commercial Magnetorheological Fluids," *Journal of Intelligent Material Systems and Structures* 10, no. 1（January 1999）: 5–13.

[38] Batterbee, D.C., Sims, N.D., Standway, R., and Wolejsza, Z., "Magnetorheological Landing Gear. Part 1: A Design Methodology," *Smart Materials and Structures* 16, no. 6（2007）: 2429–2440.

[39] Ocaña, M.I., Novillo, E, Morante, E., and Chamorro, E., "Analysis of Performances of a Semi–Active Suspension Implemented on a Landing Gear," in *Proceedings of the ASME 2014 International Mechanical Engineering Congress and Exposition*, Montreal, QC, Canada, November 14–20, 2014.

[40] Mikułowski, G., "Final Publishable Activity Report–Summary of the Complete Project Activities and Achievements," Project number: IST–FP6–2002–Aero 1–502793–STREP, Adaptive Landing Gears for Improved Impact Absorption, January 2007.

[41] Simpson, M.N., "The Application of Semi–Active Technology to Aircraft Landing

Gear," Doctoral thesis, Loughborough University, November 1988.

[42] Ghiringhelli, G.L., "Testing of Semiactive Landing Gear Control for a General Aviation Aircraft," *Journal of Aircraft* 37, no. 4 (August 2000): 606–615.

[43] Mikułowski, G., Pawłowski, P., Graczykowski, C., Wiszowaty, R. et al., "On a Pneumatic Adaptive Landing Gear System for a Small Aerial Vehicle," *Proceedings of the 4th ECCOMAS Thematic Conference on Smart Structures and Materials–SMART*, Porto, Volume 9, 2009.

[44] Catt, T., Cowling, D., and Shepherd, A., "Active Landing Gear Control for Improved Ride Quality during Ground Roll," AGARD–CP–531, Smart Structures for Aircraft and Spacecraft, North Atlantic Treaty Organization, April 1993.

[45] Aerospace Standard, "Gland Design: Nominal 3/8 in Cross Section for Custom Compression Type Seals," AS4832, SAE International, June 2012.

[46] Military Standard, "Scraper, Piston Rod," MS28776, Revision D, Department of Defense, June 1988.

[47] Military Standard, "Scraper, Installation, Packing Gland Ring," MS33675, Revision C, Department of Defense, August 1971.

[48] Aerospace Standard, "Gland Design: Scraper, Landing Gear, Installation," AS4052, Revision B, SAE International, April 2015.

[49] Aerospace Recommended Practice, "Design Recommendations for Spare Seals in Landing Gear Shock Struts," ARP4912, Revision C, SAE International, June 2017.

[50] Performance Specification, "Valve, Aircraft, Pneumatic, High–Pressure Charging," MIL–PRF–6164G, Department of Defense, October 2012.

[51] Military Standard, "Boss and Installations–Air Connection," MS33561, Revision B, Department of Defense, May 1985.

[52] Aerospace Recommended Practice, "Landing Gear Servicing," ARP5908A, SAE International, July 2018.

[53] Aerospace Information Report, "Landing Gear Component Heat Damage," AIR5913, Revision A, July 2018.

[54] Aerospace Information Report, "Landing Gear Shock Strut Hydraulic Fluid," AIR5358, Revision A, May 2016.

[55] Aerospace Information Report, "Crashworthy Landing Gear Design," AIR4566, Revision A, SAE International, November 2015.

[56] Rogers, W.F., "Apollo Experience Report–Lunar Module Landing Gear Subsystem," NASA TN–D–6850, National Aeronautics and Space Administration, June 1972.

[57] Phillips, N.S., Carr, R.W., and Scranton, R.S., "Crashworthy Landing Gear Study," USAAMRDL Technical Report 72–61, US Army, April 1973, 22.

[58] "Aircraft Crash Survival Design Guide, Volume IV, Aircraft Seats, Restraints, Litters and Cockpit/Cabin Delethalization," USAAVSCOM TR 89–D–22D, US Army Aviation Research and Technology, December 1989.

［59］Crist, D. and Symes, L.H., "Helicopter Landing Gear Design and Test Criteria Investigation," USAAVRADCOM TR-81-D-15, US Army, August 1981.

［60］Airoldi, A. and Janszen, G., "A Design Solution for a Crashworthy Landing Gear with a New Trigger Mechanism for the Plastic Collapse of Metallic Tubes," in *29th European Rotorcraft Forum*, Friedrichshafen, Germany, September 16-18, 2003.

［61］Cardinale, S.V., "Soft In-Plane Matched-Stiffness/Flexure-Root-Blade Rotor System Summary Report," USAAVLABS Technical Report 68-72, US Army, August 1969.

［62］Coleman, R.P. and Feingold, A.M., "Theory of Self-Excited Mechanical Oscillations of Helicopter Rotors with Hinged Blades," NACA Report 1351, January 1958.

第8章 收放、运动学和机构

起落架收放、锁定，舱门的开关以及起落架其他系统的运动都是通过采用各种各样的连杆和机构来实现的。给目标飞机布置合适的机构时，必须考虑机轮在地面上的位置、飞机上可用的收藏空间、飞机上合适的结构位置，以及主放下系统失效后实现放下和锁定的办法。当飞机气动力有助于或不阻碍起落架放下时，可采用重力应急放，前收或侧收的起落架非常适合采用重力应急放。后收的起落架系统很可能需要提供额外的力让起落架完全放下（如果仅靠重力放的话，气动力矩和重力矩很有可能在起落架放下某个阶段互相平衡，导致起落架放下不能完全到位），在这种情况下，备份放机构采用第二套作动系统或是应急气源完成起落架的放下。在极其罕见的情况下，在起落架上增加了空气动力学特性以利于收起，莫尔特·泰勒设计的"Mini-IMP"的起落架上使用了一个手动操作"小翼"，该装置能提供一些收起起落架气动力矩，减少了飞行员手动收起起落架所需的力。由于气动辅助系统的复杂性和可靠性，大型起落架的收放机构通常不采用。

可收放式起落架减小了机身的阻力，大多数收放系统包含了可运动的舱门，舱门关闭后保证了飞机表面的气动连续完整性。通常，舱门采用不同的驱动方式：一些采用起落架联动，另一些采用独立驱动。在概念设计阶段形成可收放式起落架方案时，必须给出舱门运动的解决方案，保证所有运动部件能协调运动。

8.1 起落架的收放

8.1.1 滑动系统

滑动系统，尽管在历史上曾有应用，即使在今天也在使用和生产，但是在起落架运动中并不经常采用。滑动机构的导轨在受到灰尘和结冰影响后，比旋转副更易卡滞。轨道的磨损及非对称载荷导致公差与配合精度达不到预期的使用年限导致机构卡滞。尽管如此，紧密配合的直线导轨和滑块在机械制造中广泛使用，并用于飞机上。在圆截面杆上滑动的滑块，在原理上与有效润滑后的液压作动筒、缓冲器一样能可靠工作。洛克希德 C-130 "大力神"采用了一种"垂直滑动提升式"的滑动收上系统，如图 8-1 和图 8-2 所示。液压马达驱动直线式滚珠丝杠来收放起落架，每个起落架在机身整体滑轨上滑动。除了滚珠丝杠会偶尔卡住，该系统在使用中已经证明是可靠的。

康威[1]推荐了一些使用滑动连接的基础机构原理图，如图 8-3 所示。马丁 B-10 轰炸机采用图 8-3 (c) 的形式，航向撑杆在机翼下侧的轨道上滑动，通过机轮上的绳索进行收上。一些水陆两用飞机采用了这些类型的滑动机构。"三叉戟"Tri-Gull 用一个滑轨来收上前起落架，同时让凸出机身前部的轮胎作为减振器[2]。

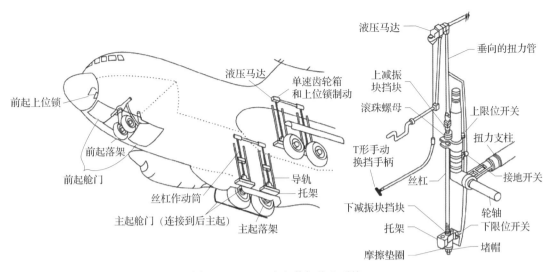

图 8-1　C-130 主起落架收上系统

图 8-2　C-130 主起落架导轨、滑块和丝杠

　　图 8-4 是采用了滑动机构的现代水陆两用的浮筒，可作为各种轻型飞机的选配。图 8-5 所示的一些 Wipaire 浮筒式飞机采用图 8-3（a）的布置来收上主起落架。滑块在管状梁上滑动，这种布置利于在浮筒的狭长扁平空间定位机轮。Wipaire 浮筒式前起落架采用了图 8-6 不同的布置，采用一个带有尼龙滑块的滑行装置进行玻璃纤维板簧支柱的收起。当在下位时，收放作动筒驱动机构过挠度。尼龙滚轮 / 滑块在使用中会磨损，每工作 200h 必须检查机构的磨损。特定设计中允许有 0.02 ~ 0.05in 的磨损量。

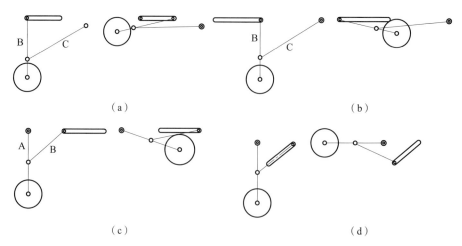

图 8-3 康威推荐的滑动机构原理图

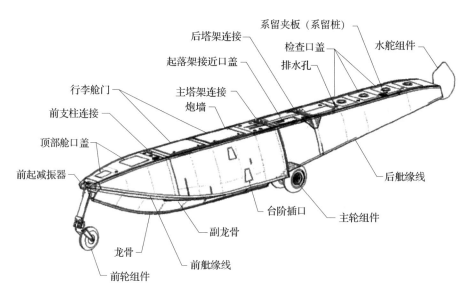

图 8-4 水陆两用浮筒式布置

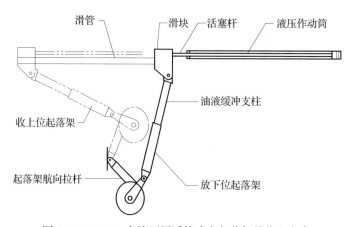

图 8-5 Wipaire 水陆两用浮筒式主起落架的收上方案

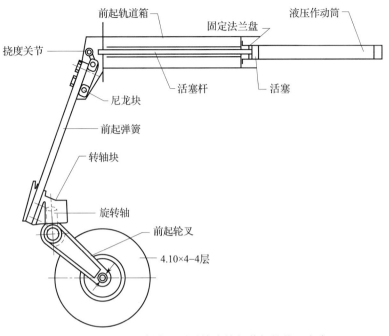

图 8-6　Wipaire 水陆两用浮筒式前起落架的收上方案

8.1.2　铰链系统

在大多数情况下，采取旋转副的收放系统优于滑动系统。受老化、灰尘、水/冰的影响，旋转副更加耐用可靠。通常，采用硬质镀层的销轴，在润滑后的青铜衬套中运动。最简单的铰链系统驱动起落架前向、侧向或是后向旋转收起。合适的收放转轴（主转轴）由起落架收上和放下位所要求的机轮位置来确定。在收起和放下两个位置的起落架上选择一个相同点（如轮轴中心线），并画一条线连接这两个点，转轴点一定在该线垂直平分线上，原理如图 8-7 所示。虽垂直平分线上转轴点位不会改变起落架末端位置，但是会改变起落架的收

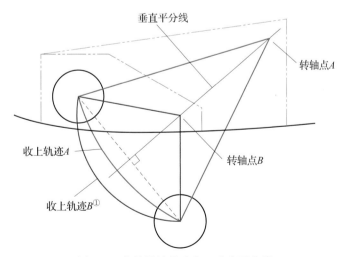

图 8-7　收放转轴的确定：垂直平分线

① 原文图 8-7 错，已改正。——译者注

放轨迹。图中显示了两个可能的转轴点位置以及对起落架舱的影响。转轴无须像图示中那样高于起落架；一些布置根据转轴距缓冲器顶部的距离用来优化收藏和收上几何学。

　　图 8-8 给出了 AV-8B 机翼起落架的转轴线位于起落架顶部的布置示例。许多飞机（包括大多数大型民用客机）前起落架采用这种典型形式。如图 8-9 所示，C-130 前起落架的转轴位于主支柱段上。主转轴位置的选择，要根据飞机可用空间以及所选撑杆和锁定装置进行选择。

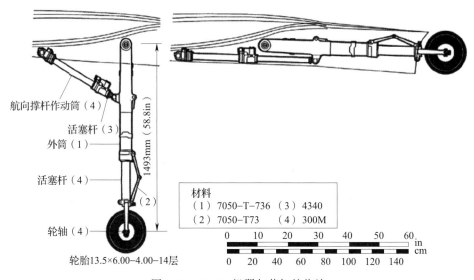

图 8-8　AV-8B 机翼起落架的收放

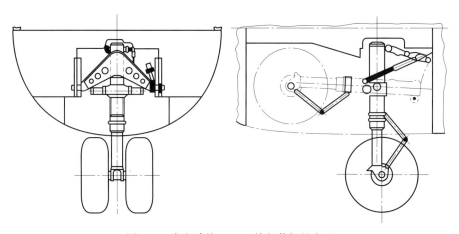

图 8-9　洛克希德 C-130 前起落架的布置

　　如图 8-10 所示，垂直平分线方法可以从二维扩展到三维，以方便确定"斜倾"收放布置的转轴。当收放转轴与主支柱轴线不正交时，起落架可在收上过程中扫过不与飞机主轴对齐的圆弧。这种布置对于侧收铰链式起落架非常有用。为了确定收放转轴轴线，需确定机轮轴线上的两个点。在起落架收上、放下位分别确定对应的点，并画出两条连线：每条连线连接起落架收上、放下位每一对应点。在每条连线的中点上做出该线的法平面（或者说，连线的垂直平分线绕对应连线旋转而产生的平面），以上两连线的

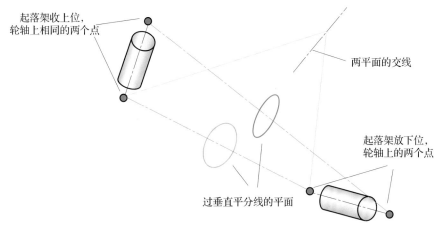

图 8-10　斜轴收放角度的确定

法平面的交线即为所要求起落架上下位置对应的收放转轴线，最终设计的轴可位于该转轴线上任意位置。

　　大型民用飞机主起落架常布置有小角度的斜轴。结合前倾角和斜转轴的方式可协调收上后机轮的位置与轮舱中可用空间，道格拉斯 DC-9 的示例如图 8-11 所示。而大角度斜转轴经常被机身起落架所采用的，如图 8-12"狂风"战斗机所示。

平行四边形布置

　　许多飞机、通常飞艇和直升机的起落架，采用由平行四边形上下支臂来支撑机轮的布置形式，图 8-13 给出了两种布置示意。阿古斯特 A109 直升机主起落架布置如图 8-13 下部所示，起落架如图 8-14 所示。在这种布置下，带有内锁的作动筒来锁定并支撑起落架在伸长位置。或者，利用单独的折叠撑杆在平行四边形上部来提供可靠锁定，PBY 卡特琳娜（见图 8-15）和康纳戴尔 CL-215（见图 8-16）两种飞艇都采用了这种布置。在两个实例中，机轮和轮胎收回后紧贴机身。格鲁门公司在"野鸭"号和"信天翁"号（见图 8-17）飞艇上使用了这种独特适应性的布置，起落架保留了平行四边形铰链下支臂，但集成了缓冲器与从高翼铰链连接的垂直撑杆，当起落架收上时，垂直撑杆水平收于机翼。

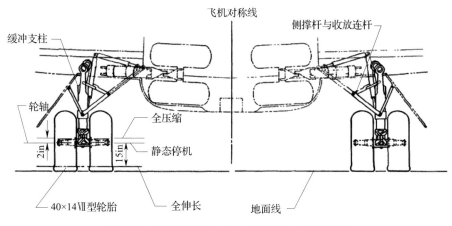

图 8-11　道格拉斯 DC-9 主起落架的小角度斜轴

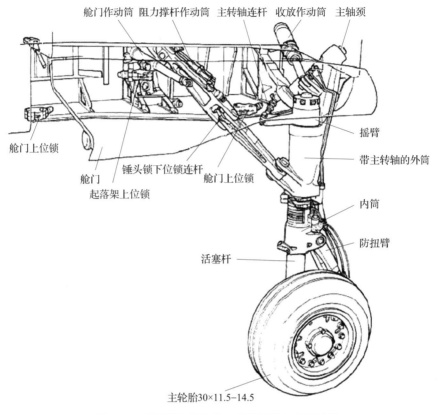

舱门作动筒　阻力撑杆作动筒　主转轴连杆　收放作动筒　主轴颈

舱门上位锁

舱门
起落架上位锁

锤头锁下位锁连杆　舱门上位锁

摇臂

带主转轴的外筒

内筒

防扭臂

活塞杆

主轮胎30×11.5-14.5

图 8-12　"狂风"战斗机主起落架的大角度斜轴

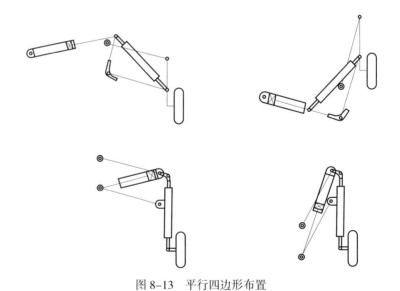

图 8-13　平行四边形布置

图 8-14　阿古斯特 A109 主起落架

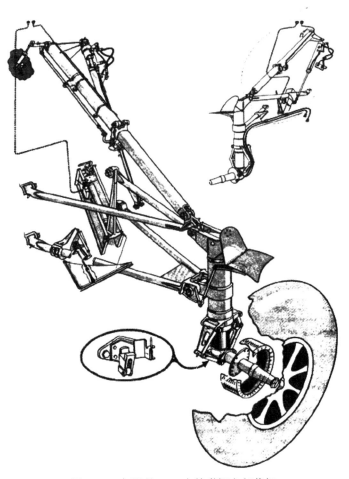

图 8-15　加强的 PBY 卡特琳娜主起落架

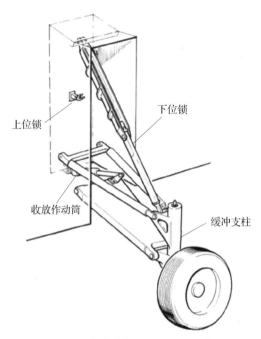

图 8-16　康纳戴尔 CL-215 主起落架

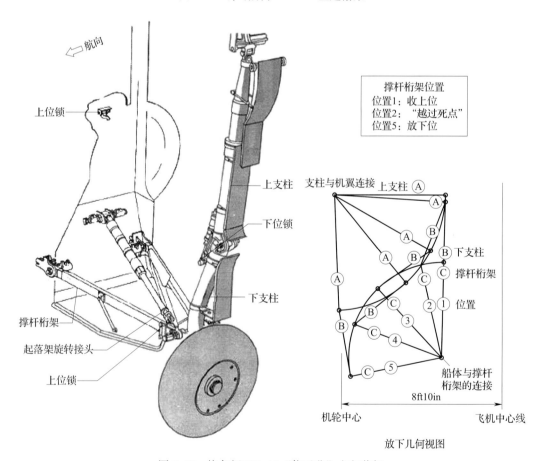

图 8-17　格鲁门 HU-16 "信天翁" 主起落架

8.2　次级运动

　　绕单一轴收放的起落架经常不足以收上到可用的空间内，在这种情况下，通常需要增加次级运动（起落架一些部件的额外的平动或旋转）来满足合适的收藏空间。尽管复杂化和可靠性相矛盾，但是为了实现飞机的可行性，有必要布置复杂的起落架机构。在增加次级运动时，最好在收放方案中选择机械驱动的机构，而不是添加额外的作动筒。虽然说，几乎所有运动的组合都可以通过额外作动筒来实现，但最终的收放方案中，必须对这些作动筒的顺序和协调性进行认真考虑。对任何机构必须提供锁定和保持稳定的办法，以确保起落架能够承受所有的使用载荷。

8.2.1　增加的铰链轴

　　为了实现起落架在收放期间所期望的旋转或平移，可以增加铰接轴，取决于需要的铰接，增加的铰接与主铰轴可成任何角度。通常采用吊杆的布置，使得较长的起落架收上到一个较短的轮舱内，其原理如图 8-18 所示。起落架的顶部连接到吊杆或悬挂连杆时，一些起落架采用定长度的撑杆技术。许多"湾流"公务机的前起落架都采用这种方法。德·哈维兰加拿大"冲锋"8 型飞机的主起落架（见图 8-19）采用了一个吊杆方案，允许高起落架有效地收藏到发动机短舱中。在撑杆和吊杆之间连接一个锁定平衡连杆，将机构锁定在下位。相似的布置应用到康维尔 B-58 上（见图 8-20）。

　　在上述情况下，增加的铰链轴（也称为副铰链轴，简称副轴）平行于主轴，但是，轴彼此间可以有一个角度。B-1B 主起落架采用与主轴成直角的副轴，这种布置（见图 8-21）允许起落架向内旋转的同时也向后旋转收上起落架。米格 -23 主起落架上采用了独特的布置（见图 8-22），摇臂式起落架通过转轴安装在支撑梁上，该机构能将机轮向内向上平移到较小的机身轮舱位置。

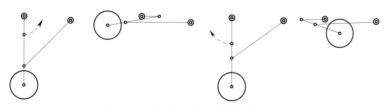

图 8-18　带吊杆的起落架收放方案。

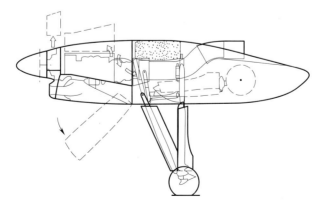

图 8-19　德·哈维兰加拿大"冲锋"8 型飞机的主起落架

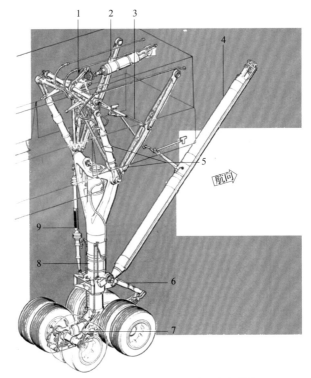

图 8-20　康维尔 B-58 "盗贼" 主起落架

1—收放操纵杆组件；2—起落架作动筒；3—下位锁连杆；4—撑杆；
5—连杆组件；6—防扭臂；7—车架；8—缓冲支柱；9—定位弹簧

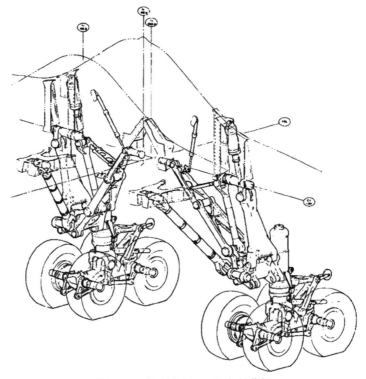

图 8-21　罗克韦尔 B-1B 主起落架

图 8-22　米高扬 - 格列维奇的米格 -23 主起落架

达索"幻影"F1（见图 8-23）采用一个具有斜轴的主支柱和一个可绕支柱旋转的双机轮。在起落架收上时，通过一系列的拉杆和连杆，使铰接的缓冲器装置旋转 180°。

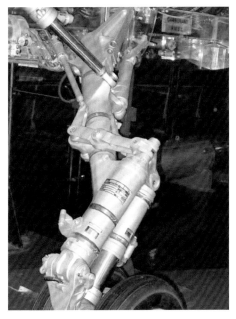

图 8-23　达索"幻影"F1 主起落架

8.2.2　转轮机构

设置增加的铰链轴可以在收起过程中来旋转机轮。许多二战时期的飞机采用了这种方式，特别是后收的翼下式主起落架。沃特"海盗船"采用了如图 8-24 所示的变体方案，但主支柱顶部的连杆通过万向节连接到机翼接头上（见图 8-25）。寇蒂斯 P-40（见图 8-26）采用了两个相互啮合的扇形齿轮（见图 8-27），一个扇形齿轮固定在飞机结构上，另一个固定在起落架的旋转部分上，侧向和航向撑杆连接于主支柱的旋转接头上，主支柱由扇形齿轮驱动旋转并收起。德·哈维兰（后来的霍克 - 西德利）"三叉戟"主起落架采用了一种相对独特的布置，主起落架采用了共轴四轮，在收起中（见图 8-28），轮轴旋转 90° 适应起落架舱。洛克希德 C-5 主起落架（见图 8-29）在收起时采用单独的作动筒来旋转起落架，该系统是顺序供压，作动筒布置的详细视图如图 8-30 所示。

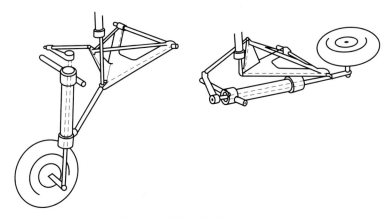

图 8-24　收起后转轮 90° 的机构

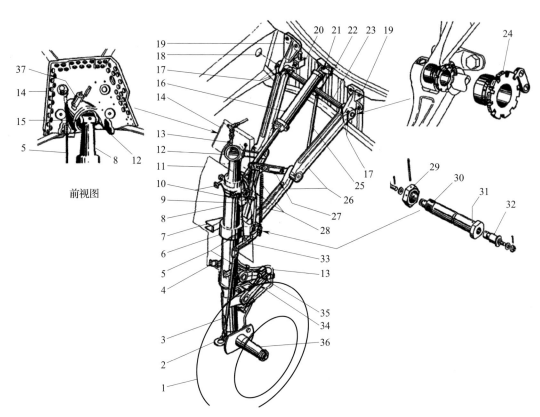

图 8-25　沃特 F4U "海盗船" 主起落架

1—机轮；2—牵引耳环；3—顶起点；4—活动整流罩连接带；5—抬升装置；6—缓冲支柱卡箍；
7—活动整流罩连接角盒；8—缓冲支柱；9—"下位和锁定"位置指示器微动开关；
10—连接活动整流罩到缓冲支柱环上的螺杆；11—活动整流罩；12—转轴；13—刹车软管；
14—关节支座；15—连接轴；16—液压作动筒；17—撑杆连接螺栓；18—拆卸撑杆销轴的通道；
19—连接支座；20—"收上和锁定"位置指示器微动开关；21—作动筒连接至主梁支架的螺栓；
22—撑杆支撑拉杆连接螺栓；23—撑杆轴；24—可调偏心衬套；25—撑杆支撑拉杆；
26—撑杆连杆；27—锁连杆；28—下位锁机构；29—螺母；30—复合转轴螺栓；
31—转轴螺栓固定销；32—操纵杆止动销；33—操纵杆；34—防扭臂；
35—整流片超控微动开关；36—轮轴；37—润滑装置（在关节支座上）

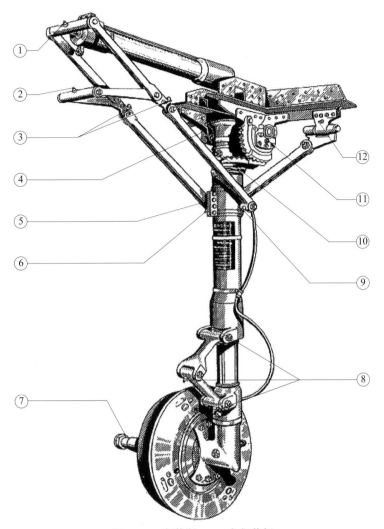

图 8-26 寇蒂斯 P-40 主起落架

1—收放作动筒活塞端三通接头；2—穿过螺栓的收放臂；3—收放臂；4—铰链和上轴颈；5，9—下收放连杆；
6—下轴颈；7—轮轴轴套；8—防扭臂；10—油液支柱充油嘴；11—上轴颈铰链；12—侧撑杆铰链

图 8-27 寇蒂斯 P-40 "战鹰" 主起落架转轮机构

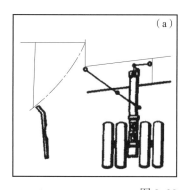
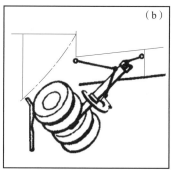
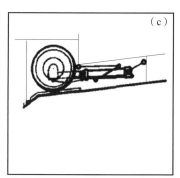

图 8-28　霍克－西德利"三叉戟"主起落架的收起

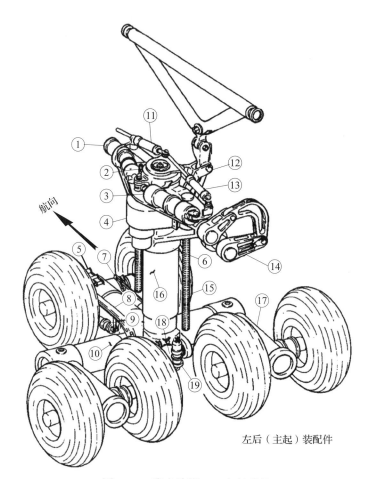

图 8-29　洛克希德 C-5 主起落架

1—主轴颈；2—锁作动筒；3—定位（侧风）作动筒；4—下蹲驱动系统罩；5—轮轴梁位置控制器滚轮；

6—横梁；7—应急俯仰弹性系统（机械）；8—刹车拉杆；9—位置定位器（气作动筒）；

10—中间轮轴梁；11—应急旋转作动筒；12—侧撑杆连接；13—旋转作动筒；14—收放臂；

15—滚珠丝杠（下蹲）；16—缓冲支柱外筒和活塞杆；17—后轮轴梁；

18—滚转销轴；19—滚转位置控制作动筒

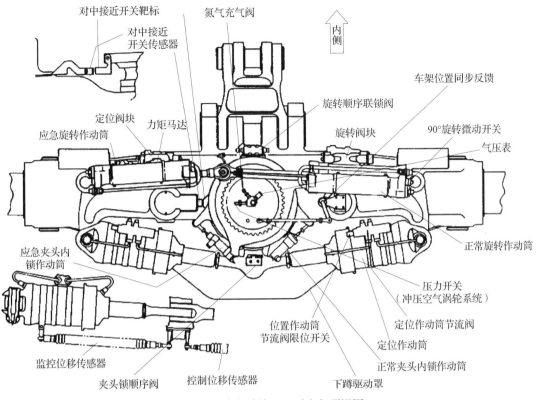

图 8-30　洛克希德 C-5 后主起顶视图

8.2.3　摆平机构

许多侧向铰接摇臂式起落架使用斜轴来实现期望的机轮轨迹，起落架收起后缓冲器基本平行于飞机的纵轴。如果在摇臂和轮轴之间采用刚性连接，最终机轮在起落架收上后显得非常竖立，机轮轴线几乎平行于飞机纵轴，这就要求机身体积很大，但往往难以实现。在一些飞机上，如 S-3 维京，由于具有相对较大的机身和翼装发动机，这是可以接受的。然而，在带有机身发动机和进气道的战斗机上，把机轮放在这个位置往往是不切实际的，为了解决该难题，一种解决办法是在摇臂和轮轴之间使用一个转向主销轴，该销轴的位置是通过一个摆平机构控制的。采用此方法后，起落架放下锁定时机轮平行于飞机纵轴，收起时旋转机轮到更合适的位置（通常基本上平行于机身外轮廓）。

具有转向主销轴的例子见 F-16 的主起落架（见图 8-31），主销轴的位置由连杆控制，连杆与摇臂上的轴套相连。在收起过程中，轴套的旋转将机轮位置变平。巧妙的是，轴套被用作侧撑杆旋转折叠时的连接件。在收起过程中，侧撑杆的旋转运动同时驱动轴套并摆正机轮平面。在全伸长，侧撑杆锁定同时锁定机轮。洛克希德 F-104 主起落架使用了一种更传统的摆平机构（见图 8-32 和图 8-33）。

图 8-31　F-16 主起落架

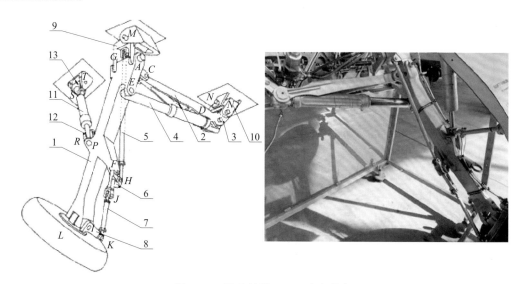

图 8-32　洛克希德 F-104 主起落架

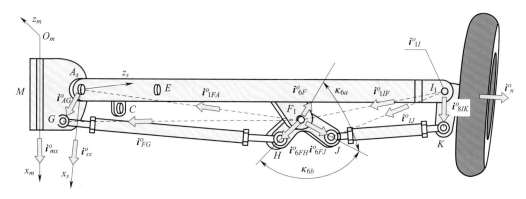

图 8-33　洛克希德 F-104 主起落架摆平机构

在类似于某些缩短机构中，偏置转轴在收起期间提供差动运动（见图 8-33），具有中心轴旋转的双臂曲柄，两端分别连接可调连杆，其中一根连接机身，另一根连接可转轮轴组件上。可调拉杆用来解决制件公差问题，并允许调整最终机轮的收上、放下位置。F-18 和 T-50 主起落架同样也采取了摆平机构来实现期望的机轮位置。大多数摆平机构用在单轮起落架上，然而，"美洲虎"攻击机（见图 8-34）采用一套独特的摆平机构来控制双轮摇臂的角度，摇臂在十字接头上转动，十字接头位置由一侧撑杆控制和稳定，侧撑杆在起落架放下位置用来摆正机轮并在收上位置定位机轮。

图 8-34　"美洲虎"攻击机主起落架

8.2.4　缩短机构

有时可能需要缩短（或是伸长，但极少）起落架的长度，以适应可用的收藏空间。有三种主要的方法可以实现这一点：在缓冲器内工作的液压系统，克服缓冲器力的机械系统，以及将缓冲器作为整体舱室移动的机械系统。在第 11 章中将讨论与可用收藏空间无关而伸长或压缩起落架的系统（下蹲和顶升系统来改变飞机机身与地面的夹角）。

利用飞机液压系统注入或从缓冲器中泄掉油液的缩短机构有但不常见，1958 年，康威[3] 提出了一种尚未被广泛采用的方法。作为现代变体，F-35C 飞机上实现了缓冲器的缩短（见图 8-35）。所采用的方法是使用一个储液筒将缓冲器油液与飞机油液隔离，并存储所需缩短体积的油液。收起阶段给出指令后，储液筒中的油液（见图 8-36（b））通过外部管道（见图 8-36（a））注入缓冲器反弹阻尼腔。在反弹阻尼腔中注入液体压缩气弹簧从而缩短缓冲器。

X-15 研究机没有足够的空间来收藏全伸长的前起落架（见图 8-37）。基于此项目的性质，允许在飞行前先进行缓冲支柱减压、压缩、机械锁定，之后将压力调整到所需压力。起落架放下时，机械锁开锁（见图 8-38），缓冲支柱全伸长。这种布置并不适用于正常类飞机，但在缓冲器空气弹簧被压缩的情况下，应该考虑在缩短机构中加入一个二级机械锁。因保持机构的泄漏或滑移可能导致缓冲器伸长，导致起落架卡在舱内，因此需要一个独立的机械锁提供二次保护以防止此故障模式发生。

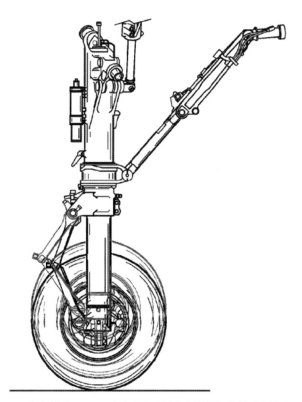

图 8-35　洛克希德 F-35C 主起落架液压式缩短机构给出了缩短位置

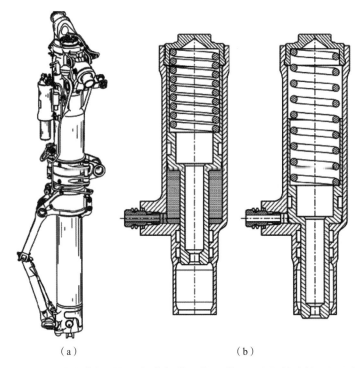

图 8-36 F-35C 主起落架（（a）起落架带连接反弹阻尼腔的储液筒；（b）储液筒）

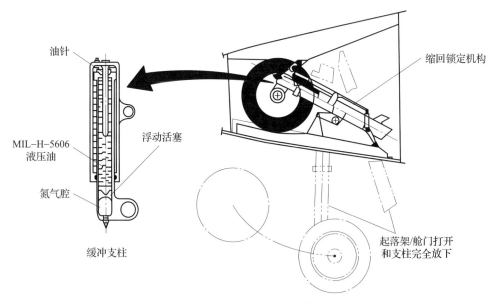

图 8-37 北美 X-15 前起落架

作为液压缩短缓冲器的替代方法，已有不同的机械方法拉动缓冲器的方式来克服空气弹簧力，用于缩短缓冲器的机械连杆必须适应缓冲器在地面上时其自身的运动。道格拉斯 SBD"无畏"号（二战时期的俯冲轰炸机）使用钢索来缩短支柱，如图 8-39 所示。当缓冲器全伸长时，钢索是张紧的，当起落架收起时，钢索扇形轮被驱动沿着与之接触的舱内导轨来运动。在着陆和地面操纵时，钢索布置的优势体现在钢索能够自由弯折。许多二战时期的飞机使用了类似于"无畏"号的缩短方案。达索 MD-315"火焰"（见图 8-40）采用了一根安装在机身上的链条，并通过一个换向齿轮上引导，以实现收缩缩短，链条安装点（图中标识⑧）与收放转轴距离就是收起后缓冲器的缩短距离。"共和"P-47 采用了机械连杆，而不是钢索或链条，将缓冲器与一个蓄能器连接，以增加收起过程中的气体体积，这样

图 8-38　X-15 前起落架展示已开锁的机械锁定机构

减小了缩短起落架的力。在伸长时，增加的气腔被隔离，缓冲器气体体积减小到正常值，增加的气腔重新充气到预定的值。这种用于缩短起落架的机械连杆需要空行程，如图 8-41 所示的欧洲战斗机"台风"。带机械止动的滑杆保证在地面上的缓冲器能全行程自由伸缩；起落架全伸长时滑杆机械止动到达缩短机构的止动台上。在欧洲战斗机上，缩短机构由侧撑杆的连杆驱动。另一种方法是缩短机构连接到机身上具有不同旋转中心，由于其旋转半径不同，这样起落架在放下时轨迹不存在差值，几乎是零，在收上位置的轨迹差值就是所需的缩短距离。用机械系统拉住缓冲器空气弹簧唯一担心的机构失效导致缓冲器伸出卡在舱内。减小缩短区域的空气弹簧曲线的斜率能够减小缩短时动态和静态载荷。此外，强烈建议缩短机构选择高抗应力腐蚀的材料，因为缩短机构部件在飞行中始终有一个拉伸载荷。通常，这种形式的机构仅限于轻型和军用飞机上。

如需大幅缩短，且不能接受起落架舱内不合时宜的伸展和卡住的风险，则首选将缓冲器作为整体舱室形式的缩短机构。在这类布置中，缓冲器顶部连接机械连杆，当起落架旋转收上时机械连杆驱动缩短机构。这类装置需要克服系统的摩擦力，同时克服需要移动质量的惯性载荷（对大起落架可能占比较大）。在全伸长位置，一些机构采用挠度锁定，也有一些采用独立锁定方式。图 8-42 格洛斯特"流星"是一个较早的例子，收起时主起落架通过连杆机构实现机械缩短。图 8-43 中是一种独特的布置，用在阿夫罗"箭"的原型机上。该起落架使用链条驱动系统来移动外筒内的缓冲器。由于紧密公差的原因，链条卡滞是一个问题，正式生产的飞机将采用类似于"流星"的连杆布置。"协和"

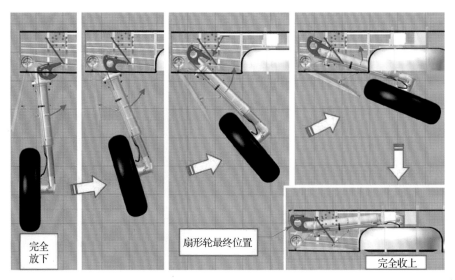

图 8-39　道格拉斯 SBD "无畏" 号主起落架钢索 / 扇形轮缩短机构

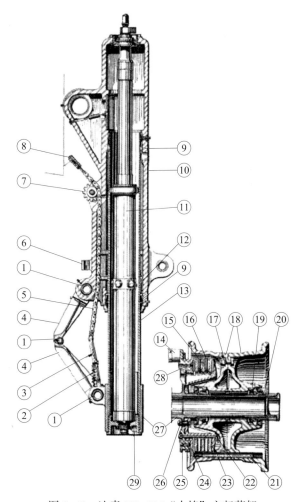

图 8-40　达索 MD-315 "火焰" 主起落架

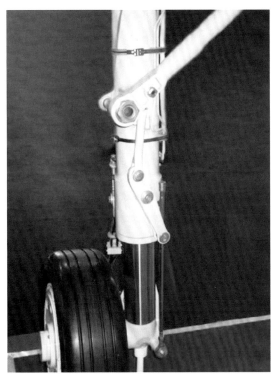

图 8-41　欧洲战斗机"台风"主起落架缩短机构

号飞机（见图 8-44）采用了一种连杆驱动的缩短机构，该机构在支柱式起落架布置中带有一个独立的伸长位置锁，同样地，BAe.146（见图 8-45）摇臂式起落架也采用了该类型的缩短机构。图 8-46 是空客 A330/A340 系列飞机所采用的缩短布置，为达到显著的缩短需求（几乎缓冲器全行程），采用了两级机械连杆。该缩短机构完全由起落架收起驱动，系统放下位的锁定通过机械止动过挠度的下连杆来实现的。可调连杆（松紧螺套）用来补偿飞机装配的公差，同时给系统提供初始的预紧力，这个预紧力保证系统保持过挠度。仔细选材，确保抗应力腐蚀开裂的鲁棒性（部件总是承受拉载荷），并确保使用保守的承载压力是实现可靠使用的一个重要考虑因素。

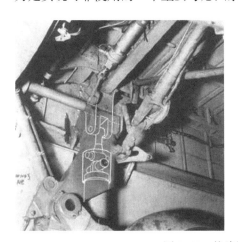

图 8-42　格洛斯特"流星"主起落架缩短机构

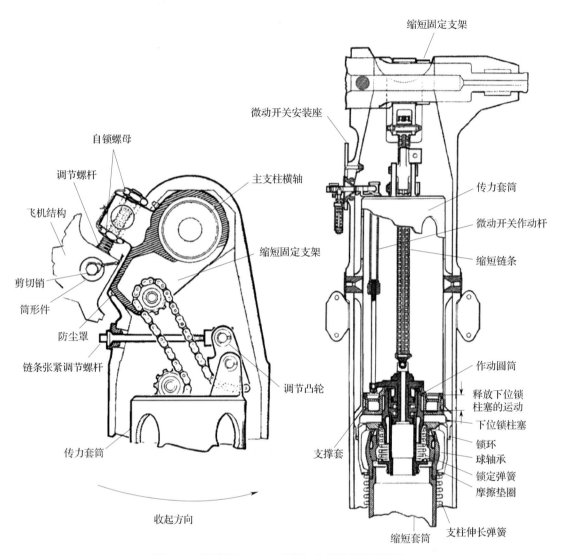

图 8-43　阿夫罗 CF-105"箭"主起落架缩短机构

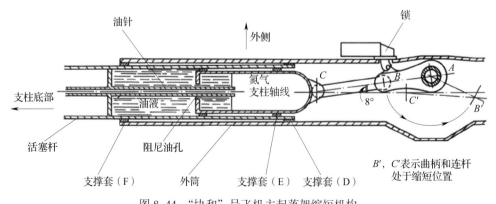

图 8-44　"协和"号飞机主起落架缩短机构

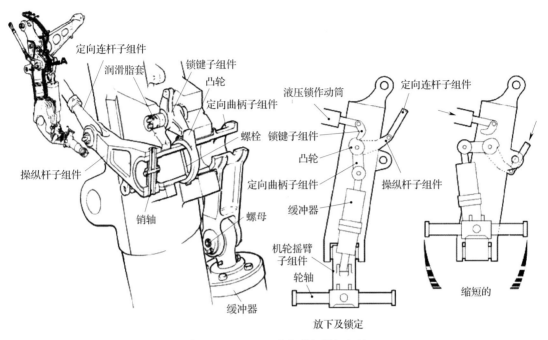

图 8-45 BAe.146 主起落架缩短机构

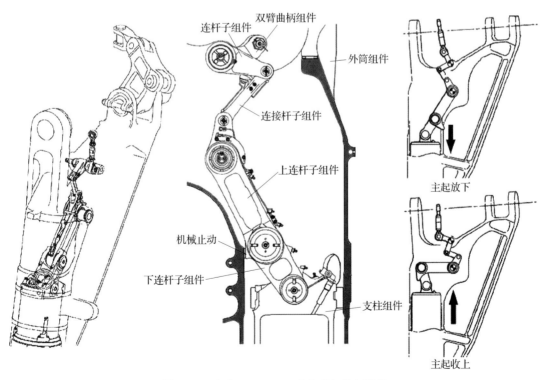

图 8-46 空客 A330/A340 主起落架缩短机构

8.2.5　车架的定位

在带有车架（典型支柱式缓冲器带有两轮轴或三轮轴的车架）的起落架上，必须有办法来抑制车架在地面上的运动，同时要能保证正确的位置来收藏。阻尼需求的分析在Foster[4]的文章中可找到。通常，飞机着陆导致的车架速度明显比在地面操纵时的速度大，因此，车架稳定缓冲器的阻尼由着陆工况来确定。一些飞机使用稳定缓冲器来实现车架收起位置的调整，也有采用其他的手段。诸多的飞机采用滚轮、导轨或是轨道迫使车架按预设的轨迹收起。其中的一个例子就是洛克希德C-5"银河"飞机，如图8-47所示。康维尔B-58（见图8-48）采用了独特的布置，车架的位置由双臂曲柄和支柱机械控制，下防扭臂连接到后轮轴处。收上时，上防扭臂的角度由与收起主轴处摇臂连接的由弹簧保持连杆来驱动，收藏后，车架位置几乎与缓冲支柱平行。没有使用液压式的稳定缓冲器，弹簧保持连杆适应车架在地面上的运动。

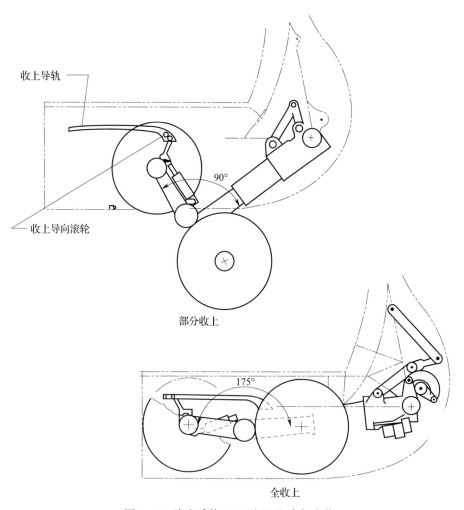

图8-47　洛克希德C-5"银河"车架定位

一些飞机布置了分别连接活塞杆和车架的液压式稳定缓冲器，如图 8-49 所示。在实际执行中，如 A350 和 A320（改型车架式），稳定缓冲器试图保持车架在某中间（偏置）位置。地面上时，稳定缓冲器由地面载荷驱动。在空中，稳定缓冲器有足够恢复车架在偏置位置的力，同时提供足够的阻尼使得车架在偏置位置的振荡最小。其他的稳定缓冲器构型在着陆 / 地面位置和收上位置实现液压切换。波音 777 改进型和空客 A340-500/600 中心起落架是按此方式操作。波音 747 机翼起落架（见图 8-50）使用液压切换，稳定缓冲器并不是直接作用在车架上，而是通过双臂曲柄进行驱动，如图 8-51 所示。当缓冲器支柱全伸长，控制稳定缓冲器处于收上位置，此时采用机械锁（见图 8-52）啮合来保证车架在正确的位置，即使液压源失效。这样的方式也避免了车架卡滞在舱内。维克斯VC-10（见图 8-53 和图 8-54）采用了一种独特的稳定缓冲器布置，稳定缓冲器安置于车架横梁中并作用在下防扭臂延伸部分。该稳定缓冲器是气弹簧和液压作动筒的结合体，能在着陆和收上位置进行选择。在收上时，稳定缓冲器处于液压锁定，避免车架意外运动。

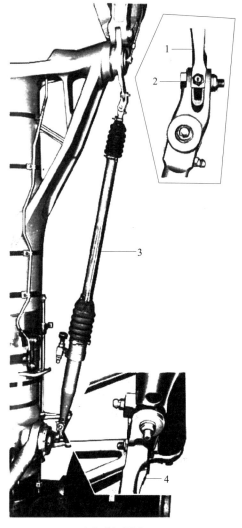

左起落架视图

图 8-48　康维尔 B-58 "盗贼"车架的弹簧定位
1—圆柱组件；2—螺栓、垫圈、自锁螺母（2 处）；
3—定位弹簧；4—上防扭臂组件

车架受控摇臂

为了在不增加缓冲器行程的情况下增加车架式飞机的可用尾部间隙，车架式起落架可布置成：当后轮轴承受地面垂直载荷车架锁定，这时飞机绕后轮轴旋转，而不是绕车架中心转轴旋转。这种布置被称为受控摇臂，通过稳定缓冲器的液压锁实现，例如波音 777（见图 8-55）某些改进型或者通过合适的机械连杆来实现。波音 777 在车架与主支柱之间采用一个锁定液压支柱可得到附加的 21in 有效起落架高度，该液压支柱补充细节见第 9 章。阿夫罗 CF-105（见图 8-56）采用了一个连杆布置，该连杆设计为伸缩拉杆（可承受张紧载荷但不承受压缩载荷），由于三角翼的布局，在起飞着陆时需要大迎角。在大迎角下，伸缩拉杆限制了车架可能的旋转，后轮承受载荷，增大尾部间隙。空客 A330/340 系列飞机采用了另一种布置（见图 8-57），A330/340 飞机稳定缓冲器没有机械控制装置，稳定缓冲器一直系统供压，布置一个单向阀和安全阀使得回油进入飞机油箱。在两轮模式中，稳定缓冲器全压缩承受压缩载荷，当起落架缓冲器有足够的压缩时，铰接连杆促使稳定缓冲器伸长。在四轮地面操作模式下，稳定缓冲器在其中间行程位置附近运动，使车架运动适应道面不平度。因 A330/A340 主起落架设置有缩短机构，在收起过程中，受控摇臂连杆同时用于调整车架位置，随着起落架缓冲器的缩回，车架被拉到几乎垂直于起落架缓冲器的位置，减小了收藏空间。机械系统的优点在于其无需主动或是顺序控制，系统根据主缓冲器的压缩量在全轮和摇臂模式之间切换。

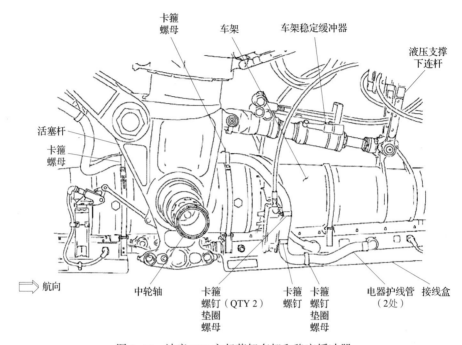

图 8-49　波音 777 主起落架车架和稳定缓冲器

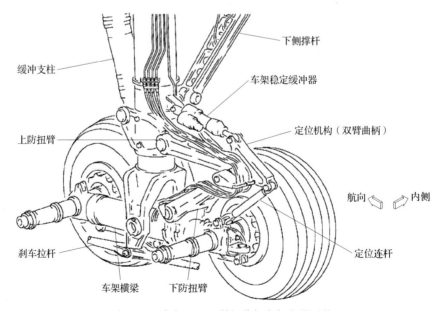

图 8-50　波音 747 机翼起落架车架定位系统

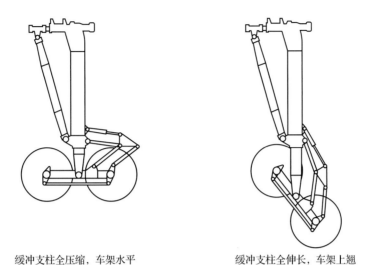

缓冲支柱全压缩，车架水平　　　　　　缓冲支柱全伸长，车架上翘

图 8-51　波音 747 机翼起落架车架上翘布置

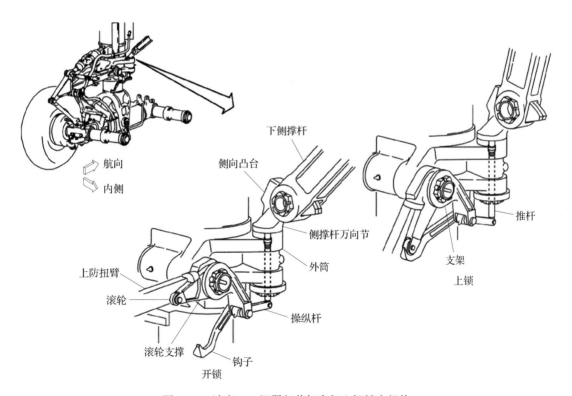

图 8-52　波音 747 机翼起落架车架上翘锁定机构

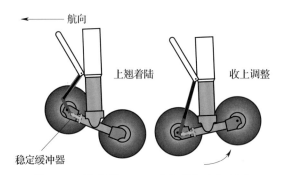

图 8-53　维克斯 VC-10 主起落架车架运动

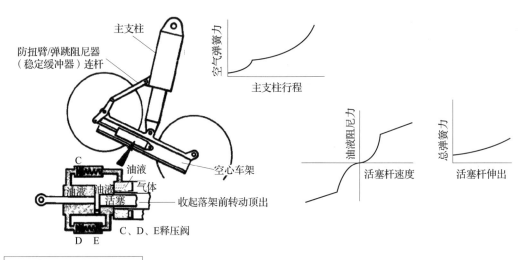

图 8-54　维克斯 VC-10 车架稳定缓冲器布置

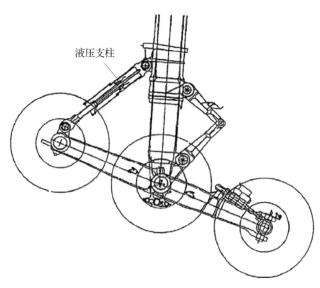

图 8-55　波音 777 受控摇臂的布置

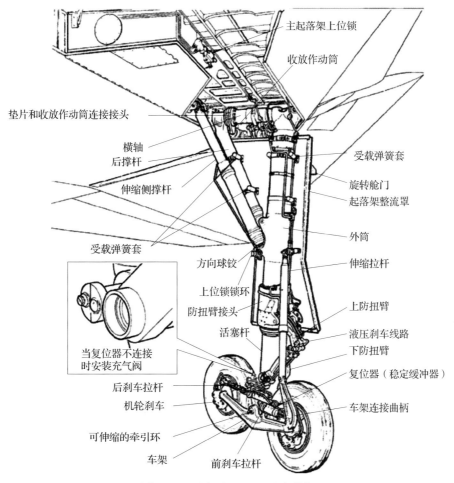

主起落架上位锁

收放作动筒

垫片和收放作动筒连接接头

横轴

后撑杆

受载弹簧套

伸缩侧撑杆

旋转舱门

起落架整流罩

受载弹簧套

外筒

方向球铰

伸缩拉杆

上位锁锁环

防扭臂接头

上防扭臂

活塞杆

液压刹车线路

下防扭臂

复位器（稳定缓冲器）

当复位器不连接时安装充气阀

后刹车拉杆

机轮刹车

可伸缩的牵引环

车架

前刹车拉杆

车架连接曲柄

图 8-56　阿夫罗 CF-105 主起落架

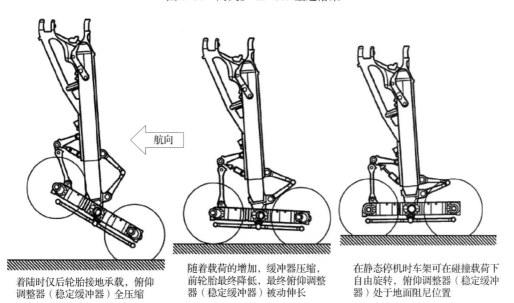

航向

着陆时仅后轮胎接地承载，俯仰调整器（稳定缓冲器）全压缩

随着载荷的增加，缓冲器压缩，前轮胎最终降低，最终俯仰调整器（稳定缓冲器）被动伸长

在静态停机时车架可在碰撞载荷下自由旋转，俯仰调整器（稳定缓冲器）处于地面阻尼位置

图 8-57　空客 A330/A340 主起落架受控摇臂

8.3 稳定、锁定和开锁

无论选择何种机构来进行收放和附加运动，起落架必须提供足够的结构将施加在起落架上的载荷传递到飞机结构上。必须提供严格保证下位机构可靠锁定的办法，起落架收上位置时大多数系统也依赖于机械锁锁定。大多数具有旋转转轴的起落架利用下位锁定的撑杆系统，该撑杆系统在起落架收上时开锁并提供至少一个自由度。撑杆及锁定装置的选择受到机身可用的支撑结构和备份放系统选择的影响。当开展新设计时，撑杆及锁定装置的布置应一同考虑。为了对不同类型充分描述，将分单独章节进行展开。

8.3.1 平面撑杆

如有可能，平面撑杆比其他类型撑杆优先选用，因其是最简单和最轻重量的解决方案。平面撑杆一端铰接在起落架上，另一端铰接在机体上，介于两端中间的某个点上设置铰接点以便撑杆折叠，所有的折叠在同一平面内。由于起落架及飞机的柔性，使用球轴承或是万向节避免变形带来的额外载荷。这种类型的撑杆广泛应用于向前收起的前起落架和中心线起落架上。如图 8-58 的波音 C-17 和图 8-59 的"钻石"DA-42 所示。向前收起的起落架，下撑杆通常连接在外筒的中心线上。空间允许的情况下，平面撑杆也应用在侧收的主起落架上，图 8-60 所示是"钻石"DA-42 主起落架的例子。对于

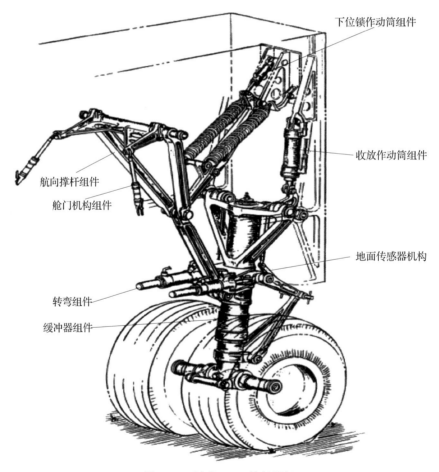

图 8-58 波音 C-17 前起落架

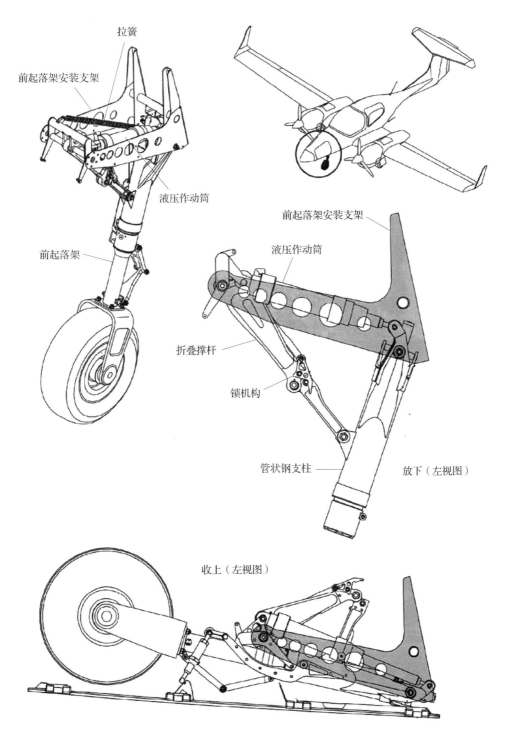

拉簧

前起落架安装支架

液压作动筒

前起落架

前起落架安装支架

液压作动筒

折叠撑杆

锁机构

管状钢支柱

放下（左视图）

收上（左视图）

图 8-59　"钻石" DA-42 前起落架的布置

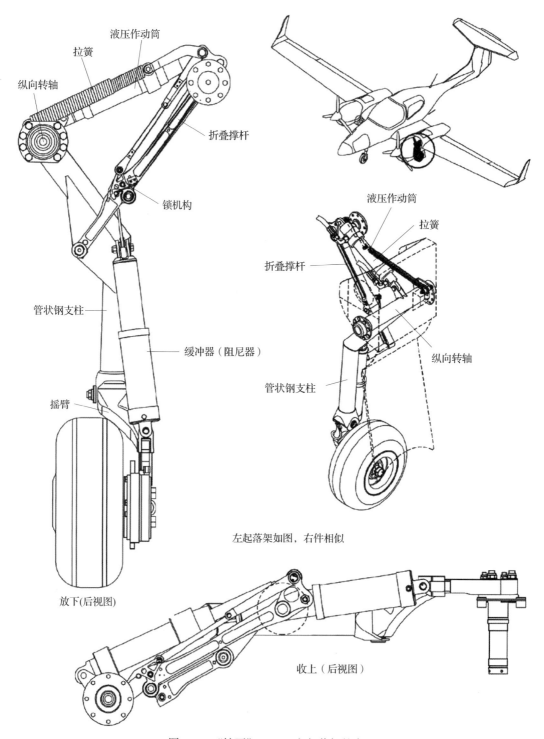

液压作动筒

拉簧

纵向转轴

折叠撑杆

锁机构

管状钢支柱

缓冲器（阻尼器）

摇臂

放下(后视图)

液压作动筒

拉簧

折叠撑杆

纵向转轴

管状钢支柱

左起落架如图，右件相似

收上（后视图）

图 8-60 "钻石" DA-42 主起落架的布置

侧收的起落架，典型撑杆的连接一般偏向于外筒的一侧，以便撑杆在收上运动的同时充分利用有限的收藏空间。尽可能地降低撑杆在外筒上连接点以减小撑杆载荷及起落架上的弯矩。大多数的折叠撑杆名义上在放下锁定位置对齐成一条线，由于制造公差的原因，导致实际撑杆并不在一条线上，中间连接轴稍微偏离对齐线两侧。一些设计师布置撑杆名义上有挠度，这样设计公差保证撑杆连接中心相对对齐线是确定的。图 8-61 是波音 737 主起落架侧收平面撑杆的示例。撑杆连接于外筒和承力梁之间，组成的三角形将大部分的侧向载荷传递到外筒和飞机销轴连接点上。带有集成锁的平面侧撑杆布置如图 8-62 所示，并在 BAe.146 主起落架上采用。撑杆和锁连杆的运动如图 8-63 所示。

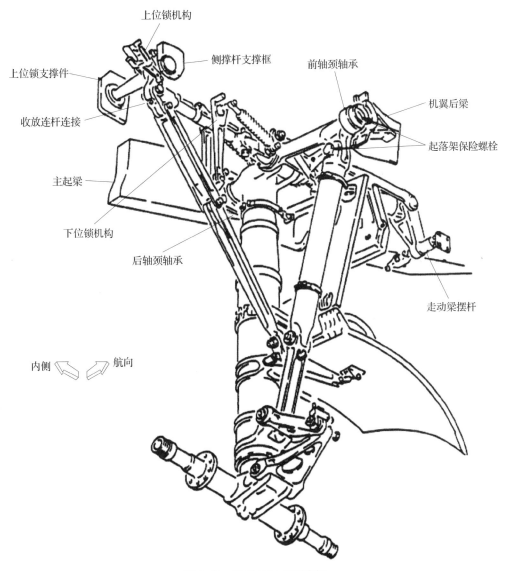

图 8-61　波音 737 主起落架

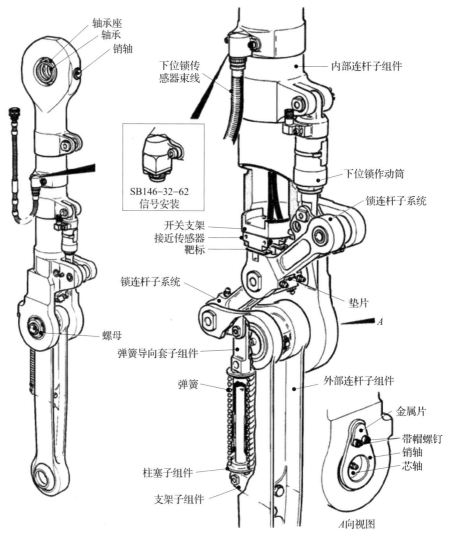

图 8-62　BAe.146 主起落架侧撑杆

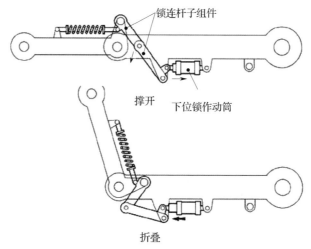

图 8-63　BAe.146 主起落架侧撑杆运动

在起落架收上位置，为保证撑杆与轮舱及起落架的间隙，布置折叠撑杆时需对两撑杆间连接点进行选择。折叠状态下，两撑杆间的最小角度在 16°～20°，尽管有些军用飞机起落架使用角度小到 9°。小角度意味着要去掉撑杆中间连接点附近更多的材料，这样减弱了连接耳片的刚度，小折叠角度同样减弱了收上位置撑杆的位置稳定性。在收放中，撑杆中间连接点与外筒最近的接近距离必须要进行检查，防止干涉。当通过上撑杆的线与主转轴相交时，会出现最接近的点。如果在收上位或是中间状态没有足够的间隙，撑杆中间连接点（或是下撑杆连接点）必须设计迭代重新选择，直至运动学布置是满足的。通常优选撑杆组件向上折叠，有利于重力自由放，但有一些已有的设计不是遵循此原则的。

8.3.2　伸缩撑杆

为了完全包容振动或操作需求，伸缩撑杆是一个很有吸引力的锁定方案。旋翼机存在严酷的振动环境，通常选择伸缩撑杆，因内部集成有导向弹簧，限制了任何潜在的破坏性共振。在某些情况下，收放作动筒功能可以与内锁相结合，作为撑杆使用，也为起落架的收放提供动力。V-22 倾转旋翼机主起落架（见图 8-64）充分实现了这一想法，使用一个锁定作动筒提供锁定、开锁、收放控制，该装置利用滑块锁来锁定放下和收上位置。内锁侧撑杆作动筒广泛用在商务喷气式飞机主起落架上。

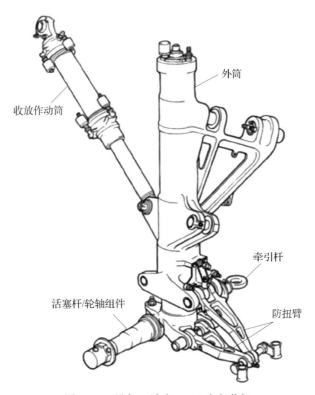

图 8-64　贝尔 - 波音 V-22 主起落架

也可以使用不集成作动筒功能的伸缩撑杆；"协和"号主起落架上使用了带滑块锁的侧撑杆（见图8-65），前起落架上是一个类似于图8-69的带夹头锁（指形锁）的撑杆。在撑杆和结构作动筒上优选内置滑块锁和夹头锁。对于这种应用类型，其他类型的锁通常没有足够的承载能力，但是一些轻型飞机可能会使用钢球锁或是柱塞锁，如图8-66所示。滑块锁装置广泛的应用于现代飞机带内锁撑杆作动筒。滑块锁的更多细节见第9章，如"协和"号主起落架侧撑杆。在该应用中，侧撑杆由起落架的运动驱动，一个独立的收放作动筒来进行起落架的收放。该撑杆锁由10个径向环形锁块组成，由内部弹簧夹保持的隔块隔开。与活塞杆杆头部同心的套筒在外筒内滑动。套筒前端有个锥形面，用来可靠地锁定锁块并抵住活塞杆整体引导环。一组带预紧力的螺旋弹簧将套筒压紧在锁紧方向上。安装在撑杆内部的环形液压作动器，作用在9个套筒开锁活塞上。设计了一个管嘴，注入少量的液体来给装置润滑。当开始收上时，给环形作动器供压，活塞推动套筒，从而压缩弹簧。开锁后，套筒的移动打开下位锁定限位开关。起落架的收上，使得撑杆活塞杆沿收上方向的运动，活塞杆上的45°整体引导环沿锁块的锥形面骑行并张开锁块。随着套筒移动，套筒弹簧逐渐伸长，套筒到达并停在开锁位置，并由安全锁保持。在弹簧夹的作用下锁块收缩。起落架上位锁定，环形作动器不再供压，活塞与套筒仍保持接触。在放下时，起落架的运动带动撑杆活塞杆伸长。当杆的肩部抵住套筒，压缩弹簧使套筒向上锁方向移动。同时，活塞杆的整体引导环沿锁块锥形面骑行，锁块收缩。一旦套筒通过了锁，在弹簧夹及套筒锥形前端更有利的作用下（类似弹性夹头式弹簧加载作用），锁块收缩。套筒处于锁定位置，微动开关转换到断开位置。

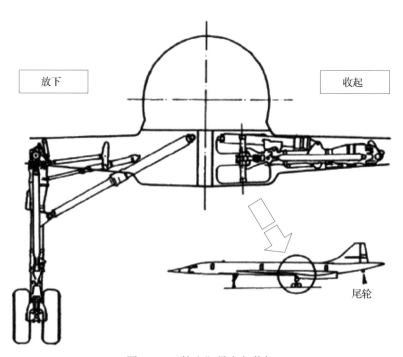

图8-65 "协和"号主起落架

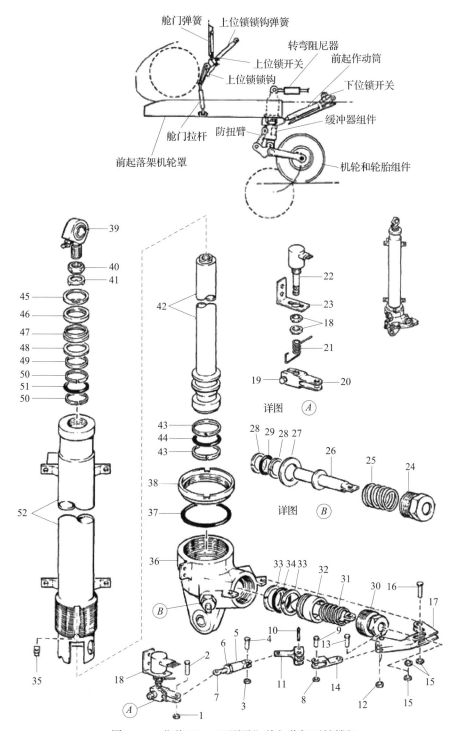

图 8-66 北美 OV-10"野马"前起落架可锁撑杆

1，3，8，12，15，27—垫圈；2，4，9，10，13，16，26—销轴；5—开关 U 形件；6，18，38—螺母；7—开关导杆；

11—开关触发器；14—开关连杆；17—开关支撑架；19—螺栓；20—开关臂；21—弹簧；22—开关；23—开关支架；

24—导向套；25—压簧；28，33，43，45，50—保护圈；29，34，37，44，51—密封圈；30—销轴壳；

31—螺旋弹簧；32—锁销；35—止转环；36—下端盖；39—杆头；40—防松螺母；41—防松垫圈；

42—活塞；46—防尘圈；47—刮油环；48—普通垫圈；49—毡垫圈；52—外筒

弹性夹头锁伸缩撑杆使用了一个精密的整体弹性夹头（见图8-67），其中整体零件被加工成若干个支撑在梁上的放射状排列的锁楔（锁指）。锁楔可以作用在内圆或是外圆上，这取决于作动筒的详细设计。锁梁变形后，锁楔卡在固定槽中。为了可靠锁定，一个锁定活塞滑入或是滑过弹性夹头，限制了梁的变形。

图8-67　整体弹性夹头示例

图8-68和图8-69是空客A300前起落架航向撑杆的例子。液压进入管嘴A（见图8-68）促使活塞移动并压缩复位弹簧，并释放锁指。起落架的收上促使撑杆内活塞杆收上，从而从关联的锁定衬套上释放锁指。起落架放下时，起落架（由收放作动筒驱动）的运动带动内活塞杆，直至起落架全伸长，下位锁定随之自动完成。位于撑杆活塞杆上的锁指向后移动活塞并与对应的锁定套筒啮合。活塞在复位弹簧作用下恢复到初始位置，并与锁指啮合。

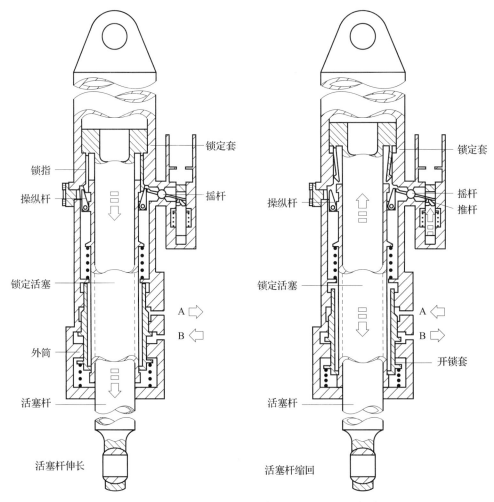

图8-68　空客A300前起落架侧撑杆弹性夹头锁操作

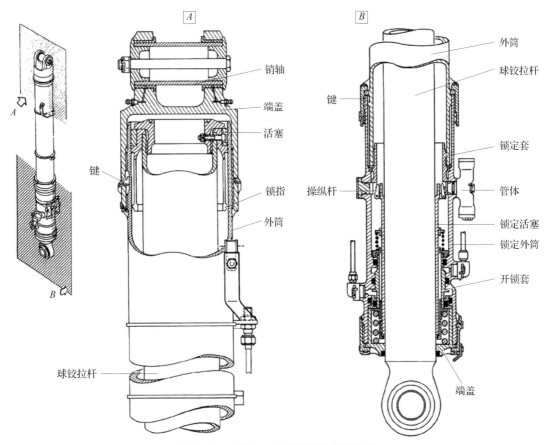

图 8-69 空客 A300 前起落架伸缩撑杆

伸缩撑杆并不总是兼容重力自由放系统。很多使用内锁作动筒的系统（不是所有）采用备份气源放下系统。如果在重力下不能锁定，"协和"号主起落架撑杆可由气动强制上锁（来自液压增压油箱的气体压力）。如果存在弹簧力使锁定机构锁定，并且有足够的重力和气动载荷使起落架完全放下，那么该系统与这种备份放的形式是兼容的。

伸缩撑杆必然有一定的"死长"——由于内部锁定机构和外筒连接耳片的存在，两个连接点只能靠得这么近。通常，滑块锁定撑杆最小的全压缩长度（从连接中心）为 1.5～1.7 倍使用行程，夹头锁定撑杆为 1.7～1.9 倍。上述值在详细设计中可能会有一些变化（"协和"号前起落架夹头锁撑杆比率是 1.5，与滑块式锁定的主起落架撑杆比率相同。）

另外，不是在所有情况下，伸缩撑杆能连接到外筒的最下端。通常，要在可用空间、可接受的重量和撑杆直径之间进行权衡考虑。

8.3.3 旋转–折叠撑杆

在某些情况下，平面撑杆不能适应可用空间；在一些大型民机主起落架上，在正交于收放轴线方向没有可用的机体结构。在这种情况下，采用旋转–折叠撑杆，即在飞机和起落架连接点带有万向节的平面撑杆，如图 8-70 所示。撑杆安装有一个角度（通常，撑杆在飞机上的连接接头与外筒前轴颈安装在相同的机体结构上）。在收上时，撑杆边旋转边折叠。图 8-71 给出了一组收放片段的示例。与大多数仅承受侧向或航向载荷的平面撑杆不同，旋转–折叠撑杆由于有初始的安装角度而承受双向载荷。

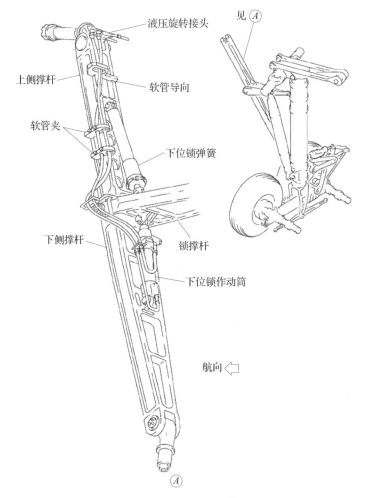

图 8-70　波音 747 机翼式起落架侧撑杆

图 8-71　旋转 – 折叠侧撑杆运动

8.3.4　双撑杆（旋转 – 折叠撑杆）

　　从波音 767 开始（见图 8-72），一些飞机使用双撑杆布置，采用两个旋转 – 折叠撑杆。该装置将前轴颈、前撑杆及飞机连接接头安装到机翼的后翼梁上，将后轴颈、后撑杆与及飞机连接接头安装到起落架辅助梁上。在采用金属机翼的波音 767 上，提供了更轻的起落架连接。后来发现对采用复材机翼的大型飞机有利，如波音 787 和空客 A350。双撑杆的运动同单个的旋转 – 折叠撑杆相同，但是两个撑杆的旋转方向是相反的。图 8-73 给出了假定的双撑杆布置收上的时序片段（为更好地展示双撑杆运动，飞机和起落架已从图片中移除）。

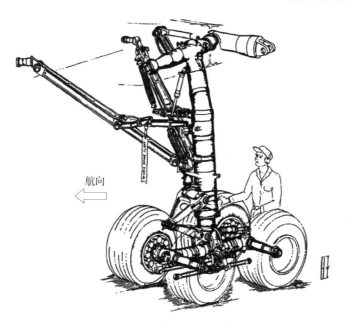

图 8-72 波音 767 主起落架

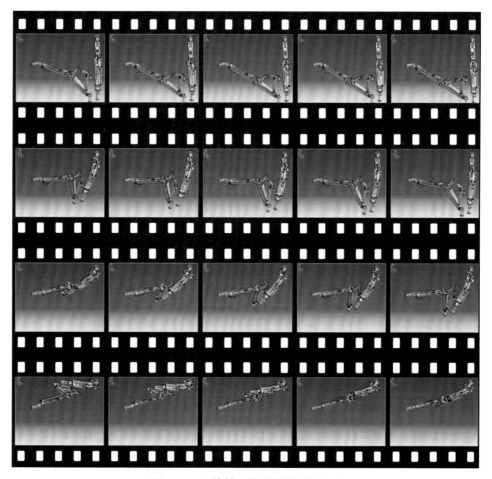

图 8-73 双旋转 - 折叠侧撑杆的运动

双撑杆布置的不利之处在于：因为在飞机上有 4 个连接点，起落架在下位锁定位置是静不定的。起落架梁和撑杆刚度的改变会影响外筒上部和撑杆上内力的大小和分布。

对双撑杆布置，起落架底部的侧、航向载荷由撑杆承受，而垂向和扭转载荷由外筒承受。外筒上需要连接足够远的轴颈来传递扭转载荷到机身上（轴颈分开的距离越大，力臂越大，传递到机身上的载荷越低）。这使得双侧撑杆起落架外筒形状一般如大写的"T"。在没有撑杆辅助的情形下，这种形式的外筒在航向没有足够的抗弯刚度进行航向承载。所以，飞机在空中时，撑杆开锁，在气动载荷下起落架向后弹性弯曲变形，虽然这个变形对外筒结构没有影响，但是却显著地增大了推动撑杆对齐成一线和锁连杆过挠度的力。同时由于机翼弯曲和扭转带来机翼连接点的移动进一步恶化了该影响。由此产生的高载荷（这将倾向于需求更多强劲的下位锁弹簧）是不可接受的，解决方案是设计撑杆长度，使其在名义上适合所选的飞行工况（而不是空载和理想条件下）。最终，前撑杆做得稍长，后撑杆稍短（通常所说的"透视缩短"）。装配起落架撑杆时，因锁定位置撑杆带载，这就导致了"错误的长度"。缓冲支柱可少许收上，然后放下并锁定。

由于飞机和起落架的制造公差，一般在后撑杆上进行长度调整。长度调整措施是在撑杆一端或两末端安装销处使用偏心套。通过偏心套的旋转来调整长度（典型的总调节长度大概在 ±8mm ~ ±12mm）。偏心套被一个带花键的垫圈和自锁螺栓锁定。装配时，前撑杆和起落架一起安装。起落架手动收上少许（由飞机和起落架设计时确定），后撑杆的长度等于"透视缩短"的长度。调整偏心套直到撑杆中心对中心连接长度匹配可用的安装距离。锁定偏心套，撑杆安装完成。

8.3.5 柱塞锁

许多锁定系统采用弹簧柱塞，柱塞进入槽中限制了后续的移动从而锁定。一个作动筒用来克服弹簧力并释放柱塞，这些机构与多数家用门上的插销没有什么不同。柱塞锁机构用来锁定折叠撑杆的例子见阿夫罗"箭"前起落架（见图 8-74），锁布置详见图 8-75。该布置中柱塞被液压缩回时，锁键在曲耳上的滑动使撑杆开始折叠。CL-215 灭火机主起落架采用了相似的布置。这些类型的锁由于有滑移运动，滑移运动可能会被堆积的灰尘和积冰所中断。不过，几种柱塞锁撑杆都成功应用于各种类型的飞机，包括那些通过大型运输类规范认证的飞机，如庞巴迪"大陆"（见图 8-76）前起落架撑杆。

在一些情况下，柱塞锁机构可直接安装在起落架上，并将锁键固定在飞机结构合适的槽中。在这些布置中，同一个柱塞锁机构通常可用作收上位、放下位的锁定，如 AV-8B 主起落架所示（见图 8-77），福克 F.100 前起落架采用了相似的布置。尽管这代表了一种巧妙的锁定方法，但这种布置没有任何力学优势，起落架承受较大的航向载荷，为了充分克服所施加的力，可能会导致柱塞设计得非常大。

8.3.6 挠度锁

也许起落架结构中最常见的锁定布置形式是采用两连杆上止动台接触的原理，连杆中心偏移两端点连线（过挠度）。给连杆施加拉载促使连杆成一线对齐；因为连杆的位置由止动台限制，给连杆施加压载不会引起任何运动。驱动连杆向相反方向运动并越过对齐线的位置，则连杆折叠。止动台可以由连杆上合适的接触点提供，也可是外部提供，如在开锁作动筒上或是弹簧座上（弹簧外筒）。可以进行多种结构形式的布置，通常分为一级、二级和三级锁定系统。图 8-78 描述的是一级锁定系统，是将撑杆的主要结构通过止动台

为清晰起见，省略了液压管路和旋转管头

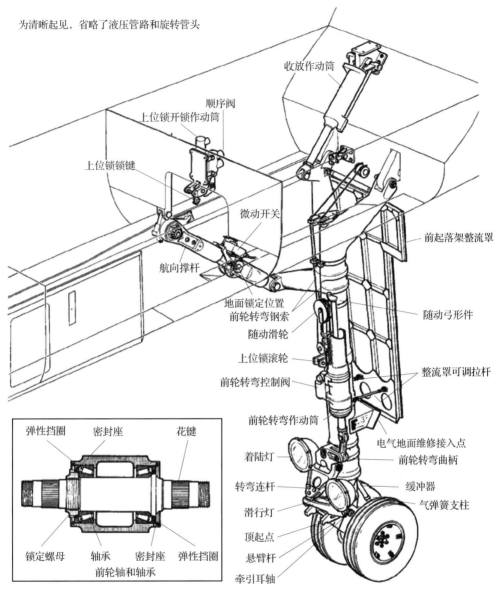

收放作动筒

顺序阀
上位锁开锁作动筒

上位锁锁键

微动开关

前起落架整流罩

航向撑杆

地面锁定位置
前轮转弯钢索
随动滑轮

随动弓形件

上位锁滚轮

前轮转弯控制阀

整流罩可调拉杆

前轮转弯作动筒

电气地面维修接入点

着陆灯

前轮转弯曲柄

转弯连杆

缓冲器

滑行灯

气弹簧支柱

顶起点

悬臂杆

牵引耳轴

弹性挡圈　　密封座　　花键

锁定螺母　　轴承　　密封座　　弹性挡圈
前轮轴和轴承

图 8-74 阿夫罗 CF-105 "箭" 前起落架

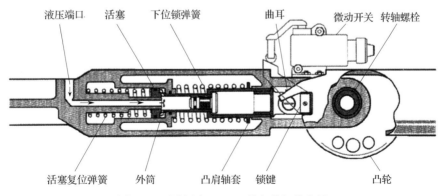

液压端口　　活塞　　下位锁弹簧　　曲耳　　微动开关　转轴螺栓

活塞复位弹簧　　外筒　　凸肩轴套　　锁键　　凸轮

图 8-75 阿夫罗 CF-105 前起落架柱塞锁

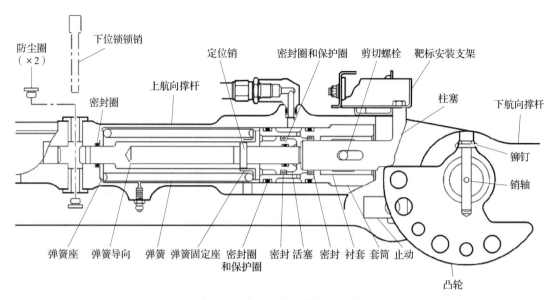

图 8-76 庞巴迪"大陆"前起落架航向撑杆柱塞锁

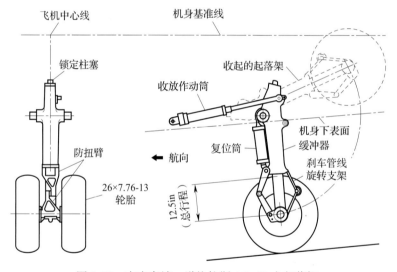

图 8-77 麦克唐纳－道格拉斯 AV-8B 主起落架

保持在过挠度位置。这种类型的布置通常限于轻型飞机上，因所需下位锁弹簧尺寸和强度原因，一级锁在大型飞机上是禁止的。在撑杆上施加足够大的重复的动载荷，可能会导致撑杆反弹开锁，导致起落架折叠坍塌；弹簧大小的选取必须避免这种情况的发生。这种布置的例子见派珀 PA-28R 和比奇"空中国王"的前起落架，以及其他飞机。

更常用的布置是利用过挠度的专用连杆来支撑折叠撑杆对齐成一线，如图 8-79 所示。这种布置称为二级锁定布置，是因为布置有第二套折叠连杆（第一套是主承力路径，第二是锁定布置）。二级锁定的布置是介于主撑杆中心关节处和起落架上的点，或是飞机结构上的点，连杆还可以布置成越过主撑杆中心关节的形式。当第二级连杆跨越主撑杆中心关节时，通常在主撑杆上也要有止动台来保持装配的稳定性。布置二级锁连杆的目的是减少锁机构中的载荷（并减少下位锁弹簧力），如图 8-79（b）侧所示的布置，二级锁连杆是有利的，尽可能增加锁连杆与主撑杆中心关节之间的距离。然而，随着距离的增加，在不移除撑杆中大量的材料以允许折叠的情况下，实现适当的折叠角度变得越来越困难。在保证足够的力学优势下，必须在两者找到平衡。如果力学优势太小，受载后的撑杆和锁连杆的变形可能会导致挠度失效，撑杆开锁。

当二级锁定布置不能足够减小锁定载荷时，可使用一个附加的三级锁定连杆，如图 8-80 所示。这种布置类型，通常称作"拨动连杆"，通常来减小收放时特定部件（如下位锁弹簧）的速度，或是在很长的撑杆上来增加系统整体稳定性。理论上，还可以再增加附加的

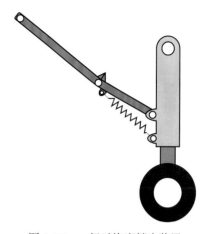

图 8-78　一级过挠度锁定装置

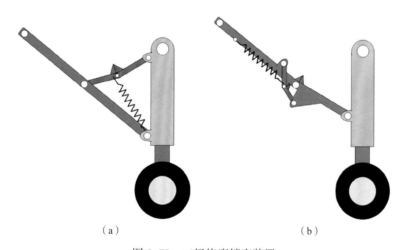

（a）　　　　　　　　　　　（b）

图 8-79　二级挠度锁定装置

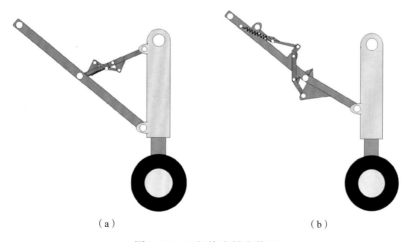

（a）　　　　　　　　　　　（b）

图 8-80　三级挠度锁定装置

连杆，继续减小锁定载荷，但是三级连杆在实际应用中已经是最大限度。必须关注所提供的止动台的数量——图8-80（b）所示的布置需要锁定部件有一定的机械应变来达到锁定条件。

设计挠度锁时，应考虑调整止动台位置来解决零部件和飞机的制造公差的问题。另外，必须考虑碎屑和冰雪的潜在影响，确保在这种环境下必须可靠工作。位于旋转-折叠撑杆上的挠度锁连杆，典型的是连接于撑杆中心点和飞机上某个位置或是外筒上。这一端的连接必须是万向节，保证撑杆的旋转运动中保持适当的铰接。

图8-83~图8-86给出一些挠度锁的例子。在某些情况下，起落架上布置的单个挠度锁连杆同时可用于下位和上位锁定。能够实现上下位锁定的重复使用的连杆相对较少，可能只适用于较小的起落装置上，因为大多数下位锁构型都不能很好地适应收起位置时起落架的非弹性质量：在机动或突风加速时，机轮和轮轴可能发生不可接受的偏转。

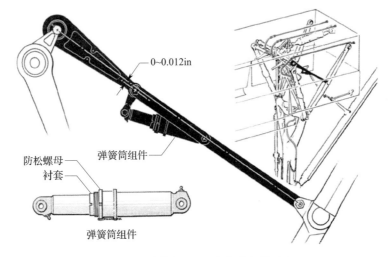

图8-81 康维尔B-58主起落架锁连杆

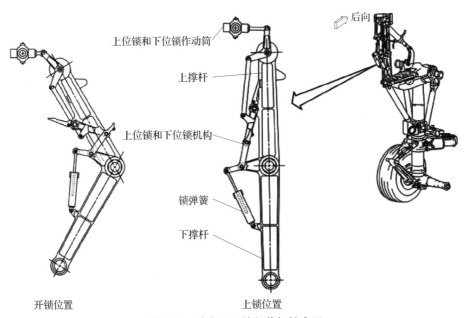

图8-82 波音747前起落架锁布置

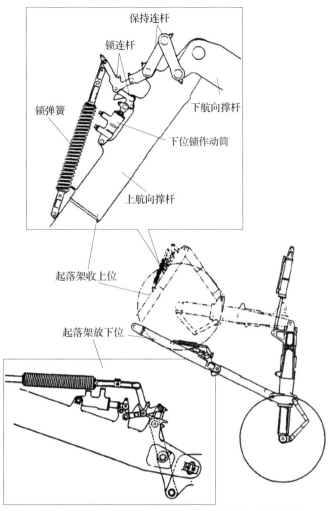

图 8-83 空客 A340-200/300 中心起落架航向撑杆和锁

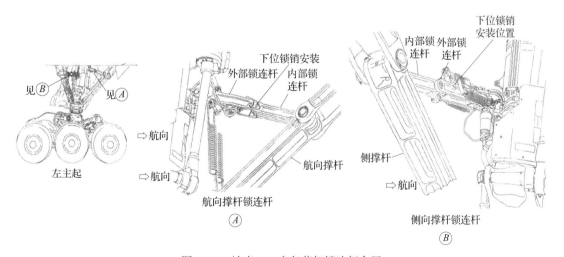

图 8-84 波音 777 主起落架锁连杆布置

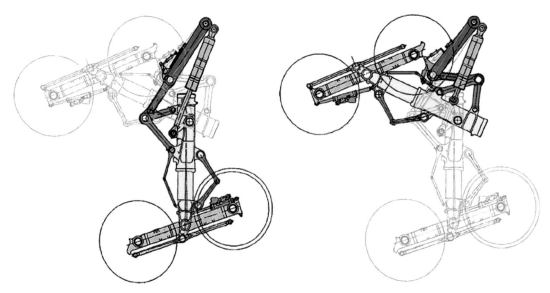

图 8-85 空客 A340-500/600 中心起落架航向撑杆和锁

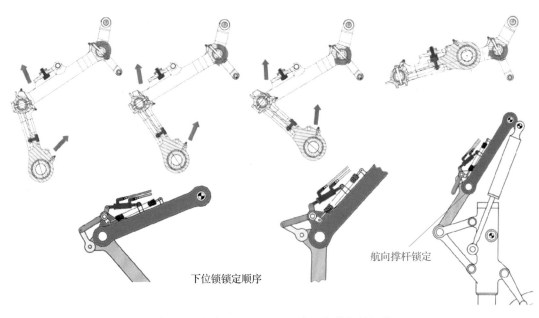

下位锁锁定顺序

航向撑杆锁定

图 8-86 空客 A340-500/600 中心起落架锁细节

8.3.7 自折式锁

利用收放作动筒来驱动锁定系统开锁，这一类锁定系统称作自折式锁。示例见图 8-81 中 B-58 主起落架，在起落架上，没有专门的开锁作动筒，收放作动筒通过花键传动轴来驱动连杆从挠度位置返回。图 8-87 给出了其他现代飞机不常用的布置，包括道蒂"胡桃夹子"形式，图 8-88 给出了一个利用销钉在槽中运动的系统，图 8-88 所示的设计，通过缓冲器顶部的一个销钉与飞机上的孔配合（类似于柱塞锁）来承受地面航向载荷。虽然，销钉是固定在缓冲器上，但是缩短作动筒会导致缓冲器下移，销钉离开飞机配合孔，然后起落架在槽内销钉的引导下旋转。当收上时，槽中销钉保持起落架不会放下，重力和机轮上的惯性载荷有保持机构上锁的趋势。

当设计自折式锁时，必须考虑在主作动筒不可用的情况下将采用的释放和锁定机构。

8.3.8　钩环式锁

舱门和起落架的上位锁几乎都在使用钩环锁，典型示例如图 8-89 所示。锁钩在带有弹簧的锁壳内转动，使锁钩偏向于打开位置。带有滚轮的操纵杆，使得滚轮与具有型面的凸轮啮合，凸轮与锁钩为一体；操纵杆是弹簧保持的，因此滚轮被推向凸轮。凸轮和操纵杆的几何结构是这样的：当锁钩被锁定时，作用在锁钩上的力倾向于驱动操纵杆进一步锁定。可以布置各种作动机构，将操纵杆从凸轮上提起，从而打开锁钩。典型的，至少提供两种作动机构：主作动机构和备份作动机构或是备份系统。凸轮 – 滚轮机构的另一种用法是使用挠度锁来固定锁钩，如图 8-90 的维克斯 VC–10 和图 8-91 的波音 737。这样的钩 – 锁系统很少用于起落架机构的下位锁定，但图 8-92 中给出了一个唯一的例外，用于维克斯 VC–10 主起落架，锁定机构的细节如图 8-93 所示。

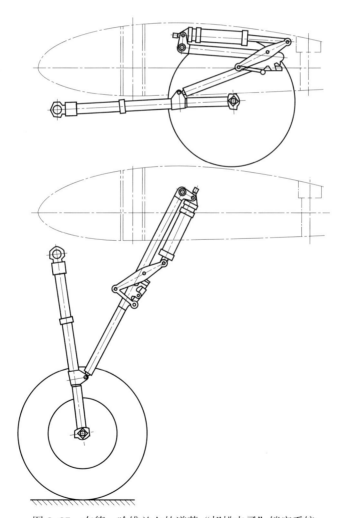

图 8-87　在德·哈维兰上的道蒂"胡桃夹子"锁定系统

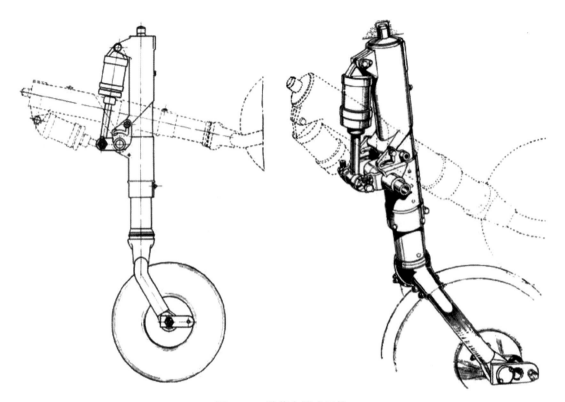

图 8-88　道蒂自锁式尾轮

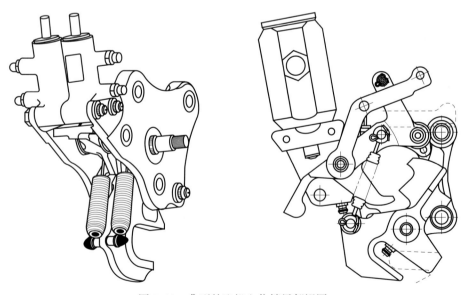

图 8-89　典型的飞机上位锁局部视图

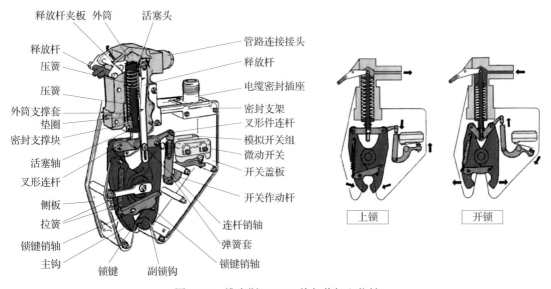

图 8-90　维克斯 VC-10 前起落架上位锁

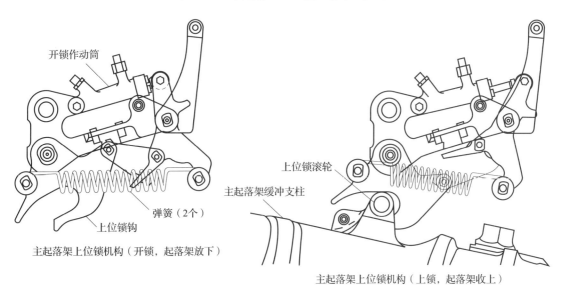

图 8-91　波音 737 主起落架上位锁

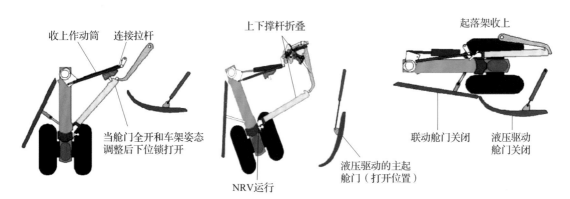

图 8-92　维克斯 VC-10 主起落架收上及锁定布置

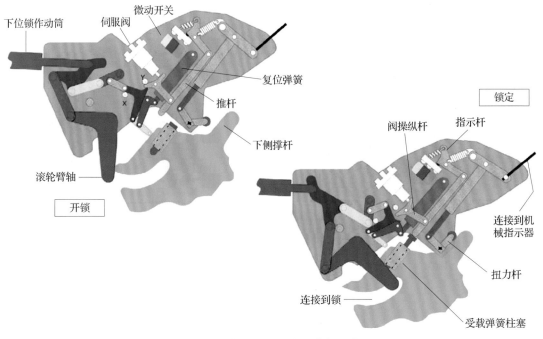

下位锁作动筒　伺服阀　微动开关
复位弹簧
推杆
下侧撑杆
滚轮臂轴
开锁
锁定
阀操纵杆　指示杆
连接到机械指示器
扭力杆
连接到锁
受载弹簧柱塞

图 8-93　维克斯 VC-10 主起落架下位锁

8.3.9　地面锁

在大多数飞机上，期望或需要一种机械抑制地面收起的方法。大多数采用的方法是：将地面锁定销插入到下位锁机构，来限制组件的运动，即使在开锁驱动下也能保持锁定。对于过挠度的锁连杆，锁定销通常插入到上下连杆重叠的部分，保证其不折叠。在伸缩撑杆或是带内锁作动筒上，插入的锁定销限制开锁活塞的运动。在某些情况下，插入地面锁定销是不可能的。可能的解决方法是使用一个套筒卡在开锁作动筒活塞杆上，保证作动筒不能运动，从而机构不会开锁。

地面锁定装置必须做得清晰可见，通常标有"飞行前移除"的标识，最大限度地在飞行前发现和移除锁定销。在任何情况下，锁定装置能抵抗最大的开锁和收放作动力。在某些情况下，可能需要在安装地面锁定装置的情况下允许有限的飞行（如允许将带有故障件的飞机移到维修厂）。此时，可能希望有一种主动限制地面锁以免其失效的方法。

地面锁定销通常是快速释放的"快卸销"，有很多标准适用。具有压缩按键释放的可用标准是 NASM17984[5]，锁定销可用的直径为 3/16 ～ 1in。"飞行前移除"警告飘带符合 NAS1756[6]。锁定销和警告飘带组合的标准有 NASM14531[7]。

8.4　弹簧

大多数起落架机构包括弹簧，以驱使锁定系统到位。正常操作时，在重力和弹簧力、作动筒力或是两者皆有的作用下放下和锁定。然而，当主作动力失效后，需要有其他的辅助手段来放下起落架并下位锁定。这些辅助手段通常包括下位锁定弹簧，其迫使锁定部件啮合；在适当的机械条件下，重力也是一种辅助方法。通常需要至少一个弹簧保证所有地面操纵情况下锁定装置的锁定。尽管也有采用了一些压缩弹簧，大多数弹簧是金属拉伸螺旋弹簧。基于主作动力失效时，通过分析得到最严酷情况下的上锁力来确定弹簧尺寸。通常是为了克服施加在起落架上的气动阻力和惯性力；在这些情况下，弹簧要有足够的力来驱动机构。另外，对大型民用飞机，通常单根弹簧失效的最坏动态情况下，系统依然能够锁定。因此，大多数实际中使用相同的双弹簧。虽然通常希望将弹簧布置在可直接作用于锁机构的位置，但可能没有容纳弹簧的可用空间，必须寻求替代方法。已知的有加长连杆、双摇臂曲柄和其他机构等方法，可从弹簧安装位置施加所需弹簧力。此外，弹簧的定位还得考虑鸟撞和轮胎碎片的潜在影响。通常需要将弹簧放置在结构部件的凹槽中，以提供一定的防护和防冲击保护。A320 下位锁弹簧的防护和连杆驱动的例子如图 8-94 所示。

　　螺旋弹簧不是提供下位锁定力的唯一方法。板簧已成功地应用于某些飞机。图 8-95 给出了"湾流"飞机前起落架采用的板簧布置。洛克希德 S-3 维京主起落架（该飞机的前起落架上也使用了类似的布置，用于弹射杆定位）上，一对板簧通过弹簧顶端的滚轮来驱动凸轮，这是一个（见图 8-96）弹簧力明显更大的例子。弹簧具有大刚度和小变形，但可通过凸轮在锁定机构上有效地施加扭矩。

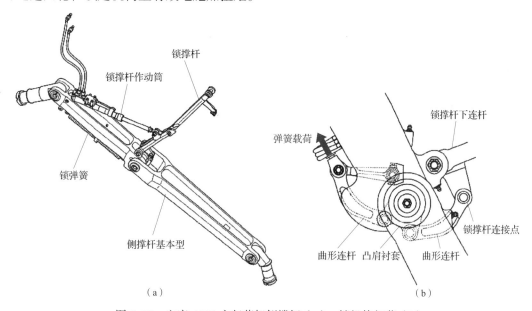

（a）　　　　　　　　　　　　　　　　　　（b）

图 8-94　空客 A320 主起落架侧撑杆（a），锁机构细节（b）

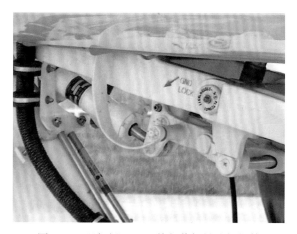

图 8-95　"湾流" G550 前起落架锁连杆板簧

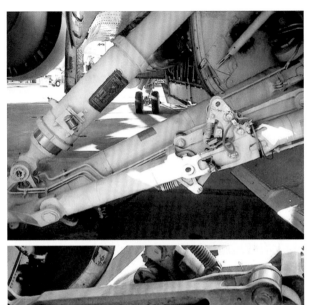

图 8-96　洛克希德 S-3 维京主起落架；板簧布置的细节（底部）

在一些需要重力自由放的使用中，但不能通过力学布置或作用于折叠撑杆上的下位锁弹簧来保证，可以增加辅助作动筒来提供额外的铰链力矩来辅助放下。具有这种布置的 ATR72 飞机利用气弹簧来帮助主起落架（见图 8-97）。自由放辅助装置（见图 8-98）是一个充气弹簧，

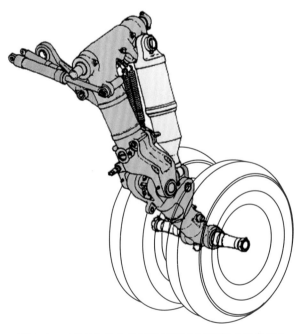

图 8-97　ATR72 自由放辅助装置主起落架（绿色项）

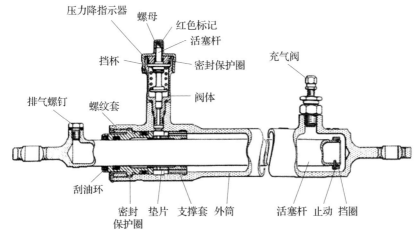

图 8-98 ATR72 自由放辅助装置

类似于气体缓冲器，但内部没有任何阻尼。为了确保有效正常使用，提供了一个可视弹出式压力指示器。当压力一旦低于所需压力时指示器伸出，弹出一个红色指示器，表明需要维修。

8.5 舱门机构

大多数的可收放式起落架系统由舱门和整流罩封闭收上的起落架，使气动阻力最小。也有一些例外：许多二战时期的飞机只是部分收回起落架，经常留下一部分轮胎暴露着，波音 737 和庞巴迪支线飞机完全收上起落架，但没有一扇舱门封闭主起落架轮胎和机轮，取而代之的是机轮缝隙处柔性密封件，流线型轮毂盖，以节省重量和避免复杂化。许多飞机的布置与图 8-99 所示类似，其中一个或多个舱门连接到起落架上，并随起落架收起而关闭，而另一个门则独立顺序作动。可能情况下，当起落架放下时，需要关闭大型舱门，以增加与地面和障碍物之间的间隙，并减少起飞时的阻力和对侧风的敏感性。

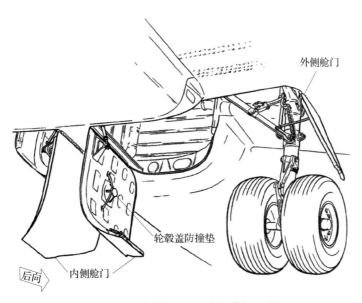

图 8-99 道格拉斯 DC-9 主起落架和舱门

8.5.1 起落架联动舱门

起落架联动舱门是由舱门所连接的起落架进行驱动。这可以是一个简单的运动学关系，如图 8-99 所示的外侧舱门，也可以是包含一些连杆和转轴点的更复杂的布置。德·哈维兰"彗星"使用了前起落架舱门连杆，该连杆由起落架下撑杆（见图 8-100）驱动，当起落架放下时，该连杆保持舱门打开，收起时将舱门关闭。波音 757 飞机通过支柱外筒上耳片连接的摇臂来驱动舱门，也实现了同样的操作（见图 8-101）。

图 8-100　德·哈维兰"彗星"前起落架舱门机构

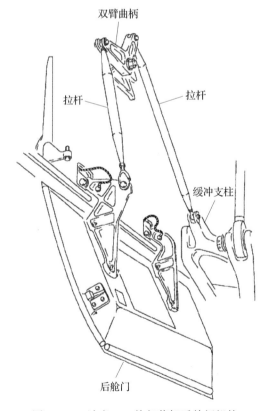

图 8-101　波音 757 前起落架后舱门机构

维克斯 VC-10 采用了更复杂的折叠门布置。类似于波音 757 的机构，前起落架外筒耳片通过双臂曲柄来驱动舱门（见图 8-102）运动。舱门的位置是通过舱门前缘滚轮在导轨中的运动来控制的。类似上述系统通常与独立驱动的舱门一起使用。在起落架连续运动期间，门可以打开和关闭，例如 DHC-4 "驯鹿" 的前舱门的布置（见图 8-103）。在起落架收上过程中，支柱外筒耳片先驱动连杆，连杆再驱动中间曲柄，最后中间曲柄驱动常见的带曲柄舱门。连接中间曲柄的驱动连杆应慎重布置，使舱门运动方向与选定的起落架收放角度相一致。通过这些手段，舱门在起落架收上过程中先打开，然后在起落架通过舱门后关闭。虽然这些机构是可能成功实现的，但需小心，因该机构的传力特性，可能会导致作用在舱门上较小的外力传递到起落架主转轴处被放大，最终阻碍了起落架的收放运动。在很多情况下，建议避免起落架放下时舱门完全关闭，因为全关闭时舱门需施加很大的力来压缩密封件，这影响了起落架的下位锁定。各种飞机（如波音 767 前起落架）设计了 "几乎关闭" 的舱门机构，以避免起落架的下位锁定问题；起落架放下时，与完全关闭舱门相比，"几乎关闭" 的舱门实现相对减阻的效果与完全关闭舱门所实现减阻效果相当。

通过与起落架固连的连接件来驱动舱门的另一种方法是，用安装于起落架上适当位置的滚轮或拾取点，在收上过程中拾取凸轮装配件，进而驱动舱门运动，见图 8-104 给出的例子。起落架上的滚轮在收上过程中与舱门机构上的凸轮组件啮合，随后驱动舱门关闭。图 8-105 中给出了另一个相似方案，缓冲器活塞杆进入放大的上位锁锁钩，锁钩的运动驱动舱门关闭。

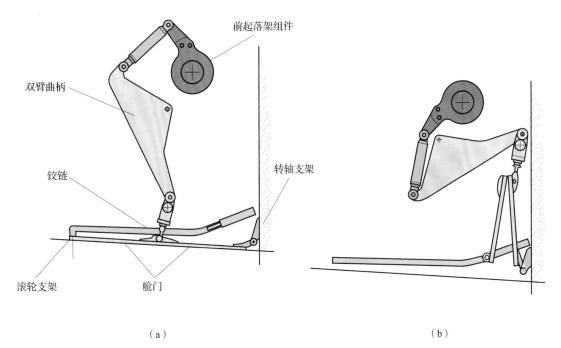

（a）　　　　　　　　　　　　（b）

图 8-102　维克斯 VC-10 前起落架后舱门；关闭（a）和开启（b）

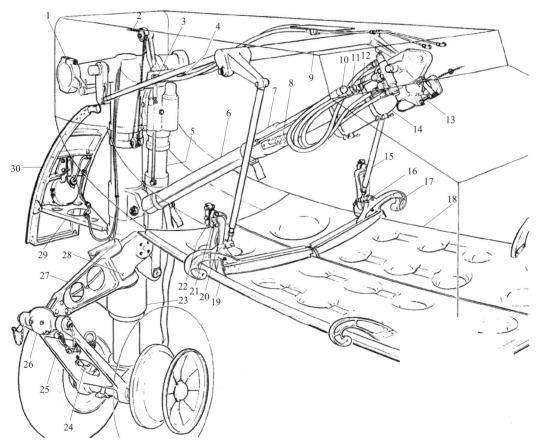

图 8-103　德·哈维兰加拿大 DHC-4"驯鹿"前起落架和舱门

1—轴端头组件；2—前轮转弯操纵钢索；3—进油管路；4—回油管路；5—前轮转弯作动筒；6—地面安全锁；
7—前起航向撑杆；8—微动开关；9—副轴；10—前起应急放管路；11—放下管路；12—收上管路；
13—前起应急放钢索；14—前起应急放气瓶；15—可调连接杆；16—锁销；17—舱门铰链臂；18—前起右舱门；
19—前起左舱门；20—锁定机构操纵杆；21—滑块；22—安装座；23—前起缓冲支柱；24—轮载开关；
25—下防扭臂；26—转轴；27—上防扭臂；28—万向节；29—可调撑杆；30—前起整流罩

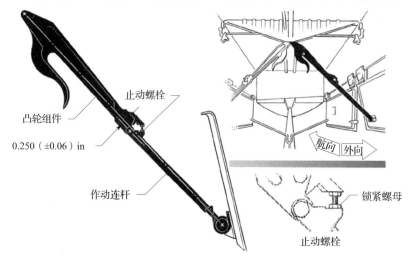

图 8-104　凸轮舱门机构；来源于康维尔 B-58 主起落架的例子

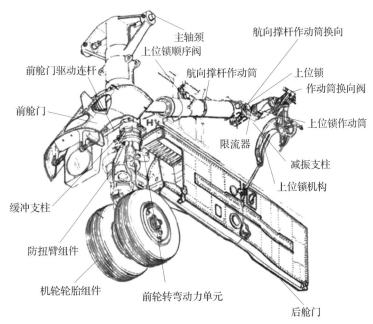

图 8-105 麦克唐纳 F-4 "幻影" 前起落架和舱门

8.5.2 独立驱动舱门

通常舱门的运动独立于起落架，由作动筒直接驱动，同时舱门根据起落架的运动按顺序打开和关闭。通常希望将上位锁和作动筒机构布置在舱门前部附近的位置。这样可以保证舱门边缘在受到气流影响后稳定，相比锁在其他位置舱门刚性较小。典型的大型民用飞机内侧舱门的例子在图 8-106 中给出，该布置有一个直接作用的作动筒和专门的上位锁（与主起落架上位锁相类似）。

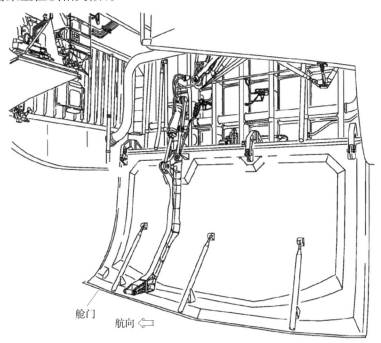

图 8-106 波音 777 主起落架内侧门

　　其他类型的布置通常应用于前起落架，该布置通过一个双臂曲柄驱动一对门。由一个具有内锁的作动筒和横向双臂曲柄驱动庞巴迪 CL-215 前起落架舱门的例子如图 8-107 所示。波音 757 前起落架前舱门（见图 8-108）相似地由一个作动筒和双臂曲柄驱动，但是双臂曲柄的转动轴方向与 CL-215 不同。

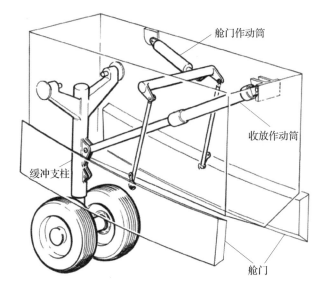

图 8-107　庞巴迪 CL-215 前起落架舱门机构

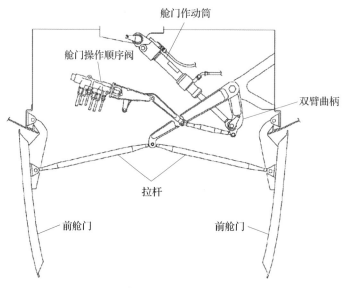

图 8-108　波音 757 前起落架前舱门机构

8.5.3　舱门地面开锁

　　为了进行地面维护，地勤人员通常需要打开独立驱动的舱门。对于电信号和时序系统，地面人员通过给出合适的开关信号可完成此操作。这种方法仅适用于飞机电气和液压源可用（或是提供合适的地面动力源）的情况。"湾流"飞机采用了这种方法，通过外接检修面板提供的开关，以启用辅助液压泵。需要维修时，采用手控阀导入液体来打开舱门。大多数地面上为大型民用飞机开舱门的维修都是通过手动方式机械作用的，通常包括一个带有连杆的手柄，用于释放舱门上位锁，并将作动筒内液体旁通至油箱（以避免舱门作动筒中液压锁定）。即使维修人员将舱门留在"打开"位置，手动地面舱门打开系统应能在正常操作起落架时自动复位。需要有一种确定的方法在打开状态下将舱门锁定（以避免在维护期间意外关闭）。通常是通过使用地面锁定销或是安装在作动筒活塞杆上的套筒来实现的。图 8-109 给出了手动开舱门和固定工具的例子。

图 8-109　KC-10 手动开舱门

8.6　作动筒的布置和载荷

作动筒可能的布置是多种多样的：旋转作动筒或直线作动筒，推或拉，起落架结构和飞机结构连接或连接在起落架不同点上。为给定起落架和飞机选择合适的作动筒布置，这取决于飞机上可承受作动筒载荷的可用结构、放置作动筒的位置情况以及确保作动运动（包括摆动）路径不与任何结构或运动件相干涉的可用空间，如图给出了各种实例。图 8-110 给出的是安装在起落架舱和外筒耳片之间的收放作动筒，作动筒伸出（推动）收上起落架，在起落架舱和上锁连杆之间安装了一个拉伸式开锁作动筒。图中也显示了前舱门机构的驱动连杆。DC-10 中央起落架（见图 8-111）的布置在几何上类似，但起落架收上时使用了一个拉伸作动筒。在另一种相似布置中，如图 8-112 所示，拉伸收上起落架的作动筒位于起落架舱更前位置。虽然许多收放系统将作动筒连接到外筒耳片上，并靠近起落架主转轴，但也可以有其他的布置。

在某些情况下，带内锁的伸缩作动筒同时具备收起和锁定功能，如图 8-113 所示的作动筒推出收上起落架构型。图 8-114 给出了 V-22 的作动筒拉伸收上起落架构型，该类型的作动筒有很好承受地面载荷的力学优势，且保持较小的收上载荷。

在某些情况下，作动筒不连接到支柱上，而是连接可折撑杆上。作动筒连接到撑杆上转轴处的例子如图 8-115 所示。类似地，该位置处的作动筒已用于旋转收起方案，如福克－沃尔夫 FW-190（参见第 9 章图 9-31 和图 9-32）、贝尔 P-59 主起落架（见图 8-116）和许多自制飞机，如 Cvjetkovic CA-65。另一种变化是将作动筒连接到更靠近可折叠撑杆（见图 8-117）上下撑杆之间的铰链点处，或采用历史上使用的"电动关节"来驱动两个撑杆的转轴点[8]。

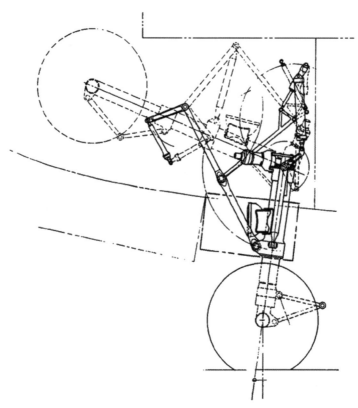

图 8-110　道格拉斯 DC-9 前起落架——作动筒伸长起落架收上

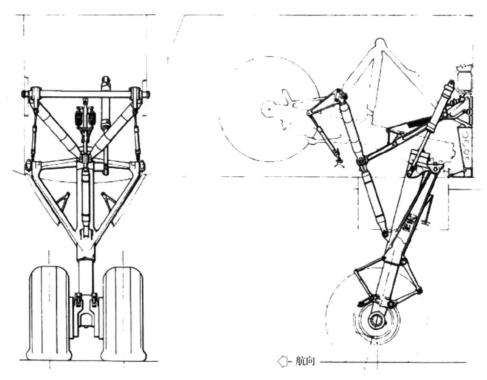

◁- 航向

图 8-111　道格拉斯 DC-10 中心起落架——作动筒缩短起落架收上

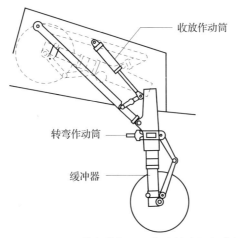

图 8-112　空客 A330 前起落架——作动筒缩短起落架收上

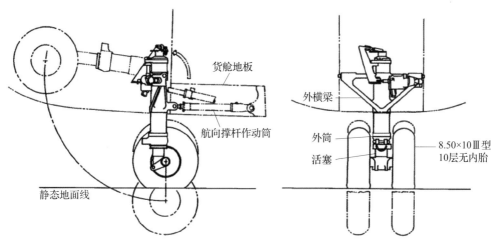

图 8-113　LTV XC-142 前起落架——航向撑杆收上作动筒（推出收上）

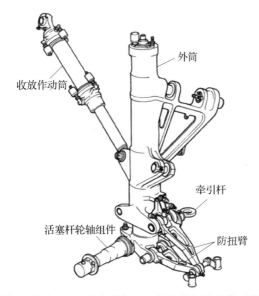

图 8-114　贝尔 - 波音 V-22 主起落架——航向撑杆收上作动筒（拉伸收上）

481

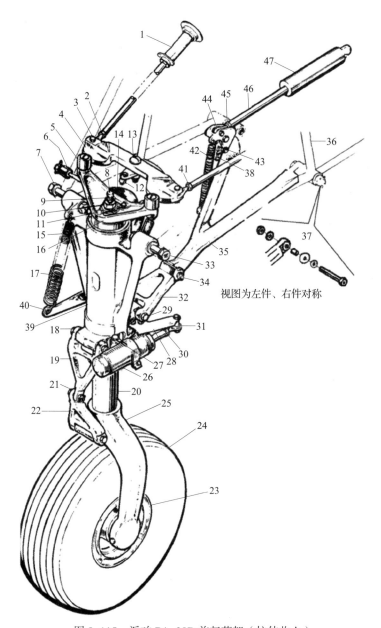

图 8-115 派珀 PA-28R 前起落架（拉伸收上）

1—弹簧组件；2—锁紧螺母；3—螺栓和螺母组件，安装在 PA-28-28R-201 上，螺母向下；在 PA-28-28R-201T 上，螺母向上安装，包括开口销；4—转弯双臂曲柄；5—转弯臂衬套；6—弹簧滚轮支撑套；7，18，21，27，29，33，34—螺栓、垫圈、螺母和开口销；8—充气嘴阀帽；9—充气嘴阀体；10—保险丝；11—螺帽和垫圈；12—对中导轨滚轮；13—螺栓组件；14—对中支架；15—内部弹簧；16—转弯臂；17—外部弹簧；19—上防扭臂；20—活塞杆；22—下防扭臂；23—机轮；24—轮胎；25—轮叉；26—减摆器；28—减摆器支架；30，41，45—防松螺母；31，44—杆端轴承；32—下撑杆；35—上撑杆；36—发动机安装架；37—螺栓、衬套、凸肩衬套、螺母和开口销；38—螺栓螺母；39—支柱外筒；40—弹簧臂；42—下位锁弹簧；43—下位锁锁钩支撑件；46—作动筒活塞杆；47—液压作动外筒

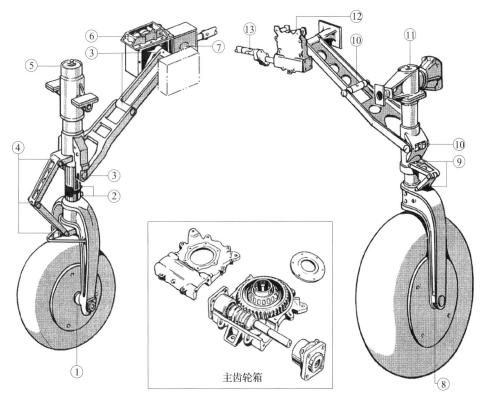

图 8-116　贝尔 P-59 "彗星"起落架布置

1，8—机轮轴承；2—减摆器；3，10—收放连杆；4，9—防扭臂；5，11—缓冲支柱；
6，12—涡轮 / 蜗杆组件；7，13—万向节

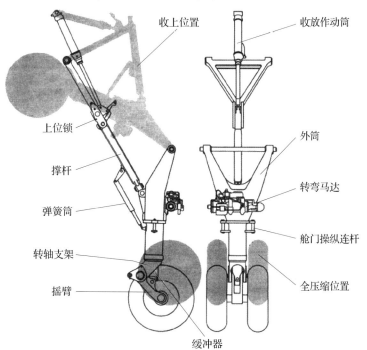

图 8-117　阿夫罗 C-102 喷气式飞机前起落架——拉伸收上

　　另一种更彻底替代方法是上述两种方法的结合，即将收上作动筒布置在上撑杆上的耳片和外筒耳片，通常为推出收上起落架的布置。在这种构型中，作动筒对起落架主转轴和上撑杆转轴同时输出力矩，从而降低作动筒的载荷需求。如图 8-118 所示的阿夫罗"火神"主起落架，图 8-119 所示为庞巴迪 CRJ-200 前起落架。

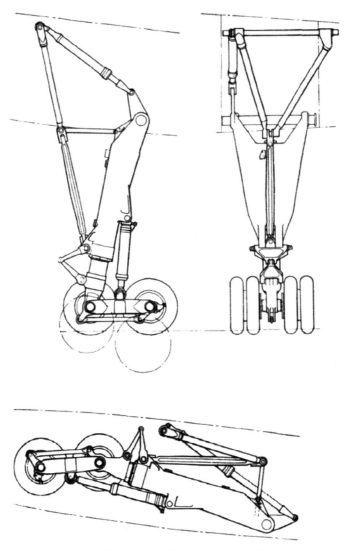

图 8-118　阿夫罗"火神"主起落架——推出收上

　　列举前述例子的目的绝不是为了限制设计——可供采用的构型多种多样，通常只受到想象力的限制，实际中采用的构型往往是前述案例的变化而已。例如，XC-142 主起落架采用了一种独特的布置，该起落架缓冲器套了一个可伸缩锁定撑杆，如图 8-120 所示。虽然该起落架与之前的示例明显不同，但这里的收上作动筒是一个拉伸收上起落架的装置，连接在机身结构和导向连杆（叉形杆）之间的，可伸缩锁定撑杆是倒置的。

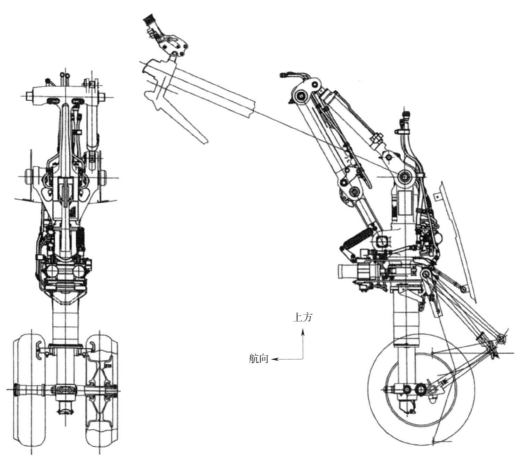

上方

航向 ←

图 8-119 庞巴迪 CRJ 200 前起落架——推出收上

作动筒载荷要求

作动筒的总体设计将在下一章中说明，但确定适当作动筒位置的过程与确定有效的运动布置密不可分。作动筒必须布置在具有适当连接结构、足够空间允许放下和收起位置（包括作动筒的"死长"），并且理想情况下具有适当的力学优势，以避免尺寸过大。考虑惯性和气动载荷（均在第 13 章中讨论）、摩擦力、所有连接机构（如舱门或缩短机构）的载荷以及舱门密封带压缩载荷，通过结构运动学分析确定所需的作动筒载荷。一般来说，惯性载荷过载在 1 ~ 1.5 的范围内（这体现了从缓慢推动到缓慢拉起的起落架运动特点；战术飞机可能需要增大惯性载荷范围），以及从零（机库情况）到最大起落架收上速度时对应的气动载荷。一般来说，计算作用在起落架和机构上的载荷，以确定所需的收上铰链力矩随收上角度的变化。然后，通过计算作动筒力臂与收放角的关系，并将所需铰链力矩除以可用力臂，可以评估不同作动筒的位置。运动学计算可以通过图形、代数或使用计算机辅助设计工具来进行。事实上，许多现代分析工具将提供所需作动筒载荷和性能的解决方案，同时考虑到运动几何学、部件刚度、液压或电气性能等。然而，设计师应在初始设计阶段构建简化模型，以更好地了解作动筒安装位置变化的影响。

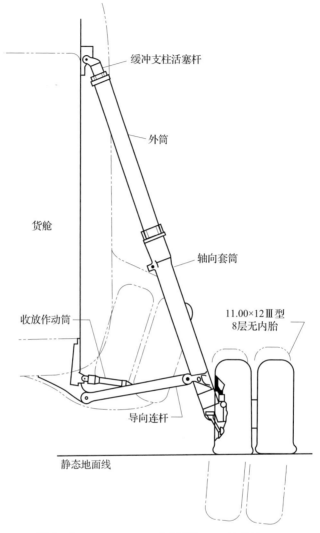

缓冲支柱活塞杆

外筒

货舱

轴向套筒

收放作动筒

11.00×12Ⅲ型
8层无内胎

导向连杆

静态地面线

图 8-120　LTV XC-142 主起落架——拉伸收上

　　大型商用飞机前起落架如图 8-121 所示，图中给出了 4 个（许多可能的）名义作动筒的位置。图 8-122 所示的是组合了速度在 220kn 时的气动载荷和 1.3g 垂直加速度条件时产生的收上起落架所需的铰链力矩（忽略摩擦和任何舱门载荷）。

　　根据已知的铰链力矩，可评估不同的作动筒安装布置的影响。对于所列出的 4 个名义作动筒位置，可计算所需作动筒载荷，如图 8-123 所示。从作动筒载荷可以看出，连接位置的微小变化会对所需载荷产生较大影响。根据计算的作动筒载荷—位置数据，作动筒效率可通过取作动筒载荷—位置曲线下的面积与最大作动筒载荷和最大作动筒行程定义的矩形面积之比来计算。高效率作动筒（约 70%）通常会认为是重量轻和收上速度快的解决方案，但出于成本或方便的原因，可能会选择效率较低的系统。例如，"作动筒 A"（撑杆收上作动筒）在这种布置中的效率约为 60%（效率虽然取决于所选的特定几何构型和处于收上位置的最终力臂，它可能变得稍好或是变得更差），根据作动筒执行的两个功能：收起和承受地面载荷，是可以选取的。对于所有的运动学布置，建议进行灵敏度研究，确保作动筒

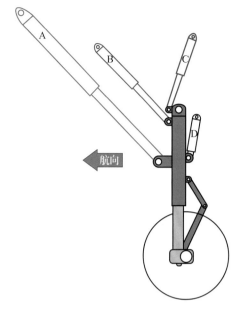

图 8-121　一些可能的作动筒安装

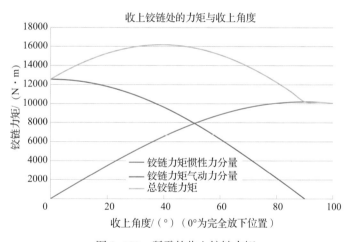

图 8-122　所需的收上铰链力矩

布置对可能由制造、装配公差和部件变形引起的所有尺寸的任何微小变化而带来的影响有足够的鲁棒性。在任何情况下，作动筒的设计应具有足够的裕度，以克服所有预计的几何构型变化、摩擦差异以及结冰和污染影响。

开锁或其他机械作动筒载荷的确定通用方法：确定所需的铰链力矩，然后优化作动筒的几何位置，使得作动筒的尺寸（体积）最小。对于像开锁作动筒装置，主要的载荷是弹簧回复力。在某些液压开锁作动筒布置中，一旦锁连杆离开其挠度位置，开锁作动筒将被收上作动筒压制。在这种情况下，作动筒上的最大载荷可能来自起落架收放运动施加的液压载荷，而不是来自机构锁弹簧力，此时应进行综合分析。同样地，对于快速作用的作动筒或机构，大加速度下的惯性效应可能决定其设计载荷，应优先进行动态分析，而不是采用上述准静态的分析方法。

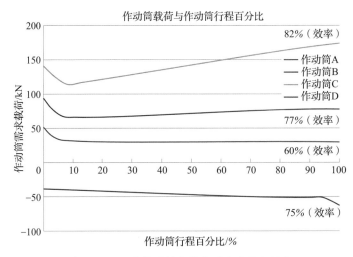

图 8-123　4 个作动筒安装位对应载荷和效率

参 考 文 献

［1］Conway，H.G.，"The Kinematics of Undercarriage Retraction," *The Aeronautical Journal* 52，no.446（February 1948）：125–137.

［2］Galizia，J.C.and Hazlewood，D.A.，"Tri–Gull Amphibian Development," SAE Technical Paper 750543，1975，https：//doi.org/10.4271/750543.

［3］Conway，H.G.，*Landing Gear Design*（London：Chapman & Hall，1958），212.

［4］Foster，S.，"Landing Loads on the Bogie Undercarriage：A method of Calculating the Distribution of Load on the Wheels of a Bogie Undercarriage when Landing," *Aircraft Engineering and Aerospace Technology* 24，no.1（1952）：18–24.

［5］NASM17984，"Pin，Quick Release，Self–Retaining，Positive Locking，Single Acting，Button Handle," National Aerospace Standards Committee，Revision 2，February 29，2016.

［6］NAS1756，"Streamer，Warning," National Aerospace Standards Committee，Revision 3，October 31，2012.

［7］NASM14531，"Pin，Quick Release with Warning Streamer Assembly," National Aerospace Standards Committee，Revision 1，November 30，2012.

［8］Conway，H.G.，*Landing Gear Design*（London：Chapman & Hall，1958），246.

飞机设计技术丛书

飞机起落架设计

（下册）

The Design of Aircraft Landing Gear
（Vol. 2）

［美］R. 凯尔·施密特（R. Kyle Schmidt） 著

程普强 等 译

航空工业出版社

北京

内 容 提 要

本书共分为上、下两册，全面地介绍了飞机起落装置的相关内容：主要研究了起落架与机场的兼容性，确保选择适宜的起落架布局以及合适的轮胎类型和数量；介绍了刹车装置、机轮和刹车控制系统的设计方法及相关问题；详述了飞机地面稳定性和操纵性评估方法；讨论了各种起落架的结构及布置形式；总结了各种类型的缓冲器及其设计考虑细节。同时，本书还讨论了起落架及其舱门的收放和锁定机构；综述了飞机起落架上常见的各种液压和电气系统的常用信息；论述了起落装置能够提供和实现的其他特殊功能。此外，本书内容还包含了起落架细节设计、载荷分析及试验验证、典型案例，以及起落装置相关要求和规章。

本书可供从事起落架系统设计、研发、运营及维护的专业人员参考使用，也可以供高等院校相关专业师生借鉴参考。

图书在版编目（ＣＩＰ）数据

飞机起落架设计 /（美）R. 凯尔・施密特
（R. Kyle Schmidt）著；程普强等译. －－北京：航空
工业出版社，2024.10
（飞机设计技术丛书）
书名原文：The Design of Aircraft Landing Gear
ISBN 978-7-5165-3639-1

Ⅰ. ①飞… Ⅱ. ①R… ②程… Ⅲ. ①起落架 – 系统设
计 Ⅳ. ①V226

中国国家版本馆 CIP 数据核字（2024）第 024487 号

北京市版权局著作权合同登记
图字：01-2023-1496

Originally published in the English language by SAE International, Warrendale, Pennsylvania, USA, as *The Design of Aircraft Landing Gear*, Copyright © 2021 SAE International.

飞机起落架设计
Feiji Qiluojia Sheji

航空工业出版社出版发行
（北京市朝阳区京顺路 5 号曙光大厦 C 座四层　100028）
发行部电话：010-85672666　010-85672683
北京天恒嘉业印刷有限公司印刷　　　　全国各地新华书店经售
2024 年 10 月第 1 版　　　　　　　　2024 年 10 月第 1 次印刷
开本：787×1092　1/16　　　　　　　字数：1649 千字
印张：64.5　　　　　　　　　　　　定价：498.00 元（全二册）

《飞机起落架设计》译审人员名单

章　节	章节名称	翻译人员	译审人员
第 1 章	引言	程普强	周小丹
第 2 章	道面适应性	陶小将	陈　云
第 3 章	轮胎	孙　琳 郭凯帆	程普强
第 4 章	机轮、刹车和刹车系统	鱼海涛 刘泽华	李红军
第 5 章	布局、稳定性和机动性	程梦鸽	程普强
第 6 章	总体布置	张立军 李兆瑞	程普强
第 7 章	缓冲器	陈　云	程普强
第 8 章	收放、运动学和机构	柳　刚	毛艳梅
第 9 章	作动	程梦鸽	毛艳梅
第 10 章	系统	刘泽华 柳玉泉	谢　彦
第 11 章	特殊功能	赵英健	鱼海涛
第 12 章	细节设计	毛艳梅	李红军
第 13 章	载荷、结构分析和试验	陆　冠 宋亚丽	程普强
第 14 章	要求和规章	陆　冠	周小丹
附录 A	100 个最繁忙的机场跑道尺寸和强度	柳　刚	程普强
附录 B	各种飞机的 ACN（飞机等级数值）的示例	柳　刚	程普强
附录 C	跑道粗糙度剖面图	柳　刚	程普强
附录 D	氮气比容	柳　刚	程普强
附录 E	密封圈及防尘圈密封槽的标准尺寸	柳　刚	程普强
附录 F	具有多个主起落架的 25 部飞机载荷工况建议修正案	陆　冠	周小丹

译 者 序

"飞机起落架的设计，与其说是技术，倒不如说是艺术。"伴随有动力飞行的飞行器诞生和发展，如何配套一副既能高效承受地面各类动态和静态载荷，又能与飞机几何结构匹配、空间协调、性能相宜的起落架系统，以实现飞机安全起降的基本功能，始终是飞机设计师需直面的实际问题。正如从来没有两片完全相同的叶子，人类航空百年，无论林林总总飞机是否逐渐趋于大同，但却没有出现过完全相同的飞机起落架。飞机起落架技术的发展，从最初仅仅给飞机配置简单的马车轮胎用于滑行，到具有防滑刹车控制功能的碳刹车、高强高韧铝机轮、子午线轮胎滚动部件；从没有缓冲，仅仅只能借助机体结构变形吸收着陆冲击能量，到橡胶、空气弹簧等缓冲器再到载荷可设计的高效率油–气式缓冲器；从需要飞行员具有较高侧风着陆操纵技巧的"经典型"后三点式起落架，到极易实现具有良好驾驶舱视线、地板水平、滑行动态稳定的前三点式起落架；从低速飞机的固定式起落架到极大减小阻力、有限收藏空间里实现高效、可靠收起和放下的起落架；从中等强度耐蚀性不佳的结构材料到超高强高韧的起落架专用材料；从最初解决起落架与飞机的协调性问题，到面对飞机重量显著增加的挑战，设计师们不得不考虑如何通过多轮多支柱轮胎设计，将载荷在跑道上分散，以解决跑道长期使用、反复承载的道面适应性问题。这导致了如今常见的复杂的起落架构型：支柱越来越多，机轮越来越多。诸如波音747飞机配备了4个主起落架和18个机轮，而安–225飞机的每侧机身有7对轮胎，以及两个并列的双轮前起落架。虽然起落架仅仅在飞机起降、停放期间发挥重要的作用，在飞行阶段成为一种累赘；虽然起落架系统依然是飞机中可靠性、故障率较高的系统之一；虽然起落架在飞机整个生命周期中，依然占据着不菲的经济成本，但人们普遍认为，起落架系统的研发技术通过一个又一个项目的日积月累，积累了丰富的设计经验，取得了显著的进步，起落架系统的技术已经相对成熟，相关的设计手段和方法也已经基本确立。

随着起落架的数量越来越多，轮胎越来越大，结构效率要求越来越高，构型越来越复杂，其与飞控、航电等系统相比，用于起落架的新材料、新工艺、新技术开发难度越来越大。几乎所有的飞机研制单位和项目团队都认识到，起落架系统作为飞机最为重要的系统之一，既是重要的结构件，也是重要的功能件。它不仅要承受各种极端的地面载荷，还要实现多种功能。起落架设计的优劣直接影响到飞机的整体性能，甚至可能危及飞行安全。因此，在当下及未来相当一段时间内，仍会倾注力量发展起落架新技术、新能力，也会不断延续和培养起落架设计研发队伍。今天的起落架研制技术已经发展到一个极高的水平，有大量可供重用的技术和手段，某些典型的案例可以很好地借鉴，但每型飞机依然存在着这样那样特殊性的问题，需要起落架设计和飞机设计很好地相互促进和协同。历史上，好的飞机设计一定是诸多设计要求、诸多系统相互权衡和寻优的结果，起落架既驱动飞机的设计，又由飞机设计驱动。比如商用喷气式飞机一般采取下单翼布置，较低机翼为布置较短长度、较小收藏空间、最小重量的起落架提供了一种可能。又

1

比如军用运输机为便于装载，保持货舱地板与地面高度较小，一般均采用上单翼配置，且机身后部急剧上翘，以避免在起飞或着陆时撞到跑道。为避免由于机翼过高而导致过长的起落架，设计人员通常将军用运输机的主机轮放在机身两侧的整流罩中，这节省了相当大的重量和机身空间，收藏起落架增加的整流罩引起的气动阻力是轻微和可接受的。又比如，B-47后掠薄机翼不能同时满足燃油装载和提供有效的主起落架收藏空间的要求，这型飞机后来采取了自行车式起落架构型。正是由于飞机设计和起落架设计之间如此紧密的相互作用和影响，相较于飞机设计的其他领域，起落架系统包含更多的工程专业，要求从事这个系统研发的工程师，不仅要在其从事的起落装置结构、强度、系统控制等专门领域有深厚的专业积累和沉淀，而且要对诸如材料科学、机械设计、力学、机构学、电气系统、液压系统，以及制造工艺等方面有一定深度的了解。单就起落架采用的材料而言，经过一代又一代轻质高效、高强高韧的持续发展，在满足强度、刚度、重量、收藏空间、环境适应性和经济性等要求下，如何把合适的材料正确地用在合适的地方，仍是一个需要开展大量深入分析权衡的过程。作为一个和飞机总体、飞机机体结构密切关联的系统，起落架总体布置过程中，其载荷传递方式的选择、收藏空间的协调、地面操纵性能评估、道面飘浮性分析等这些早期起落架设计师并不特别关注的事项，在如今复杂系统工程方法实践中，需要投入越来越多的力量，并不断在需求和需求验证之间反复迭代。

所有这些挑战，已经不是培养和训练单单擅长起落架技术的工程师，而更需要有顶层设计能力、能系统思维的综合性的工程技术团队，这需要这一领域的指路明灯去发挥作用。但总体而言，起落架设计似乎是航空工程中特别缺乏专业书籍指导的一个领域。1958年，著名的英国航空工程师 H. G. 康威编著的《起落架设计》(*Landing Gear Design*)一书，基本上代表了当时的起落架设计理论和技术水平。1988年，在美国航空航天学会（AIAA）的支持下，就职于洛克希德-乔治亚公司的诺曼·斯·柯里出版了《飞机起落架设计原理和实践》(*Aircraft Landing Gear Design: Principles and Practices*)，其中包含了作者担任设计师和工程师的专业经验，提供了许多设计实践和趋势的详尽文件。2001年，国内诸多起落装置领域专家在上述两本书的基础上，结合国内型号和技术发展，编写了《飞机设计手册》第14册《起飞着陆系统设计》，给出了大量设计数据和范例，用以指导国内起落装置专业设计。今天大多数起落架设计师均是在这几本经典图书的基础上，不断通过工程实践，研发不同类型的飞机及起落系统。以航空工业第一飞机设计研究院（简称一飞院）为例，60多年来，起落架系统专业研发人员队伍不断壮大，研制技术不断成熟，先后研制过"小鹰"700（1.5t级）固定式板簧起落架，研制过中国"飞豹"外八字转轮收放式主起落架，也成功研制了可在土跑道上起降的大型军用运输机多轮多支柱式起落架，在双撑杆车架式起落架研制技术上也开展了有益的探索。

每型飞机起落装置结构和系统研制过程中，都会面临一系列的困难和障碍，也会暴露这样那样的问题，本书译者团队在2019—2020年期间，研制某型大下沉速度、多机构综合集成的飞机起落架过程中，先后暴露了起落架收放能力不足、撑杆锁大冲击加速度、开锁行程与作动筒衔接不匹配、缓冲支柱轴套刚度不足、密封泄漏及摩擦力大等问题。在自主开展的双撑杆、车架式主起落架研究项目中，车架俯仰控制、双撑杆运动协调与载荷分配等难题，在一段时间，均成为项目需要迫切解决的问题。正是在这一特殊阶段，今天我们看到的这本《飞机起落架设计》（*The Design of Aircraft Landing Gear*），由在道蒂公司长期工作的施密特先生，在 SAE 的支持下于 2019 年出版了。这是一本体现目前起落架系统最新技术发展的专著，书中每一章节均述及了该项技术的工程发展过程以及最新的技术研究方向。该书向起落架系统设计师提供了丰富的信息，起落架设计中的诸多问题，均有可能在这本书中找到较为明晰的推荐和指导。例如，撑杆锁开锁作动筒开锁压力设计要求、双撑杆锁设计匹配方法、缓冲支柱轴套材料选择、缓冲器内真实气体模型、缓冲器油气融合现象的分析解释、未铺砌道面评估分析方法、起落架重量评估方法、起落架润滑周期、子午线轮胎与飞机结构之间的间隙要求、起落架车架疲劳关注部位、车架俯仰控制器的构型和设计要求等。基于此，在一飞院科信部组织策划下，在信息情报档案研究所的支持下，在起落架系统长期工作的同仁们着手编译这本书。翻译这本书的同时，译者所在的部门均同时承担着繁重的多项目研制任务，翻译工作均是利用难得的节假日完成的。拿出一本可供全国科研院所专业人员、高等院校师生使用的专业书籍，是译者们的初衷，虽然整个书籍编译过程中，经过了反复的推敲和技术研讨，但由于某些领域国内工程实践尚未深入，难免会有不准确甚至错误之处，敬请读者批评与指正。在此，也向一飞院信息情报档案研究所的楚涛所长、潘睿主任、黄子洵主管等同志，向精心组织本书出版的航空工业出版社表示衷心的谢忱。

衷心地期待在本书的帮助下，我国航空工业起落架的研制水平能上一个新的台阶，研制出的起落架不仅是精品，更是大师们精心打造出的艺术品！

本书献给我的妻子娜塔莉和我的孩子们：雅各布、迪伦和亨特。

致　谢

　　衷心感谢我的家人：娜塔莉、雅各布、迪伦和亨特，他们的耐心、支持和鼓励，使我集中精力，专注于本书的撰写。感谢我的父亲鲍勃·施密特，在本书撰写过程中，他是各章的第一位读者，提出了很多建议。感谢加拿大、法国、美国和英国的同事，他们阅读了本书的许多章节，给予了宝贵的建议、修改意见和鼓励。 特别感谢以下拨冗审阅本书的人：布鲁诺·阿尔德伯特、史蒂夫·安伯格、罗德·范·戴克、安德鲁·埃利斯、杰克·哈格林、丹·赫思顿、玛丽安娜·拉克达斯、格兰特·明尼斯、安迪·帕多克、迈克尔·萨科西亚、乔恩·史密斯和彼得·泰勒。感谢SAE的莫妮卡·诺盖拉对本书的全力支持，她的努力促成了本书的顺利完成！同时，向代表SAE审阅了本书的部分业内专家——阿尔索布鲁克、格雷格·巴特菲尔德、大卫·布里尔、鲍勃·克尼瓦和亨利斯·蒂尔致以诚挚的谢意。最后，感谢伊恩·班尼特和马克·谢对全书的细致审校和宝贵建议。

前　言

　　作者有幸在飞机起落架领域工作了 25 年，曾在加拿大、法国和英国三个国家工作，并在新起落架的研发和现有起落架的使用、维护方面担任过各种工程职务。起落架研制是一个有趣和引人注目的挑战，结合了科学和工程的许多领域。这本书的诞生是出于作者希望更多地学习起落架的心愿，包括起落架的发展历史以及其他人解决起落架问题的方法和面对挑战的方式；在不断了解和学习更多关于这个领域知识的过程中，认识到将这些知识出版是有用的，希望它们也能够帮助到他人。这本书主要面向两类读者：对于有经验的飞机和起落架设计工程师，希望这本书能是一本理想的、有使用价值的参考资料；而对于那些刚进入这个领域的人来说，也许正在开展他们的第一个起落架设计（也可能是学习的一部分）。对于后者，希望这本书能提供所有需要的信息，以帮助他们的设计和研究，以便他们怀着对精巧复杂的起落架的好奇和求知欲，考虑将起落架这个具有挑战性的领域作为他们未来的事业。

　　没有一本教科书可以提供所有的答案；在每个章节中，额外列出一些参考文献可以帮助设计、开发和支持起落架及其相关系统。特别是，SAE A-5 委员会关于飞机起落架的文件被广泛引用，强烈建议本书的读者和起落架系统工程的从业者参加这些委员会。

　　本书中罗列的观点和方法是作者本人的，不一定代表其雇主（赛峰起落架系统）的观点和方法。虽然在准备和审查过程中已经非常谨慎，以确保所提供的技术路线、方法和数据是准确的。因使用本书，印刷错误或任何误解造成的损失，作者和出版商将不承担责任。

单 位 注 释

    本书中的单位尽可能遵循国际单位制（SI，又称公制）。然而，飞机和起落架在本质上是国际性的，许多部件和分析方法都是在美制单位（US）中进行的。特别是，一些经验公式是基于美制单位，不适合转换为另一种单位制。通常，大多数计算中都可以使用SI或US制单位，只要两个不同的测量系统在同一计算中不混用，并且所使用的单位应一致。需要注意的一种情况是重量和力的美制单位：英磅（lb），它通常被口语化地用作质量单位（带有地球重力的隐含假设）；以美制单位进行的计算所需要的质量单位，可以使用"slug"（斯勒格）——其定义为当1lbf（磅力）施加在它上面时，每秒加速1ft（英尺）的质量。由于飞机业务的国际性，建议熟悉这两种单位制。

目　　录

（上　册）

（下　册）

第9章 作　　动

可收放的起落架需要某种形式的动力来驱动起落架的收起和放下，以及舱门的运动。作动筒施加必要的载荷使起落架系统的运动部件以某种方式运动：按运动方式，作动筒有直线运动作动筒和旋转作动筒；按能源类型分为手动作动筒、电动作动筒、气动作动筒或液压作动筒等几大类。基于可用的能源和运动学布局来决定在给定的飞机和起落架上使用以上哪种驱动方式。进行起落架运动学设计时，作动筒的类型、尺寸和位置必须时时刻刻给予关注。通过运动学计算结果可以得到作动筒的行程，而通过结合运动部件的布置形式和施加在运动部件上的气动和惯性载荷可以得到作动筒所需载荷的大小。在作动筒的载荷、尺寸、行程确定的情况下，收放效率由收放时间决定。下面的章节概述了飞机和起落架系统使用的液压作动筒、电作动筒，也包括了一些典型飞机的起落架系统的作动筒。

9.1　手动作动筒

仅靠人力的收起和放下起落架一般仅限于某些小飞机，也会用于大飞机的备份系统，特别是使用滚珠丝杠或齿轮箱的收放系统。20 世纪 30 年代中期研制的苏联波利卡尔波夫（Polikarpov）I-16 战斗机主起落架上使用了缆绳驱动的收放系统（见图 9-1）。这种收放系统在驾驶舱内安装了一个曲轴摇臂；飞行员需要多次摇动摇臂来收放起落架。系统卡滞情况下，飞行员使用配置的缆绳切割器切断缆绳，起落架将自由放下到位。

图 9-1　波利卡尔波夫 I-16 的主起落架上的缆绳收放系统

Cvjetkovic CA-65 自制飞机使用了一套手动收放系统，给飞行员配备了标准的 3/8in 棘轮扳手（在机务工具箱中可找到该类型扳手），通过驱动摇臂实现起落架的收起和放下。棘轮扳手转动扭力管，扭力管驱动蜗杆 - 蜗轮装置。蜗轮驱使上侧撑杆连杆转动，收放起落架，与图 8-116 所示类似。通过助力弹簧，辅助完成收起。这种设计也已经被其他自制飞机所采用[1]，其实使用商业化的棘轮扳手作为驾驶舱操纵装置也不是没有先例：（美国）史汀生（Stinson）L-1 使用类似的手柄控制飞机的襟翼[2]。另一种轻型起落架是由驾驶舱里的手柄驱动连杆和摇臂。早期穆尼飞机就使用这种系统，如图 9-2 所示。Bede BD-5 微型自制飞机采用类似设计，它没有采用连杆，而是使用缆绳和滑轮，由此使得该飞机的起落架能快速收放，成为航展上展示的亮点。

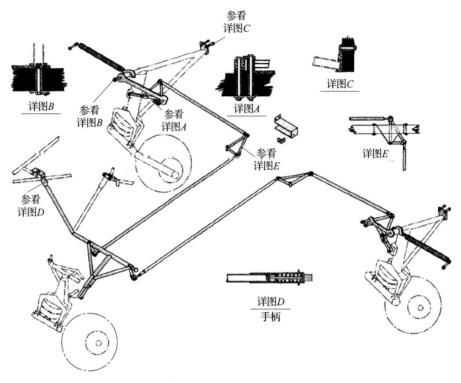

图 9-2　穆尼 Mite 基于手动连杆的收放系统

　　一种更常见的情况是，当主驱动系统失效时，人工驱动装置应急放下起落架。C-130 飞机提供了一个机构，可以将主驱动装置与滚珠丝杠脱开，摇臂驱动实现起落架放下并到位。手动摇臂系统在二战时期飞机的电作动起落架上是比较常见的。类似地，比奇飞机"富源"（以及类似的飞机，如"男爵"（Baron））也提供了一种手动摇臂系统，以备电气系统故障时使用。在一些历史悠久的飞机上也配备了手摇（液压）泵，在发动机驱动的泵发生故障的情况下，作为应急放下起落架的手段。许多飞机采用手动驱动的释放系统，用于在主系统失效的情况下依靠重力自由放下起落架。当设计一个人工驱动系统时，必须特别关注安装时的人体工程学。适航规章[3]为飞行控制系统提供了这方面的指南，要求单手短期内可以快速施加的推力或拉力不要超过 222N（50lbf）；需转动或曲柄传动时，这个值还要更低一些。在所有工况下，均应检查安装情况，以便在所有可能预期的飞行人员人体尺寸范围内可以实现对其的控制，并且动作必须与其他同时进行的飞行任务兼容。Beringer 等人的研究[4]提供了一些人员操作适用范围的指导。

9.2　液压作动筒

　　飞机起落架上应用最广泛的是液压作动筒。使用液压技术可以用紧凑而轻巧的作动筒产生大的力，特别是在能采用较大的系统工作压力时，其结构效率更高。如果飞机的其他系统中也使用液压驱动，一般来说，实现液压驱动起落架功能的同时不会给飞机增加多少重量。在某些情况下，由于能够随时提供强大的直线或旋转驱动力，并具有可接受的故障模式，因此，即使在具有手动操作飞行控制的飞机上也能使用液压起落架系统。

9.2.1 旋转式液压作动

各种液压装置可以提供旋转运动。齿轮马达和活塞马达可以提供无角度限制的转动，而叶片作动器可以提供有限角度范围的大扭矩旋转运动。如图 9-3 中的齿轮－齿条作动筒，使用一个直线液压作动筒和一套齿轮－齿条，将直线运动转换为旋转运动。

一些液压马达可扩展用于直接或通过齿轮减速实现驱动。叶片马达已经被用于很多前轮转弯系统中。C-130 飞机采用的是液压马达驱动滚珠丝杠的收放系统，而 C-5 "银河"飞机采用的是液压马达通过齿轮箱驱动起落架及其舱门运动。这种用于前起落架舱门驱动的结构形式如图 9-4 所示，它采用了一个液压马达作为主驱动，一个电动马达作为应急驱动。

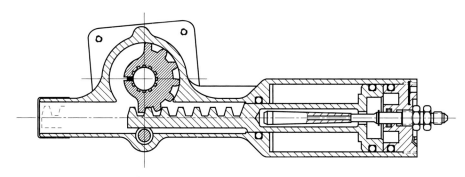

图 9-3 赛斯纳 210 主起落架收起装置（齿轮－齿条形式）

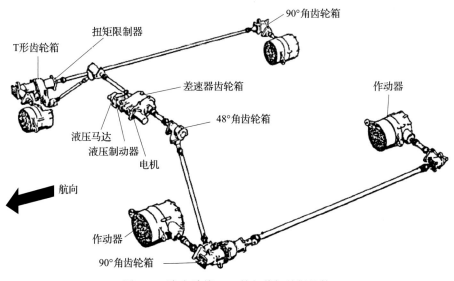

图 9-4 洛克希德 C-5 前起落架舱门机构

9.2.2 直线液压作动

起落架上最常见的液压作动筒是直线运动作动筒。如图 9-5 所示的单向液压作动筒的原理是：当液压油通过管嘴进入作动筒腔体时，产生推力（见图 9-5）或拉力。当液压泄压后，压缩后的复位弹簧作用于有杆腔的活塞端面上，使活塞回到最初的位置。作动筒产生的力是所施加的压力和活塞面积的乘积减去弹簧回复力和密封以及支撑的摩擦损失。这种类型的作动筒经常用于锁定/解锁机构。弹簧回复力必须足以克服作动筒和连接机构中的摩擦以及回油压力。

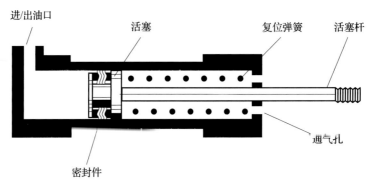

图 9-5　单向液压作动筒

　　控制两个方向运动需要一个双向作动筒。典型的结构形式如图 9-6 所示。进入一端管嘴的液体作用于活塞的整个区域（即无杆腔），而进入另一端管嘴的液体作用于环形腔（即有杆腔），环形腔的面积是活塞的面积减去活塞杆的面积。活塞杆在作动筒内的缩回是通过有杆腔供压，同时无杆腔泄压而实现的。活塞杆的伸出是通过对无杆腔供压和有杆腔泄压来实现的，或者在某些情况下，有杆腔也被供压；这减少了作动筒伸出过程中活塞杆上的总载荷，在动力收起落架期间，这可以减少作动筒上的载荷。

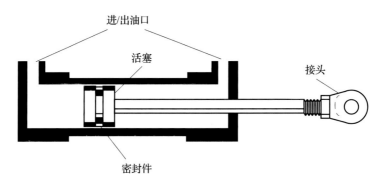

图 9-6　双向液压作动筒

　　在作动筒这两种主要的构型上，还会有许多变化。常见的是增加阻尼接口，当活塞端头接近外筒末端时，限制液体流速，增加阻尼。为减少冲击载荷和噪声，当起落架或机构接近终点位置时，用这种阻尼进行末端缓冲。

　　ARP1311[5] 和 MIL-PRF-5503[6] 提供了起落架液压作动筒的设计指南。作动筒外筒的外部静密封应根据 AS5857[7] 来确定尺寸。动密封和内部静密封沟槽的尺寸应根据 AS4716[8] 来确定。对具有相同件号的密封装置（密封圈），这两个标准的杆和槽的尺寸大多数是相同的。AS4716 的尺寸可以在本书的附录 E 中找到。

　　虽然作动筒已经使用过多种材料，但对于大型作动筒而言，超高强度钢可以实现重量最轻，如 300M 钢（其极限抗拉强度为 1900MPa）。然而，钢制的作动筒需要特别注意腐蚀防护，以满足可靠使用要求。许多现代飞机起落架作动筒使用耐腐蚀的沉淀硬化不锈钢和钛合金，如 15-5PH、Ti-6Al-4V，以提供优越的耐腐蚀性。应选取适当的材料和镀层，活塞杆外表面最早采用的是镀硬铬后研磨的方法，而现代作动筒则使用超声速火焰喷涂（HVOF）碳化钨 – 钴铬涂层的工艺，这些镀层后续须经研磨和超精密加工。

9.2.2.1 收放作动筒

当作动筒活塞杆缩回，作用在活塞杆上的力为拉伸载荷，确定环形腔面积时，通常是假定 3/4 倍的系统额定压力作用下产生最大工作负载。如果对液压系统有更精确细致的分析，可以精准预测活塞杆收缩时环形腔内的实际作用压力，此时，得到的环形腔的面积相对来说就不那么保守，就不会付出不必要的代价了。环形腔的面积大于实际需要的面积，会增加液压系统不必要的流量需求，也需要对作动筒连接和支撑结构进行额外的结构加强。一般来说，重量最轻的设计是用最小尺寸的作动筒来实现最大空速的气动载荷作用时，依然满足起落架收上的要求。通常，作动筒行程增加，重量会减少（与短而大直径的作动筒相比）；使用最大的作用力力臂将有助于实现最小重量设计。

在已知环形面积的情况下，活塞杆直径必须根据杆端接头的类型（内螺纹或外螺纹，或整体杆端）来确定。如果作动筒活塞杆需要依靠液压力伸出且承受载荷，那么活塞杆的尺寸必须能够承受此压缩载荷，需要满足压杆稳定承载要求。如果采用活塞杆端部外螺纹与杆端接头内螺纹旋合，光杆直径必须稍大于螺纹外径（1/16 ~ 1/8in），这样杆的密封圈在装配时才不会被损坏。活塞杆外径确定后，就可以再确定作动筒外筒内径，外筒内径和活塞杆外径形成所需的环形区域。

一般来说，对活塞杆受拉作用的作动筒，全收缩状态的作动筒最小长度约为行程长度加 3.5 倍的活塞直径。这个尺寸取决于细节设计，可以更小，但对大量实际使用的起落架作动筒的统计和研究表明，并不总是需要最小长度。当确定作动筒的行程时，重要的是要考虑留有剩余行程，以确保在起落架或机构达到预定位置时，作动筒不会触底。大多数起落架作动筒会产生很大的力，可能会导致较大的相邻或相关结构变形，这必须在剩余行程中予以考虑。对于中等尺寸的收放作动筒（如波音 737 或空客 A320 级飞机上的作动筒），作动筒正反行程各留 3/8in 是一个合理的初始假设（设计）。较大的作动筒必须有更大的剩余行程。比如推力梁类的结（机）构，其传力路线长，也会增加挠度和公差积累，所以必须设计足够的剩余行程以适应这些情况。行程末端的阻尼通常会给作动筒增加额外的长度。

当作动筒以承受压缩载荷（通过推动作动筒缩回）方式工作时，其尺寸确定也基于上述承拉作动筒的设计方法进行设计，但是，活塞杆的尺寸必须能够避免在最大工作载荷时，即系统额定最大工作压力作用于整个活塞面积（大腔）的情况下，结构不会发生屈曲和产生大变形。这会导致活塞杆直径较大，端盖处的支撑长度较长，此支撑用于支持活塞的伸出—缩回平稳运动。这种构型的优点是，整个活塞面积均用于产生所需的负载，并且在缩回过程中，活塞杆端部密封不会受到高阻滞压力的影响。缺点是流体交换量较大，增加了所需的液压油箱尺寸。可以按照 ESDU 数据表 010124[9] 计算作动筒的压缩不稳定性。

图 9-7 ~ 图 9-13 展示了各种收放作动筒的结构形式。对于管嘴的位置和阻尼细节，

通常可以有两种不同的布置形式。如图 9-12 所示，在作动筒腔壁上制孔，对于工作压力不超过 3000psi 的情况下，是方便而又有效的细节设计。在更高的压力下，对腔体结构上制孔引起的应力集中部位进行结构加强，可能会导致不可接受的重量代价，一般来说，类似于图 9-13 所示的阻尼形式是首选。

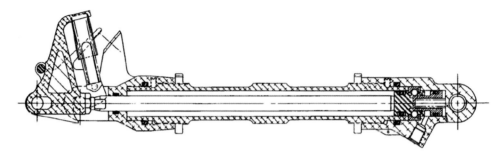

图 9-7　赛斯纳 210 前起落架收放作动筒（其包含内部球形锁和外部起落架锁）

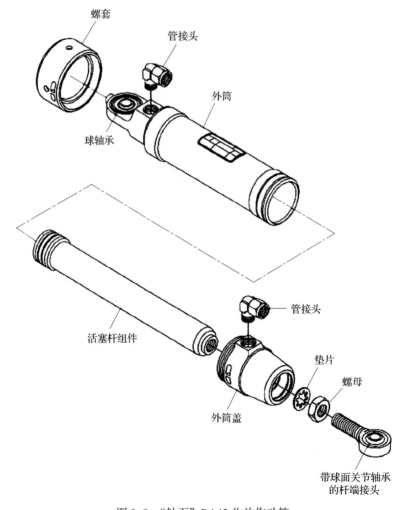

图 9-8　"钻石" DA42 收放作动筒

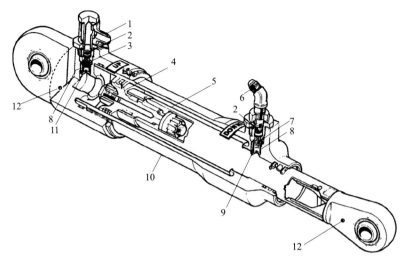

图 9-9　加拿大德·哈维兰公司 DHC-4 "驯鹿" 主起落架收放作动筒

1—上端油液入口管接头；2—滤网；3—上端口外侧阻尼器；4—活塞；5—活塞杆；6—下端油液入口管接头；
7—下端口外侧阻尼器；8—弹簧；9—下端口内侧阻尼器；10—外筒；11—上端口内侧阻尼器；12—润滑油嘴

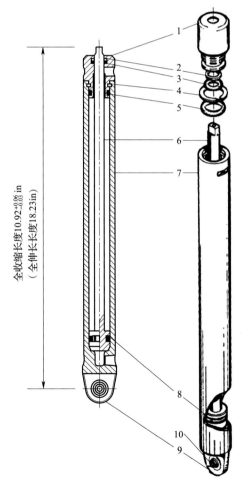

图 9-10　派珀 PA-28R 主起落架缩回作动筒

1—端盖；2—备用环；3、5、8—O 形圈；4—挡圈；6—活塞；7—缸体；9—端面；10—轴承

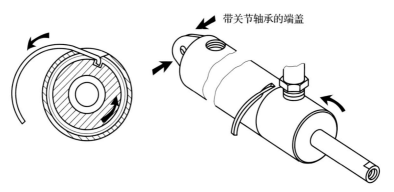

图 9-11　派珀 PA-28R 收放作动筒端盖的锁定示意

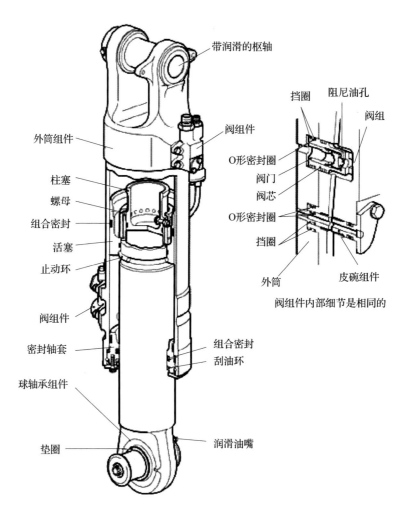

（a）收放作动筒

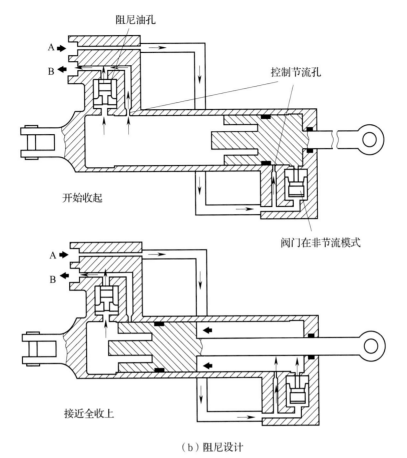

（b）阻尼设计

图 9-12　空客 A320 主起落架收放作动筒和阻尼设计

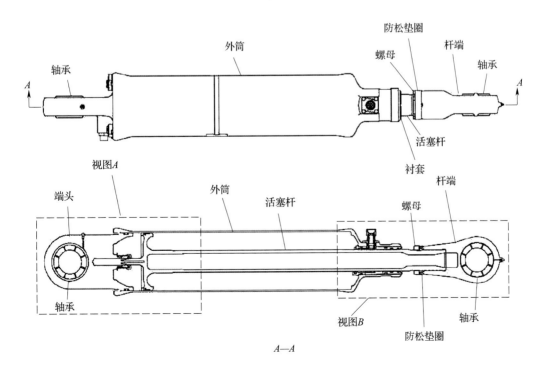

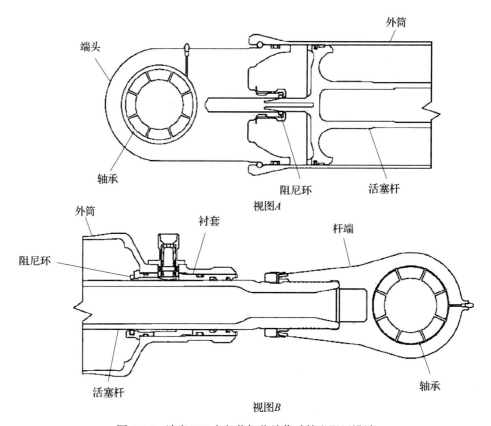

图 9-13　波音 777 主起落架收放作动筒和阻尼设计

在起落架放下过程中，作动筒提供的阻尼通常是为避免起落架撑杆和结构的超载，但应该考虑到可能会出现放下阻尼失效的故障模式（阀门故障、泄漏和作动筒的机械分离）。基于此可能性，一个好的设计目标是确保起落架结构能够承受阻尼减少或没有阻尼情况下的载荷，能够保持结构的完整性（至少保证一次着陆）。

9.2.2.2　开锁作动筒

大多数可折叠的挠度锁撑杆机构需要一个作动筒使撑杆脱离其锁定止动位置，以允许收放作动筒收起起落架。这种作动筒的尺寸应使其在 50% 左右系统额定工作压力下开锁。作动筒必须能够克服将锁撑杆保持在锁定位置的弹簧力，以及相对应运动关节处的摩擦力，也包括起落架撑杆和锁撑杆装配时为满足机构几何位置可能产生的预紧力。开锁作动筒的作用方式应该是：作动筒活塞杆伸长时上锁，锁撑杆处于锁定位置；这样可避免回油压力及其波动，为锁机构提供鲁棒性，可以避免锁机构在不合适的时间打开。应仔细考虑开锁作动筒的尺寸和特性，确保其不会阻碍起落架放下。

一些开锁作动筒，通常被称作锁定保持器，包括锁连杆的机械止动台。其不是在锁连杆上设置外部止动台，而是由活塞头顶住外筒端盖保持负挠度位置。应该仔细考虑这种类型的作动筒的公差积累和结构设计，因为该作动筒已经成为下位锁定机构 / 结构可靠性的一个重要组成部分。虽然有些开锁作动筒未设置阻尼，但在设计中引入了其他方面的限制条件，以限制锁止动挡块的接触速度（以减少冲击载荷和噪声）。一般来说，将这个速度限制在 100mm/s 是很好的做法。然而，在开锁作动筒中设置节流时必须小心谨慎，因为该作动筒通常较小，设计时往往被与其相关联的起落架的其余约束所限制；节流阻尼可能使作动筒工作时，产生很高的内部压力。在环形腔设置有节流孔的例子包括如图 9-14 所示的空客 A320 前起落架和波音 737NG 主起落架开锁作动筒（见图 9-15）。A320 开锁作动筒的外筒由铝合金锻件制造，内孔压入一个钢衬套解决磨损问题，而波音 737NG 的开锁作动筒的外筒则是由 15-5PH 耐腐蚀不锈钢制造而成。

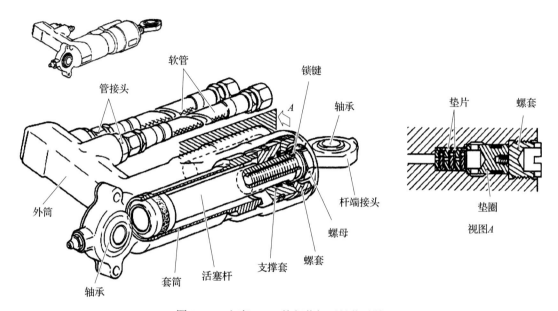

图 9-14　空客 A320 前起落架开锁作动筒

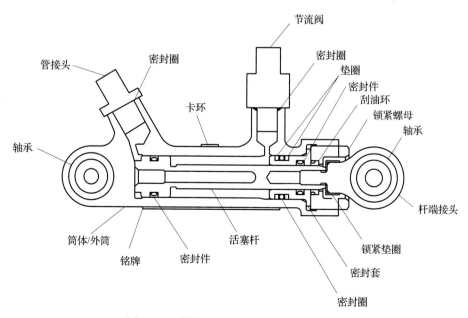

图 9-15　波音 737NG 主起落架开锁作动筒

9.2.2.3　车架稳定缓冲器

控制车架俯仰状态和保持车架位置稳定的作动器或阻尼器被称为车架俯仰调节器或车架俯仰位置及姿态控制器。它们的主要功能是车架的定位，并在起落架收放过程中和处于收起位置时，保持车架的姿态不变化。然而，它们必须在飞机着陆时快速响应，在飞机地面滑行或地面操纵引起车架俯仰转动时，经受得住剧烈的振动。大多数车架稳定缓冲器，在其行程的中间位置时，能够实现车架预定位置保持功能；在行程中点处，上、下两个方向均有一定的较大行程可用，既能满足着陆过程中车架的运动要求，又能满足顶起车架后能够更换轮胎要求。通常，极限位置由顶升车架更换一个轮轴上的轮胎的要求确定，此时假定另一端轮轴上的轮胎已经卸掉。作动筒要么需要持续液压供压，要么液压锁定在收起位置，以使轮舱内车架位置固定。

许多飞机使用独立于飞机液压系统的稳定缓冲器。这些装置被设计成油–气式缓冲器构型（见图9–16）。这种油–气式缓冲器的一个显而易见的优点是其不需要布置液压管路、截断阀或溢流阀。然而，任何泄漏均会导致缓冲器内部充填的氮气压力损失，从而进一步导

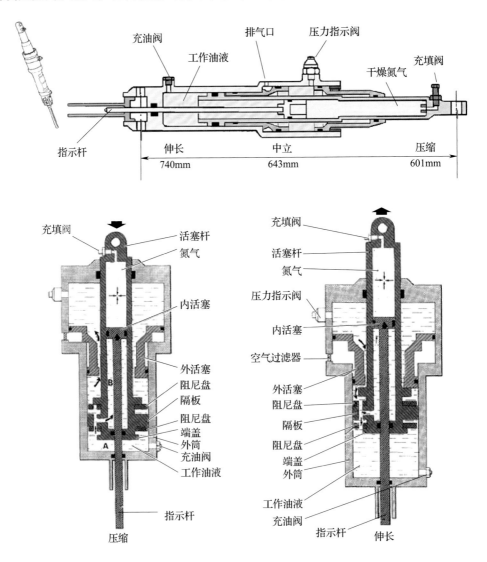

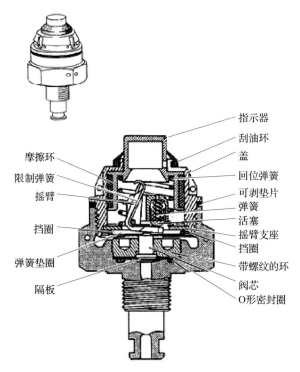

图 9-16　空客 A310 俯仰调节器

致车架无法固定位置。为了便于维护和修理，示例中的稳定缓冲器配备了一个尾座，用于直观地显示缓冲器内部充填的油液体积，还有一个弹出式压力指示器来标识气压状态。大多数俄罗斯飞机安装了此类装置；在俄罗斯飞机上的一般做法是并联安装两个相同的装置（双余度），以确保车架俯仰调节的高可靠性。由于气体可靠密封具有挑战性，俄罗斯采用了一种气体密封解决方案，其方法是在气腔的密封端盖部位，以高于气体压力的压力注入一定体积的润滑脂[①]覆盖过密封端盖的密封位，从而抑制气体因为端盖引起的泄漏。

　　在某些飞机上，稳定缓冲器工作时是从其终点（或起点）的末端位置而不是如上所述的中间位置工作。空客 A330/A340 的主起落架就是这样设计的。其稳定缓冲器如图 9-17 所示。一根液压管路为该装置提供能源，其持续供压 3000psi。在着陆过程中，该装置迅速伸出，流体通过管路排出，尔后通过安装在起落架舱内的安全阀流入并返回。波音 747 的机翼主起落架采用的也是类似的设计（见图 9-18），但将溢流阀（和一个备用的外部溢流阀）安装在作动筒内部。

　　图 9-19 给出了由飞机液压系统驱动的中间位置稳定缓冲器示例。虽然稳定缓冲器的作动筒总是需要仔细设计，但必须对溢流阀的设计和选择给予极大关注。需要高速打开以避免着陆时的极高压力，同时需要阀门的稳定性以避免大的压力振荡。同样，压力管路止回阀应设计得轻巧以利快速关闭，避免诱发入口管路的压力峰值。

　　有些飞机使用一个双位置的稳定缓冲器，飞机着陆状态时，车架设置在相应的着陆位置，收放起落架时，可以切换到收放位置。A340-500/600 机身主起落架使用了此类型变

──────────

　　① 　原文如此，译者认为液压油更为准确。——译者注

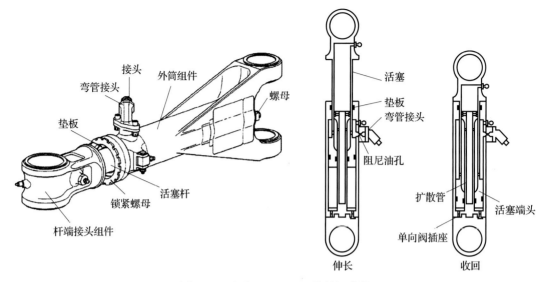

图 9-17 空客 A330/A340 俯仰调节器

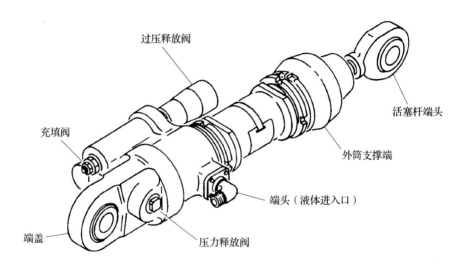

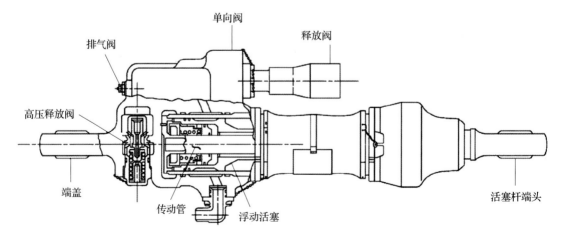

图 9-18 波音 747 机翼主起落架车架俯仰调节器

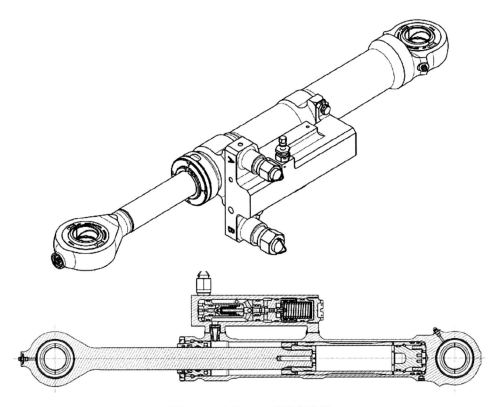

图 9-19　空客 A350 俯仰调节器

行程稳定缓冲器，如图 9-20 所示。电磁阀用来选择所需的位置，提供类似于收放作动筒采用的缓冲和阻尼，以抑制车架在接近其行程终点位置时过于快速运动。

由飞机液压系统提供动力的车架稳定缓冲器，通常会有一个排气嘴，以便在系统安装过程中排除液压管路中的气体。排气嘴也可以用来在安装过程中允许手动调整车架调节器的行程，否则需要较大的力先使溢流阀开启，然后才能使活塞杆运动。建议使用一个可以连接管子的排气管接头。在一些稳定缓冲器上已经使用了一个 M6164 充气阀来实现这一功能。

除非提供备用的变行程稳定缓冲器，否则应进行分析，考虑变行程稳定缓冲器不在预定着陆位置时起落架的特性（由于液压损失、泄漏、故障，或在多个稳定缓冲器下，在收起位置着陆）。应考虑变行程稳定缓冲器机械故障（断开）的潜在影响。

一些飞机的车架与支柱之间采取可控铰接，通过控制关节运动，可为飞机提供更大的尾部间隙（见第 8 章中的车架受控摇臂），此时使用一种可液压锁定的特殊稳定缓冲器。波音 777 加长型和波音 787-10 均采用了该技术。图 9-21 为波音 777 飞机的该装置构造示意图。在起飞过程中，该装置被液压锁定在行程中间位置，并作为主支柱和转向架前部之间连接的刚性连杆。除液压锁定功能外，稳定缓冲器还能将转向架的位置从"车架上翘"的位置转动到"车架下翘"的位置，以便起落架收起和收藏。通过液压将稳定缓冲器锁定在"车架下翘"位置，以避免车架在起落架舱中的移动。在放下起落架过程中，稳定缓冲器将车架转回到"车架上翘"位置，以便着陆；"车架上翘"的着陆位置确保车架在着陆过程中转动一定的角度，以便快速有效地检测到轮载信号。在着陆和地面机动过程中，该装置提供一定程度的液压阻尼。下面的操作说明摘录自该装置的部件维护手册：

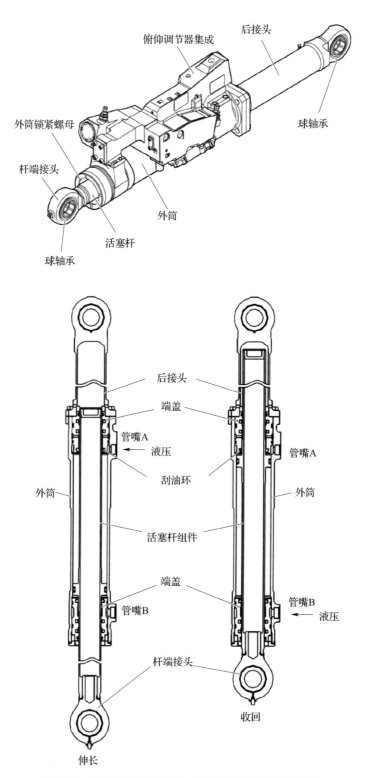

图 9-20　空客 A340-500/600 中心线起落架俯仰调节器

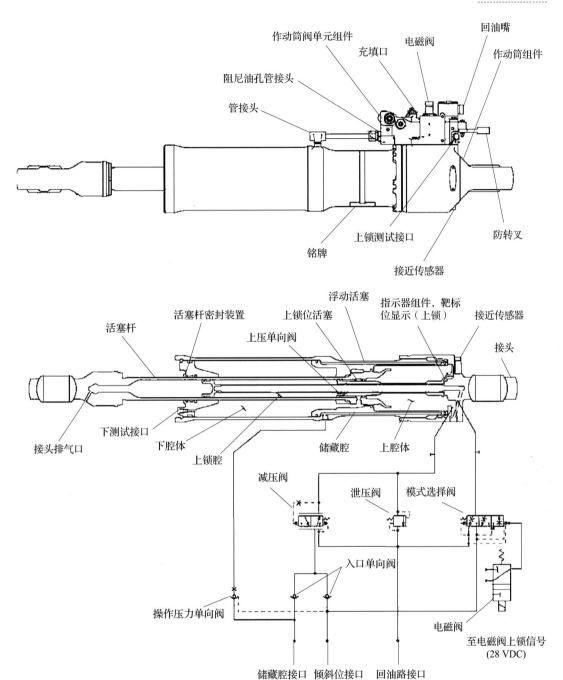

图 9-21　波音 777 飞机俯仰调节器 / 液压支柱

　　稳定缓冲器有锁定和开锁两个位置。当该装置处于开锁状态时，液压油可以在上、下油腔之间自由流动。当给出锁定指令后，锁定阀芯移动到锁定位置。在锁定位置，内部（用于外部接近传感器感应）靶标移动到预定位置，以便外部安装的接近传感器能够感应到。当接近传感器接收到锁定位置的输入信号时，说明锁定阀已经在锁定位置，稳定缓冲器已经做好了飞机起飞准备。

稳定缓冲器控制系统监测发动机推杆位置、襟翼位置、无线电高度数据、地面速度，以及发动机是否运行。其通过逻辑判断来决定何时给稳定缓冲器锁定指令。如果以下逻辑成立，则命令锁定：飞机在地面上，两台发动机均在运行，襟翼在起飞位持续 2s 或以上，左或右推力杆大于或等于 40°。

起飞前，稳定缓冲器按指令处于锁定位置。在起飞过程中，主起落架缓冲器活塞杆会伸长，导致稳定缓冲器也会伸长，直到达到锁定位。到锁定位，杆组件的上端与浮动活塞和锁定阀芯啮合，导致下部和上部油腔之间没有油液流动。而后稳定缓冲器被液压锁定，并在起落架主支柱和车架前端之间提供一个刚性连接。当飞机继续起飞时，随着缓冲器长度的增加，稳定缓冲器迫使车架绕中心销轴转动到一个"向上翘起"的位置。起飞时飞机是绕车架后轴转动的。

在空中，该装置用于确定起落架收放时车架的位置。当起落架收起的指令下达后，稳定缓冲器上 / 下腔的压力导致其活塞杆伸长并将车架移动到"向下翘起"的位置（大约 −4.8°）。无论电气锁定命令是什么，当"倾斜"压力被泄掉时，稳定缓冲器将被解锁。在巡航过程中，稳定缓冲器中的液压油被截留，以防止车架在轮舱中移动。

着陆过程中，稳定缓冲器作为阻尼器来减少飞机的着陆载荷。这种阻尼功能在着陆时减少了主起落架和飞机结构上的着陆载荷。

在中止起飞的情况下，如果发动机油门杆向后拉到 40° 以下，且地面速度大于 60kn，稳定缓冲器的解锁逻辑就会命令支柱解锁。处于解锁状态有助于平衡刹车时的轮胎负荷。

当起飞过程中一台发动机关闭时，稳定缓冲器必须保持锁定，以保持尾橇至跑道的间隙。当一台发动机熄火，飞机需要维修并返回登机口的情况，最好能解锁稳定缓冲器。如果一台发动机关闭，且飞机速度低于 60kn，解锁逻辑会使稳定缓冲器进入解锁模式。

偶尔，在满足锁定逻辑后，飞机可能需要回到登机口。以下三种情况中的任何一种都会使稳定缓冲器处于解锁状态：任何一台发动机关闭且速度低于 60kn，两台发动机都关闭，或者襟翼从起飞位置移出。

9.2.2.4 带内锁的作动筒

带内锁的作动筒是将传统液压作动筒与机械锁结合在一起的液压作动筒。有的作动筒在伸长位锁定，有的作动筒在缩回位锁定，还有一些作动筒在伸长和缩回两个位置均锁定。带内锁作动筒的典型应用场合是公务机主起落架的侧撑杆作动筒，以及各种直升机和军用飞机起落架上的后撑杆作动筒。一些舱门也设计使用带内锁的作动筒。

内锁可以使用卡块、卡环、弹性夹头或其他方式。根据设计包线 [1] 和外载荷，内锁设计可能需要多级锁设计。后一级锁的载荷会小于前一级的载荷。监控整个锁系（各级锁）的状态是此类作动筒设计中的关键点之一。应特别注意直接监控各内锁锁体本身的位置，而不应仅仅依赖内锁作动筒活动部件的位置。内锁作动筒的设计应确保系统压力的正常变

---

① 设计的尺寸、空间位置约束等。——译者注

化不会导致非指令开锁或处于开/闭锁的中间状态。建议内部弹簧为冗余设计，以防其中之一的弹簧发生潜在故障。一个弹簧的故障不得妨碍备份弹簧实现其预期功能。

内锁通常有相似的工作原理：在内筒和活塞之间引入剪切元件。通常这些锁使用不同构型的锁零件和使用不同的驱动锁零件的方法。其中一些锁的构型如图 9-22 所示。这些说明摘录自 Helm 和 Gellerson[10] 的一篇论文：

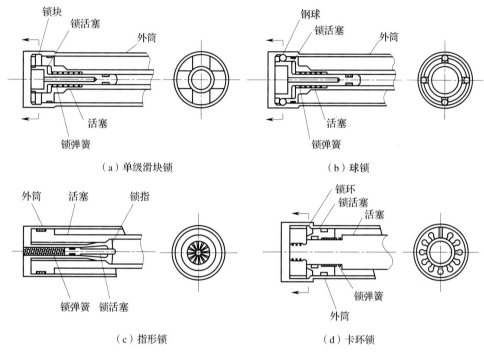

（a）单级滑块锁　　　　　　　　　　　　（b）球锁

（c）指形锁　　　　　　　　　　　　（d）卡环锁

图 9-22　内部作动器锁类型

钢球锁是将一簇相同的钢球配装在活塞外圈的径向孔中。当锁定时，这些钢球的一部分卡在内筒的径向环槽中，从而将活塞和内筒锁定在一起。这种锁价格便宜，但承载能力低。

弹性夹头锁紧装置简称夹头锁（如指形锁或爪子锁），顾名思义，由一组长长的、手指状凸起物组成，凸起物和行程末端的锁定零件结合后锁住。指状凸起或就是共有基座的一部分，其需要弹性变形才能与外筒或活塞啮合，或可能在基座端铰接。这种锁的设计通常有几个缺点。首先，它比其他锁占用更多的轴向空间；其次，它通常设计为较小的径向啮合。因此，其承载能力有限。

卡环锁使用圆环作为锁元件，该圆环在圆周上某处切断。活塞环径向扩张进内锁作动筒外筒内径上设置的凹槽中。由于圆环的几乎整个圆周都在承受载荷，因此，在较小的径向变形下，可以获得较大的锁定区域。由于环形锁是弹性零件，它们必须按照相关规定的疲劳寿命设计。

滑块锁的锁定件类型可以制造成各种形状：圆形、方形和矩形。采用不同形状的锁定件主要是与之匹配的上锁、开锁锁定零件相适应：锥形活塞、扁平活塞或连杆驱动的活塞。滑块锁是新设计采用的主要类型。它们需要最小的轴向空间尺寸，制造成本相对较低。

在这些类型锁中，起落架系统中最常用的是夹头锁（或指形锁）和滑块锁。

（1）夹头锁作动筒

图9-23为一个夹头锁作动筒示例。锁机构不需要操作时，该内锁作动筒里面装有一个浮动活塞（内缸），以平衡活塞两侧的流体位移。如图9-23视图A所示，作动筒内装有一个一体化、弹簧加载的夹头机械锁，用于将活塞组件锁定在伸长位置。夹头锁作动筒

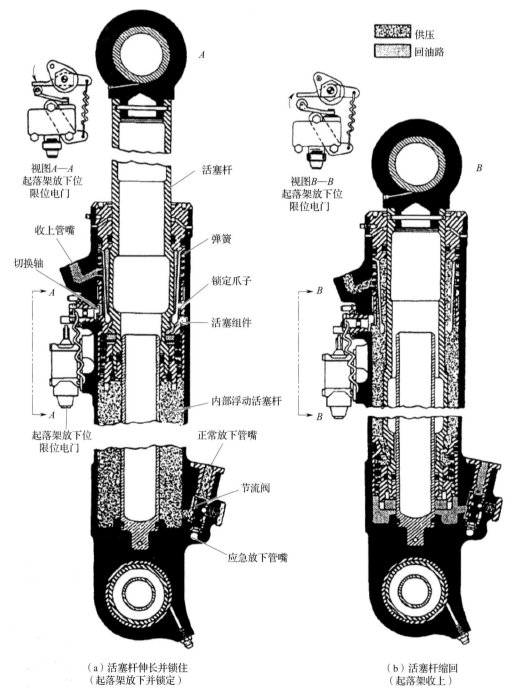

（a）活塞杆伸长并锁住　　　　　　　　　（b）活塞杆缩回
（起落架放下并锁定）　　　　　　　　　　（起落架收上）

图9-23　夹头（指形）锁作动器

有一个安装在外筒并贯穿外筒区域的放下位限位电门，当起落架放下并锁定时，给出指示；此外，起落架作动筒上常见的一个附加功能是包含有一体式梭阀。梭阀可以实现作动筒正常伸长液压源和应急放气源的转换。夹头锁作动筒的操作描述如下[①]：

> 收起时，液压油直接进入外筒的收起油嘴（见图 9-23 视图 A）。液压油进入作动筒外筒，克服活塞弹簧力，使得夹头锁锁爪打开，活塞组件收缩进入内筒。在起落架正常放下过程中（见图 9-23 视图 B），液压直接从选择阀进入整体梭阀的正常放下管嘴。这些压力油使得活塞移向放下方向。当活塞与夹头锁接触时，液体压力和弹簧张力将活塞压入爪子里，活塞杆组件完全伸出。同时，当活塞被压入锁爪时，锁爪接触到凸轮下终点曲柄杆，随着锁爪径向深入外筒区域，转动曲柄杆，曲柄的运动传给主起落架放下位置限制电门，该电门连接到外筒外表面，此时，表明作动筒处于锁定位置。

（2）滑块锁作动筒

滑块锁作动筒利用几个被迫进入外筒内凹槽中的锁块来限制活塞杆的轴向运动。锁定活塞限制了这些锁块向内移动。原理如图 9-24 所示。

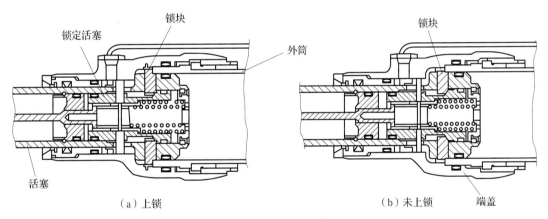

（a）上锁　　　　　　　　　　　　（b）未上锁

图 9-24　单级滑块锁作动器横截面

Helm 和 Gellerson 对滑块锁设计有以下见解：

> 锁机构的形式确定必须在设计早期开展并完成。对载荷谱的深入而又透彻的分析可以说明锁的设计是针对高释放载荷、高静载荷，或两者兼而有之。这一点就可以决定出要使用的锁的类型。对于高静态负载但低释放载荷，将使用一个单级锁；对于高释放载荷要求，将使用一个两级锁（见图 9-25）。此时，还应考虑支撑结构的刚度。即使开锁载荷相对较低，相对于释放载荷具有较低刚度（高应变能）的结构也可能需要一个两级锁。这种锁构型决策是实现可靠性目标的底层基础。必须在材料选择和工艺、零件表面处理、公差和锁紧元件几何结构方面

[①]　取自参考文献［11］。

做出同样重要的决定。必须特别注意锁元件之间的载荷分配和所有零件的可制造性。所有这些考虑因素，以及伴随内锁作动筒设计的无数细节，都是构成最终产品的基础，因此，也是对最终产品的性能至关重要的。

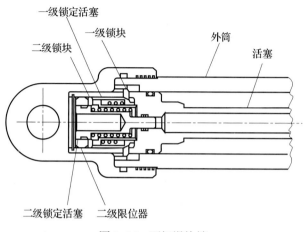

图 9-25　两级滑块锁

在带内锁作动筒的所有零组件中，锁零件可能是最关键的，也代表着最大的设计挑战。首先要考虑的是将要使用的锁段零件的个数，即锁定件分几段组成。随着载荷的增加，必须最大限度地增大锁接触面积，以最大限度地减少锁座和锁定活塞接触面的应力。同时，必须检查活塞头的完整性，因为所用锁块的数量和尺寸直接影响锁块槽之间剩余结构的材料承载能力。如果所选的块数较少且外筒内径较大，则每个锁块的周向弧长就会大。在这种情况下，重要的是配置锁块，使其外径在锁块解锁和脱离锁定位置时与外筒内径贴合度好。这有助于在锁块圆周上更均匀地分布针对内孔的径向再锁紧力，从而降低该结合处的应力，并将孔磨损降至最低。当锁块使用极硬的材料时，这一点尤为重要。

锁座中的径向锁啮合度和环向锁座接触距离是两个可控因素，它们确立了锁块承载区域，从而可控制强度应力水平。除了所选的锁块数量外，它们的实际形状和由锁定活塞设计引起径向脱离是最容易控制的特征。当然，锁段设计中没有什么是"因循守旧"的，实践中实现的锁承载面受锁块及其配合部件之间的角度匹配、用于解锁/重新锁定运动的光滑过渡半径，以及所有锁组部件中的公差累积的影响。如果要准确预测性能，必须对所有几何要素进行深入分析，并且制造技术必须满足所需的公差要求。锁块设计过程中必须辅以必要的测试手段。

一旦确定了基本的锁块构型，剩下的便是材料、工艺和表面处理的选择。材料的选择取决于工况的严酷性和如上所述的几何设计结果。

锁块通常由钢或铍青铜制造。随着铍的使用受到越来越多的限制，可能需要新的合金或涂层来确保相同的性能水平。图 9-26 为集成有可更换的应急放下气瓶的带内锁作动筒组件示例。

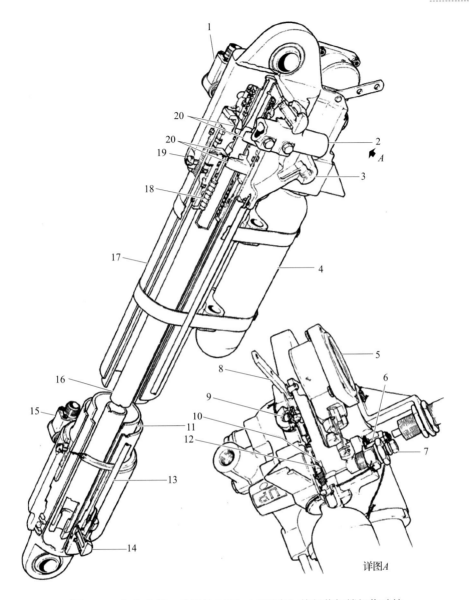

图 9-26　加拿大德·哈维兰 DHC-4 "驯鹿" 前起落架撑杆作动筒

1，15—微动开关；2—液压滑阀；3—前起收上接管嘴；4—前起应急放下气瓶；5—气瓶压力表；
6—柱塞（撑杆放下位）；7—气瓶充压阀；8—摇臂；9—气滤；10—单向阀座；11—活塞杆；12—单向阀；
13—管子；14—前起放下接管嘴；16—放下管；17—外筒；18—压簧；19—端盖；20—锁段

9.3　电驱动

　　人们越来越希望淘汰飞机的液压系统，用电提供所有的动力。与液压系统相比，使用电力时，能量传输网络可以更轻，并且电力的可用性可以更高。虽然飞机电气化在大型民用飞机上是一个日益增长的趋势（波音 787 消除了发动机排气，并通过电力为许多系统提供动力），但大多数起落架系统仍采用液压动力。起落架领域并不完全是液压的：历史上有电动起落架的例子。一般来说，有两种传动方式可以将电动机的动力转换为驱动起落架所需的动力：液压传动和机械传动。机电系统采用齿轮箱和滚珠丝杠来提供线性运动，而电液系统保持传统的液压作动筒，但作动筒自身自带完整的液压回路。

9.3.1 电液作动

提供电液驱动（EHA）有多种选择，其显著优点是完全通过电缆而不是液压管路提供动力。一个直接的方法就是安装一个专用的液压动力组，它可以提供所需的功能。在许多方面，这与传统的液压动力非常相似（将在第10章中讨论），但其使用电驱动泵，而不是发动机驱动泵。比奇1900是一款配备了专用液压动力组件的飞机，用于起落架的收起和放下。在这型飞机上，一个28 VDC电动泵和专用油箱为其所有的三个起落架提供液压动力。用于收起时，系统通电并提供压力，直到所有起落架都到收起位置。然后关闭电机，起落架由液压锁保持位置。如果液压泄压或起落架下沉，电机将重新启动，将起落架液压驱动回收上位置。选择阀用于在起落架收或放之间的切换；在放下位置，起落架由作动筒中的内锁锁定。空客A380使用了一个局部电液能源系统（LEHGS），如图9-27所示，为前轮转弯和机轮刹车提供备用液压源。A380上的许多飞行控制装置使用电液作动筒实现主或备份功能。英国"维克斯勇士"（Vickers Valiant）是一种以电动为主动力的飞机，使用电动泵为前轮转弯和主轮刹车提供液压动力[12]。

图9-27　局部电液能源系统（LEHGS）

除了专用电机、泵和油箱之外，还有多种进一步集成的策略。现代EHA飞行控制系统采用的方法是使用伺服可控电机（通常是无刷直流电机）来驱动定排量泵。作动筒的位置受到监控，伺服控制系统通过操控电机将作动器驱动至所需位置。配置示例如图9-28所示。这种配置无需伺服阀或泵旋转斜盘控制，降低了构造成本和复杂性。尽管许多公司已经开展了卓有成效的研究和大量的开发，到目前为止，这种方法尚未在起落架上实施。这种方法可能对大型飞机的前起落架更有吸引力，因为所有液压功能都可以通过局部的电液控制来实现，从而消除沿机身布置很长的液体管路。前轮转弯功能可以使用伺服控制实现，就如当前已经运用于飞行控制EHA系统上相同的方式。

有关开发电液模块的建议，请参见ARP6154[13]、ARP6025[14]中提供的确定EHA工作（负载）循环的指南，这在制定研发规划或认证测试计划时非常重要。ARP5879[15]中提供了试验指南。

9.3.2 机电作动

许多飞机已经使用和准备使用机电作动筒（EMAs）进行起落架的收起和放下。虽然每个应用的细节有差异，但所有这些系统均涉及一个或多个电动马达、一个齿轮减速箱和

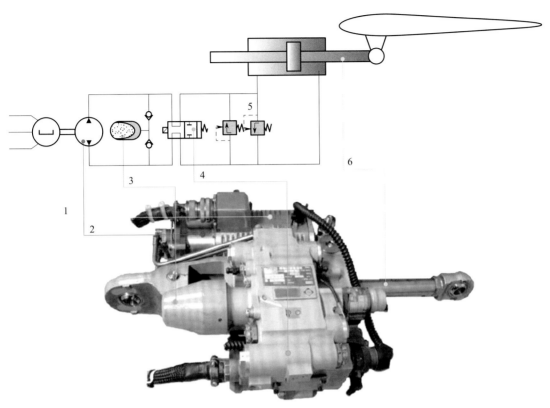

图 9-28　带有变速 / 变向马达和定量泵的电液系统

1—无刷电机；2—液压泵；3—储压器；4—选择阀；5—限压阀；6—液压作动筒

一个最终传动装置。取决于希望得到的是旋转还是线性运动，最终传动装置可能是进一步的齿轮减速，也可能是一个导杆或滚珠丝杠。

比奇飞机"富源"是一型自 1947 年开始连续生产的 6 座活塞式发动机轻型飞机，它使用一个电动旋转作动筒来收放它的三个起落架。这种配置非常成功，比奇公司将其推广应用到了他们的许多飞机上。布置如图 9-29 所示；作动筒的旋转运动通过中心摇臂转换为线性运动，

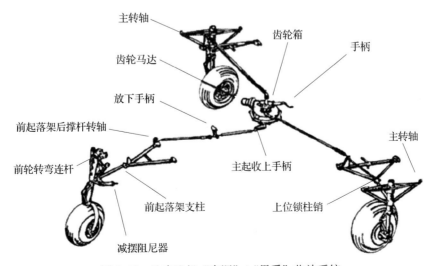

图 9-29　比奇飞机"富源" / "男爵"收放系统

并通过三个推拉杆传递到起落架。早期的飞机使用 12VDC 有刷电机，而后来的飞机使用
28VDC 有刷电机。作动机构的详细信息，包括蜗杆驱动齿轮减速，如图 9-30 所示。在动
力或电机故障的情况下，通过手动摇臂放下起落架。

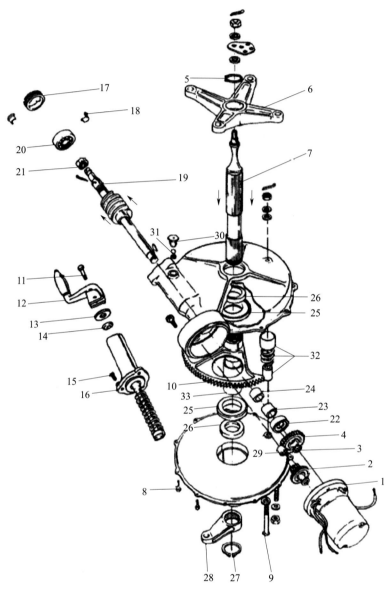

图 9-30　比奇飞机"男爵"收起作动筒

1—马达；2—直齿轮和小齿轮；3，5，27—卡环；4—蜗杆传动齿轮；6—作动筒缩回摇臂；7—作动筒驱动轴；
8，11，15—螺钉；9—螺栓；10—作动筒扇形涡轮；12—作动筒手动曲柄；13，33—垫圈；14—O 形圈密封件；
16—手动曲柄轴支座；17—防松螺母；18—半卡环；19—涡轮；20，23，24，26，29—轴承；21—锁紧螺母；
22，25—密封件；28—作动筒缩回摇臂；30—润滑脂充填嘴；31—球阀；32—扇形齿轮挡块组件

二战期间，许多飞机采用了电动起落架驱动。贝尔 P-39 使用电动马达（带减速箱和
差速器）驱动扭力管，再传递运动和动力到每个主起落架。扭力管驱动蜗杆 – 涡轮，蜗

杆 – 蜗轮与主起落架主支柱相连接的扇形涡轮啮合。前起落架通过滚珠丝杠收起。波音B–29 使用滚珠丝杠作动器收起，由电机驱动。提供的离合器将每个作动筒与电机、齿轮箱分离。如果出现故障，提供了可与驱动系统对接便携式电机和齿轮箱，使起落架手动放下。同样的便携式电机被用作电动襟翼系统的备用电机。德国福克 – 沃尔夫 FW–190 采用电动旋转作动筒收起主起落架。运动图如图 9–31 所示，转动上侧撑杆使撑杆折叠并收起起落架。当起落架放下 / 收起时，一根钢丝绳与起落架连接使舱门随起落架运动而打开和关闭，起落架收入轮舱后舱门关闭。主起落架布置细节如图 9–32 所示。一个 24 VDC 电机用于收放，通过齿轮减速装置驱动上侧撑杆。作动器组件如图 9–33 所示。该装置非常可靠，包括在极端寒冷的环境中使用时[16]。

　　最近的关注点主要集中在线性 EMA 系统上，其中滚珠丝杠、齿轮减速器、电机，以及潜在的电机控制电子设备都集成为一个组件提供。一些轻型飞机和无人驾驶飞机使用这些系统。皮拉蒂斯（Pilatus）PC–12 单发涡轮螺旋桨飞机就是一个例子。这架飞机最初使用液压驱动的起落架，但经过重新设计，以利用集成的 EMAs。前起落架和主起落架布置如

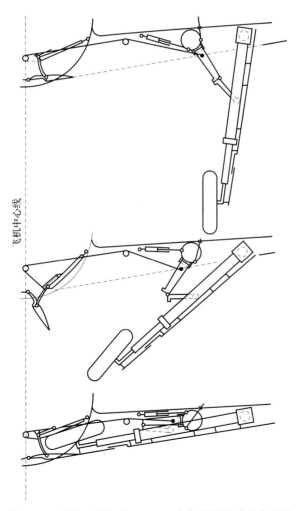

图 9–31　福克 – 沃尔夫 FW–190 主起落架运动学布置图

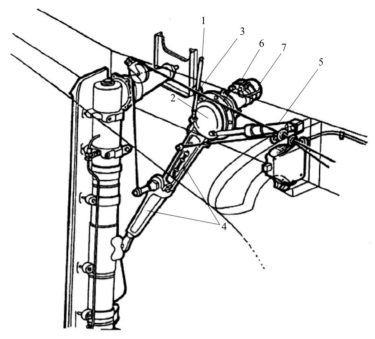

图 9-32　福克 – 沃尔夫 FW-190 主起落架

1—机械（目视）起落架位置指示器；2—齿轮变速箱；3—球关节；4—侧撑杆；

5—辅助作动筒；6—齿轮减速器；7—驱动马达

图 9-34 所示。该系统的引入使重量减轻了 6kg[17]，并显著减少了飞机所需的维护工作。作动筒的分解图如图 9-35 所示。起落架的上锁由电机轴上的电动摩擦制动器作动。重力自由放下作为应急手段；通过驾驶舱的手柄操作波顿钢索①机构，脱开摩擦制动器，允许作动筒放下。一个离心力驱动的摩擦制动器用以减缓放下速度。

　　与大型民用飞机相比，轻型飞机上的机电作动器更常见。这主要是由于重量和故障模式。图 9-36 显示了所选作动器的重量与最大操纵力的趋势。数据来自各种航空航天作动器，包括一些起落架作动器。图中显示了两条趋势线：一条用于小行程作动器（通常为几英寸量级），另一条用于大行程作动器（平均约 20in）。可以看出，随着所需操纵力的增加，作动筒重量迅速增加。

　　大型民用飞机适航规章（见本书第 14 章）要求（任何设备的）单一故障不应导致灾难性后果。一些飞机制造商提高了标准，要求单一故障不会导致出现危险情况。滚珠丝杠代表了一种潜在的单点故障：如果它卡住了，没有任何其他方式规避卡滞，起落架就会收不起、放不下。虽然在用的滚珠丝杠和丝杠的故障率较低（许多水平安定面使用滚珠丝杠或丝杠进行配平调整），但已知会发生卡滞现象。水平安定面应用中的故障率估计约为 3×10^{-8}/飞行小时[18]。已知起落架使用的滚珠丝杠 / 丝杠故障[19, 20]，通常是由于润滑不良引起的。

---

　　①　国内一般称为推拉钢索。——译者注

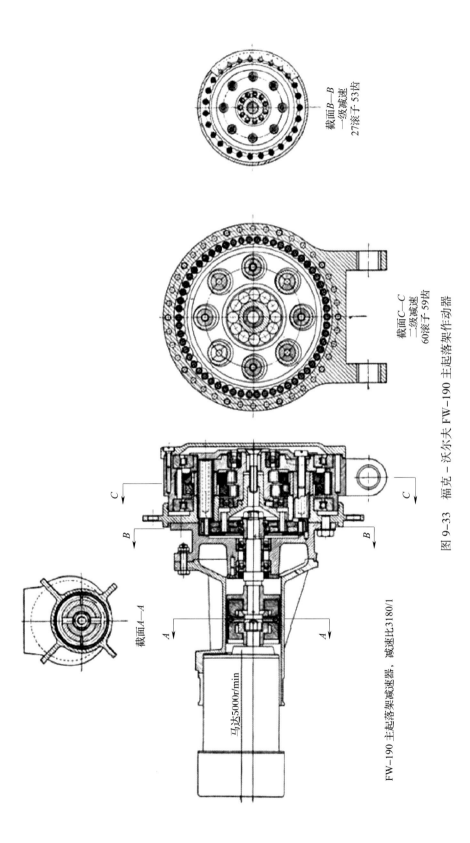

截面 B—B
一级减速
27滚子 53齿

截面 C—C
二级减速
60滚子 59齿

截面 A—A

FW–190 主起落架减速器，减速比3180/1

马达5000r/min

图 9–33　福克 – 沃尔夫 FW–190 主起落架作动器

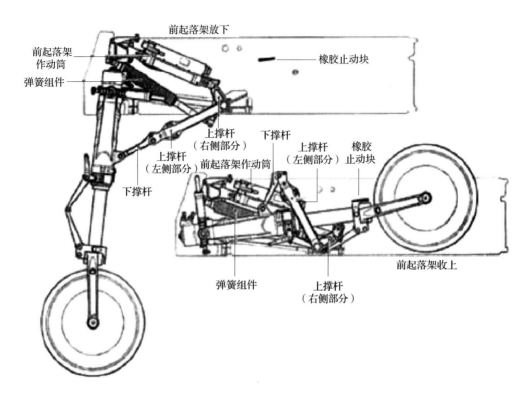

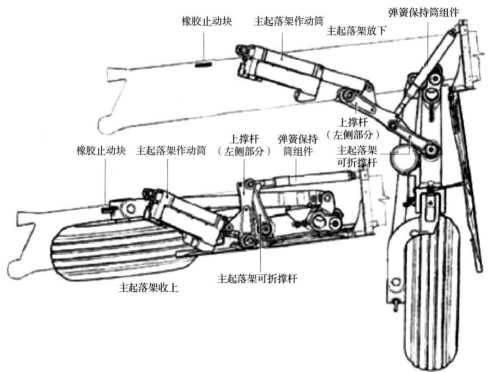

图 9-34　皮拉蒂斯（Pilatus）PC-12 起落架布置图

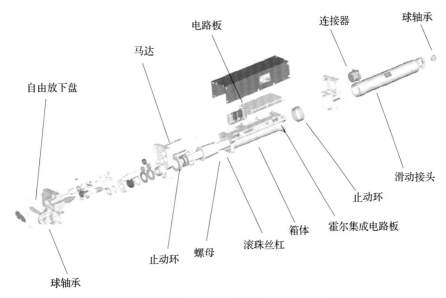

图 9-35　皮拉蒂斯 PC-12 机电作动器

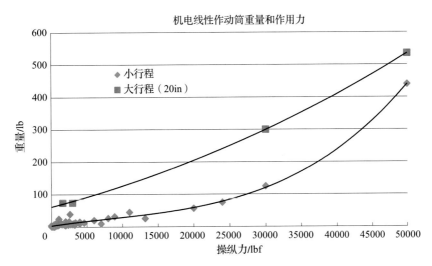

图 9-36　线性机电作动器的重量

　　设计师可以选择丝杠（通常带有 Acme 螺纹轮廓[21]）或滚珠丝杠。丝杠有很高的摩擦损失，效率约为 50%，且不可反向驱动。这使得它们在作动功能实现上具有吸引力，如果作动机构在任何时候断电，其具有将机构锁定的优势（如大型货舱门），然而，由于轴向载荷不能驱动丝杠，因此无法提供任何自由放下能力或备用放下能力。滚珠丝杠有不同的螺纹轮廓，因为有螺母内往复循环的球轴承作用，提供了明显高效的功率转换和传递，效率高达 98%。这种效率降低了满足所需功率的作动载荷，并允许自由放下（卡滞情况除外）。机构需要实现锁定功能，则需要一个"止退"装置，通常电机轴上带有摩擦或机械制动器，以抵抗外载引起的线性运动。

　　ARP4058[22] 提供了旋转作动器规范指南；相应的线性作动器的规范和指南见 ARP5812[23]。ARP5754[24] 中提供了机电作动器的专用指南。ARP6131[25] 给出了两类作动器的使用维护和检查程序。

参 考 文 献

［1］Bingelis, A., "Gear Retraction Details," *Sport Aviation*, March 1980, 40–44.

［2］Davisson, B., "Stinson L-1 Vigilant," *Sport Aviation*, April 2017, 52–58.

［3］"Certification Specifications and Acceptable Means of Compliance for Large Aeroplanes,"CS-25, Amendment 21, European Aviation Safety Agency, March 2018.

［4］Beringer, D.B., Ball, J.D., and Haworth, L.A., "Flight-Control-Force-Exertion Limits and Comparisons with Pilot and Nonpilot Populations," in *2007 International Symposium on Aviation Psychology*, April 23–26, 2007, Dayton, OH, 31–37.

［5］Aerospace Recommended Practice, "Landing Gear Structures and Mechanisms," ARP1311, Revision D, SAE International, June 2018.

［6］Performance Specification, "Actuators: Aeronautical Linear Utility, Hydraulic, General Specification For," MIL-PRF-5503G, Department of Defense, May 2013.

［7］Aerospace Standard, "Gland Design, O-Ring and Other Elastomeric Seals, Static Applications," AS5857, Revision A, SAE International, October 2017.

［8］Aerospace Standard, "Gland Design, O-Ring and Other Seals," AS4716, Revision C, SAE International, December 2017.

［9］Engineering Sciences Data Unit, "The Compressive Instability of Hydraulic Jacks," ESDU Sheet 010124, Amendment A, February 1962.

［10］Helm, J.D. and Gellerson, W.G., "Locking Actuators Today and Beyond," SAE Technical Paper 881434, 1988, https://doi.org/10.4271/881434.

［11］Nonresident Training Course, "Aviation Structural Mechanic（AM）," NAVEDTRA 14315, US Navy, July 2002.

［12］Pilot's Notes, "Valiant Mk.I Aircraft," A.P.4377A-P.N., Minister of Supply, 1964.

［13］Aerospace Recommended Practice, "Electrohydrostatic Module, Design, Performance and Test Recommendations," ARP6154, SAE International, March 2017.

［14］Aerospace Recommended Practice, "Duty Cycle Considerations for Electrohydrostatic Actuators," ARP6025, SAE International, May 2018.

［15］Aerospace Recommended Practice, "Aerospace – Test Methodology for Electrohydrostatic Actuators," ARP5879, SAE International, April 2010.

［16］Piccirillo, A.C., "Electric Aircraft Pioneer The Focke-Wulf Fw 190," SAE Technical Paper 965631, 1996, https://doi.org/10.4271/965631.

［17］*POPA*, Pilatus Owners and Pilots Association, Fall 2014.

［18］Aerospace Information Report, "In-Service Reliability Data of Continuously Active Ballscrew and Geared Flight Control Actuation Systems," AIR5713, SAE International, July 2008.

［19］"Nose Landing Gear Actuator Failure, Voyageur Airways, Beechcraft King Air A100（BE-10）C-GISH, North Bay Airport, Ontario, 18 May 2002," Report Number A02O0131, Transportation Safety Board of Canada.

［20］"Lockheed Aircraft Corp L382G, ZS-JIY," Investigation Number 200000618, Australian Transportation Safety Bureau, May 13, 2014, https://www.atsb.gov.au/ publications/ investigation_reports/2000/aair/aair200000618/.

［21］"Acme Screw Threads," ASME B1.5-1997, The American Society of Mechanical Engineers, December 1999.

［22］Aerospace Recommended Practice, "General Specification Guide for Mechanical Rotary Actuators," ARP4058, Revision B, SAE International, May 2017.

［23］Aerospace Recommended Practice, "Actuators, Linear Mechanical, General Specification Guide," ARP5812, SAE International, February 2017.

［24］Aerospace Recommended Practice, "Electromechanical Actuators Specification Guide," ARP5754, Draft Revision SAE International, December 2018.

［25］Aerospace Recommended Practice, "Maintenance and Inspection Procedures for Rotary and Linear Mechanical Actuators," ARP6131, SAE International, October 2013.

第10章 系　　统

　　起落架及其相关部件是飞机上最复杂的系统之一，由结构件、机械元件、液压元件、电气元件和航空电子设备有机结合，提供飞机所需功能。为确保这些部件正确地协同工作，需要起落架系统各部件之间，以及这些部件与飞机其他部件之间相互匹配。飞机起落架系统典型框图如图10-1所示。可根据飞机需要增加其他特殊功能（如重量与平衡、折叠、电动滑行等）。Dacko等人[1]在一篇论文中概述了系统集成过程。如图10-2所示为一个典型的公务机系统，在下面几节介绍每个系统部分。

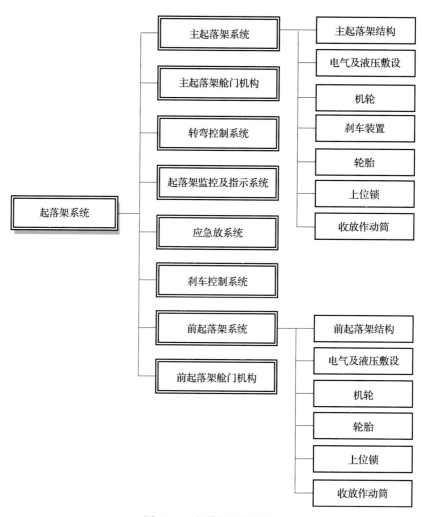

图 10-1　起落架系统框图

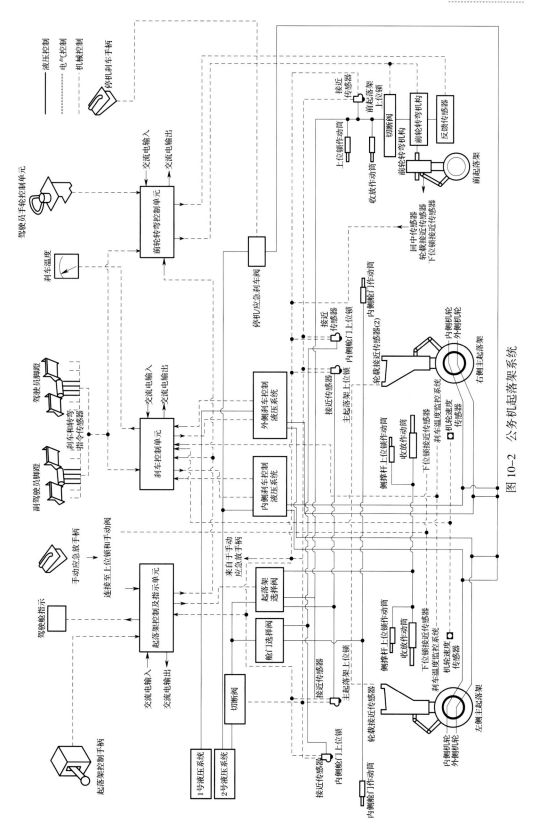

图 10-2　公务机起落架系统

10.1 动力源——电动、液压和气动

10.1.1 电机驱动

电气系统是现代飞机的基础。现代航空电子设备和控制系统要求各种电气系统具有非常高的可靠性。飞机上有许多不同类型的电源，如在轻型飞机上，通常使用类似于汽车的12V直流电源。这种类型的电气系统由一个发动机驱动交流发电机充电的电池（过去是12V铅酸电池）组成，当发动机运转时，系统电压为14V（电池的标称充电电压）。在大多数其他飞机上，采用的是28V直流电源系统。该系统由两个串联的电池组成，发动机关闭时系统电压为24V，发动机运行和电池充电时系统电压为28V，这种形式在民用和军用飞机上都有使用。军用飞机（和一些较新的民用飞机）也有使用270V高压直流电源系统。这种高压直流电源系统适用于大功率的电作动器，例如，机电和电液作动系统。有关270V直流电源系统的详细信息可在AS1831[2]和ARP4729[3]中找到。

飞机上可以提供多种交流电源，如115VAC单相或三相电源，运行频率为60Hz、400Hz或变频等。由于变频电源取消了发电机到发动机连接的恒速驱动装置，因此其使用得越来越普遍。MIL-STD-704[4]中给出了军用飞机的电压标准和预期性能，Do-160[5]中给出了民用飞机的类似性能标准，AS1212[6]文件提供了很好的总览。

一般来讲，系统的功率需求越大，升高电压对系统越有利。由欧姆定律可知，输电线路的功率损耗等于流经的电流的平方乘以线路电阻，降低线路中的电流会显著降低线路损耗。同时，降低线路电流可以减小导线直径，从而可以降低系统重量。当前，波音787等民用飞机采用了更高电压的汇流条。波音787飞机除了115VAC和28VDC系统外，还增设了一个235VAC变频配电系统和一个±270VDC高压直流配电系统。±270VDC系统可提供540V的直流电源，该直流电源可用来驱动和控制电机，每个作动器不再需要单独的电源转换器，从而减轻系统重量。波音787飞机采用了全电刹车技术，由28VDC系统供电（以电池作为备用电源），电刹车驱动控制器将28VDC转换为飞机刹车驱动所需的高压直流电来进行刹车，这样可以保证在多个系统故障以及当主发动机关闭时，刹车系统仍可以工作。

10.1.2 液压驱动

多年来，液压作动及控制一直是实现起落架收放、转弯和刹车控制的主要手段。电气化和"多电飞机"是当今的一个热门，但液压控制在起落架设计中依然具有显著的优势。系统工作压力的提高，使作动筒尺寸进一步减小成为可能。飞机上使用多种类型液压油。表10-1中列出了最常见的液压油类型和部分关键特性。大多数液压油的特性随温度和压力变化而变化，AIR1362[7]包含更详细的属性信息，以便于进行性能计算。

3000psi工作压力体制的集中液压能源已成为行业标准多年，在这种标准压力体制下，现有设备能可靠运行。为了减轻重量，人们一直在追求系统压力的提升。一些军用飞机和"协和"号飞机采用4000psi的工作压力体制，但4000psi的工作压力体制是一个未被广泛采用的中间压力体制。目前，在军用飞机（使用MIL-PRF-83282液压油）和民用飞机（使用磷酸酯液压油）上均有使用5000psi的压力体制液压系统，如空客A380飞机和A350飞机上已可靠地应用了5000psi（350bar）压力体制的液压系统。业内已经对8000psi压力下的液压系统[8]优点进行了一些探索，结果表明，在该压力体制下系统可以稳定工作。随着系统压力的提高，尽管一些研究（主要集中在飞控作动器上）显示出可减轻重量，但对于大型起落架作动器因为需要最小的活塞杆和筒体尺寸

表 10-1　常用液压油及其性能

流体类型	规范	通用名称和其他的名称	工作温度 /℃	密度 /（g/cm³）	运动黏度 /（cSt, mm²/s）	热膨胀系数 /（1/℃）	闪点 /℃	备注
含聚合物添加剂的石油基烃	MIL-PRF-5606	NATO Code H-515, 红油	-54~135	0.840	-54℃: 2500 最大; -40℃: 600 最大; 40℃: 13.2 最小; 100℃: 4.9 最小	8.6×10^{-4}	102	性能好，但非常易燃；用 MIL-PRF-83282 替代
防火合成烃	MIL-PRF-83282	NATO Code H-537, 红油	-40~205	0.830	-40℃: 2200 最大; 40℃: 14.0 最小; 100℃: 3.45 最小; 205℃: 1.0 最小	8.2×10^{-4}	220	低温性能差，可选 MIL-PRF-87257
防火合成烃	MIL-PRF-87257	NATO Code H-538, 红油	-54~135	0.835	-40℃: 550 最大; 40℃: 6.7 最小; 100℃: 2.0 最小	8.2×10^{-4}	170	与 MIL-PRF-5606 和 MIL-PRF-83282 互混使用
耐火磷酸酯	AS1241, IV型, 1级（低密度）	Skydrol LD4 Hyjet IV-A	-54~107	0.990~1.020	-53.9℃: 2000 最大; 37.8℃: 9.0~12.5; 98.9℃: 3.0~4.0; 126.7℃: —	8.9×10^{-4}	171~176	广泛应用于民用飞机
	AS1241, IV型, 2级（高密度）	Skydrol 500B-4	-54~107	1.020~1.066	-53.9℃: 3500 最大; 37.8℃: 9.0~12.5; 98.9℃: 3.0~4.0; 126.7℃: —	8.5×10^{-4}	182	不常用，当与其他磷酸酯混溶时，可能导致不同的密封膨胀
	AS1241, V型	Skydrol 5 Skydrol PE-5 Hyjet V	-54~135	0.970~1.020	-53.9℃: 2600 最大; 37.8℃: 9.0~12.5; 98.9℃: 3.0~4.0; 126.7℃: 1.5 最小	8.6×10^{-4}	159~174	广泛应用于民用飞机

注：在标准的大气温度和压力下给出了密度值。在大气压下计算热膨胀系数，在 38~300℃ 有效。

来确保作动器的结构强度，所以能否实现显著的重量收益仍存在疑问。在某些情况下，最小作动器的尺寸对应的系统压力应该是在 5000psi 或稍高于 5000psi，软管技术可以适用于压力为 5000psi 的系统，但在压力为 8000psi 的系统中要达到需要的可靠性就比较困难了。

10.1.2.1 典型的集中液压系统

为满足可靠性、可用性和安全性需求，飞机上一般设置有多套液压系统。具有全动力飞行控制系统的大型复杂飞机，其液压系统需要有较高的冗余，图 10-3 为波音 777 飞机液压能源配置。一些飞机采用电－液联合控制方式，减少中央液压系统的数量。典型的例子是空客 A380 飞机，其液压系统如图 10-4 所示。虽然起落架系统功能仅占整个液压系统非常小的一部分，但是起落架收放流量要求和体积差异决定了液压泵和油箱的尺寸。大

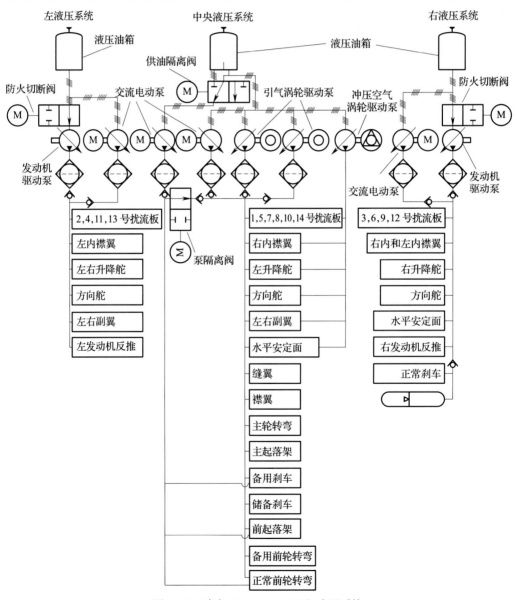

图 10-3 波音 777-200/300 飞机液压系统

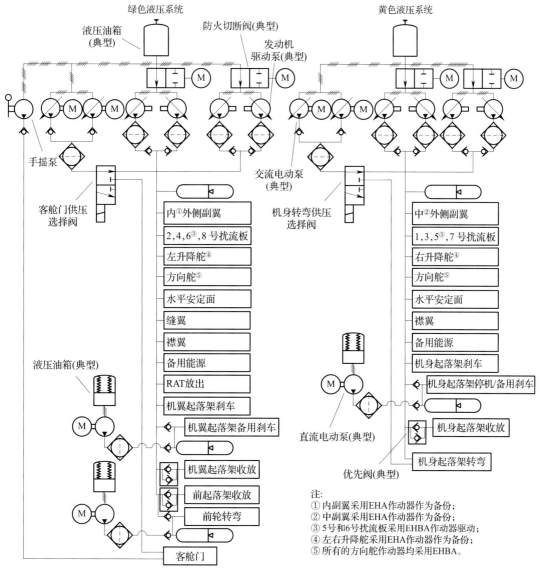

图 10-4　空客 A380 飞机液压系统

多数飞控作动器都是等面积型的，作动器除了流量需求外，并不用考虑油箱的容积。相比之下，大多数起落架作动筒是不等面积型的——起落架放下时作动筒容积与起落架收上时作动筒容积存在差异，这种容积差异必须通过液压系统油箱中的可用油量来补偿，因此这一需求可以成为这些容器设计的尺寸依据。

10.1.2.2　专用系统——液压动力包

在某些飞机上，尤其是那些无助力飞行控制系统的飞机上，液压动力可能仅用于收放系统、刹车系统和转弯系统。图 10-5 为比奇 1900 客机的液压系统，在这种情况下，通过一个专用的电动泵组件来实现起落架收放功能。另外一个电动泵组件（未在图中展示）作为选装设备，给前轮转弯和防滑刹车提供能源。一些轻型飞机把所有的部件（马达、泵、油箱和阀）集成为一个液压动力组件，例如，赛斯纳 210 飞机，如图 10-6 所示。

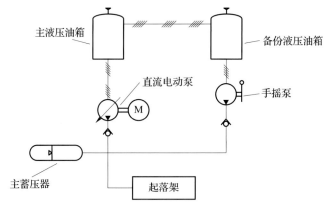

图 10-5　比奇 1900 飞机液压系统

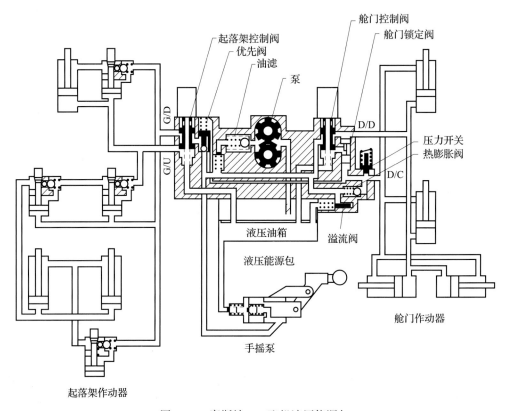

图 10-6　赛斯纳 210 飞机液压能源包

10.1.2.3　液压元件

飞机上使用多种不同类型的液压元件，其中许多和工业设备中使用的液压元件相似，例如，大多数类型的阀门（如选择阀、优先阀、伺服阀和转换阀）在地面液压系统中都有应用。与工业和汽车的液压系统相比，航空航天液压系统中液压元件设计得更紧凑、体积更小并采用系列化。因此，航空航天液压系统的压力损失和波动会更大，油箱体积更小，这使得系统散热更加困难。尽管在设计原则上类似，但是以上因素使得航空航天液压控制装置的研制与工业和汽车液压控制装置有差异，图 10-7 为一个飞机油箱实例。在飞机上有多种不同类型的油箱，航空液压油箱设计标准 AS5586[9] 定义了 5 种类型，如表 10-2 所示。

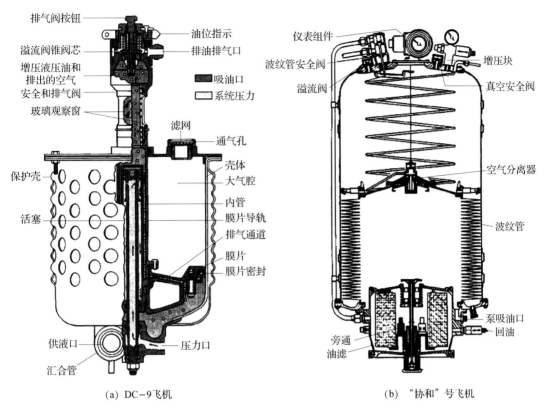

（a）DC-9 飞机　　　　　　　　　　　（b）"协和"号飞机

图 10-7　液压蓄压器

表 10-2　油箱类型

类型	描述	备注
A	分离式，液压增压	通常称为"密闭式油箱"
B	分离式，气体增压	通常采用发动机引气或高压气体来增压
C	分离式，机械增压	通常采用弹簧增压，供应急用
D	非分离式，气体增压	通常采用发动机引气增压
E	非分离式，非增压	通常称为"开式油箱"

如图 10-8 所示，液压保险在工业液压系统中应用很少，但在飞机起落架系统中却有着大量应用。在飞机上，液压保险通常安装于飞机液压油箱与起落架之间的管路和软管上。在流量过大的情况下，液压保险自动转换成关闭模式（如软管或管路发生破裂故障），从而对液压系统起到保护作用，防止在液压保险下游的管路系统发生损坏时，导致液压油完全泄漏掉。液压保险关闭后，一般需要人工复位。液压保险有两种关闭方式，一种是在流经特定的流体体积后关闭，适用于 AS5466[10]；另一种是在超过预定流量后关闭，适用于 AS5467[11]。

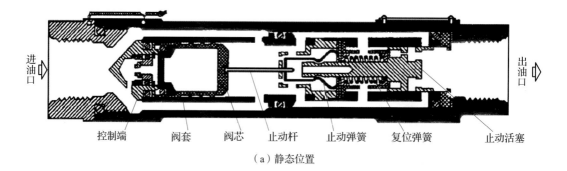

（a）静态位置

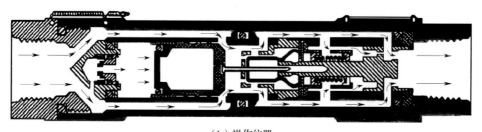

（b）操作位置

图 10-8　液压保险

　　飞机上安装的液压泵的类型和数量决定了系统可用的流量和压力，通常只在小流量状态下才能达到系统额定压力。由于管路沿程压力损失和系统流阻，液压管路中任意点的压力将随着流量的提高而降低。为便于分析起落架的性能，必须提供接近作动处的压力与流量特性。图 10-9 为一架大型双发飞机的理论压力—流量曲线，图中显示了两条曲线，一条是所有发动机都运行情况下的曲线，另一条是单发故障情况下的曲线，两条曲线的压力采集点靠近主起落架。根据飞机的液压源配置，包括发动机驱动泵和电动泵，可以给出不同的曲线。对于距离泵较远的作动部位，由于液压管路损失较高，在给定流量下可获得的压力将较低。在大型飞机上，前起落架通常比主起落架具有更小的可用压力（等效流量）。

　　由于系统沿程压力损失和流阻的存在，系统回油压力（回油管路中的压力）也随着流量的增加而增加。许多飞机液压系统都采用增压油箱，因此其回油压力不是为零（工业设备的液压系统通常也采用这种设置）。

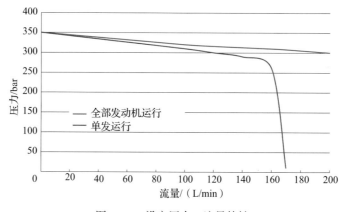

图 10-9　设定压力—流量特性

飞机液压系统中有各种类型的阀门，机械顺序阀（协调阀）一直用于起落架作动和时序控制。电磁阀在电信号控制下，用于系统供压和工作管路压力切换，通常用于起落架收放系统以及前轮转弯系统中。伺服阀通常用于电传操纵的刹车控制系统和前轮转弯系统中。通常情况下，这些阀门与工业设备上的液压阀功能类似，但前者为满足航空航天使用环境要求，重量会更轻，密封性更好。相关的参考文献包括适用于伺服阀的 ARP490[12] 和航空液压元件的 AIR737[13]。

即使是在刚交付的时候，液压油也不是完全干净的。尽管液压油路中设置有液压油滤，但众多颗粒物仍遍布整个液压系统中（这些小颗粒是由于部件间接触与磨损所产生的）。液压油的清洁度过去是按照 NAS1638 级别来规定的，但该标准与自动化分析机器不兼容，目前已被 AS4059[14] 所取代，两个标准保持了相同的污染级别，但 AS4059 允许使用更现代的分析技术，表 10-3 为流体清洁度等级（即污染程度）。报告中的数字，表示该尺寸范围颗粒的最低数量。为了帮助了解在污染计数中颗粒的大小，将一些颗粒的相对大小在图 10-10 进行显示。

表 10-3　AS4059/NAS1638 污染类

污染等级	（1）	5~15μm	15~25μm	25~50μm	50~100μm	>100μm
	（2）	6~14μm（c）	14~21μm（c）	21~38μm（c）	38~70μm（c）	>70μm（c）
00		125	22	4	1	0
0		250	44	8	2	0
1		500	89	16	3	1
2		1000	178	32	6	1
3		2000	356	63	11	2
4		4000	712	126	22	4
5		8000	1425	253	45	8
6		16000	2850	506	90	16
7		32000	5700	1012	180	32
8		64000	11400	2025	360	64
9		128000	22800	4050	720	128
10		256000	45600	8100	1440	256
11		512000	91200	16200	2880	512
12		1024000	182400	32400	5760	1024

注：1. 使用 ACFTD 标准物质校准或使用光学显微镜测试的尺寸，计量单位为微米（μm）；使用 ISOMTD 标准物质校准或使用扫描电镜测试的尺寸，计量单位也为微米，用 μm(c) 表示。

2. 基于 AS598 或 ISO4407 测量的最大尺寸，来进行尺寸范围、微型颗粒的计数。

3. APC 按 ISO11171 或光学或电子显微镜与图像分析软件校准，基于投影面积等效直径范围。

4. 污染等级和粒子计数限制与 NAS1638 相同。

液压系统全新交付时，其油液允许的最大污染度等级通常为 7 级。一般来讲，飞机液压系统运行后其油液污染度等级会上升到 11 级，应注意确保有精密公差配合要求的活动部件（如阀门）能在预期的污染度水平下正常工作。在产品开发和验证阶段应该考虑，在公差要求高的液压附件前设置专门液压油滤，安装在液压回路末端的某些"盲腔"形式液压附件（如车架俯仰调节器），可能会存在污染物和沉积物的聚集。

液压附件种类繁多，且每个液压附件都有自己的液压符号，液压原理图的形式有两种，图 10-11（a）为示例化图形，图 10-11（b）为原理化图形，其中，图 10-11（b）形式的液压原理图更为常用，文件 AS1290[15] 中包含了航空液压原理图中液压元件符号的完整列表和介绍。文件 ARP4752[16] 中包含了商用运输类固定翼飞机液压系统集成的通用建议和指南，而 ARP4925[17] 中包含了商用运输类直升机液压系统的通用建议和指南。

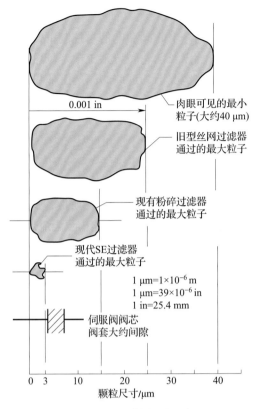

图 10-10　颗粒相对尺寸

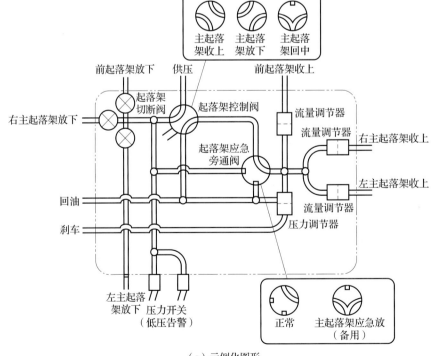

（a）示例化图形

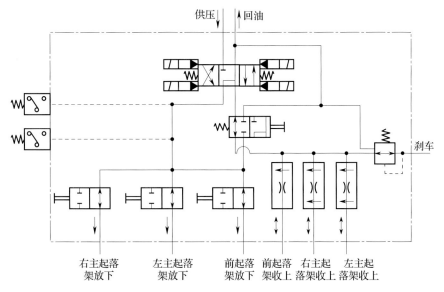

供压　回油

右主起落
架放下　左主起落
架放下　前起落
架放下　前起落
架收上　右主起
落架收上　左主起
落架收上

刹车

（b）原理化图形

图 10-11　液压电路原理图

10.1.3　气压驱动

极少有飞机使用气压驱动来完成整个起落架功能，气动系统的一个优点是工作介质（空气）要比等效的液压油轻得多，但是如果要真正发挥气动系统的优势，就必须要在飞机广泛使用，而不能仅用于起落架系统。气动系统的动力源有两种：分别为发动机引气和来自专用压缩机系统的高压空气。许多飞机具有引气功能（从发动机和/或 APU 压缩机抽气），但却很少用于起落架及其相关系统，这种气压动力源的压力约为 40lbf/in²，温度接近 250℃。引气的优点在于可以增大流量来补偿相对较低的输送压力，引气系统在起落架上的应用，主要用于着陆前，给轮胎和刹车装置加热（以避免刹车盘冷冻）。洛克希德公司的 C-5A"银河"飞机利用辅助动力装置提供的引气功能来驱动下蹲系统中的气动马达，并为充气压缩机[18]提供动力用于机身轮胎充气。

从专用系统传输的压缩空气可以提供更高的压力，其压力体制在某些情况下与液压系统相当，如安东诺夫的安 -2 飞机使用气动系统进行机轮刹车控制，而另一些飞机，如雅克 -52 飞机使用气动系统（由发动机驱动的压缩机提供）来完成飞机大部分作动功能，其中包括了起落架收放功能。20 世纪 40 年代后期的一些研究表明，相比较于液压驱动和电机驱动，起落架采用气压驱动所需重量最小[19]。与液压系统相比，气压系统的重量能减轻约 30%。由于空气黏度非常低，其沿程压力损失最小，因此气压系统的一个显著优点是所需的管路的直径明显较小。除此之外，气压系统不需要回路，且更加清洁和不存在火灾的隐患。图 10-12 为压力体制为 3000lbf/in² 运行的气动系统原理图，该系统[20]是康维尔340/T-29E 飞机采用的，虽然该飞机并未投入生产，但是与同类液压系统相比，预计可减轻 30% 的重量。

气动系统的主要缺点是一旦气压系统内部结冰，将导致气压阀内部阻塞。早期系统中，即使在压缩机后使用了空气干燥剂，也容易出现结冰导致阀阻塞的问题。一些气压系统通过将酒精蒸气注入系统的方式，来抑制管路和阀门结冰[21]。美国费尔柴尔德公司

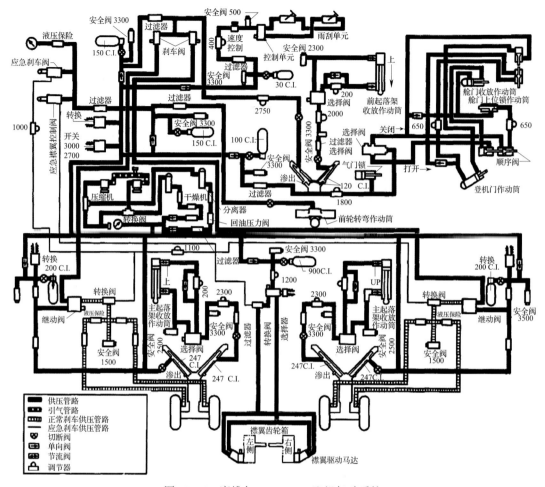

图 10-12 康维尔 340/T-29E 飞机气动系统

的 F.27 飞机使用气动系统,为包括起落架系统在内的所有用户提供动力[22],采用直线作动器实现起落架收放,并在末端使用油脂阻尼器用于缓冲,采用气动马达驱动滚珠丝杠装置实现前轮转弯。尽管气动系统具有明显的重量优势,但当前飞机已经基本不采用气压作动,更多的是使用液压作动。在某些飞机上仍然保留有起落架气动系统,其主要用于进行起落架应急放,高压气动系统设计的通用指南见 MIL-P-5518[23]。

10.2 传感器及监控系统

在起落架上使用了多种传感器和监控系统。由于起落架的使用环境恶劣(如污染物、溅水、振动、冲击等),因此,为确保实现可靠性,选择部件时必须谨慎。

10.2.1 接近传感器

起落架上最常用的传感器是接近(位置)传感器。在早期,这种传感器是采用机械限位开关实现的,如图 10-13 所示,这些装置通常装有一个或多个广泛应用于工业领域的"基本"开关,将这些基本开关包裹在一个坚固的机械外壳内,以此来提供有效的安装保护和环境保护。其外壳类型多种多样,如图 10-13 为柱塞式(内插式),还有杠杆式可选。

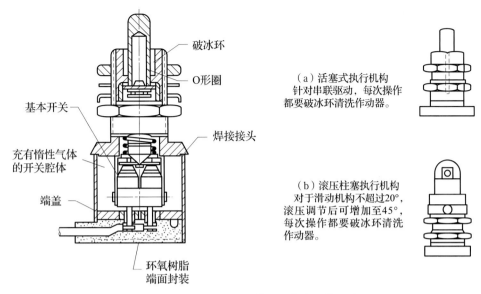

图 10-13　机械极限开关截面和执行机构形式

文件 AIR4077[24] 中包含了机械限位开关的使用建议，本文将其中的一部分内容摘录在这里。开关安装装置应能防止开关与所附结构之间的所有相对运动，在选择开关执行器运动轴线时必须谨慎，开关固定装置应避免安装在振动和冲击的主轴上，开关的安装和执行机构结构必须有足够强度，在所有可能的工作环境下需要保证功能的可靠，包括在使用过程对其上可能的结冰破除和清理。安装设计应保证在最严重的磨损和极限公差情况下，执行机构能停留在工作点和全行程点之间（对于工作状态），或者释放点和自由位置之间（对于释放状态）。这些点的开关行为如图 10-14 所示。

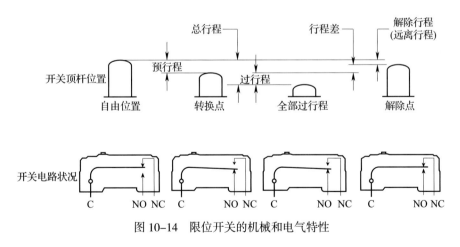

图 10-14　限位开关的机械和电气特性

开关在安装设计时，应该保证在初始装配和在使用维护期间具备调节的能力。必须了解开关和执行机构安装的公差，使开关的标称位置在公差带中间。在使用中，当开关的安装被调整到刚刚启动（咔嗒声）时，就会出现问题，由于装配磨损，会导致性能降低——这是非常罕见的名义安装。作为一个设计目标，唯一的调整应该是在开关安装支架和执行机构之间。这使得更换开关无需特殊工具或安装说明。

开关内设计弹簧机构只是为了将开关机构固定在适当的位置，以抵抗冲击和振动，而不是为开关外部的机构提供复位力。驱动机构应有它自己的复位机构。开关弹簧失效的主要原因是依靠开关提供所需的复位力。开关的安装应确保开关沿开关的驱动轴驱动，避免侧向受力。使用滚子柱塞开关时，驱动凸轮的角度不应超过20°。如果安装时凸轮角度大于此要求，则应寻求其他解决方案。

通过良好的机械设计和认真仔细的开关选择，限位开关可以成为起落架位置检测的一个有效且低成本的解决方案。然而，在使用这种类型解决方案时，由于装配不良以及开关机械部件故障，存在大量的开关失效案例。这种类型的开关现在主要用于轻型飞机和大型飞机上的小功率电路中。在大多数现代民用和军用飞机上，内部没有运动部件的接近传感器已经有效地取代了限位开关。AIR5024[25]中提供了在不同接近感应选项之间进行选择的指导。

现有的非接触接近检测装置种类很多。接近传感器通常是一种包含调谐线圈的无源器件。线圈的电感根据目标的存在或消失而变化。当采用合适的设备一起用于传感感应时，就可以确定目标和传感器之间的距离。航空电子设备套件中需要提供特定的模拟测量设备，以确定传感器的状态，从而增加了飞机电子设备的复杂性。然而，该传感器是非常简单和可靠的。每个传感器的电气线束只需要两根电线。另一种非接触装置称为接近开关，仅从名称上，会导致与机械极限开关（其有时也被称为接近开关）产生混淆。电子接近开关有多种不同的检测方案：霍尔效应、感应、涡流扼流振荡器等。但是对于起落架工程师来说，最重要的相似之处在于，接近开关是作为一个整体解决方案提供的，将传感方法和解码电子器件都封装在一起。从视觉上看，接近传感器和接近开关之间几乎没有区别。图10-15显示了一些封装示例。接近开关提供二进制输出："目标近"或"目标远"。

图10-15 接近开关/传感器封装

根据选择的传感器或开关的类型，靶标可能是磁铁（在霍尔效应传感器的情况下）或金属。黑色金属靶标通常使用的材料如4130、4340或17-4PH。使用这种技术的传感器或开关可以"穿透"非磁性材料，如钛合金和300系列不锈钢。当需要更长的感应距离时，推荐使用磁性靶标和霍尔效应传感器。当靶标"正面"或靶标"滑过"传感器时，非接触接近检测可以工作。如图10-16所示。当靶标从任何一个方向接近时，它对传感器的影响都会越来越大。为了帮助用户使用这些设备去开展机构设计，每个制造商将提供"保证激活/保证失活"曲线，以表明需要多少距离和/或重叠量以确保状态切换的可靠。图10-17显示了一个示例曲线。设计使用接近传感器和开关的指南与限位开关类似，但消除了接触。进一步的建议见AIR1810[26]。

机械限位开关的平均寿命约为1万次操作，接近开关的平均无故障时间超过40万飞行小时，接近传感器（以及它们相关的航空电子设备）的平均无故障时间超过 70 万飞行小时。接近传感器的可靠性增加是由于电子器件被放置在一个受控的环境而不是在起落架舱环境。这两种类型都被广泛使用，并且具有良好的性能。

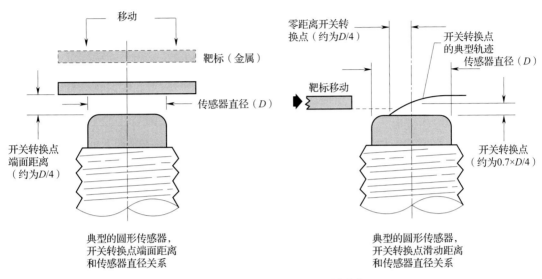

图 10-16 接近传感器 / 开关转换点

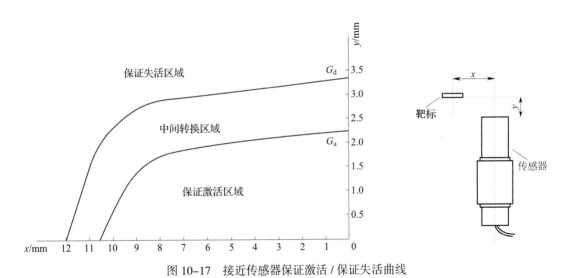

图 10-17 接近传感器保证激活 / 保证失活曲线

10.2.2 角位移和线位移传感器

位置测量有多种方式，线性和旋转电位器提供了最简单的电气集成方式，因为它们采用电阻分压器式，接触电刷输出电压与输入电压的比例等于其位移的比例。然而，电位器依赖于可移动接触电刷和电阻线圈或轨道之间的物理、电接触。这种接触会随着时间的推移而磨损和退化，其测量结果也会受到振动的影响。电位器的非接触替代方式是线性可变差动传感器（LVDT）和旋转可变差动传感器（RVDT）。这些装置实际上是一个具有可移动磁芯的变压器。当磁芯移动时，线圈的电流就会增加，即可以通过输出电流来确定磁芯的位置。LVDT 和 RVDT 都非常适合飞机起落架的恶劣环境，因为线圈和线圈之间不需要物理接触。RVDT 在前轮转弯系统中得到了广泛的应用，用于旋转位置反馈。LVDT 传感器用于前轮转弯执行机构的位置反馈，并广泛应用于转弯伺服阀的阀芯位置反馈。虽然 RVDT 和 LVDT 明显比电位器式可靠得多，但它们也存在一些局限性——对于线性测量来说，LVDT 具备相当长的线性测量能力，其测量长度非常接近它自身长度。但是，RVDT 的测量范围被限制在 80° 左右，这意味着直接测量前轮转弯往往需要减速齿轮箱或连杆机构。一些制造商提供的 RVDT 测量范围可达 160°，但是精度会降低。而旋转电位计具备几乎接近 360° 的测量范围。

电位器提供与其位置成正比的电压输出，LVDT 和 RVDT 需要交流电作为激励，并提供一个成比例的输出波形。为了得到与位置成正比的输出值，需要对波形进行解调。交流励磁（也可以用电位器）的使用能够保证信号具有更优的抗噪声性能和完整性。RVDT 封装示例如图 10-18 所示。通常使用灵活的花键轴连接，以包容传感器和机构之间的微小偏差。

图 10-18　RVDT 封装示例

10.2.3　压力和温度传感器

在起落架上应用的压力和温度传感，与工业或飞机其他位置使用相关传感器非常相似。压力传感器通常用于刹车控制系统中，以确保刹车压力输出准确。另一个应用是测量起落架缓冲器压力。虽然直接测量缓冲器压力并不常见，但在一些飞机上却设置有压力和温度传感器，如 A380 飞机。在缓冲器上安装压力传感器的一个场景，是在发生故障需要更换传感器时，要求顶起飞机，给缓冲器释压并再充气，最后再将飞机落下。但在 A380 飞机上，采用压力传感器和一个锥阀集成，从而避免了这一问题。当压力传感器安装时，阀门是打开的，压力传递给传感器；当传感器拆卸后，阀门关闭，允许拆卸和更换而不降低起落架缓冲支柱充填压力。

压力传感器也可用于监测轮胎压力。在这种情况下，测量值必须通过位于轮轴的旋转变压器从旋转部件中传递出来。自供能无线压力传感器等替代产品正在开发中。在 ARP6137[27] 中提供了开发轮胎压力监测系统的指南。

另一种压力监测的方式是直接读数式压力表。在一些飞机上，这些压力表安装在缓冲器上（见图 10-19），以便快速读取压力。在缓冲器上安装压力表时，必须注意确保避免缓冲器压缩和反弹过程中的压力冲击，以保证压力表的使用寿命。直读式压力表还可以与轮胎充气阀结合使用。这些压力表的推荐使用方法在 ARP5543[28] 中有说明。

图 10-19　缓冲器压力表

10.3　电气和液压敷设

与大多数飞机机身敷设不同，起落架上的电气和液压敷设涉及许多运动部位，有些部分在地面滚动时具有恒定的运动。一般来说，将动态线束的数量最小化是一个较优的设计目标，然而，通常仍然有一些电气和液压的线路存在相对运动。为确保在动态部分的开始和结束时，最大限度地减少移动部分的损坏，设计时应选择合适的弯曲半径和合适的安装固定点。值得注意的是，计算机辅助设计软件还不能很好地模拟柔性元件。软管和柔性电气线路的运动应该在早期设计过程使用物理模型来验证。

10.3.1　电气敷设

AS50881[29] 提供了良好的飞机电气线束设计指南。有关起落架线束的详细建议见 AIR4004[30]，包括下列推荐的尺寸：

18 规格（最小）——单线。

20 规格（最小）——双绞线或三绞线。

22 规格（最小）——屏蔽绞线和护套的多线电缆。

24 规格（最小）——基本线适用于最小 20lbf 的断裂强度，主要用于支撑导管、半密封线束设计中的起落架。尺寸 24 和尺寸较小规格的线缆不应安装为单根线，应绞合双重屏蔽和护套。应谨慎选择具有适当垫圈密封尺寸的连接器。

最常用于飞机布线和起落架线束的电线，是符合 AS22759/32 ~ 35 和 AS22759/41~46 的铜线。各种飞机制造商通常都有自己的电线标准，但这些标准通常与 AS22759[31] 非常类似。这些电线使用辐射交联的氟聚合物绝缘，能有效地防止电弧径迹。早期使用芳香聚酰亚胺（Kapton）的绝缘材料不耐电弧径迹（除非用另一种绝缘材料封装），不推荐用于起落架束[32]。表 10-4 列出了推荐导线及其区别。表 10-5 提供了一个示例的性能。

表 10-4　AS22759 推荐用于起落架的电线

规格	重量	电镀	合金	温度 /℃
AS22759/32 A	较轻	锡	铜	150
AS22759/33 A	较轻	银	高强度铜	200
AS22759/34 A	正常	锡	铜	150
AS22759/35 A	正常	银	高强度铜	200
AS22759/41 A	正常	镍	铜	200
AS22759/42 A	正常	镍	高强度铜	200
AS22759/43 A	正常	银	铜	200
AS22759/44 A	较轻	银	铜	200
AS22759/45 A	较轻	镍	铜	200
AS22759/46 A	较轻	镍	高强度铜	200

表 10-5　AS22759/32 A[33] 的性能

导线规格（AWG）	导线最大直径 /in	150℃连续工作电流[①]/A	成品线（AS22759/32A）		
			20℃每 1000ft 导线对应的电阻 /Ω	导线直径 /in	每 1000ft 导线的重量 /lb
24	0.0254	4	26.2	0.037 ± 0.002	2.0
22	0.0314	5	16.2	0.043 ± 0.002	2.8
20	0.0394	7	9.88	0.050 ± 0.002	4.3
18	0.0494	9	6.23	0.060 ± 0.002	6.5
16	0.0554	11	4.81	0.068 ± 0.002	8.3
14	0.0694	14	3.06	0.085 ± 0.003	13.0
12	0.0894	19	2.02	0.103 ± 0.003	19.7

① 从 AS50881F 表 1 中的 33 条或更多的电线组成的值。

由于起落架电气设备暴露在高风速、雨淋、除冰化学品、冲击、振动和其他因素共同构成极其恶劣的环境中，因此应将电线和线束包裹在保护导管中。有些飞机使用完全密封的柔性导管，其性能良好，但不能修复。硬管（通常为不锈钢）和柔性管的组合通常用于生产坚固的、可修复的线束。典型的柔性导管设计如图 10-20 所示。卷曲管通常是穿孔的，以允许水分的排出。刚性和柔性管道的内径应该是接近 80% 的填充系数——填充系数过高了，电缆在管道内运动摩擦会导致其很难更换。

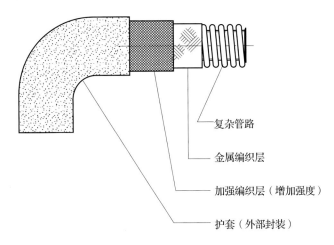

复杂管路

金属编织层

加强编织层（增加强度）

护套（外部封装）

注：可以是全部或者任意组合。

图 10-20　柔性管道设计

编织材料的选择取决于电磁干扰要求和抗雷击防护要求。外部编织通常采用耐腐蚀和机械冲击的不锈钢材料，而镀镍铜编织层具有耐高频信号干扰的特性。镀镍铜编织层提供优良的电气性能，但必须保证较大的转弯半径，否则它会迅速疲劳。此外，其机械防护性能较差，因此建议增加额外的机械保护措施，如采用 ECTFE 编织。

在恶劣的环境下，选择合适的电连接器至关重要。在使用中发现镀镍铝卡口式电连接器的性能很差，如果可能的话，应该避免使用。采用 MIL-DTL-38999[34] 推荐的三重螺纹连接方式的不锈钢电连接器，其性能优异。为了减轻重量，在起落架环境中应用了一些符合 MIL-DTL-38999 标准的复合材料电连接器，早期，这种复合材料电连接器的实际使用经验不足，当前状态，第二代的复合材料电连接器已经解决了许多早期出现的问题。

电连接器的规格、键位或插入方式应该与相邻的电连接器不同，以消除错误连接的可能。按照惯例，从电源携带电流的电连接器应该使用带有引脚的插座，以避免引脚上存在带电电流，从而产生触电的危险。

10.3.2　液压敷设

液压管路敷料由刚性和柔性的液压导管组成，用于将液压流体从飞机机体输送到起落架系统，并将其回油返回到飞机油箱。与液压导管相关的是旋转接头和安装部件等都必须仔细选择，以确保可靠的运行。

通常，液压导管尺寸根据飞机设计水平进行标准化。对于给定功能的特定液压导管尺寸的选择是基于飞机制造商的允许值和允许的压降。ARP994[35] 提供了许多关于液压导管的建议以及尺寸确定方法。ARP4752 提供了一些初始尺寸值：

高压管路——流体速度限制在 30ft/s（9.1m/s）；

回油管路——流体速度限制在 15ft/s（4.6m/s）；

壳体回油管路——流体速度限制在 10ft/s（3.0m/s）；

吸油管路——流体流速限制在 5ft/s（1.5m/s）。

液压导管材料通常采用耐腐蚀钢管和钛管。钛管重量更有优势但费用更高，由于耐腐蚀钢管具有更大的抗压强度，推荐在可能受到冲击的地方使用。飞机液压导管材料推荐情况如表 10-6 所示，液压导管尺寸如表 10-7 所示。导管外径是用 1/16in 为基准进行标准化的。壁厚和最终内径是根据所选材料及设计工作压力函数确定的。

表 10-6　推荐的液压导管材料

导管规格	类型	管材	极限抗拉强度 /MPa（ksi）
AS5620	I	3Al–2.5V 钛合金	862（125）
	II		690（100）
	III		586（85）
AMS5557	1	321 不锈钢	517（75）
AMS5561 class 1	1，2	21–6–9 不锈钢	979（142）
AMS–T–6845	1	304 1/8 硬质不锈钢	724（105）

表 10-7　液压导管尺寸

导管代码	导管外径	
	in	mm
–04	0.25	6.4
–06	0.375	9.5
–08	0.50	12.7
–10	0.625	15.9
–12	0.75	19.1
–16	1.00	25.4
–20	1.25	31.8
–24	1.50	38.1
–32	2.00	50.8

ARP994 提供了确定液压导管支撑间距的计算方法。耐腐蚀钢管和钛管的最大支撑间距分别如表 10-8 和表 10-9 所示。在有连接接头和三通接头的情况下，其间距应该减少 20%。

表 10-8　耐腐蚀钢管的最大支撑间隔

规格	外径		壁厚		最大支撑间距	
	in	mm	in	mm	in	mm
-04	0.250	6.4	0.028	0.71	16.1	408.9
-06	0.375	9.5	0.028	0.71	19.7	500.4
-08	0.500	12.7	0.035	0.89	22.6	574.0
-10	0.625	15.9	0.035	0.89	25.0	635.0
-12	0.750	19.1	0.035	0.89	27.1	688.3
-16	1.000	25.4	0.035	0.89	30.6	777.2
-20	1.250	31.8	0.042	1.07	34.0	863.6
-24	1.500	38.1	0.042	1.07	36.6	929.6

表 10-9　钛管的最大支撑间隔

规格	外径		壁厚		最大支撑间距	
	in	mm	in	mm	in	mm
-04	0.250	6.4	0.019	0.48	15.0	381
-06	0.375	9.5	0.019	0.48	17.7	449.6
-08	0.500	12.7	0.026	0.66	20.5	520.7
-10	0.625	15.9	0.032	0.81	22.9	581.7
-12	0.750	19.1	0.039	0.99	25.1	637.5
-16	1.000	25.4	0.051	1.30	28.9	734.1
-20	1.250	31.8	0.051	1.30	31.5	800.1
-24	1.500	38.1	0.051	1.30	33.8	858.5

　　相邻液压管路间的最小推荐间距（从中心到中心）如表 10-10 所示，这个间距不满足扳手间隙。对于交错管线和相邻管线，合适的扳手间隙间距见 ARP994。飞机上的液压导管连接方式通常是标准化的，有扩口连接方式和无扩口连接方式。ARP994 提供了进一步的建议。

　　柔性连接通常采用盘旋管、旋转接头或软管连接方式，AIR4918[36] 提供相关信息，以帮助确定哪种方法适用于特定环境。在现代飞机中，盘旋管很少用于起落架系统。在起落架上使用的软管必须是高压类型（即使是回油管路）。在起落架和起落架舱应该使用不锈钢（钢丝编织增强型）或钛合金软管配件。在任何可能发生的相对运动下，软管的支撑

表 10–10　导管中心之间最小间距　　　　　　　　　　　　　　　　mm

导管规格	导管外径	−04 6.4	−06 9.5	−08 12.7	−10 15.9	−12 19.1	−16 25.4	−20 31.8	−24 38.1	−32 50.8
−04	6.4	12.7	14.2	15.8	17.5	19.1	22.4	25.4	28.5	35.1
−06	9.5	—	15.8	17.5	19.1	20.6	23.9	26.9	30.2	36.6
−08	12.7	—	—	19.1	20.6	22.4	25.4	28.5	29.2	38.1
−10	15.9	—	—	—	22.4	23.9	26.9	30.2	33.3	39.6
−12	19.1	—	—	—	—	25.4	28.5	31.8	35.1	41.1
−16	25.4	—	—	—	—	—	31.8	35.1	38.1	44.5
−20	31.8	—	—	—	—	—	—	38.1	44.5	47.8
−24	38.1	—	—	—	—	—	—	—	44.5	50.8
−32	50.8								—	57.2

点都不应使硬管发生偏转。在必要时，两个刚性连接之间的软管可有一定的运动，但不应由围绕软管外径的紧箍刚性支撑。在可能的情况下，软管只能在同一平面内弯曲。耐腐蚀钢丝编织增强软管可以承受一定扭转或多个平面弯曲，而凯芙拉增强软管只能承受单个平面的弯曲。应注意选择要使用的管夹及组件的类型，以及它们在软管上的位置，同时还需注意支架的选择和安装的位置，其目的是为了确保软管的运动不受任何限制，并且它不会在其可能的全部运动范围内与相邻结构或部件产生摩擦。软管组件的最小弯曲半径是软管尺寸和软管将受到的运动角度的函数，每种软管都有可接受的最小弯曲半径。软管应适当地进行保护，防止软管和相邻结构、其他软管、电线和其他设备产生摩擦磨损。对于安装在起落架舱内的软管，建议采用整体编织防磨套。文件 AIR1569[37] 提供了软管安装、布置和夹紧的说明指南，AIR797[38] 提供了一个选择图表，以帮助确定特定应用下的合适的软管类型。起落架上使用的软管通常是聚四氟乙烯（PTFE）软管与钢丝编织增强型或芳纶增强型软管。适用标准见表 10–11。软管应满足一套标准的压力和耐压冲击评估和测试，以确保软管在所需的起落架环境中应用的可靠性。

表 10–11　软管装配标准

标准	强化层	压力		温度	
		psi	bar	°F	℃
AS4604	钢丝编织增强层	3000	207	400	204
AS4623	芳纶增强层	3000	207	275	135
AS5951	芳纶增强层	5080	350	275	135
AS5960	钢丝编织增强层	5080	350	400	204

　　钢丝编织增强软管提供了比芳纶增强软管更坚固（更轻）的解决方案。建议在有冲击或可能发生接触的区域使用钢丝编织软管。然而，在高压（5000psi）下，钢丝编织软管的弯曲半径可能太大，导致在起落架上无法有效使用，因此需要使用芳纶增强软管。尽管有这样的优势，在额定压力下，芳纶增强软管可能出现渗漏或泄漏；由于停机刹车压力可能导致软管渗漏，因此，芳纶增强软管不建议使用在刹车系统上。此外，如果安装不当，芳纶增强软管容易折弯。软管在使用中可能会出现可接受的外观问题，其推荐的做法见ARP1658[39]，文件为各种使用中引起缺陷的软管提供了详细的验收标准。

　　在会导致软管扭曲的位置或者软管弯曲半径小于允许值的区域，旋转接头（见图 10-21）可能是适合的解决方案。当需要复杂的运动，具有双轴旋转时，最好的做法是将每个单独的旋转与单独的平面旋转分离。不推荐使用双轴同时旋转的方式，它们可以用于需要双旋转的极端情况下；但该运动应该通过物理模型进行充分的验证，以确保不会出现非预期的反向运动。

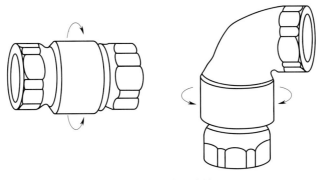

图 10-21　单面旋转

　　旋转接头包含动态密封及支撑，允许它们在传输高压流体时旋转。大多数旋转接头的设计符合 MIL-DTL-5513[40]标准，但应进行评估，以确保它们满足特定起落架应用中，所需的运动学和环境性能要求。

10.4　机轮承载（空 / 地状态）检测

　　无论是在空中还是在地面，对飞机空 / 地状态的检测，通常是起落架系统的一项功能。这项功能的准确性要求非常高，因为飞机空 / 地状态作为其他功能的控制条件，如刹车控制、扰流板打开和反推力控制。并且在飞行中，某些功能的意外激活可能导致事故。同样，如果不能正确识别飞机是否在地面上，就可能导致诸如飞机偏出跑道之类的事故。检测该状态的主要方法是通过测量起落架运动位置的变化来检测飞机机轮上的轮载信号（WoW）。大多数飞机依靠测量起落架缓冲器的压缩来指示 WoW 状态，并采用各种检测方法将信息上报给飞机航空电子设备。一些早期的系统完全采用机械方式，如 DC-9 飞机上的系统，如图 10-22 所示。该系统的设计是为了避免机械限位开关不可靠的问题。系统的功能[41]如下："前起落架上安装了一个机械地面传感机构，为区分地面和飞行操纵提供参考依据。该装置通过机械控制起落架防收上，消除了采用电磁阀驱动销的必要性，但会导致可靠性较差。它可以在飞行过程中解除方向舵踏板转弯，在主轮旋转加速失效的情况下驱动地面扰流板，并提供了一种在良好的控制环境下驱动地面控制继电器的方法，而无须在起落架上安装'压缩开关'。"

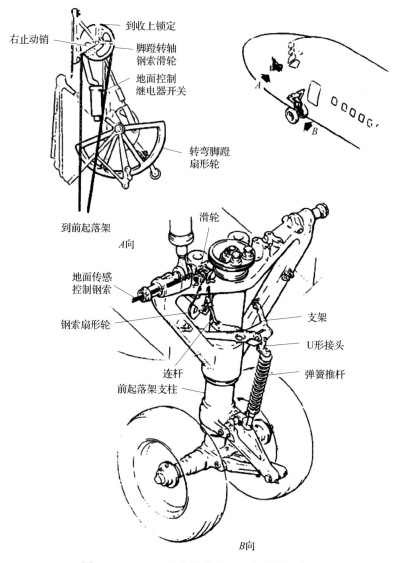

右止动销
到收上锁定
脚蹬转轴钢索滑轮
地面控制继电器开关
转弯脚蹬扇形轮
到前起落架
A向
滑轮
地面传感控制钢索
钢索扇形轮
支架
U形接头
连杆
弹簧推杆
前起落架支柱
B向

图 10-22　DC-9 飞机轮载（WoW）检测系统

　　机械限位开关虽然广泛用于轻型飞机和老式飞机，但不如现代接近传感器可靠。关于位置传感的更详细的讨论可以在"传感器和监视系统"一节中找到。摇臂式起落架的WoW 检测通常是通过安装在上防扭臂的接近传感器检测靶标来提供的（见图 10-23）。这样做的优点是，静态线束安装在接近传感器上，运动靶标安装在缓冲器上，开始压缩时靶标运动显著。在某些情况下，例如，A320 飞机前起落架，需要增加额外的灵敏度和机械放大机构（见图 10-24）。在设计机械放大连杆时必须注意，需要避免过运动和磨损。由于连杆承载较小，其连接处一般采用自润滑衬套。

　　波音公司也使用类似的放大连杆来检测车架转动（见图 10-25）。在摇臂起落架上，通常采用接近传感器来测量摇臂或摇臂铰链销上的靶标（见图 10-26）。在某些情况下，铰链销本身伸出的主支柱和外轮廓成为靶标。所有情况下，WoW 指示灵敏度取决于缓冲器的启动力，有时，例如，空客 A400M 运输机，希望有一个更加灵敏的 WoW 信号，这导致了其采用基于力的测量来确定飞机处于空中或地面，具体实施是在缓冲器和主支柱之间安装具备测量功能的铰链销。铰链销处安装有应变仪，可以提供施加在铰链销上的作用力，此种情况不需要缓冲器有任何压缩即可检测空 / 地状态。

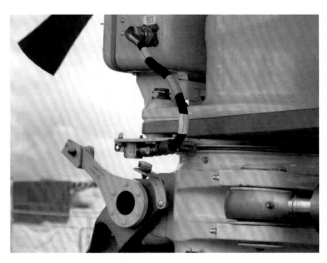

图 10-23　安装在防扭臂上的轮载传感器（波音 777 飞机前起落架）

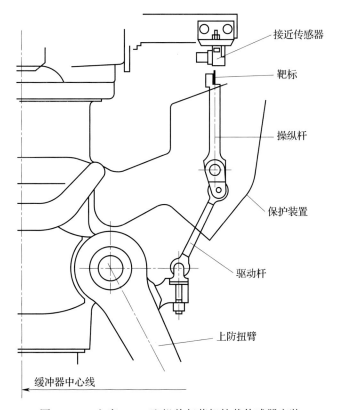

图 10-24　空客 A320 飞机前起落架轮载传感器安装

图 10-25　转弯架横梁上轮载机构（波音 777 飞机）

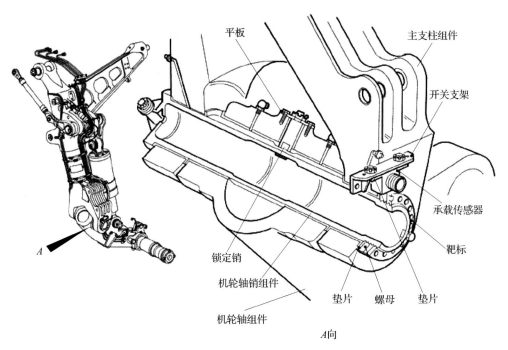

图 10-26　摇臂承载接近 / 远离机轮传感器（BAe.146 主起落架）

　　为了提高 WoW 信号指示的可信度，在向其他系统提供指示信号之前，通常需要结合其他指令输入。许多飞机都使用轮载所提供的空中 / 地面信息，如图 10-27"湾流"G-Ⅳ飞机所示。

10.5　起落架收放

　　飞机起落架收上后可以减少飞行阻力从而提高飞机性能。起落架从放下锁定位置快速转换到收上锁定状态同时舱门处于关闭状态，可以提高飞机的起飞性能。战斗机由于有快

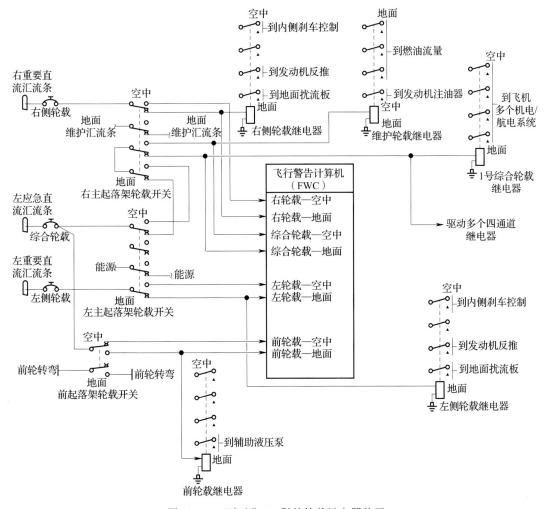

图 10-27　"湾流"G-Ⅳ的轮载继电器装置

速加速需求，必须要快速收上起落架——快速收上起落架有助于避免任何起落架放下时的速度限制。在大型商用飞机上，认证标准要求一定的性能点，包括单发失效时的爬升速率、起落架最小收上时间，以减少起落架阻力，有助于飞机加速。典型起落架收上和放下时序如图 10-28 所示。起落架控制时序中可以包含多个要素。在这个例子中，一个起落架选择阀同时给起落架作动筒和上位锁提供液压压力。在某些情况下，起落架系统的加压放下可能会导致在上位锁开锁前，作用在上位锁施加的压力过大，从而产生巨大的噪声以及潜在的乘客不适（以及上锁机构的磨损）。一些飞机使用限流阀或延迟装置来提供额外的时序。一些现代飞机，如空客 A350 飞机，使用一个额外的阀门来顺序控制起落架的收上和起落架上锁。在这种情况下，起落架收上并上锁后卸载，起落架收放时间延长。这种时序，虽然更复杂，但可以使用较小输出力的作动器（如电磁线圈）作为主要的收上上锁作动器。

　　民用飞机主起落架手柄的形状有规定要求，其形状应该为"轮形"，如图 10-29（a）所示。其目的是为了使驾驶舱的每个主要控制装置都有独特的形状，以避免飞行员的误操作。许多飞机将起落架控制手柄和起落架收放指示集成在一个模块中，如图 10-29（b）所示，而有些飞机，特别是具有多功能显示器的飞机，则将手柄功能和指示分开。这类飞机的指示如图 10-30 所示。

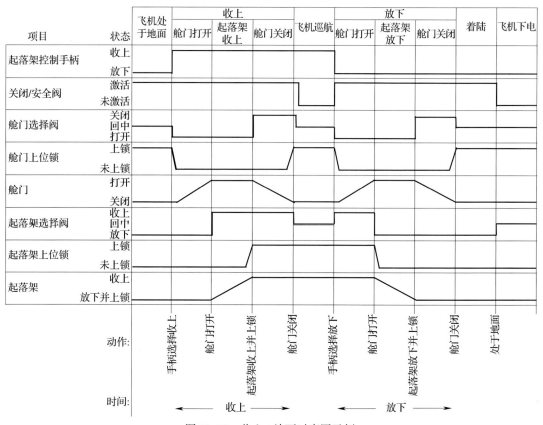

图 10-28　收上 / 放下时序图示例

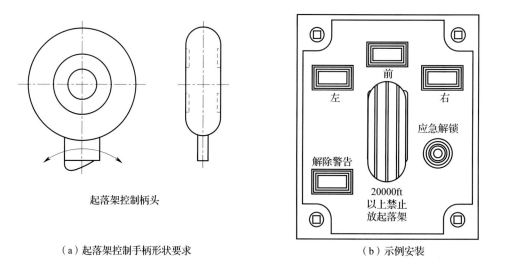

（a）起落架控制手柄形状要求　　　　　　（b）示例安装

图 10-29　起落架控制手柄形状要求和示例安装

　　以往许多起落架控制手柄采用机械方式连接到液压机械阀和时序控制系统（见图 10-31）。大多数现代飞机使用纯电气信号系统与计算机控制来实现时序管理、故障检测和指示功能。AIR5562[42]文件概述了多种类型的早期和现代飞机起落架收放控制系统，以下为选择的部分示例。

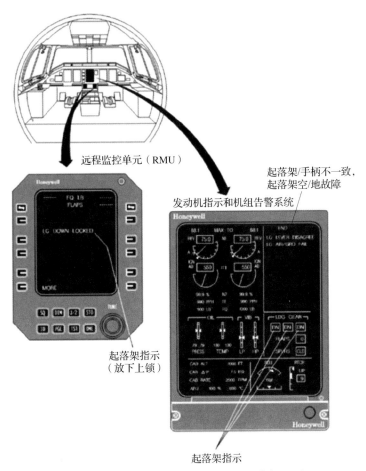

图 10-30　巴西航空 ERJ-145 上的起落架显示

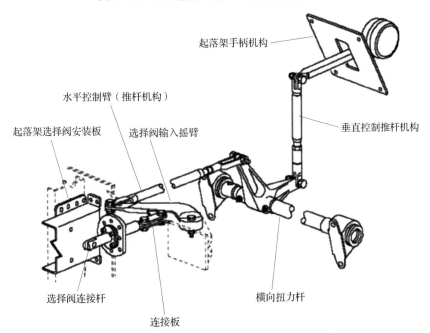

图 10-31　"湾流" G- Ⅳ 飞机液压机械起落架手柄

10.5.1 系统示例

在图 10-32～图10-36 中，列出了起落架收放系统的几个示例。

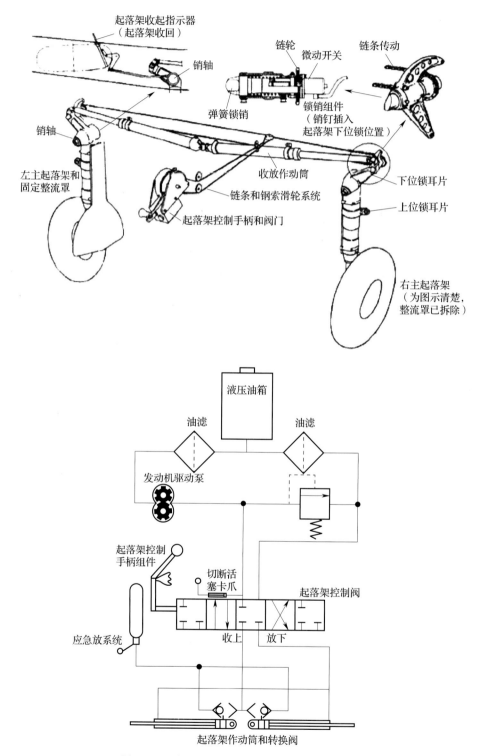

图 10-32 超级马林"喷火"式战斗机收放系统

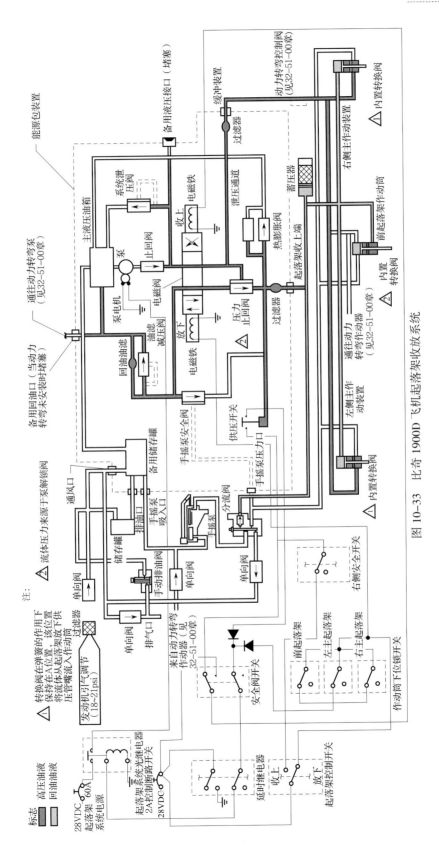

图 10-33　比奇 1900D 飞机起落架收放系统

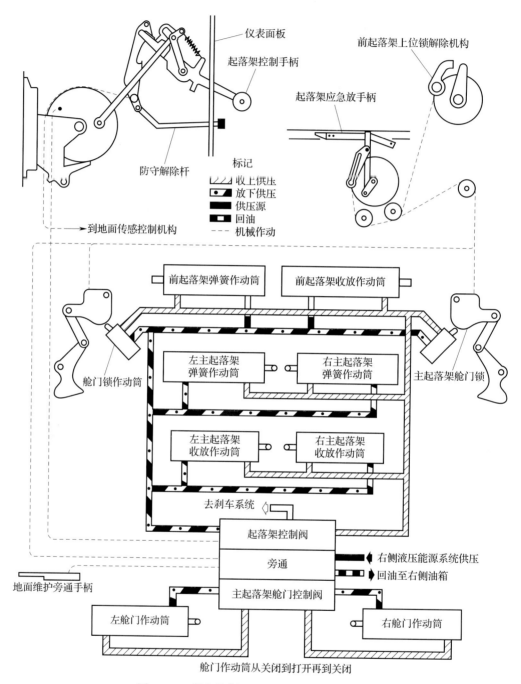

仪表面板

起落架控制手柄

前起落架上位锁解除机构

起落架应急放手柄

防守解除杆

标记
收上供压
放下供压
供压源
回油
机械作动

到地面传感控制机构

前起落架弹簧作动筒

前起落架收放作动筒

舱门锁作动筒

左主起落架
弹簧作动筒

右主起落架
弹簧作动筒

主起落架舱门锁

左主起落架
收放作动筒

右主起落架
收放作动筒

去刹车系统

起落架控制阀

旁通

右侧液压能源系统供压

回油至右侧油箱

主起落架舱门控制阀

地面维护旁通手柄

左舱门作动筒

右舱门作动筒

舱门作动筒从关闭到打开再到关闭

图 10-34 道格拉斯 DC-9 飞机起落架放收系统

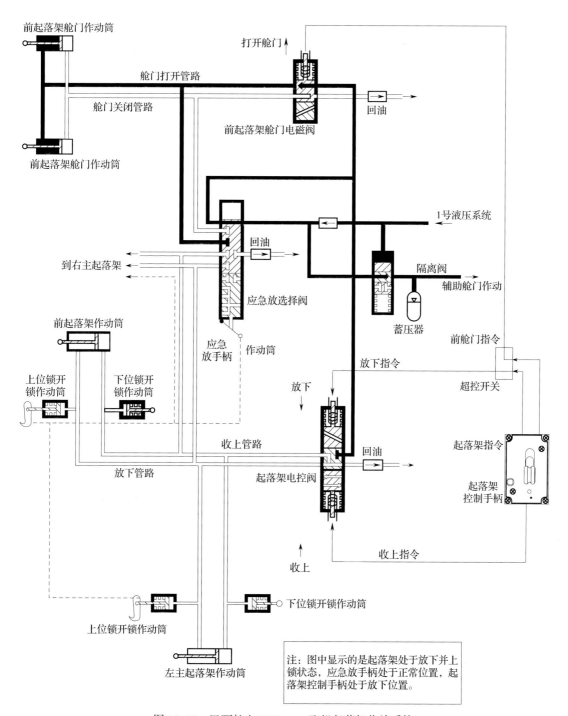

图 10-35　巴西航空 EMB-145 飞机起落架收放系统

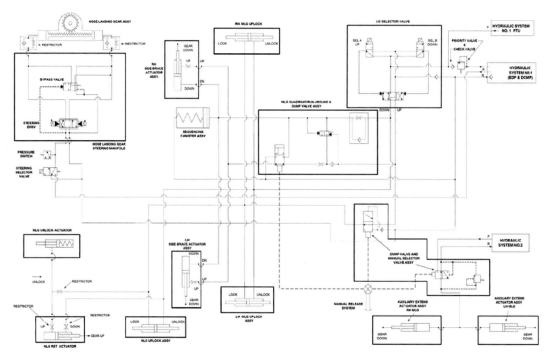

图 10-36　庞巴迪"挑战者"300 飞机起落架收放系统（示意图）

10.5.2　起落架应急放

在飞机起落架正常收放系统出现故障时，需要一种备用放下并锁定起落架的系统。绝大多数的起落架应急放系统都是依靠重力来实现起落架应急放下，并通过弹簧、辅助作动筒或气动载荷来推动下位锁使其处于锁定位置。在许多军用飞机和一些商务飞机上设置有气压作动的应急放系统，高压气体（通常是氮气）送入液压管路，通过正常放下作动筒使起落架放下并锁定。

起落架应急放控制手柄没有标准要求。一些飞机使用拉手式手柄，并设置保护盖起到保护作用，如图 10-37 所示。一些飞机使用杠杆式手柄，类似于汽车中的驻车手柄。这

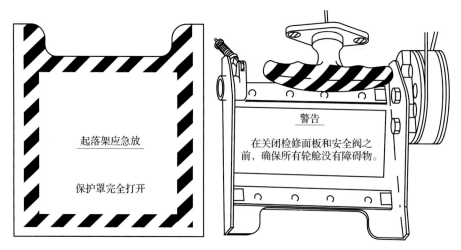

图 10-37　庞巴迪 Q400 应急放下手柄

两种方法都适用于钢索式应急放系统：手柄被拉过不同的距离，对应驱动不同的阀门。

图 10-38 为钢索驱动系统原理图，图 10-39 为液压布置图。这些系统广泛应用于中小型

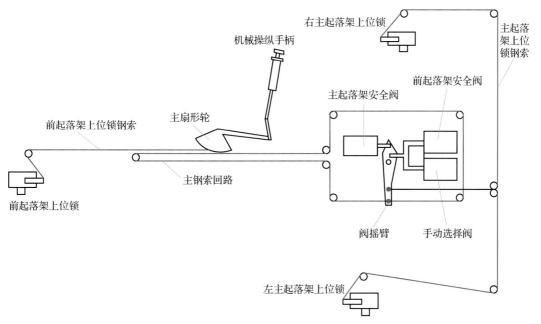

图 10-38　机械电缆驱动应急放系统

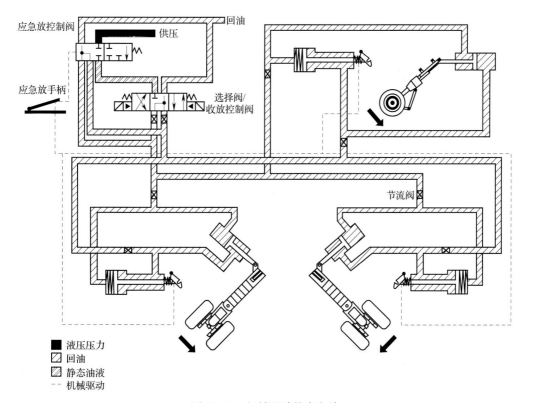

图 10-39　机械驱动的应急放

飞机上，在这些飞机上，人的拉力足以克服系统的摩擦力和所有作动器的作动力。钢索驱动系统的详细设计应遵循 ARP5770[43] 中的指导原则。当飞机的尺寸大到一定程度，人工拉力不足以克服机构摩擦力和作动力，则可采用机械曲柄装置方式来增加机械操纵优势。通过多级摇臂可以产生足够拉力。许多飞机都使用了这种装置，如空客 A320 飞机和波音 KC-135 飞机，KC-135 飞机系统如图 10-40 所示。

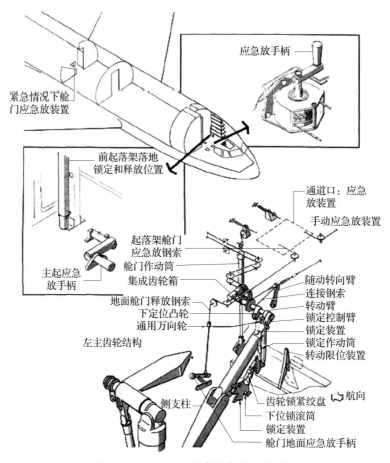

图 10-40　KC-135 钢索操作应急放系统

气动应急放系统可以采用机械阀驱动，其通常采用类似于图 10-37 所示的 T 形把手。拉动手柄打开阀门，气瓶中的气体进入起落架"放下"液压回路，从而将起落架应急放下。"湾流"G-Ⅳ飞机应急放系统如图 10-41 所示，在驾驶舱里拉一下把手，氮气进入起落架和舱门执行机构，将其驱动至放下并锁定的位置。一旦起落架处于放下并锁定后，通过手动的方式操纵泄压阀释放系统中氮气压力。在现代飞机上，这种阀门通常采用应急放手柄来驱动，从而消除了飞行员的额外控制需求。虽然气动应急放系统通过液压作动装置使用相对方便，但其使用后需要维护，以排除液压系统混入的气体。这种额外的维护对于用于培训飞行员的飞机来说（系统可能会定期启动），是不可接受的，同样对于航空服务中派遣率要求高的飞机也是不可接受的。

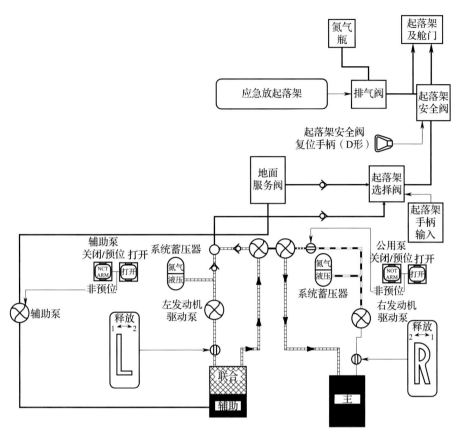

图 10-41 "湾流" G-Ⅳ 液压回路和氮气应急放系统

另一种采用人工驱动的应急放系统，由于其系统操纵力太大，或者钢索和驱动杆过于复杂的原因，采用电动的方式进行应急放。空客 A330 飞机使用的应急放系统源自手动系统，但其驱动由 28V 电作动机构执行。该系统的指令是通过在驾驶舱中操纵一个电气开关来实现。开关启动后，为作动器提供电能，作动机构采用双电机、独立供电。当两个系统都故障时，作动器仍可以工作，但运行速度减半。电机通过减速机构在摇臂上驱动输出大力矩。驱动力通过钢索和机构传递到各上位锁和阀门上，依次触发。油液从作动筒流出后，通过排气阀和切断阀进入液压油箱。

电力驱动系统可以避免大型飞机上所需的大操纵力和长距离的问题，但是仍然有大量的机械连接，需要大量的安装和维护。现代飞机，如空客 A380 飞机的电动应急放系统，通过在每个阀门和上位锁上设置独立电动机构来消除机械连接。这种架构显著降低了系统的安装复杂性和维护需求。图 10-42 显示了一种采用电磁阀进行正常打开上位锁，采用双机电作动器进行应急开锁，采用钢索或者机构进行地面打开舱门的装置。

由于应急放系统不是经常使用，因此通常需要定期检查，以尽可能降低应急放时出现潜在故障的可能性。在机械式和气动式应急放系统中，通常是在飞机顶起后，进行定期维护时执行应急放检查。对于采用液压或电动装置提供应急放的系统，可以结合起落架正常收放检查进行起落架应急放检查。这样就避免了定期的维护操作需要，以确保其持续适航性。

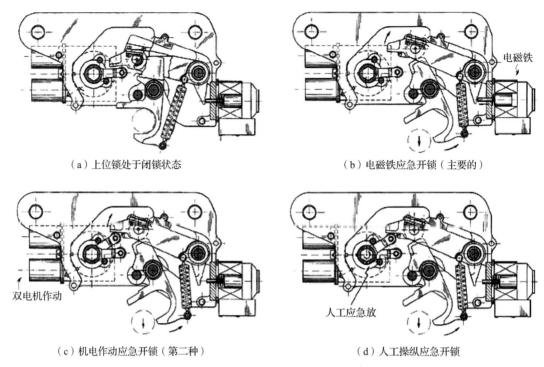

（a）上位锁处于闭锁状态　　　　　　　　　　　　（b）电磁铁应急开锁（主要的）

（c）机电作动应急开锁（第二种）　　　　　　　　　（d）人工操纵应急开锁

图 10-42　电磁阀主放下和 EMA 应急放下上位锁

10.6　转弯和转弯控制

大多数飞机都安装有转弯控制装置，在起飞、着陆和低速滑行期间帮助飞行员控制飞机的方向。虽然一些轻型飞机的前轮或尾轮采用自由定向设计，并依靠差动刹车进行转弯，但飞行员直接控制机轮转弯效果更好。转弯角度、转弯扭矩和转弯速率是转弯系统的关键参数。动力转弯角度的要求源自飞机地面机动性需求分析，通常大型飞机最大动力转弯角为 ±85° 左右，常态转弯速率为 20(°)/s，静态转弯（无前向运动）速率为 7~10(°)/s。转弯系统还需仔细考虑一些其他方面的问题，例如，必须确保起落架收起时前轮对中、操纵转弯功能断开，牵引操纵时不会使转弯系统过载，地面滑行时转弯系统具有足够的减摆能力。AIR1752[44] 提供了飞机转弯和控制系统的经验纵览。

10.6.1　飞机转弯扭矩需求

飞机转弯系统应能够产生足够的扭矩，包括：

（1）考虑飞机地面停机、最大重量和前重心状态下转动轮胎力矩（这通常是一种设计边界条件而不是实际使用工况。一些飞机转弯系统设计忽略该限制条件，而专注于确保足够的转动扭矩满足其他或更加合理的使用工况）。

（2）飞机滑行、起飞和着陆过程中的转弯力矩应考虑飞机载荷、重心范围，以及气动力、推力和刹车载荷等最恶劣组合条件。

（3）最大差动刹车条件下保持飞机方向控制（受转向轮最大垂直载荷限制，该项功能可能被限制）。

（4）飞机发动机单发故障条件下保持方向控制。

（5）克服一轮泄气着陆载荷（适用于双轮起落架）。

在这些工况中，通常静态转动力矩和一轮泄气着陆都是设计工况。一轮泄气载荷由起落架着陆工况载荷分析确定，转动力矩是由飞机着陆时转动充气轮胎所需力矩确定（它是机轮和轮胎惯性的函数）。静态转动力矩由以下步骤确定：

总需求力矩 T

$$T = T_s + T_f$$

式中：T_f——克服转弯系统和缓冲支柱支撑的摩擦力所需的扭矩，可通过评估每个摩擦点来计算，也可估算为静态转动力矩的 5% ~ 7%；

T_s——静态转动力矩。

10.6.1.1　单轮转动力矩 T_s

单轮转动力矩是由轮胎围绕它与地面接触区域中心旋转形成的（适用于转动中心通过轮胎与地面接触区域中心的单轮起落架），通过有限元方法可以有效解决这个问题，对轮胎与地面接触区域进行网格划分，并对接触区域内每个单元的摩擦力产生的力矩进行积分运算，假设轮胎与地面的接触区域压力均匀分布，可估算转动力矩 T_s 为

$$T_s = \mu F R_g$$

式中：F——作用在轮胎上的垂直载荷；

R_g——轮胎与地面区域旋转半径；

μ——摩擦因数，通常取 0.8。

根据以往飞机斜交轮胎使用经验，它与地面接触区域可以看作一个长宽比为 1.6 的椭圆，一个斜交轮胎与地面接触区域示例，它的面积为 A，详细如图 10-43 所示。

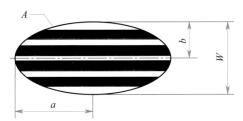

图 10-43　轮胎接触地面（椭圆）尺寸

轮胎与地面接触区域面积能够通过轮胎上作用力和轮胎充气压力进行估算，该区域宽度可以采用以下公式估算

$$W = 0.892 \sqrt{A}$$

椭圆短轴 b 是宽度值 W 的一半，椭圆长轴 $a = 1.6b$，则轮胎接地面的转动半径 R_g 为

$$R_g = \frac{1}{2} \sqrt{a^2 + b^2}$$

上述公式中未考虑飞机胎面的凹槽，会使轮胎转动力矩估算偏保守。而子午线轮胎接地面更倾向于矩形，将其看作矩形来估算旋转半径会更好（考虑轮胎与地面接触面的长宽比）。如果已知轮胎与地面接触面，将其划分成若干个特殊形状（如不同大小的长方形），然后将它们相加，来估算轮胎与地面区域旋转半径。

根据平行轴定理，考虑机械稳定距 t 对轮胎接地中心转动半径的影响，轮胎接地形状为椭圆时，其接地中心与转动中心距离为 t，则轮胎接地面旋转半径为

$$R_{gt} = \sqrt{\frac{1}{4}(a^2 + b^2) + t^2}$$

可以采用类似的方法来计算任意几何形状的旋转半径。

10.6.1.2 双轮转动力矩 T_s

双轮转动力矩计算方法如图10-44所示，图中展示了双轮绕缓冲支柱轴线转动的受力分析，缓冲支柱垂直时，转动力矩计算公式如下

$$T_s=N\times(\mu_a\times F\times t+\mu_b\times F\times y)$$

式中：N——轮胎数量；

$\quad F$——每个轮胎上的垂直载荷；

$\quad t$——机械稳定距；

$\quad y$——轮间距的一半；

$\quad \mu_a$——侧向摩擦因数，通常取0.8（但飞机处于非静止状态下，可取0.5）；

$\quad \mu_b$——航向摩擦因数，保守地认为该值高于轮胎滚动阻力，合理的取值为0.1。

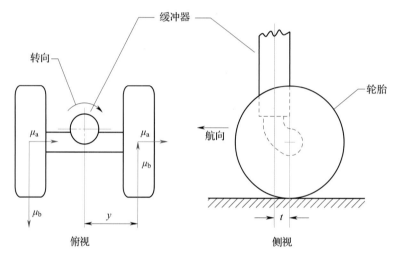

图10-44 双轮绕缓冲支柱轴线转动的受力分析

对于具有前倾角的缓冲支柱（见图10-45），当缓冲支柱转动时，外侧轮胎抬高，内侧轮胎降低，内、外侧轮胎上的垂直载荷（假设转弯角度为θ）会发生变化，计算公式如下

$$F_1=F+ky\sin\theta\sin\beta$$
$$F_2=F-ky\sin\theta\sin\beta$$

式中：F——转弯机构中立位置，内外侧轮胎上的垂直载荷；

$\quad F_1$——内侧轮胎上的垂直载荷，最大为$2\times F$；

$\quad F_2$——外侧轮胎上的垂直载荷，最小为0；

$\quad k$——轮胎的垂向刚度；

$\quad y$——两个轮胎中心位置距离的一半；

$\quad \theta$——转弯角度；

$\quad \beta$——缓冲支柱倾角。

由于两侧机轮垂直载荷不同，会产生回中力矩，使转弯机构趋向于中立位置，回中力矩 T_a

$$T_a=(F_1-F_2)\times y\sin\beta$$

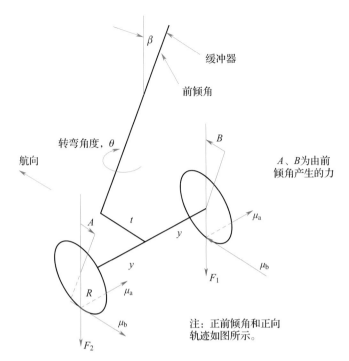

图 10-45 具有前倾角的缓冲支柱转动受力分析

受机械稳定距影响，轮胎接地中心实际旋转半径会增加，计算公式如下

$$t_{eff} = t + R\sin\beta$$

式中：t_{eff}——轮胎接地中心实际旋转半径；

t——前起落架机械稳定距；

R——轮轴中心距地面高度；

β——缓冲支柱倾角。

根据上述分析，前轮转动力矩包括四处摩擦力（内侧轮胎与地面的侧向摩擦力、航向摩擦力，外侧轮胎与地面的侧向摩擦力、航向摩擦力）和回中力产生的力矩，计算公式如下

$$T_s = \mu_a F_1 t_{eff}\cos\beta + \mu_a F_2 t_{eff}\cos\beta + \mu_b F_1 \frac{y}{\cos\beta} + \mu_b F_2 \frac{y}{\cos\beta} + (F_1 - F_2)y\sin\beta$$

注意：具有较大前倾角的单轮和双轮前起落架，从中立位置向两侧转弯时，需额外转动力矩上举飞机做功，这个额外的力矩必须慎重考虑。

10.6.2 转弯布置

为了实现转弯功能，起落架必须包含转弯机构，一般布置在前起落架和尾轮的缓冲器底部，如图 10-46 所示，它是销轴顶部布置转弯驱动装置和减摆阻尼器，实现转弯和减摆功能，另外缓冲器操纵回中也是一个重要功能（凸轮回中不适用）。

花键连接转向套筒是一种以前使用并仍然用在某些专门场合的结构（如主起落架收起过程中车架横梁需要转向的场合），如图 10-47 所示，这是一种扭矩传递的简单结构，它可以在起落架顶部布置一个转向马达实现活塞杆转动；然而，花键连接会在缓冲器压缩和伸长过程中产生剧烈摩擦，而且起落架顶部和车架之间长距离传递扭矩，导致较大的扭转变形。

常见的转向机构布置是旋转套筒转向机构，如图 10-48 所示，它是在缓冲器顶部或转向套筒底部布置转向机构，当活塞杆和转向套筒一起旋转时，缓冲器内部密封上只有轴

向滑动而没有周向转动。然而，额外布置的转向套筒增加了重量和成本。增大了外筒的直径，妨碍了缓冲器内部凸轮对中的能力。

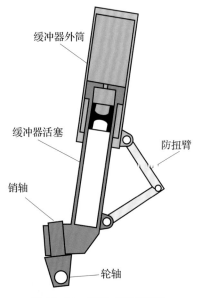

图 10-46　销轴式转弯机构

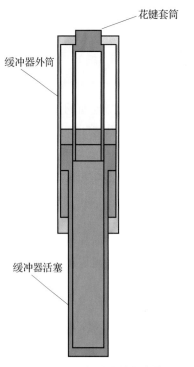

图 10-47　花键连接转向套筒

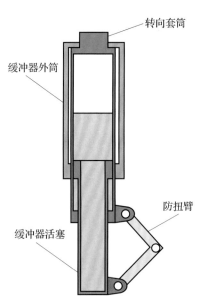

图 10-48　旋转套筒转向机构

　　一种旋转套筒转向机构的演变，如图 10–49 所示，其中转向套筒长度减少了一半，该结构有利于布置凸轮对中机构，但引起密封区域的相对旋转。这种布局常常是通过支架和转弯驱动装置，使外筒和旋转套筒相对转动，空客 A320 飞机前起落架就采用了这种布局。

　　最常见的前起落架转弯机构形式为旋转卡箍式，如图 10–50 所示，转弯驱动装置（通常为齿轮–齿条式或推挽作动筒式）安装在旋转卡箍上。将旋转卡箍高度最小化的同时，使缓冲器正常停机状态上防扭臂接近水平，这种设计能有效减小旋转卡箍上的弯矩，从而降低缓冲器下支撑的反作用力，有利于缓冲器凸轮对中。波音飞机前起落架就采用这种布置。

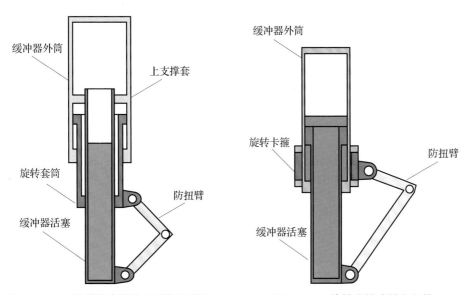

　　图 10–49　一种旋转套筒转向机构的演变　　　　图 10–50　旋转卡箍式转向机构

10.6.3　回中

　　当转弯系统不控制前轮时，需要一种前轮自动对中的方法，该方法必须确保起落架收放过程中前轮处于中立位置。前起落架可以通过许多不同的方法实现前轮回中，例如，许多小型飞机采用弹簧外回中（该方法在 AR–234 "闪电"轰炸机上使用，见图 10–51）。主动转弯系统能驱动前轮回中，但是无法确保转弯系统失效时前轮仍然能够回中。最常用的方法是缓冲器内部凸轮机械对中，它是缓冲器的典型部件，缓冲器伸长时，凸轮啮合使前轮对中，如图 10–52 所示，缓冲器承受地面载荷压缩使凸轮脱开时，才能允许前轮转弯。注意，凸轮设计时，飞机后重心、前起轻载情况下，必须确保凸轮完全脱开，否则将导致凸轮严重磨损。凸轮设计时，合适的材料选择十分重要，不同的材料可以避免严重磨损，通常一个凸轮材料为铜，另一个材料选择钢。然而，当凸轮在缓冲油液中工作时，上、下凸轮材料可以都选择钢，这样能够承受更大的载荷。凸轮设计要求能够承受突然啮合撞击；转弯操纵或牵引前轮时凸轮能够完全脱开；确保缓冲器全伸长时压力足够克服密封装置、支撑摩擦和转弯系统阻力使凸轮啮合。

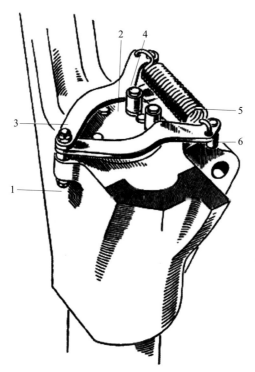

图 10-51 Arado AR-234 轰炸机前轮转弯对中机构
1—主设备；2—转弯管；3—控制杆；4—滚筒；5—张力弹簧；6—末端止动

图 10-52 F-15 飞机前轮转弯回中凸轮

10.6.4　转弯驱动和控制

　　轻型飞机采用方向舵脚蹬操纵转弯，大型飞机通常设置手轮和脚蹬，方向舵脚蹬最大转弯角度限制为 7°~10°，转弯手轮则具有全角度操纵权限。为了避免飞机失控，将转弯控制率设计成关于飞机速度的函数，飞机低速时，脚蹬小偏角和手轮大角度控制，随着速度的增加而减小最大转弯角度，因此，飞机高速时，输入的转弯角度控制指令较小。

　　许多飞机采用液压 – 机械转弯控制系统，它是通过钢索连接驾驶舱和转弯控制阀，手轮和脚蹬指令通过机械传递至转弯控制阀，飞行员控制阀使液压系统油液流入转弯机构。通过机构向转弯控制阀反馈前轮位置，当达到指令位置，阀门逐渐关闭。现代飞机采用电传反馈控制，驾驶舱内的控制指令由转弯控制计算机发出。转弯位置的反馈（通常来自RVDT）由计算机进行监测，任何差异都会被反馈到伺服阀。通常，控制计算机将使用比例积分或比例积分微分（PID）控制回路来实现所需的转弯增益，并避免超调和漂移。虽然大多数转弯控制系统的输入来自方向舵踏板和转弯手轮，但也有可能接受来自飞机其他源发出的转弯指令，如飞机飞控计算机可以发出转弯指令，这样飞机在起飞和降落时能自动跟踪跑道中心线，可以增强系统稳定性，从而通过独立监测偏航率[45]来对具有"摆振"特性的飞机进行减摆。

　　飞机前轮转弯机构类型各种各样，一些典型转弯机构如图 10-53 所示，所有这些已经在飞机上应用的转弯机构中，最常见的布置是：推挽作动筒（广泛应用于大型民机）、齿轮—齿条（广泛用于公务飞机和小型运输机）、旋转马达（在一些公务机和舰载机上使用）等。转弯机构有效输出力矩和动力转弯角度关系的示例如图 10-54 所示。

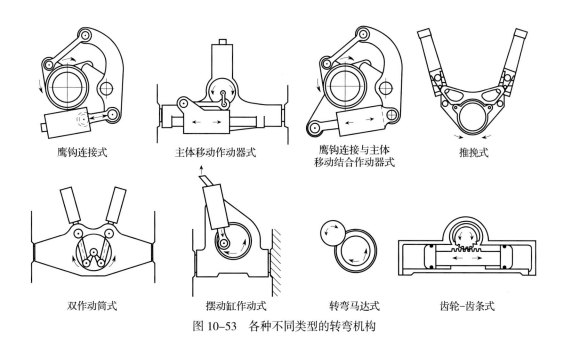

鹰钩连接式　　　主体移动作动器式　　　鹰钩连接与主体
　　　　　　　　　　　　　　　　　　　移动结合作动器式　　　推挽式

双作动筒式　　　摆动缸作动式　　　转弯马达式　　　齿轮-齿条式

图 10-53　各种不同类型的转弯机构

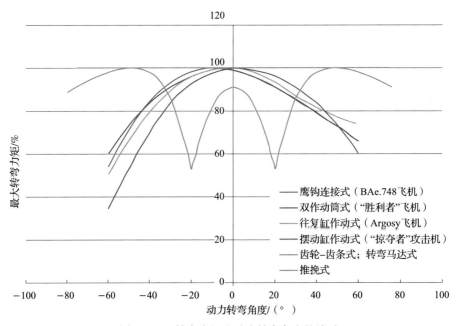

图 10-54 转弯力矩和动力转弯角度的关系

10.6.4.1 齿轮－齿条式

齿轮－齿条式转弯机构如图 10-55 所示，它在转弯角度范围内提供恒定力矩，所产生的扭矩是作动筒施加的力乘以作用半径 R。适用于缓冲器外筒直径较小或转弯角度较小的飞机。随着缓冲器直径越大，转弯作动筒轴向长度越长，起落架舱容纳也将越来越困难，此时需要选择其他类型的转弯机构。齿轮－齿条式转弯机构的优点是结构简单，运动部件少，不需要液压软管和旋转阀，同时进／回油流动平衡（无须液压补偿，特别适用于独立液压源）。双齿轮－齿条式转弯系统可以由两个独立的液压源分别给两个齿条作动筒供压，例如空客 A300 飞机（见图 10-80），齿条和作动筒布置如图 10-55 所示，其中齿条和活塞是一体化设计，该设计容易导致卡滞，真实的齿轮－齿条式转弯系统如图 10-56 所示。活塞与齿条之间通过半球形轴承连接，确保运动灵活。固定连接的接头也是可行的，但需要更多的空间和较多的零部件。

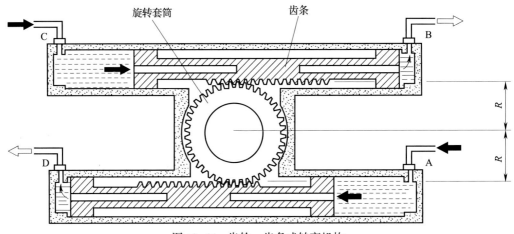

图 10-55 齿轮－齿条式转弯机构

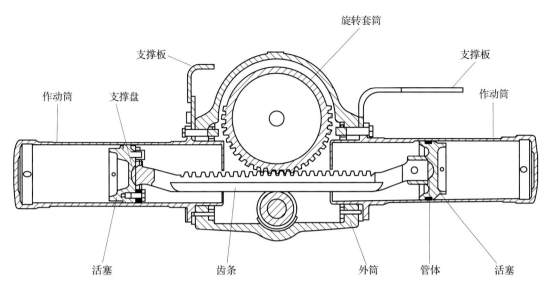

图 10-56　A320 飞机齿轮 – 齿条式细节

　　某些情况下，需要实现更大角度的无动力转弯（牵引），一种方式是采用防扭臂快速脱开机构，另一种选择是在作动筒行程末端脱开齿轮和齿条连接，并设计止动环，在转弯机构超出动力转弯角度时保持齿条位置，如图 10-57 所示。制造过程中需精确定位止动环和齿轮上最后一个齿的位置。作动筒装配完成后应进行转弯试验，确保正式交付的转弯机构运行灵活，系统工作良好。

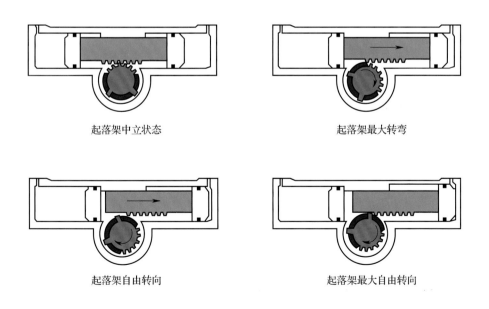

起落架中立状态　　　　　　　　　　　　　　　起落架最大转弯

起落架自由转向　　　　　　　　　　　　　　　起落架最大自由转向

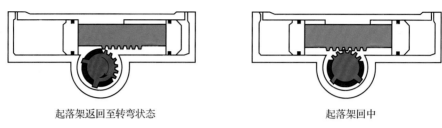

起落架返回至转弯状态 起落架回中

图 10-57 BAe.146 飞机止动环

一些情况下，起落架收起时，齿轮－齿条转弯机构不能适应起落架舱空间，如果齿条前后布置，起落架舱高度不够，如果齿条左右布置，起落架舱宽度不足。这种情况下，推挽作动式布置能有效解决该问题。

10.6.4.2 推挽式布置

推挽式转弯机构布置结构紧凑，即使在大直径缓冲器上也能实现大角度转弯。普遍应用于大型民用飞机，波音 777 飞机（见图 10-58）就是一个典型的案例。转弯作动筒能够布置在起落架收起位置的空隙中，对起落架收起状态的布置十分有利。

图 10-58 波音 777 飞机推挽式前轮转弯

推挽式转弯机构小角度转弯时，一个转弯作动筒推另一个转弯作动筒拉，输出转弯力矩。在液压换向点，转弯作动筒必须改变运动方向，才能继续输出转弯力矩。通过液压换向阀（又称旋转阀）可以实现该功能，工作原理如图 10-59 所示，图中所示的特殊角度是空客 A330 飞机的。推挽式转弯机构优点是大角度转弯、相对较小的空间需求和良好的机械集成性，缺点是必须设置液压换向阀，可靠性降低，并且转弯力矩随转弯角度变化。转弯作动筒设计应满足转弯机构最不利位置操纵力矩的需求。液压换向阀设计应注重细节，由于转弯作动筒压力换向，作用在阀上的载荷会导致偏磨和泄漏。精细的设计可以使推挽式转弯机构在使用中具有出色的可靠性。

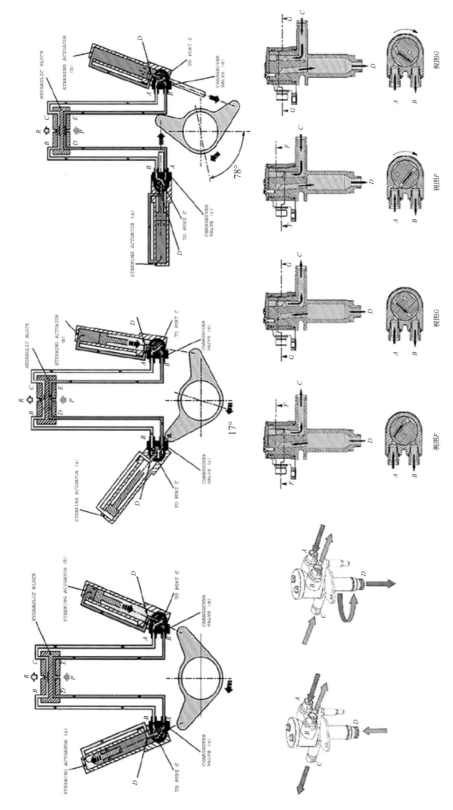

图 10-59 推挽式前轮转弯机构、功能和转换阀（示意图）

10.6.4.3 液压旋转马达

液压旋转马达为转弯系统控制提供了一个简洁的解决方案，它是一个自给自足的独立装置，集成了液压马达、输出齿轮、伺服控制阀和位置反馈传感器等。液压旋转马达安装在起落架支柱上，输出转弯力矩驱动旋转卡箍转动实现前轮转弯，如图 10-60 所示。液压旋转马达可以实现 360° 自由牵引，这使得液压旋转马达成为航母舰载机首选，同时，它具有集成度高、维修性好、转弯力矩不随转弯角度变化而变化等优点。

液压旋转马达转弯系统布置和组成如图 10-61 所示，其中液压旋转马达通常是从供应商处购买，性能参数如表 10-12 所示。液压旋转马达是目前唯一一种广泛应用的机电产品，相对于其他转弯驱动装置，它在外观、重量和尺寸等方面极具竞争力。

图 10-60 萨伯 2000 飞机马达驱动前轮转弯

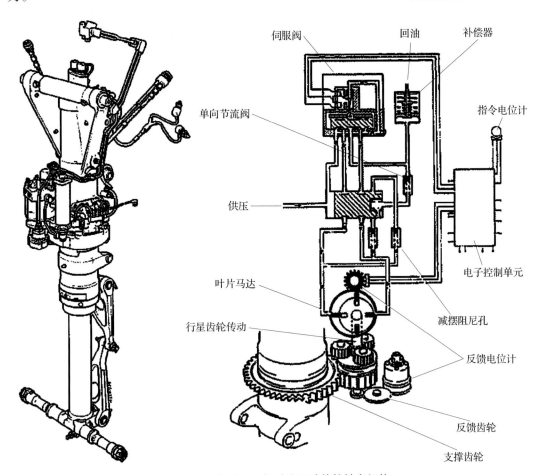

图 10-61 "狂风"飞机马达驱动前轮转弯机构

表 10–12　液压马达驱动前轮转弯性能

系统压力		最大操纵力矩		停转力矩		重量	
bar	psi	N·m	in·lbf	N·m	in·lbf	kg	lb
206	3000	1582	14000	1808	16000	9.5	21
206	3000	2429	21500	2825	25000	13.6	30
350	5000	2373	21000	2600	23000	16.4	36
350	5000	2825	25000	3390	30000	16.8	36.5

10.6.4.4　减摆阻尼

摆振现象是起落架横向摆动和扭转摆动相互作用的结果，将在本书第 13 章中进行更全面的讨论，增加起落架扭转阻尼可以有效限制摆振现象。转弯系统设置通道使转弯驱动装置的液压油在两腔之间流动，并在通道上设置限流装置，前轮的任何摆动都将驱使液压油经过限流装置从一个腔流入另一个腔，耗散摆动能量。阻尼的选择是基于转弯系统和起落架摆动的动力学仿真分析。

在没有液压动力的可操控起落架上，必须增加额外的减摆装置。赛斯纳系列轻型飞机使用的液压减摆器如图 10-62 所示，摆振能量通过油液流经活塞中的液压阻尼孔耗散，同时该方法无法补偿油液，油液泄漏将降低减摆效率，考虑采用补油蓄压器或连接飞机低压油源（允许接回油）确保系统持续可靠地运行。在许多轻型飞机上，这种类型的减摆器已经被 Lord 公司[46]生产的一种自润滑聚合物减振器所取代，它具有同样的布置空间，并在运行中更加可靠。

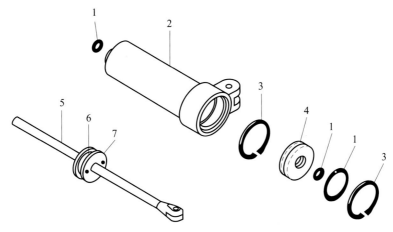

图 10-62　赛斯纳 172 飞机减摆器
1—O 形圈；2—套管；3—止动环；4—支撑端头；5—活塞杆；6—柱形插销；7—活塞

许多飞机减摆依靠摩擦消耗摆动能量，图 10-63 展示了"涡轮指挥官"（Turbo Commander）飞机上使用摩擦减摆阻尼方案——前起落架旋转卡箍上布置弹簧压紧摩擦材料提供反作用力，如果摩擦材料没有被油脂和油液污染，这种类型系统可保持持续有效，但一般不用于大型飞机。

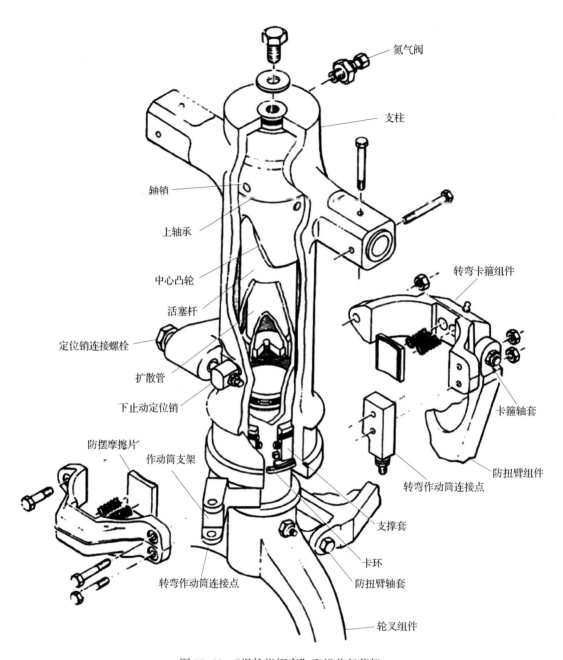

图 10-63 "涡轮指挥官"飞机前起落架

10.6.5 前轮转弯系统实例

各种飞机的前轮转弯系统如图 10-64 ~ 图 10-82 所示。

（1）转弯连接杆

飞机转弯连接杆一端接至固定在前向控制隔板上的方向舵组件的转弯支座上，转弯机构的另一端连接至通过螺栓固定在前起落架支柱的顶部管状支架上的转弯作动器摇臂上。

（2）缓冲连接杆

缓冲连接杆由包含压缩弹簧的伸缩臂组成。当力施加到伸缩臂的一端时，伸缩臂压缩弹簧，将力传递到伸缩臂的另一端。同时可保证飞行员在前轮转向系统达到极限时操纵方向舵控制系统。

（3）回中装置

回中装置由压紧滑块板的弹簧组件组成。带滚子的弹簧组件安装在固定管状支柱上。滑块连接到滑管导轨上，当前轮偏转时，滑管导轨绕起落架转轴旋转。当前轮偏转时，滑块板推动带弹簧载荷的滚轴向上运动，此时，弹簧将产生一个反作用力，将前轮拉回至中立位置。

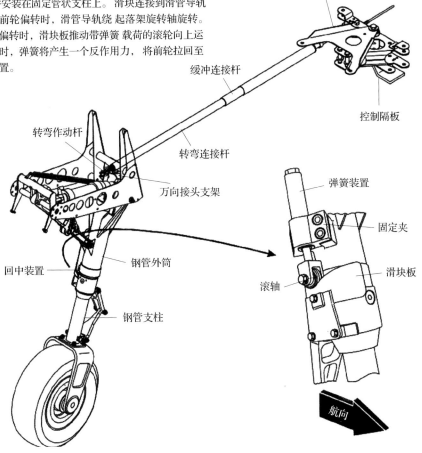

图 10-64　"钻石" DA42 飞机机械前轮转弯机构

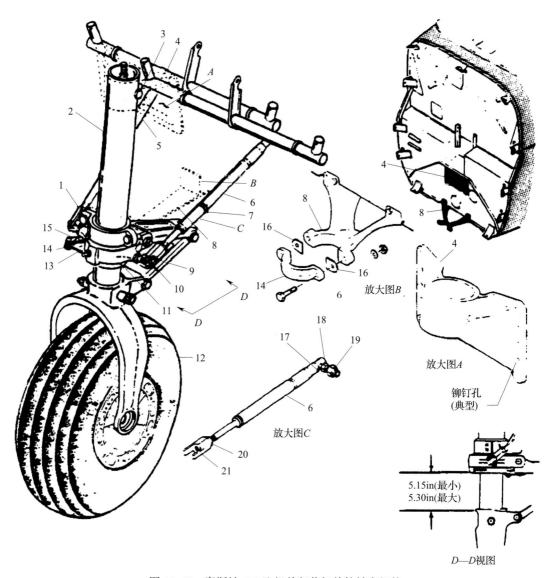

图 10-65　赛斯纳 172 飞机前起落架前轮转弯机构

1，3，9—螺栓；2—支柱组件；4—前起落架上部装置；5—右转向杆；6—左转向杆；7—固定夹；

8—下部固定支柱；10—关节轴承；11—转弯臂组件；12—机轮组件；13—减摆臂；

14—支柱固定夹外罩；15—减摆器；16—垫片；17—铆钉；18—球形接头；

19—螺母；20—防松螺母；21—U 形接头

注：飞机前轮转向转弯通过方向舵踏板实现，带弹簧力感转弯组件将飞机前起落架上的齿轮转弯机构与方向舵杆上的
　　摇臂连接，可实现从中立位置向左右大约 10° 的转弯角度。通过刹车可实现从中立位置向左右最大 30° 的转弯角
　　度，通过一个柔性防护罩可将转弯拉杆组件进入机身入口处进行密封。

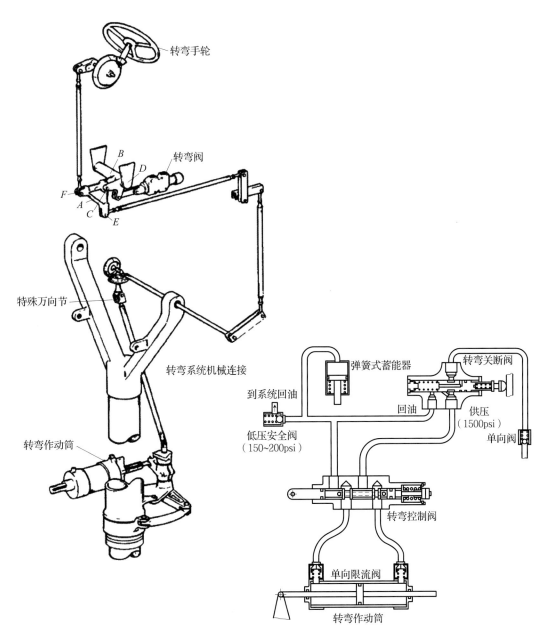

图 10-66　马丁 2-0-2 飞机前轮转弯机构

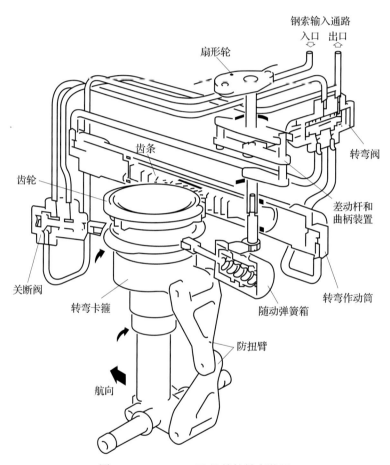

钢索输入通路

入口　出口

扇形轮

转弯阀

齿条

齿轮

差动杆和
曲柄装置

关断阀

转弯作动筒

转弯卡箍

随动弹簧箱

防扭臂

航向

图 10-67　BAe.146 飞机前轮转弯装置

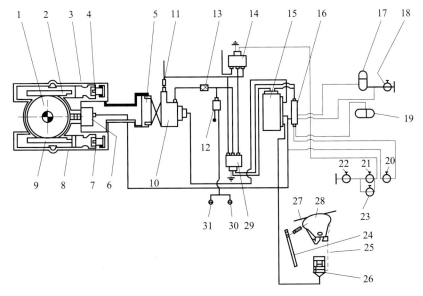

（a）阿尔法喷气飞机前轮转弯原理图

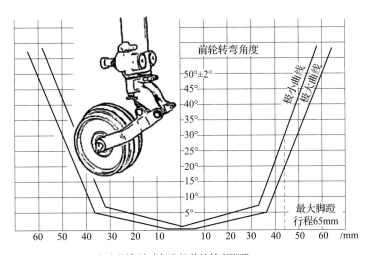

（b）阿尔法喷气飞机前轮转弯脚蹬
行程与前轮转角关系

图 10-68　阿尔法喷气飞机前轮转弯系统

1—扭矩套环；2—齿条（右侧）；3—转弯支架（右侧）；4—减摆器；5—旋转连接；6—反馈电位计；

7—减摆器；8—转弯支架（左侧）；9—齿条（左侧）；10—控制阀；11—非回油阀；12—压力开关；13—油滤；

14—选择阀；15—控制箱；16—继电器；17—微型开关；18—液压保险（过流保护）；19—地面安全开关；

20—开关（控制杆）；21—转弯开关（前舱）；22—断路器；23—转弯开关（后舱）；24—脚蹬；

25—控制杆；26—转弯电位计；27—控制钢索（方向舵）；28—钢索导向轮；

29—选择阀；30—驾驶舱指示装置（后舱）；31—驾驶舱指示装置（前舱）

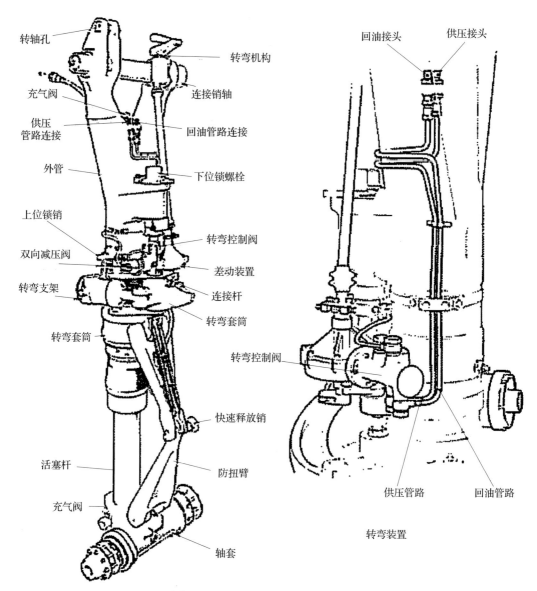

图 10-69　BAe.748 飞机前轮转弯机构

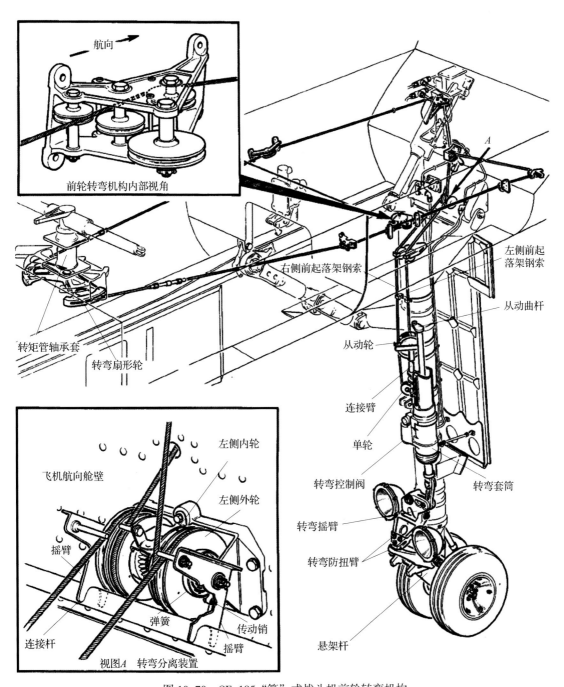

航向

前轮转弯机构内部视角

转矩管轴承套

转弯扇形轮

右侧前起落架钢索

左侧前起
落架钢索

从动曲杆

从动轮

连接臂

单轮

转弯控制阀

转弯套筒

转弯摇臂

转弯防扭臂

悬架杆

飞机航向舱壁

左侧内轮

左侧外轮

摇臂

连接杆

弹簧

传动销

摇臂

视图A 转弯分离装置

图 10-70　CF-105 "箭"式战斗机前轮转弯机构

前轮处于中立位置

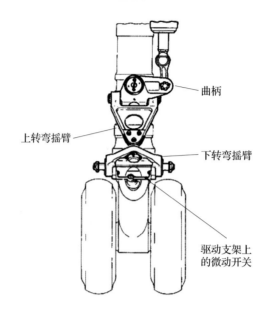

曲柄

上转弯摇臂

下转弯摇臂

驱动支架上
的微动开关

前轮旋转至左侧位置

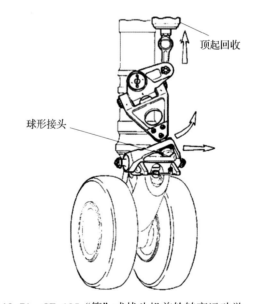

顶起回收

球形接头

图 10-71 CF-105 "箭"式战斗机前轮转弯运动学

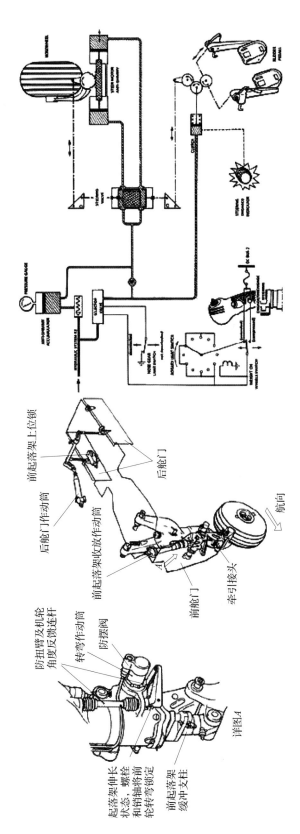

图 10-72　"美洲虎" 飞机前轮转弯机构（示意图）

583

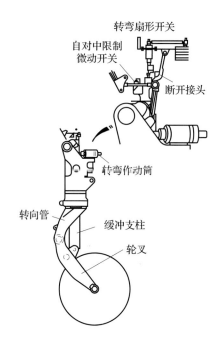

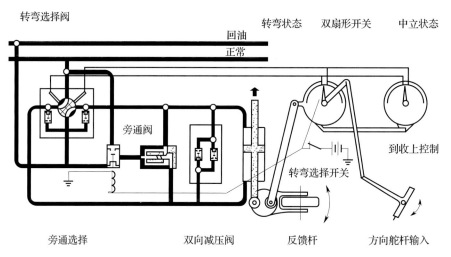

图 10-73 "海盗"(Buccaneer)飞机前轮转弯机构

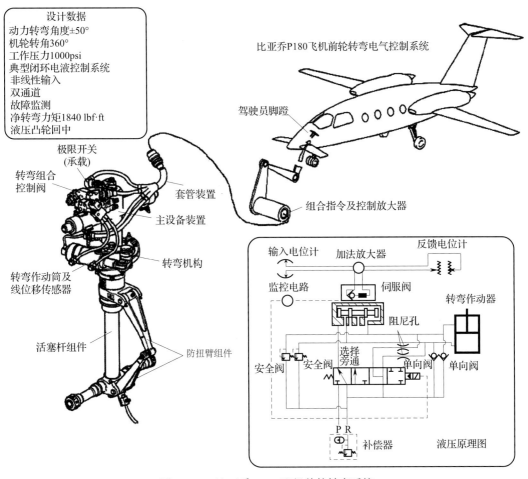

设计数据
动力转弯角度±50°
机轮转角360°
工作压力1000psi
典型闭环电液控制系统
非线性输入
双通道
故障监测
净转弯力矩1840 lbf·ft
液压凸轮回中

比亚乔P180飞机前轮转弯电气控制系统

驾驶员脚蹬

组合指令及控制放大器

极限开关
(承载)

转弯组合
控制阀

套管装置

主设备装置

转弯机构

转弯作动筒及
线位移传感器

活塞杆组件

防扭臂组件

输入电位计　加法放大器　　反馈电位计

监控电路　　　　　伺服阀

阻尼孔

转弯作动器

安全阀　安全阀　选择
旁通　　　　单向阀　单向阀

P R
补偿器　　　液压原理图

图 10-74　比亚乔 P180 飞机前轮转弯系统

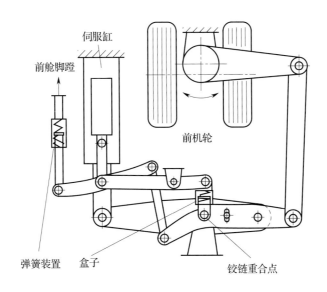

伺服缸

前舱脚蹬

前机轮

弹簧装置　盒子　　　铰链重合点

585

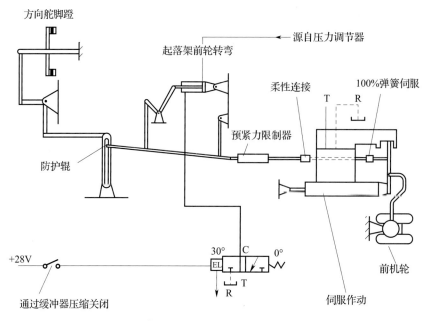

注：T—供压；C—控制；R—回油。

图 10-75　萨伯维根飞机前轮转弯机构

图 10-76　"湾流" G550 飞机马达驱动
前轮转弯装置安装

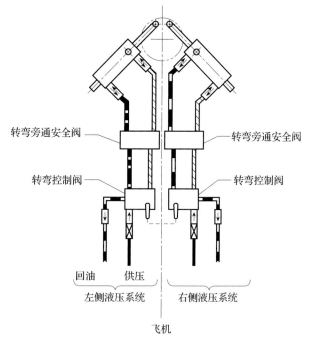

图 10-77　DC-9 飞机推挽余度液压装置

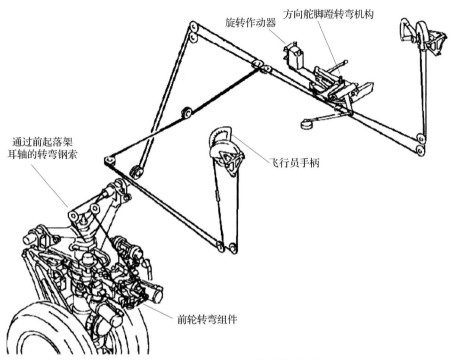

旋转作动器

方向舵脚蹬转弯机构

通过前起落架
耳轴的转弯钢索

飞行员手柄

前轮转弯组件

图 10-78　波音 737 飞机前轮转弯机构

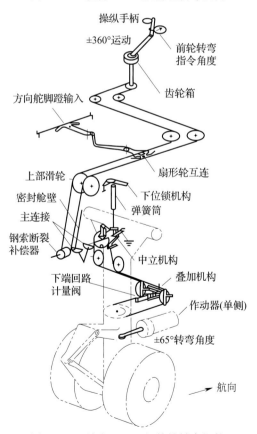

操纵手柄

±360°运动

前轮转弯
指令角度

齿轮箱

方向舵脚蹬输入

扇形轮互连

上部滑轮

密封舱壁

主连接

钢索断裂
补偿器

下位锁机构

弹簧筒

中立机构

下端回路
计量阀

叠加机构

作动器(单侧)

±65°转弯角度

航向

图 10-79　波音 767 飞机前轮转弯机构

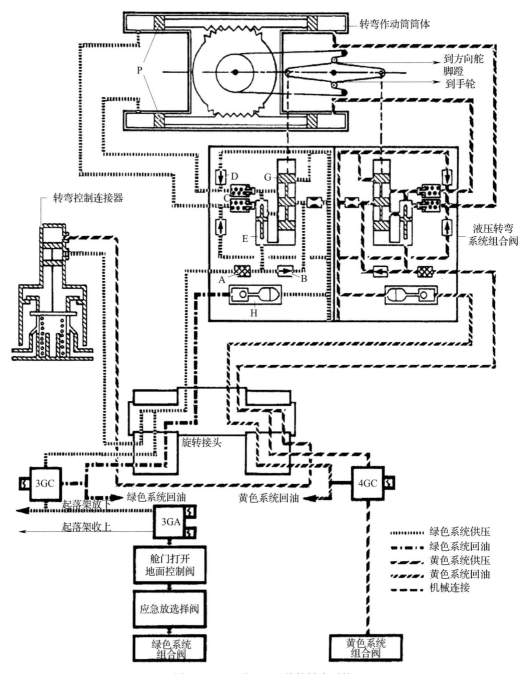

图 10-80　空客 A300 前轮转弯系统

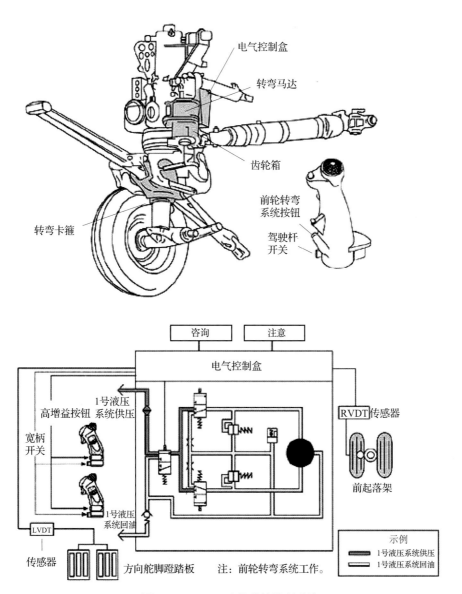

图 10-81　T-45 飞机前轮转弯系统

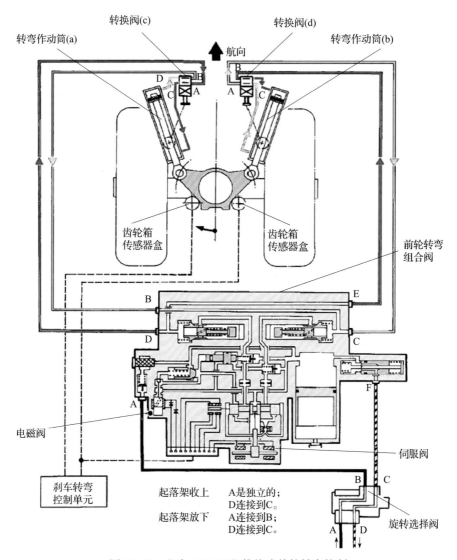

图 10-82 空客 A330 飞机推挽式前轮转弯控制

10.6.6 尾轮转弯

通常尾轮在轻型飞机上使用，不是所有尾轮具有转弯功能，许多是自由定向的，它的转弯是通过方向舵或差动刹车实现的。一些飞行员认为，在侧风着陆时，自由定向的后轮可以减少飞机侧翻的风险。当尾轮可操控时，通常是与方向舵联动或直接通过弹簧（见图 10-83）或张力绳（见图 10-84）与操纵钢索连在一起，以允许尾轮位置相对于舵面临时发生变化或瞬时偏转，吸收碰撞摆动能量。通常在尾轮左、右两侧布置不同刚度的弹簧抑制摆动。双触点轮胎也可以用于抑制摆动。合适的几何参数和倾斜角度也是至关重要的，对于弹簧承载的尾轮，由于弹簧的偏转倾斜角会随着垂直载荷而变化。整个弹簧偏转范围内应保持足够的倾斜角度，以确保转弯的稳定性，避免尾轮趋于不稳定的情况。倾斜角推荐值见第 6 章。

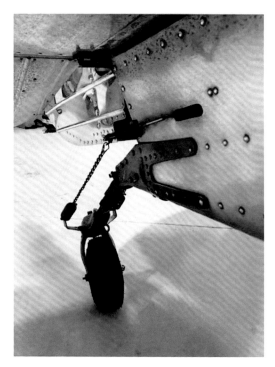

图 10-83 轻型飞机尾轮

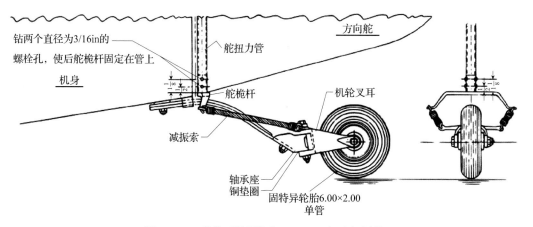

图 10-84 泰勒"幼狐"(Taylor Cub)飞机尾轮

将尾轮锁定在中立位置将利于侧风起飞和着陆（机轮锁定情况），并方便飞机地面操纵。直升机上通常布置可锁定的尾轮，飞机起飞和着陆期间将尾轮锁定。图 10-85 展示了尾轮锁定布置示例。直升机尾轮锁定通常使用钢索或电机驱动，用警示标志或手动操作杆来防止牵引时后轮处于锁定状态，虽然大多数飞机在驾驶舱布置专用的操纵装置控制后轮锁定，但部分固定翼飞机将飞控操纵装置和尾轮锁定装置进行关联。以便升降舵操纵装置推至最前时自动解锁尾轮，而升降舵操纵装置在中立和后部时自动锁定。北美 T-6 和 P-51 的改进型以及赛斯纳 180 等最新的飞机采用了这种设置。飞行员对这种相互关联控制的意见各不相同，许多飞行员更喜欢独立的锁定杆。一些飞机，尾轮锁定状态将尾轮与方向舵固定并允许转弯，尾轮解锁状态可以自由定向。许多旋翼机锁定位置是真正锁定在直线前进位置。

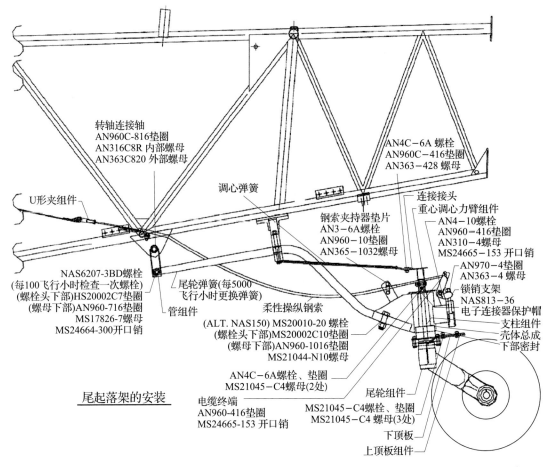

转轴连接轴
AN960C-816垫圈
AN316C8R 内部螺母
AN363C820 外部螺母

AN4C-6A 螺栓
AN960C-416垫圈
AN363-428 螺母

U形夹组件

调心弹簧

连接接头
重心调心力臂组件
AN4-10螺栓
AN960-416垫圈
AN310-4螺母
MS24665-153 开口销
AN970-4垫圈
AN363-4 螺母
锁销支架
NAS813-36
电子连接器保护帽
支柱组件
壳体总成
下部密封

钢索夹持器垫片
AN3-6A螺栓
AN960-10垫圈
AN365-1032螺母

NAS6207-3BD螺栓
(每100飞行小时检查一次螺栓)
(螺栓头下部)HS20002C7垫圈
(螺母下部)AN960-716垫圈
MS17826-7螺母
MS24664-300开口销

尾轮弹簧(每5000
飞行小时更换弹簧)
管组件

柔性操纵钢索
(ALT. NAS150) MS20010-20 螺栓
(螺栓头下部)MS20002C10垫圈
(螺母下部)AN960-1016垫圈
MS21044-N10螺母

AN4C-6A螺栓、垫圈
MS21045-C4螺母(2处)

尾轮组件
MS21045-C4螺栓、垫圈
MS21045-C4 螺母(3处)

下顶板
上顶板组件

__尾起落架的安装__

电缆终端
AN960-416垫圈
MS24665-153 开口销

图 10-85　"画眉鸟"（Turbo Thrush）飞机带轮锁的尾轮

10.6.7　主起落架转弯实例

　　主起落架转弯虽然并不常见，但在某些情况下却是必要的。如图 10-86 所示，B-52 飞机在 4 个主起落架上都设置有转弯系统。每个主起落架都是两轮支柱式起落架，与前起落架在构型上相似，对于转弯机构而言，没有特殊注意事项。但其一个关键特征是，在着陆过程中，B-52 飞机可以操纵 4 个起落架与跑道对正，并且允许飞机以机翼水平、偏斜方向着陆。C-5 "银河"飞机有着类似功能。

　　道格拉斯 DC-8 飞机的早期机型允许四轮小车式起落架的后面一对机轮进行转弯（锁定机构来保证飞机起飞、降落和收放时机轮对正）。在其后续的改型中，这种配置被传统的小车式起落架取代。大多数六轮小车式起落架设置一套可操纵的转轴来减小飞机转弯半径和轮胎磨损。

　　波音 777 飞机（见图 10-87）和空客 A380 飞机通过可操纵后轴来实现主轮转弯；而图波列夫的图 -154 通过可操纵前轴来实现主轮转弯，且均采用气压回中和阻尼作动器。空客 A350-1000 采用无转向轴的六轮小车式起落架，经操纵研究表明，在不需要转向的情况下，即可实现需要的转弯半径。与无转向轴的小车式起落架相比，带转向轴的小车式起落架重量增加、可靠性降低。在飞机后推和准备起飞时，操纵后轴转向时，要确保其处于锁定状态，因此需要对锁定机构进行精细化设计，以此来确保系统能够可靠地找到中心位置并锁定。

图 10-86 B-52 飞机 4 个主起落架转弯图

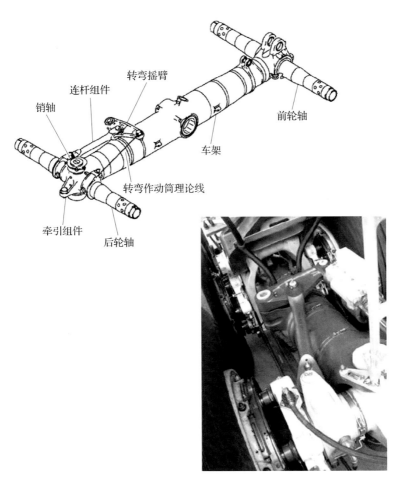

图 10-87 波音 777 飞机主轮转弯机构

10.6.8 牵引

牵引时必须要谨慎对待动力转弯系统，除非转弯系统已经被解除，否则转弯系统会与牵引动作冲突，而这可能导致系统超压，并损坏执行机构和阀门。液压转弯系统通常装有一个手动阀，手动阀可以使系统进入自由定向模式，在电传转弯系统中，地勤人员通过操纵转弯解除开关，可以解除系统的动力转弯功能。这些阀门和开关通常直接安装在前起落架凸出位置，以便于地勤人员操作，可以与对讲机和其他开关的插孔安装在同一个控制面板上。

图 10-88 "协和"号飞机上的目视转弯位置指示器

飞机牵引转弯时，超过一定的角度就可能造成起落架机械损坏，通常在转弯机构中设置转弯角度指示标牌，以便于牵引车司机观察是否接近极限位置，图 10-88 为"协和"号飞机的示例，有的在前起落架舱门处使用油漆标示过牵引指示标记。当指示标记与牵引杆对齐时，就代表已经到达了最大牵引位置。即便有可视指示标记，也有可能出现牵引角度过大导致机械部件变形和损坏的情况。除非牵引人员意识到了这个事故并且上报情况，否则损坏会继续加重，甚至最终可能导致转弯系统故障。为了使这种情况发生后能有告警显示，某些飞机安装了过牵引探测系统。一种方式是使用接近传感器主动检测牵引杆位置，另一种方式是使用机械开关，当机械开关被触发时将主动提醒飞机系统。图 10-89 是一种机械限位开关的示例。

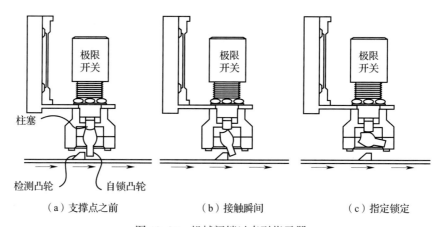

（a）支撑点之前   （b）接触瞬间   （c）指定锁定

图 10-89 机械闭锁过牵引指示器

另一种方式是断开防扭臂：通过断开防扭臂顶部销轴和断开通过转轴的所有连接线束，前轮可以实现任何方向的牵引。防扭臂顶部销轴处采用快卸销连须接（无须使用工具），这种装置通常安装在转向能力有限的转弯系统中，以便在牵引时无须考虑到达转向执行器内的限位。虽然这些系统对地勤人员来说很方便，但它们也有一些缺点，因为它们一旦处于断开而没有恢复时，将导致滑跑时没有动力转弯（而且前轮极易发生摆振）。一些飞机在前起落架的前面或者附近安装牵引销，以代替断开防扭臂这种方式，也便于拖车能够进入。

10.7　着陆灯和滑行灯

飞机在夜间运行时存在照明需求，以便飞行员在起飞和降落时能够看到跑道，还能看到脱离道和滑行道。这些灯可以是白炽灯、高强度气体放电（HID）或发光二极管（LED）类型。在 ARP693[47] 和 ARP6402[48] 有着陆和滑行灯的建议法。建议每个着陆灯为夜间着陆提供足够的跑道白光照明。作为设计目标，着陆地面滑跑时，在飞行员前方 122m（400ft）处至少应提供 21.5lx（勒［克斯］）光线（2ftc[①]（英尺烛光））；飞行员前方 91m（300ft）处至少应提供 5.4lx 光线（0.5ftc）。这样的照明技术指标垂直于光束测量。这些建议用图 10-90 ~ 图 10-92 表示。需要注意的是，不同飞机的正常进场姿态取决于飞机速度、襟翼位置和其他参数。通常飞机着陆姿态和滑行姿态是不一样的。无论如何，着陆灯应该为最终进场（进近）、着陆和地面滑行照明提供足够的光照覆盖范围。

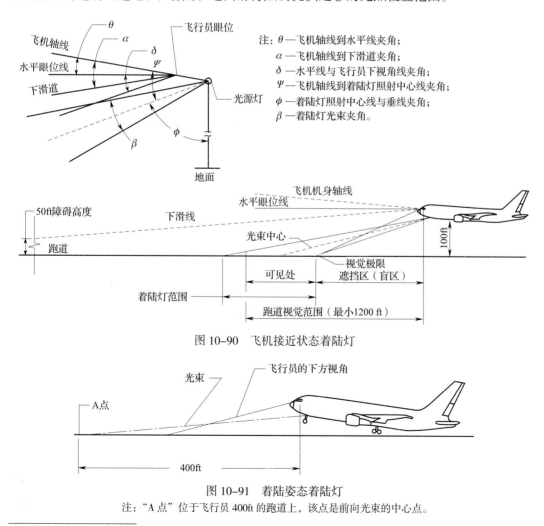

图 10-90　飞机接近状态着陆灯

图 10-91　着陆姿态着陆灯

注："A 点"位于飞行员 400ft 的跑道上，该点是前向光束的中心点。

① 1ftc=10.76lx。——编辑注

上述建议的做法可能不适用于轻型飞机，但其仍需要足够的照明。一般来说，飞机的进场速度越快，提供足够的远距照明就越重要，使飞行员能够在适当的时间看到跑道和降落点。单发动机轻型飞机通常安装一个 100W，10 万 ~20 万烛光度灯泡。大型飞机可以使用多个 1000W 灯组，产生 50 万烛光度的光亮。不同类别飞机的着陆灯的建议数量如表 10-13 所示。

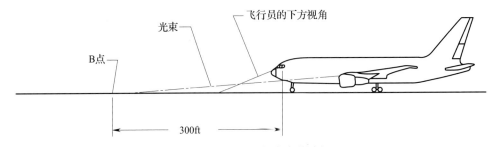

图 10-92　地面滑行姿态着陆灯

注："B 点"位于飞行员 300ft 的跑道上，该点是前向光束的中心点。

表 10-13　建议的着陆灯数量

飞机类别	着陆灯最少数量
单发轻型飞机	2 个
双发轻型飞机	2 个
多发大型螺旋桨飞机	3 个
多发大型喷气式飞机	4 个
军用战术飞机	2 个
直升机	1 个可收放着陆灯 1 个探照灯（可用作着陆灯）

大型飞机上通常安装有地面滑跑时的关断灯和滑行灯，以方便地面操纵，并允许非常明亮的着陆灯在地面上关闭，避免导致机场其他人员炫目。作为设计目标，关断灯和滑行灯应该能为飞机中心线的两侧提供白色照明，两侧位置应从飞机对称中心线到翼尖外 3m（10ft）。在飞行员前 15.25m（50ft）和驾驶舱外 24.5m（80ft）外关断灯应提供亮度 21.5lx（2ftc）。在机场跑道上的关断灯应提供 54lx（5ftc），在飞行员前方 30.5m（100ft）处，滑行灯最低应提供亮度 54lx（5ftc）（见图 10-93）。这样的照明技术指标测量时采用垂直于光束的方式。滑行灯和关断灯照明区域之间不应该有无照明区域。建议飞机正常滑行的姿态，关断灯应调整至每一盏灯的光束的中心，照到最低为 15.25m（50ft）和飞行员前两侧 24.5m（80ft）的区域，如图 10-93 所示。安装在前起落架上的滑行灯的灯束轴心应尽可能与飞机的滑行方向一致。一个可行的解决方案是在前起落架的转动部位安装灯组，这样当前轮转弯时，灯组就会侧向随动。滑行灯与前轮转弯同步旋转的例子如图 10-94 所示。

滑行灯总是期望安装在可转动的部件上，并且需要在暴露区安装可灵活运动的、柔性的电缆。许多飞机在不同的位置安装固定着陆灯和滑行灯——在前起落架（见图 10-95）或前起落架舱门上（见图 10-96）。

用于着陆灯和滑行灯的灯具尺寸见 PAR-36、PAR-46 和 PAR-64。由于 LED 照明不需要与传统白炽灯泡相同的真空罩和反射器，因此在相同的尺寸范围条件下，LED 灯（见图10-97）的尺寸和形状更容易实现、更易于集成。LED 灯可选白色光照明和红外照明，这对使用夜视镜的战术攻击机是非常有利的。

PAR 系列灯泡的规格以 0.125in 为增量。PAR-64 的直径为 8in，PAR-46 的直径为5.75in。使用前需与灯泡供应商核对精确尺寸以及电连接器的选型。PAR-46 灯泡的示例尺寸如图 10-98 所示，PAR-64 灯泡的示例尺寸如图 10-99 所示。PAR-64 石英灯泡的质量接近 1kg，而 PAR-46 石英灯泡的质量接近 0.5kg。大多数的灯泡采用 28VDC 供电，而在一些轻型飞机上，采用的小灯泡则采用 12VDC 供电。

在美国航空母舰上起降的固定翼飞机，需要设置迎角指示灯供航母甲板上的着舰指挥官（LSO）观察。早期的舰载机将这些灯安装在前起落架舱门上，而最新的飞机则直接将指示灯模块安装在前起落架上，如图 10-100 所示，其模块的质量约为 1.6kg。

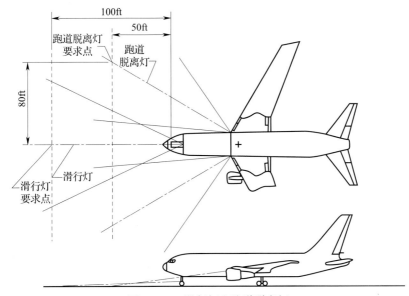

图 10-93　滑行灯和跑道脱离灯

（a）波音727飞机　　　　　　　　　　　　　（b）G550飞机

图 10-94　前起落架上的滑行灯

图 10-95　前起落架安装着陆灯和滑行灯

图 10-96　前起落架舱门安装着陆灯

图 10-97　传统封装的 LED 灯（安装在 A–10 "雷电"（Thunderbolt）Ⅱ 飞机上）

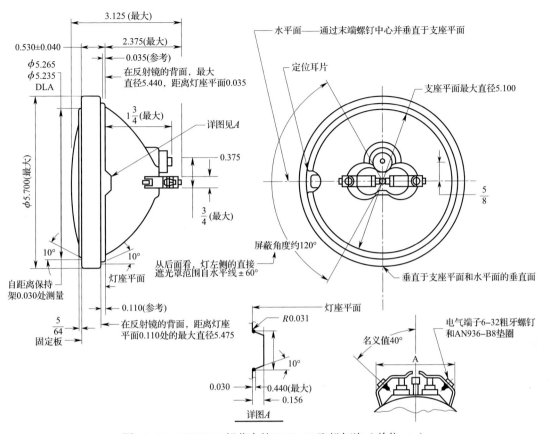

图 10-98 MS25241 规范中的 PAR-46 飞机灯泡（单位：in）

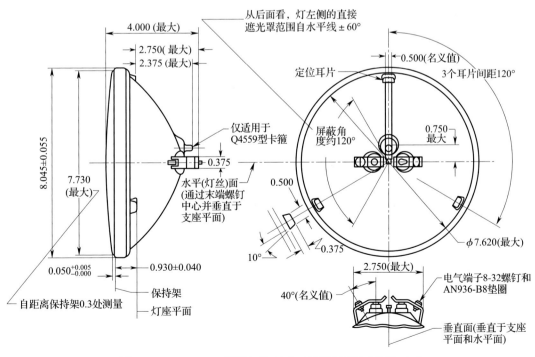

图 10-99 MS25242 规范中的 PAR-64 飞机灯泡（单位：in）

图 10-100 舰载机的迎角指示灯

参 考 文 献

[1] Dacko, L., Darlington, R.F., Van Roon, P., and Shindman, D., "Integrating Aircraft Landing Gear Systems," SAE Technical Paper 1999-01-5522, 1999, https://doi.org/10.4271/1999-01-5522.

[2] Aerospace Standard, "Electrical Power, 270 V DC, Aircraft, Characteristics and Utilization of," AS1831, Revision A, SAE International, October 2017.

[3] Aerospace Recommended Practice, "Document for 270 Voltage Direct Current (270 V DC) System," ARP4729, Revision A, SAE International, November 2017.

[4] Interface Standard, "Aircraft Electric Power Characteristics," MIL-STD-704F Change 1, Department of Defense, December 2016.

[5] "Environmental Conditions and Test Procedures for Airborne Equipment," DO-160G Change 1, RTCA, Inc., December 2016.

[6] Aerospace Standard, "Electric Power, Aircraft, Characteristics and Utilization of," AS1212, Revision A, SAE International, December 2012.

[7] Aerospace Information Report, "Aerospace Hydraulic Fluids Physical Properties," AIR1362, Revision C, SAE International, November 2016.

[8] Aerospace Information Report, "8000 psi Hydraulic Systems: Experience and Test Results," AIR4002, Revision A, SAE International, November 2012; Flippo, R.V., "8000 psi Hydraulic System Seals and Materials Test Program-Final Report," SAE Technical Paper 871895, 1987, https://doi.org/10.4271/871895.

[9] Aerospace Standard, "General Requirements for Hydraulic System Reservoirs," AS5586, SAE International, February 2002.

[10] Aerospace Standard, "General Requirements for Hydraulic Fuse-Quantity Measuring," AS5466, SAE International, August 2012.

［11］Aerospace Standard, "General Requirements for Hydraulic Fuse–Flow Rate," AS5467, SAE International, January 2016.

［12］Aerospace Recommended Practice, "Electrohydraulic Servovalves," ARP490, Revision E, SAE International, February 2008.

［13］Aerospace Information Report, "Aerospace Hydraulic and Pneumatic Specifications, Standards, Recommended Practices, and Information Reports," AIR737, Revision F, SAE International, August 2012.

［14］Aerospace Standard, "Aerospace Fluid Power–Contamination Classification for Hydraulic Fluids," AS4059, Revision F, SAE International, September 2013.

［15］Aerospace Standard, "Graphic Symbols for Aircraft Hydraulic and Pneumatic Systems," AS1290, Revision B, SAE International, December 2011.

［16］Aerospace Recommended Practice, "Aerospace Design and Installation of Commercial Transport Aircraft Hydraulic Systems," ARP4752, Revision B, SAE International, December 2013.

［17］Aerospace Recommended Practice, "Aerospace Design and Installation of Commercial Transport Helicopter Hydraulic Systems," ARP4925, Revision B, SAE International, October 2014.

［18］Arndt, W.E., "Secondary Power Requirements for Large Transport Aircraft," SAE Technical Paper 680708, 1968, https://doi.org/10.4271/680708.

［19］Schmidt, H.F. and Gerwig, H.F., "Why Pneumatics? or The Case for Pneumatics for Intermittent Services on Aircraft," SAE Technical Paper 470097, 1947, https://doi.org/10.4271/470097.

［20］Bayuk, R.R., "Pneumatic Actuating Systems in the U.S.Air Force," SAE Technical Paper 530081, 1953, https://doi.org/10.4271/530081.

［21］Thompson, C.R., "Cold Weather Operation of Aircraft," SAE Technical Paper 530148, 1953, https://doi.org/10.4271/530148.

［22］Hull, J.D. and Schmidlin, A.E., "All–Pneumatic Aircraft," *Applied Hydraulics & Pneumatics*, May 1959, 126–128.

［23］Military Specification, "Pneumatic Systems, Aircraft, Design and Installation, General Requirements for," MIL–P–5518D, Department of Defense, June 1993.

［24］Aerospace Information Report, "Mechanical Switch Usage for Landing Gear Applications," AIR4077, SAE International, October 2017.

［25］Aerospace Information Report, "Landing Gear Switch Selection Criteria," AIR5024, SAE International, October 2013.

［26］Aerospace Information Report, "Design, Development and Test Criteria–Solid State Proximity Switches/Systems for Landing Gear Applications," AIR1810, Revision C, SAE International, October 2013.

［27］Aerospace Recommended Practice, "Tire Pressure Monitoring Systems（TPMS）for Aircraft," ARP6137, SAE International, August 2015.

[28] Aerospace Recommended Practice, "Aircraft Wheel Inflation Valves Incorporating an Inflation Pressure Gauge," ARP5543, January 2015.

[29] Aerospace Standard, "Wiring Aerospace Vehicle," AS50881, Revision F, SAE International, May 2015.

[30] Aerospace Information Report, "Guide for Installation of Electrical Wire and Cable on Aircraft Landing Gear," AIR4004, Revision A, SAE International, July 2015.

[31] Aerospace Standard, "Wire, Electrical, Fluoropolymer-Insulated, Copper or Copper Alloy," AS22759, Revision D, SAE International, May 2018.

[32] Advisory Circular, "Electrical Fault and Fire Prevention and Protection," AC25-16, Federal Aviation Administration, April 1991.

[33] Aerospace Standard, "WIRE, Electrical, Fluoropolymer-Insulated, Crosslinked Modified ETFE, Lightweight, Tin-Coated, Copper, 150 ℃, 600 Volt, ROHS," AS22759/32A, SAE International, December 2015.

[34] Detail Specification, "Connectors, Electrical, Circular, Miniature, High Density, Quick Disconnect (Bayonet, Threaded or Breech Coupling), Environment Resistant with Crimp Removable Contacts or Hermetically Sealed With Fixed, Solderable Contacts, General Specification for," MIL-DTL-38999M with Amendment 2, Department of Defense, September 2017.

[35] Aerospace Recommended Practice, "Design of Tubing Installations for Aerospace Hydraulic Systems," ARP994, Revision B, SAE International, November 2016.

[36] Aerospace Information Report, "Industry Practices and Guidelines for the Selection of Coiled Tubes, Flexible Hoses, Swivels, and Extension Fittings for Aircraft Fluid Systems," AIR4918, SAE International, January 2013.

[37] Aerospace Information Report, "Handling and Installation Practice for Aerospace Hose Assemblies," AIR1569, Revision A, SAE International, September 2014.

[38] Aerospace Information Report, "Hose Characteristics and Selection Chart," AIR797, Revision E, SAE International, January 2013.

[39] Aerospace Recommended Practice, "Hose Assemblies, Installed, Visual Inspection Guide For," ARP1658, Revision B, SAE International, October 2014.

[40] Detail Specification, "Swivel Joint, Hydraulic," MIL-DTL-5513D, Department of Defense, April 2012.

[41] Rothi, R.D., "New Design Concepts in the DC-9 Hydraulic System," SAE Technical Paper 650323, 1965, https://doi.org/10.4271/650323.

[42] Aerospace Information Report, "Historical Design Information of Aircraft Landing Gear and Control Actuation Systems," AIR5565, SAE International, August 2017.

[43] Aerospace Recommended Practice, "Mechanical Control Design Guide," ARP5770, SAE International, November 2012.

[44] Aerospace Information Report, "Aircraft Nosewheel Steering/Centering Systems," AIR1752, Revision A, SAE International, April 2013.

［45］Murphy，R.，Wiseman，R.，and Stack，C.，"T-45 Stability Augmented Steering System，" in *Flight Test-Sharing Knowledge and Experience*（1-1-1-4）.*Meeting Proceedings RTO-MP-SCI-162*，Paper 1.Neuilly-sur-Seine，France：RTO.

［46］Meyers，A.，"The Development of Non-Hydraulic Shimmy Dampers，" SAE Technical Paper 2000-01-1710，2000，https：//doi.org/10.4271/2000-01-1710.

［47］Aerospace Recommended Practice，"Landing and Taxiing Lights-Design Criteria for Installation，" ARP693，Revision D，SAE International，March 2012.

［48］Aerospace Recommended Practice，"LED Landing，Taxiing，Runway Turnoff，and Recognition Lights，" ARP6402，Revision A，SAE International，May 2016.

第11章 特殊功能

对于一些特殊构型的飞机，通过增加起落架功能或者增强起落架结构，能够为飞机及其操纵性能带来很大的整体收益。在进行该类设计前，应该对增加这类结构的复杂性和获得的收益进行明确的研究和权衡。本章中没有说明的其他特殊功能设计，可以参考AIR4846[1]。

11.1 弹射与拦阻

早期的航空母舰都是使用拖索将舰载机机体与弹射器相连（见图11-1（a））。现代舰载机用安装于前起落架上的弹射杆与航母甲板上的弹射滑梭啮合（见图11-1（b））。由于蒸汽弹射器无法在瞬间提供足够的弹射力，需要先使用连接在飞机前起落架与甲板之间的牵制杆将飞机限位，当弹射力达到预定值时，牵制杆释放，飞机弹出。拖索弹射类型的飞机使用可剪断的安全插销，而前起落架弹射类型的飞机则采用可重复释放的牵制杆来实现该功能①。

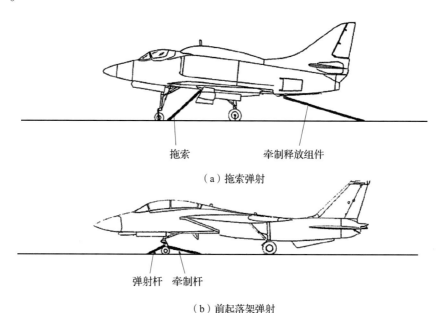

（a）拖索弹射

（b）前起落架弹射

图11-1 弹射与拦阻类型

牵制杆是一种基于应变的卡爪式锁定装置，当载荷达到预定值时该装置会解除锁定[2]。如图11-2所示的F/A-18飞机，一般是在前起落架后侧的防扭臂交点上，安装有一个适配的弹性U形接头。在设计牵制杆接头及结构时，要能够承受最大释放载荷并能

---

① 这是一种发展趋势，对新研飞机可按此作实现目标；对已有飞机，即便是采用前起落架弹射杆和牵制杆，也可采用折（剪）断螺栓式构型作为一种选择。——译者注

与释放时引起的冲击相适应，同时需要一个缓冲器以防止牵制杆接头发生明显振动。牵制杆的工作原理如图 11-3 所示，更多结构细节见图 11-4。在 MIL-A-8863C[3] 中对释放载荷进行了规定，计算方法如图 11-5 所示。

图 11-2　安装在 F/A-18 前起落架防扭臂交点上的可重复释放牵制 U 形接头

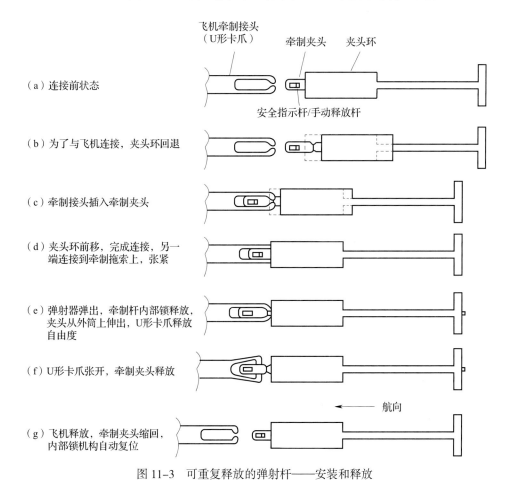

（a）连接前状态

飞机牵制接头（U形卡爪）　牵制夹头　夹头环

安全指示杆/手动释放杆

（b）为了与飞机连接，夹头环回退

（c）牵制接头插入牵制夹头

（d）夹头环前移，完成连接，另一端连接到牵制拖索上，张紧

（e）弹射器弹出，牵制杆内部锁释放，夹头从外筒上伸出，U形卡爪释放自由度

（f）U形卡爪张开，牵制夹头释放

航向

（g）飞机释放，牵制夹头缩回，内部锁机构自动复位

图 11-3　可重复释放的弹射杆——安装和释放

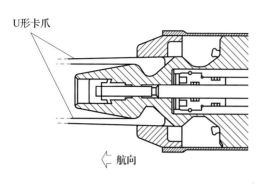

U形卡爪

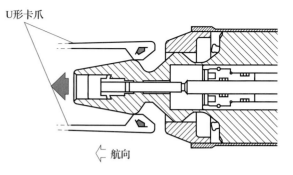

U形卡爪

← 航向

← 航向

（a）飞机牵制接头卡爪（准备弹射）　　　　　　（b）飞机牵制接头卡爪（弹射中）

图 11-4　可重复释放的弹射杆组的运动过程

注：释放。飞机应处于弹射释放的所有姿态。轮胎和缓冲支柱的压缩量应与作用力相对应。飞机牵制杆上的拉伸载荷H（单位lbf）应等于

$$H=1.65\left[\frac{T+5500+0.2W}{\cos\theta}\right]+0.06R$$

式中：

T为最大推力，如果飞机装有助推装置，则应考虑在寒冷天气时海平面高度点火时引起的冲击影响，lbf。

$W^{①}$为最大设计重量，lb。

$θ$为释放时，牵制杆与甲板之间的夹角。

弹射杆上的载荷应为平衡所需的载荷。侧向载荷应是弹射系统由于MIL-L-22589规定的偏心位置导致的最大可能偏差而引起的载荷。

R为最小释放载荷，lbf。

图 11-5　MIL-A-8863C 提供的释放载荷计算方法

　　飞机通过前起落架从甲板上弹射起飞；弹射杆与弹射滑梭联合使用，如图 11-6 所示。弹射杆常需要一个弹簧装置，当弹射杆处于放下位置时，弹簧驱动装置将弹射杆推压在甲板上；与此同时，弹簧装置具有足够的适应性，保证弹射杆能够越过甲板上包括滑梭在内的凸起处。如图 11-6 所示的 F-18 前起落架上，弹射杆的驱动装置（包含一个用于"弹射"状态时的液压作动筒和提供弹性的扭力弹簧）通过连杆与弹射杆相连。达索"阵风"M 使用外部拉簧来提供弹射装置工作时所需的适应性。

　　弹射系统的设计参照 MIL-L-22589[4]，更多细节信息应在飞机设计规范中规定。如图 11-7 所示，飞机进入弹射的路径和几何布置（不对中）是参照该标准绘制的。弹射杆上的载荷十分大，如 F/A-18E/F 飞机的载荷超过 250000lbf[5]，因此弹射杆本体通常是按照限制使用次数设计的（每次使用都会在弹射杆的标签上进行标记）。确定弹射载荷的指南可查阅 MIL-HDBK-2066[6]。

　　为了解决甲板上操纵以及弹射起飞性能的问题，舰载机通常对前起落架缓冲器内部进行适应性设计及改装。如 A-5"警卫"（Vigilante）和 F-14"雄猫"（Tomcat）这样的早期

---

　　① 本书 W 作为重力使用时，单位为 lbf。——译者注

图 11-6 F/A-18E 前起落架

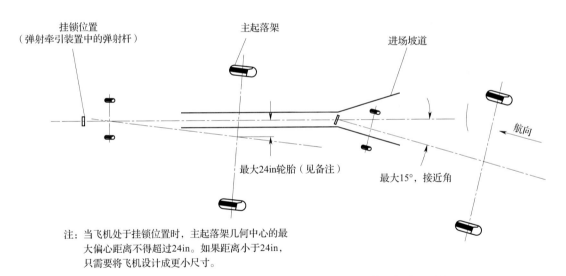

注：当飞机处于挂锁位置时，主起落架几何中心的最
大偏心距离不得超过24in。如果距离小于24in，
只需要将飞机设计成更小尺寸。

图 11-7 MIL-L-22589 提供的弹射操纵时前 / 主起落架的偏心距离

飞机为了进行弹射起飞，对前起落架进行设计使其可以通过系统对高度进行调节。为了顺利起飞，A-5 飞机可以通过飞机液压系统进行增压，使前起落架缓冲器（顶升）全部伸长出来，当弹射拖索脱钩后，该系统功能将进行机械式激活。牵制装置释放，飞机起飞，前起落架缓冲器压力回流释放，为下次着陆做好准备。F-14 配备了一个飞行员操纵选择器（使用的是弹射杆，而不是弹射拖索），通过将油液回流至主液压系统，使得前起落架下蹲，缓冲器缩短 14in。在下蹲弹射位时，缓冲器的静压曲线设置一个平直段（此时，缓冲器静态载荷持续增加，缓冲器保持在同一压缩量不变，飞机可以保持姿态角不变），使得检查舱门区域时的可达性得到了改善。在弹射过程中，牵制力沿着静压曲线将缓冲器进一步压缩 4in 至触底弹射动态位置（见图 11-8）。当弹射杆从弹射滑梭脱离

且飞机的机轮未离开航母甲板时，缓冲器气腔中储存的能量被释放，帮助飞机从 −1.5° 的弹射俯仰角旋转使飞机抬头（ 12° ~ 15° ）。当飞机离地后，起落架自动恢复到伸长状态。

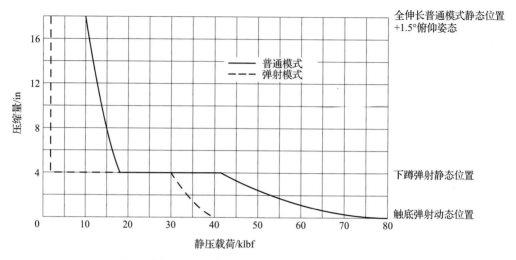

图 11-8　格鲁门 F-14 前起落架静压曲线

11.2　跃升支柱

在弹射时，F-14 的前起落架的缓冲支柱快速外伸特性在概念上类似于跃升支柱设计，其是针对短距起降飞机提出并测试的。跃升支柱内部设置了一个分离活塞，将起落架缓冲器与高压气腔进行隔离，可以从预充气的储气罐中快速注入该气腔，达到将缓冲器迅速向外推使飞机向上 "跃升" 的效果。如果在前起落架上使用该跃升支柱，飞机能够迅速实现转动并抬头起飞，从而减少尾翼 / 升降舵组合所需的尺寸和控制需求，或者，如果所有的起落架都同时跃升，飞机的起飞距离就会大幅缩短。美国国家航空航天局（NASA）进行的对一架低噪短距起降研究机（QSRA）研究表明，当使用跃升支柱时可以有效缩短飞机的起飞距离，结果[7]表明，当飞机的推重比为 0.4 时效果最为明显（13%），但当飞机的推重比为 0.3 时，效果则不够显著。早先在 T-38 和 X-29 测试机上的试验表现出显著的提升。基于跃升支柱使飞机快速旋转抬头的结果，有理由认为更高推重比的飞机将产生更好的结果，这些飞机能够以更快的加速度利用迎角的变化。低噪短距起降研究机研究项目中使用的传统支柱和跃升支柱的起落架如图 11-9 所示。该结构的安装和系统图如图 11-10 所示。

另一部分分析[8]表明，使用跃升支柱可以减小尾翼的尺寸。但民用飞机使用跃升支柱功能起飞时，则需要考虑合适的裕度。当跃升支柱技术一旦在个别飞机上成功实现，飞机将会普遍装备具有跃升支柱功能的起落架。

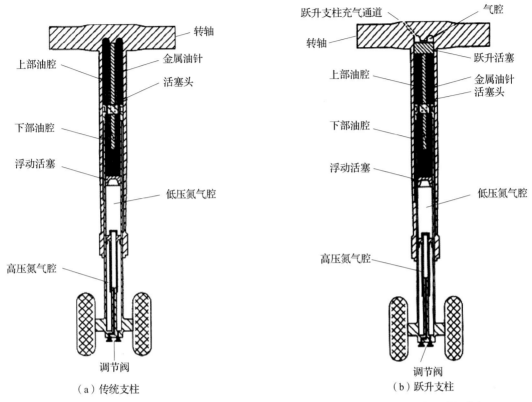

图 11-9 传统支柱前起落架和低噪短距起降研究机（QSRA）使用的跃升支柱前起落架

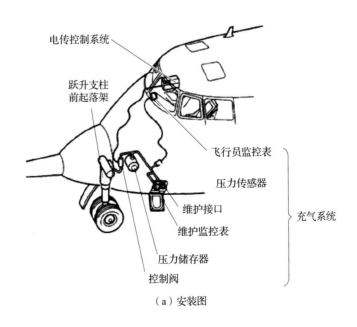

（a）安装图

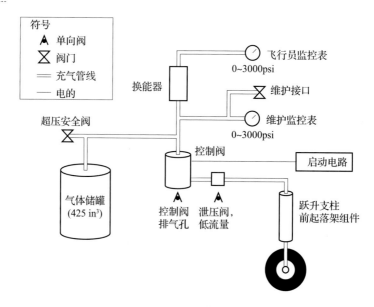

（b）系统图

图 11-10　低噪短距起降研究机（QSRA）的跃升支柱起落架安装及系统图

11.3　顶升和下蹲

伸长缓冲器的系统通常称为"顶升"系统，虽然尚未广泛应用，但在需要通过伸长前起落架以增加机翼迎角时该系统是有用的。除了前文中提到的 A-5 "警卫"舰载机以外，

诺斯罗普 F-5 改型机和麦克唐纳 F-4"鬼怪"舰载机等也配备了这一类系统。大部分的"顶升"系统设计中，通过在缓冲器周围增加一个伸缩筒，形成一套由飞机液压系统驱动的液压缸。采用上述布置的飞机通常设置两套防扭臂：一套用于缓冲器，另一套用于"顶升"液压缸。具体如图 11-11 所示（图中所示该飞机目前陈列在博物馆中，其中缓冲器和"顶升"液压缸活塞杆上部均设有锁盖）。

当主起落架位于飞机重心过于靠后的位置时，飞机的水平尾翼很难产生足够的气动力矩使飞机抬头并完成起飞。例如，波音 B-47 和米亚 M-4 这一类采用自行车式起落架构型的飞机，都存在上述问题；为了解决该问题，各个厂商采用了不同的策略，B-47 飞机加大机翼的安装角，这样飞机起飞时就不需要抬头，只需要将飞机加速到起飞速度，就可以以滑跑姿态完成起飞；而 M-4 飞机则是另一种不同的方式：该飞机没有选择增大机翼的安装角，而是在前起落架上增加了一套

图 11-11　舰载空军麦克唐纳 F-4K 飞机处于"伸长"位置的前起落架

"顶升"系统，飞行员通过控制该系统，来操纵飞机起飞滑跑时机身仰角[9]。特别对诸如翼身融合体和翼身混合体这一类设想中的飞机布局，类似的布置可能成为一大设计优势。

　　大量的货运飞机能够实现起落架下蹲功能，该功能通过缩短地面上缓冲器的高度，达到降低飞机地板高度、减少装载所需斜台长度及重量的目的。通用的方法有两种：液压式下蹲和机械式下蹲。液压式下蹲方法通过将缓冲器油腔和飞机液压系统连通而实现，通过将缓冲器中的油液输送至飞机液压油箱的方式，实现起落架下蹲；当飞机需要恢复至正常高度时，通过液压的增压系统将油液重新输入缓冲器，提升起落架高度。如图 11-12 所示，霍克 - 西德利公司的安多弗主起落架采用了液压式下蹲系统，采用一种串联双腔缓冲器的复杂布置形式，可以通过自身下蹲 22.4in，从而实现货运平台高度总计下降 45in 的目标。采用液压式下蹲系统，需要飞机液压系统和缓冲器使用相同的液压

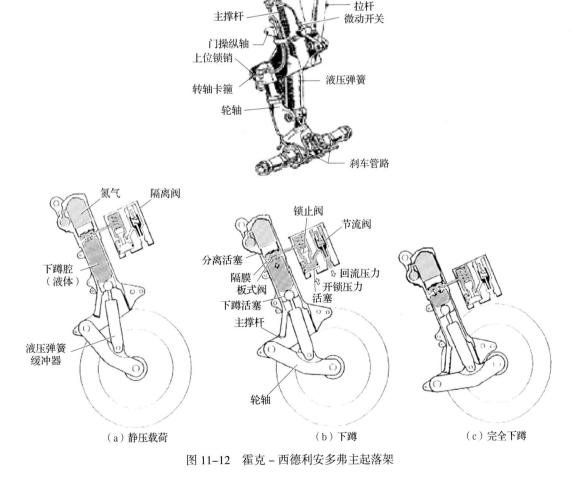

图 11-12　霍克 - 西德利安多弗主起落架

油。如果使用两种不同的液压油（如液压系统中的磷酸盐酯和缓冲器中的烃基油），则需要使用带有分离活塞的油腔，确保不同油液之间相互隔离。同时，需要特别注意密封结构的设计和密封材料的选择，避免不同油液交叉污染，以及由于液体不相容导致密封损坏的问题。空客的 A400M 军用运输机采用了三套双轮摇臂式起落架（配置类似于安东诺夫的安 -22），每一组起落架都具备下蹲功能，具体布置如图 11-13 所示。通过将下蹲腔和缓冲腔分别设置在缓冲器两端，从而实现起落架缓冲器与飞机液压系统之间的油液分离（见图 11-14 ）。

图 11-13　空客 A400M 主起落架

实现下蹲的另一种方法是机械式下蹲系统，该系统将地面上的起落架部分收起，或者通过其他的几何方法使得起落架缩短。

洛克希德的 C-5 飞机使用两个由滚珠丝杠驱动的机械式下蹲系统，柯里[10]描述该主起落架的操作情况如下：

如图 11-15 所示，主起落架通过主转轴悬挂在机身主框的两个主交点上。这些轴是大型铝合金主支架锻件的一部分。在这个锻件的中心有一个孔，缓冲支柱可以自由地在这个孔中上、下滑动。缓冲支柱的顶部连接有一个十字接头，十字接头上悬挂有两个滚珠丝杠。这些滚珠丝杠从十字接头上悬挂下来连接在主支架的滚珠螺母上。当这些滚珠螺母旋转时，十字接头与主支架分离，主支架沿着缓冲支柱向下滑动至其底部与车架上的止动垫块接触。

人们研究了各种驱动滚珠螺母的方法，目前采用的方法是由辅助动力装置或发动机排气，驱动空气马达的链条对螺母进行驱动，该驱动方式可以根据需求让螺母在任意位置停下来。

考虑卸载时的情况，随着重量的减小，缓冲支柱中的载荷减小，主支架上升与车架上的止动垫块会分离，为了避免这种情况，当主支架降到最低点后，滚珠丝杠继续驱动缓冲支柱向上运动 5in。这样做实际上伸长了支柱，提供了余量，保证了货舱地板的基本稳定，上述设计没有考虑轮胎和结构变形。

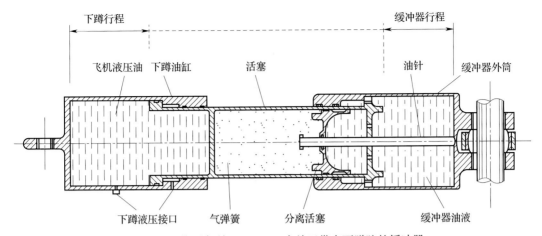

图 11-14　美国专利 7,007,891 中关于带有下蹲腔的缓冲器

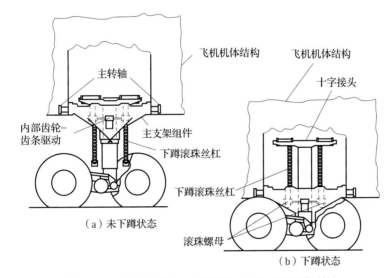

（a）未下蹲状态

（b）下蹲状态

图 11-15　洛克希德 C-5 "银河"主起落架下蹲系统

主起落架缓冲支柱的剖面如图 11-16 所示。前起落架系统如图 11-17 所示。通过主起落架下蹲固定的量以及改变前起落架的下蹲量，飞机可以采取三种不同的下蹲姿态：水平、机头下蹲和机尾下蹲。柯里对前起落架的描述如下：

　　该起落架是一个传统起落架，有 4 个轮胎，轮胎的大小选择理由与主起轮胎相同，主要与飘浮性相关。该起落架为单支柱结构，由两个滚珠丝杠拉动支柱顶部的摇臂实现向后收放，这两个丝杠同时用于实现下蹲功能。丝杠通常由一个液压马达连接两级变速齿轮箱来进行驱动。电动马达用于紧急放工况。当负载相对较轻时，针对高速收起工况使用一种速度。对于下蹲工况和起立工况使用更慢的速度，并且后一种工况的载荷非常高。因此，滚珠丝杠是根据下蹲的条件设计的，其强度远远高于正常的收放使用要求。为了在前起落架提供一个稳定的平台，缓冲支柱底部的滚轴上设置一个止动台，当选择下蹲模式时，该止动台自动转动到适当的位置并锁定。

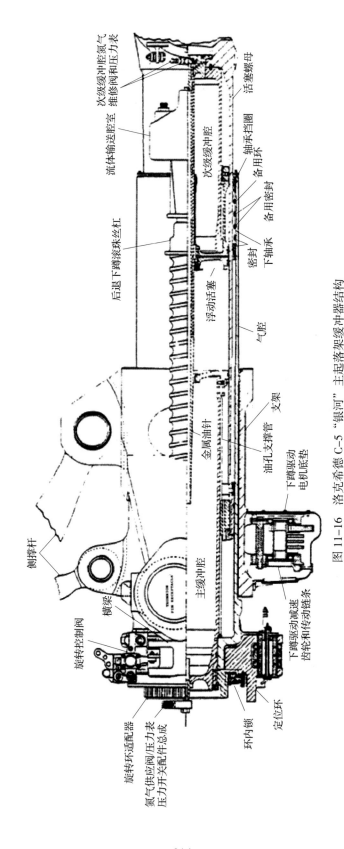

图 11-16　洛克希德 C-5 "银河" 主起落架缓冲器结构

次级缓冲腔充气
维修阀和压力表

流体输送腔室

活塞螺母

次级缓冲腔

轴承挡圈

备用环

备用密封

密封

下轴承

后退下蹲滚珠丝杠

浮动活塞

气腔

金属油针

油孔支撑管

支架

下蹲驱动
电机底垫

主缓冲腔

下蹲驱动减速
齿轮和传动链条

侧撑杆

横梁

环内锁

定位环

旋转控制阀

旋转环适配器

氮气供应阀/压力表
压力开关配件总成

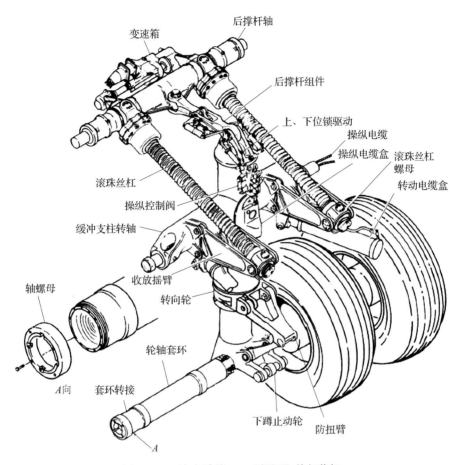

图 11-17　洛克希德 C-5"银河"前起落架

在安东诺夫的安 -124 和安 -225 飞机上也使用了类似的滚珠丝杠收放和下蹲系统。这些飞机采用了两组双轮前起落架，而不是一组四轮前起落架。安 -225 的下蹲机构位置如图 11-18 所示，飞机下蹲时，通过辅助支撑来支撑住飞机，安 -124 的辅助支撑如图 11-19 所示。

图 11-18　安东诺夫的安 -225 下蹲

图 11-19　安东诺夫的安 -124 前置辅助支撑

当有些型号军用直升机需要由运输机运输时，它们的主起落架的下蹲系统可以手动开启。完成下蹲后，直升机的高度降低，稳定性增加。AH-64 的主起落架如图 11-20 所示。下蹲腔中的液压油可以排出，从而压缩缓冲器行程（见图 11-21），当需要时，再将油液从地面油源设备反抽回至缓冲器。一个分离活塞将下蹲腔和缓冲器隔离开。在许多设计中，包括 AH-64，下蹲腔也可以充当抗坠毁吸能腔。在高速接地时，机械保险和爆破盘破裂，流体压缩通过油孔消耗能量。

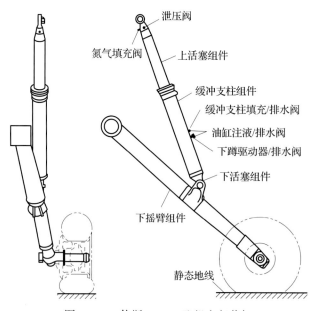

图 11-20　休斯 AH-64 飞机主起落架

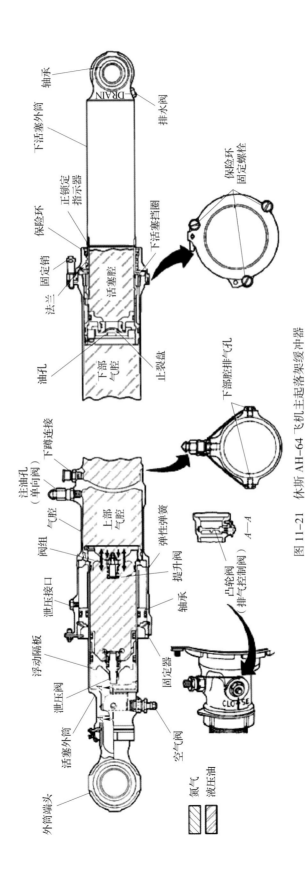

图 11-21　休斯 AH-64 飞机主起落架缓冲器

11.4 自动滑行

几十年来，人们一直在思考和讨论，如何动力驱动机轮使飞机能够在主发动机不工作的情况下进行机动。从 2010 年开始的 10 年中，民用飞机领域针对这一类系统，加大了发展和认证工作的力度。在考虑这类系统时，设计人员必须明确选择对哪个机轮进行动力驱动、使用何种能源，预期的地面机动场景（和能源需求），并且要考虑该类系统的安全性问题。分析[11]表明，短距离使用动力驱动拖曳飞机地面操纵可以节省燃料。另外，该系统也可以减少机场的噪声和排放。

任何驱动系统都必须先克服摩擦力使飞机开始运动，然后能够有足够的力矩克服滚动阻力并使飞机加速，在规定的时间内达到必要的速度。摩擦力随所用轮胎的类型与轮胎的接触道面，以及飞机停留时间的长短而变化。波音公司的一份报告[12]估计摩擦因数为 0.04 ~ 0.05，但如果飞机长时间停留在低温环境下，则为 0.3。在同一篇论文中提出滚动摩擦因数为 0.02。该系统必须产生足够的机轮力矩，使飞机加速至滑行速度（在 20s 内从 0kn 加速到 10kn，以穿越繁忙的跑道[13]），以及应对不同机场的爬升坡度（在连续跑道的坡度为 2%，短距离的坡度为 4.5%）。图 11–22 是按波音报告重制的，给出了机轮所需的牵引力和功率要求。

当用电机和变速箱产生机轮所需的扭矩时，也需要考虑轮胎与地面之间能够利用到的接触摩擦力。由于前机轮轮毂内有可利用的空间，因此考虑将驱动系统安装在前起落架的机轮上。然而，前起落架仅能承担飞机 3% ~ 8% 的重量，因此利用前起落架上可提供的最大牵引力是有限的。轻微潮湿 / 湿滑的滑行道在采用前轮驱动系统之前，应仔细地评估飞机预期的重量和重心范围，确认前轮可用牵引力对所有可能的最大重量、后重心、坡度、潮湿 / 湿跑道最不利组合情况是否满足。在主起落架上安装驱动系统可以化解对现有除结冰跑道外牵引力的担忧，主起落架具备足够的轮胎，有足够利用的牵引力克服地面摩擦力。然而，由于主机轮安装有刹车系统，在主机轮上集成电机 / 变速箱要比在前机轮上更具挑战性。

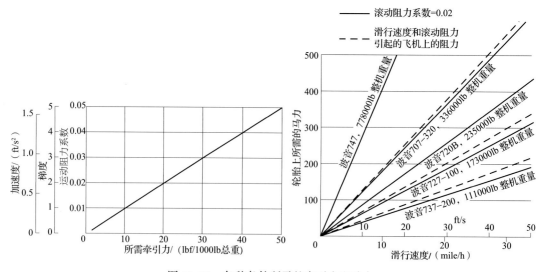

图 11–22　各种条件所需的牵引力和动力

多年以来，人们提出了许多为机轮驱动提供动力的方法，包括空气马达和液压马达。针对波音 737 或空客 A320 这种尺寸飞机的需求进行的分析表明，这些飞机的液压流量需求非常大，因此需要大规格管路和接头。近期的研究主要集中在电作动上，电作动的电机安装可以位于机轮内部，也可以位于机轮外部。无论哪种安装形式，电机都可以直接驱动机轮或通过齿轮减速箱驱动。某种水平的齿轮减速器似乎提供了最低重量的解决方案，目前已经研制出了几种重量最轻的齿轮减速箱。

自动滑行系统仅设计应用于低速地面操纵情况，需要提供离合器将该系统和机轮断开，如果不断开，着陆过程中自动滑行系统会显著增加轮胎 / 机轮的惯性（可能会导致轮胎过度磨损和潜在的轮胎爆裂问题）。同样，在起飞过程中，如果不断开而采用该系统可能导致过大的阻力并延长起飞距离（针对具体情况结果可能是灾难性的），必须保证系统与机轮的连接能够强制断开。

另外一种方法是，通过设计涵盖整个飞机地面滑跑速度段的系统来解决该问题。空客 E-Fan 演示件配备了样件，该系统由无刷直流电机和链条驱动动力机轮，飞机通过该系统进行地面操纵，同时也可以辅助加速至起飞速度。该系统布置如图 11-23 所示，有关动力机轮和自动滑行系统布置的更多信息见 AIR6246[13]。

图 11-23　空客 E-Fan 动力轮演示机

11.5　轮胎预转

着陆过程中，机轮轮胎由于摩擦会产生大量烟雾，针对这个问题，不少人提出可以在飞机着陆前对轮胎进行预转，使其转速达到着陆速度，从而延长轮胎的使用寿命。目前，对于该项技术的研究已非常深入并申请了大量专利，但实际装机的却非常少。AIR5800[14]文件中对这一问题进行了解释，虽然该项技术确实可以有效地减少机轮轮胎的磨损，但是实际上，飞机着陆时轮胎的磨损量占整体磨损量的比例很小，据统计，在正常运行速度的飞机上，由于触地而造成的轮胎磨损仅相当于总磨损的 5%（见图 3-41），对于大多数飞机而言，轮胎磨损主要发生在刹车和地面操纵过程中。当然，并不是所有飞行器都是如此，例如，类似航天飞机、轨道飞行器等具有高着陆速度的飞行器，这一类飞行器着陆速度高、着陆时垂向载荷大，会导致轮胎快速磨损，根据在航天轨道飞行器主轮胎上进行的一项研究表明，提前旋转到同步速度的 10% 以内可以减少超过 50% 的轮胎磨损[15]。但是，业界普遍认为，减少轮胎磨损带来的收益不足以弥补增加动力系统带来的重量和复杂性。提高轮胎寿命更有效的方法是增加胎面厚度。

尽管如此，研究人员还是对轮胎预旋转技术进行了大量研究，例如，在轮胎胎侧固化橡胶翼翅（类似风扇叶片）进行预转，该方法可以使轮胎产生一定程度的旋转，但是由于翼翅材质易碎，与其考虑如何提高翼翅的韧性，不如考虑在胎面增加橡胶作为磨损材料更为有效。图 3-43 所示为安装有翼翅的轮胎。

预转轮胎的优点还有很多，例如，赛斯纳公司的商务喷气式飞机使用了可以将前轮预转系统，减少集料道面上碎石飞溅，系统具有足够的鲁棒性和冗余度，可以用于减少起落架起转及回弹载荷。尽管缺少足够的冗余，洛克希德"宪法"号也使用了这一类系统。沃特 F7U "弯刀"（Cutlass）飞机的前起落架超长，在前起落架机轮上安装了预转系统，减少了着陆过程中起落架的载荷（见图 11-24）。赛斯纳和沃特的系统都采用安装的空气涡轮吹气使机轮预转。赛斯纳的系统是手动进行操作的，而沃特的系统则可以在油门减速、起落架放下时自动进行。空气流量和气压足以使前起落架上的两个机轮转速达到 2160r/min（相当于 89mile/h），直到主起落架缓冲器压缩，该系统停止进气。洛克希德"宪法"号[16]采用了"扁平"（见图 11-25）发动机，在 120V 交流电下工作，电机采用外电枢上有 168 节线圈的绕组布置和 12 绕组的励磁线圈[17, 30]初始电流消耗为每个电机 75A，

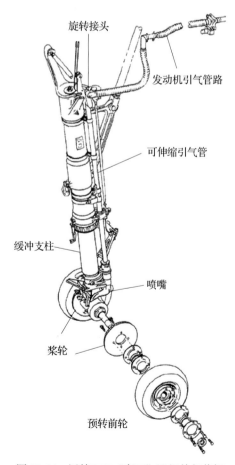

图 11-24 沃特 F7U "弯刀"飞机前起落架

图 11-25　洛克希德"宪法"号预旋转发动机

当机轮达到指定速度后减少到 20A，能够在 2min 内将机轮预转到 80mile/h（±10%）的速度，该系统目前存在的主要问题是如何解决电刷磨损问题。

安装在"宪法"号上的系统能够减少机身载荷并提高乘客的舒适度。坊间传闻表明，当系统运行时，飞行员几乎不会感受到着陆。洛克希德测试表明，当所有主轮的预转系统工作时，发动机短舱的弯曲载荷减少了 50%。载荷减小带来的收益可以用于疲劳设计，但若要减少静载荷，则需要系统具有适当的裕度。使用该技术的系统较少，一般用在机轮、轮胎和刹车组件惯量较大的飞机起落架设计中。

11.6　尾橇

有些飞机在设计时选用了刚性或吸能材料制作的尾橇结构。虽然并非适用于所有飞机，一些设计采用尾橇是因为着陆姿态时飞机尾部离地间隙不足，防止起飞时飞机过度抬头，或是在地面操纵过程中对飞机后翻提供保护，亦或是对旋翼机尾桨提供保护。对于飞机是否有设置尾橇的需求，主要取决于飞机在各种运动条件下的性能特性以及动力学分析结果。通过上述分析，还可以确定尾橇的触地频率，从而确定选用的尾橇类型。大部分尾橇采用油-气式缓冲器，具有类似起落架的收放系统（如"协和"号飞机尾橇，见图 11-26（a））。

其他尾橇采用了可破碎蜂窝或其他被动方式结构或材料，用于抗坠毁吸能。如波音727 尾橇（见图 11-26（b）），它使用了环形弹簧和蜂窝方案。文件 AIR1800[18] 包括有各种尾橇设计的细节。

11.7　重量与平衡

许多年来，设计人员不断尝试在起落架上安装测量系统，希望通过该系统自动化测量代替每次飞行前进行重量与平衡计算工作。更加准确地了解飞机的实际（而不是估算）重量和重心位置可以提高飞机的安全性（在事故发生前识别装载错误），增加周转效率（减少确定重量与平衡所需的时间和精力），可以提高操纵效率（使飞机装载更精确，更接近重心后限，减少水平尾翼负载，降低飞行中产生的阻力）。重量与平衡相关事故的分析[19]显示，由于对飞机总重量或重心位置的认知不准确，货运飞机卷入事故的可能性比民用飞机大得多（是客机的 8.5 倍）；类似的分析也表明，一个能够可靠地提供重量和平衡信息的评估系统可以避免这些事故的发生。

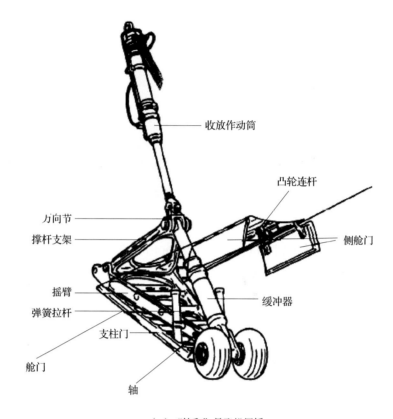

收放作动筒

凸轮连杆

万向节
撑杆支架

侧舱门

摇臂
弹簧拉杆
支柱门

缓冲器

舱门

轴

（a）"协和"号飞机尾橇

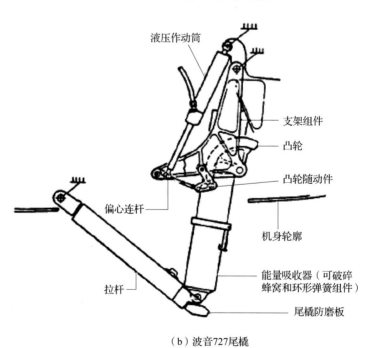

液压作动筒

支架组件

凸轮

凸轮随动件

偏心连杆

机身轮廓

能量吸收器（可破碎
蜂窝和环形弹簧组件）

拉杆

尾橇防磨板

（b）波音727尾橇

图 11-26 "协和"号飞机尾橇和波音 727 尾橇

起落架作为一组测量尺度有先天优势：对每个起落架承担飞机重量的垂直载荷求和可以近似地认为测量中不包含起落架的飞机总重量。为了精准判断，需要知悉起落架部件和滚动部件的重量估算、地面斜度、作用在飞机上的风载，都需要对其进行精确的测量。飞机重量与平衡系统的推荐做法见 ARP1409[20]，其中规定了三类系统：

（1）第 I 类系统具有高精度／性能，非常高的置信度，能够测量和显示飞机重量与平衡状态。

（2）第 II 类系统不能满足第 I 类系统精度的要求，但具有高置信度水平，能够测量和显示飞机重量与平衡状态。

（3）第 III 类系统不能满足第 I 类系统精度的要求，具有高置信度水平，仅能测量和显示飞机的平衡状态。

ARP1409 所要求的置信水平是指受测量精度、统计置信区间和任务执行失败概率（包括任何内置冗余／重复的影响）等影响下的整体测量有效性。第 I 类系统应提供准确的重量与平衡信息，其精度要至少达到已有的重量与平衡地面程序和设备达到的水平。第 II 类或第 III 类系统应提供可靠的方法，能够检测出起飞前用地面程序和设备就能确定的重量与平衡状态中的重大差错。第 II 类或第 III 类系统不必满足第 I 类系统的要求。总体置信度水平的总目标针对第 I 类系统应不低于 99.7%，对第 II 类或第 III 类系统应不低于 95%。系统应该能够确定和显示飞机的重量和重心在飞机真实重量和平均气动弦长（MAC 或等价）的 ±1.0% 范围内。如果需要，侧向重心应确定并显示在侧向重心范围的 ±3.0% 范围内。作为目标，这些精度应保证在 ±3 个标准差范围内。

在传感系统使用方面，测量缓冲器的压力似乎是最直接的方法。在不考虑摩擦的情况下，缓冲器内气体压力与所施加的垂直载荷正相关。最初的监测系统就是通过直接在地面上测量气体压力，作为重量与平衡数据的来源。然而，支柱内部的摩擦力占有相当比例的载荷，而且不稳定，导致这种方法失准。针对此问题，提出并试用了一种改进方法[21]，即通过向缓冲器中注入和抽回一定量的液压油，使得缓冲器内筒移动，通过测量移动过程中压力的平均值，可以更精准地估计出所施加的载荷。已有许多基于测量轮轴或车架横梁挠度的系统，最初使用安装在轮轴或车架横梁内孔上的应变传感器，图 11-27 为安装示例。由于难以保证传感器与内孔的机械连接的长期可靠性，因此在轮轴或车架横梁的中性轴上特制耳片，安装应变可变磁阻传感器，并对其进行了测试（见图 11-28）。中性轴耳片上的测试主要聚焦于定量测量剪切力，消除了弯曲和扭转的影响。

所有依赖于结构变形测量的系统都会因为安装，以及起落架构件的公差（其挠度与所施加的载荷成正比）而受到可靠性问题的影响。耳片安装传感器的公差必须非常小，并且零件的型面加工精度要求也非常高，这就导致生产成本增加。飞机维修人员希望在不需要大规模校准的情况下更换有缺陷的传感器，但这在实际操作中很难实现。联合重量工程师协会有一系列技术论文档案，阐述了实现精确和可靠的机上重量与平衡系统的研发历史，这些论文一致建议开发一个全新的重量与平衡测量系统。值得注意的是，许多已开发、认证和投入使用的重量中心评估系统，最终几乎都已从飞机上移除，重量与平衡计算又回到了过去的估计方法。AIR6941[22] 提供了使用起落架作为测量数据来源的重量与平衡系统的发展综述和回顾。

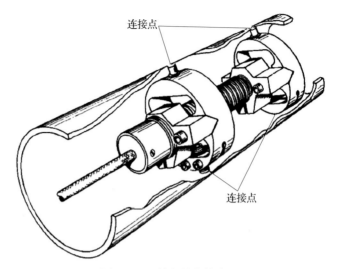

连接点

连接点

图 11-27　轴向载荷传感器

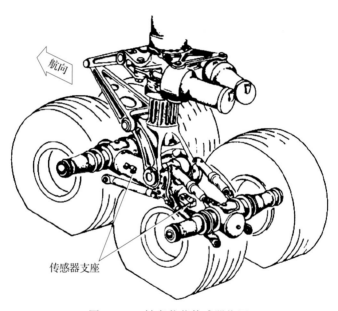

航向

传感器支座

图 11-28　转弯载荷传感器位置

11.8　雪橇

当驾驶飞机在偏远地区、极地地区或在大面积积雪情况时，轮式起落架变得不太适应，装备雪橇通常是首选的解决方案。雪橇通常有 4 种构型：替换机轮式构型（拆卸机轮并安装雪橇，见图 11-29）、固定安装于机轮上构型（雪橇与机轮和轮胎相连，见图 11-30）、固定式贯穿轮胎构型（雪橇与机轮同时安装，使轮胎的固定部分从雪橇下表面凸出，见图 11-31）和收放式构型（雪橇和机轮同时安装，并可以根据需要收起和放下，见图 11-32）。在 DHC-2 "海狸"（Beaver）上使用的收放式雪橇的详细细节如图 11-33 所示。

图 11-29　安东诺夫的安 -2 配备替换机轮式雪橇

图 11-30　固定安装于机轮上的雪橇

图 11-31　固定式贯穿轮胎式雪橇

图 11-32 加拿大德·哈维兰 DHC-2 "海狸" 安装的可伸缩雪橇

制造雪橇的材料种类繁多。早期的雪橇常用木材表面贴金属板制成，现代雪橇则大多数由复合材料或铝制成。由于在使用过程中，雪橇与雪地的摩擦会产生热量使雪融化，停下后则会重新结冰使得雪橇的滑行面与雪面冻结在一起，为了最大程度地减少这种情况，通常选用低摩擦材料或是在雪橇表面添加低摩擦涂层，从而减少该情况的发生，例如，DHC-2 雪橇采用聚乙烯板作为低摩擦滑行表面。

通常，雪橇设计成一个圆形或微锥形的 V 形凹槽，以提高在地面上的方向控制能力，例如，LC-130 "大力神" 飞机的前起落架构型（见图 11-34）。雪橇的大小由飞机的重量和作业区域内雪的条件决定。对于轻的、粉状的雪，就需要降低雪橇对地面的压力。根据以往经验，雪橇的尺寸应设计为其转轴前 55% ~ 65% 表面区域在雪上施加的压力在 1 ~ 1.6lbf/in^2 的范围内[23]，在这种情况下雪橇的前部更容易在雪面上滑行。一份研究报告[24]建议，雪橇可以选用较高的接触压力（2.8 ~ 3.5lbf/in^2）、约 6 的纵横比（长宽比）和 20° ~ 25° 的弓角。但目前为止似乎并没有普遍采用较高的接触压力。洛克希德 LC-130，可能是最大的雪橇飞机，在未铺砌跑道上运行时，主起落架的接触压力接近 4lbf/in^2（当在修整过的雪跑道运行时，接触压力更高）。在 NRC 的报告 MM-225[25]中提出，飞机雪橇摩擦理论是基于现有的雪地压实理论和表面摩擦学基础上发展的。一个成功的雪橇要在压实雪（通过增加滑雪面积）产生的摩擦力和雪橇上的表面摩擦阻力（通过减少雪橇面积）之间寻求平衡。在不同的雪地类型上运行可能需要不同的雪橇几何形状。机轮更换为雪橇时采用的索具信息见 AC43.13-2B[26]；典型的索具如图 11-35 所示。必须提供索具设备来控制雪橇的最大迎角。对于图 11-35 所示的基本装置，通常配备有一个保险索限制雪橇抬起的角度，一般为 0° ~ 5°（飞机处于水平姿态）。同时提供了一种安全索，将雪橇向下的角度限制在 -15° 左右。减振绳用来使雪橇回到其中立位置；为了避免地面硬雪损坏减振绳，在其下部一节使用一种 "硬壳切割器" 的短绳索，以避免减振绳与雪直接接触。可收放的雪橇、机轮贯穿式雪橇，以及与缓冲器相连的雪橇必须采用其他的索具固定方式，但雪橇运动限制的要求是一样的。

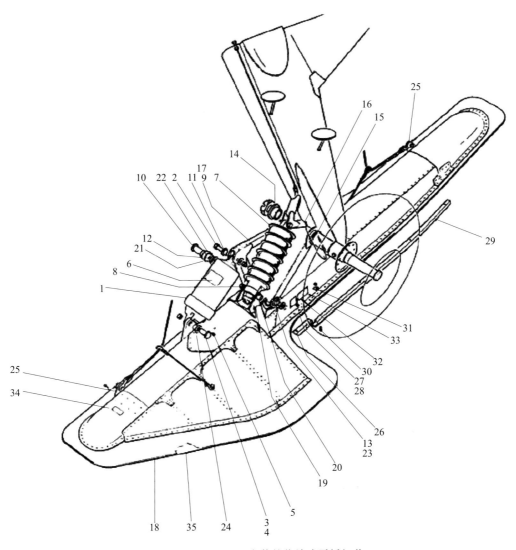

图 11-33　DHC-2 安装的收放式雪橇细节

1—作动器（吸收，收放式雪橇缓冲器）；2，27—螺栓；3—螺栓组件（特制的，连接在滑雪板上）；4，16—注油嘴；

5，30，33—螺钉；6—铭牌；7—单元组件（位置保持，收放式雪橇）；8—销钉；9—连接组件（雪橇，收放式）；

10—销钉（连接，连接至雪橇）；11—衬套（连接，作动器顶端连接）；12—衬套（连接，安装于雪橇内侧）；

13—衬套（连接，安装于雪橇外侧）；14—衬套（连接，安装于内侧）；15—衬套（连接，安装于外侧）；

17—带材（橡胶）；18—结构组件(雪橇，主收放结构)；19—安装组件(雪橇连接)；20—垫圈（底座，配件单元）；

21—衬套（底座，连接内侧外部）；22—衬套（底座，连接内侧内部）；23—衬套（底座，连接外侧）；

24—衬套（底座，驱动）；25—支架（雪橇，前进和后退电缆配件安装）；26—带板（前部，主雪橇）；

28，31—垫圈（锥形）；29—带板（尾部，主雪橇）；32—面板（识别）；34—标注（识别）；35—板材（聚乙烯）

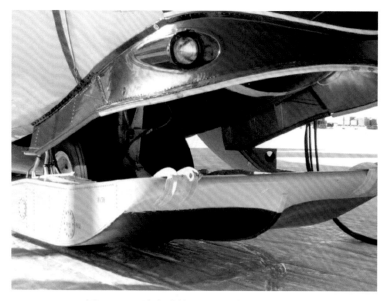

图 11-34　洛克希德 LC-130 前起落架雪橇

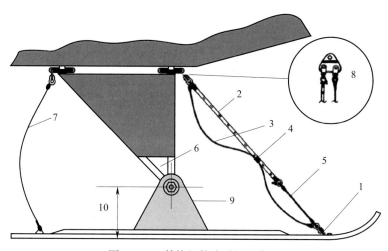

图 11-35　替换机轮式雪橇的索具

1—接头；2—减振绳；3—安全索；4—系带；5—硬壳切割器索具；6—除去织物以方便检查；
7—保险索；8—吊环；9—雪橇底座；10—底座高度

　　雪橇上的限制载荷可以通过静态载荷乘以最大过载（又称载荷系数）来确定。对于过载未知的情况，文件 AC43.13-2B 为过载提供一种算法

$$\eta = 2.80 + \frac{9000}{W + 4000}$$

式中：η——计算的过载；

　　　　W——飞机的最大重量，lb。

　　限制载荷 L 是轮轴载荷乘以过载 η，极限载荷必须采用 1.5 倍的限制载荷。雪橇的民用认证是按照 TSO C28[27] 进行的，而 NAS808[28] 给出了设计和验证指导，该指南提供了 4 个载荷工况，考虑到一个限制载荷 L：

（1）集中垂直 L，作用在转轴下方的雪橇上；

（2）均匀分布的垂直载荷 L 作用在雪橇上；

（3）均匀分布的侧向载荷，0.35L，作用在雪橇上，关于转轴对称（NAS808 提供了一些基于安装高度的载荷减缓方法）；

（4）集中的侧向载荷，0.134L，作用在转轴前方一段距离的雪橇边缘处，该距离为轴距地面高度的 3 倍（NAS808 提供了一些基于附件高度的载荷减缓方法）。

在 AS8860[29] 中，给出了历史上有关雪橇尺寸的军用指南，在着陆条件下雪橇与雪的摩擦因数为 0.25，在起飞条件下雪橇与雪的摩擦因数为 0.40。垂直载荷和侧向载荷应如图 11-36 所示分布。雪橇的载荷分布应如图 11-37 所示，滚转姿态着陆除外，其分配比例为 3∶1。牵引载荷沿雪橇底部均匀分布，不需要与侧向载荷同时考虑。

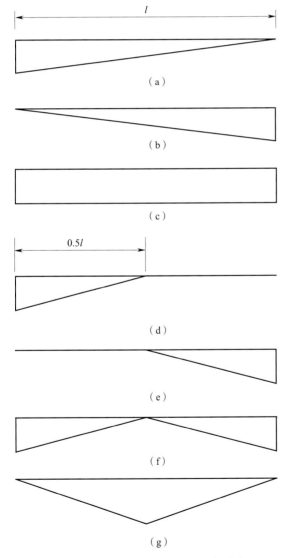

图 11-36　AS8860 提供的雪橇载荷分布

图 11-37　AS8860 提供的雪橇
间距方向载荷分布

参 考 文 献

［1］ Aerospace Information Report，"Extraordinary and Special Purpose Landing Gear Systems," AIR4846，Revision A，SAE International，October 2012.

［2］ Helm，J.D. and Perry，H.H. The History and Development of the Repeatable Release Catapult Holdback Bar，SAE Technical Paper 851942，1985，https://doi.org/10.4271/851942.

［3］ Military Specification，"Airplane Strength and Rigidity Ground Loads for Navy Acquired Airplanes," MIL-A-8863C（AS），Department of Defense，July 1993.

［4］ Military Specification，"Launching System，Nose Gear Type，Aircraft," MIL-L-22589D（AS），Department of Defense，September 1991.

［5］ Holly，M.K.，"Engineering Change Proposal（ECP）6038F/A-18E/F Forward Fuselage Structural Certification," Defense Technical Information Center Reference ADP014165，April 2002.

［6］ Department of Defense Handbook，"Catapulting and Arresting Gear Forcing Functions for Aircraft Structural Design," MIL-HDBK-2066（AS），Department of Defense，March 1999.

［7］ Eppel，J.C.，Hardy，G.，and Martin，J.L.，"Flight Investigation of the Use of a Nose Gear Jump Strut to Reduce Takeoff Ground Roll Distance of a STOL Aircraft," NASA Technical Memorandum 108819，National Aeronautics and Space Administration，September 1994.

［8］ Sankar，B.，"Effect of Jump Strut Nose Landing Gear in Preliminary Design of Aircraft," *AIAA 2012-4953*，*AIAA Atmospheric Flight Mechanics Conference*，Minneapolis，MN，August 13-16，2012.

［9］ Butz，J.S. Jr.，"Soviets Design Adjustable Landing Gear," *Aviation Week*，February 9，1959，77-85.

［10］ Currey，N.S. The C-5A Landing Gear，SAE Technical Paper 670561，1967，https://doi.org/10.4271/670561.

［11］ Teo，A.，Rajashekara，K.，Hill，J.，and Simmers，B.，"Examination of Aircraft Electric Wheel Drive Taxiing Concept," SAE Technical Paper 2008-01-2860，2008，https://doi.org/10.4271/2008-01-2860.

［12］ Hainline，B.C.，Sellereite，B.K.，and Swanke，K.V.，"Powered Wheels-A Concept for Parking and Taxiing of Commercial Transport Airplanes," SAE Technical Paper 710446，1971，https://doi.org/10.4271/710446.

［13］ Aerospace Information Report，"Landing Gear（Engine Off）Taxi System," AIR6246，SAE International，December 2015.

［14］ Aerospace Information Report，"Tire Pre-rotation at Landing," AIR5800，Revision A，SAE International，August 2015.

［15］ Daugherty，R.H. and Stubbs，S.M.，"Spin-Up Studies of the Space Shuttle Orbiter Main Gear Tire," SAE Technical Paper 881360，1988，https://doi.org/10.4271/881360.

［16］Hawkins，W.M. Jr. and Thoren，R.L. LOCKHEED Constitution DEVELOPMENT STORY，SAE Technical Paper 500002，1950，https://doi.org/10.4271/500002.

［17］"Pre-Rotation Motor for Big Plane Wheels," *Aviation News*，December 2，1946，20-21.

［18］Aerospace Information Report，"Aircraft Tail Bumpers," AIR1800，Revision A，SAE International，April 2015.

［19］vanEs，G.W.H.，"Analysis of Aircraft Weight and Balance Related Safety Occurrences," NLR-TP-2007-153，National Aerospace Laboratory NLR，March 2007.

［20］Aerospace Recommended Practice，"Aircraft on Board Weight and Balance System Requirements," ARP1409，Revision C，SAE International，August 2013.

［21］Hawkins，B.J.，"The STAN/MASS System of Determining Weight and Balance," SAWE Paper 896，Society of Allied Weight Engineers，May 1971.

［22］Aerospace Information Report，"Landing Gear Based Weight and Balance Systems," AIR6941，Draft Revision，SAE International，2019.

［23］Husek，D.G.，"Aircraft Skis," Sport Aviation，Experimental Aircraft Association，December 1980.

［24］Klein，G.J.，"The Snow Characteristics of Aircraft Skis," Aeronautical Report AR-2，National Research Council of Canada，1947.

［25］Klein，G.J.，"Aircraft Ski Research in Canada," Report No. MM-225，National Research Council of Canada，August 1950.

［26］Advisory Circular，"Acceptable Methods，Techniques，and Practices-Aircraft Alterations," AC43.13-2B，Federal Aviation Administration，March 2008.

［27］Technical Standards Order，"Aircraft Skis," TSO-C28，Federal Aviation Administration，March 1952.

［28］National Aerospace Standard，"Specification-Aircraft Skis," NAS808，Revision 1，Aerospace Industries Association of America，May 2012.

［29］Aerospace Standard，"Landing Gear Structural Requirements as Listed in the MIL-886X Series of Specifications," AS8860，Revision A，SAE International，October 2010.

［30］Keyser，J.H.，"Electrical prerotation of landing gear wheels," in *Electrical Engineering* vol. 67，no. 12pp. 1154-1159，Dec. 1948，doi: 10.1109/EE.1948.6444490.

第12章 细节设计

好的起落架及其相关结构细节设计应继承成熟的经工程实践验证的结构。本章包含一系列特定的起落架设计主题，但不对具体设计情况进行预计及讨论。关于起落架及其结构的设计指南，可参考 ARP1311[1]。虽然美国国家航空航天局（NASA）关于结构设计的要求 NASA-STD-5017[2] 和起落架设计没有直接的关系，但也可提供一些好的设计建议。

12.1 概述

起落架的设计必须能够承受施加于其上的所有的载荷，并且能在这些载荷作用下具有鲁棒性。但是，起落架也应尽可能轻——确定合适解决方案的关键因素是正确地选择材料及其镀层。零件的外形应适应现有的制造方法，以确保产品的一致性及可重复性。过去，受机加能力及锻造技术的限制，通常大型起落架诸多部件在接头部位均通过销轴静连接。随着材料及制造技术的进步，可以生产更大型的机加零件，从而使起落架总重更轻、部件更少、接头更少、可靠性也更高。独立的大型部件的生产也可用焊接技术。但是，由于起落架的常用材料为高强度、低塑性材料，因此在焊接时必须注意选择焊接工艺，以确保产品制造水平的一致性和可重复性。

起落架结构形式的设计，必须考虑起落架各零部件的载荷传递路线，载荷传递路线尽可能从输入点直接传递到支撑点。为了使部件重量最小化，零件上传载路线部分通常要加强，而远离传载路线部分的材料可以被去除。最经典的构型是——仅在需要的部位使用材料，多余的材料全部移除。由于起落架部件上的载荷高且反复受载，因此应避免应力集中及不连续载荷线。当截面发生变化时，大圆角半径、平滑、连续的载荷线将获得良好的性能和较长的疲劳寿命。

赛斯纳 A-37 飞机主起落架便是一个具有良好起落架设计特征的例子。该起落架的部分部件如图 12-1 ~图 12-6 所示，这些图片来自美国本迪克斯（Bendix）公司的技术报告[3]。从图 12-4 可以看出，A-37 轮轴的设计是一个独立的管状零件插入缓冲支柱活塞杆轴套内。这种类型的设计方法成本最低，但最轻的方法是将活塞杆和轮轴一体化设计。一体化设计不但减少了组件数量，而且增加了部件的耐腐蚀性（通过消除水分聚集及电耦合的可能性）。当设计独立轮轴时，可以选择使用间隙配合或过盈配合的套筒接头。虽然间隙配合需要一套固定装置，以承受施加在机轮上的全部侧向载荷，但是，在服役期间，如果轮轴损坏（可能是由于刹车过热），则可以立即更换。过盈配合的轮轴和轴套之间的摩擦副可以承受一部分侧向载荷，并且不需要间隙配合那样大的固定螺栓。

由于飞机在服役期间轮胎、机轮和刹车更换频繁，因此需要提供一套在轮轴上的轴套，同时在轮轴和机轮轴承之间提供一个摩擦面。这种设计与机轮、轮胎及刹车的重量有关，并且需要特殊工具支撑才能移除。（无论什么原因）如果没有使用工具或部件没有被完全支撑起来，那么拆卸过程中可能会损坏轮轴。轴套通常由钛或耐腐蚀钢制成。通常轴套必须能保留在轮轴上（这样当拆卸机轮或刹车时，轴套不会滑落），并且不能旋转；一般用一个小销钉来实现这两个功能。图 12-7 给出了一个来自波音 777 主起落架的轴套示例。如果因为空间或重量的原因不能使用轴套，可以对轴颈之间的区域进行电镀或喷涂与轴颈相同的镀层。

在撑杆设计中，只要能够满足撑杆折叠后的体积要求，并且能适当地抵抗弯曲应力，可以利用一些常用的结构形式。图 12-6 所示的撑杆是一种非常规的形式，它的上撑杆是由两个独立杆件通过销钉组装而成。在大型起落架上，撑杆一般为整体件，其形式有管状、槽形或开放式梯形。在棱柱形结构中，典型的做法是在保持适当刚度的同时在腹板上打孔减重。

防扭臂组件（见图 12-5）的上、下防扭臂连杆应尽可能采用相同的设计，以降低生产成本。但防扭臂不总是相同的，也存在各种不同的设计。在轮间距比较小的起落架上，可以使用不同长度的防扭臂来保证防扭臂连接销轴（上、下防扭臂连接点）始终在轮胎胎冠之上（短的上防扭臂和长的下防扭臂）。在有些前起落架上，当超出转弯系统转弯角度牵引飞机时，常常需要脱开防扭臂才允许牵引。这种情况下，上、下防扭臂连接处通常用 U 形接头；上、下防扭臂连接销轴上安装有弹性快卸销，如图 12-8 所示。

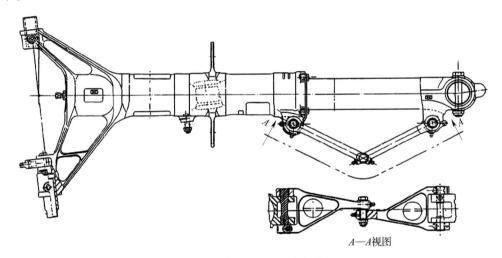

图 12-1　赛斯纳 A-37 主起落架

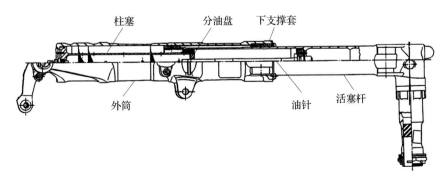

图 12-2　赛斯纳 A-37 主起落架缓冲支柱剖视图

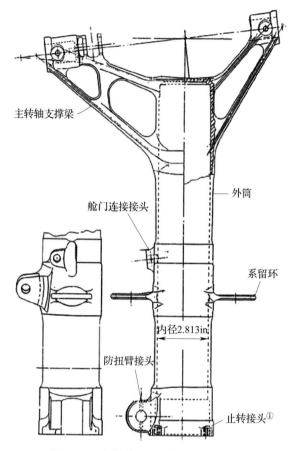

主转轴支撑梁

舱门连接接头

外筒

系留环

内径2.813in

防扭臂接头

止转接头①

图 12-3　赛斯纳 A-37 主起落架外筒

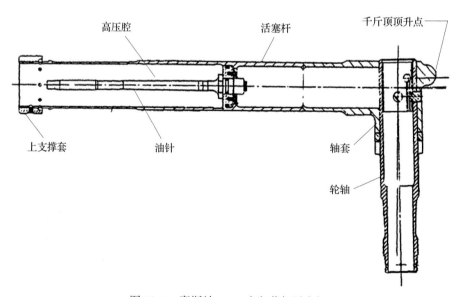

高压腔

活塞杆

千斤顶顶升点

上支撑套

油针

轴套

轮轴

图 12-4　赛斯纳 A-37 主起落架活塞杆

---

① 参考图 12-1。——译者注

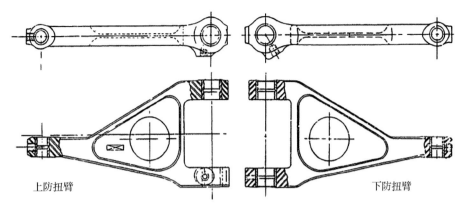

上防扭臂   下防扭臂

图 12-5 赛斯纳 A-37 主起落架防扭臂

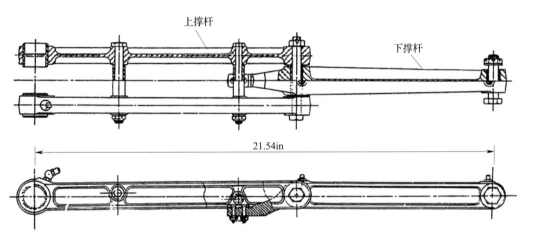

上撑杆   下撑杆

21.54in

图 12-6 赛斯纳 A-37 主起落架侧撑杆

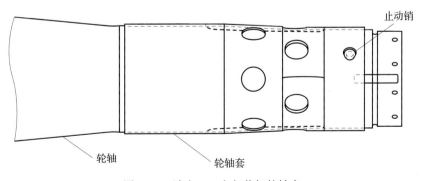

止动销

轮轴   轮轴套

图 12-7 波音 777 主起落架轮轴套

图 12-8　脱开状态的前起落架防扭臂

12.2　结构材料

　　起落架最显著的进步通常来自于新的、更强的材料的产生。由于在飞机飞行时，起落架相当于无用重量，因此，对于大型结构件，应尽力推广应用高强度和高比强度（强度除以密度）材料。根据可用空间，这些零件的材料可以是铝、钛或者钢。研制起落架的个别公司可能开发他们自己的材料或材料规格，许多公司基于测试和经验形成了他们自己的许用材料数据。这些专有数据对于生成和拥有这些数据的企业之外的人是不可用的。不过，大部分强度相近的合金都是按照国际规范生产的：AMS（航空航天材料规范）文件是飞机级材料的主要参考资料，这些规范中通常包含了材料的最低性能要求。此外，主要基于政府资助测试的材料许用数据发布在文件 MMPDS[4]（金属材料性能开发和标准化）中（即以前的 MIL-HDBK-5）。本文由美国联邦航空局提供，并且被认为是可接受的材料许用数据来源。在欧洲，类似的数据资料为 MMDH[5]（金属材料数据手册），它代替了 DEF STAN 00-932。这两个资料的数据都是定期更新的。

　　材料的生产可导致材料重要工程属性发生变化。材料的强度、疲劳寿命、韧性及其他参数可能随每一批材料、甚至同一批材料而变化。为了给工程应用提供合适的数值，通常采用统计方法来保证整个生产过程中所使用材料的性能等于或大于一个适当置信度的计算值。在规范和数据资料中给出了各种值，其中一些考虑到了统计变换，一些没有考虑。这些值通常被定义为 A、B 或 S 基准值。MMPDS 提供了这三种基准值的解释：

　　　● A 基准值——（一个力学性能的限定值）统计计算的 T_{99} 值的较低值，或规范的最小值（S 基准值）。在 95% 的置信度下，99% 的性能数值群的最小值。

　　　● B 基准值——（一个力学性能的限定值）基于统计计算 T_{90} 的值，在 95% 的置信度下，90% 的性能数值群的值不低于此值。

　　　● S 基准值——S 基准值表示的要么是基于行业规范管理部门指定的最小属性值（由 SAE 航空材料部、ASTM 等标准化组织发布），要么是联邦政府或军用材料标准。对于某些由用户热处理的产品（如钢淬火或回火到一个指定的 F_{tu}[①]），该 S 基准值可以反映规定的质量控制要求。与这个值相关的统计可靠性还未知。

---

　　① 极限拉伸强度。——译者注

S 基准值也可以表示下调的派生属性，尽管其主拉力值在 A 和 B 基准值允许范围内，但其减少比率还不确定。

　　对于飞机和航天飞机，A 基准值通常用于单一加载路径（如耳片和多数起落架部件），而 B 基准值用于冗余负载路径（如飞机蒙皮、纵梁和框）。

　　起落架部件（和其他飞机部件）设计的目标是组件重量最小。为给定任务选择特定材料是基于对零件已知载荷、载荷类型（拉伸、压缩、弯曲等）、放置零件的空间或体积等的评估，以及是否需要具有耐腐蚀性。为了帮助指导选择材料，可以使用 Ashby（阿什比）图。图 12-9 ~图 12-11 再现了常见材料（不一定是起落架材料）的三个有趣的 Ashby 图[6]。

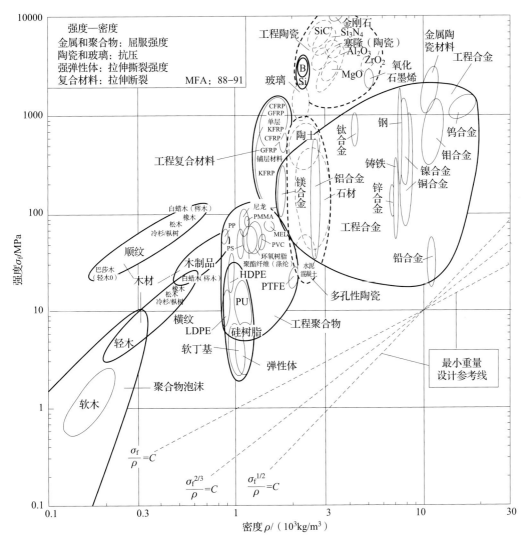

图 12-9　常用材料的强度与密度

CFRP—碳纤维复合材料；GFRP—玻璃纤维增强复合材料／玻璃钢；KFRP—芳纶纤维增强复合材料；

PMMA—聚甲基丙烯酸甲酯／有机玻璃；MEL—三聚氰胺；PVC—聚氯乙烯；PP—聚丙烯；PS—聚苯乙烯；

HDPE—高密度聚乙烯；LDPE—低密度聚乙烯；PTFE—聚四氟乙烯；PU—聚氨酯

（本注解亦适用于图 12-10 和图 12-11）

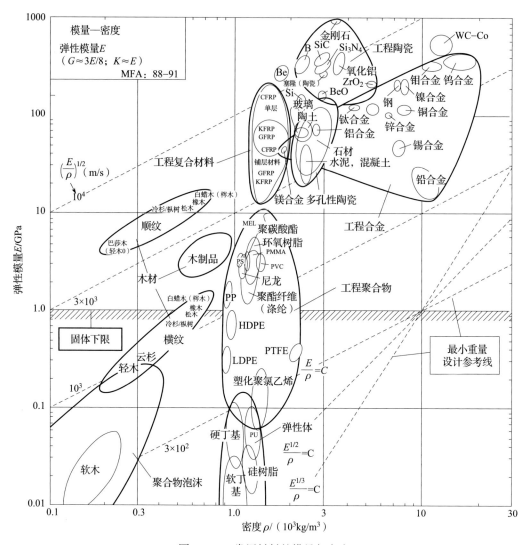

图 12-10　常用材料的模量与密度

从这些图中，可以观察到屈服强度、弹性模量和断裂韧性与材料密度之间的关系。如果一个设计主要受强度影响，则材料选择可以参考图 12-10。如果一个设计受抗拉强度影响，则适合遵循图 12-9。选择满足所有必要性能特征的材料时应谨慎。例如，在查这个图表时，工程陶瓷看起来非常吸引人：它们有很高的比强度和刚度。但它们的强度主要是抗压的，并且它们往往是脆的，不能承受大的拉载。

图 12-12 给出了一个有趣的材料选择的例子，其在应用中功能基本相同。图中显示了同一架飞机的两个主起落架的不同形式和重量。右起落架上的侧撑杆组件是由锻铝制造而成的三角形板，而左主起落架上的撑杆组件是由 4330V 钢焊接组装而成的管状组件。尽管侧撑杆最大载荷可能是拉载，但部件很可能是根据它们所能承受的压载设计的。在这个例子中，不同机构里的不同设计师做出了同样有效的设计决策——没有完美的材料选择，只有最佳的安装和可利用的生产方式。

下面几节将详细介绍起落架最常用的材料。要了解更多细节，请参考材料规范和 MMPDS。

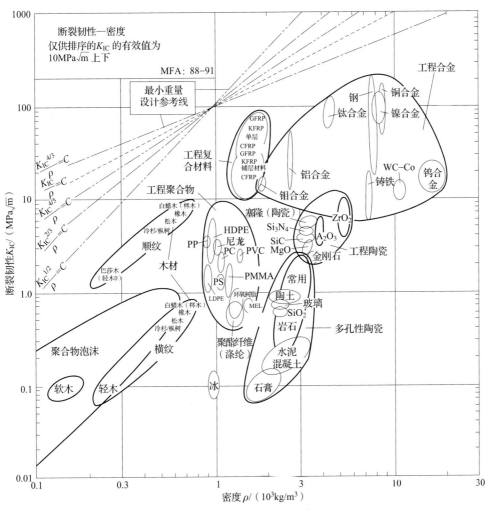

图 12-11　断裂韧性与密度

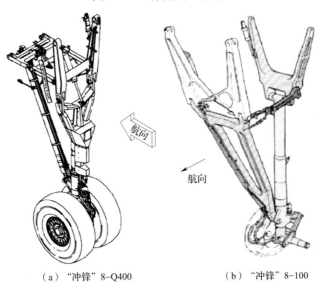

（a）"冲锋"8-Q400　　　　（b）"冲锋"8-100

图 12-12　德·哈维兰公司 / 庞巴迪公司"冲锋"8-Q400 和"冲锋"8-100

12.2.1 钢及耐腐蚀钢

钢是具有高强度的材料（如 300M），是起落架设计常用的主要材料，其抗拉强度极限超过 1931MPa（280ksi）。对于大多数部件，超高强度钢可以提供最小体积的解决方案。当安装空间小或有间隙需求时，采用的解决方案即是选用钢零件。对承受压缩弯曲的定尺寸部件可以采用高模量的钢。由于钢的模量随强度变化不大，因此可以利用低强度等级的钢，以提供一个低成本的解决方案。可供选择的特种钢（如 Aermet100）具有与 300M 相同的强度，但断裂韧性更高。诸如 15-5PH 耐腐蚀性钢被广泛应用于较小的部件，如作动筒，而如 Custom 465 等较强的耐腐蚀钢，则用于大型销轴或小部件。在全尺寸起落架部件上美国空军（USAF）已经开始使用能提供更好的耐腐蚀性和与 300M 钢相同强度极限的 Ferrium S53（一种二次硬化超高强度钢）。所有不耐腐蚀的钢必须使用合适的镀层来防止腐蚀。最强的耐腐蚀钢也可以从某些镀层中受益，因为它们的耐腐蚀性一般不如中等强度等级钢耐用。表 12-1 提供了各种起落架常用钢的详细资料。

12.2.2 铝合金

只要储存空间足够，起落架部件用铝合金是很好的选择，由于铝合金的模量和抗拉强度极限均低于钢或钛，因此，当承受与其他材料制作的部件相同的载荷时，铝制部件必须有较大的截面尺寸。然而，如果一个可用空间能安装铝制部件，则它通常是最轻最经济的金属材料选取方案。有多种铝合金可供选择，它们通常用一个 4 位数字后跟一个回火代码来识别。4 位数字代码表示合金家族（和主要合金成分）以及特殊合金。回火代码表示合金的制造及热处理方式。AS1990D[7] 包含了回火代码的一种解释。表 12-2 提供了各种起落架常用铝合金的详细信息。通常，大型铝件用锻件或板材生产，较小的铝件用锻件、棒材或板材生产。锻造铝零件可以在锻压机上加工至精确尺寸，成形后仅进行少量的加工，来保证零件表面尺寸精度。考虑到要减轻重量需去除多余材料的要求，用这种方法加工去除的材料重量相对较小。

12.2.3 钛合金

钛合金的高强度与重量比以及它固有的耐腐蚀性，使它成为非常有吸引力的起落架用合金。但历来钛合金的稀缺性及高的单价限制了它的应用。但是如果安装空间和资金预算允许，钛合金是一种极好的选择。多年来，许多俄罗斯的起落架已成功应用了钛合金锻件和焊接。波音 777 是最早在起落架上大量应用钛合金的西方民用飞机之一（洛克希德公司在它们的 U-2 和 SR-71 起落架上也大量应用了钛合金）。波音 787 及空客 A350 也在许多大型结构部件中使用了钛合金。与超高抗拉强度钢相比，钛合金具有较低的强度极限和模量，因此用钛合金制造的部件体积比钢的大，但重量比钢的小。必须关注高强度钛合金的制造过程，因为钛合金材料的强度和疲劳性能很大程度上受材料的转化过程影响：材料从铸锭加工到最终锻件的加工方法。钛合金的熔炼工艺多种多样，目前正在开发更多的工艺（如等离子冷床熔炼 PAM，电子束冷床熔炼 EBCHR 和宁壳炉熔炼 SKULL）来增加回收钛合金的使用。这些工艺之后通常采用真空电弧重熔工艺保证铸锭的重量。

在一定条件下，钛合金接触镉、银、汞或它们的化合物时，可能会发生脆化。关于钛合金与这些金属或它们的化合物接触的限制，请参考 MIL-HDBK-1568[8]。表 12-3 概述了一些广泛用于起落架结构的钛合金以及它们的主要属性。

表 12-1　典型起落架钢及耐腐蚀钢最小属性表

材料	类型	熔炼	类别	规范	强度极限 /MPa（ksi）	屈服强度 / MPa（ksi）	弹性模量 / GPa（ksi）	断裂韧性 K_{Ic} / MPa√m（ksi√in）	K_{Iscc} / MPa√m（ksi√in）	计量截面尺寸 / mm（in）	密度 /（g/cm³）（lb/in³）
300M（0.42C）	钢	VAR	棒材，锻件及管材	AMS6419H AMS6257F	1931（280）	1586（230）	200（29000）	55（50）	15（13.6）	89（3.5）	7.83（0.283）
4340	钢	Air melt	棒材及锻件	AMS6415U AMS6484E	1034（150）	896（130）	200（29000）			89（3.5）	7.83（0.283）
4340①	钢	VAR	棒材，锻件及管材	AMS6414M	1793（260）	1496（217）	200（29000）				7.83（0.283）
4330V	钢	VAR	棒材及锻件	AMS6340C AMS6411J	1517（220）	1276（185）	200（29000）				7.83（0.283）
4130	钢	Air melt	棒材及锻件	AMS6346C AMS-S-6758B	862（125）	689（100）	200（29000）			38.1（1.5）	7.85（0.284）
Aermet100（900F）	钢	VIM+VAR	棒材及锻件	AMS6532H	1931（280）	1620（235）	193（28000）	110（100）			7.889（0.285）
Aermet100（875F）	钢	VIM+VAR	棒材及锻件	AMS6532H	1999（290）	1689（245）	193（28000）	88（80）			7.889（0.285）
Ferrium M54	钢	VIM+VAR	棒材及锻件	AMS6516B	1965（285）	1655（240）	200（29000）	110（100）	45（41）		7.98（0.288）
Ferrium S53	耐腐蚀钢	VIM+VAR	棒材及锻件	AMS5922B	1931（280）	1468（213）	199（28800）	55（50）			7.98（0.288）
Custom 465 H950	耐腐蚀钢	VIM+VAR	棒材及锻件	AMS59936C	1655（240）	1515（220）	198（28700）	77（70）			7.83（0.283）
MLX17H950	耐腐蚀钢	VIM+VAR	棒材及锻件	AMS5937	1655（240）	1517（220）	193（28000）	77（70）			7.67（0.277）
13-8MO H950	耐腐蚀钢	VIM+VAR	板材，棒材及锻件	AMS5864D AMS5629H	1517（220）	1413（205）	195（28300）				7.72（0.279）
15-5PH H900②	耐腐蚀钢	VAR	板材，棒材及锻件	AMS5862M AMS5659S	1310（190）	1172（170）	197（28500）			101.6（4）	7.83（0.283）
17-4PH H900②	耐腐蚀钢	VAR	板材，棒材及锻件	AMS5604J AMS5622F	1310（190）	1172（170）	197（28500）			101.6（4）	7.81（0.282）

注：VIM—真空感应熔炼；VAR—真空自耗电弧重熔；Air melt—非真空熔炼。

强度极限和屈服强度值是规范规定的最小值，除了真空熔炼的 4340 外，其余取自 AMS-S-500（现已废止）。

① 大多数 4340 真空电弧重熔拉伸极限强度 1240MPa（180ksi）适用于中等强度条件。

② 为了提高 15-5PH 和 17-4PH 的耐应力腐蚀，一般用低强度热处理（H1025）。

表 12-2　典型起落架用铝合金最小属性表

材料	类型	规范	强度极限 / MPa（ksi）	屈服强度 / MPa（ksi）	弹性模量 / GPa（ksi）	断裂韧性 K_{1C}/MPa $\sqrt{m}$ （ksi $\sqrt{in}$）	计量截面 尺寸 / mm（in）	密度 / （g/cm³） （lb/in³）
7010-T7351	板材	AMS4203C	440（64）	358（52）		28.6（26）	140（5.5）	
7010-T7651	板材	AMS4204C	490（71）	427（62）	70（10200）	22（20）	140（5.5）	2.82（0.102）
7010-T7451	板材	AMS4205D	455（66）	393（57）	70（10200）	22（20）	140（5.5）	2.82（0.102）
7050-T74	锻件	AMS4107G	483（70）	407（59）	70（10200）	26.4（24）	152.4（6）	2.82（0.102）
7050-T7452	锻件	AMS4333			70（10200）	26.4（24）		2.82（0.102）
7050-T73	锻件	AMS4141G	421（61）	352（51）	69（10000）	27.5（25）	152.4（6）	2.80（0.101）
2214-T6	锻件	AMS4135L	448（65）	379（55）				

注：所有值均针对试样纵向最大厚度（对于较小的截面可能具有更高的值），除 7010 以外的所有 K_{IC} 值取自 MMDPS 平均值。

表 12-3　典型起落架用钛合金最小属性表

材料	熔炼	类型	规范	强度极限 / MPa（ksi）	屈服强度 / MPa（ksi）	弹性模量 / GPa（ksi）	断裂韧性 / K_{1C}/MPa $\sqrt{m}$ （ksi $\sqrt{in}$）	计量截面 尺寸 / mm（in）	密度 / （g/cm³） （lb/in³）
5-5-5-3/ 5-5-5- 3-1	Multiple- VAR	锻件		1250（181）	1170（170）	110 （15900）	40（36）	152.4（6）	4.67 （0.169）
10-2-3	Multiple- VAR	锻件	AMS4984F	1193（173）	1103（160）	110 （15900）	44（40）	76.2（3）	4.65 （0.168）
10-2-3	Multiple- VAR	锻件	AMS4983F	1241（180）	1103（160）	110 （15900）	44（40）	25.4（1）	4.65 （0.168）
6-6-2	Multiple- VAR	棒材及 锻件	AMS6935B AMS4979J	1034（150）	965（140）	110 （16000）		101.6（4）	4.54 （0.164）
6-4 （退火）	Multiple- VAR	棒材及 锻件	AMS4930J AMS6932C	827（120）	758（110）	117 （16900）	66（60） 平均	101.6（4）	4.43 （0.160）
6-4 （退火）	Multiple- VAR	棒材及 锻件	AMS6931D AMS4928W	896（130）	820（119）	117 （16900）	66（60） 平均	254（10）	4.43 （0.160）

注：1. Multiple-VAR 为双真空电弧重熔。

2. 最大计量截面尺寸（76.2～101.6mm）给出 6-6-2 的拉伸值，较小截面的最小属性值比较高；5-5-5-3 和 5-5-5-3-1 的值接近；目前还没有针对这些合金的国际标准。

12.2.4　复合材料

多年来尽管开展了大量的研发活动，但仅极少数复合材料起落架结构件投入市场，并在军、民机中使用。在某些应用中，有机复合材料（代表性的是碳纤维增强环氧树脂）和金属复合材料（通常指碳化硅增强钛合金）都可以减轻重量，并已经成功完成了飞行测试。金属复合材料提供了卓越的强度与重量比，使其极其引人注目。

根据定义，复合材料是指两种或多种以上元素的组合；很难提供复合材料的典型性能，因为材料的性能和用途取决于所选择的增强基的类型、该增强基在零件中的分布以及所使用的基体类型。确保所有元素正确组合和固化的生产过程也是材料性能的决定性因素，对材料的性能和材料的重复性及可靠性至关重要。为了便于比较，表 12-4 列出了各种复合材料以及用于起落架的三种最强的金属合金。表中复合材料的性能是从一系列关于复合材料[9]的讲座（不断发展的新材料和改进材料）中提取的。复合材料具有很强的各向异性，表中的值代表纤维的单向排列；因此，表中的强度和模量值表示的是一个最大值。在大多数结构应用中，为了承受水平载荷，纤维必须多个方向布置，这将使材料性能降低到表中所示值的一半。

表 12-4　复合材料性能与金属材料性能比较

材料	强度极限 / MPa（ksi）	弹性模量 / GPa（ksi）	密度 / （g/cm³）（lb/in³）	比强度	比模量
300M 钢	1931（280）	200（29000）	7.83（0.283）	247	25.5
铝 7050-T74	483（70）	70（10200）	2.82（0.102）	171	24.8
钛 10-2-3	1193（173）	110（15900）	4.65（0.168）	256	23.7
硼 / 环氧树脂 Boron/epoxy	1490（216）	224（32490）	2.0（0.072）	745	112
碳纤维增强环氧树脂（高模量级）Carbon（HM）/epoxy	930（135）	213（30900）	1.6（0.058）	581	133
碳纤维增强环氧树脂（高强度级）Carbon（HS）/epoxy	1620（235）	148（21470）	1.5（0.054）	1080	98.7
芳族聚酰胺	1380（200）	58（8400）	1.45（0.052）	951	40
无碱玻璃纤维环氧树脂 E-glass/epoxy	1310（190）	41（5950）	1.9（0.069）	689	21.6
旋切钛基复合材料 Ti-MMC（6-4/35%SiC）	1650（239）	196（28400）	3.0（0.108）	550	65

注：1. 聚合物基复合材料为单向纤维，60% 的纤维体积比；
　　2. 钛基复合材料为单向纤维，35% 的纤维体积比具有市场价值。

应用复合材料最多的起落架是通用航空飞机的轻型钢板弹簧式主起落架。在这些应用中，一般采用 S- 玻璃纤维环氧树脂，其大多数纤维呈单向，但在其他方向有足够的层数，以防止分层并抵抗扭转载荷。复合材料用作更复杂的起落架部件并不常见。许多研究活动已经对制造的零件进行了测试和试飞。一个例子是为 F-16 主起落架开发的一个下撑杆，代替了常用的超高抗拉强度钢制造的下撑杆。与钢制部件相比，用聚合物基复合材料重新设计的部件重量减少了 25%，而用钛基复合材料重新设计的部件比金属的重量减少了 40%[10]。作为研究工作的一部分，这两个零件都已经完成制造并进行了试飞。尽管这种研究前景广阔，但很少有复合材料结构部件通过认证用于批产飞机。如图 12-13 所示，一个主要应用就是波音 787 主起落架复合材料侧撑杆。这些撑杆使用 3D 机织碳纤维预制体，预制体用树脂转移模塑成形工艺注入环氧树脂。

图 12-13　波音 787 主起落架复合材料撑杆

对于起落架设计，金属基纤维缠绕复合材料代表着一种潜在的"游戏规则改变者"——强度和刚度性能是理想的，通过纤维铺放可以获得较好的各向异性特性，且只有金属基体区域仍保持相对各项同性，性能与金属相当。制约这种类型复合材料的是以合理的成本可靠地生产它们的能力。聚合物基复合材料是可以可靠生产的，但起落架承受着很大载荷，并且需要较厚的壁厚和大量的铺层。这使起落架用复合材料的生产不同于大多数机身用复合材料，起落架用复合材料在相对较薄的部分使用加强结构。聚合物基复合材料在受到冲击时容易发生分层，这对于那些经常受到碎石或杂物冲击的部件，以及那些必须满足鸟撞需求的部件是最令人担忧的事。这个问题可能的解决方案是采用 3D 编织，例如，在波音 787 撑杆上就使用了这种技术，它将纤维机械地编织在一起，极大地提高了对冲击损害的防护。用聚合物基复合材料设计耳片时应注意，因为这种基体材料不具备金属所具有的承压能力。这可能导致销轴及耳片的尺寸显著增大，从而减少复合材料零部件可能减轻的总重（增加的金属销轴的重量可导致复合材料组件重量增加）。

常用复合材料部件的性能和规范指南见 CMH-17[11]（原 MIL-HDBK-17）。更多关于起落架部件用的复合材料的开发和认证细节见 AIR5552[12]。

12.2.5　表面处理

表面处理包括对硬度、残余应力或表面粗糙度等表面特性的改变，以及添加保护层和附加材料镀层来提供腐蚀或磨损保护。MIL-DTL-5002[13] 概述了航空航天系统中常用的金属表面处理和镀层。下面将进一步深入讨论起落架常用的处理方法。

12.2.5.1　表面特性

多种工艺都会使材料表面局部性能发生改变。在高载荷下相互接触的表面，像齿轮箱中的轴承圈或配合齿轮等，通常会对这些表面进行硬化、氮化或局部表面硬化，而不让整个材料厚度范围变硬变脆。这种处理在起落架上的应用很有限，也许在齿条和小齿轮转向系统或精密反馈机构中应用。一种广泛使用的表面处理方法是在冷加工过程中产生残余压应力。这种残余应力的作用是延迟疲劳裂纹的形成，大多数起落架部件从使用这种残余压应力的工艺中受益匪浅。ESDU 数据表 89031[14] 中概述了各种改善钢的疲劳性能的表面处理技术。最常见的工艺是喷丸强化，通常按 AMS2430[15] 或 AMS2432[16] 执行。钢或钛部件喷丸通常用钢丸，铝部件喷丸通常用玻璃珠。文件 ARP7488[17] 中提供了正确的工艺选择指导，包括基于被喷丸材料和所选喷丸强度的预期残余压应力深度。

零件镀层工艺准备的常规方法是化学清洗或用洗涤剂清洗。在某些工艺中，对关键表面和准备进行表面涂覆的表面使用氧化铝砂进行喷砂处理。

12.2.5.2　耐磨和密封表面镀层

起落架有大量的摩擦面和密封面。通常，每个铰接部位的销轴都有一层耐磨镀层，每一个作动筒和缓冲支柱活塞杆上都有一层耐磨镀层。许多镀层对保证静密封的完整性以及防止腐蚀有益。过去，为了解决这些问题一直使用电解沉积镀铬。然而，由于电镀槽液中含有六价铬（在起落架上沉积的是金属铬，六价形式只存在于镀槽中），为了减少接触镀铬槽，已经引入了各种新的镀层。ESDU 86040[18] 中对一些耐磨镀层进行了概述，本文将详细介绍最常见的起落架镀层选择。

符合 AMS2460[19] 的是一层薄约 0.0004in（10μm）厚未打磨的镀铬层。这种镀层通常被称为"光亮"铬层，已用于静密封区域。一般情况下，用于耐磨的镀铬层打磨后厚度为 0.003~0.012in（76~305μm）。超高强度钢和高强度钢上铬层的磨削应符合 AMS2453[20] 的要求。

在生产中一般不使用最大镀层厚度，以便在维修时能镀到更大的厚度。对于动密封表面和自润滑支承的结合面，镀铬层通常抛光至 $Ra8\mu in$（0.2μm）。对于有润滑的旋转接头通常抛光至 $Ra16~32\mu in$（0.4~0.8μm），$Ra16\mu in$（0.4μm）最佳。对于静密封替代"光亮"铬层的一种方法是按 AMS2438[21] 镀致密铬。

目前，起落架和作动筒广泛应用通过超声速火焰喷涂（HVOF）工艺得到的碳化钨镀层替代镀铬层。碳化钨（一种非常硬的陶瓷）包含钴基和起落架常用的铬基。ARP5935[22] 提供了这种镀层在起落架上应用的细节。该镀层仅限于在最大投影角度为 45° 的视角内应用。这将镀层限制在可达的外部区域或深度与直径接近的内孔。该镀层按 AMS2447[23] 和 AMS2448[24]（用于超高抗拉强度钢）执行。研磨按 AMS2449[25] 执行，并且随后的超精加工按 AMS2452[26] 执行。起落架上常用粉末按 AMS7882[27]，它包含少量提高耐腐蚀性的铬。一些飞机使用不含铬且符合 AMS7881[28] 的粉末。

根据 ARP5935 建议，最终镀层厚度应为 0.003~0.005in（76~127μm）。修复时可以使用较大的厚度，但镀层剥落的风险通常与厚度和峰值应变水平成正比。剥落是由于基体应变和镀层可接受的应变之间的不相容导致的一种镀层从基体剥离的现象。尽管 ARP5935 表明，大量的测试已经证明，在基体材料比例极限以上保持完整的镀层，最终厚度不超过 0.01in（254μm），但建议进行测试，以确认剥落极限以及镀层厚度超过 127μm 时产生的任何额外的疲劳损失。由于这种类型镀层中的碳化钨颗粒硬度非常高，在使用中不会产生显著磨损或抛光。因此，在制造的过程中确保适当的表面粗糙度是非常必要的。HVOF 在起落架装备上有三种应用类型：

（1）1 型表面是针对必须密封液压油的滑动表面。例如，缓冲支柱和作动筒活塞杆腔。为了使密封的寿命最大化，要求表面超精加工到 $Ra4\mu in$（$0.1\mu m$）或更高。推荐的表面参数包括 $Rz40\mu in$（$1\mu m$）和 $Rp8\mu in$（$0.2\mu m$），在 $C_0=5\%$ 和 $C_1=0.25Rz$ 时承载比 R_{mr} 为 70%～90%。注意：与铬不同，在使用期间采用超声速火焰喷涂碳化钨镀层的 Ra 和 R_{mr} 不发生变化。这些参数是在使用 AMS2452 超精加工方法的试验中进行确定的。如果采用不同的方法来获得这些结果，则必须谨慎——镀层可以实现并满足这些参数值但在使用中表现不佳。

（2）2 型表面是可在高支撑载荷下进行有限旋转运动的表面，如轴颈和耳片销轴。2 型应用推荐的表面粗糙度是 $Ra8\mu in$（$0.2\mu m$）或更高。无论超精加工与否都能获得。

（3）3 型表面是可在高支撑载荷下高速运动的表面。车架横梁主转轴就是一个例子。推荐的表面粗糙度是 $Ra6\mu in$（$0.15\mu m$）或更高。首选超精加工，但不是必需的。

对于许多内径不能使用 HVOF 的表面，用氨基磺酸盐镀镍代替。常用的镀镍可以按照 AMS2403[29] 进行。硬镍电镀使用 AMS2423[30]，当需要低应力的镍镀层时，使用 AMS2424[31]。在很多情况下，已广泛使用化学镀镍。化学镀镍的优点之一是它可以被镀到各种底材上，包括非导电材料。需要非常仔细地控制电镀过程，以确保镀层可靠。化学镀镍根据 AMS2404[32] 进行电镀。

在所有电镀和电化学处理操作中，在被镀材料的表面会产生氢，这可能导致电镀零件氢脆。应仔细控制电镀过程，要求沿着电镀产品的边缘取样进行氢脆系统测试和电镀后烘干，以确保该零件不会在脆化状态下投入使用。发生氢脆的零件在受载时会迅速断裂。

也可用其他电镀技术，新的电镀技术正在研发中。需要对新镀层进行仔细和全面的评估，以了解它们对结构、寿命和可靠性的影响。

12.2.5.3 腐蚀防护镀层

大多数起落架用材料都需要用镀层或表面处理来防止腐蚀。尽管钛合金和复合材料是罕见的例外，但局部也需要镀层以防止这些材料接触不同材料时产生电腐蚀。

钢一般用牺牲它的金属镀层来保护，这个镀层先于钢腐蚀。过去，这种镀层通常是满足 AMS2401[33]（用于高强度钢零件）或 AMS–QQ–P–416[34] 的电解沉积镉。在某些情况下，用 AMS2419[35] 或 MIL–STD–1500[36] 镀镉钛代替镀镉。由于一些国家的环保限制，使用镉作为镀层的做法正在逐渐被淘汰，取而代之的是碱性锌镍镀层。许多生产厂家采用专有规范镀锌镍；现有的许多配方用在起落架上可能会脆化。其中一种应用前景极好且已开始使用的配方是迪普索（Dipsol）IZ–C17 配方，这是一种碱性电镀锌 –13% 镍合金工艺。人们已对可能的环保[37] 型镀层进行了大量的研究。过去使用的环境上可接受的环保电镀是按 AMS2427[38] 的铝离子气相沉积。由于这种工艺需要一个适合部件大小的真空室，所以不常用。

镀镉时熔化温度相对较低，并且已知液体镉会使钢脆化。当考虑在装有刹车的轮轴上镀镉时应谨慎，因为高的刹车温度可能导致镀层熔化，随后导致轮轴断裂。一种替代方案是使用锌镍镀层或金属陶瓷防腐镀层。应注意要确保镀镉的零件不与钛接触，因为钛会被固态的镉脆化。因为镉会与液压油发生反应，所以镉也应避免与液压油接触，如缓冲支柱或液压作动筒内部。

　　通常使用阳极氧化处理以增加材料的耐腐蚀性能，对于铝件，除非在有电导率要求的情况下利用化学转换。有几种类型的阳极氧化方法，其中一些使用含有六价铬的铬酸阳极化正逐渐被淘汰，用硫酸阳极化代替铬酸阳极化。其他阳极化配方的研究正在进行，如酒石酸－硫酸阳极化或硼酸－硫酸阳极化。后两种工艺通常按照制造商的工艺流程，而传统的阳极化是按照 MIL-A-8625[39] 进行的。该标准中列出的许多阳极化类型，包括硬质阳极化，都能用于铝件的磨损表面。阳极化消耗磨损表面的一部分，以形成该零件必需的氧化铝有序多孔结构。对于大多数工艺，铝件尺寸的变化是可以忽略不计的，但对于硬质阳极化，总厚度的增加是以减少含铝量为代价的。多孔结构一般在后续工艺中被封闭，并可以使用聚四氟乙烯（PTFE）等额外的添加剂对阳极化层进行封闭。过去许多使用包含六价铬的封闭工艺，现在正在被更环保的工艺所取代。如图 12-14 所示，高锰酸钾封闭工艺就是一个例子。

图 12-14　阳极氧化并封闭的外筒

　　如果需要电导率（阳极氧化层不导电），则使用化学转化膜。这种镀层经常被业内人称为 Alocrom1200 或 Alodine1200，它按照 MIL-DTL-5541[40] 执行。虽然这种镀层不是完全导电，但是它足够薄，从而不会使电阻显著增加。

　　虽然耐腐钢具有天然的抗腐蚀能力，但通常建议在材料使用前，最好用化学加速方法使其表面形成氧化保护层。这种工艺称为钝化，是按照 AMS2700[41] 执行的，按此标准执行有助于保证零件上氧化层的均匀性。

　　在一些没有润滑的部位，可能需要对工作中相互接触的零件表面进行腐蚀防护，如前轮转弯系统中的齿条和齿轮。在这种情况下，对于钢件，根据 MIL-DTL-13924[42]，可以考虑使用黑色氧化物镀层。如果需要依赖镀层进行防腐则需谨慎，因为镀层本身并不能提供高水平的腐蚀防护。

　　像钢和铝这样的材料通常要在它们的防腐镀层上喷漆。一层底漆可提供大部分的抗腐蚀能力，并且用一层或多层面漆密封或保护底漆。除了一些可用的喷漆标准，包括按 MIL-PRF-23377[43] 喷底漆和按 MIL-PRF-85285[44] 喷满足 MIL-PRF-32239[45] 要求的面漆，许多制造商使用自己的喷漆规范。

　　表面之间的密封通常采用抗腐蚀密封剂，如符合 MIL-PRF-81733[46] 标准的密封剂。用这些密封剂的目的是防止液体进入缝隙，如衬套凸肩和插入的衬套与耳片之间的缝隙。使用密封胶可以避免腐蚀电解质的浸入，并延长部件的寿命，尤其在需保持导电性的接触表面。在某些情况下，密封剂可以通过喷涂或轧制应用于大的表面，以防止外物损伤。必须注意所选密封剂的流体阻力，并不是所有的密封剂都能抵抗飞机上可能遇到的各种液体。在用密封剂防止外物损伤时，通常是将密封剂涂于底漆之上，然后再在包含密封剂的整个零件上喷涂面漆。随着有机化合物含量较低的挥发性密封剂使用的增加，在使用密封剂之前，为了获得良好的黏结效果，应确保部件被严格地清洗。在某些情况下，附着表面可能需要预先使用促进剂来增加密封剂的附着性。

　　在 AIR5479B[47] 中可以找到起落架环保镀层的研发和选择指南。

12.2.6　检测

　　为了确保部件的完整性，在制造过程中及完成后要进行无损检测。在原材料生产期间，采用超声波检测，以确保材料的均匀性，以及没有大的夹杂物、空穴或其他缺陷。对铝合金，热处理后应进行导电性测试，以确认应用了正确的热处理方法。对于其他材料，一般要进行压痕硬度测试。机械加工后要检测是否存在裂纹。在可磁化材料上，一般用磁粉检测，而在有色金属材料上，用着色渗透检测。无论哪种情况，对于有裂纹倾向的零件都应用荧光着色渗透检测（或对于磁场集中区域采用磁粉检测）。对于一些材料，可以应用涡流探伤；涡流探伤比渗透检测检测到小裂纹的概率更高，但涡流探伤不能很好地大面积覆盖。

　　像电镀作业这样的特殊工艺带来一些特定检测。对于许多钢及超高抗拉强度钢上的电镀操作，通常要进行氢脆试验。这个试验是用与检测的零件相同的样本在电镀液中进行处理。磨削操作可能会导致材料过热，应进行检测以确保这种摩擦热没有改变材料的回火状态；钢的过热会导致局部软化、硬化和裂纹的形成。当材料外露时，可以进行回火酸蚀检测。如果材料被镀层覆盖，则可以进行巴克豪森（Barkhausen）噪声检测，以识别基材中的异常情况；这种类型的检测应在硬镀层研磨后进行。在生产中，无损检测的目的是从正常稳定的生产过程中识别出异常产品，而不是从随机批次中选择"质量高的"部件。检测应努力集中在确保生产方法生产出高质量的零件，代替识别零件可能产生的任何缺陷。

　　AIR4777[48] 中概述了常用的检测方法，表 12-5 概述了无损检测的常用行业规范。

　　可以用比表 12-5 所示的更广泛的测试技术。特殊情况或特殊生产方式可能需要进行不同的技术检测（如焊接可能需要 X 射线检测）。NASA 文件 SP-3079[50] 或 ASM 手册第 17 卷[51] 中概述了大量检测技术。包括自动数据分析技术在内的新检测技术，有助于减少人为错误，并且能深入观察零件的状态（如提供零件内部的三维特征）。

　　每种检测技术都有其局限性，当指定或依赖一种技术时，了解该项技术能发现什么是很重要的。无损检测技术典型的特征是被检测到的概率。例如，对于裂纹检测技术，较大的裂纹比较小的裂纹更容易被发现。一种特定的技术发现大裂纹的概率很高，而发现越来越小的裂纹的概率降低。无损评估能力数据手册[52]中提供了各种检测技术、材料和缺陷定位的检测数据的概率。可靠的检测依赖于测试设备和试剂，也有人为因素：大多数检测技术依赖于人工操作去查看和解释结果。多项检测概率研究的元分析发现，磁粉探伤检测到最小 2mm[53] 裂纹的准确性可以达到 90%，而液体渗透探伤能检测到的最小裂纹为 3mm[54]。应记住的关键注意事项是，一种技术最重要的问题不是能检测到的最小缺陷，而是可能会错过并释放大缺陷零件投入使用。

表 12-5　无损检测行业规范

检验类型	规范	标题
通用	MIL-HDBK-6870	飞机和导弹材料及零件的无损检测程序要求
	AMS2658	经热处理的铝合金零件的硬度和电导率检查
	AS3071	验收标准——磁粉探伤、荧光渗透检测和对比着色渗透检测
液体渗透检测	MIL-HDBK-728/3	液体渗透检测
	ASTM E1220	用溶剂可回收工艺进行可视渗透检验标准规程
	ASTM E1417	液体渗透检测标准规程
	AMS2644	检验材料——渗透剂
磁粉探伤	MIL-HDBK-728/4A	磁粉检测
	ASTM E709	磁粉检测标准指南
	ASTM E1444	磁粉检测标准规程
	AMS2300	优质航空用钢纯洁度的磁粉检验方法
	AMS2301	航空用钢纯洁度磁粉检验方法
	AMS2442	零件的磁粉检验验收标准
	AMS2641	磁粉检验用石油基载液
	AMS3044	荧光磁粉——湿法、水磁悬液
	AMS3045	荧光磁粉——湿法、油磁悬液
涡流探伤	MIL-HDBK-728/2	涡流探伤
	MIL-STD-1537	铝合金热处理校验用导电性试验，涡流法
	ASTM E1004	电导率电磁（涡流）测量的测试方法
超声波	MIL-HDBK-728/6	超声波检测
	ASTM B594	航空航天用锻铝合金产品超声波检测标准规程
	ASTM E2375	锻制品超声检测的标准规程
	AMS2630	产品厚度大于 0.5in（12.7mm）的超声波检验
	AMS-STD-2154	可锻金属的超声波检查规程

表 12-5（续）

检验类型	规范	标题
硬度①	ASTM E10	金属材料布氏硬度标准试验方法
	ASTM E18	金属材料洛氏硬度和洛氏表面硬度标准试验方法
	ASTM E384	材料显微硬度标准试验方法
氢脆	ASTM F519	评定电镀/涂覆工艺机械氢脆和工作环境的标准试验方法
回火酸浸蚀	MIL-STD-867C	回火蚀刻检验
	AMS2649	高强度钢零件的浸蚀检测程序
巴克豪森噪声	ARP4462	用于高强度钢零件中磨削灼伤探测的巴克豪森（Barkhausen）噪声检测

①ASTM E140-12b[49] 提供了硬度值在一种测量系统和另一种测量系统之间的换算数据。

12.3　腐蚀预防

用于制造起落架的许多高强度钢材料容易腐蚀。事实上，服役中的大多数起落架部件结构失效是由于点蚀坑导致疲劳裂纹或应力腐蚀裂纹。为了在使用寿命内获得良好的性能，起落架部件在设计时必须考虑到这些损伤模式。理想情况下，腐蚀失效模式是在系统之外通过仔细选择耐腐蚀材料设计出来的。然而，由于考虑成本限制或重量和装载量等问题，这种类型的设计往往是不可能的。当选择了可腐蚀的材料时，必须对其进行适当的防腐保护，并且必须仔细考虑，避免在不同材料的连接处产生电腐蚀槽。

铝和钢必须进行一种或多种表面处理以避免腐蚀。如果没有保护，或者当保护层被破坏时，材料性能就会发生显著下降。一个极端的例子如图 12-15 所示。这个铝件已经因剥落或端面晶粒腐蚀损坏。然而，并不是所有的腐蚀形式都是可见的。超高强度钢零件会在表面防护失效的情况下形成腐蚀坑，会导致疲劳或应力腐蚀失效。图 12-16 显示了一个典型的起落架断裂的案例，该案例在整个行业中都有发生。一个小的腐蚀坑的形成（通常在腐蚀防护处理的裂口处）可导致应力腐蚀侵蚀（由于持续的拉伸载荷）。由于这些材料的韧性较低，一个小的裂纹会导致剩余部分快速断裂。

图 12-15　高度腐蚀的 CF-100 主起落架铝舱门连杆

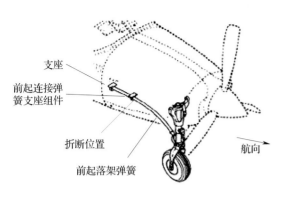
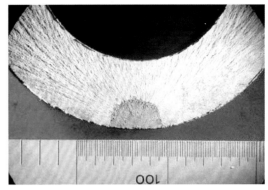

图 12-16　高抗拉强度钢弹簧由于腐蚀坑和应力腐蚀裂纹引起断裂

在一个大型飞机车架横梁[55]的类似例子中，腐蚀坑的总深度为 0.7mm，表面直径为 1.5mm。在零件快速断裂之前，应力腐蚀裂纹的缩略区域扩展至约 6.4mm 深。

避免腐蚀的一种方法是在可能的情况下选择耐腐蚀合金。一般来说，是在钛合金和耐腐蚀钢之间进行选择，前者通常不需要进行表面处理，而后者的耐腐蚀性能取决于特定的合金。取自 MIL-STD-1568 中的典型耐腐蚀钢及其耐腐蚀性列表（见表 12-6）。在起落架上通常应用具有中等或更高耐腐蚀等级的合金效果良好。化学钝化通常用于加速钢的自然氧化层的形成，同时使其更加均匀。虽然一般腐蚀环境下，钛合金不需要防护，但必须避免与含氟或氯的化合物接触。

如果一种设计有可能积水，则应提供排水方式。由于起落架位于飞机的非增压区，在每次飞行中都会遭受到显著的大气压力和温度差异。这种压力变化，连同不同的温度和湿度一起，导致空气中水分被"泵"入。这些水分的凝结和积累会导致腐蚀。最好避免留有凹槽。如果做不到，则应设置排水孔，使得理想状态下，凹槽在起落架放下或收起位置都可以排水。MIL-STD-1568 要求无论什么部位排水孔的直径最小为 0.375in（9.525mm）。

表 12-6　耐腐蚀钢腐蚀特征

类别	合金	一般抗腐蚀性	耐应力腐蚀
奥氏体不锈钢	301	高	非常高
	302	高	非常高
	304	高	非常高
	310	高	非常高
	316	非常高	非常高
	321	高	非常高
	347	高	非常高
马氏体不锈钢	440C	低至中度——在大气中暴露将形成表面锈膜	敏感性随成分、热处理和产品形式的不同而显著变化
	420		
	410		
	416		

表 12-6（续）

类别	合金	一般抗腐蚀性	耐应力腐蚀
沉淀硬化不锈钢	21-6-9	中等的	敏感性随成分、热处理和产品形式的不同而显著变化
	13-8MO	中等的	
	15-7MO	中等的	
	14-8MO	中等的	
	17-4PH	中等的	
	15-5PH	中等的	
	AM355	中等的	
	AM350	中等的	
	9Ni-4Co-0.20C	中等的	非常高
	9Ni-4Co-0.30C	中等的	非常高
	9Ni-4Co-0.45C	中等的	低
其他	A286	高	非常高

另外一种防止腐蚀的方法是添加防腐化合物，特别是在局部封闭区域。这些涂层在常规的表面处理之后应用，并起到防水作用以及改变局部电解液的化学性质。过去，一些制造商在许多区域，包括销轴内部，应用一种符合 MIL-C-11796[56] 要求，被称为润滑油的类似蜡的涂层，如图 12-17 所示。现代防水型的防腐化合物的配方满足 MIL-ORF-16173[57] 或 MIL-ORF-81309[58]。还有一些化合物没有明确按照军用标准配制。利用某些形式的防腐化合物可以减少腐蚀环境的影响，从而延长服役期部件的寿命。必须注意的是，该化合物的应用不应堵塞任何已有的排水孔。

图 12-17　内表面有润滑油的波音 737 销轴

北大西洋公约组织（NATO）航空航天研究与发展咨询组（AGARD）腐蚀手册[59]中对飞机的腐蚀过程和避免腐蚀的经验教训进行了很好的总体概述。美国联邦航空局（FAA）在民航通告 43-4B[60] 中也提供了一些指导。

12.3.1　应力腐蚀裂纹

应力腐蚀裂纹（SCC）现象是材料中拉应力同时作用并暴露于腐蚀环境中的结果。拉应力可能由静应力（飞机在地面上由于它的静载荷产生的一种拉应力）或制造的残余拉应力，或使用中的过载或损坏产生。虽然表面处理可以防止腐蚀，也可以防止 SCC，但这种保护只有在表面处理完成时才有效。建议设计时尽量减少静应力，并选择具有较好的抗 SCC 的材料，以减少这种模式导致的使用故障风险。应力腐蚀裂纹失效是起落架结构失效最常见的形式。

钢的 SCC 相对抗应力如表 12-7 所示，遵循马歇尔太空飞行中心[61]所提供的文献的指导。铝合金对 SCC 的相对抗应力记录在文件 ASTM G64[62]中，并按照 MIL-STD-1568 在表 12-8 中列出。铝合金的最新趋势是使用 7××× 系列在 T73× 或 T74× 热处理状态下使应力腐蚀最小化。耐腐蚀钢的信息如表 12-6 所示。

表 12-7　抗应力腐蚀裂纹等级——合金钢

合金	条件	抗蚀性
1000 系列	<180ksi 极限抗拉强度（UTS）	高
1000 系列	180 ~ 200ksi 极限抗拉强度（UTS）	中等
1000 系列	>200ksi 极限抗拉强度（UTS）	低
低合金钢（4130，4340，D6AC 等）	<180ksi 极限抗拉强度（UTS）	高
低合金钢（4130，4340，D6AC 等）	180 ~ 200ksi 极限抗拉强度（UTS）	中等
低合金钢（4130，4340，D6AC 等）	>200ksi 极限抗拉强度（UTS）	低
H-11	>200ksi 极限抗拉强度（UTS）	低
4340M，300M	全部	低
琴钢丝（ASTM 228）	冷拉状态	高
1095 弹簧钢	回火状态	高
HY80 钢	回火状态	高
HY130 钢	回火状态	高
HY140 钢	回火状态	高

表 12-8　抗应力腐蚀裂纹等级——铝合金（高度方向晶粒方向）

合金和热处理状态	板材	棒材	型材	锻件
2014-T6	低	低	低	低
2024-T3，T4	低	低	低	低
2024-T6		高		低
2024-T8	高	非常高	高	中等
2124-T851	高			
2219-T351X，T37	非常高		非常高	非常高
2219-T6	非常高	非常高	非常高	非常高
6061-T6	非常高	非常高	非常高	非常高
7005-T53，T63			低	低
7039-T64	低		低	

表 12-8（续）

合金和热处理状态	板材	棒材	型材	锻件
7049–T74	非常高		高	高
7049–T76			中等	
7149–T74			高	高
7050–T74	高		高	高
7050–T76	中等	高	中等	
7075–T6	低	低	低	低
7075–T736				高
7075–T74	非常高	非常高	非常高	非常高
7075–T6	中等		中等	
7175–T736			高	
7475–T6	低			
7475–T73	非常高			
7475–T76	中等			

（美国）国家统计局专著156[63]为应力腐蚀裂纹的形成机理提供了进一步指导。关于飞机结构抗 SCC 保护的具体指导可在 DEF STAN 00–970[64]第 7 册中找到。

12.3.2　预防电偶腐蚀

电偶腐蚀发生在不同的金属在含有溶解氧的电解液中相互接触的地方。原电池以及由于电偶腐蚀引起的点蚀的例子如图 12–18 所示。必须特别注意的是，在一个装配件中，当

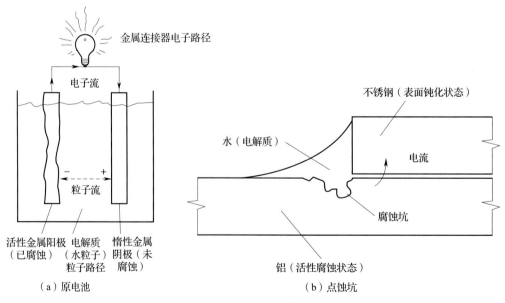

（a）原电池　　　　　　　　　　　　　　（b）点蚀坑

图 12–18　原电池和不同金属形成的点蚀坑

不同的金属聚集在一起时，它们要么在电势方面彼此非常接近，要么涂覆了相互可接受的镀层材料以确保相互兼容。一组电位序列如图 12-19 所示，显示了各种材料之间的电位差。对于起落架，材料之间 0.15V 的电位差通常是可以接受的。如果相邻金属之间的电位

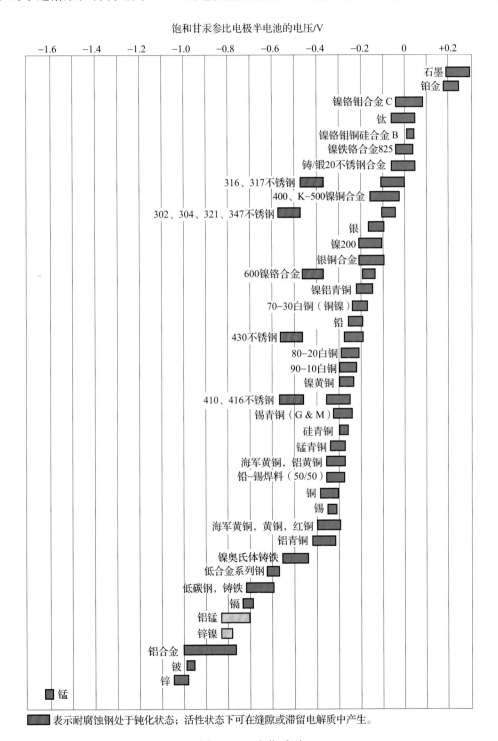

图 12-19　电位系列

差大于或等于 0.25V，则必须采用一种避免电偶腐蚀的方法。虽然材料在电位序列上的相对位置很重要，但是相邻材料之间产生的电流加速腐蚀速率。如果材料之间被某些东西（如油脂或油液）隔开来避免电解液的进入，那么就可以接受更大的电位差。例如，铬和青铜的电位差约 0.3V，但它们在有润滑的起落架连接处功能良好。

电位随材料所浸泡的电解质的不同而变化。在 RS–TR67–11[65] 报告中发表了用海水作为电解质的电位序列，并形成了 MIL-STD-889[66] 中提供的指导的基础。这个标准的部分信息转载如下：

> 电位序列列表按金属的相对活性排列，在选择直接接触的金属时，以最低原电池电位为参考。这个列表从电池系列的高活性（阳极）金属开始，递减至低活性（阴极）金属。一个"电位序列"适用于一种特定的电解液；因此，对于实际使用中可能遇到的每一个特定的解决方案，都应确保有不同的顺序或序列。电位序列关系是选择连接金属的有效指南，并将有助于选择具有最小电流相互作用倾向的金属，或指明为减少预期的潜在相互作用而采取防护措施的必要性或程度。在这个系列中，一种金属与另一种金属的距离越近，它们的兼容性就越强，也就是说，电偶效应将是最小的。相反地，一种金属与另一种金属距离越远，电位影响越大。在一对电偶中，系列中电位较高的金属代表阳极，并且在环境中优先腐蚀序列中电位较低的阴极。

> 对于在电位序列中相隔甚远，需要连接的金属，应采取措施防止相互直接接触。这应通过以下方法来实现：将具有类似或接近阳极元素电位的保护性金属镀层镀于阴极元素；密封，确保贴合表面的密封性；给所有表面喷漆或镀涂料增加电路的电阻；或者，对于不需要导电的贴合面，通过插入一种阻隔或"屏蔽"材料，使贴合面隔离或绝缘。这种屏蔽材料必须是惰性的并且不能被吸收的。这种屏蔽可以是一种对电流活动提供干扰的有机隔离（如密封剂），或一个提供物理和电偶腐蚀阻隔的兼容的中间金属或材料带。防护用的材料和金属将根据实际应用确定。如果通过喷漆或增加镀层进行电偶防护，强烈建议在适当的时间间隔对涂料和镀层的完整性进行检查和维护。

> 应避免在阴极区域相关部位存在任何小阳极区域。小型紧固件或螺栓应使用相同或更稳定的（阴极）金属[①]。

> 如果镁或镁合金是不同金属组合中所涉及的金属之一，或不锈钢与自身接触时，则要求接头的边缘应充分密封，以防止额外过量的电偶或缝隙侵蚀。如果不要求材料导电的情况下，则可以使用非金属绝缘垫片。无论这两种材料的组合是否用于导电系统，当镁是所涉及的金属中的一种时，应始终采用最大限度的保护系统。

该文件还提供了关于防止电偶腐蚀的连接方法的进一步指导。为了帮助确定哪些材料组合是可接受的，文件 ARP1481[67] 提供了指南，包括如图 12-20 所示的对比工具。表 12-9 解释了该工具中所使用的字母代码。

---

① 惰性更好的金属。——译者注

图 12-20 为 45 行 × 45 列的兼容性、导电接口选择矩阵。列与行所用材料分组及子项如下。

列（行方向相同）材料分组：

- 铝 CLA0, 1000, 3000, 5000, 6000系列 CASTING 356：无 / MIL-C-5441.1A类 / MIL-C-5441.3类 / 化学镀镍 / 镀镉.裸露 / 镀镉.彩色铬酸盐 / 镀镉.透明铬酸盐 / 铬
- 铝 2000, 7000系列：MIL-C-5441.1A类 / MIL-C-5441.3类 / 化学镀镍 / 镀镉.裸露 / 镀镉.彩色铬酸盐 / 镀镉.透明铬酸盐 / 锡
- 碳素钢及合金钢 AISI-410：镀镉.裸露 / 镀镉.彩色铬酸盐 / 镀镉.透明铬酸盐 / 镍 / 化学镀镍 / 铬 / 锡 / 铅 / 银
- 耐腐蚀钢 高镍钢和PH钢：钝化 / 镉(钝化) / 锡 / 钝化 / 镉(钝化) / 锡
- 铜合金：锡 / 银 / 金 / 焊料(铅-锡)
- 垫片：铝 / 镀锡 / 蒙乃尔高强度耐蚀镍铜合金 / 镀银弹性体 / 不锈钢 / 镀铜合金
- 其他：含银涂料 / 含锌涂料 / 导电银胶 / 碳黏合剂
- 钛：无镍

图 12-20　兼容、导电接口选择指南

表 12-9　材料选择指南说明

字母	意义
A	兼容的
B	仅暴露与含盐环境或高湿环境时才需要的密封
C	如暴露于潮湿的环境中，需要密封
D	仅适用于控制温度和湿度的环境
E	无论暴露与否都需要密封
F	固有腐蚀性，不应使用
X	没有可用的

12.4 紧固件

飞机起落架上最常用的紧固件类型（除了销轴连接）是机械螺钉和螺栓。虽然欧洲和俄罗斯许多飞机使用公制紧固件（通常符合公司规范），但全球绝大多数飞机使用遵循AN，NAS，或MS标准的紧固件。这些零件使用美国常用单位（英寸及其分数），并且由于它们使用广泛，使它们能在全球范围内采购。

一位1967年在联合航空公司工作的作者概述了[68]飞机紧固件选择时需要考虑的一些关键因素。以下是该作者按其重要性大致顺序进行的转载。这些原则在今天和当时都是适用的：

1. 性能——一个紧固件必须完成它预期的工作。
2. 可靠性——在飞机或部件的生命周期内，紧固件功能必须不失效。
3. 安全性——包括飞机和紧固件的使用者。
4. 标准化——每个紧固件都应是公认的行业标准零件。
5. 可获得性——替代产品应是有可靠来源的现有产品。
6. 易用性——应避免用户不易识别的棘手操作。
7. 成本合理——成本应与功能和竞争项目的成本进行对比。
8. 互换性——应不需要选配。
9. 工具——工具必须充足、可用、合理无故障，且使用简单。
10. 腐蚀控制——需要考虑环境、异金属接触和应力水平。
11. 可重用性——紧固件可重复使用吗？多少次？怎么知道？
12. 标识——紧固件的零件编号必须容易识别。

虽然有些公司可能有自己的标准化紧固件，但这些紧固件的许多要点是通过仔细选择AN、NAS以及MS部件来实现的。这些标准件种类繁多，而每个单独的部件编号都有一个逻辑编号方案来识别材料、形式和选项，因此，确定使用哪个基本零件编号可能是一个挑战。通常，紧固件制造商和经销商提供的可用目录，列出了各种各样的紧固件和它们的选项。螺栓主要有两种类型：用于受剪连接的短螺纹螺栓和用于受拉连接的长螺纹螺栓。钢制抗拉螺栓按NAS6603～NAS6620[69]定义；耐腐蚀钢抗拉螺栓符合NAS6703～NAS6720[70]。钢制抗剪螺栓按照NAS6203～NAS6220[71]，但耐腐蚀钢抗剪螺栓应符合NAS6303～NAS6320[72]。通常采用符合NASM14144[73]（原MS14144）或NASM14145[74]（用于抗剪的薄螺母）的自锁槽形螺母，或者钢（NASM21042[75]）或耐腐蚀钢（NASM21042[76]）非槽形螺母。对于锁紧槽形螺母和带开口销孔螺栓，常用符合NASM24665[77]的开口销。当紧固件被盲拧进一个组件时，采用符合NASM21209[78]的螺纹嵌入件也许是有利的。不建议在超高抗拉强度钢或其他缺口敏感材料上制螺纹，由于切削螺纹产生强烈的应力集中可导致早期疲劳失效。在装配中，标准做法是握住螺栓头部并转动螺母来拧紧或松开紧固件。最好在螺栓头部和螺母下使用平垫片；普通平垫片应符合NAS1149[79]，合理地选择垫片材料可以用作不同材料之间的桥梁或绝缘体。

这些部件也许不能解决每个起落架的固定问题。有各种不同的螺栓、垫圈和螺母可供选择（如花键驱动拉紧螺栓或内六角螺钉——适用于螺栓与螺栓间隙受限的区域）。NASM1515[80] 中列出了紧固件及其相关标准的全部清单，以及使用紧固件时应遵守的操作规程；在 AC43.13-1B[81] 中可找到用于紧固件识别的图形图表，以及安装实践指南。美国国家航空航天局（NASA）紧固件设计手册[82] 是一个好的紧固件选择指南。Ritchie[83] 的一篇论文提供了紧固件选择的附加指南。本文转载的表 12-10 概述了不同类型螺栓的一些优缺点。

表 12-10　螺栓特性

外形	术语	优点	限制
	十二角头抗拉螺栓	高静态拉伸 高拉伸疲劳 高扭矩 高可靠性 可拆装	高成本 重量大 非齐平表面
	十二角头抗剪螺栓	高静态剪切 高可靠性 低重量 高扭矩 可拆装	高成本 低拉伸 低周疲劳 非齐平表面
	六角头螺栓	高拉伸（对于长螺纹） 高静态剪切 低成本 可拆装	低拉伸（对于短螺纹） 低周疲劳 重量适中 扭矩适中 非齐平表面
	扁圆头螺栓	高静态剪切 低成本 低重量 可拆装（限定）	限定拉伸 限定扭矩 疲劳性差 非齐平表面
	100° 沉头螺栓 （AN 509 型）	高拉伸（对于长螺纹） 高静态剪切 低成本 可拆装 与表面齐平	低拉伸（对于短螺纹） 低周疲劳 重量适中 限定扭矩 剪切接头强度降低
	100° 沉头螺栓 （抗剪头）	高静态剪切 低重量 可拆装 与表面齐平 更高的剪切接头强度	低拉伸 低周疲劳 低扭矩 成本适中

注：如果在应用情况未知前可以安装托板螺母，则所有螺栓均可应用。夹紧力或预紧力随扭矩能力的变化而变化。除了成本和重量之外，其他特性仅能被视为在特定需求下的优点或者限制。

图 12-21 所示是一个典型的六角头螺栓及这个部件的命名方法。螺栓头部的标识根据定义螺栓的标准而有所不同——仔细查阅标准以确保正确的识别。

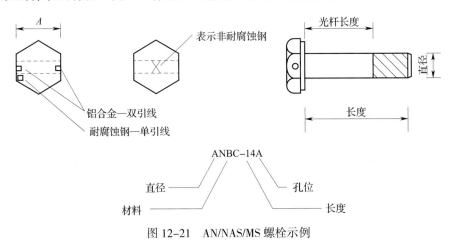

图 12-21　AN/NAS/MS 螺栓示例

在设计螺栓组件时，螺栓直径必须提供足够拉伸或剪切强度。螺栓总长度必须允许装配接头以及垫圈和螺母，必须选择夹紧长度以确保承受接头的大部分载荷，但要有足够的螺纹伸出，以便锁住螺栓。可添加额外的垫片，以确保螺母不会旋入螺栓的不完整螺纹部分。螺栓组件连接指南见图 12-22。

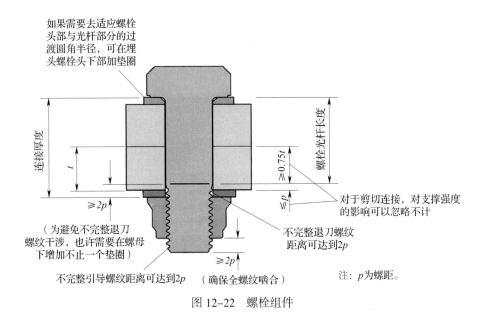

图 12-22　螺栓组件

图 12-22 指南来自于 NASA-STD-5020[84]，这是为航天器设计的，但与大多数起落架应用有关。该文件包括螺栓连接接头分析的补充信息。定义每组螺栓连接组件的一个关键因素是所需的装配力矩。该装配力矩拉紧螺栓，给连接接头提供预紧力。这种力矩的大小取决于连接接头的功能。转动螺母所需的力矩（在螺母与接头接触之前）主要是扭转（或旋转）力矩。用这个力矩拧紧接头不会产生预紧力。需要一个比这种旋转力矩更高的力矩来给接头提供预紧力，但扭矩扳手测量到的所有扭矩并不会全部转化为预紧力：力矩损失

主要是由于螺纹在移动面上产生的摩擦。在关键的地方（如用螺栓连接的两个半机轮），使用一种替代程序测量扭矩（第 4 章中概述的旋合角度法）。关于紧固件拧紧方法和程序的信息可以在 MIL-HDBK-60[85] 中找到，其他信息可以在 ESDU 14001[86] 中找到。MIL-HDBK-60 提供了一些螺纹组件间可能产生的摩擦因数的例子。这些摩擦因数取决于所使用的材料、镀层和润滑剂。由于摩擦因数的变化，通常最好避免设计依赖紧固件预紧力的连接接头，除非使用特定的方法直接控制预紧力。在某些情况下，使用无镀层的不锈钢螺栓和螺母，可能会出现螺纹磨损（咬合）。在这些组件中，建议使用不同等级的耐腐蚀钢（尽可能选不同硬度的）或在螺纹上使用干膜润滑剂。

在使用定制的紧固件或必须螺纹连接的部件（如销轴）时，标准螺纹形状（按美国常用单位）为 AS8879[87]（它取代了 MIL-S-8879C）。这一变化的背景，包括一些关于螺纹样式选择的历史，包含在文件 AIR5926[88] 中。

对于标准紧固件，规范中通常包括部件的强度能力。其他信息，包括许用设计值，通常可以在 MMPDS 的第 8 章中找到。

12.4.1　锁定及双重锁定

必须对螺纹连接的组件进行保护，防止其因振动或接头相对运动而松开。有多种技术可供使用，包括保险丝、保险索、自锁螺母（各种类型）、液态螺纹锁固剂以及机械防松。防松垫圈（弹簧垫圈或其他类型）通常不适合为飞机部件提供可靠的锁定。如图 12-23 所示的保险丝，或图 12-24 所示的安全索被证明是可以提供绝对锁定的方法。应使用能通过保险孔的最大直径的保险丝或安全索。开口销是将槽形螺母锁定到十字槽螺栓上的一种有效方法。这三种锁定方法应按照 NASM33540[89] 的要求应用。在某些应用中，不允许使用开口销和保险丝——通常是需要操作者穿 CBRN（化学、生物、辐射、核）防护服维护的军用飞机。开口销和保险丝的尖边可能会破坏防护织物，所以必须用其他方法来锁定。

通常利用螺栓和螺母的几何特征代替开口销和保险丝进行机械锁定：止动垫圈锁入工件的槽或孔中，垫圈随螺栓头或螺母的六角头形状变化。在一些锁定困难的情况下，可以定制锁定件来固定螺母。图 12-25 给出了一个螺旋桨桨毂的例子。

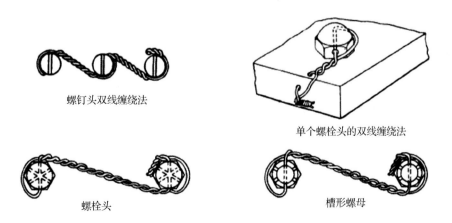

螺钉头双线缠绕法

单个螺栓头的双线缠绕法

螺栓头

槽形螺母

注：图示为右旋螺纹保险丝安装，左旋螺纹保险丝向相反方向缠绕。

图 12-23　保险丝安装

图 12-24　保险索的应用

图 12-25　螺旋桨桨毂上的定制装置

在许多情况下，一种好的设计原则是给紧固件提供双重锁定（并且在某些情况下，这是规定）。对于大型商用飞机（第 25.607 条）认证条例要求：

> 如果紧固件的丢失可能妨害飞机在设计限制内正常驾驶和继续飞行及着陆，则每个可卸螺栓、螺钉、螺母、销钉或其他可卸紧固件，必须具有两套独立的锁定装置。紧固件及其锁定装置不得受到与具体安装相关的环境条件的不利影响。使用过程中任何转动的螺栓都不得采用自锁螺母，除非在自锁装置外还采用非摩擦锁定装置。

直升机认证条例也有类似的要求。关于如何实现这一目标的指导意见参考咨询通告 AC20-71 [90]。

12.4.2　紧固件安装及维护的间隙要求

在紧固件设计时，必须确保有足够的空间，以便用扳手松开或拧紧螺栓头或螺母。紧固件间的间距以及紧固件与相邻结构的间隙必须足够。此外，需要有足够的扳手使用空间，并要确保在不拆开其他部件的情况下可以拆下螺栓或螺母（应检查以确保有足够的间隙去拿走紧固件）。图 12-26 和表 12-11 列出了开口扳手的尺寸。图 12-27 和表 12-12 提供了套筒扳手的尺寸，而图 12-28 和表 12-13、表 12-14 给出了棘轮扳手和套筒的尺寸。这些尺寸数据改编自 GGG-W-636[91]、GGG-W-641[92]、GGG-W-1437[93] 和 AS954[94]。

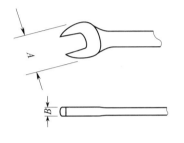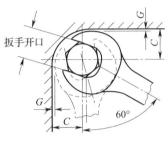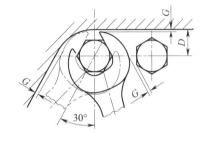

图 12-26　开口扳手

表 12-11　扳手开口尺寸

紧固件尺寸		A		B		C[①]		D[①]	
in	mm	in	mm	in	mm	in	mm	in	mm
3/16（0.188）	4.8	0.47	11.9	0.18	4.6	0.28	7.1	0.24	6.1
13/64（0.203）	5.2	0.50	12.7	0.18	4.6	0.30	7.6	0.25	6.4
7/32（0.219）	5.6	0.50	12.7	0.18	4.6	0.30	7.6	0.25	6.4
1/4（0.25）	6.4	0.60	15.2	0.21	5.3	0.35	8.9	0.29	7.4
9/32（0.281）	7.1	0.63	16.0	0.21	5.3	0.36	9.1	0.30	7.6
5/16（0.312）	7.9	0.69	17.5	0.21	5.3	0.40	10.2	0.34	8.6
11/32（0.344）	8.7	0.88	22.4	0.15	3.8	0.49	12.4	0.41	10.4
3/8（0.375）	9.5	0.88	22.4	0.22	5.6	0.49	12.4	0.41	10.4
7/16（0.438）	11.1	1.06	26.9	0.26	6.6	0.58	14.7	0.49	12.4
1/2（0.5）	12.7	1.08	27.4	0.30	7.6	0.59	15.0	0.50	12.7
9/16（0.562）	14.3	1.24	31.5	0.30	7.6	0.67	17.0	0.56	14.2
5/8（0.625）	15.9	1.38	35.1	0.33	8.4	0.74	18.8	0.62	15.7
11/16（0.688）	17.5	1.50	38.1	0.36	9.1	0.80	20.3	0.67	17.0
3/4（0.75）	19.1	1.63	41.4	0.39	9.9	0.86	21.8	0.72	18.3
13/16（0.812）	20.6	1.88	47.8	0.52	13.2	0.99	25.1	0.83	21.1
7/8（0.875）	22.2	1.88	47.8	0.52	13.2	0.99	25.1	0.83	21.1
15/16（0.938）	23.8	2.05	52.1	0.59	15.0	1.08	27.4	0.91	23.1

表 12-11（续）

紧固件尺寸		A		B		C[1]		D[1]	
in	mm	in	mm	in	mm	in	mm	in	mm
1（1.0）	25.4	2.07	52.6	0.59	15.0	1.08	27.4	0.91	23.1
1-1/16（1.062）	27.0	2.25	57.2	0.50	12.7	1.18	30.0	0.99	25.1
1-1/8（1.125）	28.6	2.38	60.5	0.66	16.8	1.24	31.5	1.04	26.4
1-1/4（1.25）	31.8	2.70	68.6	0.72	18.3	1.40	35.6	1.18	30.0
1-5/16（1.312）	33.3	2.70	68.6	0.72	18.3	1.40	35.6	1 18	30.0
1-7/16（1.438）	36.5	3.69	93.7	0.75	19.1	1.90	48.3	1.60	40.6
1-5/8（1.625）	41.3	4.25	108.0	0.94	23.9	2.18	55.4	1.83	46.5
1-11/16（1.688）	42.9	4.29	109.0	1.125	28.6	2.20	55.9	1.85	47.0
1-13/16（1.812）	198.4	4.25	108.0	1.125	28.6	2.18	55.4	1.83	46.5
1-7/8（1.875）	47.6	4.41	112.0	1.125	28.6	2.26	57.4	1.90	48.3
2（2.0）	50.8	4.41	112.0	1.125	28.6	2.26	57.4	1.90	48.3

[1]间隙"C"是基于尺寸"A"上 0.05in（1.27mm）间隙（G），间隙"D"是尺寸"C"的一部分。

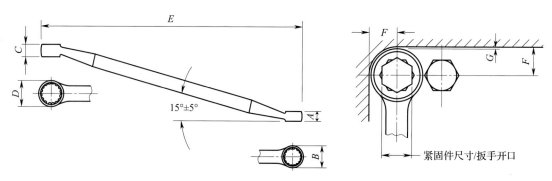

图 12-27　15° 偏角套筒扳手

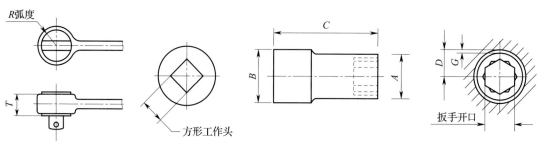

图 12-28　棘轮扳手及套筒尺寸（1/4in 和 3/8in）

表 12–12　15° 偏角梅花扳手

| 紧固件尺寸 | | 小头 | | | | | | 紧固件尺寸 | | 大头 | | | | | | 长度 E | | | |
| | | A | | B | | F | | | | C | | D | | F① | | 最小 | | 最大 | |
in	mm	in	mm	in	mm	in	mm	in	mm	in	mm	in	mm	in	mm	in	mm	in	mm
3/8 (0.375)	9.5	0.33	8.4	0.63	16.0	0.36	9.1	7/16 (0.438)	11.1	0.35	8.9	0.72	18.3	0.41	10.4	6.50	165.1	8.32	211.3
7/16 (0.438)	11.1	0.35	8.9	0.72	18.3	0.41	10.4	1/2 (0.5)	12.7	0.38	9.7	0.80	20.3	0.45	11.4	7.50	190.5	8.75	222.3
7/16 (0.438)	11.1	0.35	8.9	0.72	18.3	0.41	10.4	9/16 (0.562)	14.3	0.38	9.7	0.91	23.1	0.51	13.0	7.50	190.5	8.75	222.3
1/2 (0.5)	12.7	0.38	9.7	0.80	20.3	0.45	11.4	9/16 (0.562)	14.3	0.38	9.7	0.91	23.1	0.51	13.0	7.50	190.5	9.13	231.9
9/16 (0.562)	14.3	0.80	20.3	0.91	23.1	0.51	13.0	5/8 (0.625)	15.9	0.44	11.2	0.97	24.6	0.54	13.7	8.25	209.6	9.88	251.0
5/8 (0.625)	15.9	0.44	11.2	0.97	24.6	0.54	13.7	11/16 (0.688)	17.5	0.47	11.9	1.07	27.2	0.58	14.7	9.74	247.4	11.00	279.4
5/8 (0.625)	15.9	0.44	11.2	0.97	24.6	0.54	13.7	3/4 (0.75)	19.1	0.54	13.7	1.13	28.7	0.62	15.7	9.74	247.4	11.50	292.1
11/16 (0.688)	17.5	0.47	11.9	1.07	27.2	0.58	14.7	3/4 (0.75)	19.1	0.54	13.7	1.16	29.5	0.63	16.0	10.25	260.4	11.75	298.5
3/4 (0.75)	19.1	0.54	13.7	1.13	28.7	0.62	15.7	13/16 (0.812)	20.6	0.57	14.5	1.19	30.2	0.64	16.3	10.75	273.1	12.50	317.5
3/4 (0.75)	19.1	0.54	13.7	1.16	29.5	0.63	16.0	7/8 (0.875)	22.2	0.60	15.2	1.32	33.5	0.71	18.0	10.87	276.1	13.25	336.6
13/16 (0.812)	20.6	0.57	14.5	1.25	31.8	0.68	17.3	7/8 (0.875)	22.2	0.60	15.2	1.32	33.5	0.71	18.0	11.75	298.5	14.00	355.6
7/8 (0.875)	22.2	0.60	15.2	1.32	33.5	0.71	18.0	15/16 (0.938)	23.8	0.60	15.2	1.38	35.1	0.74	18.8	12.00	304.8	14.00	355.6
7/8 (0.875)	22.2	0.60	15.2	1.32	33.5	0.71	18.0	1 (1.0)	25.4	0.63	16.0	1.44	36.6	0.77	19.6	12.25	311.2	14.25	362.0
15/16 (0.938)	23.8	0.63	16.0	1.38	35.1	0.74	18.8	1 (1.0)	25.4	0.72	18.3	1.50	38.1	0.80	20.3	13.19	335.0	15.75	400.1

表 12-12（续）

紧固件尺寸		小头						紧固件尺寸		大头						长度E			
		A		B		F				C		D		F①		最小		最大	
in	mm	in	mm	in	mm	in	mm	in	mm	in	mm	in	mm	in	mm	in	mm	in	mm
15/16（0.938）	23.8	0.65	16.5	1.44	36.6	0.77	19.6	1-1/16（1.062）	27.0	0.69	17.5	1.63	41.4	0.86	21.8	13.75	349.3	16.38	416.1
1（1.0）	25.4	0.63	16.0	1.44	36.6	0.77	19.6	1-1/16（1.062）	27.0	0.69	17.5	1.63	41.4	0.86	21.8	14.00	355.6	16.38	416.1
1（1.0）	25.4	0.66	16.8	1.44	36.6	0.77	19.6	1-1/8（1.125）	28.6	0.75	19.1	1.63	41.4	0.86	21.8	14.25	362.0	16.38	416.1
1-1/16（1.062）	27.0	0.71	18.0	1.60	40.6	0.85	21.6	1-1/8（1.125）	28.6	0.75	19.1	1.69	42.9	0.90	22.9	15.07	382.8	18.00	457.2
1-1/16（1.062）	27.0	0.75	19.1	1.60	40.6	0.85	21.6	1-1/4（1.25）	31.8	0.82	20.8	1.88	47.8	0.99	25.1	15.88	403.4	18.50	469.9
1-1/8（1.125）	28.6	0.75	19.1	1.63	41.4	0.86	21.8	1-5/16（1.312）	33.3	0.82	20.8	1.91	48.5	1.01	25.7	17.00	431.8	19.00	482.6
1-1/4（1.25）	31.8	0.82	20.8	1.88	47.8	0.99	25.1	1-5/16（1.312）	33.3	0.85	21.6	1.96	49.8	1.03	26.2	17.38	441.5	19.50	495.3
1-1/4（1.25）	31.8	0.82	20.8	1.88	47.8	0.99	25.1	1-3/8（1.375）	34.9	0.88	22.4	2.07	52.6	1.09	27.7	18.25	463.6	20.50	520.7
1-1/4（1.25）	31.8	0.82	20.8	1.91	48.5	1.01	25.7	1-7/16（1.438）	36.5	0.94	23.9	2.19	55.6	1.14	29.0	19.00	482.6	21.25	539.8
1-5/16（1.312）	33.3	0.83	21.1	1.91	48.5	1.01	25.7	1-1/2（1.500）	38.1	1.00	25.4	2.19	55.6	1.14	29.0	20.00	508.0	22.00	558.8
1-7/16（1.438）	36.5	0.94	23.9	2.13	54.1	1.12	28.4	1-1/2（1.500）	38.1	1.00	25.4	2.19	55.6	1.14	29.0	21.00	533.4	23.00	584.2
1-7/16（1.438）	36.5	0.94	23.9	2.21	56.1	1.16	29.5	1-5/8（1.625）	41.3	1.07	27.2	2.44	62.0	1.27	32.3	22.00	558.8	24.00	609.6
1-5/8（1.625）	41.3	1.00	25.4	2.19	55.6	1.15	29.2	1-11/16（1.688）	42.9	1.07	27.2	2.44	62.0	1.27	32.3	22.50	571.5	24.50	622.3

①间隙 "F" 是基于尺寸 B 及 D 上 0.050in（1.27mm）间隙（G）。

表 12–13　棘轮扳手及套筒尺寸（1/4in 及 3/8in）

紧固件尺寸		类型	1/4in T=0.4in（10.2mm） R=0.4in（10.2mm）								3/8in T=0.6in（15.2mm） R=0.6in（15.2mm）							
			A		B		C		D①		A		B		C		D①	
in	mm		in	mm	in	mm	in	mm	in	mm	in	mm	in	mm	in	mm	in	mm
1/4（0.25）	6.4	标准	0.397	10.1	0.510	13.0	1.01	25.7	0.248	6.3	0.400	10.2	0.690	17.5	1.26	32.0	0.250	6.4
1/4（0.25）	6.4	薄	0.390	9.9	0.440	11.2	1.01	25.7	0.245	6.2	0.400	10.2	0.690	17.5	1.26	32.0	0.250	6.4
5/16（0.312）	7.9	标准	0.510	13.0	0.510	13.0	1.01	25.7	0.305	7.7	0.470	11.9	0.690	17.5	1.26	32.0	0.285	7.2
5/16（0.312）	7.9	薄	0.468	11.9	0.468	11.9	1.01	25.7	0.284	7.2	0.470	11.9	0.690	17.5	1.26	32.0	0.285	7.2
11/32（0.344）	8.7	标准	0.519	13.2	0.519	13.2	1.01	25.7	0.310	7.9	0.499	12.7	0.690	17.5	1.26	32.0	0.300	7.6
11/32（0.344）	8.7	薄	0.515	13.1	0.515	13.1	1.01	25.7	0.308	7.8	0.499	12.7	0.690	17.5	1.26	32.0	0.300	7.6
3/8（0.375）	9.5	标准	0.580	14.7	0.580	14.7	1.01	25.7	0.340	8.6	0.568	14.4	0.690	17.5	1.26	32.0	0.334	8.5
3/8（0.375）	9.5	薄	0.540	13.7	0.540	13.7	1.01	25.7	0.320	8.1	0.555	14.1	0.690	17.5	1.26	32.0	0.328	8.3
7/16（0.438）	11.1	标准	0.683	17.3	0.683	17.3	1.01	25.7	0.392	10.0	0.665	16.9	0.690	17.5	1.26	32.0	0.383	9.7
7/16（0.438）	11.1	薄	0.625	15.9	0.625	15.9	1.01	25.7	0.362	9.2	0.625	15.9	0.690	17.5	1.26	32.0	0.362	9.2
1/2（0.5）	12.7	标准	0.697	17.7	0.697	17.7	1.01	25.7	0.398	10.1	0.751	19.1	0.880	22.4	1.26	32.0	0.426	10.8
1/2（0.5）	12.7	薄	0.687	17.4	0.687	17.4			0.402	10.2	0.740	18.8	0.740	18.8			0.420	10.7
9/16（0.562）	14.3	标准									0.814	20.7	0.880	22.4	1.26	32.0	0.457	11.6
9/16（0.562）	14.3	薄									0.796	20.2	0.796	20.2			0.434	11.0
5/8（0.625）	15.9	标准									0.890	22.6	0.890	22.6	1.26	32.0	0.495	12.6
5/8（0.625）	15.9	薄									0.859	21.8	0.859	21.8			0.480	12.2

表 12-13（续）

1/4in 栏：T=0.4in（10.2mm），R=0.4in（10.2mm）；3/8in 栏：T=0.6in（15.2mm），R=0.6in（15.2mm）。

紧固件尺寸 (in)	紧固件尺寸 (mm)	类型	1/4in A (in)	A (mm)	B (in)	B (mm)	C (in)	C (mm)	D① (in)	D① (mm)	3/8in A (in)	A (mm)	B (in)	B (mm)	C (in)	C (mm)	D① (in)	D① (mm)
11/16（0.688）	17.5	标准									0.968	24.6	0.968	24.6	1.26	32.0	0.534	13.6
11/16（0.688）	17.5	薄									0.953	24.2	0.953	24.2	1.26	32.0	0.526	13.4
3/4（0.75）	19.1	标准									1.110	28.2	1.110	28.2	1.26	32.0	0.605	15.4
3/4（0.75）	19.1	薄									1.015	25.8	1.015	25.8			0.558	14.2
13/16（0.812）	20.6	标准									1.141	29.0	1.141	29.0	1.406	35.7	0.621	15.8
7/8（0.875）	22.2	标准									1.250	31.8	1.250	31.8	1.406	35.7	0.675	17.1

①在适用的部位，间隙是基于套筒扳手（尺寸"A"）缩小部分的 0.05in（1.27mm）间隙（G）。

表 12-14 梅花扳手及套筒尺寸（1/2in 及 3/4in）

1/2in 栏：T=0.8in（20.3mm），R=0.8in（20.3mm）；3/4in 栏：T=1.2in（30.5mm），R=1.3in（33.0mm）。

紧固件尺寸 (in)	紧固件尺寸 (mm)	类型	1/2in A (in)	A (mm)	B (in)	B (mm)	C (in)	C (mm)	D① (in)	D① (mm)	3/4in A (in)	A (mm)	B (in)	B (mm)	C (in)	C (mm)	D① (in)	D① (mm)
9/16（0.562）	14.3	标准	0.820	20.8	0.940	23.9	1.58	40.1	0.460	11.7								
9/16（0.562）	14.3	薄	0.818	20.8	0.937	23.8			0.459	11.7								

表 12-14（续）

紧固件尺寸		类型	1/2in T=0.8in (20.3mm) R=0.8in (20.3mm)								3/4in T=1.2in (30.5mm) R=1.3in (33.0mm)							
			A		B		C		D①		A		B		C		D①	
in	mm		in	mm	in	mm	in	mm	in	mm	in	mm	in	mm	in	mm	in	mm
5/8 (0.625)	15.9	标准	0.892	22.7	0.940	23.9	1.58	40.1	0.496	12.6								
5/8 (0.625)	15.9	薄	0.892	22.7	0.937	23.8	1.58	40.1	0.496	12.6								
11/16 (0.688)	17.5	标准	0.974	24.7	0.974	24.7	1.58	40.1	0.537	13.6								
11/16 (0.688)	17.5	薄	0.948	24.1	0.960	24.4			0.524	13.3								
3/4 (0.75)	19.1	标准	1.067	27.1	1.067	27.1	1.58	40.1	0.584	14.8								
13/16 (0.812)	20.6	标准	1.130	28.7	1.130	28.7	1.58	40.1	0.615	15.6								
7/8 (0.875)	22.2	标准	1.218	30.9	1.218	30.9	1.76	44.7	0.659	16.7	1.385	35.2	1.500	38.1	2.01	51.1	0.742	18.8
15/16 (0.938)	23.8	标准	1.300	33.0	1.300	33.0	1.76	44.7	0.700	17.8	1.450	36.8	1.575	40.0	2.01	51.1	0.775	19.7
1 (1.0)	25.4	标准	1.375	34.9	1.375	34.9	1.76	44.7	0.738	18.7	1.510	38.4	1.575	40.0	2.08	52.8	0.805	20.4
1-1/16 (1.062)	27.0	标准	1.480	37.6	1.480	37.6	1.86	47.2	0.790	20.1	1.575	40.0	1.575	40.0	2.14	54.4	0.838	21.3
1-1/8 (1.125)	28.6	标准	1.540	39.1	1.540	39.1	1.94	49.3	0.820	20.8	1.635	41.5	1.635	41.5	2.33	59.2	0.868	22.0
1-1/4 (1.25)	31.8	标准	1.750	44.5	1.750	44.5	2.02	51.3	0.925	23.5	1.825	46.4	1.825	46.4	2.39	60.7	0.962	24.4
1-5/16 (1.312)	33.3	标准	1.920		1.920	48.8					1.920	48.8	1.920	48.8	2.39	60.7	1.010	25.7

①在适用的部位，间隙 "D" 是基于套筒扳手（尺寸 "A"）缩小部分的0.05in（1.27mm）间隙（G）。

12.5 销轴、耳片、套筒及衬套

　　起落架组件的动或静连接很大程度上倾向于采用销轴连接。因此，这些连接接头的有效设计至关重要。图 12-29 所示是一种典型的销轴连接，采用了一个带硬镀层的销轴（通常采用电解方法镀硬铬或采用 HVOF 工艺镀碳化钨 – 钴铬），以及带润滑的镍铝青铜衬套。这个例子中的润滑是通过耳片末端的润滑油孔充填油脂到相邻衬套之间的环形间隙。润滑通道加工至衬套的接触面（图中未显示），有助于将油脂从环形通道分配到衬套和销轴之间的工作表面。可替代的润滑方法是通过粗销轴内部通道或通过嵌入销轴内部的通道润滑。为了确保得到一个稳健设计，所有连接接头都应装有衬套，并且要正确地选择衬套材料，以确保接头的长寿命及避免磨损。针对绝大多数镀铬或碳化钨 – 钴铬镀层的起落架动连接接头，衬套主要选择涂润滑脂的镍铝青铜材料。静连接接头倾向于利用 17–4PH 不锈钢衬套。耳片和衬套的设计应确保在填充和清除油脂之前不会产生空腔。应尽可能避免使用垫圈及可调垫片，因为它们在安装过程中可能被不小心忽略。通常，建议避免夹紧 U 形连接接头，因在 U 形接头中夹紧力会导致应力腐蚀裂纹，一般常用的做法是在每个接头上提供两条润滑通道，以防止卡滞。避免夹紧可以通过在带螺纹销轴上设置一个凸肩或者控制装配间隙来实现。应谨慎选择材料和镀层，以确保防止电化学腐蚀——这通常需要在衬套的非配合表面上涂一层涂层，以确保耳片材料和涂层的兼容性。设计耳片时，为了使耳片表面平滑过渡入起落架，获得良好的疲劳性能，应使用较大的过渡圆角半径。同样地，润滑通道的设计，应注意不应在疲劳敏感区制孔。

　　销轴通常由外径上镀有一层坚硬的防腐和耐磨镀层的钢或耐腐蚀钢制成。在某些情况下，销轴可以相对于连接接头自由旋转——图 12-29 中的例子就是这种设计。对于这些销轴、螺母或轴套有单独的锁紧装置（如十字头螺栓）。在某些情况下，希望连接接头的一部分是静止的——销轴和耳片（及其衬套）之间不发生相对转动。在空间有限、减小耳片

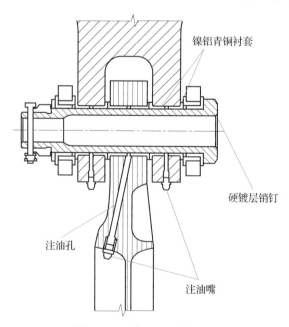

镍铝青铜衬套

硬镀层销钉

注油孔

注油嘴

图 12-29　典型的销轴连接

宽度可得到较高的许用承载能力的部位，采用静态连接是有利的。在这种情况下，销轴必须相对于耳片静止。当静止的耳片为 U 形接头的外侧耳片时，可以在耳片与销轴头部设置止转功能。典形的方法就是在耳片上设置一个直凸台，以阻止 D 形头销轴转动。而另一种方法就是在耳片上钻一个与销轴头部一样大的孔，当销轴相对于 U 形接头内部耳片必须静止时，通过一个贯穿螺栓连接。

12.5.1 初始尺寸

销轴、耳片及轴孔的详细尺寸需要专门计算——其中一些将在第 13 章中讨论。对于初始轮廓和尺寸，可以根据预计的载荷和接合处的许用压力，对销轴和耳片尺寸进行估算。

为了得到销轴与耳片接头的初始轮廓，销轴直径 d 可用以下方法估算[95]

$$d = \sqrt{\frac{2P}{F_{br}}}$$

式中：P——应用的限制载荷；

F_{br}——最大静力承载能力，其值见表 12-15。

可以使用外径与壁厚之比为 8 来估算销轴的壁厚。

耳片的初始轮廓，耳片最小外半径 R 与最大孔径 D 的比值（见图 12-30），对于钢耳片应大于或等于 0.7，对于钛耳片应大于或等于 0.8，对于铝耳片应大于或等于 0.9。为了尽量减小销轴弯曲对耳片的影响，销轴直径 d 与最小耳片径向厚度 t 的比值应在 1.75 ~ 2 之间。在有衬套的耳片中，d 和 D 的值相差 2 倍的衬套壁厚。

为了提供可靠的连接，耳片的宽度通常由所承受压力决定。应利用表 12-15 选出的合适的承载能力，并对衬套的倒角和油槽进行修正。耳片宽度应使耳片衬套的投影面积（减去修正部分）大于或等于所能提供承受压力的面积。销轴与衬套之间的间隙通常在 RC5 或 RC6（ANSI B4.1）或 H8/f7 或 H7/f7（ANSI B4.2）范围内。对于自润滑轴承，轴和轴承（衬套）之间的典型间隙最大为 0.003in（0.075mm），最小间隙为 0.001in（0.025mm）。

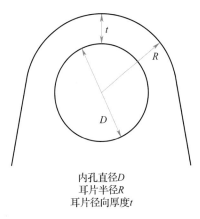

内孔直径 D
耳片半径 R
耳片径向厚度 t

图 12-30　耳片轮廓

12.5.2 衬套

衬套（或滑动支撑）材料的选择取决于以下几个因素：接头预期的使用条件，提供充分润滑的可能性和所施加的负载。许多接头采用自润滑衬垫或镀层，通常由聚四氟乙烯（PTFE）和添加剂组成。在设计使用带自润滑材料的接头时，关于适当的承载能力和其他设计应考虑事项，最好咨询该材料的制造商。一些孔径不超过 50mm（2in）的较小的轻负载接头，可以使用符合 AS81934[96] 标准的自润滑衬套。

虽然过去静态衬套常用钢衬套，但其易腐蚀的特性使它不太理想。静态衬套最常用的材料是 17-4PH 耐腐蚀钢，它具有较高的强度和承载能力及良好的耐腐蚀性。17-4PH 的承载能力可达到 620MPa（90ksi）。

表 12-15　AIR1594 许用承载能力

材料		径向滑动轴承			球面轴承①		
		镍铝青铜 AMS4640 AMS4880 AMS459③ AMS488③	铍铜 AMS4533 AMS4534 AMS4535	镍锡铜② AMS4596 AMS4597 AMS4698	镍铝青铜 AMS4640 AMS4880 AMS459③ AMS4881③	铍铜 AMS4533 AMS4535	镍锡铜② AMS4596 AMS4597 AMS4598
极限载荷下的静连接	带挠度的非旋转运动，如1g 静载下的轴颈枢轴接头	50~80ksi④ （414~552MPa）⑥	60~90ksi④ （414~620MPa）	60~90ksi④ （414~620MPa）	47ksi （324MPa）	90ksi （620MPa）	90ksi （620MPa）
	静载下轻微旋转运动，如扭力臂	45~60ksi （310~414MPa）	45~65ksi （310~448MPa）	45~65ksi （310~448MPa）	47ksi （324MPa）	90ksi （620MPa）	90ksi （620MPa）
动连接	旋转运动。在正常工作压力下主要运动部分。如作动筒销轴	13ksi （90MPa）	13~15ksi （90~103MPa）	13~15ksi （90~103MPa）	15ksi （103MPa）	20ksi （138MPa）	20ksi （138MPa）
最大停机重量（MRW）时 1g 载荷的动连接	旋转运动。1g 载荷下最大停机重量时所有运动，如车架转轴接头	10ksi （69MPa）	10ksi （69MPa）	10ksi （69MPa）	10ksi （69MPa）	10ksi （69MPa）	10ksi （69MPa）
缓冲支柱支撑	线性运动时的上部和下部支撑	6ksi⑤ （41MPa）	6ksi⑤ （41MPa）				

①参考实心球。分体式球面轴承和开槽球面轴承的入口设计使用较低的压力。

②更高的设计许用值可在 MMPDS 中获得。

③ AMS4590 和 AMS4881 材料属性比 AMS4640 和 AMS4880 好。在保证更高的许用值时使用，但是其价格更高。

④较低范围通常用于新的设计，较高范围通常用于改进/重新设计。

⑤许用支撑载荷来自 MIL-L-8552；附加指南参考 AIR5883 和 AIR5913。

　　动态衬套最常用的金属材料是符合 AMS4640[97] 和 AMS4880[98] 标准的镍铝青铜。AMS4590[99] 和 AMS4881[100] 具有更高的材料性能。由于这些材料的成本较高，建议尽可能使用符合 AMS4640 和 AMS4880 标准的材料。过去非常高负载的接头常使用铍铜合金，但使用含有铍的材料是非常不可取的，因为该材料在机械加工或磨损过程中产生的灰尘和碎片，被人体吸入可导致铍中毒（一种慢性肺病）。新的设计通常不用铍。为了取代铍铜合金，研制了一种镍锡铜合金（77Cu-15Ni-8Sn），尺寸和形状满足 AMS4596[101]、

---

⑥　原文错误，应为 40~80ksi（276~552MPa）。——译者注

AMS4597[102] 和 AMS4598[103] 标准。

合适的承载能力取决于载荷和运动的类型以及接头的材料类型。可接受承载能力的确定大多依赖于使用经验，因为没有分析技术能充分捕捉接头运动的复杂性。文件 AIR1594[104] 概述了用于起落架主要结构和机构的滑动支撑设计的一些考虑因素。表 12-15 提供了该文件的建议承载能力。径向滑动支撑选择的通用指导（不特定于起落架）见 ESDU 数据表 65007[105]。

承载能力的计算考虑衬套的投影面积（它的内径乘以它的长度）减去所有油槽的投影面积。在部件的整体尺寸方面，大多数小衬套应该有 2.5mm（0.1in）的最小壁厚，而较大直径的衬套应该有逐渐增大的壁厚。大于 120mm（4.7in）孔的衬套壁厚应该有 4mm（0.16in）。对于没有润滑油槽的衬套，可减少壁厚。小衬套的凸肩厚度应不小于 1.5mm（0.06in），凸肩厚度应随衬套直径的增加而增加。凸肩厚度的公差取决于连接所需的装配公差。

12.5.2.1 润滑油槽

在使用金属衬套时，需要一种确保接头工作表面（销轴与衬套之间）充分润滑的方法，这通常是由润滑油脂提供的；必须提供一个分布的润滑油槽网，以确保新的润滑脂能流动到被润滑表面，而且在再次润滑间隔内储存油脂，继续润滑接头。采用外部周向油槽与内部周向油槽组合，通过壁上通道将油脂从衬套的外侧传递到内侧，反之亦然。在衬套的内径上，经常使用两种不同的润滑油槽，如图 12-31 所示：条形 / 梯形槽及螺旋槽。对于制造商，典型的螺旋槽花费少，并且适用于静或轻负载的动接头。高负载动接头应使用条形油槽，以确保最佳的润滑油脂分布及储存。

如图 12-31 所示的衬套中，润滑脂的充填是通过销轴里的通道充填内部的周向槽。另一种选择是设置一个与内部油槽位置相重合的外部周向油槽，并制 2.5mm（0.1in）的孔，以允许外部的油脂通过，如图 12-32 所示。外部油槽的深度取决于可用的壁厚。至少应提供 0.5mm（0.02in）深的油槽，在大型衬套上 1mm（0.04in）的槽深更合适。在小衬套上，内部和外部油槽的最小宽度应为 3mm（0.12in），并且越大的衬套油槽越宽。如图 12-33 所示的内部条形和螺旋形润滑油槽的深度 D 为 0.75mm（0.03in），加工半径 R 为 1.5mm。内部分布油槽的深度应相同，但由于宽度较大，过渡圆角半径一般可接受的值为 0.5mm（0.02in）。

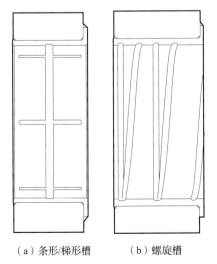

（a）条形/梯形槽　（b）螺旋槽

图 12-31　条形 / 梯形润滑油槽以及螺旋槽

图 12-32　带外部润滑油槽的衬套

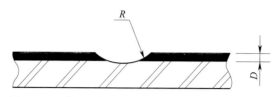

图 12-33　条形和螺旋槽形式，切削刀具轨迹正视图

　　对于背靠背的衬套，周向油槽是由两个衬套之间的环形间隙形成。必须控制衬套的长度，以确保有适当的间隙。衬套内的条形槽或螺旋槽应加工至衬套末端"伸出"，以允许油脂从环形间隙流入油槽，如图 12-34 所示。

　　在一些接头中，可以混合使用不同类型的润滑形式。如图 12-35 所示，是具有从外部周向条型槽和螺旋槽注油的环形槽。在这个例子中，衬套之间的间隙也涂上了抗腐蚀的润滑脂。

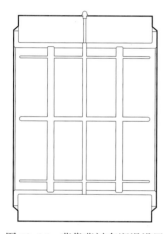

图 12-34　背靠背衬套润滑设置

图 12-35　条形和螺旋形油槽结构

12.5.2.2　衬套安装

　　为了使衬套保持在壳体内，衬套安装时通常采用过盈配合。通过温差安装实现的过盈配合（通常是将衬套冷冻）比压装更好，因为其产生的保持力更大，对腐蚀防护处理造成的损害更少。AIR1594 提供以下资料：

　　典型的 51mm（2in）孔径最小过盈配合为 0.0254mm/mm（0.001in/in），为了提供孔和衬套上合理的制造公差，最大过盈配合是最小值加上 0.051 ~ 0.076mm/mm（0.002 ~ 0.003in/in）。这些数值是孔在镀铬、镍或 HVOF 镀层电镀和抛光之前确定的，应考虑孔电镀 / 镀层后的直径。此外，在选择过盈配合时，应考虑：过盈配合产生的周向应力（包括温度效应）、安装过程中的温度限制、材料的温度限制（特别是铝）以及对喷丸表面的影响（较高的温度可能会降低喷丸的好处）。

　　装配的一种方法是温差法，衬套用干冰（-98°F/-72℃）冷却或使用液氮冷却至 -320°F（-196℃）。根据需要，外壳可加热至 200°F（93.3℃）。如果材料在液氮冷冻后发生相变，应确认材料性能不会发生退化。不同支撑尺寸下衬套和基材适宜的温度见图 12-36。需要规定固定衬套位置期间的温度。通常支撑内径需要在温度稳定后进行定径，以获得良好的同轴度和间隙条件，并获得合适的表面粗糙度。

材料的近似收缩率

① 铝合金

② 铜合金

③ 18-8~18-12CR-NI

④ 蒙乃尔铜镍合金

⑤ SAE钢

⑥ 5%~27%铬钢

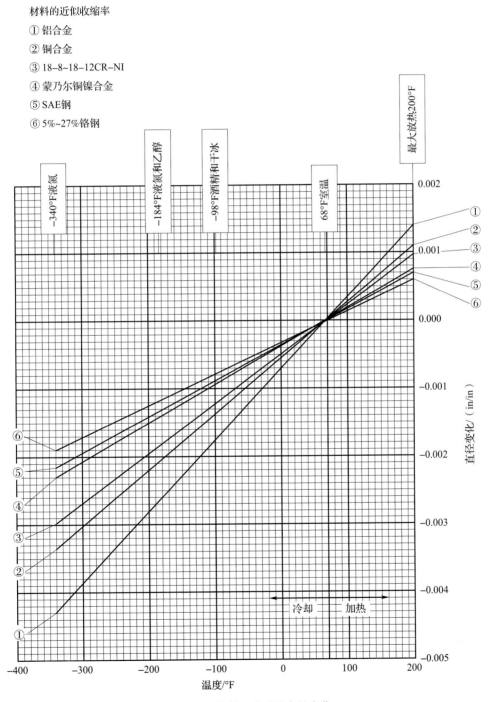

图 12-36 材料尺寸随温度的变化

根据温差进行装配需要合适的工具。应该特别考虑从冷却源和工装之间移除的预热时间，以避免衬套在完全就位之前被卡住，并尽量减少安装过程中对保护面的损坏。

另一种替代温差插入的方法是通过将芯轴穿过衬套，使衬套塑性变形固定在耳片中。这种类型的安装，称为 ForceMate 压合，对零件有益的残余应力进入衬套周围的材料，并产生高达 0.25mm（0.01in）的干涉配合[106]。孔周围材料产生的残余应力提高了零件疲劳寿命。

由于过盈配合在衬套上施加的压载，大多数衬套在安装后需要进行进一步加工或珩磨，以满足最终安装尺寸要求。通过对耳片内的一组衬套进行镗孔或珩磨，可确保每个衬套尺寸是一致的，并确保耳片之间负载的分配符合预期。衬套与销轴接触表面的表面粗糙度 Ra 为 $0.4 \sim 0.8 \mu m$（$16 \sim 32 \mu in$）。通常，在保证润滑的情况下，Ra 值越低则使用中产生的磨损越少。

12.5.3　修理余量

在所有连接处提供大修和修理所需的余量是很好的做法，特别是在使用可腐蚀材料设计时。在一些情况下，余量的大小根据合同或公司的规程决定。在缺乏其他指南的情况下，销轴和耳片的设计应提供多余的材料，以便在大修时可以去除损坏或腐蚀的材料，并通过更厚的镀层（通常在销轴上）或超大衬套（通常在耳片孔上）修复接合面。以下是典型的维修余量：

（1）耳孔内径为 0.060in（1.524mm）；

（2）耳片表面为 0.015in（0.381mm）；

（3）销轴外径为 0.020in（0.508mm）。

12.5.4　注油嘴和润滑规定

起落架上最常见的注油嘴是 AS15001[107] 系列，通常被称为 "Zerk" 油嘴。这些注油嘴由钢制成，并有一层镉或锌防腐镀层。一个弹簧加载止回球阀关闭避免任何润滑脂排出，打开允许润滑脂进入。如图 12-37 所示，这种润滑装置有直头、45° 弯头和 90° 弯头三种类型。提供了一个 1/4-28 锥形螺纹进行安装。可提供不同材料和螺纹尺寸的变化。完整的清单见 AS35411[108]。

虽然螺纹注油嘴可以直接插入中等强度钢和大多数铝件（带有合适的螺纹镶嵌件）中，但不建议具有显著缺口敏感性的材料带螺纹，如超高抗拉强度钢。在这种情况下，可制作一个转接头压入钢组件的孔内，并提供合适的螺纹来安装注油嘴。

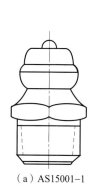 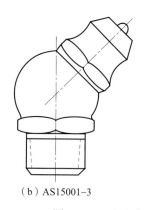 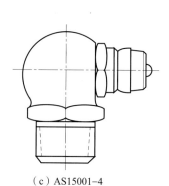

（a）AS15001-1　　　　（b）AS15001-3　　　　（c）AS15001-4

图 12-37　注油嘴

在某些情况下，没有足够的空间提供给 AS15001 型注油嘴，或者该注油嘴的存在可能会划破防护服。在这种情况下，可以使用符合 NAS516[109]（见图 12-38）的埋入式注油嘴。注油嘴被压入一个铰制的 0.125in（3.175mm）孔内。在使用这种类型的注油嘴之前，建议与产品最终用户一起检查，因为注油枪上需要专用工具（符合 MS24203[110] 的 Shafer 型喷嘴）。

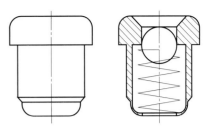

图 12-38 NAS516 注油装置
NAS516，沉头型插入 0.125in 润滑接头的示意图，经美国航空航天工业协会许可使用。NAS516 的副本信息可在 www.aia-nas.org 上的 AIA 标准商店中购买。

建议对包括静态接头在内的所有接头进行润滑。每个要润滑的表面都应有它自己的注油嘴来维护。用一个润滑点来充填多个润滑通道是不可取的，因为润滑脂会沿着阻力最小的路径流动，不一定能润滑所有需要润滑的点。关键接头的每个表面都应该有自己的润滑通道和注油嘴来维护，如图 12-39 所示。

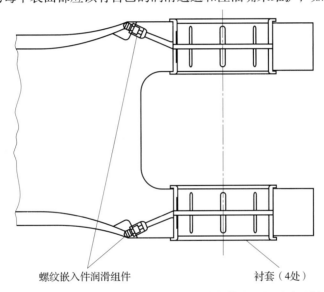

螺纹嵌入件润滑组件   衬套（4处）

图 12-39 由独立的注油装置及润滑通道提供润滑的耳片示例

有时，在耳片不方便设置润滑通道的情况下，通过销轴中的通道进行润滑也是可以接受的解决方案（见图 12-41 和图 12-43）。在许多情况下，最好使用润滑脂轴芯——一种适合空心销轴并提供油脂通道的非结构嵌入件，如图 12-45 所示。虽然已成功地用金属材料生产了润滑脂轴芯，但使用热塑性塑料（如乙醛树脂 Delrin®）生产的这些零件更好使用。当使用润滑脂轴芯时，通常用 O 形密封圈来确保从轴芯流出的润滑脂被约束在一个环槽中，该环槽与销轴中的通道对齐。O 形圈选用的弹性体材料必须与指定的润滑脂兼容。符合 NAS1611[111] 标准的乙烯 - 丙烯密封件，通常与典型的起落架润滑脂一起使用便是为此目的。

12.5.5 润滑脂选择

如果连接处负载特别高或维护困难，选择使用哪种润滑脂可能是一项复杂的任务，但在大多数情况下，起落架使用与飞机上其他连接相同的润滑脂润滑。润滑脂类型可能不是起落架设计者特意选择的。当起落架工程师可以选择时，ESDU 03016[112] 中提供了润滑剂选择指南，但 AIR1594 更具体地说明了飞机润滑脂符合 MIL-PRF-23827[113]——一种含有金属皂

（Ⅰ型，NATO 代号 G–354）或黏土（Ⅱ型）增稠剂的双酯基础油，以及 MIL–PRF–81322[114]（NATO 代号 G–395）或类似的润滑脂。为了提供更好的润滑性能，如更好的腐蚀防护和低温性能，新的润滑脂不断发展。MIL–PRF–32014[115]（典型的聚 α– 烯烃，锂皂稠化润滑脂）是一种新型合成润滑脂，这种润滑脂不吸收水分，并且已经成功地用作起落架润滑脂。

极高负载的接头可应用含有高含量二硫化钼的润滑脂或其他极压添加剂或干膜润滑剂。应谨慎地选择高压润滑脂，以确保其能满足接头的其他要求。如 MIL–G–21164[116] 的二硫化钼润滑脂，具有优异的承载能力，但在使用过程中会吸收水分。

润滑脂是由润滑油与增稠剂以及添加剂混合而成的。润滑脂中可使用的润滑油种类繁多，并且可使用多种不同的增稠剂。最常用的增稠剂是膨润土、黏土和锂皂。即使总的规范相同，添加剂能提供的稳定性与其抗腐蚀性也和其他的优点一样因制造商而异。由于润滑脂类型之间，甚至同类润滑脂内部存在大量可能的变化，因此在混合润滑脂时必须小心谨慎。有些润滑脂类型彼此完全不相容。当从一个润滑脂类型更换为另一种时，即使它们符合相同的标准，也建议用新的油脂彻底清除旧油脂，并缩短后续润滑操作的时间间隔，直到确认旧的润滑脂被全部移除。已注油的接头需要定期重新注油，以确保润滑表面得到适当的润滑，并将旧的油脂从接头中排出。一般情况下，应将新润滑脂注入接头，直至被排出的润滑脂的颜色与新润滑脂的颜色相同为止。起落架接头所需的润滑频率很大程度上取决于接头的使用程度、飞机的服役任务以及所选的接头和润滑脂材料。润滑频率最好通过服役飞机的经验确定。许多现代民用飞机起落架的重新注油间隔为 400 ~ 500 起落（以及日常重新注油间隔，以确保低循环使用率的飞机也能重新注油）。润滑对功能影响大的接头（如车架中心销轴）每 50 飞行周期重新润滑一次。

12.5.6 销轴与耳片连接实例

图 12–40 ~图 12–50 给出了各种销轴与耳片接头连接的实例。

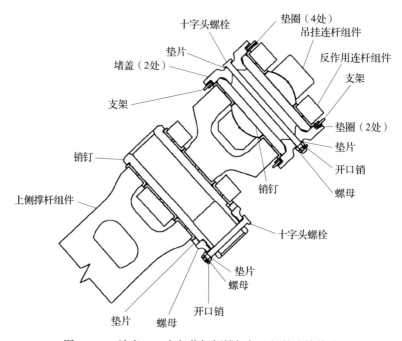

图 12–40 波音 737 主起落架侧撑杆与飞机的连接接头

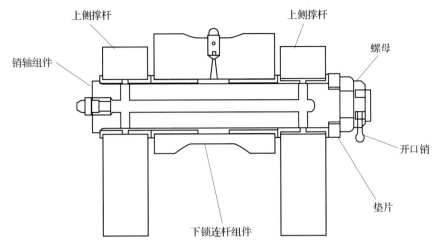

图 12-41　波音 737 主起落架侧撑杆与锁连杆连接接头

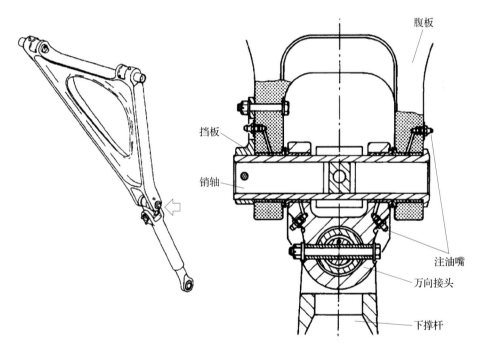

图 12-42　空客 A320 前起落架后撑杆中部连接接头

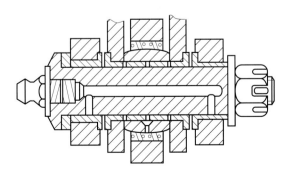

图 12-43　空客 A320 前起落架锁连杆中间连接接头

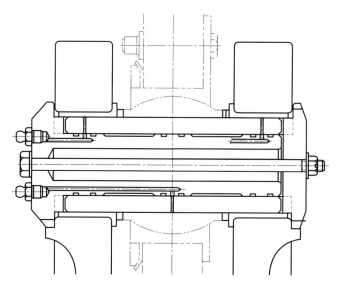

图 12-44　空客 A340-600 中间起落架后撑杆连接接头

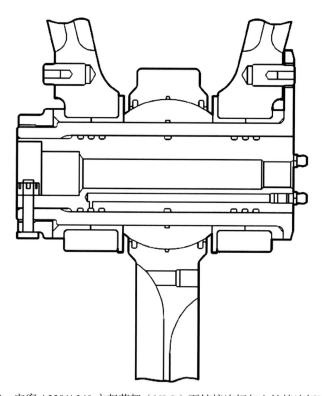

图 12-45　空客 A330/A340 主起落架（MLG）下铰接连杆与上铰接连杆连接接头

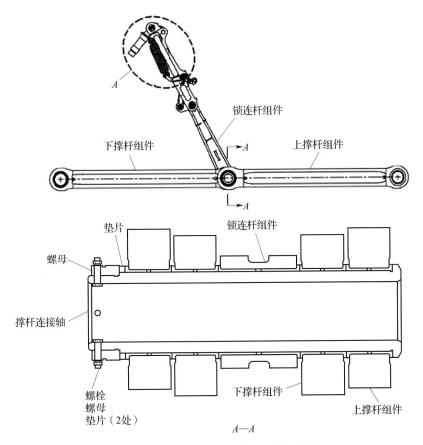

图 12-46　波音 777 主起落架后撑杆组件

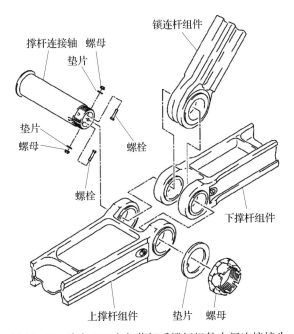

图 12-47　波音 777 主起落架后撑杆组件中间连接接头

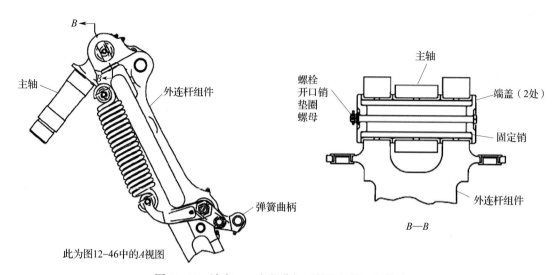

此为图12-46中的A视图

图 12-48　波音 777 主起落架后撑杆组件万向接头

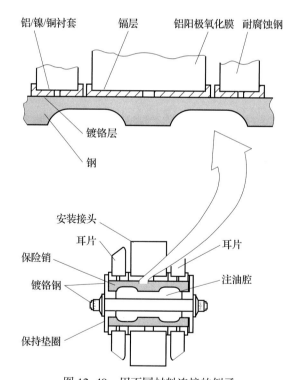

图 12-49　用不同材料连接的例子

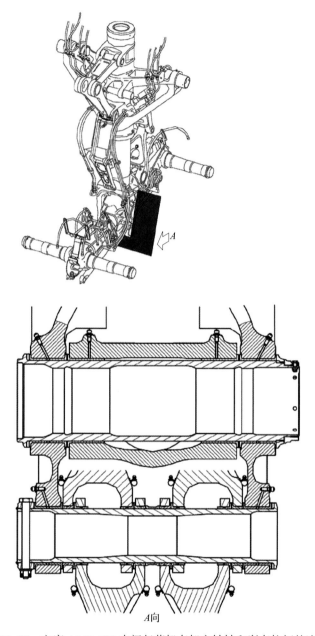

图 12-50　空客 A340-600 中间起落架车架主转轴和刹车拉杆的连接

12.6　公差与配合

在部件设计时，特别是在设计可互换的零件时，选择合适的配合和公差是十分重要的。与许多机械设计一样，飞机起落架的设计，需综合考虑具有过盈配合、滑动配合、定位配合以及旋转配合的部件。公差和配合的标准可通过 ISO 286[117] 和 ANSI B4.2[118] 获得。这些文献提供了一系列公制公差；ANSI B4.1[119] 提供了英制体系的等效值。这些体系主要针对的是孔和轴，但这并不是为了限制它们的使用。此体系也可以应用于指定的耳片、槽、平行平面和相切平面等的配合和公差。这些体系的优点之一是允许在图样上使用简单的符号来参考销轴或

683

孔直径的基本尺寸，以及适当的配合等级，这样就不需要指出或绘制实际的公差。然而，随着三维实体建模软件越来越多的使用，通常建议按标准规定公差范围的中值点绘制部件。

12.6.1 公制体系

AIR1758[120] 提供了系统的总体概述，以下解释改编自该文件：

决定两个配合面配合特征的是配合面的基本偏差和公差极限。在系统中，基本尺寸是固有尺寸公差的参考尺寸。对于配合的两个零件，基本尺寸通常是相同的。偏差是指一个尺寸（实际尺寸、最大尺寸等）与相应的基本尺寸之间的差值。内部特征（如孔）的偏差由一系列字母定义，从表示装配时的最大间隙的 A 到最大过盈的 ZC。如图 12-51 所示。对于外部特征（如轴的直径），相应的偏差用小写字母从 a 到 zc 表示，如图 12-52 所示。

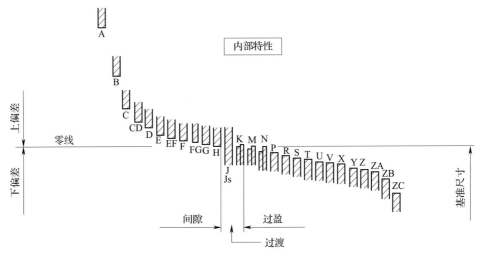

注：A，B，…，ZC为内径和相对内表面之间的距离。
为了简化：H表示基准尺寸，Js表示对称偏差。

图 12-51　内部特征偏差

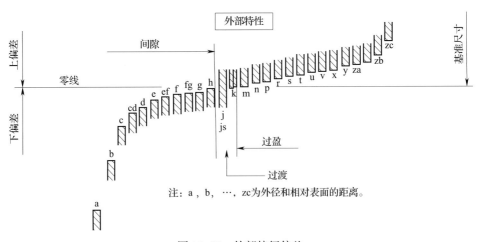

注：a，b，…，zc为外径和相对表面的距离。

图 12-52　外部特征偏差

尺寸公差的大小由 01、0、1、2、3、…、15、16 等 18 个数值等级指定。这些等级通常被称为标准公差（IT）等级，并且最小的数字表示最小的尺寸公差。IT 等级是一组公差，一个给定 IT 值的公差具有同等精度水平，但根据基本尺寸大小而不同。IT 等级与生产能力的关系如图 12-53 所示。

生产能力指导	IT等级	说明
直径和长度　宽度和深度　厚度　铣削加工轮廓　截面　钻孔深度　钻孔直径　铰孔直径	16	必须考虑12级和更大的公差对关键件重量的影响
	15	
	14	
	13	
	12	
	11	应选择阴影面积以上的公差
	10	
	9	
	8	阴影面积内的公差更贵
	7	
	6	
	5	

图 12-53　生产能力指南

孔或轴尺寸公差的完整标识要求使用适当的字母来表示偏差（公差带相对于基本尺寸的位置），后面跟数字后缀表示尺寸公差的大小。这个标准包括每个基本尺寸的公差值、偏差代码和 IT 等级表。一个公差为 "H7" 的 7mm 的孔在图样上标记为 $\phi 7H7$；一个公差为 "g6" 直径为 7mm 的轴在图样上标记为 $\phi 7g6$。这种 H7g6 组合提供一个间隙配合，经常用于滑动组件。由各种公差组合得到的配合如图 12-54 所示。当以孔的基本尺寸为基准时，基本偏差采用 "H"。在多个零件必须安装于同一轴上时，则可以按轴的基础尺寸为基准，但这在起落架的应用中并不常见。

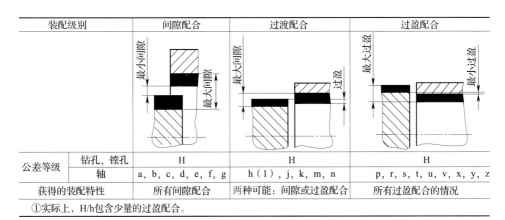

装配级别		间隙配合	过渡配合	过盈配合
公差等级	钻孔，镗孔	H	H	H
	轴	a、b、c、d、e、f、g	h（1）、j、k、m、n	p、r、s、t、u、v、x、y、z
获得的装配特性		所有间隙配合	两种可能：间隙或过盈配合	所有过盈配合的情况
①实际上，H/h 包含少量的过盈配合。				

图 12-54　配合特性

685

12.6.2 美国通用（in）单位体系

Shigley 和 Mischke[121] 提供了一种 ANSI B4.1 中概述的配合等级的公差估算方法。公差描述见表 12–16。

表 12–16 ANSI B4.1 公差等级

符合	名称	应用
RC1	紧密滑动配合	用于要求零件定位精确，装配时无浮动感觉的滑动配合部位
RC2	滑动配合	用于要求零件定位精确，但其间隙较 RC1 大的部位
RC3	精密转动配合	要求转动自如的最紧密的配合，用于精密加工的低速和轻载的轻轴颈，但不适用于有明显温差的地方
RC4	紧转动配合	主要用于具有中等转速和中等轴颈压力的精密机械的转动配合部位，这些部位既需要定位精确，又要求有一定的最小间隙
RC5	中等转动配合	用于高速转动或承受重载的轴颈部位，或两者兼而有之
RC6	中等转动配合	适用于比 RC5 更多的应用
RC7	自由转动配合	适用于精确度要求不高或可能存在较大温度变化的部位，或两者兼而有之
RC8	松转动配合	适用于需要公差较大，留有一定余量的孔
LC1~LC9	定位间隙配合	用于要求零件之间可自由拆装，而正常时相对静止不动的部位。较紧的间隙定位配合适用于像轴承的球、座圈以及外壳等组件。较松的间隙定位配合适用于组件需要自由转动的部位
LT1~LT6	定位过渡配合	介于间隙配合和过盈配合之间的一种配合，适用于定位精度要求非常高但允许少量间隙或过盈的部位
LN1~LN3	定位过盈配合	用于定位精度要求特别高的，以及对孔压无特殊需求，组合零件配合的精确度和刚性是主要需求的部件。不适用于依靠配合传递摩擦载荷到另一部件上的组件
FN1	轻压配合	用于要求装配压力较小且能得到永久性结合的部位。适用于薄壁零件，配合面较长的零件或铸铁零件
FN2	中等压配合	用于一般钢件或薄壁件的冷缩配合。优质铸铁零件的最紧密配合
FN3	重压配合	用于大型钢件或中等壁厚的冷缩配合
FN4~FN5	高压或冷缩配合	适用于高压的零件或不能承受高压力的冷缩的零件

虽然标准中提供了详细的公差信息，但 Shigley 和 Mischke 的方法可用的尺寸能达到 19.69in。公差极限的近似值 L 可以用下面的方程确定

$$L = CD^{1/3}$$

式中：L——1in 的千分之一，这些值是用代数方法求和得到基准尺寸 D，获得 4 个极限尺寸；

C——来自表 12–17 的适当的系数；

D——孔或轴的基准尺寸，in。

表 12-17 用于公差评估方程的系数 C

配合类别	孔公差 / μ in		轴公差 / μ in	
	下限	上限	下限	上限
RC1	0	+0.392	−0.588	−0.308
RC2	0	+0.571	−0.700	−0.308
RC3	0	+0.907	−1.542	−0.971
RC4	0	+1.413	−1.879	−0.971
RC5	0	+1.413	−2.840	−1.932
RC6	0	+2.278	−3.345	−1.932
RC7	0	+2.278	−4.631	−3.218
RC8	0	+3.570	−7.531	−5.253
LC1	0	+0.571	−0.392	0
LC2	0	+0.907	−0.571	0
LC3	0	+1.413	−0.907	0
LC4	0	+3.570	−2.278	0
LC5	0	+0.907	−0.879	−0.308
LC6	0	+2.278	−2.384	−0.971
LC7	0	+3.570	−4.211	−1.933
LC8	0	3.570	−5.496	−3.218
LC9	0	+5.697	−8.823	−5.253
LT1	0	+0.907	−0.281	+0.290
LT2	0	+1.413	−0.442	+0.465
LT3[①]	0	+0.907	+0.083	+0.654
LT4[①]	0	+1.413	+0.083	+0.990
LT5	0	+0.907	+0.656	+1.227
LT6	0	+0.907	+0.656	+1.563
LN1	0	+0.571	+0.656	+1.048
LN2	0	+0.907	+0.994	+1.565
LN3	0	+0.907	+1.582	+2.153
FN1	0	+0.571	+1.660	+2.052
FN2	0	+0.907	+2.707	+3.288
FN3[②]	0	+0.907	+3.739	+4.310
FN4	0	+0.907	+5.440	+6.011
FN5	0	+1.413	+7.701	+8.608

①尺寸小于 0.24in 不适用。
②尺寸小于 0.95in 不适用。

12.6.3 起落架部件常用配合等级

带密封的滑动部件，如液压作动筒的活塞杆、外筒及缓冲支柱活塞杆的尺寸通常都符合所使用的密封件的尺寸。这些尺寸来自本书的附录 E 中概述的密封槽的尺寸标准。

在 ANS14.1 体系中，大多数销轴与衬套的配合为 RC5 或 RC6，在 ANS14.2/ISO286 体系中为 H7/g6、H7/f7 或 H8/f7。

衬套与耳孔的配合最好是通过温差过盈配合而不是压装配合来实现，以避免衬套在孔内偏移、转动及磨损。补充资料请参考衬套安装部分。

12.7 弹簧

起落架的许多地方都会用弹簧，卷簧、板簧和锥形弹簧可以直接用作减振件，但更常见的是在各种起落架机构中发现的弹簧。尽管 C 形弹簧组件已用于撑杆锁（见图 12-55）、并且板簧装置（见图 12-56）已用于弹射杆和锁定支架，但起落架上最常见的弹簧类型是螺旋拉伸或压缩弹簧。图 12-57 显示了在同一架飞机上使用的三种不同构型的螺旋弹簧。

如图 12-57 所示，拉伸弹簧可以有多种末端构型；（a）是带有锥形接头的弹簧，它可以连接到旋转部件上，而（b）是一个带有整体挂钩的弹簧。（c）所示的压缩弹簧，必须加引导装置以避免弹簧弯曲。图 12-58 中显示了另一种选择，其弹簧末端是独立的机加件，螺接在弹簧末端。

用于密封机构内部或浸在油中的弹簧可用琴钢丝或弹簧钢制成，但暴露在恶劣环境中的弹簧通常由不锈钢或钛合金制成。飞机常用的材料是符合 AMS5678[122] 的不锈钢 17-7PH 和符合 AMS4957[123] 的钛 3-8-6-4-4（β-C）；钛合金弹簧虽然更贵，但与不锈钢弹簧相比，通常更轻并节省空间。β-C 钛合金和 17-7PH 不锈钢的许用（工作）应力取决于丝材的直径、应力范围和所需的圈数，约为 689MPa（100ksi）。弹簧材料的许用值范围见 ESDU 数据表 83002[124]；表 12-18 中列出了一些工作应力值。在某些情况下，为了提高弹簧的塑性和韧性，使用符合 AMS5672[125] 的 Custom 455 材料代替 17-7PH。

（a）前起落架

（b）主起落架

图 12-55　麦道 F-15 前起落架以及主起落架上的 C 形弹簧

图 12-56　凌 – 特姆特 – 沃特 A-7 "海盗" Ⅱ前起落架弹射杆上的板簧

（a）带锥形接头的弹簧　　　　（b）带有锥形挂钩的弹簧　　　　（c）加引导装置避免屈曲的压缩弹簧

图 12-57　道格拉斯 DC-10 上三种不同构型的弹簧

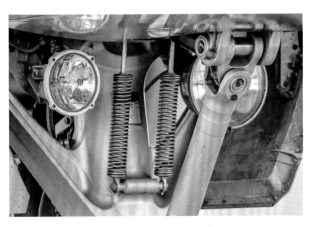

图 12-58　空客 A320 前起落架下位锁上的拉簧

表 12-18　常用弹簧材料属性

	17-7PH 不锈钢	钛 3-8-6-4-4（β-C）
丝材规范	AMS5678	AMS4957
最小极限抗拉强度[①]	1586MPa（230ksi）	1241MPa（180ksi）
近似工作应力	689MPa（100ksi）	689MPa（100ksi）
切变模量（G）	38.6GPa（5600ksi）[②]	79.3GPa（11000ksi）[②]
密度	4.82g/cm³（0.174lb/in³）[②]	7.98g/cm³（0.282lb/in³）[②]

注：这些数值来自 AMS5678、AMS4957 以及兰顿弹簧股份有限公司（Renton Coil Spring）：http://www.rentoncoilspring.com/misc.html。

①为最大钢丝直径范围为 0.440~0.625in（11.18~15.88mm）的极限抗拉强度；在较小的钢丝直径下，可以获得更高的强度。

②原文如此，部分数值有误，可能为排版错误。——译者注

ESDU 数据表 82008[126]中概述了螺旋压缩和拉伸弹簧的详细设计，并在 ESDU 数据表 83003[127]中提供了补充信息。为了在弹簧设计时进行快速迭代，弹簧供应商通常向他们的客户提供弹簧的计算方法；在许多机械设计手册中很容易找到标准弹簧方程，并且可用于设计弹簧，也是同样的目的。对于拉伸弹簧，如图 12-59 所示的下位锁弹簧，有三个重要的位置需要考虑：自由状态、安装位置和全伸长位置。对于下位锁弹簧，必须在弹簧的安装（放下并锁定）位置施加足够的力，以确保锁连杆受到任何的地面及惯性载荷时能保持在负挠度位置。这是弹簧的一个主要设计条件。弹簧还必须承受由于机构几何形状改变而使弹簧伸长到最大长度的载荷。在全伸长时产生的弹簧力通常不是设计要求的，而是弹簧尺寸改变的结果。为了生成能够满足安装空间、安装位置所需力，以及能够耐受所需的完整伸长周期数而不会出现疲劳断裂的弹簧，弹簧长度、线圈数量、线圈直径和弹簧丝直径等全部参数需要进行迭代。

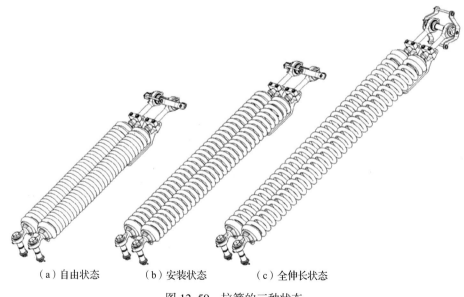

（a）自由状态　　　（b）安装状态　　　（c）全伸长状态

图 12-59　拉簧的三种状态

　　一种下位锁弹簧安装截面如图 12-60 所示。图示弹簧在其安装（放下并锁定）位置。在这种情况下，为了防止轮胎碎片和鸟撞等特殊风险，弹簧被设计安装在侧撑杆的凹槽里。通常，关键功能的弹簧成对安装，以提供一定程度的冗余；每个弹簧被设计成假设另一个弹簧失效的情况下仍能够满足使用功能。

　　在设计弹簧装置时，最好能考虑到弹簧在其长度上的任何一点都可能断裂。如果断裂的弹簧可能导致机构卡滞或与其他部件干涉，建议在设计中加入保持的方法或功能。如图 12-60 所示的弹簧有一个保护装置连接在其接头末端，以防止弹簧在末端接头处脱开时可能产生的卡滞。更常见的如图 12-61 所示，拉伸弹簧配有内部固定钢丝或弹性硬芯，这可限制断裂后弹簧的可能运动范围。在某些情况下，可能需要改变弹簧的设计，以确保其固有频率不被空气动力或其他飞机振动激发。在一些飞机上，为了解决飞行中出现的问题，需要使用屏蔽气动力、嵌入线圈以及额外的弹簧几何结构。

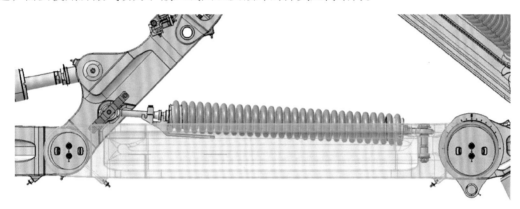

图 12-60　安装在侧撑杆上的拉簧

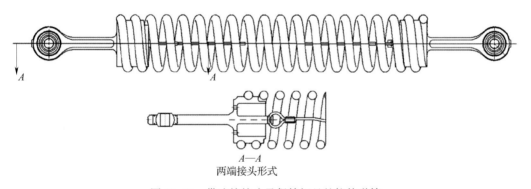

A—A
两端接头形式

图 12-61　带连接接头及保持钢丝的拉伸弹簧

　　压缩弹簧的设计在允许使用的材料方面与拉伸弹簧相似，但它的设计要点是自由（全伸长）长度、安装长度和最大压缩长度。为避免弹簧的线圈与线圈接触，应选择最大压缩长度。由于压缩弹簧在压缩过程中会发生弯曲和变形，因此必须对其进行引导。包含弹簧的外部导向器或弹簧罩，在过去被称为弹性装置，并不是首选的解决方案，因为水分会在外壳内积聚并结冰，从而导致弹簧装置卡住。首选的方法是在内部安装弹簧导引，如图 12-62 所示。为了确保排水孔在装置伸长和缩回的位置，设计导管时必须谨慎。导向器的内部位置有助于排出弹簧部件周围的水。虽然压缩弹簧有许多可用的收尾方式。但飞机起落架上最常用的是端部"并紧磨平"。在这种布置中，为了使最后的线圈相互接触，大多数线圈末端缠绕的间距减小。使弹簧末端与弹簧长轴方向成直角，然后将两端磨平。

为了提高弹簧寿命，大多数飞机弹簧都采用喷丸处理。也可以考虑在弹簧上镀一层镀层，防止弹簧与相邻部件接触。钛合金弹簧通常用尼龙涂层，而不锈钢弹簧通常不镀镀层。如果其他弹簧本身不耐腐蚀，则需要镀防腐镀层。

MIL-STD-29A[128] 是所有类型弹簧的设计和技术参数的一个很好的指南，现在已被取消。这份文件包含了大量有用的信息。这个军用标准已被 ANSI（ASME）Y14.13M[129] 取代。弹簧绘制标准根据 ISO2162[130] 制定。

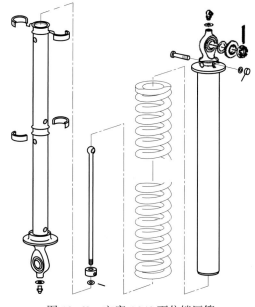

图 12-62　空客 A340 下位锁压簧

12.8　密封

合适的密封件的选择取决于所应用液体的性质、类型和规格、预期的压力变化和配合表面的材料、接头是动态的还是静态的，以及应用情况。密封材料的选择必须与被密封的液体相容，而密封形式则由配合表面材料、压力范围和应用情况决定。许多静密封采用 O 形密封圈，AS568[131] 定义了一个实用的标准尺寸范围。对于静密封，AS6235[132] 定义了适合这些标准 O 形圈尺寸的密封槽尺寸。对于外筒和活塞杆的密封，这些 O 形密封圈适用于符合 AS4716[133] 的动态和静态密封槽，以及符合 AS5857[134] 的外部静态密封槽（AS4832[135] 适用于定制密封的更大的密封槽，可用于大直径缓冲支柱）。当压力达到 1500psi 时，可以在密封槽中使用单独的弹性密封件，但当压力超过 1500psi 时，弹性密封件经常会在液压压力的作用下被挤进部件之间的间隙中。为了防止这种情况，可使用防挤压挡圈或垫圈（通常由各种塑料制成）。图 12-63 为带和不带防挤压挡圈的密封槽。符合 AS4716 标准和 AS5857 标准的密封槽的适用范围包括无防挤压挡圈，一个垫圈和两个垫圈。当从单向施加压力时可使用单个防挤压挡圈，空间足够的适合用一对防挤压挡圈。AS4716 标准密封槽的尺寸参考本书的附录 E。

密封是通过密封件压紧需密封的内外表面来实现的。当压力施加到密封件上时，密封件会发生变形并挤压被密封表面，阻止流体流动。为了保证低温和低压下的密封性，密封件必须能提供预压紧力；对于弹性密封圈，如 O 形圈，是通过使 O 形圈的拆装尺寸大于内外密封面之间的空间来实现的。这导致密封件在未加压状态下已经有了一定量的压缩。所需要的被称为密封"压缩"的压缩量取决于预期的温度变化，以及密封的使用是动态的还是静态的。在不损害密封材料完整性的情况下，静密封的挤压量可以比动态密封更大。按 AS5857 标准设计的密封槽的压缩量比按 AS4716 标准的密封槽更大，因为它的设计目的是静密封。密封压缩量的计算应按照 ARP4727[136] 的建议进行。关于密封应用和安装的通用指南见 ARP5555[137]。

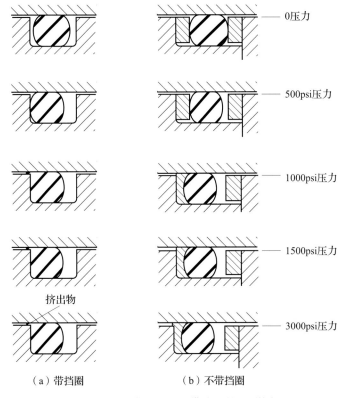

图 12-63　带挡圈和不带挡圈的 O 形圈

　　许多静密封的解决方案均可以采用标准件，但对于动态密封，最好征求密封制造商的建议。在动密封中，O 形圈可能会出现螺旋状失效等问题。AIR1707[138] 概述了各种 O 形圈的失效形式。为了克服 O 形密封圈的螺旋状失效模式，开发了一种 D 形弹性密封圈，并已应用于一些缓冲支柱中。这种形式的密封符合 AS28772[139] 标准要求，它也可以用于体积小、负载轻的缓冲支柱。更高要求的动密封通常使用如图 12-64 所示的 T 形密封圈。在动密封中，这些密封避免了 O 形圈的螺旋状失效模式，并已在许多作动筒和缓冲支柱中使用多年。

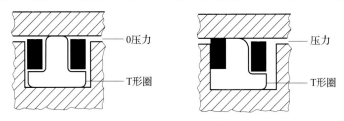

图 12-64　T 形密封

　　碳化钨－钴铬取代硬铬作为缓冲支柱和作动筒的常用配合表面，导致许多人在动密封的选择上从弹性接触密封（如 T 形密封圈）转向了聚四氟乙烯（PTFE）接触密封。聚四氟乙烯接触密封，通常称为帽式密封，除了滑动接触是由聚四氟乙烯帽提供密封之外，还可以利用弹性体来提供密封。如图 12-65 所示的例子。聚四氟乙烯的自润滑特性使其可以很好地在抛光的表面上滑动，且不会留下显著的润滑膜。使用碳化钨－钴铬活塞杆的飞行控制作动筒的早期测试表明，弹性接触密封容易因距离短、频率高的"振动"循环次数较多而失效。因此，对于具有这种类型的配合表面，广泛采用帽式密封；帽式密封也成功地应用于要求长寿命和无油密封的镀铬表面。如果不谨慎设计，帽式密封可能也会"漏气"，即压力迫使帽式密封件离开配合表面，暂时失去密封作用。关于避免漏气现象的资料见 AIR1243[140]。

接触密封的另一种替换类型是金属弹簧压紧密封，如图 12-66 所示。这种密封不使用弹性体，而是采用金属弹簧为密封件提供压紧力。金属弹簧压紧密封通常用作防尘圈（保护主动密封免受污染）。然而，这种类型的密封拓扑结构越来越多地被考虑应用到其他密封中，包括缓冲支柱的动密封。SAE AIR6079[141] 中提供了这种密封拓扑结构类型的选择指导。

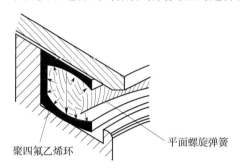

图 12-65　聚四氟乙烯接触帽密封　　　　　　图 12-66　金属弹簧压紧密封

还存在其他几种密封几何形状，明智的做法是咨询专业的密封制造商的经验和建议。在对最终密封方案有较高可信度要求的情况下，推荐使用经受了预期使用压力、行程和温度范围测试的密封装置。在某些情况下，人们不愿意运输和储存充满气状态下的备用缓冲支柱和其他预充气装置。为了避免这些装置在储存期间漏油，建议保持 3.5bar（50psi）左右的小充填压力，而不是完全释压，以保持密封处于压紧状态。

通常用防尘圈（也称为封隔器或刮油器）来保护工作密封。这种密封的作用是防止污染物（灰尘、污物、碎片及液体）进入工作的密封液，导致密封液降级。过去，符合 MS28776[142] 的金属防尘圈和符合 MS28903[143] 的刮油器被用于符合 MS33675[144] 的密封槽内。这些解决方案往往不是最佳的，现在广泛应用的是聚四氟乙烯接触式、金属弹簧压紧防尘圈。AS4088[145] 给出了现代用于执行机构的防尘圈密封槽尺寸，AS4052[146] 给出了缓冲装置中的尺寸。典型的现代大型商用飞机主起落架密封装置如图 12-67 所示。图中 A 是动密封（两个 PTFE 接触式密封），而 B 是静密封。在图片的最右边是防尘圈和封隔器。在密封和封隔器之间的大型扁平件是聚合物复合材料支撑环。

图 12-67　大型商用飞机主起落架缓冲支柱密封、支撑及防尘圈

密封材料的选择很大程度上取决于被密封的液体。人们发现，聚四氟乙烯金属弹簧压紧密封最接近惰性密封；另一方面，弹性体与密封的液体相互作用。用于密封矿物油和合成矿物油的典型弹性体是腈基丁二烯橡胶（NBR），有时也被称为丁腈橡胶（Buna-N）。这种材料经常按 MIL-P-25732[147] 和 AMS-P-83461[148] 配方制造，但不同的制造商有多种选择；满足 83461 的合成材料通常用于静态液压蓄压器，而符合 25732 的合成材料通常用于动态接触弹性体。AS28775[149] 和 AS83461[150] 中概述了由这些材料制成的符合 AS568（MS28775 系列）的标准 O 形圈。

合成橡胶 NBR 与磷酸酯类液压油不兼容；因此，通常使用按 NAS1613[151] 配方制造的二元乙丙橡胶或乙丙橡胶（EPDM）。该规范的后期版本要求该材料既要与原先的高密度液体兼容，也要与最新的低密度液体兼容。在低密度油液中，使用符合该规范的早期版本的密封设计可能会导致密封过度膨胀，并降低性能或失效。由这种材料制成的标准 O 形圈概述见 NAS1611[111]，并且 NAS1612[152] 规定了管接头用 O 形圈。在零件号后面加后缀 A 表示该密封与 NAS1613 的后续版本兼容，因此兼容低密度磷酸酯液体。这些密封件通常也用于现代飞机合成润滑脂的密封。

12.9　电气连接、雷电及静电耗散

飞机结构必须有适当的手段确保导电部件相互电搭接并接地。这种搭接为雷电电流提供了一个低阻抗通路，同时也为静电的耗散提供了一条通道。静电荷可以通过摩擦生电现象在飞机表面积聚。飞机上需要一种静电耗散的方法，以避免对地面人员造成冲击。特别是在旋翼机上，旋翼桨叶可以产生非常高的电荷。许多旋翼机（和一些固定翼飞机）在着陆时利用与起落架连接的搭地线将机身电荷传导到地面，如图 12-68 所示。

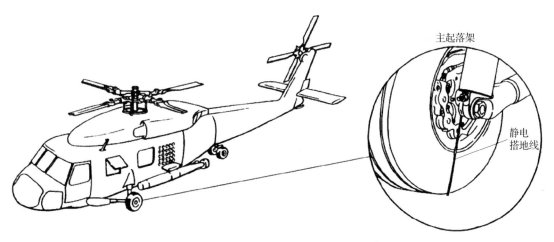

图 12-68　用于静电耗散的旋翼机搭地线

飞机和旋翼机的静电接地也可以通过轮胎来实现。一些轮胎设计允许有一定导电性，目的是为静电（非常高的电压，低电流）电荷提供接地通道。1935 年，为了避免机身与地面绝缘，邓禄普为带尾轮飞机引入了一种导电轮胎。对于现代轮胎，ARP6404[153] 提供了一种电阻测试来确定轮胎是否导电。普遍能接受[154] 的能充分实现静电放电的电阻为 10000Ω 或更小。

在加油过程中为了避免静电放电产生电火花并点燃燃料的可能性，在飞机上安装了一个低电阻搭地线，在某些情况下（特别是在大型飞机上），搭地线连接到起落架上（因为这是地面维护人员最容易到达的位置）。而一些搭地线配有弹簧夹，用于连接到任何导电部件上，另一些则用于安装在阿普尔顿 TGP 双头螺栓上，如图 12-69 所示。双头螺栓的导电部分最宽处的直径约为 0.625in，最窄处的直径约为 0.375in，锥头部分的长度是 0.3125in。为了保证导电功能，双头螺栓必须是导电材料。

图 12-69   起落架上的阿普尔顿 TGP 双头螺栓

由于起落架在飞机机身之外，当飞机在地面上时，它是一个方便的静电接地点，当飞机在飞行时，它又是一个雷电导入或流出点。为了给飞机提供雷电传导和静电放电，起落架部件必须有一个低阻抗通路。通常，这种通路是由结构连接点的接合面或搭接线提供的。使用导电结构的连接点可以在不增加复杂性的情况下提供有效的电通路，但为了确保零件在提供导电性的同时能保持足够的防腐，需要谨慎选择材料。在腐蚀防护章节和 ARP1481 中规定，当连接不同材料时，重要的是要确保材料的镀层能够促进电偶兼容性（避免腐蚀），并且连接接头要密封，防止水分进入。如图 12-70 所示的一个密封实例，搭接线连接件上涂有聚硫化物密封剂。在某些情况下，尤其要确保次级部件（如托架）的连接不在主要结构连接的通路上，最好通过紧固件连接这些部件。这种方法有助于防腐，因为次级部件和主结构之间无搭接表面。相反，在紧固件头部下方的次级部件的一部分留有导电性，于是此连接通路便从连接的部件到紧固件再到主结构。

如图 12-70 所示，搭接线提供了有效的电搭接，但是，需谨慎设计以确保其在所需的整个运动范围内长度足够。通常认为单个接合面之间的最大可接受电阻是 2.5mΩ[155]，而自起落架末端到飞机连接处的最大电阻是 90 ~ 100mΩ。如果电搭接也用来负荷来自电气设备的故障电流，则可

图 12-70   支撑连杆上的搭接线

能需要较低的电阻值——ARP1870[156]中给出了最大电阻随故障电流的变化曲线。

AC25-899-1[157]给出了民用飞机电搭接指南，而 MIL-HDBK-274[158] 和 MIL-STD-464 则给出了军用飞机的电搭接指南。SAE ARP1870 对该主题进行了完整描述，并推荐了确保搭接的方法。

12.10　缓冲支柱支撑套

缓冲支柱支撑套类型的选择在很大程度上取决于缓冲支柱的构型。半摇臂和摇臂式起落架的缓冲器支撑套上所受的载荷较低，并且设计影响也不像支柱式起落架那样关键。文件 AIR5883[159]中提供了缓冲支柱支撑套选择的资料。选择缓冲支柱支撑套的关键因素是低且一致的摩擦因数和可接受的支撑套寿命。

支撑套的主要选择是金属或非金属接触面。最常用的金属接触支撑套材料是铝－镍青铜，也用于大多数衬套中。过去，一些缓冲支柱使用了铍铜合金，但由于铍对人体健康的影响，这些合金在新设计中的应用受到了很大的限制。新型合金如铜－镍－锡，可提供高强度和良好的耐磨性，并适用于缓冲支柱。金属支撑套需要润滑才能有效工作，其最常见是用润滑脂润滑，但缓冲器用的支撑套是由缓冲支柱内部的油液润滑的。

非金属支撑套通常使用具有自润滑性能的聚四氟乙烯（PTFE）化合物。聚四氟乙烯材料的供应结构有多种方式：

（1）聚四氟乙烯浸渍布片。这种类型的支撑套是一种织物增强树脂/聚四氟乙烯黏结到金属外壳或套筒上。当织物脱层或磨损到金属外壳时，这种摩擦片材料就存在问题了。这将导致摩擦力增加，对缓冲支柱性能产生负面影响。

（2）酚醛棉织物支撑套。这种类型的支撑套用在一些需要减轻重量的缓冲支柱上。在使用这种类型的支撑套时必须小心，因为设计初期的一些膨胀，会导致黏滑行为。

（3）聚四氟乙烯涂层涂在金属或复合材料壳体上。这种类型的支撑套是一种包括结构树脂系统、PTFE 等自润滑填料的复合材料基体，应用于不需要织物基板或复合基板的金属中。喷涂或模压的衬垫通常可以在衬垫涂覆后进行机械加工，以满足公差要求。这种减少黏滑行为的支撑套类型已有好的使用经验。

（4）衬底外壳上多孔青铜基体浸渍聚四氟乙烯。这种类型的支撑套是将一种多孔的烧结青铜基体，浸渍聚四氟乙烯/铅（或其他化合物）的支撑材料，黏合到钢或青铜衬底外壳上组成的。这些支撑套是典型的薄壁支撑。通常安装在带槽的支撑座中。为了减轻重量，支撑座的材料通常是铝的或钛的。许多应用中已证明，这种类型的缓冲支柱支撑材料可以防止摩擦黏滑以及摩擦烧蚀。

（5）纤维增强树脂支撑套/复合材料支撑套。这种类型的支撑套是有机树脂和合成纤维的混合物。在干燥或有油液润滑的应用中，添加的固体润滑剂，如石墨或聚四氟乙烯，提高应用中的摩擦因数。有机树脂在液体中很少或不膨胀。由于密度低，这些支撑套作为一种减重方案。使用热固性塑料可以避免蠕变的风险。在大型商用飞机缓冲支柱中，这些类型的支撑套在浸油的上支撑位置稳定性能良好，并已在下支撑位置投入使用。

一般情况下，应咨询支撑套制造商确定合适的支撑设计压力。常规的指导[160]及一个合理的设计点是根据支撑套的投影面积，在极限载荷下使用 6000psi（41.4MPa）的最大承载能力。支撑套配合端面的表面也必须经过适当的抛光，以提供所需的摩擦磨损特性。

对于镀铬的活塞杆表面，一般可接受的 Ra 值为 $5 \sim 16\mu in$。对于已喷涂碳化钨－钴铬的活塞杆，（由于镀层中碳化物的硬度）需要更高的表面粗糙度；一般要求粗糙度值小于 $4\mu in$。ARP5935[22] 中提供了碳化钨－钴铬精加工指南。

采用超高抗拉强度钢活塞杆和带有金属支撑套的支柱式起落架缓冲支柱的外筒，可能会出现一种被称为"阶梯裂纹"的现象，即活塞杆（或外筒内部）镀层出现像梯子上的梯级一样细小的裂纹。如图 12-71 所示。裂纹不但可能存在于镀层中，也可能存在于基体材料中，在镀硬铬和镀碳化钨－钴铬活塞杆上都观察到了这样的裂纹。

裂纹通常出现在局部加热和冷却后改变了材料热处理性能的区域，并且它们本质上是晶间裂纹。裂纹取决于热处理所达温度是形成了未回火马氏体还是过度回火马氏体。这种裂纹常用的检测方法是使用酸蚀检测，对于未回火马氏体将显

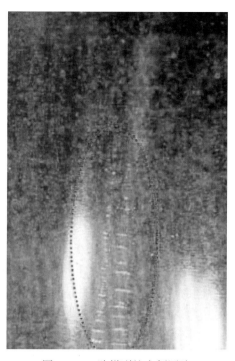

图 12-71　阶梯裂纹实例图片

示一个白色区域，对于过度回火马氏体将显示一个黑色区域。未回火马氏体状态的钢脆性大，易开裂，而过回火状态下的钢脆性小。当材料被加热到大于回火温度（对于 300M 钢，$300\,^{\circ}\!C$）但小于奥氏体温度（对于 300M 钢，接近 $800\,^{\circ}\!C$）并迅速冷却时[161]，就会产生过度回火马氏体。钢热处理条件的改变导致材料基体发生相变；新材料的相所占体积略小于基材（每个颗粒在二维空间收缩，在三维空间生长）。由于新材料的金相受到周围未改变材料的约束，当周围材料试图在改变了的材料中保持原始体积时，就会产生高的拉应力。由于高的拉应力，形成晶间裂纹，来缓解这种高应力状态。其机理类似于淬火开裂。当主起落架的后部出现裂纹时，由于主起落架活塞杆后部的拉伸疲劳载荷十分低（通常只有飞机着陆期间的回弹载荷），裂纹一般不会扩展。然而，如果裂纹产生在前起落架的后部，则必须密切注意，因为牵引载荷可以在活塞中产生显著的拉应力。在前倾的起落架上，阶梯裂纹可能出现在起落架的正面；这可能因起转载荷和刹车载荷而导致裂纹扩展和断裂。

基体和镀层材料快速生热是通过摩擦产生的。人们认为，活塞高的收缩速度与高的空气阻力或侧向载荷（如在机轮起转或侧风着陆时）相结合，会导致压力和速度严重接合。文件 AIR5913[162] 提供了这种现象的测试数据和指南，记录了在多种压力和速度组合下的测试数据。图 12-72 显示了浸在 MIL-PRF-5606 液压油中的常用超高强度钢 4340M 与铝镍青铜的测试结果。

为了避免局部生热，需要一种能够承受高压力和速度组合的低摩擦因数材料。从 AIR5913 中记录的测试数据发现，在所有测试点使用衬套壳上浸了 PTFE 和铅的多孔青铜基体的支承类型可以免受热损伤。

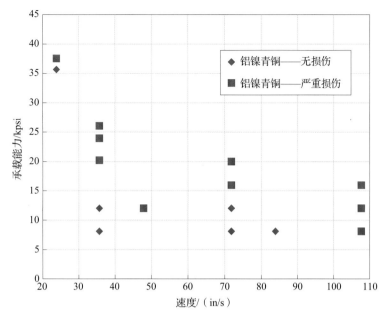

图 12–72　无镀层 4340M 与铝镍青铜的测试结果

虽然通常使用的支撑套平均压力为 6000psi，但由于活塞杆和支撑座的椭圆化和弯曲，可能会产生较高的局部支撑力。这可能部分地解释了在设计良好的起落架上发生阶梯裂纹的原因。已经尝试制作锥形孔或锥形支撑套，这样可以使支撑套在最大着陆载荷下更好地匹配活塞杆的变形形状。这些支承形式的改变对裂纹形成有所改善，但不能消除阶梯裂纹。使用中已证明这一问题最有效的解决方法是使用 PTFE 基自润滑支撑套。大型商用飞机主起落架使用的金属外壳上浸渍 PTFE 和铅的多孔青铜以及 PTFE 镀层的支撑套，减少了黏滑行为，在大修时也没有发现阶梯裂纹。

在一些正在使用的苏联飞机上，已经观察到了类似于冶金学上阶梯状裂纹的裂纹现象。由于一些跑道和滑行道表面是由预制混凝土块组成的，块与块之间会出现明显的不连续性，以及混凝土块坡度会产生迅速改变。带有金属支撑套的双轮支柱式起落架缓冲支柱在这些道面上滑行时，会导致活塞杆局部集中生热，在很少的飞行周期内就会产生明显的裂纹。支撑套更换为自润滑聚四氟乙烯／铅支撑套即解决了这个裂纹问题。然而，与在光滑跑道上滑行相比，支撑套会加速磨损——必须考虑支撑套材料的磨损模式（一旦自润滑镀层磨损，一些支撑套的摩擦因数可能会迅速增加）和合适地更换时间间隔。

由于裂纹与超高抗拉强度钢的使用有关，因此使用不同的可适应更高温度瞬变而不破坏相变的材料是一个合理的选择。最新的如波音 787 和空客 A350 大型主起落架上，采用高强度钛合金活塞杆（为了减轻重量），在与钢相同的温度瞬变下它们没有反应，应该可以避免形成阶梯裂纹。然而，为了降低维护成本以及确保缓冲支柱在低摩擦因数下运行，这些起落架都采用了自润滑聚四氟乙烯支撑套。

12.11　车架转轴连接

在四轮及六轮起落架上，车架横梁与活塞杆的连接通常是一个关键特征。虽然连接接头必须根据着陆、刹车、转弯和机动回转产生的载荷来调整尺寸大小，但它也必须能够支撑由各种泄气和充气轮胎组合而产生的非对称载荷。这些载荷通常会施加在与活塞杆一体化的轮轴叉耳上，并使车架横梁在轮轴叉耳内转动。中心销轴穿过轮轴叉耳和车架支撑横梁。一种典型的安装如图 12-73 所示。

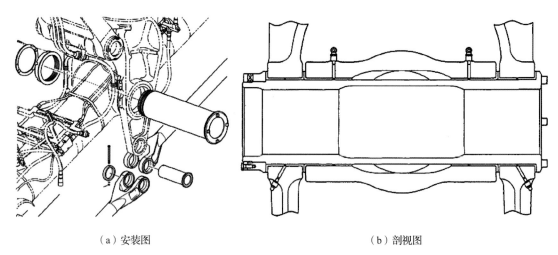

（a）安装图　　　　　　　　　　　　　　　　　　（b）剖视图

图 12-73　空客 A330/A340 主起落架车架中心销轴的安装和剖视图

尽管为了减轻重量，希望耳片宽度最小，但与其他连接接头相比，还是建议采用这种安装来降低车架上的载荷。当接头承受最大载荷发生振动时（例如，在飞机最大重量下滑行和起飞时的颠簸），保守设计这种连接接头是明智的。过去，这些连接接头处使用的是镀铬的超高抗拉强度钢销轴及涂有油脂的铝镍青铜或铍青铜衬套。图 12-74 是一个衬套安装的例子，它的润滑油槽采用在衬套倒角边缘之前终止的条形槽。已经发现在这种类型的接头中，条形槽的设计能够最好地分布润滑脂。

图 12-74　车架中心销轴处衬套

许多飞机在这种连接接头处都遇到过问题，从中心销轴上镀铬层的损坏，到中心销轴表面裂纹，包括转轴断裂（见图 12-75）。此外，一些飞机经历过车架横梁断裂，断裂起源于中心销轴凸缘的下部，以及活塞叉耳耳片裂纹（见图 12-76）。

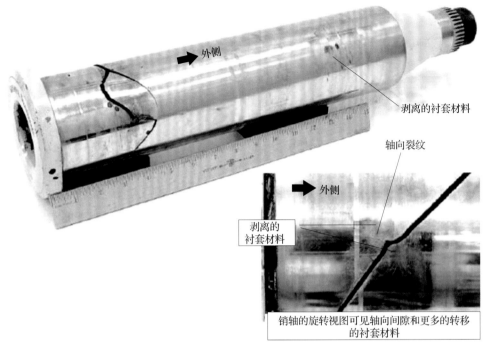

图 12-75　断裂的车架中心销轴

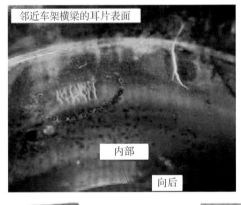

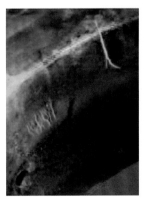

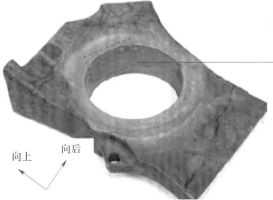

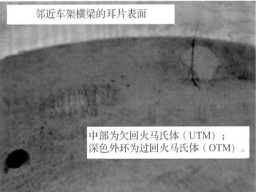

图 12-76　车架转轴连接处活塞杆叉耳内的裂纹

产生这些裂纹的根本原因与缓冲支柱活塞杆的阶梯裂纹相同：快速的摩擦生热。在起伏不平的跑道和滑行道上工作时，车架的俯仰模式在 10~20Hz 范围内表现出轻微的阻尼共振响应。这种模式是由于跑道剖面的短波长平整度（高度随距离的变化 2~7m）而引起的。与具有较长车架的飞机相比，轮轴与轮轴之间距离较短的飞机可能会经历更大的振荡和发热。虽然在苏联机场已观测到最大的短波长平整度剖面，但也有其他国际机场的跑道剖面可能会引起车架横梁振动，从而导致中心销轴或相关部件的损坏。

要有效解决这个问题，就需要减少、重新定位部件的热量输入，或者使热敏感部件更耐摩擦热。为了解决这个问题，已经尝试了许多种方法。在实验室测试中[163]，自润滑衬套显示出了巨大的应用前景，但在使用评估中效果很差，这可能是由于暴露在大量灰尘和污染物中，在极短时间内磨损了自润滑涂层。人们曾尝试用铍青铜替代铝镍青铜，但在使用中几乎没有明显的改进。现在人们用含有干膜润滑剂（如二硫化钼）的专用润滑脂来缓解摩擦，并增加了润滑频率（通常为每 50 飞行周期）。改变润滑脂的类型和润滑频率只是一种缓解摩擦的方法，它并不能解决问题，但可以控制使用中的损坏。最新满意的实验室测试结果是由旋转硬化铜镍锡制成的衬套。由 Kaprolon（一种通过阴离子聚合获得的高分子聚乙酰胺，类似于尼龙 –6）制成的伊尔 –62 飞机聚合物衬套，经过润滑，服役良好。图波列夫的图 –144 飞机利用车架中心销轴的空腔来安装自动润滑系统；润滑脂被人工注入移动弹簧式活塞的储油腔。在操作过程中，弹簧将油脂从储油腔推送到接头的工作表面（在青铜衬套中转动的镀铬销轴）。

除了努力减少接头的摩擦因数，避免中心销轴裂纹最有效的方法是使用一个固定销轴来减少椭圆化变形，设计低的承载能力，并且选择在加热和冷却时不会发生有害相变的材料。许多中心销轴最初用 300M 或具有同等强度的 4340M 超高抗拉强度钢设计，并提高耐温性。一种材料选择是 Aermet 100，它可提供与 300M 同等的强度水平，但由于合金成分和热处理规范的不同，使它具有更高的抗裂性。新的飞机设计倾向于使用高强度耐腐蚀的合金钢，如 Custom 465，尽管这种材料仍有可能产生裂纹，但它可提供良好的耐腐蚀性，同时也可提供更好的耐热性。

在某些情况下，销轴和衬套接触面上产生的热量会导致车架横梁孔底部产生热损伤。由于这一部位的拉应力高，该位置存在的任何裂纹都将迅速传播直至破坏。已采用的一种解决方法是用十字螺栓将车架中心销轴锁定在车架上，这样车架横梁和中心销轴之间就没有了相对运动。这影响销轴和活塞杆叉耳之间的发热量。由于活塞杆叉耳孔的顶部所受载荷大部分为压载，因此该区域受热产生的裂纹不容易传播。虽然至少有一家飞机制造商已经采用了这种策略，但观测其他带有自由活动销轴的飞机，其性能也很好。自由活动销轴会将所有热损伤环绕着它的周长分布。可以采取的缓解措施是在衬套孔的内径上镀硬镀层，以尽量减少衬套传到孔的热量，并在衬套旋转时提供一定程度的保护。建议在进行任何车架转轴连接设计时，对预期的热熔性进行综合分析。

12.12 牵引、顶升和系留设备

12.12.1 牵引接头

飞机牵引通常由一辆牵引车和一根连接在牵引车与飞机前（或尾）起落架之间的牵引杆完成的。ARP1915[164] 中提供了牵引杆设计的推荐方法，包括剪切销保护功能。根据飞机的大小和类型，提供了牵引杆连接的不同方法。

AS5488[165] 定义了支线飞机前起落架的牵引接头。该接头是一个水平的圆柱形销，其尺寸如表 12-19 所示。公差和所需的间隙如图 12-77 所示。

表 12-19　AS5488 支线飞机牵引接头尺寸

飞机最大滑行重量		AS5488 分类	直径（A）		长度（B）	
kg	lb		mm	in	mm	in
8600 ~ 22680	19000 ~ 50000	I	19.05	0.75	38.10	1.50
13600 ~ 50000	30000 ~ 110000	II	25.40	1.00	63.50	2.50

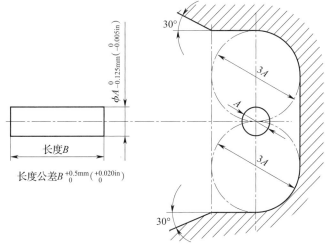

图 12-77　AS5488 和 AS1614 飞机牵引接头公差和间隙要求

AS1614[166] 定义了大型飞机前起落架牵引接头。接头是一个水平圆柱销，尺寸如表 12-20 所示。公差和所需的间隙如图 12-77 所示。AS1614 的牵引接头安装在前起落架的前部；可以选择在前起落架后部安装第二个牵引接头（通常根据航空公司的要求），用于推拉牵引操作。当考虑飞机系列时，单个牵引杆附件应能用于整个系列飞机。如果这个系列跨越重量类别，应对所有飞机采用较大的标准，以提供通用的地面支持设备。ISO 8267-1[167] 和 ISO 8267-2[168] 对民用牵引接头进行了标准化。

表 12-20　AS1614 大型飞机牵引接头尺寸

飞机最大滑行重量		AS1614 分类	直径（A）		长度（B）	
kg	lb		mm	in	mm	in
50000 ~ 100000	110000 ~ 220000	I	38.10	1.50	113.03	4.45
100000 ~ 180000	220000 ~ 400000	II	44.45	1.75	133.35	5.25
180000 ~ 350000	400000 ~ 770000	III	57.15	2.25	184.15	7.25
350000 ~ 500000	770000 ~ 1100000	IV	63.50	2.50	203.20	8.00
大于 500000	大于 1100000	V	85.85	3.38	203.20	8.00

MIL-STD-805[169]规定了军用飞机的牵引接头的布置。前起落架使用AS1614或AS5488的水平圆柱销尺寸都是合适的。在牵引接头中心线的上方和下方应提供2.75倍牵引接头直径的间隙，并提供超过两个牵引接头的长度。此外，前轮和尾轮在轮轴上应设置符合表12-21尺寸的凹槽，或符合表12-22尺寸的套筒附件。附件要尽可能靠近轮轴中心线。

表12-21　MIL-STD-805轮轴凹槽尺寸

飞机最大重量		轴的内径（A）		空心轴的最小深度（B）	
kg	lb	mm	in	mm	in
0 ~ 88450	0 ~ 195000	19.05	0.75	25.40	1.0
88450 ~ 224527	195000 ~ 495000	31.75	1.25	38.10	1.5

表12-22　MIL-STD-805牵引套筒尺寸

飞机最大重量		套筒直径		法兰盘直径		套筒与法兰盘之间的宽度		套筒与法兰盘连接半径	
kg	lb	mm	in	mm	in	mm	in	mm	in
0 ~ 88450	0 ~ 195000	22.23 ~ 25.40	0.875 ~ 1.00	38.10	1.50	25.40	1.00	3.175	0.125
88450 ~ 224527	195000 ~ 495000	25.40 ~ 38.10	1.00 ~ 1.50	50.80	2.00	25.40	1.00	3.175	0.125
224527 ~ 294833	495000 ~ 650000	50.80 ~ 57.15	2.00 ~ 2.25	69.85 ~ 76.20	2.75 ~ 3.00	184.15	7.25	6.35	0.25
294833 ~ 385551	650000 ~ 850000	57.15 ~ 64.85	2.25 ~ 2.75	76.20 ~ 88.90	3.00 ~ 3.50	203.20	8.00	6.35	0.25

如果起落架需要设计较大的套筒，直径1.5in的套筒可以应用于飞机重量在150000~195000 lb范围内。

图12-78为一个套筒和销轴牵引接头的例子。在许多情况下，牵引由无拖杆牵引车完成，如图12-79所示。这些车辆夹紧轮胎，抬起前起落架离开地面。这种牵引形式不需要在起落架上进行特殊的改装；然而，设置一个确定前起落架转向是否超过其最大转向角度的指示系统是可取的。为了防止前起落架超载，无拖杆牵引车的设计包括基于车辆类别（与飞机重量相关）的载荷限制装置，无拖杆牵引车的设计指导可在ARP4853[170]和ARP5916[171]中找到。

（a）套筒牵引接头　　　　　　　　　　　　　　（b）销轴牵引接头

图 12-78　套筒及销轴牵引接头

图 12-79　无拖杆牵引方式

12.12.2　顶升

为了允许更换轮胎、机轮和刹车，起落架轮轴（或轮轴安装座）上必须配备一个顶升支座。标准化球形顶升支座尺寸按 AS8091[172] 控制，该规范给出了如图 12-80 所示的通用形状。顶升支座的物理尺寸和间隙是千斤顶载荷的函数，如表 12-23 所示。当飞机处于正常停机位置时，顶升支座的轴线在垂直方向 ±1° 内。支座可以与起落架组件加工成一体，也可以是用一个紧固件安装的独立零件（使用独立零件便于在支座损坏或腐蚀时更换）。顶升支座必须是金属结构，并应有充分的防腐保护。

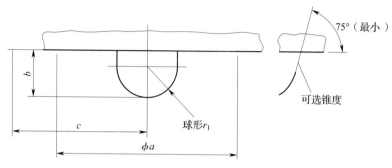

图 12-80 AS8091 顶升圆顶轮廓

表 12-23 AS8091 顶升圆顶尺寸

类型	最小载荷		最大载荷		球半径 r（±0.010in，±0.25mm）		最小间隙 a		最小间隙 b[①]		机轮、刹车、轮胎最小间隙 c	
	kN	lbf	kN	lbf	mm	in	mm	in	mm	in	mm	in
Ⅲ	0	0	44.5	10000	12.70	0.5	76.2	3	19.05	0.750	57.15	2.25
Ⅳ	44.5	10000	667	150000	19.05	0.75	76.2 ~ 228.6	3 ~ 9	22.23	0.875	88.9	3.5
Ⅴ	667	150000	1250	281100	31.75	1.25	228.6	9	30.15	1.187	114.3	4.5

注：对于类型Ⅳ的顶升圆顶，最小间隙值 a 作为最大顶升载荷的函数可以线性插值。

AS8091 概述了许多可接受的顶升支座形状选项：

球形千斤顶转接接头的中心部分有可选的轮廓。有些起落架具有整体式千斤顶转接接头，为了使起落架内部空腔的水能够排出，在球形千斤顶转接接头的中心线下方设有一个排水孔。例如，空客 A320 有一个直径为 6mm 带 1mm×30° 倒角的排水孔，而达索 Falcon F7X 飞机的排水孔直径为 0.125in，倒圆半径为 0.1in。一些起落架顶升转接接头在球形支座的底部设有索具孔和螺纹连接件。与 90° 和可选的 75° 的设置不同，一些起落架采用了一个带锥度的顶升支撑垫转接接头。例如，波音 787 飞机就采用了钟形表面过渡到车架横梁。对于整体式顶升支座，为了提供一个平滑的应力分布，顶升支座表面最好有一部分融入起落架组件。

在大型起落架部件上，球形千斤顶支撑垫转接接头是在球面中心线上方制作一个平台，以降低机械加工制造一个完美的球形轮廓的成本，而其他球形转接接头有更长的颈状部分，以允许转接接头和支座之间有更大的转动角度。这种结构应用于典型的摇臂式主起落架。

---

① 按设计经验，b 一般作为最小值控制。——译者注

只要它们能满足倾斜定位功能、载荷和承载能力，以及 AS8091 的所有其他合理要求，所有这些选项都是可以接受的。

顶升支座的位置必须保证在所有轮胎泄气后，千斤顶或复位千斤顶能够放进顶升支座下方。在确定支座的位置时，考虑到一定量的轮辋（rim）磨损（一些飞机设计中采用轮辋高度的 50%）是明智的。

12.12.3 系留

在暴风雨天气或飞机停泊在船上时，必须将飞机系住。民用飞机的捆绑系留经常被称为飞机系留，在暴风雨来临之前，可以在起落架或机身上安装临时附件来加强系留。牵引装置和轮轴经常需提供适当的保护，以防止摩擦以及防腐措施受到损伤。舰载机需要在机身和起落架上安装专用的系留装置，以确保在恶劣天气下不会发生移动。MIL-STD-81259[173] 规定了海军飞机对系留的要求。通常，形状必须大致呈圆形，最小开口为 3.2in^2。一个典型的例子如图 12-81 所示，海军飞机需要在主起落架上部的内侧和外侧、主起落架的下部和前起落架的上部安装类似的系留装置。旋翼机还需要在主起落架轮轴外侧安装系留装置。

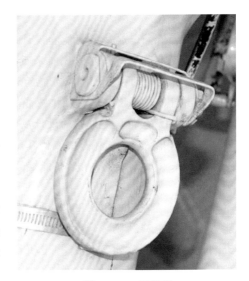

图 12-81　系留环

民机适航性要求没有明确规定应提供系留点，但对于大型民用飞机，它们必须承受来自任何方向的 120km/h（65kn）横风[①] 的极限载荷。

12.12.4　应急牵引（排故）

在飞机脱离机场的硬跑道机动区域且需要修复的情况下，有合适的连接点来牵引飞机是有意义的。在这些情况下，轮胎和机轮可能被埋在地下，这取决于地面的承载强度。因此，应急牵引载荷大于正常牵引载荷，并且也许超过标准牵引连接点载荷。为此，民用飞机可能在主起落架上安装专用耳片。在许多情况下，通过使用现有的连接点（如主起落架防扭臂连接轴）或使用尼龙肩带绑定缓冲支柱活塞杆，这样可以避免使用专用耳片。

根据 MIL-STD-805 的规定，军用飞机需要专用的耳片，它规定每个主起落架轮轴附近都应有一个类似于系留环的耳片或环，允许向前或向后牵引。系留环应该有一个基本的圆形截面和最小 2in^2 的开口（对于重量小于等于 30000lb 的飞机）以及最小 3.14in^2 的开口（对于重量大于 30000lb 的飞机）。

12.13　抗坠撞

坠撞虽然不受欢迎，但它很可能在飞机以过大的下沉率接近地面时发生。在这些事件中，为了保护乘客，起落架起着与飞机结构协调工作的作用。在民用固定翼飞机的坠撞场

---

① 大型飞机认证规定 25.19c。

景中，起落架的主要目标是以某种方式的断裂来避免燃油泄漏。在旋翼机上，起落架的目标是尽可能多地吸收能量，然后以一种可保护乘客的方式破裂。文件 AIR4566[174] 中包含了各种飞机所采用的抗坠撞方法。

军用直升机和轻型固定翼飞机的设计符合 MIL-STD-1290[175]，标准要求在起落架全伸长状态下飞机以 42ft/s（12.8m/s）的垂直速度坠地时，以及机身姿态在 -5°～15° 范围内俯仰和 ±10° 滚转时，要保证机组人员生存。对于旋翼飞行器而言，并不是所有的能量都被起落架所吸收。该标准声明：

　　　　最低……起落架应能和设计总重下旋翼升力一起使旋翼机减速，并以 20ft/s 的冲击速度落到一个水平刚性表面上，而机身不允许接地。起落架的塑性变形和损伤是可接受的；不过，除可能的旋翼桨叶外，旋翼机结构的其余部分在撞击后应能够飞行。在事故中，旋翼机应能够满足这一标准，包括机身同时进行 ±10° 滚转和 -5°～+15° 俯仰。起落架的设计应使起落架故障不会增加乘员的危险，即起落架不会穿透机身、不会破坏易燃液体容器，也不会损坏机上物品，如导弹、火箭和弹药等。起落架最好在机身触地后仍能继续吸收能量，以最大限度地发挥起落架的保护作用。

在 USA AVSCOM TR 89-D-22[176] 第 1～第 5 卷中可以找到各种各样的关于坠撞生存能力设计的资料；第 3 卷集中在起落架结构和性能。虽然该条例目前没有包括民用直升机的具体防坠撞规定，但有些飞机在高速下降着陆时保持了特有的能量吸收特性。AS-332 "超级美洲狮" 就是一个例子，也许是由于它的军事背景，AS-332 "超级美洲狮" 的设计在垂直撞击速度高达 34ft/s（10.36m/s）时，具有保证乘员生存的能力[177]。旋翼机的抗坠撞性通常作为起落架缓冲装置的一部分，并在第 7 章中进行更详细的讨论。

民用固定翼飞机（大型民用飞机符合第 25 部认证规定，而 10 客座量以上的通勤类飞机符合第 23 部的规定）的设计必须使它们满足：在起飞和着陆过程中如果起落架因过载而损坏（考虑过载向上向后作用），这种损坏模式不可能导致燃油系统任何部位溢出足够量的燃油，从而构成起火危险。对于大型民用飞机，应考虑这些载荷与作用于飞机内外侧的侧向载荷相结合。CS-25.721 规定了一种假设：侧向载荷应达到垂直载荷的 20% 或阻力载荷的 20%，两者中取较大值[178]。在一些飞机上，这一要求可以通过不连接起落架结构到油箱处来满足。然而，对于安装在机翼上的起落架，通常与后翼梁连接，必须有一些保护后翼梁和对应油箱的方法。

在异常情况下，起落架可能会遇到以下情况：

（1）机轮越过障碍物时产生高的阻力载荷；

（2）硬跑道上迫降时产生高的垂直载荷；

（3）来自偏离跑道起飞或在大滚转或偏航状态下着陆时产生高的侧向载荷；

（4）在软道面上滚动时产生高的侧向载荷、阻力载荷和垂直载荷的组合。

为了控制这些情况下起落架断裂的后果，保护燃料箱的完整，通常要确定一个断裂顺序。断裂顺序是针对飞机结构设计的，但一般来说，是针对安装在机翼上的起落架，目的是让起落架在发生初始断裂时向后移动，远离油箱。随后剩余的部件发生断裂，从机翼安装点脱离。AIR4566 表明：

　　首先通过检查垂直载荷和向后作用的阻力载荷的所有组合来确定安全销初始
失效的位置，建立失效顺序。此外，还应考虑侧向／垂直载荷和侧向／阻力载荷
的组合。然后，如果适用，应评估起落架和起落架横梁的可能运动，并识别次要
故障位置。这一过程应持续到确定了完整的故障序列，表明由于局部过载导致的
起落架和起落架支撑结构的失效，不会导致油箱破裂。

　　图 12-82 为洛克希德 L-1011 飞机的断离顺序示例。发生断裂的部件可能是起落架或飞
机的一部分，但通常是连接零件的销轴或螺栓。在某些情况下，可能需要进行分析，以证
明起落架结构的某些零件不会在预期可断裂零件之前断裂。在许多情况下，使用安全销等
可断裂部件来严格控制部件的破坏载荷。波音 757 主起落架安全销位置如图 12-83 所示。

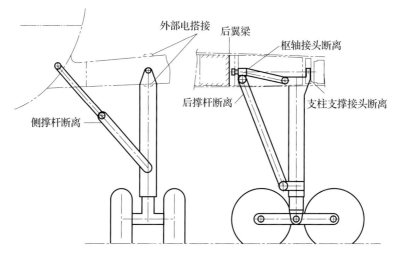

图 12-82　洛克希德 L-1011 主起落架断离顺序

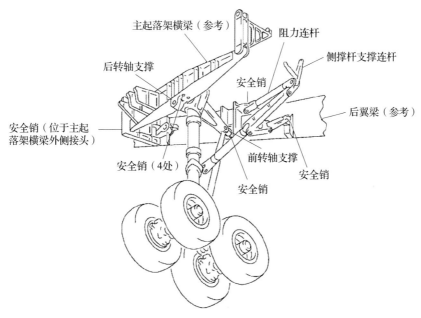

图 12-83　波音 757 主起落架安全销位置

安全销

可控的部件断离通常是用安全销来实现的：安全销具有严格控制的强度/破坏特性。虽然这可以用简单（同尺寸）截面的销轴实现，但更常见的是采用一种变截面销轴，销轴直径与连接接头内部的剪切面一致，局部面积减少，如图 12-84 所示。

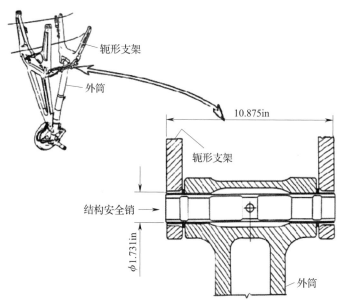

图 12-84　加拿大德·哈维兰"冲锋"8 主起落架安全销

安全销的性能很大程度上取决于所选择的材料，以及安全销及凹槽的尺寸。通常，采用有限元分析来设计凹槽的具体尺寸。但为了确保仿真的准确性和设计的可重复性，推荐进行可靠性试验。通常需要严格控制材料的热处理，以及对每批次热处理的试样进行材料测试，并在热处理状态下测试样品结果的尺寸进行最终的凹槽加工。为了更好地控制断离顺序，并使相邻部件重量最小化，安全销载荷的变化范围一般为 5%～10%。安全销应设计成在载荷低于断离点设计载荷时不会破坏，安全销实际载荷应比断离点的设计载荷大 5%～10%。断离结构和顺序的分析必须使用安全销的最大载荷，以确保安全销仍然是断离点，并将按需要的断离顺序在正确的断离点上断裂。

因为外部凹槽可能会显著降低零件的疲劳寿命，因此断离零件一般使用普通销轴和带内槽的销轴。即使是普通销轴或带内槽销轴，也必须仔细考虑细节设计，以确保有足够的疲劳寿命，因为与专用断离销相比，断离区域的工作应力占材料性能的百分比较大。

12.14　维修性和防止墨菲定律

任何的设计只能被制造出来是不够的，还必须是在使用中可维护的，并且还应该具有便于维护和防差错的结构特点。维修性的确定和评估准则见 MIL-HDBK-470[179]。大型民用飞机的定期维修间隔（包括检查、润滑和更换）通过 MSG-3 的方法确定[180]（第 1 卷固定翼飞机，第 2 卷旋翼机）。

当设计部件以及系统时，最好能记得墨菲定律，这虽然不是一个自然定律，但似乎总是令人沮丧地发生。墨菲定律是这样说的：

凡事只要有可能出错，那就一定会出错。

任何飞机部件的设计都应在最大程度上防差错或防"墨菲"——即应该体现防御性设计原则。所选部件应确保相邻或相似的部件不可能被错误安装。例如，在飞机和起落架之间的接口处有一些被组合在一起的液压连接件是很常见的。每个连接件的尺寸或类型应该是不同的，以确保仅正确的软管被连接。电气连接也应以类似的方式处理；每一个不同直径的连接件和连接件类型应确保相邻的连接不出错。应尽可能使用不同的连接件，而不是依赖于物理长度差异或标记。生产公差可能会导致不同线束的连接长度不足，而标签可能会被误解或忽略。装配件中的螺纹组件，不应在相同直径的紧固件上混合使用粗螺纹和细螺纹，因为这可能导致螺纹交叉和螺纹损伤；如果要求区分紧固件，则应根据不同的直径进行区分。

当相似的部件履行不同的功能时，它们实际上是不能互换的。许多飞机事故都是由于物理上完全相同但功能上不同的部件在飞机之间混装造成的。当使用不正确的部件可能导致危险或灾难性的后果时，仅通过零件号来控制互换性是不够的。尽管部件贴上了标签，给维修人员提供了指导，但必须小心避免标签可能导致的混淆，尤其航空是一个国际性的产业，标签的读者可能不懂英语。当确定飞机的特定市场时，应考虑提供对应语言的标签。在一个收放作动筒的液压端口上标记了"UP"和"DN"，用来指示系统供压后起落架的运动，就是一个模糊标记导致事故发生的例子。在实例中（并结合了其他因素），这些标签被误解为指示作动的方向（标签"UP"的端口实际上是朝下的，而标签"DN"的是朝上的）[181]。不正确的安装导致液压软管略短，从而导致接头变形，并导致液压系统全部失效。

在零部件设计时需要考虑维修中的人为因素。MIL-STD-1472[182]提供了所有部件设计中需要考虑因素的指南。为了减少维修所需工具和设备的数量，对需要经常安装和更换的部件应考虑使用系留螺母或系留螺钉。所有类型的紧固件都必须留有足够的间隙来连接工具，并且需要适当的扳手空间来允许工具在紧固件上转动。重的部件应标明其重量，并注意使用起重工具。MIL-STD-1472提供了一个人通常可以举起和操作的重量指南。作为一个通用规则，应该对完整的设计进行评估，以确保能够装配和拆卸部件，以及将其从飞机上安装和拆卸下来。用现代的3D设计，可以移动每个紧固件，并可以模拟安装和拆卸零件。在零件出厂前执行此操作，可以避免零件制造后无法组装的尴尬以及经济损失。

参 考 文 献

［1］Aerospace Recommended Practice，"Landing Gear Structures and Mechanisms，"ARP1311，Revision D，SAE International，June 2018.

［2］NASA Technical Standard，"Design and Development Requirements for Mechanisms，"NASA-STD-5017A，National Aeronautics and Space Administration，July 2015.

［3］Bendix Corporation，"Filament Composite Material Landing Gear Program，"Volume I，AFFDL-TR-72-78，Volume 1，Air Force Flight Dynamics Laboratory，Department of Defense，January 1973.

［4］"Metallic Materials Properties Development and Standardization（MMPDS），" MMPDS–12，Battelle Memorial Institute，July 2017.

［5］"Metallic Materials Data Handbook," ESDU 00932，Engineering Sciences Data Unit，September 2006.

［6］Ashby，M.F.，*Materials Selection in Mechanical Design*，2nd ed.（Oxford：Butterworth–Heinemann，1999）.

［7］Aerospace Standard，"Aluminum Alloy Tempers," AS1900，Revision D，SAE International，January 2016.

［8］Design Criteria Standard，"Materials and Processes for Corrosion Prevention and Control in Aerospace Weapon Systems," MIL–STD–1568D，Department of Defense，August 2015.

［9］Hoskin，B.C. and Baker，A.A.，"Lectures on Composite Materials for Aircraft Structures," Structures Report 394/Materials Report 114，Defence Science and Technology Organisation，Aeronautical Research Laboratories，Australia Department of Defence Support，1982.

［10］Sijpkes，T. and Vergouwen，P.，"Composite Materials for Structural Landing Gear Components," Paper 38，in *30th European Rotorcraft Forum*，Marseilles，2004.

［11］"Composite Materials Handbook," Volumes 1 through 6，CMH–17，SAE International，July 2017.

［12］Aerospace Information Report，"Development and Qualification of Composite Landing Gears," AIR5552，SAE International，November 2015.

［13］Detail Specification，"Surface Treatments and Inorganic Coatings for Metal Surfaces of Weapons Systems," MIL–DTL–5002E，Department of Defense，July 2011.

［14］"Guide to the Selection of Surface Treatments for the Improvement of Fatigue Strength of Steels," ESDU Data Sheet 89031，Engineering Sciences Data Unit，September 1989.

［15］Aerospace Material Specification，"Shot Peening," AMS2430，Revision U，SAE International，April 2018.

［16］Aerospace Material Specification，"Shot Peening，Computer Monitored," AMS2432，Revision D，SAE International，February 2013.

［17］Aerospace Recommended Practice，"Peening Design and Process Control Guidelines," ARP7488，SAE International，January 2018.

［18］"Selection of Surface Treatments and Coatings for Combating Wear of Load–Bearing Surfaces," ESDU Data Sheet 86040，Engineering Sciences Data Unit，November 1986.

［19］Aerospace Material Specification，"Plating，Chromium," AMS2460，Revision A，SAE International，March 2013.

［20］Aerospace Material Specification，"Low Stress Grinding of Steel Parts Heat Treated to 180 ksi or Over，and Low Stress Grinding of Chrome Plating Applied to Steel Parts Heat Treated to 180 ksi or Over," AMS2453，SAE International，November 2011.

［21］Aerospace Material Specification，"Plating，Chromium Thin，Hard，Dense Deposit," AMS2438，Revision E，SAE International，March 2013.

［22］Aerospace Recommended Practice，"Use of HVOF Thermal Spray Coatings for Hard Chrome

Replacement in Landing Gear Applications," ARP5935, SAE International, October 2013.

[23] Aerospace Material Specification, "Coating, Thermal Spray, High Velocity Oxygen/Fuel Process," AMS2447, Revision D, SAE International, January 2019.

[24] Aerospace Material Specification, "Application of Tungsten Carbide Coatings on Ultra High Strength Steels High Velocity Oxygen/Fuel Process," AMS2448, Revision B, SAE International, February 2016.

[25] Aerospace Material Specification, "Grinding of HVOF Sprayed Tungsten Carbide Coatings Applied to High Strength Steels," AMS2449, Revision A, SAE International, June 2018.

[26] Aerospace Material Specification, "Superfinishing of HVOF Applied Tungsten Carbide Coatings," AMS2452, SAE International, June 2011.

[27] Aerospace Material Specification, "Tungsten Carbide-Cobalt Chrome Powder Agglomerated and Sintered," AMS7882, Revision B, SAE International, December 2013.

[28] Aerospace Material Specification, "Tungsten Carbide-Cobalt Powder Agglomerated and Sintered," AMS7881, Revision A, SAE International, July 2013.

[29] Aerospace Material Specification, "Plating, Nickel, General Purpose," AMS2403, Revision N, SAE International, December 2015.

[30] Aerospace Material Specification, "Plating, Nickel, Hard Deposit," AMS2423, Revision E, SAE International, January 2015.

[31] Aerospace Material Specification, "Plating, Nickel, Low-Stressed Deposit," AMS2424, Revision F, SAE International, April 2010.

[32] Aerospace Material Specification, "Plating, Electroless Nickel," AMS2404, Revision J, SAE International, March 2018.

[33] Aerospace Material Specification, "Plating, Cadmium, Low Hydrogen Content Deposit," AMS2401, Revision K, SAE International, January 2019.

[34] Aerospace Material Specification, "Plating, Cadmium(Electrodeposited)," AMS-QQ-P-416, Revision E, SAE International, January 2016.

[35] Aerospace Material Specification, "Plating, Cadmium-Titanium," AMS2419, Revision D, SAE International, January 2015.

[36] Standard Practice, "Cadmium-Titanium Plating, Low Embrittlement, Electrodeposition," MIL-STD-1500C, Department of Defense, March 2007.

[37] Brown, S.A. and Berman, E., "Cadmium Alternatives for High-Strength Steel," ESTCP WP-0022 Final Report, Environmental Security Technology Certification Program, September 2011.

[38] Aerospace Material Specification, "Aluminum Coating, Ion Vapor Deposition," AMS2427, Revision D, SAE International, August 2018.

[39] Military Specification, "Anodic Coatings for Aluminum and Aluminum Alloys," MIL-A-8625F Amendment 1, Department of Defense, September 2003.

[40] Detail Specification, "Chemical Conversion Coatings on Aluminum and Aluminum Alloys,"

MIL-DTL-5541F, Department of Defense, July 2006.

[41] Aerospace Material Specification, "Passivation of Corrosion Resistant Steels," AMS2700, Revision F, SAE International, March 2018.

[42] Detail Specification, "Coating, Oxide, Black, for Ferrous Metals," MIL-DTL-13924E, Department of Defense, September 2018.

[43] Performance Specification, "Primer Coatings: Epoxy, High-Solids," MIL-PRF-23377K, Department of Defense, June 2012.

[44] Performance Specification, "Coating: Polyurethane, Aircraft and Support Equipment," MIL-PRF-85285E, Department of Defense, January 2012.

[45] Performance Specification, "Coating System, Advanced Performance, for Aerospace Applications," MIL-PRF-32239A, Department of Defense, October 2014.

[46] Performance Specification, "Sealing and Coating Compound, Corrosion Inhibitive," MIL-PRF-81733D, Department of Defense, May 1998.

[47] Aerospace Information Report, "Environmentally Compliant Processes for Landing Gear," AIR5479, Revision B, SAE International, July 2017.

[48] Aerospace Information Report, "Nondestructive Inspection (NDI) Methods Used During Production and Operation of Aircraft Wheels and Brakes," AIR4777, Revision C, SAE International, October 2018.

[49] "Standard Hardness Conversion Tables for Metals Relationship among Brinell Hardness, Vickers Hardness, Rockwell Hardness, Superficial Hardness, Knoop Hardness, Scleroscope Hardness, and Leeb Hardness," ASTM E140-12b, ASTM International, May 2013.

[50] Vary, A., "Nondestructive Evaluation Technique Guide," SP-3079, National Aeronautics and Space Administration, Washington, DC, 1973.

[51] ASM Handbook, "Volume 17: Nondestructive Evaluation of Materials," ASM International, August 2018.

[52] Rummel, W.D. and Matzkanin, G.A., "Nondestructive Evaluation (NDE) Capabilities Data Book," Nondestructive Testing Information Analysis Center, AD-A286 978, November 1997.

[53] Burke, S.K. and Ditchburn, R.J., "Review of Literature on Probability of Detection for Magnetic Particle Nondestructive Testing," DSTO-TR-2794, Defence Science and Technology Organisation, January 2013.

[54] Harding, C.A. and Hugo, G.R., "Review of Literature on Probability of Detection for Liquid Penetrant Nondestructive Testing," DSTO-TR-2623, Defence Science and Technology Organisation, November 2011.

[55] Investigation Report, "Serious Incident, Munich Airport, 17 August 2007," BFU EX007-0/07, Bundesstelle für Flugunfalluntersuchung, July 2017.

[56] Military Specification, "Corrosion Preventive Compound, Petrolatum, Hot Application," MIL-C-11796C Amendment 1, Department of Defense, April 2000.

[57] Performance Specification, "Corrosion Preventive Compound, Solvent Cutback, Cold-Application," MIL-PRF-16173E Amendment 3, Department of Defense, October 2017.

[58] Performance Specification, "Corrosion Preventive Compound, Water Displacing, Ultra-Thin Film," MIL-PRF-81309H, Department of Defense, July 2018.

[59] AGARDograph, "AGARD Corrosion Handbook Volume 1, Aircraft Corrosion: Causes and Case Histories," AGARD-AG-278, North Atlantic Treaty Organization, July 1985.

[60] Advisory Circular, "Corrosion Control for Aircraft," AC43-4B, Federal Aviation Administration, September 2018.

[61] "Design Criteria for Controlling Stress Corrosion Cracking," MSFC-SPEC-522B, National Aeronautics and Space Administration, July 1987.

[62] "Standard Classification of Resistance to Stress-Corrosion Cracking of Heat-Treatable Aluminum Alloys," ASTM G64, ASTM International, 2013.

[63] Brown, B.F., "Stress Corrosion Cracking Control Measures," NBS Monograph 156, National Bureau of Standards, US Department of Commerce, June 1977.

[64] Defence Standard, "Protection of Structure, Stress Corrosion Cracking," Leaflet 7, DEF STAN 00-970 PART 1/14, SECTION 4, Ministry of Defence, July 2015.

[65] Forman, C.M., "Practical Galvanic Series," Report No. RS-TR-67-11, US Army Missile Command, October 1967.

[66] Standard Practice, "Dissimilar Materials," MIL-STD-889C, Department of Defense, August 2016.

[67] Aerospace Recommended Practice, "Corrosion Control and Electrical Conductivity in Enclosure Design," ARP1481, Revision A, SAE International, August 2004.

[68] Church, M.J., "Airline Operation and Maintenance Requirements for Fasteners, SAE Technical Paper 670891, 1967, https://doi.org/10.4271/670891.

[69] National Aerospace Standard, "Bolt, Tension, Hex Head, Close Tolerance, Alloy Steel, Long Thread, Reduced Major Dia., Self-Locking and Nonlocking, 160 ksi Ftu," NAS6603 thru NAS6620, Revision 9, Aerospace Industries Association, December 2013.

[70] National Aerospace Standard, "Bolt, Tension, Hex Head, Close Tolerance, A286 CRES, Long Thread, Reduced Major Dia., Self-Locking and Nonlocking, 160 ksi Ftu," NAS6703 thru NAS6720, Revision 11, Aerospace Industries Association, February 2016.

[71] National Aerospace Standard, "Bolt, Tension, Hex Head, Close Tolerance, Alloy Steel, Short Thread, Reduced Major Dia., Self-Locking and Nonlocking, 160 ksi Ftu," NAS6203 thru NAS6220, Revision 11, Aerospace Industries Association, June 2016.

[72] National Aerospace Standard, "Bolt, Tension, Hex Head, Close Tolerance, A286 CRES, Short Thread, Reduced Major Dia., Self-Locking and Nonlocking, 160 ksi Ftu," NAS6303 thru NAS6320, Revision 10, Aerospace Industries Association, March 2016.

[73] National Aerospace Standard, "Nut, Self-Locking, Lightweight, Castellated, 450° F," NASM14144, Revision 2, Aerospace Industries Association, November 2012.

[74] National Aerospace Standard, "Nut, Self-Locking, Lightweight, Thin, Castellated, 450°F," NASM14145, Revision 2, Aerospace Industries Association, October 2012.

[75] National Aerospace Standard, "Nut, Self-Locking, 450°F, Reduced Hexagon, Reduced Height, Ring Base, Non-Corrosion Resistant Steel," NASM21042, Revision 2, Aerospace Industries Association, April 2018.

[76] National Aerospace Standard, "Nut, Self-Locking, 800°F, Reduced Hexagon, Reduced Height, Ring Base, CRES," NASM21043, Revision 3, Aerospace Industries Association, January 2013.

[77] National Aerospace Standard, "Pin, Cotter (Split)," NASM24665, Revision 2, Aerospace Industries Association, March 2016.

[78] National Aerospace Standard, "Insert, Screw Thread, Coarse and Fine, Screw Locking, Helical Coil, CRES," NASM21209, Revision 3, Aerospace Industries Association, April 2013.

[79] National Aerospace Standard, "Washer, Flat," NAS1149, Revision 6, Aerospace Industries Association, December 2014.

[80] National Aerospace Standard, "Fastener Systems for Aerospace Applications," NASM1515, Revision 1, Aerospace Industries Association, December 2011.

[81] Advisory Circular, "Acceptable Methods, Techniques, and Practices-Aircraft Inspection and Repair," AC43.13-1B, Federal Aviation Administration, September 1998.

[82] Barrett, R.T., "Fastener Design Manual," NASA Reference Publication 1228, National Aeronautics and Space Administration, March 1990.

[83] Ritchie, O., "Design Trade-Offs that Determine Fastener Selection," SAE Technical Paper 670886, 1967, https://doi.org/10.4271/670886.

[84] NASA Technical Standard, "Requirements for Threaded Fastening Systems in Spaceflight Hardware," NASA-STD-5020, National Aeronautics and Space Administration, March 2012.

[85] Military Handbook, "Threaded Fasteners-Tightening to Proper Tension," MIL-HDBK-60, Department of Defense, March 1990.

[86] Engineering Sciences Data Unit, "Applying, Measuring and Maintaining Pretension in Steel Bolts," ESDU 14001, March 2012.

[87] Aerospace Standard, "Screw Threads – UNJ Profile, Inch Controlled Radius Root with Increased Minor Diameter," AS8879, Revision D, SAE International, August 2018.

[88] Aerospace Information Report, "White Paper to Support Supersession of MIL-S-8879C with AS8879C," AIR5926, SAE International, August 2018.

[89] National Aerospace Standard, "Safety Wiring, Safety Cabling, Cotter Pinning, General Practices for," NASM33540, Revision 3, Aerospace Industries Association, December 2015.

[90] Advisory Circular, "Dual Locking Devices on Fasteners," AC20-71, Federal Aviation Administration, December 1970.

[91] Federal Specification, "Wrenches (Box, Open End, and Combination)," GGG–W–636, Revision E, US Government Printing Office, January 1975.

[92] Federal Specification, "Wrench, Socket (and Sockets, Handles, and Attachments for Socket Wrenches, Hand)," GGG–W–641, Revision E, US Government Printing Office, January 1975.

[93] Federal Specification, "Wrench, Socket and Box End," GGG–W–1437, US Government Printing Office, January 1970.

[94] Aerospace Standard, "Wrenches, Hand, Twelve Point, High Strength, Thin Wall," AS954, Revision G, SAE International, December 2011.

[95] Currey, N.S., *Landing Gear Design Handbook* (Lockheed–Georgia Company, January 1982), 15–16.

[96] Aerospace Standard, "Bearings, Sleeve, Plain and Flanged, Self–Lubricating," AS81934, Revision B, SAE International, May 2016.

[97] Aerospace Material Specification, "Aluminum Bronze, Bars, Rods, Shapes, Tubes, and Forgings, 81.5Cu–10.0Al–4.8Ni–3.0Fe, Drawn and Stress Relieved (HR50) or Temper Annealed (TQ50)," AMS4640, Revision H, SAE International, May 2018.

[98] Aerospace Material Specification, "Aluminum Bronze Alloy, Centrifugal and Continuous–Cast Castings, 81.5Cu – 10.3Al – 5.0Ni – 2.8Fe, Quench Hardened and Temper Annealed (TQ50)," AMS4880, Revision D, SAE International, May 2018.

[99] Aerospace Material Specification, "Extrusions, Nickel–Aluminum Bronze, Martensitic, 78.5Cu–10.5Al–5.1Ni–4.8Fe, Quenched and Tempered(TQ50)," AMS4590, Revision C, SAE International, September 2015.

[100] Aerospace Material Specification, "Nickel–Aluminum–Bronze, Martensitic, Sand, Centrifugal and Continuous Castings, 78Cu–11Al–5.1Ni–4.8Fe, Quench Hardened and Temper Annealed," AMS4881, Revision D, SAE International, May 2018.

[101] Aerospace Material Specification, "Copper Nickel Tin Alloy, Bars and Rods, 77Cu–15Ni–8Sn, Solution Annealed and Spinodal Hardened (TX 00)," AMS4596, Revision B, SAE International, May 2018.

[102] Aerospace Material Specification, "Copper Nickel Tin Alloy, Bars and Rods, 77Cu–15Ni–8Sn, Solution Annealed and Spinodal Hardened(TX TS)," AMS4598, Revision A, SAE International, December 2011.

[103] Aerospace Material Specification, "Copper Nickel Tin Alloy, Mechanical Tube, 77Cu–15Ni–8Sn, Solution Annealed and Spinodal Hardened(TX 00)," AMS4598, Revision A, SAE International, September 2012.

[104] Aerospace Information Report, "Plain Bearing Selection for Landing Gear Applications," AIR1594, Revision D, SAE International, April 2018.

[105] ESDU Data Sheet, "General Guide to the Choice of Journal Bearing Type," ESDU Data Sheet 65007, Amendment A, Engineering Sciences Data Unit, August 2002.

[106] Reid, L. and Restis, J., "Manufacturing Savings and Increased Productivity Using the

ForceMate® Bushing Installation System," SAE Technical Paper 981854, 1998, https: // doi.org/10.4271/981854.

[107] Aerospace Standard, "Fitting, Lubrication, Hydraulic, Surface Check, .250–28 Taper Threads, Steel, Type I," AS15001, Revision D, SAE International, August 2017.

[108] Aerospace Standard, "Fittings, Lubrication," AS35411, Revision C, SAE International, April 2010.

[109] National Aerospace Standard, "Fitting, Lubrication, .1250 Inch Drive, Flush Type," NAS516, Revision 11, Aerospace Industries Association, September 2015.

[110] Military Standard, "Coupling, Grease Gun; Shafer Type Nozzle," MS24203, Revision B, Department of Defense, April 1977.

[111] National Aerospace Standard, "Packing, Ethylene–Propylene, Preformed O–Ring, Phosphate Ester Resistant ($-65°$ F to $250°$ F/$300°$ F)," NAS1611, Revision 12, Aerospace Industries Association, June 2014.

[112] ESDU Data Item, "Selection of Lubricant Class (Liquids, Solids, Semi–Solids and Gases)," ESDU 03016, Engineering Sciences Data Unit, September 2003.

[113] Performance Specification, "Grease, Aircraft and Instrument, Gear and Actuator Screw," MIL–PRF–23827C, Department of Defense, September 2006.

[114] Performance Specification, "Grease, Aircraft, General Purpose, Wide Temperature Range," NATO Code G–395, MIL–PRF–81322G, Department of Defense, January 2005.

[115] Performance Specification, "Grease, Aircraft and Instrument," MIL–PRF–32014A, Department of Defense, September 2006.

[116] Military Specification, "Grease, Molybdenum Disulfide, for Low and High Temperatures," NATO Code Number G–353, MIL–G–21164D, Department of Defense, December 1981.

[117] International Standard, "Geometrical Product Specifications (GPS) –ISO Code System for Tolerances on Linear Sizes; Part 1: Basis of Tolerances, Deviations, and Fits," ISO 286–1, International Standards Organization, 2010.

[118] American National Standard, "Preferred Metric Limits and Fits," ANSI B4.2–1978, American Society of Mechanical Engineers, 2009.

[119] American National Standard, "Preferred Limits and Fits for Cylindrical Parts," ANSI B4.1–1967, American Society of Mechanical Engineers, 2009.

[120] Aerospace Information Report, "Limits and Fits–International Metric Tolerance System," AIR1758, Revision A, SAE International, August 2018.

[121] Shigley, J.E. and Mischke, C.R., *Standard Handbook of Machine Design*, 2nd ed. (New York: McGraw–Hill, 1996).

[122] Aerospace Material Specification, "Steel, Corrosion Resistant, Wire 17Cr–7.1Ni–1. 1Al Cold Drawn, Precipitation–Hardenable (Composition Similar to UNS S17700)," AMS5678, Revision F, SAE International, October 2010.

[123] Aerospace Material Specification, "Titanium Alloy, Round Bar and Wire, 3AI–8V–

6Cr- 4Mo-4Zr, Consumable Electrode Melted, Solution Heat Treated and Cold Drawn (Composition similar to UNS R58640)," AMS4957, Revision F, SAE International, July 2016.

[124] Engineering Sciences Data Unit, "Allowable Stresses for Helical Compression and Tension Springs of Round Wire," ESDU 83002, IHS Inc., December 1982.

[125] Aerospace Material Specification, "Steel Wire, Corrosion Resistant, 11.8Cr-8.5Ni-0.30 (Cb+Ta) -1.1Ti-2.0Cu, Precipitation Hardenable, Spring Temper," AMS5672, Revision D, SAE International, April 2017.

[126] Engineering Sciences Data Unit, "Elastic Stresses and Deflections of Helical Compression and Tension Springs of Round Wire," ESDU 82008, Amendment B, IHS Inc., September 1991.

[127] Engineering Sciences Data Unit, "Notes on the Design of Helical Compression and Tension Springs of Round Wire," ESDU 83003, IHS Inc., December 1982.

[128] Military Standard, "Springs, Mechanical; Drawing Requirements for," MIL-STD-29A, Department of Defense, March 1962.

[129] American National Standard, "Engineering Drawing and Related Documentation Practices, Mechanical Spring Representation," ANSI Y14.13M-1981, American Society of Mechanical Engineers, March 1982.

[130] International Standard, "Technical Product Documentation-Springs-Part 1: Simplified Representation," CEN EN 2162-1, International Standards Organization, 1996.

[131] Aerospace Standard, "Aerospace Size Standard for O-Rings," AS568, Revision D, SAE International, March 2014.

[132] Aerospace Standard, "Face Seal Gland Design, Static, O-Ring and Other Seals for Aerospace Hydraulic and Pneumatic Applications," AS6235, Revision A, SAE International, December 2015.

[133] Aerospace Standard, "Gland Design, O-Ring and Other Seals," AS4716, Revision C, SAE International, December 2017.

[134] Aerospace Standard, "Gland Design, O-Ring and Other Elastomeric Seals, Static Applications," AS5857, Revision A, SAE International, October 2017.

[135] Aerospace Standard, "Gland Design: Nominal 3/8 in Cross Section for Custom Compression Type Seals," AS4832, SAE International, June 2012.

[136] Aerospace Recommended Practice, "Gland Design, Computation of Seal Squeeze and Gland Volume," ARP4727, Revision B, SAE International, June 2013.

[137] Aerospace Recommended Practice, "Recommendations for Installation of Seals in Standard Glands," ARP5555, SAE International, February 2016.

[138] Aerospace Information Report, "Patterns of O-Ring Failures," AIR1707, Revision B, SAE International, September 2014.

[139] Aerospace Standard, "'D' Ring Seal for Shock Struts Molded from AMS-P-25732 Material," AS28772, Revision B, SAE International, July 2015.

[140] Aerospace Information Report, "Anti Blow-By Design Practice for Cap Seals," AIR1243, Revision D, SAE International, August 2018.

[141] Aerospace Information Report, "Selection of Metallic Spring Energized Seals for Aerospace," SAE International, December 2010.

[142] Military Standard, "Scraper, Piston Rod," MS28776, Revision D, Department of Defense, June 1988.

[143] Military Standard, "Ring, Wiper, Hydraulic and Pneumatic, Piston Rod, Dirt," MS28903, Revision A, Department of Defense, November 1987.

[144] Military Standard, "Scraper, Installation, Packing Gland Ring," MS33675, Revision C, Department of Defense, August 1971.

[145] Aerospace Standard, "Aerospace Rod Scraper Gland Design Standard," AS4088, Revision E, SAE International, February 2018.

[146] Aerospace Standard, "Gland Design: Scraper, Landing Gear, Installation," AS4052, Revision B, SAE International, April 2015.

[147] Military Specification, "Packing, Preformed, Petroleum Hydraulic Fluid Resistant, Limited Service at 275° F (135° C)," MIL-P-25732, Revision C, Department of Defense, February 1980.

[148] Aerospace Material Specification, "Packing, Preformed, Petroleum Hydraulic Fluid Resistant, Improved Performance at 275° F (135° C)," AMS-P-83461, SAE International, April 1998.

[149] Aerospace Standard, "Packing, Preformed-MS28775 O-Ring," AS28775, Revision A, SAE International, November 2013.

[150] Aerospace Standard, "M83461 O-Ring Molded from AMS-P-83461 Rubber," AS83461/1, Revision C, SAE International, October 2016.

[151] National Aerospace Standard, "Packing, Preformed, Ethylene Propylene Rubber," NAS1613, Revision 6, National Aerospace Standards Committee, November 2012.

[152] National Aerospace Standard, "Packing, Ethylene Propylene, Preformed O-Ring, Phosphate Ester Resistant, Straight Thread Tube Fitting Boss (-65° F to 250/300° F)," NAS1612, Revision 8, National Aerospace Standards Committee, June 2014.

[153] Aerospace Recommended Practice, "Aircraft Tire Electrical Resistance Test," ARP6406, SAE International, August 2016.

[154] Handbook, "Electrical Grounding for Aircraft Safety," MIL-HDBK-274A (AS), Department of Defense, November 2011.

[155] Interface Standard, "Electromagnetic Environmental Effects Requirements for Systems," MIL-STD-464C, Department of Defense, December 2010.

[156] Aerospace Recommended Practice, "Aerospace Systems Electrical Bonding and Grounding for Electromagnetic Compatibility and Safety," ARP1870, Revision A, SAE International, August 2012.

[157] Advisory Circular, "Electrical Bonding and Protection against Static Electricity," AC No.

25.899-1, Federal Aviation Administration, October 2007.

[158] Department of Defense, "Handbook, Electrical Grounding for Aircraft Safety," MIL-HDBK-274A (AS), November 2011.

[159] Aerospace Information Report, "Landing Gear Shock Strut Bearing Selection," AIR5883, Revision A, SAE International, October 2018.

[160] Military Specification, "Landing Gear, Aircraft Shock Absorber (Air-Oil Type)," MIL-L-8852C, Department of Defense, November 1965.

[161] Fewtrell, H.E., "Consideration of Mechanical, Physical, and Chemical Properties in Bearing Selection for Landing Gear of Large Transport Aircraft," *Lubrication Engineering* 39, no. 3 (October 1981): 153-157.

[162] Aerospace Information Report, "Landing Gear Component Heat Damage," AIR5913, Revision A, SAE International, July 2018.

[163] Briggs, P., "Simulation of 757 Main Landing Gear Landing/Takeoffs at Unimproved Russian Runways," 47th IIS, International Society of Automation, 2001.

[164] Aerospace Recommended Practice, "Aircraft Tow Bar," ARP1915, Revision E, SAE International, May 2016.

[165] Aerospace Standard, "Regional Aircraft Towbar Attach Fitting Interface," AS5488, Revision A, SAE International, June 2011,

[166] Aerospace Standard, "Main Line Aircraft Tow Bar Attach Fitting Interface," AS1614, Revision D, SAE International, January 2016.

[167] International Standard, "Aircraft-Tow Bar Attachment Fittings Interface Requirements-Part 1: Main Line Aircraft," ISO 8267-1: 2015, 2nd ed., International Organization for Standardization, October 2015

[168] International Standard, "Aircraft-Tow Bar Attachment Fittings Interface Requirements-Part 2: Regional Aircraft," ISO 8267-2: 2015, 2nd ed., International Organization for Standardization, October 2015

[169] Interface Standard, "Towing Fittings and Provisions for Military Aircraft, Design Requirements For," MIL-STD-805B, Department of Defense, September 1987.

[170] Aerospace Recommended Practice, "Design Specification for Towbarless Tow Vehicles," ARP4853, Revision C, SAE International, January 2013.

[171] Aerospace Recommended Practice, "Design Specification for Regional Aircraft Towbarless Tow Vehicle for Pushback and/or Maintenance Towing Operations," ARP5916, Revision A, SAE International, May 2017.

[172] Aerospace Standard, "Aircraft Jacking Pads Adapters and Sockets, Design and Installation of," AS8091, Revision A, SAE International, June 2014.

[173] Interface Standard, "Naval Airframe Interface Requirements for the Tie-Downs," MIL-STD-81259, Department of Defense, September 2016.

[174] Aerospace Information Report, "Crashworthy Landing Gear Design," AIR4566, Revision A, SAE International, November 2015.

[175] Military Standard, "Light Fixed and Rotary-Wing Aircraft Crash Resistance," MIL-STD-1290A, Department of Defense, September 1988.

[176] Simula Inc., "Aircraft Crash Survival Design Guide," USAAVSCOM TR 89-D-22, A through E, Department of Defense, December 1989.

[177] Burnett, J., "Safety Recommendations A-85-69 through -71," National Transportation Safety Board, October 1985.

[178] European Aviation Safety Agency, "Certification Specifications and Acceptable Means of Compliance for Large Aeroplanes," CS-25, Amendment 21, March 2018.

[179] Department of Defense Handbook, "Designing and Developing Maintainable Products and Systems," Volume I, MIL-HDBK-470A, Department of Defense, August 1997.

[180] Airlines for America, "MSG-3: Operator/Manufacturer Scheduled Maintenance Development," 2015.

[181] Air Accidents Investigation Branch, "Serious Incident to Boeing 747-443 G-VROM," AAIB Bulletin 10/2015, EW/C2014/12/04, 2015.

[182] Design Criteria Standard, "Human Engineering," MIL-STD-1472G, Department of Defense, January 2012.

第13章 载荷、结构分析和试验

　　起落架的分析过程是贯穿整个研发阶段并在某些情况下贯穿某个结构和飞机的整个服役寿命期的。分析过程起始于确定基于飞机和起落架构型的相关载荷。每一个起落架的结构件必须经过分析并表明在静态的限制载荷和极限载荷下具有足够的安全裕度。低于静态载荷的重复载荷会引起疲劳裂纹——关键结构必须通过可靠的分析表明服役期内不会产生疲劳裂纹。飞机制造商最为关注的起落架组件的重量特性（重量、重心、惯量）——预估这些数值并确保其准确性是一项关键的工作。起落架系统必须设计成安全和可靠的；航空工业界具有特定的工具和流程，用于指导安全性目标的分配过程和提供系统满足目标的证明。未经过物理验证（通常通过试验验证）的分析不能认为是可靠的，对于分析过程、方法和假设中的不确定性必须通过适当的试验验证。

　　分析工作的开展，特别是需要跨多个专业共享分析结果或共同开展分析时，采用统一的坐标系是尤为重要的。典型的飞机坐标系如图 13-1 所示。然而，许多起落架设计师使用起落架局部坐标系，垂直（z）轴向上为正，纵向（x）轴向后为正。这个坐标系很方便，因为大部分常用载荷工况（垂直载荷和阻力载荷）是正的。这样根据右手定则确定的侧向载荷指向飞机的右侧为正。设计同一架飞机的不同专业组采用不同的坐标系是相当普遍的：确保开展任何分析时采用的坐标系是一致的！

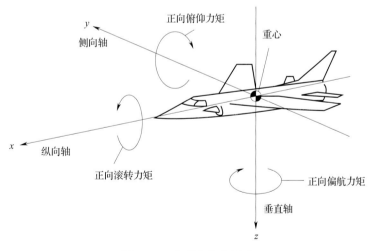

图 13-1　典型飞机坐标系

13.1　载荷

　　所有的结构分析工作必须从确定结构所承受的载荷开始，包括单一载荷（静载荷）和重复载荷（疲劳载荷）。对于起落架，许多工况是根据传统建立的静态或者准静态模型，通过在经飞机静平衡得到的垂直载荷上应用一定的系数确定的。这些"书本工况"载荷构成了审定规章的基础，但是由精确模型的实际工况确定的载荷可以作为一种替代。这些理性载荷工况必须是分析模型经充分验证后得到的结果。由于起落架形式和类型的差异决定了着陆载荷和着陆工况并不能很好地匹配"书本工况",因此大部分着陆载荷情况是通过理性分析得到的。采用系数的"书本工况"通常用于解决非对称的影响,如侧向载荷。对于具有三个以上起落架的飞机,由于飞机从静定状态变成了静不定状态,就需要更为理性的方法。

大部分载荷工况始于飞机的静态平衡,从而可以确定"支柱载荷"——每个起落架缓冲支柱上产生的载荷。对于每一个静平衡状态,必须检查飞机的重量和重心的变化范围,从而确定每一个支柱上的最大载荷。前起落架的最大载荷往往出现在飞机的前重心位置,而主起落架的最大载荷往往出现在飞机的后重心位置。一旦每个支柱的最大载荷确定后,就可以根据载荷工况的具体特征给出地面或轮轴处三个方向的载荷。对于单轮起落架,载荷因此直接得出。然而对于多轮起落架,支柱载荷必须分配到机轮上:必须考虑跑道拱度、轮胎压力差异和轮胎泄气情况的影响。

强度的要求用限制载荷(使用中预期的最大载荷)和极限载荷(限制载荷乘以规定的安全系数,通常为1.5)规定。除非另有说明,以下讨论的地面载荷均为限制载荷。疲劳载荷工况的确定通常与确定静载荷工况的方式一致,但载荷值的计算应考虑名义飞机重量和使用情况。

虽然本节涵盖了起落架的大部分载荷工况,但仍建议核对适用于待设计飞机的具体规章从而确保识别了所有规定的载荷工况,因为不同的飞机类型和不同的规章之间有细微的差别。对于感兴趣的读者,Lomax[121]给出了起落架和飞机其他结构的每一个载荷工况的深入分析及其推导过程。典型的起落架布局和几何关系如图13-2所示。

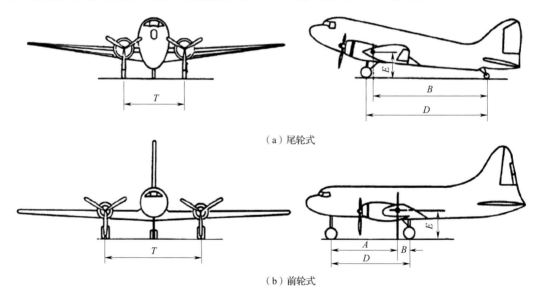

(a)尾轮式

(b)前轮式

图13-2 起落架尺寸

13.1.1 地面载荷

地面载荷是指通过轮胎和地面的接触或者起落架与地面或地面设备间的机械连接而产生的作用于起落架和飞机上的载荷。

对于大多数地面操纵情况,载荷作用在轮胎接地点。而一些载荷包括牵引、顶升和地面操纵引起的惯性载荷作用在最为相关的位置。对于所有着陆情况,航向和垂直载荷作用在轮轴而侧向载荷作用在轮胎接地点。对于所有牵引情况包括牵引杆连接于前起落架轮轴的情况，前起落架的航向和侧向载荷应作用在通常位于前起落架轮轴上的牵引接头上而垂直载荷作用在轮胎接地点。类似的情况也适用于主起落架牵引。

13.1.1.1 多轮起落架的非对称载荷

对于多轮起落架（包括共轴双轮起落架），在将支柱载荷分配到机轮上时必须对所有地面载荷工况考虑轮胎间可能的受载差异。将支柱载荷根据轮胎的数量平均分配到机轮上的情况是很少见的。确定机轮载荷时应考虑飞机姿态和任何结构变位。此外，应对制造允差、轮胎膨胀和轮胎磨损的组合引起的各轮胎直径的任何差异进行分析。与大型飞机适航规章 25.511 条相符合，可以假定轮胎直径的最大差异等于计及制造允差、轮胎膨胀和轮胎磨损以后得到的各种直径变化最不利组合的 2/3；轮胎充气压力的差异可考虑为假定最大变化量为轮胎名义充气压力的 ±5%；考虑拱度为零的跑道以及可近似表示为与水平面成 1.5% 斜率的上拱形跑道。跑道拱度的影响需要考虑前起落架位于路拱斜坡的两侧。实际应用中，许多飞机上采用了 40∶60 和 60∶40 的内外侧机轮载荷分配比例，这一做法相比 25.511 条的要求是保守的。

对于车架式起落架，在确定前后轮组的最大设计载荷时必须考虑着陆撞击、刹车、粗糙道面滑行，或由车架俯仰调节器载荷引起的车架任何俯仰或翘板运动的影响。对于特殊的六轮车架式起落架，由于结构的超静定性（中轮组由缓冲器直接支撑而前后轮组由柔性的车架横梁两端支撑），设计时需要考虑车架横梁的刚度。如果在最大停机坪重量下使得载荷平均分配给所有机轮，则在较低重量下使用时，前、后轮组就会比中轮组承受更大的载荷；反之，如果在较低重量下使得载荷平均分配给所有机轮，则在最大停机坪重量下使用时，中轮组就会承受更大的载荷。定制车架横梁的刚度以确保在预期的典型使用重量下载荷是平均分配的，这是合理的折中方案。另外，定制车架横梁的刚度使得每个机轮在各种飞机重量状态下达到相同的最大载荷，这是可供选择的方案。

对于轮轴上有多个轮胎的起落架，确定地面载荷时必须考虑轮胎泄气的影响。对于多轮起落架装置，必须考虑其中任何一个轮胎泄气，对于有 4 个或更多机轮的起落架装置，必须考虑其中任何两个临界轮胎的泄气。地面反作用力必须施加在充气轮胎的机轮上。但是，对于有多个缓冲支柱的多轮起落架装置，可以考虑由于轮胎泄气引起的缓冲支柱伸出长度的差异，把地面反作用力合理地分配给泄气和充气轮胎。

实际上，对于双轮起落架需要考虑一个轮胎泄气的情况，而对于具有 4 个或更多机轮的起落架需要考虑一个和两个轮胎泄气的情况。地面载荷结果在剩余的充气轮胎间进行分配。一些工况不需要考虑轮胎泄气，列举如下：

（1）对于一轮泄气的着陆工况，施加于每个起落架上的载荷假定为所有轮胎充气时限制载荷的 60%。

（2）对于两轮泄气的着陆工况，施加于每个起落架上的载荷假定为所有轮胎充气时限制载荷的 50%。

（3）除此之外，对于偏航着陆工况，必须施加垂直载荷的 100%。

（4）对于一轮泄气的滑行和地面操纵工况，重心处施加的侧向载荷系数或阻力载荷系数或同时作用的此两者，必须是最临界的数值，其值可达到规定的滑行和地面操纵工况中最严重情况的限制侧向载荷系数或限制阻力载荷系数或同时作用的此两者的 50%。

（5）对于两轮泄气的滑行和地面操纵工况，重心处施加的侧向载荷系数或阻力载荷系数或同时作用的此两者，必须是最临界的数值，其值可达到规定的滑行和地面操纵工况中最严重情况的限制侧向载荷系数或限制阻力载荷系数或同时作用的此两者的40%。

（6）对于刹车滑行情况，每个充气轮胎上的阻力载荷，不得小于无泄气轮胎载荷对称分配时每个轮胎上的阻力载荷。

（7）对于一轮泄气的滑行和地面操纵工况，重心处的垂直载荷系数必须为无泄气轮胎时载荷系数的60%，但不得小于1.0。

（8）对于两轮泄气的滑行和地面操纵工况，重心处的垂直载荷系数必须为无泄气轮胎时载荷系数的50%，但不得小于1.0。

（9）回转情况不必考虑轮胎泄气。

（10）对于一轮泄气的牵引工况，牵引载荷 F_{TOW} 必须为规定载荷的60%。

（11）对于两轮泄气的牵引工况，牵引载荷 F_{TOW} 必须为规定载荷的50%。

本书出版时最为认可的适航规章要求是25.511条，该条被重新编辑后见于本书的附录F。

13.1.1.2 书本工况

地面操纵情况需要考虑飞机可能的最大重量，这个重量通常为最大停机坪重量。这些工况是不考虑机翼升力和考虑轮胎和缓冲器处于静态位置的准静态模型。计算起落架支柱载荷时应考虑最不利的重心位置。

（1）滑行、起飞和着陆滑跑

载荷计算必须考虑飞机在正常运行时可以预期的最粗糙道面和飞机在地面能够达到的全部重量和速度范围。对于柔性飞机，应在最大起飞重量下开展动力学分析，考虑机体的柔性、起落架和轮胎的动力学特性、飞机的速度范围和预期的地面粗糙度，从而确定最严酷的载荷。如第2章所述，跑道粗糙度的数值列于本书的附录C中。附录中包含的旧金山28R跑道由于会造成大载荷和飞行员投诉，因此成为西方国家大型民用飞机使用的典型跑道。该跑道已被重新铺设。俄罗斯审定当局则有更为严格的要求。军用飞机要求在一系列1-cos凸起形成的人造道面上进行分析。

在历史上，如果认为飞机滑行中刚体模态或机体柔性的动态效应并不显著的话，一些制造商会使用简化的静态分析方法。在该方法中作用于飞机上的静态惯性力的载荷系数对单轴起落架为2.0（2g滑行工况），而对多轴起落架为1.7（1.7g滑行工况）。较低的载荷系数1.7最初是基于车架横梁的转动会引起载荷减小的这一假设，但如今系数1.7也被双轮式起落架所采用。缺乏对此情况更详细的分析时，载荷系数1.7是一个合理的假设。

审定大型飞机的咨询材料[1]建议考虑载荷组合情况（在缺乏更合理的分析时），将上述得到的垂直载荷的90%，与同时作用的分别等于20%这个垂直载荷的阻力载荷和侧向载荷组合起来，侧向载荷需要考虑两个方向。此外，作为替代载荷系数1.7的方法，考虑相同且连续的1-cos道面凸起（其间距分别为1倍和2倍前起落架（或尾起落架）与主起落架的间距）的飞机动态响应分析是允许的。该情况中，道面凸起的高度应定义为

$$H = 1.2 + 0.023 \sqrt{L}$$

式中：H——道面凸起高度，in；

　　　L——道面凸起波长，in。

（2）滑行刹车情况

滑行刹车情况可分为两点刹车（只有主起落架接地）和三点刹车（主起落架和前起落架或尾起落架均接地）两种情况。大部分适航规章规定轮胎与地面间的最大摩擦因数为

0.8，最大飞机重量以及对应的反作用系数作用于飞机重心处。各类飞机的载荷要求详见表 13–1。大型飞机的图示说明见图 13–3。两点姿态下刹车引起的不平衡力矩由飞机惯性力平衡。

表 13–1　刹车滑行限制载荷情况

变量	规章					
	大型飞机 （25.493）	小型飞机 （23.493）	大型直升机 （29.493）	小型直升机 （27.493）	水上飞机 （22.NA）	军用飞机 （AS8860）
摩擦因数	刹车机轮为 0.8（除非能够证实在每一很可能的受载情况下，有效阻力载荷均不能达到垂直反作用力的80%）	刹车机轮为 0.8（但是阻力载荷不必超过机轮刹车所能产生的载荷）	刹车机轮为 0.8（但是阻力载荷不必超过机轮刹车所能产生的载荷）	刹车机轮为 0.8（但是阻力载荷不必超过机轮刹车所能产生的载荷）	未规定但采用与小飞机一致的做法是保守的	刹车机轮为0.8，土跑道上刹车时未刹车机轮为 0.2
垂直载荷系数	1.2× 设计着陆重量；1.0× 设计机坪重量	1.33× 最大设计重量	三点刹车：1.33× 最大设计重量；两点刹车：1.0× 最大设计重量	三点刹车：1.33× 最大设计重量；两点刹车：1.0× 最大设计重量	未规定但采用与小飞机一致的做法是保守的	1.2× 设计着陆重量；1.0× 设计机坪重量

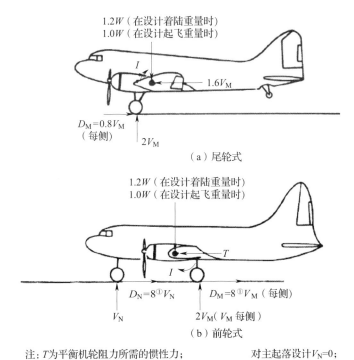

图 13–3　刹车滑行情况（大型飞机）

注：T 为平衡机轮阻力所需的惯性力；
　　$D_N=0$（当前机轮不带刹车时）；
　　I 为平衡所需的角惯性力。

对主起落设计 $V_N=0$；
对前起落设计 $I=0$。

---

① 原版书有误，应为 0.8。——译者注

装有前起落架的大型飞机必须考虑三点姿态刹车滑行的影响。该工况假定飞机在设计起飞重量下，前起落架和主起落架接地并且稳态垂直载荷系数为1.0。稳态前起落架反作用力必须与由于突然施加最大刹车力而产生的最大前起落架垂直反作用力增量相组合。在缺乏更合理分析的情况下，前起落架垂直反作用力必须依照下式计算

$$V_N = \frac{W_T}{A+B}\left(B + \frac{f\mu AE}{A+B+\mu E}\right)$$

式中：V_N——刹车过程中作用在前起落架上总的垂直反作用力。

　　　W_T——飞机重量。

　　　μ——轮胎与地面间的摩擦因数，假定为0.8。

　　　A——飞机重心与前起落架之间的水平距离，如图13-2所示。

　　　B——主轮中心连线与飞机重心间的水平距离，如图13-2所示。

　　　E——在1.0g静态载荷情况飞机重心距地面的垂直高度，如图13-2所示。

　　　f——动态响应系数，除能证实更低的系数外，该系数等于2.0。如果针对主起落架有效接地点的刚体俯仰模态的有效临界阻尼比ζ已知，可由下式计算动态响应系数f

$$f = 1 + e^{\left(-\pi\zeta/\sqrt{1-\zeta^2}\right)}$$

对于装前起落架或装有可转弯或可锁定尾起落架的飞机，应考虑不对称刹车的影响。此时飞机处于三点姿态，前起落架或尾起落架处于向前和向后方向，并且重心处的垂直载荷系数为1.0，限制阻力载荷（考虑轮胎与地面间的摩擦因数为0.8）应作用于飞机的一侧，由此产生的偏航力矩和俯仰力矩分别由作用于主起落架和前起落架（或尾起落架）的侧向载荷和垂直载荷静态平衡。作用于前起落架或尾起落架的侧向载荷应作用于地面并且不必超过前起落架或尾起落架垂直反作用力乘以轮胎与地面间的摩擦因数0.8。

（3）转弯

为了评估飞机转弯引起的载荷，假定飞机处于静态位置，用操纵前起落架或采用足够的发动机动力差的方法进行定常转弯。该载荷工况在大型民用飞机的适航规章（25.495条）和军用飞机标准中均有明确的规定。对于大型飞机，作用于重心处的限制载荷系数在垂直方向为1.0，在横向为0.5。每一个机轮的侧向地面反作用力必须是垂直反作用力的50%。该情况如图13-4所示。

对于军用飞机，分析需考虑操纵前轮或非对称推力转弯、对称刹车转弯和差动刹车转弯的组合。阻力载荷的要求与滑行刹车中的一致。

（4）尾起落架特殊工况

除尾起落架上的着陆载荷外，必须考虑操纵过程中产生的地面载荷。作用在尾起落架上的侧向载荷可假定等于地面垂直反作用力。如果尾起落架可自由偏转，则假定尾起落架相对飞机纵轴转动90°，其合成载荷通过轮轴。如果尾起落架装有锁、转向操纵装置或减摆器，则假定尾轮处于拖曳位置且侧向载荷作用于轮胎接地点。

应考虑尾起落架受阻情况，该载荷情况为尾起落架处于自其拖曳位置转动180°的位置，飞机下落0.127m（5in）所产生的载荷作用于尾轮处。尾起落架的缓冲器应处于其静态行程或静态位置，取两者中较小者，此时进一步伸长将受到限制但压缩是允许的。

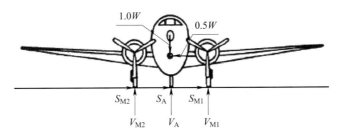

$S_A=0.5V_A$；$S_{M1}=0.5V_{M1}$；$S_{M2}=0.5V_{M2}$

（a）尾轮式

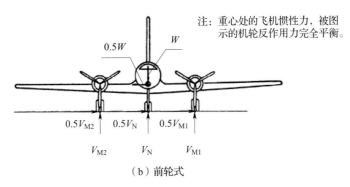

注：重心处的飞机惯性力，被图示的机轮反作用力完全平衡。

（b）前轮式

图 13-4　地面转弯情况

（5）前轮特殊工况

除前起落架上的着陆载荷外，必须考虑若干地面操纵载荷。对于大型飞机，限制侧向载荷工况考虑飞机重心处的垂直载荷系数为 1.0，前轮接地点的侧向分力等于该处地面垂直反作用力的 80%。对于小型飞机，23.499 条要求考虑以下三种工况，每种情况的垂直载荷为静态载荷的 2.25 倍：作用于轮轴的阻力载荷为垂直载荷的 80%，作用于轮轴的向前载荷为垂直载荷的 40% 和作用于轮轴的侧向载荷为垂直载荷的 70%。

上文中已经介绍了滑行刹车情况中不对称刹车对前起落架的影响。在设计前起落架时，必须考虑正常满操纵扭矩和等于前起落架最大静态反作用力 1.33 倍的垂直力的组合作用，此时，飞机为设计停机坪重量且前起落架处于任一转向操纵位置。

（6）回转

回转情况假定将一侧主起落架的刹车刹死，飞机绕此轮接地区域的中心转弯。该限制载荷工况考虑垂直反作用系数为 1.0，轮胎与地面间的摩擦因数为 0.8。假定按图 13-5 所示飞机处于静态平衡位置，载荷作用在轮胎接地点上。该情况不必考虑轮胎泄气。

（7）倒行刹车

该载荷工况考虑刹车对飞机向后滚转的影响。飞机处于三点姿态：对于前轮式飞机，俯仰力矩由飞机的惯性力平衡；对于军用飞机，该载荷工况考虑每个刹车机轮的轮胎与地面间的摩擦因数为 0.8，重心处的垂直反作用系数为 1.0；对于大型民用飞机，考虑每个刹车机轮的轮胎与地面间的摩擦因数为 0.55 或 1.2 倍名义最大静刹车扭矩产生的地面载荷，由此得到的倒行刹车载荷相比军用飞机较小。

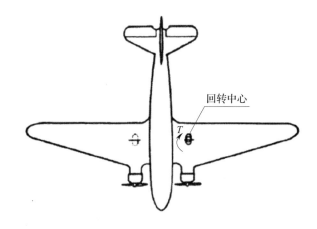

注：V_N和V_M是地面静反作用力。对尾轮式，飞机处于
三点姿态，假定绕一侧主起落架装置回转。

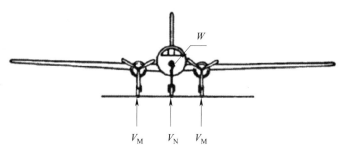

图 13-5　回转情况

13.1.1.3　理性载荷

除了通过"书本工况"确定载荷外，另一种方法是建立能够模拟操纵动力学的包含飞机、地面、起落架和轮胎的精确仿真模型，从而得到相应的载荷。当"书本工况"无法解决特殊的起落架构型——例如，像波音 747 或空客 A380 这样的多支柱起落架飞机（一架飞机有 4 个主起落架）时通常使用该"理性"载荷方法。诚然，现行公布的规章并不适用于多支柱起落架飞机。然而，一套能够满足多支柱起落架飞机的全新规章条款已经成稿——详见本书的附录 F。其他应用常见的理性载荷方法是针对各种跑道道面上的滑行、起飞和着陆滑跑分析。大部分着陆载荷分析是根据理性载荷方法（确实，这种方法是大型民用飞机规章的要求）：着陆载荷的预估需要缓冲器模型。任何理性载荷模型需要经过验证从而保证模型的预测结果是准确的。对于着陆载荷模型的验证方法通常是完整起落架的落震试验。落震试验通常按照 AS6053[2] 的要求进行。飞机服役中实测的载荷也能用来验证理性载荷模型。美国联邦航空局（FAA）已经在侧向载荷验证[3]方面开展了有益的工作。

13.1.1.4　着陆载荷

限制着陆条件取决于飞机类型。各种限制条件的总结见表 13-2。着陆情况包括水平着陆、尾沉着陆、单轮着陆和偏航着陆工况。虽然表中的一些规章没有明确向前速度的要求，但建议考虑预期的向前速度范围，因为着陆速度的向前分量会影响起转载荷。通常来说，需要考虑的着陆向前速度的范围是从最大着陆重量和标准海平面条件下的无动力失速速度 V_{S0}（起落架放下和全部襟翼打开）到最大着陆重量和最大预期着陆高度，以及比标准温度高 22.8℃（41°F）的热天温度下 V_{S0} 的 1.25 倍。此外，如果飞机申请获准顺风着陆，则必须研究增大接地速度的影响。在一些情况下，也建议考虑无向前速度的情况（类似于冰上着陆）。

表 13–2　限制着陆载荷工况

情况	规章					
	大型飞机 （25.473）	小型飞机 （23.473）	大型直升机 （29.473）	小型直升机 （27.473）	水上飞机 （22.473）	军用飞机 （AS8860[2]）
下沉速度	A：3.05m/s（10ft/s） B：1.83m/s（6ft/s）	2.1m/s（7ft/s）～3.05m/s（10ft/s） $V=4.4(W/S)^{0.25}$[1]	不小于 1.98m/s（6.5ft/s）	2.55m/s（8.4ft/s）～1.98m/s（6.5ft/s）	不小于 1.77m/s（5.8ft/s）	初级和基本教练机： A：4m/s（13ft/s） B：1.83m/s（6ft/s） 其他飞机： A：3.05m/s（10ft/s） B：1.83m/s（6ft/s）
重量	A：最大着陆 B：最大起飞	最大着陆	最大	最大	最大	A：最大着陆 B：最大起飞
向前速度	范围：标准海平面条件下的无动力失速速度至最大预期着陆高度和比标准温度高 22.8℃（41°F）的热天温度下的无动力失速速度的 1.25 倍	范围：标准海平面条件下的无动力失速速度至最大预期着陆高度和比标准温度高 22.8℃（41°F）的热天温度下的无动力失速速度的 1.25 倍	最小自转下降率时的最佳前飞速度的 75%	未规定	未规定	未规定
机翼/螺旋桨升力	1.0	2/3	2/3	2/3	1.0	

①该公式给出了规定的限制下沉速度，式中 W 为着陆重量，S 为机翼面积（W/S 为机翼载荷）；
②舰载机要求通过多变量方程确定更大的下沉速度，已知的最大下沉速度为 8.5m/s（28ft/s）。

着陆载荷通过包括缓冲器和轮胎特性的动力学模型确定。飞机和起落架载荷的分析方法至少应考虑起落架的动态特性、起转和回弹、刚体响应和机体结构的动态响应（若显著）。一般情况下轮胎与地面之间的最大摩擦因数为 0.8。

（1）水平着陆情况

尾轮式飞机的水平着陆情况（见图 13–6）考虑飞机在正常水平飞行姿态下着陆。对于前轮式飞机，需要考虑两种姿态——两点姿态即主轮接地而前轮稍离地面和三点姿态即前轮和主轮同时接地（如果能够合理地获得这种姿态）。着陆速度的范围必须考虑海平面的 V_{s0} 至 1.25 倍最大着陆高度热天温度下的 V_{s0}。（值得注意的是本书的附录 F 中的大型民用飞机规章草案用合理的水平飞行姿态速度代替不合理的 V_{s0}）。

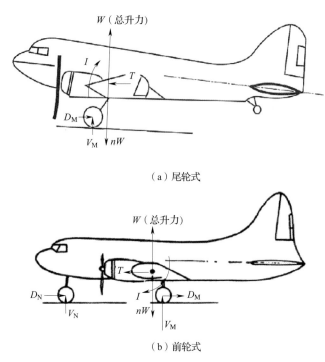

（a）尾轮式

（b）前轮式

注：I 为平衡所需的角惯性力；T 为惯性力的向前分量。

图 13-6　水平着陆工况

应采用动力学的理性分析计算起转载荷。然而，适航规章要求阻力载荷等于或大于 25% 的最大垂直反作用力。垂直分力和阻力分力的合力作用于轮轴中心线上。除了起转载荷，还要考虑起转能量的惯性释放（即回弹）引起的载荷。

（2）尾沉着陆情况

尾沉姿态着陆情况考虑飞机接地的向前速度分量范围为海平面的 V_{s0} 至热天最大着陆姿态下的 V_{s0}（如果失速速度使得尾部接地的话，这些速度将增大）。对于尾轮式飞机的尾沉着陆情况，假定按图 13-7，主轮和尾轮同时接地。作用于尾轮上的地面反作用力假定是垂直向上和与地平线成 45° 角通过轮轴指向后上方。

对于前轮式飞机的尾沉着陆情况，假定飞机姿态按图 13-7 相应于失速迎角，或相应于除主轮外飞机所有部分均不触地时所允许的最大迎角，两者中取小者。

垂直分力和阻力分力的合力作用在主轮轮轴中心线上。除了起转载荷，还要考虑起转能量的惯性释放（即回弹）的影响。

（3）单起落架着陆情况

除水平着陆情况外，还需要考虑单轮着陆情况。这种工况假定按图 13-8，飞机处于水平姿态，以一个主起落架接地。在这种姿态中，认为地面反作用力与水平着陆得到的该侧载荷相同，并且每一不平衡的外载荷由飞机的惯性力以合理的或保守的方式予以平衡。

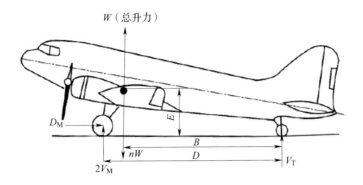

（a）尾轮式

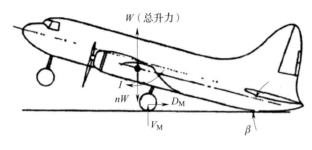

（b）前轮式

注：β 为主起落架和尾部结构触地时的角度（但不必大于失速迎角）。

图 13-7 尾沉着陆情况

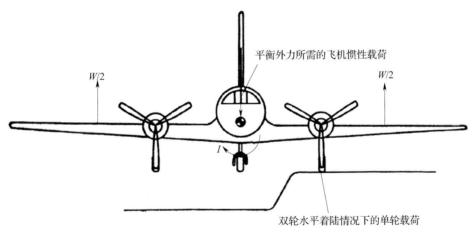

前轮式或尾轮式

图 13-8 单起落架着陆情况

（4）偏航着陆情况（侧向载荷）

除水平着陆情况外，还需要考虑偏航着陆情况。对于这种载荷情况，假定飞机按图 13-9 处于水平姿态，仅以主轮接地。

向内作用且等于垂直反作用力 80% 的侧向载荷（在一侧）和向外作用且等于垂直反作用力 60% 的侧向载荷（在另一侧）必须与在水平着陆情况下得到的最大地面垂直反作

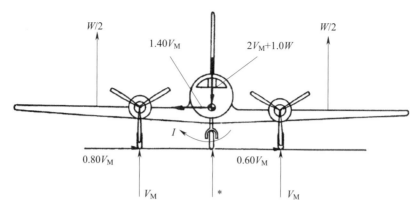

注：V_M为水平着陆时每一主起落架最大地面垂直反作用力的一半；
*为前起落架地面反作用力=0。

处于水平姿态的前轮式或尾轮式飞机

图 13-9　偏航着陆情况

用力的一半相组合。假定这些载荷作用在轮胎接地点上并由飞机的惯性力所平衡。可以假定阻力载荷为零。这个载荷工况（见图 13-9）适用于大型飞机和旋翼机；轻型固定翼飞机的规章要求略有不同，其规定垂直反作用系数 1.33 在主起落架间平均分配且侧向惯性系数为 0.83（地面反作用分解为一侧向内作用 0.5 和另一侧向外作用 0.33）。

必须考虑在偏航着陆中可能出现的最严重的载荷组合。缺乏对此情况的更合理的分析时，则考虑以下情况：应考虑一个等于水平着陆情况的最大地面反作用力 75% 垂直载荷与分别为该垂直载荷的 40% 和 25% 的向后和侧向载荷相组合。假定缓冲器和轮胎压缩量相当于最大地面反作用力产生的压缩量的 75%。该载荷工况不必考虑轮胎泄气的组合情况。

（5）回跳和自由伸长

应使用缓冲器动力学模型计算飞机从着陆表面回跳过程中出现的载荷。此外，应研究缓冲器自由伸长产生的载荷。通常来说，在起落架完全伸出但不与地面接触情况下，20 的载荷系数必须作用在起落架非弹起部分上（这些结构件为非缓冲器弹簧支撑件）。此载荷系数的作用方向与非弹起部分相对于起落架弹起部分伸出到极限位置时的运动方向相一致。该情况还应考虑缓冲器压力的影响。

（6）缓冲器压力

必须确定每个载荷工况以及预期的工作温度范围产生的缓冲器压力范围。着陆、回跳和地面滑行工况很可能产生峰值压力，从而影响缓冲器特定零件的尺寸设计。应考虑各零件之间的压力差从而保证这些零件的尺寸是合适的。

13.1.1.5　滑翔机特殊载荷

大多数的滑翔机都有不会凸出飞机很多的机轮或滑橇。图 13-10 展示了两个典型的例子。在机身底部的单轮或共轴双轮或位于重心正下方（或附近）的两个横向单独布置的机轮，通常由前轮和 / 或尾橇或尾轮作为辅助。滑橇通常安装在机身的主轮前后，翼尖滑橇通常用于保护机翼表面。如果滑翔机具有与上述不同类型的起落架，按照前面几节中提出的方法来处理载荷情况是比较可取的。下面列出的案例是 CS-22[4] 的欧洲滑翔机审定规章。该规章要求在重心处的限制垂直惯性载荷系数为 3 或者更大，由以 1.77m/s（5.8ft/s）下沉速度的着陆产生；起落架必须能够承受该能量的 1.44 倍而不发生破坏（屈服是允许的）。平衡滑翔机重量的机翼升力在整个着陆过程中始终起作用并且地面反作用力系数等于垂直惯性载荷系数减去 1。

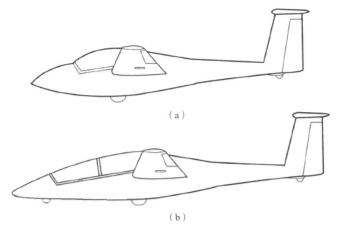

图 13-10　典型滑翔机起落架布局

（1）水平着陆情况

对于水平着陆，带有尾橇或者尾轮的滑翔机可认为处于正常平飞姿态；具有前轮的滑翔机则必须考虑前轮和主轮同时接触地面和主轮接地而前轮稍离地面这两种情况。

主起落架限制垂直载荷分量 P_{VM} 是在飞机最大设计重量状态，在具有全部机翼升力的情况下以最小下沉速度 1.77m/s（5.8ft/s）着陆产生的。垂直载荷分量 P_{VM} 必须和向后作用的水平分量 P_H 组合，使其产生的合成载荷方向与垂直方向的夹角为 30°。

对于具有前轮的滑翔机，当主轮和前轮与地面同时接地时，前轮上的垂直载荷分量 P_{VN} 由下式计算

$$P_{VN} = 0.8mg$$

式中：m——滑翔机的最大设计重量，kg；

g——重力加速度，9.81m/s²。

该垂直载荷必须与向后作用的水平分量组合，使其产生的合成载荷方向与垂直方向的夹角为 30°。

（2）尾沉着陆情况

为设计尾橇及其相关结构和包括平衡重量连接结构的尾翼，尾沉着陆的尾橇载荷（主起与地面不接触）必须由下式计算

$$P = 4mg\left(\frac{i_y^2}{i_y^2 + L^2}\right)$$

式中：P——尾橇载荷，N。

m——滑翔机的最大设计重量，kg。

g——重力加速度，9.81m/s²。

i_y——滑翔机的回转半径，m；若缺乏更准确的计算，可假定 $i_y = 0.225L_R$，L_R 为不含方向舵的机身总长，m。

L——尾橇与滑翔机重心间的距离，m。

应考虑作用于尾橇或机轮上的侧向载荷的影响。

（3）单起落架着陆情况

对于具有两个横向偏移量主轮（机轮不是安装在飞机中心线上的共轴部件）的滑翔机，水平着陆情况需要单独应用于每个机轮，并考虑到倾斜飞行的界限效应。缺乏对比情况更合理的分析时，限制动能（K_e）可由下式计算

$$K_e = \frac{1}{2} m_{red} V_v^2$$

式中：V_v——下沉速度，m/s；

m_{red}——单轮的减缩重量，由下式给出

$$m_{red} = \frac{m}{1 + a^2 / i_x^2}$$

m——滑翔机的最大设计重量，kg；

a——主起间距的一半，m；

i_x——滑翔机的回转半径，m。

（4）侧向载荷情况

应考虑作用于主起落架轮胎或滑橇触地区域中心的、垂直于飞机对称面的两个方向的侧向载荷情况。大小等于 0.3 倍 P_v 的侧向载荷必须与大小等于 0.5 倍 P_v 的垂直载荷相组合，其中 P_v 为最大设计重量下根据限制地面反作用系数得到的垂直载荷。

（5）前轮情况

滑翔机通常不会装备较长的支柱和可操纵转弯的前轮。如果滑翔机具有这种特殊设计特征的起落架，那么采用适用于飞机的载荷工况就比上述滑翔机的载荷工况更为合适了。对于传统式前轮稍稍伸出机身的滑翔机（见图 13-10（b）），考虑下列限制载荷工况（假定缓冲器和轮胎处于其静态位置）：向前载荷情况为作用于轮轴上的 2.25 倍机轮静载荷的垂直载荷与等于 40% 该垂直载荷的向前分量相组合；侧向载荷情况为作用于轮轴上的 2.25 倍机轮静载荷的垂直分量与等于 70% 该垂直载荷的侧向载荷相组合。

（6）尾橇撞击

飞机的尾部滑橇（即尾橇）及其支撑结构应设计为能够承受当尾部起落架上升到使主轮保持在地面上的最高位置，随后释放自由下落所产生的载荷。

（7）翼尖着陆

地面载荷作用于翼尖处的情况必须考虑。必须假定限制载荷 T=40daN（90lbf）向后作用于翼尖与地面的接触点，方向平行于滑翔机的纵向轴，由此产生的偏航力矩必须由作用于尾橇/轮或前橇/轮的侧向载荷 R 平衡（见图 13-11）。

13.1.1.6 牵引载荷

军用飞机的牵引载荷由 MIL-STD-805[5] 确定，民用飞机的牵引载荷定义由 CS/FAR 23.509（对于轻型飞机）和 CS/FAR 25.509（对于大型飞机）确定。载荷量值如表 13-3 所示。虽然使用这些限制载荷通常会使得设计相对保守，但如果牵引拖车和飞机惯量并不匹配（如使用大型牵引拖车牵引轻型飞机）或一旦牵引杆接头处（牵引拖车与牵引杆之间或牵引杆与起落架之间）存在大量间隙的话，载荷是会超过定义值的。AIR6906[6] 给出基于不同的牵引惯量和连接间隙的大量试验获得的测量数据。军用飞机和需要在未铺砌道面上牵引的飞机必须考虑在松软地面上牵引产生的静态和动态载荷。表 13-3 给出了在光滑、坚硬道面上的牵引载荷。对于牵引载荷工况的说明，所有规章的这部分内容是相同的，如表 13-4 所示。

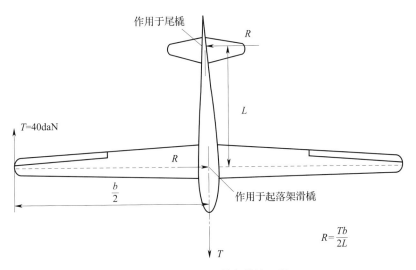

图 13-11　滑翔机翼尖着陆工况

表 13-3　牵引载荷

最大飞机重量（W）	牵引载荷（T）		
	MIL-STD-805 载荷	CS/FAR 25.509 载荷	CS/FAR 23.509 载荷[1]
0 ~ 30000lb	$T = 0.3W$	$T = 0.3W$	$T = 0.3W$
30000 ~ 100000lb	$T = \dfrac{6W + 450000}{70}$	$T = \dfrac{6W + 450000}{70}$	
100000 ~ 180000lb	$T = 0.15W$	$T = 0.15W$	
大于 180000lb	$T = 0.08W$	$T = 0.15W$	

[1] CS/FAR 23 部适用于最大重量为 12500 ~ 19000lb 的（双发螺旋桨）飞机。

表 13-4　牵引载荷工况

牵引点	位置	序号	数值	方向
主起落架		1	每个主起落架 0.75T	向前，平行于阻力轴
		2		向前，与阻力轴成 30°
		3		向后，平行于阻力轴
		4		向后，与阻力轴成 30°
辅助起落架	转向前	5	1.0T	向前
		6		向后
	转向后	7		向前
		8		向后
	从前面转 45°	9	0.5T	向前，在机轮平面内
		10		向后，在机轮平面内
	从后面转 45°	11		向前，在机轮平面内
		12		向后，在机轮平面内

13.1.1.7 顶升载荷

作用于起落架顶升点的限制载荷通常由 AS8091[7] 确定，军用飞机由 AS8860 确定，大型民用飞机由 CS/FAR25.519 确定。

顶升载荷如表 13-5 所示。顶升点必须承受单独作用的垂直载荷，以及该垂直载荷与沿任何方向作用的水平载荷的组合。AS8091 中对顶升点的建议是对所有的载荷工况应用更大的载荷。

表 13-5　起落架顶升载荷

分量	民机要求	军机和 AS8091 要求
垂向	1.33F	1.35F
航向	0.33F	0.4F

注：F 为顶升点的静态垂直反作用力，对应最大飞机重量和最不利的重心位置。

13.1.1.8 应急牵引（脱困）载荷

要确定应急牵引载荷没有标准化的方法——因为需要应急牵引的场景是各不相同的。对于轮胎陷入未铺砌土地的情况，可以采用本书第 3 章的图 3-24 来估算增大的滚动阻力。美国军方[8] 给出了如何将航空器从陷入松软土壤中脱困的指导。对于轮胎和机轮埋陷至轮毂（但未超过轮轴中心）的情况，"埋陷系数"取 1 是合适的——使航空器脱困的力等于 1 倍的航空器重力。对于轮胎和机轮的埋陷超过轮毂顶部至整个轮胎的情况，"埋陷系数"取 2 是合适的——使航空器脱困的力等于 2 倍的航空器重力。军方规定对于陷至武器挂架或驾驶舱的航空器，"埋陷系数"取 3——这对飞机来说不太可能发生。在考虑脱困载荷的分配时，严重受困的飞机至少需要同时牵引两个主起落架，这并不是不合理的。在应急牵引前允许对飞机进行一定量的减载（卸下乘客和货物）。为了确定飞机可能的应急牵引重量，所有能够合理地减少飞机重量的努力都应当予以考虑。

13.1.1.9 系留载荷

系留连接点的载荷由连接系留点的系留绳数量和作用于飞机的载荷决定。舰上系留必须考虑风载以及各种海况下舰船的俯仰和滚转运动。MIL-STD-81259[9] 给出了海军飞机的系留规定。

如果大型民用飞机提供系留点（规章中并未要求），系留点及局部结构必须能够承受任何方向的 120km/h（65kn）水平风引起的限制载荷。①

风对机翼升力的影响应通过基于真实飞机和机翼的分析或试验确定。MIL-T-81259[10] 提供了一种估算由风引起的阻力载荷的方法

$$F_{\mathrm{d}} = 35A \left(\frac{V}{100} \right)^2$$

式中：F_{d}——作用于区域 A 中心的合力，平行于风方向，lbf；

A——飞机在垂直于风方向的平面上的投影面积，ft²；

V——风速，kn。

13.1.2 气动力和惯性载荷

13.1.2.1 气动载荷

飞机设计师首先要关心的是起落架和起落架舱门产生的气动阻力。可收放式起落架

---

① 见 FAR25.519 条（c）款。

通过将起落架收回至飞机内的设计可以减少气动阻力。起落架产生的气动阻力在飞机起飞收起起落架阶段是不利的，但在飞机进场着陆阶段有利于减速。起落架设计师对收放式起落架的气动载荷感兴趣，是因为该载荷与飞机加速度引起的惯性载荷相叠加，决定了收起和放下起落架和舱门所需的作动力。确定气动载荷和惯性载荷通常需要考虑飞机速度、侧滑角和垂向加速度（通常为 $0\sim1.5g$）的一系列范围，并用所需要的铰链力矩来表示。对于固定式起落架，起落架设计师会要求一体化设计减阻整流罩。虽然许多飞机制造商基于先前相似飞机的飞行试验结果预估气动载荷，但是经风洞试验或飞行试验验证后的现代计算流体力学（CFD）分析方法可以高精度地确定起落架的气动特性。通过在不同收起角度下绘制压力轮廓，从而计算收起和放下所需的铰链力矩的分析案例见图 13-12。

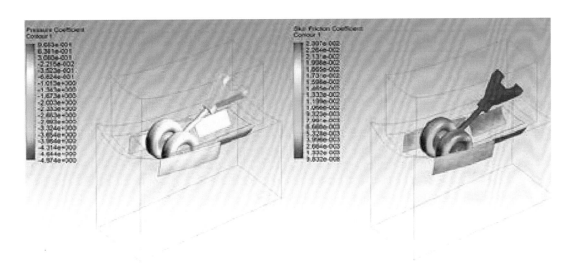

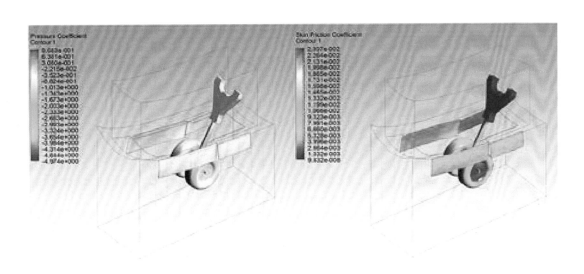

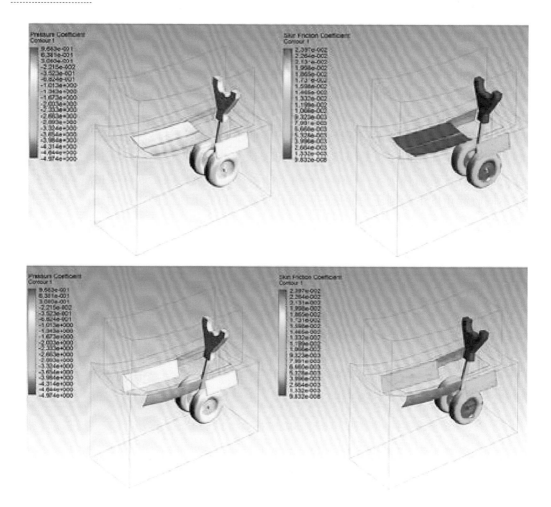

图 13-12　前起落架和舱门的计算流体力学分析

　　在缺少 CFD 分析的情况下还有大量根据轮胎正面面积的气动载荷估算方法。对于收放式和固定式起落架，ESDU 数据表 79015[11] 中详细介绍了基于飞机层级的简化估算方法和基于起落架几何形状的复杂分析方法。更快速估算气动载荷的方法是采用考虑轮胎正面矩形面积 $S_\square$ 的简化方法，该区域的面积根据轮胎或轮胎组的直径 d 和宽度 b 计算，如图 13-13 所示。

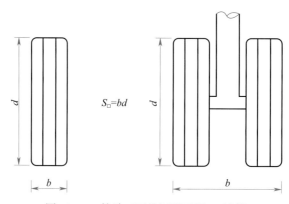

图 13-13　轮胎正面的矩形面积 $S_\square$ 计算

对于给定的构型，气动阻力取决于特定的阻力系数（C_D），并由下式计算

$$F_D = \frac{1}{2} C_D \rho V^2 S_\square$$

式中：F_D——气动阻力；

C_D——阻力系数；

ρ——空气密度；

V——空气速度；

$S_\square$——图 13-13 中定义的参考面积。

在查找阻力系数数值时，重要的是理解阻力系数所基于的区域位置以及有效的雷诺数范围。一些参考文献提供了飞机水平（阻力增量）系数，这些系数是将飞机作为一个整体进行计算的，而不是特定的起落架。接下来将给出详细介绍。

（1）可收放起落架

大部分收放式起落架没有任何流线的外形，而是依靠在飞机中收藏起落架来减小阻力。加拿大德·哈维兰公司的"冲锋"8 系列早期型则是例外，其主起落架直接位于螺旋桨滑流处，因此在缓冲支柱和后撑杆上装有整流罩，如图 13-14 所示。部分收起的方式——留下一部分轮胎暴露在气流中——在一些飞机上有所应用，比如道格拉斯 DC-3。起落架收起后的整流罩形状对减阻的作用是显著的，但比不上起落架完全收起。Hoerner[12]表明放下的起落架阻力系数（基于轮胎正面面积）通常近似于 0.6 ~ 0.8（不包括起落架舱和舱门的阻力），等于飞机总寄生阻力的 25% ~ 50% 之间。

图 13-14　装有整流罩的加拿大德·哈维兰公司"冲锋"8-300 主起落架

图 13-15 给出了固定式或收放式前起落架的阻力系数与轮胎正面面积 $S_□$ 的关系，即起落架长度和轮胎直径的函数。此图为 NACA[13] 已开展风洞试验的总结。图中给出了典型的圆柱形缓冲支柱和流线型支柱曲线，此外还给出了从机身前部和底部伸出部分收起的机轮的阻力系数。数值并不包括舱门或起落架舱的影响。在开展测试的风洞试验中，对于所有起落架放下状态起落架舱均为封闭状态，对于所有起落架部分收起状态（放下不足一个轮胎直径）起落架舱均为打开状态。

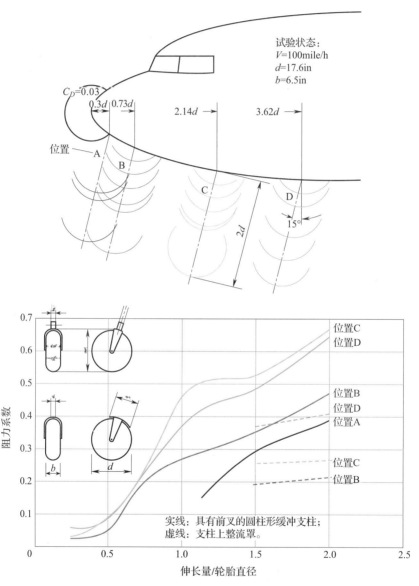

图 13-15　机身前部可收放起落架的阻力系数

根据舱门的角度可采用平板假设的方法估算蒙皮摩擦力，而对于与气流对齐的舱门可采用 ESDU 数据表 68020[14] 中的方法。ESDU 数据表 00006[15] 和 00007[16] 还提供了估算由起落架舱造成的气动阻力的方法。

（2）收放载荷

起落架收起和放下的铰链力矩应根据直至起飞和着陆规定的限制速度产生的气动载荷确定。载荷应包括作用在起落架上的惯性载荷，该惯性载荷是由起飞和着陆构型中飞行规定的最小和最大限制载荷系数得到的。应考虑由起落架运动引起的其他惯性载荷；在计算这些载荷时应使用收放系统的最大可用能力。在计算所需的收起铰链力矩时应考虑因轮胎转动引起的陀螺载荷影响。

（3）舱门连接结构载荷

必须确定由舱门产生并作用于舱门连接结构和作动筒上的气动载荷和惯性载荷。气动载荷应根据直到起飞和着陆规定的最大速度确定。惯性载荷作用于舱门上，由起飞和着陆构型在飞行中确定的最小和最大限制载荷系数计算得到。

（4）固定式起落架

大量轻型通航飞机仍然使用固定式起落架，原因是其重量轻、构造简单、结构可靠以及低巡航速度下相对较小的阻力。历史上，NACA 进行了极其大量的风洞试验，得出了三份固定式起落架飞机设计师感兴趣的报告：报告 485[17]，报告 518[18] 和报告 522[19]。Torenbeek[20] 总结了这方面的大量工作，表 13-6 就是其中的一部分。

表 13-6　固定式起落架阻力系数

构型	备注		C_D
轮胎类型 8.5-10①	无流线型构件	无整流罩	1.28
	有流线型构件	交点无整流罩	0.56
		交点 A 和 B 整流罩	0.47
		交点 A、B 和 C 整流罩	0.43
		机轮整流罩类型 C（见图 13-16）	0.36
	无整流罩	27in 流线型轮胎	0.23
		8.5-10 轮胎	0.29
	机轮整流罩	类型 B（见图 13-16）	0.27
		类型 C（见图 13-16）	0.25
	无整流罩	27in 流线型轮胎	0.25
		8.5-10 轮胎	0.31
	机轮整流罩类型 A（见图 13-16）		0.23
	无整流罩	8.5-10 轮胎	0.51
	机轮整流罩类型 C（见图 13-16）		0.34

①对于其他类型轮胎，阻力可以比给定值高出 15%。

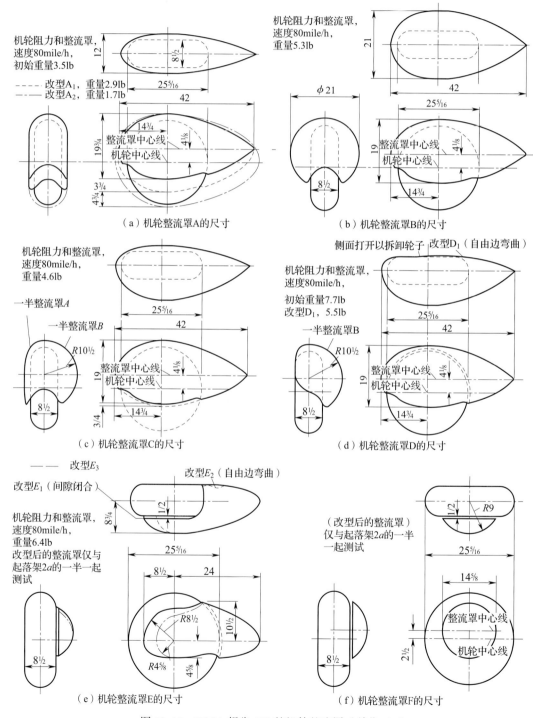

飞机起落架设计

采用机轮和轮胎的整流罩可以显著减少轮胎阻力。NACA 测试的大量整流罩几何形状在 80mile/h 下的阻力如图 13-16 所示；作为对比，无整流罩的轮胎在该速度下产生了 6.1lbf 的阻力。NACA 报告的结论是：

（a）机轮整流罩A的尺寸

（b）机轮整流罩B的尺寸

（c）机轮整流罩C的尺寸

（d）机轮整流罩D的尺寸

（e）机轮整流罩E的尺寸

（f）机轮整流罩F的尺寸

图 13-16　NACA 报告 485 的机轮整流罩（单位：in）

744

如 A 所示，覆盖机轮两侧并具有最小截面面积的机轮整流罩是最佳的基本型。试验表明，该整流罩的改型（A_1 和 A_2）即部分机轮或轮胎伸出整流罩底部对大部分阻力起作用。例如 A_2 的整流罩形式，通过用整流罩全部包裹 8.50–10 的机轮和轮胎可以减少约 72% 的阻力。值得注意的是机轮整流罩 D 的试验结果，具有与轮胎直径一样大的侧向切断对减阻没有影响，除非整流罩尾部附近的侧向切断向内转保证边缘没有气流开口（改型 D_1）。事实上，采用未改型的整流罩 D 会导致机轮阻力的增加。

安装固定式起落架的现代高速飞机趋向于采用带有长"气压恢复"后段的狭窄整流罩，这一特征集中体现在高度成功的一级方程式空中赛车 Nemesis 上（见图 13–17）。对于尾轮式飞机，Hoerner 和 Torenbeek 总结出无尾轮整流罩的阻力系数为 0.58，仅尾轮后段有整流罩的阻力系数为 0.49，仅尾轮前段有整流罩的阻力系数为 0.41 和尾轮全部有整流罩的阻力系数为 0.27。

图 13–17　DR 90 Nemesis 外形

13.1.2.2　惯性载荷

（1）空中刹车

许多收放式起落架在收起起落架前会利用刹车来止转机轮——为了降低振动和减少甩胎引起的损伤。对于这种情况，若缺乏合理的分析方法，可假设飞机的垂向载荷系数为 1.0。空气速度和机轮圆周速度可认为是 1.3 倍起飞构型的失速速度。载荷为施加最大静刹车扭矩（0.2s 内从 0 到最大值）产生的。

（2）陀螺载荷

旋转机轮产生的陀螺载荷可通过考虑机轮圆周速度为 1.3 倍起飞构型的失速速度和起落架放下或收起可达到的最大速率计算得到。

（3）振动和冲击载荷

安装于起落架非弹性质量上的设备必须承受由缓冲器回跳伸长产生的至少 20g（若实

际值超过 20*g*，应采用实际值）的冲击。当通过粗糙路面时，安装于车架横梁上的设备可能承受更高的加速度——建议理性分析这种情况。

第 14 章的表 14-5 将描述用于确定起落架系统是否可靠的大量振动谱。对于延程运行的飞机审定，必须表明设备（特别是上位锁及其连接结构）对高等级短持续时间的风扇叶片振动损耗和长时间发动机风车状态巡航引起的持续发动机不平衡是可靠的。

（4）飞机操纵载荷

一般来说，飞机的空中操纵过载不会成为起落架结构的设计工况。然而，上位锁机构必须设计成能在整个飞机加速度范围内约束起落架和舱门。收放过程中的惯性载荷随飞机类型变化，考虑到通常会对此时的飞机运动加以限制，其加速度一般在 0 ~ 1.5*g* 范围。

13.1.3 故障情况载荷

起落架结构设计时必须考虑设备或结构件故障引起的载荷。这些故障可以是一次性的事件，例如，缓冲器充气阀的断裂、开锁作动筒的分离或收放作动筒的断裂。一次性故障是事后可检的。对于大型民用飞机，（适航规章规定）单一故障必须不能导致灾难性后果：在故障发生后飞机必须能够继续安全飞行和着陆。这对所有类型的飞机来说是很好的设计要求。

其他故障是不可检的（隐匿的或潜伏的故障）。隐匿的故障会引起零件载荷的增加，这应在相关的疲劳载荷工况中考虑，例如，故障的液压阀会导致收起或放下载荷的增加。如果缺乏检测故障的方法，疲劳载荷的计算应考虑故障状态。

在一些工况中，作用于结构的载荷由系统直接决定。这种情况下，特定的要求（CS-25.302）明确结构设计时应考虑系统失效或故障引起的载荷。根据故障概率，可适当降低安全系数（参考 CS-25 的附录 K）。一些案例包括高升力装置、空中 / 地面传感器、载荷减缓系统、车架俯仰调节器故障和液压系统故障。

13.1.4 鸟撞

大型商用运输类飞机和直升机需要表明其在经受鸟撞后仍能继续安全飞行和着陆。对于大型民用运输类飞机，适航规章[21]要求飞机能够抵抗 4lb（1.8kg）重的鸟的撞击，在海平面的设计巡航速度（V_C）或 8000ft（2438m）高度的 0.85 倍设计巡航速度（V_c）下，两者取较严酷的。对于大型民用飞机，飞机必须能够抵抗[22]1kg（2.2lb）重的鸟的撞击，在不可超越速度（V_{NE}）或直到 8000ft（2438m）高度下具有最大持续动力的最大平飞速度（V_H）。适航规章要求当用分析表明符合性时，分析方法必须经过采用相似设计的、能够代表构型状态的试验的验证。军用飞机和其他客户可采用额外的鸟撞要求。对于收放式起落架，通常采用起落架最大放下速度作为鸟的速度以满足要求。根据审定国的不同，各类规章间存在细微的差异，建议全面理解特定的要求和可接受的符合性方法。

通常，符合性是通过鸟撞击飞机和起落架的易受影响区域来表明的。大部分起落架是由大规格金属结构件组成，不易受鸟撞影响。然而，下位锁结构、转弯结构和弹簧是易受鸟撞影响的，应确认这些结构件在鸟撞后功能正常。值得注意的是鸟撞通常大概率与发动机吸鸟和透明件抗冲击有关，极其大量的鸟撞会影响着陆系统。澳大利亚交通安全局[23]发现 66% 的鸟撞发生在着陆、起飞和滑行过程中。国际民用航空组织[24]开展的独立研究发现 58% 的鸟撞发生在飞行阶段，其中起落架发生鸟撞的概率为 12%，起落架发生损伤的概率为 5%。对于 CS/FAR 25 部飞机，起落架发生鸟撞的频率预计为每飞行小时约 7×10^{-7} 次[25]（考虑到少报的原因，实际值可能更高）。该报告指出 9.5% 的起落架鸟撞造成了损伤。起落架上的鸟撞会引起电力和液压系统失效，从而导致刹车和转弯系统故障；对转弯系统的损伤会导致飞机偏离跑道和严重损伤。作为起落架鸟撞的结果，已经出现过大型飞机的起落架机械锁系统损坏和轻型飞机起落架结构损坏的情况。

表明鸟撞结构符合性的最可靠方法是通过加速鸟使之达到所规定的速度撞击结构的试验。如今许多实验室采用凝胶为主的模拟物而不是鸟，从而提供更好的多次试验间的一致性并避免处理和清洁动物残骸的问题。采用凝胶模拟物的试验案例如图 13-18 所示。

图 13-18　锁撑杆鸟撞试验的双视图

保证关键零件和系统的合理分离和隔离是抗鸟撞设计的最优方法。通过设计保证冗余元件不能因单一鸟撞而陷入危险。这包含了保证液压和电力线缆是宽距布置的或布置在结构件（如外筒和活塞杆）的背面。通常要求有备份的下位锁弹簧，从而保证在鸟撞后至少有一个弹簧机构功能正常。

大量高速鸟撞的研究表明鸟体的本质表现如同液体。在结构上产生压力的撞击过程可分解为 4 个阶段：冲击、衰减、稳定流动和终止[26]。冲击压力高但极其短暂，可通过 Hugoniot 压力公式估算

$$p = \rho v_s v \sin\theta$$

式中：ρ ——鸟体的密度（通常为 950kg/m³）；

　　　v_s ——冲击速度（自身为 $v\sin\theta$ 的函数）；

　　　v ——撞击速度；

　　　θ ——撞击角度（90° 为正面撞击）。

真实鸟体和 10% 孔隙率凝胶模拟物的冲击速度估算方法为

$$v_s = 1234 + 1.23v\sin\theta$$

真实的鸟撞试验表明通常无法获得小鸟体的冲击压力（可能因为压力峰值非常短暂，小于传感器可检测的响应时间）。鸟重达到 1.8kg 及以上的试验表明冲击压力接近 Hugoniot

压力预计结果。鸟的孔隙性和斜向撞击会减少冲击压力，导致至少一个研究组[27]提出在初步分析时可以忽略瞬态冲击压力，而重点考虑撞击的稳定流动阶段（衰减和终止阶段涉及施加载荷的降低，在准静态分析中可以忽略）。

稳定流动阶段的模型为不可压缩的液体流动，作用的压力可由下式给出

$$p = \frac{1}{2}\rho v^2$$

式中：ρ ——鸟体的密度（通常为950kg/m³）；

$\quad\quad v$ ——撞击速度。

该流动可考虑施加在受影响的结构件上从而确定产生的力。对应于1.814kg（4lb）鸟的尺寸通常设置为直径106mm，长度217mm，具有均匀密度950kg/m³的圆柱，也可以采用稍大直径但不超过120mm的模型。

虽然根据稳定流动方法的手工计算能够得到鸟与相对刚性且平面的结构件相撞的较好结果，但对于柔性的结构和具有复杂外形的结构则需要更为精确的分析。采用光滑粒子水动力的显式有限元方法是现代鸟撞载荷计算最为常用的方法。案例[28]中对于鸟体行为的试验和仿真结果非常匹配，锁撑杆上的测量值与分析值的误差在10%以内。一个经图像修正的案例如图13-19所示。

图13-19　显示光滑粒子水动力仿真模型的锁撑杆鸟撞试验

除了鸟撞分析，对易损伤设备和结构必须考虑机轮和轮胎故障模式的特定风险。轮胎和机轮的故障模型在各自的相关章节中介绍。

13.1.5　操作和滥用载荷

由于部分起落架还作为阶梯或把持使用，设计这些结构及其连接结构时应考虑能够承受使用过程中产生的载荷。目前尚无具体的规范确定由于人为引起的、作用于起落架上的载荷，但可以借鉴适用于内部客舱的载荷规范。EASA CM-S-009[29]提供了载荷区间（为高度的函数），如图13-20和表13-7所示。

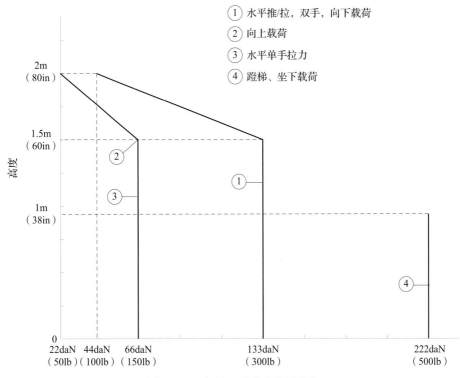

① 水平推/拉，双手，向下载荷

② 向上载荷

③ 水平单手拉力

④ 蹬梯、坐下载荷

图 13-20　把持、蹬梯和滥用载荷

表 13-7　把持、蹬梯和滥用载荷

	高于地板 0 ~ 150cm 处 / daN	高于地板 200cm 处 （150 ~ 200cm 采用线性插值）/daN	集中载荷作用面积
推力	133	44	10cm × 10cm
水平拉力，单手	66	22	10cm × 10cm
水平拉力，双手	66 ~ 133[①]	44	10cm × 10cm
向上	66	22	10cm × 10cm
向下	88 ~ 133[①]	44	10cm × 10cm
坐下或蹬梯	133 ~ 222[①]	不适用（最大 100cm）	坐下：30cm × 30cm 蹬梯：10cm × 20cm

①选取范围中的特定值必须考虑具体的细节设计特征。

13.2　动力学行为

　　根据功能特性，起落架是响应飞机和地面作用的载荷以及收放过程中的气动和惯性载荷的动力学机构。为了更好地理解载荷特性和起落架结构的响应，建议对起落架结构开展详细的动力学分析。现代多体仿真工具使得这类动力学分析相比传统的求解底层数学方程的方法变得相对常规。一些动力学特性很显然需要掌握——例如，缓冲器的，而其他不那么显而易见的也需要开展动力学分析。结构共振频率与来自刹车系统或轮胎的耦合作用会导致破坏性的振动，如摆振和走步。起落架系统必须通过动力学分析（并经过适当的试验验证）表明其不会出现这些共振。可以预见大多数现代的动力学分析将使用先进的仿真软件，以下各节介绍了需要动力学分析的领域并旨在提供一些背景和可行的简化分析方法。其他资料可参考文件 AIR4894[30]。

13.2.1　着陆分析

着陆过程中有大量结构元件移动、变位和消散飞机的垂直和向前运动。轮胎和缓冲器的压缩和回跳，飞机的向前速度导致轮胎"起转"，在起转过程中加速滚动部件的惯量所产生的力导致起落架向后弯曲，一旦轮胎的滚动速度达到飞机速度，起落架向后弯曲储存的能量就会释放，从而使起落架"回弹"。在一些早期（二战前）的飞机上，由于缺乏对起转和回弹现象的理解，导致了大量的起落架结构破坏[31]。装备有特别长且纤细主起落架的洛克希德 Constellation 飞机，由起转激励引起的振荡阻力载荷导致一些初始结构的破坏[32]。解决办法是在主起落架撑杆上安装减振阻尼装置（该阻尼器使得起转载荷降低了11%，回弹载荷降低了59%，并将起落架的振荡减小到一个周期[33]）。

因此，起落架的动态特性包括滚动部件、缓冲器、车架俯仰和起落架结构，在针对每个着陆情况的载荷计算中都需要考虑。某些情况下，在考虑起落架结构刚度的基础上再考虑飞机刚度和飞机的刚体运动是有利的（因为着陆能量将被飞机结构吸收为应变能从而降低起落架上的载荷），尤其适用于在起落架外侧具有大重量（如倾斜旋翼）的飞机或特别柔性的飞机。飞机刚体运动及其相应的气动力（如升力损失）会对起落架载荷产生影响。

13.2.1.1　运动方程

对于典型飞机，起落架可以考虑成一个由双质量、弹簧和阻尼组成的装置，如图 13–21 所示。该图给出了一个只考虑垂直运动的简化装置。弹簧质量是指由特定起落架承受的那部分飞机重量以及缓冲器上方的那部分起落架重量。在对这种装置进行建模时，一般认为初始条件是平衡的：在撞击时刻下沉速度和向前速度是恒定的（没有加速度）。

将这个示意图分解，给出各个质量块上作用力的示意图，如图 13–22 所示。

通过平衡这些质量块上的力和加速度，并应用牛顿第二运动定律，可以得到以下两个方程

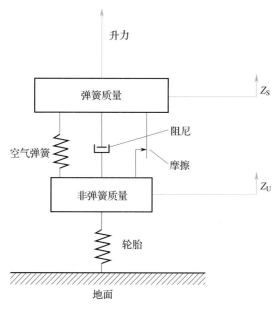

图 13–21　单个起落架示意图

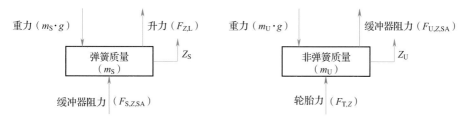

图 13-22　弹簧和非弹簧质量的自由体图

$$\begin{cases} \ddot{Z}_{\mathrm{S}} = \dfrac{(-m_{\mathrm{S}}g + F_{Z,\mathrm{L}} + F_{\mathrm{S},Z,\mathrm{SA}})}{m_{\mathrm{S}}} \\[2ex] \ddot{Z}_{\mathrm{U}} = \dfrac{(-m_{\mathrm{U}}g + F_{\mathrm{U},Z,\mathrm{SA}} + F_{\mathrm{T},Z})}{m_{\mathrm{U}}} \end{cases}$$

　　然后将这两个方程积分两次，则可以从第一个方程得到速度，从第二个方程得到位移。在对缓冲器内部力（弹簧力、阻尼力和摩擦力）建模时，弹簧力是基于弹簧类型（机械弹簧、空气弹簧或其他）并与位置相关的。油-气式缓冲器内的摩擦力取决于密封摩擦还是挤压摩擦。挤压摩擦由后续介绍的方程计算得到而密封摩擦通常取决于压力（由于大多数密封是压力提供的，密封摩擦随着压力增加而增大）。密封摩擦的初始近似值可考虑为 8% 的缓冲器启动载荷加上特定压缩量下缓冲器载荷的 8%。采用聚四氟乙烯（PTFE）接触密封的现代大型缓冲器的密封摩擦可低至 4%。油液阻尼系统中的阻尼力取决于阻尼系数 λ 和缓冲器压缩速度 $\dot{S}$ 的平方

$$F_{\mathrm{damping}} = -\lambda \dot{S} \, |\dot{S}|$$

　　若缓冲器中使用油针或阀，阻尼系数是与位置或压力相关的。

　　后续分析工作通过逐步增加模型的复杂度开展。图 13-23 是一个确定起转和回弹响应和缓冲器挤压反作用力（用于确定缓冲器摩擦力）的支柱式起落架模型。该模型中采用了一些用于简化的假设：缓冲器是垂直的（无安装角）和活塞杆是刚性的。在更高精度的模型中应将这两条假设排除在外。

　　从该模型得到轮胎方程为

$$I_{\mathrm{WTB}} \frac{\mathrm{d}\omega}{\mathrm{d}t} = T_{\mathrm{TIRE},Y}$$

$$T_{\mathrm{TIRE},Y} = r F_{\mathrm{TIRE},X}$$

$$r = r_0 - \delta$$

$$F_{\mathrm{TIRE},X} = \mu_{\mathrm{T-G}} F_{\mathrm{TIRE},Z}$$

$$\mu_{\mathrm{T-G}} = f(\tau)$$

$$\tau = \frac{V_{\mathrm{L}} - \omega r_{\mathrm{eff}}}{V_{\mathrm{L}}}$$

$$F_{\mathrm{AXLE},Z} = F_{\mathrm{TIRE},Z}$$

$$F_{\mathrm{AXLE},X} = F_{\mathrm{TIRE},X}$$

$$r_{\mathrm{eff}} = r_0 - \frac{1}{3}\delta \quad （斜交轮胎）$$

$$r_{\mathrm{eff}} = r_0 - \frac{1}{5}\delta \quad （子午线轮胎）$$

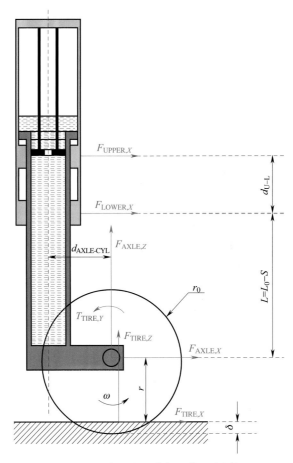

图 13-23　支柱式起落架的作用力详解

有效半径 r_{eff} 的方程来源于 ARP4955[34]。

对于具有固定上轴套（轴套间距离恒定）的缓冲器，挤压摩擦方程（忽略侧向载荷）为

$$F_{\text{UPPER},X} = \frac{LF_{\text{AXLE},X} + d_{\text{AXLE-CYL}}F_{\text{AXLE},Z}}{d_{\text{U-L}}}$$

$$F_{\text{LOWER},X} = -\frac{(L + d_{\text{U-L}})\,F_{\text{AXLE},X} + d_{\text{AXLE-CYL}}F_{\text{AXLE},Z}}{d_{\text{U-L}}}$$

$$F_{\text{SA,friction}} = \mu_{\text{s}}(\,|F_{\text{UPPER},X}| + |F_{\text{LOWER},X}|\,) \times \text{sign}\left(\frac{\text{d}S}{\text{d}t}\right)$$

对于带有可滑动上轴套（轴套间距离可变）的缓冲器，挤压摩擦方程（忽略侧向载荷）为

$$F_{\text{UPPER},X} = \frac{(L-S)\,F_{\text{AXLE},X} + d_{\text{AXLE-CYL}}F_{\text{AXLE},Z}}{d_{\text{U-L}} + S}$$

$$F_{\text{LOWER},X} = -\frac{(L + d_{\text{U-L}})\,F_{\text{AXLE},X} + d_{\text{AXLE-CYL}}F_{\text{AXLE},Z}}{d_{\text{U-L}} + S}$$

$$F_{\text{SA,friction}} = \mu_{\text{s}}(\,|F_{\text{UPPER},X}| + |F_{\text{LOWER},X}|\,) \times \text{sign}\left(\frac{\text{d}S}{\text{d}t}\right)$$

式中：V_L——飞机着陆时的向前速度；

$\quad\quad\delta$——轮胎垂向变形量；

$\quad\quad\omega$——轮胎角速度；

$\quad\quad I_{WTB}$——滚动体的极惯性矩；

$\quad\quad r_0$——未压缩轮胎的半径；

$\quad\quad r$——压缩轮胎的半径；

$\quad\quad r_{eff}$——轮胎的有效滚动半径（变形轮胎周长与 2π 的比值；这个半径不等于 r 因为变形轮胎周长并不是圆）；

$\quad\quad F_{TIRE, z}$——轮胎在垂直方向的载荷；

$\quad\quad F_{TIRE, x}$——轮胎在阻力方向的载荷；

$\quad\quad F_{AXLE, z}$——作用于轮轴在垂直方向的载荷；

$\quad\quad F_{AXLE, x}$——作用于轮轴在阻力方向的载荷；

$\quad\quad T_{TIRE, y}$——绕轮轴作用于轮胎的扭矩；

$\quad\quad \mu_{T-G}$——轮胎与地面间的摩擦因数；

$\quad\quad \mu_S$——活塞杆与外筒间的摩擦因数；

$\quad\quad \tau$——轮胎的纵向滑移比；

$\quad\quad F_{UPPER, x}$——作用于缓冲器上轴套的力，垂直于缓冲器轴线；

$\quad\quad F_{LOWER, x}$——作用于缓冲器下轴套的力，垂直于缓冲器轴线；

$\quad\quad S$——缓冲器位移（行程），全伸长状态等于 0；

$\quad\quad L$——轮轴与下轴套中心间的距离；

$\quad\quad L_0$——缓冲器全伸长状态轮轴与下轴套中心间的距离；

$\quad\quad d_{AXLE-CYL}$——机械稳定距；

$\quad\quad d_{U-L}$——上、下轴套中心间的距离。

将该模型应用到实际的设计中需要扩展包含起落架安装角和外倾角的几何参数。为了将模型扩展应用到整个飞机上，仿真分析需要每个起落架都由其自身的方程组表示，因此方程的总数也会相应增加。每个弹簧质量的力代表了各个起落架上的重量。虽然单个起落架通常可视为纯粹的垂直下沉运动，而完整的飞机仿真则通常允许俯仰、滚转和偏航运动作为着陆载荷的响应。除重量外，还需要飞机的惯性矩。此外，对于全机仿真，应采用下列方程（参考图 13-24）

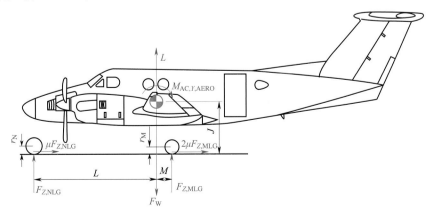

图 13-24　全机着陆模型示意图

$$\ddot{\theta}_{AC} = \frac{2F_{Z,MLG}\left[\mu\left(J-r_M\right)+M\right]+F_{Z,NLG}\left[\mu\left(J-r_N\right)-L\right]-M_{AC,Y,AERO}}{I_\theta}$$

为了提高精确性，可将机翼和机身的刚度引入模型中，使重量分布更合理。

13.2.1.2 模型案例实施

一个考虑飞机柔性的着陆模型案例是贝尔－波音公司的 V-22 倾转旋翼机。细节数据取自 AIR4846[35]，该文件还包含了许多关于这飞机和其他设计的信息。由于机翼末端（螺旋桨和发动机）的质量较大，因此在预计起落架载荷时考虑了机体的柔性和重量分布，分析结果显示起落架载荷得到了显著的降低。图 13-25 显示了倾转旋翼机着陆过程中机翼（夸张的）柔性。

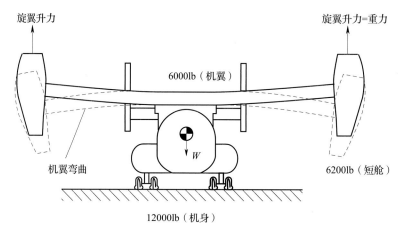

图 13-25　贝尔－波音 V-22 倾转旋翼机着陆

图 13-26 给出了将单个起落架模型考虑成一个三质量系统的示意图，而图 13-27 给出了整个飞机模型的示意图。

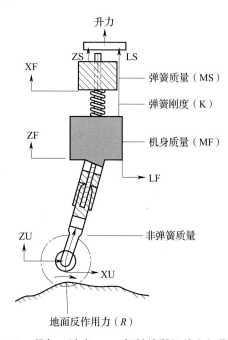

图 13-26　贝尔－波音 V-22 倾转旋翼机单个起落架模型

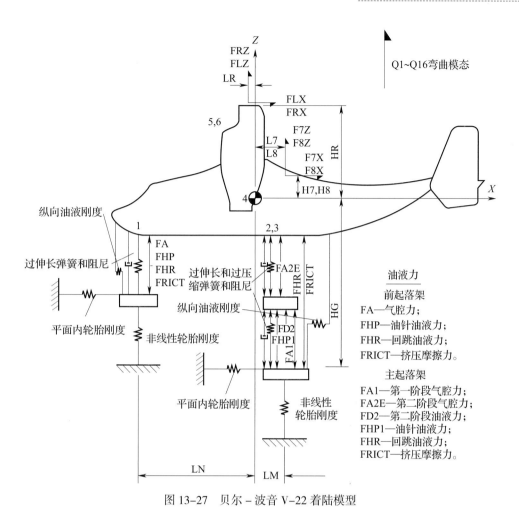

图 13-27　贝尔 - 波音 V-22 着陆模型

该飞机有三个着陆设计工况。第一个工况是飞机处于水平姿态、以 12ft/s（3.7m/s）的下沉速度和无向前速度着陆的"设计正常着陆"工况，该工况用于缓冲器内油针的尺寸设计。第二个工况是飞机处于水平姿态、以 14ft/s（4.5m/s）的下沉速度和无向前速度着陆的"设计硬着陆"工况，该工况要求起落架结构不得屈服。此外还规定了一个适坠性工况，即"设计坠撞着陆"工况，要求在飞机处于水平姿态、以 24ft/s（7.3m/s）的下沉速度和无向前速度着陆后起落架与飞机结构保持相连。由于在载荷计算中考虑了飞机的结构柔性，设计硬着陆工况的载荷降低了 26% 而适坠性工况的载荷降低了 31%（相比刚性模型）。图 13-28 展示了（柔性和刚性飞机）模型计算结果的对比。

13.2.1.3　早期预估的简单模型

在缺少基于物理特征的起落架和缓冲器动力学模型的情况下（比如在概念评估或趋势研究过程中），可采用下述方法对具有油 - 气式缓冲器的支柱式起落架的着陆载荷进行简化估算。该估算方法考虑了典型的油 - 气式缓冲器性能和大多数规章规定的轮胎与地面间的摩擦因数。图 13-29 给出了直观的示意图。该方法认为最大垂直载荷（F_{zmax}）为反作用系数乘以特定起落架承受的重量，起转峰值时刻的垂直载荷为最大垂直载荷的 80%，且回弹与最大垂直载荷同时发生

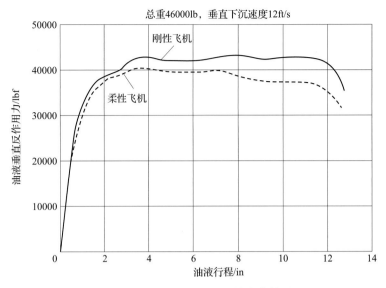

图 13-28　刚性和柔性飞机的着陆载荷对比

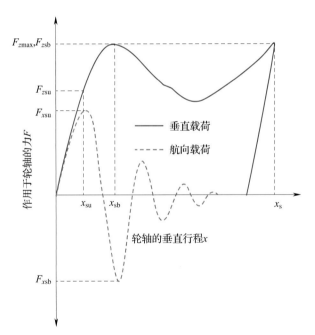

图 13-29　着陆载荷估算

$$F_{z\max} = \lambda m_g g$$

$$F_{zsu} = 0.8 F_{z\max}$$

$$F_{zsb} = F_{v\max}$$

可认为起转航向载荷等于垂直载荷的80%（由轮胎与地面间的摩擦因数0.8所引起），回弹航向载荷在数值上等于起转载荷（但方向相反）

$$F_{xsu} = 0.8 F_{zsu}$$

$$F_{xsb} = - F_{xsu}$$

轮轴垂直总行程 x_s，可由缓冲器的设计尺寸得知或根据所期望的反作用系数 λ 的函数计算得到

$$x_s = \frac{0.5mV^2 - x_t\left(0.5\lambda m_g g - m_g g + L\right)}{0.75\lambda m_g g - m_g g + L}$$

在 x_s 的表达式中，轮胎效率系数可假定为 0.5，缓冲器效率系数可假定为 0.75。可认为起转发生在 15% 轮轴垂直总行程的位置而回弹发生在 30% 轮轴垂直总行程的位置

$$x_{su} = 0.15x_s$$

$$x_{sb} = 0.3x_s$$

式中：F_{zmax}——最大垂直反作用力；

　　　m_g——特定起落架承受的重量；

　　　F_{zsu}——起转峰值时刻的垂直反作用力；

　　　F_{zsb}——回弹峰值时刻的垂直反作用力；

　　　F_{xsu}——起转峰值时刻的最大航向力；

　　　F_{xsb}——回弹峰值时刻的最大航向力；

　　　x_s——轮轴垂直总行程；

　　　λ——反作用系数；

　　　g——重力加速度；

　　　x_t——轮胎垂直总行程；

　　　x_{su}——起转峰值时刻的轮轴垂直行程；

　　　x_{sb}——回弹峰值时刻的轮轴垂直行程。

13.2.1.4　起转和回弹

虽然大多数现代的起落架动力学分析方法包含了对飞机重量、起落架柔性、缓冲器参数和滚动部件惯量等的物理特性，但仍有一些传统工程方法可以有效且通常是保守的估算起转和回弹载荷值。

适用于 23 部规章研制的轻型飞机可以选用 NACA Tech Note 863[36] 中的方法。该方法研究了 21 架最大重量从 1000lb（454kg）到 50000lb（22680kg）的飞机起落架动力学特性。尽管结果有相当大的分散性，但下式是单个机轮上起转航向载荷的表达式

$$F_{xsu} = \frac{1}{r_e}\sqrt{\frac{2I_w V_x \mu F_{zmax}}{\Delta t_z}}$$

式中：F_{xsu}——起转峰值时刻的最大航向力，lbf；

　　　r_e——根据推荐的轮胎使用压力确定的着陆撞击时轮胎的有效压缩半径（可以假定等于轮胎的静态压缩半径），ft；

　　　I_w——机轮滚动组件质量的转动惯量，slug·ft^2；

　　　V_x——飞机在触地时刻平行于地面的线性速度，ft/s；

　　　μ——有效摩擦因数，通常取 0.8（尽管有些方法使用 0.55）；

　　　F_{zmax}——最大垂直反作用力，lbf；

　　　Δt_z——机轮触地至达到最大垂直载荷的时间间隔，s。

上述方程假定在达到峰值载荷前载荷系数是随时间呈线性变化的。在此假设下，方程

确定了当机轮半径 r_e 处的周向速度等于飞机速度时的航向载荷。大多数缓冲器并不遵循载荷系数随时间的线性变化关系。因此，必须留出理性或保守的余量以补偿该差异。对于大多数起落架，在规定的下沉速度和向前速度下，机轮起转的时间小于达到最大垂直载荷系数所需的时间。对于特别大型的机轮，在最大垂直载荷出现的时刻，机轮周向速度无法达到与地面速度相同。虽然该方法并没有给出回弹载荷的计算方法，但建议回弹载荷的大小与起转载荷相等，方向相反。

公告 ANC-2[37]中提出了另一种更精确的起转和回弹载荷估算方法。该方法已成功地应用于大量各种尺寸的起落架。ANC-2 方法假设垂直载荷随时间是正弦增加的而不是线性增加的。该方法还认为起转过程中的平均滑动摩擦因数为 0.55。使用该方法时，首先计算"基本的"起转和回弹载荷，再转换为起落架坐标系，并考虑动态效应的修正得到起转和回弹"设计"载荷。

基本的起转载荷（对于起转峰值出现时刻 t_{su} 小于最大垂直峰值出现时刻 t_v 的情况）由下式计算

$$F_{zsu} = F_{zmax}\sin\left(\frac{\pi}{2t_v}t_{su}\right)$$

$$F_{xsu} = 0.55F_{vmax}\left(\frac{\pi}{2t_v}t_{su}\right)$$

对于最大起转载荷出现在最大垂直载荷之后的情况

$$F_{zsu} = F_{zmax}$$

$$F_{xsu} = 0.55F_{vmax}$$

基本载荷（ F_{zsu} 和 F_{xsu} ）应分解为平行和垂直于缓冲器轴线的载荷。在对垂直于缓冲器轴线的分量考虑动态放大效应后，即可确定包括下述分量的总载荷（见图 13-30）。

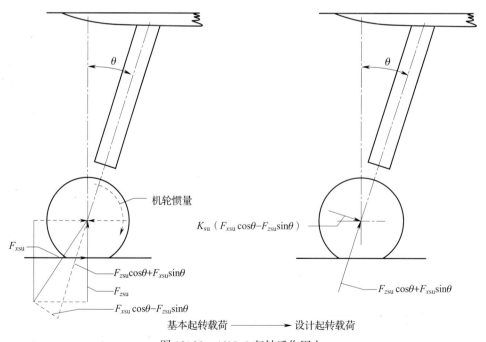

图 13-30　ANC-2 起转反作用力

垂直于缓冲器的载荷为

$$K_{su}(F_{xsu}\cos\theta - F_{zsu}\sin\theta)$$

平行于缓冲器的载荷为

$$F_{zsu}\cos\theta + F_{xsu}\sin\theta$$

式中动态响应系数 K_{su} 是根据图 13-32 中的曲线确定的。在缺乏更精细的模型或物理试验数据的情况下，t_v 和 t_{su} 的数值可由下列公式计算

$$t_v = \frac{V_z - \sqrt{V_z^2 - 29.8 d_z\lambda}}{14.9\lambda}$$

当起转峰值出现时刻 t_{su} 小于最大垂直峰值出现时刻 t_v 时

$$t_{su} = \frac{2t_v}{\pi}\cos^{-1}\left(1 - \frac{V_x I_w\pi}{1.1 t_v r^2 F_{zmax}}\right)$$

当最大起转载荷出现在最大垂直载荷之后（$t_{su} > t_v$）时

$$t_{su} = \frac{V_L I_w}{0.55 r^2 F_{zmax}} + 0.363 t_v$$

ANC-2 确定动态回弹载荷的方法与确定起转载荷的方法类似。在达到最大起转载荷（及其相应的结构向后变形）瞬间之后，即可认为机轮的转动速度已达到飞机的滑跑速度且作用于地面的滑动摩擦力迅速减小为 0。起落架向后变形所储存的应变能会导致轮轴及其相连部分向前弹回。因此在达到最大向前变形的瞬间，可以认为已产生了一个由支柱上有效质量的惯量组成的、垂直于支柱轴线向前作用的动态回弹载荷。此时，垂直地面反作用力达到其最大值。考虑到由于起转载荷的快速减小和结构弹性而引起的动态放大，即可确定包括下述分量的回弹总载荷（见图 13-31）。

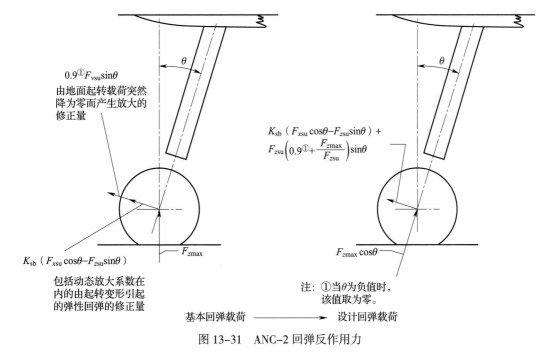

图 13-31　ANC-2 回弹反作用力

垂直于缓冲器的载荷为

$$K_{sb}(F_{xsu}\cos\theta - F_{zsu}\sin\theta) + F_{zsu}\left(0.9^{①} + \frac{F_{zmax}}{F_{zsu}}\right)\sin\theta$$

沿着缓冲器的载荷为

$$F_{zmax}\cos\theta$$

按照图 13-32 计算动态响应系数 K_{su} 和 K_{sb}。若缺乏确定动态响应系数所需的参数 t_n（起落架固有周期），K_{su} 可取为 1.4 而 K_{sb} 可取为 1.25。ANC-2 方法建议起落架的固有周期 t_n 要由实际安装在飞机上的起落架模态试验确定。这显然对于飞机和起落架的设计来说太过滞后。当飞机的推力线呈水平，若起落架的支柱轴线与铅垂线之间的夹角在 20° 以内时，t_n 可由下式估算

$$t_n = 0.32\sqrt{x}$$

式中，x 为在缓冲器全伸长状态下由一个向后作用的载荷引起的轮轴结构变形，单位为 in。此载荷方向垂直于缓冲器，大小等于非弹簧质量（ANC-2 定义为滚动组件和由机轮中

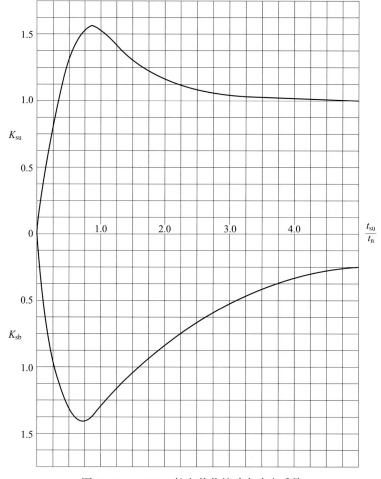

图 13-32 ANC-2 航向载荷的动态响应系数

---

① 当 θ 为负值时，该值取为零。

心线到长度等于轮胎半径的一段外伸缓冲支柱的总重量）。此力的反作用力应假定施加在飞机的机身上。

对于缓冲器轴线与飞机水平推力线的垂向夹角超过 20° 的起落架，图 13–32 的计算方法是不适用的。这种情况下，最好的办法是采用具体的起落架理性模型进行动态分析而不是依靠 ANC–2 方法。

ANC–2 方法中的符号说明：

F_{zmax}——最大垂直反作用力，lbf；

F_{zsu}——起转峰值时刻的垂直反作用力，lbf；

F_{zsb}——回弹峰值时刻的垂直反作用力，lbf；

F_{xsu}——起转峰值时刻的最大航向载荷，lbf；

F_{xsb}——回弹峰值时刻的最大航向载荷，lbf；

t_{su}——着陆撞击至最大起转载荷出现的时间，s；

t_v——着陆撞击至最大垂直反作用力出现的时间，s；

θ——缓冲器与垂向的夹角；

K_{su}——起转动态响应系数，由图 13–32 确定；

K_{sb}——回弹动态响应系数，由图 13–32 确定；

V_z——着陆撞击时刻的垂直下沉速度，ft/s；

V_x——着陆撞击时刻的水平速度，ft/s；

d_z——t_v 时刻的总变形，等于总轮胎变形加上缓冲器压缩量的一半，ft；

λ——反作用系数；

I_w——机轮滚动组件质量的转动惯量，slug·ft²；

r——根据推荐的轮胎使用压力确定的着陆撞击时轮胎的有效压缩半径（可以假定等于轮胎的静态压缩半径），ft；

t_n——起落架向前和向后振动的固有周期，s。

13.2.1.5　模型验证——落震试验

通常通过开展落震试验来验证着陆载荷计算模型，包括起转和回弹载荷的确定。尽管某些飞机（尤其是美国海军）的审定要求开展全机落震试验，但绝大多数落震试验采用安装在可移动吊篮上的单个起落架进行试验。吊篮上装载有重量等于起落架应承受重量的配重。通过将起落架提升至适当的高度并释放，从而使起落架以规定的垂直速度撞击地面。在大多数情况下，为了模拟正常着陆过程中的起转现象，要将轮胎旋转起来（以正常转动的相反方向）从而使储存在滚动组件中的能量传递到地面上。用于模拟机翼或旋翼升力的装置通常将升力施加在吊篮上。图 13–33 展示了落震试验装置的示例；该特殊装置用于测试倾斜安装的起落架——额外的质量和弹簧安装于吊篮上，用于模拟发动机重量和机翼刚度。落震试验需开展的项目内容通常参考 AS6053[2]，ARP5644[38] 则提供了根据试验结果修正分析模型的指导。

13.2.2　收放

为了保证起落架作动系统满足所需的性能，通常需要建立模拟受力机构（及其相关的气动、惯性、摩擦和冲击载荷）和液压作动、管路、节流器和油泵特性的动态系统模型。在某些情况下，这个模型是由两个独立模型组成并作为共同仿真模型运行的。其中许多模

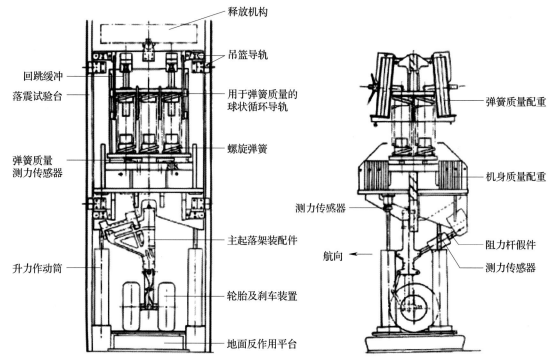

图 13-33　落震试验安装示例

型包括作用于起落架和舱门上的所有载荷，再根据动态液压流动速率确定相应的作动筒输出力。液压系统的仿真包括油泵压力—流量特性的模型并考虑包含控制阀、管路（包括弯管）和速度控制节流器的系统压力损失。为了满足不同温度下的仿真，应将这些压力损失建模为液压流速和流体黏度的函数。

基于 MSC Adams 软件建立这类模型的论文[39]给出了以下液压节流模型：

起落架液压管路的压降是基于管路内流体流动状态为层流（雷诺数 <2000）或湍流的假设。该模型基于雷诺数的切换来计算压力损失。压降方程的表达式如下

$$\Delta p = \frac{64}{Re}\frac{L_{\text{pipe}}}{d_{\text{pipe}}}\frac{v^2}{2}　　　Re \leqslant 2000（层流）$$

$$\Delta p = \frac{0.3164}{\sqrt[4]{Re}}\frac{L_{\text{pipe}}}{d_{\text{pipe}}}\frac{v^2}{2}　　　Re > 2000（湍流）$$

式中：Δp——指定长度管路的压降；

L_{pipe}——管路的长度；

d_{pipe}——管路的内径；

v——管路中的流速；

Re——流体流动情况的雷诺数。

模型中通过增加额外的管路长度来补偿由于管路的弯曲、连接和其他变化造成的压力损失。

通过作动器速度控制油孔实现的流体节流可以根据湍流压降公式计算（建议确认在所需的全部温度范围内液体流动均是湍流的）

$$Q = C_{d}A_{orifice}K_{viscosity}\sqrt{\frac{2\Delta p}{\rho}}$$

式中：Q——通过油孔的流量；

    C_{d}——油孔的流量系数；

    $A_{orifice}$——油孔的面积；

    Δp——通过油孔的压力差；

    ρ——流体的密度；

    $K_{viscosity}$——与温度和黏度有关的黏度补偿系数。其数值曲线可在 Lee Hydraulic Handbook[40]中找到。对于简单的方边孔，在绝大多数条件下可取为 1.0。

在某些情况下，速度控制节流器根据 "lohm" 值选取和使用。Lee 公司提供的转换公式可以用来确定有效节流直径

$$lohm = \frac{0.76}{d^{2}_{节流器}}$$

式中：d——油孔直径，in。

当作动筒处于保压状态或起落架载荷由作动筒中的油液承受（当起落架从上位锁释放）时，考虑由于油液的可压缩性引起的压力增加是可取的。压力和油液压缩与体积模量有关。

必须对起落架备份放下情况作为关键的放下性能情况开展研究——尤其是当部分或所有放下是使用重力自由放的时候。起落架必须能够在所有预期的工况下实现放下锁定，包括那些没有气动载荷（"停机库" 情况①）以及预期的气动和惯性载荷和工作温度范围。这些情况的动态性能模型通常用来得到所需的下位锁弹簧力，也是锁机构原理设计的必需部分。

掌握起落架锁机构的运动是很重要的——确保锁连杆以合理的速度（高冲击速度会引起下位锁弹簧振动，并产生很大的局部载荷）撞击并搭接。虽然大多数现代的多体仿真软件能够精确地模拟连杆机构的动力学，但这项研究仍然可以采用手动或专用工具完成。ESDU 数据表 90022[41]提供了连杆机构分析的方法和工具。

13.2.3 地面操纵

通过理性分析确定滑行、起飞和着陆滑跑载荷通常需要完整的柔性飞机模型。该模型在特定的跑道粗糙度剖面（或 1–cos 剖面）下以不同的速度滑跑产生可能的载荷。跑道粗糙度的描述和细节特征在第 2 章中已有详细介绍。使用该章中介绍的 ProFAA 软件工具可以开展这类分析（尽管调整飞机和减振器特性参数的功能有限）。

除了确定所关心的支柱载荷外，利用这种类型的分析来确定连接交点处（如车架转动销轴或缓冲器下轴套）产生的潜在热能通常是很有启发意义的，特别是在非常粗糙的机场上运行时。解决这个问题的复杂模型必须包括连接关节的传热特性，但是根据轴套法向

---

① 在停机库中采用其他方法放下起落架达到上锁状态也是可接受的。

力、假定的摩擦因数和位置（随时间变化）的绝对值这三者的瞬时积，可以对不同机场产生的相对传热功率和传输速度进行初步的估算。车架俯仰调节器所需的工作周期是综合考虑着陆工况和在所关注的跑道粗糙度剖面上的滑跑工况确定的。跑道粗糙度剖面列于本书的附录 C 中。

飞机机身越柔性，用柔性飞机模型开展地面操纵特性分析就会得到越严酷的结果。瘦长的超声速飞机通过粗糙跑道时可能会激发机身振动模态；这些模态会导致飞机疲劳寿命降低以及乘客和飞行员的不舒适。尽管这类分析在当今很可能依赖多体动力学仿真软件，但美国国家航空航天局（NASA）在 1970 年代末开发了一种名为 FATOLA[42] 的 FORTRAN 模型。图 13-34 展示了 FATOLA 模型能够实现的地面操纵情况分析能力。除了确定起落架和飞机载荷外，这种模型还能用于确认是否具有足够的地面操纵性能（特别是具有多支柱主起落架构型的飞机），以及在系统故障（比如转向失控）情况下验证飞机层级的性能。尽管模型的一些组成部分能够通过具体的元件试验进行验证，通常还是采用全机飞行试验验证飞机层级模型。

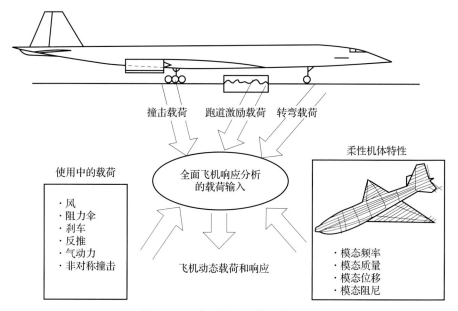

图 13-34　全柔性飞机模型的能力

13.2.4　摆振

摆振是一种相当复杂的自激振动行为，它是由起落架侧向弯曲和扭转模态的耦合并结合轮胎特性引起的。摆振会导致机轮绕其转动轴的快速振荡；以轮胎轨迹形式展示的摆振如图 13-35 所示。人们常见的摆振现象是购物车脚轮上发生的颤动现象：脚轮来回快速的摆动并非购物车使用者的意图。对于起落架，单轮和多轮起落架以及可操纵和不可操纵（主）起落架都会发生摆振现象。从历史上看，一些起落架性能良好，在服役初期未出现摆振但随着服役年限的增长会变得易于摆振。这种变化通常是由于磨损增加了起落架的间隙；磨损的轮胎而不是全新的轮胎也是引起摆振性能降低的因素。为了保证起落架在其服役寿命期内不会出现摆振，全面的分析必须涵盖轮胎可接受的磨损范围以及预期的使用范围和性能。SAE AIR6280[43] 提供了关于摆振现象深层次的详细介绍。虽然摆振现象已经被广泛研究和记载，然而工业界并没有统一的建模方法。本节仅提供摆振概述，而对于这个领域工程师，则需要大量深入的研究。Pritchard[44]的论文很好地总结了该领域在历史上的成果。

图 13-35　主起落架摆振产生的轮胎痕迹

13.2.4.1　摆振现象的影响因素

诸多参数会影响起落架是否发生摆振。AIR6280 概述了引起摆振的大量因素，以下内容根据该文件改编。

图 13-36 展示了起落架几何尺寸的直观示意。安装角（又称倾斜角或倾角）是垂向轴（飞机坐标系）与缓冲支柱轴线在垂直 / 前后平面的夹角。轮胎触地点相对于缓冲支柱轴线的位置称为稳定距；稳定距由机械稳定距、安装稳定距和轮胎稳定距三个要素组成。机械稳定距是起落架缓冲支柱轴线与轮轴中心在缓冲支柱坐标系下的偏移量。安装稳定距的确定是通过将缓冲支柱的轴线延伸到地面并测量其交点到轮轴垂直线与地面接触点的距离。机械稳定距与安装稳定距是紧密相连的，如果机械稳定距增加则安装稳定距也将增加。然而，由于安装稳定距是沿着地面测量的，飞机的俯仰姿态会影响安装稳定距的大小。尾沉姿态的安装稳定距比水平姿态更大。因此，应考虑俯仰姿态的全部角度范围。安装稳定距还受前倾角和轮胎半径的影响。轮胎稳定距的定义是当机轮运动时轮胎接触面积相对于轮胎轴线的额外运动。轮胎稳定距是轮胎属性（如纵向刚度和充气压力）的函数，它随着飞机地面速度和垂直载荷的变化而变化。轮胎稳定距的影响通常包含在轮胎作用力和地面试验中测量的轮胎特性（如轮胎的侧向刚度和扭转刚度）中。一些轮胎特性对摆振具有一阶效应，因此应考虑轮胎压力变化、轮胎磨损，以及垂直载荷变化的灵敏度分析。

一般情况下，当摆动轴解锁时正的稳定距（轮胎触地点在缓冲支柱轴线后面）使得机轮后倾。稳定距还影响机轮的回中力矩和与缓冲支柱轴线扭转自由度相关的系统固有频率。带有负稳定距的设计（轮胎触地点在缓冲支柱轴线前面）是静态不稳定的，起落架向前运动时必须处于锁定或操纵状态。

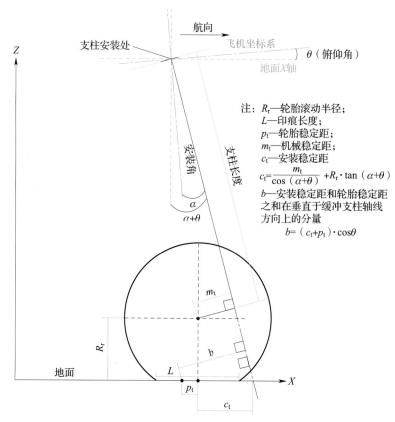

注：R_r—轮胎滚动半径；
L—印痕长度；
p_t—轮胎稳定距；
m_t—机械稳定距；
c_t—安装稳定距

$$c_t = \frac{m_t}{\cos(\alpha+\theta)} + R_r \cdot \tan(\alpha+\theta)$$

b—安装稳定距和轮胎稳定距
之和在垂直于缓冲支柱轴线
方向上的分量

$$b = (c_t + p_t) \cdot \cos\theta$$

图 13-36　AIR6280 中的起落架布置图

　　一些具有正的稳定距和前倾角的起落架构型可以是动态稳定的，因此不需要减摆阻尼器。对于主起落架来说，通常有两个摆振稳定的区域（稳定距的函数）：小的负（向前）稳定距组合低侧偏刚度和高侧向刚度，以及大的正（向后）稳定距组合高侧偏刚度和低侧向刚度[45]。

　　由于摆振现象是起落架扭转和侧向弯曲模态间的耦合，因此缓冲支柱的长度将影响摆振特性是顺理成章的。这种影响通过两种途径：当缓冲支柱伸长时，其侧向（以及航向）弯曲刚度会降低；另外，由于防扭臂的力臂（从缓冲支柱轴线到防扭臂搭接点的距离）减小，扭转刚度会降低。由于起落架的长度会随垂直载荷的变化而改变，垂直载荷也会随飞机速度的变化而变化，因此在摆振分析中考虑所有速度范围和缓冲器压缩量是很重要的。机体上连接结构的刚度也会影响起落架的扭转和侧向弯曲模态。

　　对于多轮起落架，机轮间距对摆振稳定性有所影响。研究发现机轮联转（机轮通过扭力轴互联，典型案例就是活动的轮轴）能够提供更好的防摆振能力（以牺牲轮胎磨损和机动性为代价），尽管机轮联转仍有可能发生摆振[46]。四轮和六轮车架式起落架构型往往是非常稳定和抗摆振的（产生在后轮组或前轮组的不稳定性被前轮组或后轮组抵消）。然而，对于非常规或非对称的车架布置构型，应开展深入的研究。

　　轮胎的特性和性能是决定起落架系统摆振稳定性的关键因素。一些起落架采用某一型轮胎是稳定的但采用另一型轮胎就发生摆振。轮胎稳定距、松弛长度、侧向刚度、垂直刚度、扭转刚度和充气压力，这些轮胎参数是影响摆振特性的首要参数。关于轮胎和轮胎建模的更多细节见第 3 章。

轮胎的松弛长度能以两种形式给出：侧偏滚转和非侧偏滚转。侧偏滚转的松弛长度是指处于给定侧偏角时，为使侧向力达到稳态侧偏力的 63%，轮胎必须移动的距离。非侧偏滚转的松弛长度是指为使轮胎的侧向变形达到初始侧向位移的 36%，轮胎必须移动的距离。由于侧向力与侧向变形是成正比的，因此，非侧偏滚转的松弛长度在某些情况下是用侧向力而非侧向变形定义的。较大的松弛长度说明较低的侧向刚度，通常会引起机构侧向和扭转模态的耦合从而降低摆振稳定性。轮胎的侧向刚度也会影响摆振稳定性。当侧向模态异于扭转模态时，会改善摆振稳定性；当这两种模态接近或耦合时，则会降低摆振稳定性。轮胎的垂直刚度虽然不是影响摆振稳定性的主导因素但由于其会影响多轮起落架的组合（起落架和轮胎）模态频率，因此对摆振稳定性有一定的影响。

关节的间隙（又称啮合间隙或空隙）是一个关节的两个部分之间的自由运动；这可能是由于设计公差、空程机构、磨损或其他机械效应造成的。间隙会引起关节振动特性的改变，如振幅或响应频率。防扭臂搭接处间隙的增加会显著地降低起落架系统的扭转刚度。结合其他影响，关节间隙会对摆振造成强有力的影响——极大地降低摆振稳定性。关节中的摩擦会以类似消耗能量的形式有助于降低摆振效应。摩擦还能够改变机构的固有频率。然而，如果在起落架的整个使用寿命期内关节摩擦发生改变，刚服役时不发生摆振的起落架系统可能就会出现摆振问题。因此，更为推荐的关节设计是在全寿命周期内具有稳定的摩擦特性而非变化的摩擦特性。

13.2.4.2　摆振分析模型

目前存在着各种各样的摆振分析模型且这个领域的研究仍在继续，定期会有新的科技论文出现。轮胎模型的选择是一个重要的因素，其中 Pacejka（魔术公式）和 Smiley 模型（如第 3 章所讨论的）是摆振分析工作中常用的轮胎模型。大多数现代的摆振分析是使用多体仿真工具进行的，以下各节将描述该多体仿真方法和其他摆振方法。

（1）近似的和启发式的方法

近似的和启发式的方法使用简化的分析模型作为确定摆振稳定性的基础。将某飞机前或主起落架与简化模型进行比较并对相关参数进行估算。典型的简化模型是 Moreland[47]为前起落架建立的，其将摆振的主要特性减少为名为"惯量比"的量纲一数字和机身动力学特性间的关系。前起落架的动力学模型如图 13-37 所示。Moreland 采用了以下假设：

　　非摆动结构（包括相邻的机身）连接到固定的支撑上。由机身的弯曲和扭转组合作用引起的弹性回复力作用于质量 m_1 上，其大小与 x 成正比，比例系数用等效弹性 K_1 表示。机轮既没有侧滑也没有扭转变形且摆动部件是刚性的。

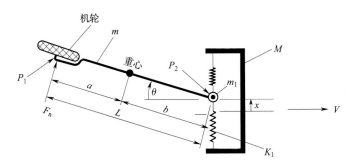

图 13-37　Moreland 第三阶摆振模型

此外，Moreland 忽略了以下方面：

间隙、库仑摩擦、作用在前机轮上的重量（由前机轮侧向变形引起的）通过叉臂产生的力矩、轮胎的弹性和陀螺效应。

Moreland 建立了 4 个量纲一的量，速度比 Q，阻尼比 R，重量比 S 和稳定距比 T

$$R = \frac{C_t}{C_c} = \frac{C_t}{2 \sqrt{K_t I_w}}$$

$$Q = \frac{C_c V}{K_t L}$$

$$T = L \sqrt{\frac{K_1}{K_t}}$$

$$S = \frac{4 \left[m_1 + (a/L)m \right] K_t L^2}{C_c^2}$$

式中：a——P_1 与起落架重心间的水平距离（见图 13-37），in；

$\quad C_c$——参考阻尼系数（$2 \sqrt{K_t I_w}$），in·lb·s；

$\quad C_t$——扭转阻尼系数，in·lb·s；

$\quad I_w$——机轮和轮胎组件的惯性矩，$(\text{in·lb·s})^2$；

$\quad K_1$——集中的机体和前起落架弹性（见图 13-37），lb/in；

$\quad K_t$——前起落架的扭转弹性常数，in·lb/rad；

$\quad L$——位于摆动结构转动轴后方的机轮轴线的稳定距，in；

$\quad m$——摆动结构的重量，lb；

$\quad m_1$——非摆动结构的重量，lb；

$\quad Q$——速度比（如上方程给出）；

$\quad R$——阻尼比，C_t 与 C_c 的比值；

$\quad S$——重量比（如上方程给出）；

$\quad T$——稳定距比（如上方程给出）；

$\quad V$——飞机向前速度，in/s。

根据这些参数，Moreland 推导了一个用于评估系统稳定性的不等式

$$QS\left(1 - \frac{T^2}{S}\right)R^3 + \left[1 + S\left(2 - \frac{T^2}{S}\right)\right]R^2 + \left(\frac{1+S}{Q - QS/4}\right)R - \frac{(1+S)}{4} = 0$$

Moreland 定义量纲一量 T^2/S 为"惯量比"，它用于识别任何特定系统稳定性是否满足阻尼要求。惯性比可由下式直接计算

$$\frac{T^2}{S} = \frac{I_w K_1}{\left[m_1 + (a/L)m \right] K_t}$$

假如惯量比未超过 1，则起落架是稳定的且没有过阻尼。当惯性比小于 1 时，则中性稳定性所需的阻尼比近似为

$$R = \frac{QS/4(1+S) - 1/Q \pm \sqrt{\left[(QS/4 \ (1+S) - 1/Q) \right]^2 + 1}}{2}$$

用惯性比和阻尼比给出的不等式的图示解如图 13-38 所示。

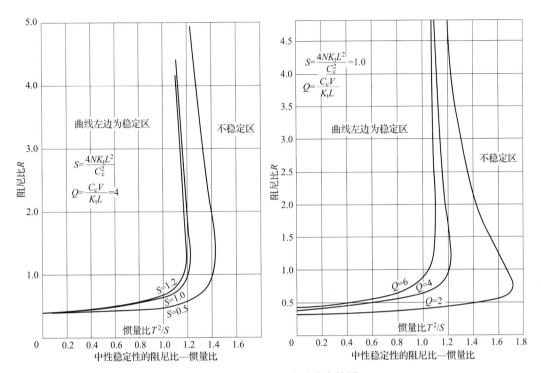

图 13-38　Moreland 方法稳定性图

虽然这种方法看起来是明确的，但由于使用了诸多简化假设，因此应谨慎使用。值得注意的是，Moreland 在另一篇论文中写道"摆振的理论都是不完整的，诸如参数的非线性、间隙、缓冲支柱前后运动和极端的轮胎参数等因素都对摆振现象有所影响"[48]。

（2）封闭形式解

封闭形式解是为特定的起落架建立预测模型的分析方法。根据起落架系统的布置建立动力学方程，确定作用力和力矩、内部能量储存、耗能单元（如弹簧和阻尼器）、重量和惯量的分布。即使是简单的起落架，动力学方程也会变得复杂和难以处理，因此常常进行简化假设，包括缓冲支柱无纵向弯曲、集成缓冲支柱、操纵卡箍和防扭臂的扭转效应、无侧向弯曲效应（只有在侧向和扭转模态之间没有相互影响的情况下）。若扭转模态是足够软的能在没有侧向模态的影响下发生摆振，则可以忽略侧向弯曲效应。通常假设集成的单轮构型并忽略机轮的陀螺效应。

Smiley[49]、Li[50]、Medzorian[51]、Someiksi[52]、Thota 等[53] 和 Besselink[45] 给出了典型的封闭形式求解方法。AIR6280 给出了这些方法及其各种参数和分析复杂性的对比矩阵，并得出了以下结论：对于大多数起落架，"无纵向弯曲"的假设通常是合理的，因为纵向刚度通常很大，纵向挠度似乎不会对摆振有很大的贡献；扭转效应是非常重要的且不应被忽略（特别是扭转间隙和阻尼），当侧向弯曲和扭转模态的频率接近时结构弹性是非常重要的，机轮的陀螺效应与速度有关的并将系统频率转换为机轮速度的函数。

（3）基于仿真的方法

基于仿真的摆振分析方法通常是指那些使用商用多体仿真软件的方法，它利用了计算机辅助设计（实体模型）软件对起落架进行物理表征，并往往使用有限元刚度代表结构件。这类分析是最常用和最现代的摆振分析方法，因为它自然地包含了所有几何尺寸的影响。这些仿真分析有线性和非线性两种方式——线性分析在频域中进行而非线性分析在时域中进行。

线性（频域）分析的目的是掌握起落架在指定的工作范围内的稳定性。该模型有助于确定工作范围内哪些区域是低阻尼的，这样就可以用非线性模型进一步研究这些区域。典型的线性分析输出结果是频率和阻尼的等高线图，如图 13-39 所示。根轨迹图也可以用来可视化地展示基于线性假设的摆振响应稳定性。只要阻尼器的性能是基本线性的，就可以从线性分析中得出减摆阻尼器的性能和要求。

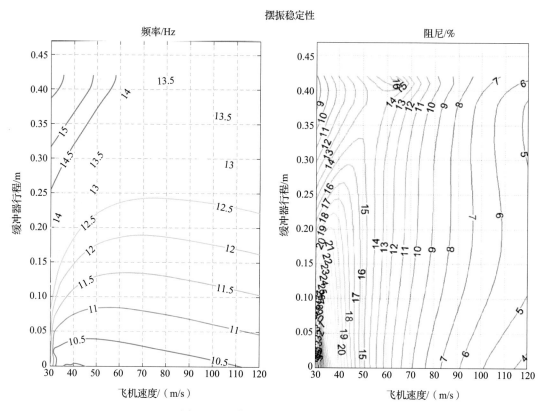

图 13-39　典型的线性摆振分析结果

非线性分析用于研究特定的工况（特别是低阻尼的那些工况）以及开展灵敏度分析、研究外部激励（来自刹车或轮胎不平衡）的影响、获取减摆阻尼器要求（阻尼和刚度特性）、确定减摆阻尼器载荷和起落架载荷。典型的非线性摆振分析输出结果是参数的时间历程图，如图 13-40 所示。

13.2.4.3　摆振模型的验证

由于起落架、轮胎和飞机连接刚度要能代表最终的设计状态，因此摆振模型的验证尤其具有挑战性。许多的模型验证需要确保单独的模型是准确的：轮胎特性、起落架和连接结构刚度、结构模态和结构阻尼。用一个完整的起落架在摆振试验台上滚动从而验证模型是可接受的，但并非常规做法。大部分模型验证的工作是通过全机试飞滑行试验进行的。对于飞行试验中激发摆振的方法，虽然可以采用与颤振试验中类似的激励设备"踢"机轮

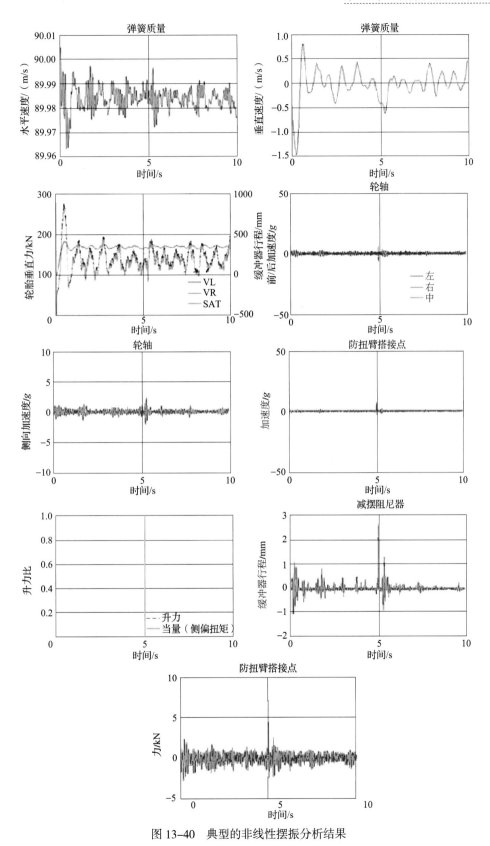

图 13-40 典型的非线性摆振分析结果

的方法，但在很多情况下是通过飞机滑跑过程中起落架轮胎压过一个障碍物或一系列障碍物实现的。在机轮受到初始激励后，系统必须在规定的时间内抑制振动。

13.2.4.4 摆振抑制

在许多情况下，使起落架在全部工作范围内不出现摆振是不可能的。在这种情况下，有必要为保证摆振稳定性提供专门的手段。提高减摆能力的一个方案是增加活塞杆/轮轴组件的转动惯量——通常在尽可能远离轮轴的地方增加重量（这会降低起落架的一阶扭转模态）。增加重量，从整体组件重量的角度来看是不可取的，却是提高摆振稳定性非常可靠的方法。一些起落架设计时将防扭臂的材料由铝合金改为钢，从而避免引入新的专用结构件（这会增加起落架的扭转刚度，增加一阶扭转模态，同时增加转动惯量，从而降低扭转频率）。与此相悖的例子是在澳大利亚服役的 F/A-18 飞机，原本用于舰载弹射安装的前起落架弹射杆（和驱动机构）被移除。拆除这个部件降低了减摆裕度，在某些条件下前起落架会发生摆振。为了修复稳定性，在该飞机前起落架上增加了一个替代质量。增加重量或改变刚度的目的是将扭转频率从不稳定区域转移到稳定区域。理论上采用调谐的质量阻尼器系统，也就是将装在弹簧上的质量补充到系统中是可行的，然而这种装置在起落架上的应用情况还未知。最常用的抑制摆振方法是向系统提供某种形式的阻尼，不论是通过摩擦还是黏性阻尼。

对于具有液压控制转弯系统的起落架，最常见的设计方案是绕过转弯作动筒设计一个液压泄出路径，使得液压油受限制地通过。该限制具有可调节的能量耗散功能从而消耗摆振能量。对于不具有液压转弯系统的起落架，通常会采用其他方法（如专用的摩擦装置）或专用的液压阻尼器。图 13-41 显示了安装在罗克韦尔"指挥官"飞机可转弯前起落架上的液压减摆阻尼器。该装置以及阻尼器的设计，与大量通用航空飞机上的应用异曲同工。更多信息参见第 10 章的转弯部分。

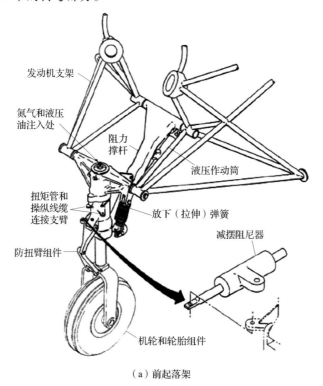

（a）前起落架

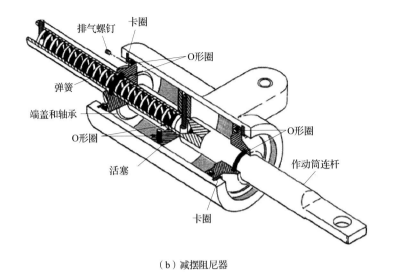

（b）减摆阻尼器

图 13-41　罗克韦尔"指挥官"112 飞机前起落架和减摆阻尼器

　　双轮支柱式主起落架也容易发生摆振。除非能够通过分析表明在整个工作范围内（包括速度、下沉速率、轮胎类型和磨损状态）的摆振设计是稳定的，否则应慎重考虑安装某种类型的减摆阻尼器。很多应用案例中都安装了类似于图 13-42 所示的专用液压减摆器。防扭臂减摆器的筒体刚性地安装在一个防扭臂上，其活塞杆则连接到另一个防扭臂上，这样缓冲器活塞杆绕其垂直轴的任何转动（如摆振过程中会发生的转动）都会引起两个防扭臂在搭接点处的相对运动。通过液压油流过活塞中的限制实现液压阻尼。这样的装置已经成功应用于大量飞机上，包括福克 70 和福克 100、道格拉斯 DC-9 系列、空客 A320 和波音 737。这种主起落架防扭臂减摆器有两点好处：提供防扭臂搭接点间的直接阻尼以及位于远离缓冲器活塞杆转动轴的集中质量。

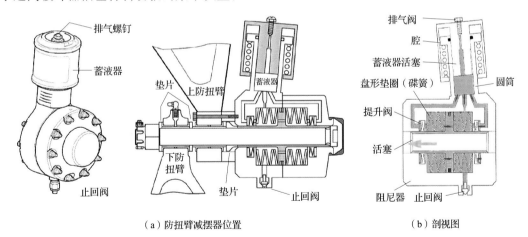

（a）防扭臂减摆器位置　　　　　　　　　　　　　　（b）剖视图

图 13-42　主起落架防扭臂减摆器位置和剖视图

　　除了被动减摆阻尼外，针对主动减摆阻尼也有一定的研究[54]。主动减摆是利用轮轴扭转加速度作为反馈，常规的操纵转弯作动筒作为驱动动力。该系统经证实能在起落架的某些参数（如间隙增大、轴套摩擦减小和刚度改变）发生变化的情况下保持摆振稳定性。

　　起落架系统的目标阻尼在 MIL-S-8812[55] 中规定：

操纵系统必须提供足够的阻尼使摆振振幅在三个周期后衰减到初始扰动的1/4 或更小。如遇到临界周期，最大振幅以采购方的批准为准。用于摆振分析的结构设计参数必须通过实验室试验验证。用于摆振分析的系统参数必须在飞机首飞前通过满足 MIL-A-8892 要求的全机地面共振试验进行验证。当试验测试的物理特性与摆振分析中使用的物理特性不同时，必须采用修正值重新进行摆振分析。必须开展进一步的分析以包括由磨损造成的自由度，所有表面磨损到允许的最大程度，以及飞机技术手册允许的轮胎和缓冲器的最不利状态。对于这些条件，摆振运动必须在三个周期后衰减到上述激励引起的初始扰动的1/3 或更小。对于美国空军飞机，该阻尼要求适用于前起落架和主起落架设计。

摆振振幅在三个周期内衰减到初始扰动的1/3 或更小的要求与 AIR4894 中的要求一致。这个减幅相当于 5.8% 的阻尼比。在三个周期中衰减到初始扰动的1/4 的阻尼要求相当于 7.4% 的阻尼比。一些飞机制造商采用更低的阻尼比（1%~2%），但会在更大的飞机速度（比飞机最大地面速度快约 20%）下符合阻尼比 5.8% 的要求。

13.2.5 起落架走步

起落架走步是起落架俯仰平面内前后失稳的现象，其发生通常是由于刹车振动或刹车防滑作用引起的。与摆振类似，当结构在其共振频率下被激励时，低于限制值的输入载荷也能产生较大的变形。这些大变形会导致起落架断裂。图 13-43 展示了防滑刹车压力脉冲与起落架前后共振频率耦合的例子。当刹车压力增加时，起落架的阻力增加，使起落架向后变形。当刹车压力释放时，起落架向前进方向回弹。在这个例子中，尽管刹车压力的大小（以及由此产生的阻力载荷）随着时间的推移而减小，但结构的位移却超过了限制值。

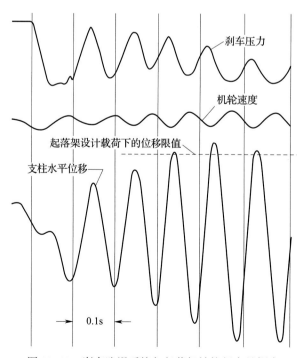

图 13-43　刹车防滑系统与起落架结构频率的耦合

通常对起落架结构的基本模态进行分析以确定起落架的共振频率。由于飞机的运动会对起落架频率产生显著的影响，因此分析应包括飞机连接结构的刚度。建议确保刹车防滑的循环频率高于起落架的一阶固有频率（前后模态）或使用适当的过滤器，从而保证刹车系统不会激振起落架结构。AIR1064[56] 提供了一些额外的指导：

> 对于大型飞机和起落架，基本的走步模态发生在 5～10Hz 的范围内。对于较小的支线和商务飞机，基本的走步模态发生在 20～30Hz 的范围内。对称模式是指左右起落架同相运动，而反对称模式是指左右起落架异相运动。两种模式都受起落架及其支撑结构的俯仰－扭转柔度的控制。支撑结构可以包括机身。需要注意的是飞机具有多个走步模态，因为飞机的许多其他动态模态都会引起起落架的前后运动。重要的是要辨别哪个模态是最有可能被刹车系统激励的基本起落架走步模态。

> 识别起主导作用的起落架模态的方法之一是对无阻尼系统的正则模态分析，选择的依据是每个模态的模态能量在起落架重量中的百分比。刹车系统激振起落架 5% 能量的模态要比激振 90% 能量的模态难得多。

> 历史上，人们认为与这些模态相关的最小阻尼的临界值为 5%～7%，但在 20 世纪 90 年代，对支柱式和摇臂式起落架的测量结果表明，实际的阻尼更低且很可能是非线性的。在某支柱式起落架上，在较低的位移水平下表观阻尼非常小，随着起落架走步幅度的增大表观阻尼增大到 3%～4%。因此，设计起落架时有必要考虑基于振幅的阻尼。

> 车架式起落架一般来说具有较大的阻尼。20 世纪 70 年代，L-1011 上测量得到的阻尼为 5%～7%。多轴起落架具有更大走步模态阻尼的原因是刹车连杆（通过车架横梁用于平衡刹车扭矩）的连接接头存在摩擦。车架式起落架单独走步时测量得到的较大阻尼值足以认为无刹车连杆的起落架的走步阻尼小于 5%。

通常通过起落架模态试验以及在某些情况通过在具有代表构型状态的起落架上开展的刹车台架试验对起落架走步分析进行验证。

13.2.6　噪声分析

随着飞机推进系统噪声的降低，由机体引起的噪声占飞机总噪声的比例逐渐增加，其中起落架、起落架舱和舱门在进场和着陆阶段的贡献是显著的。飞机进场时，多达一半的辐射噪声可以归因于起落架系统。大多数起落架噪声是由通过阻流体的涡旋脱落产生的，而声调噪声是由开口腔中的共振产生的。小的结构件和尖锐的边缘会引起高频噪声，这会导致听众的烦恼。Dobrzynski[57] 总结了多年来对机体和起落架噪声的研究并指出，起落架噪声的级别与斯特劳哈尔（Strouhal）数一致，随风速增加到第六功率，辐射为偶极型信号源并具有几乎全向辐射特性。可以预期的是，未来的商用飞机需要噪声水平更低的起落架系统，以便获得噪声规章的适航审定并得以在噪声限制更严格的机场运行。

预测起落架所产生噪声的方法有很多种。其中一种最早（和最为基本）的方法记载于 ESDU 数据表 90023[58] 及其相关联的软件包中。这种方法可以估算整个机体的噪声，包括起落架产生的噪声。然而，起落架的参数只限于轮胎数量、轮胎直径和起落架放下状态轮轴至机身的距离。该方法虽然对顶层级的飞机噪声评估有一定的帮助，但其缺乏对起落架特征的充分描述从而无法用于起落架的设计选型分析。

有许多半经验的方法可以用来预测起落架产生的噪声，例如，Smith 和 Chow[59, 60] 提出的方法和由 NASA[61, 62] 开发的 LGMAP 方法。这些方法建立了起落架结构件的简化模型，无需大量计算资源，因此特别适合于早期概念设计阶段。ESDU 数据表 02008[63] 和 04023[64] 表提供了开口腔（如起落架舱）的建模参数，可以补充到半经验评估方法中。

采用 CFD 的诸多计算密集方法可以深入地理解起落架每个部位的声学性能。在这些技术中，Lattice-Boltzmann[65] 方法在噪声预测方面具有很大的前景。经渲染的 CFD 噪声分析示例如图 13-44 所示，其中绿色表示流动较慢，红色表示流动较快。诸如此类的技术提供了评估起落架设计细节变化的能力，包括旨在减少涡旋形成或降低局部气流速度的局部特性的性能。

图 13-44　波音 777 前起落架噪声仿真

虽然在现有商用飞机起落架上很少采用降噪特征，但在声学风洞和研究飞机的飞行试验中已经测试了大量装置和处理手段。针对 A340 主起落架的研究[66] 表明，通过采用多孔整流罩、侧撑杆设计优化和舱门的有利定向，主起落架产生的噪声能够减少 7 EPNdB（等效感知噪声分贝）以上。

一种能显著降低声调噪声的处理方法是堵孔——比如在销轴端头的孔。根据该方法，对服役中的起落架使用薄金属端盖或热塑性插入件具有良好的效果。必须注意确保留有适当的排水通道。降噪措施的应用往往会增加起落架的重量和复杂性，同时也会限制维护通道。在保持低重量和高可靠性安装的同时，需要慎重地权衡降噪的需求。许多研究考虑了穿孔整流罩的应用，如图 13-45 所示，它使得由于复杂形状或紧密间距导致加速流动的区域降低了局部流速。大量其他方面的概念，如轮毂盖、整流罩、扰流板、空气帘幕、网状结构等都被提出过。无论设想什么解决方案，都必须与起落架收放运动学兼容且不应引入新的不可接受的故障模式。

图 13-45　主起落架穿孔的噪声整流罩

13.3　静强度

在确定了可能作用于起落架上的载荷后，保证起落架能够承受这些载荷是至关重要的：起落架必须具备足够的静强度从而承受所有预期的载荷组合。确定一个结构件是否具有足够的静强度需要施加的载荷、材料特性和结构件的几何尺寸等方面的信息。用于起落架结构的大多数金属材料的应力—应变曲线如图 13-46 所示。

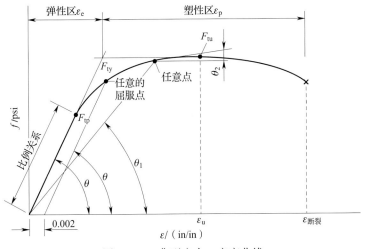

图 13-46　典型应力—应变曲线

图 13-46 中的曲线由两部分组成：应力随应变线性变化直至比例极限的直线部分（遵循胡克定律）和应力与应变不成正比的剩余部分。由于许多材料没有呈现出明确的屈服点，屈服应力通常用 0.2% 偏移的方法来确定。该方法利用一条斜率等于材料弹性模量、经过应力为 0 和应变为 0.002 的点的直线，该直线与应力—应变曲线的交点定义为屈服应力（F_{ty}）的数值。拉伸强度极限（F_{tu}）是应力—应变曲线上能够达到的最大应力值。通常来说，限制载荷造成的应力不应超过材料的屈服应力，极限载荷造成的应力必须不能大于拉伸强度极限。当应力大于比例极限时，材料中会发生局部塑性，从而导致零件中产生残余应力。举例来说，某个具有锐边特性的零件，受载后主体材料的应力接近于比例极限。锐边特性产生的应力集中效应使得部分材料所受的应力超过比例极限，甚至超过屈服极限。材料将会发生塑性变形。当零件未承载时，主体材料将会回到零应力但塑性变形的区域会被周围材料拉伸或压缩。如果材料的变形是压缩引起的，则会产生局部拉伸残余应力。虽然静力学通常不关心这类行为，但这会引起应力腐蚀开裂和降低疲劳寿命。

13.3.1 静强度要求

大部分静强度载荷用限制载荷（通常是服役期中可以预期的最大载荷）和极限载荷（限制载荷乘以安全系数，一般为 1.5）来规定。某些情况（如英国军用飞机）需要用到验证载荷，该载荷为限制载荷乘以 1.125 的系数。表 13-8 给出了大量不同类型飞机在载荷和结构性能方面的各种要求的综述。

表 13-8　限制、验证和极限载荷要求

载荷情况	系数	规章					
		小飞机（23 部）	大飞机（25 部）	小旋翼机（27 部）	大旋翼机（29 部）	英军标（DEF STAN 00-970）	美军标（AS8860）
限制载荷	1	结构必须能够承受限制载荷而无有害的永久变形。在直到限制载荷的任何载荷作用下，变形不得妨害安全运行	结构必须能承受限制载荷而无有害的永久变形。在直到限制载荷的任何载荷作用下，变形不得妨害安全运行	结构必须能够承受限制载荷而无有害的永久变形。在直到限制载荷的任何载荷作用下，变形不得妨害安全运行	结构必须能够承受限制载荷而无有害的永久变形。在直到限制载荷的任何载荷作用下，变形不得妨害安全运行	飞机在地面和空中运行产生的最大和最临界载荷及环境情况的组合	设计限制载荷引起的弹性、永久和热的变形不得妨害飞机的机械操纵，不得引起不利的气动特性，不会导致维修或更换零件
验证载荷	1.125	不适用	不适用	不适用	不适用	结构的变形不得不利于适航；对安全至关重要的运动部件的功能必须是可靠的。验证载荷卸除后，受载的任何影响不得导致后续的维护、修理或更换	不适用

表 13–8（续）

载荷情况	系数	规章					
		小飞机（23 部）	大飞机（25 部）	小旋翼机（27 部）	大旋翼机（29 部）	英军标（DEF STAN 00–970）	美军标（AS8860）
极限载荷	1.5	结构必须能够承受极限载荷至少 3s 而不破坏，但是如果结构能够承受要求的极限载荷至少 3s，则在限制载荷与极限载荷之间产生局部失效或结构失稳是可接受的	结构必须能够承受极限载荷至少 3s 而不破坏。	结构必须能够承受极限载荷而不破坏，这必须通过以下表明： （1）静力试验中对结构施加极限载荷至少 3s；或 （2）动力学试验模拟真实载荷情况	结构必须能够承受极限载荷而不破坏，这必须通过以下表明： （1）静力试验中对结构施加极限载荷至少 3s；或 （2）动力学试验模拟真实载荷情况	所有结构不破坏且应力、载荷和应变不超过静态许用值	设计极限载荷下不破坏

安全系数 1.5 的来源问题总是被提及并且经常被推定是自然执行的，因为在制定最初的要求时许多飞机材料的极限应力和屈服应力的比值接近于 1.5。然而，根据 Shanley[67] 的记录，在 1.5 和 2.0 间选取系数是基于以往飞机的成功经验，但具有一定的随意性。Shanley 指出，虽然系数的选定有点武断，但对于静态载荷的实际应用效果却很好（并不能防止疲劳失效）。这种方法在美国空军的文件中得到了呼应[68]。

13.3.2 梁模型

大多数起落架载荷为作用于轮胎接地点或机轮安装点的地面载荷。通常采用梁元模型或"棍棒"模型来确定作用于每个结构件上的载荷。最简易的梁元模型是采用刚体梁单元并只给出给定构型下的静态平衡载荷。图 13–47 给出了梁元模型及其对应起落架的案例。

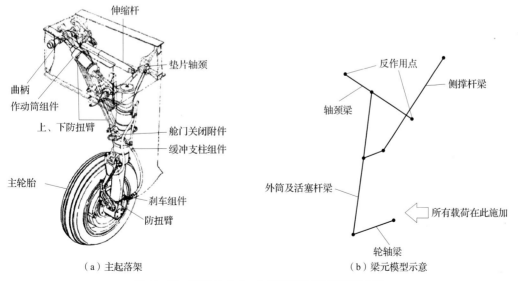

（a）主起落架　　　　　　　　　（b）梁元模型示意

图 13–47　赛斯纳 T–37 主起落架和梁元模型示意

更为详尽的模型是每个梁单元具有真实的结构刚度。非线性梁元模型可以进一步提高准确度，因为施加的载荷跟随结构的变形。这种类型的模型必须迭代求解但能够提供准确的内部构件载荷，所需的计算能力仅为全尺寸有限元分析的一小部分。梁元模型通常用于确定结构件的界面载荷、整体刚度、模态特性和起落架内部的载荷传递径。

13.3.3 传统工程分析

大部分起落架的静强度计算采用的是"工程分析"方法，也就是计算是基于简化的结构模型。这种分析方法相比有限元方法的好处在于计算快速且计算量小。虽然这种方法在预期只开展一次计算的起落架设计审定阶段似乎是无关紧要的，但当需要改变飞机重量重心或当起落架在服役过程中的修理需要支持时，这种方法就具有很大的优势。若过程编写详尽，工程分析能够很容易地校对和重算（如有必要时），而依赖有限元的方法则需要一直可用的软件工具、模型和支持文件。纸质报告（或其扫描件）能够很容易地保存25～50年即整个飞机项目周期，然而有限元软件、操作系统以及相关的电脑工具并不能存在那么久（维护软件和电子文档在数十年间都处于可用状态是一项艰巨的任务）。

为了开展工程分析，必须形成大量独有的方法——每种几何特性对应一种方法。大部分从事起落架工作的公司都有经多年研究和试验验证的专用方法。然而，大量有效的参考资料可以用来辅助结构分析。两份包含大量相关方法的免费文件是 NASA 的航天结构手册 TM X-73305[69] 和美国空军的应力分析手册 AFFDL-TR-69-42[70]。虽然这两份文件都不是近期形成的，但其中包含的方法仍然有效。应力和应变计算的通用方程在广泛使用的 Roark 和 Young[71] 的著作中介绍。飞机结构分析的工业基准参考书是 Bruhn[72] 编写的，而类似的、更为近代的是 Niu[73] 的著作。接下来将讨论一些起落架的特有特征及其相关和可用的特定计算方法，这些都在相关章节中单独索引列出。

13.3.3.1 耳片

耳片是起落架结构上伸出的连接单元，作为销钉连接的结构支撑。图 13-48 展示了各种受载情况的耳片示例。许多情况下，各种形式的耳片将起落架结构与飞机、防扭臂和撑杆相连接并用于安装次承力结构件。为了在一定程度上利用材料的塑性能力，大多数耳片分析采用经试验验证的工程方法。耳片和销钉的有限元分析可以快速展示超过材料屈服极限的局部区域，但如果耳片的设计目的是在限制载荷下仍然完全处于弹性区域内，则耳片会变得很重。除非有限元分析采用详尽的材料失效模型，通常推荐耳片的设计使用经验证的工程方法，而对耳片内的小细节（如注油通道）保留有限元分析方法。

耳片和销钉结构有各种各样的破坏形式，分析必须考虑以下几点：净截面拉伸（必须考虑应力集中）、剪切撕裂或挤压破坏、销钉剪切、销钉弯曲（通常情况下，销钉的极限强度基于断裂模量）以及衬套（如采用）的过度屈服。一般认为，耳片的屈服是指永久变形超过 0.02 倍的螺栓直径。必须计算这种情况，因为该情况的失效载荷往往比预期的载荷（由材料极限应力和屈服应力的比例得

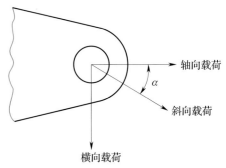

图 13-48 耳片受载方向

到）更低。耳片的侧向受载情况（由于未对齐等原因）也应计算。材料类型、强度等级、延展性、加工工艺和晶粒方向都会对耳片承受预期载荷的能力有所影响。选取适用的耳片曲线应仔细慎重。

今天使用的大多数轴向受载的耳片计算方法可追溯到 Cozzone、Melcon 和 Hoblit[74]，后来的斜向或横向受载的耳片计算方法可追溯到 Melcon 和 Hoblit[75]。近期的分析方法是 ESDU 数据表 91008[76]（对于轴向受载耳片）、06021[77]（对于横向受载耳片）和 08007[78]（对于斜向受载耳片），推荐参考这些方法开展详细分析。总的来说，这些方法综合了材料性能、受载方向和耳片几何尺寸等参数以曲线图的形式来确定耳片常数，该耳片常数则将耳片许用载荷与耳片投影的挤压面积关联起来。销钉的强度和刚度同样与耳片的承载特性有关；刚度小的螺栓会过度弯曲从而增加耳片剪切面附近的应力并导致耳片的提前破坏。在计算耳片和周围结构及连接衬套或轴承的强度时，除非具有适用的经验或者分析能被其他合理的保守因素覆盖，应对（限制和极限）载荷使用 1.15 的接头系数。

在计算各向低延伸率的材料（如一些超高强度钛合金）时，应特别小心。AFFDL-TR-69-42 手册的 9.15 节介绍了一种针对材料延伸率小于 5% 的耳片工程计算的修正方法。该方法对耳片常数考虑了额外的折减，折减系数则考虑了屈服强度和极限强度的比例以及屈服应变和极限应变的比例。

但凡可以的话，耳片应设计成双剪切的形式——也就是，耳片的偏心受载不会产生弯矩。在某些情况下，耳片和销钉的布置无法避免这种偏心设计，分析时应将其考虑为套筒。

13.3.3.2 套筒

一般来说，套筒连接（见图 13-49）可以简化为悬臂梁的支撑进行分析。NASA CR 4608[79] 提出了一种详细的分析方法及其与有限元方法的对比验证。应用于起落架时，如外筒侧向或航向支撑结构，需要增大接头两侧的尺寸以承受偏心外载荷引起的弯矩。通常在计算套筒和周围结构及连接衬套或轴承的强度时，应对（限制和极限）载荷应用 1.15 的接头系数。

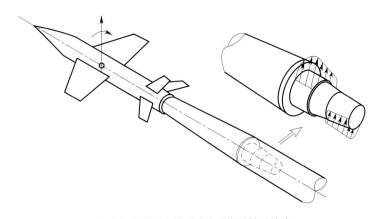

（a）风洞模型支撑系统中的滑动锥形接头

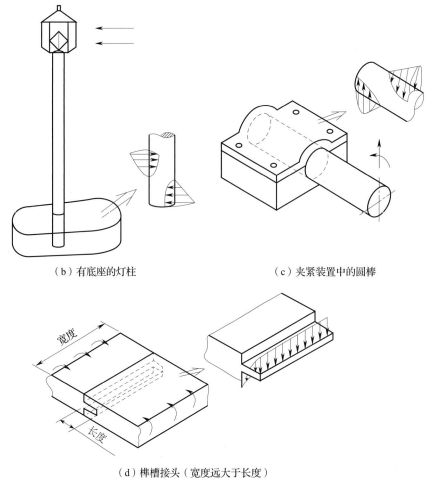

（b）有底座的灯柱　　　　　　　　（c）夹紧装置中的圆棒

（d）榫槽接头（宽度远大于长度）

图 13-49　套筒连接示例

13.3.3.3　销钉和圆管

除耳片和套筒以外，起落架结构通常由销钉和圆管组成，这些特征结构的分析是起落架结构分析的重要部分。通常采用梁元理论开展限制载荷的特性分析。圆环截面弯曲和扭转的极限载荷分析则采用弯曲和扭转的破坏模量。MMPDS[80] 提供了这种分析方法和曲线，部分方法和曲线经重新编辑后列出如下：

不考虑失稳（屈曲、弯折、柱、侧向弯曲）的实心、圆环或类似截面的梁的失效形式可以假定为超过许用弯曲破坏模量 F_b，该数值取决于梁截面的几何尺寸和梁材料的应力—应变特性。对于圆管，F_b 值取决于直径与壁厚比（D/t）以及拉伸强度极限。图 13-50 展示了钢圆管（用于起落架的典型合金）的弯曲破坏模量曲线。其他材料的弯曲破坏模量曲线详见 MMPDS。

根据由图 13-50 确定的 F_b，根据以下公式计算圆管的许用弯矩

$$M_{许用} = F_b \frac{I}{c} = F_b \frac{\pi(r_{外圆}^4 - r_{内圆}^4)/4}{r_{外圆}/2} = F_b \frac{\pi(r_{外圆}^4 - r_{内圆}^4)}{2r_{外圆}}$$

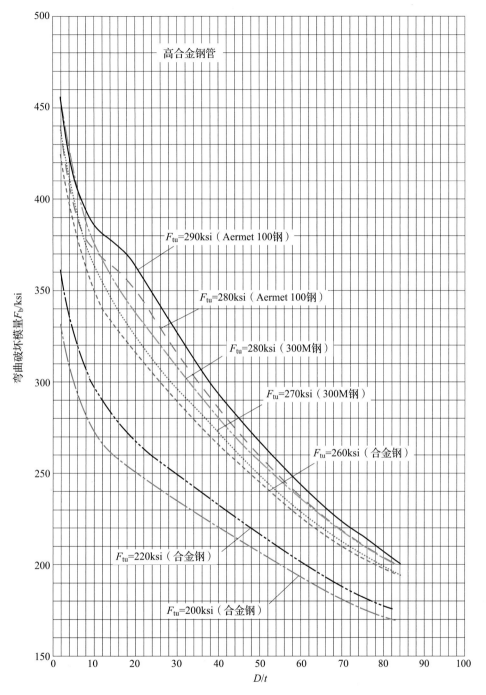

图 13-50　起落架典型钢圆管的弯曲破坏模量曲线

钢圆管的扭转失效是由于材料失效或由于弹性或塑性屈曲。纯剪切破坏通常不会发生在飞机圆管常用的壁厚范围内。图 13-51 的曲线考虑了长径比（L/D）以及 D/t 的值。额外的不同强度等级圆管的曲线详见 MMPDS 文件。曲线给出了定义为扭转破坏模量的 F_{st} 值。该应力值表示圆管的抵抗力矩。利用 F_{st} 值，圆管的许用扭矩可由下式给出

$$扭矩 = F_{st}\frac{J}{r_{外圆}} = F_{st}\frac{\pi(r_{外圆}^4 - r_{内圆}^4)/2}{r_{外圆}} = F_{st}^{①}\frac{\pi(r_{外圆}^4 - r_{内圆}^4)}{2r_{外圆}}$$

还应对圆管的材料失效进行检查

$$许用塑性扭矩 = \frac{2\pi F_{su}(r_{外圆}^3 - r_{内圆}^3)}{3}$$

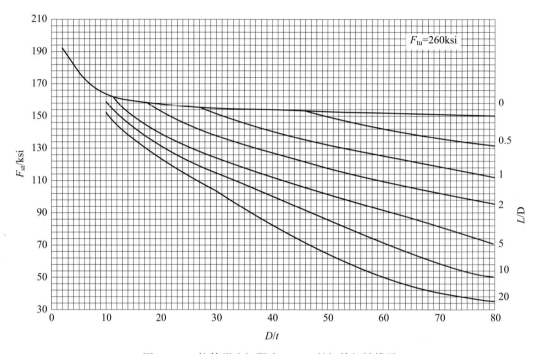

图 13-51　拉伸强度极限为 260ksi 的钢管扭转模量

13.3.3.4　梁和柱

梁和柱的分析在各种教科书中得到了很好的介绍。MMPDS 介绍了关于柱失稳（屈曲和弯折）的额外细节，并建议对任何承受扭转屈曲（主要是那些非对称开口剖面）的柱开展试验以确认其承载能力。通常使用欧拉公式和约翰逊－欧拉方法计算柱的屈曲。应检查计算柱截面和梁、柱上加筋结构的局部失稳情况。

13.3.3.5　应力集中系数

剖面变化、槽、孔和其他特征都会因为存在应力集中从而导致局部应力增加。当采用工程分析方法时，给定特征的影响是通过将平面剖面应力乘以应力集中系数来考虑的。大量细节特征的应力集中系数在 Peterson[81] 中介绍。另一种方法是对构件开展局部有限元分析，确定峰值应力并在工程计算中使用该峰值应力（或峰值应力与平面剖面应力之比）。

13.3.3.6　相关方程

对于承受多种受载形式（如弯曲和扭转的组合）的剖面，合并分析是有必要的。合并不同的分析方法需要假定材料失效模型，在试图使用叠加方法进行失效分析时必须小心对待。大部分失效模型是精确到比例极限的，超过这些应力时则要开展显式验证。NASA TM

---

① 原文有误，漏掉 F_{st}，应加上。——译者注

X–73305 给出了一系列相关方程以及计算组合受载形式的安全裕度的方法。总的来说，该方法给出一个应力比 R

$$R = \frac{施加载荷或应力}{失效载荷或应力}$$

其中，"失效"可以定义为屈服、破坏、屈曲等。各种应力比在相关方程中组合。相关方程的示例见表 13–9。

表 13–9　相关方程示例 [①]

结构	载荷组合	图	相关方程	安全系数方程	备注
密实结构	双轴拉伸或双轴压缩		$R_x = \dfrac{f_x}{F}$；$R = \dfrac{f_y}{F}$	$\dfrac{1}{R_{max}}$	使用 R_x 或 R_y，两者取大值
密实结构和圆管（a）	轴向和弯曲应力	A 3.4.0–1	$R_s + R_b = 1$	$\dfrac{1}{R_a + R_b}$	对 R_b，参见 B 4.0.0 塑性弯曲
	正应力和切应力	A 3.4.0–1	$R_f^2 + R_s^2 = 1$ $R_f = R_a + R_b$	$\dfrac{1}{\sqrt{R_f^2 + R_s^2}}$	（b）对于 $0.5 < \dfrac{F_s}{F} < 0.75$；对于所有其他值使用最大应力方程或 Mohr's 环
圆管	弯曲，扭转和压缩		$R_b^2 + R_{st}^2 = (1 - R_c)^2$	$\dfrac{1}{R_c + \sqrt{R_b^2 + R_{st}^2}}$	
流线型管	弯曲和扭转	A 3.4.0–1	$R_b + R_{st} = 1$	$\dfrac{1}{R_b + R_{st}}$	
螺栓	拉伸和剪切	A 3.4.0–1 A 3.4.0–2	$R_t^2 + R_s^3 = 1$		

① 源自 NASA TM X-7330S。

13.3.4　有限元分析

虽然工程分析方法是计算安全裕度和记录完整计算过程的优秀方法，但基于有限元的分析是结构优化和复杂零件应力计算的有效途径。随着有限元求解器集成到实体设计软件中或者分析软件能够快速导入实体模型，有限元软件为设计工程师和分析工程师提供了可以快速对比候选几何尺寸以及减少未尽其用的材料从而优化结构件的方法。有限元分析的案例见图 13–52 和图 13–53。图 13–52 给出了典型的单个零件的分析结果。零件一般由梁元模型得到的载荷进行约束。必须确定在销轴连接处的载荷分布（通常采用 Gencoz 分布）。图 13–53 中的防扭臂分析是全接触仿真分析，零件的末端受到取自梁元模型的载荷的约束而内部载荷的分布是零件间接触建模得到的。应当尽可能地建立完整起落架有限元分析模型，在所有连接处进行接触模拟，尽管这样的计算代价较大。

对于所有的有限元模型，网格的精度必须是合适的。过于粗糙的网格将错过应力峰值（"红点"），而过于精细的网格将导致不必要的高运算时间。应进行网格收敛研究以验证所选择的网格大小是否适合于所开展的分析模型。这些模型对边界条件的选取和软件中选

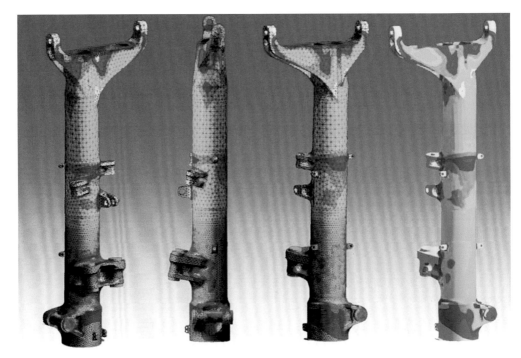

图 13-52　主起落架主支柱的有限元分析

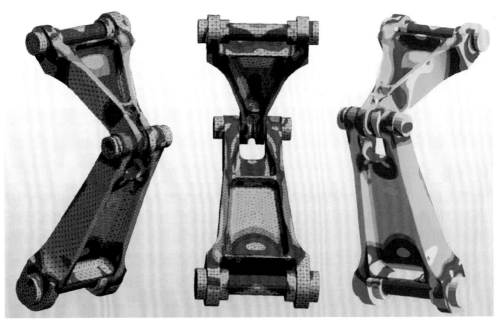

图 13-53　防扭臂组件的有限元分析

择的元素类型很敏感，因此需要对参数的适用性进行仔细验证，特别是考虑到这些参数对于那些审核最终结果的人来说并不是直接显现的。

13.3.5　静强度报告

应编制包括起落架每个结构件分析结果的分析报告。这份报告将支持起落架产品的整个生命周期并当起落架要适应飞机的更改以及起落架结构件需要维修时，可以减轻工作量。应力报告应包括结构件的关注部位和截面，如图 13-54 所示。截面要从待分析部位中精选出来。这通常包括每个平直截面和所有尺寸改变的过渡截面。

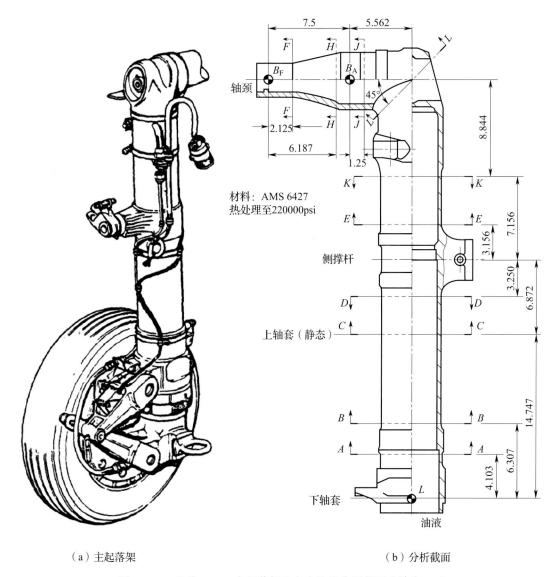

（a）主起落架　　　　　　　　　　　　　　　（b）分析截面

图 13-54　北美 F-100 主起落架和主支柱的分析截面（单位：in）

报告应包括每个部位所受的载荷介绍、明确说明的分析方法、所做的任何假设、所采用的材料属性和计算的细节特征。报告应列出安全裕度。

在许多情况下，建议编制一份完整的应力分析总结报告；总结报告通常作为审定活动的内容提交给监管机构。在该报告中用表格列出每个结构件的关键部位、材料许用值、部位的失效模式类型，以及该失效模式下的安全裕度。

所有结构分析报告均应由熟悉所用分析方法的但与详细计算无关的人员审核。

13.3.6 强度验证

静强度特性的验证从对各种材料的试样试验开始，并通过"积木式试验"建立到代表构型状态的部件试验。当使用已经过验证的材料和方法时，无须开展积木式体系中的大部分试验。然而，新研起落架通常必须通过试验以验证静强度分析。该试验通常是在一个完整的起落架上进行的（通常是第一批装配件之一）；如果与飞机的连接结构是静不定的，则需要在试验中使用具有飞机刚度等效的结构件。初始试验通常施加小载荷，通过测量整个起落架的位移来验证起落架的刚度。该试验用于确认梁元模型的正确性。起落架组件的特定区域可以涂覆光弹材料、应变片、数字图像相关的涂色斑点或所有这些的组合。这些方法通过确定起落架局部区域的应力分布，为有限元分析或应力集中假设提供验证。当对模型有足够信心时，通常将试验件加载至限制载荷。

通常存在多种临界载荷工况，因此需要对此做出选择是要开展全部试验，还是开展能够覆盖全范围情况的数个工况。使用局部的测量仪器和整体位移测量来确定起落架符合承受限制载荷而不产生有害的永久变形的要求。通常在限制载荷试验之前和之后进行详细的尺寸检查以确保结果的可信度。一般来说，试验后的尺寸满足图样要求的尺寸公差要求是不够的。对于验证模型和确定试验后是否产生变形总量，精确的"完工"构型信息是非常宝贵的。极限载荷试验通常在限制载荷试验之后使用相同的试验件开展。应慎重选择极限载荷工况的顺序，以确保预期会产生较大永久变形的工况保留在最后，以免对率先开展的工况产生不利影响。为满足验证标准，极限载荷工况试验通常要求在极限载荷下保持 3s。试验后的检查不是必需的。

13.4 疲劳

从广义上说，结构件的疲劳是指由低于材料屈服应力的重复载荷作用引起裂纹的萌生和扩展至破坏。不同的材料对疲劳现象具有不同程度的抵抗性，疲劳分析要从掌握材料的性能（包括涂层和几何形状的影响）开始。通常，这种疲劳性能的表征是通过大量元件级材料试验得到的。疲劳性能的内在概率特性对于所要达到的寿命表现出很大的分散性（特别是在相比材料拉伸强度极限的低载荷作用下）。通过在重复载荷（恒定振幅或可变振幅）作用下对试验元件或零件进行的多次试验发现，试验件发生失效的循环次数的范围很大。这个范围定义为分散性。例如，MMPDS 中指出，在完全相同的拉伸—压缩受载的试验条件下，试验中 300M 钢试样的峰值净截面应力为约 655MPa，最终破坏的循环数为 16000 ~ 3000000 个周期——范围非常广。试验结果符合典型的对数正态分布规律——尽管其他拟合曲线是可能的，尤其是 Weibull。这些曲线（多条曲线通常是因为应力比和应力集中系数等变量的不同）通常用循环应力和破坏循环次数的形式来表示（S—N 曲线），尽管最近的研究集中在试样的循环应变和破坏循环次数上（E—N 曲线）。图 13-55 展示了几种不同钢材料的 S—N 曲线的对比，这些曲线仅供参考，不能用于分析（应参考经验证的数据来源）。

对于给定的材料，采用容差区间及相应的置信度的方式绘制一系列曲线。历史上很多分析工作是用 50/50 曲线（平均或中值曲线）来完成的——拟合曲线穿过数据的中间将数据对半分。最近的疲劳分析使用的是 95/95 曲线或 99/95 曲线（99/95 曲线是指 99% 的结果落在曲线的一侧，置信度 95%）。给定的曲线并不能代表飞机的全部使用情况，因此采

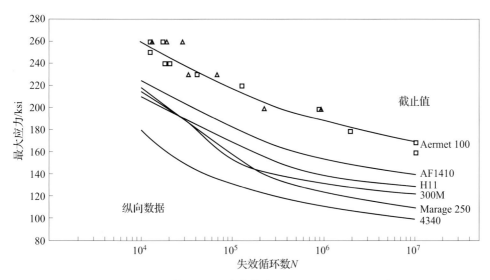

图 13-55　不同钢的 $S\text{-}N$ 疲劳曲线对比，$K_t=1$，$R=0$，纵向

用合适的分散系数解决整个分析过程中的不确定性问题（包括但不限于试样疲劳试验结果得出的分散性）。

　　分析工程师可以借助一组曲线进行疲劳分析，但需要相关的受载信息：所施加的载荷、发生的频率，以及（根据使用的分析技术）发生的次序。这种信息称为疲劳"谱"，通常每一种飞机类型都有一个考虑飞机代表性的或预期任务的疲劳谱。通过结构的数值分析模型，可以将全局谱转换为任何特定感兴趣区域的局部谱。由于大多数试样数据是用等幅应力（或应变）控制的正弦载荷得到的，因此需要一种将实际的飞行谱与该等幅数据关联起来的方法。这个过程涉及了许多步骤来处理各种因素（如 R 比值或平均应力偏移量和屈服应力修正），但其中的关键过程是使用 Palmgren-Miner 线性损伤累积假设。该假设提出了一种将不同应力水平下的循环合计为总的疲劳损伤的方法。采用这种方法，疲劳"损伤"等同于在疲劳曲线上达到足够的循环。虽然大量文献质疑这个假设的正确性，但它仍然构成了大多数安全—寿命分析技术的基础。

　　对于完好的试件，大部分疲劳寿命消耗在裂纹开始之前的累积损伤阶段。然而，试件（取决于材料类型）在最终断裂前会有一段显著变化的裂纹扩展周期。该裂纹扩展阶段取决于材料的几何特征、环境条件和受载。图 13-56 展示了两种起落架材料在（a）惰性环境和（b）腐蚀环境下的裂纹扩展速率曲线。大多数起落架的疲劳设计基础是依据"安全寿命"的理念：起落架在整个设计寿命期内不会产生裂纹。结构件应在达到"安全—寿命"之时或之前报废以确保不会出现裂纹。另一种在现代飞机多传力路径的主结构上广泛使用的方法是"损伤容限"方法，即疲劳裂纹是可识别、可检测和可控制的。对于可接受的损伤容限方法，必须选择具有可接受的裂纹扩展速率和断裂韧性的材料，保证在目视可检裂纹的情况下允许使用至限制载荷。历史上大多数起落架的金属材料不符合这个设计准则，因此设计时都采用安全—寿命方法。美国海军要求对其舰载机起落架采用安全—寿命和损伤容限组合的方法，保证设计具有较高的鲁棒性；这项要求使得韧性更好的材料，如Hy-Tuf 和 Aermet 100 应用在舰载机的起落架上。

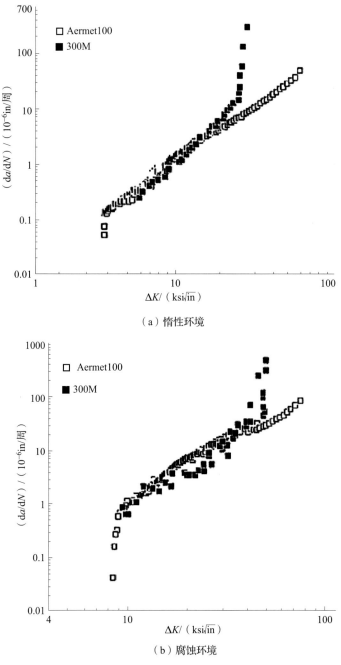

图 13-56　两种钢在惰性环境和腐蚀环境下的疲劳裂纹扩展速率 da/dN 与应力集中系数 ΔK 的变化关系

13.4.1　疲劳要求

　　起落架结构所要求的疲劳分析等级根据审定规章和飞机制造商的要求而有所不同。轻型、通用航空飞机历来不要求对起落架进行疲劳评估，也未规定这些结构件的寿命限制。相比之下，民用运输类飞机则要求通过经试验验证的分析来表明飞机的主承力结构件（包括起落架）在达到公开的寿命限制服役期内不会出现疲劳裂纹。该条例的咨询材料指出，目前安全—寿命疲劳分析的最低可接受方法是使用符合 99/95 标准的材料数据（99% 的生存概率和 95% 的置信度）。此外，应采用最小为 3 的分散系数（若缺乏可信的疲劳谱和材料数据应规定更高的分散系数）。适航规章条例的一个关键特征是通过分析得出符合性结论。这就要求用可靠的起落架结构模型将载荷分解为结构件载荷，通过经验证的方法对每个主承力结构件进行分析从而确定疲劳关键部位。公开的寿命限制是所有结构件的最低寿命（最高疲劳损伤）。

起落架的规定寿命即"设计服役目标"因飞机的类型和飞机制造商对飞机的市场意图而不同。许多飞机具有 25 年的设计预期使用年限，飞机在该使用年限中的使用循环次数取决于预期的任务剖面。短航程飞机（如波音 737 或空客 A320）的设计寿命在 50000 次循环左右。长航程飞机（如波音 777 或空客 A350），由于其大部分时间都在空中，其设计循环次数要求往往较低。这类飞机的设计循环寿命在 25000 次循环左右是合理的。战术飞机一般具有更短的设计循环寿命——可能低于 10000 次循环。

虽然规章要求对主承力结构件进行疲劳分析，但好的设计实践是意识到并对设备和其他结构件开展抗疲劳设计。证实所具有的疲劳寿命是所有起落架系统结构件的合同要求。液压元件通常按照 ARP1383[82] 进行疲劳试验。该文件总结了液压元件的压力脉冲试验程序。这类试验很难直接与使用飞行循环匹配但被广泛用于证实产品的鲁棒性水平。

13.4.2　分析方法

结构件的疲劳分析需要结构件的载荷及其受载次序（疲劳谱）、结构件受载引起的应力或应变、材料性能特性（包括任何涂层和表面处理的影响），并选择一种分析方法和工具计算由此产生的疲劳损伤。传统结构件的分析方法基于点 – 点原则：选择疲劳裂纹萌生的危险部位并进行计算。现代技术依赖如今的计算能力，采用全场有限元方法计算了零件所有部位的疲劳损伤。后一种方法伴随着有限元分析的所有注意事项（具有良好特征细节和正确加载的模型），但也享受到起落架的每个零件都得到分析评估的好处。疲劳分析技术从广义上说可分为两类：一类采用应力—寿命法，另一类采用应变—寿命法。前一类方法中的零件寿命是由给定应力水平的循环次数形式确定的，而后一类方法则是以应变的形式确定的。两种方法都是适用的，但起落架结构采用应变—寿命法具有显著的好处，原因是更好地确定局部塑性的影响（这会在大载荷工况下出现）。Schütz[83] 的论文概述了历史上研究疲劳现象的几种方法。对于从事疲劳分析的人来说，Schijve[84] 的书是极为相关的参考资料，他是飞机疲劳分析领域的领军人物。

确定特定材料的疲劳性能需要大量元件级试验（试样试验）来建立基线性能和理解批次间的差异性。大多数起落架制造商将进行大量的试样试验以获得常用材料的特性。在缺乏专有数据的情况下，MMPDS 提供了大量的试验结果和疲劳曲线。ESDU 数据表 04019[85] 和 71027[86] 给出了高强度钢的疲劳数据，另外的数据表包括特定的钛合金和铝合金。考虑表面处理和涂层对材料的影响是重要的，例如，喷丸可以提高疲劳寿命而大多数涂层会降低疲劳寿命。MMPDS 就考虑表面处理中如何选择合适的系数来修正疲劳曲线提供了一定的指导。ESDU 数据表 74027[87] 和 86033[88] 分别讨论了钢材料表面粗糙度和镀铬的影响。数据表 88027[89] 和 89004[90] 分别讨论了微动磨损对钛合金和铝合金的影响。数据表 92015[91] 介绍了喷丸的影响。

特定的结构特征（如耳片）需要采用特定的分析方法。ESDU 提供了这样的数据表，分别是 77017[92]（用于钛合金耳片）、80007[93] 和 84025[94]（用于铝合金耳片）、82022[95]

（用于钢材料耳片）。数据表 A.05.02[96]介绍了销钉接头的疲劳分析方法。ESDU 提供了大量额外的数据表，这些数据表提供了疲劳分析过程每一步的信息。

13.4.3　疲劳载荷谱

确定合适的载荷谱或许是疲劳分析过程中最为重要的步骤。如果载荷及其出现频次估计的不正确，那么在使用过程中会提前发生疲劳断裂。大部分的疲劳谱是基于以往飞机的使用类型并结合对每次机动过程中可能出现的载荷。AIR5914[97]对民用运输机的疲劳谱编制过程做了很好的介绍。一般情况下，通过在役飞机实测的数据确定特定机动过程的超越曲线。美国联邦航空局（FAA）开展了大量的工作载荷监测活动，这些活动有助于确定所关注的超越曲线。通过将超越曲线分块成各组载荷，从而编制载荷谱。将每一个不同的载荷块组合起来创建一个具有代表性的飞行剖面。如果飞机预期执行不同类型的任务，通常从不同的飞行类型中进行选取从而建立疲劳谱。为了分析或试验的方便，可以降低飞 – 续 – 飞疲劳谱的复杂性同时保持各结构件的等效损伤量。ARP5429[98]介绍了这个简化过程并给出了一个参考谱。FAA 出版物 DOT/FAA/TC–12/17[99]更为详细地说明了这个过程。对于英国军用飞机来说，DEF STAN 00–970[100]给出了某战术飞机主起落架疲劳谱的例子以及为各种类型飞机建立疲劳谱的方法。飞行阶段（着陆）的摘录如图 13–57 所示。

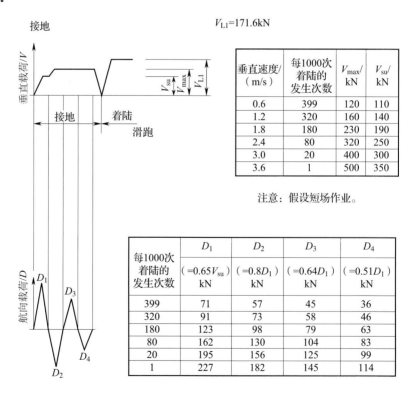

$V_{L1} = 171.6 \text{kN}$

垂直速度/ （m/s）	每1000次 着陆的 发生次数	V_{max}/ kN	V_{su}/ kN
0.6	399	120	110
1.2	320	160	140
1.8	180	230	190
2.4	80	320	250
3.0	20	400	300
3.6	1	500	350

注意：假设短场作业。

每1000次 着陆的 发生次数	D_1 （$=0.65V_{su}$） kN	D_2 （$=0.8D_1$） kN	D_3 （$=0.64D_1$） kN	D_4 （$=0.51D_1$） kN
399	71	57	45	36
320	91	73	58	46
180	123	98	79	63
80	162	130	104	83
20	195	156	125	99
1	227	182	145	114

图 13–57　部分疲劳谱示例

大多数起落架的疲劳谱是基于飞行循环次数的（起落次数）。然而，对于执行混合任务（一部分短程和一部分长程）的飞机来说，用飞行循环以及飞行时间来定义疲劳谱是合理的。对于纯粹基于飞行循环的疲劳谱，典型的选择是"疲劳起飞重量"和"疲劳着陆重量"。这种起飞重量的假设对于超长程（飞机上燃油占总重量的很大比例）和短程飞机是不适用的。使用飞行时间作为寿命跟踪的附加参数是有意义的，因为总飞行时间除以总飞行小时数（平均飞行时间）通常与飞机燃油量成正比。在较低的飞行循环数中进行大量飞行的飞机是远程飞行，其起飞重量显著大于着陆重量。相反地，通勤飞机的着陆重量通常与起飞重量相当。对于大型飞机，当飞机重量接近最大起飞重量时产生的起落架疲劳损伤通常是最为严重的，这就需要仔细考虑计及这种影响的计算方法。

已有大量工作研究着陆时的下沉速度范围。MIL-A-8863[101] 给出了一种估算下沉速度超越曲线的方法。美国联邦航空局（FAA）资助的一些调查[102] 表明该方法对于通勤类和大型民用飞机是合理的。特种飞机如短距起飞和降落的类型以及大下滑角进场的飞机可能会有不同的超越曲线，应开展相关研究以确定可能的着陆情况。

此外，FAA 发布的报告中还提供了大量的载荷统计数据，这些数据来源于一个广泛的工作载荷监测项目。载荷数据包括赛斯纳 172、空客 A320、波音 777、波音 737、庞巴迪 CRJ100、波音 747、比奇 BE-1900、波音 767、巴西航空 145 和麦道 MD-82/83 系列。总共有超过 47000 架次的飞行数据记录其中。

13.4.4　分散系数

分散系数的合理选取常常是一个有争议的议题。考虑 99/95 的材料特性，大型民用飞机的规章要求最小的分散系数为 3。历史上根据不同的疲劳曲线，设计使用的分散系数为 5。最终，适航规章提出必须选择一个最小的和合适的分散系数以保证审定、服役安全和飞机项目的商业目标。文件 AIR6949[103] 给出了分散系数的推导过程以及历史上所做的选择。一般来说，分散系数是用来考虑材料性能和载荷谱的不确定性。选择合适的分散系数是确保服役中故障等级的关键。在对大型飞机起落架预期在役故障率与实际在役故障率的评估[104] 对比发现，由于疲劳导致的起落架故障比预期的多。大部分服役中断裂的结构件是由于不可预见的受载（占 50%），这表明当前的分散系数假设可能无法充分涵盖服役中载荷的变化。

13.4.5　疲劳验证

疲劳分析过程必须经过验证且大多数飞机项目会开展全尺寸起落架疲劳试验。然而，考虑到大部分起落架材料具有很大的分散性，单独的疲劳试验（典型的分散系数为 3~6）不足以表明设计的鲁棒性。对于超高抗拉强度钢的结构，疲劳试验需要 20~25 的分散系数从而保证使用中的低失效等级。由于这类试验耗资巨大，因此全尺寸疲劳试验往往进行到设计分散系数为止——不是为了证明分析的有效性，而是作为"疏忽错误检查"——以确认在分析中没有遗漏任何危险的部位。完整的分析过程是通过积木式的试验验证的：大量试样试验的数据给出用于分析的曲线，刚度和强度试验确认应力分析工具的有效性，最后在完整试验件上的单个或多个疲劳试验表明在分析过程中没有重大错误。大多数起落架疲劳试验是以寿命的倍数形式开展的；在第 1 倍寿命之后通常进行无损检测。对于进行分散系数为 5 的疲劳试验，下一步的无损检测往往在第 3 倍和第 5 倍寿命之后进行。

13.5　重量特性

起落架及其相关系统的重量特性对飞机设计师（他们希望起落架没有重量）以及起落架工程师来说都是非常重要的。每个起落架的重量和重心位置对于确定所需的收起力和自由放下时的有效势能是很重要的；滚动部件的重心和转动惯量是确定着陆起转载荷的关键。在飞机和起落架的研发过程中，通常需要对最终起落架的预期重量特性做出估计。这通常是根据历史经验或通过详细的数字模型估算的。

图13-58给出了起落架系统的重量占飞机总重量百分比随年代的演化过程。平均而言，对于常规布局飞机，完整的起落架系统重量约为该飞机最大总重量的4%。对于轻型通用航空飞机，比例可能更高：5%~7%是常有的。由于大多数最大地面载荷在飞机最大总重量下产生，所以有理由认为起落架重量是该值的函数。如果飞机和起落架的布局是非常规的，那么可能会与4%的平均值有很大的差异（图中最小重量占比1.5%的是洛克希德的U-2，其特点是长度很小且自行车式布置的起落架）。

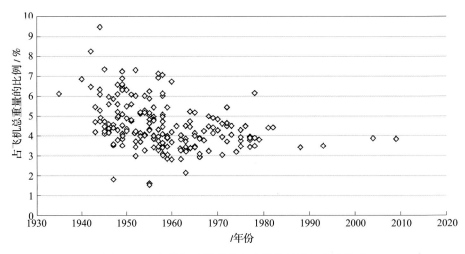

图13-58　起落架系统重量与飞机总重量的占比关系

13.5.1　重量预估

大量基于统计学的估算方程通过将起落架重量作为飞机总重量的函数用来预测起落架重量。虽然这些方程可以进行快速的估算，但必须注意它们是根据历史数据拟合的经验曲线；因此，它们只适用于形成原始数据库所采用的飞机类型、起落架类型和制造技术类型。这些方法不能很好地预估非常规布局的、复杂功能的或新制造方法的起落架重量。Roskam[105]给出了计算商用运输类飞机起落架系统总重量的通用动态方程

$$W_g = 62.61 \left(\frac{W_{TO}}{1000} \right)^{0.84}$$

式中：W_g——飞机起落架结构和滚动部件的总重量，lb；

$\quad\quad W_{TO}$——飞机最大起飞重量，lb。

Torenbeek[20]给出了适用于喷气推进的训练飞机、运输类飞机和机翼下安装主起落架的商务飞机的每个常规布局起落架单独重量的确定方法

$$M_g = k \left(A + B M_{TO}^{3/4} + C M_{TO} + D M_{TO}^{3/2} \right)$$

式中：M_g——前起落架组件或主起落架组件的重量（所有主起落架包括结构和滚动部件），kg；

$\quad\quad k$——常数：下单翼飞机为1.0，上单翼飞机为1.08；

M_{TO}——飞机最大起飞重量，kg；

A，B，C 和 D——均为常数，取值见表 13-10。

表 13-10　Torenbeek 起落架重量预计方程的常数

飞机类型	起落架形式		A	B	C	D
喷气式训练和商务飞机	可收放式	主起落架	15.0	0.033	0.021	0
		前起落架	5.4	0.049	0	0
其他民用类型飞机	固定式	主起落架	9.1	0.082	0.019	0
		前起落架	11.3	0	0.0024	0
		尾部起落架	4.1	0	0.0024	0
	可收放式	主起落架	18.1	0.131	0.019	2.23×10^{-5}
		前起落架	9.1	0.082	0	2.97×10^{-6}
		尾部起落架	2.3	0	0.0031	0

虽然仅仅考虑飞机重量的上述方法能够提供指导值，但对于给定的飞机重量，很明显较长的起落架会比较短的起落架重。

更为精确地预估单个起落架重量的方法理论上应考虑起落架长度。Raymer[106] 给出了以下包含公式的案例，这些公式源自 20 世纪 60 年代末和 70 年代初进行的研究。

对于战术飞机[107]（基于 14 架飞机的回归分析）

$$W_{\text{mlg}} = K_{\text{cb}} K_{\text{tpg}} \left(W_1 N_1 \right)^{0.25} L_{\text{m}}^{0.973}$$

$$W_{\text{nlg}} = \left(W_1 N_1 \right)^{0.29} L_{\text{n}}^{0.5} N_{\text{nw}}^{0.525}$$

对于货运 / 运输类飞机[108]（基于 11 架飞机的回归分析）

$$W_{\text{mlg}} = 0.0106 K_{\text{mp}} W_1^{0.888} N_1^{0.25} L_{\text{m}}^{0.4} N_{\text{mw}}^{0.321} N_{\text{mss}}^{-0.5} V_{\text{stall}}^{0.1}$$

$$W_{\text{nlg}} = 0.032 K_{\text{np}} W_1^{0.646} N_1^{0.2} L_{\text{n}}^{0.5} N_{\text{mw}}^{0.45}$$

对于通用飞机[109]

$$W_{\text{mlg}} = 0.09468 \left(W_1 N_1 \right)^{0.76802} \left(\frac{L_{\text{m}}}{12} \right)^{0.40845}$$

$$W_{\text{nlg}} = 0.12514 \left(W_1 N_1 \right)^{0.56635} \left(\frac{L_{\text{n}}}{12} \right)^{0.84473}$$

式中：W_{mlg}——主起落架重量，lb；

W_{nlg}——前起落架重量，lb；

L_{m}——主起落架长度，ft；

L_{n}——前起落架长度，ft；

W_1——最大着陆重量，lb；

N_1——极限着陆载荷系数（反作用系数 × 1.5）；

K_{cb}——常数：工字梁起落架（如 F-111）为 2.25，其余 1.0；

K_{tpg}——常数：三轮起落架（如 A-7，F-16）为 0.826，其余 1.0；

K_{mp}——常数：可下蹲起落架为 1.126，其余 1.0；

K_{np}——常数：可下蹲起落架为 1.15，其余 1.0；

N_{mss}——飞机主起落架缓冲支柱的总数量；

N_{mw}——飞机主机轮的总数量；

N_{nw}——飞机前机轮的总数量；

V_{stall}——飞机失速速度，kn。

虽然统计学的方法在飞机设计的早期阶段或者为了确保起落架设计的基本正确性是有用的，资深的起落架工程师通常采用更为详细的估算方法。尽管一些飞机在回归分析中取得了高度的相关性（上述运输类飞机主起落架公式的相关系数为 99.9），但在预测特定飞机时会存在重大误差。例如，根据估算公式得出的 C-5（在回归分析中使用的飞机）主起落架组重量比实际少 2041kg（或 510kg/ 主起落架），误差达到 15%。当使用类似的方法来估计整个飞机的重量时很可能不存在误差，因为有些结构的重量超过预测值而另一些低于预测值。然而，使用公式来预估诸如起落架结构的目标重量时必须谨慎。此外，对原始数据集以外的飞机使用外推方法会导致出乎意料的结果。通过几种重量预测公式与波音 777-300ER 起落架重量的对比发现，大多数公式的预估重量偏大（这是因为波音 777 起落架出色的重量效率）。采用通用动态方程的方法预估的重量偏大 42%，Rayner-Vought 方法预估的主起落架重量偏大 26%，Torenbeek 方法预测的重量偏小 15%。最简单的预估结论是整个起落架系统重量占飞机最大起飞重量的 4% ~ 8%。当然，其他飞机的重量预估精度将与以上数字不同。

许多公司基于其以往设计的零件进行参数化建模，这样可对给定结构的每个零件进行重量估计。另一种方法是 Kraus[110] 提出的开发一种快速尺寸成形工具，（对于给定的起落架几何形状）将载荷分解为结构件内部载荷，然后对每个结构件进行快速尺寸设计。根据结构件所用材料的密度得到每个结构件重量并求和就能获得起落架的总重量。取决于所使用的尺寸成形算法的复杂性，这种方法是可以非常精确的。最准确的重量估计来自于完整的设计和合理的尺寸计算。通过现代的计算机辅助设计工具，这种方法常常在飞机设计项目的早期就开始使用了。

13.5.2 起落架重量数据

表 13-11 列出了各种类型飞机及其相关的起落架重量（数据来源于 Roskam[105]）。表中的起落架重量包括起落架结构和滚动部件（机轮、刹车和轮胎）。起落架的总重量是飞机上所有起落架的重量，若已知单个起落架的重量则将单独列出。大多数飞机由一个前起落架和两个主起落架组成，若为特殊布局，则在备注中注释。

表 13-11 起落架总重量

飞机	飞机类型	最大飞机重量 /kg	起落架总重量 /kg	前起落架重量 /kg	主起落架重量 /kg	备注
Bede BD-5B	自制	477.7	14.5	4.5	5.0	
赛斯纳 150	单发螺旋桨飞机	681.8	47.3			固定起落架
赛斯纳 172	单发螺旋桨飞机	1000.0	50.5			固定起落架
赛斯纳 175	单发螺旋桨飞机	1068.2	50.5			固定起落架

表 13-11（续）

飞机	飞机类型	最大飞机重量 /kg	起落架总重量 /kg	前起落架重量 /kg	主起落架重量 /kg	备注
赛斯纳 180	单发螺旋桨飞机	1204.5	50.9			固定起落架；尾轮式
赛斯纳 182	单发螺旋桨飞机	1204.5	60.0			固定起落架
赛斯纳 L-19A	单发螺旋桨飞机	954.5	61.4			固定起落架；尾轮式
赛斯纳 210A	单发螺旋桨飞机	1318.2	94.1			
比奇 J-35	单发螺旋桨飞机	1318.2	93.2			
萨伯 Safir	单发螺旋桨飞机	1209.1	54.1			
罗克韦尔 112TCA	单发螺旋桨飞机	1342.7	73.2	15.9	28.6	
赛斯纳 210J	单发螺旋桨飞机	1545.5	86.8	22.7	32.0	
比奇 65 "空中女王"	双发螺旋桨飞机	3349.1	201.8			
比奇 E-18S	双发螺旋桨飞机	4409.1	265.9			尾轮式
比奇 G-50 Twin Bonanza	双发螺旋桨飞机	3250.0	203.2			
比奇 95 Travel Air	双发螺旋桨飞机	1818.2	99.1			
赛斯纳 310C	双发螺旋桨飞机	2195.5	119.5			
赛斯纳 404-3	双发螺旋桨飞机	3818.2	143.6	30.5	56.6	
赛斯纳 414A	双发螺旋桨飞机	3084.1	137.7	34.1	51.8	
赛斯纳 TP-441	双发螺旋桨飞机	4511.4	157.3	31.4	63.0	
罗克韦尔 690B	双发螺旋桨飞机	4638.6	198.6	24.1	87.3	
PZL M18 "单峰骆驼"	单活塞农用飞机	4208.6	188.6		82.3	尾轮式，尾部起落架 24.1kg
PZL M21 "小单峰骆驼"	单活塞农用飞机	3306.8	146.4		61.1	尾轮式，尾部起落架 24.1kg
PZL M15 贝尔芬格	单活塞农用飞机	5661.8	229.5	64.1	82.7	
莫拉纳 - 索尔尼埃 MS-760 "巴黎"	公务机	3477.3	139.5			
洛克希德 Jetstar	公务机	13945.5	482.3			
利尔喷气 25D/28	公务机	6818.2	265.5	46.4	109.5	
赛斯纳 Citation II	公务机	6136.4	211.4	39.5	85.9	
罗克韦尔 JC-1121	公务机	9318.2	201.4			
霍克·西德利 125	公务机	10590.9	299.5			
"湾流" G- II	公务机	29454.5	914.1	145.9	384.1	
格鲁门 G- I	支线涡桨飞机	15954.5	548.6	99.5	224.5	
"北方" 262	支线涡桨飞机	10422.7	493.2			
巴西航空 110-P2	支线涡桨飞机	5681.8	244.5			
福克 F.27-100	支线涡桨飞机	17045.5	881.8			

表 13-11（续）

飞机	飞机类型	最大飞机重量 /kg	起落架总重量 /kg	前起落架重量 /kg	主起落架重量 /kg	备注
福克 F.27-200	支线涡桨飞机	19772.7	829.5			
福克 F.27-500	支线涡桨飞机	20454.5	847.7			
肖特"空中货车"	支线涡桨飞机	5681.8	211.8			
加拿大德·哈维兰 DHC7-102	支线涡桨飞机	20000.0	787.3			
加拿大德·哈维兰 DHC6-300	支线涡桨飞机	5681.8	278.6			固定起落架
萨伯 Scandia	支线活塞/螺旋桨飞机	14027.3	836.8			
汉德利·佩奇"使者"	支线活塞/螺旋桨飞机	17045.5	738.6			
英格兰航空 Twin Pioneer	支线活塞/螺旋桨飞机	6636.4	319.5			固定起落架；尾轮式
康维尔 240	支线活塞/螺旋桨飞机	19772.7	695.5			
空客 A300B2	喷气运输机	137272.7	6186.8			
波音 707-121	喷气运输机	111818.2	4437.7			
波音 707-320	喷气运输机	141363.6	5772.7			
波音 707-320C	喷气运输机	150000.0	5789.5			
波音 707-321	喷气运输机	137272.7	5055.5			
波音 720-022	喷气运输机	92272.7	3686.4			
波音 727-100	喷气运输机	72727.3	3277.7			
波音 737-200	喷气运输机	52500.0	1979.1			
波音 747-100	喷气运输机	322727.3	14203.2			
麦道 DC-8	喷气运输机	97727.3	4959.1			
麦道 DC-9-10	喷气运输机	41590.9	1663.6			
麦道 DC-9-30	喷气运输机	49090.9	1895.5	213.6	840.9	
麦道 MD-80	喷气运输机	63636.4	2427.3	250	1088.6	
麦道 DC-10-10	喷气运输机	195454.5	9009.1	690.9	4159.1	
麦道 DC-10-30	喷气运输机	252272.7	11709.5	832.7	4622.5	加上中央起落架 1632kg
霍克·西德利 121-IC	喷气运输机	52272.7	2005.9			
VFW-福克 614	喷气运输机	18627.7	736.4			
福克 F.28-1000	喷气运输机	29545.5	1254.1			

表 13-11（续）

飞机	飞机类型	最大飞机重量 /kg	起落架总重量 /kg	前起落架重量 /kg	主起落架重量 /kg	备注
BAC 1-11/300	喷气运输机	39545.5	1298.2			
法国南方航空"快帆"	喷气运输机	50104.5	2322.7			
布里斯托不列颠	涡桨运输机	70454.5	2629.5			
康纳戴尔 CL-44C	涡桨运输机	93181.8	3219.5			
维克斯"子爵"810	涡桨运输机	32954.5	1122.3			
洛克希德 Electra	涡桨运输机	52727.3	1735.0			
诺斯罗普 T-38A	军用教练机	5295.9	207.7			
"北美" T-39A	军用教练机	7416.4	330.9			
赛斯纳 T-37A	军用教练机	2830.9	150.0			
"富加教师"	军用教练机	2854.5	208.6			
康纳戴尔 CL-41	军用教练机	5130.9	144.5			
"北美" F-100F	战术飞机	13359.5	685.9			
麦克唐纳 F-101B	战术飞机	18090.9	723.6			
麦克唐纳 RF-101C	战术飞机	16818.2	725.5			
康维尔 F-102A	战术飞机	11590.9	480.0			
"共和" F-105B	战术飞机	14269.1	840.0			
康维尔 F-106A	战术飞机	13904.5	560.0			
"北美" F-107A	战术飞机	13420.0	640.9			
"北美" F-86H	战术飞机	8641.8	449.5			
沃特 F-8	舰载战术飞机	13899.1	431.4			
麦克唐纳 F4H	舰载战术飞机	15841.4	788.6			
格鲁门 F11F	舰载战术飞机	7954.5	412.3			
格鲁门 F9F-5	舰载战术飞机	6772.7	330.9			
格鲁门 A6	舰载战术飞机	15825.0	1065.0			
麦克唐纳 F3H-2	舰载战术飞机	11818.2	703.6			
"北美" A-5	舰载战术飞机	20921.8	987.7			
沃特 F7U-1	舰载战术飞机	8777.3	536.8			
麦道 F-4E	战术飞机	17045.5	883.6	171.4	356.1	
麦道 F-15C	战术飞机	17000.0	633.2	120.0	256.6	
麦道 F/A-18A	舰载战术飞机	14707.7	905.5	284.5	310.5	
麦道 AV-8B	垂直起降战术飞机	10431.8	459.5	151.8	181.8	加上两个外侧悬臂起落架，每个 63kg

表 13-11（续）

飞机	飞机类型	最大飞机重量 /kg	起落架总重量 /kg	前起落架重量 /kg	主起落架重量 /kg	备注
波音 KC-135	军用喷气运输机	135000.0	4627.3			
洛克希德 C-141B	军用喷气运输机	142818.2	4931.8	560.9	2185.5	
洛克希德 C-5A	军用喷气运输机	349545.5	17433.2	2025.0	3852.0	四个主起落架
阿姆斯特朗 - 怀特沃斯 Argosy	军用涡桨运输机	37272.7	1445.5			
道格拉斯 C-133A	军用涡桨运输机	125000.0	4834.1			
洛克希德 C-130H	军用涡桨运输机	70454.5	2413.2	331.8	1040.7	
布雷盖 941	军用涡桨运输机	26555.0	1193.6			
比奇 L-23F	军用活塞运输机	3349.1	205.9			
蔡斯 C-123B	军用活塞运输机	24545.5	945.9			
加拿大德·哈维兰 DHC-4 "驯鹿"	军用活塞运输机	11818.2	559.1			
费尔柴尔德 C-119B	军用活塞运输机	29090.9	1907.7			
道格拉斯 C-124C	军用活塞运输机	84090.9	5318.6			
波音 C-97C	军用活塞运输机	68181.8	3232.7	437.7	1397.5	
洛克希德 C-69	军用活塞运输机	37272.7	2036.8	463.2	786.8	
洛克希德 C-121A	军用活塞运输机	60363.6	2168.6	489.5	839.5	
格鲁门 S2F-1 "追踪者"	军事巡逻飞机	10536.4	634.5			
洛克希德 P2V-4 "海王星"	军事巡逻飞机	30681.8	1688.6			
洛克希德 U-2	军事巡逻飞机	7727.3	119.5		92.3	自行车式构型；尾部起落架 27.3kg

13.5.3 重量特性评估

设计、研发和生产过程中需要对起落架系统重量特性的迭代进行仔细且持续的监控。除重量外，还应监测和控制结构件的转动惯量和重心（在起落架放下和收起位置）。一旦失去监控重量就会一直增加，因为每个结构件的设计师都会增加一点点裕度。

联合重量工程师协会（The Society of Allied Weight Engineers，SAWE）的推荐实践 RP A-12[111] 提供了指导、表单和一种直观地呈现重量跟踪信息的方法。以 A-12 飞机为例的跟踪表单如表 13-12 所示，汇总表如图 13-59 所示。为了编制飞机重量与平衡数据，可按照推荐实践 A-8[112] 的要求报告重量特性。A-8 飞机起落架系统的相关部分如图 13-60 所示。A-8 感兴趣的特征是用于报告整个飞机重量的编码系统。每个零件、设备或其他元件都被分组列入推荐实践中的电子表格。每个重量组可以通过页码、列字母和行号索引。例如，主起落架的轮胎重量将根据编码 15-T-6（见图 13-60）进行累加和报告。

表 13–12　SAWE RP A–12 详细重量特性分解

基准重量	ATA 编码	SAWE RP-8 编码	成熟度 E/C/A	重量成熟度 E	重量成熟度 C	重量成熟度 A	单件重量 kg	零件数量 [No.]	当前重量 kg	目标重量 kg	CG_x in	CG_y in	CG_z in	自身 I_{xx} kg·in²	自身 I_{yy} kg·in²	自身 I_{zz} kg·in²	自身 I_{xy} kg·in²	自身 I_{xz} kg·in²	自身 I_{zz} kg·in²
				0.68	0.11	0.20		1	1091.50	155.00	162.54	22.20	39.40						
是			E				500.00	1	500.00		150.00	12.00	25.00						
是			E				50.50	1	50.50		150.00	12.00	25.00						
否			E	76%	24%	0%	100.00	1	100.00		150.00	12.00	25.00						
								1	191.00		162.04	12.72	25.20						
是			E	0%	0%	0%	145.00	1	145.00		150.00	12.00	25.00						
									0.00		0.00	0.00	0.00						
否			C	0%	100%	0%	23.00	2	46.00		200.00	15.00	30.00						
								2	46.00		200.00	15.00	30.00						
是			C	14%	0%	86%	23.00	2	46.00		200.00	15.00	30.00						
									126.00		117.14	14.29	50.71						
是			E				18.00	1	18.00		100.00	10.00	25.00						
是			A	25%	46%	30%	36.00	3	108.00		120.00	15.00	55.00						
									61.00		225.41	32.13	43.52						
是			E	0%	100%	0%	15.00	1	15.00		300.00	40.00	60.00						
是			A				9.00	2	18.00		350.00	55.00	55.00						
									28.00		105.36	13.21	27.32						
是			C				25.00	1	25.00		100.00	13.00	27.00						
是			C	12%	0%	88%	3.00	1	3.00		150.00	15.00	30.00						
									51.00		227.94	65.88	85.59						
是			A				45.00	1	45.00		225.00	60.00	85.00						
是			E				6.00	1	6.00		250.00	110.00	90.00						
否			C	11%	45%	45%	45.00	1	45.00		190.00	75.00	110.00						
									112.00		212.05	72.05	96.70						
是			A				45.00	1	45.00		225.00	60.00	85.00						
是			E				6.00	1	6.00		250.00	110.00	90.00						
是			C	38%	31%	31%	45.00	1	45.00		190.00	75.00	110.00						
									16.00		223.44	83.44	94.69						
是			A				5.00	1	5.00		225.00	60.00	85.00						
是			E				6.00	1	6.00		250.00	110.00	90.00						
是			C				5.00	1	5.00		190.00	75.00	110.00						

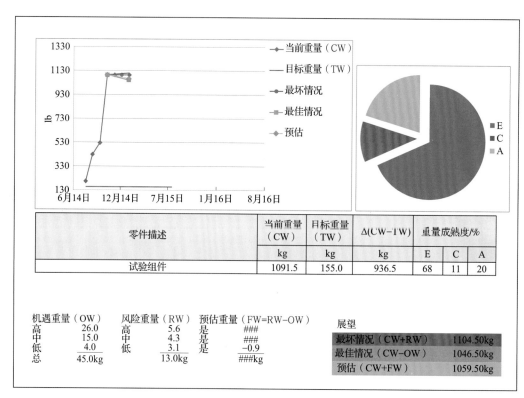

零件描述	当前重量（CW）	目标重量（TW）	Δ(CW-TW)	重量成熟度/%		
	kg	kg	kg	E	C	A
试验组件	1091.5	155.0	936.5	68	11	20

机遇重量（OW）		风险重量（RW）		预估重量（FW=RW-OW）	
高	26.0	高	5.6	是	###
中	15.0	中	4.3	是是	###
低	4.0	低	3.1	是	-0.9
总	45.0kg		13.0kg		###kg

展望	
最坏情况（CW+RW）	1104.50kg
最佳情况（CW-OW）	1046.50kg
预估（CW+FW）	1059.50kg

图 13-59　SAWE RP A-12 重量评估总结

SAWE RP A-8：2015a 第二部分 名称 日期			起落架组件① （包括弹射和回收装置）			页码 模型 报告	
1		主起落架　　前起/尾轮	主起落架		前起落架/ 尾轮	弹射装置	回收装置
2	位置②		滚动部件	结构	滚动部件	结构	起落架	起落架
3	类型③							
4								
5	机轮　数量　_____							
6	轮胎　尺寸							
7	管体							
8	刹车（能力 ---）（CAP.---）④							
9	空气							
10	防滑装置							
11								
12	浮筒							
13	舱壁及框							
14	盖板及加强件							
15	龙骨及内龙骨							
16	雪橇							
17								
18	尾橇							

19						
20	拦阻装置					
21	拦阻钩					
22	钩头					
23	降落伞回收或减速装置（直径 _____ft）					
24	表面冲击衰减系统					
25	支撑杆					
26	阻力杆					
27	侧撑杆					
28						
29	（浮筒）支架（浮筒）拉架					
30						
31	缓冲支柱					
32	支柱外筒					
33	支柱内筒					
34	液压油					
35	轮叉					
36	轮轴					
37	摇臂					
38	防扭臂					
39	轴颈支柱					
40	车架横梁					
41	接头（主要接头处）					
42	机翼					
43	机身					
44	短舱					
45						
46	弹射装置					
47	牵引杆					
48	止动接头					
49	硬点、耳片等					
50	整流罩					
51	销轴，螺栓，螺母等					
52	外部涂层					
53						
54	列合计第 15 页					
55	主起落架、前起落架、弹射及回收装置合计第 15 页					
56	起落架合计第 15 页					
57						

① 如果飞机带有外接装置，请添加补充页；　　　　　② 表明安装位置（机翼、机身等）；
③ 表明支柱式、摇臂式等；　　　　　④ 输入每个刹车的能力（10^{-6}ft/lbf）。

		起落架组件 [①]（包括弹射和回收装置）（续）				页码 模型 报告	
	SAWE RP A-8：2015a 第二部分 名称 日期						
1		主起落架		前起落架 / 尾轮		弹射装置	回收装置
2		收起	刹车	收放	转弯	起落架	起落架
3							
4	机械操纵机构						
5	控制系统						
6	作动筒						
7	松紧绳						
8							
9							
10	电操纵机构						
11	控制系统						
12	电路系统 [②]						
13	执行电机						
14	机构						
15							
16							
17	液压操纵机构						
18	控制系统						
19	管路系统 [②]						
20	蓄电池						
21	作动筒						
22	机构						
23	油液 [②]						
24							
25							
26							
27	空气操纵机构						
28	控制系统						
29	管路系统 [②]						

30	储气瓶					
31	作动筒					
32	机构					
33						
34	应急刹车					
35						
36	锁机构					
37	支架					
38	连接件					
39						
40	刹车控制系统					
41						
42	位置指示机构					
43						
44	减摆器 / 振动阻尼器					
45						
46	应急放（类型 ＿＿＿）					
47						
48	支架，导向件等					
49	机翼					
50	尾翼					
51	机身					
52	短舱					
53						
54	第 16 页列合计					
55	主起落架、前起落架、弹射及回收装置合计第 15 页					
56	主起落架、前起落架、弹射及回收装置合计第 16 页（ ）					
57	起落架组件合计第 15～16 页（ ）					

① 如果飞机带有外接装置，请添加补充页；
② 从分配点到执行单元。

图 13-60　SAWE RP A-8 起落架及其相关系统的重量特性报告表

13.5.4　重量特性验证

为了确保每个结构件重量特性预估的有效性，应进行全面的测量以保证最终生产的结构件符合目标值。每个零件都应称重并考虑称重过程中伴随该零件的工具或固定装置。一般来说，好的做法是目击称重过程，而不是依靠他人提供受控的称重验证环境——在许多情况下，人们关心的是在运输条件下的物品总重量，以便运输或搬运（因此，可能对与目标零件同时称重的其他物品并不在意）。SAWE 的推荐实践 100[113] 为零件称重和可接受的重量变化（作为零件重量范围的函数）提供了很好的指导。一般来说，天平能够测量到零件重量的 ±0.1%（这通常要求匹配的天平测量匹配尺寸的起落架）。必须要注意装配组件的重量是"湿"的（含液压油）还是"干"的。通常建议确保生产手段是稳定的从而得到重量一致的零件。通常对前 5 个生产产品的重量进行核实，随后则开展例行的抽查。

各种试验方法可用来验证如重心位置和转动惯量的其他特性。SAWE 手册[114] 对确定这些特性提供了相当多的指导。

13.6　安全性和可靠性

民用飞机的安全性评估过程在 ARP4761[115] 中描述。该文件构成了安全性设计的行业参考并得到全球审定当局的认可。以下的安全性评估概述改编自该文件。

13.6.1　安全性评估概述

飞机系统的安全性评估始于飞机或系统设计的概念阶段。它不仅是定量确定预期的安全性水平的手段，也是定性辅助架构设计和开发的手段。架构决策如系统冗余度和隔离来自于最初的安全性评估。由于每架飞机具有不同的特点和任务，安全性评估过程允许研发优化后的系统以满足整体的安全性目标。应计划和管理安全性评估过程以提供必要的保证所有相关的故障条件均已被识别，以及所有可能导致这些故障条件的重大故障组合均已被考虑。集成系统的安全性评估应考虑集成引起的任何额外的复杂性和相关性。在所有涉及集成系统的情况中，安全性评估过程对于建立系统合适的安全性目标和确定满足这些目标的实施方案是至关重要的。如第 1 章所述，安全性评估过程与民用航空器的系统研发过程 ARP4754[116] 一起辅助确定合适的架构和确定定量的安全性要求。

图 13-61 展示了安全性评估过程的顶层视图，包括功能危险评估（FHA）、初步系统安全性评估（PSSA）和系统安全性评估（SSA）；图中显示了安全性评估方法与流程的关系。安全性评估过程从概念设计开始，并推导出该概念的安全性要求。随着设计的深入，通常会发生更改，更改后的设计必须经过重新评估；重新评估会产生新的衍生设计要求，进而引起进一步的设计更改。安全性评估过程以验证设计满足安全性要求为结束。图的顶部展示了典型的研发周期时间轴，以说明安全性流程与研发流程的时间关系。为突出这种关系，链接在设计流程中的安全性流程用框图分组显示。

功能危险评估是在飞机 / 系统研发周期开始时进行的。它的目的是识别和分类与飞机功能和飞机功能组合有关的故障情况。这些故障情况的分类确定了安全性目标。安全系统的大前提是造成严重后果的危险应以较低的概率发生；图 13-62 给出了大型民用飞机可接受概率值的原则。故障情况的影响（次要的、主要的、危险的和灾难性的），以及定性和定量相关的数值如表 13-13 所示。

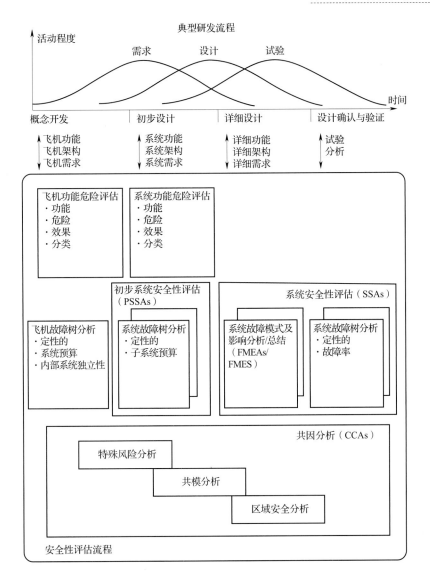

图 13-61　安全性评估过程概述

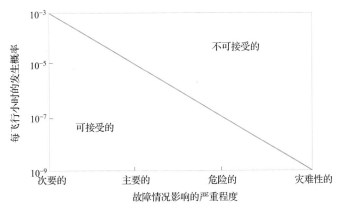

图 13-62　故障情况严重程度和可接受的发生概率的关系

表 13–13　故障情况严重程度与目标概率和保证水平的关系

概率（定量）		每飞行小时				
		1.0	1.0×10^{-3}	1.0×10^{-5}	1.0×10^{-7}	1.0×10^{-9}
概率（描述性）	FAA	可能		不可能		极不可能
	EASA	经常	合理可能	小	极小	极不可能
故障情况严重程度分类	FAA	次要的		主要的	极为主要的	灾难性的
	EASA	次要的		主要的	危险的	灾难性的
故障程度影响	FAA 和 EASA	·安全裕度稍微降低； ·机组成员工作量稍微增加； ·给乘员带来一些不便		·安全裕度或功能性能力稍微降低； ·机组成员工作量稍微增加或降低机组乘员效率； ·给乘员带来一些不舒适	·安全裕度或功能性能力大为降低； ·较高的工作量或身体上的困难以致不能指望机组成员准确或完整地完成任务； ·给乘员带来不利影响	·妨害持续安全飞行和着陆的所有故障情况
研发保证等级	ARP4754	等级 D		等级 C	等级 B	等级 A

注：不存在超出任何概率范围的"无安全影响"的研发保证等级 E。

　　开展功能危险评估（FHA）的目的是清楚地识别每一个故障情况及其基本原理以便分类。一旦飞机功能根据设计流程分配到系统中，每个集成多个飞机功能的系统都应使用FHA过程重新检查。更新 FHA 以考虑分配给系统的单个或组合飞机功能的故障。FHA 的输出结果作为初步系统安全性评估（PSSA）的输入条件。PSSA 是对所提议的（单个或多个）系统架构的系统性检查，以确定故障引起由 FHA 识别的功能危险的原因。PSSA 的目标是确定系统的安全性要求并确定所提议的架构能够合理地满足 FHA 确定的安全性目标。PSSA 也是与设计定义相关的交互式流程；它在系统开发过程的多个阶段进行，包括系统、项目和硬件 / 软件设计定义。PSSA 确定了硬件和软件最底层的安全性相关设计要求。PSSA 通常采用故障树分析（FTA）的形式，也可使用相关图（DD）或马可夫分析（MA）。DD 本质上等同于 FTA，两者的选择取决于分析工程师的个人偏好。MA 技术通常在处理延期维护场景时有用。PSSA 还应当包括共因分析（CCA）。

　　系统安全性评估（SSA）是对已生效的系统进行系统性、综合性评估以表明由 FHA 得到的安全性目标和由 PSSA 推导的安全性要求是否得到满足。SSA 通常是基于 PSSA 分析方法采用故障模式及影响总结（FMES）得到的定量值。SSA 应确认 FMES 中确定的所有重要因素都被视为 FTA 的主要事件。FMES 是由（单个或多个）FMEA 确定的故障的总结，这些故障是根据故障影响的程度组合在一起的。SSA 还必须包括适用的 CCA 结果。

　　每个系统架构都建立了特定系统设计实现所需的结构和边界。CCA 应该通过总体架构对共因事件的灵敏度评估来支持特定系统架构和相关系统的开发。这些共因事件通过以下方法分析：特殊风险分析、区域安全分析和共模分析。飞机共因分析的结果提供给各个系统的 PSSA 和 SSA。

　　起落架及其相关系统需要评估一些特定的风险，包括起落架舱着火、压力管路例如刹车蓄压器的爆破、液体泄漏（通常作为区域安全性分析的一部分进行评估）、水冲击、冰雹冲击、结冰、鸟撞（本章前面提到）、轮胎爆裂和甩胎（第 3 章中提到）、轮辋分离（第 4 章中提到）、雷击和高强度辐射场。飞机必须具有在这些事件发生后继续安全飞行和着陆的能力。

在为 PSSA 或 SSA 进行 FTAs 时，用于维修任务的故障检测手段和用于分析的相关暴露时间都必须与飞机维修计划使用的维修任务和间隔一致。在许多情况下，故障检测手段是由驾驶舱效应或系统内部固有特性提供的（例如，通过自检、上电测试等）。安全性评估过程不仅仅是定量的。它包括对诸如研发保证等级、高强度辐射场（HIRF）和雷击等定性问题的考虑。这其中的大部分都包含在 CCA 中。当 SSA 结果经系统级和飞机级的 FHA 验证后，即完成安全性评估过程。

文件 AIR6110[117] 提供了系统开发过程的概述，包括一个以机轮刹车为目标系统的安全性分析过程的实例。

13.6.2　可靠性和有效性

虽然安全性评估过程关注确保结构件和系统的故障不会导致不可接受的结果，但评估的定量方面是基于对结构件和系统故障率的理解：它们的可靠性。在许多情况下，不仅为了安全上的改进，还为了增加系统的有效性，增加系统的冗余度是值得的——为飞机操作员增加系统实用性。例如，任何单点故障导致丧失一半刹车能力的刹车控制系统设计是合适的。然而，一些飞机和系统设计者希望通过增加附加功能来增加完全刹车能力，而这些功能并不是规章或安全性分析明确要求的。必须建立微妙的平衡，因为飞机上的设备越多意味着整体可靠性越低（更多地方会出错），即便它们通过冗余度提高了有效性。

可靠性数值通常是根据相同或类似结构件多年的经验确定的。大多数起落架系统供应商用服役中的换件率和类似信息维护服役经验数据库，这样可以计算确定故障之间的平均时间。其他的可靠性数据来源是可以获取到的，例如非电子零件可靠性数据报告[118]列出了大量不用类型零件的故障率。对于电子元件，故障率通常通过大量的筛选测试确定并可在 MIL-HDBK-217[119] 和电子零件可靠性数据[120] 中查到。

参 考 文 献

［1］"Taxi, Takeoff, and Landing Roll Design Loads," Advisory Circular AC25.491-1, Federal Aviation Administration, October 2000.

［2］Aerospace Standard, "Tests, Impact, Shock Absorber, Landing Gear, Aircraft," AS6053, Revision A, SAE International, October 2012.

［3］"Investigation of Limit Design Lateral Ground Maneuver Load Conditions," DOT/FAA/AR-07/38, Federal Aviation Administration, June 2007.

［4］"Certification Specifications for Sailplanes and Powered Sailplanes," CS-22, Amendment 2, European Aviation Safety Agency, March 2009.

［5］Interface Standard, "Towing Fittings and Provisions for Military Aircraft, Design Requirements For," MIL-STD-805B, Department of Defense, September 1987.

［6］Aerospace Information Report, "Towing Impulse Loads," AIR6906, SAE International, June 2018.

［7］Aerospace Standard, "Aircraft Jacking Pads Adapters and Sockets, Design and Installation of," AS8091, Revision A, SAE International, June 2014.

[8] "Recovery and Battle Damage Assessment and Repair," FM 4-30.31, Department of the Army, September 2006.

[9] Interface Standard, "Naval Airframe Interface Requirements for the Tie-Downs," MIL-STD-81259, Department of Defense, September 2016.

[10] Military Specification, "Tie-Downs, Airframe Design, Requirements for,"MIL-T-81259B, Department of Defense, October 1991.

[11] "Undercarriage Drag Prediction Methods,"ESDU Data Sheet 79015, Amendment B, Engineering Sciences Data Unit, March 1987.

[12] Hoerner, S.F., *Fluid-Dynamic Drag* (Bakersfield, CA: Hoerner Fluid Dynamics, 1962).

[13] Harmon, H.N., "Drag Determination of the Forward Component of a Tricycle Landing Gear," NACA TN 788, National Advisory Committee for Aeronautics, December 1940.

[14] "The Compressible Two-Dimensional Turbulent Boundary Layer, Both with and without Heat Transfer, on a Smooth Flat Plate, with Application to Wedges, Cylinders and Cones," ESDU Data Sheet 68020, Amendment C, Engineering Sciences Data Unit, March 1988.

[15] "Drag of a Rectangular Planform Cavity in a Flat Plate with a Turbulent Boundary Layer for Mach Numbers up to 3.Part I: Closed Flow," ESDU Data Sheet 00006, Amendment B, Engineering Sciences Data Unit, October 2011.

[16] "Drag of a Rectangular Planform Cavity in a Flat Plate with a Turbulent Boundary Layer for Mach Numbers up to 3.Part II: Open and Transitional Flows," ESDU Data Sheet 00007, Amendment B, Engineering Sciences Data Unit, October 2011.

[17] Herrnstein, W.H. and Biermann, D., "The Drag of Airplane Wheels, Wheel Fairings, and Landing Gears — I ," NACA Report 485, National Advisory Committee for Aeronautics, February 1934.

[18] Biermann, D. and Herrnstein, W.H., "The Drag of Airplane Wheels, Wheel Fairings, and Landing Gears II — Nonretractable and Partly Retractable Landing Gears," NACA Report 518, National Advisory Committee for Aeronautics, June 1934.

[19] Herrnstein, W.H. and Biermann, D., "The Drag of Airplane Wheels, Wheel Fairings, and Landing Gears — III ," NACA Report 522, National Advisory Committee for Aeronautics, November 1934.

[20] Torenbeek, E., *Synthesis of Subsonic Airplane Design* (Delft: Delft University Press, 1982).

[21] "Certification Specifications and Acceptable Means of Compliance for Large Aeroplanes," CS-25, Amendment 21, European Aviation Safety Agency, March 2018.

[22] "Certification Specifications and Acceptable Means of Compliance for Large Rotorcraft," CS-29, Amendment 4, European Aviation Safety Agency, November 2016.

[23] Research Paper, "The Hazard Posed to Aircraft by Birds," Australian Transport Safety Bureau,

November 2002.

［24］Electronic Bulletin，"2008–2015 Wildlife Strike Analyses（IBIS），" International Civil Aviation Organization，May 2017.

［25］ATKINS Limited，"Bird Strike Damage & Windshield Bird Strike Final Report，" 5078609–rep–03，Version 1.1，European Aviation Safety Agency，2009.

［26］Barber，J.P.，Taylor，H.R.，and Wilbeck，J.S.，"Bird Impact Forces and Pressures on Rigid and Compliant Targets，" AFFDL–TR–77–60，University of Dayton Research Institute，May 1978.

［27］Boehman，L.I. and Challita，A.，"A Model for Predicting Bird and Ice Impact Loads on Structures，" AFWAL–TR–82–2046，University of Dayton Research Institute，May 1982.

［28］Mercier，C.，"Bird and Tyre Impact Analysis on Landing Gear，" SAE Technical Paper 2013–01–9002，2013，https：//doi.org/10.4271/2013–01–9002.

［29］Certification Memorandum，"Loading Conditions for Occupant Safety in Cabin Interiors，" CM–S–009，European Aviation Safety Agency，October 2018.

［30］Aerospace Information Report，"Landing Gear Stability，" AIR4894，SAE International，October 2017.

［31］Howland，W.L.，"Structural Flight Research，" SAE Technical Paper 440190，1944，https：//doi.org/10.4271/440190.

［32］Gentric，A.，"On Landing Gear Stresses，" Technical Memorandum 1422，National Advisory Committee on Aeronautics，July 1956.

［33］Brown，J.R.，"A Critical Study of Spin–Up Drag Loads on Aircraft Landing Gears，" Thesis，Guggenheim Aeronautical Laboratory，California Institute of Technology，1949.

［34］Aerospace Recommended Practice，"Recommended Practice for Measurement of Static and Dynamic Characteristic Properties of Aircraft Tires，" ARP4955，Revision A，SAE International，July 2012.

［35］Aerospace Information Report，"Extraordinary and Special Purpose Landing Gear Systems，" AIR4846，Revision A，SAE International，October 2010.

［36］Technical Note，"Result of Landing Tests of Various Airplanes，" Technical Note No.863，National Advisory Committee on Aeronautics，September 1942.

［37］ANC–2 Bulletin，"Ground Loads，" Subcommittee on Air Force – Navy – Civil Aircraft Design Criteria of the Munitions Board Aircraft Committee，US Government Printing Office，1952.

［38］Aerospace Recommended Practice，"Landing Gear Shock Absorption Testing of Civil Aircraft，" ARP5644，SAE International，April 2019.

［39］Zhang，H.，Ning，J.，and Schmelzer，O.，"Integrated Landing Gear System Retraction/ Extension Analysis Using ADAMS，" *International ADAMS User Conference*，Organized by MSC Software，Orlando，FL，2000.

［40］*Technical Hydraulic Handbook*，11th edn.（Westbrook，CT：The Lee Company，2009）.

［41］"Force Analysis of Planar Linkages，" ESDU Data Sheet 90022，Amendment D，Engineering Sciences Data Unit，July 2010.

[42] Carden, H.D. and McGehee, J.R., "Validation of a Flexible Aircraft Take-Off and Landing Analysis (FATOLA)," NASA Technical Paper 1025, National Aeronautics and Space Administration, October 1977.

[43] Aerospace Information Report, "Aircraft Shimmy Analysis Methods and Data Requirements," AIR6280, Working Draft (prior to publication), SAE International, August 2018.

[44] Pritchard, J.I., "An Overview of Landing Gear Dynamics," NASA/TM-1999-209143/ ARL-TR-1976, National Aeronautics and Space Administration, May 1999.

[45] Besselink, I.J.M., "Shimmy of Aircraft Main Landing Gears," Ph.D.thesis, Delft University of Technology, January 2007.

[46] Stevens, J.E., "Shimmy of a Nose Gear with Dual Co-Rotating Wheels," *Journal of the Aerospace Sciences* 28, no.8 (1961): 622-630.

[47] Moreland, W.J., "Landing-Gear Vibration," AF Technical Report No.6590, Wright Air Development Center, United States Air Force, October 1951.

[48] Moreland, W.J., "The Story of Shimmy," *Journal of the Aeronautical Sciences* 21, no.12 (1954): 793-808.

[49] Smiley, R.F., "Correlation, Evaluation, and Extension of Linearized Theories for Tire Motion and Wheel Symmetry," NACA Report 1299, National Advisory Committee for Aeronautics, 1957.

[50] Li, G.X., "Modelling and Analysis of a Dual-Wheel Nosegear: Shimmy Instability and Impact Motions," SAE Technical Paper 931402, 1993, https://doi.org/10.4271/931402.

[51] Medzorian, J., "An Investigation of Landing Gear Shimmy: Tire Models, Tire Test Methodologies, Analysis, and Parameter Studies," SAE Technical Paper 1999-01-5527, 1999, https://doi.org/10.4271/1999-01-5527.

[52] Somieski, G., "Shimmy Analysis of a Simple Aircraft Nose Landing Gear Model Using Different Mathematical Methods," *Aerospace Science and Technology* 1, no.8 (1997): 545-555.

[53] Thota, P., Krauskopf, B., and Lowenberg, M., "Bifurcation Analysis of Nose Landing Gear Shimmy with Lateral and Longitudinal Bending," *Journal of Aircraft* 47, no.1 (2010): 87-95.

[54] Gamon, M. and Mahone, T., "Active Shimmy Control System,"Technical Report AFFDL-TR-75-136, Air Force Flight Dynamics Laboratory, US Air Force, December 1975.

[55] Military Specification, "Steering System: Aircraft, General Requirements For," MIL-S-8812D, Department of Defense, September 1975.

[56] Aerospace Information Report, "Braking System Dynamics," AIR1064, Revision D, SAE International, November 2016.

[57] Dobrzynski, W., "Almost 40 Years of Airframe Noise Research: What Did We Achieve?," *Journal of Aircraft* 47, no.2 (March-April 2010): 353-367.

[58] "Airframe Noise Prediction," ESDU Data Sheet 90023, Amendment E, Engineering Sciences Data Unit, June 2017.

[59] Smith, M. G. and Chow, L.C., "Prediction Method for Aerodynamic Noise from Aircraft

Landing Gear，" AIAA–98–2228，in *4th AIAA/CEAS Aeroacoustics Conference*，Toulouse，June 2–4，1998.

［60］Smith，M.G. and Chow，L.C.，"Validation of a Prediction model for Aerodynamic Noise from Aircraft Landing Gear，" AIAA–2002–2581，in *8th AIAA/CEAS Aeroacoustics Conference and Exhibit*，Breckenridge，CO，June 17–19，2002.

［61］Lopes，L.V.，Brentner，K.S.，Morris，P.J.，and Lockard，D.P.，"Increased Fidelity in Prediction Methods for Landing Gear Noise，" AIAA–2006–2624，in *12th AIAA/CEAS Aeroacoustics Conference*，Cambridge，MA，May 8–10，2006.

［62］Lopes，L.V.，"Prediction of Landing Gear Noise Reduction and Comparison to Measurements，" AIAA–2010–3970，in *16th AIAA/CEAS Aeroacoustics Conference*，Stockholm，Sweden，June 7–9，2010.

［63］"Aerodynamics and Aero–Acoustics of Rectangular Planform Cavities，Part I：Time–Averaged Flow，" ESDU Data Sheet 02008，Amendment C，Engineering Sciences Data Unit，May 2009.

［64］"Aerodynamics and Aero–Acoustics of Rectangular Planform Cavities，Part II：Unsteady Flow and Aero–Acoustics，" ESDU Data Sheet 04023，Amendment B，Engineering Sciences Data Unit，May 2009.

［65］Noelting，S. and Fares，E.，"The Lattice–Boltzmann Method：An Alternative to LES for Complex Aerodynamic and Aeroacoustic Simulations in the Aerospace Industry，" SAE Technical Paper 2015–01–2575，2015，https：//doi.org/10.4271/2015–01–2575.

［66］Dobrzynski，W.，Chow，L.C.，Smith，M.，Boillot，A.et al.，"Experimental Assessment of Low Noise Landing Gear Component Design，" *International Journal of Aeroacoustics*，9，no.6（2010）：763–786.

［67］Shanley，F.R.，"Historical Note on the 1.5 Factor of Safety for Aircraft Structures，" *Journal of Aerospace Sciences* 29，no.2（1962）：243.

［68］Muller，G.E. and Schmid，C.J.，"Factor of Safety–USAF Design Practice，" Technical Report AFFDL–TR–78–8，Air Force Flight Dynamics Laboratory，April 1978.

［69］"Astronautics Structures Manual，" Volume I，NASA Technical Memorandum，NASA TM X–73305，National Aeronautics and Space Administration，August 1975.

［70］Maddux，G.E.，Vorst，L.A.，Giessler，F.J.，and Moritz，T.，"Stress Analysis Manual，" AFFDL–TR–69–42，US Air Force Flight Dynamics Laboratory，August 1969.

［71］Roark，R.J. and Young，W.C.，*Formulas for Stress and Strain*，5th edn.（New York：McGraw–Hill，1975）.

［72］Bruhn，E.F. *Analysis and Design of Flight Vehicle Structures*（Cincinnati，OH：Tri–State Offset Company，1973）.

［73］Niu，M.C.Y.，*Airframe Stress Analysis and Sizing*，2nd edn.（Hong Kong：Conmilit Press，1999）.

［74］Cozzone，F.P.，Melcon，M.A.，and Hoblit，F.M.，"Analysis of Lugs and Shear Pins Made of Aluminum or Steel Alloys，" *Product Engineering*（May 1950）：113–117.

[75] Melcon, M.A. and Hoblit, F.M., "Developments in the Analysis of Lugs and Shear Pins," *Product Engineering* (June 1953): 160–170.

[76] "Strength of Lugs under Axial Load," ESDU Data Sheet 91008, Amendment A, Engineering Sciences Data Unit, September 2011.

[77] "Strength of Lugs under Transverse Load," ESDU Data Sheet 06021, Engineering Sciences Data Unit, September 2006.

[78] "Strength of Lugs under Oblique Load," ESDU Data Sheet 08007, Engineering Sciences Data Unit, November 2009.

[79] Rash, L.C., "Strength Evaluation of Socket Joints," NASA Contractor Report 4608, National Aeronautics and Space Administration, June 1994.

[80] "Metallic Materials Properties Development and Standardization," MMPDS–12, Battelle Memorial Institute, 2017.

[81] Peterson, R.E., *Stress Concentration Factors* (New York: Wiley, 1974) or Pilkey, W.D. and Pilkey, D.F., *Peterson's Stress Concentration Factors*, 3rd edn. (New York: Wiley, 2008).

[82] Aerospace Recommended Practice, "Aerospace–Impulse Testing of Hydraulic Components," ARP1383, Revision C, SAE International, April 2013.

[83] Schütz, W., "A History of Fatigue," *Engineering Fracture Mechanics* 54, no.2 (1996): 263–300.

[84] Schijve, J., *Fatigue of Structures and Materials*, 2nd edn. (Berlin: Springer, 2009).

[85] "Endurance of High–Strength Steels," ESDU Data Sheet 04019, Amendment A, Engineering Sciences Data Unit, November 2006.

[86] "Endurance of High–Strength Steels (in Bending)," ESDU Data Sheet 71027, Amendment A, Engineering Sciences Data Unit, September 2013.

[87] "The Effect of Surface Roughness on the Fatigue Limit of Steels (at Zero Mean Stress)," ESDU Data Sheet 74027, Engineering Sciences Data Unit, October 1974.

[88] "The Effect of Electrodeposited Chromium on the Fatigue Strength of Low Alloy Steel," ESDU Data Sheet 86033, Engineering Sciences Data Unit, December 1986.

[89] "Effect of Fretting on Fatigue Strength of Titanium Alloys," ESDU Data Sheet 88027, Engineering Sciences Data Unit, November 1988.

[90] "Effect of Fretting on Fatigue Strength of Aluminium Alloys," ESDU Data Sheet 89004, Engineering Sciences Data Unit, March 1989.

[91] "Guide to the Effect of Shot Peening on Fatigue Strength," ESDU Data Sheet 92015, Engineering Sciences Data Unit, May 1992.

[92] "Endurance of Titanium Alloy Lugs (Ti–6Al–4V, Annealed and Ti–4Al–4Mo–2Sn–0.5Si)," ESDU Data Sheet 77017, Amendment B, Engineering Sciences Data Unit, October 1979.

[93] "Endurance of Aluminium Alloy Lugs with Nominally Push–Fit Pins (Tensile Mean Stress)," ESDU Data Sheet 80007, Amendment A, Engineering Sciences Data Unit, September 1984.

[94] "Endurance of Aluminium Alloy Lugs with Steel Interference–Fit Pins or Bushes," ESDU

Data Sheet 84025, Amendment A, Engineering Sciences Data Unit, July 1985.

[95] "Endurance of Steel Lugs with Clearance–Fit Pins（Tensile Mean Stress）," ESDU Data Sheet 82022, Engineering Sciences Data Unit, January 2013.

[96] "Estimation of Endurance Pin Joints," ESDU Data Sheet A.05.02, Amendment B, Engineering Sciences Data Unit, April 1973.

[97] Aerospace Information Report, "Landing Gear Fatigue Spectrum Development for Part 25 Aircraft," AIR5914, SAE International, June 2014.

[98] Aerospace Recommended Practice, "Landing Gear Fatigue Tests with Equivalent Damage Spectra," ARP5429, Revision A, SAE International, January 2017.

[99] Jones, T., Rustenburg, J.W., Skinn, D.A., and Tipps, D.O., "Development and Assessment of Simplified Stress Sequences for Fuselage Structures," DOT/FAA/TC–12/17, Federal Aviation Administration, February 2014.

[100] Defence Standard, "Design and Airworthiness Requirements for Service Aircraft, Part 1: Fixed Wing, Section 4: Design and Construction, Leaflet 41, Design of Undercarriages – General Requirements, Fatigue Load Spectra for Main Undercarriage Units," DEF STAN 00–970 Part 1, Ministry of Defence, July 2015.

[101] Military Specification, "Airplane Strength and Rigidity Ground Loads for Navy Acquired Airplanes," MIL–A–8863C, Department of Defense, July 1993.

[102] DeFiore, T., Jones, T., and Micklos, R., "Commuter Aircraft Video Landing Parameter Surveys, Summary Report — London City Airport, Philadelphia International Airport, and Atlantic City International Airport," DOT/FAA/AR–04/47, Federal Aviation Administration, December 2004 and others.

[103] Aerospace Information Report, "Safe–Life Limits for Landing Gear Structures," Pre-Publication Draft, SAE International, July 2018.

[104] Schmidt, R.K., "Is Safe–Life Safe Enough?," MSc thesis, Cranfield University, December 2017.

[105] Roskam, J., *Airplane Design, Part V: Component Weight Estimation*（Lawrence, KS: Roskam Aviation and Engineering Corporation, 1989）.

[106] Raymer, D.P., *Aircraft Design: A Conceptual Approach*, 6th edn.（Reston, VA: American Institute of Aeronautics and Astronautics, 2018）.

[107] Vought Aeronautics Division, "Statistical Weight Estimation Methods for Fighter/ Attack Aircraft–Analytically Derived," Report Number 2–59320/8R–50475, LTV Aerospace Corporation, August 1968.

[108] Vought Aeronautics Division, "Statistical Weight Estimation Methods for Cargo/ Transport Aircraft–Analytically Derived," Report Number 2–59320/9R–50549, LTV Aerospace Corporation, 1968.

[109] Aero Commander Division, "Preliminary Design Weight Estimation Program（SW–007）," Report Number S11–009, North American Rockwell, September 1971.

[110] Kraus, P.R., "An Analytical Approach to Landing Gear Weight Estimation," *SAWE Paper*

829，Society of Allied Weight Engineers，May 1970.

[111] SAWE Recommended Practice，"Standard Weight Report for Aviation Components," RP No.A–12，Society of Allied Weight Engineers，Inc.，September 2015.

[112] SAWE Recommended Practice，"Weight and Balance Data Reporting Forms for Aircraft (Including Rotorcraft and Air–Breathing Unmanned Vehicles)," RP No.A–8，Society of Allied Weight Engineers，Inc.，September 2015.

[113] SAWE Recommended Practice，"Vendor Weight Control for the Aircraft Industry," RP No.100，Society of Allied Weight Engineers，Inc.，November 2009.

[114] *Weight Engineer's Handbook* (Society of Allied Weight Engineers，Inc.，May 2011) .

[115] Aerospace Recommended Practice，"Guidelines and Methods for Conducting the Safety Assessment Process on Civil Airborne Systems And Equipment," ARP4761，SAE International，December 1996.

[116] Aerospace Recommended Practice，"Guidelines for Development of Civil Aircraft and Systems," ARP4754，Revision A，SAE International，December 2010.

[117] Aerospace Information Report，"Contiguous Aircraft/System Development Process Example," AIR6110，SAE International，December 2011.

[118] "Nonelectronic Parts Reliability Data," NPRD–2016，Quanterion Solutions Incorporated，2015.

[119] Military Handbook，"Reliability Prediction of Electronic Equipment," MIL–HDBK–217F，Change Notice 2，Department of Defense，February 1995.

[120] "Electronic Parts Reliability Data," EPRD–2014，Quanterion Solutions Incorporated，2014.

[121] Lomax，T.L.，*Structural Loads Analysis for Commercial Transport Aircraft*：*Theory and Practice*，(AIAA，1996) .

第 14 章　要求和规章

着陆系统的相关要求通常由飞机制造商制定并取决于飞机的预期任务。对飘浮性和转弯角度的要求在很大程度上取决于飞机预期使用的跑道。从工程的角度来看，关于飘浮性的问题没有明确的答案——当飞机受飘浮性限制时，确定什么样的飞机分类号（ACN）或飞机分类等级（ACR）数值是可接受的，这主要是飞机运营的任务。同样地，加速—停止距离（刹车系统的设计目标）也与预期使用的跑道有关。许多着陆系统性能要求（如所需的收起时间）与飞机性能一致，因此必须作为飞机顶层级分析的一部分。然而，对起落架和着陆系统的许多要求已经写入规章（适用于民用飞机）、标准和指南（适用于军用飞机）。本章中会对这些要求进行介绍。虽然大多数的起落架规章多年来一直保持稳定，但设计师应确保他们所使用的规章是最新的且与他们正在研制的飞机相关。此处包含的要求摘录仅代表指导原则。

14.1　民用飞机

由于民用航空高度国际化的特征，因此在统一世界各地民用航空器的审定规章方面付出了巨大的努力。世界上大多数的飞机生产国都有一个强大的适航监管机构，负责确定并将相关的规章制定为本国的法律。这些监管机构为协调规章统一所做的巨大努力导致适航规章遵循了美国最初制定的形式——章节编号和样式与此形式一致。各国仍可自由地引入各自的差异，但监管机构之间双边协议的引入以及避免非必要、重复性工作的经济性因素导致绝大多数的要求是一致的。各个监管机构仍会以不同的方式解读这些要求。世界各地的主要监管机构是美国联邦航空局（FAA）、欧洲航空安全局（EASA）、加拿大民航运输部（TCCA）、巴西国家民用航空局（ANAC[①]）和中国民用航空局（CAAC[②]）。俄罗斯则有一些不同——州际航空委员会从 1991 年到 2016 年监管了独立国家联合体的审定活动。自 2016 年以来，该职责一直由联邦航空运输局（FATA）负责。

对这些法律采用 FAA 编号方法意味着，在正常用语中，各种要素被称为第 21 部或第 25 部，因为这些法规是作为美国联邦法规（管辖 FAA）第 14 编的部分条款发布的。其他国家可能采用略有不同的名称和编号。

整体适航和审定过程由第 21 部规定，而维修则由第 145 部规定。每类飞机都有自己的分部，其中包含对该类型航空器的具体规定。表 14-1 概述了相关规章及其适航机构。除这些规章外，每个适航机构都会发布咨询材料和可接受的符合性方法，为解释相关要求提供指导。

表 14-2 列出了作者认为与起落架及其相关系统有关的民用飞机审定规章，这些规章条款来自 CS-25[1] 和 CS-23[2]。适航当局已有所考虑但尚未在法规文本中体现的、追加的起落架载荷情况可见本书附录 F。第 23 部的相关章节来自该法规的早期修订：FAA

和 EASA 最近都已采用了基于性能的轻型飞机审定方法，旨在允许更多创新以替代历史上的规范性规章。ASTM 提出了符合新规章的可接受方法。与起落架相关的标准为 F3061/F3061M–17[3]。针对直升机，表 14–3 列出了与此类似的相关章节，摘录自 CS–27[4] 和 CS–29[5]。

表 14–1　全球审定机构和规章

飞机类型	适用范围	FAA	EASA	TCCA	ANAC	CAAC	FATA
所有适航性	全部	第 21 部	第 21 部	CAR 521	RBHA 21	CCAR-21	第 21 部
所有修理	全部	第 145 部	第 145 部	CAR 573	RBHA 145	CCAR-145	—
大型飞机	涡轮发动机大型飞机	第 25 部	CS–25	CAR 525	RBHA 25	CCAR-25	第 25 部 AP–25
正常类、实用类、特技类和通勤类飞机	乘客数为 9 人或以下，重量为 5670kg（12500lb）或以下的飞机；乘客数为 19 人或以下，重量为 8618kg（19000lb）或以下的螺旋桨驱动、双发动机的通勤飞机	第 23 部	CS–23	CAR 523	RBHA 23	CCAR-23	第 23 部
滑翔机和动力滑翔机	重量小于 750kg 的滑翔机和重量小于 850kg 的动力滑翔机最多 2 人	—	CS–22	CAR 522	RBHA 22	—	—
正常类旋翼航空器、小型旋翼航空器	最大重量等于或小于 3175kg（7000lb）且乘客座位数不大于 9 座的小型旋翼航空器	第 27 部	CS–27	CAR 527	RBHA 27	CCAR-27	第 27 部
运输类旋翼航空器、大型旋翼航空器	比小型旋翼航空器大的旋翼航空器	第 29 部	CS–29	CAR 529	RBHA 29	CCAR-29	第 29 部

表 14–2　民用固定翼飞机起落架及其相关系统的相关规章条款

EASA CS–25 修正案 21（运输类飞机）	EASA CS–23 修正案 4（轻型飞机）
第 25.101 条　性能—总则 （ⅰ）第 25.109 条和第 25.125 条所规定的加速—停止距离和着陆距离必须在飞机全部的机轮刹车装置处于它们所允许磨损范围的完全磨损极限状态下确定。（见 AMC 25.101 条（ⅰ））	**第 23.45 条　性能—总则** （g）下列相关距离必须在平坦、干燥和硬质的道面上确定： （1）第 23.53 条（b）的起飞距离； （2）第 23.55 条的加速—停止距离； （3）第 23.59 条的起飞距离和起飞滑跑距离；和 （4）第 23.75 条的着陆距离。 注：其他类型道面（如草地、碎石）干燥时对这些使用距离的影响可以被确定或推算出来，并且这些道面可以按第 23.1583 条（p）列入飞行手册。
第 25.109 条　加速—停止距离（见 AMC 25.109） （a）（见 AMC25.109（a）和（b））干跑道上的加速—停止距离是下述两种距离中的大者： （1）完成下述过程所需距离之和： （ⅰ）全发工作情况下，飞机从滑跑始点加速到 V_{EF}； （ⅱ）假定临界发动机在 V_{EF} 失效和驾驶员在 V_1 采取中止起飞的第一个减速措施，允许飞机从 V_{EF} 加速到中止起飞期间所达到的最大速度；和 （ⅲ）从本条（a）（1）（ⅱ）规定达到的速度到完全停止；加上 （ⅳ）相当于以 V_1 滑跑 2s 的距离。 （2）完成下列过程所需距离之和： （ⅰ）全发工作情况下，假定驾驶员在 V_1 采取中止起飞的第一个减速措施，飞机从滑跑始点加速至中止起飞期间的最大速度；和 （ⅱ）全发仍工作情况下，从本条（a）（2）（ⅰ）规定达到的速度到完全停止；加上 （ⅲ）相当于以 V_1 滑跑 2s 的距离。 （b）（见 AMC25.109（a）和（b））湿跑道上的加速—停止距离是下述两种距离中的大者： （1）按照本条（a）款在干跑道上确定的加速—停止距离；或 （2）在湿跑道上，采用湿跑道的 V_{EF} 和 V_1，按照本条（a）款确定的加速—停止距离。在确定湿跑道上的加速—停止距离时，机轮刹车的停止力不得超过： （ⅰ）满足第 25.101 条（ⅰ）款和本条（a）款要求所确定的机轮刹车的停止力；和 （ⅱ）按照本条(c)、(d)款基于湿跑道刹车摩擦因数确定的力，如适用，尚须考虑所批准的起飞状态下最不利重心位置刹车机轮与非刹车机轮间的正常载荷分布。 （c）平整湿跑道上的湿跑道刹车摩擦因数定义为地速的函数，并且必须计算如下： （1）湿跑道轮胎—地面最大刹车摩擦因数定义为：	**第 23.55 条　加速—停止距离** 对通勤类飞机必须按下述规定确定加速—停止距离： （a）加速—停止距离是下列所需距离之和： （1）全发工作从静止起点加速到 V_{EF}； （2）假定临界发动机在 V_{EF} 失效，飞机从 V_{EF} 加速到 V_1；和 （3）从达到 V_1 点继续至完全停止。 （b）可使用机轮刹车以外的手段来确定加速—停止距离，只要这种手段： （1）安全可靠；和 （2）在正常运行条件下可望获得一贯的效果。

表 14-2（续）

EASA CS-25 修正案 21（运输类飞机）	EASA CS-23 修正案 4（轻型飞机）

轮胎压强 /psi	最大刹车系数（轮胎与地面）
50	$\mu_{t/gMAX} = -0.0350\,(V/100)^3 + 0.306\,(V/100)^2 - 0.851\,(V/100) + 0.883$
100	$\mu_{t/gMAX} = -0.0437\,(V/100)^3 + 0.320\,(V/100)^2 - 0.805\,(V/100) + 0.804$
200	$\mu_{t/gMAX} = -0.0331\,(V/100)^3 + 0.252\,(V/100)^2 - 0.658\,(V/100) + 0.692$
300	$\mu_{t/gMAX} = -0.0401\,(V/100)^3 + 0.263\,(V/100)^2 - 0.611\,(V/100) + 0.614$

其中，

轮胎压强（压力）为飞机使用最大轮胎压强，psi；

$\mu_{t/gMAX}$ 为轮胎—地面最大刹车系数；

V 为飞机真地速，kn；和

其他未列轮胎压强可线性内插。

（2）（见 AMC25.109（c）（2））湿跑道轮胎—地面最大刹车摩擦因数必须考虑湿跑道上防滑系统的效率加以调整。必须在平整湿跑道上进行飞行试验演示防滑系统的工作，并且必须确定它的效率。除非用来自平整湿跑道上飞行试验的定量分析确定特定防滑系统的效率，本条（c）（1）确定的湿跑道轮胎—地面最大刹车摩擦因数必须乘以与飞机所安装防滑系统类型相关的效率值：

防滑系统类型	效率值
开关式	0.3
准调节式	0.5
全调节式	0.8

（d）如果申请人选择带沟槽，或用多孔摩擦材料处理的跑道道面时，可使用较高的湿跑道刹车摩擦因数。对于带沟槽和多孔摩擦跑道，湿跑道刹车摩擦因数定义可为下列两者中的任何一个：

（1）用于确定干跑道加速—停止距离的干跑道刹车摩擦因数的 70%；或

（2）（见 AMC25.109（d）（2））除了特定防滑系统的效率已被确定之外，本条（c）款所定义的湿跑道刹车系数对于带沟槽，或多孔摩擦湿跑道仍是适当的，但其中湿跑道轮胎—地面最大刹车摩擦因数定义为：

轮胎压强 /psi	最大刹车系数（轮胎与地面）
50	$\mu_{t/gMAX} = -0.1470\,(V/100)^5 - 1.050\,(V/100)^4 + 2.673\,(V/100)^3 - 2.683\,(V/100)^2 + 0.403\,(V/100) + 0.859$
100	$\mu_{t/gMAX} = -0.1106\,(V/100)^5 - 0.813\,(V/100)^4 + 2.130\,(V/100)^3 - 2.200\,(V/100)^2 + 0.317\,(V/100) + 0.807$
200	$\mu_{t/gMAX} = -0.0498\,(V/100)^5 - 0.398\,(V/100)^4 + 1.140\,(V/100)^3 - 1.285\,(V/100)^2 + 0.140\,(V/100) + 0.701$
300	$\mu_{t/gMAX} = -0.0314\,(V/100)^5 - 0.247\,(V/100)^4 + 0.703\,(V/100)^3 - 0.779\,(V/100)^2 + 0.00945\,(V/100) + 0.614$

表 **14–2**（续）

EASA CS–25 修正案 21（运输类飞机）	EASA CS–23 修正案 4（轻型飞机）
其中， 轮胎压强为飞机使用最大轮胎压强，psi； $\mu_{t/gMAX}$ 为轮胎—地面最大刹车系数； V 为飞机真地速，kn；和 其他未列轮胎压强可线性内插。 （e）除了本条（f）（1）的规定外，可使用机轮刹车以外的措施来确定加速—停止距离，条件是这些措施： （1）安全可靠； （2）在正常运行条件下使用时可望获得一贯的效果； （3）对操纵飞机不需要特殊技巧。 （f）反向推力影响： （1）当确定干跑道的加速—停止距离时，不应被作为附加的减速措施；和 （2）当确定湿跑道的加速—停止距离时，在满足本条（e）款规定的要求条件下，使用推荐的反向推力程序，可以作为附加减速措施。 （g）在加速—停止的全过程中必须保持起落架在放下位置。 （h）如果加速—停止距离中含有道面特性与平整且有硬质道面的跑道有实质性差别的安全道，其起飞数据必须考虑对于加速—停止距离的使用修正因素。该修正因素必须计及安全道的特定道面特性和这些特性在所制定的使用限制范围内随季节气候条件（如温度、雨、雪和冰）的变化。 （i）最大刹车动能加速—停止距离的飞行试验演示必须在飞机的每一个机轮刹车剩余不大于所允许的刹车摩损范围的 10% 状态下实施。	

第 25.125 条　着陆（见 AMC 25.125） （a）必须按下列条件确定（按标准温度，在申请人为该飞机制定的飞机使用范围内每一重量、高度和风的条件下）从高于着陆表面 15m（50ft）到飞机着陆至完全停止所需的水平距离： （1）在非结冰条件下； （2）在结冰条件下，带有附录 C 和 O（取适用者）定义的符合 25.21（g）规定的着陆冰积聚，如果结冰条件下的 V_{REF} 超过非结冰条件下的最大着陆重量所对应的 V_{REF} 9.3km/h（5kn）以上。 （b）确定本条（a）的距离时： （1）飞机必须处于着陆形态。 （2）以不小于 V_{REF} 的校正空速稳定进场到 15 m（50 ft）的高度。 （ⅰ）在非结冰条件下，V_{REF} 不得小于： （A）1.23 V_{SR0}； （B）按 25.149（f）确定 V_{MCL}； （C）提供 25.143（h）规定的机动能力的速度； （ⅱ）在结冰条件下，V_{REF} 不得少于： （A）本条（b）（2）（i）所规定的速度；	**第 23.75 条　着陆距离** 对着陆，必须在运行限制内标准温度下的每一重量和高度，确定飞机从高于着陆表面 15m（50ft）的一点到飞机着陆并完全停止所需的水平距离： （a）保持不小于第 23.73 条（a）、（b）或（c）确定的 V_{REF} 定常进场下降到 15m（50ft）的高度；且 （1）在降至 15m（50ft）的高度前，稳定下滑进场梯度必须不大于 5.2%（3°）； （2）此外，申请人可以通过试验进行演示，在降至 15m（50ft）的高度前，大于 5.2% 的最大定常下滑梯度是安全的。下滑梯度必须作为一项使用限制加以规定，并且必须能够通过适当的仪表将必要的下滑梯度指示信息提供给驾驶员。 （b）在整个机动中必须保持构型不变。

表 14-2（续）

EASA CS-25 修正案 21（运输类飞机）	EASA CS-23 修正案 4（轻型飞机）
（B）在附录 C 和 O（取适用者）、符合 25.21（g）所规定的着陆冰积聚条件下，如果 1.23V_{SR0} 大于非结冰条件下的 V_{REF}=9.3km/h（5kn）以上则取 1.23V_{SR0}；和 （C）在附录 C 和 O（取适用者）、符合 25.21（g）所规定的着陆冰积聚条件下，能保证 25.143（h）规定的机动能力的速度。 （3）必须按照所制定的使用操作程序改变形态、功率（推力）和速度。（见 AMC 25.125（b）（3）） （4）着陆时应避免过大的垂直加速度，无弹跳、前翻、地面打转、海豚运动和小面打转的趋势。 （5）着陆时不得要求特殊的驾驶技巧或机敏。 （c）着陆距离必须在水平、平整、干燥并有硬质道面的跑道上确定（见 AMC 25.125（c）），而且： （1）机轮刹车系统的压力不得超过刹车装置制造商所规定的值。 （2）不得以造成刹车或轮胎过度磨损的方式使用刹车（见 AMC 25.125（c）（2））；和 （3）可以使用除机轮刹车以外符合下列条件的其他方式： （ⅰ）安全和可靠； （ⅱ）使用时能在服役中获得始终一致的效果；和 （ⅲ）操纵飞机不需要特殊的技巧。 （d）〔备用〕 （e）〔备用〕 （f）着陆距离数据必须按照沿着陆航迹不大于逆风分量的 50%，和沿着陆航迹不小于顺风分量的 150% 进行修正； （g）如果采用了必须依靠某一台发动机的运转方能工作的装置，并且在该发动机停车时进行着陆会显著增加着陆距离，则必须按照该发动机停车状态来确定着陆距离，但在采用了补偿手段使此时的着陆距离仍不大于全发工作时着陆距离的情况除外。	（c）着陆时必须避免大的垂直加速度，没有弹跳、前翻、地面打转、海豚运动或水上打转的倾向； （d）在最大着陆重量或对应于第 23.63 条（c）（2）或（d）（2）的高度和温度的最大着陆重量下，必须表明飞机能从 15 m（50ft）高度所处的状态，安全过渡到第 23.77 条的中断着陆状态； （e）刹车的使用不得导致轮胎或刹车的过度磨损； （f）可以使用除机轮刹车以外符合下列条件的其他减速手段： （1）安全可靠； （2）使用时能在服役中获得始终如一的效果。 （g）如果使用了依赖任何一台发动机工作的装置，且在该发动机不工作着陆时着陆距离将增加，则必须按该发动机不工作的情况来确定着陆距离，除非采取了其他补偿措施使着陆距离不超过全发工作时的距离。
—	**第 23.231 条　纵向稳定性和操纵性** （a）陆上飞机在任何可合理预期的运行条件下，包括着陆或起飞期间发生回跳，不得有不可控制的前翻倾向。机轮刹车工作必须柔和，不得引起任何过度的前翻倾向。
第 25.235 条　滑行条件 当飞机在正常运行中可合理预期的最粗糙地面上滑行时，减振机构不得损伤飞机的结构。	**第 23.235 条　在无铺面的道面上的使用** （a）在正常运行中可合理预期的最粗糙地面上滑行及在最粗糙的无铺面跑道起飞和着陆时，飞机必须演示具有满意的特性，并且减振机构不得损伤飞机的结构。

表 14–2（续）

EASA CS–25 修正案 21（运输类飞机）	EASA CS–23 修正案 4（轻型飞机）
第 25.301 条　载荷（见 AMC 25.301） （a）强度的要求用限制载荷（服役中预期的最大载荷）和极限载荷（限制载荷乘以规定的安全系数）来规定。除非另有说明，所规定的载荷均为限制载荷。 （b）除非另有说明，所规定的空气、地面和水载荷必须与计及飞机每一质量项目的惯性力相平衡。这些载荷的分布必须保守地近似于或接近地反映真实情况。（见 AMC No.1 至 25.301（b））除非表明确定受载情况的方法可靠，否则用以确定载荷大小和分布的方法必须用飞行载荷测量来证实。（见 AMC No.2 至 25.301（b）） （c）如果载荷作用下的变形会显著改变外部载荷或内部载荷的分布，则必须考虑载荷分布变化的影响。	**第 23.301 条　载荷** （a）强度的要求用限制载荷（服役中预期的最大载荷）和极限载荷（限制载荷乘以规定的安全系数）来规定。除非另有说明，所规定的载荷均为限制载荷。 （b）除非另有说明，所规定的空中、地面和水面载荷必须与计及飞机每一质量项目的惯性力相平衡。这些载荷的分布必须保守地近似于或接近地反映真实情况。除非表明确定受载情况的方法是可靠的或在所考虑的飞机布局上是保守的，否则用以确定鸭式和串列式机翼布局载荷大小及分布的方法必须通过试飞测量来证实。 （c）如果载荷作用下的变位会显著地改变外部载重或内部载重的分布，则必须考虑载重的这种重新分布。 （d）如果简化结构设计准则得到的设计载荷不小于第 23.331 至第 23.521 条中规定的载荷，则可以使用这些简化结构设计准则。对于附录 A23.1 中规定的飞机构型，本规章附录 A 的设计准则经批准与第 23.321 至第 23.459 条的规定等效，如果采用本规章的附录 A，则必须用该附录的全部来代替本规章的相应条款。
第 25.302 条　系统和结构的相互作用 对于装备影响结构性能的系统的飞机，无论是直接影响结构性能还是由于故障或失灵产生的影响，在表明 C 和 D 分部的规定的符合性时，必须考虑这些系统的影响及其故障条件。 必须使用 CS-25 的附录 K 来评估装备这些系统的飞机的结构性能。	
第 25.303 条　安全系数 除非另有规定，当以限制载荷作为结构的外载荷时，必须采用安全系数1.5；当用极限载荷来规定受载情况时，不必采用安全系数。	**第 23.303 条　安全系数** 除非另有规定，安全系数必须取 1.5。
第 25.305 条　强度和变形 （a）结构必须能够承受限制载荷而无有害的永久变形。在直到限制载荷的任何载荷作用下，变形不得妨害安全运行。 （b）结构必须能够承受极限载荷至少 3s 而不破坏，但是当用模拟真实载荷情况的动力试验来表明强度的符合性时，则此 3s 的限制不适用。进行到极限载荷的静力试验必须包括加载引起的极限变位和极限变形。当采用分析方法来表明符合极限载荷强度要求时，必须表明符合下列三种情况之一： （1）变形的影响是不显著的； （2）在分析中已充分考虑所涉及的变形；	**第 23.305 条　强度和变形** （a）结构必须能够承受限制载荷而无有害的永久变形。在直到限制载荷的任何载荷作用下，变形不得妨害安全运行。 （b）结构必须能够承受极限载荷至少 3s 而不破坏，但是如果结构能够承受要求的极限载荷至少 3s，则在限制载荷与极限载荷之间产生局部失效或结构失稳是可接受的。当用模拟真实载荷情况的动力试验来表明强度的符合性时，此 3s 的限制不适用。

表 14–2（续）

EASA CS-25 修正案 21（运输类飞机）	EASA CS-23 修正案 4（轻型飞机）
（3）所用的方法和假设足以计及这些变形影响。 （c）如果结构的柔度特性使在飞机运行情况中很可能出现的任一加载速率会产生比相应于静载荷的应力大得多的瞬态应力，则必须考虑这种加载速率的影响。 （d）［备用］ （e）飞机必须设计成能承受在直到 V_D/M_D 的任何可能的运行条件下（包括失速和可能发生的无意中超出抖振包线边界）会发生的任何振动和抖振。这一点必须通过分析、飞行试验或中国民用航空局适航部门认为必要的其他试验进行验证。 （f）除经证明为极不可能的情况外，飞机必须设计成能承受因飞行操纵系统的任何故障、失效或不利情况而引起的结构强迫振动。这些载荷必须按照第 25.302 条的要求进行研究。	
第 25.307 条　结构符合性的证明 （a）必须表明每一临界受载情况下均符合本分部的强度和变形要求。只有在经验表明某种结构分析方法对某种结构是可靠的情况下，对于同类的结构，才可用结构分析来表明结构的符合性。对于其他情况，必须开展达到第 25.305 条规定载荷的足以验证结构特性的验证试验。 （b）［备用］ （c）［备用］ （d）当用静力或动力试验来表明符合第 25.305 条（b）对飞行结构的要求时，对于试验结果必须采用合适的材料修正系数。如果被试验的结构或其一部分具有下列特征：多个元件对结构总强度均有贡献，而当一个元件损坏以后，载荷通过其他路径传递导致重新分布，则不必采用材料修正系数。	**第 23.307 条　结构符合性的证明（见 AMC 23.307）** （a）必须表明每一临界受载情况下均符合第 23.305 条强度和变形的要求。只有在经验表明某种分析方法对某种结构是可靠的情况下，对于同类结构，才可用结构分析来表明结构的符合性。否则，必须进行载荷试验来表明其符合性。如果模拟该用于设计的载荷情况，则动力试验包括结构飞行试验是可以接受的。 （b）结构的某些部分必须按照 CS-23D 章的规定进行试验。
第 25.471 条　地面载荷—总则 （a）载荷和平衡。对于限制地面载荷，采用下列规定： （1）按本分部得到的限制地面载荷，认为是施加于飞机结构的外力； （2）在每一规定的地面载荷情况中，外载荷必须以合理的或保守的方式与线惯性载荷和角惯性载荷相平衡。 （b）临界重心。必须在申请合格审定的重心范围内选择临界重心。使每一起落架元件获得最大设计载荷。必须考虑前后、垂直和横向的飞机重心。如果下列两项成立，且偏离飞机中心线的重心横向位移使主起落架的载荷不超过对称受载情况下临界设计载荷的 103%，则可以选用这种重心横向位移，而不必考虑其对主起落架元件载荷或对飞机结构的影响： （1）重心横向位移是由于旅客或货物在机身内随机布置，或由于燃油的随机非对称装载或非对称使用造成的； （2）按第 25.1583 条（c）（1）所制定的对随机可调配载重的适当装载说明，保证重心的横向位移不超过上述限制范围。 （c）起落架尺寸数据。附录 A 图 1 示出起落架基本尺寸数据。	**第 23.471 条　地面载荷—总则** 本章规定的限制地面载荷是作用在飞机结构上的外载荷和惯性力。在每个规定的地面载荷情况下，必须用合理的或保守的方法使外部反作用力与线惯性力和角惯性力相平衡。

表 14–2（续）

EASA CS–25 修正案 21（运输类飞机）	EASA CS–23 修正案 4（轻型飞机）
第 25.473 条　着陆载荷情况和假定 （a）对于第 25.479 条至第 25.485 条中规定的着陆情况，假定飞机按下列情况接地： （1）以第 25.479 条和第 25.481 条中定义的姿态； （2）设计着陆重量（以最大下沉速度着陆情况中的最大重量）时的限制下沉速度为 3.05m/s（10ft/s）；和 （3）设计起飞重量（以减小的下沉速度着陆情况中的最大重量）时的限制下沉速度为 1.83m/s（6ft/s）； （4）如果能表明飞机具有不能达到上述规定的下沉速度的设计特征，可以修改此下沉速度。 （b）除系统或程序显著影响升力外，可假定飞机升力不超过飞机重力。 （c）飞机和起落架载荷的分析方法至少应考虑下列要素： （1）起落架动态特性； （2）起转和回弹； （3）刚体响应； （4）机体结构动态响应（若显著）。 （d）起落架动态特性必须按第 25.723 条（a）中确定的试验来验证。 （e）可以通过考虑滑行速度和轮胎压力的效应来确定轮胎与地面之间的摩擦因数，此摩擦因数不必大于 0.8。	**第 23.473 条　地面载荷情况和假定** （a）除了第 23.479、第 23.481 和第 23.483 条可以按本条（b）和（c）允许的设计着陆重量（以最大下沉速度着陆时的最大重量）来表明其符合性外，必须按设计最大重量来表明其符合本章的地面载荷要求。 （b）设计着陆重量可以低至下列数值： （1）如果最小油量等于设计最大重量与设计着陆重量之差加上足以保证在最大连续功率下至少工作 0.5h 所消耗的油量，则可取为 95% 的最大重量；或 （2）设计最大重量减去 25% 总燃油重量。 （c）如果下列两项成立，则多发飞机的设计着陆重量可以小于本条（b）的规定： （1）飞机符合第 23.67 条的一台发动机不工作情况下的爬升要求；和 （2）飞机表明符合第 23.1001 条中应急放油系统的要求。 （d）对本章规定的地面载荷情况，飞机重心处所选定的限制垂直惯性载荷系数，不得小于用 4.4（W/S）1/4ft/s 的下沉速度（V）着陆时所能得到的值，但此下沉速度不必大于 3.05m/s（10ft/s），也不得小于 2.13m/s（7ft/s）。 （e）可以假定在整个着陆过程中，机翼升力不超过飞机重量的 2/3，并作用在重心处。地面反作用力载荷系数可以等于惯性载荷系数减去上述假定的机翼升力与飞机重量的比值。 （f）如果用能量吸收试验来确定对应于所要求的限制下沉速度的限制载荷系数，则这些试验必须根据第 23.723 条（a）的要求进行。 （g）在设计最大重量时，用于设计的限制惯性载荷系数不得小于 2.67，限制地面反作用力载荷系数也不可小于 2.0，除非在使用中预期会遇到的粗糙地面上，以速度直到起飞速度的滑行中，上述两系数不会被超过。
第 25.477 条　起落架布置 当采用正常的操纵技术时，第 25.479 条至第 25.485 条适用于具有常规布置的前、主起落架或主、尾起落架的飞机。	**第 23.477 条　起落架布置** 第 23.479 至第 23.483 条或附录 C 中的情况，适用于常规布局的主、前起落架或主、尾起落架飞机。

表 14–2（续）

EASA CS–25 修正案 21（运输类飞机）	EASA CS–23 修正案 4（轻型飞机）
第 25.479 条 水平着陆情况 （a）假定飞机以水平姿态接地，与地面平行的向前速度分量在 $V_{L1} \sim 1.25V_{L2}$ 的范围内并处于第 25.473 条中规定的情况下： （1）V_{L1} 等于相应着陆重量和标准海平面条件下的 V_{S0}（TAS）；和 （2）V_{L2} 等于相应着陆重量和高度，以及比标准温度高 22.8℃（41℉）的热天温度下的 V_{S0}（TAS）。 （3）申请获准在超过 10kn 的风速下顺风着陆，则必须研究增大接地速度的影响。 （b）对十尾轮式飞机的水平着陆姿态，必须检查本条规定的情况。此时飞机水平基准线是水平的，按本部附录 A 图 2。 （c）对于本部附录 A 图 2 所示的前轮式飞机的水平着陆姿态，必须检查本条规定的情况并假定飞机处于下列姿态： （1）主轮接地，前轮稍离地面；和 （2）前轮和主轮同时接地（如果在规定的下沉和向前速度下能够合理地获得这种姿态）。 （d）除本条（a）款中规定的受载情况外，对（a）款中计算的最大地面垂直反作用力，采用下列规定： （1）必须将起落架和直接受影响的连接结构设计成最大地面垂直反作用力与一个向后的且不小于该最大地面垂直反作用力 25% 的阻力相结合。 （2）必须考虑在侧偏着陆中可能出现的最严重的载荷组合。缺乏对此情况的更合理的分析时，应作下列研究： （ⅰ）应考虑一个等于第 25.473 条（a）（2）中最大地面反作用力 75% 的垂直载荷与分别为该垂直载荷的 40% 和 25% 的向后和侧向载荷相结合。 （ⅱ）假定减振器和轮胎变形相当于第 25.473 条（a）（2）的最大地面反作用力产生的变形的 75%。不必考虑该载荷与轮胎泄气的组合情况。 （3）认为垂直分力和阻力分力的合力作用在轮轴中心线上。	**第 23.479 条 水平着陆情况** （a）对于水平着陆，假定飞机处于下列姿态； （1）对于尾轮式飞机，处于正常水平飞行姿态； （2）对于前轮式飞机，其姿态为下列两种： （ⅰ）前轮和主轮同时接触地面； （ⅱ）主轮接地和前轮稍离地面。 本条（a）（2）（ⅰ）项的姿态可以用于要求按本条（a）（2）（ⅱ）进行的分析中。 （b）在研究着陆情况时，必须把阻力分量与相应的瞬时垂直地面反作用力恰当地组合起来，阻力分量为模拟把轮胎和机轮加速到着陆速度（起转）所需要的力。起转阻力载荷（回弹）迅速减小引起的向前作用的水平载荷必须在向前的载荷达到峰值时与垂直的地面反作用力相组合，假定机翼升力，且轮胎滑动摩擦因数为 0.8。然而，阻力载荷不得小于最大垂直地面反作用力的 25%（忽略机翼升力）。 （c）在确定着陆情况的机轮起转和回弹载荷时，如果缺乏具体的试验或更为合理的分析，则必须使用附录 D 中阐述的方法。如果使用了附录 D，则设计时采用的阻力分量不得小于附录 C 中给出的值。 （d）对带有翼尖油箱或由机翼支持的大型外挂质量（如涡轮螺旋桨或喷气发动机）的飞机，其翼尖油箱和支撑油箱或大型外挂质量的结构，必须根据本条（a）（1）或（a）（2）（ⅱ）水平着陆情况的动态响应的影响来设计。在计算动态响应的影响时，可以假定飞机升力等于飞机重量。
第 25.481 条 尾沉着陆情况 （a）假定飞机以尾沉姿态接地，与地面平行的向前速度分量在 $V_{L1} \sim V_{L2}$ 的范围内，并在第 25.473 条中规定的情况下，其中： （1）V_{L1} 等于相应着陆重量和标准海平面条件下的 V_{S0}（TAS）；和 （2）V_{L2} 等于相应着陆重量和高度，以及比标准温度高 22.8℃（41℉）的热天温度下的 V_{S0}（TAS）。 认为垂直分力和阻力分力的合力是作用在主轮轴的中心线上。 （b）对于尾轮式飞机的尾沉着陆情况，假定按附录 A 图 3，主、尾机轮同时接地，且作用于尾轮上的地面反作用力方向如下： （1）垂直向上； （2）与地平线成 45°角通过轮轴指向后上方。 （c）对于前轮式飞机的尾沉着陆情况，假定飞机姿态按附录 A 图 3 相应于失速迎角，或相应于除主轮外飞机所有部分均不触地时所允许的最大迎角，两者中取小者。	**第 23.481 条 尾沉着陆情况** （a）对尾沉着陆，假定飞机处于下列姿态： （1）对于尾轮式飞机，主轮和尾轮同时接地； （2）对于前轮式飞机，失速姿态或相应于除主轮外飞机所有部分均不触地时所允许的最大迎角，两者中取迎角较小者。 （b）对尾轮式或前轮式飞机，假定在最大垂直载荷出现以前，机轮的圆周速度已达到了飞机的水平速度，地面反作用力为垂直的。

表 14–2（续）

EASA CS–25 修正案 21（运输类飞机）	EASA CS–23 修正案 4（轻型飞机）
第 25.483 条　单起落架着陆情况 　　对于单起落架着陆情况，假定按本部附录 A 图 4 飞机处于水平姿态，以一个主起落架接地，在这种姿态下采用下列规定： 　　（a）地面反作用力必须与按第 25.479 条（d）（1）规定得到的该侧载荷相同； 　　（b）每一不平衡的外侧载荷必须由飞机的惯性力以合理的或保守的方式予以平衡。	**第 23.483 条　单轮着陆情况** 　　对于单轮着陆情况，假定飞机处于水平姿态，以一侧主起落架接地。在这种姿态下，该侧地面反作用力必须与第 23.479 条所得到的一侧主起落架载荷相同。
第 25.485 条　侧向载荷情况 　　除第 25.479 条（d）（2）外，还应考虑下列情况： 　　（a）对于侧向载荷情况，假定按附录 A 图 5，飞机处于水平姿态，仅以主轮接地。 　　（b）向内作用且等于垂直反作用力 80% 的侧向载荷（在一侧）和向外作用且等于垂直反作用力 60% 的侧向载荷（在另一侧）必须与在水平着陆情况下得到的最大地面垂直反作用力的一半相组合。假定这些载荷作用在轮胎接地点上并为飞机的惯性力所平衡。可以假定阻力载荷为零。	**第 23.485 条　侧向载荷情况** 　　（a）对侧向载荷情况，假定飞机处于水平姿态，仅以主轮接地，缓冲支柱和轮胎处于静态位置。 　　（b）限制垂直惯性载荷系数必须为 1.33，垂直地面反作用力在主起落架间平均分配。 　　（c）限制侧向惯性载荷系数必须为 0.83，侧向地面反作用力在两主起落架之间分配如下： 　　（1）$0.5W$ 作用在一侧主起落架上，方向向内； 　　（2）$0.33W$ 作用在另一侧主起落架上，方向向外。 　　（d）假定本条（c）规定的侧向载荷作用在接地点上，并且可假定阻力为零。
第 25.487 条　回跳着陆情况 　　（a）起落架及其支承结构，必须按飞机从着陆表面回跳过程中出现的载荷进行检查。 　　（b）在起落架完全伸出但不与地面接触情况下，20.0 的载荷系数必须作用在起落架非弹起部分上，此载荷系数的作用方向必须与非弹起部分相对于起落架弹起部分伸出到极限位置时的运动方向相一致。	—
第 25.489 条　地面操纵情况 　　除非另有规定，起落架和飞机结构必须按第 25.491 条至第 25.509 条中的情况进行检查。此时，飞机为设计机坪重量（地面操作情况的最大重量），不考虑机翼升力，可以假定起落架缓冲支柱和轮胎处于静态位置。	—
第 25.491 条　滑行、起飞和着陆滑跑 　　在相应的地面速度和批准的重量范围内，假定飞机结构和起落架承受不小于飞机在正常运行时可以合理预期的最粗糙地面上得到的载荷。（见 AMC 25.491）	—

表 14–2（续）

EASA CS–25 修正案 21（运输类飞机）	EASA CS–23 修正案 4（轻型飞机）

第 25.493 条　滑行刹车情况

（a）假定按附录 A 图 6，尾轮式飞机处于水平姿态，载荷作用在主轮上。飞机限制垂直载荷系数，在设计着陆重量时为 1.2，在设计机坪重量时为 1.0。阻力载荷（等于垂直反作用力乘以数值为 0.8 的摩擦因数）必须与地面垂直反作用力相组合，并作用在轮胎接地点上。

（b）对于前轮式飞机，限制垂直载荷系数，在设计着陆重量时为 1.2，在设计机坪重量时为 1.0。阻力载荷（等于垂直反作用力乘以数值为 0.8 的摩擦因数）必须与地面垂直反作用力相组合，并作用在每个带刹车机轮的接地点上，按附录 A 图 6，必须考虑下列两种姿态：

（1）所有机轮都接地的水平姿态，载荷分配给主起落架和前起落架，并假定俯仰加速度为零；

（2）仅以主轮接地的水平姿态，俯仰力矩由角惯性力平衡。

（c）如果证实在每一很可能的受载情况下，有效阻力载荷均不能达到垂直反作用力的 80%，则可取低于本条规定的阻力载荷。

（d）装有前起落架的飞机必须承受由于突然施加的最大刹车力使飞机动态俯仰运动而产生的载荷。假定飞机在设计起飞重量下，前起落架和主起落架接地并且稳态垂直载荷系数为 1.0。稳态前起落架反作用力必须与本条（b）和（c）所规定的由于突然施加最大刹车力而产生的最大前起落架垂直反作用力增量相组合。

（e）在缺乏更合理分析的情况下，本条（d）所规定的前起落架垂直反作用力必须依照下式计算

$$V_{\mathrm{N}} = \frac{W_{\mathrm{T}}}{A+B} \times \left(B + \frac{f\mu AE}{A+B+\mu E} \right)$$

式中：

V_{N} 为刹车过程中作用在前起落架上总的垂直反作用力；

W_{T} 为飞机重量；

A 为飞机重心与前起落架之间的水平距离；

B 为主轮中心连线与飞机重心间的水平距离；

E 为在 $1.0g$ 静态情况飞机重心距地面的垂直高度；

μ 为轮胎与地面间的摩擦因数，假定为 0.8；

f 为动态响应系数，除能证实更低的系数外，该系数等于 2.0。如果针对主起落架有效接地点的刚体俯仰模态的有效临界阻尼比 ζ 已知，可由下式计算动态响应系数 f

$$f = 1 + \mathrm{e}^{\left(-\pi\zeta/\sqrt{1-\zeta^2} \right)}$$

式中：

ζ 为针对主起落架有效接地点的刚体俯仰模态的有效临界阻尼比。

第 23.493 条　滑行刹车情况

对滑行刹车情况，缓冲支柱和轮胎在静态位置，并采用下列规定：

（a）限制垂直载荷系数必须为 1.33；

（b）姿态和接地状态，必须符合第 23.479 条所述的水平着陆情况；

（c）阻力方向的反作用力等于机轮垂直反作用力乘以数值为 0.8 的摩擦因数，它必须作用于每个带刹车机轮的接地点上，但是阻力方向的反作用力不必超过按限制刹车扭矩所决定的最大值。

表 14-2（续）

EASA CS-25 修正案 21（运输类飞机）	EASA CS-23 修正案 4（轻型飞机）
第 25.495 条　转弯 　　按附录 A 图 7，假定飞机处于静态位置，用操纵前起落架或采用足够的发动机动力差的方法进行定常转弯，以使作用在重心处的限制载荷系数在垂直方向为 1.0，在横向为 0.5。每一个机轮的侧向地面反作用力必须是垂直反作用力的 50%。	一
第 25.497 条　尾轮侧偏 　　（a）假定等于尾轮静载荷的地面垂直反作用力与等值的侧向分力相组合。 　　（b）如果尾轮可偏转，则假定尾轮相对飞机纵轴转动 90°，其合成载荷通过轮轴。 　　（c）如果装有锁、转向操纵装置或减摆器，仍假定尾轮处于拖曳位置，且侧向载荷作用于轮胎接地点上。	**第 23.497 条　尾轮补充情况** 　　在确定尾轮及受其影响的支撑结构的地面载荷时，采用下列规定： 　　（a）对于障碍载荷，在机尾下沉着陆情况下得到的限制地面反作用力，假设是向上和向后 45° 通过轮轴作用。可以假定缓冲支柱和轮胎在静态位置； 　　（b）对于侧向载荷，假定等于尾轮静载荷的限制垂直地面反作用力与等值的侧向分力相组合。此外采用下列规定： 　　（1）如果尾轮可偏转，则假定尾轮相对飞机纵轴转动 90°，其合成地面载荷通过轮轴； 　　（2）如果装有锁、转向操纵装置或减摆器，仍假定尾轮处于拖曳位置，并且侧向载荷作用于轮胎接地点上； 　　（3）假定缓冲支柱和轮胎在静态位置。 　　（c）如果采用尾轮、缓冲器或吸能装置来表明对第 23.925 条（b）的符合性，则要满足下列要求： 　　（1）必须针对尾轮、缓冲器或吸能装置确定适当的设计载荷；和 　　（2）尾轮、缓冲器或吸能装置的支持结构必须设计成能承受本条（c）（1）的载荷。
第 25.499 条　前轮侧偏与操纵 　　（a）假定飞机重心处的垂直载荷系数为 1.0，前轮接地点处的侧向分力等于该处地面垂直反作用力的 80%。 　　（b）假定在使用一侧主起落架刹车而产生的载荷情况下飞机处于静态平衡，前起落架及其连接结构和重心以前的机身结构，必须按下列载荷设计： 　　（1）飞机重心处的垂直载荷系数为 1.0； 　　（2）飞机重心处向前作用的载荷为一侧主起落架上垂直载荷的 80%； 　　（3）作用于前起落架接地点处的侧向载荷和垂直载荷是为保持静态平衡所需的载荷； 　　（4）飞机重心处的侧向载荷系数为零。	**第 23.499 条　前轮补充情况** 　　在确定前轮及受其影响的支撑结构的地面载荷时，假定缓冲支柱及轮胎处于静态位置，下列要求必须得到满足： 　　（a）对于向后载荷，轮轴上的限制力分量必须为下述载荷： 　　（1）垂直分量为机轮静载荷的 2.25 倍； 　　（2）阻力分量为垂直载荷的 0.8 倍； 　　（b）对于向前载荷，轮轴上的限制力分量必须为下述载荷： 　　（1）垂直分量为机轮静载荷的 2.25 倍； 　　（2）向前的分量为垂直载荷的 0.4 倍。

表 14-2（续）

EASA CS-25 修正案 21（运输类飞机）	EASA CS-23 修正案 4（轻型飞机）
（c）如果本条（b）款规定的载荷导致前起落架的侧向载荷超过前起落架垂直载荷的 80%，则可以把设计前起落架的侧向载荷限制为垂直载荷的 80%，而未被平衡的侧偏力矩假定由飞机的惯性力所平衡。 （d）除前起落架及其连接结构和前机身结构以外的其他结构，受载情况即为本条（b）款规定的情况，但作如下补充： （1）如果在每一很可能的受载情况下，有效阻力载荷均不能达到垂直反作用力的 80%，则可取用较低的阻力载荷；和 （2）重心处向前作用的载荷，不必超过按第 25.493 条（b）规定的作用于一个主起落架上的最大阻力载荷。 （e）在设计前起落架及其连接结构和前机身结构时，必须考虑正常满操纵扭矩和等于前起落架最大静反作用力 1.33 倍的垂直力的组合作用，此时，取飞机设计机坪重量，前起落架处于任一转向操纵位置。	（c）对于侧向载荷，接地点上的限制力分量必须为下述载荷： （1）垂直分量为机轮静载荷的 2.25 倍； （2）侧向分量为垂直载荷的 0.7 倍。 （d）对于带有由液压或其他动力操纵的可转向操纵式前轮的飞机，在设计起飞重量、前轮处于任一转向操纵位置时，必须假定其承受满操纵扭矩的 1.33 倍与等于作用在前起落架上的最大静反作用力 1.33 倍的垂直作用力的组合载荷。如果装有扭矩限制装置，则可将操纵扭矩降至该装置允许的最大值。 （e）如果可转向操纵式前轮与方向舵脚蹬有直接的机械连接，则该机构必须设计成能承受第 23.397 条（b）规定的驾驶员最大操纵力引起的转向操纵扭矩。
第 25.503 条　回转 （a）假定飞机绕一侧主起落架回转，且该侧的刹车刹住。限制垂直载荷系数必须为 1.0，摩擦因数为 0.8。 （b）假定按附录 A 图 8 飞机处于静态平衡，而载荷作用在轮胎接地点上。	—
—	**第 23.505 条　滑橇式飞机的补充情况** 在确定滑橇式飞机地面载荷时，假定飞机停在地面上，一个主滑橇冻住在静止状态，而其他滑橇可自由滑动，在尾部组件附近必须施加一个相应于设计最大重量 0.036 倍的限制侧向力，安全系数为 1.0。
第 25.507 条　倒行刹车 （a）飞机必须处于三点静止地面姿态，与地面平行的向前水平反作用力必须施加在每个带刹车机轮的接地点上，此限制载荷必须等于每一机轮垂直载荷的 55%，或等于由 1.2 倍名义最大静刹车扭矩产生的载荷。两者中取小值。 （b）对于前轮式飞机，俯仰力矩必须由角惯性力平衡。 （c）对于尾轮式飞机，地面反作用力的合力必须通过飞机重心。	**第 23.507 条　千斤顶载荷** （a）飞机必须按以设计最大重量支承在千斤顶上所产生的载荷来设计。对于起落架千斤顶支承点，飞机为三点姿态；对于主飞机结构千斤顶支承点，飞机为水平姿态。假定支承点的载荷系数如下： （1）垂直载荷系数为静反作用力的 1.35 倍； （2）前、后和侧向载荷系数为静反作用力的 0.4 倍。 （b）在千斤顶支承点上的水平载荷必须受惯性力的反作用，以使千斤顶支承点上的合成载荷方向不改变。 （c）必须考虑水平载荷与垂直载荷的所有组合。

表 14–2（续）

EASA CS–25 修正案 21（运输类飞机）	EASA CS–23 修正案 4（轻型飞机）

第 25.509 条　牵引载荷（见 AMC 25.509）

（a）本条（d）规定的牵引载荷必须分别考虑。这些载荷必须施加于牵引接头上，且平行于地面。此外，采用下列规定：

（1）作用于重心处的垂直载荷系数必须等于 1.0；

（2）缓冲支柱和轮胎必须处于其静态位置；

（3）W_T 为设计机坪重量，牵引载荷 F_{TOW} 取下列数值：

（ⅰ）$0.3W_T$（lb），对 W_T 小于 30000lb 的飞机；

（ⅱ）$(6W_T + 450000)/70$（lb），对 W_T 在 30000 ~ 100000lb 的飞机；

（ⅲ）$0.15W_T$（lb），对 W_T 超过 100000lb 的飞机。

（b）对于牵引点不在起落架上但靠近飞机对称平面的情况，采用为辅助起落架规定的阻力和侧向牵引载荷分量。对于牵引点位于主起落架外侧的情况，采用为主起落架规定的阻力和侧向牵引载荷分量，在不能达到规定的旋转角时，必须采用可能达到的最大旋转角。

（c）本条（d）规定的牵引载荷必须受到如下的反作用：

（1）在主起落架上的牵引载荷的侧向分量，必须受到侧向力反作用，该侧向力作用于承受此载荷的机轮的静地面线上；

（2）在辅助起落架上的牵引载荷以及在主起落架上的牵引载荷的阻力方向分量，必须受到下述载荷的反作用：

（ⅰ）在承受牵引载荷的机轮轴线上，必须施加一个反作用力，其最大值等于垂直反作用力，为达到平衡，必须施加足够的飞机惯性力；

（ⅱ）所有载荷必须由飞机惯性力相平衡。

（d）规定的牵引载荷如下：

牵引点	位置	载荷		
		序号	数值	方向
主起落架		1	每个主起落架 0.75F_{TOW}	向前，平行于阻力轴
		2		向前，与阻力轴成 30°
		3		向后，平行于阻力轴
		4		向后，与阻力轴成 30°
辅助起落架	转向前	5	1.0 F_{TOW}	向前
		6		向后
	转向后	7		向前
		8		向后
	从前面转 45°	9	0.5 F_{TOW}	向前，在机轮平面内
		10		向后，在机轮平面内
	从后面转 45°	11		向前，在机轮平面内
		12		向后，在机轮平面内

第 23.509 条　牵引载荷

本条牵引载荷必须应用于牵引接头和与其直接连接的结构的设计。

（a）必须分别考虑本条（d）规定的牵引载荷。这些载荷必须作用于牵引接头上，并且它们的作用方向必须和地面平行。此外，采用下列规定：

（1）必须考虑作用于重心上等于 1.0 的垂直载荷系数；

（2）缓冲支柱和轮胎必须处于静态位置。

（b）对于牵引点不在起落架上但靠近飞机对称平面的情况，采用为辅助起落架规定的阻力和侧向牵引载荷分量。对于牵引点位于起落架外侧的情况，采用为主起落架规定的阻力和侧向牵引载荷分量。在不能达到规定的旋转角的情况下，必须采用可能达到的最大旋转角度。

（c）本条（d）规定的牵引载荷必须受到下列载荷的反作用：

（1）作用在主起落架上的牵引载荷的侧向分量，必须受到一个侧向力的反作用，此侧向力作用于承受此载荷的机轮的静地面线上；

（2）作用在辅助起落架上的牵引载荷，以及作用在主起落架上的牵引载荷的阻力分量，必须受到下列载荷的反作用：

（ⅰ）在承受牵引载荷的机轮轴线上，必须施加一个反作用力，其最大值等于垂直反作用力。为达到平衡，必须施加足够的飞机惯性力。

（ⅱ）所有载荷必须由飞机惯性力相平衡。

（d）规定的牵引载荷如下，表中 W 是设计最大重量：

表 14–2（续）

EASA CS–25 修正案 21（运输类飞机）					

EASA CS–23 修正案 4（轻型飞机）					
牵引点	位置	大小	载荷序号	方向	
主起落架		每个主起落架 0.225W	1	向前，平行于阻力轴	
			2	向前，与阻力轴成 30°	
			3	向后，平行于阻力轴	
			4	向后，与阻力轴成 30°	
辅助起落架	转向前	0.3W	5	向前	
			6	向后	
	转向后	0.3W	7	向前	
			8	向后	
	从前面转 45°	0.15W	9	向前，在机轮平面内	
			10	向后，在机轮平面内	
			11	向前，在机轮平面内	
			12	向后，在机轮平面内	

第 25.511 条　地面载荷：多轮起落架装置上的非对称载荷

（a）总则。假定多轮起落架装置承受本分部本条（b）至（f）规定的限制地面载荷。此外，采用下列规定：

（1）串列支柱式起落架结构是一种多轮装置；

（2）依据本条（b）至（f）确定起落架装置的总载荷时，可以忽略因轮组上载荷非对称分配所引起的载荷合力作用点的横向位移。

（b）限制载荷在轮组上的分布、充气轮胎　对于每一着陆、滑行和地面操作情况，必须计及下列因素的影响来确定起落架轮组上限制载荷的分配：

（1）机轮数目及其实际排列。对于车架式起落架装置，在确定前、后各对机轮的最大设计载荷时，必须考虑着陆撞击过程中车架的任何跷板运动的影响。

（2）由于制造允差、轮胎膨胀和轮胎磨损的组合引起的各轮胎直径的任何差异。可以假定轮胎直径的最大差异等于计及制造允差、轮胎膨胀和轮胎磨损以后得到的各种直径变化最不利组合的 2/3。

（3）任何不等的轮胎充气压力，假定最大变化量为轮胎名义充气压力的 ±5%。

第 23.511 条　地面载荷：多轮起落架装置上的非对称载荷

（a）回转载荷。假定飞机在下述状态围绕一侧主起落架回转：

（1）在回转组件上的刹车是刹死的；

（2）相应于限制垂直载荷系数 1.0 和摩擦因数 0.8 的载荷，施加于这个主起落架及其支承结构上。

（b）非均匀轮胎载荷。第 23.471 至第 23.483 条确定的载荷必须以 60% 和 40% 的分配关系，依次施加于每个双轮起落架的双轮和轮胎上。

（c）泄气轮胎载荷。对泄气的轮胎情况如下：

（1）必须将第 23.471 至第 23.483 条确定的载荷的 60%，依次施加于起落架的每一个机轮上；

（2）第 23.485 条和第 23.493 条确定的限制阻力和侧向载荷的 60% 和限制垂直载荷的

表 14–2（续）

EASA CS–25 修正案 21（运输类飞机）	EASA CS–23 修正案 4（轻型飞机）
（4）拱度为零的跑道，以及可近似表示为与水平面成 1.5% 斜率的上拱形跑道。对前起落架装置，路拱的影响必须按位于路拱每一侧斜坡上的状态来考虑。 （5）飞机姿态。 （6）任何结构变位。 （c）泄气轮胎。必须根据本条（d）至（f）规定的载荷情况考虑泄气轮胎对结构的影响，并计及机轮的实际排列情况。此外，采用下列规定： （1）对于多轮起落架装置，必须考虑其任何一个轮胎泄气，对于有四个或更多机轮的起落架装置，必须考虑其中任何两个临界轮胎的泄气。 （2）地面反作用力必须施加在轮胎充气的那些机轮上。但是，对于有一个以上缓冲支柱的多轮起落架装置，可以考虑由于轮胎泄气引起的缓冲支柱伸出长度的差异，把地面反作用力合理地分配给泄气和充气轮胎。 （d）着陆情况。对于有一个和两个轮胎泄气的情况，施加于每个起落架装置上的载荷，假定分别为每一规定着陆情况中作用在每一起落架的限制载荷的 60% 和 50%。但是，对于第 25.485 条侧向载荷情况，必须施加垂直载荷的 100%。 （e）滑行和其他地面操作情况。对于有一个和两个轮胎泄气的情况，采用下列规定： （1）重心处施加的侧向载荷系数或阻力载荷系数或同时作用的此两者，必须是最临界的数值，其值可分别达到规定的滑行和其他地面操作情况中最严重情况的限制载荷系数（限制侧向载荷系数或限制阻力载荷系数或同时作用的此两者）的 50%（一轮泄气）和 40%（两轮泄气）； （2）对于第 25.493 条（a）和（b）（2）的滑行刹车情况，每个充气轮胎上的阻力载荷，不得小于无泄气轮胎载荷对称分配时每个轮胎上的阻力载荷； （3）重心处的垂直载荷系数必须分别为无泄气轮胎时载荷系数的 60%（一轮泄气）和 50%（两轮泄气），但不得小于 1.0； （4）不必考虑回转情况。 （f）牵引情况。对于有一个和两个泄气轮胎的情况，牵引载荷 F_{TOW} 必须分别为规定载荷的 60% 和 50%。	100% 或本条（c）（1）所得到的较小的垂直载荷，必须依次施加于双轮起落架的每一个机轮上。 —

第 25.519 条　顶升和系留装置

（a）总则。飞机必须设计成在最临界的重量和重心组合情况下，能够承受本条（b）和（当适用时）本条（c）的地面静载荷情况所引起的限制载荷。必须规定每个千斤顶垫的最大允许限制载荷。

（b）顶升。飞机上必须有顶升用的设施，当飞机支承于千斤顶上时，这些设施必须能承受下列限制载荷：

表 14-2（续）

EASA CS-25 修正案 21（运输类飞机）	EASA CS-23 修正案 4（轻型飞机）
（1）当由起落架顶升飞机的最大停机坪重量时，飞机结构必须设计成能承受单独作用于每个顶升点的垂直静反作用力 1.33 倍的垂直载荷，以及该垂直载荷与 0.33 倍垂直静反作用力的沿任何方向作用的水平载荷的组合。 （2）当由飞机其他结构顶升飞机的最大批准顶升重量时： （ⅰ）飞机结构必须设计成能承受单独作用于每个顶升点的垂直静反作用力 1.33 倍的垂直载荷，以及该垂直载荷与 0.33 倍垂直静反作用力的沿任何方向作用的水平载荷的组合； （ⅲ）千斤顶垫与局部结构必须设计成能承受单独作用于每个顶升点的垂直静反作用力 2.0 倍的垂直载荷，以及该垂直载荷与 0.33 倍垂直静反作用力的沿任何方向作用的水平载荷的组合。 （c）系留。提供系留点时，主系留点及局部结构必须能承受任何方向的 120km/h（65kn）水平风引起的限制载荷。	—

第 25.571 条　结构的损伤容限和疲劳评定（见 AMC 25.571）

（a）总则。对强度、细节设计和制造的评定必须表明，飞机在整个使用寿命期间将避免由于疲劳、腐蚀、制造缺陷或意外损伤引起的灾难性破坏。对可能引起灾难性破坏的每一结构部分除本条（a）（4）规定的情况以外，必须按本条（b）的规定进行这一评定。此外，必须按本条（e）进行离散源损伤评定，可能引起灾难性破坏的结构部分，还必须按本条（d）评定。此外，采用下列规定：

（1）（b）和（c）要求的评定必须包括下列各点：

（ⅰ）服役中预期的典型载荷谱、温度和湿度；

（ⅱ）判明其破坏会导致飞机灾难性破坏的主要结构元件和细节设计点；

（ⅲ）对本条（a）（1）（ⅱ）判明的主要结构元件和细节设计点，进行有试验依据的分析。

（2）在进行本条要求的评定时，可以采用结构设计类似的飞机的服役历史，并适当考虑它们在运行条件和方法上的差别。

（3）根据本条要求的评定，必须制定为预防灾难性破坏所必须的检查工作或其他程序，并必须将其载入第 25.1529 条要求的"持续适航文件"中的"适航限制章节"中。用于支持结构维修大纲的数据有效性限制（后文简称 LOV）可以用总累计飞行循环数或飞行小时数来表示，或两者皆有。根据本条制定的 LOV 必须包括在持续适航文件的适航限制章节中。

（4）如果（b）款要求的评定结果表明基于损伤容限的检查是不切实际的，则必须按照（c）款的规定进行评定。如果评定结果表明基于损伤容限的检查是可行的，则必须为所有主要结构元件和详细设计点确定检查门槛。对于下列结构类型，必须在裂纹扩展分析和/或试验的基础上建立其检查门槛值，并假定结构含有一个制造或使用损伤可能造成的最大尺寸的初始缺陷：

第 23.574 条　通勤类飞机金属件的损伤容限和疲劳评定

对于通勤类飞机：

（a）金属件的损伤容限。对强度、细节设计和制造的评定必须表明，飞机在整个使用寿命期间将避免由于疲劳、腐蚀、缺陷或损伤引起的灾难性破坏。除本条（b）规定的情况以外，对可能引起灾难性破坏的每一结构部分都必须按第 CS.23.573 条进行这一评定。

（b）疲劳（安全寿命）评定。如果申请人确认，本条（a）的损伤容限要求对某特定结构是不可行的，则不需要满足该要求。必须用试验依据支持的分析表明该结构能够承受其使用寿命期内预期的重复的变幅载荷而不产生可检裂纹。必须采用合适的安全寿命分散系数。

834

表 14–2（续）

EASA CS–25 修正案 21（运输类飞机）	EASA CS–23 修正案 4（轻型飞机）
（ⅰ）单传力路径结构；和 （ⅱ）多传力路径"破损—安全"结构以及"破损—安全"止裂结构，如果不能证明在剩余结构失效前传力路径失效、部分失效或止裂在正常维修、检查或飞机的使用中能被检查出来并得到修理的话。 （5）必须制订检查计划，以保护根据（b）和（c）项评估的结构不受环境恶化和服务引起的意外损坏的影响。此外，必须建立基准腐蚀和预防控制程序（CPCP）。"持续适航文件"中的"适航限制章节"必须包含一份声明，要求操作员在其维护计划中纳入 CPCP，以将腐蚀控制在 1 级或更高。 （b）损伤容限评定。评定必须包括确定因疲劳、环境退化（如腐蚀）或意外损伤引起的预期的损伤部位和模式。评定还必须结合有试验依据和服役经验（如可用）支持的重复载荷和静力分析来进行。对于可能产生多部位损伤的结构，评定中必须包括先前疲劳暴露而引起的多部位损伤(包括对广布疲劳损伤的特殊考虑)。必须以时间段的形式建立有效性限制（LOV），该限制可以用总累计飞行循环数或飞行小时数来定义，或两者皆有，必须用全尺寸疲劳试验的证据来证明在该限制内飞机结构不会产生广布疲劳损伤。型号合格证可以在全尺寸疲劳试验完成前颁发，前提是 EASA 已批准了为完成所要求的试验而制订的计划，并且在型号合格证颁发前至少已经证明能够达到一个日历年的安全运行。此外，在持续适航文件适航限制部分中必须规定一个临时限制，限制飞机运行的使用循环数不得超过在疲劳试验件上累积的循环数或飞行小时数的 50%，直到该试验完成、证明不会发生广布疲劳损伤和批准 LOV。在使用寿命期内的任何时候，剩余强度评定所用的损伤范围，必须与初始的可觉察性以及随后在重复载荷下的扩展情况相一致。剩余强度评定必须表明，其余结构能够承受相应于下列情况的载荷（作为极限静载荷考虑）： （1）限制对称机动情况，在直到 V_C 的所有速度下按第 25.331 条的规定，以及按第 25.345 条的规定； （2）限制突风情况，在直到 V_C 的速度下按第 25.341 条的规定，以及按第 25.345 条的规定； （3）限制滚转情况，按第 25.349 条的规定；限制非对称情况按第 25.367 条的规定，以及在直到 V_C 的速度下，按第 25.427 条（a）到（c）的规定； （4）限制偏航机动情况，按第 25.351 条对最大到 V_C 诸规定速度下的规定； （5）对增压舱，采用下列情况： （ⅰ）正常使用压差和预期的外部气动压力相组合，并与本条（b）（1）到（4）规定的飞机载荷情况同时作用（如果后者有重要影响）； （ⅱ）正常使用压差的最大值（包括 1g 平飞时预期的外部气动压力）的 1.15 倍，不考虑其他载荷。 （6）对于起落架和直接受其影响的机体结构，按第 25.473、25.491 和 25.493 条规定的限制地面载荷情况。	

表 14–2（续）

EASA CS–25 修正案 21（运输类飞机）	EASA CS–23 修正案 4（轻型飞机）
如果在结构破坏或部分破坏以后，结构刚度和几何形状，或此两者有重大变化，则必须进一步研究它们对损伤容限的影响。 （c）疲劳（安全寿命）评定。如果申请人确认，本条（b）对损伤容限的要求不适用于某特定结构，则不需要满足该要求。这些结构必须用有试验依据的分析表明，它们能够承受在其服役寿命期内预期的变幅重复载荷作用而没有可觉察的裂纹。必须采用合适的安全寿命分散系数。在完成符合本项要求的所有试验之前，"持续适航文件"中"适航限制章节"提供的更换时间不得超过当前完成的试验寿命除以适用的分散系数。 （d）声疲劳强度。必须用有试验依据的分析，或者用具有类似结构设计和声激励环境的飞机的服役历史表明下列两者之一： （1）承受声激励的飞行结构的任何部分不可能产生声疲劳裂纹； （2）假定本条（b）规定的载荷作用在所有受疲劳裂纹影响的部位，声疲劳裂纹不可能引起灾难性破坏。 （e）损伤容限（离散源）评定。在如第 25.631 条规定的鸟撞后可能造成结构损伤的情况下，飞机必须能够成功地完成该次飞行。损伤后的结构必须能够承受飞行中可合理预期出现的静载荷（作为极限载荷考虑）。不需要考虑对这些静载荷的动态影响。必须考虑驾驶员在出现事故后采取的纠正动作，诸如限制机动，避开湍流以及降低速度。如果在结构破坏或部分破坏以后引起结构刚度或几何形状，或此两者有重大变化，则须进一步研究它们对损伤容限的影响。	
第 25.581 条　闪电防护（见 AMC 25.581） （a）飞机必须具有防止闪电引起的灾难性后果的保护措施。（见第 25.899 条） （b）对于金属组件，下列措施之一可表明符合本条（a）的要求： （1）该组件合适地搭接到飞机机体上； （2）该组件设计成不致因闪击而危及飞机。 （c）对于非金属组件，下列措施之一可表明符合本条（a）的要求： （1）该组件的设计使闪击的后果减至最小； （2）具有可接受的分流措施，将产生的电流分流而不致危及飞机。	—
第 25.601 条　总则 飞机不得有经验表明是危险的或不可靠的设计特征或细节。每个有疑问的设计细节和零件的适用性必须通过试验确定。	**第 23.601 条　总则** 对飞机运行的安全有重要影响的每个有疑问的设计细节和零件的适用性必须通过试验确定。
第 25.603 条　材料（见 AMC 25.603；对于复合材料，见 AMC 20–29；对于客舱中使用的玻璃，见 AMC 25.603（a）） 其损坏可能对安全性有不利影响的零件所用材料的适用性和耐久性必须满足下列要求： （a）建立在经验或试验的基础上； （b）符合经批准的标准，保证这些材料具有设计资料中采用的强度和其他性能（见 AMC 25.603（b））；和 （c）考虑服役中预期的环境条件，如温度和湿度的影响。	**第 23.603 条　材料和工艺质量** （a）其损坏可能对安全性有不利影响的零件所用材料的适用性和耐久性必须满足下列要求： （1）由经验或试验来确定； （2）符合经批准的标准，保证这些材料具有设计资料中采用的强度和其他性能； （3）考虑服役中预期的环境条件，如温度和湿度的影响。 （b）工艺质量必须是高标准的。

表 14-2（续）

EASA CS-25 修正案 21（运输类飞机）	EASA CS-23 修正案 4（轻型飞机）
第 25.605 条　制造方法 （a）采用的制造方法必须能生产出一个始终完好的结构。如果某种制造工艺（如胶接、点焊或热处理）需要严格控制才能达到此目的，则该工艺必须按照批准的工艺规范执行。 （b）飞机的每种新制造方法必须通过试验大纲予以证实。	**第 23.605 条　制造方法** （a）采用的制造方法必须能生产出一个始终完好的结构。如果某种制造工艺（如胶接、点焊或热处理）需要严格控制才能达到此目的，则该工艺必须按照批准的工艺规范执行。 （b）飞机的每种新制造方法必须通过试验大纲予以证实。
第 25.607 条　紧固件 （a）下列任一情况下，每个可卸的螺栓、螺钉、螺母、销钉或其他可卸紧固件，必须具有两套独立的锁定装置： （1）它的丢失可能妨碍在飞机的设计限制内用正常的驾驶技巧和体力继续飞行和着陆； （2）它的丢失可能使俯仰、航向或滚转操纵能力或响应下降至低于本部 B 分部的要求。 （b）本条（a）规定的紧固件及其锁定装置，不得受到与具体安装相关的环境条件的不利影响。 （c）使用过程中经受转动的任何螺栓都不得采用自锁螺母，除非在自锁装置外采用非摩擦锁定装置。	**第 23.607 条　紧固件（见 AMC 23.607（b））** （a）如果可卸的紧固件的丢失可能妨碍继续安全飞行和着陆，则其必须有两套锁定装置。 （b）紧固件及其锁定装置不得受到与具体安装相关的环境条件的不利影响。 （c）使用过程中经受转动的任何螺栓都不得采用自锁螺母，除非在自锁装置外还采用非摩擦锁定装置。
第 25.609 条　结构保护（见 AMC 25.609） 每个结构零件必须满足下列要求： （a）有适当的保护，以防止使用中由于任何原因而引起性能降低或强度丧失，这些原因中包括： （1）气候； （2）腐蚀； （3）磨损。 （b）在必须保护的部位有通风和排水措施。	**第 23.609 条　结构保护** 每个结构零件必须满足下列要求： （a）有适当的保护，以防止使用中由于任何原因而引起性能降低或强度丧失，这些原因中包括： （1）气候； （2）腐蚀； （3）磨损。 （b）有足够的通风和排水措施。
第 25.613 条　材料的强度性能和材料的设计值（见 AMC 25.613） （a）材料的强度性能必须以足够的材料试验为依据（材料应符合经批准的标准），在试验统计的基础上制定设计值。 （b）材料的设计值必须使因材料偏差而引起结构破坏的概率降至最小。除本条（e）和（f）的规定外，必须通过选择确保材料强度具有下述概率的设计值来表明其符合性： （1）如果所加的载荷最终通过组件内的单个元件传递，因而该元件的破坏会导致部件失去结构完整性，则概率为99%，置信度95%。 （2）对于单个元件破坏将使施加的载荷安全地分配到其他承载元件的静不定结构，概率为90%，置信度95%。 （c）在飞机运行包线内受环境影响显著的至关重要的部件或结	**第 23.613 条　材料的强度性能和设计值（见 AMC 23.613）** （a）材料的强度性能必须以足够的材料试验为依据（材料应符合标准），在试验统计的基础上制定设计值。 （b）设计值的选择必须使因材料偏差而引起结构破坏的概率降至最小。除本条（e）的规定外，必须通过选择确保材料强度具有下述概率的设计值来表明符合本款的要求： （1）如果所加的载荷最终通过组件内的单个元件传递，而该元件的破坏会导致部件失去结构完整性，则概率为99%，置信度95%。

表 14-2（续）

EASA CS-25 修正案 21（运输类飞机）	EASA CS-23 修正案 4（轻型飞机）
构，必须考虑环境条件，如温度和湿度，对所用材料的设计值的影响。 （d）［备用］ （e）如果在使用前对每一单项取样进行试验，确认该特定项目的实际强度性能等于或大于设计使用值，则通过这样"精选"的材料可以采用较高的设计值。 （f）如果经适航部门批准，可以使用其他的材料设计值。	（2）对于单个元件破坏将使施加的载荷安全地分配到其他承载元件的静不定结构，概率为 90%，置信度 95%。 （c）至关重要的部件或结构在正常运行条件下热影响显著的部位，必须考虑温度对设计许用应力的影响。 （d）结构的设计，必须使灾难性疲劳破坏的概率减至最小，特别是在应力集中处。 （e）对于一般只能用保证最小值的情况，如果在使用前对每一单项取样进行试验，确认该特定项目的实际强度性能等于或大于设计使用值，则通过这样"精选"的材料采用的设计值可以大于本条要求的保证最小值。

第 25.619 条　特殊系数

对于每一结构零件，如果属于下列任一情况，则第 25.303 条规定的安全系数必须乘以第 25.621 条至第 25.625 条规定的最高的相应特殊安全系数：

（a）其强度不易确定；

（b）在正常更换前，其强度在服役中很可能降低；

（c）由于制造工艺或检验方法中的不定因素，其强度容易有显著变化。

某些特定情形下，当局方对采用特殊系数这种方法来保证结构零件必须的完整性不满意时，则必须采取其他的适当措施。

第 23.619 条　特殊系数

对于每一结构零件，如果属于下列任一情况，则第 23.303 条规定的安全系数必须乘以第 23.621 至第 23.625 条规定的最高的相应特殊安全系数：

（a）其强度不易确定；

（b）在正常更换前，其强度在服役中很可能降低；

（c）由于制造工艺或检验方法中的不定因素，其强度容易有显著变化。

第 25.621 条　铸件系数

如果打算使用铸件系用作特殊系数，请查阅章的正式文本。现代起落架结构中通常不采用铸件。——作者注

第 23.621 条　铸件系数

如果打算使用铸件系数用作特殊系数，请查阅法规的正式文本。现代起落架结构中通常不采用铸件。——作者注

第 25.623 条　支承系数

（a）除本条（b）规定的情况外，每个有间隙（自由配合）并承受敲击或振动的零件，必须有足够大的支承系数以计及正常的相对运动的影响。

（b）对于规定有更大的特殊系数的零件，不必采用支承系数。

第 23.623 条　支承系数

（a）每个有间隙（自由配合）并承受敲击或振动的零件，必须有足够大的支承系数以计及正常的相对运动的影响。

（b）操纵面铰链和操纵系统关节接头，如果分别符合第 23.657 条和 23.693 条规定的系数，则满足本条（a）的要求。

第 25.625 条　接头系数

对于接头（用于连接两个构件的零件或端头），采用以下规定：

（a）未经限制载荷和极限载荷试验（试验时在接头和周围结构内模拟实际应力状态）证实其强度的接头，接头系数至少取 1.15。这一系数必须用于下列各部分：

（1）接头本体；

（2）连接件或连接手段；

第 23.625 条　接头系数

对于接头（用于连接两个构件的零件或端头），采用以下规定：

（a）未经限制载荷和极限载荷试验（试验时在接头和周围结构内模拟实际应力状态）证实其强度的接头，接头系数至少取 1.15。这一系数必须用于下列各部分：

表 14-2（续）

EASA CS-25 修正案 21（运输类飞机）	EASA CS-23 修正案 4（轻型飞机）
（3）被连接构件上的支承部位。 （b）下列情况不必采用接头系数： （1）按照批准的工艺方法制成并有全面试验数据为依据的接合（如金属钣金连续接合、焊接和木质件中的嵌接）； （2）任何采用更大特殊系数的支承面。 （c）对于整体接头，一直到截面性质成为其构件典型截面为止的部分必须作为接头处理； （d）对于每个座椅、卧铺、安全带和肩带，采用第 25.785 条（f）（3）规定的接头系数。	（1）接头本体； （2）连接件或连接手段； （3）被连接构件上的支承部位。 （b）以全面试验数据为依据进行的接头设计，不必采用接头系数（如金属钣金的连续接合、焊接和木质件中嵌接）； （c）对于整体接头，一直到截面性质成为其构件典型截面为止的部分必须作为接头处理； （d）对于座椅、卧铺、安全带、肩带，它们与结构的连接件必须通过分析、试验或两者兼用，来表明其能承受第 23.561 条中所规定的惯性力再乘以 1.33 的接头系数。
—	**第 23.627 条　疲劳强度** 结构必须尽可能地设计成避免在正常服役中很可能出现变幅应力超过疲劳极限的应力集中点。
第 25.631 条　鸟撞损伤（见 AMC 25.631） 飞机结构的设计必须保证飞机在与 1.8kg（4lb）重的鸟相撞之后，仍能继续安全飞行和着陆，相撞时飞机的速度（沿飞机飞行航迹相对于鸟）等于海平面 V_C 或 2438m（8000ft）高度 $0.85V_C$，两者取大值。当基于相似设计结构开展的足够量的、有代表性的试验时，可以仅通过分析表明符合性。	—
第 25.721 条　起落架—总则（见 AMC 25.963（d）） （a）起落架系统必须设计成，如果在起飞和着陆过程中起落架因超载而损坏，其损坏状态很不可能导致溢出足够量的燃油构成起火危险。必须假定超载向上向后作用，并与向内和向外作用的侧向载荷相结合。缺乏对此情况更合理的分析时，必须假定侧向载荷为垂直载荷的 20% 或阻力载荷的 20%，取两者较大值。 （b）飞机必须设计成，在下列轻微的坠撞着陆情况下，飞机在有铺面的跑道上机轮收起着陆，不会由于任何的损坏导致溢出足够量的燃油构成起火危险： （1）以 1.52m/s（5ft/s）的垂直速度，在飞机受操纵情况下，处于最大设计着陆重量： （ⅰ）全部起落架收起，以及以下作为各个单独工况的； （ⅱ）起落架未放下的任一组合情况。 （2）在地面滑动，处于： （ⅰ）全部起落架收起，具有 20° 偏航角以及以下作为各个单独工况的； （ⅱ）任一其他起落架未放下的组合情况，具有 0° 偏航角。 （c）对于发动机短舱可能触地的构型，必须设计成当发动机吊挂或发动机架因超载（假设超载主要作用于向上方向，以及单独主要作用于向后方向）而损坏，其损坏状态很不可能导致溢出足够量的燃油构成起火危险。	**第 23.721 条　起落架—总则** 对于客座量（不包括驾驶员座椅）等于或大于 10 座的通勤类飞机，采用下列对起落架的一般要求： （a）主起落架系统必须设计成：如果在起飞和着陆过程中起落架因超载而损坏（假定超载向上向后作用），其损坏模式不大可能导致从燃油系统任何部分溢出足够量的燃油而构成起火危险。 （b）每架飞机必须设计成：当有任何一个或一个以上的起落架支柱未放下时，飞机在可操纵情况下在有铺面的跑道上着陆，其结构元件的损坏不大可能导致溢出足够量的燃油而构成起火危险。 （c）可用分析或试验，或两者兼用来表明符合本条规定。

表 14–2（续）

EASA CS–25 修正案 21（运输类飞机）	EASA CS–23 修正案 4（轻型飞机）
第 25.723 条 减振试验（见 AMC25.723） （a）用于确定着陆载荷的起落架动态特性分析模型必须由能量吸收试验验证。必须采用一系列的试验以确保对于第 25.473 条规定的设计条件，该分析模型是有效的。 （1）在限制设计条件下的能量吸收试验的条件设置必须至少包含设计着陆重量或者设计起飞重量中产生较大着陆冲击能量的任何一个。 （2）起落架系统的试验姿态和试验中合适的阻力载荷必须模拟与合理的或者保守的限制载荷一致的飞机着陆条件。 （b）起落架在演示其储备能量吸收能力的试验中不得损坏，此试验模拟在设计着陆重量时下沉速度为 3.7m/s（12ft/s）并假定在着陆撞击时飞机的升力不大于飞机重量。 （c）对于之前批准的设计重量的改变和设计小改，可以基于以前在具有相似吸能特性的相同的基本起落架系统上进行的试验通过分析进行验证，以替代本条中规定的试验。	**第 23.723 条 减振试验** （a）必须表明，根据第 23.473 条的规定分别按起飞和着陆重量所选定的用于设计的限制载荷系数不会被超过。这一点必须用能量吸收试验来表明。但是如在原先已批准的起飞和着陆重量的基础上加大重量，则可以使用分析的方法，该分析必须以能量吸收特性相同的起落架系统所作过的试验为依据。 （b）起落架在演示其储备能量吸收能力的试验中不得损坏，但可以屈服。此试验模拟的下沉速度为 1.2 倍的限制下沉速度，并假定机翼升力等于飞机重量。
—	**第 23.725 条 限制落震试验** （a）如果用自由落震试验来表明满足第 23.723 条（a）的要求，则必须用完整的飞机或用位置正确的机轮、轮胎及缓冲器组成的装置进行试验，自由落震的高度不小于用下列公式确定的值： $$h=0.0132\,(Mg/S)^{1/2}\,(\text{m})$$ 但是，自由落震高度不得小于 0.234m（9.2in），也不需大于 0.475m（18.7in）。 （b）如果在自由落震试验中，考虑了机翼升力影响，则起落架必须用下述有效重量进行落震： $$M_e=M\,\frac{h+(1-L)\,d}{h+d}$$ 式中： M_e 为落震试验中使用的有效重量，kg； h 为规定的自由落震高度，m； d 为轮胎（充以批准的压力）在受撞击时的压缩量加上轮轴相对于落震重量位移的垂直分量，m； $M=M_M$，用于主起落架，kg，等于飞机水平姿态下作用在此起落架上的静重量（如为前轮式飞机，前轮离地）； $M=M_T$，用于尾轮，kg，等于飞机尾沉姿态下作用在尾轮上的静重量； $M=M_N$，用于前轮，kg，等于作用在前轮上的静反作用力的垂直分量，假定飞机的质量集中在重心上，并产生 1.0 的向下载荷系数和 0.33 的向前载荷系数；

表 14–2（续）

EASA CS–25 修正案 21（运输类飞机）	EASA CS–23 修正案 4（轻型飞机）
一	L 为假定的机翼升力与飞机重力之比，不大于 0.667； g 为重力加速度，m/s^2。 （c）必须用合理或保守的方法来确定限制惯性载荷系数。在落震试验中，起落架装置的姿态和施加的阻力载荷应模拟着陆情况。 （d）计算本条（b）中的 M_e 所用的 d 值不得超过落震试验中实际达到的值。 （e）限制惯性载荷系数必须根据本条（b）的自由落震试验按下列公式确定： $$n=n_j\frac{M_e}{M}+L$$ 式中： n_j 为落震试验中达到的载荷系数（即落震试验中所记录到的用 g 表示的加速度 dv/dt）加 1.0； M_e、M 和 L 的定义与落震试验所用的相同。 （f）按本条（e）确定的 n 值不得超过第 23.473 条的着陆情况所用的限制惯性载荷系数。
一	**第 23.726 条　地面载荷动态试验** （a）如果用落震试验在动态条件下表明满足第 23.479 至第 23.483 条的地面载荷要求，则必须进行一次符合第 23.725 条的落震试验。但是落震高度必须符合下列规定之一： （1）第 23.725 条（a）中规定的落震高度的 2.25 倍； （2）足以产生限制载荷系数的 1.5 倍的高度。 （b）强度符合性证明必须使用第 23.479 至第 23.483 条规定的各设计情况的临界着陆情况。
一	**第 23.727 条　储备能量吸收落震试验** （a）如果用自由落震试验来表明满足第 23.723 条（b）规定的储备能量吸收要求，则落震高度不得小于第 23.725 条规定值的 1.44 倍。 （b）如果考虑了机翼升力作用，则装置必须以下列有效重量进行落震： $$M_e=M\left(\frac{h}{h+d}\right)$$ 符号意义与第 23.725 条相同。

表 14-2（续）

EASA CS-25 修正案 21（运输类飞机）	EASA CS-23 修正案 4（轻型飞机）
第 25.729 条　收放机构（见 AMC 25.729） （a）总则。对于装有可收放起落架的飞机，采用下列规定： （1）起落架收放机构、轮舱门和支承结构必须按下列载荷设计： （i）起落架在收上位置时的飞行情况下出现的载荷； （ii）在直到 $1.5V_{SR1}$（襟翼在设计着陆重量下的进场位置）的任何空速下，起落架收放过程中出现的摩擦载荷、惯性载荷、刹车扭矩载荷、空气载荷和陀螺载荷的组合；陀螺载荷为机轮旋转所致，机轮边缘的线速度为 $1.23V_{SR}$（襟翼在设计起飞重量下的起飞位置）； （iii）襟翼放下情况的任何载荷系数，直到第 25.345 条（a）中的相应规定。 （2）起落架、收放机构和飞机结构（包括轮舱门）必须设计成能承受直到 $0.67V_C$ 的任何速度下起落架在放下位置时出现的飞行载荷，除非在此速度下另有措施使飞机在空中减速。 （3）除了考虑本条（a）（1）和（2）规定的空速和载荷系数的情况外，起落架舱门、操纵机构和支承结构还必须根据对飞机规定的偏航机动来设计。 （b）起落架锁。必须有可靠的措施能在空中和地面将起落架保持在放下位置。必须有可靠的措施能在空中将起落架和舱门保持在正确的收上位置，除非能够证明：在任何速度下放下起落架或舱门、或者带放下的起落架或舱门飞行，都没有危险。 （c）应急操作。必须有应急措施可在下列情况下放下起落架： （1）正常收放系统中任何合理可能的失效；或 （2）任何单个液压源、电源或等效能源的失效。 （d）操作试验。必须通过操作试验来表明收放机构功能正常。 （e）位置指示器和警告装置。如果采用可收放起落架，必须有起落架位置指示器（以及驱动指示器工作所需的开关）或其他手段来通知驾驶员，起落架已锁定在放下（或收上）位置，该指示和警告手段的设计必须满足下列要求： （1）如果使用开关，则开关的安置及其与起落架机械系统的结合方式必须能防止在起落架未完全放下时误示"放下和锁住"，或在起落架未完全收上时误示"收上和锁住"。开关可安置在受实际的起落架锁闩或其等效装置驱动的部位； （2）当准备着陆时如果起落架未在下位锁锁住，必须向飞行机组发出持续的或定期重复的音响警告。 （3）发出警告的时间必须足以来得及将起落架在下位锁锁住或进行复飞。 （4）本条（e）（2）所要求的警告不得有容易被飞行机组操作的手动关断装置，以免其可能因本能、无意或习惯性反应动作而关断。 （5）用于发生音响警告的系统设计必须避免虚假警告或不当警告。 （6）用于抑制起落架音响警告的系统，其阻止警告系统工作的失效概率必须是不可能的。 （7）一旦起落架的位置与起落架选择杆的位置不一致，必须给出明确的指示或警告。	**第 23.729 条　起落架收放机构（见 AMC 23.729（g））** （a）总则。对于装有可收放起落架的飞机，采用下列规定： （1）每个起落架收放机构和支承结构必须按下列载荷设计：起落架收起时的最大飞行载荷系数；襟翼收上状态，在直到 $1.6V_{S1}$ 的任何空速下收起过程中产生的摩擦、惯性和刹车扭矩及气动载荷的组合；以及襟翼放下情况的任何载荷系数，直到第 23.345 条中的相应规定。 （2）起落架和收放机构，包括机轮舱门，必须能承受至少到 $1.6V_{S1}$ 的任何速度下，起落架在放下位置襟翼在收上位置时出现的飞行载荷，包括第 23.351 条中规定的所有偏航情况下引起的载荷。 （b）起落架锁。必须有可靠的措施（除用液压压力者外）将起落架保持在放下位置。 （c）应急操作。可收放起落架的陆上飞机，若不能手动放下起落架，则必须具有措施在下列情况下放下起落架： （1）正常起落架收放系统中任何合理可能的失效； （2）动力源的任何合理可能的失效导致正常起落架收放系统不能工作。 （d）操作试验。必须通过操作试验来表明收放机构功能正常。 （e）位置指示器。如果采用可收放起落架，必须有起落架位置指示器（以及驱动指示器工作所需的开关）或其他手段来通知驾驶员，各个起落架已锁定在放下（或收上）位置。如果使用开关，则开关的安置及其与起落架机械系统的结合方式必须能防止在起落架未完全放下时，指示器误示"放下和锁住"，或在起落架未完全收上时，指示器误示"收上和锁住"。 （f）起落架警告。对陆上飞机，必须提供下列音响或等效的起落架警告装置： （1）该装置在一个或几个油门收回超过正常着陆进场位置而起落架未完全放下和锁住时，将连续发声。不得用油门止动器作为音响装置。如果本条规定的警告装置设有人工停响措施，则此警告系统必须设计成：当一个或几个油门收回后警告已被暂停时，随后再减小任一油门到（或超过）正常着陆进场位置，将会启动警告装置；

表 14–2（续）

EASA CS–25 修正案 21（运输类飞机）	EASA CS–23 修正案 4（轻型飞机）
	（2）在使用正常着陆程序时，该装置在襟翼放下到超过最大进场的襟翼位置，而起落架未完全放下和锁住时，将连续发声。该装置不得设置人工停响措施。襟翼位置传感器可以装在任何合适的位置。此装置系统可以使用本条（f）（1）所规定的装置系统的任何一部分（包括音响警告装置）。 （g）起落架舱内的设备。如果起落架舱内除起落架外还有其他设备，则该设备的设计和安装必须将轮胎爆破或石块、水和雪等进入起落架舱内造成设备损坏的程度降至最低。
第 25.731 条　机轮 （a）主轮和前轮必须经批准。 （b）每一机轮的最大静载荷额定值，不得小于如下情况对应的地面静反作用力。 （1）设计最大重量； （2）临界重心位置。 （c）每一机轮的最大限制载荷额定值，必须不小于按本部中适用的地面载荷要求确定的最大径向限制载荷。 （d）过压爆裂保护。每一机轮必须提供防止机轮和轮胎组件因过度压力引起机轮失效和轮胎爆裂的措施。 （e）刹车机轮。每一刹车机轮必须满足第 25.735 条的适用要求。	**第 23.731 条　机轮** （a）每一机轮的最大静载荷额定值，不得小于下列情况对应的地面静反作用力： （1）设计最大重量；和 （2）临界重心位置。 （b）每一机轮的最大限制载荷额定值，必须不小于按本规定中适用的地面载荷要求确定的最大径向限制载荷。
第 25.733 条　轮胎 （a）当起落架轮轴上装有单个机轮和轮胎的组件时，机轮必须配以合适的轮胎，其速度额定值应经适航当局批准，且在临界条件下不会被超过，其载荷额定值应经适航当局批准，且不会被下列载荷超过： （1）主轮轮胎上的载荷，对应于飞机重量（直到最大重量）和重心位置的最临界组合； （2）前轮轮胎上的载荷，对应于本条（b）的地面反作用力，但本条（b）（2）和（b）（3）规定的除外。 （b）适用于前轮轮胎的地面反作用力如下： （1）轮胎上的地面静反作用力，对应于飞机重量（直到最大机坪重量）和重心位置的最临界组合，重心处有 1.0g 的向下作用力，此载荷不得超过轮胎的载荷额定值； （2）轮胎上的地面反作用力，对应于飞机重量（直到最大着陆重量）和重心位置的最临界组合，重心处有 1.0g 的向下作用力和 0.31g 的向前作用力。这种情况下的反作用力必须按静力学原则分配到前轮和主轮上，此时阻力方向反作用力等于每个刹车机轮的垂直载荷的 31%（如其刹车能够产生该地面反作用力）。此前轮轮胎载荷不得超过该轮胎载荷额定值的 1.5 倍；	**第 23.733 条　轮胎** （a）每个起落架机轮轮胎。经批准的轮胎额定载荷（静态和动态）不得被下列载荷超过： （1）在设计最大重量和临界重心位置时，作用在每个主轮轮胎上的地面静反作用载荷（用经批准的这些轮胎的静额定载荷作比较）； （2）在下述情况下作用在前轮轮胎上的反作用力载荷（用经批准的轮胎的动额定载荷作比较），假定飞机的质量集中在最临界的重心位置，并作用一个 1.0Mg 向下和 0.31Mg 向前的力（Mg 是设计最大重量），按静力学原理分配作用在前轮和主轮上的反作用力，仅在有刹车的机轮上施加地面阻力反作用力。

表 14–2（续）

EASA CS-25 修正案 21（运输类飞机）	**EASA CS-23 修正案 4（轻型飞机）**
（3）轮胎上的地面反作用力，对应于飞机重量（直到最大机坪重量）和重心位置的最临界组合，重心处有 1.0g 的向下作用力和 0.20g 的向前作用力。这种情况下的反作用力必须按静力学原则分配到前轮和主轮上，此时阻力方向反作用力等于每个带刹车机轮的垂直载荷的 20%（如其刹车能够产生该地面反作用力）。此前轮轮胎载荷不得超过该轮胎载荷额定值的 1.5 倍。 （c）当起落架轮轴上装有一个以上的机轮和轮胎的组件（如双轮或串列双轮）时，机轮必须配以合适的轮胎，其速度额定值应经适航当局批准，且在临界条件下不会被超过，其载荷额定值应经通航当局批准，且不会被下列载荷超过： （1）对应于飞机重量（直到最大重量）和重心位置最临界组合的每一主轮轮胎上的载荷乘以系数 1.07； （2）本条（a）（2）、（b）（1）、（b）（2）和（b）（3）规定的每一前轮轮胎上的载荷。 （d）可收放起落架系统上所装的每个轮胎，当处于服役中的该型轮胎预期的最大尺寸状态时，与周围结构和系统之间必须具有足够的间距，以防止轮胎与结构或系统的任何部分发生不应有的接触。 （e）对于最大审定起飞重量超过 34019kg（75000lb）的飞机，装在有刹车的机轮上的轮胎必须用干燥氮气或表明为惰性的其他气体充气，使轮胎内混合气体的氧体积含量不超过 5%，除非能表明轮胎衬垫材料在受热后不会产生挥发性气体或采取了防止轮胎温度达到不安全程度的措施。	（b）如果使用特殊构造的轮胎，则机轮必须清楚和明显地标明其特点。标记必须包括制造厂名、尺寸、帘线层数与该轮胎的识别标记。 （c）可收放起落架。系统上所装的每个轮胎，当处于服役中的该型轮胎预期的最大尺寸状态时，与周围结构和系统之间必须具有足够的间距，以防止轮胎与结构或系统的任何部分发生接触。
第 25.734 条　机轮和轮胎的失效防护（见 AMC 25.734） 飞机的安全运行必须得到保护，系统或结构不会因下列情况而损伤： ● 轮胎碎片； ● 轮胎爆破压力； ● 甩胎；和 ● 轮缘碎片。	—
第 25.735 条　刹车和刹车系统（见 AMC 25.735） （a）批准。每一包含机轮和刹车的组件都必须经批准。 （b）刹车系统能力。刹车系统及其相关系统必须设计和构造成： （1）如果任何电气、气动、液压或机械连接元件或传动元件损坏，或者任何单个液压源或其他刹车能源失效，能使飞机停下且滑行距离不超过第 25.125 条规定的滑行距离的两倍。 （2）无论在飞行中或在地面上，刹车或其附近元件失效后从刹车液压系统泄漏的液体都不足以引起或助长有危害的火情。 （c）刹车控制。刹车控制必须设计和构造成： （1）操作时，不需要额外的控制力。 （2）如果安装了自动刹车系统，必须有措施： （i）预位和解除预位该系统， （ii）允许驾驶员使用手动刹车操控该系统。	**第 23.735 条　刹车（见 AMC 23.735（c））** （a）必须提供刹车。每个主轮刹车装置的着陆刹车动能容量额定值不小于按下列方法之一确定的动能吸收要求： （1）必须根据对设计着陆重量下着陆时预期会出现的事件序列所作的保守而合理的分析确定刹车动能吸收要求； （2）每个主轮刹车装置的动能吸收要求，可按下列公式计算，以代替推理分析： $$KE = \frac{1}{2}MV^2/N$$ 式中： KE 为每个机轮的动能，J； M 为设计着陆重量，kg；

844

表 14–2（续）

EASA CS–25 修正案 21（运输类飞机）	EASA CS–23 修正案 4（轻型飞机）

（d）停留刹车。飞机必须具有停留刹车装置，当一台发动机为最大推力，同时其他任何或全部发动机为直到最大慢车推力的最不利组合时，打开停留刹车装置后，无须进一步关注就可以防止飞机在干燥的带铺面的水平跑道上滚动。该装置必须放在适当的位置或充分保证避免误操作。当停留刹车没有完全释放时，驾驶舱中必须有提示。

（e）防滑系统。如果安装了防滑系统：

（1）无须外部调整就可以在预期的任何跑道情况下进行满意的操作。

（2）在所有情况下必须优先于自动刹车系统（如果安装）。

（f）动能容量

（1）设计着陆停止。设计着陆停止是在最大着陆重量下可操作的着陆停止。必须确定每一个机轮、刹车和轮胎组件的设计着陆停止刹车动能吸收要求。必须通过测功器测试验证，在整个定义的刹车磨损范围之内机轮、刹车和轮胎组件能够吸收不少于该水平的动能。必须达到飞机制造商刹车要求的能量吸收率。平均减速率必须不小于 $3.1m/s^2$（$10ft/s^2$）。

（2）最大动能加速停止。最大动能加速停止是在最临界的飞机起飞重量和速度组合状态下的中止起飞状态。必须确定每一个机轮、刹车和轮胎组件的加速停止刹车动能吸收要求。必须通过测功器测试验证，在整个定义的刹车磨损范围之内机轮、刹车和轮胎组件能够吸收不少于该水平的动能。必须达到飞机制造商刹车要求的能量吸收率。平均减速率必须不小于 $1.8m/s^2$（$6ft/s^2$）。

（3）最严酷的着陆停止。最严酷的着陆停止是在最临界的飞机着陆重量和速度组合状态下的停止。必须确定每一个机轮、刹车和轮胎组件最严酷的停止刹车动能吸收要求。必须通过测功器测试验证，在刹车热库达到完全磨损极限情况下，机轮、刹车和轮胎组件能够吸收不少于该水平的动能。对于极不可能的失效情况或当最大动能加速停止能量更严酷时，不必考虑最严酷的着陆停止。

（g）高动能测功器停止后的刹车状态。按照本条（f）要求的高动能刹车试验停留刹车迅速和完全地作用了至少 3min 后，必须证明，从停留刹车作用起至少 5min 不能发生状况（或者在停止期间不能发生），包括轮胎或机轮和刹车组件的火情，可能妨碍安全和完全撤离飞机。

（h）储备能量系统。如果使用储备能量系统满足本条（b）（1）的要求，必须向飞行机组提供可用储备能量指示。对于以下情况，可用的储备能量必须充足：

（1）当防滑系统没有工作时至少可完成六个完整的刹车；和

（2）在飞机经审定的所有跑道表面条件下，当防滑系统运行时飞机完全停止。

（i）刹车磨损指示器。对于每一个刹车组件，必须有措施保证在热库磨损达到许可的极限时有指示。该措施必须可靠并容易看到。

V 为飞机速度，m/s。V 必须不小于 V_{S0}，V_{S0} 为海平面设计着陆重量和着陆形态下飞机无动力失速速度；

N 为装有刹车的主轮个数。

（b）在临界发动机处于起飞功率时，刹车必须能防止机轮在铺筑的跑道上滚动，但无须防止机轮刹死时飞机在地面的移动。

（c）在确定第 23.75 条要求的着陆距离时，机轮刹车系统压力不得超过刹车制造商规定的压力。

（d）如果装有防滑装置，则该装置及有关系统必须设计成任何可能的单个失效故障不可能使飞机刹车能力或方向操纵降低到有害程度。

（e）此外，对于通勤类飞机，每个主轮刹车装置的中断起飞动能容量额定值不得小于用下列方法确定的动能吸收要求：

（1）必须根据对最大起飞重量下中断起飞时预期会出现的事件序列进行保守的、合理的分析。

（2）如果不用合理的分析，每个主轮刹车装置的动能吸收要求可按下列公式计算：

$$KE = \frac{1}{2}MV^2/N$$

式中：

KE 为每个机轮的动能，J；

W 为设计起飞重量，kg；

V 为与按第 23.51 条（c）（1）选取的 V_1 的最大值相应的地面速度，m/s；

N 为装有刹车的主轮个数。

表 14-2（续）

EASA CS-25 修正案 21（运输类飞机）	EASA CS-23 修正案 4（轻型飞机）
（j）过热爆裂保护。对于每个带刹车的机轮，必须提供措施防止由于刹车温度升高导致的机轮失效和轮胎爆裂。并且，所有机轮必须满足第 25.731 条（d）的要求。 （k）兼容性。机轮和刹车组件与飞机及其系统兼容性必须经过验证。 （l）机轮刹车温度。位于轮舱内且对于飞机安全运行必不可少的设备必须加以保护，使之不会因可能的机轮刹车温度而损伤。	
一	**第 23.737 条 滑橇** 每一滑橇的最大限制载荷额定值必须不小于按本规定适用的地面载荷要求所确定的最大限制载荷。
第 25.745 条 前轮操纵（见 AMC 25.745） （a）前轮操纵系统的设计，必须通过试验表明在起飞和着陆期间发生侧风或一台发动机失效时，驾驶员不需要特殊的驾驶技术就能使用该系统；否则，必须限制该系统只能在低速机动时使用。（见 AMC 25.745（a）） （b）必须表明，在任何实际情况下，驾驶员操纵器件的移动（包括在收起或放下起落架期间或收起起落架后的移动）不得妨碍起落架的正确收放。 （c）在故障条件下，系统必须符合第 25.1309 条（b）和（c）。系统的布置必须保证没有任何单一故障会导致前轮的位置出现危险效应。如果通过前轮操纵来表明第 25.233 条的符合性，则必须表明前轮操纵系统关于第 25.1309 条的符合性。（见 AMC 25.745（c）） （d）前轮操纵系统、牵引附件和相关元件必须设计成采用独立于飞机的方法进行地面机动操作，否则必须通过适当方式的保护： （1）影响前轮操纵系统安全运行的损坏是排除的，或 （2）如果发生损坏，在滑行开始之前提供给飞行机组警报。（见 AMC 25.1322）（见 AMC 25.745（d）） （e）除非前轮在放下后自动处于前后姿态，否则必须在前轮初始处于所有可能的偏离中心位置的情况下演示成功的着陆。	**第 23.745 条 前轮/尾轮操纵** （a）如果装有前轮/尾轮操纵装置，必须证明在起飞和着陆期间发生侧风或一台发动机失效时，驾驶员不需要特殊的驾驶技巧就能使用该装置；否则，必须限制该装置只能在低速机动时使用。 （b）驾驶员操纵器件的移动不得妨碍起落架的收放。
第 25.777 条 驾驶舱操纵器件 （a）驾驶舱每个操纵器件的位置必须保证操作方便并防止混淆和误动。 （b）驾驶舱操纵器件的运动方向必须符合第 25.779 条的规定。凡可行处，其他操纵器件操作动作的直感必须与此种操作对飞机或对被操作部分的效果直感一致。用旋转运动调节大小的操纵器件，必须从断开位置顺时针转起，经过逐渐增大的行程达到全开位置。	**第 23.777 条 驾驶舱操纵器件** （a）驾驶舱每个操纵器件的位置和标记（功能明显者除外），必须保证操作方便并防止混淆和误动。 （b）操纵器件必须布置和安排成使驾驶员在坐姿时能对每个操纵器件进行全行程和无阻挡地操作，而不受其衣服或驾驶舱结构的干扰。 （c）动力装置操纵器件布置必须符合下列规定： （1）对多发飞机，位于操纵台上或驾驶舱中心线或其附近的顶部；

表 14–2（续）

EASA CS–25 修正案 21（运输类飞机）	EASA CS–23 修正案 4（轻型飞机）
（c）操纵器件相对于驾驶员座椅的位置和布局，必须使任何身高 1.58m（5ft2in）至 1.91m（6ft3in）的（按第 25.1523 条规定的）最小飞行机组成员就座并系紧安全带和肩带（如果装有）时，每个操纵器件可无阻挡地作全行程运动，而不受驾驶舱结构或最小飞行机组成员衣着的干扰。 （d）各台发动机使用同样的动力装置操纵器件时，操纵器件的位置安排必须能防止混淆各自控制的发动机。 （e）襟翼和其他辅助升力装置的操纵器件必须设在操纵台的上部，油门杆之后，对准或右偏于操纵台中心线并在起落架操纵器件之后至少 25cm（10in）。 （f）起落架操纵器件必须设在油门杆之前，并且必须使每个驾驶员在就座并系紧安全带和肩带（如果装有）后可以操作。 （g）操纵手柄必须设计成第 25.781 条规定的形状。此外，这些手柄必须是同色的，而且颜色与其他用途的操纵手柄和周围驾驶舱的颜色有鲜明的对比。 （h）如要求有飞行工程师作为（按第 25.1523 条规定的）最小飞行机组成员，则飞机上必须设有飞行工程师工作位置，其部位和安排能使飞行机组成员有效地各行其职而互不干扰。 （i）俯仰和滚转控制力和位移灵敏度应是兼容的，以便一个控制轴上的正常输入不会导致另一个控制轴上的重大意外输入。	（2）对单座和串座单发飞机，位于左侧操纵台和仪表板上； （3）对其他形式的单发飞机位于驾驶舱中心线或其附近的操纵台、仪表板上，或顶部； （4）对具有并排驾驶员座椅和两套动力装置的操纵器件的飞机，位于左边和右边的操纵台上。 （d）操纵器件位置从左到右的顺序必须是功率（推力）杆，螺旋桨（转速操纵）和混合比操纵器件（对涡轮动力飞机为调节手柄和燃油切断装置）。功率（推力）杆必须比螺旋桨（转速操纵器）或混合比操纵器件至少高或长 25.4mm（1in），使其更突出显著。汽化器空气加温或旁路空气操纵器件必须设在油门杆左边，或当位于操纵台以外的位置时，必须离开混合比操纵器件至少 20cm（8in）远。当汽化器空气加温或旁路空气操纵器件位于操纵台时，则必须在油门杆的后面或下面。增压器操纵器件必须设在螺旋桨操纵器件的下面或后面。具有纵列座位或单座的飞机可利用座舱左边的操纵位置，然而从左到右的位置顺序必须是功率（推力）杆，螺旋桨（转速操纵器）和混合比操纵器件。 （e）各台发动机使用同样的动力装置操纵器件时，操纵器件的位置排列必须能防止混淆各自控制的发动机。 （1）常规多发飞机动力装置操纵器件必须排列为左边的操纵器件控制左边的发动机，右边的操纵器件控制右边的发动机； （2）具有两台前后排列的双发飞机，左边动力装置操纵器件必须控制前边的发动机。右边的动力装置操纵器件必须控制后面的发动机。 （f）襟翼和辅助升力装置操纵器件的位置应按下列规定： （1）在操纵台的中心，或在操纵台或发动机油门杆操纵器件中心线的右侧；并且， （2）离起落架操纵器件足够远以避免混淆。 （g）起落架操纵器件必须设在油门杆中心线或操纵台中心线的左侧。 （h）燃油供给选择器的操纵器件必须符合第 23.995 条并且安排和布置成：当驾驶员座椅在任何可能的位置时，驾驶员不需要移动座椅或主飞行操纵器件，便能看见和接触到。

表 14-2（续）

EASA CS-25 修正案 21（运输类飞机）	EASA CS-23 修正案 4（轻型飞机）
	（1）对于机械燃油选择器： （i）所选择的燃油阀位置必须用指针表示其读数并且（对于选择的位置）提供可靠的辨认和感觉（扳手等）措施。 （ii）位置指示器指针必须位于从旋转中心测量的手柄的最大尺寸的部位上。 （2）对于电气或电子燃油选择器： （i）数字操纵器件或电气开关必须做适当标记。 （ii）必须提供措施向飞行人员显示所选择的油箱或功能。选择器的开关位置不能用来作为指示的方法。"切断"或"关闭"的位置必须用红色表示。 （3）如果燃油阀选择器的手柄或电气或数字选择也是一个燃油切断选择器，则断开位置的标记必须是红色的。如果提供单独的应急切断方法，也必须用红色表示。
第 25.779 条　驾驶舱操纵器件的动作和效果 驾驶舱操纵器件必须设计成使它们按下列运动和作用来进行操纵： （a）空气动力操纵器件 （1）主操纵：动作和效果 副翼：右偏（顺时针）使右翼下沉； 升降舵：向后使机头抬起； 方向舵：右脚前蹬使机头右偏。 （2）次操纵：动作和效果 襟翼（或辅助升力装置）：向前使襟翼收起，向后使襟翼放下； 配平调整片（或等效装置）：转动使飞机绕平行于操纵器件轴线的轴线作相似转动。 （b）动力装置操纵器件和辅助操纵器件 （1）动力装置操纵器件：动作和效果 功率或推力杆：油门杆向前使正推力增大，向后使反推力增大； 螺旋桨：向前使转速增加。 （2）辅助操纵器件：动作和效果 起落架：向下使起落架放下。	**第 23.779 条　驾驶舱操纵器件的动作和效果** 驾驶舱操纵器件必须设计成使它们按下列运动和作用来进行操纵： （a）空气动力操纵器件 （1）主操纵：动作和效果 副翼：右偏（顺时针）使右翼下沉； 升降舵：向后使机头抬起； 方向舵：右脚前蹬使机头右偏。 （2）次操纵：动作和效果 襟翼（或辅助升力装置）：向前使襟翼收起，向后使襟翼放下； 配平调整片（或等效装置）：转动使飞机绕平行于操纵器件轴线的轴线作相似转动。 （b）动力装置操纵器件和辅助操纵器件 （1）动力装置操纵器件：动作和效果 功率或推力杆：油门杆向前使正推力增大，向后使反推力增大； 螺旋桨：向前使转速增加； 混合比：向前或向上使富油； 燃油：向前为开； 汽化器空气加温或旁路空气操纵器件：向前或向上使冷却； 增压器：对低压头增压器向前或向上使压

表 14–2（续）

EASA CS–25 修正案 21（运输类飞机）	**EASA CS–23 修正案 4（轻型飞机）**
	力增大； 　涡轮增压器：向前、向上或顺时针转动使压力增大； 　旋转操纵器件：顺时针从关闭到全开。 　（2）辅助操纵器件：动作和效果 　燃油箱选择器：右边对右箱，左边对左箱； 　起落架：向下使起落架放下； 　减速板：向后使减速板张开。

第 25.781 条　驾驶舱操纵手柄形状

驾驶舱操纵手柄必须符合下图中的一般形状（但无需按其精确大小和特定比例）：

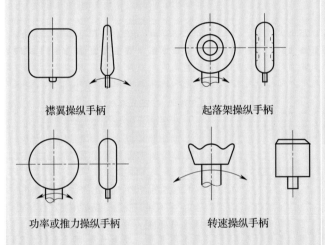

襟翼操纵手柄　　　　　　起落架操纵手柄

功率或推力操纵手柄　　　　转速操纵手柄

第 25.863 条　可燃液体的防火（见 AMC 25.863）

（a）凡可燃液体或蒸气可能因液体系统渗漏而逸出的区域，必须有措施尽量减少液体和蒸气点燃的概率以及万一点燃后的危险后果。（见 AMC 25.863（a））

（b）必须用分析或试验方法表明符合本条（a）的要求，同时必须考虑下列因素：

（1）液体渗漏的可能漏源和途径，以及探测渗漏的方法；

（2）液体的可燃特性，包括任何可燃材料或吸液材料的影响；

（3）可能的引燃火源，包括电气故障、设备过热和防护装置失效；

第 23.781 条　驾驶舱操纵手柄形状

（a）襟翼和起落架操纵手柄必须符合下图中的一般形状（但无需按其精确大小和特定比例）：

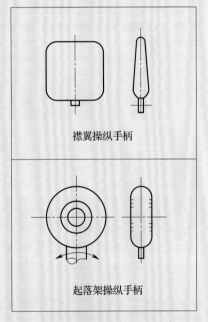

襟翼操纵手柄

起落架操纵手柄

第 23.863 条　可燃液体的防火

（a）凡可燃液体或蒸气可能因液体系统渗漏而逸出的区域，必须有措施尽量减少液体和蒸气点燃的概率以及万一点燃后的危险后果。

（b）必须用分析或试验方法表明符合本条（a）的要求，同时必须考虑下列因素：

（1）液体渗漏的可能漏源和途径，以及探测渗漏的方法；

（2）液体的可燃特性，包括任何可燃材料或吸液材料的影响；

表 14–2（续）

EASA CS-25 修正案 21（运输类飞机）	EASA CS-23 修正案 4（轻型飞机）
（4）可用于抑制燃烧或灭火的手段，例如截止液体流动，关断设备，防火的包容物或使用灭火剂； （5）对于飞行安全是关键性的各种飞机部件的耐火耐热能力。 （c）如果要求飞行机组采取行动来预防或处置液体着火（如关断设备或起动灭火瓶），则必须备有迅速动作地向机组报警的装置。 （d）凡可燃液体或蒸气有可能因液体系统渗漏而逸出的区域，必须确定其部位和范围。	（3）可能的引燃火源，包括电气故障、设备过热和防护装置失效； （4）可用于抑制燃烧或灭火的手段；例如，截止液体流动、关断设备、防火的包容物或使用灭火剂； （5）对于飞行安全是关键性的各种飞机部件的耐火、耐热能力。 （c）如果要求飞行机组采取行动来预防或处置液体着火（如关断设备或起动灭火瓶），则必须备有迅速动作地向机组报警的装置。 （d）凡可燃液体或蒸气有可能因液体系统渗漏而逸出的区域，必须确定其部位和范围。
第 25.899 条　电搭接和防静电保护（见 AMC 25.899） （a）电搭接和防静电保护的设计，必须使得造成如下危害的静电积聚最小： （1）人员电击受伤； （2）点燃可燃蒸气，或； （3）干扰安装的电子电气设备。 （b）通过如下方法，以证明符合本条（a）段的要求： （1）将部件对机身可靠搭接，或； （2）采取其他可接受的方法消除静电，使其不再危及飞机、人员或其他安装的电子电气系统的正常运行。	**第 23.867 条　电气搭铁和闪电与静电防护** （a）必须防止飞机因受闪电而引起灾难性后果。 （b）对金属组件可用下列措施之一表明符合本条（a）的要求： （1）该组件正确地搭接到飞机机体上； （2）该组件设计成不致因闪电而危及飞机。 （c）对非金属组件可用下列措施之一表明符合本条（a）的要求： （1）该组件的设计使闪电的后果减至最小； （2）装有可接受的分流措施将产生的电流分流，以使其不危及飞机。
第 25.925 条　螺旋桨间距 除非已证实可采用更小的间距，飞机在最大重量、最不利重心位置以及螺旋桨在最不利桨距位置的情况下，螺旋桨间距不得小于下列规定： （a）地面间距。起落架处于静压缩状态，当飞机处于水平起飞姿态或滑行姿态时（取最临界的姿态），每一螺旋桨与地面之间的间距均不得小于180mm（7in）（对前轮式飞机）或230mm（9in）（对尾轮式飞机）。此外，当处于临界轮胎完全泄气和相应的起落架支柱压缩到底的水平起飞姿态时，螺旋桨与地面之间必须有正的间距； （b）［备用］ （c）结构间距 （1）桨尖与飞机结构之间的径向间距不得小于 25mm（1in），加上计及有害的振动所必需的任何附加径向间距。 （2）螺旋桨桨叶或桨叶柄整流轴套与飞机各静止部分之间的纵向间距不得小于 13mm（1/2in）。 （3）螺旋桨其他转动部分或桨毂罩与飞机的各静止部分之间必须有正的间距。	**第 23.925 条　螺旋桨的间距** 除非已证实可采用更小间距，飞机在最大重量、最不利重心位置，以及螺旋桨在最不利桨距位置的情况下，螺旋桨间距不得小于下列规定： （a）地面间距。起落架处于静压缩状态，当飞机处于水平起飞姿态或滑行姿态（取最临界者）时，每一螺旋桨与地面之间的间距均不得小于 180mm（7in）（对前轮式飞机），或 230mm（9in）（对尾轮式飞机）。此外，对于装有使用液压或机械装置吸收着陆冲击的常规起落架支柱的飞机，当处于临界轮胎完全泄气和相应的起落架支柱压缩到底的水平起飞姿态时，螺旋桨与地面之间必须具有正的间距。对于采用板簧支柱的飞机应表明在与 1.5g 相应的挠度下，具有正的间距。 （b）后安装螺旋桨。除（a）所规定的间

表 14–2（续）

EASA CS–25 修正案 21（运输类飞机）	EASA CS–23 修正案 4（轻型飞机）
	距外，后安装螺旋桨飞机必须设计成，当飞机处于正常起飞和着陆的可达到的最大俯仰姿态时，螺旋桨不会与跑道表面接触。 （c）水面间距。每一螺旋桨与水面之间的间距不得小于 460mm（18in），除非能表明采用更小的间距仍符合第 23.239 条的规定。 （d）结构间距。必须满足下列要求： （1）桨尖与飞机结构之间的径向间距不得小于 25mm（1in），加上考虑有害的振动所必需的任何附加径向间距； （2）螺旋桨桨叶或桨叶柄整流轴套与飞机各静止部分之间的纵向间距不得小于 12.7mm（1/2in）； （3）螺旋桨其他转动部分或桨毂罩与飞机的各静止部分之间必须有正的间距。
第 25.1301 条　功能和安装（见 AMC 25.1301） （a）所安装的每项设备必须符合下列要求： （1）其种类和设计与预定功能相适应； （2）用标牌标明其名称、功能或使用限制，或这些要素的适用的组合；（见 AMC 25.1301（a）（2）） （3）按对该设备规定的限制进行安装； （b）电气线路互联系统（EWIS）必须符合本部 H 分部的要求。	**第 23.1301 条　功能和安装** 所安装的每项设备必须符合下列要求： （a）其种类和设计与预定功能相适应； （b)用标牌标明其名称、功能或使用限制，或这些要素的适用的组合； （c）按对该设备规定的限制进行安装； （d）在安装后功能正常。
第 25.1309 条　设备、系统及安装（见 AMC 25.1309） 除非下列规定，本段的要求除本部的特定设计要求外适用于安装在飞机上的任何设备或系统。尽管本条不适用于 B 分部的性能和飞行特性要求以及 C 和 D 分部的结构要求，但确实适用于依赖符合任何这些要求的任何系统。第 25.671 条（c）（1）和第 25.671 条（c）（3）涵盖的某些单一故障或卡滞不属于 CS 25.1309 条（b）（1）（ⅱ）的要求。第 25.735 条（b）涵盖的某些单一故障不属于第 25.1309 条（b）的要求。第 25.810 条和第 25.812 条涵盖的故障条件不属于第 25.1309 条（b）的要求。第 25.1309 条（b）的要求适用于第 25.901 条（c）规定的动力装置安装。 （a）飞机设备和系统的设计和安装必须符合以下要求： （1）对于那些型号审定或操作规程要求的，或运行不当会降低安全性的设备和系统，应在飞机运行和环境条件下完成预定功能。 （2）对于其他设备和系统，其本身不应是危险源，也不会对本款（a）（1）项所述设备和系统的正常运行产生不利影响。 （b）飞机系统与有关部件的设计，在单独考虑以及与其他系统一同考虑的情况下，必须符合下列规定： （1）任何灾难性故障情况： （ⅰ）是极不可能的； （ⅱ）不是由单一故障引起的。	**第 23.1309 条　设备、系统及安装** （a）每项设备、每一系统及每一安装： （1）在执行其预定功能时，对下列任一设备的响应、运行或精度不得产生不利影响： （ⅰ）安全运行所需的基本设备；或 （ⅱ）其他设备，有措施使驾驶员知道其影响的除外。 （2）在单发飞机上，必须设计成在发生可能的故障或失效时将对飞机的危害减至最小。 （3）在多发飞机上，必须设计成在发生可能的故障或失效时能防止对飞机的危害。 （4）在通勤类飞机上，必须设计成在它们发生故障或失效时能保护飞机免受危害。 （b）每项设备、每一系统及每一安装的设计必须单独评审并按它与飞机其他系统和安装的关系进行评审，以确定飞机的持续安全飞行和着陆是否依赖其功能，以及对于不受目视飞行规则（VFR）条件限制的飞机，一个系统的失效是否会严重降低飞机或机组应对不利运行情况的能力。根据这种评审被

表 14–2（续）

EASA CS–25 修正案 21（运输类飞机）	EASA CS–23 修正案 4（轻型飞机）
（2）任何危险的故障情况是极小的；和 （3）任何主要故障情况是小的。 　　（c）必须提供警告信息，向机组指出系统的不安全工作情况并能使机组采取适当的纠正动作。系统、控制器件和有关的监控与警告装置的设计必须尽量减少可能增加危险的机组失误。 　　（d）必须按照 25.1709 条的要求对电气线路互联系统（EWIS）进行评估。 　　（e）必须制定合格审定维护要求以防止发生第 25.1309 条（b）描述的故障情况，并且必须包含在第 25.1529 条要求的持续适航文件适航限制章节中。	确定为飞机持续安全飞行和着陆需依赖其正常功能，或者其失效将严重降低飞机或机组应对不利运行情况能力的每项设备、系统和安装，必须设计成满足下列附加要求： 　　（1）在任何可预见的运行情况下完成其预定功能；和 　　（2）当系统和有关部件在单独考虑以及与其他系统一起考虑时： 　　（i）任何可能妨碍飞机连续安全飞行和着陆的失效情况，其发生必须是极不可能的；且 　　（ii）任何可能严重降低飞机或机组应对不利运行情况能力的其他失效，其发生必须是不可能的。 　　（3）必须提供警告信息提醒机组注意系统的不安全工作情况并能使机组采取相应的纠正动作。系统、操纵器件以及有关的监视和警告装置的设计必须将可能产生附加危险的机组失误减至最小； 　　（4）必须通过分析，必要时通过适当的地面、飞行或模拟器试验来表明符合本条（b）（2）的要求。分析必须考虑下列情况： 　　（i）可能的失效模式，包括外界原因造成的故障和损坏； 　　（ii）多重失效概率和失效未被检测出的概率； 　　（iii）在各个飞行阶段和各种运行条件下，对飞机和乘员造成的后果；和 　　（iv）对机组的警告信号、所需的纠正措施以及机组对故障的判定能力。 　　（c）凡其功能为中国民用航空规章所要求的并且需要能源的每项设备、每一系统及每一安装均为该能源的"重要负载"。能源及其系统必须能够在可能的工作组合与可能的持续时间内对下列能源负载提供能源： 　　（1）在系统正常工作时，与能源分配系统相连的负载。 　　（2）出现下列失效后的重要负载： 　　（i）双发飞机的任何一台发动机失效；或 　　（ii）任何能源转换装置或能源储存装置失效。 　　（3）如果适用的话，依据中国民用航空规章有关运行规则，在任一能源系统、分配系统或其他使用系统出现任一故障或失效后要求有替代能源的重要负载。 　　（d）在确定本条（c）（2）的符合性时，可以假定能源负载是按照与批准的运行类别的安全相一致的监控程序减少的。

表 14-2（续）

EASA CS-25 修正案 21（运输类飞机）	EASA CS-23 修正案 4（轻型飞机）
	（e）在表明本条关于电源系统及设备的设计与安装的符合性时，必须考虑最严重的环境和大气条件，包括射频能量及闪电影响（直接和非直接两种）。对于中国民用航空规章所要求的或为满足中国民用航空规章的要求而使用的发电、配电和用电设备，可以通过环境试验、设计分析或参照在其他飞机上已有的类似的服役经验来表明其在预期的环境条件下提供连续、安全服务的能力。
	（f）在本条中，"系统"是指在飞机设计中包括的所有气动系统、流体系统、电气系统、机械系统和动力装置系统，但下列系统除外： （1）作为合格审定过的发动机一部分的动力装置系统。 （2）按本规章 C、D 章的要求规定的飞行结构（如机翼、尾翼、操纵面及其系统、机身、发动机架、起落架和有关的主连接结构）。

第 25.1315 条　负加速度（见 AMC 25.1315）

飞机在第 25.333 条规定的飞行包线内以负加速度运行时不得出现危险的故障。必须按预计的负加速度最长持续时间表明满足上述要求。

—

第 25.1383 条　着陆灯

（a）每个着陆灯必须经过批准，其安装必须做到：

（1）使驾驶员看不到有害的眩光；

（2）使驾驶员不受晕影的不利影响；

（3）为夜间着陆提供足够的光线。

（b）除了装在同一部位的几个着陆灯可以共用一个开关控制之外，每个着陆灯必须有一个单独的开关。

（c）必须有手段，当着陆灯在放出位置时，向驾驶员发出指示。

第 23.1383 条　滑行和着陆灯

每只滑行和着陆灯的设计和安装必须满足以下要求：

（a）驾驶员不会看到有害的眩光；

（b）驾驶员不会受到晕影的严重影响；

（c）为夜间运行提供足够的光照；

（d）在任何构型下都不会导致失火危害。

第 25.1435 条　液压系统

（a）元件设计。液压系统的每个元件，必须设计成：

（1）能承受测试压力而不产生妨碍其预定功能的永久变形，而且能承受极限压力而不断裂。测试压力和极限压力由设计使用压力（DOP）作如下定义：

元件		测试（xDOP）	极限（xDOP）
1. 管道和接头		1.5	3.0
2. 盛装气体的压力容器	高压（如，蓄压器）	3.0	4.0
	低压（如，储压器）	1.5	3.0
3. 软管		2.0	4.0
4. 所有其他元件		1.5	2.0

第 23.1435 条　液压系统

（a）设计。液压系统必须按下列要求进行设计：

（1）液压系统及其元件，必须能承受液压载荷并加上预期的结构载荷而不产生屈服；

（2）对于提供两个或更多主要功能的每个液压系统，必须有向飞行机组指示系统内压力的装置；

（3）必须有手段来保证系统中任何部分的压力，包括瞬时（冲压）压力不会超过大于设计工作压力的安全限制，并防止所有管道中由于足够长时间的封闭，很可能产生液压油体积变化而引起的超压；

表 14–2（续）

EASA CS–25 修正案 21（运输类飞机）	EASA CS–23 修正案 4（轻型飞机）
（2）能承受设计使用压力和作用于其上的结构限制载荷而不产生妨碍其预定功能的变形。 （3）能无损坏地承受 1.5 倍的设计工作压力与合理地可能同时产生的结构极限载荷的组合载荷。 （4）能承担包括瞬态的和相关外部诱导载荷的所有循环压力的疲劳效应，同时需考虑元件失效的后果。 （5）能够在经审定的飞机预定的所有环境条件下工作。 （b）系统设计。每一个液压系统必须： （1）在以下情况下，具有位于机组成员工作位置的说明系统的合适参数的措施： （ⅰ）执行为持续安全飞行和着陆的必要功能；或者 （ⅱ）在液压系统失效的情况下，机组必须为保证持续安全飞行和着陆采取必要的纠正措施； （2）具有确保系统压力在每个元件的设计容量之内的措施，满足第 25.1435 条（a）（1）到（a）（5）的要求。系统压力包括瞬时压力和由于元件内流体体积变化造成的压力，该元件能够在变化发生时保持密闭足够长的时间； （3）具有措施确保在飞行中尽可能少地释放有害或危险浓度的液压流体或蒸气进入到驾驶舱和客舱； （4）如果使用了可燃性的液压流体，需要达到第 25.863 条、第 25.1183 条、第 25.1185 条和第 25.1189 条的应用要求； （5）设计中使用飞机制造商指定的液压流体，该流体必须具有满足第 25.1541 条要求的合适的标牌加以识别。 （c）试验。必须进行液压系统和（或）子系统及元件的试验，除非进行可靠和适当的分析能够替代或完善试验。所有内部和外部因素都应被考虑并评估其影响，确保可靠的系统和元件的功能和完整性。元件或系统的失效或不可接受的缺陷都必须纠正，必要时要进行充分的重新试验。 （1）系统、子系统或元件必须满足代表地面和飞行使用中的性能、疲劳和耐久性的试验。 （2）完整系统必须进行包括在相关失效条件下模拟在内的试验以确定其合适的性能和与其他系统的关系，并证明或验证元件的设计。 （3）完整液压系统必须在飞机正常的所有相关用户系统运行的操作状态下进行功能试验。试验必须在系统释压状态下或在系统压力释放装置不是系统一部分的情况下在 1.25DOP 状态下实施。液压系统和其他系统或结构元件之间的间隙必须充分且对系统或元件没有不利影响。	（4）最小设计破坏压力必须是工作压力的 2.5 倍。 （b）试验。每个系统必须经过验证压力试验的验证，当验证试验时，系统的任何零件不得损坏、出故障或产生永久变形。系统的验证压力载荷必须至少为该系统最大工作压力的 1.5 倍。 （c）蓄压器。如果满足下列要求，蓄压器或蓄液箱可以安装在防火墙的发动机一侧： （1）它们是发动机或螺旋桨系统整体的一部分，或 （2）蓄液箱是非增压的，并且所有这种非增压蓄液箱的总容积不大于 0.946L（1USgt[①]（美制夸脱））。

第 25.1515 条　有关起落架的速度

（a）所制定的起落架收放速度 V_{LO}，不得超过按第 25.729 条和由飞行特性所确定的安全收、放起落架的飞行速度。如果放起落架的飞行速度和收起落架的速度不同，则必须将这两种速度分别标为 $V_{LO(EXT)}$ 和 $V_{LO(RET)}$。

（b）所制定的起落架放下状态速度 V_{LE}，不得超过起落架锁定在完全放下位置时能安全飞行的速度和按第 25.729 条确定的速度。

---

① 　1USgt=0.946L。

表 14–2（续）

EASA CS-25 修正案 21（运输类飞机）	EASA CS-23 修正案 4（轻型飞机）

第 25.1591 条　在受污染的跑道道面上运行的性能信息（见 AMC 25.1591）

（a）适用于在受积水、泥浆、雪或冰污染的跑道上运行的飞机补充性能信息可由申请人自行决定。若提供，该信息必须包括飞机在被这些污染物覆盖的硬面跑道起飞和着陆期间的预期性能。若未提供上述任何一个或多个受污染表面的信息，飞机飞行手册（AFM）必须包含禁止在未提供信息的表面上进行操作的声明。申请人可以自行决定提供除上述以外的受污染表面上的操作的其他信息。

（b）申请人提供的性能信息必须包含在飞机飞行手册（AFM）中。该信息可用于帮助运营人生成运行数据和指令，以供其飞行机组在跑道表面受污染的情况下使用。该信息可通过计算或试验来确定。

（c）飞机飞行手册（AFM）必须清楚地说明用于建立受污染跑道性能信息的每种污染物的条件和适用范围。还必须说明，与用于确定受污染跑道性能信息的实际条件不同的实际条件可能会导致不同的性能。

附录 A

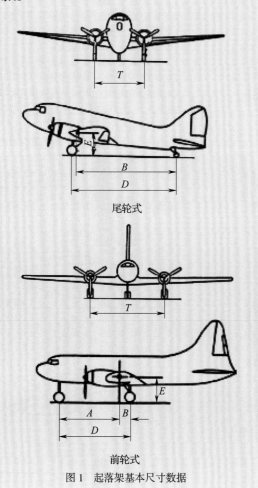

尾轮式

前轮式

图 1　起落架基本尺寸数据

附录 C　基本着陆情况

情况	尾轮式			前轮式	
	水平着陆	尾沉着陆	有斜反力的水平着陆	前轮稍离地面水平着陆	尾沉着陆
参考条文	§23.479 (a)(1)	§23.481 (a)(1)	§23.479 (a)(2)(i)	§23.479 (a)(2)(ii)	§23.481 (a)(2)和(b)
重心处的垂直分量	nW	nW	nW	nW	nW
重心处向前和向后的分量	KnW	0	KnW	KnW	0
重心处的侧向分量	0	0	0	0	0
缓冲支柱伸长量（液压式缓冲器）	注(2)	注(2)	注(2)	注(2)	注(2)
缓冲支柱压缩量（橡皮或弹簧式）	100%	100%	100%	100%	100%
轮胎压缩量	静态	静态	静态	静态	静态
主起落架载荷（两个主起落）V_T	$(n-L)W$	$(n-L)Wb/d$	$(n-L)Wa'/d'$	$(n-L)W$	$(n-L)W$

表 14-2（续）

EASA CS-25 修正案 21（运输类飞机）	EASA CS-23 修正案 4（轻型飞机）

EASA CS-25 修正案 21（运输类飞机）

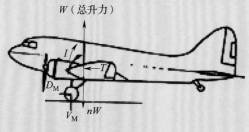

尾轮式

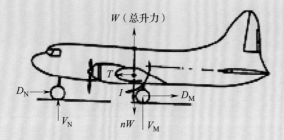

前轮式

注：I 为平衡所需的角惯性力；T 为惯性力的向前分量。

图 2　水平着陆

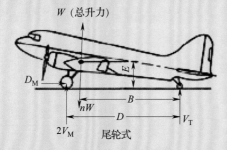

尾轮式

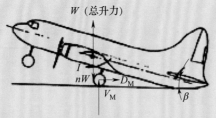

前轮式

注：β 为主起落架和尾部结构触地时的角度（但不必大于失速迎角）。

图 3　尾沉着陆

EASA CS-23 修正案 4（轻型飞机）

续表

情况	尾轮式		前轮式		
	水平着陆	尾沉着陆	有斜反力的水平着陆	前轮稍离地面水平着陆	尾沉着陆
主起落架载荷（两个主起落架）D	KnW	0	$\dfrac{KnWa'}{d'}$	KnW	0
尾（前）起落架载荷 V	0	$\dfrac{(n-L)Wa}{d}$	$\dfrac{(n-L)Wb}{d'}$	0	0
尾（前）起落架载荷 D	0	0	$\dfrac{KnWb'}{d'}$	0	0
注	(1)(3)(4)	(4)	(1)	(1)(3)(4)	(3)(4)

注（1）K 可以确定如下：W 等于或小于 1361kg（3000lb）时 $K = 0.25$；W 等于或大于 2722kg（6000lb）时，$K = 0.33$。在上述重量之间时，K 为线性变化。

注（2）对设计而言，除非另有说明，在缓冲支柱从 25%～100% 的整个压缩行程内，假定最大载荷系数均可出现，并且必须按起落架每一元件所选取的缓冲支柱最临界的伸长位置来施加该载荷。

注（3）不平衡力矩必须采用合理的或保守的方法加以平衡。

注（4）L 的定义见第 23.725 条（b）。

注（5）n 为飞机重心处的限制惯性载荷系数，取自第 23.473 条（d）、（f）和（g）。

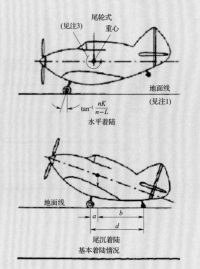

表 14-2（续）

EASA CS-25 修正案 21（运输类飞机）	EASA CS-23 修正案 4（轻型飞机）

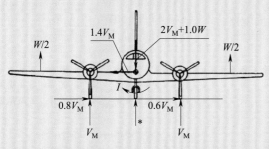

平衡外力所需的飞机惯性载荷

双轮水平着陆情况下的单轮载荷

前轮式或尾轮式

图 4　单轮着陆

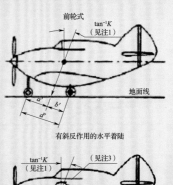

$\tan^{-1}K$（见注1）

前轮式

地面线

有斜反作用的水平着陆

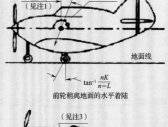

$\tan^{-1}K$（注1）（见注3）

$\tan^{-1}\dfrac{nK}{n-L}$

前轮稍离地面的水平着陆

地面线

$2V_M+1.0W$

$1.4V_M$

$W/2$　　　$W/2$

$0.8V_M$　　$0.6V_M$

V_M　　*　　V_M

注：V_M 为水平着陆时每一主起落架最大地面垂直反作用力的一半；
* 为前起落架地面反作用力 =0。

处于水平姿态的前轮式或尾轮式飞机

图 5　侧向载荷情况

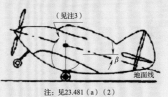

（见注3）

β

地面线

注：见23.481（a）（2）
尾沉着陆

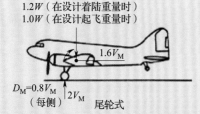

$1.2W$（在设计着陆重量时）
$1.0W$（在设计起飞重量时）

$1.6V_M$

$D_M=0.8V_M$（每侧）　$2V_M$

尾轮式

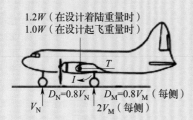

$1.2W$（在设计着陆重量时）
$1.0W$（在设计起飞重量时）

T

$D_N=0.8V_N$　$D_M=0.8V_M$（每侧）

V_N　$2V_M$（每侧）

前轮式

注：T为平衡机轮阻力所需的惯性力；对主起落设计$V_N=0$；
$D_N=0$（当前机轮不带刹车时）；对前起落设计$I=0$。

图 6　刹车滑行

表 14–2（续）

EASA CS–25 修正案 21（运输类飞机）	EASA CS–23 修正案 4（轻型飞机）
	附录 D　机轮起转和回弹载荷

EASA CS–23 修正案 4（轻型飞机）

附录 D　机轮起转和回弹载荷

D23.1 机轮起转载荷

（a）确定着陆情况下机轮起转载荷的下述方法是基于 NACA TN8863。然而，设计所采用的阻力分量不得小于第 23.479 条（b）规定的阻力载荷。

$$F_{Hmax}=\frac{1}{r_e}\sqrt{\frac{2I_w(V_H-V_C)F_{Vmax}}{t_z}}$$

式中：

F_{Hmax} 为作用在机轮上的最大向后水平力，lbf；

r_e 为在以推荐的轮胎工作压力撞击时，机轮的有效滚转半径（可以假定等于在 njW_e 静载荷作用下的滚转半径），ft；

I_w 为滚动组件的转动惯量，slug·ft²；

V_H 为与地面接触瞬时，平行于地面的飞机线速度（假定为 $1.2V_{SO}$），ft/s；

V_C 为预先旋转的轮胎的圆周速度（必须有一个可靠的预先旋转方法才可以考虑预先旋转），ft/s；

n 为有效摩擦因数（可用 0.80）；

F_{Vmax} 为机轮上的最大垂直力，其值等于 njW_e，lbf；其中 W_e 和 nj 在第 23.725 条中规定；

t_z 为从与地面接触至机轮达到最大垂直力之间的时间间隔，s；（但是，如果从上述公式得出的 F_{Hmax} 值超过 $0.8F_{Vmax}$，则 F_{Hmax} 必须采用 $0.8F_{Vmax}$ 的值。）

（b）该公式假定载荷系数随时间为线性变化一直到最大载荷为止。在这种假定下，该公式确定了在半径 r_e 上的机轮圆周速度等于飞机速度时的阻力。多数缓冲支柱不能精确地保证载荷系数随时间作线性变化，因此，必须有合理或保守的余量来补偿上述偏差。在大多数起落架上，对于特定的下沉速度和前进速度，机轮起转时间应小于达到最大垂直载荷系数所需的时间。对于特别大的机轮，在最大垂直载荷达到时，机轮圆周速度可能还未达到飞机速度。但是，如上所述，阻力方向的起转载荷不必超过 0.8 倍的最大垂直载荷。

（c）机轮开始加速时，起落架及其周围结构的动态回弹可能会产生显著的向前作用的动态载荷，必须在水平着陆情况下确定其影响，并假定用本附录中的方法计算的机轮起转载荷是反向的。对于机轮质量较大或着陆速度较高的起落架，动态回弹有可能成为临界载荷情况。

EASA CS–25 修正案 21（运输类飞机）

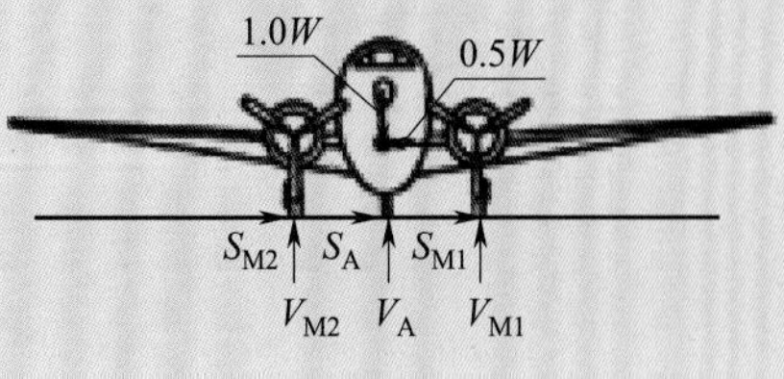

$S_A=0.5V_A$；$S_{M1}=0.5V_{M1}$；$S_{M2}=0.5V_{M2}$

尾轮式

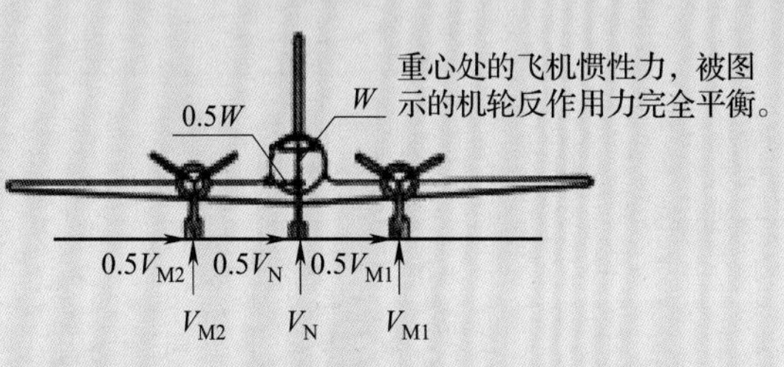

重心处的飞机惯性力，被图示的机轮反作用力完全平衡。

前轮式

图 7　转弯

回转中心

W

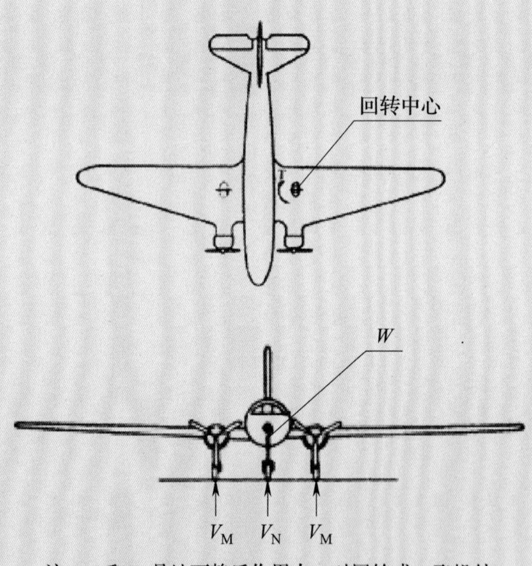

注：V_N 和 V_M 是地面静反作用力。对尾轮式，飞机处于三点姿态，假定绕一侧主起落架装置回转。

图 8　回转（前轮式和尾轮式）

表 14-3　民用旋翼机起落架及其相关系统的相关规章条款

EASA CS-27 修正案 4（轻型直升机）	EASA CS-29 修正案 4（大型运输类直升机）
—	**第 29.62 条　中断起飞：A 类** 相应于每一经批准的起飞条件，中断起飞距离和程序按如下确定： （a）使用第 29.59 条和第 29.60 条的起飞航迹要求直到起飞决断点，在该点识别出临界发动机失效，然后旋翼航空器在起飞场地着陆并完全停止； （b）其余发动机在经批准的限制范围内工作； （c）起落架在整个中断起飞过程中保持放下；和 （d）在旋翼航空器落地之前，仅使用主操纵器件。在旋翼航空器落地之后，才可使用主操纵器件上的次操纵器件。除机轮刹车外的其他措施，如果是安全可靠的，并在正常运行条件下可获得始终如一的效果，则可以用于使旋翼航空器停止。
第 27.231 条　地面和水面操纵特性—总则 旋翼航空器必须具有良好的地面和水面操纵特性，包括在使用中预期的任一状态下不得有不可操纵的倾向。	**第 29.231 条　地面和水面操纵特性—总则** 旋翼航空器必须具有良好的地面和水面操纵特性，包括在使用中预期的任一状态下不得有不可操纵的倾向。
第 27.235 条　滑行条件 旋翼航空器必须设计得能够承受当旋翼航空器在正常使用中可以合理地预期到的最粗糙地面上滑行时的载荷。	**第 29.235 条　滑行条件** 旋翼航空器必须设计得能够承受当旋翼航空器在正常使用中可以合理地预期到的最粗糙地面上滑行时的载荷。
第 27.241 条　地面共振 在地面旋翼转动时，旋翼航空器不得发生危险的振荡趋势。	**第 29.241 条　地面共振** 在地面旋翼转动时，旋翼航空器不得发生危险的振荡趋势。
第 27.301 条　载荷 （a）强度的要求。用限制载荷（使用中预期的最大载荷）和极限载荷（限制载荷乘以规定的安全系数）来规定。除非另有说明，所规定的载荷均为限制载荷。 （b）除非另有说明，所规定的空气、地面和水载荷必须与计及旋翼航空器每一质量项目的惯性力相平衡，这些载荷的分布必须接近或偏保守地反映真实情况。 （c）如果载荷作用下的变位会显著改变外部载重或内部载重的分布，则必须考虑载重分布变化的影响。	**第 29.301 条　载荷** （a）强度的要求。用限制载荷（使用中预期的最大载荷）和极限载荷（限制载荷乘以规定的安全系数）来规定。除非另有说明，所规定的载荷均为限制载荷。 （b）除非另有说明，所规定的空气、地面和水载荷必须与计及旋翼航空器每一质量项目的惯性力相平衡，这些载荷的分布必须接近或偏保守地反映真实情况。 （c）如果载荷作用下的变位会显著改变外部载重或内部载重的分布，则必须考虑载重分布变化的影响。
第 27.303 条　安全系数 除非另有规定，安全系数必须取 1.5。此系数适用于外部载荷和惯性载荷，除非应用它得到的内部应力是过分保守的。	**第 29.303 条　安全系数** 除非另有规定，安全系数必须取 1.5。此系数适用于外部载荷和惯性载荷，除非应用它得到的内部应力是过分保守的。

表 14–3（续）

EASA CS–27 修正案 4（轻型直升机）	EASA CS–29 修正案 4（大型运输类直升机）
第 27.305 条　强度和变形 （a）结构必须能承受限制载荷而无有害的或永久的变形。在直到限制载荷的任何载荷作用下，变形不得影响安全运行。 （b）结构必须能承受极限载荷而不破坏，此要求必须用下述任一方法表明： （1）在静力试验中，施加在结构上的极限载荷至少保持 3s；或 （2）模拟真实载荷作用的动力试验。	**第 29.305 条　强度和变形** （a）结构必须能承受限制载荷而无有害的或永久的变形。在直到限制载荷的任何载荷作用下，变形不得影响安全运行。 （b）结构必须能承受极限载荷而不破坏，此要求必须用下述任一方法表明： （1）在静力试验中，施加在结构上的极限载荷至少保持 3s；或 （2）模拟真实载荷作用的动力试验。
第 27.307 条　结构验证 （a）必须表明结构对计及其使用环境的每一临界受载情况均满足本章的强度和变形要求。只有经验表明结构分析的方法（静力或疲劳）对某种结构是可靠的情况下，对这种结构才可采用分析方法，否则必须进行验证载荷试验。 （b）为满足本章的强度要求所做的试验必须包括： （1）旋翼、旋翼传动系统和旋翼操纵系统的动力及耐久试验； （2）包括操纵面在内的操纵系统的限制载荷试验； （3）操纵系统的操作试验； （4）飞行应力测量试验； （5）起落架落震试验； （6）用于新的或非常规设计特点所要求的任何附加试验。	**第 29.307 条　结构验证** （a）必须表明结构对计及其使用环境的每一临界受载情况均满足本章的强度和变形要求。只有经验表明结构分析的方法（静力或疲劳）对某种结构是可靠的情况下，对这种结构才可采用分析方法，否则必须进行验证载荷试验。 （b）为满足本章的强度要求所做的试验必须包括： （1）旋翼、旋翼传动系统和旋翼操纵系统的动力及耐久试验； （2）包括操纵面在内的操纵系统的限制载荷试验； （3）操纵系统的操作试验； （4）飞行应力测量试验； （5）起落架落震试验； （6）用于新的或非常规设计特点所要求的任何附加试验。
第 27.411 条　地面间隙：尾桨保护装置 （a）在正常着陆时，尾桨不得接触着陆表面。 （b）当采用尾桨保护装置来满足本条（a）时，则： （1）对保护装置必须制定适当的设计载荷； （2）尾桨保护装置及其支撑结构必须设计成能承受该设计载荷。	**第 29.411 条　地面间隙：尾桨保护装置** （a）在正常着陆时，尾桨不得接触着陆表面。 （b）当采用尾桨保护装置来满足本条（a）时，则： （1）对保护装置必须制定适当的设计载荷； （2）尾桨保护装置及其支撑结构必须设计成能承受该设计载荷。
第 27.471 条　地面载荷—总则 （a）载荷和平衡。对于限制地面载荷，采用下述规定： （1）在本章着陆情况下得到的限制地面载荷，必须看成是作用在假定为刚体的旋翼航空器结构上的外部载荷； （2）在规定的每一着陆情况中，外部载荷必须以合理的或偏保守的方式与平动和转动惯性载荷相平衡。 （b）临界重心。必须在申请合格审定的重心范围内选择临界重心，使每一起落架元件获得最大设计载荷。	**第 29.471 条　地面载荷—总则** （a）载荷和平衡。对于限制地面载荷，采用下述规定： （1）在本章着陆情况下得到的限制地面载荷，必须看成是作用在假定为刚体的旋翼航空器结构上的外部载荷； （2）在规定的每一着陆情况中，外部载荷必须以合理的或偏保守的方式与平动和转动惯性载荷相平衡。 （b）临界重心。必须在申请合格审定的重心范围内选择临界重心，使每一起落架元件获得最大设计载荷。

表 14–3（续）

EASA CS–27 修正案 4（轻型直升机）	EASA CS–29 修正案 4（大型运输类直升机）
第 27.473 条　地面受载情况和假定 （a）对规定的着陆情况，必须采用不小于最大重量的设计最大重量。可以假定在整个着陆撞击期间旋翼升力通过重心，且不得超过设计最大重量的三分之二。 （b）除非另有说明，对于所规定的每一着陆情况，旋翼航空器必须按限制载荷系数设计。此系数不小于第 27.725 条中所证实的限制惯性载荷系数。	**第 29.473 条　地面受载情况和假定** （a）对规定的着陆情况，必须采用不小于最大重量的设计最大重量。可以假定在整个着陆撞击期间旋翼升力通过重心，且不得超过设计最大重量的三分之二。 （b）除非另有说明，对于所规定的每一着陆情况，旋翼航空器必须按限制载荷系数设计。此系数不小于第 29.725 条中所证实的限制惯性载荷系数。 （c）在第 29.725 条和第 29.727 条规定的试验中所确定的载荷下，吸收额外或附加能量的触发或作动装置不允许破坏，但不必采用第 29.303 条中规定的安全系数。
第 27.475 条　轮胎和缓冲器 除非另有说明，对于所规定的每一着陆情况，必须假定轮胎处于它的静态位置及缓冲器处于它的最严重位置。	**第 29.475 条　轮胎和缓冲器** 除非另有说明，对于所规定的每一着陆情况，必须假定轮胎处于它的静态位置及缓冲器处于它的最严重位置。
第 27.477 条　起落架的布置 第 27.235 条、第 27.479 条至第 27.485 和第 27.493 条适用于重心后有两个机轮而重心前有一个或多个机轮的起落架。	**第 29.477 条　起落架的布置** 第 29.235 条、第 29.479 条至第 29.485 和第 29.493 条适用于重心后有两个机轮而重心前有一个或多个机轮的起落架。
第 27.479 条　水平着陆情况 （a）姿态。在本条（b）规定的各受载情况下，假定旋翼航空器处于下述水平着陆姿态中的每个姿态： （1）所有机轮同时触地的姿态； （2）后轮触地，前轮稍离地面的姿态。 （b）受载情况。旋翼航空器必须按下述着陆受载情况设计： （1）按第 27.471 条施加的垂直载荷； （2）按本条（b）（1）施加的载荷与不小于作用在机轮上的垂直载荷的 25% 的阻力载荷相组合； （3）如果有两个前机轮，则按本条（b）（1）和（b）（2）施加在机轮上的载荷按 40∶60 的比例分配。 （c）俯仰力矩。假定俯仰力矩用下述方式平衡： （1）在本条（a）（1）姿态下，用前起落架平衡； （2）在本条（a）（2）姿态下，用转动惯性力平衡。	**第 29.479 条　水平着陆情况** （a）姿态。在本条（b）规定的各受载情况下，假定旋翼航空器处于下述水平着陆姿态中的每个姿态： （1）所有机轮同时触地的姿态； （2）后轮触地，前轮稍离地面的姿态。 （b）受载情况。旋翼航空器必须按下述着陆受载情况设计： （1）按第 27.471 条施加的垂直载荷； （2）按本条（b）（1）施加的载荷与不小于作用在机轮上的垂直载荷的 25% 的阻力载荷相组合； （3）阻力载荷峰值出现的瞬间所达到的垂直载荷同模拟使机轮滚转组件加速到所规定的地面速度所需力的阻力分量相结合，同时： （ⅰ）决定起转载荷的地面速度至少为最小自转下降率时的最佳前飞速度的 75%； （ⅱ）（b）中的受载荷情况仅适用于起落架和它的连接结构。 （4）如果有两个前机轮，则按本条（b）（1）和（b）（2）施加在机轮上的载荷按 40∶60 的比例分配。 （c）俯仰力矩。假定俯仰力矩用下述方式平衡： （1）在本条（a）（1）姿态下，用前起落架平衡； （2）在本条（a）（2）姿态下，用转动惯性力平衡。
第 27.481 条　机尾下沉着陆情况 （a）假定旋翼航空器处于它的各部分距地面间隙所允许的最大抬头姿态。 （b）在此姿态下，假定地面载荷垂直地面。	**第 29.481 条　机尾下沉着陆情况** （a）假定旋翼航空器处于它的各部分距地面间隙所允许的最大抬头姿态。 （b）在此姿态下，假定地面载荷垂直地面。

表 14–3（续）

EASA CS–27 修正案 4（轻型直升机）	EASA CS–29 修正案 4（大型运输类直升机）
第 27.483 条　单轮着陆情况 对于单轮着陆情况，假定旋翼航空器处于水平姿态，并有一个后轮触地。在此姿态下： 　（a）垂直载荷必须与按第 27.479 条（b）（1）得到的那侧载荷相同；和 　（b）不平衡的外部载荷必须由旋翼航空器的惯性力平衡。	**第 29.483 条　单轮着陆情况** 对于单轮着陆情况，假定旋翼航空器处于水平姿态，并有一个后轮触地。在此姿态下： 　（a）垂直载荷必须与按第 29.479 条（b）（1）得到的那侧载荷相同；和 　（b）不平衡的外部载荷必须由旋翼航空器的惯性力平衡。
第 27.485 条　侧移着陆情况 　（a）假定旋翼航空器处于水平着陆姿态，且： 　（1）侧向载荷与第 27.479 条（b）（1）水平着陆情况中得到的最大地面反作用力的一半相组合。 　（2）本条（a）（1）得到的载荷按下述规定之一作用： 　（ⅰ）在地面接触点上； 　（ⅱ）对于自由定向起落架，在轮轴中心。 　（b）旋翼航空器必须设计成在触地时能承受下列载荷： 　（1）仅后轮触地时，等于 0.8 倍垂直反作用力的侧向载荷在一侧向内作用，而等于 0.6 倍垂直反作用力的侧向载荷在另一侧向外作用，且均与本条（a）规定的垂直载荷相组合。 　（2）所有的机轮同时触地时，采用下述规定： 　（ⅰ）对于后轮，本条（b）（1）规定的侧向载荷与本条（a）规定的垂直载荷相组合； 　（ⅱ）对于前轮，等于 0.8 倍垂直反作用力的侧向载荷与本条（a）规定的垂直载荷相组合。	**第 29.485 条　侧移着陆情况** 　（a）假定旋翼航空器处于水平着陆姿态，且： 　（1）侧向载荷与第 29.479 条（b）（1）水平着陆情况中得到的最大地面反作用力的一半相组合。 　（2）本条（a）（1）得到的载荷按下述规定之一作用： 　（ⅰ）在地面接触点上； 　（ⅱ）对于自由定向起落架，在轮轴中心。 　（b）旋翼航空器必须设计成在触地时能承受下列载荷： 　（1）仅后轮触地时，等于 0.8 倍垂直反作用力的侧向载荷在一侧向内作用，而等于 0.6 倍垂直反作用力的侧向载荷在另一侧向外作用，且均与本条（a）规定的垂直载荷相组合。 　（2）所有的机轮同时触地时，采用下述规定： 　（ⅰ）对于后轮，本条（b）（1）规定的侧向载荷与本条（a）规定的垂直载荷相组合； 　（ⅱ）对于前轮，等于 0.8 倍垂直反作用力的侧向载荷与本条（a）规定的垂直载荷相组合。
第 27.493 条　滑行刹车情况 在滑行刹车情况下，缓冲器处于静态位置。 　（a）限制垂直载荷至少必须乘以下列载荷系数： 　（1）对于第 27.479 条（a）（1）规定的姿态，为 1.33； 　（2）对于第 27.479 条（a）（2）规定的姿态，为 1.0。 　（b）结构必须设计成能承受作用在带刹车装置的各机轮触地点上的阻力载荷，此载荷至少为下列数值中较小值： 　（1）垂直载荷乘以 0.8 倍的摩擦因数；和 　（2）根据限制刹车力矩确定的最大值。	**第 29.493 条　滑行刹车情况** 在滑行刹车情况下，缓冲器处于静态位置。 　（a）限制垂直载荷至少必须乘以下列载荷系数： 　（1）对于第 29.479 条（a）（1）规定的姿态，为 1.33； 　（2）对于第 29.479 条（a）（2）规定的姿态，为 1.0。 　（b）结构必须设计成能承受作用在带刹车装置的各机轮触地点上的阻力载荷，此载荷至少为下列数值中较小值： 　（1）垂直载荷乘以 0.8 倍的摩擦因数；和 　（2）根据限制刹车力矩确定的最大值。
第 27.497 条　地面受载情况：尾轮式起落架 　（a）总则。在重心前有两个机轮和重心后有一个机轮的起落架的旋翼航空器，必须按本条规定的受载情况设计。 　（b）仅前轮触地的水平着陆姿态。在此姿态下采用下述规定： 　（1）必须按第 27.471 条至 27.475 条施加垂直载荷；	**第 29.497 条　地面受载情况：尾轮式起落架** 　（a）总则。在重心前有两个机轮和重心后有一个机轮的起落架的旋翼航空器，必须按本条规定的受载情况设计。 　（b）仅前轮触地的水平着陆姿态。在此姿态下采用下述规定： 　（1）必须按第 29.471 条至 29.475 条施加垂直载荷；

表 14–3（续）

EASA CS–27 修正案 4（轻型直升机）	EASA CS–29 修正案 4（大型运输类直升机）
（2）各轮轴上的垂直载荷必须同该轴上的阻力载荷相组合，且阻力载荷不小于此轴上的垂直载荷的 25%； （3）假定不平衡的俯仰力矩由转动惯性力平衡。 （c）所有机轮同时触地的水平着陆姿态。在此姿态，旋翼航空器必须按本条（b）规定的着陆受载情况设计。 （d）仅尾轮触地的最大抬头姿态。本情况的姿态，必须是包括自转着陆在内的正常使用中预期的最大抬头姿态，在此姿态下，采用下述规定之一： （1）必须确定并施加本条（b）（1）和（b）（2）所规定的适当的地面载荷，采用合理的方法计算尾轮的地面反作用力与旋翼航空器重心之间的力臂； （2）必须表明以尾轮最先触地的着陆概率是极小的。 （e）仅一个前轮触地的水平着陆姿态。在此姿态下，旋翼航空器必须按本条（b）（1）和（b）（3）规定的地面载荷设计。 （f）水平着陆姿态的侧向载荷。在本条（b）和（c）规定的姿态下，采用下述规定： （1）每个机轮上的侧向载荷必须同本条（b）和（c）所得到的那个机轮的最大垂直地面反作用力的一半相组合，在此情况下，侧向载荷必须： （ⅰ）对于前轮，等于 0.8 倍垂直反作用力（在一侧向内作用）和等于 0.6 倍的垂直反作用力（在另一侧向外作用）； （ⅱ）对于尾轮，等于 0.8 倍垂直反作用力。 （2）本条（f）（1）规定的载荷必须作用于下列规定部位： （ⅰ）处于拖曳位置的机轮的触地点上（对于定向起落架或装有使机轮保持在拖曳位置上的锁、控制装置或减摆器的自由定向起落架）；或 （ⅱ）轮轴中心上（对于不装锁、控制装置或减摆器的自由定向起落架）。 （g）水平着陆姿态的滑行刹车情况。在本条（b）和（c）规定的姿态下，缓冲器处于静态位置，旋翼航空器必须按下列滑行刹车载荷设计： （1）限制垂直载荷所必须依据的限制垂直载荷系数不小于下列值： （ⅰ）对本条（b）规定的姿态为 1.0； （ⅱ）对本条（c）规定的姿态为 1.33。 （2）对装有刹车装置的各机轮，作用在触地点上的阻力载荷必须不小于下列数值中较小值： （ⅰ）0.8 倍的垂直载荷； （ⅱ）根据限制刹车力矩确定的最大值。	（2）各轮轴上的垂直载荷必须同该轴上的阻力载荷相组合，且阻力载荷不小于此轴上的垂直载荷的 25%； （3）假定不平衡的俯仰力矩由转动惯性力平衡。 （c）所有机轮同时触地的水平着陆姿态。在此姿态，旋翼航空器必须按本条（b）规定的着陆受载情况设计。 （d）仅尾轮触地的最大抬头姿态。本情况的姿态，必须是包括自转着陆在内的正常使用中预期的最大抬头姿态，在此姿态下，采用下述规定之一： （1）必须确定并施加本条（b）（1）和（b）（2）所规定的适当的地面载荷，采用合理的方法计算尾轮的地面反作用力与旋翼航空器重心之间的力臂； （2）必须表明以尾轮最先触地的着陆概率是极小的。 （e）仅一个前轮触地的水平着陆姿态。在此姿态下，旋翼航空器必须按本条（b）（1）和（b）（3）规定的地面载荷设计。 （f）水平着陆姿态的侧向载荷。在本条（b）和（c）规定的姿态下，采用下述规定： （1）每个机轮上的侧向载荷必须同本条（b）和（c）所得到的那个机轮的最大垂直地面反作用力的一半相组合，在此情况下，侧向载荷必须： （ⅰ）对于前轮，等于 0.8 倍垂直反作用力（在一侧向内作用）和等于 0.6 倍的垂直反作用力（在另一侧向外作用）； （ⅱ）对于尾轮，等于 0.8 倍垂直反作用力。 （2）本条（f）（1）规定的载荷必须作用于下列规定部位： （ⅰ）处于拖曳位置的机轮的触地点上（对于定向起落架或装有使机轮保持在拖曳位置上的锁、控制装置或减摆器的自由定向起落架）；或 （ⅱ）轮轴中心上（对于不装锁、控制装置或减摆器的自由定向起落架）。 （g）水平着陆姿态的滑行刹车情况。在本条（b）和（c）规定的姿态下，缓冲器处于静态位置，旋翼航空器必须按下列滑行刹车载荷设计： （1）限制垂直载荷所必须依据的限制垂直载荷系数不小于下列值： （ⅰ）对本条（b）规定的姿态为 1.0； （ⅱ）对本条（c）规定的姿态为 1.33。 （2）对装有刹车装置的各机轮，作用在触地点上的阻力载荷必须不小于下列数值中较小值： （ⅰ）0.8 倍的垂直载荷； （ⅱ）根据限制刹车力矩确定的最大值。

表 14–3（续）

EASA CS–27 修正案 4（轻型直升机）	EASA CS–29 修正案 4（大型运输类直升机）
（h）在地面静止姿态下的尾轮扭转载荷。在地面静止姿态下，缓冲器和轮胎处于静态位置，旋翼航空器必须按下述尾轮扭转载荷设计：	（h）在地面静止姿态下的尾轮扭转载荷。在地面静止姿态下，缓冲器和轮胎处于静态位置，旋翼航空器必须按下述尾轮扭转载荷设计：
（1）等于尾轮静载荷的垂直地面反作用力必须与相等的侧向载荷相组合；	（1）等于尾轮静载荷的垂直地面反作用力必须与相等的侧向载荷相组合；
（2）本条（h）（1）规定的载荷必须按下述规定之一作用于尾轮上：	（2）本条（h）（1）规定的载荷必须按下述规定之一作用于尾轮上：
（ⅰ）如果尾轮是可偏转的（假定尾轮相对旋翼航空器纵轴旋转 90°）则载荷通过轮轴；或	（ⅰ）如果尾轮是可偏转的（假定尾轮相对旋翼航空器纵轴旋转 90°）则载荷通过轮轴；或
（ⅱ）如果有锁、控制装置或减摆器，则载荷作用在触地点上（假定尾轮处于拖曳位置）。	（ⅱ）如果有锁、控制装置或减摆器，则载荷作用在触地点上（假定尾轮处于拖曳位置）。
（i）滑行情况。旋翼航空器及其起落架必须按在正常使用中合理的预期的最粗糙地面上滑行产生的载荷设计。	（i）滑行情况。旋翼航空器及其起落架必须按在正常使用中合理的预期的最粗糙地面上滑行产生的载荷设计。
第 27.501 条　地面受载情况：滑橇式起落架	**第 29.501 条　地面受载情况：滑橇式起落架**
（a）总则。装有滑橇起落架的旋翼航空器必须按本条规定的受载情况设计。在表明满足本条要求时，采用下述规定：	（a）总则。装有滑橇起落架的旋翼航空器必须按本条规定的受载情况设计。在表明满足本条要求时，采用下述规定：
（1）必须按第 27.471 条至第 27.475 条确定设计最大重量、重心和载荷系数。	（1）必须按第 29.471 条至第 29.475 条确定设计最大重量、重心和载荷系数。
（2）在限制载荷作用下，弹性构件的结构屈服是容许的。	（2）在限制载荷作用下，弹性构件的结构屈服是容许的。
（3）弹性构件的设计极限载荷不必超过下述规定的起落架落震试验所得到的载荷：	（3）弹性构件的设计极限载荷不必超过下述规定的起落架落震试验所得到的载荷：
（ⅰ）落震高度为第 27.725 条规定的 1.5 倍；	（ⅰ）落震高度为第 29.725 条规定的 1.5 倍；
（ⅱ）所假定的旋翼升力不大于第 27.725 条规定的限制落震试验中使用数值的 1.5 倍。	（ⅱ）所假定的旋翼升力不大于第 29.725 条规定的限制落震试验中使用数值的 1.5 倍。
（4）必须按下述规定表明满足本条（b）至（e）的要求：	（4）必须按下述规定表明满足本条（b）至（e）的要求：
（ⅰ）对于所考虑的着陆情况，起落架处于它的最严重偏转位置；	（ⅰ）对于所考虑的着陆情况，起落架处于它的最严重偏转位置；
（ⅱ）地面反作用力沿滑橇筒底部合理地分布。	（ⅱ）地面反作用力沿滑橇筒底部合理地分布。
（b）水平着陆姿态的垂直反作用力。对在水平姿态下，以两个滑橇底部触地的旋翼航空器，必须按本条（a）的规定施加垂直反作用力。	（b）水平着陆姿态的垂直反作用力。对在水平姿态下，以两个滑橇底部触地的旋翼航空器，必须按本条（a）的规定施加垂直反作用力。
（c）水平着陆姿态的阻力载荷。对在水平姿态下，以两个滑橇底部触地的旋翼航空器，采用下述规定：	（c）水平着陆姿态的阻力载荷。对在水平姿态下，以两个滑橇底部触地的旋翼航空器，采用下述规定：
（1）垂直反作用力必须与水平阻力相组合，水平阻力等于垂直反作用力的 50%；	（1）垂直反作用力必须与水平阻力相组合，水平阻力等于垂直反作用力的 50%；
（2）组合的地面载荷必须等于本条（b）规定的垂直载荷。	（2）组合的地面载荷必须等于本条（b）规定的垂直载荷。
（d）水平着陆姿态的侧向载荷。对在水平姿态下，以两个滑橇底部触地的旋翼航空器，采用下述规定：	（d）水平着陆姿态的侧向载荷。对在水平姿态下，以两个滑橇底部触地的旋翼航空器，采用下述规定：
（1）垂直地面反作用力必须：	（1）垂直地面反作用力必须：
（ⅰ）等于在本条（b）所规定的情况中得到的垂直载荷；	（ⅰ）等于在本条（b）所规定的情况中得到的垂直载荷；

表 14-3（续）

EASA CS-27 修正案 4（轻型直升机）	EASA CS-29 修正案 4（大型运输类直升机）
（ii）在滑橇间平均分配。	（ii）在滑橇间平均分配。
（2）垂直地面反作用力必须与等于该力的 25% 的水平侧向载荷相组合。	（2）垂直地面反作用力必须与等于该力的 25% 的水平侧向载荷相组合。
（3）总的侧向载荷必须平均施加在两个滑橇上并沿滑橇长度均匀分布。	（3）总的侧向载荷必须平均施加在两个滑橇上并沿滑橇长度均匀分布。
（4）假定不平衡力矩由转动惯性力平衡。	（4）假定不平衡力矩由转动惯性力平衡。
（5）对滑橇式起落架必须研究下述情况：	（5）对滑橇式起落架必须研究下述情况：
（i）侧向载荷向内作用；	（i）侧向载荷向内作用；
（ii）侧向载荷向外作用。	（ii）侧向载荷向外作用。
（e）在水平姿态下单橇着陆载荷。对在水平姿态下仅用单橇底部触地的旋翼航空器，采用下述规定：	（e）在水平姿态下单橇着陆载荷。对在水平姿态下仅用单橇底部触地的旋翼航空器，采用下述规定：
（1）触地一侧的垂直载荷必须与本条（b）规定的情况中得到的该侧载荷相同；	（1）触地一侧的垂直载荷必须与本条（b）规定的情况中得到的该侧载荷相同；
（2）假定不平衡力矩由转动惯性力平衡。	（2）假定不平衡力矩由转动惯性力平衡。
（f）特殊情况。除本条（b）和（c）规定的情况外，旋翼航空器必须按下述地面反作用力设计。	（f）特殊情况。除本条（b）和（c）规定的情况外，旋翼航空器必须按下述地面反作用力设计。
（1）与旋翼航空器纵轴向上、向后成 45° 角作用的地面反作用载荷必须满足下述要求：	（1）与旋翼航空器纵轴向上、向后成 45° 角作用的地面反作用载荷必须满足下述要求：
（i）等于 1.33 倍的最大重量；	（i）等于 1.33 倍的最大重量；
（ii）在滑橇间对称分配；	（ii）在滑橇间对称分配；
（iii）集中在橇筒直线部分的前端；	（iii）集中在橇筒直线部分的前端；
（iv）仅适用于橇筒前端和它与旋翼航空器的连接件。	（iv）仅适用于橇筒前端和它与旋翼航空器的连接件。
（2）水平着陆姿态的旋翼航空器，垂直地面反作用载荷等于本条（b）确定的垂直载荷的一半，该载荷必须满足下述要求：	（2）水平着陆姿态的旋翼航空器，垂直地面反作用载荷等于本条（b）确定的垂直载荷的一半，该载荷必须满足下述要求：
（i）仅适用于橇筒和它与旋翼航空器的连接件；	（i）仅适用于橇筒和它与旋翼航空器的连接件；
（ii）沿橇筒连接件之间 33.3% 的长度平均分布在橇筒连接件之间的中央区域。	（ii）沿橇筒连接件之间 33.3% 的长度平均分布在橇筒连接件之间的中央区域。

第 27.505 条 雪橇着陆情况

如果申请使用雪橇合格审定，则装雪橇的旋翼航空器必须设计成能承受下述载荷（其中 P 是旋翼航空器在设计最大重量时作用在每个雪橇上的最大静载荷，n 是按第 27.473 条（b）确定的限制载荷系数）：

（a）向上载荷情况

在此情况下，采用下述规定：

（1）垂直载荷 Pn 和水平载荷 $Pn/4$ 同时施加在支承座上；

（2）1.33P 的垂直载荷施加在支承座上。

（b）侧向载荷情况

在此情况下，0.35Pn 的侧向载荷在水平面内施加在支承座上，并垂直于旋翼航空器中心线。

（c）扭转载荷情况

在此情况下，1.33P（lbf·ft）的扭转载荷施加在雪橇上，它是对通过支承座中心线的垂直轴取矩的。

第 29.505 条 雪橇着陆情况

如果申请使用雪橇合格审定，则装雪橇的旋翼航空器必须设计成能承受下述载荷（其中 P 是旋翼航空器在设计最大重量时作用在每个雪橇上的最大静载荷，n 是按第 29.473 条（b）确定的限制载荷系数）：

（a）向上载荷情况

在此情况下，采用下述规定：

（1）垂直载荷 Pn 和水平载荷 $Pn/4$ 同时施加在支承座上；

（2）1.33P 的垂直载荷施加在支承座上。

（b）侧向载荷情况

在此情况下，0.35Pn 的侧向载荷在水平面内施加在支承座上，并垂直于旋翼航空器中心线。

（c）扭转载荷情况

在此情况下，1.33P（lbf·ft）的扭转载荷施加在雪橇上，它是对通过支承座中心线的垂直轴取矩的。

表 14–3（续）

EASA CS–27 修正案 4（轻型直升机）	EASA CS–29 修正案 4（大型运输类直升机）
—	**第 29.511 条　地面载荷：多轮起落架装置的非对称载荷滑行条件** （a）对双轮起落架装置，其总的地面反作用力的 60% 必须施加在一个机轮上，而 40% 施加在另一个机轮上。 （b）考虑到一个轮胎泄气，除垂直地面反作用力不得小于轮组停机载荷外，所规定的起落架载荷的 60% 必须作用在任一个机轮上。 （c）在确定起落架装置的总载荷时，可以忽略因轮组上的载荷非对称分配所引起的载荷中心的横向偏移。
第 27.549 条　机身、起落架及旋翼支撑结构 （a）每个机身，起落架和旋翼支撑结构必须按本条规定设计。旋翼的合力可以用作用在旋翼毂连接点上的集中力表示。 （b）每个结构必须设计成能承受下列载荷： （1）在第 27.337 条至第 27.341 条中规定的临界载荷； （2）在第 27.235 条，第 27.471 条至第 27.485 条，第 27.493 条，第 27.497 条，第 27.501 条，第 27.505 条和第 27.521 条中规定的适用的地面载荷和水载荷； （3）在第 27.547 条（d）（2）和（e）中规定的载荷. （c）必须考虑辅助旋翼推力和加速飞行情况下产生的平衡气动载荷和惯性载荷。 （d）每个发动机架和邻接的机身结构必须设计成能承受在加速飞行和着陆情况下产生的载荷，包括发动机扭矩。	—
第 27.571 条　飞行结构的疲劳评定 （a）总则。飞行结构的每一部分（飞行结构包括旋翼、发动机与旋翼毂之间的旋翼传动系统、操纵机构、机身、起落架以及与上述各部分有关的主要连接件）凡其破坏可能引起灾难性事故者必须予以认定，并必须按本节（b）、（c）、（d）或（e）的规定进行评定。下述规定适用于各种疲劳评定： （1）评定的方法必须是经批准的。 （2）必须确定可能破坏的部位。 （3）在确定下述内容时必须包括飞行测量： （i）第 27.309 条规定的整个限制范围内的全部临界状态的载荷或应力，但机动载荷系数不必超过使用中预期的最大值； （ii）高度对这些载荷或应力的影响。	**第 29.571 条　金属结构的疲劳容限评定** （a）每一主要结构件（PSE）必须执行疲劳容限评定，且必须建立适当的检查和退役时间或经批准的等效方法以避免旋翼航空器运行寿命期内的灾难性失效。 （b）备用 （c）备用 （d）必须确定每一个 PSE，需要考虑的结构必须包括旋翼、发动机和旋翼桨毂之间的旋翼传动系统、操纵、机身、固定和可动的操纵面、发动机和传动装置的支架、起落架以及相关的主要附件。 （e）本条要求的每一疲劳容限评定必须包括： （1）按 29.309 条（包括高度影响）要求的整个设计限制范围内，通过飞行实测确定本条（d）款规定的 PSE 在所有临界情况下的疲劳载荷或应力，除了机动载荷系数不需要超过使用中预期的最大值。

表 14–3（续）

EASA CS–27 修正案 4（轻型直升机）	EASA CS–29 修正案 4（大型运输类直升机）
（4）载荷谱必须和使用中预期的同样严重，包括但不限于外挂货物操作（适用时）以及地空地循环。载荷谱必须建立在本条（a）（3）确定的载荷或应力基础上。 （b）疲劳容限评定。在不按照本规章附录 A 的第 A27.4 条制定的更换时间，检查间隔或其他程序的情况下，必须表明结构的疲劳容限能保证发生灾难性疲劳破坏的概率极小。 （c）更换时间评定。必须表明在按照附录 A 的第 A27.4 条提供的更换时间内发生灾难性疲劳破坏的概率极小。 （d）破损安全评定。下列各项适用于破损安全评定： （1）必须表明按照本规章附录 A 的第 A27.4 条提供的检查程序，所有的局部破坏都是易于可检的。 （2）按本条（d）（1）的要求，必须确定从任一局部破坏成为易于可检的时间到这种局部破坏扩展至剩余结构强度降低到仍能承受限制载荷或最大可达载荷（两者中取较小值）的时间间隔。 （3）必须表明按本节（d）（2）确定的时间间隔相对于附录 A 的第 A27.4 条提供的检查间隔和有关的检查程序足够长，以便提供足够大的监测概率，以保证灾难性破坏的概率极小。 （e）更换时间和破损安全评定的组合。构件可按本条（c）和（d）的组合情况作评定。对于这类构件，必须表明按照附录 A 的 A27.4 条提供的经批准的更换时间、检查间隔和有关程序相组合，其灾难性破坏的概率极小。	（2）以本条（e）（1）款确定的预期使用中的载荷或应力为基础（考虑）同样严重的载荷谱，包括外挂载荷运行（如果适用），和其他高频动力循环运行。 （3）评定起落架（包括滑橇和浮筒）和其他影响的 PSE 时，（考虑）起飞、着陆和滑跑载荷。 （4）考虑疲劳、环境影响、内在和离散的缺陷、或在制造或使用中可能产生的意外损伤，对本条（d）款确定的每个 PSE，危险评估包括确定可能的位置、类型和损伤的大小。 （5）对本条（e）（4）款确定的带损伤的 PSE 确定疲劳容限特性，以支持检查和退役时间，或其他经批准的等效方法。 （6）试验证据支持的分析和使用经验（如果有的话）。 （f）要求确定剩余强度，以验证疲劳容限评定所假定的最大损伤大小。根据损伤扩展确定检查间隔，损伤扩展后，剩余强度评定必须表明剩余结构能够承受设计限制载荷而不失效。 （g）必须考虑损伤对刚度、动态行为、载荷和功能特性的影响。 （h）在本条要求的基础上，必须建立检查和退役时间或经批准的等效方法以避免灾难性失效。按 29.1529 条和本规章附录 A 的 A29.4 条要求，检查和退役时间或经批准的等效方法必须包括在持续适航文件的适航限制章节中。 （i）如果受几何形状、可检查性或良好设计经验的限制，不能对本条（e）（4）款确定的任何损伤类型建立检查，则必须结合该 PSE 退役时间，建立补充程序，使在旋翼航空器使用寿命周期内可能导致灾难性失效的损伤类型出现的风险最小。
第 27.601 条 设计 （a）旋翼航空器不得有经验表明是危险的或不可靠的设计特征或细节。 （b）每个有疑问的设计细节和零件的适用性必须通过试验来确定。	**第 29.601 条 设计** （a）旋翼航空器不得有经验表明是危险的或不可靠的设计特征或细节。 （b）每个有疑问的设计细节和零件的适用性必须通过试验来确定。
第 27.602 条 关键零部件 （a）关键零部件。关键零部件是指其失效可能造成旋翼航空器灾难性后果的零部件。对于关键零部件，必须控制已确定的关键特性，以保证所要求的完整性水平。 （b）如果型号设计包含关键零部件，则应该建立关键零部件清单。应制定程序以定义关键设计特性，确定影响关键设计特性的工艺和符合 Part–21 有关质量保证要求的必要的设计、工艺更改控制方法。	**第 29.602 条 关键零部件** （a）关键零部件。关键零部件是指其失效可能造成旋翼航空器灾难性后果的零部件。对于关键零部件，必须控制已确定的关键特性，以保证所要求的完整性水平。 （b）如果型号设计包含关键零部件，则应该建立关键零部件清单。应制定程序以定义关键设计特性，确定影响关键设计特性的工艺和符合 Part–21 有关质量保证要求的必要的设计、工艺更改控制方法。

表 14-3（续）

EASA CS-27 修正案 4（轻型直升机）	EASA CS-29 修正案 4（大型运输类直升机）
第 27.603 条　材料 　其损坏可能对安全性有不利影响的零件所用材料的适用性和耐久性必须满足下列要求： 　（a）建立在经验或试验的基础上； 　（b）符合经批准的标准，保证这些材料具有设计资料中所采用的强度和其他特性； 　（c）考虑使用中预期出现的环境条件，如温度和湿度的影响。	**第 29.603 条　材料** 　其损坏可能对安全性有不利影响的零件所用材料的适用性和耐久性必须满足下列要求： 　（a）建立在经验或试验的基础上； 　（b）符合经批准的标准，保证这些材料具有设计资料中所采用的强度和其他特性； 　（c）考虑使用中预期出现的环境条件，如温度和湿度的影响。
第 27.605 条　制造方法 　（a）采用的制造方法必须始终生产出完好的结构，如果某种制造工艺（如胶结、点焊或热处理）需要严格控制才能达到此目的，则该工艺必须按照经批准的工艺规范执行。 　（b）旋翼航空器的每种新的制造方法必须通过试验大纲予以证实。	**第 29.605 条　制造方法** 　（a）采用的制造方法必须始终生产出完好的结构，如果某种制造工艺（如胶结、点焊或热处理）需要严格控制才能达到此目的，则该工艺必须按照经批准的工艺规范执行。 　（b）旋翼航空器的每种新的制造方法必须通过试验大纲予以证实。
第 27.607 条　紧固件 　（a）其脱落可能危及旋翼航空器安全运行的每个可拆卸的螺栓、螺钉、螺母、销钉或其他紧固件必须装有两套独立的锁定装置。紧固件用其锁定装置不得受到与具体安装相关的环境条件的不利影响。 　（b）使用过程中经受转动的任何螺栓都不得采用自锁螺母，除非在自锁装置外还采用非摩擦锁定装置。	**第 29.607 条　紧固件** 　（a）其脱落可能危及旋翼航空器安全运行的每个可拆卸的螺栓、螺钉、螺母、销钉或其他紧固件必须装有两套独立的锁定装置。紧固件用其锁定装置不得受到与具体安装相关的环境条件的不利影响。 　（b）使用过程中经受转动的任何螺栓都不得采用自锁螺母，除非在自锁装置外还采用非摩擦锁定装置。
第 27.609 条　结构保护 　每个结构零件必须满足下列要求： 　（a）有适当的保护，以防止使用中由于任何原因而引起强度降低或丧失，这些原因中包括： 　（1）气候； 　（2）腐蚀； 　（3）磨损。 　（b）在需要防止腐蚀、易燃或有毒液体聚积的部位，要有通风和排泄措施。	**第 29.609 条　结构保护** 　每个结构零件必须满足下列要求： 　（a）有适当的保护，以防止使用中由于任何原因而引起强度降低或丧失，这些原因中包括： 　（1）气候； 　（2）腐蚀； 　（3）磨损。 　（b）在需要防止腐蚀、易燃或有毒液体聚积的部位，要有通风和排泄措施。
第 27.610 条　闪电和静电防护 　（a）旋翼航空器必须具有防止闪电引起的灾难性后果的保护措施。 　（b）对于金属组件，下列措施之一可表明符合本条（a）的要求： 　（1）该组件合适地电搭接到机体上； 　（2）该组件设计成不致因闪击而危及旋翼航空器。 　（c）对于非金属组件，下列措施之一可表明符合本条（a）的要求：	**第 29.610 条　闪电和静电防护** 　（a）旋翼航空器必须具有防止闪电引起的灾难性后果的保护措施。 　（b）对于金属组件，下列措施之一可表明符合本条（a）的要求： 　（1）该组件合适地电搭接到机体上； 　（2）该组件设计成不致因闪击而危及旋翼航空器。 　（c）对于非金属组件，下列措施之一可表明符合本条（a）的要求：

表 14–3（续）

EASA CS–27 修正案 4（轻型直升机）	EASA CS–29 修正案 4（大型运输类直升机）
（1）该组件的设计使闪击的后果减至最小； （2）具有可接受的分流措施，将产生的电流分流而不致危及旋翼航空器。 （d）防止闪电和静电的电搭接和保护措施必须符合下列要求： （1）使静电荷的积聚减至最小； （2）使采用了正常预防措施的机组成员、旅客、服务和维修人员遭到电击的危险减至最小； （3）在正常和故障情况下，在具有接地的电气系统的旋翼航空器上，都要设有电回流通道；和 （4）使静电对主要电气和电子设备工作的影响减至可接受的水平。	（1）该组件的设计使闪击的后果减至最小； （2）具有可接受的分流措施，将产生的电流分流而不致危及旋翼航空器。 （d）防止闪电和静电的电搭接和保护措施必须符合下列要求： （1）使静电荷的积聚减至最小； （2）使采用了正常预防措施的机组成员、旅客、服务和维修人员遭到电击的危险减至最小； （3）在正常和故障情况下，在具有接地的电气系统的旋翼航空器上，都要设有电回流通道；和 （4）使静电对主要电气和电子设备工作的影响减至可接受的水平。
第 27.613 条 材料强度特性和设计值 （a）材料的强度性能必须以足够的符合标准的材料试验为依据，以便在统计的基础上制定设计值。 （b）设计值的选择必须使结构因材料的变化而引起破坏的概率极小。除了本条（d）和（e）款所规定的以外，必须通过选取保证具有下述概率的材料强度设计值来表明本款的符合性： （1）对所施加载荷最终分布于某部件中的单个元件的情况，若该元件的破坏将导致部件结构完整性的丧失，则应保证 99% 的概率及 95% 的置信度。 （2）对超静定结构，若单个元件的破坏将导致所施加载荷安全地分配到其他承载元件上，则应保证 90% 的概率及 95% 的置信度。 （c）结构的强度、细节设计和制造必须使灾难性疲劳破坏的概率减至最小，特别是在应力集中处。 （d）设计值必须是经局方认可的材料技术标准或手册中的数值，或者是经过局方批准的其他数值。 （e）如果在使用前对每个单独项目取样进行试验从而对材料加以选择，并确定该特定项目的真实强度特性达到或超过设计中使用的数值，则可采用其他设计值。	**第 29.613 条 材料强度特性和设计值** （a）材料的强度性能必须以足够的符合标准的材料试验为依据，以便在统计的基础上制定设计值。 （b）设计值的选择必须使结构因材料的变化而引起破坏的概率极小。除了本条（d）和（e）款所规定的以外，必须通过选取保证具有下述概率的材料强度设计值来表明本款的符合性： （1）对所施加载荷最终分布于某部件中的单个元件的情况，若该元件的破坏将导致部件结构完整性的丧失，则应保证 99% 的概率及 95% 的置信度。 （2）对超静定结构，若单个元件的破坏将导致所施加载荷安全地分配到其他承载元件上，则应保证 90% 的概率及 95% 的置信度。 （c）结构的强度、细节设计和制造必须使灾难性疲劳破坏的概率减至最小，特别是在应力集中处。 （d）设计值必须是经局方认可的材料技术标准或手册中的数值，或者是经过局方批准的其他数值。 （e）如果在使用前对每个单独项目取样进行试验从而对材料加以选择，并确定该特定项目的真实强度特性达到或超过设计中使用的数值，则可采用其他设计值。
第 27.619 条 特殊系数 （a）对于每个结构零件，如果属于下列任一情况，则采用第 27.621 条至第 27.625 条中规定的特殊系数。 （1）其强度不易确定； （2）在正常更换前，其强度在使用中很可能降低；或 （3）由于下述原因之一，其强度容易发生显著变化： （ⅰ）制造工艺不稳定； （ⅱ）检验方法不稳定。 （b）对于应用第 27.621 条至第 27.625 条系数的每个零件，第 27.303 条中规定的安全系数必须乘以下列任一特殊系数：	**第 29.619 条 特殊系数** （a）对于每个结构零件，如果属于下列任一情况，则采用第 29.621 条至第 29.625 条中规定的特殊系数。 （1）其强度不易确定； （2）在正常更换前，其强度在使用中很可能降低；或 （3）由于下述原因之一，其强度容易发生显著变化： （ⅰ）制造工艺不稳定； （ⅱ）检验方法不稳定。 （b）对于应用第 29.621 条至第 29.625 条系数的每个零件，第 29.303 条中规定的安全系数必须乘以下列任一特殊系数：

表 14-3（续）

EASA CS-27 修正案 4（轻型直升机）	EASA CS-29 修正案 4（大型运输类直升机）
（1）第 27.621 条至第 27.625 条中规定的适用的特殊系数；或 （2）任何其他系数，它大到足以保证零件由于本条（a）中所述的不稳定因素而引起强度不足的概率极小。	（1）第 29.621 条至第 29.625 条中规定的适用的特殊系数；或 （2）任何其他系数，它大到足以保证零件由于本条（a）中所述的不稳定因素而引起强度不足的概率极小。
第 27.621 条　铸件系数 如果打算使用铸件系数用作特殊系数，请查阅法规的正式文本。现代起落架结构中通常不采用铸件。——作者注	**第 29.621 条　铸件系数** 如果打算使用铸件系数用作特殊系数，请查阅法规的正式文本。现代起落架结构中通常不采用铸件。——作者注
第 27.623 条　支承系数 （a）除本条（b）规定外，每个有间隙（自由配合）并承受撞击和振动的零件，必须有足够大的支承系数，以计及正常的相对运动的影响。 （b）对于规定有更大特殊系数的零件，不必采用支承系数。	**第 29.623 条　支承系数** （a）除本条（b）规定外，每个有间隙（自由配合）并承受撞击和振动的零件，必须有足够大的支承系数，以计及正常的相对运动的影响。 （b）对于规定有更大特殊系数的零件，不必采用支承系数。
第 27.625 条　接头系数 对于每个接头（用于连接两个构件的零件或端头）采用下列规定： （a）未经限制载荷和极限载荷试验（试验时在接头和周围结构内模拟实际应力状态）证实其强度的每一接头，接头系数至少取 1.15，这一系数必须用于下列各部分： （1）接头本体； （2）连接件；和 （3）被连接构件上的支承部位。 （b）下述情况不必采用接头系数： （1）按照批准的工艺方法制成，并有全面的试验数据为依据的接合（例如：用金属板做的连续接合、焊接和木质件中的嵌接）；和 （2）任何采用更大特殊系数的支承面。 （c）对于每个整体接头，一直到截面特性成为其构件典型截面为止的部分，必须作为接头来处理。 （d）每一座椅、卧铺、担架、安全带和肩带与结构的连接装置，其结构应通过分析、试验或二者的组合表明能够承受第 27.561 条（b）（3）中所规定的系数乘以 1.33 所产生的惯性载荷。	**第 29.625 条　接头系数** 对于每个接头（用于连接两个构件的零件或端头）采用下列规定： （a）未经限制载荷和极限载荷试验（试验时在接头和周围结构内模拟实际应力状态）证实其强度的每一接头，接头系数至少取 1.15，这一系数必须用于下列各部分： （1）接头本体； （2）连接件；和 （3）被连接构件上的支承部位。 （b）下述情况不必采用接头系数： （1）按照批准的工艺方法制成，并有全面的试验数据为依据的接合（例如：用金属板做的连续接合、焊接和木质件中的嵌接）；和 （2）任何采用更大特殊系数的支承面。 （c）对于每个整体接头，一直到截面特性成为其构件典型截面为止的部分，必须作为接头来处理。 （d）每一座椅、卧铺、担架、安全带和肩带与结构的连接装置，其结构应通过分析、试验或二者的组合表明能够承受第 29.561 条（b）（3）中所规定的系数乘以 1.33 所产生的惯性载荷。
—	**第 29.631 条　鸟击** 旋翼航空器必须设计成，在直到 2438m（8000ft），速度等于 V_{NE} 或 V_H（取较小者）时，受到 1.0kg 的鸟击后能继续安全飞行和着陆（对 A 类）或安全着陆（对 B 类）。必须用试验或在对有充分代表性的相似设计结构上进行的试验的基础上的分析来表明符合性。

表 14–3（续）

EASA CS–27 修正案 4（轻型直升机）	EASA CS–29 修正案 4（大型运输类直升机）
第 27.663 条 防止"地面共振"的措施 （a）防止地面共振措施的可靠性必须由分析和试验或可靠的使用经验予以表明，或由分析或试验来表明单一措施的故障或失效也不会引起地面共振。 （b）必须确定防止地面共振措施的阻尼作用在使用中可能的变化范围，并必须在进行第 27.241 条要求的试验时予以验证。	**第 29.663 条 防止"地面共振"的措施** （a）防止地面共振措施的可靠性必须由分析和试验或可靠的使用经验予以表明，或由分析或试验来表明单一措施的故障或失效也不会引起地面共振。 （b）必须确定防止地面共振措施的阻尼作用在使用中可能的变化范围，并必须在进行第 29.241 条要求的试验时予以验证。
第 27.723 条 减振试验 起落架的着陆惯性载荷系数及储备能量吸收能力，必须分别用第 27.725 条和第 27.727 条规定的试验来验证。这些试验必须用完整的旋翼航空器或用机轮、轮胎和缓冲器按它们原有关系构成的组合件来进行。	**第 29.723 条 减振试验** 起落架的着陆惯性载荷系数及储备能量吸收能力，必须分别用第 27.725 条和第 29.727 条规定的试验来验证。这些试验必须用完整的旋翼航空器或用机轮、轮胎和缓冲器按它们原有关系构成的组合件来进行。

第 27.725 条 限制落震试验

限制落震试验必须按下列规定进行：

（a）落震高度必须符合下列情况之一：

（1）起落架最低点离开地面 330mm（13in）；或

（2）任一不小于 0.20m（8in）的较小高度，此高度能使下降接地速度等于在正常无动力着陆接地时很可能出现的最大可能的下沉速度。

（b）如果考虑旋翼升力的话，则必须把第 27.473 条（a）中规定的旋翼升力，通过适当的能量吸收装置或采用有效质量引入落震试验。

（c）每个起落架必须模拟从其吸收能量的观点来看是最严重的着陆情况的姿态进行试验。

（d）当采用有效质量来表明满足本条（b）的规定时，可采用下面的公式取代更合理的计算：

$$W_e = W\frac{h + (1-L)\,d}{h+d} \quad \text{和} \quad n = n_j\frac{W_e}{W} + L$$

式中：

W_e 为落震试验中使用的有效重量：

$W = W_M$，用于主起落架，等于旋翼航空器处于最危险姿态时，作用于该起落架上的静反作用力。当把主机轮反作用力与旋翼航空器重心之间的力臂考虑进去时，可以采用合理的方法计算主起落架的静反作用力。

$W = W_N$，用于前起落架，等于作用在前轮上的静反作用力的垂直分量。假定旋翼航空器的质量集中在重心上，并产生 1.0g 的向下加速度和 0.25g 的向前加速度。

$W = W_T$，用于尾轮，等于下列情况中的较大值：

（1）当旋翼航空器支撑在所有机轮上时，尾轮所受的静重量；

（2）假定旋翼航空器质量集中在重心上，旋翼航空器以最大抬头姿态在抬头着陆并产生向下 1.0g 加速度时，尾轮所承受的地面反作用力的垂直分量。

第 29.725 条 限制落震试验

限制落震试验必须按下列规定进行：

（a）落震高度必须至少为 20cm（8in）。能使下降接地速度等于在正常无动力着陆接地时很可能出现的最大可能的下沉速度。

（b）如果考虑旋翼升力的话，则必须把第 29.473 条（a）中规定的旋翼升力，通过适当的能量吸收装置或采用有效质量引入落震试验。

（c）每个起落架必须模拟从其吸收能量的观点来看是最严重的着陆情况的姿态进行试验。

（d）当采用有效质量来表明满足本条（b）的规定时，可采用下面的公式取代更合理的计算：

$$W_e = W\frac{h + (1-L)\,d}{h+d} \quad \text{和} \quad n = n_j\frac{W_e}{W} + L$$

式中：

W_e 为落震试验中使用的有效重量：

$W = W_M$，用于主起落架，等于旋翼航空器处于最危险姿态时，作用于该起落架上的静反作用力。当把主机轮反作用力与旋翼航空器重心之间的力臂考虑进去时，可以采用合理的方法计算主起落架的静反作用力。

$W = W_N$，用于前起落架，等于作用在前轮上的静反作用力的垂直分量。假定旋翼航空器的质量集中在重心上，并产生 1.0g 的向下加速度和 0.25g 的向前加速度。

$W = W_T$，用于尾轮，等于下列情况中的较大值：

（1）当旋翼航空器支撑在所有机轮上时，尾轮所受的静重量；

（2）假定旋翼航空器质量集中在重心上，旋翼航空器以最大抬头姿态在抬头着陆并产生向下 1.0g 加速度时，尾轮所承受的地面反作用力的垂直分量。

h 为规定的自由落震高度；

L 为假定的旋翼航空器升力与其重力之比；

表 14-3（续）

EASA CS-27 修正案 4（轻型直升机）	EASA CS-29 修正案 4（大型运输类直升机）
h 为规定的自由落震高度； L 为假定的旋翼航空器升力与其重力之比； d 为轮胎（充以规定的压力）受撞击时的压缩量加上轮轴相对落震质量位移的垂直分量； n 为限制惯性载荷系数； n_j 为落震试验中所用的质量受到撞击时达到的载荷系数（即落震试验中所记录到的用 g 表示的加速度 dv/dt 加 1.0）。	d 为轮胎（充以规定的压力）受撞击时的压缩量加上轮轴相对落震质量位移的垂直分量； n 为限制惯性载荷系数； n_j 为落震试验中所用的质量受到撞击时达到的载荷系数（即落震试验中所记录到的用 g 表示的加速度 dv/dt 加 1.0）。
第 27.727 条　储备能量吸收落震试验 储备能量吸收落震试验必须按下列规定进行： （a）落震高度必须是第 27.725 条(a)规定值的 1.5 倍； （b）旋翼升力，其考虑方式类似于第 27.725 条（b）的规定，不得超过该条允许升力的 1.5 倍； （c）起落架必须经得起此试验而不破坏。前起落架、尾轮或主起落架的构件不能将旋翼航空器支撑在正常姿态，或者除起落架和外部附件之外的旋翼航空器结构撞击着陆地面，即视为起落架发生破坏。	**第 29.727 条　储备能量吸收落震试验** 储备能量吸收落震试验必须按下列规定进行： （a）落震高度必须是第 29.725 条（a）规定值的 1.5 倍； （b）旋翼升力，其考虑方式类似于第 29.725 条（b）的规定，不得超过该条允许升力的 1.5 倍； （c）起落架必须经得起此试验而不破坏。前起落架、尾轮或主起落架的构件不能将旋翼航空器支撑在正常姿态，或者除起落架和外部附件之外的旋翼航空器结构撞击着陆地面，即视为起落架发生破坏。
第 27.729 条　收放机构 对于装有可收放起落架的旋翼航空器应符合下列规定： （a）载荷。起落架收放机构，起落架舱门和支承结构，必须按下列载荷设计： （1）起落架在收上位置时，在任一机动情况下出现的载荷； （2）直到起落架收放最大设计空速的任何空速下，起落架收放过程中所出现的摩擦载荷、惯性载荷和空气载荷的组合。 （3）直到起落架处于伸展时，最大设计空速的任何空速下，起落架在放下位置时出现的飞行载荷，包括偏航飞行载荷。 （b）起落架锁。必须具有可靠措施将起落架保持在放下位置。 （c）应急操作。除了用手操作起落架以外，还必须有应急措施，以保证在万一发生下列情况之一时放下起落架： （1）正常收放系统中任何合理可能的失效；或 （2）任何单个液压源、电源或等效能源的失效。 （d）操作试验。必须通过操作试验来表明收放机构的功能正常。 （e）位置指示器。当起落架锁在极限位置时，必须有位置指示器通知驾驶员。 （f）操纵机构。收放操纵机构的布置和操作必须符合第 27.777 条和第 27.779 条的要求。	**第 29.729 条　收放机构** 对于装有可收放起落架的旋翼航空器应符合下列规定： （a）载荷。起落架收放机构，起落架舱门和支承结构，必须按下列载荷设计： （2）起落架在收上位置时，在任一机动情况下出现的载荷； （2）直到起落架收放最大设计空速的任何空速下，起落架收放过程中所出现的摩擦载荷、惯性载荷和空气载荷的组合。 （3）直到起落架处于伸展时，最大设计空速的任何空速下，起落架在放下位置时出现的飞行载荷，包括偏航飞行载荷。 （b）起落架锁。必须具有可靠措施将起落架保持在放下位置。 （c）应急操作。除了用手操作起落架以外，还必须有应急措施，以保证在万一发生下列情况之一时放下起落架： （1）正常收放系统中任何合理可能的失效；或 （2）任何单个液压源、电源或等效能源的失效。 （d）操作试验。必须通过操作试验来表明收放机构的功能正常。 （e）位置指示器。当起落架锁在极限位置时，必须有位置指示器通知驾驶员。 （f）操纵机构。收放操纵机构的布置和操作必须符合第 29.777 条和第 29.779 条的要求。

表 14–3（续）

EASA CS–27 修正案 4（轻型直升机）	EASA CS–29 修正案 4（大型运输类直升机）
（g）起落架警告装置。必须具有起落架音响或等效的警告装置，当旋翼航空器处于正常着陆状态而起落架没有完全放下和锁住时，它将连续警告。警告装置必须具有人工切断功能，并且当旋翼航空器不再处于着陆状态时，警告系统必须能自动复原。	（g）起落架警告装置。必须具有起落架音响或等效的警告装置，当旋翼航空器处于正常着陆状态而起落架没有完全放下和锁住时，它将连续警告。警告装置必须具有人工切断功能，并且当旋翼航空器不再处于着陆状态时，警告系统必须能自动复原。
第 27.731 条　机轮 （a）每个起落架机轮必须是经批准的； （b）每个机轮的最大静载荷额定值，不得小于如下情况对应的地面静反作用力： （1）最大重量；和 （2）临界重心位置。 （c）每个机轮的最大限制载荷额定值，必须不小于按本部适用的地面载荷要求确定的最大径向限制载荷。	**第 29.731 条　机轮** （a）每个起落架机轮必须是经批准的； （b）每个机轮的最大静载荷额定值，不得小于如下情况对应的地面静反作用力： （1）最大重量；和 （2）临界重心位置。 （c）每个机轮的最大限制载荷额定值，必须不小于按本部适用的地面载荷要求确定的最大径向限制载荷。
第 27.733 条　轮胎 （a）每个起落架机轮的轮胎必须符合下列要求： （1）与机轮的轮缘正确地配合；和 （2）符合额定值。 （b）每个轮胎的最大静载荷额定值必须不小于该机轮在下列情况下所承受的地面静反作用力： （1）最大设计质量；和 （2）临界重心位置。 （c）可收放起落架系统上所装的每个轮胎，当该型轮胎处于使用中预期出现的最大尺寸状态时，与周围结构和系统之间必须具有足够的间隙，以防止轮胎与结构或系统的任何部分发生相碰。	**第 29.733 条　轮胎** 每个起落架机轮的轮胎必须符合下列要求： （a）与机轮的轮缘正确地配合。 （b）其载荷额定值不会被与下列情况对应的载荷超过： （1）最大设计重量； （2）主轮轮胎上的载荷，等于对应于临界重心时的地面静反作用力；和 （3）前轮轮胎上的载荷（与这些轮胎规定的动载荷额定值比较），等于在下列假定下前轮上所得到的反作用力，即假定旋翼航空器的质量集中在最临界重心上并产生一个 $1.0g$ 的向下力和 $0.25g$ 的向前力。这种情况下的反作用力必须按静力学原理分配到前轮和主轮上，此时阻力方向的地面反作用力仅作用在装有刹车装置的机轮上。 （c）可收放起落架系统上所装的每个轮胎，当该型轮胎处于使用中预期出现的最大尺寸状态时，与周围结构和系统之间必须具有足够的间隙，以防止轮胎与结构或系统的任何部分发生相碰。
第 27.735 条　刹车 对于装有轮式起落架的旋翼航空器，必须装有符合下列要求的刹车装置： （a）驾驶员可以操纵； （b）在无动力着陆时能使用；和 （c）满足下列要求： （1）抵消旋翼在起动或停转时所产生的任一正常的不平衡力矩；和 （2）使旋翼航空器能停在坡度为 10°的干燥平滑路面上。	**第 29.735 条　刹车** 对于装有轮式起落架的旋翼航空器，必须装有符合下列要求的刹车装置： （a）驾驶员可以操纵； （b）在无动力着陆时能使用；和 （c）满足下列要求： （1）抵消旋翼在起动或停转时所产生的任一正常的不平衡力矩；和 （2）使旋翼航空器能停在坡度为 10°的干燥平滑路面上。

表 14-3（续）

EASA CS-27 修正案 4（轻型直升机）	EASA CS-29 修正案 4（大型运输类直升机）
第 27.737 条 雪橇 每个雪橇的最大限制载荷的额定值必须不小于按本部适用的地面载荷要求所确定的最大限制载荷。	**第 27.737 条 雪橇** （a）每个雪橇的最大限制载荷额定值必须不小于按本规章中适用的地面载荷要求所确定的最大限制载荷。 （b）必须有稳定装置，使雪橇在飞行中能保持在适当位置。该装置必须有足够的强度，以承受作用在雪橇上的最大气动载荷和惯性载荷。
第 27.777 条 驾驶舱操纵器件 驾驶舱操纵器件必须满足下列要求： （a）布置得便于操作并能防止混淆和误动。 （b）相对于驾驶员座椅的位置和布局，使身高为 157cm（5ft2in）至 183cm（6ft）的驾驶员就座时，每个操纵器件可无阻挡地作全行程运动而不受驾驶舱结构或驾驶员衣着的干扰。	**第 29.777 条 驾驶舱操纵器件** 驾驶舱操纵器件必须满足下列要求： （a）布置得便于操作并能防止混淆和误动。 （b）相对于驾驶员座椅的位置和布局，使身高为 157cm（5ft2in）至 183cm（6ft）的驾驶员就座时，每个操纵器件可无阻挡地作全行程运动而不受驾驶舱结构或驾驶员衣着的干扰。
第 27.779 条 驾驶舱操纵器件的动作和效果 驾驶舱操纵器件必须设计成使其按下列运动和作用来进行操纵。 （a）飞行操纵器件（包括总桨距杆）的操作方向必须与在旋翼航空器上产生的运动方向相一致。 （b）左手操作的旋转式发动机功率控制杆必须设计成朝杆的端头看手时，驾驶员的手顺时针转动为增加功率。除总桨距杆以外的其他形式的发动机功率控制杆，必须是向前运动为增加功率。 （c）常规的起落架操作手柄，必须向下操作为放下起落架。	**第 29.779 条 驾驶舱操纵器件的动作和效果** 驾驶舱操纵器件必须设计成使其按下列运动和作用来进行操纵。 （a）飞行操纵器件（包括总桨距杆）的操作方向必须与在旋翼航空器上产生的运动方向相一致。 （b）左手操作的旋转式发动机功率控制杆必须设计成朝杆的端头看手时，驾驶员的手顺时针转动为增加功率。除总桨距杆以外的其他形式的发动机功率控制杆，必须是向前运动为增加功率。 （c）常规的起落架操作手柄，必须向下操作为放下起落架。
第 27.863 条 可燃液体的防火 （a）凡可燃液体或蒸气可能因液体系统渗漏而逸出的区域，必须有措施尽量减小液体和蒸气点燃的概率，以及万一点燃后的危险后果。 （b）必须用分析或试验方法表明符合本条（a）的要求，同时必须考虑下列因素： （1）液体渗漏的可能漏源和途径，以及探测渗漏的方法； （2）液体的可燃特性，包括任何可燃材料或吸液材料的影响； （3）可能的引燃火源，包括电气故障、设备过热和防护装置失效； （4）可用于抑制燃烧或灭火的手段，例如截止液体流动，关断设备，采用防火包容物或使用灭火剂； （5）对于飞行安全是关键性的各种旋翼航空器部件的耐火耐热能力。 （c）如果要求飞行机组采取行动来预防或处置液体着火（如关断设备或起动灭火瓶），则必须备有迅速动作的向机组报警的装置。 （d）凡可燃液体或蒸气有可能因液体系统渗漏而逸出的区域，必须确定其部位和范围。	**第 27.863 条 可燃液体的防火** （a）凡可燃液体或蒸气可能因液体系统渗漏而逸出的区域，必须有措施尽量减小液体和蒸气点燃的概率，以及万一点燃后的危险后果。 （b）必须用分析或试验方法表明符合本条（a）的要求，同时必须考虑下列因素： （1）液体渗漏的可能漏源和途径，以及探测渗漏的方法； （2）液体的可燃特性，包括任何可燃材料或吸液材料的影响； （3）可能的引燃火源，包括电气故障、设备过热和防护装置失效； （4）可用于抑制燃烧或灭火的手段，例如截止液体流动，关断设备，采用防火包容物或使用灭火剂； （5）对于飞行安全是关键性的各种旋翼航空器部件的耐火耐热能力。 （c）如果要求飞行机组采取行动来预防或处置液体着火（如关断设备或起动灭火瓶），则必须备有迅速动作的向机组报警的装置。 （d）凡可燃液体或蒸气有可能因液体系统渗漏而逸出的区域，必须确定其部位和范围。

表 14–3（续）

EASA CS–27 修正案 4（轻型直升机）	EASA CS–29 修正案 4（大型运输类直升机）
第 27.1301 条　设备—功能和安装 所安装的每项设备必须符合下列要求： （a）其种类和设计与预定功能相适应； （b）用标牌标明其名称、功能或使用限制，或这些要素的适用的组合； （c）按对该设备规定的限制进行安装； （d）在安装后功能正常。	**第 29.1301 条　设备—功能和安装** 所安装的每项设备必须符合下列要求： （a）其种类和设计与预定功能相适应； （b）用标牌标明其名称、功能或使用限制，或这些要素的适用的组合； （c）按对该设备规定的限制进行安装； （d）在安装后功能正常。
第 27.1309 条　设备、系统及安装 （a）凡航空器适航标准对其功能有要求的设备、系统及安装，其设计及安装必须保证在各种可预期的运行条件下能完成预定功能； （b）多发旋翼航空器上的设备、系统及安装，必须设计成在发生可能的故障或失效时防止对旋翼航空器的危害； （c）单发旋翼航空器上的设备、系统及安装，必须设计成在发生可能的故障或失效时，将对旋翼航空器的危害减至最小。	**第 29.1309 条　设备、系统及安装** （a）凡旋翼航空器适航标准对其功能有要求的设备、系统及安装，其设计和安装必须保证在各种可预期的运行条件下能完成预定功能。 （b）旋翼航空器的系统与有关部件的设计，在单独考虑以及与其他系统一同考虑的情况下，必须符合下列规定： （1）B 类旋翼航空器：设备、系统及安装必须设计成在它们发生故障或失效时能防止对旋翼航空器的危害。 （2）A 类旋翼航空器： （ⅰ）发生任何妨碍旋翼航空器继续安全飞行与着陆的失效情况的概率极小；和 （ⅱ）发生任何降低旋翼航空器能力或机组处理不利运行条件能力的其他失效情况的概率很小。 （c）必须提供警告信息，向机组指出系统的不安全工作情况并能使机组采取适当的纠正动作。系统、控制器件和有关的监控与警告装置的设计必须尽量减少可能增加危险的机组失误。 （d）必须通过分析，必要时通过适当的地面、飞行或模拟器试验，来表明符合本条（b）（2）的规定。这种分析必须考虑下列情况： （1）可能的失效模式，包括外界原因造成的故障损坏； （2）多重失效和失效未被检测出的概率； （3）在各个飞行阶段和各种运行条件下，对旋翼航空器和乘员造成的后果；和 （4）对机组的警告、所需的纠正动作以及对故障的检测能力。 （e）A 类旋翼航空器适航标准对其功能有要求并且需要能源的每一装置，均为该能源的"重要负载"。在可能的工作组合下和可能的持续时间内，能源和系统必须满足下列要求： （1）在系统正常工作时能够向与系统连接的全部负载供能； （2）任一原动机、功率变换器或者储能器失效之后能够向重要负载供能； （3）发生下列失效后能够向重要负载供能： （ⅰ）双发旋翼航空器上的任何一台发动机失效；和

表 14-3（续）

EASA CS-27 修正案 4（轻型直升机）	EASA CS-29 修正案 4（大型运输类直升机）
	（ⅱ）三发或更多发旋翼航空器上的任何两台发动机失效。 （f）在判断符合本条（e）（2）和（3）的要求时，可以假定按某种监控程序减小能源负载，而该程序要符合经批准的使用类型的安全要求。对于三发或更多发旋翼航空器的双发停车情况，不必考虑在可控飞行中不需要的负载。 （g）在表明电气系统和设备的设计与安装符合本条（a）和（b）的规定时，必须考虑临界的环境条件。本规章 CS-29 规定具备的或要求使用的发电、配电和用电设备，在可预期的环境条件下能否连续安全使用，可由环境试验、设计分析或参考其他飞机已有的类似使用经验来表明，但局方认可的技术标准规则中含有环境试验程序的设备除外。
一	**第 29.1353 条　电气设备及安装** （a）电气设备、控制装置和线路的安装，必须使任一部件或系统的工作不会对安全运行必不可少的任何其他电气部件或系统的同时工作产生不利影响。 （b）电缆的组合、敷设和相互间隔必须使得如果载有大电流的电缆发生故障，对重要电路的损害能减至最低限度。 ……
第 27.1383 条　着陆灯 （a）每个着陆灯或悬停灯必须经过批准； （b）每个着陆灯安装必须做到： （1）使驾驶员看不到有害的眩光； （2）使驾驶员不受晕影的不利影响；和 （3）为夜间操作(包括着陆和悬停)提供足够的光线。 （c）对下列情况必须至少有一个单独的开关（按适用情况）： （1）单独安装的每个着陆灯；和 （2）安装在同一部位的每组着陆灯。	**第 29.1383 条　着陆灯** （a）每个着陆灯或悬停灯必须经过批准； （b）每个着陆灯安装必须做到： （1）使驾驶员看不到有害的眩光； （2）使驾驶员不受晕影的不利影响；和 （3）为夜间操作(包括着陆和悬停)提供足够的光线。 （c）对下列情况必须至少有一个单独的开关（按适用情况）： （1）单独安装的每个着陆灯；和 （2）安装在同一部位的每组着陆灯。
第 27.1435 条　液压系统 （a）设计。每个液压系统及其元件，必须能够承受液压载荷及任何预料的结构载荷而不会产生永久变形。 （b）试验。每个液压系统必须经过耐压试验验证，当进行耐压试验时，系统的任何部分不得有损坏、失灵或产生永久变形的现象。每个系统的验证载荷必须至少为该系统最大工作压力的 1.5 倍。 （c）蓄压瓶。在防火墙的发动机一侧不得安装液压蓄压瓶或增压油箱，除非它是构成发动机整体的一部分。	**第 29.1435 条　液压系统** （a）设计。液压系统必须按下列要求进行设计： （1）液压系统的每个元件必须设计成能承受与最大液压工作载荷同时产生的任何结构载荷，并无有害的永久变形。 （2）液压系统的每个元件必须设计成能承受比本条（b）规定更大的压力，以表明此系统在服役状态下不会破裂。 （3）在各主液压系统中必须有指示压力的装置。

表 14-3（续）

EASA CS-27 修正案 4（轻型直升机）	EASA CS-29 修正案 4（大型运输类直升机）
	（4）必须有措施保证系统的任何部分的压力不超过系统最大工作压力的安全极限，也必须有措施防止由于在管路中任何油液的体积变化而引起过大的压力。这种油液体积变化多半是由于关闭时间过长而发生的。当工作时，必须考虑到出现有害的瞬间(波动)压力的可能性。 （5）各液压管路、接头和附件的安装和支承，必须防止过度的振动并能承受惯性载荷。安装的各元件必须能防止被磨损、腐蚀和机械损伤。 （6）在有相对运动或处在不同振动状态的液压管路连接点之间，必须用柔性连接。 （b）试验 系统的每一个部件都必须试验到部件在正常工作中承受的最大工作压力的 1.5 倍。系统任何部分不应产生损坏、失灵及有害变形。 （c）防火 使用可燃液压油的各液压系统必须满足第 29.861 条、第 29.1183 条、第 29.1185 条和第 29.1189 条的有关要求。

14.2　军用飞机

美国空军对起落架系统的要求记载于 AFGS-87139[6] 中，该文件是受控发布的（只有那些获准从事这些飞机的公司才能授权获取）。该文件的早期版本 MIL-L-87139[7] 是公开的，它提供了广泛的经验教训和要求的文本示例。JSSG-2006[8] 中提供了多个美国军事机构的推荐，其中包含了要求的文本示例以及含有背景信息（关于要求制定原因）的经验教训。美国军方趋于鼓励更多基于性能的要求，而不是历史上的规范性要求。历史上的规范要求见 MIL-A-886x 系列标准。这些文件中的起落架及相关系统的要求已记录在 AS8860[9] 中；AS8860 可作为军用飞机起落架系统性能要求的绝佳参考。

英国国防部在其 DEF STAN 00-970 系列中提供了一整套全面的要求。这套文件中的大部分要求与欧洲航空安全局 EASA 的民用飞机审定标准相协调。DEF STAN 00-970 的第 1 部分第 4 节[10] 与新研军用飞机有关。它是针对整架飞机的规范要求，包括起落架、机轮、刹车和相关系统。该文件包括一系列"设计单"，它提供了评估各种参数的详细方法。表 14-4 列出了可供使用的设计单，这些设计单对起落架设计感兴趣的人来说是颇为实用的资料。

表 14-4　DEF STAN 00-970 中的相关内容

标题	参考内容
螺栓的拧紧控制	设计单 3
螺纹紧固件的锁定	设计单 4
结构防护——铝合金的剥蚀	设计单 6

表 14-4（续）

标题	参考内容
结构防护——应力腐蚀开裂	设计单 7
结构防护——固体镉对钛合金的穿透	设计单 8
结构防护——避免两种金属接触的电位腐蚀	设计单 10
结构防护——防腐蚀钢的选择与应用	设计单 13
材料工艺与加工——熔焊、摩擦焊和扩散焊	设计单 15
表面处理和防护处理对疲劳性能的影响	设计单 18
起落架设计——运行要求——运行环境	设计单 37
起落架设计——通用要求——摆振分析	设计单 38
起落架设计——通用要求——摆振试验	设计单 39
起落架设计——通用要求——刚性道面机场多轮起落架的等效单轮载荷估算及载荷分类数和载荷分类组的推导	设计单 40
起落架设计——通用要求——主起落架疲劳载荷谱	设计单 41
起落架设计——飞机在地面上的方向控制——稳定性和控制	设计单 42
起落架设计——飞机在地面上的方向控制——强度和刚度	设计单 43
起落架设计——飞机在地面上的方向控制——多轮主起落架的操纵	设计单 44
起落架设计——着陆——着陆情况	设计单 46
起落架设计——着陆——油 - 气式缓冲器的设计以实现起落架放下后功能正常	设计单 47
起落架设计——在非平整硬地跑道上运行——通用要求	设计单 48
起落架设计——在非平整硬地跑道上运行——连续地面不平度的规定	设计单 49
起落架设计——在非平整硬地跑道上运行——地面飘浮性的估算	设计单 50
起落架设计——在非平整硬地跑道上运行——飞机滚动机轮阻力的估算	设计单 51
起落架设计——在非平整硬地跑道上运行——损坏和修复的跑道	设计单 52
起落架设计——在非平整硬地跑道上运行——设计原则	设计单 53
起落架设计——收起和放下——通用要求	设计单 54
起落架设计——收起和放下——舱门和锁	设计单 55
起落架设计——机轮，轮胎，刹车和刹车系统——机轮刹车系统的设计	设计单 56
起落架设计——机轮，轮胎，刹车和刹车系统——机轮刹车系统的实验室试验	设计单 57
起落架设计——机轮，轮胎，刹车和刹车系统——机轮的实验室试验	设计单 58
起落架设计——机轮，轮胎，刹车和刹车系统——轮胎和内胎	设计单 59
离地间隙——拦阻起落架钩索的错失	设计单 60
坠撞着陆、迫降和有预防性的水上降落——坠撞着陆和迫降的设计	设计单 75
材料的工艺和加工——滥用机加对铝合金的影响	设计单 88

14.3　环保

虽然民用适航当局和军方机构通常都有一套起落架及其相关系统必须满足的性能标准，但对于环境要求通常只有一般指导。Do-160[11] 中概述了民用飞机的特定环境条件。这一套条件已成为民用飞机和设备环境资格的事实标准。MIL-STD-810[12] 提供了等效的军用飞机环境试验条件。虽然这两个文件有部分内容是相同的，但也有各自特有的部分。对于某些民用飞机，要求同时符合 Do-160 和部分 MIL-STD-810 的情况并不罕见。FAA 咨询通告 AC21-16G[13] 给出了各个 Do-160 历史版本之间的差异，以及它们对飞机和结构审定重要影响的见解。这两组环境试验条件的概述见表 14-5。

然而这两个标准都没有解决冰雹的影响，大型运输类飞机和任何需要高度完整性的飞机应考虑开展冰雹试验。ASTM F320[17] 中的试验方法经调整后（将曝光速度降低到起落架最大放下速度）可以用来测试起落架。该标准提供了关于制作直径为 0.5in（13mm）、1in（25mm）和 2in（50mm）的模拟冰雹冰球（棉花纤维球周围形成的冰冻水球）的说明。试验的成功判据可以协商确定；已应用的一组判据是：小直径球以 155 m/s 的速度冲击 10 次，直径为 25mm 的球以 100 m/s 的速度冲击 2 次，直径为 50mm 的球以 70 m/s 的速度冲击 1 次后，起落架结构件无油漆损坏、无凹痕、无损伤。

表 14-5　环境要求

情况	Do-160G		MIL-STD-810G	
	章节	起落架的典型要求	方法	起落架的典型要求
温度	4.0	地面耐受低温：-55℃ 地面耐受高温：85℃ 运行低温：-45℃或-55℃（根据飞机的运行高度） 运行高温：70℃	501.6 502.6	高温：71℃。 低温：-51℃（可能的更低温度——根据预期的运行条件）
高度	4.0	根据飞机的运行高度：15000～70000ft	500.6	根据飞机的运行高度：最高 70000ft
温度变化	5.0	A 类：温度变化最小为 10℃/min（除非已知速率更大）	503.6	不超过 1min 的极端温度变化
湿度	6.0	C 类：在 55℃和 95% 相对湿度（RH）下保持的循环试验	507.6	流程 I
温度、湿度、振动和高度	—	—	520.4	适用于电子和机电元件的组合试验
运行冲击和坠撞安全性	7.0	D 类：峰值 6g，持续时间 20ms 请注意，可规定更高的加速度和不同的持续时间。最近的一架飞机要求对非弹簧质量的安装组件开展 55g、30ms 持续时间和 70g、0.4ms 持续时间的试验，对弹簧质量的安装设备开展 20g、11ms 持续时间的试验	516.7 513.7	（冲击）——程序 I：功能性冲击；程序 VI：工作台操作；程序 VIII：弹射起飞 / 拦阻着陆 （加速度）——数值取决于飞机类型（舰基、陆基、直升机）；通常需要结构试验和操作试验

表 14–5（续）

情况	Do–160G		MIL–STD–810G	
	章节	起落架的典型要求	方法	起落架的典型要求
振动	8.0	鲁棒振动，W 类 正弦扫描后驻留；每个轴 3h；20g 激励 对于风扇叶片缺失的情况，应开展高强度短时长的振动试验	514.7	试验 I，附录 D
爆炸冲击	—		517.2	一般不适用于起落架，除非采用火箭加速装置
枪击冲击	—		519.7	适用于装备枪/大炮的军用飞机
防爆性	9.0	通常不相关	511.6	通常不相关
防水性	10.0	S 类：50℃的直接加压水流	506.6	（雨）程序 I。
			512.6	（浸入式）可要求非弹簧质量部件，尤其是直升机上的
流体敏感性	11.0	F 类：提供液体（燃料、油、除冰液、阻燃剂）的详细清单；不允许降级	504.2	程序 I：提供液体（燃料、油、除冰液、阻燃剂）的详细清单；评估暴露后的性能
沙尘	12.0	S 类：对于沙和尘都应开展试验	510.6	程序 I 和程序 II
防霉性	13.0	F 类：必须能抵抗霉菌扩散	508.7	即使采用了防霉材料的设计，也建议开展试验
盐雾	14.0	对大部分固定翼飞机为 S 类；对近海直升机为 T 类。 更为激进的试验方案是 24h 的盐雾和 24h 的干燥环境交替进行，总试验时间为 500h 或 1000h	509.6	推荐 24h 的盐雾，随后 24h 的干燥，依此循环
磁效应	15.0	取决于飞机上磁体传感器的位置	—	—
电源输入	16.0	适用于电气控制设备和航空电子设备——具体试验条件取决于电源类型	—	—
电压脉冲	17.0	适用于电气控制设备和航空电子设备——具体试验条件取决于设备的重要性	—	—
音频传导敏感性——电源输入	18.0	适用于电气控制设备和航空电子设备——具体试验条件取决于电源类型	—	MIL–STD–461[14] 是该类试验相关的军用标准
诱导信号敏感性	19.0	适用于电气控制设备和航空电子设备——具体试验条件取决于电源类型	—	MIL–STD–461 是该类试验相关的军用标准

表 14-5（续）

情况	Do-160G		MIL-STD-810G	
	章节	起落架的典型要求	方法	起落架的典型要求
射频敏感性（辐射和传导）	20.0	适用于电气控制设备和航空电子设备——具体试验条件取决于设备的重要性	—	MIL-STD-461 是该类试验相关的军用标准
射频能量的发射	21.0	适用于电气控制设备和航空电子设备——具体试验条件取决于飞机无线电天线的接近程度。起落架上的物品（飞机外部）是 H 类。	—	MIL-STD-461 是该类试验相关的军用标准
雷电感应瞬态敏感度	22.0	适用于电气线束、设备和装备完整的起落架；AC20-136B[15] 给出了审定指导	—	对于该类试验，MIL-STD-461 是相关的军用标准
雷电直接效应	23.0	分类取决于对飞机的雷电评估。轮辋和轮轴是典型的 1B 类而起落架结构的其余部分则是典型的 3 类；ARP5577[16] 给出了审定指导	—	—
结冰	24.0	C 类 历史上冰的厚度取为 3mm，但近来更多采用的是 6mm	521.4	（结冰 / 冻雨）通常规定硬冰为 6mm
静电放电	25.0	适用于在正常使用和 / 或维护期间安装或使用的电气控制设备和航空电子设备	—	对于该类试验，MIL-STD-461 是相关的军用标准
防火，可燃性	26.0	取决于飞机对火区的分类。典型的 B 类：防火适用于起落架。必须在结构不损坏的情况下存活 5min	—	—
太阳辐射	—	—	505.6	起落架通常在飞机内部，因此不需要试验来满足该要求

14.4　航空标准、推荐实践和信息报告

　　SAE A-5 委员会就起落架系统（A-5）、机轮、刹车和刹车控制（A-5A）、起落架结构（A-5B）和飞机轮胎（A-5C）方面编制和维护了大量文档，为飞机起落架系统的研发提供资讯、建议和标准。这些文档每 5 年进行一次有效性审查，如表 14-6 ~ 表 14-9 所列。强烈建议那些对飞机起落架及其相关系统感兴趣的和关系密切的人加入这些委员会。

表 14-6　SAE A-5 航空起落架系统委员会

文件编号	标题
AIR1380B	飞机轮胎静态力学刚度性能测试的推荐实践
AIR1489C	航空起落架系统术语
AIR1780A	飞机飘浮性分析
AIR1904B	轮胎溅水抑制——飞机设计和考虑
AIR20	加压模铸的飞机机轮和刹车装置——质量评估
AIR4243A	着陆区域 / 起落架兼容性——SAE 与工程师组织的合作简史
AIR4358	倾斜的、可自由旋转的前起落架的转弯效果
AIR5451	起落架系统集成指南
AIR5479B	起落架的环保工艺
AIR5556	起落架对中
AIR5631A	起落架系统和供应商目录
AIR5697A	航空起落架——FAA 监管史——飞机机轮、轮胎和刹车装置
AIR5699	轮胎和机轮故障的损伤影响指南
AIR6168A	起落架结构健康监控
AIR6246	起落架（发动机关闭）滑行系统
AIR804	自动防滑控制所需的刹车释放响应时间
ARP1598B	起落架系统研发计划
ARP1821B	飞机地面飘浮性分析方法
ARP5632	旋翼机：现有飞机设计的轮胎、机轮和刹车装置的应用
ARP5935	HVOF 热喷涂涂层替代硬铬在起落架上的应用
ARP5936	起落架收藏
ARP698	润滑和扭转螺纹装配的工艺——民用飞机的应用建议
ARP812	具有防滑控制的液压刹车系统的设计与运行
ARP862B	防滑控制性能
AS280	Ⅶ型轮胎——短（锥形）轮轴型的机轮和轮轴尺寸
AS85352/1A	充气组件包
AS85352/2A	充气组件远程控制器组件
AS85352/3A	充气组件压力表元件
AS85352/4A	充气组件双卡盘阀杆压力表组件
AS85352A	充气组件和压力表元件、轮胎压力、远程控制、直读

表 14–7　SAE A–5A 机轮、刹车和防滑控制委员会

文件编号	标题
AIR1064D	刹车系统动力学
AIR1739B	防滑系统信息
AIR1934A	在飞机上使用结构碳散热刹车装置
AIR4012C	美国空军的飞机机轮
AIR4403B	航空机轮使用的单列圆锥滚子轴承的选型、试验、润滑和密封
AIR4762A	刹车降温经验汇编以及防止其发生所需的设计建议和操作程序
AIR4777C	飞机机轮和刹车装置生产和使用过程中采用的无损检测（NDI）方法
AIR5372A	线控刹车（BBW）控制系统信息
AIR5388	独特的机轮和刹车装置设计
AIR5490A	碳刹车污染
AIR5567A	催化碳刹车盘氧化的试验方法
AIR5937	电动刹车信息
AIR6441	驻车刹车系统信息
AIR764D	防滑控制系统振动调查
AIR811C	过热机轮的处理方法
ARP1070E	防滑刹车控制系统的设计和试验以实现全机兼容性
ARP1322C	超压释放装置
ARP1493C	军用飞机机轮和液压驱动的刹车装置的设计和试验要求
ARP1619B	更换和改装刹车和机轮
ARP1786C	轮辋滚动准则在飞机上的应用
ARP1907C	自动刹车系统
ARP5146	飞机机轮密封系统的评估
ARP5381A	第 23、第 27 和第 29 部飞机机轮、刹车装置以及机轮和刹车装置总成的最低性能建议
ARP5481A	推荐的机轮固定螺栓预紧程序
ARP5600	事故 / 意外事件中受损机轮的处置
ARP597E	满足民用运输类飞机耐久性设计的机轮和刹车装置的补充标准
ARP813C	飞机机轮和液压驱动的刹车装置的维修性建议
AS1145C	飞机刹车温度监控系统（BTMS）
AS1188A	飞机轮胎充气—放气设备
AS483C	防滑控制设备

表 14-7（续）

文件编号	标题
AS5663A	采用电力驱动的运输类飞机机轮和刹车装置的最低性能要求
AS5714A	第23、第27和第29部飞机机轮、刹车装置以及机轮和刹车装置总成的最低性能标准
AS586C	机轮和刹车装置（砂型和永久铸模）铸件——飞机应用的最低要求
AS666D	飞机无内胎机轮静态密封用的腔体设计与O形圈选型
AS6817	阀门、充气、飞机机轮
AS707C	用于无内胎飞机轮子的热敏充气压力释放装置
AS8584B	刹车系统、机轮、军用飞机

表 14-8　SAE A-5B 起落架、缓冲支柱和耦合委员会

文件编号	标题
AIR1494B	起落架设计的强度验证
AIR1594D	起落架用滑动轴承的选择
AIR1752A	飞机前轮转弯/对中系统
AIR1800A	飞机尾部缓冲器
AIR1810C	设计、开发和试验标准——用于起落架的固态接近开关/系统
AIR4004A	飞机起落架电线电缆安装指南
AIR4077	起落架的机械开关
AIR4566A	起落架坠撞性设计
AIR4846A	非常规和特殊用途的起落架系统
AIR4894	起落架稳定性
AIR5024	起落架开关选取准则
AIR5052A	以Aermet 100为焦点的起落架钢裂纹萌生和扩展的注意事项
AIR5358A	起落架缓冲支柱液压油
AIR5541A	消毒剂、除冰剂和清洁剂接触起落架结构时的建议措施
AIR5552	复合材料起落架的研发和验证
AIR5565	飞机起落架和控制作动系统的设计历史
AIR5883A	起落架缓冲支柱轴承的选取
AIR5885A	起落架的通用修理
AIR5913A	起落架缓冲支柱热损伤

表 14-8（续）

文件编号	标题
AIR5914	第 25 部飞机起落架疲劳谱编制
AIR5938	硬着陆信息
ARP1107C	有人驾驶飞机的尾部缓冲器
ARP1311D	起落架结构和机构
ARP1538B	陆基飞机的拦阻钩安装
ARP1595B	飞机前轮操纵系统的设计和验证
ARP4912C	起落架缓冲支柱备用密封件的设计建议
ARP4915B	涉及事故／事件的起落架部件的处置
ARP5429A	采用等效损伤谱的起落架疲劳试验
ARP5644	民用飞机起落架减振试验
ARP5908A	起落架维修
ARP6408	起落架缓冲器的外部液压流体泄漏定义
AS4052B	盖板设计：刮板、起落架、安装
AS4832A	盖板设计：定制压缩型密封的名义横截面为 3/8in
AS6053A	试验，冲击，起落架缓冲器，飞机
AS665A	锥形轴套尺寸
AS8860A	MIL-886X 系列规范中列出的起落架结构要求

表 14-9　SAE A-5C 飞机轮胎委员会

文件编号	标题
AIR4830A	飞机轮胎压力监控系统
AIR5487B	飞机轮胎史
AIR5651	商用飞机新研轮胎验证试验史
AIR5797A	飞机轮胎磨损特性的研发和实验室测试的实施
AIR5800A	着陆时的轮胎预转动
ARP4834B	飞机轮胎翻新实践——斜交轮胎和子午线轮胎
ARP4955A	飞机轮胎静态和动态特性测量的推荐作法
ARP5257B	轮胎超速着陆试验

表 14-9（续）

文件编号	标题
ARP5265B	飞机轮胎使用的最小运营和维护责任
ARP5507	飞机轮胎——机轮性能特性
ARP5542A	手持式飞机轮胎充气压力表
ARP5543	带有充气压力表的飞机机轮充气阀
ARP6137	飞机轮胎压力监控系统（TPMS）
ARP6152	飞机轮胎使用超载能力
ARP6225A	飞机轮胎检查——在役更换准则
ARP6265	轮胎爆破试验方法
ARP6307A	全新和翻新轮胎外观
ARP6404	飞机轮胎电阻试验
AS4833A	飞机全新轮胎标准——斜交轮胎和子午线轮胎
AS50141B	内胎，充气轮胎，飞机

参 考 文 献

[1] European Aviation Safety Agency, "Certification Specifications and Acceptable Means of Compliance for Large Aeroplanes," CS-25, Amendment 21, European Aviation Safety Agency, March 2018.

[2] European Aviation Safety Agency, "Certification Specifications and Acceptable Means of Compliance for Normal, Utility, Aerobatic, and Commuter Category Aeroplanes," CS-23, Amendment 4, European Aviation Safety Agency, July 2015.

[3] ASTM International, "Standard Specification for Systems and Equipment in Small Aircraft," F3061/F3061M-17, ASTM International, 2017.

[4] European Aviation Safety Agency, "Certification Specifications and Acceptable Means of Compliance for Small Rotorcraft," CS-27, Amendment 4, European Aviation Safety Agency, November 2016.

[5] European Aviation Safety Agency, "Certification Specifications and Acceptable Means of Compliance for Large Rotorcraft," CS-29, Amendment 4, European Aviation Safety Agency, November 2016.

[6] Air Force Guide Specification, "Landing Gear Systems," AFGS-87139, Revision B, Department of Defense, September 2013.

[7] Military Specification, "Landing Gear Systems," MIL-L-87139, Department of Defense, July 1979.

[8] Joint Service Specification Guide, "Aircraft Structures," JSSG–2006, Department of Defense, October 1998.

[9] Aerospace Standard, "Landing Gear Structural Requirements as Listed in the MIL–886X Series of Specifications," AS8860, Revision A, SAE International, October 2012.

[10] Defence Standard, "Design and Airworthiness Requirements for Service Aircraft, Part 1: Fixed Wing, Section 4: Design and Construction," 00–970 Part 1 Section 4, Issue 14, July 2015.

[11] Environmental Conditions and Test Procedures for Airborne Equipment, DO–160G Change 1, RTCA, Inc., December 2016.

[12] Department of Defense Test Method Standard, "Environmental Engineering Considerations and Laboratory Tests," MIL–STD–810G, April 2014.

[13] Advisory Circular, RTCA Document DO–160 versions D, E, F, and G, "Environmental Conditions and Test Procedures for Airborne Equipment", AC21–16G, Federal Aviation Administration, June 2011.

[14] Interface Standard, "Requirements for the Control of Electromagnetic Interference Characteristics of Subsystems and Equipment," MIL–STD–461G, Department of Defense, December 2015.

[15] Advisory Circular, "Aircraft Electrical and Electronic System Lightning Protection," AC20–136B, Federal Aviation Administration, September 2011.

[16] Aerospace Recommended Practice, "Aircraft Lightning Direct Effects Certification," ARP5577, SAE International, March 2008.

[17] Standard Test Method for Hail Impact Resistance of Aerospace Transparent Enclosures, F320–16, ASTM Inc., April 2016.

附录 A　100个最繁忙的机场跑道尺寸和强度

附表 A-1　100个最繁忙的机场

机场名称	简码	跑道等级	长度/m	宽度/m	道面类型	道面等级 PCN
阿姆斯特丹，荷兰（AMS）	AMS	04/22	2014	45	沥青	39/F/D/W/T
	AMS	06/24	3500	45	沥青	82/R/C/X/T
	AMS	09/27	3453	45	沥青	95/F/C/W/T
	AMS	18C/36C	3300	45	沥青	82/R/C/X/T
	AMS	18R/36L	3800	60	沥青	95/F/C/W/T
	AMS	18L/36R	3400	45	沥青	82/R/C/X/T
安塔利亚，土耳其（AYT）	AYT	18L/36R	3400	45	混凝土	110/R/A/W/T
	AYT	18C/36C	3400	45	混凝土	80/R/A/X/T
	AYT	18R/36L	2990	45	沥青	45 LCN
雅典，希腊（ATH）	ATH	03R/21L	4000	45	沥青	64/F/B/W/T
	ATH	03L/21R	3800	45	沥青	64/F/B/W/T
亚特兰大，佐治亚州，美国（ATL）	ATL	08R/26L	3048	46	混凝土，带沟槽	74/R/A/W/T
	ATL	08L/26R	2743	46	混凝土，带沟槽	62/R/A/W/T
	ATL	09R/27L	2744	48	混凝土，带沟槽	68/R/A/W/T
	ATL	09L/27R	3624	46	混凝土，带沟槽	62/R/A/W/T
	ATL	10/28	2743	46	混凝土，带沟槽	74/R/A/W/T
奥克兰，新西兰（AKL）	AKL	05R/23L	3635	45	混凝土	120/R/D/W/T
巴尔的摩，马里兰州，美国（BWI）	BWI	10/28	3201	46	沥青，带沟槽	105/F/A/W/T
	BWI	15L/33R	1524	30	沥青，带沟槽	15/F/A/W/T
	BWI	15R/33L	2896	46	沥青，带沟槽	70/F/A/W/T
曼谷，泰国（BKK）	BKK	01R/19L	4000	60	沥青	137/F/D/X/T
	BKK	01L/19R	3700	60	沥青	137/F/D/X/T
巴塞罗纳，西班牙（BCN）	BCN	02/20	2540	45	沥青	86/F/A/W/T
	BCN	07R/25L	2660	60	沥青	76/F/C/W/T
	BCN	07L/25R	3552	45	沥青	86/F/A/W/T
北京，中国（PEK）	PEK	01/19	3802	60	混凝土	117/R/B/W/T
	PEK	18L/36R	3802	60	沥青	108/F/B/W/T
	PEK	18R/36L	3202	50	沥青	95/F/B/W/T
柏林，德国（TXL）	TXL	08R/26L	2428	46	沥青	120/F/A/W/T
	TXL	08L/26R	3023	46	沥青	120/F/A/X/T

附表 A-1（续）

机场名称	简码	跑道等级	长度/m	宽度/m	道面类型	道面等级 PCN
波哥大，哥伦比亚（BOG）	BOG	13R/31L	3800	45	沥青	80/F/C/W/T
	BOG	13L/31R	3800	45	沥青	104/F/D/W/T
波士顿，马萨诸塞州，美国（BOS）	BOS	04R/22L	3050	46	沥青，带沟槽	90/F/C/W/T
	BOS	04L/22R	2396	46	沥青，带沟槽	90/F/C/W/T
	BOS	09/27	2134	46	沥青，带沟槽	90/F/C/W/T
	BOS	15R/33L	3073	46	沥青，带沟槽	90/F/C/W/T
	BOS	15L/33R	779	30	沥青	90/F/C/W/T
	BOS	14/32	1524	30	沥青，带沟槽	85/F/C/W/T
巴西利亚，巴西（BSB）	BSB	11R/29L	3300	45	沥青	68/F/B/W/T
	BSB	11L/29R	3200	45	沥青	76/F/B/X/T
布里斯班，澳大利亚（BNE）	BNE	01/19	3560	45	沥青	108/F/D/W/T
	BNE	14/32	1700	30	沥青	15/F/A/Y/T
布鲁塞尔，比利时（BRU）	BRU	02/20	2987	50	沥青	59/F/A/W/T
	BRU	07R/25L	3211	45	沥青	62/F/A/W/T
	BRU	07L/25R	3638	45	沥青	80/F/A/W/T
夏洛特市，北卡罗来纳州，美国（CLT）	CLT	05/23	2287	46	沥青，混凝土，带沟槽	73/R/B/W/T
	CLT	18R/36L	2743	46	混凝土，带沟槽	75/R/B/W/T
	CLT	18C/36C	3048	46	混凝土，带沟槽	75/R/B/W/T
	CLT	18L/36R	2645	46	混凝土，带沟槽	68/R/B/W/T
成都，中国（CTU）	CTU	02/20	3600	60	混凝土	80/R/B/W/T
芝加哥，伊利诺伊州，美国（MDW）	MDW	13L/31R	1567	46	沥青，混凝土，带沟槽	59/R/B/W/T
	MDW	13C/31C	1988	46	沥青，混凝土，带沟槽	61/F/D/X/T
	MDW	13R/31L	1176	18	沥青	42/R/B/X/T
	MDW	4L/22R	1679	46	沥青，带沟槽	69/F/D/X/T
	MDW	4R/22L	1964	46	沥青，混凝土，带沟槽	62/F/D/X/T
芝加哥，伊利诺伊州，美国（ORD）	ORD	10L/28R	3962	46	沥青，混凝土，带沟槽	120/R/B/W/T
	ORD	10C/28C	3292	61	混凝土，带沟槽	96/R/C/W/T
	ORD	15/33	2952	61	沥青，混凝土，带沟槽	108/R/C/W/U
	ORD	4R/22L	2461	46	沥青，带沟槽	108/R/C/W/U
	ORD	9R/27L	2428	46	沥青，混凝土，带沟槽	108/R/C/W/U
	ORD	4L/22R	2286	46	沥青，带沟槽	108/R/C/W/U
	ORD	9L/27R	2286	46	混凝土，带沟槽	91/R/B/W/T
	ORD	10R/28L	2286	46	混凝土，带沟槽	104/R/B/W/U

附表 **A-1**（续）

机场名称	简码	跑道等级	长度 /m	宽度 /m	道面类型	道面等级 PCN
哥本哈根，丹麦（CPH）	CPH	04L/22R	3600	45	沥青	80/F/C/X/U
	CPH	04R/22L	3300	45	沥青	80/F/C/X/U
	CPH	12/30	3070	45	沥青，混凝土	80/F/C/X/U
达拉斯/沃斯堡，得克萨斯州，美国（DFW）	DFW	13R/31L	2835	46	混凝土，带沟槽	83/R/B/W/T
	DFW	13L/31R	2743	61	混凝土，带沟槽	97/R/B/W/T
	DFW	17C/35C	4085	46	混凝土，带沟槽	82/R/B/W/T
	DFW	17R/35L	4085	61	混凝土，带沟槽	78/R/B/W/T
	DFW	17L/35R	2591	46	混凝土，带沟槽	97/R/B/W/T
	DFW	18R/36L	4084	46	混凝土，带沟槽	82/R/B/W/T
	DFW	18L/36R	4084	61	混凝土，带沟槽	83/R/B/W/T
丹佛，科罗拉多州，美国（DEN）	DEN	07/25	3658	46	混凝土，带沟槽	92/R/B/W/T
	DEN	08/26	3658	46	混凝土，带沟槽	92/R/B/W/T
	DEN	16R/34L	4877	61	混凝土，带沟槽	92/R/B/W/T
	DEN	16L/34R	3658	46	混凝土，带沟槽	92/R/B/W/T
	DEN	17R/35L	3658	46	混凝土，带沟槽	92/R/B/W/T
	DEN	17L/35R	3658	46	混凝土，带沟槽	92/R/B/W/T
底特律，密歇根州，美国（DTW）	DTW	03R/21L	3048	46	混凝土，带沟槽	91/R/B/W/T
	DTW	03L/21R	2591	61	沥青，混凝土，带沟槽	77/R/A/W/T
	DTW	04R/22L	3659	61	混凝土，带沟槽	126/R/B/W/T
	DTW	04L/22R	3048	46	混凝土，带沟槽	126/R/B/W/T
	DTW	09R/27L	2591	46	混凝土，带沟槽	78/R/A/W/T
	DTW	09L/27R	2654	61	混凝土，带沟槽	73/R/A/W/T
多哈，卡塔尔（DOH）	DOH	16/34	4572	46	沥青	60/F/A/X/T
迪拜，阿拉伯联合酋长国（DXB）	DXB	12R/30L	4000	46	沥青	65/F/B/X/U
	DXB	12L/30R	4000	60	沥青	122/F/B/X/T
都柏林，爱尔兰（DUB）	DUB	10/28	2637	45	沥青	70/R/B/W/U
	DUB	16/34	2072	61	沥青	75/R/D/W/T
杜塞尔多夫，德国（DUS）	DUS	05R/23L	3000	45	混凝土	100/R/B/W/T
	DUS	05L/23R	2700	45	混凝土	100/R/B/W/T
劳德代尔堡，佛罗里达州，美国（FLL）	FLL	10L/28R	2743	46	沥青，带沟槽	69/F/B/W/T
	FLL	10R/28L	2438	46	混凝土，带沟槽	74/R/B/W/T
法兰克福，德国（FRA）	FRA	07R/25L	4000	45	混凝土	74/R/A/W/T
	FRA	07L/25R	4000	60	沥青	74/F/A/W/T
	FRA	18/36	4000	45	混凝土	90/R/A/W/T

附表 A-1（续）

机场名称	简码	跑道等级	长度 /m	宽度 /m	道面类型	道面等级 PCN
福冈，日本（FUK）	FUK	16/34	2800	60	沥青	97/F/D/X/T
广州，中国（CAN）	CAN	02R/20L	3800	60	混凝土	109/R/B/W/T
	CAN	02L/20R	3600	45	混凝土	109/R/B/W/T
杭州，中国（HGH）	HGH	07/25	3600	45	混凝土	95/R/B/W/T
赫尔辛基，芬兰（HEL）	HEL	04R/22L	3440	60	沥青	102/F/B/W/T
	HEL	04L/22R	3060	60	沥青	100/F/A/W/T
	HEL	15/33	2901	60	沥青	108/F/B/W/T
香港，中国香港特别行政区（HKG）	HKG	07R/25L	3800	60	沥青	72/F/B/W/T
	HKG	07L/25R	3800	60	沥青	72/F/B/W/T
休斯顿，得克萨斯州，美国（IAH）	IAH	08R/26L	2866	46	混凝土，带沟槽	72/R/A/W/T
	IAH	08L/26R	2743	46	混凝土，带沟槽	72/R/A/W/T
	IAH	09/27	3048	46	混凝土，带沟槽	67/R/A/W/T
	IAH	15R/33L	3048	46	混凝土，带沟槽	94/R/B/W/T
	IAH	15L/33R	3658	46	混凝土，带沟槽	72/R/A/W/T
仁川，韩国（ICN）	ICN	15R/33L	3750	60	沥青，带沟槽	86/R/B/X/T
	ICN	15L/33R	3750	60	沥青，带沟槽	86/R/B/X/T
伊斯坦布尔，土耳其（IST）	IST	06/24	2300	60	混凝土	100/R/A/X/T
	IST	18R/36L	3000	45	混凝土	100/R/A/W/T
	IST	18L/36R	3000	45	混凝土	100/R/A/W/T
雅加达，印度尼西亚（CGK）	CGK	07R/25L	3660	60	混凝土	120/R/D/W/T
	CGK	07L/25R	3600	60	混凝土	120/R/D/W/T
吉达，沙特阿拉伯（JED）	JED	16L/34R	4000	45	沥青	80/F/A/W/T
	JED	16C/34C	4000	60	沥青	80/F/A/W/T
	JED	16R/34L	3800	60	沥青	80/F/A/W/T
济州，韩国（CJU）	CJU	06/24	3000	45	沥青	70/F/B/W/T
	CJU	13/31	1910	45	沥青	64/F/A/W/T
约翰内斯堡，南非（JNB）	JNB	03R/21L	3400	60	沥青	50/F/A/W/U
	JNB	03L/21R	4418	61	沥青	56/F/A/W/U
吉隆坡，马来西亚（KUL）	KUL	14R/32L	4050	60	沥青	90/R/C/W/T
	KUL	14L/32R	4124	60	沥青	90/R/C/W/T
昆明，中国（KMG）	KMG	03/21	3400	45	混凝土	55/R/B/W/T
拉斯维加斯，内华达州，美国（LAS）	LAS	01R/19L	2979	46	混凝土，带沟槽	100/R/B/W/T
	LAS	01L/19R	2739	46	混凝土，带沟槽	100/R/B/W/T
	LAS	07R/25L	3208	46	混凝土，带沟槽	100/R/B/W/T
	LAS	07L/25R	4423	46	沥青，带沟槽	70/F/B/W/T

附表 A-1（续）

机场名称	简码	跑道等级	长度 /m	宽度 /m	道面类型	道面等级 PCN
里斯本，葡萄牙（LIS）	LIS	03/21	3805	45	沥青	80/F/B/W/T
	LIS	17/35	2304	45	沥青	52/F/B/W/T
伦敦，英国（LGW）	LGW	08R/26L	3159	45	沥青	78/R/B/W/T
	LGW	08L/26R	2565	45	沥青	76/R/B/W/T
伦敦，英国（LHR）	LHR	09R/27L	3658	45	沥青	083/F/A/W/T
	LHR	09L/27R	3901	50	沥青	083/F/A/W/T
伦敦，英国（STN）	STN	05/23	3048	46	沥青	86/R/C/W/T
洛杉矶，加利福尼亚州，美国（LAX）	LAX	06R/24L	3135	46	混凝土，带沟槽	70/R/A/W/T
	LAX	06L/24R	2720	46	混凝土，带沟槽	70/R/A/W/T
	LAX	07R/25L	3382	61	混凝土，带沟槽	70/R/A/W/T
	LAX	07L/25R	3685	46	沥青，混凝土，带沟槽	75/R/A/W/T
马德里，西班牙（MAD）	MAD	15R/33L	4100	60	沥青	91/F/B/W/T
	MAD	15L/33R	3500	60	沥青	91/F/B/W/T
	MAD	18R/36L	4350	60	沥青	87/F/C/W/U
	MAD	18L/36R	3500	60	沥青	80/F/B/W/U
曼彻斯特，英国（MAN）	MAN	06R/24L	3047	46	混凝土	79/R/C/W/T
	MAN	06L/24R	3048	46	沥青	94/F/C/W/T
马尼拉，菲律宾（MNL）	MNL	06/24	3737	60	沥青	114/F/D/W/U
	MNL	13/31	2258	45	沥青	91/F/D/W/U
墨尔本，澳大利亚（MEL）	MEL	09/27	2286	45	沥青	79/F/C/W/U
	MEL	16/34	3657	45	沥青	79/F/C/W/U
墨西哥城，墨西哥（MEX）	MEX	05R/23L	3900	45	沥青	100/F/D/X/T
	MEX	05L/23R	3952	45	沥青	100/F/D/X/T
迈阿密，佛罗里达州，美国（MIA）	MIA	08R/26L	3202	61	沥青，带沟槽	70/F/A/X/T
	MIA	08L/26R	2621	46	沥青，带沟槽	70/F/A/X/T
	MIA	09/27	3962	46	沥青，带沟槽	70/F/A/X/T
	MIA	12/30	2851	46	沥青，带沟槽	70/F/A/X/T
米兰，意大利（MXP）	MXP	17R/35L	3920	60	沥青	91/F/A/W/T
	MXP	17L/35R	3920	60	沥青	100/F/A/W/T
明尼阿波利斯，明尼苏达州，美国（MSP）	MSP	04/22	3355	46	混凝土，带沟槽	80/R/B/W/T
	MSP	12R/30L	3048	61	混凝土，带沟槽	80/R/B/W/T
	MSP	12L/30R	2499	46	混凝土，带沟槽	80/R/B/W/T
	MSP	17/35	2438	46	混凝土，带沟槽	80/R/B/W/T

附表 A–1（续）

机场名称	简码	跑道等级	长度 /m	宽度 /m	道面类型	道面等级 PCN
莫斯科，俄罗斯（DME）	DME	14L/32R	3794	53	混凝土	78/R/C/W/T
	DME	14C/32C	2600	45	混凝土	57/R/A/W/T
	DME	14R/32L	3500	70	混凝土	53/R/C/X/U
莫斯科，俄罗斯（SVO）	SVO	07L/25R	3550	60	混凝土	70/R/B/W/T
	SVO	07R/25L	3700	60	混凝土	76/R/C/W/T
孟买，印度（BOM）	BOM	09/27	3445	45	沥青	101/F/B/W/T
	BOM	14/32	2925	46	沥青	64/F/B/W/T
慕尼黑，德国（MUC）	MUC	08R/26L	4000	60	混凝土	90/R/A/W/T
	MUC	08L/26R	4000	60	混凝土	90/R/A/W/T
新德里，印度（DEL）	DEL	09/27	2813	46	沥青	45/F/B/W/T
	DEL	10/28	3810	46	沥青	55/F/B/W/T
纽约，纽约州，美国（JFK）	JFK	04R/22L	2560	61	沥青，带沟槽	90/F/B/W/T
	JFK	04L/22R	3460	46	混凝土，带沟槽	90/R/B/W/T
	JFK	13R/31L	4442	46	混凝土，带沟槽	98/R/B/W/T
	JFK	13L/31R	3048	46	沥青，带沟槽	90/F/B/W/T
纽约，纽约州，美国（LGA）	LGA	04/22	2134	46	沥青，混凝土，带沟槽	63/F/B/W/T
	LGA	13/31	2134	46	沥青，混凝土，带沟槽	63/F/B/W/T
纽瓦克，新泽西州，美国（EWR）	EWR	04R/22L	3048	46	沥青，带沟槽	96/R/B/X/T
	EWR	04L/22R	3353	46	沥青，混凝土，带沟槽	96/R/B/X/T
	EWR	11/29	2073	46	沥青，带沟槽	96/R/B/X/T
奥兰多，佛罗里达州，美国（MCO）	MCO	17R/35L	3048	46	混凝土，带沟槽	106/R/B/W/T
	MCO	17L/35R	2743	46	混凝土，带沟槽	116/R/B/W/T
	MCO	18R/36L	3659	61	沥青，混凝土，带沟槽	104/R/B/W/T
	MCO	18L/36R	3659	61	沥青，混凝土，带沟槽	97/R/B/W/T
奥斯陆，挪威（OSL）	OSL	01L/19R	3600	45	沥青	75/F/A/W/T
	OSL	01R/19L	2950	45	沥青	75/F/A/W/T
帕尔马，西班牙（PMI）	PMI	06L/24R	3270	45	沥青	64/F/A/W/T
	PMI	06R/24L	3000	45	沥青	59/F/B/W/T
巴黎，法国（CDG）	CDG	08R/26L	2700	60	混凝土	68/R/C/W/T
	CDG	08L/26R	4215	45	沥青	100/R/B/W/T
	CDG	09R/27L	4200	45	沥青	100/R/B/W/T
	CDG	09L/27R	2700	60	沥青	77/F/C/W/T

附表 A−1（续）

机场名称	简码	跑道等级	长度 /m	宽度 /m	道面类型	道面等级 PCN
巴黎，法国（ORY）	ORY	02/20	2400	60	混凝土	70/R/C/W/U
	ORY	06/24	3650	45	沥青，带沟槽	140/R/C/W/T
	ORY	08/26	3320	45	混凝土	85/R/B/W/U
费城，宾夕法尼亚州，美国（PHL）	PHL	08/26	1524	46	沥青，带沟槽	27/F/A/X/T
	PHL	09R/27L	3202	61	沥青，带沟槽	60/F/A/X/T
	PHL	09L/27R	2896	46	沥青，带沟槽	60/F/A/X/T
	PHL	17/35	1664	46	沥青，带沟槽	27/F/A/X/T
菲尼克斯，亚利桑那州，美国（PHX）	PHX	07R/25L	2377	46	混凝土，带沟槽	79/R/B/W/T
	PHX	07L/25R	3139	46	混凝土，带沟槽	70/R/B/W/T
	PHX	08/26	3502	46	混凝土，带沟槽	74/R/B/W/T
里约热内卢，巴西（GIG）	GIG	10/28	4000	45	混凝土	78/R/A/W/T
	GIG	15/33	3180	47	沥青	73/F/B/X/T
利雅得，沙特阿拉伯（RUH）	RUH	15R/33L	4205	60	沥青	80/F/A/W/T
	RUH	15L/33R	4205	60	沥青	80/F/A/W/T
罗马，意大利（FCO）	FCO	07/25	3307	45	沥青	73/F/B/X/T
	FCO	16R/34L	3902	60	沥青	94/F/A/W/T
	FCO	16C/34C	3602	45	沥青	72/F/B/X/T
	FCO	16L/34R	3902	60	沥青	146/F/A/W/T
盐湖城，犹他州，美国（SLC）	SLC	16L/34R	3658	46	沥青，带沟槽	67/F/C/W/T
	SLC	16R/34L	3658	46	混凝土，带沟槽	–
	SLC	17/35	2925	46	沥青，带沟槽	51/F/C/W/T
	SLC	14/32	1491	46	沥青，带沟槽	24/F/C/W/T
圣迭戈，加利福尼亚州，美国（SAN）	SAN	09/27	2865	61	沥青，混凝土，带沟槽	75/F/A/W/T
旧金山，加利福尼亚州，美国（SFO）	SFO	01R/19L	2636	61	沥青，带沟槽	100/F/B/X/T
	SFO	01L/19R	2286	61	沥青，带沟槽	90/F/B/X/T
	SFO	10R/28L	3231	61	沥青，带沟槽	80/F/B/X/T
	SFO	10L/28R	3618	61	沥青，带沟槽	80/F/B/X/T
圣保罗，巴西（CGH）	CGH	17R/35L	1940	45	沥青	50/F/B/X/T
	CGH	17L/35R	1435	45	沥青	38/F/B/X/U
圣保罗，巴西（GRU）	GRU	09R/27L	3000	45	沥青	85/F/B/W/T
	GRU	09L/27R	3700	45	沥青	85/F/B/W/T
札幌，日本（CTS）	CTS	01R/19L	2999	61	沥青	83/F/C/X/T
	CTS	01L/19R	2999	61	沥青	83/F/C/X/T

附表 A-1（续）

机场名称	简码	跑道等级	长度 /m	宽度 /m	道面类型	道面等级 PCN
西雅图，华盛顿州，美国（SEA）	SEA	16L/34R	3627	46	混凝土，带沟槽	110/R/B/W/T
	SEA	16C/34C	2873	46	混凝土，带沟槽	96/R/B/W/T
	SEA	16R/34L	2591	46	混凝土，带沟槽	89/R/B/W/T
首尔，韩国（GMP）	GMP	14R/32L	3200	60	沥青	79/F/C/W/T
	GMP	14L/32R	3600	45	沥青	70/F/B/W/T
上海，中国（PVG）	PVG	16/34	3800	60	混凝土	109/R/B/W/T
	PVG	17/35	4000	60	混凝土	121/R/B/W/T
上海，中国（SHA）	SHA	18/36	3400	58	沥青	74/R/B/W/T
深圳，中国（SZX）	SZX	15/33	3400	45	混凝土	72/R/B/W/T
新加坡，新加坡（SIN）	SIN	02C/20C	4000	60	沥青	72/F/B/W/U
	SIN	02R/20L	2748	59	沥青	72/F/B/W/T
	SIN	02L/20R	4000	60	沥青	72/F/B/W/U
斯德哥尔摩，瑞典（ARN）	ARN	01R/19L	2500	45	沥青	90/F/B/X/T
	ARN	01L/19R	3301	45	混凝土	97/R/B/X/T
	ARN	08/26	2500	45	混凝土	78/R/B/X/T
悉尼，澳大利亚（SYD）	SYD	07/25	2530	45	沥青	67/F/A/W/U
	SYD	16R/34L	3962	45	沥青	67/F/A/W/U
	SYD	16L/34R	2438	45	沥青	67/F/A/W/U
台北，中国台湾（TPE）	TPE	05L/23R	3660	60	沥青	75/F/B/X/T
	TPE	05R/23L	3800	60	沥青，混凝土	94/F/C/X/T
坦帕，佛罗里达州，美国（TPA）	TPA	01L/19R	3356	46	混凝土，带沟槽	85/R/B/W/T
	TPA	01R/19L	2530	46	沥青，混凝土，带沟槽	76/R/B/W/T
	TPA	10/28	2133	46	沥青，混凝土，带沟槽	61/F/A/W/T
东京，日本（HND）	HND	04/22	2499	61	沥青	63/F/B/X/T
	HND	16R/34L	2999	61	沥青	63/F/B/X/T
	HND	16L/34R	2999	61	沥青	140/F/B/X/T
东京，日本（NRT）	NRT	16R/34L	4000	60	沥青	140/F/C/X/T
	NRT	16L/34R	2180	60	沥青	129/F/C/X/T
多伦多，安大略省，加拿大（YYZ）	YYZ	05/23	3389	61	沥青，混凝土	79/R/B/W/T
	YYZ	06R/24L	2743	61	沥青	79/R/B/W/T
	YYZ	06L/24R	2956	61	沥青	79/R/B/W/T
	YYZ	15R/33L	2770	61	沥青	79/R/B/W/T
	YYZ	15L/33R	3368	61	沥青	79/R/B/W/T

附表 A-1（续）

机场名称	简码	跑道等级	长度 /m	宽度 /m	道面类型	道面等级 PCN
温哥华，不列颠哥伦比亚省，加拿大（YVR）	YVR	08R/26L	3505	61	沥青	93/R/C/W/T
	YVR	08L/26R	3030	61	混凝土	79/R/B/W/T
	YVR	12/30	2225	61	混凝土	93/R/C/W/T
维也纳，奥地利（VIE）	VIE	11/29	3500	45	沥青	55/F/B/W/T
	VIE	16/34	3600	45	沥青	70/F/A/W/T
华盛顿，哥伦比亚特区，美国（DCA）	DCA	01/19	2185	46	沥青，带沟槽	57/F/B/X/T
	DCA	15/33	1586	46	沥青，带沟槽	57/F/B/X/T
	DCA	04/22	1524	46	沥青，带沟槽	57/F/B/X/T
华盛顿，哥伦比亚特区，美国（IAD）	IAD	1L/19R	2865	46	混凝土，带沟槽	81/R/C/W/T
	IAD	1C/19C	3505	46	混凝土，带沟槽	81/R/C/W/T
	IAD	1R/19L	3505	46	混凝土，带沟槽	81/R/C/W/T
	IAD	12/30	3201	46	混凝土，带沟槽	81/R/C/W/T
厦门，中国（XMN）	XMN	05/23	3400	45	沥青	83/F/B/W/T
苏黎世，瑞士（ZRH）	ZRH	10/28	2500	60	混凝土	60/R/B/W/T
	ZRH	14/32	3300	60	混凝土	60/R/B/W/T
	ZRH	16/34	3700	60	混凝土	60/R/B/W/T

附录 B　各种飞机的 ACN（飞机等级数值）的示例

提供的数据仅用来参考，不用于飞机的操作。

附表 B-1　各种飞机的 ACN 的示例

飞机类型	最大重量 /kg 空重 /kg 胎压 /kPa	柔性道面地基 CBR（加利福尼亚承载比）/%				刚性道面地基 k（地基模量）/（MN/m³）			
		A	B	C	D	A	B	C	D
		15	**10**	**6**	**3**	$k=150$	$k=80$	$k=40$	$k=20$
空客 A319-100	75865	39	40	44	50	44	46	48	50
	38952	18	18	20	22	20	21	22	23
	1380								
空客 A320-200	77395	41	42	47	53	46	49	51	53
	44968	22	22	24	28	24	26	27	28
	1440								
空客 A320-200（车架）	73900	18	19	22	31	18	21	25	28
	42000	9	9	10	13	9	10	12	13
	1220								
空客 A321-100	78414	42	44	49	55	47	50	52	54
	47000	23	24	25	30	25	27	29	30
	1280								
空客 A330-300	233900	58	67	73	98	54	62	74	86
	120000	26	27	30	36	28	27	30	35
	1420								
空客 A340-300	271000	59	64	74	100	50	58	69	80
	129300	24	25	28	34	25	24	26	30
	1380								
空客 A340-500，600	366072	70	76	90	121	60	70	83	97
	178448	29	31	34	42	29	28	32	37
	1420								
空客 A350-900	275000	68	72	82	113	65	73	85	98
	140000	30	31	33	40	32	33	36	40
	1680								

附表 B-1（续）

飞机类型	最大重量 /kg 空重 /kg 胎压 /kPa	柔性道面地基 CBR（加利福尼亚承载比）/%				刚性道面地基 k（地基模量）/（MN/m³）			
		A	B	C	D	A	B	C	D
		15	10	6	3	$k=150$	$k=80$	$k=40$	$k=20$
空客 A350-1000	308000	55	61	75	104	57	72	92	111
	160000	23	25	28	38	27	27	33	42
	1520								
空客 A380-800	562000	59	64	75	106	56	68	88	110
	300000	27	29	31	40	29	29	34	42
	1500								
安东诺夫安 -124-100	391972	51	60	77	107	35	48	73	100
	203940	20	23	27	40	17	18	23	32
	1030								
安东诺夫安 -225	600000	63	75	95	132	45	61	89	125
	458865	41	48	62	88	30	39	55	75
	1130								
ATR 42	18559	9	10	11	13	10	11	12	12
	11217	5	5	6	7	6	6	7	7
	720								
ATR 72	21516	11	12	14	15	13	14	14	15
	12746	6	6	7	8	7	7	8	8
	790								
波音 707-320C	152407	44	50	60	76	41	49	58	66
	67495	16	17	19	25	15	16	19	22
	1240								
波音 717	54885	31	33	37	40	35	37	38	40
	32110	16	17	19	22	18	19	20	21
	1048								
波音 727-200	78517	42	44	50	55	47	50	52	54
	45887	23	23	25	30	24	26	28	29
	1150								
波音 737-300	63527	35	37	41	45	40	42	44	46
	33140	16	17	18	21	19	20	21	22
	1400								

附表 B-1（续）

飞机类型	最大重量 /kg 空重 /kg 胎压 /kPa	柔性道面地基 CBR（加利福尼亚承载比）/%				刚性道面地基 k（地基模量）/（MN/m³）			
		A	B	C	D	A	B	C	D
		15	10	6	3	k=150	k=80	k=40	k=20
波音 737-400	68320 35689 1280	38 18	40 18	45 20	49 23	43 20	45 21	47 22	49 23
波音 737-500	60774 32630 1340	33 16	35 16	39 18	43 21	38 18	40 19	42 20	43 21
波音 737-600	65770 36400 1300	35 18	36 18	40 19	45 22	39 19	41 21	44 22	45 23
波音 737-700	70359 37728 1390	38 18	40 19	44 20	49 23	43 21	46 22	48 23	50 24
波音 737-800	79230 41400 1470	44 21	46 21	51 23	56 26	51 23	53 25	55 26	57 27
波音 737-900	79230 42827 1470	44 21	46 22	51 24	56 28	51 24	53 25	55 27	57 28
波音 747-400	398192 183546 1380	59 23	66 24	82 27	105 35	54 20	65 23	77 27	88 31
波音 757-200	115634 58123 1240	34 14	38 15	47 17	60 23	32 13	38 15	45 18	52 20
波音 767-200	141520 80890 1172	37 19	40 19	48 22	66 28	32 16	38 18	45 21	53 25
波音 767-200 ER	157400 80890 1260	42 19	46 20	55 22	75 28	37 17	44 19	53 22	61 25

附表 B-1（续）

飞机类型	最大重量 /kg 空重 /kg 胎压 /kPa	柔性道面地基 CBR（加利福尼亚承载比）/%				刚性道面地基 k（地基模量）/（MN/m³）			
		A	B	C	D	A	B	C	D
		15	10	6	3	k=150	k=80	k=40	k=20
波音 767-300	159685	44	49	59	79	40	48	57	65
	87694	21	22	25	33	19	22	25	29
	1380								
波音 777-200LR	348358	62	29	87	117	64	82	105	127
	145150	20	21	24	31	23	23	27	34
	1500								
波音 777-300ER	352441	64	71	89	120	66	85	109	131
	167829	24	25	29	40	27	28	34	43
	1520								
波音 787-8	228384	60	66	81	106	61	71	84	96
	107683	24	25	28	36	24	26	30	35
	1570								
波音 787-9	253558	66	73	87	117	65	76	90	104
	110676	24	25	27	34	25	26	30	34
	1540								
BAe.125-800	12483	7	7	8	9	8	8	9	9
	6858	3	3	3	4	4	4	4	5
	1007								
BAe.146-200	42419	22	23	26	29	24	26	27	29
	23962	11	12	13	15	12	13	14	15
	970								
比奇 1900	7750	3	4	4	5	4	4	5	5
	5710	2	3	3	4	3	3	3	4
	670								
比奇"空中国王" 300	6832	3	3	4	4	4	4	4	4
	5710	2	3	3	4	3	3	3	3
	730								
庞巴迪"挑战者" 800	24166	13	14	16	17	16	16	17	18
	15397	8	8	9	10	9	10	10	11
	1120								

附表 B–1（续）

飞机类型	最大重量 /kg 空重 /kg 胎压 /kPa	柔性道面地基 CBR（加利福尼亚承载比）/%				刚性道面地基 k（地基模量）/（MN/m³）			
		A	B	C	D	A	B	C	D
		15	10	6	3	k=150	k=80	k=40	k=20
庞巴迪 CRJ 900	38442	21	21	24	27	23	24	26	27
	21617	10	11	12	14	12	12	13	14
	1060								
庞巴迪"冲锋"8–300	19578	8	9	11	13	10	11	11	12
	11828	4	5	6	7	5	6	6	7
	670								
庞巴迪"冲锋"8–400	29265	14	16	18	20	16	17	18	19
	17130	7	8	9	11	8	9	10	10
	670								
英国宇航，法国宇航 "协和"号飞机	185933	65	72	81	97	60	71	81	91
	101937	28	31	37	44	27	30	35	41
	1290								
康纳戴尔 CL–600	19590	11	11	13	13	136	13	14	14
	10000	5	5	5	6		6	6	7
	1316								
赛斯纳 525B"奖状"喷气 式 3	6396 5700 910	6	7	7	7	7	7	7	7
赛斯纳 550S2	6940	5	6	6	6	5	6	6	6
	4146	3	3	4	4	3	3	3	3
	830								
赛斯纳 560"奖状"V	7650	7	7	7	7	7	7	7	7
	5712	4	5	5	5	4	5	5	5
	1000								
赛斯纳 560 XL "奖状优胜"	9180	9	9	9	9	9	9	9	9
	5916	6	6	6	6	6	6	6	6
	1090								
赛斯纳 650"奖状" Ⅲ / Ⅵ	10098	6	7	7	8	7	8	8	8
	5712	3	3	3	4	3	4	4	4
	1160								

附表 B-1（续）

飞机类型	最大重量 /kg 空重 /kg 胎压 /kPa	柔性道面地基 CBR（加利福尼亚承载比）/%				刚性道面地基 k（地基模量）/（MN/m³）			
		A	B	C	D	A	B	C	D
		15	10	6	3	$k=150$	$k=80$	$k=40$	$k=20$
赛斯纳 650 "奖状" Ⅶ	10608	7	7	8	8	8	8	8	8
	6324	3	3	4	4	4	4	4	5
	1160								
赛斯纳 750 "奖状" Ⅹ	16320	10	11	12	12	12	12	13	13
	9792	5	6	6	7	6	7	7	7
	1310								
赛斯纳 "奖状" 3	9525	6	6	6	7	7	7	7	7
	5670	3	3	3	4	4	4	4	4
	1013								
达索 "猎鹰" 10	8565	5	5	6	6	6	6	6	6
	5710	3	3	4	4	4	4	4	4
	930								
达索 "猎鹰" 20	13048	8	9	9	10	10	10	10	10
	7645	4	4	5	5	5	5	6	6
	920								
达索 "猎鹰" 50	17600	10	10	11	12	11	12	12	13
	9600	5	5	5	6	6	6	6	6
	1400								
达索 "猎鹰" 900	20598	11	12	14	15	14	14	15	15
	10503	5	5	6	7	6	7	7	7
	1300								
道格拉斯 DC-3	14985	7	7	10	12	8	8	9	9
	8155	4	4	5	7	4	5	5	5
	310								
费尔柴尔德 Metro 227	7545	3	4	4	5	4	5	5	5
	5710	2	3	3	4	3	3	3	4
	730								
巴西航空 120 巴西利亚	11600	5	6	7	8	7	8	8	8
	7150	3	4	4	5	4	5	5	5
	830								

附表 B-1（续）

飞机类型	最大重量 /kg 空重 /kg 胎压 /kPa	柔性道面地基 CBR（加利福尼亚承载比）/%				刚性道面地基 k（地基模量）/（MN/m³）			
		A	B	C	D	A	B	C	D
		15	10	6	3	k=150	k=80	k=40	k=20
巴西航空 170	37525	20	21	24	26	22	24	25	26
	21210	10	11	12	14	11	12	13	14
	1040								
巴西航空 190	49048	28	30	33	35	31	33	35	36
	26104	14	14	16	18	15	16	17	18
	1100								
巴西航空 ERJ-145	24167	14	15	16	17	16	16	17	18
	12542	6	6	7	8	7	8	8	8
	900								
F/A-18	23542	23	22	22	21	23	23	23	23
	10523	10	10	10	10	10	10	10	10
	1723								
福克 100	46090	25	27	31	33	28	30	31	33
	24779	12	13	14	16	13	14	15	16
	940								
福克 50	20904	9	11	13	14	11	12	13	13
	12746	5	6	7	8	6	7	7	8
	590								
福克 F.27-500	20904	9	11	13	14	11	12	13	13
	12236	5	5	6	8	6	6	7	7
	570								
福克 F.28-1000	33140	14	17	20	23	16	18	20	21
	17845	6	8	9	11	8	9	9	10
	530								
"湾流" G-Ⅱ	28100	15	17	18	19	18	18	19	20
	16000	8	8	9	11	10	10	10	10
	930								
"湾流" G-Ⅲ	31824	19	20	22	23	22	23	23	24
	17340	9	9	10	12	11	11	12	12
	1210								

附表 B-1（续）

飞机类型	最大重量 /kg 空重 /kg 胎压 /kPa	柔性道面地基 CBR（加利福尼亚承载比）/%				刚性道面地基 k（地基模量）/（MN/m³）			
		A	B	C	D	A	B	C	D
		15	10	6	3	k=150	k=80	k=40	k=20
"湾流" G–Ⅳ	34068	20	22	24	25	24	25	25	26
	19278	10	11	12	13	12	13	13	14
	1210								
"湾流" G–Ⅴ	41310	26	28	30	31	31	32	32	33
	21930	12	13	14	15	14	15	16	16
	1370								
HS–748	20183	8	10	11	13	10	11	11	12
	11786	4	5	6	7	5	6	6	6
	550								
HS/BAe.125	11420	6	6	7	8	7	7	8	8
	6220	3	3	3	4	3	4	4	4
	830								
伊留申伊尔 –62	16800	52	58	68	83	51	59	68	77
	66360	16	17	19	24	18	18	20	22
	1650								
伊留申伊尔 –76T	171000	24	27	34	45	29	33	30	34
	83819	9	10	12	16	11	13	14	14
	640								
伊留申伊尔 –86	209400	34	36	43	61	26	31	38	46
	111000	15	16	18	23	13	14	16	19
	880								
喷气流 31，32	7036	3	4	5	6	4	5	5	5
	5710	3	3	4	5	4	4	4	4
	390								
喷气流 41	10910	5	5	6	7	6	6	7	7
	6424	3	3	3	4	3	3	4	4
	830								
利尔喷气 24F	6322	3	3	4	4	4	4	4	4
	5710	3	3	3	4	3	4	4	4
	790								

附表 B-1（续）

飞机类型	最大重量 /kg 空重 /kg 胎压 /kPa	柔性道面地基 CBR（加利福尼亚承载比）/%				刚性道面地基 k（地基模量）/（MN/m³）			
		A	B	C	D	A	B	C	D
		15	10	6	3	k=150	k=80	k=40	k=20
利尔 35A	7824	4	4	5	5	5	5	5	5
	4132	2	2	2	2	2	2	3	3
	1080								
利尔喷气 40，45	9996	5	6	7	7	6	7	7	7
	6222	3	3	4	4	4	4	4	4
	790								
利尔喷气 55B，C	9891	6	6	7	7	7	7	7	7
	5914	3	3	3	4	4	4	4	4
	1240								
利尔喷气 60	10812	6	7	7	8	8	8	8	8
	6426	3	4	4	4	4	4	5	5
	1480								
洛克希德 C-130H "大力神"	70300	23	28	32	37	26	29	32	35
	35000	10	13	15	16	13	14	15	16
	550								
洛克希德 C-130J "大力神"	70300	27	30	33	38	30	33	35	38
	35000	12	14	15	17	14	15	16	17
	725								
洛克希德 C-141B "运输星"	158359	52	60	73	88	51	61	70	78
	61182	15	16	18	24	14	16	19	22
	1310								
洛克希德 C-5 "银河"	379634	31	33	40	51	28	31	37	45
	169780	11	12	14	17	12	13	13	15
	770								
麦道 MD-81	64037	36	38	43	46	41	43	45	46
	35690	18	19	21	24	20	21	23	24
	1140								
麦道 MD-90-30	71277	41	43	48	52	46	48	50	52
	39972	20	21	24	27	23	24	26	27
	1140								

附表 B–1（续）

飞机类型	最大重量 /kg 空重 /kg 胎压 /kPa	柔性道面地基 CBR（加利福尼亚承载比）/%				刚性道面地基 k（地基模量）/（MN/m³）			
		A	B	C	D	A	B	C	D
		15	10	6	3	k=150	k=80	k=40	k=20
麦道 MD-11	286000 122324 1380	67 24	74 25	90 27	119 34	58 22	69 23	83 26	96 30
"猎户座" P3A	61235 27000 1310	35 13	38 14	42 15	44 17	41 15	43 16	44 17	46 18
萨伯 340 A，B	13358 8259 820	6 4	6 4	8 4	9 5	7 4	8 4	8 5	9 5
肖特 330	10400 6730 550	6 4	8 5	9 6	9 6	7 5	8 5	8 5	8 5
肖特 360	12338 7851 540	7 5	9 6	10 7	11 7	9 6	9 6	9 6	9 6
图波列夫图 -154	97960 53520 930	19 9	22 9	28 11	37 16	18 7	24 9	30 12	36 15
图波列夫图 -204	111720 57085 1380	31 14	33 14	40 16	53 20	29 13	34 14	40 16	46 19

附录 C 跑道粗糙度剖面图

附表 C-1 旧金山跑道 28R（10L）[1] – 长度和高度（ft）

长度/ft	0	2	4	6	8	10	12	14	16	18	20	22	24	26	28	30	32	34	36	38	40	42	44	46	48
0	10.30	10.31	10.30	10.30	10.31	10.32	10.33	10.34	10.35	10.36	10.36	10.37	10.37	10.37	10.38	10.39	10.40	10.40	10.41	10.41	10.42	10.43	10.43	10.44	10.44
50	10.44	10.44	10.44	10.45	10.46	10.47	10.47	10.48	10.49	10.49	10.50	10.50	10.50	10.50	10.50	10.50	10.49	10.49	10.49	10.49	10.50	10.50	10.51	10.51	10.52
100	10.52	10.52	10.53	10.53	10.54	10.54	10.55	10.55	10.55	10.55	10.54	10.55	10.55	10.56	10.57	10.57	10.57	10.57	10.57	10.58	10.57	10.57	10.58	10.57	10.56
150	10.56	10.56	10.56	10.56	10.56	10.56	10.56	10.55	10.55	10.55	10.56	10.57	10.57	10.57	10.57	10.56	10.55	10.55	10.55	10.55	10.55	10.56	10.56	10.56	10.56
200	10.55	10.54	10.53	10.52	10.52	10.52	10.52	10.52	10.52	10.53	10.52	10.52	10.51	10.52	10.52	10.51	10.52	10.52	10.53	10.53	10.53	10.53	10.53	10.53	10.53
250	10.53	10.53	10.52	10.53	10.54	10.54	10.54	10.54	10.54	10.54	10.55	10.55	10.54	10.55	10.55	10.56	10.57	10.58	10.59	10.60	10.61	10.62	10.63	10.65	10.66
300	10.66	10.67	10.66	10.67	10.67	10.67	10.67	10.67	10.66	10.66	10.65	10.65	10.65	10.65	10.66	10.67	10.67	10.67	10.68	10.68	10.68	10.69	10.69	10.69	10.70
350	10.71	10.71	10.72	10.72	10.71	10.72	10.72	10.72	10.71	10.72	10.72	10.73	10.73	10.74	10.75	10.75	10.78	10.77	10.78	10.79	10.80	10.81	10.81	10.82	10.83
400	10.84	10.85	10.86	10.86	10.86	10.86	10.85	10.86	10.86	10.87	10.87	10.87	10.87	10.87	10.86	10.85	10.84	10.84	10.83	10.83	10.84	10.85	10.86	10.87	10.87
450	10.88	10.89	10.90	10.92	10.93	10.94	10.95	10.95	10.95	10.95	10.95	10.95	10.96	10.97	10.98	10.98	10.99	10.99	10.99	11.00	11.01	11.01	11.01	11.01	10.98
500	10.96	10.95	10.95	10.95	10.96	10.97	10.97	10.98	10.97	10.97	10.98	10.99	11.00	11.01	11.03	11.03	11.03	11.03	11.03	11.03	11.03	11.03	11.02	11.02	11.03
550	11.04	11.05	11.05	11.04	11.06	11.07	11.07	11.08	11.08	11.09	11.10	11.12	11.13	11.14	11.14	11.15	11.16	11.17	11.17	11.17	11.17	11.17	11.18	11.18	11.18
600	11.17	11.17	11.17	11.17	11.19	11.17	11.18	11.18	11.18	11.19	11.19	11.19	11.20	11.21	11.21	11.21	11.20	11.20	11.20	11.19	11.18	11.18	11.18	11.18	11.15
650	11.14	11.14	11.14	11.12	11.11	11.09	11.09	11.09	11.09	11.09	11.09	11.09	11.09	11.09	11.09	11.09	11.09	11.09	11.08	11.08	11.08	11.08	11.07	11.06	11.05
700	11.04	11.03	11.02	11.01	11.00	10.99	10.99	10.98	10.99	10.98	10.98	10.98	10.98	10.98	10.98	10.99	10.99	11.00	11.00	11.00	11.00	11.00	11.01	11.02	11.02
750	11.02	11.02	11.02	11.02	11.01	11.01	11.00	11.00	11.00	11.00	11.00	11.00	10.99	10.99	10.98	10.99	10.99	11.00	11.01	11.01	11.01	11.03	11.04	11.03	11.05

附表 C-1（续）

长度/ft	0	2	4	6	8	10	12	14	16	18	20	22	24	26	28	30	32	34	36	38	40	42	44	46	48
800	11.06	11.07	11.06	11.07	11.08	11.08	11.08	11.09	11.09	11.08	11.08	11.08	11.08	11.08	11.08	11.07	11.08	11.08	11.08	11.08	11.09	11.08	11.08	11.07	11.07
850	11.06	11.05	11.05	11.04	11.05	11.04	11.04	11.04	11.04	11.04	11.04	11.04	11.03	11.03	11.03	11.03	11.02	11.02	11.02	11.02	11.02	11.02	11.03	11.03	11.04
900	11.05	11.05	11.06	11.06	11.06	11.07	11.07	11.07	11.07	11.07	11.08	11.08	11.07	11.07	11.07	11.06	11.06	11.06	11.06	11.06	11.07	11.07	11.08	11.08	11.09
950	11.09	11.09	11.09	11.10	11.09	11.09	11.09	11.09	11.08	11.08	11.07	11.07	11.06	11.07	11.09	11.10	11.10	11.11	11.11	11.12	11.12	11.12	11.11	11.11	11.11
1000	11.11	11.11	11.10	11.11	11.11	11.12	11.12	11.12	11.11	11.11	11.12	11.11	11.11	11.11	11.10	11.10	11.12	11.13	11.15	11.16	11.17	11.18	11.18	11.19	11.19
1050	11.20	11.22	11.22	11.23	11.23	11.23	11.24	11.25	11.25	11.26	11.24	11.27	11.28	11.28	11.30	11.31	11.32	11.33	11.34	11.34	11.34	11.34	11.33	11.32	11.32
1100	11.31	11.32	11.32	11.31	11.31	11.31	11.32	11.31	11.32	11.33	11.34	11.35	11.35	11.36	11.36	11.36	11.37	11.37	11.37	11.37	11.38	11.38	11.38	11.38	11.38
1150	11.38	11.38	11.38	11.38	11.37	11.37	11.37	11.37	11.38	11.38	11.39	11.38	11.38	11.39	11.40	11.41	11.41	11.42	11.43	11.44	11.44	11.45	11.46	11.46	11.46
1200	11.46	11.47	11.48	11.48	11.48	11.49	11.50	11.50	11.50	11.50	11.50	11.50	11.49	11.49	11.49	11.48	11.47	11.46	11.46	11.48	11.46	11.47	11.47	11.47	11.47
1250	11.46	11.45	11.45	11.45	11.46	11.46	11.46	11.45	11.45	11.45	11.45	11.45	11.46	11.46	11.46	11.48	11.47	11.47	11.48	11.48	11.48	11.48	11.49	11.49	11.50
1300	11.51	11.52	11.52	11.52	11.52	11.52	11.52	11.52	11.53	11.52	11.52	11.52	11.53	11.53	11.53	11.53	11.53	11.53	11.54	11.53	11.52	11.52	11.51	11.53	11.52
1350	11.54	11.53	11.54	11.53	11.54	11.53	11.54	11.55	11.54	11.54	11.54	11.54	11.53	11.52	11.51	11.50	11.49	11.49	11.49	11.49	11.49	11.48	11.47	11.47	11.47
1400	11.46	11.47	11.47	11.48	11.47	11.46	11.46	11.46	11.46	11.46	11.47	11.47	11.47	11.46	11.46	11.44	11.43	11.41	11.40	11.39	11.38	11.37	11.36	11.36	11.35
1450	11.35	11.35	11.35	11.35	11.34	11.34	11.33	11.32	11.32	11.32	11.31	11.31	11.30	11.29	11.29	11.28	11.28	11.28	11.28	11.28	11.27	11.27	11.27	11.26	11.26
1500	11.25	11.25	11.24	11.23	11.22	11.21	11.19	11.18	11.17	11.17	11.15	11.13	11.12	11.10	11.10	11.18	11.17	11.14	11.14	11.12	11.00	10.97	10.95	10.94	10.92
1550	10.91	10.92	10.92	10.91	10.93	10.93	10.93	10.93	10.93	10.93	10.93	10.93	10.93	10.93	10.93	10.94	10.94	10.94	10.95	10.94	10.93	10.93	10.94	10.94	10.93
1600	10.92	10.92	10.92	10.91	10.91	10.91	10.91	10.90	10.89	10.88	10.87	10.89	10.88	10.88	10.88	10.87	10.86	10.85	10.86	10.86	10.85	10.85	10.85	10.84	10.84
1650	10.84	10.83	10.83	10.82	10.82	10.81	10.81	10.80	10.79	10.79	10.79	10.79	10.79	10.79	10.80	10.80	10.81	10.82	10.82	10.83	10.84	10.85	10.85	10.85	10.84
1700	10.87	10.88	10.87	10.88	10.87	10.87	10.87	10.87	10.86	10.85	10.84	10.84	10.84	10.84	10.84	10.83	10.82	10.82	10.82	10.82	10.82	10.82	10.83	10.82	10.83
1750	10.82	10.82	10.82	10.82	10.81	10.81	10.81	10.81	10.82	10.82	10.82	10.83	10.83	10.83	10.84	10.84	10.85	10.86	10.86	10.86	10.88	10.87	10.86	10.86	10.86

附表 C-1（续）

长度/ft	0	2	4	6	8	10	12	14	16	18	20	22	24	26	28	30	32	34	36	38	40	42	44	46	48
1800	10.87	10.87	10.86	10.85	10.85	10.89	10.91	10.91	10.92	10.92	10.93	10.93	10.93	10.94	10.94	10.95	10.94	10.93	10.93	10.92	10.93	10.91	10.91	10.90	10.90
1850	10.90	10.91	10.91	10.89	10.90	10.91	10.91	10.91	10.92	10.93	10.94	10.94	10.94	10.94	10.94	10.95	10.93	10.93	10.93	10.93	10.92	10.93	10.93	10.93	10.93
1900	10.91	10.90	10.91	10.91	10.91	10.91	10.91	10.91	10.91	10.90	10.90	10.89	10.90	10.90	10.90	10.91	10.90	10.91	10.89	10.89	10.89	10.89	10.89	10.88	10.88
1950	10.87	10.87	10.87	10.86	10.88	10.87	10.86	10.87	10.87	10.86	10.85	10.85	10.85	10.86	10.85	10.86	10.86	10.86	10.87	10.87	10.87	10.87	10.87	10.88	10.87
2000	10.88	10.87	10.88	10.88	10.88	10.88	10.88	10.89	10.90	10.89	10.89	10.89	10.89	10.90	10.89	10.89	10.88	10.87	10.88	10.87	10.87	10.87	10.87	10.88	10.88
2050	10.88	10.88	10.88	10.88	10.89	10.89	10.89	10.89	10.89	10.88	10.89	10.88	10.88	10.89	10.88	10.89	10.88	10.88	10.88	10.88	10.88	10.87	10.87	10.87	10.87
2100	10.87	10.88	10.88	10.88	10.89	10.89	10.90	10.91	10.92	10.92	10.93	10.92	10.92	10.92	10.92	10.92	10.92	10.92	10.93	10.93	10.93	10.93	10.93	10.94	10.93
2150	10.93	10.93	10.93	10.93	10.92	10.92	10.91	10.90	10.92	10.91	10.91	10.90	10.90	10.90	10.88	10.88	10.86	10.85	10.85	10.84	10.84	10.84	10.84	10.85	10.85
2200	10.85	10.85	10.85	10.85	10.86	10.86	10.86	10.87	10.88	10.88	10.89	10.90	10.91	10.91	10.92	10.92	10.93	10.94	10.94	10.95	10.96	10.96	10.97	10.99	10.99
2250	10.99	10.99	11.00	11.00	11.00	11.01	11.01	11.02	11.02	11.02	11.04	11.05	11.05	11.06	11.06	11.05	11.04	11.03	11.03	11.02	11.03	11.03	11.04	11.05	11.06
2300	11.07	11.09	11.10	11.10	11.11	11.12	11.14	11.14	11.15	11.16	11.16	11.16	11.15	11.15	11.16	11.15	11.14	11.14	11.14	11.14	11.14	11.14	11.15	11.15	11.15
2350	11.15	11.15	11.15	11.16	11.16	11.15	11.15	11.16	11.16	11.16	11.16	11.16	11.16	11.16	11.16	11.17	11.17	11.17	11.17	11.17	11.17	11.17	11.16	11.15	11.15
2400	11.14	11.14	11.14	11.13	11.12	11.12	11.12	11.12	11.12	11.12	11.13	11.13	11.14	11.15	11.16	11.17	11.18	11.19	11.20	11.20	11.22	11.23	11.24	11.24	11.25
2450	11.26	11.27	11.28	11.28	11.29	11.30	11.30	11.30	11.31	11.30	11.31	11.31	11.31	11.31	11.30	11.30	11.30	11.29	11.29	11.29	11.29	11.29	11.29	11.29	11.29
2500	11.29	11.30	11.30	11.31	11.31	11.32	11.32	11.33	11.33	11.34	11.35	11.35	11.35	11.35	11.35	11.35	11.36	11.36	11.35	11.35	11.35	11.35	11.35	11.35	11.34
2550	11.34	11.34	11.34	11.35	11.35	11.35	11.34	11.36	11.33	11.33	11.33	11.33	11.33	11.33	11.32	11.33	11.33	11.33	11.33	11.33	11.34	11.34	11.34	11.35	11.35
2600	11.35	11.35	11.35	11.35	11.35	11.35	11.36	11.36	11.36	11.35	11.35	11.35	11.35	11.35	11.35	11.36	11.36	11.36	11.36	11.36	11.37	11.38	11.38	11.39	11.39
2650	11.40	11.41	11.42	11.42	11.43	11.43	11.42	11.42	11.43	11.43	11.43	11.43	11.43	11.43	11.44	11.44	11.45	11.46	11.46	11.47	11.48	11.48	11.49	11.49	11.50
2700	11.50	11.51	11.52	11.52	11.52	11.52	11.52	11.52	11.52	11.52	11.52	11.52	11.51	11.51	11.51	11.50	11.50	11.50	11.50	11.51	11.51	11.51	11.52	11.52	11.52
2750	11.52	11.53	11.53	11.53	11.52	11.52	11.52	11.52	11.52	11.52	11.53	11.53	11.53	11.54	11.53	11.53	11.54	11.54	11.54	11.54	11.53	11.53	11.53	11.53	11.54

附表 C-1（续）

长度/ft	0	2	4	6	8	10	12	14	16	18	20	22	24	26	28	30	32	34	36	38	40	42	44	46	48
2800	11.54	11.54	11.55	11.55	11.55	11.56	11.55	11.55	11.55	11.55	11.54	11.53	11.53	11.53	11.51	11.52	11.52	11.53	11.53	11.54	11.55	11.56	11.56	11.57	11.57
2850	11.57	11.58	11.58	11.58	11.58	11.58	11.58	11.59	11.59	11.59	11.59	11.58	11.57	11.57	11.58	11.57	11.57	11.57	11.58	11.58	11.59	11.60	11.62	11.61	11.61
2900	11.61	11.61	11.61	11.62	11.63	11.64	11.65	11.66	11.67	11.67	11.67	11.68	11.70	11.72	11.73	11.74	11.76	11.77	11.78	11.80	11.82	11.82	11.82	11.83	11.82
2950	11.82	11.83	11.84	11.83	11.83	11.83	11.83	11.83	11.83	11.84	11.85	11.86	11.87	11.88	11.88	11.89	11.90	11.90	11.90	11.90	11.90	11.90	11.91	11.91	11.90
3000	11.91	11.91	11.91	11.91	11.90	11.91	11.91	11.92	11.92	11.92	11.92	11.92	11.92	11.92	11.91	11.91	11.92	11.91	11.91	11.91	11.91	11.90	11.90	11.90	11.90
3050	11.90	11.90	11.90	11.90	11.90	11.90	11.91	11.92	11.92	11.92	11.93	11.93	11.93	11.93	11.94	11.94	11.95	11.95	11.95	11.96	11.96	11.96	11.96	11.96	11.96
3100	11.95	11.94	11.93	11.92	11.92	11.92	11.92	11.92	11.92	11.92	11.92	11.92	11.92	11.92	11.91	11.90	11.90	11.90	11.90	11.90	11.90	11.90	11.90	11.90	11.90
3150	11.90	11.90	11.90	11.90	11.90	11.90	11.91	11.91	11.92	11.92	11.87	11.86	11.86	11.85	11.85	11.84	11.84	11.84	11.84	11.84	11.85	11.87	11.89	11.89	11.90
3200	11.89	11.90	11.90	11.89	11.89	11.89	11.92	11.91	11.92	11.92	11.91	11.90	11.90	11.89	11.88	11.87	11.86	11.85	11.84	11.84	11.84	11.83	11.82	11.82	11.81
3250	11.83	11.83	11.83	11.84	11.84	11.84	11.84	11.84	11.83	11.82	11.83	11.83	11.84	11.84	11.84	11.85	11.84	11.84	11.84	11.85	11.85	11.85	11.86	11.86	11.84
3300	11.84	11.84	11.84	11.84	11.84	11.84	11.84	11.84	11.84	11.84	11.84	11.83	11.83	11.83	11.82	11.83	11.83	11.83	11.82	11.82	11.83	11.82	11.83	11.83	11.84
3350	11.84	11.83	11.83	11.83	11.83	11.83	11.84	11.84	11.84	11.85	11.85	11.85	11.85	11.84	11.84	11.85	11.85	11.86	11.86	11.87	11.87	11.87	11.87	11.87	11.86
3400	11.87	11.87	11.88	11.89	11.89	11.89	11.91	11.91	11.92	11.93	11.95	11.95	11.96	11.96	11.96	11.96	11.95	11.96	11.96	11.96	11.96	11.95	11.95	11.94	11.96
3450	11.98	11.99	12.01	12.03	12.04	12.05	12.05	12.05	12.05	12.05	12.05	12.04	12.06	12.06	12.07	12.07	12.07	12.07	12.06	12.07	12.07	12.08	12.08	12.08	12.09
3500	12.09	12.08	12.08	12.08	12.08	12.08	12.09	12.10	12.10	12.10	12.10	12.10	12.11	12.11	12.12	12.13	12.13	12.13	12.13	12.14	12.14	12.13	12.13	12.13	12.11
3550	12.10	12.07	12.06	12.07	12.08	12.09	12.10	12.05	12.11	12.12	12.06	12.01	12.03	12.04	12.05	12.05	12.06	12.06	12.05	12.04	12.03	12.02	12.02	12.02	12.02
3600	12.01	11.99	11.98	11.94	11.94	11.93	11.93	11.92	11.91	11.90	11.90	12.00	12.03	12.04	12.05	12.05	12.06	12.06	12.05	12.04	12.03	12.02	12.02	12.02	12.02
3650	11.85	11.85	11.86	11.86	11.87	11.86	11.86	11.85	11.84	11.85	11.85	11.90	11.90	11.90	11.91	11.90	11.88	11.87	11.87	11.86	11.86	11.85	11.86	11.86	11.85
3700	11.94	11.94	11.95	11.95	11.95	11.95	11.95	11.96	11.95	11.95	11.96	11.87	11.89	11.88	11.88	11.88	11.89	11.90	11.91	11.91	11.91	11.91	11.92	11.92	11.93
3750	12.03	12.04	12.05	12.06	12.06	12.06	12.06	12.06	12.06	12.06	12.06	11.97	11.98	11.98	11.99	12.00	12.00	11.99	11.99	11.99	12.00	12.00	12.01	12.02	12.02
3800	12.16	12.16	12.17	12.17	12.17	12.15	12.14	12.13	12.12	12.11	12.10	12.07	12.09	12.09	12.10	12.09	12.12	12.13	12.14	12.13	12.14	12.14	12.14	12.15	12.15
3850	12.01	12.01	12.01	12.02	12.02	12.01	12.00	12.00	11.98	11.97	11.97	11.96	11.96	11.96	11.96	11.95									

在这些数据中，跑道长度 1620 ft 对应的高度值已经由最初 NASA（美国国家航空航天局）源文件（CR-119[3]）中的值校正为 10.87 in。此更正符合 FAA（美国联邦航空局）在其咨询通知 AC25.491-1 中公布的数值。FAA 允许对 1530～1538 ft 的长度值进行进一步修改。修改后的值如附表 C-2 所示。

附表 C-2　附表 C-1 允许的高度修正值

长度 /ft	初始高度值 /ft	修正高度值 /ft
1530	11.18	11.10
1532	11.17	11.11
1534	11.14	11.11
1536	11.14	11.07
1538	11.12	11.04

这些对严重凸起的修改使剖面符合 ICAO（国际民航组织）附录 14 所允许的临时斜坡的最大斜度变化。

附表 C-3　英国国防部标准 00-970 第 49 册[2]（长度单位 m，高度单位 mm）

长度/m	0	1	2	3	4	5	6	7	8	9	10	11	12	13	14	15	16	17	18	19	20	21	22	23	24
0	2	25	-19	26	-20	-13	-12	-2	-6	-3	-1	14	21	18	15	18	25	22	6	34	15	9	23	40	35
25	35	40	36	38	52	48	41	40	27	13	13	7	-2	15	17	9	17	22	19	25	37	7	5	0	-7
50	-12	7	-4	0	10	12	24	39	45	46	53	42	34	26	18	23	16	18	16	20	12	18	22	26	18
75	9	3	-2	2	5	3	-7	-17	-21	-19	-27	-31	-23	-27	-14	-14	-15	-14	-8	-10	-5	0	-5	-6	-10
100	-17	15	-20	17	-11	-6	3	6	3	-19	10	-2	1	5	0	3	7	4	4	0	-7	-12	-14	-12	-17
125	-13	5	6	1	-1	-1	-5	-3	-4	-7	-7	-11	-18	-23	-24	-22	-22	-29	-29	-29	-30	-26	-28	-35	-38
150	-38	36	-28	29	-26	-16	-20	-21	-15	-14	-7	-5	-4	-2	0	3	10	11	16	18	16	16	17	10	10
175	6	8	12	11	15	18	18	7	6	5	-1	-6	-8	-5	-7	-16	-15	-16	-4	4	6	3	6	2	4
200	9	14	16	18	26	31	39	39	47	43	44	47	48	52	55	50	49	48	52	53	50	47	39	42	35
225	30	19	18	6	0	-8	-11	-21	-30	-40	-51	-58	-71	-78	-88	-94	-97	-97	-94	-92	-87	-79	-74	-74	-71
250	-58	47	-46	40	-31	-26	-20	-17	-15	-14	-16	-10	-10	-6	9	17	8	-2	-6	-12	-17	-22	-19	-18	-20
275	-16	27	-26	28	-28	-25	-25	-23	-14	-10	-18	-23	-15	-29	-31	-27	-26	-25	-9	6	2	5	5	5	-2
300	-9	17	-20	29	-38	-39	-32	-29	-24	-25	-26	-27	-23	-33	38	-35	-37	-39	-30	-24	-22	-20	-17	-15	-12
325	-23	33	-25	21	-16	-20	-22	-18	-23	-21	-18	-19	-13	-13	-12	-9	-14	-11	-16	-15	-14	9	14	9	5
350	3	2	2	11	-5	-5	-1	-10	-9	-13	-11	-15	-16	-18	-16	-19	-19	-22	-23	-26	-29	-27	-25	-21	-20
375	-19	13	-13	34	-10	-10	-6	-3	0	1	0	1	3	4	4	3	1	-4	-1	-1	-5	-6	-4	-9	-25
400	-30	34	-33	13	-37	-34	-33	-31	-35	-29	-25	-39	-35	-26	-22	-17	-19	-4	-3	-2	-4	-3	2	3	-4
425	-7	12	-13	13	-12	-17	-18	-13	-11	-10	-16	-14	-12	-10	-5	-1	-1	0	3	4	5	-1	2	3	-4
450	-17	26	-23	24	-26	-30	-32	-32	-33	-32	-33	-36	-32	-38	-37	-40	-35	-27	-17	-7	2	12	11	12	12
475	10	9	6	6	-3	-21	-35	-37	-32	-19	-17	-18	-9	-16	-15	-24	-26	-26	-27	-19	-13	11	17	4	11

附表 C-3（续）

长度/m	0	1	2	3	4	5	6	7	8	9	10	11	12	13	14	15	16	17	18	19	20	21	22	23	24
500	7	23	14	14	34	33	32	41	44	35	27	17	21	18	16	4	-4	-5	-2	-4	-3	-6	-2	12	5
525	10	13	2	3	-7	-10	-11	-7	-12	-15	-9	-8	-4	14	4	1	1	-1	3	-2	-4	-6	-11	-15	-13
550	-12	2	-1	1	-8	-15	-13	-7	-4	-7	-11	-3	6	4	5	14	5	15	0	-1	-1	5	3	5	-3
575	3	3	1	7	-8	-7	-13	-14	-4	-20	-15	-23	-30	-42	-45	-26	-20	-14	-15	-13	-10	-15	-19	-16	-20
600	-12	12	-11	8	-5	-10	-2	7	14	10	6	1	-10	-3	1	6	1	1	-11	-8	-14	-16	-21	-29	-26
625	-25	17	-15	15	-9	-9	-1	0	3	8	12	19	21	27	26	30	34	38	40	41	41	39	44	46	42
650	47	48	51	47	43	42	42	39	38	35	29	26	24	22	16	11	6	5	0	-1	-6	-7	-9	-9	-13
675	-17	14	-13	13	-7	-11	-14	-17	-24	-28	-31	-34	-34	-31	-28	-27	-15	-17	-26	-28	-28	-30	-30	-35	-34
700	-28	28	-27	29	-24	-23	-18	-16	-13	-12	-10	-6	-4	-4	2	6	9	11	12	13	12	13	12	8	8
725	9	8	8	12	9	13	9	10	7	8	1	-4	-1	-4	-2	-5	-5	-4	0	0	4	5	8	6	0
750	4	9	15	16	16	17	10	2	5	2	0	-8	-6	-14	-9	-13	-18	-19	-28	-31	-34	-41	-46	-39	-35
775	-37	-27	-29	-32	-27	-20	-11	-3	-2	11	18	20	27	28	29	28	30	35	40	43	46	53	52	55	57
800	57	60	57	57	59	62	60	60	55	50	45	36	37	30	25	15	8	5	1	-5	-7	-15	-20	-18	-23
825	-29	-28	-29	-27	-27	-25	-21	-21	-23	-19	-18	-16	-17	-21	-16	-10	-8	-7	-2	-3	0	1	4	4	3
850	-9	8	8	5	8	10	11	14	15	12	7	6	5	7	2	-4	-4	-7	-5	-2	-4	-4	-5	-7	-8
875	-9	-13	-12	-11	-6	1	-1	-5	-9	-17	-28	-24	-22	-29	-29	-26	-33	-36	-30	-32	-35	-18	-9	5	13
900	21	27	39	41	51	62	61	66	72	72	67	64	57	58	50	39	36	34	33	31	30	29	24	22	20
925	20	14	14	8	6	4	3	1	-8	-15	-21	-28	-32	-30	-32	-34	-37	-35	-36	-34	-30	-26	-17	-23	-31
950	-21	-15	-14	-7	-6	-3	1	3	6	12	9	12	16	14	26	30	36	39	41	45	48	57	70	61	55
975	52	48	51	55	42	32	24	20	10	18	15	10	5	3	-4	-6	-3	4	6	9	14	19	15	15	14

附表 C-3（续）

长度/m	0	1	2	3	4	5	6	7	8	9	10	11	12	13	14	15	16	17	18	19	20	21	22	23	24
1000	9	9	7	6	0	-3	-3	-1	-1	-1	2	4	3	7	8	5	4	4	6	6	9	7	8	7	2
1025	2	-3	-6	-1	0	3	5	3	1	5	5	6	15	19	20	24	21	22	16	13	13	15	14	15	18
1050	20	17	20	23	24	32	31	34	38	41	42	40	40	41	36	37	35	33	37	39	36	36	31	32	32
1075	21	19	16	17	18	12	9	14	16	18	18	26	32	36	36	40	42	43	42	39	35	37	36	30	24
1100	20	12	10	8	10	8	11	5	9	5	13	15	22	21	19	19	15	10	4	10	3	5	4	5	4
1125	6	7	9	9	11	13	19	26	32	36	31	29	18	27	32	32	17	3	5	-6	-24	-36	-40	-28	-22
1150	-16	-15	-2	-8	-6	-11	-18	-26	-16	-13	-12	-18	-22	-17	-19	-18	-18	-10	-3	1	-1	11	19	15	16
1175	19	23	44	43	32	36	39	53	62	60	55	59	63	61	51	54	52	60	57	51	49	35	29	18	12
1200	15	11	32	42	47	45	48	54	63	67	66	67	62	59	53	42	35	33	30	25	19	13	10	8	7
1225	7	9	10	9	14	13	14	15	17	15	11	8	7	4	1	-1	-2	-6	-11	-17	-21	-23	-28	-34	-41
1250	-40	-42	-41	-40	-31	-26	-25	-25	-27	-29	-25	-28	-27	-14	-16	-24	-26	-28	-19	-28	-31	-35	-30	-25	-19
1275	-18	-17	-17	-14	-7	-6	-17	-18	-17	-12	-4	-4	-4	0	0	10	18	21	17	13	17	21	29	30	32
1300	20	20	19	19	21	21	27	22	21	27	41	50	56	57	56	51	49	56	46	28	30	28	36	44	42
1325	34	28	25	30	30	40	34	24	15	39	-3	-13	-14	-11	-10	-11	-17	-22	-27	-28	-27	-30	-30	-34	-34
1350	-38	-45	-45	-42	-39	-38	-43	-48	-46	-45	-39	-37	-35	-36	-37	-39	-35	-41	-48	-52	-49	-54	-50	-42	-33
1375	-30	-29	-25	-19	-27	-19	-18	-15	-10	-12	-19	-28	-33	-33	-32	-26	-22	-17	-7	-11	-14	-21	-19	-25	-19
1400	-54	-56	-47	-38	-30	-15	-18	6	-5	-21	-15	-5		3	1	11	29	29	27	30	33	38	55	56	57
1425	63	63	57	44	47	49	45	44	33	39	37	31	25	22	5	0	7	5	-3	4	9	11	11	11	1
1450	-4	-8	3	19	27	38	42	44	45	45	30	17	9	-1	-9	-21	-28	-30	-33	-40	-44	-49	-62	-62	-63
1475	-77	-74	-73	-90	-91	-90	-88	-76	-73	-75	-73	-71	-66	-68	-64	-59	-67	-67	-58	-46	-28	-19	-16	-3	2

附表 C-4　基于多莫杰多沃机场调查的俄罗斯剖面 "A"（长度单位 m，高度单位 mm）

长度/m	0	0.5	1	1.5	2	2.5	3	3.5	4	4.5	5	5.5	6	6.5	7	7.5	8	8.5	9	9.5	10	10.5	11	11.5	12	12.5	13	13.5	14	14.5
0	8193	8196	8194	8192	8192	8191	8196	8194	8199	8190	8181	8181	8181	8181	8181	8181	8182	8186	8182	8181	8176	8176	8176	8177	8177	8177	8181	8180	8180	8179
15	8178	8178	8177	8176	8176	8176	8172	8171	8162	8161	8161	8158	8161	8156	8152	8146	8142	8140	8140	8139	8139	8137	8132	8129	8126	8127	8130	8132	8133	8137
30	8132	8130	8127	8124	8124	8130	8134	8133	8135	8132	8127	8124	8119	8117	8121	8123	8118	8114	8112	8111	8108	8106	8108	8107	8106	8107	8104	8100	8098	8096
45	8095	8092	8089	8087	8081	8074	8071	8073	8076	8080	8079	8077	8073	8068	8069	8071	8071	8068	8065	8062	8059	8058	8057	8057	8057	8058	8056	8055	8052	8051
60	8051	8053	8051	8048	8048	8040	8038	8037	8035	8033	8031	8031	8032	8029	8025	8024	8023	8021	8020	8021	8021	8015	8014	8015	8017	8018	8018	8020	8019	8018
75	8015	8011	8012	8012	8013	8011	8010	8002	7996	7993	7992	7998	7998	7998	7997	7992	7991	7991	7989	7987	7989	7986	7981	7980	7978	7976	7973	7971	7971	7974
90	7978	7974	7974	7968	7969	7971	7971	7973	7970	7969	7966	7964	7961	7961	7962	7962	7961	7959	7957	7951	7953	7952	7953	7957	7956	7956	7955	7953	7952	7952
105	7951	7951	7952	7949	7944	7944	7942	7942	7942	7942	7939	7931	7928	7922	7920	7921	7925	7925	7926	7925	7921	7924	7924	7924	7924	7928	7929	7928	7928	7922
120	7919	7919	7919	7918	7918	7918	7919	7921	7921	7917	7916	7912	7914	7912	7912	7911	7909	7908	7908	7909	7911	7911	7909	7906	7905	7899	7897	7899	7900	7899
135	7897	7894	7894	7892	7891	7891	7894	7890	7886	7884	7884	7879	7880	7882	7883	7884	7883	7883	7883	7882	7882	7877	7874	7869	7865	7863	7859	7858	7860	7862
150	7866	7861	7859	7857	7861	7860	7859	7859	7859	7863	7863	7864	7862	7861	7856	7853	7854	7851	7852	7843	7845	7835	7843	7841	7838	7833	7836	7834	7834	7831
165	7828	7829	7829	7829	7831	7831	7828	7830	7825	7831	7829	7831	7825	7824	7823	7818	7825	7819	7823	7821	7816	7816	7819	7822	7820	7816	7818	7814	7811	7810
180	7810	7809	7803	7798	7799	7806	7802	7798	7799	7800	7799	7801	7800	7802	7802	7805	7804	7799	7798	7802	7802	7798	7796	7791	7789	7788	7783	7779	7780	7778
195	7776	7769	7768	7762	7759	7759	7759	7758	7756	7753	7750	7750	7750	7749	7749	7745	7747	7746	7742	7743	7742	7743	7744	7744	7744	7742	7741	7740	7741	7740
210	7740	7737	7737	7736	7735	7735	7735	7733	7729	7725	7724	7725	7723	7723	7725	7724	7717	7717	7716	7718	7718	7719	7716	7714	7712	7712	7710	7707	7705	7703
225	7701	7703	7702	7701	7698	7698	7697	7697	7695	7693	7693	7691	7690	7690	7689	7686	7685	7687	7684	7683	7683	7678	7678	7677	7677	7673	7670	7668	7663	7658
240	7658	7658	7658	7658	7658	7660	7658	7657	7655	7655	7653	7652	7650	7648	7648	7646	7645	7643	7638	7635	7637	7634	7627	7627	7629	7630	7634	7633	7633	7626
255	7622	7619	7619	7614	7617	7619	7619	7615	7611	7607	7607	7608	7604	7601	7597	7598	7592	7590	7595	7598	7600	7603	7602	7611	7612	7613	7614	7613	7610	7608
270	7605	7600	7597	7598	7600	7600	7601	7588	7583	7576	7573	7569	7566	7563	7563	7566	7570	7567	7563	7560	7563	7563	7563	7563	7564	7566	7560	7559	7557	7556
285	7558	7558	7558	7556	7548	7547	7543	7545	7549	7548	7549	7549	7544	7542	7538	7531	7530	7533	7535	7538	7534	7528	7523	7519	7517	7517	7513	7513	7519	7517

附表 C-4（续）

长度/m	0	0.5	1	1.5	2	2.5	3	3.5	4	4.5	5	5.5	6	6.5	7	7.5	8	8.5	9	9.5	10	10.5	11	11.5	12	12.5	13	13.5	14	14.5
300	7515	7513	7504	7504	7500	7499	7495	7491	7485	7485	7483	7490	7493	7490	7490	7486	7485	7484	7481	7480	7483	7482	7479	7473	7472	7467	7463	7463	7462	7464
315	7462	7458	7453	7450	7449	7450	7452	7451	7449	7446	7446	7445	7443	7441	7443	7443	7443	7441	7440	7437	7436	7433	7435	7433	7429	7422	7419	7413	7415	7413
330	7405	7413	7409	7403	7401	7407	7406	7405	7403	7407	7409	7405	7400	7398	7395	7395	7397	7394	7395	7392	7385	7384	7384	7383	7384	7386	7385	7383	7384	7385
345	7385	7387	7390	7390	7388	7382	7379	7379	7376	7378	7374	7370	7370	7369	7360	7353	7351	7349	7352	7353	7353	7353	7350	7347	7344	7341	7344	7344	7342	7334
360	7335	7333	7337	7342	7340	7339	7334	7337	7332	7325	7324	7323	7320	7320	7316	7312	7309	7310	7310	7306	7307	7309	7306	7302	7300	7298	7298	7293	7294	7296
375	7293	7291	7291	7289	7285	7284	7284	7282	7283	7283	7280	7277	7274	7270	7270	7273	7273	7275	7267	7266	7262	7260	7260	7260	7260	7259	7259	7258	7259	7259
390	7259	7259	7260	7257	7255	7254	7255	7252	7253	7250	7251	7253	7252	7251	7250	7245	7243	7236	7240	7238	7236	7235	7238	7239	7239	7234	7233	7234	7236	7239
405	7234	7231	7228	7226	7224	7224	7227	7228	7228	7230	7229	7225	7223	7220	7219	7219	7216	7216	7212	7208	7209	7207	7205	7205	7204	7201	7199	7199	7199	7195
420	7197	7196	7194	7193	7190	7189	7184	7184	7182	7171	7180	7178	7174	7175	7174	7175	7172	7175	7176	7175	7169	7167	7163	7162	7162	7162	7161	7151	7146	7146
435	7143	7142	7143	7138	7141	7142	7140	7137	7132	7133	7133	7131	7132	7131	7128	7126	7124	7123	7122	7122	7123	7122	7120	7119	7120	7119	7122	7123	7123	7119
450	7115	7114	7113	7111	7112	7108	7108	7108	7107	7103	7102	7104	7105	7105	7102	7099	7096	7093	7092	7095	7095	7098	7102	7100	7093	7092	7094	7093	7095	7094
465	7089	7091	7090	7089	7085	7086	7086	7084	7082	7078	7072	7071	7071	7069	7069	7071	7072	7067	7064	7061	7059	7058	7052	7058	7058	7057	7059	7059	7054	7054
480	7052	7050	7051	7050	7049	7048	7044	7046	7043	7038	7045	7043	7039	7033	7030	7030	7029	7029	7029	7029	7030	7027	7025	7028	7028	7026	7022	7019	7021	7028
495	7028	7025	7028	7027	7026	7026	7026	7026	7023	7018	7018	7021	7023	7022	7025	7024	7022	7018	7017	7013	7011	7009	7005	7003	7000	6996	6996	6999	6999	6996
510	6995	6990	6989	6988	6988	6987	6991	6989	6989	6985	6984	6983	6979	6977	6972	6973	6973	6975	6973	6974	6974	6975	6972	6969	6969	6972	6972	6965	6963	6962
525	6963	6963	6961	6963	6954	6953	6949	6946	6948	6949	6947	6947	6940	6938	6940	6943	6941	6941	6939	6941	6939	6941	6941	6938	6937	6938	6937	6936	6930	6929
540	6920	6920	6920	6920	6920	6920	6919	6914	6909	6909	6905	6912	6916	6918	6914	6908	6907	6909	6907	6909	6908	6908	6905	6902	6901	6900	6898	6899	6897	6894
555	6889	6887	6887	6887	6886	6887	6890	6889	6884	6878	6876	6875	6881	6882	6881	6881	6879	6875	6874	6874	6878	6877	6874	6866	6861	6855	6854	6857	6856	6857
570	6860	6854	6853	6849	6848	6847	6848	6851	6848	6851	6849	6847	6842	6839	6838	6834	6836	6834	6834	6831	6830	6827	6831	6832	6833	6831	6825	6821	6816	6811
585	6810	6809	6812	6807	6805	6804	6804	6802	6802	6802	6802	6803	6803	6802	6801	6800	6800	6799	6800	6797	6802	6801	6801	6799	6798	6797	6794	6792	6788	6785

附表 C-4（续）

长度/m	0	0.5	1	1.5	2	2.5	3	3.5	4	4.5	5	5.5	6	6.5	7	7.5	8	8.5	9	9.5	10	10.5	11	11.5	12	12.5	13	13.5	14	14.5
600	6786	6789	6786	6782	6780	6778	6778	6779	6780	6782	6781	6780	6779	6777	6775	6774	6773	6771	6769	6767	6766	6766	6765	6767	6767	6764	6762	6762	6759	6757
615	6757	6757	6759	6756	6752	6743	6742	6742	6742	6745	6743	6746	6744	6742	6740	6742	6742	6742	6741	6740	6741	6740	6738	6735	6731	6728	6723	6721	6719	6718
630	6717	6718	6720	6720	6719	6720	6722	6719	6715	6708	6702	6700	6700	6698	6686	6682	6681	6679	6679	6680	6682	6683	6685	6684	6683	6678	6680	6682	6681	6679
645	6677	6672	6672	6672	6669	6668	6664	6659	6657	6654	6657	6658	6658	6655	6653	6652	6650	6650	6649	6645	6649	6651	6651	6647	6647	6647	6646	6648	6643	6642
660	6634	6634	6632	6633	6633	6635	6638	6638	6635	6627	6625	6623	6622	6622	6621	6625	6626	6622	6617	6612	6604	6603	6605	6605	6604	6602	6598	6595	6592	6592
675	6598	6601	6601	6594	6591	6588	6586	6584	6585	6584	6582	6577	6575	6577	6575	6582	6581	6582	6581	6574	6572	6570	6568	6562	6561	6558	6555	6553	6553	6552
690	6553	6551	6550	6549	6547	6543	6542	6542	6539	6537	6542	6543	6542	6542	6543	6542	6543	6542	6541	6542	6542	6540	6539	6537	6535	6532	6532	6532	6528	6525
705	6522	6524	6523	6514	6520	6519	6517	6515	6513	6512	6512	6509	6509	6511	6512	6508	6510	6508	6508	6504	6502	6502	6502	6502	6499	6497	6499	6493	6492	6490
720	6488	6489	6489	6490	6489	6493	6493	6493	6490	6482	6475	6470	6472	6472	6472	6473	6472	6472	6472	6466	6466	6460	6461	6460	6461	6460	6461	6460	6453	6449
735	6442	6442	6440	6438	6434	6433	6432	6429	6426	6424	6425	6426	6429	6430	6428	6427	6425	6425	6424	6425	6424	6417	6418	6415	6410	6407	6405	6403	6411	6402
750	6401	6398	6394	6394	6393	6391	6390	6390	6389	6390	6388	6383	6384	6388	6382	6382	6381	6379	6379	6380	6380	6381	6377	6375	6373	6372	6372	6372	6379	6382
765	6382	6381	6376	6375	6374	6371	6371	6372	6372	6369	6366	6365	6360	6353	6351	6351	6351	6353	6349	6348	6346	6343	6344	6339	6339	6339	6341	6338	6341	6341
780	6338	6338	6340	6339	6340	6338	6338	6335	6333	6332	6331	6332	6331	6321	6316	6313	6313	6313	6312	6313	6314	6312	6312	6312	6315	6317	6313	6312	6307	6308
795	6304	6300	6304	6304	6303	6305	6304	6304	6302	6300	6297	6294	6289	6279	6279	6271	6274	6279	6277	6278	6276	6272	6270	6270	6272	6272	6269	6268	6264	6262
810	6260	6258	6258	6254	6251	6249	6248	6244	6241	6241	6243	6240	6243	6241	6241	6240	6239	6238	6238	6236	6238	6235	6233	6232	6232	6231	6229	6227	6222	6221
825	6219	6219	6219	6219	6218	6216	6209	6208	6207	6207	6206	6206	6205	6205	6203	6198	6199	6197	6194	6192	6189	6189	6189	6189	6189	6187	6181	6179	6175	6172
840	6169	6176	6165	6162	6159	6160	6160	6157	6157	6158	6157	6158	6155	6154	6153	6149	6148	6146	6146	6146	6143	6141	6140	6139	6139	6136	6135	6130	6129	6124
855	6120	6119	6119	6119	6120	6116	6119	6116	6111	6110	6108	6107	6105	6104	6102	6103	6100	6100	6100	6099	6098	6092	6092	6088	6089	6089	6085	6079	6079	6076
870	6072	6070	6067	6068	6067	6066	6061	6059	6060	6059	6058	6056	6056	6054	6054	6055	6051	6046	6042	6038	6039	6035	6033	6029	6026	6023	6022	6022	6018	6017
885	6015	6013	6018	6017	6017	6020	6023	6023	6022	6025	6028	6023	6020	6015	6014	6013	6014	6011	6012	6011	6007	6005	6003	6001	6001	6000	5997	5992	5992	5989

附表 C-4（续）

长度/m	0	0.5	1	1.5	2	2.5	3	3.5	4	4.5	5	5.5	6	6.5	7	7.5	8	8.5	9	9.5	10	10.5	11	11.5	12	12.5	13	13.5	14	14.5
900	5981	5981	5986	5988	5987	5986	5981	5981	5976	5980	5977	5972	5968	5970	5969	5968	5968	5968	5967	5965	5964	5965	5964	5962	5961	5960	5957	5957	5956	5957
915	5956	5953	5951	5947	5946	5946	5946	5944	5942	5941	5941	5944	5944	5944	5941	5936	5934	5933	5932	5931	5931	5929	5925	5924	5923	5922	5923	5925	5924	5923
930	5916	5913	5912	5910	5910	5906	5908	5907	5909	5908	5909	5909	5909	5907	5904	5901	5897	5893	5889	5888	5887	5886	5887	5886	5881	5882	5881	5882	5880	5881
945	5878	5881	5877	5876	5874	5871	5871	5868	5868	5868	5868	5862	5855	5847	5844	5847	5848	5849	5852	5851	5852	5857	5854	5851	5851	5847	5845	5837	5834	5832
960	5829	5826	5824	5822	5821	5822	5822	5821	5822	5822	5823	5822	5821	5817	5815	5813	5812	5811	5811	5811	5809	5811	5803	5801	5799	5798	5801	5803	5803	5801
975	5801	5801	5799	5800	5799	5796	5792	5790	5787	5783	5782	5782	5782	5778	5776	5774	5772	5771	5771	5770	5771	5772	5772	5769	5767	5765	5765	5763	5763	5761
990	5760	5758	5757	5756	5755	5756	5754	5754	5754	5751	5749	5749	5749	5743	5747	5745	5744	5743	5742	5734	5731	5731	5732	5731	5732	5730	5726	5722	5720	5718
1005	5719	5719	5717	5716	5716	5715	5716	5716	5716	5716	5716	5715	5709	5707	5707	5707	5707	5707	5706	5706	5700	5702	5702	5699	5699	5696	5694	5690	5692	5689
1020	5689	5687	5687	5688	5685	5685	5683	5681	5677	5676	5676	5676	5673	5671	5665	5664	5664	5662	5661	5659	5660	5658	5659	5658	5656	5654	5652	5647	5648	5647
1035	5648	5648	5647	5646	5646	5645	5642	5640	5638	5634	5634	5632	5631	5630	5630	5630	5631	5625	5626	5626	5626	5628	5630	5632	5637	5636	5631	5627	5628	5627
1050	5626	5625	5624	5622	5621	5621	5621	5624	5625	5623	5617	5611	5608	5604	5603	5604	5597	5596	5596	5596	5595	5589	5589	5587	5586	5579	5579	5579	5578	5572
1065	5566	5566	5566	5564	5564	5562	5560	5561	5557	5556	5557	5552	5553	5553	5551	5549	5546	5546	5540	5537	5538	5533	5529	5533	5533	5536	5529	5529	5529	5529
1080	5526	5530	5529	5526	5529	5529	5526	5525	5523	5523	5521	5523	5521	5515	5512	5507	5506	5507	5512	5511	5514	5507	5505	5504	5502	5501	5503	5505	5506	5507
1095	5506	5505	5501	5498	5499	5498	5488	5483	5483	5482	5484	5484	5483	5485	5484	5485	5482	5479	5479	5475	5476	5478	5477	5474	5471	5472	5469	5468	5465	5466
1110	5462	5460	5460	5459	5458	5458	5457	5453	5449	5449	5449	5446	5444	5448	5448	5448	5444	5442	5439	5436	5432	5431	5432	5436	5434	5432	5432	5429	5427	5427
1125	5428	5426	5425	5422	5420	5420	5421	5420	5419	5412	5409	5409	5407	5407	5405	5408	5406	5400	5400	5399	5400	5395	5395	5389	5388	5391	5390	5389	5387	5387
1140	5385	5385	5386	5389	5386	5384	5380	5381	5381	5380	5381	5378	5373	5371	5369	5367	5370	5372	5371	5366	5367	5364	5361	5360	5359	5361	5358	5358	5354	5354
1155	5349	5352	5347	5348	5352	5350	5351	5347	5346	5340	5336	5337	5339	5339	5339	5341	5339	5337	5334	5337	5339	5337	5332	5330	5329	5325	5320	5319	5319	5319
1170	5316	5314	5312	5309	5306	5298	5299	5299	5293	5293	5289	5289	5289	5288	5289	5288	5282	5281	5280	5280	5280	5280	5278	5273	5272	5276	5275	5271	5269	5269
1185	5265	5259	5259	5249	5248	5244	5249	5249	5255	5258	5259	5257	5253	5252	5252	5252	5255	5253	5253	5249	5247	5248	5243	5241	5239	5232	5231	5228	5227	5224

附表 C-4（续）

长度/m	0	0.5	1	1.5	2	2.5	3	3.5	4	4.5	5	5.5	6	6.5	7	7.5	8	8.5	9	9.5	10	10.5	11	11.5	12	12.5	13	13.5	14	14.5
1200	5225	5225	5218	5218	5218	5216	5216	5218	5217	5219	5221	5218	5214	5212	5212	5212	5212	5211	5211	5207	5209	5212	5209	5211	5212	5212	5210	5206	5203	5202
1215	5204	5201	5198	5194	5191	5191	5186	5178	5174	5174	5171	5172	5176	5178	5178	5176	5174	5174	5173	5173	5173	5172	5177	5181	5176	5170	5174	5171	5170	5167
1230	5170	5167	5165	5162	5161	5158	5157	5157	5154	5153	5152	5152	5151	5149	5148	5142	5141	5140	5140	5138	5132	5134	5140	5139	5140	5136	5132	5130	5126	5124
1245	5121	5123	5118	5116	5116	5117	5117	5113	5113	5113	5111	5113	5111	5110	5107	5105	5107	5107	5102	5106	5106	5104	5102	5106	5102	5099	5098	5093	5092	5086
1260	5081	5073	5067	5071	5069	5070	5073	5073	5071	5069	5071	5068	5070	5066	5065	5061	5061	5061	5061	5060	5058	5059	5058	5061	5059	5056	5060	5053	5052	5051
1275	5051	5051	5051	5051	5051	5049	5051	5051	5051	5051	5050	5050	5046	5036	5037	5039	5036	5029	5026	5022	5019	5017	5018	5014	5018	5017	5015	5013	5011	5011
1290	5008	5005	5002	5004	5000	4997	5000	4999	4999	5001	5000	4999	5004	5001	4991	4991	4987	4988	4986	4983	4985	4983	4982	4981	4979	4982	4980	4978	4975	4976
1305	4974	4973	4972	4971	4967	4967	4960	4967	4966	4964	4966	4966	4962	4961	4954	4954	4951	4951	4950	4950	4950	4949	4947	4944	4944	4940	4939	4934	4931	4929
1320	4930	4926	4925	4926	4923	4921	4921	4919	4921	4921	4918	4921	4920	4928	4927	4926	4924	4922	4919	4918	4912	4908	4907	4909	4911	4910	4911	4911	4909	4906
1335	4909	4908	4910	4911	4907	4905	4900	4902	4896	4891	4891	4889	4888	4887	4884	4882	4882	4879	4878	4866	4872	4868	4869	4867	4865	4861	4861	4861	4861	4860
1350	4859	4857	4854	4852	4857	4861	4851	4850	4846	4842	4840	4842	4845	4841	4837	4836	4837	4835	4835	4837	4834	4836	4832	4830	4830	4828	4824	4826	4826	4822
1365	4821	4817	4814	4813	4813	4814	4812	4812	4804	4802	4804	4801	4801	4796	4792	4785	4784	4787	4782	4784	4784	4782	4777	4775	4774	4772	4770	4771	4772	4770
1380	4764	4770	4764	4758	4755	4753	4754	4755	4756	4754	4750	4749	4743	4740	4738	4737	4739	4734	4734	4734	4732	4732	4729	4730	4730	4728	4724	4724	4717	4717
1395	4714	4714	4714	4710	4704	4700	4699	4696	4694	4696	4697	4691	4688	4684	4681	4676	4680	4684	4685	4685	4683	4676	4671	4671	4665	4662	4660	4660	4658	4654
1410	4652	4652	4648	4644	4651	4650	4641	4638	4639	4635	4635	4639	4642	4640	4638	4635	4632	4629	4624	4629	4633	4629	4628	4624	4623	4620	4616	4616	4616	4615
1425	4612	4611	4610	4612	4614	4613	4614	4615	4611	4605	4604	4601	4599	4598	4598	4597	4594	4592	4590	4590	4594	4596	4601	4601	4594	4594	4592	4593	4594	4594
1440	4591	4588	4585	4583	4584	4585	4584	4589	4593	4594	4594	4590	4584	4583	4584	4584	4583	4581	4577	4574	4578	4582	4577	4574	4572	4563	4557	4552	4547	4549
1455	4553	4554	4555	4553	4548	4551	4546	4547	4546	4548	4544	4544	4539	4539	4534	4534	4535	4539	4539	4538	4534	4534	4534	4535	4537	4537	4534	4533	4529	4529
1470	4526	4525	4525	4525	4523	4523	4520	4519	4518	4515	4514	4514	4514	4511	4511	4509	4505	4505	4505	4509	4511	4505	4503	4501	4497	4494	4494	4494	4494	4492
1485	4494	4494	4495	4495	4496	4494	4492	4485	4484	4483	4481	4483	4480	4474	4468	4462	4462	4463	4462	4459	4452	4452	4452	4450	4445	4449	4452	4460	4458	4457

附表 C-4（续）

长度/m	0	0.5	1	1.5	2	2.5	3	3.5	4	4.5	5	5.5	6	6.5	7	7.5	8	8.5	9	9.5	10	10.5	11	11.5	12	12.5	13	13.5	14	14.5
1500	4458	4458	4462	4464	4461	4456	4453	4452	4452	4448	4444	4443	4442	4443	4440	4443	4440	4437	4434	4434	4434	4433	4434	4434	4432	4426	4421	4418	4418	4418
1515	4420	4418	4416	4407	4405	4401	4400	4395	4393	4392	4388	4387	4384	4383	4383	4383	4384	4385	4386	4384	4378	4375	4372	4375	4376	4377	4376	4375	4372	4368
1530	4363	4360	4358	4356	4355	4354	4352	4349	4348	4349	4350	4348	4345	4345	4343	4340	4337	4335	4335	4333	4326	4325	4324	4324	4327	4328	4329	4327	4324	4322
1545	4318	4316	4318	4320	4318	4315	4310	4309	4307	4310	4311	4310	4308	4305	4303	4302	4302	4299	4298	4292	4292	4287	4281	4278	4273	4273	4272	4271	4268	4268
1560	4265	4263	4262	4257	4256	4257	4259	4256	4253	4249	4245	4242	4243	4245	4243	4243	4239	4236	4233	4231	4230	4231	4232	4230	4233	4229	4229	4224	4228	4230
1575	4229	4226	4226	4229	4227	4225	4225	4223	4222	4221	4216	4213	4209	4209	4206	4206	4203	4203	4204	4203	4203	4206	4210	4213	4214	4212	4213	4209	4211	4205
1590	4206	4206	4209	4212	4207	4205	4203	4203	4202	4200	4200	4202	4203	4203	4198	4200	4196	4196	4194	4193	4193	4191	4188	4186	4184	4183	4185	4186	4182	4177
1605	4184	4184	4184	4187	4191	4188	4184	4179	4175	4175	4174	4175	4176	4175	4173	4166	4160	4155	4153	4156	4156	4160	4157	4158	4156	4160	4161	4156	4155	4158
1620	4157	4154	4155	4155	4154	4149	4149	4149	4146	4145	4140	4139	4133	4136	4136	4132	4130	4126	4121	4119	4117	4115	4113	4112	4109	4107	4103	4100	4099	4096
1635	4092	4092	4089	4087	4086	4082	4079	4081	4080	4078	4076	4076	4075	4076	4075	4076	4077	4078	4076	4073	4070	4069	4068	4064	4059	4055	4052	4053	4052	4050
1650	4048	4046	4044	4040	4038	4037	4037	4039	4039	4037	4039	4039	4038	4037	4035	4034	4031	4030	4029	4027	4025	4024	4017	4015	4010	4010	4007	4004	4000	3997
1665	3996	3997	3997	3993	3994	3992	3992	3989	3991	3987	3986	3983	3985	3986	3984	3982	3981	3981	3981	3981	3982	3980	3980	3980	3978	3979	3979	3979	3978	3977
1680	3978	3975	3978	3977	3976	3977	3978	3977	3974	3972	3966	3971	3970	3972	3970	3971	3971	3971	3973	3969	3970	3970	3967	3966	3966	3968	3969	3970	3969	3967
1695	3962	3964	3958	3953	3953	3950	3949	3952	3954	3956	3955	3955	3952	3952	3951	3951	3950	3949	3949	3947	3948	3947	3945	3948	3947	3944	3938	3938	3938	3939
1710	3939	3939	3940	3937	3933	3924	3928	3924	3928	3929	3930	3929	3930	3930	3926	3929	3929	3928	3922	3919	3916	3913	3907	3904	3904	3906	3906	3907	3903	3899
1725	3899	3899	3896	3896	3891	3894	3892	3889	3889	3887	3884	3884	3884	3883	3884	3880	3876	3873	3873	3874	3873	3869	3863	3860	3856	3855	3853	3852	3849	3847
1740	3840	3838	3837	3836	3839	3839	3839	3839	3840	3839	3836	3831	3830	3826	3821	3820	3819	3815	3815	3817	3817	3815	3815	3815	3814	3809	3807	3804	3803	3799
1755	3799	3799	3798	3793	3786	3783	3782	3782	3783	3784	3783	3782	3781	3780	3780	3781	3779	3772	3772	3771	3768	3769	3766	3766	3763	3759	3758	3757	3759	3756
1770	3755	3749	3749	3747	3748	3742	3743	3741	3740	3740	3740	3741	3740	3738	3733	3728	3732	3729	3733	3733	3731	3729	3724	3722	3721	3724	3721	3721	3719	3721
1785	3719	3719	3717	3714	3710	3715	3714	3713	3716	3711	3712	3709	3702	3697	3700	3703	3702	3701	3699	3699	3699	3699	3700	3703	3707	3707	3707	3706	3702	3700

附表 C-4（续）

长度/m	0	0.5	1	1.5	2	2.5	3	3.5	4	4.5	5	5.5	6	6.5	7	7.5	8	8.5	9	9.5	10	10.5	11	11.5	12	12.5	13	13.5	14	14.5
1800	3700	3699	3696	3689	3687	3688	3689	3688	3686	3686	3686	3686	3686	3688	3684	3679	3679	3680	3679	3675	3674	3675	3679	3680	3679	3680	3678	3676	3669	3658
1815	3650	3652	3657	3660	3659	3659	3655	3649	3649	3649	3650	3651	3651	3650	3651	3650	3647	3643	3640	3638	3641	3641	3641	3641	3635	3629	3622	3622	3630	3629
1830	3629	3628	3627	3624	3626	3622	3623	3624	3623	3621	3617	3612	3610	3606	3603	3604	3604	3604	3601	3598	3593	3594	3593	3590	3589	3581	3580	3579	3584	3581
1845	3581	3577	3573	3571	3571	3571	3571	3567	3561	3549	3551	3554	3551	3551	3555	3556	3557	3554	3551	3551	3551	3551	3548	3546	3546	3545	3542	3541	3541	3541
1860	3543	3541	3541	3540	3541	3540	3539	3536	3531	3537	3537	3537	3533	3532	3531	3527	3524	3524	3521	3521	3524	3521	3518	3516	3512	3511	3507	3505	3502	3501
1875	3500	3493	3491	3488	3489	3486	3484	3481	3475	3471	3471	3471	3469	3470	3468	3465	3462	3461	3461	3460	3456	3457	3459	3456	3455	3453	3453	3449	3444	3441
1890	3431	3427	3430	3421	3421	3421	3422	3421	3421	3421	3415	3411	3414	3411	3412	3409	3410	3407	3404	3400	3398	3403	3403	3401	3392	3386	3379	3381	3378	3380
1905	3381	3379	3379	3377	3371	3365	3364	3364	3362	3361	3361	3359	3356	3351	3349	3351	3352	3349	3347	3344	3343	3342	3341	3346	3345	3340	3335	3333	3332	3330
1920	3332	3331	3324	3324	3322	3324	3320	3319	3316	3324	3312	3311	3311	3307	3307	3303	3303	3304	3306	3303	3301	3299	3299	3296	3294	3292	3291	3289	3286	3286
1935	3287	3284	3283	3281	3281	3279	3278	3274	3271	3270	3270	3270	3272	3269	3271	3269	3270	3271	3275	3272	3271	3270	3262	3261	3261	3260	3258	3252	3257	3257
1950	3255	3251	3250	3251	3253	3257	3258	3255	3254	3254	3253	3256	3254	3254	3251	3251	3250	3244	3245	3241	3241	3241	3241	3244	3241	3241	3238	3235	3235	3230
1965	3231	3231	3232	3232	3231	3230	3227	3227	3227	3227	3227	3227	3223	3222	3221	3219	3217	3217	3216	3213	3213	3212	3202	3201	3212	3212	3206	3203	3202	3201
1980	3200	3200	3199	3197	3194	3191	3191	3188	3186	3184	3182	3182	3179	3177	3173	3171	3168	3165	3165	3162	3162	3160	3160	3160	3158	3158	3153	3154	3152	3153
1995	3152	3149	3140	3136	3133	3132	3132	3132	3132	3132	3136	3135	3132	3125	3123	3123	3122	3122	3123	3128	3132	3132	3129	3123	3124	3122	3119	3118	3115	3116
2010	3115	3112	3112	3108	3107	3108	3107	3105	3103	3102	3103	3103	3101	3097	3091	3084	3083	3085	3081	3081	3078	3070	3069	3068	3068	3071	3074	3075	3079	3079
2025	3081	3082	3082	3080	3077	3074	3074	3072	3072	3072	3070	3070	3070	3072	3068	3062	3062	3061	3060	3062	3061	3053	3053	3051	3052	3052	3050	3048	3048	3048
2040	3046	3044	3042	3042	3042	3038	3039	3038	3039	3039	3039	3037	3033	3032	3028	3027	3023	3023	3023	3022	3020	3019	3020	3022	3021	3020	3020	3017	3014	3016
2055	3016	3014	3017	3013	3012	3011	3012	3012	3012	3012	3012	3011	3012	3012	3012	3012	3012	3011	3010	3010	3003	3003	3002	3002	3003	3005	3006	3004	3003	3004
2070	3005	3003	3000	2998	2995	2997	2995	2990	2988	2985	2984	2980	2979	2975	2973	2970	2970	2969	2969	2965	2964	2969	2956	2957	2957	2957	2956	2955	2954	2950
2085	2952	2952	2949	2950	2951	2949	2944	2942	2939	2932	2930	2925	2923	2922	2920	2918	2912	2907	2906	2903	2902	2900	2899	2898	2899	2902	2902	2902	2904	2902

附表 C-4（续）

长度/m	0	0.5	1	1.5	2	2.5	3	3.5	4	4.5	5	5.5	6	6.5	7	7.5	8	8.5	9	9.5	10	10.5	11	11.5	12	12.5	13	13.5	14	14.5
2100	2901	2899	2897	2891	2891	2890	2889	2884	2881	2881	2881	2879	2877	2876	2875	2876	2876	2872	2867	2867	2865	2864	2862	2859	2857	2854	2854	2851	2844	2842
2115	2840	2842	2840	2840	2836	2829	2832	2832	2834	2834	2833	2833	2831	2828	2825	2824	2823	2821	2824	2822	2818	2817	2815	2815	2817	2817	2816	2813	2813	2812
2130	2810	2810	2809	2806	2804	2805	2803	2801	2798	2798	2799	2794	2794	2791	2786	2787	2784	2783	2784	2791	2777	2777	2777	2779	2777	2779	2779	2779	2779	2777
2145	2777	2774	2773	2773	2774	2775	2775	2777	2780	2775	2773	2770	2767	2767	2767	2764	2764	2764	2764	2763	2763	2762	2762	2760	2757	2753	2752	2754	2755	2756
2160	2759	2756	2753	2750	2752	2744	2741	2734	2732	2733	2733	2735	2735	2739	2737	2731	2734	2734	2734	2734	2735	2733	2731	2725	2723	2719	2713	2710	2706	2702
2175	2702	2702	2702	2703	2702	2702	2700	2697	2701	2699	2697	2693	2692	2693	2692	2691	2693	2693	2694	2696	2696	2693	2690	2686	2682	2679	2672	2669	2667	2667
2190	2663	2663	2660	2656	2655	2654	2652	2647	2644	2642	2639	2634	2632	2630	2628	2629	2628	2627	2627	2623	2621	2619	2623	2625	2627	2626	2624	2624	2621	2617
2205	2617	2614	2608	2605	2602	2600	2592	2592	2589	2588	2587	2590	2589	2586	2581	2574	2573	2571	2569	2568	2569	2571	2570	2572	2569	2563	2562	2561	2557	2558
2220	2559	2560	2561	2561	2558	2555	2558	2555	2552	2551	2552	2552	2550	2551	2552	2550	2544	2542	2541	2539	2537	2538	2538	2541	2542	2542	2542	2541	2540	2541
2235	2542	2541	2539	2540	2542	2542	2542	2542	2542	2542	2542	2541	2536	2532	2533	2532	2535	2532	2533	2532	2528	2527	2523	2521	2521	2520	2517	2518	2520	2514
2250	2515	2514	2512	2514	2512	2511	2503	2505	2507	2508	2511	2514	2515	2506	2505	2505	2501	2496	2497	2493	2495	2500	2501	2499	2499	2499	2498	2495	2498	2492
2265	2494	2492	2488	2483	2488	2488	2488	2484	2481	2481	2476	2474	2475	2477	2493	2477	2473	2475	2474	2470	2470	2466	2463	2464	2461	2467	2462	2458	2455	2450
2280	2450	2450	2448	2445	2444	2441	2441	2439	2439	2434	2436	2437	2438	2430	2425	2425	2424	2424	2420	2420	2416	2413	2410	2410	2409	2406	2405	2402	2402	2399
2295	2397	2391	2388	2390	2387	2383	2382	2381	2381	2380	2380	2379	2375	2379	2377	2373	2373	2370	2370	2367	2365	2363	2362	2360	2356	2351	2348	2350	2349	2344
2310	2340	2338	2334	2334	2328	2327	2327	2327	2330	2328	2324	2317	2309	2310	2310	2310	2310	2308	2304	2300	2298	2296	2296	2293	2294	2290	2288	2286	2289	2293
2325	2294	2293	2294	2290	2286	2278	2278	2277	2280	2277	2270	2270	2265	2266	2264	2260	2263	2264	2265	2266	2263	2261	2260	2261	2267	2270	2270	2266	2260	2256
2340	2250	2250	2254	2257	2256	2248	2247	2241	2241	2241	2242	2243	2244	2242	2239	2238	2234	2235	2240	2236	2234	2233	2230	2229	2232	2237	2231	2230	2230	2225
2355	2221	2221	2219	2211	2211	2212	2217	2210	2210	2207	2206	2203	2204	2203	2200	2198	2193	2186	2186	2190	2190	2190	2190	2186	2183	2180	2185	2190	2190	2190
2370	2190	2181	2179	2180	2180	2180	2179	2180	2185	2184	2180	2180	2179	2175	2175	2177	2175	2169	2166	2163	2161	2158	2152	2150	2146	2140	2140	2137	2142	2148
2385	2146	2143	2140	2140	2135	2141	2135	2134	2131	2133	2130	2133	2133	2131	2130	2128	2127	2127	2122	2119	2121	2122	2120	2116	2113	2111	2109	2109	2108	2106

附表 C-4（续）

长度/m	0	0.5	1	1.5	2	2.5	3	3.5	4	4.5	5	5.5	6	6.5	7	7.5	8	8.5	9	9.5	10	10.5	11	11.5	12	12.5	13	13.5	14	14.5
2400	2106	2103	2103	2102	2099	2095	2096	2086	2086	2085	2086	2081	2079	2070	2070	2065	2065	2065	2062	2063	2063	2065	2063	2061	2062	2060	2060	2058	2055	2050
2415	2050	2053	2052	2050	2048	2047	2045	2040	2037	2038	2037	2036	2037	2035	2034	2030	2028	2030	2030	2031	2033	2035	2028	2024	2022	2021	2021	2022	2024	2021
2430	2020	2017	2018	2020	2020	2019	2017	2016	2014	2015	2017	2017	2018	2017	2012	2009	2010	2010	2007	2005	2006	2007	2008	2006	2006	2004	2002	2002	2006	2006
2445	2005	2005	2002	2000	1997	1995	1996	1996	1997	1992	1992	1990	1990	1990	1990	1991	1991	1991	1992	1990	1990	1990	1988	1990	1990	1987	1985	1981	1978	1978
2460	1976	1979	1980	1981	1981	1983	1989	1989	1987	1986	1981	1980	1973	1970	1975	1978	1977	1977	1978	1975	1975	1974	1975	1971	1968	1970	1964	1963	1961	1959
2475	1960	1958	1957	1952	1953	1951	1949	1945	1940	1940	1935	1928	1925	1922	1923	1920	1920	1916	1916	1916	1918	1917	1915	1915	1912	1911	1910	1914	1912	1908
2490	1900	1897	1899	1895	1894	1892	1892	1888	1890	1886	1885	1881	1880	1881	1875	1875	1874	1868	1865	1862	1860	1858	1857	1856	1855	1855	1857	1856	1854	1849
2505	1845	1845	1841	1837	1836	1836	1833	1831	1826	1825	1823	1824	1817	1818	1815	1815	1811	1808	1806	1806	1805	1800	1795	1788	1790	1792	1794	1789	1793	1787
2520	1786	1785	1785	1793	1795	1794	1790	1787	1782	1781	1780	1780	1786	1790	1786	1784	1783	1775	1776	1776	1778	1780	1778	1775	1768	1762	1760	1762	1765	1766
2535	1770	1772	1770	1764	1761	1765	1765	1764	1765	1765	1755	1753	1752	1753	1753	1754	1755	1749	1748	1746	1745	1745	1751	1754	1753	1749	1751	1745	1745	1744
2550	1745	1745	1742	1735	1732	1725	1725	1726	1726	1735	1736	1735	1735	1735	1735	1736	1739	1741	1736	1733	1729	1726	1725	1725	1722	1720	1716	1714	1710	1709
2565	1706	1706	1713	1710	1711	1713	1715	1710	1709	1709	1705	1700	1699	1695	1693	1691	1687	1688	1693	1689	1684	1682	1680	1681	1678	1676	1674	1677	1677	1679
2580	1675	1673	1665	1666	1665	1664	1660	1658	1660	1659	1655	1654	1654	1653	1647	1645	1644	1653	1651	1645	1643	1640	1637	1636	1635	1637	1638	1639	1637	1634
2595	1628	1625	1624	1622	1614	1611	1605	1604	1601	1600	1597	1591	1594	1594	1593	1594	1593	1588	1587	1585	1585	1585	1585	1585	1584	1581	1580	1579	1574	1572
2610	1570	1569	1571	1574	1573	1574	1572	1570	1568	1567	1568	1566	1566	1562	1562	1562	1561	1556	1551	1551	1549	1547	1543	1542	1542	1541	1541	1541	1540	1540
2625	1539	1536	1535	1532	1526	1521	1510	1512	1514	1515	1520	1519	1511	1511	1510	1510	1509	1509	1508	1508	1501	1492	1491	1491	1487	1489	1491	1490	1489	1481
2640	1481	1481	1481	1481	1480	1481	1474	1471	1468	1471	1471	1463	1466	1465	1462	1461	1460	1457	1455	1455	1458	1457	1453	1453	1452	1451	1448	1451	1451	1447
2655	1445	1442	1441	1440	1441	1441	1438	1434	1435	1432	1431	1436	1431	1431	1431	1434	1427	1423	1424	1422	1423	1423	1421	1417	1415	1412	1409	1410	1407	1405
2670	1405	1408	1408	1410	1411	1411	1413	1416	1417	1412	1421	1421	1407	1409	1405	1402	1401	1404	1401	1397	1397	1393	1392	1401	1397	1393	1390	1387	1379	1380

附表 C-4（续）

长度/m	0	0.5	1	1.5	2	2.5	3	3.5	4	4.5	5	5.5	6	6.5	7	7.5	8	8.5	9	9.5	10	10.5	11	11.5	12	12.5	13	13.5	14	14.5
2685	1380	1380	1384	1386	1381	1381	1384	1385	1380	1380	1386	1380	1380	1370	1370	1370	1370	1370	1366	1361	1359	1355	1355	1351	1350	1350	1350	1349	1347	1340
2700	1332	1331	1340	1336	1339	1340	1340	1340	1334	1333	1331	1330	1330	1330	1330	1321	1319	1319	1319	1320	1320	1320	1314	1320	1319	1316	1314	1311	1311	1310
2715	1309	1307	1302	1299	1295	1298	1296	1292	1288	1282	1280	1280	1277	1273	1272	1270	1270	1270	1270	1270	1270	1271	1271	1270	1263	1265	1262	1260	1249	1247
2730	1245	1247	1245	1252	1240	1240	1239	1240	1240	1241	1241	1240	1235	1231	1230	1230	1230	1229	1230	1230	1227	1227	1225	1232	1230	1219	1217	1213	1215	1213
2745	1211	1211	1213	1214	1211	1210	1210	1209	1205	1204	1205	1205	1204	1200	1195	1197	1193	1194	1191	1196	1194	1198	1191	1195	1190	1185	1190	1190	1195	1191
2760	1190	1184	1182	1185	1181	1181	1180	1180	1183	1180	1180	1174	1170	1167	1163	1162	1162	1160	1160	1160	1160	1160	1159	1156	1155	1150	1156	1151	1160	1160
2775	1157	1159	1154	1150	1140	1143	1140	1148	1144	1144	1140	1140	1140	1145	1150	1149	1140	1135	1136	1132	1133	1131	1131	1128	1129	1122	1122	1116	1113	1115
2790	1115	1112	1113	1112	1111	1110	1111	1108	1111	1112	1112	1115	1117	1112	1112	1102	1102	1102	1097	1094	1092	1092	1090	1089	1082	1081	1077	1073	1072	1072
2805	1072	1071	1072	1069	1068	1068	1071	1070	1064	1064	1062	1062	1062	1055	1055	1055	1052	1052	1051	1046	1043	1042	1042	1042	1041	1039	1036	1032	1032	1031
2820	1030	1023	1027	1025	1025	1023	1023	1022	1020	1016	1017	1017	1013	1014	1012	1011	1010	1009	1009	1011	1007	1012	1008	1004	1002	1002	1007	1005	1003	992
2835	992	992	993	992	992	988	989	983	982	984	982	982	982	981	977	977	976	975	982	972	972	972	972	972	970	972	967	963	962	962
2850	962	961	955	957	954	951	951	951	950	948	948	952	952	962	969	969	962	955	952	942	937	941	930	949	947	948	943	951	942	942
2865	941	940	938	937	936	934	932	932	934	939	937	932	932	930	923	928	916	918	920	914	918	914	912	912	912	912	912	909	907	906
2880	903	908	909	912	910	902	908	904	905	901	905	890	890	890	890	890	889	889	882	883	882	880	880	880	868	861	861	861	860	860
2895	853	850	850	847	850	841	840	840	840	838	839	839	836	840	840	830	823	820	820	820	820	820	820	813	811	810	810	806	803	801
2910	801	800	800	798	792	795	792	795	790	792	791	792	793	789	790	788	790	786	781	790	774	771	773	774	777	775	770	770	770	765
2925	764	761	760	760	760	758	753	750	749	750	746	748	747	745	740	740	739	739	739	739	735	734	735	731	729	728	723	726	720	720
2940	720	717	718	717	720	713	713	711	711	710	711	711	713	710	711	710	711	709	709	707	707	700	700	699	694	695	690	690	690	687
2955	689	689	681	680	680	680	678	679	675	677	675	671	670	671	674	675	672	670	661	652	653	658	659	659	660	656	657	651	651	653

附表 C-4（续）

长度/m	0	0.5	1	1.5	2	2.5	3	3.5	4	4.5	5	5.5	6	6.5	7	7.5	8	8.5	9	9.5	10	10.5	11	11.5	12	12.5	13	13.5	14	14.5
2970	653	654	651	649	649	652	650	642	630	641	640	641	640	640	640	640	640	640	635	633	634	630	629	627	624	621	630	628	633	629
2985	626	630	621	625	620	619	617	618	615	613	613	612	614	616	617	614	611	610	608	610	608	601	600	600	601	601	604	600	598	589
3000	580	580	580	578	575	580	579	577	572	570	577	574	576	575	570	565	560	560	560	565	569	570	570	569	566	565	560	560	560	554
3015	550	551	550	550	550	547	540	539	534	533	535	530	529	524	538	550	550	550	526	516	517	522	520	520	519	515	513	508	501	507
3030	501	505	504	504	505	510	508	508	506	500	505	504	505	500	495	490	490	486	484	481	480	479	475	469	468	467	467	463	464	461
3045	460	461	460	460	460	459	456	458	457	460	461	461	460	459	455	451	451	451	453	449	441	435	433	431	440	447	446	450	442	433
3060	430	423	420	422	426	430	430	420	420	416	419	417	414	416	417	411	410	411	417	420	421	420	420	410	410	408	410	409	410	408
3075	405	400	401	398	401	410	410	407	400	391	394	391	391	389	390	390	390	390	388	381	381	380	380	380	377	372	371	372	373	370
3090	370	365	360	358	358	354	350	353	350	351	351	350	349	341	342	349	340	340	340	338	338	336	331	330	330	330	330	327	326	325
3105	328	327	330	330	328	320	320	320	320	310	308	302	300	302	300	300	301	301	300	300	300	292	293	290	290	289	290	288	280	279
3120	278	278	275	279	275	277	277	272	270	270	270	270	270	270	270	268	260	260	256	254	257	260	261	260	259	260	260	260	260	260
3135	257	246	240	240	241	241	247	250	249	241	242	240	240	240	240	240	230	221	220	217	219	220	225	230	228	218	210	210	207	206
3150	210	217	211	204	200	191	191	197	200	196	200	200	195	199	200	193	199	200	194	190	190	190	190	190	181	188	180	180	175	175
3165	180	181	181	180	179	171	170	170	173	175	177	173	170	163	160	157	159	159	155	160	158	157	153	151	156	156	160	157	152	150
3180	150	149	148	147	145	143	140	140	137	138	138	137	135	135	130	130	130	128	128	126	125	120	115	110	110	100	100	100	97	93
3195	92	91	91	90	93	90	90	91	91	90	88	90	90	90	90	87	84	80	78	72	71	71	74	75	70	70	69	67	69	70
3210	67	71	68	64	62	60	58	54	55	51	50	49	47	44	40	41	40	40	40	40	38	38	30	30	27	28	29	30	30	30
3225	30	30	28	26	25	31	20	20	20	20	17	20	16	16	11	11	10	10	10	6										

附表 C-5　基于新西伯利亚机场调查的俄罗斯剖面 "B"（长度单位 m，高度单位 mm）

长度/m	0	0.5	1	1.5	2	2.5	3	3.5	4	4.5	5	5.5	6	6.5	7	7.5	8	8.5	9	9.5	10	10.5	11	11.5	12	12.5	13	13.5	14	14.5
0	1116	1117	1117	1116	1118	1118	1116	1115	1115	1112	1111	1108	1104	1102	1102	1102	1101	1098	1093	1092	1089	1088	1087	1086	1085	1089	1088	1086	1089	1092
15	1090	1091	1091	1090	1090	1088	1088	1089	1092	1092	1093	1095	1095	1096	1101	1102	1102	1102	1103	1103	1102	1106	1110	1111	1112	1114	1116	1114	1115	1113
30	1117	1118	1119	1118	1117	1114	1112	1112	1112	1115	1115	1114	1116	1115	1115	1115	1115	1116	1118	1118	1122	1122	1126	1125	1123	1122	1121	1122	1123	1126
45	1126	1126	1127	1128	1129	1129	1131	1132	1132	1131	1126	1126	1124	1123	1123	1122	1125	1123	1125	1126	1129	1128	1131	1131	1130	1127	1126	1125	1130	1131
60	1133	1137	1137	1139	1141	1140	1140	1139	1140	1141	1139	1139	1140	1139	1140	1141	1142	1142	1140	1137	1135	1139	1141	1142	1140	1141	1141	1142	1142	1142
75	1142	1142	1143	1144	1146	1146	1147	1151	1152	1152	1152	1153	1153	1152	1152	1150	1151	1152	1152	1152	1152	1150	1147	1145	1145	1143	1145	1144	1145	1148
90	1149	1144	1145	1143	1143	1147	1152	1152	1152	1153	1154	1153	1152	1153	1152	1153	1153	1160	1167	1172	1177	1178	1179	1181	1180	1181	1183	1185	1185	1185
105	1187	1188	1188	1188	1188	1188	1188	1188	1188	1187	1185	1180	1180	1179	1180	1179	1180	1179	1179	1180	1181	1179	1179	1177	1174	1177	1177	1178	1179	1180
120	1187	1186	1187	1187	1188	1188	1187	1187	1188	1188	1188	1188	1187	1188	1188	1188	1188	1188	1187	1186	1184	1187	1187	1188	1188	1188	1188	1189	1193	1192
135	1189	1186	1186	1187	1192	1197	1198	1197	1196	1195	1190	1189	1188	1187	1187	1187	1188	1188	1189	1188	1188	1188	1188	1188	1188	1188	1188	1188	1188	1188
150	1188	1188	1188	1188	1188	1190	1194	1195	1197	1196	1193	1193	1191	1191	1191	1189	1188	1188	1188	1188	1188	1188	1188	1189	1189	1191	1192	1196	1198	1198
165	1201	1201	1205	1205	1207	1208	1211	1215	1210	1208	1208	1208	1207	1207	1203	1204	1203	1201	1201	1199	1199	1199	1201	1200	1201	1201	1204	1207	1208	1208
180	1209	1209	1214	1215	1215	1214	1216	1215	1210	1210	1210	1209	1211	1213	1212	1208	1207	1208	1207	1204	1207	1208	1208	1215	1214	1217	1218	1218	1220	1221
195	1221	1222	1223	1220	1221	1222	1218	1218	1218	1218	1218	1218	1218	1218	1218	1217	1217	1217	1216	1216	1216	1214	1212	1207	1207	1209	1209	1210	1210	1209
210	1208	1207	1207	1207	1207	1206	1202	1200	1197	1197	1197	1197	1194	1195	1193	1197	1197	1199	1202	1204	1206	1207	1207	1206	1203	1200	1197	1196	1192	1186
225	1183	1177	1177	1173	1172	1169	1167	1164	1167	1168	1166	1171	1171	1173	1172	1170	1168	1167	1166	1166	1167	1166	1167	1166	1166	1166	1164	1162	1161	1159
240	1157	1157	1154	1153	1152	1148	1147	1146	1139	1144	1147	1149	1148	1148	1147	1147	1143	1142	1138	1137	1137	1137	1134	1132	1132	1129	1128	1127	1127	1127
255	1127	1127	1125	1124	1122	1123	1120	1122	1122	1120	1118	1117	1116	1115	1112	1107	1110	1112	1107	1107	1107	1107	1107	1107	1107	1105	1106	1103	1105	1103

附表 C-5（续）

长度/m	0	0.5	1	1.5	2	2.5	3	3.5	4	4.5	5	5.5	6	6.5	7	7.5	8	8.5	9	9.5	10	10.5	11	11.5	12	12.5	13	13.5	14	14.5
270	1102	1099	1098	1097	1097	1095	1093	1091	1090	1088	1090	1092	1093	1096	1097	1097	1097	1097	1098	1097	1097	1097	1097	1097	1097	1097	1096	1092	1092	1086
285	1086	1084	1077	1077	1076	1075	1074	1075	1073	1073	1073	1073	1075	1077	1079	1080	1080	1081	1076	1076	1077	1077	1077	1077	1077	1076	1073	1072	1071	1073
300	1072	1072	1067	1066	1069	1066	1063	1062	1061	1059	1057	1052	1051	1051	1048	1047	1044	1042	1037	1037	1033	1036	1035	1033	1031	1031	1032	1030	1029	1029
315	1030	1029	1028	1029	1029	1030	1026	1026	1027	1023	1031	1031	1031	1031	1023	1022	1022	1022	1022	1019	1012	1012	1011	1008	1007	1004	1003	1002	1002	998
330	997	998	998	997	994	993	993	993	993	993	992	992	992	991	989	988	988	988	988	987	984	983	985	986	983	982	982	978	975	972
345	972	971	967	965	963	963	962	961	959	957	952	952	955	957	953	953	952	951	946	953	942	943	942	941	939	937	936	934	933	932
360	932	932	932	932	932	932	928	924	918	930	929	925	928	931	931	931	932	932	930	932	931	931	929	923	922	923	924	923	924	925
375	924	925	924	922	922	921	921	922	922	922	923	923	922	922	922	922	922	917	914	911	908	903	903	910	909	912	909	902	901	898
390	895	893	897	897	898	900	899	897	892	888	887	887	890	892	901	897	901	901	902	902	902	901	900	899	898	891	890	890	890	889
405	888	883	880	879	876	874	870	871	871	870	870	867	865	862	862	860	861	861	861	860	860	860	860	859	860	861	862	861	861	860
420	860	860	860	860	860	859	859	857	855	852	850	849	840	837	835	831	824	821	820	815	815	812	811	810	802	806	807	806	805	804
435	805	805	800	805	807	809	805	806	806	805	800	800	796	794	793	791	791	791	790	785	782	780	778	772	765	760	757	751	750	752
450	751	752	751	757	760	760	760	763	762	761	762	760	757	755	750	747	744	740	739	736	735	732	733	737	741	755	758	750	750	747
465	743	739	734	736	739	740	735	735	721	709	703	696	693	689	682	678	670	671	675	673	672	675	673	679	677	679	675	676	677	674
480	675	672	671	666	660	659	659	650	653	660	660	659	658	650	652	655	656	659	651	651	651	650	647	650	650	650	643	630	629	628
495	627	626	625	620	617	620	620	620	620	617	619	613	608	608	608	607	603	602	600	599	598	597	588	588	585	581	578	573	573	571
510	568	568	566	565	560	548	555	556	549	548	548	547	543	534	536	535	528	523	519	520	518	516	517	516	513	508	508	508	508	508
525	507	508	508	508	508	503	498	498	497	497	496	497	488	481	478	474	471	468	467	468	468	464	461	458	453	454	450	452	449	448

附表 C-5（续）

长度/m	0	0.5	1	1.5	2	2.5	3	3.5	4	4.5	5	5.5	6	6.5	7	7.5	8	8.5	9	9.5	10	10.5	11	11.5	12	12.5	13	13.5	14	14.5
540	448	445	441	438	434	431	428	423	418	418	417	417	417	418	428	428	433	436	438	438	439	448	453	455	452	455	458	466	465	463
555	459	458	458	458	457	455	455	455	450	448	443	439	438	435	428	429	429	428	423	418	415	412	408	407	406	399	398	396	394	391
570	388	387	383	378	376	369	366	358	356	355	349	348	343	343	339	338	336	332	331	328	328	328	328	323	322	321	318	317	310	308
585	307	302	308	294	294	289	288	288	288	285	282	280	278	281	282	285	287	283	278	278	282	282	277	268	257	255	248	243	237	228
600	228	221	217	212	212	206	200	196	192	191	191	189	183	181	181	175	170	168	161	161	159	153	152	156	159	161	162	167	168	164
615	161	161	161	161	161	157	153	151	149	146	146	141	141	137	139	141	141	141	141	141	141	140	137	135	133	131	129	126	125	125
630	121	121	121	121	116	112	111	106	102	101	101	100	99	98	93	91	91	87	86	86	88	87	85	82	81	81	81	81	81	81
645	81	78	85	90	91	90	89	86	86	87	86	86	82	80	76	73	72	71	71	69	67	65	64	64	64	66	66	69	69	70
660	68	69	70	71	71	72	74	72	80	79	81	81	81	86	87	89	91	92	96	95	95	94	91	91	91	87	89	89	88	88
675	87	86	85	83	87	82	82	81	79	72	74	71	71	71	71	71	71	71	71	72	74	76	77	76	74	71	71	75	75	72
690	74	72	72	73	74	74	76	76	75	72	71	72	72	77	78	80	79	73	75	76	80	79	80	77	78	75	74	77	74	75
705	74	74	74	74	74	63	62	57	57	58	59	62	58	57	56	54	53	52	49	45	45	44	43	39	43	43	43	42	43	44
720	47	49	53	53	52	52	52	49	49	50	48	46	45	49	51	50	53	54	54	54	54	54	53	52	54	51	49	45	44	44
735	41	42	42	41	41	41	42	44	44	44	44	44	43	44	42	38	35	34	32	27	25	24	24	24	24	24	25	28	32	34
750	35	37	43	44	44	45	44	44	45	45	48	45	46	44	43	45	46	45	46	49	52	54	54	54	54	54	54	53	54	54
765	54	54	54	54	54	53	52	52	51	51	53	53	52	53	51	53	53	52	52	50	46	46	44	44	44	44	44	44	44	44
780	44	46	47	50	47	44	59	64	72	74	74	74	74	74	75	74	74	74	74	74	74	74	74	74	74	74	74	75	76	77
795	79	76	74	74	74	74	74	74	74	75	75	74	71	71	70	69	67	65	60	60	60	60	60	60	61	63	65	68	68	68

附表 C-5（续）

长度/m	0	0.5	1	1.5	2	2.5	3	3.5	4	4.5	5	5.5	6	6.5	7	7.5	8	8.5	9	9.5	10	10.5	11	11.5	12	12.5	13	13.5	14	14.5
810	68	67	69	69	69	69	68	68	70	70	70	70	66	60	60	60	60	60	56	57	51	49	44	40	40	40	40	40	43	43
825	45	47	49	50	53	57	57	58	60	60	64	66	70	67	65	67	70	70	71	75	78	80	83	87	89	90	90	97	96	100
840	100	103	106	110	113	114	113	116	119	120	120	120	120	122	121	125	129	130	131	133	133	133	135	135	133	140	140	140	140	139
855	139	135	136	139	140	133	147	150	153	156	159	160	164	167	170	171	172	171	170	170	172	179	173	177	176	177	174	169	170	170
870	173	169	180	185	190	191	197	200	201	206	206	207	205	202	202	207	211	213	220	221	227	230	230	232	233	237	233	233	239	242
885	244	248	249	250	250	253	257	260	260	260	261	265	269	267	263	262	261	260	260	260	261	261	263	267	270	270	272	277	280	284
900	288	290	289	290	292	292	293	292	294	296	297	293	292	292	292	292	292	292	292	292	293	296	294	293	293	292	292	292	292	290
915	290	292	292	293	293	298	302	302	301	302	304	308	309	305	305	303	302	302	302	305	303	304	305	304	302	302	302	299	296	299
930	297	295	291	292	289	289	289	291	288	290	293	293	288	289	287	290	291	292	295	296	296	297	297	297	296	297	297	296	296	296
945	294	294	291	292	291	290	287	290	287	287	287	286	286	285	285	286	289	290	290	290	290	292	294	291	292	297	291	294	292	290
960	301	291	291	299	291	290	289	289	289	290	290	287	287	286	284	285	285	287	287	290	294	291	293	293	293	294	292	292	290	300
975	290	289	286	281	283	283	281	284	281	284	288	290	292	295	298	300	299	300	297	296	282	292	288	283	281	281	282	283	286	288
990	289	289	290	290	290	289	290	288	290	289	288	281	290	290	290	290	284	280	280	280	282	278	286	285	284	288	290	290	289	287
1005	284	283	284	287	287	283	282	282	281	287	281	281	279	277	275	275	273	273	275	274	275	278	279	280	282	282	282	282	282	282
1020	283	282	283	283	286	284	282	281	277	282	287	288	288	289	291	290	289	291	292	292	292	293	295	296	297	295	298	301	302	301
1035	301	301	302	302	302	303	302	302	302	302	302	302	302	300	298	295	295	293	292	292	284	283	282	283	282	287	289	290	292	291
1050	289	289	281	279	277	277	278	280	283	281	277	277	278	278	273	275	275	277	278	281	281	282	282	282	284	283	282	282	283	283
1065	282	282	281	277	280	282	282	282	283	285	289	287	291	292	292	292	292	292	292	292	291	292	292	292	293	292	293	293	293	295

附表 C-5（续）

长度/m	0	0.5	1	1.5	2	2.5	3	3.5	4	4.5	5	5.5	6	6.5	7	7.5	8	8.5	9	9.5	10	10.5	11	11.5	12	12.5	13	13.5	14	14.5
1080	296	298	301	301	299	301	293	293	294	296	297	296	299	303	308	311	306	302	302	302	296	293	293	294	301	301	301	302	302	306
1095	305	309	312	312	311	311	312	312	312	312	315	319	327	318	319	318	310	312	313	313	313	311	310	311	309	308	309	308	307	305
1110	303	301	297	295	298	299	302	303	304	303	303	307	308	309	308	308	307	308	308	307	307	307	304	303	306	305	304	302	298	298
1125	298	297	296	303	288	288	288	288	288	287	286	284	283	280	282	284	284	281	285	288	287	287	287	286	279	277	271	267	267	267
1140	266	265	261	258	258	257	253	250	248	248	248	248	248	249	248	245	244	248	248	254	248	258	259	266	268	267	265	272	277	271
1155	271	271	269	268	267	265	265	265	262	267	268	269	269	275	276	278	278	278	278	274	271	269	268	267	268	266	268	266	264	262
1170	259	251	248	248	246	246	246	243	243	240	241	240	241	240	244	245	245	246	247	248	248	244	239	239	248	250	251	254	258	258
1185	258	258	257	257	257	256	252	249	250	249	251	250	250	248	245	246	245	241	238	238	238	238	237	236	237	233	233	231	231	229
1200	228	224	224	224	225	224	227	225	225	223	221	215	214	212	211	210	213	212	212	210	214	203	202	209	206	205	204	204	204	204
1215	203	202	204	204	204	205	205	205	205	205	214	214	213	213	212	212	211	210	211	211	208	205	204	204	204	204	204	204	204	204
1230	205	209	214	215	216	216	224	221	220	220	219	220	219	219	219	217	213	211	211	207	205	204	204	199	200	199	196	194	194	194
1245	194	194	197	198	199	201	201	203	204	204	203	195	203	204	204	204	202	202	201	204	204	203	197	195	194	195	195	194	192	192
1260	194	191	190	187	184	183	183	181	179	179	179	178	175	174	174	169	165	169	170	172	172	173	173	170	169	170	170	170	172	171
1275	169	169	171	173	173	169	174	174	174	174	174	174	174	174	171	170	169	170	168	167	166	165	165	165	167	171	173	174	174	174
1290	174	175	173	170	173	173	169	172	172	174	172	170	170	171	171	173	173	173	172	165	168	168	167	165	170	159	163	160	160	160
1305	160	160	160	159	154	152	149	149	146	142	140	140	140	138	135	130	132	130	129	129	128	128	126	124	128	129	128	128	127	125
1320	125	124	127	126	128	127	124	121	124	124	124	120	119	119	117	109	116	111	109	114	117	119	119	119	119	119	119	120	120	120
1335	124	121	122	114	119	119	118	119	116	119	118	110	110	109	109	109	109	109	109	109	107	107	103	99	99	99	90	94	99	99

附表 C-5（续）

长度/m	0	0.5	1	1.5	2	2.5	3	3.5	4	4.5	5	5.5	6	6.5	7	7.5	8	8.5	9	9.5	10	10.5	11	11.5	12	12.5	13	13.5	14	14.5
1350	99	99	99	101	99	98	96	85	84	95	93	91	89	89	97	99	99	97	93	90	89	89	92	98	99	99	101	105	110	116
1365	119	117	112	110	116	118	119	117	119	119	117	118	112	110	109	109	109	109	109	112	110	109	115	109	109	108	100	99	100	99
1380	96	95	95	91	89	89	88	88	87	89	89	86	80	79	89	88	84	74	75	77	73	75	75	77	77	79	82	85	83	89
1395	89	89	89	89	90	89	89	89	89	85	79	78	73	80	77	79	80	78	73	78	76	75	77	75	72	72	70	70	70	70
1410	69	69	69	67	61	65	70	68	65	62	58	64	69	70	70	69	69	68	67	65	68	67	69	69	67	70	70	70	69	67
1425	64	63	65	62	60	60	59	56	56	53	53	55	53	53	56	53	51	51	50	50	50	50	50	49	50	49	48	47	45	45
1440	45	45	44	41	40	40	39	39	36	37	34	35	38	39	37	38	40	40	40	41	45	46	36	49	50	50	48	50	51	51
1455	50	50	50	53	52	55	56	57	59	56	59	59	60	60	60	60	60	60	59	59	59	58	58	58	50	41	30	26	20	18
1470	11	1	5	0	0	1	8	10	10	10	8	7	7	10	7	10	10	11	15	20	20	20	20	21	21	29	29	26	20	30
1485	30	31	31	32	33	32	35	35	31	35	38	39	40	40	40	34	45	47	45	46	46	47	49	50	50	50	50	50	52	53
1500	54	52	50	51	53	48	46	45	48	48	52	46	45	45	44	38	42	41	36	34	30	20	23	25	29	27	26	26	32	35
1515	35	35	35	35	36	40	41	41	40	42	44	45	44	45	45	46	45	46	45	46	46	48	46	45	45	45	45	49	46	45
1530	46	47	46	54	59	55	55	54	55	55	54	55	56	55	58	59	66	58	56	55	56	58	57	55	57	64	65	65	65	65
1545	65	65	61	60	75	63	65	65	65	66	66	66	65	65	65	65	67	66	66	65	69	70	69	70	71	75	74	70	74	75
1560	75	76	76	76	75	75	75	75	75	75	75	72	67	67	65	65	65	54	58	56	55	53	50	45	47	46	46	46	51	51
1575	46	47	49	52	50	48	50	46	45	45	45	45	45	45	45	45	48	54	53	55	54	55	53	47	49	46	48	46	51	54
1590	52	52	55	52	54	55	48	55	55	45	51	52	54	56	56	56	56	70	59	59	60	65	64	65	66	70	72	73	74	75
1605	75	76	65	76	76	77	84	84	81	80	76	78	80	76	75	74	74	70	70	69	75	70	75	75	75	78	81	85	85	85

附表 C-5（续）

长度/m	0	0.5	1	1.5	2	2.5	3	3.5	4	4.5	5	5.5	6	6.5	7	7.5	8	8.5	9	9.5	10	10.5	11	11.5	12	12.5	13	13.5	14	14.5
1620	87	87	86	87	89	94	94	95	95	95	95	94	95	92	94	92	86	90	89	88	88	85	85	85	85	85	85	86	87	91
1635	95	95	95	95	98	97	99	103	100	101	101	100	95	95	95	95	101	99	95	88	87	88	91	91	91	95	95	95	101	97
1650	105	107	113	113	114	115	115	115	115	115	121	120	115	114	106	106	108	109	114	115	115	115	117	119	124	125	125	125	130	134
1665	135	134	135	135	137	139	142	144	145	145	145	144	145	152	155	155	155	155	157	160	162	159	156	157	162	163	160	160	164	163
1680	165	165	165	165	165	165	165	165	166	167	172	175	175	175	182	185	184	185	185	187	192	195	195	195	195	205	205	206	220	224
1695	230	233	235	236	240	244	244	244	244	240	241	241	241	240	241	241	241	241	248	246	245	245	245	243	243	248	248	244	242	242
1710	244	250	252	251	251	253	251	253	254	252	251	254	255	254	253	252	251	253	256	257	260	259	261	260	261	265	267	270	271	271
1725	272	273	280	284	286	286	287	287	287	287	287	284	282	285	281	281	285	285	281	280	286	287	289	284	287	288	290	289	290	291
1740	291	291	293	297	295	294	297	297	296	293	292	292	294	293	300	303	307	306	306	308	307	309	310	312	312	315	317	321	322	328
1755	331	332	331	332	335	332	331	332	333	333	334	334	338	340	339	339	340	341	340	338	340	341	341	339	341	341	341	340	335	340
1770	341	341	340	340	337	332	331	329	331	332	337	340	346	347	351	352	352	356	352	354	360	360	361	364	368	370	372	374	380	381
1785	386	386	387	391	391	395	400	401	402	406	408	411	411	411	411	411	411	414	417	418	419	421	421	422	421	423	424	424	430	431
1800	432	432	433	432	434	430	430	429	430	430	432	432	434	434	434	435	438	439	439	439	442	444	447	449	449	442	439	445	449	449
1815	450	450	450	453	454	452	457	459	458	458	459	459	461	462	460	463	459	459	456	458	458	450	449	447	446	445	439	435	435	433
1830	432	433	434	434	430	429	432	431	432	435	431	432	430	427	427	429	429	431	431	431	431	429	426	424	423	423	422	419	419	419
1845	418	423	419	418	417	416	414	413	411	413	412	413	416	417	419	419	421	415	419	418	419	419	419	418	419	420	419	418	418	415
1860	414	414	415	414	413	414	413	414	415	412	409	408	409	409	409	409	409	409	409	409	414	414	410	409	405	404	404	404	402	399
1875	399	399	402	402	403	406	407	407	408	409	409	409	414	418	418	419	419	421	421	424	425	425	426	419	421	426	424	425	426	427

附表 C-5（续）

长度/m	0	0.5	1	1.5	2	2.5	3	3.5	4	4.5	5	5.5	6	6.5	7	7.5	8	8.5	9	9.5	10	10.5	11	11.5	12	12.5	13	13.5	14	14.5
1890	428	429	431	429	430	431	437	440	442	439	439	439	439	439	440	439	439	439	441	441	443	441	440	440	439	439	440	441	439	435
1905	428	422	418	414	412	409	409	407	405	405	406	408	408	407	408	408	410	410	409	410	409	409	408	409	409	409	409	410	405	402
1920	404	404	406	407	407	408	406	408	409	409	408	408	412	411	411	410	409	409	409	411	409	408	407	405	399	399	400	400	400	400
1935	400	402	402	402	402	401	401	401	403	405	404	403	404	405	402	408	405	404	406	405	403	407	407	409	407	405	403	401	402	406
1950	406	408	409	409	409	407	404	409	408	406	407	411	412	411	410	403	402	399	399	399	399	398	396	398	399	400	396	398	401	401
1965	402	404	407	408	412	412	414	414	416	417	412	410	409	409	409	409	408	409	408	403	405	404	405	400	405	406	408	408	407	406
1980	408	408	409	409	409	412	405	414	416	422	429	430	429	428	431	431	429	437	437	439	438	436	433	436	433	430	429	430	429	429
1995	429	428	425	427	425	419	418	418	421	417	415	416	415	417	416	416	419	420	418	419	420	420	420	419	415	416	411	411	411	410
2010	412	410	413	412	416	411	406	405	402	401	400	400	399	399	398	398	401	404	406	406	402	396	401	401	403	403	404	405	405	404
2025	403	403	401	399	397	396	396	396	393	392	389	386	383	382	379	377	376	376	374	374	371	369	366	364	361	361	358	356	356	353
2040	354	352	349	345	345	344	341	337	335	332	329	329	327	327	327	328	326	326	325	323	323	320	321	323	324	324	325	323	320	321
2055	325	323	324	326	326	326	326	326	328	324	323	325	326	327	324	329	329	329	332	333	333	333	335	335	337	339	344	345	346	346
2070	346	343	344	346	346	346	346	346	344	346	347	346	346	346	343	350	351	354	348	346	353	347	343	342	342	343	342	345	347	346
2085	348	348	355	354	359	356	359	365	366	366	366	366	366	359	356	356	361	360	361	361	361	366	366	365	365	367	366	366	366	364
2100	363	363	361	361	361	360	359	358	354	353	353	353	353	353	355	358	360	360	359	360	361	361	359	360	362	362	361	358	356	356
2115	356	355	356	357	355	355	355	355	354	363	364	363	366	363	358	354	353	353	351	350	346	345	347	349	351	352	354	353	353	355
2130	354	352	349	343	343	344	345	346	346	346	348	353	355	361	363	363	363	363	366	364	363	369	370	372	372	370	369	367	363	362
2145	361	360	357	360	360	361	362	363	364	366	372	373	374	375	374	374	375	380	379	378	378	380	382	383	384	386	387	389	393	393
2160	393	394	395	394	399	402	402	403	403	403	406	405	408	408	406	405	403	406	409	411	413	406	409	423	421	422	423	422	420	418
2175	423	423	423	426	429	431	433	433	437	438	442	443	443	443	447	453	460	463	463	463	465	464	463	464	463	463	465	469	473	477

附表 C-6　基于布哈拉机场调查的俄罗斯斯剖面 "C"（长度单位 m，高度单位 mm）

长度/m	0	0.5	1	1.5	2	2.5	3	3.5	4	4.5	5	5.5	6	6.5	7	7.5	8	8.5	9	9.5	10	10.5	11	11.5	12	12.5	13	13.5	14	14.5
0	11	30	30	30	30	20	20	24	20	20	21	20	15	1	0	0	0	3	10	16	18	11	16	17	11	10	15	15	20	23
15	27	30	23	21	20	20	20	30	17	13	12	11	14	20	20	20	20	30	30	30	30	30	30	20	20	20	19	30	30	31
30	31	30	30	30	33	37	41	40	40	41	40	48	40	37	30	31	28	30	38	39	39	30	28	39	36	30	31	31	30	30
45	30	30	30	33	40	39	38	30	30	33	37	31	31	31	30	30	30	30	40	40	40	40	39	35	36	40	39	40	47	50
60	55	63	62	66	68	63	63	67	66	60	59	59	60	65	61	63	62	62	59	57	59	52	60	70	72	73	72	70	73	70
75	70	69	64	67	67	68	71	75	81	85	85	88	87	85	84	89	90	77	80	84	90	89	87	90	90	90	90	87	89	90
90	93	90	97	93	91	91	90	91	93	96	94	90	100	106	102	103	107	104	102	102	102	99	93	92	84	92	94	101	103	103
105	103	106	110	110	113	114	122	123	129	125	119	112	109	105	111	112	112	116	123	122	113	108	109	112	113	112	110	112	113	112
120	112	113	112	113	113	109	114	125	131	123	123	123	124	123	116	118	114	123	123	123	123	124	126	122	120	114	119	117	122	130
135	122	123	124	123	122	120	119	114	115	123	123	124	128	128	123	123	132	132	133	120	118	124	128	132	140	144	144	145	148	150
150	151	143	143	149	146	148	152	154	158	162	163	161	163	165	158	171	174	177	176	175	175	173	171	164	167	176	178	176	182	183
165	183	181	182	173	173	170	173	183	183	168	173	181	190	184	183	190	193	197	198	206	211	213	211	212	213	218	223	223	223	213
180	213	213	210	213	220	213	210	206	207	207	204	207	214	215	213	217	219	221	223	223	227	223	223	223	222	222	223	223	223	232
195	234	236	238	243	242	243	253	255	262	263	254	254	254	254	254	254	254	254	257	257	257	264	274	277	274	275	268	284	286	288
210	293	294	293	294	294	294	294	303	305	311	310	308	309	306	304	309	306	305	304	304	304	303	304	310	304	307	314	316	319	318
225	323	324	317	315	313	314	322	322	319	319	315	312	307	308	314	314	314	314	317	314	313	314	321	322	315	314	313	313	310	312
240	307	314	314	304	308	305	304	314	322	328	329	329	324	324	324	319	314	317	323	323	324	314	314	314	315	314	315	315	308	304
255	315	314	314	317	308	315	324	324	327	329	324	330	337	344	335	335	336	342	344	344	341	344	339	349	344	344	344	343	339	334

附表 C-6（续）

长度/m	0	0.5	1	1.5	2	2.5	3	3.5	4	4.5	5	5.5	6	6.5	7	7.5	8	8.5	9	9.5	10	10.5	11	11.5	12	12.5	13	13.5	14	14.5
270	334	334	334	337	338	344	345	354	357	356	347	344	334	333	335	339	344	353	354	363	364	374	374	361	372	382	392	397	394	394
285	391	388	394	396	392	384	384	388	394	404	405	405	403	394	395	403	409	414	416	416	414	412	404	417	417	414	424	421	414	394
300	407	414	414	414	419	418	421	422	424	424	416	408	409	405	405	406	412	414	417	419	421	414	420	414	414	419	418	415	414	407
315	405	406	405	413	414	416	422	424	424	425	425	425	424	426	429	436	444	444	444	444	444	444	446	444	447	459	458	454	454	459
330	461	462	454	454	453	450	453	453	454	455	445	443	441	441	444	454	462	474	482	474	491	494	498	504	504	504	504	504	504	505
345	510	510	505	504	502	500	501	503	503	508	523	524	524	524	523	514	503	494	504	504	509	511	510	505	512	507	505	504	503	500
360	494	503	511	514	519	514	509	512	509	514	523	527	526	524	522	526	534	542	541	534	534	534	534	540	530	529	544	554	553	544
375	544	545	545	548	544	541	542	553	559	564	563	562	556	554	560	554	547	546	544	539	538	544	542	544	548	552	554	561	564	564
390	565	554	563	563	564	567	564	572	569	562	556	560	563	564	572	567	565	566	567	572	573	578	571	579	573	573	579	582	573	569
405	573	579	576	578	573	580	588	589	583	584	586	588	589	589	589	589	590	590	590	596	592	589	589	598	602	609	609	596	592	589
420	595	604	599	599	608	607	604	611	598	589	599	598	593	592	594	593	590	589	587	589	592	591	590	590	589	589	595	598	598	595
435	597	594	589	580	580	588	589	589	588	587	592	595	590	594	598	602	615	618	618	621	626	624	624	622	619	618	612	601	601	608
450	606	604	608	608	608	606	609	613	618	614	617	615	617	622	629	639	648	652	654	657	651	649	649	649	645	643	649	650	654	658
465	659	658	658	657	659	666	667	669	669	679	680	682	689	693	699	709	709	709	709	707	707	709	711	719	718	726	719	709	705	699
480	694	690	697	699	689	695	694	689	690	695	694	699	707	709	710	716	712	714	716	718	719	719	727	726	728	729	729	728	729	699
495	740	749	752	754	751	758	759	747	741	738	739	739	748	749	757	756	749	746	747	747	744	739	737	739	752	756	757	762	765	729
510	760	767	764	767	762	760	756	756	753	757	761	761	766	759	757	754	752	752	747	744	737	732	744	743	744	741	745	746	746	740
525	737	737	744	746	744	748	755	756	766	766	767	767	757	755	757	762	765	764	767	767	767	765	766	764	758	757	751	747	747	747

附表 C-6（续）

长度/m	0	0.5	1	1.5	2	2.5	3	3.5	4	4.5	5	5.5	6	6.5	7	7.5	8	8.5	9	9.5	10	10.5	11	11.5	12	12.5	13	13.5	14	14.5
540	747	757	762	765	757	753	747	743	741	740	741	744	751	755	757	767	767	767	770	768	764	767	771	771	777	783	791	797	806	807
555	811	812	807	808	810	810	807	807	807	802	801	805	807	807	815	817	815	812	816	817	818	817	810	817	817	807	810	809	807	807
570	811	808	807	813	825	827	825	827	824	818	822	827	827	827	829	831	826	827	826	826	818	819	817	824	837	844	847	847	851	850
585	848	847	847	846	847	847	847	847	847	847	848	847	847	849	860	867	867	864	862	867	874	877	887	889	892	892	887	888	887	887
600	884	885	886	889	888	894	894	892	894	895	899	900	898	895	889	890	894	899	894	894	889	889	897	899	902	892	887	890	887	886
615	879	886	882	889	890	896	897	897	894	897	896	894	897	899	890	881	880	883	889	889	895	897	904	902	905	909	913	927	928	928
630	927	927	928	929	921	919	928	929	932	929	931	929	929	931	929	922	922	919	918	919	929	936	937	939	938	938	936	939	949	949
645	950	949	949	955	959	957	949	949	949	952	949	949	949	959	959	974	981	992	997	1004	1016	1024	1014	1010	1012	1009	1014	1019	1018	1012
660	1009	1001	999	999	993	989	989	988	981	979	979	979	979	980	989	993	1002	1004	1009	1008	1003	1009	1004	1001	1007	1010	1017	1019	1019	1023
675	1028	1029	1037	1041	1049	1057	1059	1058	1059	1059	1059	1059	1052	1044	1036	1031	1029	1028	1029	1029	1029	1019	1019	1019	1020	1022	1030	1024	1019	1020
690	1018	1009	1007	999	997	994	999	995	990	989	989	991	990	999	999	999	1002	1009	1016	1017	1015	1019	1018	1012	1010	1006	1009	1008	1009	1009
705	1014	1009	1010	1008	1010	1017	1017	1009	1009	1010	1010	1017	1023	1024	1029	1022	1025	1020	1019	1019	1019	1020	1025	1029	1029	1032	1031	1039	1039	1031
720	1025	1026	1026	1020	1020	1019	1017	1017	1014	1012	1012	1009	1009	999	1000	999	999	992	995	1008	1003	1009	1004	1008	1004	1003	1008	1004	999	1000
735	1000	1009	1015	1019	1019	1022	1027	1023	1023	1024	1029	1029	1029	1039	1039	1042	1039	1039	1033	1039	1039	1041	1046	1045	1048	1049	1052	1058	1052	1049
750	1058	1057	1059	1050	1048	1043	1040	1046	1044	1044	1048	1053	1059	1048	1049	1049	1048	1049	1053	1056	1056	1053	1052	1055	1059	1062	1064	1068	1066	1062
765	1059	1059	1058	1059	1064	1069	1069	1069	1074	1070	1069	1076	1076	1073	1074	1074	1072	1072	1069	1074	1077	1079	1080	1087	1092	1097	1099	1098	1096	1099
780	1099	1105	1109	1119	1121	1121	1122	1129	1130	1134	1139	1137	1130	1129	1131	1134	1132	1130	1121	1119	1119	1129	1135	1139	1137	1137	1139	1141	1149	1143
795	1148	1149	1145	1154	1159	1155	1150	1151	1148	1148	1144	1148	1157	1158	1158	1158	1158	1159	1154	1149	1150	1153	1155	1158	1166	1168	1168	1168	1161	1162

附表 C-6（续）

长度/m	0	0.5	1	1.5	2	2.5	3	3.5	4	4.5	5	5.5	6	6.5	7	7.5	8	8.5	9	9.5	10	10.5	11	11.5	12	12.5	13	13.5	14	14.5
810	1162	1161	1158	1153	1154	1153	1156	1150	1151	1150	1151	1154	1158	1158	1158	1159	1167	1161	1158	1158	1158	1159	1164	1168	1168	1175	1172	1169	1172	1178
825	1177	1173	1170	1177	1178	1186	1188	1190	1188	1185	1179	1178	1188	1190	1181	1178	1183	1191	1204	1201	1208	1218	1208	1201	1194	1188	1188	1190	1189	1191
840	1188	1188	1185	1188	1195	1198	1207	1215	1217	1218	1221	1228	1229	1229	1228	1219	1218	1227	1219	1214	1208	1203	1208	1213	1219	1217	1218	1217	1208	1198
855	1194	1198	1204	1208	1214	1215	1218	1221	1217	1223	1218	1218	1223	1226	1231	1228	1226	1238	1230	1228	1234	1235	1228	1225	1218	1228	1235	1238	1243	1245
870	1238	1229	1230	1235	1239	1243	1246	1250	1254	1255	1258	1268	1278	1276	1275	1277	1277	1270	1269	1268	1268	1270	1274	1269	1268	1263	1268	1268	1268	1278
885	1278	1285	1291	1298	1298	1298	1293	1288	1288	1283	1282	1278	1279	1280	1285	1279	1278	1282	1278	1278	1276	1280	1288	1289	1291	1289	1292	1295	1302	1302
900	1308	1318	1327	1328	1332	1332	1331	1334	1336	1334	1334	1333	1333	1332	1335	1337	1337	1338	1338	1337	1340	1338	1341	1342	1342	1338	1347	1352	1355	1357
915	1362	1368	1369	1358	1348	1338	1335	1328	1327	1326	1327	1327	1327	1326	1326	1327	1328	1328	1329	1330	1333	1337	1337	1334	1336	1337	1339	1337	1337	1339
930	1340	1341	1343	1344	1345	1347	1347	1345	1340	1340	1344	1346	1347	1347	1350	1350	1354	1357	1356	1357	1357	1358	1362	1362	1367	1368	1371	1376	1376	1377
945	1377	1380	1384	1387	1387	1384	1383	1387	1384	1387	1394	1397	1400	1400	1401	1401	1405	1405	1402	1403	1397	1398	1397	1397	1397	1397	1400	1397	1397	1392
960	1392	1394	1396	1394	1394	1397	1397	1405	1405	1402	1405	1403	1406	1407	1411	1418	1425	1425	1427	1423	1413	1417	1417	1417	1422	1426	1428	1431	1433	1428
975	1428	1425	1426	1423	1422	1423	1424	1426	1427	1429	1437	1438	1443	1443	1443	1446	1447	1448	1450	1451	1449	1453	1459	1458	1463	1462	1457	1460	1462	1465
990	1466	1467	1466	1467	1467	1467	1467	1466	1467	1467	1467	1466	1463	1465	1464	1466	1469	1469	1467	1468	1463	1460	1458	1462	1462	1459	1460	1461	1463	1467
1005	1467	1468	1467	1467	1468	1470	1470	1474	1475	1472	1481	1482	1480	1484	1477	1485	1487	1487	1487	1494	1487	1482	1477	1477	1477	1475	1468	1467	1472	1477
1020	1477	1479	1482	1483	1484	1487	1487	1487	1482	1499	1478	1477	1476	1476	1477	1487	1487	1495	1497	1504	1499	1497	1497	1493	1497	1497	1499	1504	1504	1503
1035	1500	1503	1497	1496	1495	1497	1497	1497	1497	1499	1497	1497	1505	1499	1498	1504	1503	1505	1507	1508	1514	1515	1517	1514	1517	1497	1521	1525	1524	1527
1050	1531	1537	1547	1554	1567	1566	1553	1543	1537	1531	1526	1517	1517	1517	1516	1511	1514	1517	1517	1517	1520	1523	1523	1522	1518	1522	1523	1525	1524	1527
1065	1530	1536	1538	1539	1537	1540	1543	1543	1543	1544	1545	1547	1550	1556	1557	1551	1552	1556	1547	1547	1547	1550	1554	1557	1557	1555	1555	1557	1557	1557

附表 C-6（续）

长度/m	0	0.5	1	1.5	2	2.5	3	3.5	4	4.5	5	5.5	6	6.5	7	7.5	8	8.5	9	9.5	10	10.5	11	11.5	12	12.5	13	13.5	14	14.5
1080	1560	1567	1568	1577	1582	1584	1578	1581	1582	1587	1577	1577	1574	1575	1576	1577	1580	1584	1582	1585	1584	1587	1590	1593	1594	1597	1599	1605	1607	1606
1095	1606	1608	1611	1615	1617	1617	1616	1613	1617	1617	1620	1619	1615	1614	1614	1622	1633	1643	1646	1654	1663	1676	1663	1653	1643	1638	1633	1633	1623	1623
1110	1623	1623	1623	1623	1623	1623	1626	1629	1629	1629	1629	1632	1635	1636	1635	1634	1632	1624	1624	1623	1616	1616	1623	1623	1623	1620	1623	1623	1623	1623
1125	1624	1623	1623	1623	1623	1622	1623	1623	1625	1631	1632	1629	1633	1635	1645	1653	1652	1653	1660	1663	1663	1667	1671	1673	1674	1674	1673	1672	1670	1670
1140	1670	1673	1671	1670	1673	1678	1678	1673	1671	1667	1664	1663	1662	1663	1663	1658	1660	1657	1656	1656	1660	1657	1654	1659	1663	1663	1668	1675	1680	1684
1155	1690	1700	1702	1699	1693	1683	1674	1670	1671	1666	1668	1664	1663	1667	1665	1668	1673	1674	1675	1676	1673	1674	1674	1673	1679	1683	1688	1693	1693	1694
1170	1698	1702	1703	1706	1711	1713	1713	1711	1711	1705	1703	1700	1696	1695	1697	1703	1703	1706	1706	1709	1710	1714	1716	1723	1729	1733	1733	1736	1733	1733
1185	1733	1733	1733	1732	1732	1721	1732	1733	1733	1733	1734	1735	1734	1734	1737	1743	1743	1743	1743	1743	1743	1744	1743	1739	1736	1741	1740	1742	1742	1743
1200	1744	1744	1744	1744	1745	1748	1747	1745	1747	1745	1751	1754	1755	1762	1764	1771	1767	1765	1765	1764	1764	1769	1773	1771	1773	1771	1768	1765	1764	1760
1215	1755	1755	1754	1754	1754	1754	1760	1748	1742	1744	1746	1738	1741	1740	1735	1735	1734	1734	1733	1734	1734	1742	1749	1752	1753	1752	1754	1754	1756	1754
1230	1752	1752	1754	1759	1754	1764	1769	1769	1773	1774	1774	1775	1776	1778	1781	1781	1784	1783	1781	1775	1774	1774	1773	1774	1774	1775	1774	1774	1774	1774
1245	1774	1775	1776	1779	1784	1788	1794	1794	1794	1793	1787	1784	1782	1784	1784	1783	1784	1784	1787	1785	1790	1794	1793	1794	1794	1800	1799	1801	1800	1799
1260	1797	1795	1795	1794	1794	1794	1795	1793	1788	1789	1790	1792	1788	1788	1785	1784	1786	1793	1794	1793	1794	1794	1794	1799	1804	1813	1817	1824	1824	1824
1275	1824	1824	1824	1824	1824	1825	1826	1830	1829	1827	1827	1826	1824	1819	1823	1824	1827	1833	1834	1832	1834	1834	1837	1834	1844	1844	1844	1844	1842	1844
1290	1847	1853	1854	1854	1862	1864	1864	1864	1863	1855	1862	1860	1854	1853	1854	1854	1854	1854	1855	1857	1857	1857	1856	1854	1852	1849	1849	1847	1853	1847
1305	1847	1848	1849	1853	1855	1855	1857	1867	1867	1865	1862	1865	1860	1862	1864	1865	1867	1867	1867	1867	1867	1871	1867	1871	1875	1877	1877	1876	1876	1872
1320	1867	1867	1864	1866	1865	1867	1867	1876	1876	1877	1884	1879	1886	1887	1888	1894	1890	1887	1887	1887	1887	1887	1887	1887	1887	1887	1890	1888	1895	1895
1335	1891	1887	1888	1888	1887	1887	1892	1897	1897	1902	1898	1897	1897	1892	1896	1896	1896	1900	1906	1904	1903	1906	1905	1907	1908	1915	1916	1916	1913	1908

附表 C-6（续）

长度/m	0	0.5	1	1.5	2	2.5	3	3.5	4	4.5	5	5.5	6	6.5	7	7.5	8	8.5	9	9.5	10	10.5	11	11.5	12	12.5	13	13.5	14	14.5
1350	1907	1902	1904	1900	1899	1897	1897	1898	1898	1897	1894	1894	1888	1891	1894	1897	1897	1900	1907	1907	1911	1917	1917	1918	1917	1917	1918	1925	1930	1929
1365	1928	1930	1930	1928	1929	1927	1927	1927	1927	1928	1926	1923	1924	1926	1927	1927	1927	1928	1931	1927	1929	1932	1934	1937	1939	1937	1938	1952	1949	1947
1380	1946	1939	1944	1947	1957	1957	1955	1949	1951	1949	1957	1956	1955	1956	1954	1951	1950	1953	1954	1956	1956	1956	1957	1957	1957	1958	1960	1967	1964	1963
1395	1967	1972	1977	1982	1981	1982	1987	1987	1990	1989	1986	1989	1990	1990	1990	1994	1994	2000	2001	2003	2000	1999	1996	1999	1992	1999	2000	2006	2010	2019
1410	2030	2044	2061	2061	2067	2070	2069	2070	2072	2080	2080	2080	2079	2079	2079	2079	2080	2080	2081	2085	2081	2079	2076	2077	2080	2080	2080	2076	2075	2079
1425	2080	2080	2080	2084	2087	2089	2090	2090	2091	2090	2090	2086	2087	2090	2089	2089	2081	2085	2080	2080	2080	2080	2080	2080	2078	2071	2070	2070	2070	2069
1440	2064	2069	2067	2069	2070	2075	2075	2078	2074	2071	2070	2067	2061	2062	2061	2060	2060	2069	2075	2081	2079	2080	2088	2085	2080	2080	2080	2083	2083	2085
1455	2096	2100	2100	2102	2104	2101	2100	2097	2097	2098	2100	2100	2099	2100	2101	2103	2105	2108	2111	2116	2119	2115	2110	2110	2110	2110	2110	2110	2110	2110
1470	2117	2113	2110	2110	2110	2110	2113	2112	2112	2116	2116	2120	2121	2120	2120	2120	2123	2126	2127	2128	2130	2135	2138	2140	2140	2140	2140	2140	2141	2142
1485	2148	2148	2140	2135	2127	2120	2113	2108	2103	2100	2100	2100	2100	2100	2097	2095	2099	2100	2101	2107	2107	2110	2110	2110	2117	2119	2116	2114	2118	2119
1500	2121	2123	2117	2119	2127	2127	2128	2127	2129	2127	2127	2134	2130	2127	2127	2127	2126	2127	2127	2118	2118	2127	2127	2127	2119	2117	2117	2124	2123	2122
1515	2118	2118	2118	2117	2121	2121	2121	2124	2122	2123	2127	2127	2128	2135	2137	2134	2130	2137	2137	2137	2143	2147	2147	2147	2147	2146	2147	2147	2144	2140
1530	2136	2129	2128	2131	2136	2137	2138	2147	2155	2154	2157	2153	2151	2148	2148	2147	2150	2148	2152	2154	2153	2156	2156	2153	2148	2149	2149	2153	2157	2156
1545	2157	2157	2157	2152	2151	2152	2148	2152	2152	2152	2157	2164	2167	2167	2167	2167	2170	2171	2173	2175	2177	2177	2183	2180	2178	2177	2177	2177	2177	2175
1560	2173	2170	2173	2169	2167	2167	2167	2167	2167	2165	2165	2167	2167	2176	2177	2177	2181	2184	2187	2187	2192	2194	2198	2204	2207	2207	2209	2217	2221	2225
1575	2227	2231	2237	2241	2244	2242	2246	2242	2234	2229	2236	2237	2237	2237	2238	2239	2241	2237	2237	2237	2237	2237	2239	2240	2247	2246	2246	2246	2247	2247
1590	2247	2250	2255	2257	2258	2257	2258	2261	2263	2265	2265	2258	2262	2267	2267	2267	2266	2267	2275	2275	2275	2272	2271	2268	2267	2270	2268	2265	2264	2258
1605	2264	2267	2268	2273	2268	2268	2270	2276	2277	2276	2274	2269	2275	2272	2267	2264	2259	2258	2259	2263	2257	2256	2258	2259	2258	2267	2267	2267	2269	2273

附表 C-6（续）

长度/m	0	0.5	1	1.5	2	2.5	3	3.5	4	4.5	5	5.5	6	6.5	7	7.5	8	8.5	9	9.5	10	10.5	11	11.5	12	12.5	13	13.5	14	14.5
1620	2274	2270	2267	2267	2267	2266	2267	2263	2254	2257	2258	2258	2255	2257	2256	2256	2257	2259	2267	2275	2277	2284	2287	2295	2287	2283	2277	2282	2286	2287
1635	2287	2287	2294	2292	2292	2288	2288	2287	2292	2298	2297	2296	2297	2297	2298	2300	2301	2301	2302	2304	2305	2307	2307	2311	2307	2304	2303	2305	2300	2300
1650	2298	2297	2297	2297	2295	2292	2291	2290	2290	2293	2294	2297	2297	2302	2298	2299	2297	2302	2305	2304	2307	2311	2312	2319	2329	2337	2338	2341	2344	2342
1665	2340	2337	2337	2337	2337	2336	2338	2338	2340	2340	2343	2344	2345	2343	2344	2344	2343	2345	2345	2344	2344	2347	2353	2350	2350	2347	2346	2338	2337	2337
1680	2338	2337	2335	2330	2333	2337	2337	2331	2330	2331	2334	2337	2338	2345	2348	2348	2349	2348	2347	2346	2346	2347	2347	2347	2350	2353	2349	2349	2351	2350
1695	2352	2350	2355	2355	2362	2367	2367	2367	2366	2366	2366	2366	2365	2367	2370	2367	2366	2367	2369	2371	2372	2375	2376	2376	2380	2381	2385	2388	2393	2395
1710	2395	2396	2397	2405	2406	2405	2405	2406	2406	2409	2410	2409	2408	2410	2413	2414	2412	2410	2407	2406	2406	2406	2405	2405	2406	2405	2403	2397	2396	2396
1725	2398	2402	2405	2407	2407	2406	2406	2405	2406	2406	2405	2404	2401	2398	2397	2398	2396	2396	2397	2401	2399	2399	2402	2405	2405	2406	2407	2408	2407	2407
1740	2412	2415	2414	2414	2411	2416	2417	2419	2418	2421	2425	2426	2426	2425	2426	2429	2435	2436	2426	2435	2434	2434	2431	2435	2436	2436	2436	2436	2436	2436
1755	2439	2439	2439	2439	2443	2444	2438	2436	2436	2433	2431	2431	2436	2437	2436	2436	2436	2439	2444	2443	2445	2446	2447	2454	2457	2458	2461	2459	2456	2456
1770	2456	2456	2456	2447	2447	2446	2446	2446	2444	2444	2443	2446	2446	2455	2462	2465	2465	2466	2462	2459	2460	2463	2463	2464	2466	2467	2476	2476	2476	2476
1785	2475	2471	2468	2468	2467	2466	2468	2467	2466	2467	2466	2466	2471	2476	2475	2476	2482	2481	2480	2482	2482	2485	2485	2491	2490	2506	2506	2506	2506	2508
1800	2512	2512	2512	2512	2516	2521	2522	2522	2523	2527	2531	2532	2534	2535	2532	2532	2534	2540	2541	2535	2533	2528	2526	2524	2523	2526	2528	2531	2527	2531
1815	2531	2528	2530	2527	2527	2529	2528	2527	2527	2523	2522	2522	2522	2522	2525	2532	2534	2542	2542	2539	2541	2541	2541	2539	2532	2536	2536	2537	2542	2545
1830	2552	2553	2560	2553	2552	2549	2549	2547	2542	2539	2538	2540	2535	2535	2538	2536	2538	2540	2535	2535	2537	2538	2553	2555	2539	2539	2542	2543	2547	2548
1845	2549	2550	2552	2552	2552	2552	2552	2552	2552	2555	2551	2550	2552	2552	2552	2552	2553	2553	2552	2552	2552	2552	2553	2555	2562	2562	2563	2562	2562	2561
1860	2559	2556	2555	2554	2558	2553	2554	2559	2553	2555	2559	2561	2562	2561	2561	2560	2562	2565	2567	2571	2572	2572	2573	2572	2572	2569	2570	2570	2572	2572
1875	2575	2577	2579	2582	2585	2588	2587	2592	2588	2589	2592	2591	2589	2589	2592	2592	2592	2594	2597	2595	2592	2586	2589	2587	2588	2592	2592	2592	2593	2591

附表 C–6（续）

长度/m	0	0.5	1	1.5	2	2.5	3	3.5	4	4.5	5	5.5	6	6.5	7	7.5	8	8.5	9	9.5	10	10.5	11	11.5	12	12.5	13	13.5	14	14.5
1890	2591	2592	2592	2594	2597	2601	2602	2603	2607	2603	2602	2602	2601	2601	2601	2600	2602	2622	2632	2640	2630	2627	2629	2625	2620	2620	2625	2624	2626	2627
1905	2628	2625	2625	2630	2630	2630	2634	2632	2635	2639	2640	2642	2647	2650	2654	2660	2663	2669	2676	2680	2688	2689	2687	2686	2686	2680	2680	2680	2678	2678
1920	2677	2677	2678	2677	2676	2672	2671	2671	2670	2670	2670	2673	2670	2670	2671	2671	2670	2671	2677	2680	2679	2680	2680	2680	2680	2680	2680	2680	2680	2680
1935	2679	2680	2683	2680	2661	2663	2663	2663	2661	2664	2667	2661	2661	2664	2664	2667	2666	2666	2669	2669	2670	2670	2674	2665	2675	2673	2672	2680	2680	2682
1950	2680	2684	2681	2682	2688	2690	2690	2691	2693	2691	2690	2683	2685	2682	2683	2685	2686	2685	2686	2662	2676	2690	2691	2694	2695	2694	2694	2693	2698	2700
1965	2700	2700	2700	2705	2709	2710	2703	2700	2710	2710	2710	2709	2700	2697	2697	2693	2692	2690	2690	2690	2681	2683	2695	2702	2706	2700	2700	2705	2713	2721
1980	2720	2716	2720	2715	2716	2719	2716	2718	2720	2721	2721	2725	2730	2730	2730	2730	2730	2731	2730	2731	2730	2727	2727	2726	2729	2730	2730	2730	2731	2734
1995	2741	2757	2767	2771	2780	2773	2771	2775	2778	2775	2773	2770	2767	2763	2757	2753	2751	2745	2738	2742	2743	2745	2744	2743	2743	2740	2738	2745	2745	2748
2010	2753	2755	2758	2759	2763	2763	2763	2760	2754	2759	2761	2763	2763	2763	2762	2763	2770	2773	2773	2773	2780	2783	2791	2793	2801	2808	2818	2827	2824	2828
2025	2828	2824	2823	2823	2818	2813	2809	2803	2802	2800	2797	2793	2793	2793	2793	2788	2788	2784	2783	2781	2778	2781	2778	2780	2776	2774	2776	2778	2779	2777
2040	2779	2778	2783	2783	2782	2779	2779	2773	2773	2774	2773	2774	2776	2775	2780	2783	2784	2788	2793	2793	2797	2805	2815	2823	2843	2853	2835	2824	2815	2823
2055	2820	2815	2814	2813	2813	2813	2813	2813	2813	2813	2809	2809	2807	2808	2812	2813	2815	2817	2818	2823	2823	2823	2823	2826	2833	2833	2832	2833	2833	2832
2070	2833	2833	2834	2834	2836	2840	2840	2841	2840	2843	2843	2843	2845	2850	2855	2856	2854	2854	2860	2860	2854	2853	2853	2853	2850	2850	2851	2852	2853	2853
2085	2853	2854	2855	2856	2862	2863	2864	2866	2870	2873	2876	2875	2878	2878	2876	2875	2874	2877	2876	2876	2878	2874	2880	2873	2873	2873	2873	2870	2869	2865
2100	2859	2858	2858	2859	2858	2858	2859	2859	2859	2859	2859	2859	2860	2864	2867	2867	2868	2869	2869	2868	2879	2884	2884	2877	2878	2874	2873	2873	2879	2879
2115	2879	2879	2879	2879	2879	2881	2878	2870	2869	2890	2878	2875	2870	2869	2869	2871	2869	2865	2867	2864	2869	2869	2869	2869	2874	2874	2877	2878	2878	2879
2130	2886	2895	2899	2899	2905	2901	2894	2893	2896	2915	2889	2895	2902	2909	2900	2893	2889	2899	2911	2915	2918	2913	2906	2902	2917	2914	2909	2909	2909	2909
2145	2910	2911	2912	2910	2909	2909	2910	2915	2915	2915	2909	2909	2911	2909	2909	2909	2910	2909	2916	2918	2918	2917	2918	2918	2915	2917	2919	2919	2919	2919

附表 C-6（续）

长度/m	0	0.5	1	1.5	2	2.5	3	3.5	4	4.5	5	5.5	6	6.5	7	7.5	8	8.5	9	9.5	10	10.5	11	11.5	12	12.5	13	13.5	14	14.5
2160	2927	2929	2929	2929	2929	2929	2935	2937	2939	2939	2939	2941	2944	2947	2950	2950	2951	2954	2954	2959	2959	2949	2949	2945	2949	2949	2953	2958	2953	2956
2175	2953	2953	2955	2958	2959	2954	2956	2959	2972	2977	2979	2979	2980	2979	2975	2977	2977	2979	2979	2977	2976	2975	2972	2974	2974	2979	2978	2979	2981	2982
2190	2989	2987	2989	2992	2999	3009	3019	3026	3028	3029	3027	3025	3024	3028	3029	3029	3029	3028	3028	3028	3033	3032	3035	3035	3033	3038	3038	3038	3038	3038
2205	3038	3041	3043	3048	3056	3058	3058	3061	3063	3068	3078	3084	3089	3096	3103	3098	3098	3089	3067	3049	3044	3039	3036	3032	3033	3033	3029	3029	3028	3028
2220	3024	3026	3023	3018	3018	3023	3024	3021	3023	3023	3028	3028	3019	3031	3031	3030	3031	3033	3030	3027	3026	3028	3027	3031	3037	3038	3038	3039	3039	3039
2235	3044	3043	3048	3047	3047	3047	3047	3046	3047	3048	3048	3048	3050	3054	3057	3064	3058	3054	3048	3048	3044	3048	3049	3055	3048	3048	3048	3048	3048	3048
2250	3054	3058	3058	3048	3049	3051	3050	3058	3053	3063	3068	3059	3066	3063	3059	3062	3064	3067	3068	3067	3068	3069	3074	3076	3074	3075	3073	3069	3076	3078
2265	3078	3078	3080	3084	3087	3087	3088	3088	3088	3088	3088	3099	3095	3098	3098	3094	3097	3097	3098	3098	3099	3099	3106	3107	3106	3103	3107	3105	3103	3100
2280	3107	3108	3108	3108	3108	3110	3113	3116	3118	3118	3127	3119	3123	3124	3128	3128	3129	3131	3132	3129	3130	3133	3137	3138	3138	3138	3138	3138	3138	3138
2295	3138	3138	3138	3138	3140	3148	3148	3148	3148	3148	3148	3149	3158	3148	3148	3146	3141	3140	3146	3146	3146	3141	3140	3141	3138	3142	3147	3147	3147	3143
2310	3147	3146	3148	3147	3148	3148	3148	3158	3158	3158	3158	3160	3158	3158	3165	3167	3166	3165	3163	3161	3158	3152	3154	3158	3155	3157	3153	3155	3155	3156
2325	3158	3156	3149	3148	3150	3157	3158	3158	3158	3158	3164	3158	3158	3161	3164	3166	3168	3168	3168	3173	3175	3173	3168	3167	3168	3168	3168	3174	3178	3178
2340	3178	3180	3178	3183	3185	3186	3184	3186	3188	3195	3194	3194	3195	3188	3188	3188	3188	3188	3188	3186	3187	3185	3188	3188	3189	3188	3187	3188	3188	3190
2355	3192	3197	3194	3195	3198	3199	3201	3205	3206	3218	3219	3215	3216	3222	3228	3232	3239	3248	3255	3258	3256	3255	3248	3238	3229	3220	3216	3215	3215	3218
2370	3219	3224	3218	3222	3228	3231	3228	3228	3238	3229	3215	3211	3208	3207	3208	3208	3216	3218	3218	3221	3220	3228	3225	3226	3228	3228	3236	3235	3234	3238
2385	3238	3238	3239	3239	3248	3255	3258	3264	3256	3249	3251	3251	3248	3257	3258	3257	3251	3254	3248	3254	3258	3258	3258	3258	3258	3258	3258	3260	3267	3267
2400	3266	3266	3265	3276	3266	3266	3266	3266	3265	3264	3264	3266	3266	3266	3262	3263	3261	3261	3265	3266	3266	3276	3268	3270	3272	3268	3268	3271	3269	3270
2415	3276	3276	3276	3276	3287	3287	3287	3286	3285	3286	3286	3287	3291	3296	3298	3294	3296	3296	3303	3306	3306	3306	3305	3302	3303	3306	3306	3306	3311	3311

附表 C-6（续）

长度/m	0	0.5	1	1.5	2	2.5	3	3.5	4	4.5	5	5.5	6	6.5	7	7.5	8	8.5	9	9.5	10	10.5	11	11.5	12	12.5	13	13.5	14	14.5
2430	3313	3314	3316	3317	3317	3320	3316	3307	3306	3305	3306	3305	3306	3306	3311	3287	3306	3306	3316	3317	3321	3323	3316	3316	3316	3317	3322	3326	3326	3326
2445	3327	3331	3333	3327	3327	3310	3323	3322	3317	3321	3321	3322	3326	3323	3324	3323	3321	3324	3326	3334	3333	3336	3336	3336	3337	3336	3339	3338	3337	3336
2460	3336	3335	3334	3336	3335	3336	3336	3336	3343	3346	3346	3346	3340	3344	3344	3355	3350	3351	3354	3352	3356	3356	3359	3361	3362	3364	3365	3371	3371	3372
2475	3376	3377	3362	3365	3366	3366	3368	3373	3376	3376	3374	3376	3376	3376	3376	3377	3384	3384	3385	3384	3385	3386	3387	3392	3396	3395	3391	3394	3396	3396
2490	3395	3396	3396	3396	3395	3396	3396	3400	3401	3405	3406	3416	3416	3416	3416	3426	3426	3416	3416	3416	3416	3411	3402	3402	3400	3401	3397	3395	3394	3395
2505	3394	3394	3396	3401	3401	3398	3400	3401	3401	3401	3401	3401	3401	3401	3401	3401	3396	3400	3392	3397	3396	3399	3400	3401	3402	3408	3411	3411	3411	3411
2520	3414	3410	3411	3411	3407	3407	3408	3402	3402	3404	3410	3413	3416	3406	3407	3406	3401	3401	3401	3401	3411	3411	3409	3407	3407	3410	3410	3411	3411	3411
2535	3411	3411	3411	3404	3401	3401	3401	3396	3391	3392	3396	3395	3396	3392	3391	3392	3391	3391	3391	3391	3392	3397	3400	3397	3394	3392	3391	3393	3398	3401
2550	3401	3401	3410	3399	3399	3400	3399	3397	3391	3390	3391	3393	3395	3395	3392	3400	3394	3397	3397	3399	3400	3394	3394	3393	3398	3401	3401	3412	3410	3402
2565	3410	3412	3411	3411	3411	3411	3412	3410	3403	3401	3402	3409	3411	3410	3410	3401	3401	3406	3410	3409	3410	3411	3411	3414	3413	3416	3432	3431	3425	3426
2580	3421	3416	3412	3418	3417	3420	3421	3422	3420	3421	3421	3428	3430	3431	3430	3430	3433	3432	3431	3423	3423	3431	3433	3431	3435	3434	3431	3438	3436	3431
2595	3441	3443	3441	3435	3435	3432	3430	3431	3430	3431	3434	3436	3436	3436	3436	3437	3436	3436	3436	3436	3445	3446	3446	3446	3456	3456	3437	3441	3436	3435
2610	3437	3438	3442	3441	3445	3446	3446	3446	3446	3446	3446	3442	3444	3440	3441	3446	3446	3446	3446	3446	3446	3446	3446	3436	3436	3433	3426	3429	3436	3432
2625	3436	3441	3437	3440	3442	3444	3443	3438	3443	3446	3449	3449	3448	3446	3447	3451	3450	3451	3447	3446	3446	3440	3436	3436	3436	3436	3436	3437	3441	3444
2640	3446	3445	3445	3445	3442	3438	3438	3437	3442	3438	3437	3437	3436	3436	3436	3436	3436	3437	3439	3446	3446	3446	3446	3456	3456	3456	3456	3456	3456	3461
2655	3457	3464	3465	3466																										

参 考 文 献

［1］Federal Aviation Administration，"Taxi，Takeoff，and Landing Roll Design Loads," Advisory Circular AC25.491-1，Federal Aviation Administration，October 2000.

［2］Design of Undercarriages-Operation from Surfaces other than Smooth Hard Runways-Specification of Continuous Ground Unevenness，DEF STAN 00-970 PART 1/14，SECTION 4，Issue 14，Leaflet 49，UK Ministry of Defence，July 2015.

［3］Tung，C.C.，Penzien，J.，and Horonjeff，R.，*The Effect of Runway Uneveness on the Dynamic Response of Supersonic Transports*，NASA CR-119，National Aeronautics and Space Administration，1964.

附录 D 氮气比容

附表 D-1 氮气比容

不同温度和压力下的氮气比容 / (L/mol)

压力/atm	温度																							
	180 K	190 K	200 K	220 K	240 K	260 K	270 K	280 K	290 K	300 K	320 K	340 K	360 K	380 K	400 K	450 K	500 K	550 K	600 K	650 K	700 K	800 K	900 K	1000 K
5	2.9069	3.0772	3.2468	3.5841	3.9196	4.2537	4.4204	4.5868	4.7531	4.9192	5.2510	5.5822	5.9131	6.2436	6.5739	7.3987	8.2224	9.0455	9.8681	10.6900	11.5120	13.1550	14.7980	16.4400
10	1.4298	1.5183	1.6059	1.7791	1.9505	2.1205	2.2051	2.2895	2.3737	2.4577	2.6254	2.7925	2.9592	3.1256	3.2918	3.7062	4.1197	4.5324	4.9447	5.3566	5.7682	6.5909	7.4129	8.2345
15	0.9375	0.9987	1.0590	1.1777	1.2944	1.4097	1.4669	1.5240	1.5808	1.6375	1.7503	1.8627	1.9748	2.0864	2.1979	2.4755	2.7521	3.0281	3.3036	3.5788	3.8536	4.4027	4.9512	5.4993
20	0.6914	0.7391	0.7858	0.8772	0.9665	1.0544	1.0980	1.1413	1.1845	1.2275	1.3130	1.3980	1.4826	1.5669	1.6510	1.8602	2.0684	2.2760	2.4831	2.6899	2.8963	3.3086	3.7203	4.1317
25	0.5438	0.5834	0.6220	0.6970	0.7699	0.8414	0.8768	0.9119	0.9468	0.9816	1.0506	1.1192	1.1874	1.2553	1.3229	1.4911	1.6583	1.8248	1.9908	2.1565	2.3220	2.6522	2.9818	3.3111
30	0.4455	0.4797	0.5129	0.5770	0.6390	0.6995	0.7294	0.7590	0.7885	0.8178	0.8759	0.9335	0.9907	1.0476	1.1043	1.2450	1.3848	1.5240	1.6627	1.8010	1.9391	2.2146	2.4895	2.7641
35	0.3754	0.4058	0.4351	0.4914	0.5456	0.5983	0.6242	0.6500	0.6755	0.7008	0.7511	0.8009	0.8503	0.8993	0.9482	1.0693	1.1896	1.3092	1.4283	1.5471	1.6656	1.9020	2.1379	2.3733
35	0.3754	0.4058	0.4351	0.4914	0.5456	0.5983	0.6242	0.6500	0.6755	0.7008	0.7511	0.8009	0.8503	0.8993	0.9482	1.0693	1.1896	1.3092	1.4283	1.5471	1.6656	1.9020	2.1379	2.3733
35	0.3754	0.4058	0.4351	0.4914	0.5456	0.5983	0.6242	0.6500	0.6755	0.7008	0.7511	0.8009	0.8503	0.8993	0.9482	1.0693	1.1896	1.3092	1.4283	1.5471	1.6656	1.9020	2.1379	2.3733
40	0.3229	0.3505	0.3769	0.4274	0.4757	0.5225	0.5455	0.5682	0.5908	0.6132	0.6576	0.7015	0.7450	0.7882	0.8311	0.9376	1.0432	1.1481	1.2525	1.3566	1.4605	1.6676	1.8741	2.0803
45	0.2821	0.3076	0.3318	0.3777	0.4214	0.4636	0.4843	0.5047	0.5250	0.5451	0.5849	0.6242	0.6631	0.7017	0.7401	0.8351	0.9293	1.0228	1.1158	1.2085	1.3010	1.4853	1.6690	1.8524
50	0.2497	0.2734	0.2958	0.3380	0.3780	0.4165	0.4354	0.4540	0.4724	0.4907	0.5268	0.5624	0.5977	0.6326	0.6673	0.7532	0.8382	0.9226	1.0065	1.0901	1.1734	1.3394	1.5049	1.6700
55	0.2233	0.2455	0.2664	0.3057	0.3427	0.3781	0.3955	0.4126	0.4295	0.4462	0.4793	0.5119	0.5442	0.5761	0.6078	0.6862	0.7637	0.8406	0.9171	0.9932	1.0690	1.2201	1.3707	1.5209
60	0.2015	0.2225	0.2421	0.2788	0.3133	0.3462	0.3623	0.3781	0.3938	0.4092	0.4398	0.4699	0.4996	0.5291	0.5583	0.6304	0.7017	0.7723	0.8425	0.9124	0.9820	1.1207	1.2588	1.3965
65	0.1832	0.2031	0.2217	0.2562	0.2885	0.3192	0.3342	0.3490	0.3636	0.3780	0.4064	0.4344	0.4620	0.4893	0.5163	0.5832	0.6492	0.7145	0.7795	0.8441	0.9084	1.0365	1.1641	1.2914
70	0.1678	0.1867	0.2043	0.2369	0.2673	0.2962	0.3102	0.3241	0.3377	0.3512	0.3778	0.4039	0.4297	0.4552	0.4804	0.5427	0.6042	0.6650	0.7254	0.7855	0.8453	0.9644	1.0830	1.2012

附表 D-1（续）

不同温度和压力下的氮气比容 /（L/mol）

压力/atm	温度																							
	180 K	190 K	200 K	220 K	240 K	260 K	270 K	280 K	290 K	300 K	320 K	340 K	360 K	380 K	400 K	450 K	500 K	550 K	600 K	650 K	700 K	800 K	900 K	1000 K
75	0.1545	0.1726	0.1893	0.2203	0.2490	0.2763	0.2895	0.3026	0.3154	0.3281	0.3531	0.3776	0.4018	0.4257	0.4494	0.5077	0.5652	0.6221	0.6786	0.7348	0.7907	0.9019	1.0127	1.1231
80	0.1432	0.1604	0.1763	0.2058	0.2331	0.2589	0.2714	0.2838	0.2959	0.3079	0.3315	0.3546	0.3774	0.3999	0.4222	0.4771	0.5311	0.5846	0.6376	0.6904	0.7428	0.8472	0.9511	1.0547
85	0.1334	0.1498	0.1650	0.1931	0.2191	0.2436	0.2555	0.2672	0.2787	0.2901	0.3124	0.3343	0.3559	0.3771	0.3982	0.4500	0.5010	0.5515	0.6015	0.6512	0.7006	0.7990	0.8969	0.9944
90	0.1249	0.1405	0.1551	0.1819	0.2067	0.2301	0.2414	0.2526	0.2635	0.2743	0.2955	0.3163	0.3368	0.3569	0.3769	0.4260	0.4743	0.5221	0.5694	0.6164	0.6631	0.7561	0.8486	0.9408
95	0.1175	0.1324	0.1463	0.1720	0.1957	0.2180	0.2289	0.2395	0.2499	0.2602	0.2804	0.3002	0.3197	0.3389	0.3579	0.4045	0.4504	0.4957	0.5406	0.5852	0.6296	0.7178	0.8054	0.8928
100	0.1110	0.1252	0.1385	0.1631	0.1858	0.2072	0.2176	0.2277	0.2377	0.2476	0.2669	0.2858	0.3043	0.3227	0.3408	0.3852	0.4289	0.4721	0.5148	0.5572	0.5994	0.6832	0.7666	0.8496
110	0.1004	0.1132	0.1254	0.1480	0.1690	0.1887	0.1982	0.2076	0.2167	0.2258	0.2435	0.2609	0.2779	0.2947	0.3112	0.3519	0.3918	0.4312	0.4702	0.5088	0.5473	0.6236	0.6995	0.7750
120	0.0921	0.1037	0.1148	0.1357	0.1551	0.1734	0.1822	0.1909	0.1994	0.2077	0.2242	0.2402	0.2559	0.2714	0.2867	0.3242	0.3609	0.3971	0.4330	0.4685	0.5038	0.5739	0.6436	0.7129
130	0.0856	0.0960	0.1062	0.1255	0.1435	0.1606	0.1688	0.1769	0.1848	0.1926	0.2078	0.2227	0.2374	0.2518	0.2659	0.3007	0.3348	0.3684	0.4015	0.4344	0.4671	0.5319	0.5963	0.6603
140	0.0804	0.0898	0.0991	0.1170	0.1338	0.1497	0.1574	0.1649	0.1723	0.1796	0.1939	0.2079	0.2215	0.2350	0.2482	0.2807	0.3124	0.3437	0.3746	0.4052	0.4356	0.4959	0.5557	0.6152
150	0.0762	0.0847	0.0932	0.1097	0.1255	0.1404	0.1476	0.1547	0.1617	0.1685	0.1819	0.1950	0.2078	0.2205	0.2329	0.2633	0.2931	0.3223	0.3512	0.3799	0.4083	0.4647	0.5206	0.5762
160	0.0727	0.0804	0.0882	0.1036	0.1183	0.1323	0.1391	0.1458	0.1524	0.1588	0.1715	0.1838	0.1959	0.2078	0.2195	0.2482	0.2761	0.3037	0.3308	0.3577	0.3844	0.4374	0.4898	0.5420
170	0.0698	0.0768	0.0840	0.0983	0.1121	0.1253	0.1318	0.1381	0.1443	0.1504	0.1623	0.1740	0.1854	0.1967	0.2077	0.2348	0.2612	0.2872	0.3128	0.3382	0.3634	0.4133	0.4627	0.5119
180	0.0674	0.0738	0.0804	0.0937	0.1067	0.1192	0.1253	0.1312	0.1371	0.1429	0.1542	0.1653	0.1761	0.1868	0.1973	0.2229	0.2480	0.2726	0.2969	0.3209	0.3447	0.3919	0.4386	0.4851
190	0.0653	0.0712	0.0773	0.0897	0.1019	0.1137	0.1195	0.1252	0.1308	0.1363	0.1470	0.1576	0.1679	0.1780	0.1880	0.2124	0.2362	0.2595	0.2826	0.3054	0.3280	0.3727	0.4171	0.4611
200	0.0634	0.0689	0.0746	0.0862	0.0977	0.1089	0.1144	0.1198	0.1251	0.1303	0.1406	0.1506	0.1604	0.1701	0.1796	0.2028	0.2255	0.2478	0.2697	0.2914	0.3129	0.3555	0.3976	0.4395
220	0.0604	0.0651	0.0701	0.0803	0.0906	0.1007	0.1057	0.1106	0.1154	0.1202	0.1296	0.1387	0.1477	0.1565	0.1652	0.1865	0.2072	0.2275	0.2475	0.2673	0.2869	0.3257	0.3641	0.4023
240	0.0580	0.0622	0.0665	0.0757	0.0849	0.0941	0.0986	0.1031	0.1075	0.1119	0.1205	0.1289	0.1372	0.1453	0.1533	0.1729	0.1919	0.2106	0.2291	0.2473	0.2653	0.3009	0.3362	0.3712
260	0.0560	0.0597	0.0636	0.0718	0.0802	0.0886	0.0927	0.0969	0.1009	0.1050	0.1129	0.1207	0.1283	0.1359	0.1433	0.1614	0.1791	0.1964	0.2135	0.2303	0.2470	0.2800	0.3126	0.3449
280	0.0543	0.0577	0.0613	0.0687	0.0763	0.0840	0.0878	0.0916	0.0954	0.0991	0.1065	0.1137	0.1208	0.1278	0.1347	0.1516	0.1681	0.1842	0.2001	0.2158	0.2313	0.2620	0.2923	0.3224

附表 D–1（续）

不同温度和压力下的氮气比容（L/mol）

压力/atm	温度																							
	180 K	190 K	200 K	220 K	240 K	260 K	270 K	280 K	290 K	300 K	320 K	340 K	360 K	380 K	400 K	450 K	500 K	550 K	600 K	650 K	700 K	800 K	900 K	1000 K
300	0.0529	0.0560	0.0592	0.0660	0.0730	0.0801	0.0836	0.0871	0.0906	0.0941	0.1010	0.1077	0.1144	0.1209	0.1274	0.1432	0.1586	0.1737	0.1886	0.2032	0.2178	0.2465	0.2748	0.3029
320	0.0517	0.0545	0.0575	0.0637	0.0702	0.0768	0.0800	0.0833	0.0866	0.0898	0.0962	0.1025	0.1088	0.1149	0.1210	0.1358	0.1503	0.1645	0.1785	0.1922	0.2059	0.2328	0.2595	0.2858
340	0.0506	0.0532	0.0560	0.0617	0.0677	0.0738	0.0769	0.0800	0.0830	0.0860	0.0920	0.0980	0.1038	0.1096	0.1153	0.1293	0.1430	0.1564	0.1696	0.1826	0.1954	0.2208	0.2459	0.2708
360	0.0496	0.0521	0.0546	0.0600	0.0656	0.0713	0.0742	0.0770	0.0799	0.0827	0.0884	0.0940	0.0995	0.1050	0.1104	0.1236	0.1365	0.1492	0.1617	0.1740	0.1861	0.2102	0.2339	0.2574
380	0.0488	0.0511	0.0535	0.0585	0.0637	0.0691	0.0717	0.0744	0.0771	0.0798	0.0851	0.0904	0.0957	0.1008	0.1059	0.1185	0.1307	0.1428	0.1546	0.1663	0.1778	0.2006	0.2231	0.2454
400	0.0480	0.0502	0.0524	0.0571	0.0620	0.0671	0.0696	0.0721	0.0747	0.0772	0.0823	0.0873	0.0922	0.0971	0.1020	0.1139	0.1256	0.1370	0.1483	0.1594	0.1704	0.1921	0.2135	0.2347
425	0.0471	0.0491	0.0512	0.0556	0.0602	0.0649	0.0672	0.0696	0.0720	0.0743	0.0791	0.0837	0.0884	0.0930	0.0976	0.1088	0.1198	0.1306	0.1412	0.1517	0.1620	0.1825	0.2026	0.2226
450	0.0463	0.0482	0.0502	0.0543	0.0585	0.0629	0.0651	0.0673	0.0696	0.0718	0.0762	0.0806	0.0850	0.0894	0.0937	0.1043	0.1147	0.1249	0.1349	0.1448	0.1546	0.1740	0.1930	0.2119
500	0.0450	0.0467	0.0484	0.0520	0.0558	0.0597	0.0616	0.0636	0.0656	0.0675	0.0715	0.0754	0.0794	0.0832	0.0871	0.0966	0.1060	0.1152	0.1243	0.1332	0.1420	0.1595	0.1767	0.1937
550	0.0438	0.0454	0.0469	0.0502	0.0536	0.0570	0.0588	0.0605	0.0623	0.0641	0.0677	0.0712	0.0748	0.0783	0.0818	0.0904	0.0989	0.1073	0.1156	0.1237	0.1318	0.1477	0.1633	0.1788
600	0.0428	0.0442	0.0457	0.0486	0.0517	0.0548	0.0564	0.0580	0.0596	0.0613	0.0645	0.0677	0.0710	0.0742	0.0774	0.0853	0.0931	0.1008	0.1083	0.1158	0.1232	0.1378	0.1522	0.1664
650	0.0420	0.0433	0.0446	0.0473	0.0501	0.0530	0.0545	0.0559	0.0574	0.0589	0.0618	0.0648	0.0678	0.0707	0.0737	0.0810	0.0882	0.0952	0.1022	0.1091	0.1160	0.1295	0.1428	0.1559
700	0.0412	0.0424	0.0436	0.0462	0.0488	0.0514	0.0528	0.0541	0.0555	0.0568	0.0596	0.0623	0.0650	0.0678	0.0705	0.0773	0.0839	0.0905	0.0970	0.1034	0.1098	0.1223	0.1347	0.1469
750	0.0405	0.0417	0.0428	0.0452	0.0476	0.0500	0.0513	0.0525	0.0538	0.0551	0.0576	0.0601	0.0627	0.0652	0.0678	0.0741	0.0803	0.0864	0.0925	0.0985	0.1044	0.1162	0.1277	0.1391
800	0.0399	0.0410	0.0421	0.0443	0.0465	0.0488	0.0500	0.0512	0.0523	0.0535	0.0559	0.0583	0.0606	0.0630	0.0654	0.0713	0.0771	0.0829	0.0885	0.0942	0.0997	0.1107	0.1216	0.1323
850	0.0394	0.0404	0.0414	0.0435	0.0456	0.0477	0.0488	0.0499	0.0510	0.0521	0.0544	0.0566	0.0588	0.0611	0.0633	0.0688	0.0743	0.0797	0.0851	0.0904	0.0956	0.1060	0.1162	0.1263
900	0.0388	0.0398	0.0408	0.0427	0.0447	0.0468	0.0478	0.0488	0.0499	0.0509	0.0530	0.0551	0.0572	0.0593	0.0614	0.0666	0.0718	0.0769	0.0820	0.0870	0.0919	0.1017	0.1114	0.1209
950	0.0384	0.0393	0.0402	0.0421	0.0440	0.0459	0.0469	0.0478	0.0488	0.0498	0.0518	0.0538	0.0558	0.0578	0.0597	0.0647	0.0696	0.0744	0.0792	0.0839	0.0886	0.0979	0.1071	0.1161
1000	0.0379	0.0388	0.0397	0.0415	0.0433	0.0451	0.0460	0.0470	0.0479	0.0488	0.0507	0.0526	0.0545	0.0563	0.0582	0.0629	0.0675	0.0721	0.0767	0.0812	0.0857	0.0945	0.1032	0.1118

附录E　密封圈及防尘圈密封槽的标准尺寸

E.1　AS4716 标准的密封槽尺寸

　　标准的 O 形圈和密封件得到大量应用，包括作动筒和小型起落架。都遵循 AS4716[1] 的标准尺寸。密封件用"牌号"区分，标准化密封槽内部和外部尺寸如附表 E-1 中所示。由于在这些小截面/大直径 O 形圈中可能发生螺旋状破坏，所以只有在静态使用中，才应使用表中斜体和加粗字体对应的尺寸。应始终参考最新的 AS4716 版本，以确保准确性；对于密封挤压和槽宽尺寸（取决于选择的备份圈的数量），参见 AS4716。

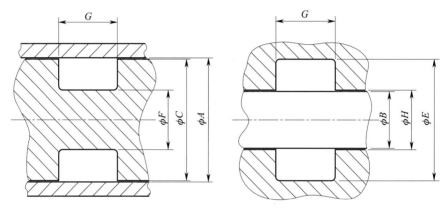

附图 E-1　AS4716 密封槽示意图

附表 E-1　AS4716 密封槽尺寸

（由于在这些小截面/大直径 O 形环中可能发生螺旋状破坏，

所以只有在静态应用中，才应该使用斜体和加粗字体的尺寸。）

密封槽牌号	ϕC 最大 最小 /in	ϕA 最大 最小 /in	ϕF 最大 最小 /in	ϕB 最大 最小 /in	ϕH 最大 最小 /in	ϕE 最大 最小 /in	ϕC 最大 最小 /mm	ϕA 最大 最小 /mm	ϕF 最大 最小 /mm	ϕB 最大 最小 /mm	ϕH 最大 最小 /mm	ϕE 最大 最小 /mm
-001	0.093 0.092	0.095 0.096	0.033 0.032	0.033 0.032	0.035 0.036	0.095 0.096	2.362 2.337	2.413 2.438	0.838 0.813	0.838 0.813	0.889 0.914	2.413 2.438
-002	0.126 0.125	0.128 0.129	0.048 0.047	0.048 0.047	0.050 0.051	0.128 0.129	3.200 3.175	3.251 3.277	1.219 1.194	1.219 1.194	1.270 1.295	3.251 3.277
-003	0.157 0.156	0.159 0.160	0.063 0.062	0.063 0.062	0.065 0.066	0.159 0.160	3.988 3.962	4.039 4.064	1.600 1.575	1.600 1.575	1.651 1.676	4.039 4.064
-004	0.188 0.187	0.190 0.191	0.076 0.075	0.076 0.075	0.078 0.079	0.190 0.191	4.775 4.750	4.826 4.851	1.930 1.905	1.930 1.905	1.981 2.007	4.826 4.851

附表 E-1（续）

密封槽牌号	ϕC 最大 最小 /in	ϕA 最大 最小 /in	ϕF 最大 最小 /in	ϕB 最大 最小 /in	ϕH 最大 最小 /in	ϕE 最大 最小 /in	ϕC 最大 最小 /mm	ϕA 最大 最小 /mm	ϕF 最大 最小 /mm	ϕB 最大 最小 /mm	ϕH 最大 最小 /mm	ϕE 最大 最小 /mm
-005	0.219 0.218	0.221 0.222	0.115 0.114	0.108 0.107	0.110 0.111	0.217 0.218	5.563 5.537	5.613 5.639	2.921 2.896	2.743 2.718	2.794 2.819	5.512 5.537
-006	0.233 0.232	0.235 0.236	0.129 0.128	0.123 0.122	0.125 0.126	0.232 0.233	5.918 5.893	5.969 5.994	3.277 3.251	3.124 3.099	3.175 3.200	5.893 5.918
-007	0.264 0.263	0.266 0.267	0.158 0.157	0.154 0.153	0.156 0.157	0.264 0.265	6.706 6.680	6.756 6.782	4.013 3.988	3.912 3.886	3.962 3.988	6.706 6.731
-008	0.295 0.294	0.297 0.298	0.189 0.188	0.185 0.184	0.187 0.188	0.294 0.295	7.493 7.468	7.544 7.569	4.801 4.775	4.699 4.674	4.750 4.775	7.468 7.493
-009	0.327 0.326	0.329 0.330	0.220 0.219	0.217 0.216	0.219 0.220	0.327 0.328	8.306 8.280	8.357 8.382	5.588 5.563	5.512 5.486	5.563 5.588	8.306 8.331
-010	0.358 0.357	0.360 0.361	0.250 0.249	0.248 0.247	0.250 0.251	0.359 0.360	9.093 9.068	9.144 9.169	6.350 6.325	6.299 6.274	6.350 6.375	9.119 9.144
-011	0.420 0.419	0.422 0.423	0.312 0.311	0.310 0.309	0.312 0.313	0.421 0.422	10.668 10.643	10.719 10.744	7.925 7.899	7.874 7.849	7.925 7.950	10.693 10.719
-012	0.483 0.482	0.485 0.486	0.375 0.374	0.373 0.372	0.375 0.376	0.484 0.485	12.268 12.243	12.319 12.344	9.525 9.500	9.474 9.449	9.525 9.550	12.294 12.319
-013	0.548 0.547	0.550 0.552	0.441 0.439	0.435 0.433	0.437 0.438	0.545 0.547	13.919 13.894	13.970 14.021	11.201 11.151	11.049 10.998	11.100 11.125	13.843 13.894
-014	0.611 0.610	0.613 0.615	0.504 0.502	0.498 0.496	0.500 0.501	0.608 0.610	15.519 15.494	15.570 15.621	12.802 12.751	12.649 12.598	12.700 12.725	15.443 15.494
-015	0.673 0.672	0.675 0.677	0.566 0.564	0.560 0.558	0.562 0.563	0.670 0.672	17.094 17.069	17.145 17.196	14.376 14.326	14.224 14.173	14.275 14.300	17.018 17.069
-016	0.736 0.735	0.738 0.740	0.629 0.627	0.623 0.621	0.625 0.626	0.733 0.735	18.694 18.669	18.745 18.796	15.977 15.926	15.824 15.773	15.875 15.900	18.618 18.669
-017	0.798 0.797	0.800 0.802	0.691 0.689	0.685 0.683	0.687 0.688	0.795 0.797	20.269 20.244	20.320 20.371	17.551 17.501	17.399 17.348	17.450 17.475	20.193 20.244
-018	0.861 0.860	0.863 0.865	0.753 0.751	0.748 0.746	0.750 0.751	0.858 0.860	21.869 21.844	21.920 21.971	19.126 19.075	18.999 18.948	19.050 19.075	21.793 21.844

附表 E-1（续）

密封槽牌号	φC 最大 最小 /in	φA 最大 最小 /in	φF 最大 最小 /in	φB 最大 最小 /in	φH 最大 最小 /in	φE 最大 最小 /in	φC 最大 最小 /mm	φA 最大 最小 /mm	φF 最大 最小 /mm	φB 最大 最小 /mm	φH 最大 最小 /mm	φE 最大 最小 /mm
-019	0.923 0.922	0.925 0.927	0.815 0.813	0.810 0.808	0.812 0.813	0.920 0.922	23.444 23.419	23.495 23.546	20.701 20.650	20.574 20.523	20.625 20.650	23.368 23.419
-020	0.989 0.988	0.991 0.993	0.881 0.879	0.873 0.871	0.875 0.876	0.983 0.985	25.121 25.095	25.171 25.222	22.377 22.327	22.174 22.123	22.225 22.250	24.968 25.019
-021	1.051 1.050	1.053 1.055	0.943 0.941	0.935 0.933	0.937 0.938	1.045 1.047	26.695 26.670	26.746 26.797	23.952 23.901	23.749 23.698	23.800 23.825	26.543 26.594
-022	1.114 1.113	1.116 1.118	1.006 1.004	0.998 0.996	1.000 1.001	1.108 1.110	28.296 28.270	28.346 28.397	25.552 25.502	25.349 25.298	25.400 25.425	28.143 28.194
-023	1.176 1.175	1.178 1.180	1.068 1.066	1.060 1.058	1.062 1.063	1.170 1.172	29.870 29.845	29.921 29.972	27.127 27.076	26.924 26.873	26.975 27.000	29.718 29.769
-024	1.239 1.238	1.241 1.243	1.131 1.129	1.123 1.121	1.125 1.126	1.233 1.235	31.471 31.445	31.521 31.572	28.727 28.677	28.524 28.473	28.575 28.600	31.318 31.369
-025	1.301 1.300	1.303 1.305	1.193 1.191	1.185 1.183	1.187 1.188	1.295 1.297	33.045 33.020	33.096 33.147	30.302 30.251	30.099 30.048	30.150 30.175	32.893 32.944
-026	1.364 1.363	1.366 1.368	1.256 1.254	1.248 1.246	1.250 1.251	1.358 1.360	34.646 34.620	34.696 34.747	31.902 31.852	31.699 31.648	31.750 31.775	34.493 34.544
-027	1.426 1.425	1.428 1.430	1.318 1.316	1.310 1.308	1.312 1.313	1.420 1.422	36.220 36.195	36.271 36.322	33.477 33.426	33.274 33.223	33.325 33.350	36.068 36.119
-028	1.489 1.488	1.491 1.493	1.381 1.379	1.373 1.371	1.375 1.376	1.483 1.485	37.821 37.795	37.871 37.922	35.077 35.027	34.874 34.823	34.925 34.950	37.668 37.719
-104	0.295 0.294	0.297 0.298	0.128 0.127	0.123 0.122	0.125 0.126	0.295 0.296	7.493 7.468	7.544 7.569	3.251 3.226	3.124 3.099	3.175 3.200	7.493 7.518
-105	0.327 0.326	0.329 0.330	0.158 0.157	0.154 0.153	0.156 0.157	0.327 0.328	8.306 8.280	8.357 8.382	4.013 3.988	3.912 3.886	3.962 3.988	8.306 8.331
-106	0.358 0.357	0.360 0.361	0.187 0.186	0.185 0.184	0.187 0.188	0.359 0.360	9.093 9.068	9.144 9.169	4.750 4.724	4.699 4.674	4.750 4.775	9.119 9.144
-107	0.389 0.388	0.391 0.392	0.215 0.214	0.217 0.216	0.219 0.220	0.392 0.393	9.881 9.855	9.931 9.957	5.461 5.436	5.512 5.486	5.563 5.588	9.957 9.982

附表 E-1（续）

密封槽牌号	ϕC 最大 最小 /in	ϕA 最大 最小 /in	ϕF 最大 最小 /in	ϕB 最大 最小 /in	ϕH 最大 最小 /in	ϕE 最大 最小 /in	ϕC 最大 最小 /mm	ϕA 最大 最小 /mm	ϕF 最大 最小 /mm	ϕB 最大 最小 /mm	ϕH 最大 最小 /mm	ϕE 最大 最小 /mm
-108	0.420 0.419	0.422 0.423	0.246 0.245	0.248 0.247	0.250 0.251	0.423 0.424	10.668 10.643	10.719 10.744	6.248 6.223	6.299 6.274	6.350 6.375	10.744 10.770
-109	0.483 0.482	0.485 0.486	0.308 0.307	0.310 0.309	0.312 0.313	0.486 0.487	12.268 12.243	12.319 12.344	7.823 7.798	7.874 7.849	7.925 7.950	12.344 12.370
-110	0.548 0.547	0.550 0.552	0.379 0.377	0.373 0.371	0.375 0.376	0.546 0.548	13.919 13.894	13.970 14.021	9.627 9.576	9.474 9.423	9.525 9.550	13.868 13.919
-111	0.611 0.610	0.613 0.615	0.441 0.439	0.435 0.433	0.437 0.438	0.609 0.611	15.519 15.494	15.570 15.621	11.201 11.151	11.049 10.998	11.100 11.125	15.469 15.519
-112	0.673 0.672	0.675 0.677	0.502 0.500	0.498 0.496	0.500 0.501	0.672 0.674	17.094 17.069	17.145 17.196	12.751 12.700	12.649 12.598	12.700 12.725	17.069 17.120
-113	0.736 0.735	0.738 0.740	0.565 0.563	0.560 0.558	0.562 0.563	0.734 0.736	18.694 18.669	18.745 18.796	14.351 14.300	14.224 14.173	14.275 14.300	18.644 18.694
-114	0.798 0.797	0.800 0.802	0.627 0.625	0.623 0.621	0.625 0.626	0.797 0.799	20.269 20.244	20.320 20.371	15.926 15.875	15.824 15.773	15.875 15.900	20.244 20.295
-115	0.861 0.860	0.863 0.865	0.689 0.687	0.685 0.683	0.687 0.688	0.859 0.861	21.869 21.844	21.920 21.971	17.501 17.450	17.399 17.348	17.450 17.475	21.819 21.869
-116	0.923 0.922	0.925 0.927	0.751 0.749	0.748 0.746	0.750 0.751	0.923 0.925	23.444 23.419	23.495 23.546	19.075 19.025	18.999 18.948	19.050 19.075	23.444 23.495
-117	0.989 0.988	0.991 0.993	0.817 0.815	0.810 0.808	0.812 0.813	0.985 0.987	25.121 25.095	25.171 25.222	20.752 20.701	20.574 20.523	20.625 20.650	25.019 25.070
-118	1.051 1.050	1.053 1.055	0.879 0.877	0.873 0.871	0.875 0.876	1.048 1.050	26.695 26.670	26.746 26.797	22.327 22.276	22.174 22.123	22.225 22.250	26.619 26.670
-119	1.114 1.113	1.116 1.118	0.942 0.940	0.935 0.933	0.937 0.938	1.110 1.112	28.296 28.270	28.346 28.397	23.927 23.876	23.749 23.698	23.800 23.825	28.194 28.245
-120	1.176 1.175	1.178 1.180	1.003 1.001	0.998 0.996	1.000 1.001	1.173 1.175	29.870 29.845	29.921 29.972	25.476 25.425	25.349 25.298	25.400 25.425	29.794 29.845
-121	1.239 1.238	1.241 1.243	1.066 1.064	1.060 1.058	1.062 1.063	1.235 1.237	31.471 31.445	31.521 31.572	27.076 27.026	26.924 26.873	26.975 27.000	31.369 31.420

附表 E-1（续）

密封槽牌号	ϕC 最大 最小	ϕA 最大 最小	ϕF 最大 最小	ϕB 最大 最小	ϕH 最大 最小	ϕE 最大 最小	ϕC 最大 最小	ϕA 最大 最小	ϕF 最大 最小	ϕB 最大 最小	ϕH 最大 最小	ϕE 最大 最小
	/in	/in	/in	/in	/in	/in	/mm	/mm	/mm	/mm	/mm	/mm
-122	1.301 1.300	1.303 1.305	1.128 1.126	1.123 1.121	1.125 1.126	1.298 1.300	33.045 33.020	33.096 33.147	28.651 28.600	28.524 28.473	28.575 28.600	32.969 33.020
-123	1.364 1.363	1.366 1.368	1.191 1.189	1.185 1.183	1.187 1.188	1.360 1.362	34.646 34.620	34.696 34.747	30.251 30.201	30.099 30.048	30.150 30.175	34.544 34.595
-124	1.426 1.425	1.428 1.430	1.253 1.251	1.248 1.246	1.250 1.251	1.423 1.425	36.220 36.195	36.271 36.322	31.826 31.775	31.699 31.648	31.750 31.775	36.144 36.195
-125	1.489 1.488	1.491 1.493	1.316 1.314	1.310 1.308	1.312 1.313	1.485 1.487	37.821 37.795	37.871 37.922	33.426 33.376	33.274 33.223	33.325 33.350	37.719 37.770
-126	1.551 1.550	1.553 1.555	1.378 1.376	1.373 1.371	1.375 1.376	1.548 1.550	39.395 39.370	39.446 39.497	35.001 34.950	34.874 34.823	34.925 34.950	39.319 39.370
-127	1.614 1.613	1.616 1.618	1.441 1.439	1.435 1.433	1.437 1.439	1.610 1.612	40.996 40.970	41.046 41.097	36.601 36.551	36.449 36.398	36.500 36.551	40.894 40.945
-128	1.676 1.675	1.678 1.680	1.503 1.501	1.498 1.496	1.500 1.502	1.673 1.675	42.570 42.545	42.621 42.672	38.176 38.125	38.049 37.998	38.100 38.151	42.494 42.545
-129	1.739 1.738	1.741 1.743	1.566 1.564	1.560 1.558	1.562 1.564	1.735 1.737	44.171 44.145	44.221 44.272	39.776 39.726	39.624 39.573	39.675 39.726	44.069 44.120
-130	1.802 1.801	1.805 1.807	1.631 1.629	1.623 1.621	1.625 1.627	1.798 1.800	45.771 45.745	45.847 45.898	41.427 41.377	41.224 41.173	41.275 41.326	45.669 45.720
-131	1.864 1.863	1.867 1.869	1.693 1.691	1.685 1.683	1.687 1.689	1.860 1.862	47.346 47.320	47.422 47.473	43.002 42.951	42.799 42.748	42.850 42.901	47.244 47.295
-132	1.927 1.926	1.930 1.932	1.756 1.754	1.748 1.746	1.750 1.752	1.923 1.925	48.946 48.920	49.022 49.073	44.602 44.552	44.399 44.348	44.450 44.501	48.844 48.895
-133	1.989 1.988	1.992 1.994	1.818 1.816	1.810 1.808	1.813 1.815	1.984 1.986	50.521 50.495	50.597 50.648	46.177 46.126	45.974 45.923	46.050 46.101	50.394 50.444
-134	2.052 2.051	2.055 2.057	1.881 1.879	1.873 1.871	1.876 1.878	2.047 2.049	52.121 52.095	52.197 52.248	47.777 47.727	47.574 47.523	47.650 47.701	51.994 52.045
-135	2.115 2.114	2.118 2.120	1.944 1.942	1.936 1.934	1.939 1.941	2.110 2.112	53.721 53.696	53.797 53.848	49.378 49.327	49.174 49.124	49.251 49.301	53.594 53.645

附表 E-1（续）

密封槽牌号	φC 最大 最小 /in	φA 最大 最小 /in	φF 最大 最小 /in	φB 最大 最小 /in	φH 最大 最小 /in	φE 最大 最小 /in	φC 最大 最小 /mm	φA 最大 最小 /mm	φF 最大 最小 /mm	φB 最大 最小 /mm	φH 最大 最小 /mm	φE 最大 最小 /mm
-136	2.177	2.180	2.006	1.998	2.001	2.172	55.296	55.372	50.952	50.749	50.825	55.169
	2.176	2.182	2.004	1.996	2.003	2.174	55.270	55.423	50.902	50.698	50.876	55.220
-137	2.240	2.243	2.069	2.061	2.064	2.235	56.896	56.972	52.553	52.349	52.426	56.769
	2.239	2.245	2.067	2.059	2.066	2.237	56.871	57.023	52.502	52.299	52.476	56.820
-138	2.302	2.305	2.131	2.123	2.126	2.297	58.471	58.547	54.127	53.924	54.000	58.344
	2.301	2.307	2.129	2.121	2.128	2.299	58.445	58.598	54.077	53.873	54.051	58.395
-139	2.365	2.368	2.194	2.186	2.189	2.360	60.071	60.147	55.728	55.524	55.601	59.944
	2.364	2.370	2.192	2.184	2.191	2.362	60.046	60.198	55.677	55.474	55.651	59.995
-140	2.427	2.430	2.256	2.248	2.251	2.422	61.646	61.722	57.302	57.099	57.175	61.519
	2.426	2.432	2.254	2.246	2.253	2.424	61.620	61.773	57.252	57.048	57.226	61.570
-141	2.490	2.493	2.319	2.311	2.314	2.485	63.246	63.322	58.903	58.699	58.776	63.119
	2.488	2.495	2.317	2.309	2.316	2.487	63.195	63.373	58.852	58.649	58.826	63.170
-142	2.552	2.555	2.381	2.373	2.376	2.547	64.821	64.897	60.477	60.274	60.350	64.694
	2.550	2.557	2.379	2.371	2.378	2.549	64.770	64.948	60.427	60.223	60.401	64.745
-143	2.615	2.618	2.444	2.436	2.439	2.610	66.421	66.497	62.078	61.874	61.951	66.294
	2.613	2.620	2.442	2.434	2.441	2.612	66.370	66.548	62.027	61.824	62.001	66.345
-144	2.677	2.680	2.506	2.498	2.501	2.672	67.996	68.072	63.652	63.449	63.525	67.869
	2.675	2.682	2.504	2.496	2.503	2.674	67.945	68.123	63.602	63.398	63.576	67.920
-145	2.740	2.743	2.569	2.561	2.564	2.735	69.596	69.672	65.253	65.049	65.126	69.469
	2.738	2.745	2.567	2.559	2.566	2.737	69.545	69.723	65.202	64.999	65.176	69.520
-146	2.802	2.805	2.631	2.623	2.626	2.797	71.171	71.247	66.827	66.624	66.700	71.044
	2.800	2.807	2.629	2.621	2.628	2.799	71.120	71.298	66.777	66.573	66.751	71.095
-147	2.865	2.868	2.694	2.686	2.689	2.860	72.771	72.847	68.428	68.224	68.301	72.644
	2.863	2.870	2.692	2.684	2.691	2.862	72.720	72.898	68.377	68.174	68.351	72.695
-148	2.927	2.930	2.756	2.748	2.751	2.922	74.346	74.422	70.002	69.799	69.875	74.219
	2.925	2.932	2.754	2.746	2.753	2.924	74.295	74.473	69.952	69.748	69.926	74.270
-149	2.990	2.993	2.819	2.811	2.814	2.985	75.946	76.022	71.603	71.399	71.476	75.819
	2.988	2.995	2.817	2.809	2.816	2.987	75.895	76.073	71.552	71.349	71.526	75.870

附表 E-1（续）

密封槽牌号	ϕC 最大 最小	ϕA 最大 最小	ϕF 最大 最小	ϕB 最大 最小	ϕH 最大 最小	ϕE 最大 最小	ϕC 最大 最小	ϕA 最大 最小	ϕF 最大 最小	ϕB 最大 最小	ϕH 最大 最小	ϕE 最大 最小
	/in	/in	/in	/in	/in	/in	/mm	/mm	/mm	/mm	/mm	/mm
−210	0.989 0.988	0.991 0.993	0.750 0.748	0.748 0.746	0.750 0.751	0.989 0.991	25.121 25.095	25.171 25.222	19.050 18.999	18.999 18.948	19.050 19.075	25.121 25.171
−211	1.051 1.050	1.053 1.055	0.812 0.810	0.810 0.808	0.812 0.813	1.051 1.053	26.695 26.670	26.746 26.797	20.625 20.574	20.574 20.523	20.625 20.650	26.695 26.746
−212	1.114 1.113	1.116 1.118	0.874 0.872	0.873 0.871	0.875 0.876	1.115 1.117	28.296 28.270	28.346 28.397	22.200 22.149	22.174 22.123	22.225 22.250	28.321 28.372
−213	1.176 1.175	1.178 1.180	0.936 0.934	0.935 0.933	0.937 0.938	1.177 1.179	29.870 29.845	29.921 29.972	23.774 23.724	23.749 23.698	23.800 23.825	29.896 29.947
−214	1.239 1.238	1.241 1.243	0.999 0.997	0.998 0.996	1.000 1.001	1.240 1.242	31.471 31.445	31.521 31.572	25.375 25.324	25.349 25.298	25.400 25.425	31.496 31.547
−215	1.301 1.300	1.303 1.305	1.061 1.059	1.060 1.058	1.062 1.063	1.302 1.304	33.045 33.020	33.096 33.147	26.949 26.899	26.924 26.873	26.975 27.000	33.071 33.122
−216	1.364 1.363	1.366 1.368	1.124 1.122	1.123 1.121	1.125 1.126	1.365 1.367	34.646 34.620	34.696 34.747	28.550 28.499	28.524 28.473	28.575 28.600	34.671 34.722
−217	1.426 1.425	1.428 1.430	1.186 1.184	1.185 1.183	1.187 1.188	1.427 1.429	36.220 36.195	36.271 36.322	30.124 30.074	30.099 30.048	30.150 30.175	36.246 36.297
−218	1.489 1.488	1.491 1.493	1.249 1.247	1.248 1.246	1.250 1.251	1.490 1.492	37.821 37.795	37.871 37.922	31.725 31.674	31.699 31.648	31.750 31.775	37.846 37.897
−219	1.551 1.550	1.553 1.555	1.311 1.309	1.310 1.308	1.312 1.313	1.552 1.554	39.395 39.370	39.446 39.497	33.299 33.249	33.274 33.223	33.325 33.350	39.421 39.472
−220	1.614 1.613	1.616 1.618	1.374 1.372	1.373 1.371	1.375 1.376	1.615 1.617	40.996 40.970	41.046 41.097	34.900 34.849	34.874 34.823	34.925 34.950	41.021 41.072
−221	1.676 1.675	1.678 1.680	1.436 1.434	1.435 1.433	1.437 1.438	1.677 1.679	42.570 42.545	42.621 42.672	36.474 36.424	36.449 36.398	36.500 36.525	42.596 42.647
−222	1.739 1.738	1.741 1.743	1.499 1.497	1.498 1.496	1.500 1.501	1.740 1.742	44.171 44.145	44.221 44.272	38.075 38.024	38.049 37.998	38.100 38.125	44.196 44.247
−223	*1.864* *1.863*	*1.867* *1.869*	*1.625* *1.623*	*1.623* *1.621*	*1.625* *1.627*	*1.865* *1.867*	*47.346* *47.320*	*47.422* *47.473*	*41.275* *41.224*	*41.224* *41.173*	*41.275* *41.326*	*47.371* *47.422*

附表 E-1（续）

密封槽 牌号	φC 最大 最小	φA 最大 最小	φF 最大 最小	φB 最大 最小	φH 最大 最小	φE 最大 最小	φC 最大 最小	φA 最大 最小	φF 最大 最小	φB 最大 最小	φH 最大 最小	φE 最大 最小
	/in	/in	/in	/in	/in	/in	/mm	/mm	/mm	/mm	/mm	/mm
-224	1.989 1.988	1.992 1.994	1.750 1.748	1.748 1.746	1.750 1.752	1.990 1.992	50.521 50.495	50.597 50.648	44.450 44.399	44.399 44.348	44.450 44.501	50.546 50.597
-225	2.115 2.114	2.118 2.120	1.876 1.874	1.873 1.871	1.876 1.878	2.115 2.117	53.721 53.696	53.797 53.848	47.650 47.600	47.574 47.523	47.650 47.701	53.721 53.772
-226	2.240 2.239	2.243 2.245	2.001 1.999	1.998 1.996	2.001 2.003	2.240 2.242	56.896 56.871	56.972 57.023	50.825 50.775	50.749 50.698	50.825 50.876	56.896 56.947
-227	2.365 2.364	2.368 2.370	2.126 2.124	2.123 2.121	2.126 2.128	2.365 2.367	60.071 60.046	60.147 60.198	54.000 53.950	53.924 53.873	54.000 54.051	60.071 60.122
-228	2.490 2.488	2.493 2.495	2.251 2.249	2.248 2.246	2.251 2.253	2.490 2.492	63.246 63.195	63.322 63.373	57.175 57.125	57.099 57.048	57.175 57.226	63.246 63.297
-229	2.615 2.613	2.618 2.620	2.376 2.374	2.373 2.371	2.376 2.378	2.615 2.617	66.421 66.370	66.497 66.548	60.350 60.300	60.274 60.223	60.350 60.401	66.421 66.472
-230	2.740 2.738	2.743 2.745	2.501 2.499	2.498 2.496	2.501 2.503	2.740 2.742	69.596 69.545	69.672 69.723	63.525 63.475	63.449 63.398	63.525 63.576	69.596 69.647
-231	2.865 2.863	2.868 2.870	2.626 2.624	2.623 2.621	2.626 2.628	2.865 2.867	72.771 72.720	72.847 72.898	66.700 66.650	66.624 66.573	66.700 66.751	72.771 72.822
-232	2.990 2.988	2.993 2.995	2.751 2.749	2.748 2.746	2.751 2.753	2.990 2.992	75.946 75.895	76.022 76.073	69.875 69.825	69.799 69.748	69.875 69.926	75.946 75.997
-233	3.115 3.113	3.118 3.120	2.876 2.874	2.873 2.871	2.876 2.878	3.115 3.117	79.121 79.070	79.197 79.248	73.050 73.000	72.974 72.923	73.050 73.101	79.121 79.172
-234	3.240 3.238	3.243 3.245	3.001 2.999	2.997 2.995	3.000 3.002	3.239 3.241	82.296 82.245	82.372 82.423	76.225 76.175	76.124 76.073	76.200 76.251	82.271 82.321
-235	3.365 3.363	3.368 3.370	3.126 3.124	3.122 3.120	3.125 3.127	3.364 3.366	85.471 85.420	85.547 85.598	79.400 79.350	79.299 79.248	79.375 79.426	85.446 85.496
-236	3.490 3.488	3.493 3.495	3.251 3.249	3.247 3.245	3.250 3.252	3.489 3.491	88.646 88.595	88.722 88.773	82.575 82.525	82.474 82.423	82.550 82.601	88.621 88.671
-237	3.615 3.613	3.618 3.620	3.376 3.374	3.372 3.370	3.375 3.377	3.614 3.616	91.821 91.770	91.897 91.948	85.750 85.700	85.649 85.598	85.725 85.776	91.796 91.846

附表 E-1（续）

密封槽牌号	ϕC 最大 最小 /in	ϕA 最大 最小 /in	ϕF 最大 最小 /in	ϕB 最大 最小 /in	ϕH 最大 最小 /in	ϕE 最大 最小 /in	ϕC 最大 最小 /mm	ϕA 最大 最小 /mm	ϕF 最大 最小 /mm	ϕB 最大 最小 /mm	ϕH 最大 最小 /mm	ϕE 最大 最小 /mm
-238	3.740 3.738	3.743 3.745	3.501 3.499	3.497 3.495	3.500 3.502	3.739 3.741	94.996 94.945	95.072 95.123	88.925 88.875	88.824 88.773	88.900 88.951	94.971 95.021
-239	3.865 3.863	3.868 3.870	3.626 3.624	3.622 3.620	3.625 3.627	3.864 3.866	98.171 98.120	98.247 98.298	92.100 92.050	91.999 91.948	92.075 92.126	98.146 98.196
-240	3.990 3.988	3.993 3.995	3.751 3.749	3.747 3.745	3.750 3.752	3.989 3.991	101.346 101.295	101.422 101.473	95.275 95.225	95.174 95.123	95.250 95.301	101.321 101.371
-241	4.115 4.113	4.118 4.120	3.876 3.874	3.872 3.870	3.875 3.877	4.114 4.116	104.521 104.470	104.597 104.648	98.450 98.400	98.349 98.298	98.425 98.476	104.496 104.546
-242	4.240 4.238	4.243 4.245	4.001 3.999	3.997 3.995	4.000 4.002	4.239 4.241	107.696 107.645	107.772 107.823	101.625 101.575	101.524 101.473	101.600 101.651	107.671 107.721
-243	4.365 4.363	4.368 4.370	4.126 4.124	4.122 4.120	4.125 4.127	4.364 4.366	110.871 110.820	110.947 110.998	104.800 104.750	104.699 104.648	104.775 104.826	110.846 110.896
-244	4.489 4.487	4.493 4.495	4.251 4.249	4.247 4.245	4.250 4.252	4.489 4.491	114.021 113.970	114.122 114.173	107.975 107.925	107.874 107.823	107.950 108.001	114.021 114.071
-245	4.614 4.612	4.618 4.620	4.376 4.374	4.372 4.370	4.375 4.377	4.614 4.616	117.196 117.145	117.297 117.348	111.150 111.100	111.049 110.998	111.125 111.176	117.196 117.246
-246	4.739 4.737	4.743 4.745	4.501 4.499	4.497 4.495	4.501 4.503	4.739 4.741	120.371 120.320	120.472 120.523	114.325 114.275	114.224 114.173	114.325 114.376	120.371 120.421
-247	4.864 4.862	4.868 4.870	4.626 4.624	4.622 4.620	4.626 4.628	4.864 4.866	123.546 123.495	123.647 123.698	117.500 117.450	117.399 117.348	117.500 117.551	123.546 123.596
-325	1.864 1.863	1.867 1.869	1.495 1.493	1.498 1.496	1.500 1.502	1.870 1.872	47.346 47.320	47.422 47.473	37.973 37.922	38.049 37.998	38.100 38.151	47.498 47.549
-326	1.989 1.988	1.992 1.994	1.620 1.618	1.623 1.621	1.625 1.627	1.995 1.997	50.521 50.495	50.597 50.648	41.148 41.097	41.224 41.173	41.275 41.326	50.673 50.724
-327	2.115 2.114	2.118 2.120	1.746 1.744	1.748 1.746	1.750 1.752	2.120 2.122	53.721 53.696	53.797 53.848	44.348 44.298	44.399 44.348	44.450 44.501	53.848 53.899
-328	2.240 2.239	2.243 2.245	1.871 1.869	1.873 1.871	1.876 1.878	2.245 2.247	56.896 56.871	56.972 57.023	47.523 47.473	47.574 47.523	47.650 47.701	57.023 57.074

附表 E-1（续）

密封槽 牌号	ϕC 最大 最小 /in	ϕA 最大 最小 /in	ϕF 最大 最小 /in	ϕB 最大 最小 /in	ϕH 最大 最小 /in	ϕE 最大 最小 /in	ϕC 最大 最小 /mm	ϕA 最大 最小 /mm	ϕF 最大 最小 /mm	ϕB 最大 最小 /mm	ϕH 最大 最小 /mm	ϕE 最大 最小 /mm
-329	2.365 2.364	2.368 2.370	1.996 1.994	1.998 1.996	2.001 2.003	2.370 2.372	60.071 60.046	60.147 60.198	50.698 50.648	50.749 50.698	50.825 50.876	60.198 60.249
-330	2.490 2.488	2.493 2.495	2.121 2.119	2.123 2.121	2.126 2.128	2.495 2.497	63.246 63.195	63.322 63.373	53.873 53.823	53.924 53.873	54.000 54.051	63.373 63.424
-331	2.615 2.613	2.618 2.620	2.246 2.244	2.248 2.246	2.251 2.253	2.620 2.622	66.421 66.370	66.497 66.548	57.048 56.998	57.099 57.048	57.175 57.226	66.548 66.599
-332	2.740 2.738	2.743 2.745	2.371 2.369	2.373 2.371	2.376 2.378	2.745 2.747	69.596 69.545	69.672 69.723	60.223 60.173	60.274 60.223	60.350 60.401	69.723 69.774
-333	2.865 2.863	2.868 2.870	2.496 2.494	2.498 2.496	2.501 2.503	2.870 2.872	72.771 72.720	72.847 72.898	63.398 63.348	63.449 63.398	63.525 63.576	72.898 72.949
-334	2.990 2.988	2.993 2.995	2.621 2.619	2.623 2.621	2.626 2.628	2.995 2.997	75.946 75.895	76.022 76.073	66.573 66.523	66.624 66.573	66.700 66.751	76.073 76.124
-335	3.115 3.113	3.118 3.120	2.746 2.744	2.748 2.746	2.751 2.753	3.120 3.122	79.121 79.070	79.197 79.248	69.748 69.698	69.799 69.748	69.875 69.926	79.248 79.299
-336	3.240 3.238	3.243 3.245	2.871 2.869	2.873 2.871	2.876 2.878	3.245 3.247	82.296 82.245	82.372 82.423	72.923 72.873	72.974 72.923	73.050 73.101	82.423 82.474
-337	3.365 3.363	3.368 3.370	2.996 2.994	2.997 2.995	3.000 3.002	3.369 3.371	85.471 85.420	85.547 85.598	76.098 76.048	76.124 76.073	76.200 76.251	85.573 85.623
-338	3.490 3.488	3.493 3.495	3.121 3.119	3.122 3.120	3.125 3.127	3.494 3.496	88.646 88.595	88.722 88.773	79.273 79.223	79.299 79.248	79.375 79.426	88.748 88.798
-339	3.615 3.613	3.618 3.620	3.246 3.244	3.247 3.245	3.250 3.252	3.619 3.621	91.821 91.770	91.897 91.948	82.448 82.398	82.474 82.423	82.550 82.601	91.923 91.973
-340	3.740 3.738	3.743 3.745	3.371 3.369	3.372 3.370	3.375 3.377	3.744 3.746	94.996 94.945	95.072 95.123	85.623 85.573	85.649 85.598	85.725 85.776	95.098 95.148
-341	3.865 3.863	3.868 3.870	3.496 3.494	3.497 3.495	3.500 3.502	3.869 3.871	98.171 98.120	98.247 98.298	88.798 88.748	88.824 88.773	88.900 88.951	98.273 98.323
-342	3.990 3.988	3.993 3.995	3.621 3.619	3.622 3.620	3.625 3.627	3.994 3.996	101.346 101.295	101.422 101.473	91.973 91.923	91.999 91.948	92.075 92.126	101.448 101.498

附表 E-1（续）

密封槽牌号	ϕC 最大 最小	ϕA 最大 最小	ϕF 最大 最小	ϕB 最大 最小	ϕH 最大 最小	ϕE 最大 最小	ϕC 最大 最小	ϕA 最大 最小	ϕF 最大 最小	ϕB 最大 最小	ϕH 最大 最小	ϕE 最大 最小
	/in	/in	/in	/in	/in	/in	/mm	/mm	/mm	/mm	/mm	/mm
−343	4.115	4.118	3.746	3.747	3.750	4.119	104.521	104.597	95.148	95.174	95.250	104.623
	4.113	4.120	3.744	3.745	3.752	4.121	104.470	104.648	95.098	95.123	95.301	104.673
−344	4.240	4.243	3.871	3.872	3.875	4.244	107.696	107.772	98.323	98.349	98.425	107.798
	4.238	4.245	3.869	3.870	3.877	4.246	107.645	107.823	98.273	98.298	98.476	107.848
−345	4.365	4.368	3.996	3.997	4.000	4.369	110.871	110.947	101.498	101.524	101.600	110.973
	4.363	4.370	3.994	3.995	4.002	4.371	110.820	110.998	101.448	101.473	101.651	111.023
−346	4.489	4.493	4.121	4.122	4.125	4.494	114.021	114.122	104.673	104.699	104.775	114.148
	4.487	4.495	4.119	4.120	4.127	4.496	113.970	114.173	104.623	104.648	104.826	114.198
−347	4.614	4.618	4.246	4.247	4.250	4.619	117.196	117.297	107.848	107.874	107.950	117.323
	4.612	4.620	4.244	4.245	4.252	4.621	117.145	117.348	107.798	107.823	108.001	117.373
−348	4.739	4.743	4.371	4.372	4.375	4.744	120.371	120.472	111.023	111.049	111.125	120.498
	4.737	4.745	4.369	4.370	4.377	4.746	120.320	120.523	110.973	110.998	111.176	120.548
−349	4.864	4.868	4.496	4.497	4.500	4.869	123.546	123.647	114.198	114.224	114.300	123.673
	4.862	4.870	4.494	4.495	4.502	4.871	123.495	123.698	114.148	114.173	114.351	123.723
−425	4.970	4.974	4.497	4.497	4.501	4.974	126.238	126.340	114.224	114.224	114.325	126.340
	4.968	4.977	4.494	4.494	4.503	4.977	126.187	126.416	114.148	114.148	114.376	126.416
−426	5.095	5.099	4.622	4.622	4.626	5.099	129.413	129.515	117.399	117.399	117.500	129.515
	5.093	5.102	4.619	4.619	4.628	5.102	129.362	129.591	117.323	117.323	117.551	129.591
−427	5.220	5.224	4.747	4.747	4.751	5.224	132.588	132.690	120.574	120.574	120.675	132.690
	5.218	5.227	4.744	4.744	4.753	5.227	132.537	132.766	120.498	120.498	120.726	132.766
−428	5.345	5.349	4.872	4.872	4.876	5.349	135.763	135.865	123.749	123.749	123.850	135.865
	5.343	5.352	4.869	4.869	4.878	5.352	135.712	135.941	123.673	123.673	123.901	135.941
−429	5.470	5.474	4.997	4.997	5.001	5.474	138.938	139.040	126.924	126.924	127.025	139.040
	5.468	5.477	4.994	4.994	5.003	5.477	138.887	139.116	126.848	126.848	127.076	139.116
−430	5.595	5.599	5.122	5.122	5.126	5.599	142.113	142.215	130.099	130.099	130.200	142.215
	5.593	5.602	5.119	5.119	5.128	5.602	142.062	142.291	130.023	130.023	130.251	142.291
−431	5.720	5.724	5.247	5.247	5.251	5.724	145.288	145.390	133.274	133.274	133.375	145.390
	5.718	5.727	5.244	5.244	5.253	5.727	145.237	145.466	133.198	133.198	133.426	145.466

附表 E-1（续）

密封槽牌号	ϕC 最大 最小	ϕA 最大 最小	ϕF 最大 最小	ϕB 最大 最小	ϕH 最大 最小	ϕE 最大 最小	ϕC 最大 最小	ϕA 最大 最小	ϕF 最大 最小	ϕB 最大 最小	ϕH 最大 最小	ϕE 最大 最小
	/in	/in	/in	/in	/in	/in	/mm	/mm	/mm	/mm	/mm	/mm
-432	5.845 5.843	5.849 5.852	5.372 5.369	5.372 5.369	5.376 5.378	5.849 5.852	148.463 148.412	148.565 148.641	136.449 136.373	136.449 136.373	136.550 136.601	148.565 148.641
-433	5.970 5.968	5.974 5.977	5.497 5.494	5.497 5.494	5.501 5.503	5.974 5.977	151.638 151.587	151.740 151.816	139.624 139.548	139.624 139.548	139.725 139.776	151.740 151.816
-434	6.095 6.093	6.099 6.102	5.622 5.619	5.622 5.619	5.626 5.628	6.099 6.102	154.813 154.762	154.915 154.991	142.799 142.723	142.799 142.723	142.900 142.951	154.915 154.991
-435	6.220 6.218	6.224 6.227	5.747 5.744	5.747 5.744	5.751 5.753	6.224 6.227	157.988 157.937	158.090 158.166	145.974 145.898	145.974 145.898	146.075 146.126	158.090 158.166
-436	6.345 6.343	6.349 6.352	5.872 5.869	5.872 5.869	5.876 5.878	6.349 6.352	161.163 161.112	161.265 161.341	149.149 149.073	149.149 149.073	149.250 149.301	161.265 161.341
-437	6.470 6.468	6.474 6.477	5.997 5.994	5.997 5.994	6.001 6.003	6.474 6.477	164.338 164.287	164.440 164.516	152.324 152.248	152.324 152.248	152.425 152.476	164.440 164.516
-438	6.720 6.718	6.724 6.727	6.247 6.244	6.247 6.244	6.251 6.253	6.724 6.727	170.688 170.637	170.790 170.866	158.674 158.598	158.674 158.598	158.775 158.826	170.790 170.866
-439	6.970 6.968	6.974 6.977	6.497 6.494	6.497 6.494	6.501 6.504	6.974 6.977	177.038 176.987	177.140 177.216	165.024 164.948	165.024 164.948	165.125 165.202	177.140 177.216
-440	7.220 7.218	7.224 7.227	6.747 6.744	6.747 6.744	6.751 6.754	7.224 7.227	183.388 183.337	183.490 183.566	171.374 171.298	171.374 171.298	171.475 171.552	183.490 183.566
-441	7.470 7.468	7.474 7.477	6.997 6.994	6.997 6.994	7.001 7.004	7.474 7.477	189.738 189.687	189.840 189.916	177.724 177.648	177.724 177.648	177.825 177.902	189.840 189.916
-442	7.720 7.718	7.724 7.727	7.247 7.244	7.247 7.244	7.251 7.254	7.724 7.727	196.088 196.037	196.190 196.266	184.074 183.998	184.074 183.998	184.175 184.252	196.190 196.266
-443	7.970 7.968	7.974 7.977	7.497 7.494	7.497 7.494	7.501 7.504	7.974 7.977	202.438 202.387	202.540 202.616	190.424 190.348	190.424 190.348	190.525 190.602	202.540 202.616
-444	8.220 8.218	8.224 8.227	7.747 7.744	7.747 7.744	7.751 7.754	8.224 8.227	208.788 208.737	208.890 208.966	196.774 196.698	196.774 196.698	196.875 196.952	208.890 208.966
-445	8.470 8.468	8.474 8.477	7.997 7.994	7.997 7.994	8.001 8.004	8.474 8.477	215.138 215.087	215.240 215.316	203.124 203.048	203.124 203.048	203.225 203.302	215.240 215.316

附表 E-1（续）

密封槽牌号	ϕC 最大 最小 /in	ϕA 最大 最小 /in	ϕF 最大 最小 /in	ϕB 最大 最小 /in	ϕH 最大 最小 /in	ϕE 最大 最小 /in	ϕC 最大 最小 /mm	ϕA 最大 最小 /mm	ϕF 最大 最小 /mm	ϕB 最大 最小 /mm	ϕH 最大 最小 /mm	ϕE 最大 最小 /mm
-446	8.970 8.967	8.974 8.977	8.497 8.494	8.497 8.494	8.501 8.504	8.974 8.977	227.838 227.762	227.940 228.016	215.824 215.748	215.824 215.748	215.925 216.002	227.940 228.016
-447	9.470 9.467	9.474 9.478	8.997 8.994	8.997 8.994	9.001 9.004	9.474 9.478	240.538 240.462	240.640 240.741	228.524 228.448	228.524 228.448	228.625 228.702	240.640 240.741
-448	9.970 9.967	9.974 9.978	9.497 9.494	9.497 9.494	9.501 9.504	9.974 9.978	253.238 253.162	253.340 253.441	241.224 241.148	241.224 241.148	241.325 241.402	253.340 253.441
-449	10.470 10.467	10.474 10.478	9.997 9.994	9.997 9.994	10.001 10.004	10.474 10.478	265.938 265.862	266.040 266.141	253.924 253.848	253.924 253.848	254.025 254.102	266.040 266.141
-450	10.970 10.967	10.974 10.978	10.497 10.494	10.497 10.494	10.501 10.504	10.974 10.978	278.638 278.562	278.740 278.841	266.624 266.548	266.624 266.548	266.725 266.802	278.740 278.841
-451	11.470 11.467	11.474 11.478	10.997 10.994	10.997 10.994	11.001 11.004	11.474 11.478	291.338 291.262	291.440 291.541	279.324 279.248	279.324 279.248	279.425 279.502	291.440 291.541
-452	11.970 11.967	11.974 11.978	11.497 11.494	11.497 11.494	11.501 11.504	11.974 11.978	304.038 303.962	304.140 304.241	292.024 291.948	292.024 291.948	292.125 292.202	304.140 304.241
-453	12.470 12.467	12.474 12.478	11.997 11.994	11.997 11.994	12.001 12.004	12.474 12.478	316.738 316.662	316.840 316.941	304.724 304.648	304.724 304.648	304.825 304.902	316.840 316.941
-454	12.970 12.967	12.974 12.978	12.497 12.494	12.497 12.494	12.501 12.504	12.974 12.978	329.438 329.362	329.540 329.641	317.424 317.348	317.424 317.348	317.525 317.602	329.540 329.641
-455	13.470 13.467	13.474 13.478	12.997 12.994	12.997 12.994	13.001 13.004	13.474 13.478	342.138 342.062	342.240 342.341	330.124 330.048	330.124 330.048	330.225 330.302	342.240 342.341
-456	13.970 13.967	13.974 13.978	13.497 13.494	13.497 13.494	13.501 13.504	13.974 13.978	354.838 354.762	354.940 355.041	342.824 342.748	342.824 342.748	342.925 343.002	354.940 355.041
-457	14.470 14.467	14.474 14.478	13.997 13.994	13.997 13.994	14.001 14.004	14.474 14.478	367.538 367.462	367.640 367.741	355.524 355.448	355.524 355.448	355.625 355.702	367.640 367.741
458	14.970 14.967	14.974 14.978	14.497 14.494	14.497 14.494	14.501 14.504	14.974 14.978	380.238 380.162	380.340 380.441	368.224 368.148	368.224 368.148	368.325 368.402	380.340 380.441
-459	15.470 15.467	15.474 15.478	14.997 14.994	14.997 14.994	15.001 15.004	15.474 15.478	392.938 392.862	393.040 393.141	380.924 380.848	380.924 380.848	381.025 381.102	393.040 393.141
-460	15.970 15.967	15.974 15.978	15.497 15.494	15.497 15.494	15.501 15.504	15.974 15.978	405.638 405.562	405.740 405.841	393.624 393.548	393.624 393.548	393.725 393.802	405.740 405.841

E.2 AS4832 标准的密封槽尺寸

对大尺寸的起落架，密封件发生明显的偏转和椭圆化，应选择更大的截面（名义值 3/8in）。AS4832[2] 定义了用于这些定制密封设计的密封槽尺寸。密封槽横截面如附图 E-2 所示，相关的尺寸如附表 E-2 所示。

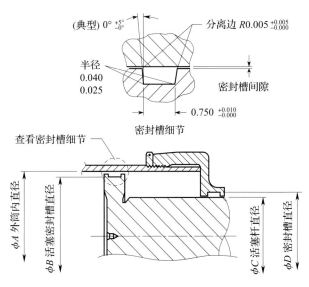

附图 E-2 AS4832 密封槽示意图（单位：in）

附表 E-2 AS4832 密封槽直径

密封槽牌号	ϕA/in	公差 (+in, -0)	ϕB/in	公差 (+0, -in)	ϕC/in	公差 (+0, -in)	ϕD/in	公差 (+in, -0)
625	7.974	0.003	7.247	0.003	7.247	0.003	7.974	0.003
626	8.224	0.003	7.497	0.003	7.497	0.003	8.224	0.003
627	8.474	0.003	7.747	0.003	7.747	0.003	8.474	0.003
628	8.724	0.003	7.997	0.003	7.997	0.003	8.724	0.003
629	8.974	0.003	8.247	0.003	8.247	0.003	8.974	0.003
630	9.224	0.003	8.497	0.003	8.497	0.003	9.224	0.004
631	9.474	0.004	8.747	0.003	8.747	0.003	9.474	0.004
632	9.724	0.004	8.997	0.003	8.997	0.003	9.724	0.004
633	9.974	0.004	9.247	0.003	9.247	0.003	9.974	0.004
634	10.224	0.004	9.497	0.003	9.497	0.003	10.224	0.004
635	10.474	0.004	9.747	0.003	9.747	0.003	10.474	0.004

附表 E-2（续）

密封槽牌号	ϕA/in	公差 (+in, −0)	ϕB/in	公差 (+0, −in)	ϕC/in	公差 (+0, −in)	ϕD/in	公差 (+in, −0)
636	10.724	0.004	9.997	0.003	9.997	0.003	10.724	0.004
637	10.974	0.004	10.247	0.003	10.247	0.003	10.974	0.004
638	11.224	0.004	10.497	0.003	10.497	0.003	11.224	0.004
639	11.474	0.004	10.747	0.003	10.747	0.003	11.474	0.004
640	11.724	0.004	10.997	0.003	10.997	0.003	11.724	0.004
641	11.974	0.004	11.247	0.003	11.247	0.003	11.974	0.004
642	12.224	0.004	11.497	0.003	11.497	0.003	12.224	0.004
643	12.474	0.004	11.747	0.003	11.747	0.003	12.474	0.004
644	12.724	0.004	11.997	0.003	11.997	0.003	12.724	0.004
645	12.974	0.004	12.247	0.003	12.247	0.003	12.974	0.004
646	13.224	0.004	12.497	0.003	12.497	0.003	13.224	0.004
647	13.474	0.004	12.747	0.003	12.747	0.003	13.474	0.004
648	13.724	0.004	12.997	0.003	12.997	0.003	13.724	0.004
649	13.974	0.004	13.247	0.003	13.247	0.003	13.974	0.004
650	14.224	0.004	13.497	0.003	13.497	0.003	14.224	0.004
651	14.474	0.004	13.747	0.003	13.747	0.003	14.474	0.004
652	14.724	0.004	13.997	0.003	13.997	0.003	14.724	0.004
653	14.974	0.004	14.247	0.003	14.247	0.003	14.974	0.004
654	15.224	0.004	14.497	0.003	14.497	0.003	15.224	0.004
655	15.474	0.004	14.747	0.003	14.747	0.003	15.474	0.004
656	15.724	0.004	14.997	0.003	14.997	0.003	15.724	0.004
657	15.974	0.004	15.247	0.003	15.247	0.003	15.974	0.004
658	16.224	0.004	15.497	0.003	15.497	0.003	16.224	0.004
659	16.474	0.004	15.747	0.003	15.747	0.003	16.474	0.004
660	16.724	0.004	15.997	0.003	15.997	0.003	16.724	0.004
661	16.974	0.004	16.247	0.003	16.247	0.003	16.974	0.004

附表 E-2（续）

密封槽牌号	ϕA/in	公差 (+in, -0)	ϕB/in	公差 (+0, -in)	ϕC/in	公差 (+0, -in)	ϕD/in	公差 (+in, -0)
662	17.224	0.004	16.497	0.003	16.497	0.003	17.224	0.004
663	17.474	0.004	16.747	0.003	16.747	0.003	17.474	0.004
664	17.724	0.004	16.997	0.003	16.997	0.003	17.724	0.004
665	17.974	0.004	17.247	0.003	17.247	0.003	17.974	0.004
666	18.224	0.004	17.497	0.003	17.497	0.003	18.224	0.004
667	18.474	0.004	17.747	0.003	17.747	0.003	18.474	0.004
668	18.724	0.004	17.997	0.003	17.997	0.003	18.724	0.004
669	18.974	0.004	18.247	0.003	18.247	0.003	18.974	0.004
670	19.224	0.004	18.497	0.003	18.497	0.003	19.224	0.004
671	19.474	0.004	18.747	0.003	18.747	0.003	19.474	0.004
672	19.724	0.004	18.997	0.003	18.997	0.003	19.724	0.004
673	19.974	0.004	19.247	0.003	19.247	0.003	19.974	0.004
674	20.474	0.004	19.747	0.003	19.747	0.003	20.474	0.004
675	20.724	0.004	19.997	0.003	19.997	0.003	20.724	0.004

参 考 文 献

［1］Aerospace Standard，"Gland Design，O-ring and Other Seals，" AS4716，Revision C，SAE International，December 2017.

［2］Aerospace Standard，"Gland Design：Nominal 3/8 in Cross Section for Custom Compression Type Seals，" AS4832，SAE International，June 2012.

附录 F　具有多个主起落架的 25 部飞机载荷工况建议修正案

本附录包括由载荷与动力学协同工作组（Loads and Dynamics Harmonization Working Group）提出的关于 25 部地面载荷条款要求的修订建议，旨在涵盖具有两个以上主起落架的飞机同时也包括额外的条款修正。虽然该修订建议并未成为正式的 25 部内容，但通常在新研飞机的审定基础中予以考虑。在附表 F-1 中，删除的内容未予展示，新增的内容用下划线的形式展示；关于更改的讨论和理由也包括在内。该表格直接由工作组公布的文件[1]改编而来。

附表 F-1　建议的 25 部修正案

建议的新规章和咨询内容文本	更改的讨论
第 25.471 条　总则 （a）载荷和平衡。对于限制地面载荷，采用下列规定： （1）按本分部得到的限制地面载荷，认为是施加于飞机结构的外力； （2）在每一规定的地面载荷情况中，外载荷必须以合理的或保守的方式与线惯性载荷和角惯性载荷相平衡。 （b）必须考虑合适的高升力装置位置和临界的装载和燃油分布以表明对本分部地面载荷要求的符合性。 （c）临界重心。必须在申请合格审定的重心范围内选择临界重心。使每一起落架元件获得最大设计载荷。必须考虑前后、垂直和横向的飞机重心。如果下列两项成立，且偏离飞机中心线的重心横向位移使主起落架的载荷不超过对称受载情况下临界设计载荷的 103%，则可以选用这种重心横向位移，而不必考虑其对主起落架元件载荷或对飞机结构的影响： （1）重心横向位移是由于旅客或货物在机身内随机布置，或由于燃油的随机非对称装载或非对称使用造成的； （2）按第 25.1583 条（c）（1）所制定的对随机可调配载重的适当装载说明，保证重心的横向位移不超过上述限制范围。 （d）起落架尺寸数据。附录 A 图 1 示出起落架基本尺寸数据。	*对于第 25.471 条重大更改的讨论* ● 插入段落（b）以要求考虑合适的高升力装置位置和临界的装载和燃油分布。这已是制造商的标准做法，这里将其加入只是为了明确对于所有地面载荷工况必须考虑的关键变量。以下各地面载荷条款会明确指出需要考虑的具体变量。
第 25.473 条　着陆载荷假定 （a）必须研究对于 25.480 条至第 25.485 条中规定的着陆情况的起落架和飞机结构。对于这些情况，假定飞机按下列情况接地： （1）以第 25.480 条和第 25.483 条中定义的姿态； （2）以第 25.480 条和第 25.483 条规定的下沉速度。如果能表明飞机具有不能达到上述规定的下沉速度的设计特征，可以修改此下沉速度。 （b）除系统或程序显著影响升力外，可假定飞机升力不超过飞机重力。	*对于第 25.473 条重大更改的讨论* ● 下沉速度不在本条款中描述，而在第 25.480 条和第 25.483 条中描述。 ● 段落（c）中增加了每一批准的轮胎特性必须在分析中考虑的要求。

附表 F–1（续）

建议的新规章和咨询内容文本	更改的讨论
（c）飞机和起落架载荷的分析方法至少应考虑下列要素： （1）起落架动态特性； （2）起旋和回弹； （3）刚体响应； （4）机体结构动态响应（若显著）。 （5）每一批准的具有名义特性的轮胎。 （d）起落架动态特性必须按第 25.723 条（a）中确定的试验来验证。 （e）可以通过考虑滑行速度和轮胎压力的效应来确定轮胎与地面之间的摩擦因数，此摩擦因数不必大于 0.8。	
第 25.477 条　起落架布置 【备用】	*对于第 25.477 条更改的讨论* 　删除本条的原因是规章的范围扩展到包含所有起落架布置形式（至少是在这段时间可以预计到的形式），并不仅仅是"常规布置"。
第 25.479 条　水平着陆情况 【备用】	*对于第 25.479 条重大更改的讨论* 　删除本条。本条的内容经修改后在第 25.480 条中提出。然而，第 25.479(d)(1) 的静态工况（最大垂直载荷加上 25% 阻力载荷）在第 25.480 条中删除并不再重申，原因是这个工况被第 25.480 条中的动态着陆工况涵盖。
第 25.480 条　对称着陆载荷情况 　起落架和机体结构必须根据本条的动态着陆情况设计，并采用第 25.473 条中规定的假定。 　（a）假定飞机按下列情况接地： 　（1）在以下情况下以对应于本条（b）或（c）（取适用者）规定高度下的空气速度： 　（ⅰ）标准海平面条件；和 　（ⅱ）在比标准温度高 22.8℃（41F）的热天温度下的最大批准高度。 空气速度不必大于 $1.25V_{S0}$，或小于 V_{S0}，其中 V_{S0}＝基于 C_{Namax} 的 1g 失速速度，在适当的重量和着陆构型下的。对于期望获准的顺风着陆，则必须研究增大接地速度的影响。 　（2）设计着陆重量（以最大下沉速度着陆情况中的最大重量）时的限制下沉速度为 3.05m/s（10ft/s）；和 　（3）设计起飞重量（以减小的下沉速度着陆情况中的最大重量）时的限制下沉速度为 1.83m/s（6ft/s）； 　（b）对于尾轮式飞机，必须检查本条规定的情况，假定飞机处于下列姿态： 　（1）飞机水平基准线是水平的，按附录 A 图 2；和 　（2）假定按附录 A 图 3，主、尾机轮同时接地，且作用于尾轮上的地面反作用力方向如下： 　（ⅰ）垂直向上；和 　（ⅱ）与地平线成 45°角通过轮轴指向后上方。	*对于第 25.480 条的讨论* 　● 将第 25.479 条"水平着陆情况"和第 25.481 条"尾沉着陆情况"改编和整理成为第 25.480 条"对称着陆载荷情况"。此次整合将对称着陆情况放入一处，删除了重复的内容，并对要求进行了更为清晰的描述。与现行第 25.479 条和第 25.481 条相关的重大更改已突出显示。段落（b）由现行第 25.479 条和第 25.481 条中关于尾轮式飞机的要求整理得到。段落（c）由现行第 25.479 条和第 25.481 条中关于前轮式飞机的要求整理得到。 　● 在本建议中，着陆工况基于规定的姿态范围得到。飞机速度根据假定 1g 飞行的规定姿态确定，除非飞机速度已有限制。该限定的空速范围本质上等同于现行要求中给出的速度范围。然而，V_{L1} 和 V_{L2} 的定义认为是不合适的，因此将其删除并直接使用失速速度代替。本建议要求中的一项重大更改是飞机姿态和空速在基于 1g 飞行的合理情况下是联系在一起的（在大部分情况下），这并不是现行要求中工况。

附表 F-1（续）

建议的新规章和咨询内容文本	更改的讨论
（c）对于前轮式飞机，必须检查本条规定的情况，假定飞机处于下列姿态： （1）如附录 A 图 2 所示的，前轮和主轮同时接地，对于这种情况，假定飞机的低头力矩由前起落架承受； （2）对应于主起落架达到最大垂直压缩行程，前起落架尚未触地前的最小俯仰姿态； （3）飞机姿态按附录 A 图 3 相应于失速迎角，或相应于除主轮外飞机所有部分均不触地时所允许的最大迎角，两者中取小者； （4）对于具有两个以上主起落架或每个主起落架具有两个以上机轮的飞机，任何中间姿态都可以是临界的； （d）对于具有两个主起落架的飞机，认为在水平跑道上着陆。对于具有两个以上主起落架的飞机，必须考虑在水平跑道上着陆以及作为单独设计情况，在如附录 A 图 9 所示的可近似表示为与主起落架站位成 1.5% 斜率的上拱形跑道上着陆。	• 第 25.480 条（c）（1）可能不是一个完全合理的情况。该条在现行的条例中要求"三点着陆"情况而无视其是否能够"合理地获得这种姿态"。对于一些飞机，在 1g 飞行中达到这种姿态所需的速度超过了规定的速度范围。在这种情况下，仍然必须分析这种工况但空气速度应限制为 $1.25V_{so}$。 • 本工况（第 25.480 条（c）（1））进一步明确了假定飞机的低头力矩由前起落架承受。 • 现行的第 25.479 条陈述："申请获准在超过 10kn 的风速下顺风着陆，则必须研究增大接地速度的影响。"本次提出的第 25.480 条移除了 10kn 的要求，并规定如下："对于期望获准的顺风着陆，则必须研究增大接地速度的影响。" • 对于具有两个以上主起落架或每个主起落架具有两个以上机轮的飞机，建议的要求包含了任何中间姿态（尾沉和水平之间）都可以是临界的。 • 对于具有两个以上主起落架的飞机，必须考虑拱形跑道。在附录 A 中增加了一个描绘这种跑道剖面的新图片（图 9），该图同时也被第 25.489 条和第 25.511 条引用。此图片在本表的最后面。
第 25.481 条　尾沉着陆情况 【备用】	*对于第 25.481 条重大更改的讨论* 删除本条。本条的内容经修改后在第 25.480 条中提出。
第 25.483 条　单个起落架着陆情况 （a）对于具有两个主起落架的飞机，假定按本部附录 A 图 4 飞机处于水平姿态，以一个主起落架接地，在这种姿态下采用下列规定： （1）该侧起落架的最大地面垂直反作用力必须与按第 25.480 条（b）（1）或 25.480 条（c）（2）（取适用者）规定得到的该侧载荷相同，并与一个向后作用的且不小于该最大地面垂直反作用力 25% 的阻力相结合。 （2）每一不平衡的外侧载荷必须由飞机的惯性力以合理的或保守的方式予以平衡。 （b）对于具有两个以上主起落架的飞机，必须考虑在水平跑道上的动态滚转着陆情况并采用第 25.473 条规定的假定，规定： （1）假定飞机以下列情况触地： （ⅰ）以在飞机几何尺寸限制范围内可获得的最大滚转角（但此滚转角不必超过 10°）； （ⅱ）设计着陆重量时的限制下沉速度为 2.13m/s（7ft/s）； （ⅲ）根据 25.480 条获得的临界俯仰姿态和对应的接地速度。	*对于第 25.481 条重大更改的讨论* • 本条扩展为两类原则：段落（a）适用于具有两个主起落架的飞机，段落（b）适用于具有两个以上主起落架的飞机。 • 改编段落（a），其原则与现行条款保持一致。因此，指向第 25.479 条（d）（1）的引用更改为指向第 25.480 条，原第 25.479 条（d）（1）中的阻力要求则直接提出。 • 对于具有两个以上主起落架的飞机，段落（b）定义了滚转着陆情况。一些不同的特殊情况已经应用于非常规布置的起落架上，以代替现行第 25.483 条规定的单起落架着陆情况。提议的滚转着陆情况是考虑这些以往的特殊情况后得出的。

附表 **F-1**（续）

建议的新规章和咨询内容文本	更改的讨论
（2）动态分析必须包括位于飞机中心线外侧（该侧指第一个起落架着陆侧）的所有起落架触地的情况。这种情况不必考虑位于飞机另一边的起落架。 （3）可以假定侧向载荷（在地面坐标系下）为零。 （4）飞机的滚转力矩应由飞机惯性力和随后的主起落架反作用力平衡。	

第 25.485 条　侧向载荷情况

对于本条（a）和（b）规定的侧向载荷情况，假定垂直载荷和阻力载荷作用在轮轴中心线上；假定侧向载荷作用在轮胎接地点上。起落架载荷由飞机惯性力平衡。

（a）必须考虑在侧偏着陆中可能出现的最严重的载荷组合。缺乏对此情况的更合理的分析时，应作下列研究：

（1）作为每个起落架的单独情况，假定垂直载荷等于第 25.480 条或第 25.483 条（b）（取适用者）得到的最大地面反作用力的 75%。对于具有两个以上主起落架的飞机，假定作用于其他起落架上的垂直载荷为相同情况下作用于这些起落架上相应垂直载荷的 75%。每个起落架的垂直载荷与分别为该垂直载荷的 40% 和 25% 的向后和侧向载荷相结合。

（2）假定飞机姿态与第 25.480 条或第 25.483 条（b）（取适用者）得到最大垂直反作用力的姿态一致。

（3）应假定减振器和轮胎变形相当于第 25.480 条或第 25.483 条（b）（取适用者）的最大地面反作用力产生的变形的 75%。

（b）除第 25.485 条（a）外，对每个主起落架还应考虑下列侧向载荷情况：

（1）作为每个起落架的单独情况，假定垂直载荷等于第 25.480 条得到的最大地面反作用力的 50%。对于具有两个以上主起落架的飞机，假定作用于其他起落架上的垂直载荷为相同情况下作用于这些起落架上相应垂直载荷的 50%。每个起落架的垂直载荷与本条（b）（3）或（b）（4）（取适用者）规定的侧向载荷相结合。

（2）假定飞机姿态与第 25.480 条得到最大垂直反作用力的姿态一致。

（3）对于外侧主起落架，侧向载荷（在一侧）等于垂直反作用力的 80%，向内作用；侧向载荷（在另一侧）等于垂直反作用力的 60%，向外作用，按附录 A 图 5 所示。

（4）对于具有两个以上主起落架的飞机，每个内侧主起落架的侧向载荷由根据内侧主起落架相对于外侧主起落架的侧向位置，在该起落架垂直反作用力的 80% 和 60% 之间线性插值确定。侧向载荷的作用方向与外侧主起落架侧向载荷的作用方向一致。

（5）可以假定阻力载荷为零。

（6）应假定减振器和轮胎的变形相当于第 25.480 条的垂直载荷产生的变形的 50%。

对于第 25.485 条的讨论

● 大幅修改第 25.485 条"侧向载荷情况"，但总体上与现行规定一致。现行的第 25.485 条侧向载荷情况修订后现包含在第 25.485 条（b）中。现行第 25.479 条（d）（2）中的侧偏着陆情况修订后现包含在第 25.485 条（a）中。

● 载荷的作用位置在引言段中进行明确。

● 对于具有两个以上主起落架的飞机，增加了段落（b）（4）规定侧向载荷是基于内侧起落架相对于外侧起落架的侧向位置进行线性插值得到的。这是由特殊情况推导得到的。

● 修订第 25.485 条（a）中引用的垂直载荷以包含第 25.483 条（b）新规定的适用于具有两个以上主起落架飞机的滚转着陆情况。

● 明确了适用于第 25.485 条（a）侧偏着陆情况的减振器压缩量（在当前的规定中并未说明压缩量）。

附表 F-1（续）

建议的新规章和咨询内容文本	更改的讨论
第 25.489 条　地面操纵情况 （a）除非另有规定，起落架和飞机结构必须按第 25.491 条至第 25.509 条中的情况进行下列检查： （1）必须假定飞机为设计机坪重量（地面操纵情况的最大重量）； （2）必须假定飞机升力为零； （3）可以假定起落架缓冲支柱和轮胎处于静态位置； （b）对于具有两个以上主起落架的飞机，必须考虑飞机处于水平跑道以及作为单独情况，飞机处于本表最后面的附录 A 图 9 所示的可近似表示为与上起落架站位成 1.5% 斜率的上拱形跑道上。地面反作用力必须以合理的或保守的方式分配到各个起落架上。	*对于第 25.489 条更改的讨论* ● 为便于理解，重组段落（a）。 ● 为便于理解，"可不考虑机翼升力"更改为"必须假定飞机升力为零"。 ● 增加段落（b）以适用于两个以上主起落架的飞机。对于这样的飞机，必须考虑拱形跑道。在附录 A 中增加了一个描绘这种跑道剖面的新图片（图 9）。
第 25.491 条　滑行、起飞和着陆滑跑 在相应的地面速度和批准的重量范围内，假定飞机结构和起落架承受不小于飞机在正常运行时可以合理预期的最粗糙地面上得到的载荷。必须以合理的或保守的方式考虑定常气动的影响。	*对于第 25.491 条重大更改的讨论* 修订本段以要求考虑气动的影响。尽管这已经在现行的 AC25.491-1 中规定，这里将其列在规章中以提供法律依据。否则将执行第 25.489 条中所述的飞机升力为零。
AC/ACJ 第 25.491 条　滑行、起飞和着陆滑跑（现行 AC25.491-1 的修订稿） 3. 背景 h. 对于具有两个以上主起落架的飞机，必须考虑 25.489（b）中规定的拱形跑道与本 AC 第 4 章和第 5 章的组合。 5. 离散载荷情况 应评估下列离散的限制载荷情况中的一种： a. 所有起落架均接触地面，应研究飞机静态载荷系数为 1.7 时起落架的反作用力，需考虑最大起飞重量时最不利的飞机受载分配，有或者没有发动机推力的情况； b. 作为上述 5（a）的一种替代方案，第 4 章中考虑的相同情况下开展的动力学分析是可以接受的，该情况在光滑跑道上考虑相同且连续的 1-cos 道面向上凸起： （ⅰ）道面凸起的波长等于前起落架和主起落架间的平均纵向距离，或是主起落架和尾部起落架的平均纵向距离，如有尾部起落架的话；以及分别等于这两者。 （ⅱ）道面凸起的波长等于 2 倍该距离。 （ⅲ）此外，对于具有两个以上主起落架的飞机，定义 D 为 1g 静态载荷反作用下前起落架与主起落架形心间的距离。道面凸起的波长等于（0.5 ~ 3）D，应考虑 0.5D 的最大波长增量。	*对于 AC/ACJ 第 25.491 条重大更改的讨论* ● 修订 AC 以引用第 25.489 条（b）中提出的新要求。 ● 在 AC 中明确了关于静态载荷系数 1.7 的使用方法。 ● 修订 AC 以考虑具有两个以上主起落架的这类独特布局的飞机。

附表 F-1（续）

建议的新规章和咨询内容文本	更改的讨论

第 25.493 条 滑行刹车情况

（a）假定按附录 A 图 6，尾轮式飞机处于水平姿态，载荷作用在主轮上。飞机限制垂直载荷系数，在设计着陆重量时为 1.2，在设计机坪重量时为 1.0。阻力载荷（等于垂直反作用力乘以数值为 0.8 的摩擦因数）必须与地面垂直反作用力相组合，并作用在轮胎接地点上。

（b）对于前轮式飞机，限制垂直载荷系数，在设计着陆重量时为 1.2，在设计机坪重量时为 1.0。阻力载荷（等于垂直反作用力乘以数值为 0.8 的摩擦因数）必须与地面垂直反作用力相组合，并作用在每个带刹车机轮的接地点上，按附录 A 图 6，必须考虑下列两种姿态：

（1）所有机轮都接地的水平姿态，载荷分配给主起落架和前起落架，并假定俯仰加速度为零；

（2）仅以主轮接地的水平姿态，俯仰力矩由角惯性力平衡。

（c）装有前起落架的飞机必须承受由于突然施加的最大刹车力使飞机动态俯仰运动而产生的载荷。假定飞机在设计起飞重量下，前起落架和主起落架接地并且稳态垂直载荷系数为 1.0。稳态前起落架反作用力必须与本条（b）和（e）所规定的由于突然施加最大刹车力而产生的最大前起落架垂直反作用力增量相组合。

（d）对于具有两个主起落架的飞机，在缺乏更合理的分析的情况下，本条（c）所规定的前起落架垂直反作用力必须依照下式计算（公式与现行 FAR/JAR 规章中的一致）。

（e）如果证实在每一很可能的受载情况下，有效阻力载荷均不能达到垂直反作用力的 80%，则可取低于本条规定的阻力载荷。

AC/ACJ 第 25.493 条 滑行刹车情况（代替现行 ACJ 内容的建议 AC/ACJ）

以下可认为是一种针对第 25.493（e）开展动力学响应计算和证实阻力载荷低于 0.8 倍垂直载荷的可接受方法：

在寻求降低阻力载荷时，最可能的做法是限制刹车能量吸收能力或限制轮胎摩擦能力。

通过包含刹车系统特性的动态试验证实刹车能量吸收的方法是可接受的。另外，通过干跑道条件下（飞机）地面试验中的最大刹车能力试验可以证实最大刹车扭矩。地面试验应覆盖所有实际可能遇到的刹车使用情况，从而测量得到最大刹车扭矩。特别要考虑速度、温度和工作压力的范围，以及刹车系统制造的差异性。此外，应进行足够的刹车磨损试验，以最大限度地提高刹车能力。

如果可以表明在最大刹车力矩作用下产生的阻力载荷低于垂直载荷的 80%，则可以使用低于 0.8 的轮胎摩擦因数。应评估轮胎充气压力、轮胎磨损、跑道特性和轮胎制造差异性的影响。

对于第 25.493 条重大更改的讨论

为清晰起见，分别将第 25.493 条（c）重命名为第 25.493 条（e），将第 25.493 条（d）和（e）重命名为第 25.493 条（c）和（d）。修订重命名的段落（d）指出仅具有两个主起落架的飞机可使用提供的公式。对于具有两个以上主起落架的飞机，这个公式并不适用，因此需要进行合理的分析。

对于 ACJ 第 25.493 条（新 AC 第 25.493 条）重大更改的讨论

改编本 ACJ 修订验证第 25.493 条（e）允许的降低刹车摩擦因数和开展动力学分析以符合第 25.493 条（c）的可接受的符合性方法。新的方法结合了目前认可的确定刹车摩擦限制的方法，并在缺乏更合理的数据时提供了可接受的刹车摩擦因数时间历程。

附表 F-1（续）

建议的新规章和咨询内容文本	更改的讨论
第 25.493 条（b）（1）和（c）的摩擦因数应包括防滑系统（如安装）不能工作的低速范围。如果有足够的刹车力矩使轮胎打滑，最大摩擦因数应取决于地面速度接近零时的轮胎最大摩擦因数。	
第 25.493 条（b）（2）的工况最有可能在起飞滑跑过程中或在接地后瞬间的着陆滑跑过程中达到。因此，摩擦因数可以从名义转动速度或名义着陆速度下的轮胎数据中得出。此外，在得出所产生的载荷时可考虑防滑系统的有效性。	
以下可作为确定符合第 25.493 条（c）规定的刹车上升时间和形状的指导：	
在进行动力学响应计算时，应包括有代表性的缓冲器和轮胎特性。应假定飞机的俯仰运动不产生气动损失。刹车应根据适当的扭矩上升时间历程在轮轴上施加扭矩来确定。（或者，刹车阻力的模型可以是轮胎—地面摩擦因数乘以主起落架的瞬时垂直地面反作用力。）	
通过包含刹车系统特性的动态试验保守的确定上升时间和形状是可以接受的。另外，通过干跑道条件下（飞机）地面试验中的最大刹车能力试验可以证实最大刹车扭矩、上升时间和上升形状。如缺少更合理的方法，施加的刹车力矩（或摩擦因数）应在 0.2s 的时间线性上升至其最大值，然后保持不变。	
第 25.495 条　转弯 假定飞机处于静态位置，用操纵前起落架或采用足够的发动机动力差的方法进行定常转弯，以使作用在重心处的限制载荷系数在垂直方向为 1.0，在横向为 0.5。 （a）每一个机轮的侧向反作用力必须是垂直反作用力的 50%，按附录 A 图 7。 （b）对于具有两个以上主起落架的飞机，除非证实本条(a)是保守的，否则必须以合理的或保守的方式采用合理的分析表明每个单独轮胎和每个起落架上分配的侧向载荷。载荷在轮胎间的分配至少应考虑下列要素： （1）起落架弹簧曲线和起落架运动学特性； （2）可靠的轮胎摩擦特性； （3）机体和起落架的柔性（若显著）； （4）飞机的刚体运动； （5）第 25.511 条（b）（2），第 25.511 条（b）（3）和第 25.511 条（b）（4）中规定的计及轮胎直径、轮胎压力和跑道形状的最不利的组合。	*对于第 25.495 条重大更改的讨论* ● 条款拆分成引言段和段落（a）、（b）。 ● 增加段落（b）以解决具有两个以上主起落架的飞机，并提供考虑轮胎特性和飞机柔性等因素用来确定每个起落架侧向反作用力的合理的分析方法。除非证实段落（a）提供的简化方法是保守的，否则需要进行合理的分析。本要求来自于一种特殊情况。
第 25.499 条　前轮侧偏与操纵 （a）假定飞机重心处的垂直载荷系数为 1.0，前轮接地点处的侧向分力等于该处地面垂直反作用力的 80%。 （b）假定在使用一侧主起落架系统刹车而产生的载荷情况下飞机处于静态平衡，前起落架及其连接结构和重心以前的机身结构，必须按下列载荷设计： （1）飞机重心处的垂直载荷系数为 1.0；	*对于第 25.499 条更改的讨论* ● 修订本条款以覆盖具有两个以上主起落架的飞机。 ● 明确了阻力载荷和俯仰力矩的使用情况。

附表 F-1（续）

建议的新规章和咨询内容文本	更改的讨论
（2）对于带有刹车装置的机轮，摩擦因数必须等于 0.8，阻力载荷由飞机惯性力平衡，飞机的俯仰力矩由前起落架承受；	

（3）作用于前起落架接地点处的侧向载荷和垂直载荷是为保持静态平衡所需的载荷；

（4）飞机重心处的侧向载荷系数为零。

（c）如果本条（b）款规定的载荷导致前起落架的侧向载荷超过前起落架垂直载荷的 80%，则可以把设计前起落架的侧向载荷限制为垂直载荷的 80%，而未被平衡的侧偏力矩假定由飞机的惯性力所平衡。

（d）除前起落架及其连接结构和前机身结构以外的其他结构，受载情况即为本条（b）款规定的情况，但作如下补充：

（1）如果在每一很可能的受载情况下，有效阻力载荷均不能达到垂直反作用力的 80%，则可取用较低的阻力载荷；和

（2）重心处向前作用的载荷，不必超过按第 25.493 条（b）规定的作用于一个主起落架上的最大阻力载荷。

（e）在设计前起落架及其连接结构和前机身结构时，必须考虑正常满操纵扭矩和等于前起落架最大静态反作用力 1.33 倍的垂直力的组合作用，此时，取飞机设计机坪重量，前起落架处于任一转向操纵位置。

第 25.503 条　回转

主起落架及其支持结构必须设计成能够承受由本条（a）或（b）（取适用者）规定的地面操纵过程中回转产生的载荷。

（a）对于具有两个主起落架的飞机，假定飞机绕一侧主起落架回转，且该侧的刹车刹住。

（1）限制垂直载荷系数必须为 1.0，摩擦因数为 0.8。

（2）假定按附录 A 图 8 飞机处于静态平衡，而载荷作用在轮胎接地点上。

（b）对于具有两个以上主起落架的飞机，必须考虑下列合理的回转操纵：

（1）采用辅助回转的对称或非对称的向前推力，分别考虑飞行员通过脚蹬刹车或不刹车。

（2）无刹车作用下以临界的牵引角在前起落架上牵引。必须考虑的临界牵引角有：

（ⅰ）由结构限位引起的物理限制范围内；及

（ⅱ）超出这些物理限制范围，当移除这些限位是由申请人授权的并考虑相应的操作限制（如果有）；

（c）对于本条（b）规定的情况，采用下列假设：

（1）假定飞机处于静态平衡，载荷作用在轮胎接地点上。

（2）限制垂直载荷系数必须为 1.0，以及：

（ⅰ）对于装备刹车装置的机轮，摩擦因数必须为 0.8；

（ⅱ）对于未装备刹车装置的机轮，地面轮胎反作用力必须考虑可靠的轮胎数据。

对于第 25.503 条重大更改的讨论

● 增加引言段指出回转载荷适用于主起落架及其支持结构。虽然这是对现行条款的改动，但这并不会造成影响，因为回转载荷不是任何其他结构的临界情况。

● 根据特殊情况新增了段落（b）以适用于具有两个以上主起落架的飞机。

附表 F-1（续）

建议的新规章和咨询内容文本	更改的讨论
第 25.507 条　倒行刹车 （a）飞机必须处于静止地面姿态，与地面平行的向前水平反作用力必须施加在每个带刹车机轮的接地点上，此限制载荷必须等于每一机轮垂直载荷的 55%，或等于由 1.2 倍名义最大刹车扭矩产生的载荷。两者中取小值。 （b）对于前轮式飞机，俯仰力矩必须由角惯性力平衡。 （c）对于尾轮式飞机，地面反作用力的合力必须通过飞机重心。	*对于第 25.507 条更改的讨论* "三点静止地面姿态"改为"静止地面姿态"以涵盖具有两个以上主起落架的飞机。
第 25.511 条　地面载荷：多轮起落架装置上的非对称载荷 （a）总则。假定多轮起落架装置承受本分部本条（b）至（f）规定的限制地面载荷。此外，采用下列规定： （1）串列支柱式起落架结构是一种多轮装置； （2）依据本条（b）至（f）确定起落架装置的总载荷时，可以忽略因轮组上载荷非对称分配所引起的载荷合力作用点的横向位移； （b）限制载荷在轮组上的分布；充气轮胎。对于每一着陆、滑行和地面操作情况，必须计及下列因素的影响来确定起落架轮组上限制载荷的分配： （1）机轮数目及其实际排列，对于车架式起落架装置，在确定前、后各对机轮的最大设计载荷时，必须考虑着陆撞击过程中车架的任何跷板运动的影响； （2）由于制造允差、轮胎膨胀和轮胎磨损的组合引起的各轮胎直径的任何差异，可以假定轮胎直径的最大差异等于计及制造允差、轮胎膨胀和轮胎磨损以后得到的各种直径变化最不利组合的 2/3； （3）任何不等的轮胎充气压力，假定最大变化量为轮胎名义充气压力的 ±5%； （4）按附录 A 图 9 所示的，拱度为零的跑道，以及可近似表示为与水平面成 1.5% 斜率的上拱形跑道。对前起落架装置，路拱的影响必须按位于路拱每一侧斜坡上的状态来考虑； （5）飞机姿态； （6）任何结构变位。 （c）泄气轮胎。必须根据本条（d）至（f）规定的载荷情况考虑泄气轮胎对结构的影响，并计及机轮的实际排列情况。此外，采用下列规定： （1）对于多轮起落架装置，必须考虑其中任何一个轮胎泄气，对于有四个或更多机轮的起落架装置，必须考虑其中任何两个临界轮胎的泄气； （2）地面反作用力必须施加在轮胎充气的那些机轮上。但是，对于有一个以上缓冲支柱的多轮起落架装置，可以考虑由于轮胎泄气引起的缓冲支柱伸出长度的差异，把地面反作用力合理地分配给泄气和充气轮胎。	*对于第 25.511 条重大更改的讨论* ● 修订了段落（d）以引用调整后的第 25.485 条。修订后的段落（d）与现行要求一致。 ● 修订段落（e）（4）明确第 25.493 条（c）和（d）不必考虑轮胎泄气。这个要求在 JAR 25.493 更改版 14 中进行了规定，但编制新的规章 JAR 更改版 15 和 97 号修正案的新 FAR 25.493 时却将这个要求错误地删除了。 ● 修订段落（b）（4）以给出附录 A 中的新图 9 的引用。

建议的新规章和咨询内容文本	更改的讨论

（d）着陆情况。对于有一个和两个轮胎泄气的情况，施加于每个起落架装置上的载荷，假定分别为每一规定着陆情况中作用在每一起落架的限制载荷的 60% 和 50%。但是，对于第 25.485 条（b）侧向载荷情况，必须施加垂直载荷的 100%。第 25.485 条（a）不必考虑轮胎泄气。

（e）滑行和其他地面操作情况。对于有一个和两个轮胎泄气的情况，采用下列规定：

（1）重心处施加的侧向载荷系数或阻力载荷系数或同时作用的此两者，必须是最临界的数值，其值可分别达到规定的滑行和其他地面操作情况中最严重情况的限制载荷系数（限制侧向载荷系数或限制阻力载荷系数或同时作用的此两者）的 50%（一轮泄气）和 40%（两轮泄气）；

（2）对于第 25.493 条（a）和（b）（2）的滑行刹车情况，每个充气轮胎上的阻力载荷，不得小于无泄气轮胎载荷对称分配时每个轮胎上的阻力载荷；

（3）重心处的垂直载荷系数必须分别为无泄气轮胎时载荷系数的 60%（一轮泄气）和 50%（两轮泄气），但不得小于 1.0；

（4）第 25.503 条回转情况和第 25.493 条（c）（d）刹车滑行情况不必考虑轮胎泄气。

（f）牵引情况。对于有一个和两个泄气轮胎的情况，牵引载荷 F_{TOW} 必须分别为规定载荷的 60% 和 50%。

第 25.519 条　顶升和系留装置

（a）总则。飞机必须设计成在最临界的重量和重心组合情况下，能够承受本条（b）（当适用时）和（c）的地面静载荷情况所引起的限制载荷。必须规定每个千斤顶垫的最大允许限制载荷。

（b）顶升。飞机上必须有顶升用的设施，当飞机支承于千斤顶上时，这些设施必须能承受下列限制载荷：

（1）当由起落架顶升飞机的最大停机坪重量时，飞机结构必须设计成能承受单独作用于每个顶升点的垂直静反作用力 1.33 倍的垂直载荷，以及该垂直载荷与 0.33 倍垂直静反作用力的沿任何方向作用的水平载荷的组合；对于具有两个以上主起落架的飞机，必须考虑垂直地面反作用力的重新分布。

（2）当由飞机其他结构顶升飞机的最大批准顶升重量时：

（i）飞机结构必须设计成能承受单独作用于每个顶升点的垂直静反作用力 1.33 倍的垂直载荷，以及该垂直载荷与 0.33 倍垂直静反作用力的沿任何方向作用的水平载荷的组合；

（ii）千斤顶垫与局部结构必须设计成能承受单独作用于每个顶升点的垂直静反作用力 2.0 倍的垂直载荷，以及该垂直静反作用力的沿任何方向作用的水平载荷的组合；

（c）系留。提供系留点时，主系留点及局部结构必须能承受任何方向的 65kn 水平风引起的限制载荷。

对于第 25.519 条重大更改的讨论

段落（b）（1）增加了关于具有两个以上主起落架的飞机的顶升要求。

附表 F-1（续）

建议的新规章和咨询内容文本	更改的讨论
第 25.723 条　减振试验 （a）用于确定着陆载荷的起落架动态特性的分析模型必须由能量吸收试验验证。必须采用一系列的试验以确保对于第 25.480 条和第 25.483 条（b）（取适用者）规定的设计条件，该分析模型是有效的。 （1）在限制设计条件下的能量吸收试验的条件设置必须包含由第 25.480 条和第 25.483 条（b）（取适用者）确定的起落架最大吸收能量和最大下沉速度的两种情况。 （2）起落架的试验姿态和试验中合适的阻力载荷必须模拟与合理的或者保守的限制载荷一致的飞机着陆条件。 （b）每个起落架在演示其储备能量吸收能力的试验中不得损坏，假定： （1）在对应于第 25.480 条或第 25.483 条（b）（取适用者）的重量和俯仰姿态下，由起落架吸收的最大能量。 （2）除系统或程序显著影响升力外，在着陆撞击时飞机的升力不大于飞机重量。 （3）试验下沉速度为 1.2 倍（b）（1）中规定情况的下沉速度。 （4）不必包含机轮起转的影响。 （c）对于之前批准的设计重量的改变和设计小改，可以基于以前在具有相似吸能特性的相同的基本起落架系统上进行的试验通过分析进行验证，以替代本条中规定的试验。	*对于第 25.723 条重大更改的讨论* ● 修订条款以引用新提出的第 25.480 条和第 25.483 条。 ● 修订了段落（a）（1）中的限制载荷试验要求关于必须进行试验的最低要求——由第 25.480 条确定的最大能量情况和最大下沉速度情况。相比于现行的要求，这会导致试验最少工况数量的增加。然而，本次提出的试验工况是验证起落架动态分析所必须的最低要求，这些试验通常由起落架制造商进行。 ● 段落（b）中现行的极限载荷试验要求在设计着陆重量下进行单独的 12ft/s（1.2 倍 10ft/s）试验。修订这段以要求最大能量情况试验的下沉速度为 1.2 倍第 25.480 条规定情况下的下沉速度。这可以是设计着陆重量下的 12ft/s，也可以是设计起飞重量下 6ft/s 的 1.2 倍。或者，对于具有两个以上主起落架的飞机，最大能量情况可以由滚转着陆情况得到。后者是由适用于具有两个以上主起落架的飞机的特殊情况得到的。 ● 修订段落（b）明确了必须对每个起落架进行试验，因为对于具有两个以上主起落架的飞机，内侧和外侧起落架的最大能量情况是不同的。 ● 修订段落（b）的另一个原因是明确了储备能量试验不必考虑机轮起转的影响，因为起转载荷不会显著影响起落架吸收储备能量的能力，并且包含起转载荷会极大地增加试验的复杂性。
AC/ACJ 25.723　减振试验 2. 相关的 FAR 条款 25 部，第 25.723 条减振试验、第 25.473 条着陆载荷假定、第 25.480 条对称着陆载荷情况和第 25.483 条单个起落架着陆情况。 4. 减振试验。 a. 验证起落架特性。用于确定着陆载荷的起落架动态特性的分析模型必须由能量吸收试验验证。必须采用一系列的试验以确保对于所有的设计条件，该分析模型是有效的。起落架的试验姿态和试验中合适的阻力载荷必须模拟与合理的或者保守的限制载荷一致的飞机着陆条件。此外，还应考虑确保试验的构型范围足以验证可预见的未来增重型飞机分析模型的合理性。	*对于 AC/ACJ 第 25.723 条重大更改的讨论* ● 修订本 AC/ACJ 以增加对建议的第 25.480 条和第 25.483 条（b）的引用； ● 修订试验工况以包含对于具有两个以上主起落架飞机新增的滚转着陆情况；

附表 F-1（续）

建议的新规章和咨询内容文本	更改的讨论
b. 新研起落架的推荐试验工况。 在为能量吸收试验选取合适的构型时，应考虑所有对于第 25.480 条或第 25.483 条（b）（取适用者）规定的设计条件。如果制造商在使用相似设计概念的起落架来验证分析模型方面具有以往经验的支持数据，那么仅对新研起落架进行最大能量相关的试验就足够了。用于提供支持数据的起落架可以来自其他型号的飞机，当应具有大致相同的尺寸和相似的结构。对于所有试验情况，轮胎触地时刻的下沉速度和起落架吸收的总能量均不应小于根据第 25.480 条或第 25.483 条（b）（取适用者）规定的条件所对应的下沉速度和能量。 （a）对于具有两个主起落架的飞机： $$W_e=W_M+(L_T-L_A)\ d/(h+d)$$ （b）对于具有两个以上主起落架的飞机： $W_e=E_A/h$，对于试验升力等于试验重力； $W_e=(E_A+L_T\times d)/(h+d)$，对于试验升力不等于试验重力。 （c）对于前起落架，取（1）和（2）的较大者： （1）$W_e=E_A/h$，对于试验升力等于试验重力； $W_e=(E_A+L_T\times d)/(h+d)$，对于试验升力不等于试验重力。 （2）$W_e=W_N$，对于试验升力等于试验重力； $W_e=W_N+(L_T-W_N)\times d/(h+d)$，对于试验升力不等于试验重力。 （d）对于尾起落架： $W_e=W_T$，对于试验升力等于试验重力； $W_e=W_T+(L_T-W_T)\times d/(h+d)$，对于试验升力不等于试验重力。 （e）式中： W_e 为落震试验中使用的有效重量； h 为对应于触地时刻所需的运动能量的理论自由落震高度，等于 $V^2/2g$，式中 V 为下沉速度，g 为重力加速度； d 为轮胎接触平台后，落体重量垂直行程的最大距离；（该值不必超过落震试验的实际测量值）； W_M 为飞机水平姿态下作用在主起落架上的静态重量（如为前轮式飞机，前轮离地），通常为飞机重量的一半； W_T 为飞机尾沉姿态下作用在尾起落架上的静态重量； W_N 为作用在前起落架上的静态反作用力的垂直分量，假定飞机的质量集中在重心上并产生 1.0g 的向下力和 0.25g 的向前力； L_A 为假定的每个起落架的飞机升力，然而，飞机的总升力不大于飞机重力； L_T 为落震试验的能量吸收阶段过程中每个起落架的平均落震试验升力（对于自由落震试验，$L_T=0$）；和 E_A 为满足第 25.480 条或第 25.483 条（b）符合性的动态载荷分析中得到的由起落架装置吸收的最大总能量。	• 修订本条中限制和储备能量落震试验中有效落体重量的定义以包含对于具有两个以上主起落架飞机的落震工况。对于这些工况，落体重量由第 25.480 条和第 25.483 条（b）的分析中的最大吸收能量推导得出。 • 同时修订有效落体重量的方程已包含试验重量与模拟试验升力间差异的影响。删除自由落体试验中有效重量的方程，因为其被新方程涵盖。 • 删除最小落震高度要求因为这不是必需的，并且该要求被试验下沉速度和试验能量的要求涵盖。 • 修订前起落架工况的落震高度以包含第 25.480 条的分析中获得的能量所产生的重量，如果其超出了当前的要求，即 1g 向下静态重量和 0.25g 向前惯性力。

附表 F-1（续）

建议的新规章和咨询内容文本	更改的讨论

建议新增的 25 部附录 A 图 9——拱形跑道剖面

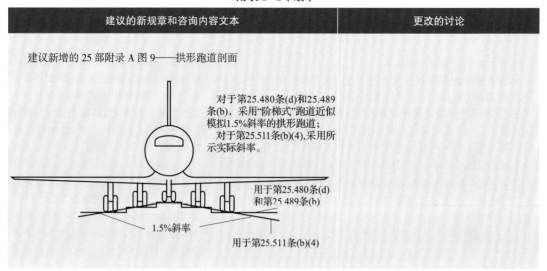

对于第25.480条(d)和25.489条(b)，采用"阶梯式"跑道近似模拟1.5%斜率的拱形跑道；
对于第25.511条(b)(4)，采用所示实际斜率。

用于第25.480条(d)和第25.489条(b)

1.5%斜率

用于第25.511条(b)(4)

参 考 文 献

［1］Federal Aviation Administration，Final Ground Loads Proposal，Attachment to LDHWG Report，March 26，2003，Available at：https：//www.faa.gov/regulations_policies/rulemaking/committees/documents/media/ TAEldhT20-9282000.pdf（Accessed：4 November 2019）.